谢家荣教授

(1897—1966)

“十一五”期间国家规划重点图书

谢家荣文集

第八卷

经济地质学（二）及其他

地质出版社

·北京·

内 容 提 要

本书是为纪念谢家荣教授诞辰110周年而出版的八卷集《谢家荣文集》的第八卷，收入谢家荣教授1946年至1966年间的论文130篇，专著3部。130篇论文中有著名的*Palaeogeography as A Guide to Mineral Exploration*（古地理为探矿工作之指南）和《三十七年度本处工作概述》《东北地质矿产概况和若干意见》《从中国矿床的若干规律提供今后探矿方向的若干意见》《中国矿产的分布规律及其预测》《中国铜矿的分类、分布及今后普查勘探的方向》《成矿理论与找矿》《让花岗岩及花岗岩化的研究为区测与找矿工作服务》等以及未曾发表过的谢家荣一生中的最后一篇论文《大地构造与找矿》。3部专著是1953年的《探矿的基本知识与我国地下资源的发现》、1954年的《普查须知》（合著）和1958年的《中国矿产分布规律的初步研究及今后找矿方向的若干意见》。

本书可供从事矿产勘查的地质学家、矿床地质学家、地质学史研究者和相关专业的高等院校师生学习和参考。

图书在版编目（CIP）数据

谢家荣文集．第八卷，经济地质学（二）及其他/谢家荣著．—北京：地质出版社，2024.11

ISBN 978-7-116-13902-2

Ⅰ.①谢… Ⅱ.①谢… Ⅲ.①地质学-文集②经济地质学-文集 Ⅳ.①P5-53②P61-53

中国版本图书馆CIP数据核字（2023）第228830号

责任编辑：田　野　肖莹莹
责任校对：李　玫
出版发行：地质出版社
社址邮编：北京市海淀区学院路31号，100083
电　　话：（010）66554528（邮购部）；（010）66554631（编辑室）
网　　址：https://www.gph.clmpg.com
传　　真：（010）66554686
印　　刷：北京地大彩印有限公司
开　　本：889mm×1194mm 1/16
印　　张：44.25　插页：3
字　　数：1100千字
审 图 号：GS京（2023）1285号
版　　次：2024年11月北京第1版
印　　次：2024年11月北京第1次印刷
定　　价：298.00元
书　　号：ISBN 978-7-116-13902-2

谢家荣文集编辑委员会

杰出的全方位地质学家（代序）

谢家荣，字季华、季骅，1897年8月19日生于上海市的一个职员家庭。1913年考入工商部地质研究所。它实际上是一所地质专科学校，其领导者和主要教师都是我国地质事业的奠基人——章鸿钊、丁文江和翁文灏。由于学校的良好教育、严格要求以及自身的勤奋与刻苦，谢家荣终以优异的成绩与其他17位同学一起于1916年毕业，并进入农商部地质调查所任调查员。这是中国自己培养出的第一批地质学家，中国地质学史上俗称的“十八罗汉”。他们中的绝大多数人都是中国地质界的骨干和栋梁。博学多才的谢家荣是他们中的佼佼者，在他一生的地质事业中，几乎涉及地质科学中的各个领域，是一位杰出的全方位的地质学家，特别在矿床地质学和煤田地质学、石油地质学方面的重大成就，具有极高的开创性、权威性，对中国的地质事业做出了杰出的贡献。

谢家荣在地质调查所工作一年多后，由于工作成绩突出，于1917年第一个被选派留学美国斯坦福大学地质系，1919年转入威斯康星大学地质系，读研究生。1920年，谢家荣在威斯康星大学毕业，获理学硕士学位，并于1921年2月回国，仍在地质调查所任职。1920年12月16日，甘肃省海原县（现属宁夏回族自治区）发生8.6级大地震，导致约23.4万人死亡。1921年4月，谢家荣参加北洋政府派出的甘肃地震灾区调查团，随翁文灏、王烈等赴甘肃考察。考察完甘肃地震后，谢家荣又奉部命，留甘续测地质，考察了玉门石油。

1921年冬，谢家荣与袁复礼一起倡议并积极参与了中国地质学会的创建，是26位创始会员之一。他还与袁复礼一起起草了《中国地质学会章程》，并在学会成立大会上当选为书记（相当于秘书长）。20世纪20年代中期，谢家荣主要从事湖北省的地质矿产研究，并发表了许多研究成果。1925—1927年，谢家荣先后为北京大学地质系经济地质学门（专业）二、三、四年级学生讲授《经济地质学（金属）》、《经济地质学（非金属）》和《中国矿产专论》。1927年夏，应两广地质调查所之聘，协助筹建两广地质调查所。1928年3月任教中央大学地质系。1928年8月至1930年5月作为访问学者前往德国和法国，主要在柏林地质调查所及弗赖堡大学从事煤岩学及金属矿床的研究。1930年7月参与筹建并负责管理地质调查所土壤研究室。1930年9月任教清华大学地理系，同年10月地质调查所成立沁园燃料研究室，任该室主任（后任名誉主任），从事煤炭、石油、油页岩等方面的研究。1931年任清华大学地理学系教授兼代主任，1931—1932年间兼任北平师范大学地理学系教授兼主任。1932—1937年任北京大学地质系教授，并任北京大学1932—1933年度和1933—1934年度研究教授。1935年，实业部地质调查所迁往南京，留在北平的部分成立北平分所，谢家荣任北平分所所长。1936—1937年兼任北京大学地质系主任。

1937年，“七七事变”爆发，北平沦陷。他拒绝了日伪当局要他到伪北京大学任职的要求，根据翁文灏的安排，于1937年10月下旬化装潜行，离开北平，奉调离开北京大学，被派往广西八步调查富贺钟（富川—贺县—钟山）锡矿，后到湖南就任江华矿务局经理、经济部资源委员会专门委员。江华矿务局是资源委员会下辖的一个重要厂矿，谢家荣出任经理之职，改变了他过去一直从事地质教育和科学研究的人生轨迹，转而进行应用地质即矿产勘查与开发的工作。

任江华矿务局经理期间，谢家荣在湖南、广西进行了大量的砂锡矿地质勘查和研究工作。1940年5月，他奉命到云南昆明，任叙昆铁路沿线探矿工程处总工程师。同年10月，叙昆铁路探矿工程处迁往滇东北的昭通，并易名经济部资源委员会西南矿产测勘处，谢家荣任处长。1942年10月，西南矿产测勘处更名为经济部资源委员会矿产测勘处，谢家荣仍担任处长。在抗日战争胜利之前的5年中，处在从昆明迁昭通，由昭通搬贵阳，又由贵阳到重庆的动荡环境，在生活和工作条件十分艰苦的情况下，他领导矿产测勘处做了大量的地质调查和矿产勘查工作，发现了贵州云雾山的高级一水硬铝矿和云南中部的白色高级铝土矿。

1945年抗日战争胜利后，谢家荣将矿产测勘处从重庆迁到南京。是年12月，谢家荣去台湾调查了石油地质。从1946年到1949年4月南京解放的3年多中，谢家荣先后发现了安徽淮南八公山煤田、安徽凤台磷矿、福建漳浦铝土矿和南京栖霞山多金属矿等矿床。1948年，谢家荣当选为中央研究院首届院士。南京解放前夕，胡适召集中央研究院院士开会，动员他们到台湾去，并提供机票。但谢家荣毫不动摇，坚持留在南京迎接解放。他组织处内职工坚守岗位，保护设备和资料，储存粮菜，打井储水，并亲自参加巡夜，保证了矿产测勘处安全、完好地回到人民手中。

南京解放后，为保证工业建设原料的供给，谢家荣即向当时的军政负责同志建议并得到领导的大力支持，积极筹备和创办了南京地质探矿专科学校，为新中国培养和输送了一批地质探矿、石油地质和地球物理探矿的专门人才。中华人民共和国成立后，谢家荣以满腔的热情，积极投身到国民经济恢复与社会主义建设事业中，先后担任了南京军管会原资源委员会保管委员会副主任委员、原资源委员会矿产测勘处保管处处长、华东军政委员会工业部矿产测勘处处长、政务院财经委员会矿产测勘处处长。1950年9月中国地质工作计划指导委员会成立，谢家荣任副主任委员兼计划处处长。1951年3月起任燃料工业部石油管理总局地质顾问。1952年地质部成立，任地质部总工程师。1954年任地质部普查委员会常务委员兼总工程师。1955年，被选聘为中国科学院首批学部委员。在国民经济恢复时期和第一个五年计划期间，谢家荣首次对除台湾省以外的全国的地质，金属、非金属矿产和煤、石油的普查勘探工作进行了全面、系统的部署，对第一个五年计划的胜利完成起了重要作用。他与黄汲清一起主持编写的《普查须知》是野外地质人员必读的工具书。他同黄汲清等一起详细指导和部署了包括大庆、华北油田在内的全国石油普查勘探工作，为20世纪50年代中国石油勘探战略重点东移和大庆、华北、胜利、渤海湾等油田的发现做出了重大的贡献。1956 年，他参与了全国 12 年科技发展远景规划的制订。同年，地质部成立地质矿产研究所，次年易名地质部地质研究所，谢家荣任副所长，与孙云铸、黄汲清等一起拟定了研究中国地质矿产的总体规划，并取得了若干成果。

在 1957 年的反右派运动中，谢家荣被错划为右派。在受到不公正对待的岁月里，他仍然努力工作，写成了长达 10 万字的《中国矿产分布规律的初步研究及今后找矿方向的若干意见》。在他生命的最后几年中，写出了《中国大地构造问题》、《论矿床的分类》、《花岗岩化与成矿》、《大地构造与找矿》等重要论文和《中国矿床学（总论）》，还为国家培养了一批研究生。1966 年在文化大革命最初的几十天中，他受到本不应该有的冲击和迫害而于 8 月 14 日逝世于北京。

谢家荣非常热心各种学术活动，倡议并积极参加创建了中国地质学会，先后担任过第一届至第三届（1922—1924 年）、第十三届（1936 年）、第十四届（1937）、第十八届（1941 年）、第十九届（1942 年）、第二十一届（1944）年、第二十二届（1945 年）、第二十四届至第三十一届（1947—1966 年）编辑，第四届、第五届、第六届（1925—1928 年）及第八届（1930 年）评议员，第九届至第三十一届（1931—1966 年）理事，第十一届（1934 年）和第二十三届（1946—1947 年）理事长。1936 年经他建议创办了《地质论评》，并兼编辑部主任（1936—1940 年，1946—1948 年），同年还兼任《中国地质学会志》编辑，对学会这两种刊物（中文和英文）的出版做出了重大贡献。谢家荣还与葛利普、章鸿钊、杨钟健一起设计了中国地质学会的会徽。他在 1935 年和 1936 年两度主持了中国地质学会的“中国地质学会葛氏奖章”的授奖仪式，作为“丁文江先生纪念奖金”委员会主席主持了 1944 年的奖金授奖仪式。1934 年，他还与翁文灏、丁文江、李四光、竺可桢、叶良辅、张其昀、胡焕庸、曾世英等人共同发起，在南京成立了中国地理学会，并当选为首届理事。谢家荣对祖国地质事业的杰出贡献，受到了党和人民的尊重，先后当选为中国人民政治协商会议全国委员会第一届至第四届委员。

谢家荣一生以其旺盛的精力、浓厚的兴趣、报效祖国的志向，触及到了地质科学的广泛领域，其涉猎面之广，在我国地质界是独一无二的，并且在许多方面都居于第一和开创者的地位，取得了令人瞩目的成就。

——在普通地质学方面，他 1924 年由上海商务印书馆出版的《地质学》（上编），是中国人自己编撰出版的第一部普通地质学教科书。

——在区域地质学方面，除在北京大学和清华大学任教期间带领学生填制北京西郊蓝靛厂、房山、河北涞源的地质图外，在云南的五年期间，他亲自指导周德忠编制了滇东、滇西、川西的 1∶100,000 路线地质图数十幅，为黄汲清编制 1∶3,000,000 地质图的出版提供了必不可少的资料；此外他还主持测制了许多矿区地质图。

——在地层学方面，除他早期野外工作所建立的地层组、段，如大冶灰岩与长辛店砾岩等外，他还对云南特别是滇东、川西的地层层序与构造运动进行了系统总结，提交了叙昆铁路沿线地质矿产报告与滇西铁路初勘地质报告，奠定了该区地质构造的基础。

——在构造地质学方面，他1937年就写出《北京西山地质构造概说》，开始论证西山的构造问题。晚年，对全国大地构造进行总结，写出了《论中国大地构造的格局》、《华南主要大地构造特征》等重要论文，其中提出的很多新认识和新观点，即便在今天，也仍然值得我们认真加以思考和研讨。

——在矿物学方面，他早年对东川铜矿石的工作，就曾确定其中有电气石的存在。1944年，在简陋的条件下，他仔细进行镜下鉴定，确定昆明与贵州息烽石炭系铝土矿的矿石为硬水铝石（Diaspore），而福建漳浦的铝土矿为三水铝石（Gibbsite），从而给予了正确的评价。他还对昆阳磷块岩的胶磷矿与宿松磷矿的磷灰石做过对比研究。

——在岩石学方面，他1937年首先指出北京西山的辉绿岩不是侵入岩层而是喷出的玄武岩流，后为郭文魁先生做毕业论文时进行的详细野外观察与室内鉴定所证实。1936年他在翁文灏1920年工作的基础上，将华南花岗岩分别命名为“扬子式”与“香港式”。其与现代所称的“I型”与“S型”，或“同熔型”与“重熔型”以及“磁铁矿型”与“钛铁矿型”等的含义与区域分布大体上是一致的。晚年，他更推崇花岗岩化的学说，用它解释我国东南地区的花岗岩的分布和时代，并写出了《让花岗岩及花岗岩化的研究为区测与找矿工作服务》的论文。

——在古生物学方面，谢家荣也较一般地质人员有更丰富的知识。他将在昭通褐炭层之上的泥沙层中找到的象牙鉴定为东方剑齿象（*Stegodon orientalis*），属于上新统；他与燕树檀一起研究昭通龙洞泥盆系剖面，根据化石群详细划分了中泥盆统的层位；他与边兆祥研究贵州水城大、小河边的宣威煤系，根据钻孔深部煤系中出现的蛤类化石属二叠纪—三叠纪，认定该煤系是陆缘潮汐带沉积；他在淮南八公山盆地边缘丘陵的石灰岩中首先发现蜓科化石，并鉴定为中石炭世的纺锤蜓（*Fusulina*），为船山组层位，从而下决心在盆地内下钻，发现了著名的淮南大煤田。

——在陨石学方面，早在1923年他就在《科学》和《中国地质学会志》上发表了《中国陨石之研究》和《有关中国地质调查所收到的第一块陨石的成分和构造的初步研究》的文章，堪称我国现代陨石学研究的先驱。

——在水文地质学方面，在20世纪20年代末、30年代初他就撰写了一系列南京供水的文章，开创了中国地质学家解决城市供水水文地质的先河。

——在工程地质学方面，谢家荣也是最早的创导人之一。他20世纪40年代初就曾指导过有关人员进行叙昆、滇缅两条铁路路线工程地质的勘查。1948年他派郭文魁、刘汉进行过农田地质检查和台湾甘蔗田地下水调查，同年他还派郭文魁专门勘查了湖南资兴东江水坝的坝址地质。早在1953年，他就曾指导陈梦熊对抚顺煤矿露天采场滑坡的研究与治理。

——在地震地质学方面，他1921年前往甘肃地震灾区考察后所撰写的《民国九年十二月甘肃地震报告》和《民国9年12月甘肃及其他各省地震情形》，成为我国近代开展地震地质研究最早的经典文献之一。

——在岩相古地理研究方面，谢家荣有卓越的成就。他1947年11月18日在台北举行的中国地质学会第23届年会上发表的理事长演说《古地理为探矿工作之指南》（Palaeogeography as A Guide to Mineral Exploration）是古地理研究的经典论文，对我国沉积矿产普查找矿工作起了重要的指导作用，被“地质部地质矿产司非金属矿产处部署磷矿普查时引作箴规依据和导引”，“影响及于大片国土和若干地质队众多同志的野外生涯与实践，并终有所获”（段承敬：薪传火种话磷矿——缅怀谢家荣（季骅）老师），至今仍然具有重要的理论和现实意义。他还研究过中国煤矿，滇、黔铝土矿以及沉积铁矿和铜矿与古地理之关系，并编制了小比例尺古地理图，圈出了新的成矿远景区。这种通过古地理和沉积条件的分析，预测某些矿产分布规律的方法，在当今普查勘探工作中仍是一种有效的方法。

——在土壤学方面，他1931年发表的我国最早的土壤学论文《土壤分类及土壤调查》及中国人自己写的第一份土壤调查报告《河北省三河平谷蓟县土壤约测报告》（与常隆庆合著）奠定了他现代中国土壤学开创者和奠基人的地位。

——在地文学与地貌学研究方面，他1925年与叶良辅合著的《扬子江流域巫山以下之地质构造与地文史》，以及他1933—1934年间写的《陕北盆地地文》、《陕北的地文》、《中国地文期概说》和《陕北盆地和四川盆地》等论文是中国地文学和地貌学研究的重要著作，至今仍具有重要意义。

——在煤田地质学方面，谢家荣功勋卓著。1923年商务印书馆出版了他编著的中国第一本煤地质学专著《煤》。在煤岩学研究方面，他运用光学显微镜进行煤质鉴定，不仅在中国，也为世界煤岩学界所称道。他1929年的《四川石炭之显微镜研究》，1930年的《煤岩学研究之新方法》及《北票煤之煤岩学初步研究》，1931年的《国产煤之显微镜研究》和1932年的《华煤中之植物组织及其在地质上之意义》，1933年的《薄的煤光片研究——煤岩学之一新法》、《中国无烟煤之显微镜研究》、《辽宁西安煤矿附产菱铁矿结核之研究》、《江西乐平煤——中国煤之一新种》和《中国乐平煤之研究》等论文奠定了他作为我国煤岩学先驱、开拓者和奠基人以及世界煤岩学先驱之一的地位。抗战期间，谢家荣对祖国西南地区的煤田地质倾注了大量心血，他1944年的《Coal Field & Coal Mining Industry in China，a General Survey》和1945年的《贵州煤田研究并特论其与古地理及地质构造之关系》及《中国几种挥发份烟煤及其在三角分类图中之位置》在中国煤田地质学和煤炭工业史上都具有极为重要的奠基性的地位。淮南煤田的发现被地质界传为佳话，是谢家荣运用地质理论找矿的光辉范例，被誉为“丰功伟识，永垂千秋”，是中国地质学史上的辉煌成就之一。新中国成立后，谢家荣以其对煤田地质的长期研究和对中国煤田地质勘探的丰富经验连续发表了多篇有关煤田地质的文章：《煤地质的研究》（1952）、《关于煤地质方面的一些重要知识》（1953）、《勘探中国煤田的若干地质问题》（1953）、《中国的煤田》（1954）、

《煤的成因类型及其意义》(1955)、《关于煤田类型》(1955)、《中国煤田类型及煤质变化问题》(1956) 等，这些文章对 20 世纪 50 年代中国的煤田地质勘探起了非常重要的作用，都是中国煤田地质的宝贵文献。

——在石油地质学方面，他是现代中国最早的石油调查者，他的《甘肃玉门石油报告》(1922) 是我国最早的石油地质调查报告，1929 年发表的《石油》，是中国学者自己撰写的最早的石油地质专著。他是中国石油储量的最早计算者，陕北、四川和台湾油田的积极开拓者。他是"中国贫油论"的坚决反对者，认为它"在地质上没有依据"，"可以断定中国有油，并且可以推测它的分布是很广泛的"，"中国有广大的沉积盆地和沉积平原，油气苗又遍及全国，石油远景一定很大"，"只要钻探能赶得上地质工作，我想许多巨大新油田的跟踵发现，是在意料之中的"。他是注意到在东北（热河及黑龙江）找油的第一位地质学家。他最早提出中国的石油不限于西北，指出"中国石油的分布，决不只限于西北一隅，而在生油层没有确定之前，凡有古生代及中生代海生地层分布并略有油苗显示的地方，都值得仔细探勘"，"依据地质理论，并为解决中国石油问题计，我们应该扩大范围，在中国各地普遍探油"，为中国石油普查制订了正确的战略。他还是陆相生油论的倡导者，最早从理论上阐述陆相生油理论，并指出"三角洲半属海相，半属陆相。其海相之部，即为浅海或濒海沉积，最适合于石油之产生。而近陆之部，则植物繁茂，在适当环境之下，亦能造成石油。且地盘稍有升降，海岸线即随之而伸缩，故在此区域之内，海陆二相之地层，往往相间而生，于石油之聚集，最为适宜。""产油地层，当以浅海或三角洲沉积最为适宜"。他对我国油气资源的勘查与发现，始终充满信心，并进行了不懈的探索。他的《江南探油论》(1948)、《扩大探油的范围》(1949)、《中国的产油区和可能含油区》(1954)、《石油地质的现状、趋势及今后在中国勘探石油的方向》(1956)、《石油普查工作中的若干重要问题》(1956)、《中国油气区和可能油气区的划分与评价》(1957) 等一系列论文奠定了 20 世纪 50 年代石油普查和石油勘探战略重点东移的地质科学理论基础；他对我国石油普查的具体指导和实践则为石油勘探战略重点东移的实现准备了坚实的物质基础，从而对大庆油田的发现和以大庆油田的发现为开端的，包括华北油田和渤海湾油田等的发现在内的中国石油大发现做出了重大贡献。

——在矿相学方面，谢家荣是中国矿相学的创始人。他在反光显微镜下所拍东川铜矿的矿石结构构造与矿物相互关系的图片，为国际矿相学大师兰姆多尔 (Ramdohr) 和著名矿床学家史奈德洪 (Schneiderhöhn) 所称道，被反复选用在他们的名著中。

——在矿床学方面，他 20 世纪 20 年代初所写的《矿床学大意》的系列论文，系统地阐述矿床学的理论与实践，开了我国矿床学研究的先河。他 1923 年写的《中国铁矿之分类与其分布》，是中国铁矿床研究的首次理论总结，1935 年发表的《扬子江下游铁矿志（附中国铁矿床的分类）》，提出了 10 多个铁矿床类型，多年来一直是长江中下游找矿工作的重要指南，1936 年发表的《中国的成矿时代与成矿区域》，明确指出扬子区与南岭区的矿产组合存在着明显的差异，将中国成矿学的研究向前推进了一大步，同年发表的《中国中生代末第三纪初之造山运动火成岩活跃及与矿产造成之关系》，是他在矿床研究方面极有影响的论文。抗日战争时期，谢家荣任职江华矿务局和矿产测勘处，对湘桂地区的锡矿和西南地区的矿床地质问题做了深入的研究，发表了《云南矿产概论》、《相桂交界富贺钟江砂锡矿纪要并泛论中国锡带之分布》、《滇黔康三省金属矿产述要并特论其分布与地质时代》、《中国铝土矿之成因》等重要论文，这些文章至今仍具有重要意义。抗日战争结束后，谢家荣还对铀矿给予了特别的重视，他1948年发表的《铀矿浅说》一文是我国详细介绍铀矿知识最早的文献，是中国铀矿地质学研究的起点。新中国成立后，先后于1957年和1958年发表的《火山及火山沉积作用在中国几种矿床中的意义》、《中国矿产分布规律的初步研究及今后找矿方向的若干意见》将中国的矿床学研究推到了一个新的高度，至今仍有重要的现实意义。他晚年的《近代成矿理论方面的几个基本问题》（1962）、《论矿床的分类》（1963）、《地质历史中成矿作用的新生性、再生性和承继性》（1963）、《同生成矿理论在我国的运用》（1965）、《花岗岩化与成矿》（1965）和《中国矿床学（总论）》（1966）等更是中国矿床学中的名著。他不仅是我国矿床学的主要奠基人，更是名副其实的矿床学巨匠和大师。

——在经济地质学方面，他是我国地质学家中最早提出运用地质理论找矿、强调开展应用研究、成矿预测、倡导使用综合勘探方法的地质学家，是最早自己进行研究、运用勘探网勘探矿床并取得重大成就的勘查地质学家。他是理论联系实际的典范，早在20世纪40年代，他就将地质理论、地质知识、地质技术、找矿经验和科学方法运用于实践，为社会服务，为找矿服务，是我国矿产测勘事业的开拓者与奠基人，是我国经济地质学的先驱。谢家荣一生亲自研究与指导研究的矿产涉及燃料、黑色、有色、贵重与稀土金属以及主要非金属和地下水等。他对所有这些矿产都有渊博的知识和现场工作的经验与体会，这使他成为迄今为止中国发现矿床最多的矿床学家和经济地质学家。

——在地质钻探工程方面，谢家荣又是最早运用钻探工程直接探明矿产储量并验证地质调查成果的颇有远见的中国地质学家，是中国地质钻探事业的先驱和倡导者。

——在地球物理勘查方面，早在抗日战争的艰苦时期，谢家荣就与顾功叙合作，于1941年对昭通褐炭田进行了地球物理勘查并取得了良好的效果，是中国最早的地球物理探矿记录；他还于1945年在矿产测勘处建立了由张宗潢（张放）领导的我国第一个地球物理探矿科。

谢家荣一生徜徉在地质科学的海洋里，涉及如此多的领域，取得了如此重要的成就，做出了如此重要的贡献，是名副其实的全方位地质学家，是当之无愧的地质学大师。

谢家荣从事地质工作整整50年，一生辛勤劳作，有著述400余篇（本）（其中许多尚未发表）。它们是我国地质学界的宝贵财富，其中许多对于我们今天的工作仍然具有重要的理论与现实意义。

为缅怀谢家荣先生对我国地质事业所做出的巨大贡献，继承和发扬他立志报效祖国、艰苦奋斗、勇于和善于实践、求实创新、不断进取的优良传统，学习他的学术思想，把我国的地质事业不断向前推进，我们决定编辑出版八卷集的《谢家荣文集》，以此献给谢家荣先生及他终身为之奋斗的中国地质事业。

最后，应当要说一句，本文集出版经费的筹措颇费周折，感谢北京建龙国基投资有限公司的资助，使之得以陆续出版。

《谢家荣文集》编辑委员会

2006 年 7 月 1 日

2018 年 10 月 1 日修订

关于本书编辑情况的说明

谢家荣先生常说："I am an all round geologist"。正如代序中所说的，他的确是一位名副其实的全方位的地质学家，是当之无愧的地质学大师。他从事地质工作整整 50 年，一生辛勤劳作，殚精竭虑，有著述 400 余篇，内容涉及地质学的各个领域。

这 400 多篇文章中，有许多是发表过的，还有许多是没有发表过的，后者包括曾经作为内部报告印刷过（例如一部分矿产测勘处临时报告）和正式打印过若干份而在一定范围内流传过的，以及只有手稿，从来没有人读到过的。我们尽了最大的努力去搜集所有这些文章。所搜集到的文章，分别内容编入了相应的卷中。虽然这 400 多篇著作的大部分都保留了下来，但令人非常遗憾的是，有的著作，其中包括一些很重要的著作，例如他早年在北京农业大学讲课所写的《国立北京农业大学农业地质讲义》、在北京大学讲课时所写的《矿床学讲义（英文打印本）》、1952 年 5 月所写《中国石油地质概况和今后勘探工作方针》以及 1965 年所著《同生成矿理论在我国的运用》，1965 年 2 月在《中国地壳运动命名的几点规定（草案）》上的批语和在《对于已有地壳运动名称取舍的意见》上的批语、在孟宪民《On the Emplacement of Granite》一文上的评语，《中国矿床学》中的《四川省找矿指南》、《云南省找矿指南》等等许多重要著述，都在 20 世纪 90 年代被人弄丢了。这样，我们所编的这套文集，就只能叫做"Collected Works"，而不能叫做"Complete Works"了。

我们将所搜集到的文章，做了如下的编排：将谢家荣先生一生关注最多、付出心血最巨、原也同属矿床地质学的石油和煤地质学方面的文章各列一卷，将矿床学和找矿勘探地质学的文章又各列一类，除上述内容之外其余的所有文章都编入另一类，这样就构成了总数为八卷的《谢家荣文集》，各卷的内容如下：

第一卷　地质学（一）
第二卷　地质学（二）
第三卷　煤地质学
第四卷　石油地质学
第五卷　矿床学（一）
第六卷　矿床学（二）
第七卷　经济地质学（一）
第八卷　经济地质学（二）及其他

其中地质学两卷（第一卷、第二卷）、矿床地质学两卷（第五卷、第六卷）和经济地质学两卷（第七卷、第八卷）的划分的依据是年代和文字量的多少。例如第一卷和第二卷就是按照发表或写作于 1928 年前和 1928 年后来划分的；而之所以选择 1928 年这个界限，仅仅是因为这样划分两卷的分量大致相等，并没有其他的考虑。

对于文集编辑过程中的有关问题需要做如下的说明：

一、编入文集中的所有文章，以保留文章历史原貌为准则。除非原文的确有印刷错误，或者是作者的笔误，一律不予改动。为了读者阅读方便，原文中的所有繁体字（包括图面上的所有繁体字）都换成了简化字。文章中有少量的字、词及词组，虽然不合现代的用法，但在当时是通用和习惯的，也一律不加改动。有少量20世纪早期的文章，原文没有标点符号，或只以句号和顿号标点，编辑时加了标点符号或重新予以标点。

二、个别文章层次不显明的，以空行、不同的字号或字体的形式，将层次显现出来。有个别文章中，将同一序号符号［例如（一）］，既用作标题序号，又用作段首序号，有时还用作段中内容的序号，为了读者阅读的方便，也用了不同的字体或字号来区分它们，而对序号本身未加改动。依据手稿排印的文章，有的次序不清，作了编辑标定。

三、文中所用术语与现在的用法不一致的也都保持原样。例如，地史上的元古纪（元古宙），地貌学上的喀斯脱（喀斯特），地理学上的拔海（海拔），力学术语磨（摩）擦角，等等。一些化学元素的名称，例如碳、氢、氧、氮、氯、硅等，在有关原文中分别用的炭、轻、养、淡、绿、矽等以及"养化"（即氧化）等，是那个年代通用的，仍照原文付印。同样，对文中一些当时的习惯用法，例如"钼酸铔"、"磷二氧五"、"铝二氧三"、"铁二氧三"、"矽氧二"、"炭酸钙"等也都保持原样，而没有改为"钼酸铵"、"五氧化二磷"、"三氧化二铝"、"三氧化二铁"、"二氧化硅"、"碳酸钙"等。

四、原文中出现的许多地名和人名，当年的译法与现在不一样，例如"威尔斯"（威尔士）、"阿尔萨斯罗兰"（亚尔萨斯-洛林）、"坎拿大"（加拿大）、"排华利亚"（巴伐利亚）、"瑙威"（挪威）、"屋斯绿"（奥斯陆）、居利夫人（居里夫人），"罗森勃许"（罗森布施）、"西维尔其尼亚"（西弗吉尼亚）、希马拉亚（喜马拉雅）……读者在阅读的时候，结合上下文一看便会明白指的是什么地方、什么人，也都按照原文付印，未加改动。

有些地名的翻译虽然与现在的翻译相去甚远，例如"勃磨达"（即百慕大），但因为同时附有英文（Bermuda），所以也没有加以改动。

有时同一个地名或同一个人名，在同一篇文章中出现了不同的译法。在这种情况下，按照出现在不同文章中的同一译法进行了统一。例如，"维里士"这个人名在少量文中译为"维烈士"就属于这种情况。

五、英文文章中所使用的中文地名基本上都是按照韦氏音标的拼音法，而不是按照现在的汉语拼音方法拼写的，也都一律维持原样。有时在同一篇文章中，显然由于作者的笔误或印刷错误，同一个地名出现了不同的拼法时，则作了以韦氏拼音为准的统一处理。

六、在计量单位方面，所用的公尺（m）、公分（cm）、公厘（mm）、基米（1km）、万万吨（10^8t）、英尺（0.3048 m）、英寸（2.54cm）、英里（1.609km）、哩（英里，1.609km）、c. c.（1ml）……按照原文刊印，在此说明，一般不再加注。原文中出现的记年方式，也都完全保留了原文的方式，没有予以更改。例如"民国三十七年"就没有改为"一九四八年"，读者只需要将民国记年加上1911年就得到了西历的年份了。还有的文章中年份用中文数字，而月份用阿拉伯数字，例如"一九四九年8月"，也都保持原样，没有改为"一九四九年八月"或"1949年8月"。

七、对于20世纪前半叶的文章，由于大多是按照中文原有的从右至左的方式竖排的，所以有"略述如左"、"列表如左"、"考察所得者如左"等说法，即"略述如下"、"列表如下"、"考察所得者如下"等意思。在20世纪早期发表于《科学》上的几篇文章中，尽管那时《科学》已经采取了从左至右的横排方式，但遇到这类情况时，原文也都仍然使用了“如左”而没有改用“如下”的文字。因此，我们也都完全保留了“略述如左”、“列表如左”、“考察所得者如左”等，而没有改为“叙述如下”、“列表如下”、“考察所得者如下”等说法。

除上述外，关于文中插图和附图以及图版的编辑处理的说明如下。

八、对原文中的插图做了如下的处理：将原图中的繁体改为简体字，对原图面上和图例中按从右至左顺序排列的中文字均按照现在的习惯改为从左至右的顺序排列，对原图上明显属于印刷错误的地名予以订正。为使图件清晰，阅读方便，所有图件都经扫描重绘，但原图上有的同时有数字比例尺和线段比例尺，有的只有数字比例尺而无线段比例尺，一经扫描重绘后，大多与原图并不等大，因此，数字比例尺就失去了意义。有的文章根据手稿刊印，文中的插图是信手画的，我们将其扫描后绘制插入。有的文章中的图件原来是蓝图，现在已经基本上褪色，无法清绘，有的文章的插图现在已经成了碎纸，根本无法复制，这些都只好舍去。还有一些从未发表过的重要文章，只找到了打印的文稿，文中的插图或显微照片，已经无从查找，读者也就再也看不到插图和照片了，这在相应文章中做了编者注。

九、文章中的插图或附图中的国界和省界，反映的是当时的国界和省界，与现在的国界和省界是不一样的，没有按照现在的国界与省界重新绘制，这是需要向读者特别说明的。

十、原文中的图版将照片说明与照片分开，单列一页，既不方便，又不必要地增加了篇幅，现在将照片的说明集中放置或置于每张照片的下面。这样处理的结果，会使有的照片与原来的照片不完全等大，特此说明。

为本书绘制图件的人员有：白文杰、方超、李琴、王风莲、王晓娟和赵静等。

最后需要指出的是，编辑这样一部估计超过500万字的八卷集文集，工作量之大，是读者可以想像得到的。由于各种各样的原因，其中当然也包括编者的水平限制，所以尽管我们希望把工作做得尽可能好一点，但缺点、错误肯定是会有的，欢迎读者批评指正。

《谢家荣文集》编辑委员会

2006年11月

杰出的经济地质学家（经济地质学卷代序）

谢家荣是中国最有成就、影响最为广泛和深远的矿床学家。但是，他不仅是一位矿床学家，更是一位杰出的经济地质学家。

通常认为，矿床学是狭义的经济地质学，因此矿床学也可以称为经济地质学。按照美国地质研究所编辑出版的《地质辞典》(Glossary of Geology）给的定义，所谓“经济地质学”乃是“研究和分析能够被人类有利可图地加以利用的地质体和材料，包括燃料、金属、非金属和水，应用地质知识和理论来寻找和认识矿床”的科学。按照这个定义，经济地质学应该包括了矿床学，即“研究和分析能够被人类有利可图地加以利用的地质体和材料，包括燃料、金属、非金属和水”，找矿勘探地质学，即“应用地质知识和理论来寻找和认识矿床”。从这个意义上说，谢家荣既是一位杰出的矿床学家，更是一位杰出的经济地质学家，因为他不仅仅是一位杰出的研究矿床的地质学家，更是一位应用他广泛的地质知识和理论进行找矿或矿产勘查并获得了重大成就的地质学家。所以谢家荣说他首先是一位经济地质学家。

如果说抗日战争以前谢家荣主要是一位矿床学家，那么抗日战争以后，谢家荣就主要是一位经济地质学家。

1931 年“九一八”事变以后，作为我国重要矿产资源基地的东三省落入敌手。1937 年抗日战争全面爆发之后，华北、中原和华东地区的资源基地又相继为日寇所占。国家对大后方矿产资源的开发因此变得紧急起来。谢家荣的地质生涯由此发生了转折：调查富贺钟江砂锡矿，筹备江华矿务局并任经理，亲自负责办矿；此后他就一直服务于中国的地质矿产勘查事业。

谢家荣认定，当时的中国在地质工作与矿产开采之间缺少一个关键环节，就是矿产勘查。为了改变当时地质界不重视矿产勘查工作的习惯，他曾根据我国的实际情况，将矿产品试行分为基础矿产，如煤、石油、铁、铜等，和“外汇矿产”，如钨、锑、锡、汞等。谢家荣批评轻视地质人员的偏见说，“还有一小部分人，甚至以为只有工程出身的工程师才能有实际生产和效用人群的本领，至于地质学者，不过是一群书呆子，写写文章而已，这种偏见，不但存在于工程界，就是地质出身的达官显要，也何尝不作如是想”，“本处一向认为地质是探矿的先驱，经济地质学者，尤其为实际生产的一员，他们的贡献和技能，与工程师并无二致”。他一生“始终抱着一个目标，一个决心，那就是学理与应用并重，干着沟通地质界与矿冶界的工作”。运用地质理论服务于找矿事业，反对为理论而理论，反对脱离实际的纯理论研究，是谢家荣一贯的思想。正如他在《中国矿床学》总论中所说的，研究中国矿床的目的必须是“为找矿服务，为获得更多的勘探基地服务，为在普查找矿中更好更有效地进行矿点评价服务，为一切与找矿勘探有关的生产实践工作服务。我们的目的是鲜明的。我们决不能从个人的兴趣出发来研究中国矿床，更不能从纯理论的钻牛角尖的观点来研究中国矿床……用一个最概括的语言来表达，就是要‘找字当头’”。

在抗日战争的艰苦岁月里，他领导下的矿产测勘处，在从昆明到昭通，又从昭通到贵阳，再从贵阳到遵义、重庆和重庆到南京的频繁迁移的不安定状态中，克服种种困难，始终坚持工作，先后完成了昆明威宁间十万分之一的地质矿产图，云贵各县区域地质矿产图8幅，滇西、滇中、滇东、黔西、湘南若干区域地质矿产图，西康西南部十万分之一区域地质矿产图，调查和勘探了威宁铜、煤、铁矿、水城观音山铁矿、昭通褐煤、云南乐马厂铅银矿、攀枝花铁矿、东川铜矿、会理力马河铜镍矿、天宝山铅锌矿、云南文山钨矿、贵州都匀独山间的煤田，考察了四川中部的油田地质和贵阳附近的煤田；发现了贵州云雾山的高级一氧化铝矿和云南中部的白色高级铝土矿，原西康、滇东、滇西的地质概测以及其他许多金属非金属矿产的测勘。所有这些工作，他都“或者是亲自参加、指导，或者是由他计划，派同仁担任工作，但是重要的结论和实用的意义，大多数是由他指出或提供许多意见的”。对于贵州水城观音山铁矿的成因、四川油田构造的分类、云南贵州铝土矿的垂直分带，他都曾提出过独到的见解。而云南、贵州铝土矿的属于一水硬铝石型，不适于拜耳法炼铝，也是他首先注意到并请国内外专家协助厂家加以证实的。他依据野外观测资料，提出贵州中部的铝土矿是海退时形成、沉积在不整合面上的风化残余产物。据此，他从古地理的角度预测了含矿地层和铝土矿的分布。经过新中国成立后详细的普查勘探，证明预测是基本正确的。这是我国地质学界依据丰富的野外资料和地质学原理，预测矿产最早的例子。

抗日战争胜利后，在国民党发动全面内战期间，日子虽然同抗战时期一样艰难，但谢家荣的事业却取得了辉煌的成就。淮南八公山煤田的发现是谢家荣谱写的中国矿产勘查史上最精彩的篇章之一。他在《大公报》上发表《淮南新煤田的发现》说“这个计划是依据古地理学、地层学、构造地质学上的许多理论演绎推测而来的；换句话说，是纯粹凭着地质学理再加实施钻探所得到的结果”。

紧接着八公山煤田发现之后，矿产测勘处又在谢家荣的指导下在安徽凤台发现磷矿：韩金桂、申庆荣在淮南详测时，找到一种疑是玄武岩的黑石头；谢家荣整理他们寄来的标本，认出是磷矿，从而证实、发现了凤台磷矿。之后谢家荣著文《安徽凤台磷矿的发现》指出，凤台磷矿的发现具有非常重要的意义：“凤台磷矿的层位、产状，和云南昆阳磷矿甚为相似，不过成分不同，形态各异罢了（昆阳磷矿是白色或灰白色的矿石）。凤台磷矿的发现，证明昆阳式磷矿可东延达数千公里，并且就古地理研究，凡是下寒武纪的濒海区域，尤其是两边为古陆夹峙的港湾区域，昆阳式磷矿的发现，最为有望。我现在已可大胆地指出贵州的遵义（金鼎山）金沙，湖北的宜昌和江西的九江附近，俱有发现同样磷矿的希望。王钰先生记述石牌页岩底部的棕黑色砂岩，谓层面上有多数铁质小圆球（地质论评第3卷第2期136页）可能就是磷矿。刘之远先生在金鼎山所见的牛蹄塘黑页岩，和杨怀仁、施雅风二先生在金沙（本处简报第36号24页）以北在相似层位内所见到的黑页岩及俗呼为嫩瓜石的黑白相间的岩石，都可能是磷矿，我们倘能仔细搜寻，我相信中国的磷矿可能成为堪与钨、锑媲美的特殊丰富的矿产资源了。”为中国磷矿资源的勘查与开发指明了方向和远景。

迄至1946年，在中国境内所发现的铝土矿皆为石炭-二叠纪的铝土矿，谢家荣称之为老化的、重新沉积的红土式铝矿，是低硅高铝的富矿，但是属于一水型铝土矿，尚不能用来炼铝，而只能用作耐火材料、研磨剂或炼油的清滤剂。他依据地质理论认为，应该到新地层中，并且应该到现代或近代属于热带性气候的低纬度地区去寻找三水型铝土矿。所以当他听到福建省地质土壤调查所宋达泉、俞震豫等在漳浦发现铝土矿结核的时候，虽然他们自己并不十分重视，但他却寄予莫大的希望。他根据报道其烧失量高达27%以上，断定其属三水型铝土矿无疑，乃派殷维翰、沙光文赴闽南漳浦一带进行初步测勘，证实了他的推断。一年后他又亲率沙光文、王承祺和龚铮去漳浦现场勘查。漳浦三水型铝土矿发现后，谢家荣推断凡闽粤沿海玄武岩发育的地区，都有找到三水型铝土矿的可能，乃于完成漳浦铝土矿测勘后，派赵家骧、沙光文到海南岛和雷州半岛考察，只是因为当时的野外条件所限而未能有所发现。解放后，按照他的这一思路，终在海南岛海口市附近发现了三水型铝土矿矿，虽然由于自然条件的不成熟，规模不大。

1947年11月，中国地质学会第23届年会在台北召开，谢家荣在开幕会上发表理事长演说（Palaeogeography as A Guide to Mineral Exploration）（古地理为探矿工作之指南）。报告依据其对中国煤、铝土矿、磷块岩及沉积铁、铜等矿产的研究所得，论述了这些沉积矿产与古地理的关系，指出煤田类型与古地理有密切关系，古地理条件控制着煤层的物理化学性质和煤田的经济价值，磷块岩与红土型铝土矿的分布明显受古地理条件的控制，宣龙式铁矿赋存于震旦纪海盆的海岸线之上，宁乡式铁矿主要分布于晚泥盆世海侵的古滨岸或近滨带，会理鹿厂铜矿的形成与会理盆地的古地形有密切关系。因此，他提出，正确认识一个地区某个时代的古地理对于找矿勘探具有重要的意义：古地理为探矿工作的指南。20世纪50年代地质部矿产司非金属矿产处对中国磷矿的普查将此引作箴规依据和导引，取得了巨大的成功。

栖霞山是南京郊外的名胜，沦陷期间日本人曾在这里探采锰矿。抗战胜利后谢家荣应邀往栖霞山勘查锰矿，他在日本人留下的废石堆附近，无意中发现了一块含有黄色六角柱状结晶的标本，又采集了许多黄色并含有铜绿的矿石。这种黄色结晶经定性试验，最后知道是磷酸铅矿。同时他又磨制薄片，在显微镜下研究，见到许多屈折率特高而重屈折率特低的黄色矿物，证实了这些黄色石头是含有甚多磷酸铅的铅矿石。这些黄色矿石中的许多白色细脉，原以为是重晶石，后来确定为白铅矿。谢家荣又与南延宗、王植同往复勘，在矿堆附近，至少找到两处铅矿床的露头；他又在为许多白铅矿散浸的含铁矽石中找到了一些风化残留下来的原生方铅矿结晶。谢家荣由此断定这矿堆是代表铅矿风化部分的松石，乃是铁帽的特征。在谢家荣的亲自部署下，最终在1950年8月一钻成功，发现了栖霞山铅锌银锰多金属矿。这一发现令他异常兴奋，喜悦之情溢于言表。他在其长子谢学锦与李美生的婚礼上对众人宣布说：今天，我们是双喜临门，一喜是栖霞山钻到铅矿，二喜是学锦与李小姐成婚。他把理论指导找矿的突破，看得比儿子结婚还更加高兴。同时还著文《栖霞山一钻成功》说："栖霞山从此将不再仅仅以深秋的红叶为诗人所欣赏，或丰富的纺锤虫化石为地质学家们所注意了。在不久的将来，可能就有一个现代化的矿厂出现，而在未来经济建设的高潮中占着重要的地位，正像淮南八公山一样，从一个寂寞的农村，突然的变为繁盛的矿都。地质学家为人民服务的目的，到这个时候，才算完全地达到了。"接着又在《矿测近讯》上发表《大家注意铁帽》说："最近本处在该山所作的详测和钻探工作，发现了深达120公尺的氧化带，认识了铁帽和锰帽的意义，这对于将来在华东区进而在全国的探矿工作上，将有重大的指助。我所以要特别提出华东，就因为在扬子江下游的许多所谓铁矿露头，很可能大多数是铁帽，如能在有望地点测勘钻探，或可在其下部发现许多有价值的金属硫化矿。希望同业们在今后的工作中，多多注意铁帽，必将有意外的收获。”

1958 年，谢家荣在《中国矿产分布规律的初步研究及今后找矿方向的若干意见》中又运用铁帽的理论指出：“应对浙江武康（铜官）长兴及江西九江（城门山）瑞昌（铜岭）的几个所谓铁矿点进行研究，他们可能是铜矿，黄铁矿或其他硫化物的铁帽。”

10 多年后，谢家荣又在江西东乡枫林、铅山永平，经过短暂的野外考察，识别出了枫林铜矿床的古铁帽和永平的铁帽，为枫林和永平铜矿床的成因和会战指明了方向。

解放后，谢家荣先后服务于矿产测勘处、中国地质工作计划指导委员会、地质部、地质部普委、地质部地质矿产研究所、矿物原料研究所、矿床地质研究所等单位。1951 年前后，中国的地质人员不足 300 人，能被委以重任的技术骨干屈指可数。谢家荣凭着他对祖国地质矿产情况和这批技术骨干的工作能力和专业特长的了解，毅然提出了一批重点勘探矿区基地和技术负责人：湖北大冶铁矿（程裕淇）、内蒙古白云鄂博铁矿（严坤元）、河北庞家堡铁矿（王曰伦）、贵州水城观音山铁矿（路兆洽）、安徽铜官山铜矿（郭文魁）、甘肃白银厂铜矿（宋叔和）、山西中条山铜矿（王植）和陕西渭北煤田（李春昱）。“这些对中国地质学界来说，是从来没有过的，‘开天辟地’的重点工程，对国家第一、第二个五年计划的完成是起了决定性作用的”。

“1951 年他在南京看到甘肃白银厂的标本时，立即指出这里的‘铁矿’是铁帽，其下有原生的硫化矿，可能属于西班牙的里奥廷托（Rio Tinto）型矿床，结果证明它就是里奥廷托型的黄铁矿型铜矿”。“他在白银厂勘探区踏遍所有矿化带与布钻点，并详细调查老窿及勘探坑道”，“在宋叔和普查资料的基础上，指出白银厂是有价值的铜矿基地，他起草了意见书，初估了储量，报国家计委，列入第一个五年计划之重点项目，勘探结果，与他初估的储量大体吻合，充分说明了他的胆识。”

安徽铜陵铜官山铜矿地表为一层厚约二三十米的铁帽所覆盖，1944 年日本人在此应用物探测得深处尚有矿体，施钻结果，竟于铁矿下发现铜矿，但以后未加详探。“抗战胜利后谢家荣对此非常重视，1950 年 6 月起陆续派人前往该区调查钻探”，扩大了铜矿矿区范围。1952 年正式成立了 321 地质队，40 年来的勘探证明，铜陵是我国重要的铜矿和重要冶炼基地之一。

谢家荣认为一个矿床学家应不仅探讨矿产地质，还要掌握有效的勘探方法，熟悉采矿、选矿和冶金工艺过程，并了解矿产品的国内外市场价格变化。

谢家荣不仅向来主张地质研究为找矿服务，而且还在这种服务中融入经济学，进行成本核算，按照经济规律办理，融经济学于矿床学和找矿勘探工作之中。谢家荣是中国最早将地质学与经济学结合起来，并且是一贯按此思想办事的地质学家。在《矿产测勘处工作方针及预算原则》一文（《矿测近讯》第 70 期）中，他写道：“我们将毫不客气地说，以后的每一年，都将有在经济上或理论上重要的发现。我们从今年起的年报上可以明白地用数字来表示出这一年中所发现的矿产品的价值，这个价值的数字，比之我们这一年中的支出，要大过数十百倍，甚至千万倍。换句话说，我们这机关不是纯粹研究学理的机关，我们也是一个生产机关，我们可用成本来计算盈余，而且这盈余，要比任何的生产机关来得多。”以 1947 年为例，在这一年《矿产测勘外年报》的“前言”中他是这样写的：“本处在这一年中，成绩最为辉煌，一共打了 4,159 米的钻眼，发现了 4 万万吨的上好烟煤，

260 万吨的磷矿，50 万吨的铝土矿，其最低总价值当在 40 万亿元以上（1947 年 2 月时值），较之本处全年支出（27 亿元——作者注）高出 1 万余倍，其贡献于国家社会者，良匪浅鲜。”

谢家荣一生中亲自勘查研究与指导勘查研究的矿产资源包括燃料、钢铁、有色金属、稀有金属、贵金属，主要的非金属资源和水资源，涉及石油天然气、煤、铁、锰、铝、铜、铅、锌、锡、钨、金、银、稀有稀土金属、水泥原料、耐火黏土、陶土、石墨、膨润土、蛭石、盐、地下水等矿种和沉积、接触变质、区域变质、岩浆分异、岩浆热液、热水、风化淋滤、残坡积与冲积成因等类型。

在 20 世纪 50～60 年代的大部分时间里，谢家荣的足迹遍及祖国的大江南北，长城内外，西北的大漠戈壁和西南的崇山峻岭，用他渊博的学识、丰富的经验，指导着全国包括煤和石油在内的各种金属、非金属矿产的找矿勘探工作，为祖国的繁荣与富强贡献了他的才智与汗水，祖国和人民将会永远记住他的名字。他在经济地质学方面的建树，奠定了他在我国经济地质学界无可争辩的地位。他是中国经济地质学当之无愧的鼻祖和泰斗，他所创造的业绩将在中国地质学史上永放光辉。

《谢家荣文集》编辑委员会

2017 年 9 月 26 日

目　　次

1946 年

1947 年

1948 年

1949 年

1950 年

1951 年

1953 年

1954 年

1955 年

1956 年

1957 年

1958 年

1959 年

1961 年

1963 年

1966 年

插页目次

四川矿业的展望*

（民国34年12月3日重庆大学纪念周演讲稿）

四川在地形上是一个盆地，有山而不甚高，有水而多能行舟，又加气候温湿，土壤肥沃，农产丰富，人口稠密，所以四川号称天府之国，就是这个道理。至于矿产呢，据历年调查，煤铁五金，应有尽有，无疑地颇有开发的希望。自抗战军兴，政府迁川，公私资本集中在四川，更与四川以提早发展工矿业的机会。所以在抗战八年中，四川的煤铁生产，为后方各省之冠，工业经营，亦为其他各省所不及，贡献抗战，厥功甚伟。现在抗战胜利了，政府要复员，矿厂也要复原，人民熬了八年颠沛流离的苦，也多想还家，假使不是因为运输的困难，政治的环境，恐怕大家都要跑空了，矿厂没有人维持，也只得关门大吉了。八年经营的苦心，不是要毁于一旦，而前功尽弃么？这岂是抗战胜利后应有的结局，更不是复员所应取的途径。所以我们应该仔细商讨四川工矿业的前途，何者有发展的希望，就应加倍开发；何者只需暂维现状，以供目前的需要；何者没有多大的前途，可以立时停闭。

本人是学矿的，对于四川的矿产矿业，稍微知道一些，现在略为谈谈四川矿业的展望，请诸位指教。

先讲煤。据中央地质调查所估计，四川煤储量有2518兆吨，占全国储量4.05%，居全国之第四位（即山西、陕西、新疆、四川）。这个结论，是否可靠，颇为问题，因为东北华北的估计，以前多失之过低，就是云贵的储量，也还太小，究竟四川能否居第四位，现尚难定。但有数点很明显的：（一）四川煤层太薄，虽延长数十百里，但散而不聚，不容易大规模开采，这一点较之东北华北的煤田，大有逊色。（二）煤质除侏罗纪外，几乎都不能炼焦，而侏罗纪煤成层太薄，灰分有时过多，也不如华北东北。（三）与云贵比较，在煤层的厚度上与质性上讲，也有不如的地方，但交通显然好得多了。因为四川地形比较平坦，河流纵横，都能通舟，沿河煤田，利用水运，常能开采获利。在云贵就没有这种便利。这一点在抗战期中特别表现得明白，所以四川的煤矿业要比云贵发达得多（云南年产约20万吨，贵州40万吨，四川300万吨）。现在要讨论的是将来四川的煤矿业，应当如何发展？以四川这样大的一个省份，人口这样的稠密，农产这样的丰富，为维持各种基本工业，人生日用所需，及交通上的燃料，煤的需要量一定是很多的，所以以后继续年产300万吨，不能算多。比如成渝铁路修好了，内河水运改善了，各地基本工业发达了，生活标准加高了，那末，煤的需要，一定还要继续增加，我们不但要维持原有的生产量，还要继续开发，设法增产。

其次要讲铁。我们直到现在在四川境内还没有找到大量的铁矿。綦江、涪陵，要算最

* 原载《矿测近讯》1946年1月号（第59期），6—7页。——编者注

大的铁矿，但储量不过一二百万吨。此外在抗战期中所开发的许多小铁矿（如侏罗纪的菱铁矿）和小化铁炉，那只是临时救急办法，决不能维持永久。又加缺少冶金用的焦煤，所以四川铁矿业的前途，是不能乐观的，我们以后应该逐渐紧缩，将这一笔有用的资金，移用到其他的矿业上去。

再要讲的是盐，天然气和石油。盐是四川的名产，在抗战期中，立功最大，要没有四川的盐，恐怕我们的抗战就不能坚持到八年之久了。复员后海盐畅通，四川的盐业是否能维持，或者还能发展，现在颇难说，因为这要靠政府的政策，及我人如何努力而后定。如果政府能维持川盐的销路，并且我人能努力改进凿井技术，制盐技术，利用盐产，发展各项化工业，那末，四川的盐业，不但能维持目前的盛况，还能发扬光大。

四川的天然气是老早就发现的。自从资委会在巴县石油沟、隆昌圣灯山施钻深井，才知除自流井外，川中川南也有气，并且有高压高量的气（石油沟七五至七九大气压，每日流量约 50 万立方英尺，圣灯山七八・九大气压，每日流量 200～500 万立方英尺）。这是很大很重要的发现。从此发现，我们可以推测将来在四川其他地方，还能发现更多的天然气。天然气的用处太多了，我们现在已用为煮盐，行汽车，开轮船。将来普遍开采，普遍利用，还能从此改炼汽油，供给城市的照明及炊爨的燃料。所以天然气是四川一种已证实的宝藏，将来我们要加倍努力去开发，去利用。

至于石油直到如今是一个谜。许多盐井中常有油迹，地面上流出来的油泉更是很多，但资委会打了四五个深井，总没有发现丰富堪采的石油；悲观的人士们就断定四川没有油。但从各方面研究，四川并没有不能产油的征象；相反地，从地质历史，岩层性质等等而论，四川确有产油的可能。现在找不到油，原因很简单：钻探未够普遍，地点未尽适合，打井时没有分层试验。本处近来研究四川石油地质，获得若干新的线索，新的观念，依此施探，或可发现石油。并且油与气共生，若不得油，或能得气，我人以找气为主，找油为副，那末，虽不得油，工程也不算浪费了。如果有一钻得油，以后的发现，不难源源而来，而因交通的便利，需要的众多，四川石油矿业的发展，必可较其他省份（如甘肃）为事半功倍。所以石油在四川，虽至今还没有发现，我们今后还要十倍的努力去搜探，探到之后大规模开采，这恐怕是未来四川经济建设的基石，我们应该不惜任何努力，任何牺牲去追求的呀！

此外如铜，金及其他矿产，在四川都有相当的希望，现为时间所限，不克一一详说了。

资源委员会矿产测勘处接受外界委托服务办法*

一、宗旨

以普及地矿知识辅佐工矿发展为宗旨。

二、业务

分为左列各项：
甲、陈列矿产地质标本，举行通俗学术演讲。
乙、测量矿区，勘查地质，估计储量。
丙、计划工程，代办探矿。
丁、鉴定矿物、岩石、化石，代制岩矿薄片、矿山模型。
戊、绘印各项地图。
巳、代编工矿统计及其他咨询或委托事项。

三、办法

以上除甲项由本处自动办理并业已举办外，如有以其他业务相委者，请函重庆沙坪坝矿产测勘处或南京高楼门峨眉路21号，或派员洽商，本处自当竭诚接受办理。本处电话：南京33419，电报挂号：2418。

四、费用

关于简单鉴定及统计调查概不收费，其他测勘、探矿、绘印图件、磨片、制型等工作，当酌收费用，其需支旅费者，视路程远近者随时订定。

五、征集及交换标本

本处拟征集或交换各种岩石、矿物及化石标本，如需价让者，当不吝重资收买。

* 原载《矿测近讯》1946年1月号（第59期）。——编者注

敌伪时代华中矿产之若干发现*

民国34年12月作者奉命赴台湾考察矿产，道出上海，为略知敌伪时代日人经营之华中矿业公司之概况起见，曾约前该公司调查课课长筱田恭三谈话，特别注意于新发现矿床及研究新材料，兹分志如次：

一、铜官山铜矿

于1944年发现。该矿属安徽省铜陵县，表面俱为铁矿，厚约20公尺，几已采尽，由物理探矿（用重力法，自然电流法及磁性法三种）知深处尚有矿床，乃设钻眼二三十，各深约120公尺，于铁矿下竟发现铜矿，最厚达50公尺，长约100公尺，宽80公尺，成囊袋状。矿石为黄铜矿，与磁黄铁矿及黄铁矿共生，平均含铜1%，亦有较高者，矿量概算约200万吨，可炼纯铜约2万吨，表面铁矿含铜自5‰至7.4‰，四周围岩则为不含铜之闪长岩及石榴岩，石灰岩则成小块或晶片，夹于闪长岩中。铜矿经粗选后含铜达5%，迳运日本冶炼，已运出3,000吨。用平巷及斜巷开采，矿上有专用铁道，运输能力年可10万吨。发电机100千瓦及30千瓦者各一，常用，1,600及300千瓦者未完成，空气压缩机自20至300马力不等，共有五台，另有修机厂，浮游选矿厂及事务所，宿舍、病院俱全。预定年产粗矿12万吨。

二、当涂向山黄铁矿

位于南山之北约1公里，南山为著名铁矿，开采甚盛，而向山则未闻产矿，仅浮面有若干赤铁矿及褐铁矿之漂砾，四周岩石则俱属火山岩系。自1934年物理探矿表示有矿后，遂加钻探，共钻20余眼，结果于地面下15公尺处发现黄铁矿体，此矿体厚约30公尺，长宽各约50公尺，围岩则为粗面岩。矿质甚佳，不含杂质，几为纯粹之黄铁矿，据分析含硫黄约百分之四十五六，矿量概算200万吨。矿上有发电设备，工作设备及事务所，病院、宿舍俱全，预定年产矿石3万吨。

三、南京栖霞山及王山锰矿

栖霞山锰矿产于石灰岩之表面风化土中，有锰矿结核，含MnO_2自30%至35%，Fe 10%～20%，此表土下石灰岩层隙中常有矽质低级锰矿，成脉状，含MnO_2仅5%～7%。王山及龙山口在板桥镇附近，为含Mn之重晶石石英矿脉，产石灰岩中，含Mn亦低，仅5%，惟其附近常有次生残余矿层，含MnO_2可高至25%～35%，含Fe 10%～15%云。栖霞山储量约15万吨。王山约3万吨。以上二矿俱经日人用露天法探采，设小铁道以利运输。因矿含泥质至多，有水洗选矿设备。机器方面有空气压缩机，工作机等，另事务

* 原载《矿测近讯》1946年2月号（第60期），1—2页。——编者注

所、仓库、宿舍俱全。年产矿石能力，栖霞山为3万吨，王山约2万吨云。

四、苏皖铁矿之新材料

江苏凤凰山铁矿经日人试探后，证明有矿量350万吨，矿脉延长500公尺，实自15至20公尺，下盘为细粒闪长岩，上盘则为砂质凝灰岩。牛首山铁矿仅有5万吨，他若静龙山、龙旗山各矿，更属无望。凤凰山曾一度开采，设运矿铁道、码头及空气压缩机等，年产能力达30万吨，至民国33年10月停采。

当涂各铁矿以大凹山储量最多，达250万至500万吨，南山200万吨，东山100万吨，梅子山80万吨，钟山70万吨，小姑山80万吨，与以前作者估计，虽多出入，大致尚能相合。南山矿体据云成一袋状，厚30至40公尺，大部业已采去。大凹山则为磁铁矿与磷灰石共生，矿体长宽各约200公尺，厚达50至80公尺。据日人筱田恭三意见，谓为胎凝接触矿床，矿体约成菌状分布，有多数平铺矿脉，自一中支分出，相互平行，散布于闪长岩中，但此种见解纯凭理想，尚乏确切证据也。以上各区俱经开采，年产能力约80万吨。

安徽桃冲铁矿成急斜之脉，产石灰岩中，露天开采已深，工程甚为危险，日人经营后多开平巷，以采深部之矿，据云矿脉尚可直延100公尺，储量尚有200万吨。矿上设备甚佳，有空气压缩机三台，发电机50及100千瓦者各一，常用，600及250千瓦者未完成，另有码头设备，工作机及事务所，宿舍、病院等俱全，年产能力15万吨。

五、浙江萤石之研究

日人对浙江萤石矿，甚为注意，曾详密调查，著有报告一巨册，在吴兴，象山，义乌，武义等区，分设矿业所，大施探采，其中以象山规模最大，每年可产4万吨，悉运日本，总计浙省所产萤石前后运至日本者达6万吨。象山地处海滨，交通便利，产矿地点名破后山，系一向西倾斜达七十度之矿脉，产于火山岩系中，由山坡分开平巷数层以采取矿石，已开发之矿脉深达40公尺。兹将各区储量及年产矿石能力，列表如次：

<table>
<tr><th>县名</th><th>产　　地</th><th colspan="2">储　　量（吨）</th><th>成分</th><th>年产矿石能力(吨)</th></tr>
<tr><td>吴兴</td><td>胧山</td><td colspan="2" rowspan="2">80,000</td><td rowspan="2">78%</td><td rowspan="2">40,000</td></tr>
<tr><td>象山</td><td>破后山</td></tr>
<tr><td rowspan="2">义乌</td><td>南山区：包括向溅山，冷水坑，岩坑山</td><td>南山区</td><td>60,000</td><td>80%</td><td rowspan="2">30,000</td></tr>
<tr><td>云黄山区：包括刀抢山，画山，老虎山</td><td>云黄山</td><td>40,000</td><td>80%</td></tr>
<tr><td>武义</td><td>唐里，石龙岗，蒋马塘，木杓山等处</td><td colspan="2">合计约200万吨
以木杓山最大，约100万吨</td><td>80%</td><td>65,000</td></tr>
</table>

六、其他零星发现

日人在湖北应城（阳山区）膏盐层中发现含有2%之锶，南京汤水镇温泉及泥土中，亦发现微量之锶。浙江义乌东阳魏山镇，在盖覆火山凝灰岩系上之砾石层中，有铁锰质之结核，据分析含钴达1%～3%，含锰、铁各约10%～15%。以上零星发现，仅富科学兴味，现并无实用价值。

按华中矿业公司规模甚大，其附设之研究所，为矿物利用及化学分析之各项研究，设备尤为周密，有X光分光镜，及一般之矿物及化学研究之各项仪器；探矿部门有钻机十余架，熟练技师及工人多名；经费充足，组织严密，凡遇有望地点，即施钻探，新奇矿石，即加详密研究，故在短短数年之中，即有若干新发现，其成就实有赖于上下一心努力以赴之结果，殊非偶然幸致者也。但地质与学理方面之贡献殊少，所制图件仅注重矿体本身，而采矿计划与设施，亦不免有过于扩大不切实际之处，此则或以战争时代，不尚理论，而为加紧生产，无暇考虑之故欤？

视察苏皖矿产记*

余奉会命视察苏皖矿产，于4月22日（星期一）偕美专家毕尔士 Pierce、伊登 Eaten 二先生先赴马鞍山视察铁矿，由大会矿业处许处长粹士领导，华中矿务公司筹备处于瑞年先生招待。十时许抵达即参观日人在马鞍山所建之小型化铁炉十座及仓库、码头等，下午搭专用火车至向山，视察黄铁矿，据钻眼推解，地下有两个矿体，其延长方向，相互垂直。日人已开直井二，采取矿石甚多，现山上尚存二三千吨，惟设备房屋俱已破坏无遗。继参观南山及大凹山铁矿，该二山之地面设备及房屋，亦俱被毁。南山露天采掘场规模宏大，共分四级，据日人钻探，铁矿体尚延深达30公尺。在大凹山日人曾于山腰开挖纵横二大坑道，于矿床之形态，发明至多，惜现多坍陷，不克亲入考察为憾。据云日人开采时，南山共产铁矿270万吨，大凹山54万吨。视察毕返宿马鞍山。翌日（二十三日）研究矿上各项图件，十二时乘车返京。二十四日复偕本处王作宾及美专家毕、伊诸先生赴栖霞山视察锰矿，由于瑞年先生招待。该处锰矿成囊袋状，产于栖霞及其下之石灰岩中，分布零星，但范围甚大，在栖霞寺北虎山、龙骨石一带，开采甚盛，矿质尚佳。在龙骨石附近之浮土中，发现高岭石或多水高岭石之块砾，色白质软，半透明，与川南之所谓“滑石”，一般无二，本地人名之曰龙骨石。本会重庆耐火材料厂郁国城先生前曾来函，提及此石，嘱为调查，今于无意中得之，殊感兴味，惟就其产状观之，恐难得大量之储藏耳。午饭后，又至栖霞寺东之白绿泉煤井一带考察二叠纪煤系，仅见黑页岩，恐含煤不多。归途于公路边考察虎爪及赵家凹之新开煤井，在侏罗纪砂岩中有煤线露头，土人缘是开采，日可产劣煤数吨，因京市煤荒，亦可出售获利，计每吨售价五六万元。25日考察凤凰山铁矿，美专家伊登及本处马祖望、沙光文诸先生同行，招待仍为于瑞年先生。此山经日人大规模开采后，矿脉毕露，产状详明，极富研究价值，伊登先生在中央大采掘场发现一直井，谓其下已见底岩，遂创矿脉不能深延，并谓地面之红土化作用，为富铁矿之主要成因云。余当加反对，谓此处矿床产于闪长岩与石英岩之间，无疑地为上升矿液所成，故必有相当深度，为估计矿量，至少必自附近平原算起，方为合理，但伊登颇不为然。乃先至扁担山视察后，又绕赴凤凰山之西北山脚，以视日人有何横穿矿体之平洞。果也，搜探不久，一建筑坚固，尺度宏大之平洞，即呈于我人之眼前，遂相率入洞，而苦无灯火，乃先燃火柴，继燃报纸取亮，鼓勇直前，约200余公尺，洞向南折，而报纸垂尽，不敢深入，在转湾处，马祖望先生暗中摸索，在左壁捶取石样一块，出洞视之，赫然质地优良之铁矿也。至是而矿脉深延之争，不攻自破矣。查我国矿床矿量问题，时多争执，历久不决，安得一一为之施钻开洞，使真相大白乎。在铁矿上壁之细致石英岩中，发现交斜层构造（Cross bedding），足证日人定为火山凝灰岩（忆筱田恭三与余在沪会谈时曾作是语）之无稽，于矿体中则常见石英脉及重晶石脉云。据于君云，凤凰山日人所测之图件，已告遗失，本处拟即派员详测，俾得精计矿量，并将所有事实，详为纪录，亦矿床学上至足珍贵之材料也。

---

* 原载《矿测近讯》1946年4月号（第62期），6—7页。——编者注

研究与建设*

大概是民国二十五六年的秋天罢，当我任职北大地质系主任兼地质调查所矿物岩石室主任的时候，一家素负盛名，经营机器进口业的德商礼和洋行的老板来拜望我，态度非常谦恭和气，他的来意是想向地质调查所和北京大学兜销些科学仪器和化学材料的。我当时非常惊奇，因为像礼和洋行这种大进口商，对于科学仪器一类的冷门货，向来是不屑做的。我就将这意思问他，他很感慨地说："现在中国政府提倡科学研究，仪器一类的销路非常好，至于机器，因为内战频仍，工业不发达，反相形见绌了，我们做生意的人，不能不随机应变，改弦更张了。"其实当时的政府，财政支绌，应付困难，还有什么心绪来提倡科学；不过自从英美等国退还庚子赔款后，这种款子大部分是指定补助学术研究及设备的，所以各学术机关纷纷订购仪器，扩充设备，一时仪器进口商像兴华公司之类，营业鼎盛，利市三倍，一向做大买卖的礼和洋行看得眼红，也想染指一二了。这种情形在建国的正常路线上讲，不能不算是畸形发展，因为工业建设的机器进口，无论如何应当超过科学仪器，况且过分重视设备，而不注重工作本身，其流弊所及，将使设备变为装饰品，而为投机的提倡科学家们所利用了。当时能权衡缓急轻重，实事求是的研究机关，固然不少，借设备做幌子而并不能专心研究的，也不能说没有，尤其因为研究与建设未能配合得宜，所以实用方面的贡献，也就微不足道了。

抗战发生，全国骚动，政府西迁，人民流徙，这个划时代的变乱，影响到任何个人，任何地域。从事学术研究的人和机关，尤受到空前的灾难，生活压迫，无心研究，即有若干艰苦卓绝之士，埋头苦干，继续不辍，却因限于经费，绌于器材，而少所成就。但从另一方面看，因为海口封闭，物资隔绝，勿论为抗战急需的军工材料或人民日用所需的物品，均不得不在自力更生的原则下努力生产了。风声所播，全国翕从，于是公私矿厂，风起云涌，抗战建国，定为国策，而工程师，企业家遂成为国家柱石，天之骄子了，这其间确曾树立了若干工业基础，获得了许多技术经验，培养了不少干部人才。唯一的缺点，是军事时代，时间高于一切，凡百设计，绝少我人考量研究之余地，于是空虚，扩大，浪费，浮躁的毛病，也就随之发生，许多事业的失败，也就种因于是，无怪一旦胜利来临，情势变易，政府不能再负担无限止的创业经费和周转资金，于是各矿厂俱纷纷停顿闭歇了。假使当初能稍为顾到研究的重要，将一小部分的事业经费，移用到研究方面，并且能慎重考虑，虚心容纳，这带着些书呆子气味的建议，我想结果或不致如是。这种过分重视建设而忽略了研究，在建国的正常路线上讲，仍然是畸形发展呀！

自从胜利来临，政府东迁，在抗战中艰难缔造的后方工业雏型，顿呈动摇之象，而接收敌伪工业，却因政治上、经济上和技术上的各种因素，而困难重重，复工非易，因之，在建国的程序上，发生了青黄不接，前后脱节的现象。幸亏海运开通，我们盟国的物资，

---

* 原载《矿测近讯》1946年5月号（第63期），8—9页。——编者注

源源内运，可济一时之急，我们的衣食住行，几乎都可以靠进口得之，所以主张绝端实用主义的人们，好像有恃无恐，尽量享受，提倡研究，固然是书生之见，就是生产建设，也好像有些劳而无功，多此一举了。这种见解的有背经济原则，并将陷我国人民于崩溃破产之境者，识见远大的人们，谅能明察其误，毋庸赘言。但作者要郑重申说的却是研究与建设，必须配合得宜，相辅而行，抗战以前的专顾研究，不讲建设，抗战期间的专事建设，不尚研究，都是畸形发展，流弊所及，造成了研究不切实际，建设缺乏根据的大毛病。要知道一个计划的实行，必须要有切实的研究根据，而此后的推行扩大，尤要随时考验，以新得的事实，修正已定的计划，既不可鲁莽从事，尤不可胶柱鼓瑟。现在抗战既告胜利，政治亦将澄清，正我科学家、工程师及企业家三方面密切合作，努力以赴建国大道的时候，合理的科学根据，缜密的工程设计，和远大的企业眼光，将为我们成功的秘钥，而足以校正以前失败的错误了。

《江苏东海磷矿述略》（张祖还著）编者按*

本处在渝时曾有测勘东海磷矿之计划，以张祖还先生曾于民国23年前往调查，刊有报告，乃驰函相询，承张先生编“述要”寄示，惟原印报告，张先生手头已无存本，致数字方面，仅能就记忆所及，约为申述。本处迁京后承中研院地质研究所赵子明先生惠赠该所之出版品，遂得研读张氏报告（江苏东海县之磷灰石，载该所丛刊第5号75—116页，民国25年出版），将重要数字，略为补正。因该矿交通便利，质量俱佳，且不久将由我政府接办，爰将张先生所撰之述略，刊入近讯，以供有关人士之参考。

张氏报告，观察细密，论述深详，洵为重要之贡献，但编者窃有三点，愿提供讨论：

一、矿床成因

东海磷矿之成因似有三种可能之解说：

（A）云台系中原有含磷较富之海生石灰岩层或磷灰岩层（与昆明昆阳之磷灰岩矿同为原生水成矿床），经花岗岩侵入时或其岩浆余汁之热液作用，乃变质交换而成为磷灰石矿，换言之，本矿乃原生水成磷灰岩矿之经变质者，故可称为矿层。

（B）花岗岩侵入以后之残余热液，挟带磷、氟、铁、锰等质沿裂隙上升，遇片麻岩与片岩之接触弱点，或云台系中之灰岩层，乃与之交换或填充而成，故应称矿脉，而不称矿层。本说与上说主要不同之点乃在磷质系自外加入，而非原含于灰岩之中者也。

（C）花岗岩侵入以后之岩浆余汁，挟带磷、氟、铁、锰，侵入云台系之底部，交换或填充而成，故本矿应为伟晶岩脉矿床。本说与第二说相差至微，纯为理论上观点之不同耳。

以上三说，究以何者为近似，编者因未实地考察，颇难臆测，细阅张氏报告，似第一说或不可能，但我人立论不妨从多方面着眼，以防万一之遗漏，且如云台系底部，原有含磷灰岩层，则意义极为重大，盖云台系在苏北（如东海以东之云台山）及皖东（如滁县明光间）分布至广，就此探索，或不难发现新矿区也，惟未经变质之磷灰岩矿，其成分如何，尚难预定。倘如第三说，则东海磷矿之成因，可与当涂大凹山之磁铁矿磷灰石阳起石之伟晶岩脉矿床相比拟，不过后者含铁特多，成为铁矿耳。准是而论，则东海磷矿区之铁锰矿层，应与磷矿有密切关系，不特同生同因，且可借是以作探矿之指针焉。

二、探矿计划

张氏假定矿脉之深度为50公尺，且仅就露头测计矿量，共得228万吨，但实际所含，或不止此，因各露头间为冲积层所盖覆之地带，磷矿床颇有连接之可能，如西矿区各露头相距不过50至100公尺，其连续似不成问题，即西矿与顾庄，顾庄与东矿，甚至更东至

* 原载《矿测近讯》1946年5月号（第63期），10—11页。——编者注

桃李湾一带，矿床之连续，亦颇有可能。至于矿脉之实际深度亦颇可能在50公尺以上。凡此皆须实施探勘以证明之。探矿工作可分为横的与纵的二层，前者探定矿脉之延长，后者测定矿脉之略度。横的探矿可先从许多切割冲积层之深沟（张氏报告上有一照片示此项深沟颇为清切）中着手，应详细搜寻，有何磷灰石之漂砾，或含磷层中任何一部分之漂砾或露头。铁锰层与磷灰石矿关系至密，如发现铁锰，则距磷灰石，应不甚远，故可用为探矿之指针。俟地面观察探得磷灰石漂砾特为丰富之部，乃就此开挖探槽（10公尺左右为度，过此则槽探即不易从事矣），或可遇到矿脉，如矿脉位置，在槽探之可能深度以下，则只有施行钻探（100公尺以内之深度）以定之。至于纵的探矿，应先规定矿脉之可采深度，兹先暂定为100公尺，然后分为二列，一为50公尺，一为100公尺，再就矿脉倾角之急缓，就露头上壁之适当地点，照100或300公尺之距离敷设钻眼，陆续施探。若全部露头范围以内俱含矿，而矿脉深度可及100公尺、厚达10公尺时，则可达最大储量1500万吨以上之巨大数字矣。或者曰东海磷矿，仅用露天法开采足矣。即有深矿，而开采费工，销路有自，亦无所用，故上述探矿计划，不免多此一举。殊不知磷之为物，关系农业工业者至巨，台湾已感肥料荒，中国各地农民近亦渐感化学肥料之重要，故如能在东海证实巨大储量，则以其位置优越，交通便利，可供将来设计大规模磷肥工业之用，岂能任其湮没不彰，辜负此天赋之富源耶。

三、放射性矿质

张氏报告及述要上俱述及东海磷矿有放射性矿物存在之可能，此于大规模开发该矿更予以莫大之鼓励，张氏报告第98页谓有一种红色物包于石榴子石之外，成一薄膜，疑系云母之风化产物，又87页谓西矿磷灰石层最下层白色，中夹红色石榴子石晶体甚多，且有黑色闪光金属细粒，含于其中，此部厚约半公尺，采矿者多弃而不取云。将来探寻放射性矿物时于上述二节，似不可不加以注意也。

新式岩心钻钻头*

探矿工作之最有效方法，厥为钻探，因其可用较低之价值，最短之时期，探到最深（最近南非一钻深达10,718英尺）之境界故也。各种钻机中尤以能获取岩心之金刚石旋转钻机，能得最准确之结果，因就岩心分析，不但能获悉矿体之厚薄，质量，且能研究其结构，层位，倾向，倾角及上下地层相互之关系也。

钻头为钻机中之重要部分，其上嵌有金刚石，或其他硬质合金，由于机械旋转之力，此钻头逐渐钻入岩层，由一适当之装置，此钻过之一段岩石（通称为岩心）乃被截留于钻心筒中，可取出研究。故钻机之效力，除机械方面外，钻头之设计装置，尤其直接与岩层接触之硬质物料，如金刚石或合金之性能，具有重大之关系。金刚石可分为三类：一为白色或略带色彩之结晶，呈虹彩光，为宝石之用。二为不甚纯粹白或黄色之结晶，粒小晶劣，不能用为宝石，但可为钻探之用，在商场上名曰Bort或Bortz。三为黑金刚石，系金刚石微晶，包含于无定形之炭质或笔铅中，名曰Carbon或Carbonado，即以前钻机上所常用者也。白金刚石硬度最高，但因其具有劈开性，较易裂开，故其坚韧之性，反不若黑金刚石，老式钻头之多用黑金刚石者，其故在此。自钻机改良，转速增加（以前为每分钟数百转者今则增至1000或1500转），压力减低，小粒白金刚石之多棱锐利，遂为镶嵌钻头之适宜材料。其他硬质合金，种类繁多，有矽炭化物，钨炭化物，硼炭化物，及高融氧化铝等等，为钻探软岩层如页岩，石膏，盐层等，此种合金钻头，颇堪应用，至若石灰岩、花岗岩、斑岩等硬石，则非用金刚石不可。

兹将Wooddell氏所定各物之硬度（改定之麻氏硬度表），列如左表。

种　　别	硬　度	种　　别	硬　度
南美褐色Bort	10.00	黑色矽炭化物	9.15
南美Ballas	9.99	绿色矽炭化物	9.13
比属康果❶黄金刚石	9.96	钨炭化物（含炭13%）	9.09
比属康果白金刚石	9.95	高融氧化铝（含TiO_2 3.14%）	9.06
比属康果灰金刚石	9.89	非洲结晶刚玉	9.00
南美黑金刚石	9.82	石英	8.94
硼炭化物（Borium）	9.32		

按上表中之Ballas亦为白金刚石，但结晶自中心开始，更为细密。用黑金刚石镶嵌钻头，须用较大颗粒，大致每钻头嵌6粒至12粒，视钻头大小而异，每粒重约2卡拉❷至4卡拉，1937年之价值，为每卡拉美金65～70元，以前则价在100美元以上。黑金刚石之

* 原载《矿测近讯》1946年6月号（第64期），10—12页。——编者注

❶ 比属康果即比属刚果。——编者注

❷ 卡拉，今译作克拉，1克拉＝0.2g或200mg

优点，在坚韧不裂，但价值昂贵，且用人工镶嵌，需有精巧技术，否则即易脱落，而遭致巨大损失。自钻机改良，压力易于控制，具劈开性之小粒白金刚石及黑金刚石之碎粒，遂得应用于钻头之上，以前仅用数粒之黑金刚石者，今则悉用数 10 粒至 200 粒，每粒重不过 1/5 或 1/20 卡拉，因小粒金刚石价值低廉，故此种钻头反较便宜。但小金刚石镶嵌更难，遂发明机械镶嵌之法，其法以多数白金刚石小粒，匀置模中，然后倒入融化合金（如铍铜合金，钨炭化物等），俟其凝固，则金刚石小粒，即密布于此合金之面上，分布均匀，镶嵌坚实，钻头旋转之每一部位，皆有金刚石与岩石接磨，故可得最大之效力，最低之损耗；且因机械镶嵌之故，钻围尺度准确，可得大小一律之岩心，钻眼自上至下，尺度均一，无须施行加大。至小金刚石之价值，每卡拉不过美金 3～7 元，故同尺度之新式钻头，其价值仅当于老式黑金刚石钻头之十分之一至二十五分之一，而效力则大增，在普通情形之下，每钻头可钻深数百尺，如为特别有利之岩层，则可达 700～800 尺，最坚韧最困难之岩层，则仅 5～10 尺。钻头效程之估计颇难，因除岩石性质，钻机效力外，钻工之技术有重大之影响也。机械镶嵌之钻头，钻石既少脱落之虞，尤无镶嵌之烦，工资最高，调练最难之镶嵌技工，此后已不需要。美国钻机公司又定有以老钻头换购新钻头之法，且可以订购时之市价，依照剩余钻石重量，扣减价值，交件迅速，核价公道，故此后储备大量钻石，亦无必要矣。用新式钻头可获得较多之岩心，较直之钻眼，为研究地质，比定岩心及估计矿量，可得更准确之结果矣。凡此种种，俱为新式钻头之优点，于减低成本，增加效力，实有长足之进步也。

以上所述，可名为镕铸式钻头 Cast Set Bit，此外尚有一更新式者，可名为热结式钻头 Sinter Set Bit，其法系依据近年来发明之粉粒冶金学 Powder Metallurgy 而来，盖利用金属体细粒与金刚石组合，经高热胶结而成。所用之金属胶结体，种类颇多，须质坚耐蚀，能与金刚石团结一体，不易分裂者为合格，通用者为钨炭化物及钴或其他合金之细粒。以此与金刚石微粒，适量调合，置于模中加高热，使之半溶化而团结，遂成一坚固不分之体，以之焊于钻帽之上，进行钻探，除上述镕铸式钻头之各项优点外，另有其他优点，即可自始至终，继续使用，至合金及钻石，几于完全磨去为止，盖金刚石微粒系浸沉于全部钻头之中，犹如花生糖中之花生然，此部被蚀即有一新的钻尖出露，如是继续进行，至全部磨尽为止，故就使用钻石之成果言，可得 90%之效率。至于钻头之尺寸，更为准确，其口径之相差，可细至 1%或 1‰英寸，故钻眼上下，无大小不一之弊，当更易钻头时，不需加大。又因所用之胶结金属，其硬度亦极高，在钻探极坚硬之岩石时，此胶结体之磨蚀，适足使金刚石突出至适当程度，而与岩石磨接，若岩石较软，则胶结体磨蚀极难，反须应用砂吹法（Sand Blasting）之步骤，使金刚石突出而得锋利之效。故钻磨之进行，完全为金刚石所控制，换言之，即能充分利用金刚石之效能也。至于金刚石在胶结体中之分布，亦经缜密研究，须适合于钻头内外围切蚀能力之不同，而加以调整；另一法则使钻头成外宽内狭之条锥状，以之嵌焊于钻帽上，或于钻头上留同样形式之若干水槽，俱可得调整之效。

用上述钻头，须有砂吹设备及电焊设备，砂吹在特制之砂吹筒中行之，仅须 2～5 分钟，即可使钝蚀之钻头，变为锋利，各钻机公司俱有砂吹筒出售。电焊设备须有氧气，电石灯，及若干焊剂与药品，凡有电焊经验之技工俱优为之。

上述两种新式钻头，即镕铸钻头及热结钻头，均已盛用于各矿，增进钻探效能，开发地下富源，厥功甚伟。此项新钻头美国各大钻机公司俱有出售，除四种标准尺度（即 Ex，Ax，Bx 及 Nx）外，并可照特定尺度模制。又钻头形式，有圆边与方边二种，前者较为普通，效力亦大。又有整环式，条带式，方块式，六角式等种种不同之形式，视用途而异。各公司出售之此项新式钻头，各有专名，兹列表如次：

公司	镕铸式钻头	热结式钻头
郎叶尔 Longyear	Castset Core bit	Carboloy Sintaset Core bit
苏理文 Sullivan	Koebelite Core bit	
斯巴拉葛兴胡 Sprague & Henwood	Trucast Core bit	

查钻探工作，在当前之建国程序中，实为急要之图，盖无论为开矿，筑坝、凿井、建桥，皆须钻探，而与矿业之关系，尤为密切，苟能普遍施钻，深达 100～500 公尺，则以前纯从地面观察所得之地质学者对于我国地下资源之结论，恐将大为改观矣。即如日人在侵占时代所举行之若干钻探，已能发现一二为我人前未料到之矿藏。但日人所用之钻机，型式甚旧，转速既低，钻头又多用硬质合金，故效率不高，我人此后诚能改用美国新钻机及新钻头，则效率既高，发现必日多矣。本处自始即有志于钻探事业，徒以缺乏器材，因循未果，今幸胜利复员，海运畅通，已向美国订购大批钻机，俟其到达，即将普遍推行。我人自信以悠久之经验与健全之理论，再佐以新技术，新利器，则地下富源之终必为我人所逐渐发现者盖无疑也。

抗战八年来之矿产测勘概况*

一、绪言

矿产测勘处初名叙昆铁路沿线探矿工程处，系根据前叙昆铁路矿业合作合同，由资源委员会与有关机关合办，于民国 29 年 6 月 15 日正式成立**。旋以国际情势变化，叙昆沿线矿业合作合同暂时无法进行，乃即奉命改组为西南矿产测勘处，于同年 10 月 11 日宣告成立，而工作范围，则仅限于黔滇康三省。至民国 31 年 9 月，复奉令改组为矿产测勘处，并于同年 10 月 1 日正式成立。至此测勘范围，已不受省区之限制，而成为全国性之矿产测勘机构。惟以战事影响，限处一隅，实际工作仍只限于西南各省，未能普遍展开。胜利以还，沦陷各区相继收复，本处工作范围始克推广，刻正积极筹划收复区域内之矿产详细测勘，以为今后开发之根据。本处初成立时，设于昆明，旋移昭通，继迁贵阳，再徙重庆，去岁 12 月起，开始迁返南京。现在工作人员业已大部抵京矣。

二、测勘工作略述

溯自本处成立迄今，五载有余，调查区域，遍及黔、滇、川、康、湘各省。就调查目的及性质之不同，本处测勘工作，可分为三类：（甲）矿产调查，（乙）区域调查，（丙）其他调查。矿产调查以详测矿区为主，路线及区域调查为副。区域调查，则致力于地质图之测制，遇有重要矿产，始详测矿区。其不属于上述二类者，悉归入第三类。统计年来测制西南各省矿产地质概略图，面积合计达 97,964 平方公里。其缩尺自五万分之一至十万分之一不等。对于已勘察各区，认为具有经济价值，而进一步测制矿产详图者，其缩尺自一千分之一至五千分之一，面积合计 2,500 平方公里。关于各区调查详情，均经编为临时报告，现已出至第 53 号。又各调查人员在野外期间所得之资料，及平时同人研究之心得，均随时刊入本处月刊《矿测近讯》中。该项近讯，现已出至第 64 期。此外尚有西文《经济地质丛刊》一种，所载论文，多为专题之研究。兹以篇幅所限，爰将历年调查区域，及所获重要结果，分别略述如下：

（甲）矿产调查

本处历年来所调查之矿产，种类甚多。金属矿产，有铁、铜、铅、锌、汞、金、钨、锡、砒、锑、镍及铝。非金属矿产，有煤、石油、盐、磷灰石、陶瓷土、硫黄、硝石、石棉、云母及刚玉等。调查范围，大部限于四川、云南、贵州、西康、湖南等省。产地虽多，因不尽有经济价值，本文不及一一备列，兹择要分类略述之。

1. 金属矿产

（1）铁

云南境内之铁矿产地，据调查所知，计有保山阿遍寨及姚关，腾冲狼牙山，大关牛坝

---

* 原载《资源委员会季刊》第 6 卷第 1—2 期合刊，署名：矿产测勘处。

** 依据云南省档案馆的档案记载，叙昆铁路沿线探矿工程处成立的时间应为民国 29 年 5 月 15 日。——编者注

及豆沙关附近，彝良小车坝、大桥坝、龙海、朝阳坝、田黄寨及保风坝，盐津底平坝、高枝坝，易门军哨、东山、阿德、小营等处，安宁王家滩、八街，昆阳铁矿山，峨山上厂，罗次鹅头山，武定迤纳厂，大脉地，禄劝石灰窑东山、多乐南山，陆良新村，沾益恩洪、者白黑，罗平普戛、桃源、大柳树，以及平彝之核桃冲、乍来、墨红等地。其中易门一带铁矿，最为重要。矿石以镜铁矿、赤铁矿为主，悉产于下震旦纪之千枚岩中。属中深热液一类。贮量据初步估计，在 240 万吨以上。其次为罗次武定一带，产状及成因，大致与易门相仿，矿石则以赤铁矿及磁铁矿为主，据初步估计，达 1,000 余万吨，似嫌过巨。腾冲保山一带铁矿，质量平平。其他产地，俱不甚重要。贵州境内铁矿，以水城之观音山及赫章之铁矿山最为重要。经本处详勘，各测有 1/2,500 地形地质图。观音山铁矿，呈垂直之脉状，产中石炭纪灰岩中。矿石以褐铁矿为主。其为潜水作用所成之冷水沉积，抑为浅成热液矿床？当难定论，而以后说为近似。贮量因矿脉之深度及矿质向下变化之情形未明，尚难确言。铁矿山铁矿，系浅成热液或冷水交换矿床。矿石以结晶质之赤铁矿为主，产于下石炭纪灰岩中。贮量须钻探后方能确定。遵义之龙王坝、窑上及新隆场，黔西之菁口及朵朵坝，金沙安底，修文九架炉，亦皆产铁，惟调查未详，尚难言其经济价值。西康境内铁矿，仅调查盐边攀枝花一处。主要矿石为磁铁矿及少量钛铁矿，产于片麻状花岗闪长岩及震旦纪灰岩、石英岩之接触带，及片麻状花岗闪长岩内。作扁平体，扁豆体及脉状。属岩浆分异矿床一类。储量据初步估计达 2000 余万吨，惜含钛过高耳。

（2）铜

云南省内铜矿经测勘者，有会泽汤丹、落雪、因民、拖布卡，巧家渭姑、鱼坝、大寨、铜厂沟，昭通桂花菁，永善城郊及新店子，彝良金彭湾，宣威里务德、乌龙厂及倘塘附近，禄劝多乐、甸尾街、狗街，嵩明果东，路南天山关、狮山、石子坡，平彝大脑山、官房、白石崖、后所，罗平富乐镇，陆良以色村，沾益墨红恩洪间，保山核桃坪、沙河厂，镇康小河边、送归、五家寨、小坪掌、麻粟坪及龙陵杨梅田等处。其中以会泽一带，产铜最著。该区本处测有五万分之一地质总图一幅。矿石有黄铜矿、辉铜矿、斑铜矿、孔雀石、矽孔雀石等，产于震旦纪灰岩中。呈线脉状，与附近闪长岩有成因上之关系，为热液充填浸染矿床。纯铜贮量，汤丹、落雪二区，据估计在 10 万吨以上。巧家渭姑铜矿，与辉绿岩有成因上之关系，就铜矿产状及围岩可分二类：（A）产于板岩及石英斑岩中，含铜石英方解石脉沿层面及节理延长，宽度鲜逾二公分，矿石大部为黄铜矿及少量之孔雀石。（B）产于上震旦纪灰岩中。脉石为方解石，脉宽达 4 公尺以上。矿石有辉铜矿，斑铜矿及孔雀石等。查本矿与会泽铜矿之产状及成因，极相类似。地质及构造环境良好，似有试采价值。惟交通险阻，是其缺点。其余为保山沙河厂，龙陵杨梅田，彝良金彭湾及禄劝多乐等处，俱有详勘价值。余则不甚重要。贵州境内铜矿经调查者，有威宁之德卓、铜厂河及稻田坝三处。德卓铜矿，产下三叠纪紫色岩层内，呈散嵌状，分布于沙岩中。属水成矿床。矿石以辉铜矿为主，斑铜矿及黄铜矿甚少。含铜量普通为 3%～4%，全区纯铜储量，至少在 15 万吨以上。其产于二叠纪煤系中之辉铜矿或斑铜矿粒，即俗称马豆子者，散处零星，无大价值。铜厂河铜矿，充填于杏仁状玄武岩中，属低温浅成，与玄武岩有成因上之关系。选矿所含粗铜，约为百分之四至五。纯铜贮量约 16,000 吨。稻田坝铜矿作脉状，生玄武岩中。矿质甚高，含铜量达 25%～40%，惟延长深入，俱不甚远，贮量估计，仅 2,000 余吨。矿床成因，则与铜厂河同。西康境内铜矿调查，仅限于会理各属。其在黄沙河、黑溪、黎溪、老鹏湾、通安、回龙厂、麒麟厂等处者，皆产于下震旦纪之千枚岩及板岩中，属高温至中温热液矿床一类，与云南会泽之铜矿，同属一式。分布甚广，颇堪注意。黑泥拉，大登塘之孔雀石铜矿，产于中震旦纪千枚状紫页岩内。猫猫沟铜矿，则产于二叠纪灰岩之在玄武岩中成捕掳石者。会理附近鹿厂，大铜厂一带铜矿产红色层之砾岩层中，显由会理四周震旦纪层中之铜矿脉，经风化剥蚀，冲刷沉积而成。矿石为辉铜矿、蓝铜矿、孔雀石等，俱属次生。成分不高，但分布宽广，矿层整齐，其经济价值，未容忽视。湖南境内铜矿，经调查者有桂阳万发窿、绿紫坳，彬县保和墟等处，前二者有详勘价值，后者不重要。

（3）银、铅、锌

云南境内之银，铅、锌矿经调查者，有宣威拖克、大石板，澄江新庄，宣良三叉凹，路南大对冲，昆明阿居鲁，保山蒲缥水井村，施甸大雪山及黑龙洞，姚关天王庙，腾冲小辛街大铜厂，龙陵羊广、猛兴厂及元宝山，鲁甸乐马厂，会泽矿山厂、麒麟厂，禄劝银厂、多乐厂、马街、路莫着、卡租，寻甸落耳阱、本童马、可渡，巧家茂租、白马厂、万发硐，彝良长发硐，盐津银厂坝，罗平富乐老君山，文山哨岩银厂街、母鸡冲、所者的及新场等地，其中颇不乏有希望者。会泽矿山厂及麒麟厂一带之铅锌矿，呈层状、马鞍状或囊状，产于中石炭纪灰岩内，为中温热液矿床，矿质甚优，含铅达17%，锌达20%以上。矿石以方铅矿为主，白铅矿、菱锌矿、异极矿、锌华及铅丹等次之。纯铅贮量，据估计约50万吨。此区为滇省首屈一指之产铅锌地点，极为重要。据物理探矿自然电流法测探之结果，似有一较深矿体存在，此矿体延长甚远，自维新洞直达矿区之东北边境，或尚有北延可能，至矿床深度，则尚难确定。鲁甸乐马厂铅银矿，亦为著名矿厂之一。矿床可分原生、次生二类。原生矿床概为填充交替矿脉，恒富集于奥陶纪石灰岩及阳新灰岩中。矿石以含银方铅矿为主，另含少量之辉银矿、辉铜矿、黝铜矿等，脉石为方解石，围岩变化仅铁化作用甚著，应属中温或低温热液一类。在老君山，湾腰树二区，含银甚富。次生矿床不重要。矿量因矿体形状不明，尚难估计。就成矿环境言，以老君山，湾腰树及落塘硐三区最为有望。其余为罗平之富乐镇，巧家之茂租，彝良之长发硐，宣威之拖克，文山之哨岩及母鸡冲等处，俱值得探勘。迤西一带腾、保、龙等县银铅锌矿分布极广，如能详加探查，不仅能确定已知产地之经济价值，并极有发现重要新矿体之可能也。贵州境内银铅锌矿经初步测勘者，有威宁妈姑架子厂之铅锌矿及安南花贡之铅银矿，其经济价值，尚难论定。西康境内经调查之银铅锌矿有会理之天宝山、三台厂及万雨沟等处，其中以天宝山最为重要。铅锌矿产于上震旦纪矽质石灰岩及辉绿岩之接触带，原生矿物为方铅矿及闪锌矿，但现在开采者，以次生之氧化矿为主。脉宽5～6公尺，延长200余公尺，已开百公尺深度，尚延深不绝，贮量可观，乃康南重要矿床。湖南保和墟板壁岭传闻产银。桂阳大顺窿及耒阳铅门冲产锡之区，亦有铅锌矿共生，惟俱不重要。

（4）汞

云南水银矿经调查者，有保山之大田头及施甸何元寨，兰坪之瓜拉坡、水银厂、鲁多啰、黑登、小村、天生厂、维登后山及维西之蜡他啰等处。保山大田头水银矿，产于方解石脉内或浸染于石灰岩中。灰岩之时代有属三叠纪可能。矿石为辰砂，成分佳者百分之十余，劣者百分之一、二，普通为百分之七、八，储量相当丰富。矿床成因，当属低温热液一类，惟其与附近基性侵入岩脉抑与腾冲之大花岗岩体有成因上之关系，尚难论定。何元寨之水银矿，其情形与大田头相似，成分亦高，惟灰岩之时代，似属泥盆纪。兰坪瓜拉坡水银矿产于三叠纪（?）砂岩中，量尚丰富。伴生矿物有孔雀石、石英、方解石、方铅矿等。兰坪水银厂、黑登一带之水银矿均产于震旦纪灰岩中。辰砂产方解石脉中，时有铜、铅等矿伴生。其中以黑登厂硐新砂丰，希望较大。贵州境内经调查者有兴仁滥木厂，普安小屯，金沙大龙井，黔西偏坡窑，修文白岩厂等处，俱不重要。湘黔边境之晃县铜仁一带，为我国最大之汞矿产地，如晃县三雀湾，酒店塘，万山场等处，储量极为丰富。该处汞矿主要矿脉可分两种：一为方解石脉，一为石英脉，悉产于寒武纪灰岩中，其产于奥陶纪底部灰岩中者，较不重要。矿石以辰砂为主，乌砂及自然汞偶亦见之，矿砂成分颇佳。

（5）金

金矿经调查者，仅限于云南腾冲境内。可分砂金及山金两种。砂金主要者有二，一为桥头大塘区，一为板桥古永区，山金则产于许家田之马牙厂。其经济价值，因调查未详，尚难论定。

（6）钨、锡、砒、镍

钨锡矿经调查者，有云南文山老君山，湖南郴县安源，临武香花岭，宜章庙村，桂阳常宁大义山。老君山附近地质为一大花岗岩岩盘，侵入于自泥盆纪至三叠纪各地层中。老君山白钨矿，即产于花岗岩南缘之变质带中，呈散嵌状，含矿砂之量，不过1‰，有谓可达百分之一者。湖南临武香花岭，向以产锡著称，蕴藏极富，而花岗岩体北端之太平里及南端之铁砂坪，尤为主要。太平里之矿脉可分二种：一产于泥盆纪灰岩与泥盆纪前之石英岩断层接触带中，一产于泥盆纪灰岩之内。产灰岩内之矿体，较沿断层带中者更为丰富。细考其分布情形，大致可分为二带。一距断层面由5至30公尺者。香花岭大部富矿脉，悉产于此。一距断层面由150至200公尺者，距火成岩极近，而矿较贫瘠。矿石以锡石与毒砂共生，并有黄铜矿、黄铁矿等附生矿物。铁砂坪为香花岭第二产矿地带，但以矿床之富集言，实较太平里远逊。矿脉均成圆筒状，生于灰岩中，矿砂成分不高，仅及太平里之半或稍强。癞子岭为香花岭之一峰，产钨尚盛，兼产锡石。大致情形为钨锰铁矿生石英脉中，锡石则成粒状，散嵌于云英岩或伟晶花岗岩中。桂阳常宁大义山南段以产锡为主，钨不重要。其中以大顺窿历史最久，获利最厚。大顺窿属桂阳县，矿床分布可分四带，距花岗岩接触带自10余公尺至1,200公尺不等，锡矿以产于第一带及第三带者最富，矿石有毒砂，锡石及赤铁矿等。枫木江下游之西岭圩以下一段，则有砂锡矿。彬县安源之锡砒矿，宜章庙村之锡矿，一产二叠纪下部变质白云石灰岩内，一产二叠纪灰岩与花岗岩接触区域，量似俱不甚丰。镍矿经调查者有西康会理之力马河，小官河及天全等处，俱产于橄榄岩中，有详勘价值。

（7）锑

云南境内锑矿之经调查者，有平彝之余家老厂及大核桃冲，师宗南崖，缅宁邦卖，镇康小荒田等处。平彝余家老厂锑矿产于背斜层轴部阳新灰岩之顶部，属低温浅成矿床。依产状可分交替浸染矿床及填充矿床。前者矿石散嵌于灰岩中，成层状，后者成囊状或脉状，质量较丰。矿石以辉锑矿为主，共生矿物有石英、萤石、沸石等。矿床质量以照壁山及亚得克附近为佳。大核桃冲锑矿亦产阳新灰岩中，质尚佳，惟矿体甚为散漫。镇康小荒田锑矿产石炭纪灰岩内，缅宁邦卖锑矿产花岗岩中，师宗南崖锑矿产三叠纪煤系砂岩中。以上三处，经济价值不详。贵州境内锑矿经调查者，有安南之小场及兴仁之下山，俱生于上二叠纪长兴灰岩中，不甚重要。

（8）铝

铝土矿经本处调查者，有贵州贵筑云雾山，修文王官及平越猫猫营。在云南境内者，有安宁草铺、温泉，昆明柴村、马街子石头山区、小石坝区、大板桥黄土坡区及辉湾，富民老煤山，呈贡一朵云、落水洞、水塘等处。贵筑云雾山，修文王官一带，矿层直覆于下奥陶纪石灰岩之侵蚀面上，属下石炭纪。矿层底部常有赤铁矿，石英岩或红色铁质页岩存在。矿层上部则时为薄层煤系所覆，更上则为中石炭纪石灰岩矣。矿层总厚自8公尺至15公尺，大致上部与下部俱为组织致密含高岭石甚多之高矽贫铝矿，中上或中下部则有富矿一层，厚自1.2至3.0公尺不等，组织粗松，色纯白，灰白或淡黄不等，而以纯白色如白垩状者为最多，在野外极易辨认。云雾山区贮量，共约550余万吨。王官区因探槽及填图工作不够详密，尚难估计，缘富矿层分布不甚规则，其垂直之变化固大，而平面之变化尤大，非详勘实不足以言估计矿量也。平越猫猫营，矿层产于下石炭纪灰岩之上部，其上几直接为二叠纪之阳新灰岩所覆，其位置与修文、贵筑者，稍有不同。富矿粒粗而重，上下层俱为细致光滑贫矿，此与贵筑、修文之情形相似，但富矿颜色灰黄，微带绿色，此与贵筑、修文之纯白色者则又相异耳。储量据估计约四五十万吨。云南安宁草铺附近铝矿层直接位于泥盆纪砂岩之上，而为三叠纪之砂岩页岩所覆。温泉附近的铝矿层位于下石炭纪之上，而为二叠纪阳新灰岩所覆。富矿有黄白二种，白者粗糙如白垩，与贵州之富矿一般无二，黄者常呈蜂巢状、土状，系由白矿风化而来。矿层厚1至4公尺，储量170余万吨。昆明柴村附近矿层有二：一在泥盆纪砂岩之上，下石岩纪灰岩之下部，作凸形体，矿质甚佳，呈灰白色，作豆状构造。一在角砾石灰岩之上，其时代有属中石灰纪可能，富矿以黄色者为多，偶亦见白色者，厚度自0.6至2公尺，可能贮量约110余万吨。昆明马街子石头山一带铝矿共有三层：一产于下石炭纪之白云质灰岩中，呈凸形体，未见佳矿。一产于纯质石灰岩之下，薄层角砾石灰岩之上，或属中石炭纪，呈凸形体，含黄色佳矿。另一则产于纯灰岩中，未见佳矿。佳矿在此区厚不及1公尺，储量在15万吨以上。富民老煤山区之铝土矿共有三层：一产于下石炭纪暗灰色白云质灰岩之下部，为黄、红各色致密状页岩，未见佳矿，其下为泥盆纪石英砂岩。一产于泥质角砾灰岩之上，中石炭纪纯灰岩之下，或属中石炭纪，矿层下部为致密状贫矿，上部为白色富矿。其最高一层铝土矿则产于纯灰岩之上，中石炭纪浅色厚层灰岩之下，属中石炭纪。矿层本身可分四部，下部为黄棕砂岩夹铝土质页岩，中部为煤层，上部为致密状铝土矿，顶部则为富矿。本区佳矿厚1至1.5公尺，储量达140余万吨。昆明大板桥、黄土坡、辉湾，呈贡一朵云、落水洞、水塘等处亦俱经初勘，该处铝土矿之时代，应属下石炭纪维善统（Visen）即万寿山煤系之变相，其位置在煤层之下，灰色厚层状纯质灰岩之上。而维善统则位于宰格灰岩（下石炭纪下部）与威宁灰岩（中石炭纪）之间。有时铝土层质相变劣，则成为一种耐火黏土。矿层可分上下二部，上部呈结核状结构，下部则否，厚度自0.2至1.5公尺。矿量据最近估计，共约110余万吨。

查贵州境内贵筑、修文、平越等县之铝土矿，仅见一层，其在下石炭纪中之位置如何，虽不确定，要皆属下石炭纪，则各家意见相同。在云南境内，综合昆明、富民等县所见，则铝土矿至少有四层之多。其最下第一层，位下石炭纪白云质灰岩下部。第二层在泥质角砾灰岩之上，中石炭纪纯灰岩之下，有属中石炭纪可能。第三层产中石炭纪纯灰岩内。最高之第四层，则在纯灰岩之上，中石炭纪厚层灰岩之下，属中石炭纪。此四层之中，以第四层为最主要，第二层次之，第一层不重要，第三层最不重要。以质量之优美及在威宁灰岩之下一点而言，贵州之铝土层应相当于滇省之第四层矿，而时代又不相符。不特此也，贵州之富矿常在矿层中部，而滇省之富矿则往往在矿层之顶部。又在贵州，煤层常在富矿之上，而在云南如富民老煤山区，则煤层常在富矿之下，虽铝土矿与煤层相互消长，而煤层位置之上下，固亦未同也。

关于铝土矿之矿物成分，经多方研究，大体业已解决。所谓富矿，即指高铝低矽低铁之矿物而言，在贵州者为白色，在云南者有白色、黄色二种，俱属 Diaspore。富矿层上下之黄棕色致密状高矽铝矿，大部亦为 Diaspore，其中时含有一种灰色铝矿，矽质亦高，则为 Boehmite。以上矿量估计，俱指高铝低矽低铁之 Diaspore 而言，已知者在贵州 600 万吨以上，云南 400 万吨以上。质量方面，可谓毫无问题，而如何利用此矿炼铝，则为目前矿冶界最急要之问题。Boehmite 认识尚无把握，贮量亦无估计。

2. 非铁金属

(1) 煤

本处历年调查之煤田仅限于黔、滇、康三省，依地质年代，可分志留泥盆纪，下石炭纪，中石炭纪，下二叠纪，上二叠纪，上三叠纪及第三纪七个时代，其中以上二叠纪煤田最为重要，兹分述之：

(A) 志留泥盆纪　仅见于云南禄劝茂山乡之保悟哈，含油煤二层，其含油量极丰，每公吨油煤可炼轻油五至八加仑，惜厚仅数公分至 30 公分，储量无几耳。

(B) 下石炭纪煤田　本纪煤层所产之煤，大都为无烟煤。云南昭通附近之东山、凉风台、水穴，大关腾上及大湾子，彝良小草坝、朝阳坝及贵州威宁李子沟等处之煤田俱属之。昭通附近本纪煤层，多者可至八层，总厚达 3 公尺以上，煤贮据估计凡 4,600 余万吨，颇称重要。大关、彝良一带，可采之煤仅一层，厚半公尺至一公尺，贮量共约 2,000 余万吨。威宁老桥一带，贮量仅 15 万吨。

(C) 中石炭纪煤田　中石炭纪煤层，在调查范围以内，煤质大部分为烟煤，一部分可炼焦，灰、硫含量无定。煤层 2～3 层，总厚自 1 至 4 公尺。经调查者有云南富民老煤山，禄劝鲁块及寻甸乐朗等处。昆明、昆阳、宜良、嵩明、沾益、澄江诸县沿叙昆、滇越二铁路线之煤田，其时代尚未确定，有谓属中石炭纪者，亦有谓属下石炭纪者，观夫调查范围内下石炭纪煤田俱为无烟煤，本区内大部分为可炼焦之烟煤，故暂归入中石炭纪。沿叙昆及滇越铁路线之烟煤田，俱有经济价值。其中宜良、嵩明县属之洗羊塘、大煤山、万寿山一带，尤属重要。该区烟煤，性质颇佳，含硫、灰俱低，可以炼焦。煤层有三层，可采者一至二层，厚 1.5～2 公尺，储量在 3,000 万吨以上。禄劝鲁块煤田含煤二层，可采者一层，厚 0.5～1 公尺，储量凡 300 余万吨，煤质硫、灰不高，可以炼焦。富民老煤山煤田，主要者一层，厚 1.5～4 公尺，煤贮计达 300 万吨。为烟煤，末多块少，硫、灰俱高，不能炼焦。

(D) 下二叠纪煤田　本纪煤田普通质劣量微，甚少经济价值，但亦有局部重要者，如贵州威宁免街子、腰站一带，有煤三层，最厚者达 1 公尺，皆属烟煤，兼可炼焦，而免街子尤为重要，因离德卓铜矿极近。免街子储量约 390 万吨，腰站 250 万吨。云南寻甸麦浪煤田属中石炭纪或下二叠纪，含煤一层，厚半公尺，多系碎末，但可炼焦，储量约 130

万吨。云南会泽矿山厂及巧家老屋居等处之煤，有一至二层，共厚约1公尺，成凸镜状，延长不远。煤质为半烟煤，硫、灰俱高。大关滕上及盐津大浩一带之下二叠纪煤，无经济价值。

（E）上二叠纪煤田　二叠纪煤田质优量丰，最为重要。可采之煤层，多者达八九层，厚者达4～5公尺。煤质为各级烟煤，大部分可以炼焦。黔滇沿交通干线之主要煤田，几莫不尽属此纪。其在滇东、黔西及黔中之分布亦至广遍。惟若干区交通不便，或因其附近之金属矿尚未开发，故目前尚难言大规模利用耳。本纪煤田之经调查者有云南沾益卡居煤田，宣威之倘塘查格，宣威附近及打锁坡一带，平彝后所、补乃、崖头寨白石岩，平彝、沾益、陆良县境之戛达恩洪，罗平富乐镇普戛及师宗鸭子塘等处。其在贵州境内者有水城大河边、小河边、范哇、以角、屯上、老婆场与归集，威宁德卓布处一带，哲觉附近，盘县普安境内之白龙洞、石坝河一带，贵筑林东，华家山、五里关、小车河及都匀独山间之沙包铺、老罗坪及丙午寨等处。其中重要者如贵州贵筑林东煤田，范围甚广，煤藏丰富，交通亦便，可称贵州中部最大煤田，总贮达9,000万吨。其中一部分为无烟煤，多数为烟煤，大部可以炼焦，煤层最多可达五层，惟厚度不甚大，是其缺点。云南宣威打锁坡煤田亦极重要。该区煤层有三，厚自0.8至2公尺不等，为烟煤，块不大，可炼焦，贮量380余万吨。论质与量，贵州水城大河边，小河边及威宁二堂拱桥一带，实未容忽视。大河边含煤不下一十五层，可采者有九层，煤层厚者达5～6公尺，可采之煤总厚约10公尺，储量18,000万吨。煤质为低级及中级烟煤，一部可以炼焦。小河边含煤三层，厚者达2公尺，一部分可炼焦，贮量1,400余万吨。二堂拱桥间含煤，亦有三层，每层厚约1公尺许，中级至高级烟煤，焦性甚佳，贮量7,000余万吨。将来如开发水城及观音山铁矿及赫章妈姑铁矿，上述煤区实为最近最经济之烟煤来源，极为重要。都匀独山间各煤田，可采者仅一层，最厚不过1公尺，属半烟煤，末多块少，总贮500余万吨。其中有一种含水分极高之特种烟煤，至饶兴趣，惟其经济价值不详。其他煤田，其缺点不在质量，而在离交通干线太远，故尚难言大规模开采。

（F）上三叠纪煤田　上三叠纪煤田经调查者有云南祥云东山、庙村，宾川老赵村、东庄、小田坝及干甸营一带，弥渡木古浪沟之东芹菜沟、佐力巧邑，蒙化大窝塘、长虫街，罗平石龙山、八菁及西康会理之白果湾。迤西祥、宾、弥、蒙一带之煤田，俱为无烟煤，其中以祥云者为最佳，宾川次之，弥渡又次之，蒙化之煤，则绝无希望。祥云东山之煤共有三层，各厚半公尺至1公尺，储量约160万吨。庙村之煤亦有三层，惟堪采者仅二层，各厚半公尺至1公尺，储量约200万吨。在抗战时期，赶筑滇缅铁路而沿线缺煤，乃多方从事探勘，并希混合祥云等县之无烟煤与云县之褐炭而试用于机车，俱未得结果也。会理白果湾煤田在康南颇为重要，将来炼铜、铅、锌之燃料，实所利赖。该处构造复杂，煤层是否有十余层之多，尚成问题。煤质一部分为无烟煤，一部分为烟煤，并可炼焦。云南罗平石龙山区之煤为烟煤，硫质甚高，储量有限，无大价值。

（G）第三纪褐炭田　第三纪褐炭田经调查者有云南昭通盆地，曲靖次营，宜良可保村，云县那撒坝，易门寨脚、六峨，陆良石槽河，会泽安乐汎及拖布卡，保山羊邑及蒲缥，及龙陵镇康盆地等处。昭通褐炭，离地不深，可露天开采，厚自1至7公尺以上，贮量1亿吨，可供家用，其炼油结果不详。曲靖次营褐炭共有五层，厚自0.4至2.5公尺，炭成块状，火焰颇大，但火力不高，储量8,300余万吨。易门六峨褐炭，据云煤层有六，厚者可达 2 公尺，储量不详，惟煤质颇为特别，可为发生煤气之用。其余褐炭田不足重视。

（2）石油

石油经调查者有四川长寿县剪岗坝，简阳龙泉驿，云南兰坪附近，腾冲和顺乡酸水沟，古永臭水沟等处。长寿油矿，其油苗见于黄草山背斜层之西北翼，由白垩纪重庆层底部砂岩裂隙流出，油量不大，每五分钟仅 2～3 滴，据闻旺时八小时内，曾出油 25 公斤云。川省石油，有多集于背斜两翼，甚至向斜中心之可能，而背斜顶部，则皆为气层之所在，故本区油苗虽距背斜轴达 2,000～3,000 公尺之遥，亦不能认为绝无希望，假定流出之油系自深部沿裂隙上升者，其下在自流井层之下部或侏罗纪煤系或更深之嘉陵江石灰岩，俱不无遇见油层之可能。简阳龙泉驿附近，其地质环境，极适合于石油之存在。构造为穹窿背斜，西北较陡，东南平缓，东南翼有盐井，产自然气，地层露出者，仅白垩纪相当于重庆层之砂页岩。至腾冲兰坪之油，俱属无稽之谈。

（3）盐

盐矿经调查者有云南盐津兴龙场、盐井坝，贵州水城法起，开阳洗泥坝等处。兴龙场产于中生代红色岩层中，浓度甚小，恐难利用。盐井坝产自下寒武纪泥灰岩中，据土人云每年产盐达 15 万公斤左右，恐未必可靠。开阳洗泥坝凿盐井于震旦纪地层中，尚未见卤。水城法起附近，亦有商人凿盐井，情形不详。

（4）磷灰石、陶瓷土、磺及硝石矿

磷灰石产地经本处调查者，计有云南昆阳中邑村、大巍山一带，安宁草铺，呈贡杨柳冲，澄江东山及会泽孙家村等处，中以昆阳中邑村最为重要。矿层自村西 400 公尺处向西延至大巍山凡 7 公里，似有二层，厚 1～5 公尺，产震旦纪石灰岩之上，下寒武纪页岩之下，为纯正之水成矿床。就中邑村至歪头山一部分已得 7,106,250 吨，若全部合计，必甚有可观。矿石经化验含 P_2O_5 高在 20%～38%，若算为 $CO_3(PO_4)_2$，则俱在 60%～80%以上。其他各地，产状相类似，惟未经分析，成分不详，分布亦不甚规则，故储量难以估计。

陶瓷土矿已知者有三处，计曲靖之潦浒镇，宣威石垭口及腾冲遮鸟。潦浒镇陶瓷土矿床可分二类，一呈层状，以白色之高岭土为主，呈介壳状断口，产于长石粗砂岩页岩系中，共有四层，计厚 4 公尺，延长约 1,500 公尺，储量估计为 2,750,000 公吨。第二类矿床产第三纪黏土及砂岩层中，又可分二种，一成碎块状夹土层中，多系白色高岭土，一属黏土层。石垭口陶土层产下二叠纪煤系中，厚约 8 公尺，作白色。腾冲遮岛瓷土矿为风化不深之花岗岩，含长石特多，石英较少，其他黑色矿物绝无仅有。

磺矿产地经调查者，有云南保山沙河厂，禄劝饿戛，平彝罗平一带，缅宁南校场及贵州盘县。保山沙河厂矿石为黄铁矿，作囊状，产白泥内，似为中深热液矿床，含硫约 20%，储量似尚丰富。其他产区均为黄铁矿，产二叠纪层中，计禄劝饿戛黄铁矿，成囊状，长 30 余公尺，厚 6 公尺；盘县、平彝、罗平磺矿产地有平彝雷源乡之大小脚，硫厂沟及罗平扯土沟等地，黄铁矿成凸镜矿体，为量尚丰；缅宁南校场褐炭层炭质砂岩中含黄铁矿，为量不丰；盘县黄铁矿成结核状，以九家村沙沟头产出较著。

硝石矿经调查者仅禄劝之硝井，产红色岩层中，含硝石层厚可达 2 公尺，其成分似属硫酸盐类，储量不详。

(5) 石棉、云母及刚玉

石棉产地经调查者有云南禄劝西村，镇康小河边及西康会理、越西等处，以后者最有价值。禄劝西村石棉纤维长二寸。西康方面会理白果湾，新山垭口所产石棉属蛇蚊石类，产于震旦纪灰岩与辉绿岩体接触之处，系接触变质所生成，纤维长者达30公分，白色而不脆，惟储量不大。越西草人排、广之堡、五家蛮一带，亦为蛇蚊石类，产花岗岩与蛇蚊大理岩接触地带，成脉状，石棉纤维与脉墙垂直或平行，平行者恒生成较长之石棉，长达40余公分，质柔且韧，厥属上品，分布甚广。

云母产地有云南龙陵、镇安及西康越西一带。镇安变质岩中产大片白云母。越西有田湾及泸定湾东磨各处，南北延长数十里，岩石主要为花岗岩，内时夹伟晶花岗岩墙，云母即散镶于此伟晶花岗岩中，大部属白云母，其大者可八寸见方，普通均达寸余见方。

刚玉见于龙陵之镇安坝子，杂砾石层中，为一种冲积沉积。砂中兼含电气石，磁铁矿及绿柱石，源出自附近之片麻岩。镇南龙陵一带邻近片麻岩区域之沟谷俱产刚玉，故分布殊广。

(乙) 区域调查

叙昆铁路沿线探矿工程处成立之初，以调查昆明威宁间沿线每边50公里之矿产资源为主要任务，分六队调查，计有昆明至曲靖间铁路线西北队，昆明至曲靖铁路线东南队，曲靖至宣威间铁路线西北队，曲靖至宣威间铁路线东南队，宣威至威宁间铁路线东南队及宣威至威宁间铁路线西北队；工作完竣后，缩编有十万分之一地质图24幅，其后处址移昭通，西南矿产测勘处改组成立，是项工作仍继进行，惟已不限于叙昆沿线矣。昭通以北之盐津、大关，昭通以南之鲁甸、巧家，禄劝、富民，滇黔边境之罗平、师宗，水城、纳雍，云南西部及贵州盘县等处均为调查区域，尚沿会泽以西而远达西康会理一带，计分盐津大关彝良队，大关彝良队，鲁甸巧家会泽队，镇雄威信队，威宁昭通鲁甸队；云县勇猛间滇缅铁路沿线队，永善巧家队，寻甸禄劝富民队，水城纳雍威宁队，盘县普安等县队，罗平师宗平彝队，毕节大定队，西康会理队，总计历年来已测面积约十万平方公里。

(丙) 其他调查

每一矿区矿产经初勘后，其矿体性质已大致明了，进一步工作即为实施钻探，或利用物理探矿以确定该矿床之真实价值。战时局于经费及运输，本处尚无钻机设备，仅昭通褐炭田曾用电阻法测探又用简单之班加钻机以探之。亦曾用自然电流法以测定会泽矿山厂铅锌矿脉之连续性及深度，均获有成果。水城观音山之铁矿，则实施槽探以决定该矿质量。至贵州贵筑云雾山及修文铝土矿则探槽分层采样。此外湖南资水流域亦研究地质，提供选择坝址之意见。

(丁) 重要结果

本处年来调查之区域及其概况，已如上述，其中若干区域为国人所注意，而经本处调查，又获有显著之结果者，兹再分别择要略述于下：

1. 黔滇铝土矿

本处自民国卅二年迁筑后，对于黔省铝土矿，即派员作有系统之测勘，其中经详测或并经槽探之区域计有贵筑云雾山，修文王官区及平越猫猫营三处。卅四年本处复与昆明电冶厂合作，详测滇省之铝土矿，其经详测或并经槽探之区域计有安宁草铺、昆明马街子、柴村、小石坝及富民老煤山五区，除从野外实地观察及用槽探结果予以研究外，并广采矿样，详予分析，复以显微镜，三酸不溶性试验，折光率之鉴定及黔滇 X 光诸法确定其矿物，经此数年不断之研究，对于铝土矿可谓已获得圆满之解决，兹将重要结果列举数项如下：

(1) 低矽高铝富矿层之发现

本处于调查黔滇铝土矿后，俱发现有低矽高铝富矿层之存在，含矽氧最少者不及 1%，铝氧最多者，可达 80%，铁氧常不及 1%，成分之佳，即拟之欧美所产者，亦无逊色。

(2) 铝矿矿物问题之解决

铝矿矿物问题对于冶炼之关系至大。黔滇之铝土矿经以多种方法研究结果，证明黔滇二省所产之富矿概属 Diaspore，但一部分之高矽矿，则为 Boehmite。矿物问题既获解决，则今后铝矿之冶炼，即不难循此途径研究改良，关系实至重大。

(3) 铝土矿成因之研究

黔滇铝土矿成因至为复杂。本处于调查之后，对于两省铝土矿之成因，颇多独到之见解，而为前人所未发者。本处谢处长曾著有《中国铝土矿之成因》一文，载于本处出版之英文《经济地质丛刊》第二卷，兹不赘言。

(4) 富矿储量之估计

滇省富矿之可能储量，约得 4,388,928 公吨，黔省仅贵筑云雾山及平越猫猫营两处即达 600 万吨，而修文王官区，犹未计入焉。两省共计至少当在 1,000 万吨以上，如滇省之 Boehmite（即灰色矿）亦可利用，则储量更可提高。

2. 云南昭通褐炭

云南昭通盆地中之褐炭，自中央地质调查所于民（国）29 年派员调查，认为整个盆地俱含褐炭，并估计其储量为 12 亿吨后，遂渐为人所注意。本处于（民国）30 年及 32 年在该区初作一万分一矿区地质详图，从实地观察及理论两方面加以研究，继则应用物理探矿之电阻系数法以测勘之，最后并以班加钻机施以钻探。所得结论，极相近似。查以班加钻机钻探褐炭，在国内尚属创举，因当时器材缺乏，别无其他钻机可得，于无办法之中，想一办法，乃毅然试办，而工作进行，却颇为顺利。因昭通附近之褐炭层离地面不远，上覆之泥层及褐炭本身，俱不坚硬，故该种钻机，尚能应用。此次由钻眼所见，褐炭之最大厚度为 22 英尺，但尚未到底，此盖因限于器材，局于经费，致钻探工作尚未能达到预定之目的，即行中止之故。惟就以上诸法所得结果，不难推知褐炭之分布，并非普及于整个盆地，在盆地中心，恐不存在，东部颇不规则，西部最佳，但亦仅发育于三善堂，红泥闸，先生湾一带，南至四甲，褐炭层即渐尖减。就此分布区域而论，估计储量共得 1 亿 4 千万吨，与前人调查者颇有出入。

3. 贵州水城观音山煤铁矿

水城大河边、小河边之煤田，几经本处派员详勘，认为薄者不及 1 公尺，厚者可达 5～6 公尺，煤系属上二叠纪，煤质大部属低级或中级烟煤，偶有属高级烟煤者，其中一部可以炼焦。两处储量共得 237,360,853 公吨。

至水城观音山铁矿，虽迭经勘查而矿体之分布、宽度、深度以及矿质之良窳，非实施探勘，莫由明悉，故于民（国）31 年 6 月起与黔西铁矿筹备处合作探勘，计分槽探、坑探二种，根据已得结果，对于矿体之断续，矿体之宽度以及铁矿之成因等，均得佐证，而矿质经分析后，尤堪注意，盖含硫、磷、矽俱甚低，而铁则相当高，允为西南罕见之优良铁矿也。

4. 威宁铜矿

威宁德卓铜矿，闻名已久，本处于（民国）29年秋派员前往调查，计测德卓五千分之一矿区地质地形图一幅，铜厂河三千分之一地质图一幅及稻田坝一千分之一地质图一幅，对于各区铜矿地质研究颇详，并拟定开发计划，呈请大会核办。

三、室内研究工作略述

本处除实地勘察外，兼及地质及矿床上理论之研究，与若干有关地质矿产应用方面之研究与发明，兹择其可述者，略举一二于下：

（甲）滇黔康矿产区域及成矿时代

本处年来在滇东黔西调查金属矿产，为数日多，又参考其他机关及最近本处对于西康矿产之调查，觉就地质环境及矿产类别，有可分为三个矿产区域之可能，即：1. 康南滇中带。2. 滇东黔西带。3. 黔西带。关于以上各带之成矿时代，另有专文详论之，兹不录。

（乙）贵州及江西煤田之研究

中国南方二叠纪煤之层厚、分布及煤质与其当时之沉积环境及后来之地壳变动，俱有密切关系，本处谢处长特根据此项理论研究黔赣二省之煤田，搜集已出版及未发表之各种分析成分，改算为纯煤基础（即将灰分减去后改算成百分数之谓），再填绘于各该省之煤田分布图上，由此乃得绘制煤田之等炭线及等硫线图。我人为明了各煤田之煤质变迁，预测一未知煤田中煤质之成分，或为计划某煤区之煤质利用，煤业管理等等，此项图幅极富实用上之意义。本处并曾根据是项研究进而讨论黔省煤矿之计划开采及煤质利用，颇多阐明。

（丙）高背斜与低背斜及行列背斜说

本处谢处长曾根据个人观察之所得，并参照四川各处产油、气、卤、盐区如石油沟、圣灯山、五通桥、自流井、江油等地探凿纪录，以及其他地质学者之报告及学说，乃创“高背斜与低背斜及行列背斜说”。此项学说之要点，乃指出产油、气、卤、盐最适宜之构造，乃在盆地中行列式低背斜层或穹型构造，凡两大背斜所夹大向斜中又有低小背斜层隆起，此低背斜轴部所在常为白垩纪侏罗纪岩层发育最盛、展布最广之区，区内油矿虽尚待考证，但均有盛产气、卤、盐之可能，宜广施测探，且钻井位置不必拘于背斜或穹窿层之中心，因地下埋藏或且偏于两翼也。谢处长曾著有《四川赤盆地及其所含油气卤盐矿床》及《再论四川赤盆地中之油气矿床》二文，分别刊载《地质论评》第十卷及《矿测近讯》第六十二期，研讨至详。

（丁）地质方面之研究

本处历年在滇、黔、康等省调查之结果，对于地层系统，地文情形，地质构造，地壳运动以及云南古地理各方面，颇多创见，足以更正或补充前人调查之所未及，详情分别载于本处出版之年报中，兹不赘述。

（戊）编制全国矿产分布图

为明了全国矿产分布之一般情形起见，本处曾编有全国矿产分布图，就目前已知材料，悉行编入，以曾世英等所编之全国三百分万之一挂图为底图，分为金属与非金属两大幅，并就相似型式矿床及同样矿质荟萃之区，划分为若干矿产区域。观此图者，不但于矿产分布大势，了如指掌，且于若干矿队上构造上之问题，亦可得一概念矣。

（己）加拿大树胶代用品之发明

本处谢处长曾自创新法，用漆及松香等代替加拿大树胶，以磨制薄片，成绩优良。所制之铅矿薄片在显微境下研究，可迅速鉴别其矿质之优劣。谢处长复就由此方法制成之煤薄片作显微镜研究，发现多种特种烟煤，如水城之“洋油炭”，平彝后所之烛煤及禄劝之油煤等。

（庚）清滤灯油试验

本处谢处长鉴于铝土矿有清滤及精炼矿物油之功能，爰派员举行简单试验，以甘肃油矿局所产之深棕色黄色灯油，用云雾山铝土矿清滤，结果竟得无色纯清之油，与美孚油相仿佛。此项结果，已经甘肃油矿局加以采用。

四　结论

本处年来主要工作已如上述，就地域言，实以滇、黔、康、湘、川为主，而就测勘性质言，则以矿产为主。关于矿产测勘方面工作之结果，综上所述，约可分为数项如下，并各举二三例以明之：

（甲）经本处调查而发现之新矿区

此项新发现之矿区颇多，其重要者如云南富民老煤山之铝土矿及禄劝茂山乡保悟哈之油煤，威宁拱桥之煤矿等。

（乙）原知产矿区域而经本处详勘后予以扩大者

如宣威打锁坡煤田及贵州水城纳雍一带之以角、屯上、范哇、老婆场、归集等处煤田。

（丙）矿床经济价值久悬不决而由本处详勘，并施以钻探后得以解决并认明储量丰富者。

如水城观音山铁矿，威宁铜矿，云南昭通褐炭及黔滇之铝土矿等皆其最著者。

（丁）外间传闻产矿丰富之区而经本处调查后认为绝无或鲜具经济价值者。

如滇北、兰坪及腾冲之石油，湖南郴县保和墟，板壁岭之银矿及铜矿。

（戊）矿区之经本处详勘后认为具有经济价值，并测绘矿区图呈请资源委员会核办者。

如保山沙和厂铜矿，腾冲明光乡小辛街大洞厂铅银矿，兰坪澜沧江东岸水银矿等。

总之，西南各省重要矿床之经济价值，经本处年来之积极的调查与研究，颇多获得圆满结果，然以我国矿产之分布甚广，而过去之测勘工作以限于经费、器材、仪器、图书之故，实仍未能彻底进行。胜利以还，政府鉴于资源之探勘，实为今后建国之基本工作，乃令本处扩大组织，充实设备，而本处亦以懔于今后责任之重大，过去作工虽略有成就，但距理想之境尚远，自更当勤奋自勉，庶于国家今后之工业建设，稍有贡献，并以慰国人之望焉。

日人在中国侵占区内之探矿工作*

日本三岛，资源欠丰，矿产方面，除出产大宗铜、硫外，余均不足道，尤以煤、铁不敷甚巨；故自维新以来，遂无日不以侵略中国，觊觎亚洲大陆之资源为事。迄抗战发生，东南半壁相继沦陷，日人以主人之地位，更得为所欲为，对于煤、铁资源，掠夺最甚，各地矿厂均积极开发；并为设法增产，使之持续不断计，又动员全国地质人员，从事于大规模之探矿工作，数年以来，颇多发现。今日本乞降，一切事业皆由我国派员接收，整理复工，尚须时日；但此宝贵之发现资料，亟应广为搜集，精密研究，俾作设计复工之参考，与继续探勘之准备。作者职司探矿，责无旁贷，爰于复员之后，除就官书公牍中之探矿资料悉心研读摘录外，更择近便区域，亲往视察，日人在中国侵占区内之探矿工作，遂得略窥大凡。惟详细论述，非兹短篇所能尽，且全部资料，整理匪易，爰择若干显著发现，分述如次。至于东北矿产，日人于战前已注意开发，战后掠夺更多，以材料未齐，暂不详论。

一、大同煤田

大同煤田为晋北重要富源，自平绥、同蒲两铁路相继抵达口泉，附近矿业，风起云涌，每年产额达二三十万吨。其地质业经中央地质调查所王竹泉先生于民国六年详细测查，证明除侏罗纪煤系外，尚有一较古之石炭二叠纪煤系，前者王氏名曰上煤系，后者曰下煤系。昔德人李希霍芬氏于1871年调查时，概以之属侏罗纪，自王氏调查，而层系时代之问题，遂告解决。王氏将大同整个煤田，包括大同，左云，右玉，怀仁，及各属朔县境全部测及，并计算其矿量，下煤系约6,731兆吨，侏罗纪2,870兆吨，两者合计9,601兆吨。二系所产，皆为烟煤，层厚质佳，而侏罗纪之煤，尤宜于炼焦。

民国26年10月，大同煤矿由日军委任满铁经营，建筑自干线至各矿间之支路，积极开采，迄投降日止，共开十个分矿，最多时年产煤200余万吨，自民国26年至34年止，共采煤1,300余万吨。同时积极调查地质，施行钻探。地质方面之结果，与王氏大致相仿，但大规模开采及钻探之后，对于煤层认识益清。在上煤系中共探得煤层七层，自上至下以A，B，C，D，E，F，G各层名之，其中E层最厚，自1.3至6.0公尺，A层亦可厚达3～4公尺，但分布似不普遍，其他各层厚自1公尺以上至3公尺不等，总厚自10公尺至19公尺，平均厚约16公尺。下煤系在大同附近，较少开采，即日人亦尚未设计采取，但其中含有富厚煤层，则王氏报告中亦已述及。自日人在常流水，刁窝咀，南信庄，云冈镇，窑子头，王卡庄，高山镇等七处钻探后，乃确证此厚煤层之存在。日人将本系所含之煤，分为四组，自上至下为：①上二层，煤层零碎，厚自0.5公尺至3公尺。②上一层，总厚1～2公尺，以上二层时或缺失。③二十米层即主要煤层，中含夹石数层，厚达数

* 本文原载《大公报》（上海）1946年9月9日第二张《经济周刊》。——编者注

公尺，故实际上本层可分为五六层，总厚自 7 公尺至 19 公尺。④五米层，仅一层，含夹石，可分二层，共厚 3 公尺至 5 公尺。以上四组总厚 15 公尺至 25 公尺，平均总厚约 20 公尺。

日人对于煤系层序之研究，亦有若干贡献，最著者为于下煤系底部之本系统内，到处皆可见到一铝土页岩层，即铝土 G 层。下煤系之上下俱有砾岩，上层砾岩之上为双泉统，不含煤，再上为上煤系之大同统，而大同统与云冈红砂岩间，亦有一砾岩，凡此俱予探矿以重大之帮助。

日人所设之七个钻眼中，以南信庄为最深，达 522.66 公尺。此钻眼位于口泉之西北 8 公里，约位于盆地之中心，由此足证上下煤系之煤层，在盆地中心，俱有分布，并可于 550 公尺之深度内采取之。再西北 7 公里为高山镇钻眼，位于盆地之西北翼，此钻深 28 公尺，仅至上煤系之 F 层，显系尚未完成。查盆地西北翼为黄土覆盖甚厚，构造不甚明了，究至何处倾斜转向东南，而煤层之分布及厚薄如何，尚待继续钻探，始能明了。日人谓大同整个煤田之储量为 32,700 兆吨，较之王氏所计约增三倍有半，谅系假定煤层甚厚，且分布达于整个盆地之故。我人为确定储量起见，必须在盆地中心，四周，及朔县附近，继续钻探，并须测制更详密之地质图，以推测煤层分布之实况，然后使能择定若干地点，建设大井，集中开采也。

二、海南岛铁矿

海南岛铁矿之发现，亦为日人探矿工作之一大收获。主要矿区有二：即昌江西北之石碌及崖县之田独二矿，位于岛之西岸及西南岸。田独铁矿首先开采，迄停工止〔（民国）28 年至 33 年〕，已运出矿石 240 万吨，目前残存之数约 250 万吨。石碌铁矿可分为北矿体，南矿体，保秀山，正美山诸区，全部储量据日人估计可达 2 亿吨。从民国卅年起，计叠日采 3,000 吨，迄投降时止，共采矿石 80 万吨，似尚未运出。查海南岛铁矿储量丰富，质性优美，含铁在 60%以上，硫、磷、铜俱低，且地处滨海，交通便利，日人筑有码头厂房，基础完备，吾人亟应积极开发，以应建国之需。

石碌矿山以北第一矿体为最大，日人测有二千分一详图，并打钻眼十五个，其中第一号至第七号设于东北山坡，谅为试探漂砾矿床。在矿山本体设横巷六条，钻眼八个，第八号最深，达 210 公尺，余在 100 公尺左右。就露头及钻探结果，日人估计其矿量达 6,500 余万吨，占全部估计量 1/3 弱，其余三区，以尚未详探，故所谓石碌矿 2 亿吨之储量，至少有 1/3，似可称为确定矿量。

资委会矿产测勘处曾就石碌铁山之平面图及钻探记录，绘制若干剖面图，并用硬纸板制一简单之模型，就此观测研究，得如下结论：

①矿体露头因风化盖覆及夹石之故，殊为零星，约成西北东南向之条带状。

②最高之山顶拔海 550 公尺，一小部山顶及大部之山坡（拔海 300 公尺以下）俱为漂砾矿层所覆，此层平均厚 10 公尺。

③若包括若干夹石在内，此含矿体为一北东东南西西方向之椭圆形，东西约 600 公尺，南北约 400 余公尺。

④就钻眼及横巷记录观之，在 230 公尺以下，铁矿似已消失，故此矿体之最大厚度，似不能超过 300 公尺。

⑤铁矿体中杂有页岩，石英岩及黏土甚多，为上升铁液交代围岩所余之原生石质，其

形状殊为错综复杂。

⑥由于矿体形状之复杂，及其中夹石之众多，为精计矿量，必须再加钻探，矿产测勘处足有十三处，或为最少之数目。

综上所述，可见日人在海南岛虽已施行若干探矿工作，但尚嫌不够，我人亟应继续进行，以确定其矿量，俾作有计划之开采也。

三、华中矿产

苏、浙、皖等省煤，铁，铜，萤石等矿产之开发，由日人所组织之华中矿业公司经营之，其探矿工作，亦有若干结果，颇值注意，兹列举如次：

①铜官山铜矿　安徽铜陵县属之铜官山，唐宋时曾采铜，近时却只闻产铁。民国卅三年日人在该区钻探，在小狮子山、老庙基山打钻 63 个，深达百 20 公尺，于 20～30 公尺下竟发现铜矿，厚 40 至 50 公尺，长约百公尺，宽 80 公尺，成囊袋状，矿石为黄铜矿，散浸于石榴石中，与磁黄铁矿及黄铁矿共生，平均含铜 1%，最高可达 15%。矿量概算约 400 万至 600 万吨。此外在天鹅抱蛋，笔山等处，俱经钻探，矿量不丰。

②当涂向山黄铁矿　向山在南山之右侧，南山为著名铁矿，向山则并无露头。日人在该山施钻，于地面下 20 公尺处，竟发现成分优良之黄铁矿，据钻眼推算，此矿体可分为上下两个，其延长方向，相互垂直，矿量概算约有 200 万吨。在附近区域内如广事搜探，或尚可发现相同之矿床。

③苏皖铁矿　安徽当涂之南山，大凹山及江苏之凤凰山各铁矿，俱经日人开采，并施行相当规模之探矿工作。在南山施钻后，证明其矿量巨大，最厚达百公尺，在现今采掘面下尚延深 30 公尺。在大凹山日人曾于山腰开挖纵横二大坑道，于矿床之形态，发明至多。江苏凤凰山铁矿战前曾经开槽施探，日人经营后，露天采掘，规模宏大，矿脉情形，毕露无遗。又于山脚开一横贯矿脉之平洞，证明矿脉延深，可达地平。

④大冶铁矿　（民国）28 年冬日军进占大冶后，将汉冶萍公司置于军事管理之下，实际则由日本制铁株式会社设立大冶矿业所以经营之。在沦陷期间，共采去矿石约 500 万吨，悉运日本冶炼。自民国 30 年起，在矿体东段之尖山至象鼻山一带，施钻 33 孔，最深达 200 余公尺。钻探结果，证明矿脉大致连续，倾斜向北，下盘为石灰岩，上盘为火成岩，矿脉延深可达 200 公尺，大致东部较深，西部较浅，如象鼻山平均仅 40～50 公尺。矿脉上部以赤铁矿为主，下部则渐变为磁铁矿，且愈深则含铜、硫之量愈多，驯至不能冶炼。铁矿中又常含火成岩，石灰岩及泥土之夹层，影响品质，殊非浅鲜。依据钻探结果，日人重新估计大冶铁矿之储量尚有 3,100 余万吨。

查日人在大冶之钻探，悉限于象鼻山以东各矿体，此山以西，尚有老铁山，铁门坎诸处露头，而各露头又多不连续，其下是否有矿，尚待钻探。大冶铁山之西端为分火山，东端为青备山（今称管山——编者注)，俱有露头，与铁山相隔有 2～3 公里，亦应加钻探。大冶矿脉南之平谷中，有若干火成岩露出，沿其接触带，或有赋生矿床之可能。凡此诸待我人继续探勘，以冀有所发现也。

四、招远金矿

山东招远平度一带，含金石英脉分布甚广，战前历经开采。自日人侵占山东，初由三菱矿业公司及鬼怒川兴业公司合办，继由华北开发公司参加，用新式设备，大规模经营，月产矿石1,000吨至1,500吨，约可得纯金六七百两至二千两。从探矿及采矿之结果，证明主脉延长达2,600公尺，最显著之平行矿脉有四个以上，脉宽自2公尺至10公尺，其中良矿部分平均厚约2公尺，含金最高者为十万分之31.75，计每吨矿石含金10.26市两，较低者为十万分之0.8，约合每吨含金二钱五分。据日人估计，招远本区之全部矿石储量为134万公吨，平均品质为8克至9克，则共含金11.2公吨，约合358,400市两。其他如九曲、高楼、年平、黄山馆、平度各矿，尚未计算在内。全部含金量或可达百万市两之谱。日人尝以招远为华北之最大产金地，其储量为中国第一大金矿，或非过誉。

五、钼钒矿产

我国闽浙二省素为钼矿著名产地，南岭山脉之钨矿床中亦稍含钼，但华北各省则迄未闻见。民国29年日人在锦西县西三十里之杨家杖子于开采铅锌矿外，并作大规模探矿，渐即发现钼矿，平均含硫化钼0.4%，储量估计约800万吨，据云为世界最大之钼矿。日人开采时，日产原矿700吨，用浮游选矿法选制含硫化钼62%～70%之精矿，经葫芦岛运往日本，为制炼特种钢之用。查该矿之地质及矿床情形，作者迄未获得报告，不克详述。

抗战时后方工业家颇注意于钒矿之搜寻，因其亦为制炼特种钢之主要原料，但迄无所获。日人在热河滦平境内，却发现含钒铁矿，堪为炼钢之用，遂在锦县之西十五公里女儿河设立制炼所，（民国）29年筹备，32年开工，每月可产含钒35%之钒铁合金15吨，最大生产为30吨，另有制造特种钢部分，惜未完工。关于滦平钒矿之矿床情形，亦不详悉。

六、东北稀有金属矿产

日人对于稀有金属矿产，在战争期内，似特别注意，在东北已有若干有经济价值之发现。此项矿产，大多产于寒武纪以前之结晶花岗岩脉内，或其附近之冲积砂层内，在辽宁之海城，辽阳，凤城，锦州，及辽东沿海一带，结晶花岗岩脉多不胜计，常含若干稀有金属矿物，包括钒，钛，铀，钇，钽，钍，铈，铌等质。在海城一地，七十天内曾采得含铀质之矿石1,653吨，普兰店，盖平县等处各采得含此项金属之重砂数百吨，据此可知，东北稀有金属矿产，似已由研究之时期而渐进入开采之时期矣。

七、结论

以上所述，仅其大凡，我人览此，不禁重有所感。夫地质探矿事业在中国亦既提倡有年，理论之发扬，地表之观测，贡献甚多，但具有经济价值之发现，尚不多觏，尝考其理，厥有数端：①我国地质采矿机关大多限于经费，拙于器材，致仅能作表面之观测，而未克深造研求。反观日人经营之华北，华中，各公司及大陆科学院等，不但实验设备，精密齐全，探矿器材，亦应有尽有，工具良钝，既差若天涯，成果之不同，无待言矣。②中国矿业当局对于地质探矿，缺乏信心，仅作虚渺之提倡，并无衷心之支持，且矿业界与地质界尚少密切联系，驯至各行其是，漠不相关，地质学者只能独善其身，精研理论，以求其身心之慰藉，而问题之需要共同解决者，竟至无人愿问。③中国地质探矿人员待遇菲薄，且不为人所重视，有为之士，尝以一失足为地质学者，致终身潦倒不堪自拔为大憾，若是而欲求此事业之继起有人，盖亦难矣。反观日人所办之事业则不然，地质探矿人才同样视为生产之一员，待遇相等，地位相埒，其所受人之尊敬，或且过于其他人员，无怪工作之猛进，发现之日多也。

尝考日人在华之探矿工作，虽有若干成果，但对于地质理论之探讨，贡献殊少，足证其人才非尽臻上乘。我国地质界颇多卓越有为之士，如能广备器材，优予经费，宽假时日，衷心鼓励，则他日无论在实用或学术方面，必俱有特异之贡献，盖无疑也。

震撼铝业界之克鲁氏炼铝新法*

炼铝分二步骤，先制纯氧化铝，后制纯铝。第一步之方法可大别为酸性，碱性及电镕三种，目前通用者为碱性之拜耳法，其他二法似尚鲜成效。第二步制纯铝则俱在高热之电解池中行之，称为霍尔法。拜耳法虽为最经济之方法，但对于原料矿石之成分，限制甚严，通常其所含氧化矽不得高于6%，铁分稍高，似无大碍；尤为重要者，则矿物之型式亦有关系。查铝土矿有一水氧化铝与三水氧化铝二种，前者又因分子构造不同，分为一水硬铝矿（Diaspore）及一水勃姆铝矿（Boehmite），因一水硬铝矿不溶于碱液，故虽有高铝低矽之矿，亦不能用拜耳法处理之。因之迄今一水硬铝矿，至少在美国，尚未被视为炼铝之原料也。

我国黔滇及华北、东北各处所产之铝土矿，据今所知，皆属一水硬铝矿，不能用拜耳法处理。沦陷时期日人在东北及山东俱设炼铝厂。东北用电镕法，此法在美国亦经试验，终以电镕所得之氧化铝粘性太高，钛铁矽合金之微粒，常胶着其中，不易分清，必须俟其冷凝后，研成细粉，再用磁铁吸分之；又因此项氧化铝在冰晶石熔层中熔化甚迟，较之拜耳法所得之氧化铝，大为不同，影响电解，殊非浅鲜，而二步手续俱用电，消耗甚大，成本高昂。有此三因，故美国已弃之不用。日厂为战时工业，不计成本，虽勉能生产，究难维持永久。山东铝厂用曹达热结法，虽能生产，其成本必高，盖无疑义。作者在本刊第五十八期“本处研究黔滇铝土矿之成果”一文中，曾主张除试用曹达法外，如能另倡新法则更佳，盖以曹达法成本过高，虽能处理一水硬铝矿，恐在经济上仍不合算也。

经济部派赴美国考察炼铝事业之龙丕炎先生曾留德学习炼铝工程，返国后在矿冶研究所服务，尝设计自建哥尔德许密德（Goldschmidt）之酸性炼铝炉，从事试验，颇著成果。龙氏对于中国铝矿情形，至为熟悉，尝谓国产铝矿既多属一水硬铝矿型，自难用拜耳法处理，但其他方法，大多成本高昂，不适实用，必须另创新法，如能发明从铝矿直接炼到纯铝之方法，则一气呵成，手续简便，成本必大为减低，而又须不受矿石成分及矿物型式之限制者，龙氏此次赴美，即抱此极大之愿望。抵美之后，微闻德国克鲁氏之炼铝新法，业已成功，自1939年至德国投降时止，在劳泰炼铝厂 Lauta Werke 中大量生产，最近美国官方亦正式宣布此新法之功效。克鲁氏现在美，年已六十有九，龙氏曾与面谈，证明一切传闻均属实在，并获得详细说明一份，蓝图二幅，龙氏乃正式呈报经济部及矿冶研究所，并承函示此新法之大要。龙氏函中并谓克鲁氏新法之成功，将使炼铝业起巨大变动，而使各炼铝公司发生恐慌，盖如新法普遍使用，所有旧法之全部设备除电厂外悉将变为废物，美国铝业公司 Alcoa 一家即须损失八千万美金，故各公司现正极力阻止此新法之使用，宁愿每家年给发明人以若干万美金以稳住此新发明之实施云。龙氏又谓苏联已将劳泰厂之全部设备撤迁，以原发明人未能聘到，有若干细节，尚未熟悉，致迄今尚未开炉云。作者承

* 原载《矿测近讯》1946年9月号（第67期），1—3页。——编者注

魏寿昆先生惠寄龙氏所得之图说，爰摘译如次，以资介绍。

试验经过：克鲁博士（Dr. Osias Kruh）奥国人，1925年开始研究炼铝新法，由德国炼铝公司劳泰厂依据克氏设计，先制50千瓦之实验炉，试炼铝土矿及黏土，成绩甚佳，继又建立500千瓦炼炉一座，再度试验，得同样结果。1939年劳泰厂乃向克氏购得在德国之专利权，建立2,000千瓦之炼炉十座，大量生产，迄投降时止，所产纯铝为量颇多云。

方法述要：克氏新法之要点，大致如次：（一）纯铝之沸点为摄氏2,270度，氧化铝之沸点则为2,200度。（二）矽酸铝在1,900度时开始分解，倘温度升至2,050度时，则氧化铝与氧化矽俱成液体，可以炭质还原之，其还原温度为2,100度。倘有足量之炭，则黏土中之各分子，皆可还原。（三）还原之结果，所有铝质皆与碳化合成为铝碳化物，氧与碳合为一氧化碳气，其余杂质如矽、铁、钛则成为合金。倘所用原料之焦炭，亦含若干杂质如铝、矽、铁等，则亦同样分解还原，而加入其各个之化合体中。（四）在2,100度时，铝碳化物为固体，钛铁矽合金为液体，后者之比重较前者为高，故铝碳化物浮于钛铁矽合金之上，此合金可放出以供范铸。（五）还原炉中之压力，应为五十个大气压，在此压力之下，微尘细点，不致飞失，其中分子得以全部还原成为钛矽铁合金及铝碳化物，而一小部之纯铝及氧化铝亦不致沸化。（六）俟还原完成，乃通入惰性气体（以氩气为最佳，因传热较低）换去全部之一氧化碳气。（七）此时炉中仅有铝碳化物及氩气，乃增加温度至2,200度，铝碳化物悉分解成纯铝及石墨，继又增至2,400度左右时，则纯铝沸化，为氩气所挟，同入冷凝炉，氩气则引出，加以洗涤后，仍可复用。（八）冷凝炉中置熔化之氯化钾盐层，其比重较纯铝为低，冷凝之铝滴，逐渐并合，成为一熔体，积于炉底，可放出范铸。此处用钾盐层之目的，在作成铝滴之保护媒介剂，如是所得之金属铝，其纯度可达99.9%。（九）冶炼时间包括还原及冷凝各步骤在内，约需八小时，每磅纯铝需用电力约为十二至十三度半，钛铁矽合金所需之电力亦包括在内。（十）总上所述，本法特点，在使铝沸化，就此冷凝，自可获得极纯之铝，并可施用于任何含铝之矿物。同法谅亦可用为炼镁。本法在2400度之高温下冶炼，可谓打破冶金业之纪录，但正因温度过高，于测验及控制上颇多困难，此则有赖于技术之训练矣。

炼炉装置：本法之主要装置为一还原炉及一冷凝炉，附带装置有林特式（Linde Plant）氩气发生炉，氩气洗涤炉，及碎矿机，筛矿机等。还原炉及冷凝炉皆用电热，用500千瓦至2,000千瓦发电机，供给电流，视炼炉容量而定。大致每组设炼炉11对，其中一对为备用。炼炉装置，殊为复杂，需用大量之石墨、镁氧等耐火材料之器材，如锅，管，圈，块等等，皆须炼厂自制，随时补充。因本刊暂不印图，故炼炉之详细构造从略。

冶炼情形：所用原料如铝土矿或黏土及焦炭皆须捣碎至四分之一英寸大小，如用磁铁矿亦须轧碎，并经过磁性分矿机，以便与其他矿石分离。矿石与焦炭之重量约为二与一之比，视成分而异。此项原料加入还原炉后，将炉盖封密，通水流至感应圈及其他受热部分，乃通电使温度增高；炉顶有窗，装高热计以测炉中之温度，炉边装气压表以测验压力，并有调节装置，使炉中保持五十个大气压。斯时磁铁矿先还原，其次为含于矿石或焦炭中之氧化矽，再次为氧化钛，此三者之金属体乃熔成钛铁矽合金。矽酸铝矿物在1950度分解，至2100度时，无论矿石或焦炭中之各分子，悉皆分解还原，成为固体之碳化铝及液体之钛铁矽合金，前者浮于后者之上，恰如金属溶体之渣滓。还原时间约需一个半小时，并可就压力达到不上涨之境界，以定还原作用之是否完成。乃放出钛铁矿合金，并减少电压，使温度仅保持2,100度。合金放尽之境界，可于合金槽之压力与炉中之压力相等时知之。于是乃通入预热，干燥之惰性氩气，以逐去碳氧气而代替之，斯时压力又涨至原来之五十大气压，并随时用分光镜观测炉中之碳氧气是否逐尽，俟炉中已无碳氧，乃增高温度至2,200度，于是碳化铝遂分解为金属铝及石墨，再增高温度至2,350度时，金属铝气化，为氩气所挟，同入冷凝炉，经过氯化钾熔盐，凝为点滴，因其比重较熔盐为高，乃得逐渐熔合，沉积于炉底，再由适当装置，流入熔槽，可放出以供范铸或制造各种合金。氩气则流入洗涤炉，俟洗净后仍可复用。本法所得之产物计有三种，即：（一）金属铝，（二）钛铁矿合金，（三）大量之一氧化碳气。钛铁矿合金在化工及机械上应用甚广，一氧化碳亦可供制造纯铁（Spongeiron）及许多化学品如Formaldehyde，Methyl Alcohol等之用。

成本概算：克鲁氏尝计算20座3,500千瓦炼炉之冶炼成本如次：

项　　别	每班需量	三班合计	每年需量	单价（美金）	共计（美金）
黏土	84.50吨	253.50吨	92,250吨	每吨2元	184,500
焦炭	43.60吨	130.80吨	47,400号	每吨8元	379,500
废铁	7.53吨	22.59吨	8,200吨	每吨18元	147,700
电力	560,000度	168,000度	614,000,000度		1,228,000
工资	183个星期班每班3.621元				662,000
原料电力人工合计					2,601,700

此外职员薪金年需325,185元，职工保险及其他福利24,679元，各厂室经常费及利息、折旧等计1,251,431元。以上三项共计1,601,295元，以此加入上表所列原料、人工、电力之成本内则得总数为4,202,995元。

购置及建立22座3,500千瓦电炼炉及24座4,000千瓦发电机，连同林特式氩气炉，洗涤炉，修理厂，化验室，研究室及各项厂房，共需创业经费美金5,964,510元。

至于出品方面，则有纯铝，钛铁矿合金及氧化碳气三种，每年产量及价值如次：

出　品　种　类	每班产量（吨）	三班合计（吨）	每年产量（吨）	每吨单价（美元）	总值（美元）
纯铝	20.70	62.38	22,750	300	6,825,000
钛铁矿合金	34.40	103.20	37,200	60	2,232,000
氧化碳气	75.30	225.60	82,100		
共计					9,057,000

如用磁铁矿代废铁，则以矿石价廉之故，成本可酌减，而82,100吨之碳氧气如能利用，亦可增加收入，减低成本。即此二者暂不计入，则照上表所列收支相抵，每年已可得纯利4,854,004美元。每吨制铝费约为70.2元。

以上计算系照美国1944年12月市价，目前物价涨动后，预算将随之增加。至于在中国工料暴涨之情状下，则上列预算更将倍增。但克氏新法之尽有余利可图，而已值得商业经营者，似已无容或疑矣。

新法优点：克氏炼铝新法之优点，可总述如次：

（一）可不受矿物种型及成分之限制，一水硬铝矿同样可为炼铝之原料，含矽氧高达40％之黏土，及其他含铝矿物如长石、似长石等俱可应用，所得金属铝之物理性及化学性俱与电解法所得者无二，其纯度自99.90至99.99，视所用原料之优劣而异。

（二）所耗电力与电解法几相等，即约每磅纯铝需用电力十二三度，若将钛铁矽合金分开计算，则电力之消耗远较电解法为低。

（三）从铝矿直接炼到纯铝，一气呵成，手续既少，成本自低。

（四）冶炼速度几十倍于旧法。

（五）钛铁矽合金为一有用之副产品，氧化碳气亦可设法利用。

（六）据约略计算，克鲁氏新法之成本只及老法（二步手续合计）之五分之一。

结论　照上文所述，我国现知铝土矿皆属一水硬铝矿，不能用拜耳法处理，故决定用何法冶炼，实为计划中国铝矿上急要之图。查我国铝厂，除台湾略有根基外，其余尚多在草创之中，故应不拘成见，不限旧规，尽力采用最新方法，迎头赶上，如克鲁氏之新法者似为最适宜之措置也。查克鲁氏新法之原理，并不复杂，但实施冶炼，尤其高温之测验及控制，非富有经验，不易奏功，龙氏之意，最好请克鲁先生来华亲自设计并购得其全部专利权，如是则可省却许多猜摩功夫而可一蹴即成矣。夫以中国一水硬铝矿品质之佳，分布之广，今再佐以新技术，新方法，则他日不难在国际铝业市场上，与诸先进厂家争一日之雄也。

《矿测随笔》节选

美国的矿产资源

美国号称天富之国，她的矿产资源，尤为世人所艳称，煤铁石油以及铜铅锌等等的生产，都居于首要的地位，但这次大战的经验，却显示了美国资源的不足，以前设想仅仅一打左右的矿产品需要从国外输入的，现在却增加到五打以上。此其原因，一方面由于大规模战争的空前消耗，另一方面由于新武器新工业所需要矿产品种类的增多。据约略统计，从珍珠港事变起到日本投降之时为止，美国输入金属及矿产品价值，约在20亿美元以上，在一个时期，每年的输入价值总在6亿～7亿美元左右。矿品的种类不下60种，其中有27种全部由国外输入，这就是说除了煤、铁、盐三项可以自给自足外，差不多都要有若干的输入。就输入的国别（和地区）论，有加拿大、拉丁美洲、澳（洲）、非（洲）、西班牙、葡萄牙、土耳其、中国、印度等53（个）国家（和地区）。铜锌铅的输入占大宗，合计达550万吨，价值11亿美元。据专家估计美国矿产资源的储量，若照战前五年的消费率计算，铜够维持33年，锌18年，铅11年，铝土8年，钒6年，锑钨各3年，汞2年云。

“地性矿区”

利用物理探矿的方法来探勘矿产，已风行全美，但在矿业法上却发生了一个漏洞，就是说照美国现行矿法，必须先发现矿脉或露头，然后始能领区探勘，但在被冲积层或其他岩层盖覆下的广大原野内，可能含矿并可用物理方法来探勘的地方，是很多的，参议员莫叶先生（J. E. Murry）有见及此，特提出草案，在现行矿法内加“地性矿区”（Geophysical Claim）一项，不需有任何地面的显示，即可划领矿区，用地性法施探，有效后再正式开采，此项提案俟矿业专家修正后即将提出议院商讨云。

矿产品储积法案

美国政府鉴于矿产品销用浩繁，尤其因为本国的矿产资源，未能全部自给自足，为应付非常的环境起见，特提出“矿产品储积法案”（Stockpiling Bill），已由（众参）二院通过，由陆海军部设专管机关，向国内外购储矿品，其预算经费将达18亿美元。

金刚石与战争

具有2,500年的开采历史、并且寻常人都以为是奢侈品的金刚石，却不料也是重要的战争矿物（War mineral）：这是因为它具有特高的硬度，可供研磨切锉，为机器工业，特别是制造精密的仪器和飞机坦克上必不可少的原故。这次大战协约国拥有丰富的金刚石资源，轴心国却一无所有，倘若德国的隆美尔将军能席卷非洲，侵占了世界产额95%的金刚石产地，那么，战争的局面，恐怕要改观了。从1942年到1944年全世界的金刚石产量共为 29,038,000 克拉，其中工业用的 23,055,000 克拉，宝石用的 5,983,000 克拉，每年产量如下表所列：

1942—1944 年世界金刚石产量表　　　单位：克拉

年　　份	1942	1943	1944
世界总产量	9,283,000	8,353,000	11,402,000
宝石用金刚石	1,949,000	1,754,000	2,280,000
工业用金刚石	7,334,000	6,599,000	9,122,000

袖珍热解仪

热解分析（Thermal analysis）是鉴定黏土类矿物和铝土矿的特效方法，设备及手续，尚不十分繁复，最近有美国三个矿物学家装配了一架小型的轻便热解仪，可以拿到野外去工作，准确简捷，兼而有之，只要有电流可通，就可随地测验。

苏联矿物学家费司孟的贡献

苏联科学院院士费司孟氏 Academician A. E. Fersman 于 1945 年 5 月 20 日逝世，享年 61 岁。费氏是苏联著名的矿物兼矿床学家，特别在地球化学方面，贡献最多。费氏曾带领许多远征队赴乌拉尔山、克里米、高加索、土耳其斯坦、阿尔泰北蒙古、夸拉半岛等地方考察，在夸拉及爱尔巴岛的伟晶花岗岩脉中，他的矿物搜集，最为丰富，就此研究他发现了若干地球化学上的规律，足为搜探矿物的指针，他的巨著《俄国的地球化学》（一巨册），《地球化学概论》（四巨册），《大地及宇宙的化学元质》，《从地球化学及矿物上的规律来搜索矿床》，《周期率及地球化学》俱先后出版，费氏对于宝石也有精深研究，刊有巨著三四册。还有苏联矿物志已出版乌拉尔山矿物志一巨册。此外通俗小品文字甚多，兹不赘述。总计费氏一生著述从 1904 年到 1940 年间，共达 679 种之多，其中有不少精深渊奥，发人所未发的杰作，充分表示了费氏思想的精博之外，还有过人的精力和毅力。

（以上节选自《矿测随笔（一）》，原载《矿测近讯》1946 年 9 月号（第 67 期），7—8 页）

一个成功的矿工程师

阿尔弗来脱·却斯脱·皮戴（Alfred Chester Beatty）先生 1875 年生于纽约，年 23 毕业于哥伦比大学的矿业科，乃从业为顾问工程师，继参加哥根汉的采矿公司为协理，凡西美阿拉斯加及墨西哥，非洲各矿勘察殆遍，对于西美各省低级铜矿的开发和比属康果金刚石矿的经营，贡献尤巨。1932 年比王念其劳绩，曾给与奖章。1913 年皮戴氏退出美国事业，移居英国，翌年在伦敦组织选择信托有限公司（Selection Trust），初时资本仅 5 万英磅，经过多年的惨淡经营，特别在矿业方面投资最多，成功最著。从这个基本组织，发展到六个分组织，全部的资本包括股款和借款在内共达 1,600 万英磅，市场上的估价，则超出 4,600 万英磅，这个基本组织本身的资产，就达 500 万英磅。

从 1914 到 1919 年，因为欧洲大战的影响，皮戴氏的事业，暂告停顿，和平恢复后，他又积极进行，投资和经营的范围，遍及全世界，他的第一个事业是非洲的金刚石矿，从1924年至今一共组织了3个公司，资本总额达300万英磅，分红的总数在200万英磅以上。1925年选择信托公司开始经营罗台西亚（即今赞比亚——编者注）北部的铜矿，组织了三个矿厂及公司，建设了一个人口逾万的新城市，前后投资共达1,000万英磅，每日选矿能力21,000吨，每年产铜达22,000余吨，分派股东红利的总数达320余万英磅。据估计罗台西亚铜矿的储量约含纯铜840万吨。

选择信托公司又是美国金属公司的大股东，在财政上和技术上密切合作，皮戴先生是这个公司的董事长。与罗台西亚事业同时进行的还有西伯利亚东部（海参崴以北）的Tetiuhe铜矿和南斯拉夫的铅锌银矿。前者已经办理成功，但因为苏联对于外汇上的统制，工人们（大多数是中国人）不能将工资所得汇寄国外，发生不安状态，乃不得不停止进行，其全部资产，由苏联政府作价收回。南国的铅锌银矿是一个16世纪时代开采过的老矿，由选择信托公司经营后，从1930年起开始生产，投资总数达178万余英磅，分红70余万英磅。南王为奖励皮氏的功绩，特给予勋章。伦敦的矿冶学会为皮氏开发罗台西亚铜矿的特殊成就，特给予金质奖章，哥伦比亚大学并授给名誉博士学位。皮氏今年适逢70高龄，仍极健旺，工作不息，最近有意开发中国铅锌银矿床，特遣其代表荣化澜先生（W. F. Winn）来华接洽。总计皮氏一生成就甚多，荣贵亦达极点，诚可谓为一成功的矿工程师矣。

中国铅锌银矿的分布

中国是用银币的国家，以往曾产过若干银两，近年来则为数极少。像墨西哥等国以银为主的辉银矿床，中国至今还没有找到，以前所产和近代少量的银产额，都出自方铅矿及其共生的闪锌矿。所以说到银矿，就不能不联想到铅锌矿，这三种矿产在中国是常常生在一块的。

中国铅锌的产额也很少，用新法采炼的，仅有湖南水口山一处，辽宁锦西的杨家杖子在沦陷期间，日人曾发现铅锌，但开到深处，又变成钼矿了。但是铅锌银矿的地点，却多不胜计，历史记载的铅银矿更多，有些远溯到隋代以前（或者还有更古的）。这些产地，虽若散漫无序，但仔细研究，似乎有若干规律可寻，现在仅就华中、华南的这项矿床，略为谈谈。

浙闽沿海山地中，有若干铅锌银产地，似乎不甚重要。向西沿仙霞岭、武夷山的两坡，尤其是西北坡的江西东部境内浙赣路沿线一带，有许多银铅矿，如德兴（隋唐时代盛采）、弋阳（唐末发现，五代时盛采）、铅山（元末发现，明初开采）、广丰（明末开采）、于都（明末开采）、光泽（清代开采）等处，都是古代著名的银矿。据调查报告，都说旧坑满山，遗渣遍地，可想见昔日采炼的盛况；又说：开采的地点，都有“铁帽”的昭示，其附近又常有花岗岩或其他侵入岩，凡此种种显示了矿床的气派迹象，非寻常可比。所以我们能先作精密的地质研究，继以有计划的施探，或不难发现前人遗漏未采的巨大矿床。浙江诸暨的铅锌矿，似与本区遥相呼应。江西西部的武功山也有几个铅银矿，如上高的蒙山（宋明时盛采）也是一个著名的古矿。

湘省的铅锌银产地可分为三区：中区包括常宁的水口山，湘乡的鸦头山，衡阳的银坑冲等处，其中以水口山为最重要。南区是南岭山脉中的许多矿床，像郴县的金船塘，颇值得详细试探。湘西北与鄂西的高原，也是一个重要的铅银产地，如慈利的廖家山和五峰，鹤峰等处，尤其是廖家山值得探勘。

云南、西康的铅锌矿很多，也可分为三区：中区的康南滇中带在古老地层（震旦纪或更古）中有许多矿床，其中以会理的天宝山最为重要，在氧化带中开采，是以锌为主，铅银为副的矿床。昆明的西南，还有若干矿床。东区包括东川的矿山厂，鲁甸的乐马厂，罗平的富乐厂，和黔西的威宁、水城，都是著名的老矿，或以银著，或以铅锌著，很不一律。西区在保山、腾冲、龙陵、镇康一带，铅银矿更多了，其中如腾冲的大洞厂在民国八年时，曾有一个美国公司试探过，此外桂、粤二省，俱有若干铅银矿床。

照上所述，华中、华南的铅锌银矿，可大略分为十一区：（一）浙闽沿海区，（二）仙霞岭武夷山区，（三）武功山区，（四）湘中区，（五）湘南南岭区，（六）湘鄂高原区，（七）桂中区，（八）粤中及粤西南区，（九）滇东区，（十）康南滇中区，（十一）滇西区。

个旧锡矿的特点和它的前途

个旧锡矿有许多特点：（一）主要的矿床是一种红土或脉状产出于石灰岩中，锡石成微粒，且不论粗细，少见有规则之晶面，而为锐边尖角的碎粒。就大小分，都在50眼以下，在140眼以上者占最多数，为31.02%，200眼以下者亦有，达15.95%。它不是崩积土，更不是冲积土，但开到200公尺的深度，还是红土。（二）在200公尺的深度，这项红土脉，有向两边渐变为一种坚硬的以黄铁矿为主的趋势，两者之中，没有显著的分界，未风化的硫化矿脉中含锡不足1%。（三）矿井下又见到黄铜矿、方铅矿（与电气石共生）、闪锌矿和氧化物的矿脉。（四）地面上有几处菱锌矿和其他氧化锌矿矿脉的露头。（五）因为锡石颗粒异常微细，所以选矿颇为困难，最细的一部分，每每遗失于砂尾中。又因夹杂铁质过多，冶炼时铁锡成合金（称为硬头 Hardhead），增加锡的耗损；倘用磁铁来吸分铁质，又因锡粒每为氧化铁所包围，在吸分时均被整个遗失，而增加锡的损失。在屡经改进的选冶技术下，锡的总耗损率还有相当数量，这是个旧锡矿最大的缺点。（六）个旧锡矿中又常含有锑、砷、铅等等杂质，以前冶炼不易清除，所以云南大锡的品质，远不如广西、湖南砂锡的纯粹。最近利用结晶提纯，加油熔析及加铝去杂等方法，已可得到极高的品质。（七）除红土外，个旧锡另一产状是含于云英岩或伟晶花岗岩中的巨粒晶形的锡石，但矿量颇少，成分亦低。（八）由冲积作用所成的砂锡矿成分甚高，尚未积极开采，但分布似不甚广。（九）据历史考证，个旧以往曾开过银矿或铅锌铜矿，这充分表示了它矿脉成分的复杂性。

含锡红土无疑的是锡矿脉受了地面氧化而成的产物。从它的深度，我们可以推想这氧化带的深远，正如滇北一带因为山高水深，使铅锌矿脉的氧化物达到地面以下200～300公尺的情形，一般无二。但是原生的硫化矿带，似乎已开始发现了，这就是上面所说的硫化矿脉。但是何以红土中的锡石，都成为细小微粒，这一点颇值研讨。作者的意见，以为个旧的原生矿脉是含有黄铁矿，闪锌矿，方铅矿，黄铜矿以及其他金属硫化物的复杂矿脉，锡石则渗杂其中，成微粒的分布，经过地面的氧化作用，所有硫化物，悉经氧化，铜、铅、锌等质成为可溶盐类，逐渐溶去，最后仅存氧化铁和锡石，这就是现在开采的红土；正因为高度的氧化，使杂质溶失，才能发生成分甚高的锡矿，含锡约3.36%。在氧化崩解的过程中，若干锡石或能因磨擦作用，成为更细的尖粒。以上所说，是作者一种暂时的臆测，如能用显微镜仔细研究原生矿脉中锡石的情状和分布，就可得到确实的证据。

个旧锡矿下面出现铜铅锌复杂矿脉的情形，在经济上有重大意义。常人以为这是个旧矿无所不产的好现象，作者却以为害多利少，因为这复杂矿脉的出现，显示着原生矿脉的到达和锡矿的没落，我们既没有确知这原生矿脉的储量，究有多少，而又不能将一个已具规模的锡矿厂，任意改为一个锌矿，铅矿或铜矿，那末经营这矿厂的人们，为了他们前途发展，就不免要大伤脑筋了。（民国三十四年秋季考察个旧锡矿厂的笔记，有许多数字和材料是参考云南锡业公司的五周年纪念刊《云锡纪实》）。

（以上为《矿测随笔（二）》，原载《矿测近讯》1946 年 10 月号（第 68 期），10—12 页）

美国上湖铁矿的展望

近五六十年来，美国铁矿的供给，大半靠着上湖铁矿，而上湖区域中，尤以密沙比山（Mesabi Range）的贮量最大，产额最丰。整个上湖区域的铁矿贮量，据最近估计，共有 12 亿余吨，其中密沙比山就占了 82.5%，约有 9 亿 9 千余万多吨，所以单单讨论密沙比山就可概观全貌了。

密沙比山已往产量共达 14 亿余吨，其中露天开采 9 亿 6 千余万吨，矿窿开采 2 亿 6 千余万吨，还有低级铁矿之需洗选者，亦有 2 亿余吨。可用矿石的平均成分含铁 51.81%，矽 7.61%，磷 0.062%。在 9 亿余吨的全山贮量中，可用露天开采的达 4 亿 8 千余万吨，矿窿开采的 3 亿 4 千万吨，余为低级矿石。

现在我们要看密沙比山的铁矿贮量，究竟还能维持多久。倘以每年产量 3,500 万吨计，可达 30 年，倘以 1942 年的最高产量 7,000 万吨计，那就只能维持 15 年了。但是问题并不如是简单，因为密沙比山的矿区，是属于好几个制铁公司的，有些大的矿区，可维持至二三十年，小的矿区不过四五年就要开完了。还有一层，化铁炉限制矽的成分最高到 8.5%，但是大多数的矿石，含矽超过此数，必须用低矽的上等矿来调和。所以谈到矿区的寿命问题，还要看这些低矽矿石，究有多少。这样说起来，有些钢铁公司的矿石供给，就不能维持多久了。

一向号称为北美钢铁原料中心的上湖区域，难道不久就要沦到铜老山空矿业凋零的境界么？这又不然。我们从另一方面看，上湖区含有另一种几乎取用不竭的铁矿资源，那就是 Taconite，这是一种含有磁铁矿和赤铁矿微粒的硬质矽石层。铁分自 20%至 35%，最厚可达 600 英尺，分布宽广，它的贮量几乎可达天文数字。倘使我们将这种矿石磨成细粉，用磁性选矿法或其他适当的方法将铁质选出，使它的矽分低到 8%，再将所得到的矿粉范成砖块，就可入炉冶炼了。这种粉块的冶炼成本，较之矿石要低一些，所以虽然加上选矿的费用，而制铁的总成本，还是差不多。北美的许多钢铁公司，现正努力研究利用 Taconite 的方法，已有成功的迹象。所以未来上湖区的矿厂，将有一番改革，以适应这新兴的环境，如果试验失败，那末只有向南美或加拿大等地方开发新矿区，以维持这北美钢铁事业于不堕了。抉择政策的紧要关头，现已到临，究竟如何，谅不久就可决定了。

（节译戴维士著上湖铁矿贮量一文，载矿冶 Mining and Metallurgy，Vol. 28，No. 481，Jan. 1947）

矿物工程学和矿物工程师

美国矿冶杂志第28卷第481期社论提出一个新名词“矿物工程学”，这是包括一切矿物的探寻、开采、洗选、冶炼和应用的科学，正像卫生、市政、建筑、水利、公路和构造工程之可列入土木工程学 Civil Engineering 一样。矿物这个名词，以往的意义很是狭窄，好像仅仅指示一块标本或一类结晶，但是我们要知道天然界本有动、植、矿三界的划分，再加水、煤、石油以及一切金属和非金属矿物应用的广博，就可恍然于拿矿物来称谓一种工程学之不为无理由了。倘使工程师的资格，一定要懂得造桥、热力，或者交相电流，那末一个经济地质学家，或者矿物专家自称为工程师，似乎有些冒昧，但是广义的工程师定义，似乎只要符合两个条件：（一）具有数理化的基本知识，（二）熟悉一种或数种关于人类利用天然资源或能力的科学和技术。这样说起来，一个经济地质学者称为工程师，可当之无愧了。这篇文章上关于探矿一门，又分为地质，物理探矿，工程地质和实施探矿四项。

本处一向认为地质是探矿的先驱，经济地质学者，尤其为实际生产的一员，他们的贡献和技能，与工程师并无二致，所以本处的地质人员，自始就称为工程师，副工程师或工务员，但是其他会属机关，也有另设地质师一名以别于正途出身的工程师的，还有一小部分人，甚至以为只有工程出身的工程师才能有产际生产和效用人群的本领，至于地质学者，不过是一群书呆子，写写文章而已，这种偏见，不但存在于工程界，就是地质出身的达官显要，也何尝不作如是想。现在读了美国矿冶杂志上的社论，深感我的意见，不但不是冒昧，反倒是一种前进的和合理的见解了。

（以上节选自《矿测随笔（四）》，原载《矿测近讯》1947年2月号（第72期），6—7页）

闲话水晶矿

水晶就是石英，是最常见的矿物，但是透明纯洁，无瑕无疵，并且每个结晶重量至少在100克以上的，却甚为难得，这种合格的水晶，称为商用水晶。水晶不但可供宝玩装饰之用，在科学仪器，特别是无线电方面的振荡器（Oscillator），需用尤广。第二次世界大战时，曾列为战争矿物之一，交战各国，到处搜寻，我国也曾派地质家四出探觅，除了广西田阳一带，稍有所产外，始终没有找到大量矿床。将来在苏北东海或山东各地，或有发现巨量水晶的可能。

美国地质调查所从1942到1943年，发动了有计划的水晶测探工作，范围遍及二十州，测勘的水晶矿，或研究过的报告总数在1,400以上，但是结果并不满意，只有阿干萨斯州西部的产地，较为有望。1943年为振荡器所用的美国国内水晶产量，一共不足4吨，而阿州所产的就在7,000磅左右，居总产量85%。

阿州产地在西部的 Ouachita 山脉中，以脉状、层状或其他不规则的状态产生在复密褶皱的古生代地层中；在砂岩中并且位于背斜层的轴部的矿床，较为丰富。它的成因大概是由上升热液，在较浅的地位下，沉淀而成，并经过多次的构造上和矿物上的变化或交代。共生矿物仅有冰长石、高岭石、绿泥石等数种，透明无疵的商用水晶，常产在晶洞中，并常居于结晶的顶端，在全部水晶中占极少的成数。据估计全区商用水晶的储量不过

125 吨左右。（详情参阅 A. E. T. Engel 的著作，载 Economic Geology，Vol. 41，No 6，Sept. —Oct.，1946）。

产量最多的水晶矿在南美巴西的 Goiaz 省，那儿有三个产地，所产商用水晶，前后共达 3,000 吨。在 1942 至 1943 年，第二次世界大战期间，因为军用迫切，产额最多，几达全额之半。最近产量已减少。上述三区，处崇山之中，交通不方便，开采俱用土法，由商人或中间人转辗贩卖出口。矿床呈脉状，亦有残积矿床或冲积矿床。在矿上选出的合格水晶，出口时再用弧光灯，偏光镜等仪器，测验其中有何瑕疵，有何双晶，经此一番选择，剔除的水晶，可自 5%以达 95%。附生矿物有高岭土及若干铁锰矿物。矿脉中多空隙，结晶粗大，有充填迹象，凡此种种，俱示本矿为一种浅成低温矿床。透明纯洁的商用水晶，常叠积在乳白色的寻常水晶之上，或充填于空隙中，二者的比例，在 1/500 的，已算最好，普通均在数千分之一。从此可见精美水晶的稀有可贵了。（巴西水晶论文见 Donald E Camgpell 著作，载 Economic Geology，Vol. 41，No. 8，pp. 773～799，1946）

（以上节选自《矿测随笔（五）》，原载《矿测近讯》1947 年 3 月号（第 73 期），9—10 页）

美国探矿事业的趋势和 1946 年新矿床的发现

美国胡林先生（C. D. Hulin）是加省大学的地质教授，在这次战争期间，被派到中国来测勘矿产，在昆明住了相当时间，曾到个旧及滇康边界调查。在本年的 2 月号矿冶杂志（Mining and Metallurgy）上，胡先生写了一篇检讨 1946 年矿业地质的文章，兹将大意摘译如次：

这次大战中高度的消费，竟使号称天富之国的美国，也感到矿产资源的不足了。但是从另一方面看，战争期中主要的生产，都是从已经开发的矿体中挖掘出来，因为生产第一，所以不能多费功夫去探矿，倘使没有战争，这些已知的矿量，陆续开采，也有被挖尽的一天，所以新矿床的探寻和发现，实在是为使矿业持续不断的主要工作，矿产被称为不能生长的资源，就是这个道理。

近几十年中新矿床的发现，显然的要比以前的几十年少得多，其理由很为简单，浮面或浅生的矿产，都已经开发了，此后目标将要转移到没有露头和深藏的部分了。这种矿床的探勘，需有详密的理论根据，以及现代化的工具和方法，不是短时间内就能生效的。据美国一般地质学家的意见，以美国之大，资源之丰，测勘区域的未尽普遍，将来发现新矿地的机会，还是很多。只要政府不订过多的条例，并能给予投资者以鼓励和保障，由地质学家凭着经验、理论，努力做去，即使不用新奇的仪器和技术，也必能发现很多的矿床。

为辅导矿产测勘的工作，使之更为精密合理，美国国立地质调查所定了一个需费一亿三千万美金的长远计划，除详密测勘地形地质外，还要举办若干基本研究，其中之一就是地球化学的测验，将露头、土壤、潜水和植物中所含的微量金属，精密测定。这种研究，相信对于探矿，将有重大的贡献。

1946 年的探矿工作，已有灿烂的成就。在美国阿里梭那省省会以北五十英里的 San Manuel 铜矿是凭着地质理论发现的一个新矿区。据钻探所示，已有含铜 0.79%至 1%的矿量 2 亿吨左右。南华达省的 Yerington 铜矿经过了两年的精密探勘，证明含铜 1.02%的矿量达 5,000 万吨左右。秘鲁南部的 Arequipa 地方，将有一个在世界上屈指可数的新铜矿出现，据说它的贮量含铜2.5％的将达2亿5千万吨。四五十英里以外还有一个更大的铜矿含铜量可达1％。

南华达省的Eureka和Pioche，从深钻和详测地质的结果，将有为近世纪来缅甸老银厂以后最大的铅锌银矿的发现。据一个尚未十分证实的消息，新发现的Tanganyika铅矿将为世界上近二十年来最大的发现，发现人比国地质学家Poussin氏从1934年起就在这区工作，据说矿床产于剪裂带内，延长达八英里。此外加利福尼亚省的Darwin矿不久将成为重要的铅锌银生产地，新墨西哥省的中部矿区，从地质测勘及实施钻探，发现了贮量达150万吨的大锌矿。从上湖铁矿的详密研究，地质学者认识了含铁层（Iron formation）的意义，在加拿大的Laborador和Quebec境内，就同样层位，同样构造，广施钻探，结果发现了大量的富铁矿。南非洲的含金层，据最近钻探，无论侧面的或直面的分布范围，俱将更为扩大。

从胡林先生的文章，我人可知为使矿业持续不断，测勘新矿实是必要的工作；就以地质事业高度发展的美国说，还需要更精密更普遍的测勘，只要努力做去，不一定需要新奇的技术，新矿的发现是可以预料的，而1946年的成就，已经充分证明了胡林先生结论的不误。

中国地质学家都是瞎子么？

有一位地质出身，但是没有做过多少地质工作的矿业界红人曾经这样的对我说：“中国除了那位发现铀矿的地质学家之外，其余的都是瞎子，因为只有他才能认识矿物，发现矿产啊！”我对于中国铀矿发现人南延宗先生非常钦佩，但一定要说此外的都是瞎子，却未敢赞同。

从另一方面讲，地质学家的使命，是专为发现矿产么？假使没有发现矿产，他就是瞎子么？凡稍有科学脑筋的人们，对于这种看法，一定要加以否认的。要知地质学家自有其神圣的使命，就是以矿产为研究对象的经济地质学，也有它本身的许多理论问题，发现矿产不过是许多问题中的一个罢了。在我国矿业尚未十分发达，地质测勘尚未普遍的今日，要发现一个新矿地，似乎并非难事，民国以来，中国地质学家发现新矿地的例子，就本人所知，已有好几个。最近本处以职责所在，对此问题，稍稍注意，也就有若干重要的成就，可知发现不难；但是发现之后，我们还要精密研究，彻底探勘，那就需要更多的智识与技术了。假使经济地质学的目的，是专为寻找矿苗，那末从事工作的人们只要认识几块岩石和矿物就够了，而经济地质学也不能成为独立的科学了。所以我敢肯定地说，中国地质学家都不是瞎子，他们都能发现矿产，不过发现的多少，那就要看他们本人的兴味所在和工作的机会了。

中国另有一班提倡崇高理论研究的人们，却有相反的看法。他们以为经济地质不是科学，测勘矿产更是地质学中的末技，谈到现实经济问题，好像就要褒渎了科学神圣似的。这种见解不免偏狭，我们为研究而研究，固然不能顾到有何直接的应用，但是遇到实用问题，却故意避免不谈，岂非不近情理。在中国工业落后的今日，测勘矿产应当是工业化的先驱，那末即使消耗些他们宝贵的光阴，冲淡些他们科学的思路，也是国民应尽的职责啊！

美国战后的炼铝工业

美国的炼铝工业，在战时突飞猛进，从15万吨的年产额增加到115万吨，美铝公司Alcoa和雷铝公司Reynold的炼厂都大为扩充，美铝还增设了二个从“红泥”中提收铝氧和曹达的试验厂。政府除增设二个炼厂外，又恐海运停顿，铝土矿来源断绝，就努力从其他原料中提炼铝氧，在国防工厂局D. P. C. 的指导之下，设立了四个日产五十至百吨的铝氧试炼厂，用明矾石，高铝黏土以及斜长石做原料，二个厂用酸法，二个厂用碱法。胜利之后，这一切试验厂都停止工作了，政府增设的厂也都改售民营了。1946年铝产额仅为41万吨，其消费量则约50万吨。较之战前，适及一半。新兴炼法，大都不能继续使用，拜耳法还是最有效最经济的方法，只有从拜耳法的残滓“红土”中收取铝氧和曹达的新法，有继续的价值，用此法后，铝土矿中矽氧二的限度，可大为放宽，而许多高矽铝土矿，都能应用了。(美国矿冶杂志1947年2月号)

(以上为《矿测随笔（六）》，原载《矿测近讯》1947年6月号（第76期），10—11页)

中国地质学会第二十二届年会献辞*

离别了近九年的南京，大家又将在红叶黄花的深秋，举行第22届地质学会年会，时光易逝，往事历历在目，回想起来，不禁感叹丛生；在这九易寒暑的岁月中，地质界确有不少可歌可泣的事绩，虽不必比之于“丰功伟业”，然而值得笔之史简，传咏千秋者，不胜枚举。当此复员逐渐就绪，地质界同人又重履旧地，欢忭研讨的时候，兹摭陈数语，借表欢迎的意思。

地质学在中国，为期不过三数十年，却早声震寰宇，赢得国际间的好评，章、丁、翁三元老倡导于前，后起的英俊人才继之于后，如艳阳天气，百花怒放，成绩斐然可观。履迹锤痕，几遍全国。缅怀先贤往哲，心神辄向往之。民国二十五六年，正是国内建设猛晋，地质界可以大显身手的时候，不料芦沟桥畔的枪声，掀起我国抗战的圣火，刹那之间，由华北而延及京沪一带。地质界始终守住自己的岗位，辗转迁移：中央地质调查所南下长沙，设立工作站，北大、清华，亦先后至长沙复学。翌年春天，正当炮声震彻云霄的时候，地质界仍赓续举行第十四届年会，这种临难不惧的精神，实在可以佩服。不久随着战事转移，机关学校又相继西迁，中央地质调查所先后在滇川恢复，地质研究所在桂林，北大、清华在昆明，中央大学在重庆，中山大学在澄江，均继续设立。此外湖南、江西、河南各省的省立地质调查所，亦俱经播迁流离，受尽辛苦，但不久俱能扬起大纛，在崇山峻岭之间，不辞劳瘁，跋涉工作。新添设的机关，应抗战需要成立的，有西南矿产测勘处，其他如四川省地质调查所，福建地质土壤调查所，云南省、新疆省地质调查所及云南之地质调查组，如雨后春笋，陆续成立，颇极一时之盛。九年来国内物资如此匮缺，环境如此艰苦，尚能不顾一切，艰苦撑持，这正是说明了地质界同人的奋斗精神。

不但机关学校能在抗战中茁壮起来，即学术研究，亦未因环境恶劣而稍感松懈，反而发扬蹈厉，承先启后，大有奇葩怒放之势。首先在云南有禄丰恐龙的发现，烟没不闻的骨头，一经品评，身价万倍，顿引起国内外人士的注意。继之有昆阳磷矿的发现，偏僻贫瘠的西南山地，正苦肥料不足，经此发现，始解决了农业增产的基本问题。甘肃玉门油田的开发，在广垠无涯的西北荒漠之中，建起了近代式的矿厂，这无疑地要归功于地质学家的冲寒冒暑，忍饥耐劳，才能确定构造，一钻得油，至今西北的动脉能够维持，不能不说是地质家的赐予。五通桥附近的深钻中打到黑卤，石油沟、圣灯山等处的发现巨量天然气，煤、金、锡、钨矿产的开采，是会员们的另一重要贡献。原子能的利用，是现时代的一大发明，此后为和平，为生活，为文化，它将有更多更大的贡献，当我们艰苦工作的时候，竟在若干地点，发现了原子能矿物——铀矿的存在，虽然它的经济价值，还不能确定，但这发现的喜讯，确予人们以很大的刺激和鼓励。最近数年来关于铝矿的研究，尤值称颂，在云南、贵州相继发现了大量的铝土矿，从此研究它的层次变化，矿物型式以及成因、储

* 原载《矿测近讯》1946年10月号（第68期），1—2页，署名：本处同人。——编者注

量、采冶方法诸问题，在理论及实际方面，均有灿烂辉煌的成就，对于政府的铝业计划上，尤给予了基本的提示和将来开发的方针。此外西南、西北各省煤铁及其他矿产的精密测勘，发现了更多的储量，更好的资源，这都是地质家们不可泯灭的成绩。中国尚是一个诺大的地质界乐园，蕴藏之富，诸待我人研探；地大物博，大家此后更应具有信心。

除矿产方面有惊人的成绩以外，纯学理方面，也有特殊的进展。西南数省，本偏侷一隅，科学家来此观察调查的，寥若晨星。近九年来，地质家西及点苍洱海，深入不毛，北至邛崃贡嘎，探幽索奇，东南抵闽桂之间，以穷武夷大明之妙。地层方面，如福建坂头系之时代，川贵三叠纪之分层，云南寒武纪志留纪之研究，均为不可多得之成果。构造方面，关于各种型式之研究，更是向国际地质界挑战之工作，另树一帜，在广西及南岭两区，成就特多。地文方面，冰川遗迹之揭发已列举事实的铁证，十余年前尚为人疑信参半聚讼纷坛的问题，至此已拨开云翳，成为公论。此外尚有许多研究的结果，正不难集腋成裘，蔚为钜论；这是地质家由博返约耗费一点一滴心血，得来的结晶。西北方面，在祁连、天山及帕米尔东麓一带均有宝贵的收获。出版品也是持续不断，并未因战争停辍。回顾这九年之间，以地质界两三百人的力量，在面积几与欧陆相埒的地面上工作，也可算为国家勉尽棉薄，足以自庆了。

我们在这抗战期间，所得的成绩，并不是倖致的。在地质界的阵营中遭受折磨，为学术牺牲者大有人在。丁在君先生为考察煤矿，竟至中毒，一病不起，失去了我们的导师，真是地质界莫大的损失。继之吴希曾先生，林文英先生，前后遭覆车之祸。因学术界待遇菲薄，生活艰窘，五尺血肉之躯，实不堪疾病与恶劣环境的打击，先后因而赍志以殁者有朱子元、计晓青、胡伯素、张沅凯、刘庄诸先生。尤使我们悲悼的，是贵州晴隆许德佑、陈康、马以思诸先生死于土匪的惨剧。萑苻不靖，血洒黔筑，与赵亚曾先生死于云南，同样壮烈。虽说殉职牺牲有何怨尤，毕竟社会对待我们太残酷，把有希望有成绩的三位先生杀死了，我们要以悲愤的心情向社会控诉！战争甫定，大家正图欢聚的时候，葛利普先生又遽尔老成凋谢，地质界的中流砥柱，忽告崩折，实予我们精神上一个重大的打击。褒扬馈赠，又何足以表尽我们崇敬的心呢？

过去抗战期中，也暴露地质界不少弱点，如矿床研究不能多顾实用，工程地质颇少为人注意，资源之缺乏彻底研究，以致有建设缺乏根据的毛病，此后工作，宜力求慎密深切，此其一。再者，理论与实用，相辅相成，二者不可偏废，抗战以前涉重抽象底理论的研究，而于实用方面，恒少注意，成不切实际的畸形发展，此后工作自应力矫此弊，最近在淮南发现新煤田，就是向实用方面迈进的一个征象，此其二。地质学之在中国，尚为一新颖的科学。在国外因学说纷纭，受传统的教条式之理论拘囿，出主入奴，恒不能自脱于成见之外，如玄武岩之水成学说，历数十年，成因始白。中国地质学者，如胎婴初生，具有良知之本能，务宜放开胆量，勇于接受新的理论，此其三。此次年会，同人等躬逢其盛，曷胜荣幸；除略述抗战中中国地质学者的贡献外，谨举三义，借供采择。敬祝中国地质学会年会成功，并祝诸位会员健康。

中国陶瓷原料说略及测勘计划*

一、绪言

陶瓷工业包括绝缘耐火及其他有关工业之矿产原料，为近代矿业中一重要部门，但我国调查矿产者，向少注意，致对于其质性、种类、分布、产状、应用各项，迄今尚不明了。本处测勘黔滇铝土矿，曾发现质佳量丰之一水硬铝矿 Diaspore，从此获得若干研究此项矿产之经验与兴味；胜利复员，本处迁京，对于沿海沿江沿路凡交通便利之许多陶瓷矿产，拟加以有计划的探勘，以供工业界之采用。兹就湘鄂以下滨海各省（大江以北暂时除外）之范围内，将已知此项矿产情形，编为说略（分布图从略），并拟测勘计划，兹分述如次：

二、产地说略

甲　江苏省

包括松江、吴县、无锡、宜兴、丹阳、句容等县：

（一）松江长堰属秦山——该区为长英斑岩风化而成之残留高岭土，为上等之制瓷原料，矿量多少，尚未详测，因距上海工业区甚近，交通便利，极有试探必要。

（二）吴县浒墅关南之南阳山——为矽长斑岩风化而成之磁土层，平均厚约 3 米，质佳，矿量待探。洞庭西山产石灰岩，属下石炭纪。

（三）无锡石塘镇属之石塘山——为位在志留泥盆纪层最上部之风化残留土，属耐火黏土，有青泥、白泥二种。

（四）宜兴属之西山、东山、蜀山、黄龙山——属耐火黏土层，位在石炭纪地层内。为制粗器原料，分布面积达 20 平方公里。在本区内可能发现二叠纪一水硬铝矿。又张渚附近产石灰石，属二叠纪，质纯量丰。

（五）丹阳北之泥山——产陶土，为志留泥盆纪页岩残留土，佳者色甚白，次者色甚黄。

（六）句容县之下属高资间——陶土矿为花岗岩风化而成，惟砂性甚著，不适制作细器。又在龙潭左近产石灰石，惟仅供当地之需。

乙　浙江省

包括吴兴、长兴、余杭、昌化、绍兴、萧山、东阳、永嘉、平阳、龙泉诸县：

（一）吴兴许泷山——产白土及红土两种，该处据日人钻探煤层时，发现二叠纪煤层内有二层铝土矿，为极佳之耐火原料。

（二）长兴缸窑里——产陶土矿，本区亦如吴兴。于煤系内尚夹有二层铝土矿，为极

* 原载《矿测近讯》1946 年 10 月号（第 68 期），2—6 页。——编者注

佳之耐火材料。

（三）余杭索泥坞——产红色黏土，详情待探。

（四）昌化县雨花庵——产白色磁土，质纯，生于泥质石灰岩中，惟厚仅 0.15 公尺。

（五）绍兴北乡灰灶头——产黏土。

（六）萧山茬山——产磁土。

（七）东阳县上宅——产磁土，分黄、白二种，黄色者用作制坯，白色制釉。

（八）永嘉青山、马鞍山——产黄、白两种磁土，黄色制坯，白色制釉。此处海运方便，亦值注意。

（九）平阳南港北港墨城——产黄、白磁土，海运方便。

（十）龙泉附近——产磁土，颇为有名。

（十一）其他如长兴、杭县、新登、桐卢、富阳，亦产石灰石，以富阳为最多。

丙　安徽省

包括祁门，贵池、青阳三县：

（一）祁门县张岭乡上下陈吴坑口——产磁土，为火成岩风化之残余土，质地最纯，矽氧含量 75.95％，铝氧 15.38％。

（二）青阳县牛山村——产石膏矿，厚薄不一，采取颇为不便。

（三）贵池县江林铺——产石膏矿，以其地滨长江，运输甚便，或值前往勘查。

丁　江西省

包括星子、浮梁、余干、临川、贵溪、余江、乐平、鄱阳、崇仁、萍乡、莲花、永丰、乐安、吉安、泰和、黎川、南丰、于都、修水等县：

（一）浮梁——磁土矿产地有下列数处：

A 浮梁本乡——可制作细釉坯料，年产 12,560 吨。

B 明沙本港——产高岭土，制作上等精釉耐火坯料，年产 5,700 吨。

C 陈湾——高岭土，不纯，仅制下等磁料。

D 寿溪坞——高岭土，制日用器磁料，颇为重要。

E 三宝蓬——高岭土，含云母片，可制坯料。

F 银坑坞——高岭土，制作磁坯，年产 1,140 吨。

G 南港——高岭土，为磁坯原料，年产 9,943 吨。

（二）余干县附近产高岭土，惟质不纯。仅制下等坯料，年产 17,132 吨。

（三）临川县大窝山砂子岭之高岭土，产量有限。

（四）贵溪县塘湾——产耐火黏土，耐火力极强。又本县盛源洞产滑石矿，有白色及淡绿色二种，直径约五六公分，生于二叠纪褐色砂岩内，因隐藏土下，矿量待探，极值注意。

（五）余江县安仁，流源——产高岭土，生于千枚岩层内，色白质纯，矿量丰富，极富探采价值。

（六）星子县大排岑，五虎港——产高岭土，制釉及耐火坯料，产量甚多，为江西瓷业原料之重要产地。

（七）乐平礼林及梅港——产耐火黏土，为次要产地。

（八）鄱阳焦源湾——产高岭土，亦为江西重要产磁区。

（九）崇仁何界山——磁土矿厚仅半公尺，质性甚佳，惟量不丰。又本县属许坊之秃头山，亦产磁土，矿量甚多，然交通不便。二者皆为花岗岩风化之产物。

（十）萍乡县上埠——产磁土矿，矿质产量不详。

（十一）永新县高汪——产石膏矿，针状结晶，色白质纯，东西延长五公里，有二层，生于第三纪红色岩层内。本区极值注意。

（十二）泰和县小龙村附近——产磁土矿，惟质不纯。又本县城西罗家墟，橘莞、钟埠等处，产石膏矿，属纤维石膏，呈针状结晶，其中以钟埠产者质较纯。该村因村民顽固守旧，前往调查者多方受阻，惟每往调查者，均称该区极富开发希望。

（十三）其他若莲花县之梅州，永丰之牛山墟、曹源、乐安之南村长�武、吉安之大莞坑、黎川之傅家山、南丰之白舍镇，云都之禾丰，修水之大椿，皆产磁土矿，多为花岗岩风化之产物，惟其质不佳，分布不广，目前似无注意之必要。

戊 福建省

包括泰宁、德化、闽侯、蒲田、宁德、古田、闽清、漳平、华安、龙溪、南平、永安等县：

（一）泰宁县揭源坊、官常口、南阳岗——产滑石矿，色白质纯，大者如拳，如核桃，生于红色砂岩内。该产地可直由闽江水运至福州，极为便利，故发展有望，极值试探。

（二）德化县葛籐坑砳窟仑——产滑石。又县境内之后井，后所，南岭东头产陶土，详情不悉。

（三）古田县下碗口、吉口、五都、双溪亭等处，产磁土。

（四）宁德三都溪产陶土，制陶业甚为发达。

（五）龙溪县仙都、珠塔、福昌等处，产黏土，仅制粗瓷。

（六）华安县天定地方，产陶土，为花岗岩风化成之高岭土，以其交通尚为便利，尚值注意。

（七）漳平县永福镇，产陶土。

（八）其他永闽清石坑产黏土，永安及南平县产石灰石，似无甚重要价值。

己 广东省

包括防城、钦县、乐昌、大浦、宜信、香港、潮安、南海、高要、化县、廉江、灵山、合浦诸县：

（一）钦县平吉墟、那贡、落马岭、陆屋圩等处产石膏，成脉状，生于第三纪红色砂岩内，纤维状针形结晶，略带红绢丝光泽，以其矿量丰富，交通便利，值得详探开发。

（二）防城县东兴镇附近亦产石膏，详情待勘。

（三）宜信县属之三义田，产滑石，色白质稍杂，生于蛇纹岩内，以其量微似不值注意。

又本县北上受村产瓷土，为石英斑岩风化而成，惜其稍含石英粒，色白。

（四）潮安县飞天燕山——产白色磁土，由花岗岩风化而成，色白，地邻海区，交通方便，亦堪注意。

（五）大浦县高坡——产黏土，质地尚佳。

（六）乐昌县浆源村——产高岭土，亦为风化花岗岩产物，交通尚便，亦值一勘。

（七）南海县石湾镇——产陶土，交通尚便。

（八）高要县白泥坑羚羊峡——产高岭土，偶含云母及石英细粒，为片麻花岗岩风化残留物，搬运便利，颇值注意。

（九）化县平定产灰白、灰色硫土，质不纯，系片岩风化而成，不值注意。

（十）廉江县太平石角一带，产磁土，含长石不多，火成岩风化而成，可做制碗原料。

（十一）灵山县谷埠，产红色细页岩质黏土，可以制碗。

（十二）合埠县小江墟、龙门二处产磁土，前者质纯，含铝氧 17.58%，矽氧 73.94%，后者质稍差。以其地临海区，而矿量尚丰，极值注意。

（十三）香港附近产石英砂。

（十四）海南岛之万宁、陵水、昌江等县，产石英，详情待探。

（十五）海南岛琼山县龙塘市牛屎山，产高岭土。

（十六）海南岛定安县、乌坡市，产高岭土，质甚纯，亦须注意。

综上所述，可见我国南部各省沿海沿江沿路之陶瓷耐火原料矿产，分布实甚广泛，惜以调查未精，开发未广，致尚未充分利用耳。就今所知，各矿之产状型式，可分为下列各类：

（一）陶瓷土可分为二大类：

（A）水成式　由水成作用冲积而成者，就层位论又有①产于变质岩系之千枚岩内者，成夹层，见于江西，就江西变质岩系分布之广，此项矿型之发现，殊多希望，但质性，矿量及矿物种类，俱待详勘。②产于志留泥盆纪中者，如江苏无锡，丹阳等产地属之。③产于下石炭纪之乌桐石英岩内者，亦成夹层，在江苏、湖南分布甚广，尤以宜兴之陶土最为有名，但似未见有色白质佳之瓷土。④产于二叠纪煤系及石炭二叠纪煤系内者，层位不同，质性亦异，大抵紧接煤层之底土 Underclay，俱属耐火土一类。在煤系最底部与石灰岩接触处，常有质佳之一水硬铝土矿一层。其他各层内（如最顶部及其他层位）亦俱有铝土层，质性、矿物，尚待详究。

（B）风化残余式　大概由富于长石之酸性火成岩风化而成。依据母岩种类，又有花岗岩，伟晶花岗岩，石英斑岩等数种。江西之质佳瓷土，大部由花岗岩类岩石风化而成。闽粤瓷土亦一部属此。江浙瓷土，俱由斑岩类之火山岩风化而来，如吴县，松江俱是。闽粤瓷土亦有同样矿床。本式所产，俱为高级白瓷土，如能找出交通便利、质佳量丰之矿区，大规模开采，则必能成为重要之矿业也。

（二）石膏——产地似不甚多，两湖及江西之第三纪红色层中产之，常与食盐共生。又石灰岩区域中，如有由黄铁矿体或其他硫化物氧化所成之硫酸与之起作用时，常可产生石膏，此后应注意搜求之。

（三）滑石——辽宁、山东为中国滑石之主要产地。大江以南闽、粤、江西略有所产，在闽者产红色层内，在粤者产蛇纹岩内，在赣者则产于二叠纪砂岩内。蛇纹岩内之滑石，似最值得注意。

（四）石灰岩、石英岩——此项原料分布较广，到处可见及之，但须择交通便利，成分适宜，与厂址及应用配合后搜求之。

（五）菱镁矿及白云石——辽宁有最大之菱镁矿，山东亦有望，大江以南尚未闻及，但在蛇纹岩区域中仔细搜求，或有希望。纯粹之白云石亦不易得，但白云质石灰岩则各种石灰岩层中几乎均可获得若干，不过成分颇有上下，须详细调查及分析以求之。

（六）长石——山东曾有所产，大江以南尚未闻有开采者，但湖南、江西、安徽、福建等花岗岩区域内之伟晶花岗岩脉或有堪采之长石矿，须仔细搜求之。

三、测勘计划

陶瓷等工业所需之矿产原料，因其价值并不甚高，而质量滞重，需用特多，致交通成为最重要之关键，盖如运输困难，则虽质量俱丰，亦一时无法使用也。故测勘计划，当纯以交通情形为依归。火车之便利者，俱暂不计入（原文如此——编者注）。测勘方法可分为初勘及详探二步骤：初勘以测制五千分一至五万分一之矿床地质图为目的，就露头所见及者，粗测地形，估计矿量，分段采样，藉便分析，从此可评定各产地之优劣及开发程序，以供将来施工之参考。如初勘结果获得可望矿产，但因浮土盖覆过多，露头不显，或地质构造之关系，必须施行槽探、钻探及精密之地形测量，始能确定矿量者，则必须进行第二步之详探工作。本文所述者为初勘计划，兹列表说明之。

测勘区域	约计时期
一、江苏松江、吴县、无锡、宜兴、丹阳、句容等县	二个月
二、浙江吴兴、长兴、余杭、绍兴、东阳、永嘉、平阳等县	三个月
三、安徽祁门、贵池、青阳等县	二个月
四、江西星子、鄱阳、余干、余江、贵溪、乐平、浮梁、临川等县	三个月
五、福建泰宁、古田、宁德、龙溪、华安、漳平、德化等县	四个月
六、广东潮安、大浦、南海、乐昌、高要、廉江、合浦、宜信等县	四个月

以上苏浙皖赣四省之初勘工作，列为第一期，闽粤二省列为第二期，如需要迫急，则一二两期可同时进行，分派四队人员，分区工作，否则以一二队人员分期进行，则在一二年之时间内，亦可完成。

本处三十六年度工作计划*

一、绪言

本处编拟工作计划，今已届六次矣。以前计划多系广泛的区域的测勘，其结果固可为工矿建设之参考，但尚少直接的应用。今次计划，则迥乎不同，盖皆为解决各矿厂急要问题而工作者，而此问题又为工矿建设之基本前提也。

大致言之，本处工作，已自面的测勘而进至点的测勘，如本计划所述之淮南、大冶、中湘，盖皆为广漠无垠中之数点，经广泛的区域测勘，始获知其经济的价值，由是言之，本处五年来之工作，实不浪费，因惟有经过面的认识，始能指出点的存在也。

二、工作述略

本年度工作，可分为两项如次：

甲、继续（民国）三十五年度未完工作

1. 测勘及钻探大淮南煤田

本处与淮南矿路公司合作，探勘大淮南煤田，三十五年度已完成新发现有望煤田之测勘，并已获有良好成果。本年度当继续钻探，同时用地震探矿法勘定其他有望矿区，以供钻探。此项工作，恐将继续至二三年之久，始能全部完成。

2. 测勘及钻探鄂西铁矿

本处与华中钢铁有限公司合作，于三十五年度已完成大冶铁矿区之矿区测量及磁性测量，本年度当继续详测鄂西铁矿，并在若干区域之内，施行钻探。因大冶铁矿含铜、硫过多，故用鄂西低硫、低铜、低磷之矿石，渗合冶炼，最为经济，因之对于鄂西铁矿之量的研究，以供大规模开采之设计，实为急要之图。此项工作，在本年度内，恐尚难完成。

3. 测勘及钻探湘中煤田

本处与中湘煤矿公司合作，钻探湘中煤田，亦已开始，本年度当继续进行。鉴于中湘公司矿区之辽远，煤层之厚富及其位置之优越，彻底钻探工作，以确定矿量，实为设计增产前之必要步骤。

4. 测勘四川油气构造

天然气为四川特产，业经充分证明，石油则尚为一待解之谜。自本处创立四川油气构造之新理论后，已获得研究之线索，三十五年度已举行若干测勘，本年度当继续进行。本工作系与中国石油公司合作。

5. 测勘闽粤沿海铝土矿

本处在滇黔二省所发现之富铝矿，及日人在东北及山东所经营之铝土矿，俱为一水氧

---

* 原载《矿测近讯》1946年10月号（第68期），6—7页。——编者注

化铝，不适于低廉之拜耳法处理。从理论推测，闽粤沿海有发现适于拜耳法处理之三水氧化铝矿之可能。爰与台湾炼铝厂合作，在闽粤沿海搜探此项矿产，本年度仍拟继续进行。

乙、本年度新办测勘工作

1. 测勘及钻探江西鄱阳湖煤田

江西鄱阳湖右岸乐平、鄱阳、余干、进贤四县境内，煤田分布甚广，以前估计储量共有1亿3,600余万吨，而交通便利，销路畅旺，实为扬子中游一重要富源，以前开采，因限于设备，且无远大计划，致少成效。本处拟与事业机关合作，先从详密测勘入手，然后择定矿区，广施钻探。鉴于本区地势低平，浮土甚厚，依据地质理论加以钻探，则新煤田之发现，颇为可能也。

2. 测勘及钻探浙江长兴煤田

整个长兴煤田应包括下列六区：①四亩墩至槐花坳，②广兴，③掘头山至千井湾，④金鸡岭至慈善庙，⑤火烧地，⑥蒋家村。以上除第六区外，俱有煤系露头，并经土法开采，但用新法开采者，仅四亩墩至大煤山之一段及广兴之一部分，尚不及全区面积之1/10，故测勘及钻探以证实或发现堪供大规模开采之新煤田，亦为急要之图。此项工作，亦拟与事业机关合作。

3. 测勘及钻探江苏贾汪煤田

贾汪煤田以交通便利，煤层富厚，久已办有成效。战前及日人侵占时代，俱曾施行钻探，在盆地东部发现上部煤层，分布甚广，但盆地之中部及西部以及下部煤层之是否值得开采，俱尚待钻探证明。鉴于山东中兴煤田之渐将采尽，则在本区内钻探新煤田，实为急要之举也。此项工作，亦拟与事业机关合作。

4. 测勘及钻探安徽及宣城一带煤田

皖南之宣泾煤田，极富经济价值，其中宣城之水东一区，业经用新法开采。就地质构造推测，水东煤田为一破裂之向斜层，可分为三大段，即：①大汪村，②张吴村陈村，③项村洪村。目前开采者，仅有大汪村中部之一小段，其他各段，仅有煤系露头，至于含煤与否及质量如何，俱待钻探证明。泾县煤田，分布更广，如以县城为中心，大致可分为东西两区，每区又可分为若干段。附近有泾河，可资水运，但运量不大，故言交通，稍为不便。据土法开采结果，煤层可有三、四层，最厚可达五、六尺至丈余，质属有烟，堪供工业上之应用。如能详施钻探，证实煤层之分布，然后改善交通，设计开采，实为一确有把握之有利事业也。本工作亦拟与事业机关合作。

5. 测勘及钻探海南岛铁矿

日人侵占时代，曾发现石碌及田独二大铁矿。石碌铁矿，据日人钻探及开发结果，储量可达1亿吨至2亿吨，但钻探尚嫌不够，而南矿体及保秀山、正美山诸矿体尚多未开发。田独铁矿估计500余万吨，两年来之开采，已去大半，此外零星铁矿及锰矿尚多，诸待测勘。按海南岛铁矿品质优良（含铁在百分之六十以上，硫、磷、铜俱低），储量丰富，位置又甚优越，日人虽施探勘，尚嫌不足，地质方面，尤少注意，故继续钻探及精密之地质研究，实为急要之图也。本项工作将与事业机关合作。

6. 测勘江苏东海磷矿

东海磷矿，质优量丰。抗战前由国人经营，颇著成效。沦陷后，日人成立海州矿业开发株式会社，开采磷矿，并及锰矿。前后计共采去磷矿30万吨。在昔日国人沈云沛经办时代，计采磷矿 10 万吨。现台湾肥料公司需用磷矿石甚多，资委会将设计开发，本处拟即派员前往详为测勘。

7. 测勘全国铅锌银矿

我国为用银国家，但近年银产甚少。银每与铅锌共生，故产银之地，每有铅锌。观历史记载，自隋唐以迄宋元明，每年俱有相当之银产额。今至各古矿参观，如江西之德兴，上高，铅山，云南之鲁甸，罗平等处，每见旧坑满山，遗滓遍地，想见昔日采炼之盛，而其矿床之必具相当规模，更无疑矣。近年来世界铅锌银产额，虽仍能维持不堕，但因新矿发现殊少，旧矿渐趋衰竭，故设法搜寻新矿地，遂为当前急务。本处有鉴于此，除搜集有关资料编辑中国铅锌银矿志外，于三十六年度，将派若干队分赴浙赣湘滇各省详细测勘，必要时，此项工作或将与国外矿业团体合作，俾能集思广益，迅赴事功。

8. 测勘及钻探山东招远金矿

山东招远金矿，战前曾经开采，日人侵占后，更积极进行，证明每吨矿石可产金十二克，为东亚稀有之富矿，每月产金量达七百五十两，俟时局稍平，治安恢复，本处当与办理金矿之事业机关合作，施行测勘及钻探工程。

9. 华北矿产之测勘

华北矿产丰富，尤以煤铁为最，本处拟于本年内设立工作站，详事测勘。

10. 东北矿产之测勘

东北矿产较华北尤丰，除煤铁外另有许多稀有金属，本处于本年内亦拟设站详探。

11. 其他大会交办之各项测勘工作

三、结论

上述工作计划，仅列举其荦荦大者；其余因事实上之需要，临时决定遣派者，当不在此预定计划之内。查本处虽非生产机关，但测勘所得之珍贵材料，及因钻探而发现之地下富源，倘以数字计算，恐将十百倍于每年经常之支出者。俟本年度若干工作完成之后，本处必可列出数字，以示其发现之价值及测勘之成本焉。按本处每年经费之支出，在国家总预算内所占之成分，固甚微渺，但藉是得以推动建国之基本工作，树立钻探之技术规范；况发现所得，又岂数十百倍于此哉。

矿产测勘处工作方针及预算原则*

科学的、合理的和经济的采矿，应当先有详密的测勘，这已成为不易的定论。过去苦痛的经验，充分显示出这种工作的需要；每一个外国专家来华视察矿厂，几乎都感觉到测勘材料的不够，以致许多计划，不免空虚。日本人在侵占时代的若干成就，就因为能不惜工本的来注意这测勘问题的缘故。现当胜利建国之际，这个为重工业先驱的矿产测勘工作，似乎要格外重视，格外培植。

矿产测勘处虽然已经成立了五六年，但是局处西南，不易发展；并且为基础的认识，我们不得不先从面或线的区域概测着手。我们在云贵川一带测制了97,964平方公里的矿产地质概测图，2,500平方公里的矿产详测图，出版临时报告53号，《矿测近讯》69期，西文《经济地质丛刊》2期（第二期只见作者本人的2篇——编者注），其他论文在中外报章杂志发表的不及备载。我们研究了若干经济地质的基本理论，明了了矿产分布的概况，这与我们以后的详测工作，有莫大的帮助。现在我们却已踏入了点的详测的阶段了，并将从地面的观测推广到地腹的钻探了。我们将毫不客气地说，以后的每一年，都将有在经济上或理论上重要的发现。我们从今年起的年报上，可以明白地用数字来表示出这一年中所发现的矿产品的价值，这个价值的数字，比之我们这一年中的支出，要大过数十百倍，甚至千万倍。换句话说，我们这机关不是纯粹研究学理的机关，我们也是一个生产机关，我们可用成本来计算盈余，并且这盈余要比任何的生产机关来得多。

欧美的矿产测勘是一种事业，更是一种生意，顾问地质师或矿师的从业者，多不胜计，他们可以自力更生。但在事业落后的中国，情形就不同了，我们不能不靠政府的力量来建立、培植和发展这种工矿建设的基本工作。矿产测勘处就是本会以远大的基本的眼光，来创立为国家为社会为本会服务的一个顾问机关，等到根基充实，这个机关也可自给自足，还可以盈余的利益，继续扩展。

上面所说的话，归纳起来，约有四点：①矿产测勘工作已从面或线的概测，达到点的详测。②矿产测勘每年可有实际的收获。③矿产测勘处不是消耗机关，而是生产机关。④矿产测勘处就是先由政府力量创立的顾问矿师，到了成热的阶段，可以自给自足。

其次要说的是本处预算的原则。本处以往的预算，虽比其他机关为多，但因根基不充，物价波动，除了经常开支和简略的地面观测外，绝无余资来从事大规模的测勘。虽然如此，数年以来，我们也还举行了若干小规模的钻探和槽探，并且发现了若干矿床，如黔滇的富铝，水城、威宁的煤铁矿等。室内工作，除研究岩石、矿物，刊印报告等之外，最近仿制物理探矿仪器，颇多成就。现已制成了第一架国产的盖末二氏的计数仪（Geiger Müller Counter）及静电计，可以灵敏地测验放射性矿物。为勘测油田的地震仪，也正在继续试制中。此外为购地建屋，租赁宿舍，以及订购图书、仪器，在在需款，一个根基薄

* 原载《矿测近讯》1946年12月号（第70期），1—2页。——编者注

弱的机关，一点一滴都非钱不办，这一切的开支，已使本处的预算非常窘乏。现在为应本会及各方面所需要的实施探勘工作，就不得不另立预算。有些人以为这是额外要索，那就是因不明本处内情的误解。我想为避免这种误解，本处的预算，似可分为基本预算和事业预算两种。前者为维持机关及培植员工的费用，包括薪津、办公、图书、仪器和建房屋等等。后者才是实际工作所需的费用。因为工作的地点有时不能预为指定，所以最好的办法，还是逐项订立预算。譬如这次许处长给予的题目，一共就需要 18 亿元，而本处的预算，却只 2 亿元，这如何能担负呢？还有一个办法，就是临时与事业机关订约办理，如最近与中湘、大冶等的订约办法，倒是切实易行。所以本处所急切需要的，就是这个基本预算，将本处的基础建立起来，虽后才能为国家社会服务。

中国经济地质界的新动向*

自从民国元年，南京实业部成立了地质科，地质二字始见于中国官书；自从民国二年北京工商部设立地质研究所，招收了一班学生，研习地质，到民国五年，这班学生毕了业，中国才有实地从事地质工作的斗士。这两件大事，一是创立地质的始基，一是训练地质的人才，都是章鸿钊先生所倡办的。章先生在他的《中华地质调查私议》一文中，将调查地质的用途，分为学理与实用二项，实用方面，将地质学应用于农、矿、工、商、水利、卫生诸端，详述靡遗；在四项计划的原则下，更有“树实利政策，以免首事之困”二语。地质研究所的课程，于民国四年四月，由章先生参酌缓急，呈请修改，除废去矿物学与古生物学分科之议外，另加采矿、冶金等应用科学。这一连串的史实，足示章先生不但是中国地质事业的倡造者之一，更是最先提倡地质应用的人。

从另一方面讲，凡百学术研究，不能尽以应用为依归，并且今日视为无用的，也许他日就能成为有用，所以学理和应用，应当等量齐观，不可偏废，这在地质学，也不是例外的。但当经济恐慌，物资匮乏的时候，为斟酌缓急，权衡先后起见，好像应用问题，总要多被重视一些，我想章先生关于应用地质的见解，也不外如是。

为顾到现实，为争取经费，主管地质机关的历任首长们，也不能不重视经济地质，这可从这些机关的工作报告和工作项目上看得出来，因为这些机关，每年派出的调查队，差不多多为矿产而去；但是工作的观点，却有些不同，有的著重大区域的地质制图，有的注意构造的推解，化石的搜寻，还有研究其他种种的地质问题，这些工作的实用程度固然不同，但直接间接，都与采矿或其他工作有关，那是毫无疑问的。

从民国元年，中国地质事业开始到今，中国地质界已树立了相当稳固的基础，从仅仅几位地质教员和二十一个学生的局面，发扬到三个中央地质机关，七八个省立地质调查所和数百位地质工作者，这确是一件难能可贵的成绩。至于历年来用中西文发表的报告论文，地质图件，更是盈几累牍，美不胜收，虽在艰难困苦的抗战时代，仍能继续不辍，所以谈到学术界的成绩，国际间的声誉，至今还是众口一词地推崇中国的地质学。这种成就不是倖致的，是靠了许多书呆子不顾艰苦，不慕荣利地努力奋斗而成的，而章、丁、翁三位先生倡导的功劳，尤为成功的主要因素。

科学进步是日新月异的，地质学的研究和发现，更要随着时代的巨轮，积极迈进，所以我们对于已有成绩，不能沾沾自喜，认为满意，还要继续努力，以求大成。我现在想说的是关于中国经济地质方面的新动向。

尝考中国经济地质研究的过程，可以分为三个时期。第一个时期是初步测勘时期，当中央地质调查所创办的时候就开始了。那时候几乎拿全副精神和力量，去勘查矿产，对于实用方面的矿量问题，更是特别注意，浮面勘察之外，还用掘槽的方法，来测定矿层的延

---

* 本文1947年2月发表于《地质论评》第12卷第1—2期合刊，152—154页。——编者注

长厚薄，如龙烟铁矿，武安铁矿等等，都可称为这时期的代表作。但是理论问题，却太被忽略了，不要说岩石矿物的组织，矿床的成因，没有好好研究，就连地层构造，也不大弄得清楚。当时洋顾问如安特生辈，从来没有用过一次显微镜，就可证明他们工作的不甚精密了。第二个时期是踏入理论的研究时期，可以拿许多附有显微镜照相和详细论述岩石矿物的著作来代表，这些著作，对于矿物的鉴定，很费苦心，矿床的成因，也仔细推敲，至于实用问题的矿量形态诸端，也同样注意。正当这项工作蓬勃跃进的时候，忽然抗战军兴，政府西迁，在流离苦难中，仪器图书，俱感缺乏，这类工作，就不克继续进行了。

在这正常发展的过程中，经验告诉我们，尽管理论和实用的研究，如何精密，但仍不能得到为断定矿床经济价值的精确的矿量数字；这也不足为怪，因为地质学者究竟没有带着能透视地腹的神秘的眼镜啊！在欧美各国，一个矿区的开发，先要研究地质，再继以钻探、井探、坑探等等工程方式的试探，最后才计划开采；这办矿的三部曲，是缺一不可，勿容偏废的。探矿虽然是采矿工程的一部分，但是倘能由地质学家主持办理，可得事半功倍之效。由于器材供给的便利，技工训练的娴熟，这种探矿工作，在外国是轻而易举，随时随地可以举办的。但在中国，尤其在目前物资缺乏的时候，探矿却不是一件容易的事情。因为采矿工程师们大多数不十分了解地质，所以对于探矿，有些是根本忽略了，有些是虽有此心，而苦于摸不到门道，所以探矿工作，总是因循敷衍，绝难彻底推进，驯至伟大的计划，巨额的资金，竟悬在空中楼阁之上，岂不可叹。最近美国专家来华考察矿厂，都感觉到这种基本上的缺憾，所以他们的建议书上差不多众口一词地都要先有精密的探矿，然后才能谈到计划。反观日本人在中国侵占区内许多矿冶事业的计划，却多有相当可靠的根据。因此种种，中国的企业界人士，不能不发生警悟，而终于又照顾到一向认为是无用的，书呆子气味太深的地质学家了。这是一个合理的，前进的转变。不过，中国的地质学家们，从此却要肩起双重的负担，那就是地质测勘和施探工程，要全部归他们主办了。这种作风，在欧美先进国家，不无前例，但在中国却是格外需要；这就是我要说的“中国经济地质界的新动向”是一个合理的，前进的动向。

自从矿产测勘处在抗战时代用分层采样，详密槽探的方法，发现了黔滇的高级水铝石；胜利复原后又用地质和钻探的方法，在淮南发现新煤田，在皖北、苏北等处发现大量磷矿，足证这个新动向的时代，已经开始了；苟能循此动向，继续迈进，我想未来的发现无穷，是可以预卜的。但同时我们不要忽略了理论，我们要用更新的设备，更精的技术，在理论方面彻底研求，以继续发扬因抗战而停顿的研究精神，这就是中国经济地质研究过程中的第三个时期。

今年是章鸿钊先生的七十正寿，我们做学生的除了庆祝之外，还应写些文章，以作纪念。章先生是最先倡导地质应用的人，对于研究经济地质者又能始终予以鼓励，他今天看到他的学生们仍能保守岗位，孜孜不倦地发扬他所要倡导的工作，必将莞尔而笑，深感自己教育学生的成功了。爰作此文以为先生寿。

沦陷时期东北各省矿产矿业调查表*

东北矿藏，原甚丰富，沦陷期间，敌伪努力开发经营，颇多成就。胜利以还，本处即向各有关方面搜集资料，分类制表，自本期起，逐期刊登，以供关心东北矿冶工业人士之参考。又下列各表中所用之各项单位如下：资本——千元；储量——千吨；生产量——吨；生产能力——公斤；品位——百分率。

第一表　敌伪经营之公司名称、设立年月、公司资本及其经营之矿产表

公司名称	资本金	设立年月	经营矿别
矿产			
满洲制铁株式会社	740,000		铁、煤、硫化铁
满洲炭矿株式会社	100,000	民国23年2月	煤
穆陵炭矿	8,000	民国31年2月	煤
西安炭矿	70,000	民国32年2月	煤
扎赉炭矿	50,000	民国31年11月	煤
康德矿业	50,000	民国26年10月	煤
密山炭矿	200,000	民国30年7月	煤
富锦矿业所	30,000		煤
南昌洋行	4,000	民国6年10月	煤
哈蟆山无烟炭矿	25,000		煤
南票炭矿	20,000		煤
北票炭矿	60,000		煤
鹤岗炭矿	170,000	民国32年2月	煤
南满洲铁道株式会社	1,400,000	光绪32年11月	煤、硫化铁
三和矿业	5,000	民国31年1月	煤
珲春炭矿	30,000	民国28年9月	煤
营城子炭矿	8,000	民国26年11月	煤
裕东炭矿	600	民国14年4月	煤
阜新炭矿	320,000	民国32年3月	煤
溪域炭矿	50,000	民国31年2月	煤
久和炭矿	5,000	民国31年1月	煤、硫化铁
复州矿业	2,000		煤
满洲铜铅矿业株式会社	20,000	民国28年7月	铜、硫化铁
日满矿山株式会社			铜
满洲矿业株式会社	10,000		铜、钼
昭德矿业株式会社	6,000	民国29年2月	铜

* 本文连载于《矿测近讯》第71—82期（1947年1月至12月号）。——编者注

续表

公司名称	资本金	设立年月	经营矿别
天宝山矿业株式会社	3,500	民国 26 年 10 月	铜、铅、锌
清水矿业所	个人经营		铜
满洲矾土矿业株式会社	20,000	民国 32 年 11 月	矾土页岩
满洲轻铁矿业所			矾土页岩
南满矿业株式会社	40,000	民国 7 年 8 月	菱镁矿、轻烧镁、硬烧镁
恒昌铁业株式会社			硫化铁
满洲矿山株式会社	150,000	民国 27 年	铜、铅、锌、钼、钒、萤石
续矿业所			硫化铁
大产矿业株式会社	2,000		钨
满洲矿业公司			铬
周杖子水银株式会社	8,700	民国 31 年 9 月	汞
大陆矿业株式会社	2,500		锑
东方矿业株式会社	8,500		钼
热河萤石矿业株式会社	1,300	民国 30 年 10 月	萤石
满洲云母开发株式会社	1,200		云母
东亚矿山株式会社	5,000	民国 26 年 7 月	云母
三光矿业株式会社	3,000		云母
满洲石棉株式会社	5,000	民国 27 年	石棉
满洲滑石工业株式会社	1,000	民国 23 年	滑石
满洲黑铅矿业株式会社		民国 29 年 6 月	石墨
金厂矿业株式会社	3,500	民国 27 年	石墨
满洲芒硝株式会社	2,000		芒硝

制炼工业

公司名称	资本金	设立年月	经营成品
满洲制铁株式会社			铣铁、钢片、钢块、钢材
鞍山钢材株式会社	5,000		钢材
满洲住友金属工业株式会社	30,000		钢材外输、钢块
满洲日本钢管株式会社	5,000		钢材
满洲大谷重工业株式会社	10,000		钢材
满洲制钢株式会社	12,000		钢材
满洲久保田钢管铁株式会社	5,000		铸铁管
奉天钢铁工业株式会社	10,000		钢材
南满铁道株式会社			特殊钢
本溪湖洲特殊钢株式会社	20,000		特殊铜
大华矿业株式会社	20,000		特殊钢
满洲矿业开发株式会社	115,000		精炼铜，精炼铅，精炼锌
满洲干金属制造株式会社	200,000	民国 25 年 11 月	铝
满洲镁工业株式会社	20,000	民国 27 年 7 月	镁
安东干金属株式会社	200,000	民国 33 年 4 月 15 日	铝
满洲炭素工业	40,000		炭
三菱关东氧化镁株式会社			氧化镁

第二表　东北各省矿产概况总表

矿别	公司数目	贮量	生产能力	生产量			输入			输出			劳工	备考
				民国31年	民国32年	民国33年	民国31年	民国32年	民国33年	民国31年	民国32年	民国33年		
铁	1	富矿 175,140 贫矿 3,627,009	3,145,000 5,500,000	2,138,081 2,238,725	2,580,534 2,817,477	2,311,187 1,463,839							14,000	
煤	55	18,590,930		23,917,297	25,326,449	25,504,498	2,816,730	2,979,216	2,009,489	1,981,400	2,178,143	2,294,005	302,000	
铜	7	9,520,000				2,239								品位 6%～20%
铅	2	17,200,000	16,200			6,145								品位 50%～98%
锌	2	14,900,000	12,800			1,000								品位 47%～55%
镁	1		硬烧镁 106,646 轻烧镁 109,440			82,957 24,533			2,005					
菱镁矿	1	1,416,000,000	935,000			603,551					10,228	12,039		
耐火黏土	3	27,478,000	606,000			447,232								
硫化铁	6	903,000	11,400	5,629	6,543	6,413		88,970	135,000					品位 32%～40%
钨	1	20,000	24 (65%)			4								
铬	1		200 (40%)			79								
汞						0.2								
锑	1		79 (99%)			54								
钼	3	5,000,000	1,370			864								
钒	1	2,000,000												
萤石	2	268,000	191,000 70%～90%		6,806	15,460								
云母	3		854			7,227								
石棉	1		4,230			2,233								
滑石	1		16,560			17,415								
石墨	2	20,000,000	23,000		22,732	16,600								

第三表　东北各省冶炼工业概况总表

类别	成品	公司数目	资本金	生产能力	生产量 民国31年	生产量 民国32年	生产量 民国33年	国内输出 民国31年	国内输出 民国32年	国内输出 民国33年	输出 民国31年	输出 民国32年	输出 民国33年	劳工	备考
钢铁金属	铣铁	1		2,524,000	1,340,808	1,710,267	1,519,400	587,607	996,392	536,148	748,199	718,875	623,252		
	钢材	14		827,600	457,833	485,693	282,000	379,533	384,843	271,000	78,300	100,800	33,000		
	特殊钢	3		制钢 71,920 锻造压延 32,460	8,340	8,483	12,700	8,883	6,848	11,900	955	1,987	2,603		
非铁金属	炼铜	1		3,500			2,115								
	炼锌			300			20								
	炼铅			7,000			5,511								
轻金属	铝	2		铝 10,000 氧化铝 40,000	7,438	8,557	7,618								
	镁	2		氧化镁 800 镁 1,000	55	241	402								
	炭	1		7,200 电气炉电极			1,244								

第四表　东北各省矿产分类概况表

矿别	省名	公司名称	储量	生产能力	品位	生产量 民国31年	生产量 民国32年	生产量 民国33年	输入量 民国31年	输入量 民国32年	输入量 民国33年	输出量 民国31年	输出量 民国32年	输出量 民国33年	劳工	备考
铁	辽宁	满洲制铁株式会社（民国三十三年满业、政府、及满铁三社合并）	富矿 63,944 贫矿 3,627,009	2,145,000 5,500,000	44%～62% 30%～36%	1,526,541 2,238,725	1,651,601 2,817,477	1,651,187 1,463,839							2,000	
	安东		富矿 111,196	1,000,000	40%～50%	611,540	849,933	670,000							3,000	
总计			富矿 175,140 贫矿 3,627,009	3,145,000 5,500,000	40%～62% 60%～36%	2,138,081 2,238,725	2,580,534 2,817,477	2,312,187 1,463,839							14,000	
煤	辽宁	南满铁道株式会社（光绪三十二年设）阜新炭砾（三十二年制设）满洲制铁、溪域、久和、复州、哈蟆山、南票（之南东）诸公司经营	1,677,930			8,746,260	8,073,789	7,312,001							91,000	
	吉林	南满铁道、满洲炭矿、三和矿业、珲春、营域子、及裕康谙炭矿	1,336,000			2,616,613	2,762,703	2,315,221							22,300	
	合江	满洲炭砾、富锦矿业所、鹤岗密山二炭矿	6,834,000			4,607,069	5,069,935	5,927,578							75,500	
	安东	满洲制铁、康德矿业等	184,500			817,652	1,267,050	1,414,237							18,700	
	松江	满洲及穆陵炭矿等	96,500			544,222	559,359	574,352							6,300	
	辽北	西安炭矿	270,000			1,369,000	1,876,158	2,235,550							17,400	
	兴安	札赉炭矿	3,980,000			319,418	776,295	261,054							4,100	
	黑龙江	满洲炭矿	10,000			56,857	87,532	107,305							1,000	
	热河	阜新炭矿　北票炭矿	4,202,000			4,829,606	5,289,628	5,358,000							61,000	
总十			18,590,930			28,917,297	25,326,449	25,504,498	2,816,730	2,979,216	2,009,489	1,981,400	2,178,143	2,294,005	297,300	

续表

矿别	省名	公司名称	储量	生产能力	品位	生产量			输入量			输出量			劳工	备考
						民国31年	民国32年	民国33年	民国31年	民国32年	民国33年	民国31年	民国32年	民国33年		
铜	辽宁	满洲矿山，满洲铜铅矿业，日满矿山诸会社	4,200,000	12,800	5%～20%			1,181								
	吉林	满洲矿山，昭德矿业，天宝山矿业诸会社	4,000,000	15,000	6%～13%			1,040								
	安东	满洲矿山株式会社，清水矿业所	1,320,000	1,000	10%											
总计			9,520,000	28,800	5%～20%			2,221								
铅	安东	满洲矿山株式会社	3,700,000	15,400	60%～98%			5,759								
	辽宁	满洲矿山株式会社	10,500,000													
	吉林	大宝山矿山株式会社	3,000,000	800	50%			350								
总计			17,200,000	16,200	50%～68%			6,145								
锌	安东	满洲矿山株式会社	2,900,000	11,600	47%～55%			1,000								
	辽宁	满洲矿山株式会社	蒸溜锌 4,500													
	吉林	天宝山矿业株式会社	3,000,000	1,200	48%											
总计			14,900,000 (蒸溜锌除外)	12,800	47%～55%			1,000								
矾土页岩	辽宁	满洲矾土矿业株式会社	19,343,000	170,000	40%以上 Al_2O_3 40%以下 SiO_2	74,476	115,000	147,146								
菱镁矿	辽宁	南满矿业株式会社	1,416,000,000	935,000		320,271		603,551					10,228	12,039		
轻烧镁	辽宁	南满矿业株式会社		109,440				24,533			2,005					
硬烧镁	辽宁	同上		106,646				82,957								

续表

矿别	省名	公司名称	储量	生产能力	品位	生产量 民国31年	生产量 民国32年	生产量 民国33年	输入量 民国31年	输入量 民国32年	输入量 民国33年	输出量 民国31年	输出量 民国32年	输出量 民国33年	劳工	备考
耐火黏土	辽宁	满洲矾土矿业 复州矿业	27,478,800	606,000				447,232								
硫化铁	安东	满洲铜铅矿业	23,000	1,400	40%	410	626	1,120								
	辽宁	恒昌矿业，久和炭矿，南满铁道，满洲制铁续矿业所	880,000	10,400	32%～39%	5,219	5,917	5,313								
总计			903,000	11,400	32%～40%	5,629	6,543	6,433								
钨	安东	大产矿业株式会社	20,000	24	65%			4								
铬	吉林	满洲矿业公司		200	40%			79								
汞	热河	周杖子水银株式会社						0.2								今属河北
锑	吉林	大陆矿业株式会社		72	99%			54								
钼	辽宁	满洲矿山株式会社	500,000	1,200	68%			789								
	吉林	满洲矿业株式会社		100	75%			75								
	安东	东方矿业株式会社		70	70%											
总计			520,000	2,270		5,629		864								
钒	热河辽宁		2,000,000													
萤石	热河	热河萤石矿业株式会社	16,800	7,100	70%～90%			7,060								
	辽宁	满洲矿山株式会社	100,000	12,000	90%		6,806	8,400								
			268,000	19,100	70%～90%		6,806	15,460								
云母	辽宁	满洲云母开展株式会社、东亚矿山株式会社		604				2,727								
	安东	三光矿业株式会社		250				250								

续表

矿别	省名	公司名称	储量	生产能力	品位	生产量 民国31年	生产量 民国32年	生产量 民国33年	输入量 民国31年	输入量 民国32年	输入量 民国33年	输出量 民国31年	输出量 民国32年	输出量 民国33年	劳工	备考
总计				854				7,227								
石棉	安东辽宁等地	满洲石棉株式会社		42,230				2,233								
滑石	辽宁	满洲滑石工业株式会社		26,560				17,415								
石墨	合江	满洲墨铅矿业株式会社金厂矿业株式会社	20,000,000	5,000			22,732	3,000								
芒硝	松江	满洲芒硝株式会社		18,000				13,600								

制炼工业（单位：吨）

成品名	省别	公司名称	生产能力	生产量 民国31年	生产量 民国32年	生产量 民国33年	国内 民国31年	国内 民国32年	国内 民国33年	输出量 民国31年	输出量 民国32年	输出量 民国33年	劳工	备考
钢材	辽宁	满洲住友金属工业 满洲日本钢管 满洲大谷重工业 满洲制铁 安山钢材 奉天铁钢工业等会社	827,000	457,833	485,693	282,000	379,533	384,843	271,000	78,300	100,800	33,000	共有 12,290	
生铁	辽宁 及安东	满洲制铁	2,524,000	1,340,808	1,710,267	1,159,400	587,607	996,392	536,148	748,199	178,875	623,256		
钢块 钢片 外输	辽宁	满洲制铁 满洲住友金属工业	1,374,000 1,000,000 15,000	737,955 509,104	843,035	756,981 396,254 7,680								
特殊钢	辽宁	南满洲铁道 本溪湖特殊钢 大华矿业	制铁 61,920 锻造 6,360 压延 26,100	6,312	6,290	30,200 1,116 12,700	8,883	6,848	11.900	955	1,987	2,603		

钢铁供需表（单位：吨）

民国年	成品名	生产量（供给量）	需要					备考
			伪满国内之需要		日本之需要		总计	
			制钢用	一般分配	输至日本者	日军当地取用者		
31年	铣铁	1,340,808	492,817	94,792	723,555	24,644	1,335,808	
32年	铣铁	1,710,267	771,600	224,792	657,273	56,602	1,710,267	
33年	铣铁	1,159,400	378,148	158,000	587,252	36,000	1,159,400	
31年	钢块	737,955	661,755		76,200		737,955	
32年	钢块	843,035	828,735		14,300		843,035	
33年	钢块	439,000						
31年	钢材	457,833	379,533		输至华北者 3,600	74,700	457,833	
32年	钢材	485,693	384,893		输至华北者 17,000 输日本者 4,000	79,800	488,693	
33年	钢材	282,000	271,000		输至华北及日本者为 11,000	22,000	204,000	

煤之供给表（单位：吨）

年份	产煤量	产焦量	矿区消耗量	实产量	输入量			总计量
					由华北输入	由朝鲜输入	由安南输入	
31年	24,168,670	387,835	4,913,188	19,643,317	2,540,045	266,685	10,000	22,460,047
32年	25,320,425	417,682	4,593,997	21,147,110	2,802,280	175,076	1,860	24,128,326
33年	25,626,704	191,959	4,444,123	21,374,540	1,850,163	159,326	—	23,384,029

萤石供需表（单位：吨）

年份	供给量			需要量					
	人工选品	机器选品	合计	伪满需要量				向日输出量	合计
				制铝用	制钢用	玻璃及其他	机器选矿用		
32年	62,100	9,900	72.000	3,100	4,000	1,000	24,000	14,300	46,400
33年	77,600	19,300	96.000	4,600	12,000	1,500	41,500	51,400	111,000
34年(计划)	78,000	22,000	100,000	4,000	7,000	1,200	30,000	64,000	106,200

结晶片岩系中含磷层的发现*

本处一向秉着经济地质的立场，努力于测勘矿产的工作。抗战时代，局处西南，器材缺乏，但也有若干重要贡献，如黔滇富铝矿层的发现，就是一个例子。复员以来，范围扩展，增置钻机，不久就在淮南发现了总厚25公尺，储量可达2万万吨的新煤田。最近又根据地质理论，派队在皖北的古秦岭轴所谓五台系变质岩区域内，搜觅磷矿，结果发现了含磷层，它的经济价值，尚须再加搜探，详为分析，始能确定，但是学术方面的意义，却甚重大，我们证明了五台结晶片岩系中有含磷特多的征象，而东海式的磷矿，可见于皖北；在层位上这个发现又可与安南老街的磷矿相比拟，因为老街磷矿，亦属东海式，不过层位较高罢了。

在本刊六十三期（三十五年五月份）我于张祖还先生所著《江苏东海磷矿述略》一文之后，曾加若干按语，其中关于成因方面，提出三个解说，第一个解说是水成变质说，大意谓：

“云台系中原有含磷较富之海生石灰岩层或磷灰岩层（与昆明昆阳之磷灰岩矿同为原生水成矿床）经花岗岩侵入时，或其岩浆余汁之热液作用，乃变质交换而成为磷灰石矿，换言之，本矿乃原生水成磷灰岩之经变质者，故可称为矿层”。因为本人从没有到过东海，所以又取保留的态度继续说：

“以上三说，究以何者为近似，……颇难臆测。细阅张氏报告，似第一说（即水成变质说）或不可能，但我人立论，不妨从多方面着眼，以防万一之遗漏，且如五台系底部，原有含磷灰岩层，则意义极为重大，盖五台系在苏北（如东海以东之云台山）及皖东（如滁县明光间）分布至广，就此探索或不难发现新矿区也。”

本处搜觅新磷矿区的动机，就包含在上述的理论之中。因为国内磷肥的急迫需要，而磷灰石矿的供给，就现所知，只有东海及西沙群岛数处。为了增加农产，改进民生，本处乃派沙光文、韩祖铭二君驰赴津浦沿线滁县、明光、凤阳、蚌埠、怀远等地作初步勘查，经过了十余日的工作没有得到结果。刚好派赴东海磷矿队的赵家骧等一行返京，他们对于磷矿的认识，获有不少经验，乃派该队的董南庭君赶往参加，并勉以“万勿灰心，在变质岩区域内，仔细搜觅，仔细试验，必能找到磷矿”。他们获得这项鼓励之后，就格外兴奋，每日上山拿了钼酸铔，硝酸，试管以及玻璃器皿一大套。随行随采标本，并随即试验，结果发现了含磷层，沙、韩、董三君的勤奋工作，颇值称道。

此次本处在东海磷矿的测勘结果，赵君家骧将另有专文讨论。现在我要说的是日本人在该区的探矿工作，他们不但证明了西矿各露头间的连续（我在张祖还著的文后曾提出这个问题，并主张开槽施探），并且还发现了几个新地点，如所谓泰山及海州内陆十七英里等等，这些地点我们都已经确实勘定了，只因治安不靖，尚难前往考察。

---

* 原载《矿测近讯》1947年2月号（第72期），第1—2页。——编者注

末了，我对于苏北一带磷矿的成因，还需稍加补充。在五台系的下部或中部有一层至数层的磷矿层，它可与石灰岩相间，也可单独成层，在东海的是属于与石灰岩相间的下层矿，在皖北却是属于中部的单生层，两处的矿床，层位不同，性质也各相异。后来经过区域变质作用，所有磷矿以及共生的岩层，都变质成为片岩一类的岩石，所以苏北、皖北的磷矿，都可称为水成矿床之经过区域变质者。法人 J. Fromaget 在老街磷矿的报告上，也主张水成变质说，与本人的见解，可谓不谋而合了。

本处继续发现含磷层*

自本处在皖北发现磷矿后，又依据地质学理，继续研求，就可能产磷区域，派员测勘，结果在第三纪玄武岩流间之湖成沉积中，发现含磷白土层，其成分如何，有否经济价值，尚待测验，但在学术研究上，又为一崭新事实，值得地质界人士之注意。此次发现，系依据前人著述，加以推测，复经实地勘察，加以证明。前人著述之可资依据者，计有三点：

（一）中央地质调查所出版《地质专版》甲种第四号刘季辰、赵汝钧二氏所著《江苏地质志》第 32 页谓“在六合黄泥坝一带，玄武岩下，有白色及褐绿色之土层，厚度不一，自五尺至尺许，中有玄武岩弹块，似属火山爆发时喷出者，此土形色与陶土相类，曾经试烧，颇易熔化，性质与陶土异，殆即火山泥之一种”云。

（二）中央研究院地质研究所出版集刊第十一号《宁镇山脉地质》第 347 页至第 351 页，李毓尧氏论述茅山子河区地质时，谓石头山，老虎岗，凉帽顶，青牛山一带，玄武岩之下，或与之相间者，有白土，灰质砂岩，淡绿色页岩等湖成沉积，有数处中含鱼卵、鱼鳞、鱼刺及两瓣类、腹足类等淡水动物化石甚多。

（三）据刘季辰，赵汝钧，巴尔博，陈恺，程裕淇诸氏论述南京西南之方山地质时，俱谓在玄武岩下之所谓雨花台砾石层中，有若干泥质砂岩，灰、黄等色，夹土层及白土结核层。

就上述三点而观，足证玄武岩之下或其夹层中，有一湖成沉积，显示喷发作用之暂时间歇及湖水之积聚，而在此湖成沉积中，并有淡水动物之化石。又就刘氏报告中所述六合白土之熔度特低，不类寻常陶土一点观之，可知此土或有含磷可能，盖磷灰土 Collophanite 之熔点较低故也。

基于上述线索，本处乃派董南庭、韩祖铭二君于四月七日前往六合县调查，果于县北板桥附近之白土山见白土层之露头，中夹骨骼及鱼牙各一枚，就白土试验，竟发现含磷，但成分恐不甚高。白土层之下，又有蛋白石沉积，洁白质韧，或为热泉沉积，而蛋白石之块砾，亦常见于白土中。

本月二十日乘星期之暇，余又偕李庆远、董南庭、韩祖铭等诸先生往方山勘查，在火山砾岩层之下，又见白土多层，与紫黄色之灰质砂岩及薄层砾岩相间，代表一湖相沉积。此白土经用钼酸铔试验，亦证明含磷，于是以前推测，悉皆证实。而茅山东坡玄武岩下土层之应含磷质，亦毋容或疑，只待我人踏勘证明矣。

查玄武岩与雨花台砾石层之孰先孰后，自经陈恺、程裕淇二氏提出疑问后，至今尚无确证，但此湖成沉积之应另成一系，不容与砾石层相混，则可断言。此第三纪晚期之湖泽，分布于大江南北，至为广泛，但为时甚短，故沉积不厚，且因值火山喷发时期，热水

---

* 原载《矿测近讯》1947 年 4 月号（第 74 期），1—2 页。——编者注

喷泉，所在多有，湖中生物，或因此而遭受灾祸，骨殖所聚，荟成磷矿，此其含磷之所以特多欤？

按我国磷矿地层之已知者仅有五台纪之结晶片岩及寒武纪底部之两层，今有六合等处之发现，又加入一新的第三纪含磷层矣。至于成分是否合格，矿量是否丰富，能否开发，以资利用，正由本处积极探勘之中，如有确实结果，再当继续报道。

本处发现三水型铝土矿*

炼铝方法，可分为二个步骤，第一步从矿石炼成纯氧化铝，第二步用电解法将纯氧化铝炼成纯铝。第一步又有酸性、碱性和电熔的许多方法，但是直到如今，还是以碱性法的拜耳法最为经济。这个方法系用苛性钠就是烧碱作溶剂，来溶取氧化铝。因为一水型的硬铝矿（Diaspore）在烧碱中几乎不能溶解，而含矽氧二稍多的矿石，耗费烧碱太多，影响成本，也不适用；所以用拜耳法对于矿石，有二个限制：①矿石必须是三水型的或是一水型的勃姆铝矿（Boehmite），后者在烧碱中也能溶解。②矽分必须很低，以前限制在6%以下，现在或者可提高到10%或以上。

抗战以前，山东的淄博煤田和辽宁的本溪、烟台等煤田内，首先发现铝土矿。抗战期中，本处在黔、滇二省，发现高级富铝矿，日人在冀、晋等省又发现与鲁、辽同样的矿床。他们详究层序，确定了好几个铝土的层位，而他们的所谓G层，就是奥陶纪石灰岩和中石炭纪本溪层间的铝土层，现在才知道就是黔、滇的铝土层。这两层铝土，不但层位相当，并且质性也极相似。我最近在徐州贾汪一带见到的G层铝矿，结构细密，富于节理，断而呈介壳状，颜色灰黄，与黔、滇的所谓象牙黄矿石，一般无二。这种矿石也就是美国的所谓火石泥 Flint Clay。但是黔、滇的白色富铝矿 Diaspore Clay，在G层中是否存在，因为日人的报告，收集未全，今尚不能断定。

以上各区的铝矿，都是以一水型的硬铝矿为主要成分的，在云南的灰色或灰黄色的火石泥中，据美国地质调查所代为研究的结果，证明有一水勃姆铝矿的存在，但是含矽太高（至少在20%以上），在选矿方法未解决以前，恐怕还不能利用。

从上面所说，可知中国虽不断的发现铝矿，但是目前能供炼铝应用的三水型铝矿或是含矽很低的勃姆铝矿，却至今还没有发现。在东北、华北和西南分布异常辽阔的铝土层，它的地质时代，是从中石炭纪到中二叠纪，其中中石炭纪底部的G层铝土，是在长时期的——就是从志留、泥盆或者以迄下石炭纪——剥蚀间断中造成的产物。其他二叠纪中与煤层相间，以及在煤层之上（在山东最先发现的铝土，就属于此层）的许多铝土层，那是由于气候从寒湿变到干热，地形从沼泽变到湖湾的中间产物，虽然成因有些不同，但都是一种经过正常的水成作用所成的，换句话说，这些铝矿都是普通的水成岩。因为它的时代较古，经过地质的变动，如压力、热力和潜水的作用，既深且烈，所以所有的胶质氢氧化铝，已经全部的减去水分，而从三水型变到一水型，并且局部的结晶成为硬铝矿了。经过长时期的潜水作用，矽质又局部的加入，造成许多高岭石的结核或细脉，矽分的太高，就是这个原因。在这种环境之下，想寻找真正的铝土矿 Bauxite，就是三水型的铝土，或是含矽很低的勃姆铝土，在理论上是不可能的，而事实的显示，已证明这个假设的真确无误。

---

* 原载《矿测近讯》1947年5月号（第75期），1—2页。——编者注

我在“泛论中国铝土矿”（载民国三十三年三月重庆大公报*）和“中国高级铝土矿的发现”（载民国三十三年二月二日重庆自由西报）二篇文章里，曾经讨论中国铝土矿的成因、型式及将来的展望。我将东北、华北和西南的石炭二叠纪铝土矿叫做老化的、重行沉积的红土式铝矿，它能产生低矽高铝的富矿，但因矿石属于一水型的关系，在目前尚不能用作炼铝的原料，而只是一种宝贵的耐火材料，研磨剂原料和石油或其他油类的清滤剂而已。真正的三水型铝土矿，应该往新地层中去寻找，并且应该在纬度较低，在现代或近代属于热带性气候的区域中去寻找。有了这个理论的根据，所以当我听到福建省地质调查所在漳浦发现铝土矿，虽然他们自己并不十分重视，而我却寄予莫大的希望。我本人虽然没有去漳浦调查，但我已大胆地在上述的两篇文章里，说明了这个发现的重要，并且从它所含烧失物的达到29%以上，我更大胆地预测，这个漳浦式的铝矿可能属于三水型的。我更冒昧地推测，凡是闽粤沿海玄武岩发育的区域，都有产生这类铝矿的可能。

自从资委会接办日人在台湾所设的高雄炼铝厂以后，面临着的急迫问题，就是矿石的供给，因为台湾不产铝矿，而以前日人所用的矿石，都仰给于南洋新加坡一带。现在形势更易，外汇困难，南洋铝矿是否能继续供给，或者我们是否有一大笔外汇去购买矿石，都成了问题。本处负开发国家资源，服务会属机构的使命，并且凭着多年的经验和合理的见解，自问对于这些实用问题的解决，颇能胜任愉快，遂自动地向大会建议与台湾炼铝公司合作，于去年九月，派殷维翰、沙光文二君前赴闽南漳浦一带，举行初步测勘。他们采集了大批样品，请中央工业试验所分析，最近接到报告，谓其中有若干样品，含矽氧二仅7%，氧化铝则高达59%。再将这些矿石，磨成薄片，置显微镜下研究，则发现一个惊人的事实，足以证明我以前的预料，完全无误，那就是漳浦的铝矿，全属三水型的Gibbsite，是可以用拜耳法处理的真正的铝土矿。

漳浦铝土矿的分析和显微镜研究，正在进行之中，本处不久并将再派测勘队前往详密探勘，以便对于矿石的质量方面，作进一步的探讨，以供实际开发的根据。现在初步研究结果，可预为公布的有下述五点：

（一）据显微镜检视，这种三水型铝土矿俱成微粒结晶的结合体，交换长石，并仍保持长石原来的柱状形态，至于其他矿物，俱经蚀变无遗，成为氧化铁。所以大致说起来，这类矿石是由许多柱状的三水型铝土矿的微粒结晶体散浸在氧化铁的基体中；有时三水型铝矿也能成为细脉，穿越全体，表示铝矿的后成生因，毫无疑义。

（二）从上述的显微镜结构可知，铝土矿仍保持原来玄武岩的结构，不过长石俱已变为铝土，而其他矿物则俱蚀变无遗，连原来形态也看不见了。

（三）从上述结论，可知铝土矿是由玄武岩直接风化的产物，它没有经过搬运，也没有经过结核化作用。现在矿石表面上好像是一种结核，实际上是因为其他矿物俱经变为红土，这种蚀变较浅的矿石，就残留成为结核罢了。

（四）倘使这个解说是对的，那么不尽是红土中的结核才是铝土矿，在玄武岩与红土间的灰色或灰红色蚀变体，多少还保持玄武岩的产状的也可能是铝土矿。这类矿石也经制片研究，表示同样的构造，不过长石晶柱，多变成一种不结晶的结合体，可能是Cliachite，也

* 经查，“泛论中国铝土矿”载于民国三十三年即1944年2月27日重庆大公报第3版。——编者注

是重要的铝矿矿物。

（五）在铝土矿中还有许多白色豆状的结核，质软而透明，这是高岭石，其生成当在铝土之后，它的出现，将增高矽分，而影响矿石的品质。

铝土矿是国防工业，航空工业和其他工业的基本原料，在从重金属时代进到轻金属时代的今日，它更是不可或缺的资源，我们现在发现了三水型的铝土矿，是可以用拜耳法处理的真正铝土矿，这真是一个至可欣慰的好消息，所以特为撮述梗概，以供国内工业界人士的参考。

安徽凤台磷矿的发现*

凤台磷矿的发现，是本处在发动全国勘矿计划中的又一重要贡献。它的发现，是本年三月间的事，到现在为止，业经数度考察，并经详细测量，精密分析，证明了平均含$P_2O_5$20%的磷矿石共有259万吨。这种成分的矿石，在未加洗选之前，尚难利用，因为供制磷肥的矿石，需含P_2O_5在25%左右，最好到30%。但是这种富矿，除了江苏的东海和云南的昆阳之外，颇难找到。东海磷矿开采多年，浮面矿量，为数不多，除非深采或在附近发现新矿，恐已不能维持久远。滇矿远在西南，在最近的将来，谈不到开发。西沙群岛的鸟粪矿床，近来颇为国人所注意，但成分既低，矿量尤少，绝不能恃为久远的磷源，并且码头业经破坏，修筑需费浩繁，复工开采，亦非易事。但是磷肥的需要，却与日俱增。中国本部，台湾及日本等地，俱感到磷肥的缺乏，所以在位置适宜，交通便利的凤台地方，发现磷矿，在工业上和农业上的意义，非常重大，虽因成分稍低，骤难开采，但在最近的将来，必能逐渐开发，以供制炼磷肥的需要，那是毫无疑义的。

磷矿的形色变化万端，最难认识。在欧美各国，它曾经被误认为煤，火山岩，石灰岩以及其他种种不同的岩石。凤台磷矿的发现，也经过同样的历史。本处韩金桂，申庆荣二先生是凤台磷矿的发现人，但因旅中未带药品，没有试验，所以疑心它是玄武岩。后来标本寄回本处，我用扩大镜检视，颇有磷矿的嫌疑，乃请张有维先生用钼酸铔试验，立即发生黄色沉淀，再磨薄片，置显微镜下研究，就可见到许多Collophanite和Dahllite。前者是非晶质的磷灰石，充填于砂粒之中，或与砂粒相交换，后者则为微晶的结合体，与一种化石名Hyolithes的相交换。还有些Dahllite，则成细脉，穿越全体。查Hyolithes化石首见于昆阳磷矿之中。由此可见两处磷矿，实属同层同式了。

凤台磷矿是深黑色致密坚韧的岩石，外表与玄武岩十分相似，有些是黑色砂岩圆砾的结合体，圆砾的口径自一公分至二三公分不等，在平行于层面的剖面上，圆砾高低凸出，造成如钉鞋状的结构，好像北方宣龙式铁矿的肾状构造，但是成因就大为不同了。用扩大镜仔细检视，在黑色中可以见到透亮的石英粒。纯粹的磷灰石呈深黑色，其成薄片或盖皮的则呈半透明的棕黄色，并略带珠光光泽，有些夹杂泥质或石灰质的部分，则呈灰、黄、绿及浅红等种种不同之色。无论致密状或砾石状的磷矿中，常含若干矽石圆砾，口径可达六七公分以上，还有些泥质或石灰质的夹杂质。黑色的磷矿，久经氧化，常可发生白色的斑驳或薄皮。我人倘用浓盐酸散浸磷矿面上，使之急速变化，俟其干后，也可见到白色的薄膜。

我证明了凤台磷矿之后，乃于3月下旬偕赵家骧、燕树檀、李庆华诸君前往初勘，在寒武震旦纪的接触部分，紧接于下寒武纪底部紫砾岩之上，勘定了这层磷矿层，它厚达1公尺左右，本是一层砂岩，经过磷质的充填交换，才成为磷矿。此上还有厚达2～3公尺

* 原载《矿测近讯》1947年7月号（第77期），1—3页。——编者注

的含磷质石灰岩，呈灰、黄、淡红诸色，其中富含 Hyolithes 化石及白色方解石的充填体，一部经过矽化，则坚韧恰如石英岩。这层磷质石灰岩可能是原生的，磷质为潜水挟溶，下浸砂岩，直至在底砾岩的顶部，因为砾岩胶结坚密，不易渗透，而砂岩尤其是呈砾状的砂岩团结体，空隙较多，磷质遂充填其中或与之交换，而成为深黑色的主要磷矿层了。在紫色底砾岩的顶部，偶有磷灰石薄皮，为磷质曾经达到此部之证。上层含磷灰石中的方解石充填体，可能代表因磷质下溶灰岩发生空隙，遂为碳酸钙充填的结果。磷矿层之上，为浅灰及黄灰色页状泥灰岩或灰质页岩，据赵家骧君等测计，厚达六七十公尺。以上自底砾岩至此共厚约一百二三十公尺，兹名之为下寒武纪底部含磷层，再上就是下寒武纪最常见的紫页岩与石灰岩的互层了。

因为震旦寒武纪的接触，在大淮南盆地内的出露，不只凤台一处，而凤台磷矿，也需要详细测量，我们初勘返京（指南京——编者注）之后，就续派赵家骧、沙光文、车树政、倪青珩、龚铮诸君前往详测地形地质；又派韩金桂、申庆荣诸君分赴上窑、明龙山一带，就相同的层位内，搜觅有何磷矿。经过此番研究之后，对于磷矿的产状，更为明了，并知它的分布，只限于凤台以东及孔家营子、毛家冲之二带，据赵家骧君等估计，矿量共达 259 万吨。

本处为确定凤台磷矿的成分，除显微镜研究外，并将样品分送金陵大学、清华大学和台湾肥料厂等处作化学分析，另派张有维君赴淮南煤矿局，借他们的实验室进行同样的分析工作。这样分头进行，到六月初，我们对于凤台磷矿的成分，就大致明了了。深黑色的主要磷矿层平均含 P_2O_5 20％，稍为纯粹的可达 25％，经过手选的纯矿石，偶可达到 29％，所以它的平均成分一定可以达到 20％。至于含磷石灰岩则含磷较低，在 5％至 10％之间。

最近本处又将凤台矿样一种送交上海联合国救济总署肥料顾问司徒佛（T. H. Stover）先生转请上海化验师罗维士（J. D. Ludwidge）作一个完全分析，其结果连同美国 TVA 哥仑比亚厂用去氟法制造磷肥料剂的成分，承司徒佛先生函示，一并抄列如次：

安徽凤台磷矿同美国哥仑比亚厂磷矿成分比较

成分（％）	P_2O_5	CaO❶	SiO_2	Fe_2O_3	Al_2O_3	Cl	F	MgO	$CaO_2$❷
凤台磷矿	22.30	35.20	26.00	6.65	2.66	痕迹	未定	—	2.57
哥仑比亚厂料剂	23.8	33.8	24.0	5.5	7.4				

据司徒佛先生函告，哥厂去氟法的料剂系将磷灰石掺合矽石所成，它的成分，与凤台天产矿石的成分，颇有相似，但氟的含量，尚未鉴定。这就是说，我们倘有哥厂的设备，就能直接利用凤台的磷矿去制造无氟三钙磷肥 Deflourinetcd tri-calcium phosphate fertilizer。又据罗维士先生试验，用 7％浓度的硫酸来处理凤台磷矿，可以得到在柠檬酸盐中溶解到 11.6％的 P_2O_5 的产物。罗氏又云：矿石中的矽分，都是游离的砂粒（这与我们的显微镜研究相合），对于硫酸，不起作用，所以酸量的消耗不大。这种砂粒，一经研磨，颇易与磷质分离，用简单的风吹方法，就可将矿石改善到 28％的成分，所以倘使稍加选分，

❶ 原文为钙氧。——编者注
❷ 原文为钙氧二。——编者注

并用若干富矿，作为调剂，那末即使用普通的硫酸处理法，也可利用凤台磷矿来制造磷肥了。

上述种种，说明了凤台磷矿虽然成分稍次，但也有若干优点，如能用去氟法制炼磷肥，固属最佳，否则略施选矿，或者就能提高它的成分到25%以上，以此与东海的富矿相掺合，就可得到合格的和满意的料剂了。

凤台磷矿的产状、性质，已如上述。它有一个绝大优点，就是位置适宜，交通便利。凤台一带是目前较为安稳的地方，矿地在凤台之东一公里到五公里，西临淮河，东达李家嘴，由此出淮河也不过3公里许。凤台蚌埠间淮河四季通航，载重数十吨的木船，畅行无阻，从凤台下行约30公里到田家庵，又是淮南铁路的终点，所以水陆交通，均甚便利。

凤台磷矿的层位、产状，和云南昆阳磷矿，甚为相似，不过成分不同，形态各异罢了（昆阳磷矿是白色或灰白色的矿石）。凤台磷矿的发现，证明昆阳式磷矿可东延达数千公里，并且就古地理研究，凡是下寒武纪的濒海区域，尤其是两边为古陆夹峙的港湾区域，昆阳式磷矿的发现，最为有望。我现在已可大胆地指出贵州的遵义（金鼎山）金沙，湖北的宜昌和江西的九江附近，俱有发现同样磷矿的希望。王钰先生记述石牌页岩底部的棕黑色砂岩，谓层面上有多数铁质小圆球（《地质论评》第3卷第2期136页）可能就是磷矿。刘之远先生在金鼎山所见的牛蹄塘黑页岩，和杨怀仁、施雅风二先生在金沙（本处简报第36号24页）以北在相似层位内所见到的黑页岩及俗呼为嫩瓜石的黑白相间的岩石，都可能是磷矿。我们倘能仔细搜寻，我相信中国的磷矿可能成为堪与钨、锑媲美的特殊丰富的矿产资源了。

福建漳浦县铝土矿复勘报告及探采计划*

一、发现经过

民国三十一年福建省土壤地质调查所派宋达泉、俞震豫二先生调查闽南沿海土壤时，在漳浦县境佛昙、赤湖一带，发现砖红壤，并于此中采得若干结核，经分析后知其含氧化铝及灼失量均甚高，而矽氧甚低，堪称为铝土矿以供制铝之用。斯时作者正在贵阳研究黔省之铝土矿，方以其成分之属于一水氧化铝而不适于拜耳法之制炼为病。闻此消息，深为注意。据宋君报告，漳浦之砖红壤及铝矿俱由玄武岩风化而成，颇与印度之矿床相似；又因含灼失量独高，可为三水型铝矿之证，故久思派员前往测勘，以窥究竟。

胜利复员后，即于三十五年九月派殷维翰、沙光文二先生前往漳浦调查，采样分析之后，有三种矿样，成分优良，颇合制铝之用。作者又用显微镜研究，发现含 Gibbsite 甚多，确属三水型氧化铝。斯时台湾铝业公司开炉在即，而矿石尚无着落，如往南洋采购，则申请外汇，颇为困难，如闽矿合用，则实为理想之配合，作者乃决定亲往测勘，以解决此当前急迫之问题。

本年九月作者偕沙光文、王承祺、龚铮三君飞厦转赴矿地调查，台铝公司亦派乔振离，黄真之二君相随。作者于历查佛昙、赤湖、东吴山三区之后，乃知东吴山矿赋生地面，开采最易，矿量约计可得二三十万吨，为数虽不多，已足够台铝数年之用，其他二区尚待施探。乃采集矿样多种，飞返南京，一方面磨制薄片，用显微镜研究，一方面加以分析，结果乃知东吴山之矿，成分优良，颇合炼铝之用，此急迫之矿石供给问题，遂获解决，而地质学家服务之有助于工矿业发展者，此又是一彰明之例子矣。

二、位置及交通

矿区范围包括佛昙、赤湖、东吴山一带，长约 15 公里、宽约 5 公里之地，俱属沿海地带，距海滨不过二三公里。佛昙位于厦门之西南，水程约六十公里，目下因无定期班轮，故须乘轮先赴白水营，约三四小时可达，然后经马坪而至佛昙，陆行凡十八公里，故自厦门至此，一日可达。赤湖在佛昙之南九公里，东吴山又在赤湖之南六七公里，路途平坦，步行甚易，昔有公路通马坪、佛昙、赤湖以达漳浦，但今已拆毁，修复不易矣。

将来矿石运输，俱可由海口出口，计东吴山至海边南境仅二三公里，该处可停泊二三十吨之小船。自南境驳运将军礁亦仅三四公里，该处可停泊装载数百吨至千吨之大轮。赤湖出口在战岗、灯火湾，佛昙在岱嵩、鲸尾，相距俱各在三四公里左右，故言交通，极为便利。

---

* 《福建漳浦县铝土矿复勘报告及探采计划》列为资源委员会矿产测勘处临时报告第 68 号，成文于 1947 年 10 月。存全国地质资料馆，档号：1912。原文所附五千分之一福建漳浦金塘乡东吴山一带铝土矿地形地质图，按照相关规定略去。——编者注

三、地形地质

区内地形，除沿海沙滩及冲积平原外，尽属高约一二百公尺之花岗岩丘岭，惟向西十余里外，则为灶山及其连续之山，高约三四百公尺，峰峦峭削，形势险峻，其地质亦俱为花岗岩。

花岗岩露头显著，风化后多成浑圆平滑之巨块，远望即能辨识，在此项石块丘陵之中，则有红土或露头不显之黄褐色土阜，则为玄武岩所成，如佛昙，赤湖及东吴山一带所见者是，而铝土矿亦即产于其中。玄武岩山恒平整如台（如佛昙北之红土岭），高距附近谷面仅三四十公尺，虽未见层次，但应属平层而未受褶皱，可无疑义。赤湖东吴山间沿海一带，复有砾石及砂层所成之低岭，上覆红土及风碛砂层，有数处并有风化及未风化之玄武岩，覆于砂砾层之上，如在东吴山及将军洼等处所见者。

本区地质，殊为单简，最老者为侵入花岗岩，大部成粗粒结构，亦有成斑状结构并微示片麻状构造者，如马坪以北所见者是。花岗岩之侵入时代，在本区不能厘定，因尚未见及被侵入之岩层也。据福建土壤地质调查所报告，似属燕山期。花岗岩之上为玄武岩，二者之接触，颇为平整。花岗岩且深受风化，富含红色黏土，如在佛昙及赤湖所见甚明。因此可知当花岗岩生成之后，必先经风化剥蚀，夷成壮年期地形，始有喷发玄武岩覆于其上，换言之，二者之间，当有一侵蚀间断也。

在佛昙西北之圆中央附近，前殷维翰、沙光文二君曾发现一黏土层（呈黄白色，风化后则变为褐色）中含植物化石甚多。此黏土与粗砂相间成层，最上一层粗砂，出露山顶，常多铁质之胶结物，而山顶及山坡则多玄武岩之巨块，不知其来源何自，盖过此以北，俱为花岗岩之低岭，并无玄武岩也。

上述关系，颇难索解，但自观察东吴山之剖面后，则恍然大悟，盖东吴山之最高顶点，尚遗留风化之玄武岩一薄层，厚仅1公尺，其下则为白色砂层中夹白紫相间之黏土薄层，再下则为砾石层（砾石以石英及石英岩最多）与砂层相间，如东吴村附近所见。此层总厚可达30余公尺，显可与沿海之砂砾层相比拟，更可与圆中央之砂层夹含植物化石之黏土层相比拟。果尔，则玄武岩之前，除若干处与花岗岩直接接触外，在东吴山等处，尚有一沉积间断，造成砂砾层及黏土夹层，此层兹定名为佛昙层，显属一种古河冲积层。就所采集之植物化石，大致观察，似属第三纪中期或晚期之物。因此观察，又可证明圆中央山顶之玄武岩巨块，乃属原来玄武岩侵蚀残余之物，而顶部粗粒砂层之特富铁质粘结物者，或系当时玄武岩中之铁质被溶下移，沉积于砂层中之所致。

在百余公尺之玄武岩山顶及高坡上，常见大块新鲜玄武岩，在低阜及平坡，则除深受风化外，常有红土层之盖覆，如佛昙北之红土山及赤湖附近之龟山一带均是，铝土矿即产于红土之中。玄武岩之风化进程，大致如次：

（一）黑色沉重致密之新鲜玄武岩。

（二）稍受风化则外表变为黄褐色，但内部仍为黑色。

（三）球状剥蚀，成为灰黄色之土，内多白色柱状微晶，但若干巨形球之内部，则仍为未变之黑色玄武岩。

（四）风化最深，宛如泥上，呈灰或灰黄色，但白色柱状微晶，仍可见及。此类土中又常含黑色豆状圆粒，于土之裂面上，偶见蓝色盖皮，似属含锰钴之矿物，由玄武岩风化残积而成。玄武岩风化之深度，可于赤湖北之松花岭见之，该处为一公路所经，两旁壁立 20 余公尺，俱为风化之玄武岩，无坚石可见，但原来玄武岩之显著柱状节理，仍显然可见。

上述之佛昙砂砾层，亦经切割，而成深达十余公尺之谷，其切割较宽者，则河流泛滥，阡陌连云，为肥沃富庶之区。东吴山及其东沿海小山，皆此切割作用所遗留之孤山也。在此项河谷或原野中沉积者亦为砂层，与佛昙层易致混淆；又深受风化之花岗岩亦可成散砂，而与上述二者相混，凡此皆须在地形上及矿物成分上详细研察，始能辨别也。

四、矿床概况

本区铝土矿系由玄武岩经过热带或半热带气候，风化剥蚀而成，盖无疑义。但就各处观察，原生之铝土矿，大部已被蚀以去，现所存留者，皆为山坡沟谷间之砾石层，与红土相杂，或与红土相间成层，盖为一种重行沉积之矿床也。兹将各区产状，分述如次：

（一）东吴山区

为露头最显，开采最易之矿地，其剖面如图所示，下为砾石及白砂层，厚可达 30 公尺，上为厚约 1 公尺之玄武岩，深受风化，宛如泥土，中含不结晶之高岭石，含砂甚高，灼失物较低，可与印度之所谓 Lithomarge 相比。再上为铝土砾石层，大者口径可达数寸，小者半寸，粘结物为红土，砾石至少占总量百分之六十以上，沿山顶及山坡堆积，在山顶厚不过数寸，山坡中段最厚，就谷沟中所见可达数公尺，愈下愈薄，渐至于无。其露出于山顶及山坡之地面上者，则因红土尽被洗刷，仅留块砾，散布地上，俯拾即是，开采最易，且因红土既被洗尽，铁分减少，故成分亦最佳。其地面以下，在沟谷中所见之矿层，开采亦易，但须剔去红土，稍费手脚，且洗剔不能净尽，故成分或稍次。

在东吴山附近有三个或四个山头，尽为铝土砾石所盖，其面积正在详测中。据约略估计储量可达二三十万公吨，其中露出地面，仅须检拾者约有二三万公吨。此外山头较低者，虽远望亦似有铝土砾石，但一经考察，乃知尽属石英及石英岩，即玄武岩以前之砾石层也。

自东吴山向西至旧镇间亦为沿海低山带，或有发现相似矿床之望，已嘱留山工作人员前往勘察。

（二）赤湖区

赤湖之北五里许为红土低山，向西北延伸六七里，尽属此物。红土中时夹砾石层，大者口径数寸，小者不过数分，亦属铝土矿，但露头不显，须广掘探槽或浅井后，始能估计矿量。附列剖面，示赤湖区矿层之臆测，向北至磊山以南，山形渐高，红土渐薄，而有新鲜玄武石之出露，故已无含矿之希望矣。

（三）佛昙区

本区红土最少，在若干地点见铝土矿砾石，但露头不显，亦须施探，始能估计矿量。球状剥蚀之玄武岩及深受风化之玄武岩土，所见甚多，初时以为或系佳矿，但一经分析及用显微镜研究，乃知俱属 Lithomarge，而非铝矿也。本区之矿量，似属最少。

查本区矿床与印度及南洋 Bintan 之砖红壤式铝土矿有多少相似之处，印度多由玄武岩风化而成，南洋则否。印度为原地之风化残余矿床，未经迁运，故成不规则之层状，南洋据闻亦属未经迁运者，但成结核状之矿块。本区矿床，亦成块砾，但绝非结核，因在显微镜下观察，玄武岩式之结构，灼然可见，显属风化后复经迁积而成。

据印度研究铝土矿之层序，自下而上大致为：（一）新鲜之玄武岩。（二）风化之玄武岩。（三）风化更深，长石俱变成不结晶之高岭石，含矽甚高，灼失量较低，名曰 Lithomarge。（四）铝土矿，含矽少，灼失量高。（五）红土，含矽、铝俱少而铁甚高。

上项层序，在本区可大致适用，但铝土矿俱属已经迁运之再沉积矿床，原地沉积者已被冲刷殆尽，泯不可见矣。

五、矿物及成分

本区铝矿矿物俱属三水型之 Gibbsite，业经显微镜确定，从分析灼失量之高达百分之二十六七，亦可证明。此项矿物一部分成微晶结合，交换玄武岩中之长石，但仍保持长石之形态，尚有一部分则散浸全体，或成细脉，或成结合体，致长石原来之形态，已泯不可见，足为铝土化作用更进一步之表示。大概后者之成分最佳，含矽氧二俱在百分之六以下。此外又有局部铝土化杂于不结晶之高岭石中者，又有含铁甚高，而铝土较少者。总之，各种成分，不一其例，兹不详述。

风化之玄武岩及 Lithomarge 在显微镜下观察，则见玄武岩式之结构，显然保存，长石之柱晶，纵横全体，但均已变成不结晶之高岭石，在交叉聂氏镜下，不具消光色。在风化之玄武岩中则此项高岭石渐少，而长石渐多，但二者之界限颇不易分，Lithomarge 含灼失量不及百分之十四，风化之玄武岩当更少，而新鲜之玄武岩则含量应不过百分之一二。关于此点，尚需分析证明。

铁质矿物属于何种，尚未确定，但褐铁矿似较少，或俱属 Goethite 一类。此外又有黑色结核及蓝色盖层，或属钴锰矿物。查云贵玄武岩中常含钴，浙江东阳玄武岩风化后之土中亦含钴，或可比拟。

兹将已经分析之铝土矿及不结晶高岭黏土之成分，列如次表：

记号	矿名	产地	灼失量	矽氧二	铁二氧三	铝二氧三	钛氧二	共计	分析机关
T3	三水型铝土矿	东吴山	26.94	6.08	15.56	51.04		99.62	本处
T6a	同上	同上	27.55	4.84	15.10	52.45		99.94	本处
T6b	同上	同上	26.57	7.47	12.73	53.06		99.83	本处
T5	同上	同上	27.92	3.52	16.12	52.48		100.04	本处
FT.4	不结晶高岭黏土 Lithomarge	佛昙	12.98	34.20	18.60	32.96	1.26		台铝公司
FT.5a	同上	同上	11.53	40.04	21.16	27.57	1.78		同上
FT.5b	同上	同上	11.62	35.08	20.88	29.05	1.82		同上
FT.6a	同上	同上	13.00	37.61	22.85	26.77	2.67		同上
FT.6b	同上	同上	13.85	35.00	22.89	27.23	2.37		同上
FT.7	同上	同上	12.31	42.08	15.80	27.69	2.12		同上

六、地史简释

从上述观察，我人可推论本区之地质发育史，大致如次：

（一）花岗岩之侵入。

（二）风化剥蚀，夷为壮年期地形。

（三）有若干古河自山间朝宗入海，造成佛昙砂砾层，在局部低地及水流迂缓之区，又造成含植物化石之黏土层。

（四）玄武岩喷发，遍布沿海沿山各地，其原来最大厚度，或可达200余公尺。有佛昙层之处，则位于其上，否则与风化之花岗岩直接接触。玄武岩或系自海中喷发，波及沿海各区。

（五）地盘隆起，风化剥蚀复兴，上部百余公尺之玄武岩悉被剥蚀以去，致仅为花岗岩宽谷中所充填者，尚保存未失，如今在佛昙与赤湖二区所见者是也。

（六）当此之时，气候酷热潮湿，玄武岩深受红土化作用，尤以当地形夷为平缓，隆起停歇，剥蚀迟缓之时，红土化及铝土化作用，尤易进行，在平坦之山岭上，皆为红土及铝土之堆积。

（七）地盘复隆起，剥蚀复新，一部分红土及铝土被流水冲刷，重新堆积于山坡沟谷之间，但大部分则悉被侵蚀以去。

（八）地盘继续上升，将红土及古河沉积切成十余公尺之深沟或夷为原野，冲积砂层在其中堆积。

此外，据侯德封先生报告（《地质汇报》第廿五号），海澄县柳会社滨海之区产泥炭，夹于棕灰色页岩之中，而位于玄武岩之上。但据侯先生报告上所附之分析表观之，此种所谓泥炭含水分仅5.15%，可知必非泥炭，至多为褐炭。至于是否位于玄武岩之上，亦尚待研究，据作者意见，颇可能为夹于佛昙层中之褐炭层也。

从目前较高山顶上常显露新鲜之玄武岩及黄褐色之风化土，红土与铝土矿砾石层俱经迁积，并已被近代河流所切割，以及现代气候之尚未达到热带或半热带之程度，可知红土化及铝土化作用，决非现代之现象，而为去今稍远，属第四纪初期或晚期之产物，因证据未齐，尚难论定。此种关系中国南方近代气候变迁之问题，极富科学价值，诸待详为研究，以资推断。

七、探采计划

此次复勘结果证明，东吴山区铝矿之可见储量可达二三十万吨，平均含矽氧二约百分之六左右，且露头接近地表，开采甚易，其他赤湖、佛昙二区，亦俱有合格之铝矿，但露头不显，须先施探，始能开采。

开采东吴山铝土矿以预定日产四十吨为度，应需开办费及周转金共为三十二亿九千万元，兹列详目如次：

轻便路轨（十二磅至十六磅）及枕木	10亿元
矿车十辆	2亿元
驳船三只	2亿元
工具	3亿元
修理设备	2亿元
筹备费（旅运、装备及家具）	4亿元
三个月周转金（工人三百人每人每月壹百万元，职员十人每人每月三百万元）	9亿9千万元
总计	32亿9千万元

在轻便路未装置前，可先用人力挑运至海边，再雇民船驳运至距海滨五六华里之大船，即可迳运台湾。故在决定开采实施筹备后二个月内，即可开始生产，并有第一批矿石运抵台湾以供冶炼之用。

为探明赤湖及佛昙二区铝矿层之厚度及分布，须广掘探槽及浅井，其工程费用，可合计在周转金内，不另列支。

查漳浦县境内已知之三个铝矿区，其储量不算甚大，虽为供应台铝已足够数年之用，但尚不足为发展中国铝工业远大计划之需，自应在附近及华南其他各省，广事搜探，以冀发现更大之矿床。据中央地质调查所侯德封君报告，佛昙之北海澄所属之柳会社附近，亦有玄武岩，闽所报告东山县属有砖红土，凡此俱足为探寻铝土矿之线索。至于最大富源之铝土矿当在广东之雷州半岛及海南岛，因各该地方俱有玄武岩，而气候、地形等环境，较之漳浦，更为适宜，故发现大量铝土矿床几可操左券。所有调查测勘上列各地铝土矿之费用，亦可在周转金内开支，不另列报。

八、结论

为中国地质学家多年搜求之真正铝土矿，至今日始行发现，并已充分认识其产状及成因。由此认识，我人敢大胆指出将来搜觅更大储量之地点及探勘之方法，故漳浦之发现，储量虽不多，而意义却甚重大，尤以当兹台铝公司开炉在即，需矿孔亟，有此发现，即可不必向南洋购矿，以省许多外汇，为更富有现实经济之价值。但望本会及台铝当局，对此发现倍加珍视，及时开发，及时利用，以供当前之急需也。

附录：福建漳浦县铝土矿及不结晶高岭土（Lithomarge）历届分析详表

编号	产地	灼失量（%）	SiO_2（%）	Al_2O_3（%）	Fe_2O_3（%）	TiO_2（%）	水分	采样人	分析机关
637		27.29	4.67	51.13	17.34		1.57	宋蓬泉，俞震豫	福建地质所
C3	赤湖	27.00	4.18	58.34				殷维翰，沙光文	台铝公司
FT4	佛昙	26.99	4.47	53.81			0.74	殷维翰，沙光文	台铝公司
C7	东吴山	25.09	8.62	49.38	15.01	1.85	1.18	殷维翰，沙光文	台铝公司
$C7_A$	东吴山	28.10	6.70	52.62	12.58			殷维翰，沙光文	本处
$C7_B$	东吴山	28.21	9.49	45.39	16.81			殷维翰，沙光文	本处
C3	赤湖	6.13	7.25	59.50	19.30		1.50	殷维翰，沙光文	经济部中工所
T3	东吴山	26.94	6.08	51.04	15.56			谢家荣等	本处
T6a	东吴山	27.55	4.84	52.45	15.10			谢家荣等	本处
T6b	东吴山	26.57	7.47	53.06	12.73			谢家荣等	本处
T5	东吴山	27.92	3.52	52.48	16.12			谢家荣等	本处
Ch10	赤湖	26.73	5.01	51.58	17.22			谢家荣等	本处
Ch11	赤湖	25.12	1.32	58.57	14.95			谢家荣等	本处
Ch12	赤湖	26.34	6.08	49.51	19.25			谢家荣等	本处
Ch13	赤湖	26.81	1.20	51.18	21.00			谢家荣等	本处
Ch14	赤湖	23.73	6.93	41.73	27.75			谢家荣等	本处
T3	东吴山	25.48	7.33	49.90	19.03	2.22	2.44	谢家荣等	台铝公司
T5	东吴山	25.55	6.12	48.60	21.98	2.37	2.01	谢家荣等	台铝公司
T6a	东吴山	26.08	4.25	49.50	21.22	2.30	1.76	谢家荣等	台铝公司
T6b	东吴山	25.15	7.80	48.66	18.21	2.15	2.12	谢家荣等	台铝公司
Ch10	赤湖	26.62	4.53	51.64	17.18	2.80	2.80	谢家荣等	台铝公司
Ch11	赤湖	26.93	4.06	53.37	14.28	1.72	1.82	谢家荣等	台铝公司
Ch12	赤湖	23.61	7.04	48.39	20.13	1.27	2.21	谢家荣等	台铝公司
Ch13	赤湖	25.73	1.00	49.14	22.26	3.70	4.40	谢家荣等	台铝公司
Ch14	赤湖	21.05	9.18	42.39	27.71	3.00	3.31	谢家荣等	台铝公司
C1a	赤湖	18.89	32.76	27.14			6.20	殷维翰，沙光文	台铝公司
C2a	赤湖	19.04	33.77	21.39			6.12	殷维翰，沙光文	台铝公司
C4	赤湖	16.86	32.91	29.00			5.53	殷维翰，沙光文	台铝公司
F. T. 9	佛昙	18.34	16.36	14.28			0.67	殷维翰，沙光文	台铝公司
F. T. 8	佛昙（松好岭）	17.14	32.64	13.25			3.39	殷维翰，沙光文	台铝公司
C1	赤湖	13.40	21.14	44.11	15.47		4.56	殷维翰，沙光文	经济部中工所
C2	赤湖	8.99	37.15	38.09	10.34		5.16	殷维翰，沙光文	经济部中工所
F. T. 4	佛昙	12.98	34.20	32.96	18.60	1.26	12.98	谢家荣等	台铝公司
F. T. 5a	佛昙	11.53	40.04	27.57	21.16	1.78	11.53	谢家荣等	台铝公司
F. T. 5b	佛昙	11.62	35.08	29.05	20.88	1.82	11.62	谢家荣等	台铝公司
F. T. 6a	佛昙	13.00	37.61	26.77	22.85	2.67		谢家荣等	台铝公司
F. T. 6b	佛昙	13.85	35.00	27.23	22.89	2.37		谢家荣等	台铝公司
F. T. 7	佛昙	12.31	42.08	27.69	15.80	2.12		谢家荣等	台铝公司
F. T. 8	佛昙	12.90	40.40	24.68	19.87	2.01	11.90	谢家荣等	台铝公司
F. T. 12	佛昙	13.68	43.53	23.08	18.62	1.77	14.58	谢家荣等	台铝公司
F. T. 13	佛昙	13.70	28.05	26.22	31.08	1.78	7.01	谢家荣等	台铝公司
T4	东吴山	12.68	33.31	27.84	22.26	3.70	6.45	谢家荣等	台铝公司

附注：（1）中工所分析之灼失量过低，恐系分析错误。

（2）本处因烘箱设备尚未添置，故水分不能定，所有结果皆系 wetbasis。又矽量皆系用三酸法泡溶，未用 HF 确定。

（3）台铝公司分析矽氧皆曾用 HF 确定。

（4）凡铝土矿之灼失量均高，而不结晶高岭土则低，为二者在化学成分上显著之分别。C1a 以下各样均为不结晶高岭土，在显微镜下为 Isotropic.

1.赤湖区西潘之东北（Ch_5-Ch_6附近），示玄武岩风化情形

2.远望东吴山全景，近处地面砾石为石英岩及石英

3.东吴山北坡沟中，示白砂岩层在风化玄武岩（黑色）之下

4.东吴山沟中，示铝土矿砾石层及山坡上散布之铝土矿块砾

5.东吴山南坡，示铝土矿砾石甚多，海滨隐约在望

6.东吴山，示山顶山坡满布铝土矿块砾

福建漳浦铝土矿摄影

中国地质学会第二十三届年会祝辞*

中国地质学会，今年在台湾举行第二十三届年会，也就是还都后的第二次年会。本来去年的年会，前任理事长李四光先生提议过，就要在台湾举行，因为各地质机关，复员尚未十分完成，后方会员无法赶到，同时交通也有问题，于是改在南京举行，但大家总觉得这久别归来的台湾，应有亲切认识的必要，所以去年年会闭幕的时候，大会一致议决今年依旧选定在台湾开会，以补前次的缺憾！

台湾脱离了祖国，已经是五十一年了，彼此对于地质情形，非常隔膜，这次选定台湾举行年会，一方面可以使国内的地质人员，得到一个观光的机会，另一方面，也可以趁此和台湾的地质界同胞，互相联络，共同讨论，使得学术方面，完全打成一片，所以我们这次对于年会的祝词，除掉表示愉悦的心情以外，更愿把中国地质学会的历史和中国地质调查的事业，作一个粗略的介绍，让台湾地质同人以至全台同胞，知道祖国地质事业的一般情形。

中国地质学会成立于民国十一年，由章鸿钊、丁文江、翁文灏以及其他许多先生们所发起。最初的基本会员，都是北京农商部地质调查所的职员和北京大学地质系的教授，以后逐年扩展，遍及全国和国外，到现在中外会员，共达七百人左右。因为二十多年来所表现的成绩，甚为优良，而且每年陆续出了一个英文的《中国地质学会志》，和中文的《地质论评》，很受各国地质界人士所重视和赞许，甚至一部分外国的学者，也乐于参加，觉得做一名中国地质学会的会员，是很为荣幸的事情。事实上这个学会的声誉，已经和世界各国的地质学会，等量齐观，毫无愧色了！

自从中国地质学会成立以来，因为有了一个发表论文的好机会，所以一般地质人员，对于研究的工作，也觉得特别有兴趣，大家都抱有一种进取之心，更因为能够得到和国外的地质学者互相砥砺的缘故，使它进步得飞快。在这二十余年中，像章鸿钊先生的《石雅》和震旦运动，丁文江先生的西南调查报告，翁文灏先生的燕山运动和中国矿带学说，李四光先生的弧形构造学说和冰川地质，葛利普先生的脉动学说，谢家荣先生的中国矿床分类，黄汲清先生的中国构造单位，杨钟健先生的脊椎古生物研究，孙云铸先生的三叶虫研究，裴文中先生的北京猿人发现，许德佑先生的三叠纪分层，斯行健先生的古植物研究，马廷英先生的古气候研究，以及俞建章、尹赞勋、计荣森、朱森诸先生的珊瑚类、腕足类古生物巨著，这种种地质学上的成就，都说得上堪为祖国争光，世界媲美。抗战以还，国府西迁，真所谓多难兴邦，地质界的同人，对于调查工作，尤其是矿产探寻，更加认真，除掉把西部各省的地质，调查研究得非常清楚以外，更发现了甘肃玉门的石油，宁夏的铬矿，滇、黔、闽的铝矿，云南和安徽的磷矿，淮南的煤矿，广西的铀矿，再加以日本人在东北占领区内所发现的铀、铬、矾、钽、钼等矿，可以说都是受了抗战的赐予。

* 原载《矿测近讯》1947年11月号（第81期），1—2页。——编者注

以我国幅员之大，北有煤、铁、钼、镁，南有钨、锑、铝、汞，西有油、气、盐、铜，现在加以台湾的铜、金、油、气，这种种国防的宝藏和工业的原料，或原封未动，或所采有限，拿一句地质学上的名词作譬喻，我们的古老祖国，完全还是幼年期的地形，只要大局安定，同心开发，将来的富强，是可以想像得到的。只可惜胜利以还，已经两年，政局依旧动荡，使我们的地质研究和调查工作，受到重大的影响，这真是异常痛心的。

现在科学进步，日新月异，工业建设，突飞猛进，我们的地质研究，更要迎头赶上，以期与其他部门的研究，配合得上。还要希望中国的地质事业，理论实用，并重不偏，地质界同人，彼此和衷共济，互相策励，讨论研究，切勿故步自封，不相合作，或专重理论，忘了实际，同时希望这个动荡的局面，早日安静下来，好让吾们着手开发，来建设一个新兴完整富强伟大的国家。

本处发现漳浦东吴山铝土矿的价值和意义*

福建漳浦铝土矿，是福建省土壤地质调查所宋达泉、俞震豫二先生于民国三十一年调查闽南土壤时，首先发现，并经著文论述。但宋、俞二先生的发现，仅仅是红土中的几颗结核状的物质；他们虽然估计储量可有十万吨，要是实际开采起来，恐怕连一吨也得不到，因为这种结核状的物质，是要像采集化石似的去仔细搜觅的，并且成分优劣不等，不可捉摸，所以他们的发现，与其说是矿产，毋宁说是一种矿产的指示罢了。

宋、俞二先生的指示，虽然没有实际的经济价值，但其意义，却甚重大。我于民国三十三年在贵阳听到这个消息，并看到它的分析表上含灼失量达27%以后，我就非常注意，因为这可能是三水型铝土矿，是可用拜耳法提取铝氧的真正铝土矿啊！

胜利复员之后，我想到漳浦铝土矿的重要性，就向台铝公司孙景华先生提议合作调查，由该公司资助旅费，于去年九月间派殷维翰，沙光文二先生前往漳浦一带，作初步测勘。就携回的许多矿样中加以分析，发现有三种矿样成分优良，含矽甚低，其中之一就采自赤湖区的东吴山（矿样号数为C_7）。我又将各矿样磨制薄片，置显微镜下研究，发见这些矿都是属于三水型的Gibbsite，也真是中国地质学家所多年祈求不到的宝贝！

殷、沙二先生的发现，证明了我三年来预料的不谬。漳浦一带由玄武岩风化的产物中，的确有真正铝土矿的存在，但是这类矿的产状如何，储量若干，还需我们继续测勘，以求确实。为了解决这个问题，我就于十月十九日亲率沙光文，王承祺，龚铮三君飞厦转矿，实地勘查。

在佛昙看了一星期，见到玄武岩的风化程序，从新鲜玄武岩经过球状剥蚀，以至灰色泥土状而含白色微晶的极端风化物。我当时想：这种风化泥土可能是铝土矿，就采取六种矿样，专人送厦，航邮寄台，以便分析。但后来知道这些矿含矽高达30%以上，不堪应用，它是一种富含不结晶高岭土的Lithomarge。

后来我又赴赤湖及东吴山一带勘察。在东吴山，就是C_7的产地，我们获得了圆满的答案。那儿有三个山头，地面遍覆径达二三英寸的矿石块砾，在沟谷中见到这种矿是为与红土相杂的砾石层，斜铺于山坡之上；从山顶到半坡，砾石层的厚度，可自数公寸以至四公尺。砾石层中矿块与红土的比例，至少是6与4之比。在山顶地面上所露出的，却是纯粹的矿块，因为所有红土，业已洗刷净尽。在山顶矿石层之下，尚见有一公尺许的风化玄武岩，再下就是白砂层、黏土和含石英及石英岩的砾石层，此层直至山脚，厚达二三十公尺。据约略估计，这种地面上显露的净矿块，约有二三万吨，连同地面下的矿砾合计，全部储量可达二三十万吨。

我从厦门飞返南京之日，就将东吴山矿样磨制薄片，用显微镜研究，发现它含着许多的Gibbsite。同日将矿样交本处张有维、陈四箴、孙剑如三君分析，现在得到结果，含矽

---

* 原载《矿测近讯》1947年11月号（第81期），2—3页。——编者注

氧自 3.52%到 7.47%，灼失量则俱在百分之二十六七间（详表列后），成分合格，堪供炼铝之用，那是毫无疑问的了。

在野地工作时，我们虽不敢决定东吴山矿石成分的合格，但从去年 C_7 的分析观之，似无多大疑问。由此我们才认识漳浦的铝土矿是夹在红土中的砾石层，是一种再沉积的矿床。从显微镜下见到 Gibbsite 微晶交换长石，而仍保存长石的形态，及玄武岩型结构的大部保存，更可证明本矿是一种块砾，而不是结核。矿块外表呈黄、褐、紫等色，面上凹凸不平，表示剥蚀冲刷的痕迹。打开来看，内部俱呈黄色，致密坚实，比重在 2.34 左右。

从东吴山的经验，我们才认清了铝土矿的形态和产状，等到我们重看赤湖和佛昙二区时，我们又发现了若干夹在红土中的矿块，其成分之合格，亦经分析证明。但因显露不清，必须广施槽探、井探，才能确定它们的矿量。

至论探矿条件，东吴山的地面矿石，俯拾即是，其他部分的矿，也因距地不深，开采亦易。矿地距海滨不过三四华里，用小船驳至大船的距离，亦不过数里之遥，所以交通运输，极端便利。

从上面的叙述，可知我们所发现的矿，才是实际可以开采的矿，它的矿量虽不甚大，但因台铝公司每年所需矿石至多不过三四万吨，东吴山一区的储量，就够台铝数年之用而有余。现在台铝开炉在即，矿石来源，尚无着落，如向南洋采购铝矿，固然物美，或者还要价廉（用官价外汇计算），但是耗费国家宝贵的外汇，总是一件不合理的事。我们这个适时代的发现，正可解决台铝公司的需要，希望资委会迅定方针，予以开发才好。

漳浦铝矿的发现，可以解决台铝的需要，可以节省外汇的消耗，它的意义已够重大了，但尚有更重大的意义，那就是：从此发现，我们认识了华南铝土矿的产状，我们此后可指出如何探觅及向何处探觅铝矿的方针。在雷州半岛及海南岛一带，有广大的玄武岩和红土分布的区域，那儿的地质、气候和地形的环境，比漳浦还要适合于铝土矿的生成，所以我们现在敢大胆地断定那儿必有大量的铝土矿，只待我人前往证实罢了。

至于学理方面的意义更多了，从铝土矿的时代及分布，我们可以推断第四纪以来华南气候的变迁，以及热带或半热带气候的范围，这是一个重要而与多方面有关联的问题，而铝土矿的发现和研究，却可予我人以强有力的证据。

附　漳浦县铝土矿及不结晶高岭黏土分析表

记号	矿　　名	产　地	灼失量 %	SiO_2 %	Fe_2O_3 %	Al_2O_3 %	TiO_2 %	共　计 %	分析机关
T_3	三水型铝土矿	东吴山	26.94	6.08	15.50	51.04	未分析	99.62	本处
T_5	同上	同上	27.92	3.52	16.12	52.48	同上	100.04	同上
T_6a	同上	同上	27.55	4.84	15.10	52.45	同上	99.94	同上
T_6b	同上	同上	26.57	7.47	12.73	53.06	同上	99.83	同上
F_7	不结晶高岭黏土	佛昙	12.31	42.08	15.80	27.69	2.12		台铝公司

评述战时中国沦陷区内的矿业经营*

日人处心积虑地想独占中国的矿产资源。抗战以前，在东北，在山东，已经劫夺了不少宝藏。自从侵略成功，统治伪府，更得为所欲为，无稍顾忌，北自黑山白水，南及西沙海南，都有他们经营的矿厂，并且成立了许多庞大组织，如华北开发公司，华中振兴公司之类，不惜竭尽智能，悉索财富，以遂其劫夺之野心，八年以来，颇有成效。现在胜利接收，所有日人的发现、计划，以及已成的规范，自应悉心检讨，以供借镜，但是资料浩繁，整理非易，并且散处各地，收集綦难，兹仅就参考所及，摘述大要，遗误的地方，还待将来补正。

一、煤

中国的煤储量，据中央地质调查所最近估计，共为265,311兆吨，居世界的第四位，但是其中烟煤和无烟煤的成数，远较褐煤为多，所以从工业应用及热能力方面讲，中国煤的地位，似较第二及第三位的苏联及加拿大为重要；至于与第一位的美国比较，却仍不及。

东北和华北是我国含煤最丰富的地方，华南就大为逊色了。西南和西北，据这次在大后方测勘的结果，证明了其丰富的煤田，尤以新疆为最，但因交通不便，目前还谈不到开发。华北各省的煤储量，要推山西为首，但矿业的发展，却不如东北和冀鲁等省，这也是受了交通的影响。

在战前日本几乎控制了东北的煤矿业，因为除了几个大矿，如北票，鹤岗，密山，穆陵等等而外，都直接或间接与日本的资金有关，而最大的抚顺煤矿，却由日本独资经营。自东北沦陷，全部煤矿，差不多都归其掌握，共组织了五十五个单位，投资共达3,209兆元，为矿业投资中最大的数目，每年产煤自2,400万至2,600万吨左右。其中产额增加最多的，要算阜新、鹤岗、密山、蛟河、西安、北票各矿。民国二十六年每一矿的产额，不过一二十万至六七十万吨，从（民国）三十一年起，就增加到一二百万至四百余万吨，约自三四倍至十倍不等。本溪湖产额增加不过十余万吨，抚顺反逐年减少，在民国廿五六年时，年产达950余万吨，从（民国）卅一年到卅四年，逐年减少到450余万吨，仅居战前产量的一半。虽然民国卅四年的抚顺产额，仍居东北的首位，但已成强弩之末，大概不久就要被阜新或鹤岗取而代之，而退居第三位了。

东北煤矿由许多官商合办或民营的株式会社经营，最重要的要算南满铁道，满洲炭业，满洲制铁以及其他的许多会社。从事于煤矿业的全部工人，共有296,300人，在年产量2,500万吨中，用于军用的约10%，铁道约24%，输出至日本、朝鲜的约8%，家用约16%，其余均为各种工业上应用。

---

* 本文原载天津《大公报》，1947年1月14日。上海《大公报》1947年1月6日第6版。——编者注

战前日本在华北煤矿所占的势力，除山东外，颇为薄弱，河北、山西、河南的煤矿，除了开滦、门头沟数家属外资外，都属华资经营，就是山东的鲁大公司，也是中日合资的企业。华北沦陷后，这许多大煤矿都归日人经营，并且大多数由一个华北开发公司来投资开采。开发公司的资本仅为443兆元，但是全部煤业（十一个会社两个组合）的投资就有279兆元。山东、山西的煤矿产额增加最多，如大同煤矿从15万吨增加到200余万吨，其他山西煤矿及山东南部的煤矿，经日人积极经营后产额都大为增加，从一倍至四五倍不等。开滦、中兴不属华北开发的范围，战前战后的产额，相差不多。

日人对于华北煤田的探勘工作，也有若干成绩，最为重要的是在大同煤田内证实了二叠纪厚煤层的普遍分布，在唐山西北和古冶东南广施钻探，发现了两个新煤田。在大同的工作最为精密，由此估计储量，可达40,000兆吨，可谓为中国最大的煤田。民国三十三年的产额，虽仅为200余万吨，倘使从矿地直达塘沽海口的运煤铁路（土石方工程已完成五分之二）建筑成功，那末，它的产量就可增加到500万吨甚至1，000万吨，山东南部如新泰大汶口一带的煤田，也曾积极探采，造成较战前高达十倍即年产百万吨的新纪录。

至于华南煤田，分布本不甚广，最重要的江苏贾汪煤田和安徽淮南煤田，日人都继续经营，产额增加到一倍左右。最为幸运的是作者最近在淮南附近发现的一个新煤田，在当时却未被注意到。

二、钢铁用金属

中国铁矿也以东北及华北所产，最为丰富，东北辽宁的铁矿要占总储量百分之六十四，其次要算察哈尔的龙烟铁矿，可达百分之二三十。据日人估计，辽宁的贫富铁矿合计，共有储量3,802兆吨，龙烟约有500兆吨。东北铁矿老早就在日本的掌握之中，如鞍山为日本独资，本溪湖却为中日合资。龙烟是纯粹华资，但自石景山化铁炉造成后，始终没有开过炉，所以铁矿也从未大采。日人既占东北，复陷华北，钢铁为军工急需，铁矿的采冶事业，遂积极扩充，在东北由满洲制铁会社经营，投资达1，440兆元，每年产富矿300余万吨，贫矿550万吨，合共800余万吨，其中以鞍山所产为最多，达百分之五十以上。从业工人约14,000人。战前东北铁矿的产额仅为百余万至200万吨。

龙烟铁矿在日人侵占时期年产七八十万吨，连同山东的金岭镇，江苏的利国驿（各产约15万吨），都由华北开发公司经营，投资共达202兆元。炼铁炉及钢铁厂分设在北平、青岛、天津、宣化、唐山等处，投资在400兆元以上。内蒙的白云鄂博铁矿，战前已经发现，谓矿量巨大，并含有稀有金属矿物，日人复勘证明，谓矿量可达2,400万吨。日人又在海南岛发现了几个大铁矿，储量合计在2万万吨以上，在侵占期内共产铁矿300余万吨，每年产额达50万吨。

华中的大冶、当涂、江宁诸铁矿，分由日本制铁会社及华中振兴公司经营，在沦陷期间，共被采去铁矿约820余万吨，其中大冶500万吨，当涂的南山270万吨，大凹山54万吨。此外滦县（河北）、武安（河南）、宁武、定襄、东山、阳泉（山西）许多小铁矿，也经开采，每年产额约20万吨。总计日人在沦陷各区开采铁矿，年达1,200余万吨。

铁矿制品可分为生铁，钢材，特种钢三种，从民国三十一年到三十三年，东北年产生铁自130余万至170余万吨，钢材45万至48万吨，特殊钢8,000至12,000余吨。

一　锰　锰为炼钢的必需原料，日人曾努力搜采，在河北的昌平、易县、平谷，山西的静乐，察哈尔的宣化，江苏的海州，南京的栖霞山、王山，俱经开采，中以栖霞山、王山、昌平、宣化等区，产量较多，年达5,000余吨至2万吨，余自数百吨至千余吨不等。总计自（民国）二十八年至三十三年共被采去锰矿约20万吨。投资总额在一万万元以内。

二　钨　华北开发公司设有华北重石株式会社，资本650万元，在河北省的密云、蓟县，开采钨矿，并设有选矿厂，处理矿石，但产量甚少，最多时（（民国）二十九年）年产仅184吨。东北仅安东省的岫岩产钨，据估计储藏量达2万吨，但（民国）三十三年的产额，仅有精矿4吨。

三　镍　山东历城县桃科庄的辉长岩，本知含有铜、镍等矿质，日人从（民国）二十九年起，加以探采，据估计有含镍1.2%，含铜0.66%之矿石约7,800吨，自（民国）二十九年至三十一年间共产粗矿2,550吨，三十一年产额最多，达999吨。

四　铬　吉林延吉县之彩秀岭有铬矿，据日人估计，含铬酸40%的矿石共有200吨，（民国）三十三年的产额仅79吨。

五　钼　以前仅知闽、浙二省，产钼较多，湘、赣、粤的南岭山脉中，也略有所产。现在日本人在东北也找到钼矿，就是锦西县的杨家杖子，本来开采铅锌矿，开到深处，却发现了钼。据估计有50万吨的储量，恐怕是我国现知钼矿中最大的一个了。满洲矿业株式会社投资十五万万元，用新式设备，开采此矿，生产能力每年可得精矿（成分68%）1,200吨，（民国）三十三年的产额，却只789吨。此外在吉林和龙的石人沟，安东的临江，也找到钼矿。民国三十三年石人沟产精矿75吨。日人对于东北钼矿的投资，共约16万万8千余元。在山东的莱阳、泰安以及绥远的大镇附近，俱曾见到钼矿，恐仅能供研究资料，不堪开采罢了。

六　钒　日人又在热河省滦平县发现含钒的铁矿砂，估计储量约有200万吨。在锦西女儿河设有制炼厂，投资15万万元，每月可产含钒35%之钒铁合金约15吨。

三、非铁金属

一　铜　中国是缺铜的国家，至今还没有找到一个值得大规模经营的铜矿。日人近年来的搜探，虽然略有发现，但还不能解决铜荒问题。在东北有七个铜矿，估计储量共有952万吨，以吉林的天宝山和辽宁的兴城最为重要。民国三十三年的产额不过2,239吨，含铜自6%至20%，投资总额共约两万万元。在长春及安东设制炼所，年产精铜1,700余吨至2,000吨。华北铜矿更少，稍有生产的仅山东招远一处，系采金的副产品。从民国三十一年到三十三年共产铜矿石一万余吨，年产约3,000余吨，含铜量自1.5%至8%。在华南日人发现了安徽铜官山的铜矿，这是近年来只知有铁的矿山，日人普施钻探，才发现了铜，估计储量约200万至400万吨，平均含铜约1%，共含纯铜约2万至4万吨。日人开采的结果，已运出矿石3,000余吨。

二　铅锌银　中国铅锌银矿的产地虽多，堪以开采的殊为少见，日人在东北发现了相当重要的铅锌矿共有五个，就是凤城青城子（储量铅350万吨，锌1,090万吨），锦西杨家杖子（铅1,050万吨），延吉天宝山（铅锌各300万吨）以及岫岩、桓仁各矿，合计铅锌储量共有32.1兆吨，品位都是很高，含量自百分之五十一至七八十，每年生产能力可达28,000余吨，但是实际产额并不甚大。民国三十三年共产铅矿6,145吨，锌矿1,000吨。矿上有选矿、熔矿等设备。长春及葫芦岛设有制炼所，投资总额达153,500,000元。

在河北省的涞源（窑沟）、兴和（麻地沟）、昌平及山东胶县俱有铅锌矿，日人估计其总储量为115,950吨，品质尚佳，但均未开采。

三　汞　热河省青龙发现汞矿，由周杖子水银株式会社开采，投资870万元，（民国）三十三年产汞仅0.2吨。

四　锑　吉林安图产锑，由大陆矿业株式会社开采，投资250万元，设还原炉四座，（民国）三十三年产纯锑54吨。

四、轻金属原料矿物

一　铝　日人所称的矾土页岩，就是铝土矿，在华北、东北及朝鲜的石炭二叠纪夹煤层内普遍分布。民国五年，首在山东的淄博煤田内发现，称为焦火石，亦称博山腊石，后在东北的烟台、本溪湖亦发现同样矿床。最初在淄博煤田内，仅注意于煤系顶部的铝土矿，就是A层，其后在煤系底部紧接奥陶纪石灰岩的层位，亦发现铝土矿一层，这是G层。在煤系中亦有数层，一共有七层之多，但A、G二层最为重要。A、G两层相隔自350至420公尺，适为煤系的上下界限，可用为比定层序的标准层。就矿物成分论，东北、华北的铝土矿，以一水氧化铝为主要成分，其中又可分为微粒结晶的水铝石，与非晶质的一水勃姆铝石Boehmite，含矽氧自3%至4%，铝二氧三最高可达76%，与在抗战期内在黔滇两省所发现的铝土矿颇为相似。但西南所产的，在质地上似乎更为纯粹。

铝土矿的分布，北自辽宁的烟台、本溪，南达山东的中兴及江苏的贾汪诸煤田。平汉路沿线及山西、察、绥各地，亦有其迹，但佳矿较少，除井陉煤田有少量堪采矿床外，在山西境内的G层矿，都为铁矿所代替，而成为所谓山西式的铁矿。

民国二十五年石门寨的铝土矿首先开采，经秦皇岛输出日本。自战事爆发，东北、华北各煤田相继沦陷，日人乃组织华北矾土股份有限公司，属华北开发公司，投资1,500万日元，在河北省的石门寨、古冶及山东省的淄川、博山等区，从事开采，从业员工12,000余人。自民国二十七年至三十四年七月，共产铝土矿2,228,569吨，每年产额自15万吨至75万余吨（民国三十三年）不等。初以冀东所产较多，（民国）三十三年起，山东产额即跃居半数以上。上项矿石几于全部输出至日本，一小部至朝鲜，大半为炼铝之用，其次为耐火材料，再次为研磨料。

东北的铝土矿由满洲矾土矿业株式会社经营，资本2,000万日元，在本溪设三个矿业所，自（民国）三十一年至三十四年共产矿石336,622吨。每年产额自7万余吨至15万吨不等。在抚顺及安东分设炼铝厂，从民国二十七年到三十四年，每年产铝自900余吨至8,000余吨，七年间的总产额为40,894吨。

照上面所说的情形，我们可知在日人经营时代，华北、东北最大的铝土矿产额，年约百万吨左右。据民国三十四年估计，华北、东北、朝鲜、日本的铝土需要量，年达194.4万吨，其中制铝用153万吨，研磨及耐火材料约41万吨，所以生产能力还嫌不够。反观各区的储量，却甚庞大，华北2亿2,083万余吨，东北1,930余万吨。虽然这种估计不免夸大，并且将许多劣矿也包括在内，但矿量丰富，取用不竭，似无疑问。现在问题是炼铝的方法，应如何力求经济。成品的性质，应怎样才能精美。因为中国铝矿，俱属一水氧化铝的水铝石型式，不能用低廉的拜耳法来制炼纯氧化铝。日人在东北的炼铝厂用电熔法，在山东用曹达石灰熔合法，后者尚未正式生产。这些方法，在战争时代，不计成本，固然能勉强维持。迨和平恢复，在剧烈的商业竞争之下，自然相形见绌，渐归淘汰了。所以中国的铝工业的前途，端在冶炼技术的如何改进，才能利用这水铝石型式的铝土矿。这个重要问题，日本的专家们好像还没有予以解决。

二 镁 镁也是轻金属之一，它的主要矿石是菱苦土。在辽宁海城的大石桥，有在东亚，也可说是世界唯一最大的菱苦土矿，全部储量的估计达1,416兆吨。日人在战前就积极开采，运销各地。侵占东北后，由满洲矿业株式会社投资4,000万日元，加紧生产，最多时年产60余万吨，焙烧为氧化镁，为各项工业上的应用。又在营口设炼镁厂，最多时年产金属镁402吨。民国二十八年至三十三年间的总产额为730吨。

五、工业原料矿产

一 黄铁矿 这不是铁矿。这是制炼硫黄的重要原料。在东北的本溪、凤城、辽阳等地，有六个组织探采黄铁矿，投资总额2,500万日元，但产量不多，年约6,000余吨，民国三十一年至三十三年间共产18,605吨，品质尚佳，含硫自32%至40%。全部矿量估计约有90万吨。华北黄铁矿从（民国）卅一年到卅三年间共产34,888吨，年产一万至1.9万余吨，以山东出产最多，开滦次之。此外，山西、河南的煤田内，俱略有所产。华北的产额大部输至东北，为制酸之用，一小部亦运至华中各地。日人在当涂向山发现黄铁矿，储量200余万吨，品质甚佳，含硫达45%，（民国）三十四年起即加开采，年产能力可达3万吨。按日本产硫甚多，向为出口大宗，所以在中国所产的黄铁矿皆在中国应用，不需运销日本。

二 萤石 辽宁盖平，热河隆化俱产萤石，储量均有27万吨，由满洲及热河矿业株式会社开采，民国三十二年至三十四年每年产量七万余吨至10万吨，对日输出仅占少数，大部供国内工业之用。山东的胶县、青岛、潍县、蓬莱、黄县及山西的吴城镇俱产萤石，估计储量共有9.9万余吨。民国三十年至三十三年间，共产73,362吨，每年产量自12,000吨至26,000余吨。大部运销日本。中国最大的萤石矿在浙江中部及沿海一带，沦陷时代，日人组织的华中振兴公司在吴兴、象山、义乌、武义等区，分设矿业所，大施探采，其中以象山的破后山规模最大，因为地处滨海，交通便利的缘故。以上各区储量合计共有2,180,000吨，武义区最大，达200万吨。每年生产能力，象山4万吨，义乌3万吨，武义6.5万吨。总计浙省所产萤石前后运至日本者达6万吨。

三 石棉 河北省的昌平、房山、涞源，绥远省的归绥、萨拉齐、包头俱产石棉，战前已有相当产量。日人侵占后，产额稍增，从（民国）二十八年到三十二年共产7,719吨，每年产量，自300余吨至3,800吨，以涞源所产最多。东北石棉以通化、辑安所产最多，（民国）三十三年产1,956吨。此外安东的宽甸，锦州吐右旗，俱略有所产，年产百余吨。

四 云母 东北云母产辑安，盖平，辽阳等县，民国三十三年共产722吨。山东、绥远的云母产地最多。但产量不丰，仅数吨至百余吨。诸城龙行地云母，粗矿的储量有4.1万吨，平度白云母年产约250吨。江苏东海也略有所产。

五 重晶石 河北临渝县的南天门和山东的即墨，为华北重晶石的重要产地，民国二十九年至三十三年间，共产22,598吨。每年产量自千余吨至万余吨，大部运销日本。

六 石墨 东北有二个重要的石墨矿，一是鸡宁柳毛，储量1,500万吨，一是依兰的双河镇，储量 500 万吨。民国三十二年产石墨 22,732 吨，三十三年产 3,000 吨。华北石墨产地甚多，略有生产的为山西的大同、奂和及山东的莱阳，俱属鳞状石墨，每年产量不过数十吨，自民国二十九年到三十三年共产 210 吨。胶县七宝山、李家屯，鳞状石墨的储量估计达 57,500 吨，但未开采。河北房山所产的为土状石墨，品质较劣，年产量可达数百吨。绥远的花岗岩体中，战前已知有鳞状石墨，日人曾否开采，尚待考证。

七　其他　中国石炭二叠纪煤田中，除铝土矿可供耐火材料之用外，还有红窑土、陶瓷土等等，不及备述。奥陶纪的石灰岩为烧灰、水泥、铺路石材之用，在华北一带，每年产额在百万吨左右。山西定襄有白云石，民国三十二年产 10,082 吨。宣化南的深井堡产活性白土（Bentonite)，性质及开采情形不详。按活性白土，应用甚广，近在西南各省，常有发现，福建的产地亦不少，以后也应注意搜采。

六、肥料矿产

一　磷灰石　江苏东海的磷灰石，战前业经开采，从民国九年到十四年共产高级磷灰石 10 万吨左右。日寇侵占矿山后，设立海州磷矿开发株式会社，扩充设备，积极增产，从民国二十九年到三十三年五年间，共产矿石 331,580 吨，每年产量自 4 万余吨至 8 万吨，大部分运销日本，一小部分至朝鲜。据日人估计，目前残存矿量仅 395,000 吨。鉴于磷矿露头及含磷层分布的广泛，若广施钻探，必能发现新矿床。绥远安北县的晕气沟，据云有磷矿，未经开采，详情不悉。安徽当涂大凹山的铁矿中，含磷灰石甚多，将来开采铁矿时，可以副产物收采，但日人似未加利用。

二　石膏　石膏除为制造水泥、模型等用外，又可供制磷肥以代替硫酸，应用甚大，颇堪重视。日人在山西阳曲西山圪獠沟，太原东山及灵石、霍县等地，发现大量石膏，储量合计在 11 万万吨以上。从（民国）二十九年到三十三年共产石膏 292,449 吨，每年产量自 4 万吨至 11 万余吨，以阳曲矿山产量最多。

七、稀有金属矿物

日人在辽东湾的周围，从山海关起，经过兴城、锦县到对岸的辽阳、海城、凤城、岫岩等地，发现了许多稀有金属矿物，这种矿物多产生在伟晶花岗岩脉内或其附近的冲积层中，所含的金属有铊、钛、铀、钇、钽、铈等质，在海城区曾有若干生产。绥远包头一带，在战前已知为绿柱石、黄玉、石墨的重要产地。日人继续研究，又发现了许多稀有金属矿，含有钽、铍、钇、钶、铈等质。

八、结论

一、在日人侵占期内，东北和华北的煤产额，都自战前的 1,000 余万吨增加到 2,000 余万吨，几乎增加了一倍。东北铁矿的产额，增加更多，到 4 倍以上。其他各区的铁矿，也都积极开发，全部产量差不多增加了一倍。

二、新发现的重要矿产，有锦西的铜，滦平的钒，海南岛的铁，当涂的黄铁矿，铜陵的铜，山西的石膏，以及许多稀有金属矿物。积极开发的有铝土、苦土（镁）、萤石、黄铁矿、石墨、磷灰石等等，都造成了超前的产量纪录。我们在黔滇发现高级富铝矿，日人却在鲁冀发现 G 层富铝矿，可谓“东西辉映，异曲同工”。

三、积极探矿的结果，除发现若干新矿床外，在大同煤田，阜新煤田，鹤岗煤田，宣龙铁矿，白云鄂博铁矿，俱证实了巨大的矿量。大同将为华北最大的煤田，而阜新已经追踪抚顺，将为东北煤矿的巨擘了。

四、有些矿产，如铜，镍，钨，锑，汞等质，虽经日人认真探勘，终不能发现大量矿床，足证这些矿产在东北、华北天赋的贫乏。

五、日人的若干成就不是悻致的，他们动员了多数的地质学家，矿冶工程师和企业家，依据科学研究，订立精密计划，衷心合作，按步进行，而当局又能随时随地予以协助鼓励，这一切是值得吾人研讨和仿效的。

台湾之锆英石 Zircon 及独居石 Monazite*

一、锆英石及独居石之分布状态及可采矿量

台湾之锆英石及独居石富产于台地砾石层，特别发达于西北部，即台北州南部及新竹、台中州等处，依自然之淘汰，富集于河流之沙洲、河口附近及旧河床之堆积层，全为砂或砂土，厚 0.6 至 6 公尺。在海岸地带之砂丘，其表土常成为含量丰富之锆英石矿床。

储量及可采量，因整个区域调查未详，仅其一小部分之台北州南部至新竹州北部一带公司所领开采较易，矿床较丰的矿区内储量约为 25,779 吨，可采量为 8,593 吨（其中约含独居石 10%至 15%），如再在新竹州南部及台中州调查，则可采量可达数万吨以上。

二、产量

锆英石及独居石之探矿及采取法，经数年之调查研究，于去年始在新竹州桃园郡下南嵌溪河口着手开采，目前可月产养化锆 Zirconium（30%以上）一吨左右，如扩张设备，整顿机械，则月产五吨乃至十吨为极易之事。

以阔一公尺长二十五公尺之 Sluice 淘汰粗砂二，再以 Rocker 精选二三次，则可得 30%以上之养化锆，最近整顿机械，用 Sluice，Rocker，Table 淘汰以后，更使用强力之磁气选矿机使之酸化，可得 65%以上之养化锆（ZrO_2）及独居石。

---

* 资源委员会 1947 年 12 月 25 日电令矿产测勘处，将台南、新竹一带之独居石分布及所含成分等详情具报备查。1948 年 1 月 9 日矿产测勘处呈送资源委员会台湾锆英石及独居石报告（附图）与英文《中国之独居石产地》，呈文如下：

案奉

钧会三十六年十二月二十五日密京（36）业字第四一六号电饬将台南、新竹一带之独居石分布及所含成分等详情具报备查等因，奉此遵经将日本稀元素工业株式会社所编台湾之锆英石及独居石报告附图十一幅加以译印。奉令前因理合检抄上项报告，连同附图备文呈祈　鉴核至该处独居石之分布及所含成分是否悉如该报告所载，尚应复勘，以资证明。又为从独居石中提炼钍质，前经连同样品送请台湾大学化学系主任张教授定钊，代为研究。顷据复云：研究之第一步即系先用浓硫酸将矿砂加热分解，然后由三方面研究磷酸与稀土族元素及钍之分离。此三种方法即（一）用冷水提取稀土族及钍，浓缩使“稀土及钍”与磷酸分离，（二）用乙醇洗去磷酸残滓中之稀土族及钍，用冰冷水提取，（三）用浓硫酸洗去磷酸残滓中之稀土族及钍，用冰冷水提取。现正研究以上三种方法之得失。一俟获得定论，即可进行钍与稀土族分离方法之研究云云。又近撰英文《中国之独居石》一篇，理合附呈鉴核。谨呈

委员长

附呈

台湾锆英石及独居石报告（附图）、英文《中国之独居石》报告各一份。

矿产测勘处处长　谢家荣

谢家荣呈文及《台湾之锆英石及独居石》及英文《中国之独居石矿》(The occurrence of Monazite Deposits in China）存全国地质资料馆，档号：2989 和 4972。本卷并收入谢家荣 1947 年 11 月著 Some Promising Region for Searching Uranium and Thorium Deposits in China。——编者注

三、计算储量之基础

承领矿区内之储量——25,779 吨

承领矿区总面积——17,252,455 坪（面积单位，1 坪约合 3.3 平方米——编者注），其中之道路、河流等不能开采部分除外，约占总面积之五成，乘以平均土厚及调查表中之平均含有量即为储量，如另表。

承领矿区内之储量及可采量

号数	矿区面积/坪	平均土厚/间	平均含有量/公斤	估计储量/吨	可采量/吨
1	598,651	0.66	2.8	586.678	195.559
2	4,188,939	1.0	3.5	7,121.196	2,373.732
3	2,397,550	1.0	2.9	3,476.448	1,158.816
4	596,042	1.3	2.4	929.826	309.942
5	1,798,760	1.1	2.7	2,671.159	890.386
6	1,194,175	1.0	3.3	2,089.754	696.585
7	1,794,706	0.5	2.9	1,301.162	433.721
8	1,184,732	1.1	3.5	2,280.609	760.203
9	1,192,915	1.0	3.5	2,087.601	695.861
10	2,396,615	1.0	2.7	3,234.620	1,073.207
计	17,252,455			25,779.053	8,593.018

四、计算可采量之基础

承领领矿区内可采矿量——8,593 吨

因有居民不允使用土地及开采时之损失等，故可采量暂定为储量三分之一，如另表：

承领号数	位置	矿区面积/坪	矿区数	河流名	平均含量/公斤	平均土厚/间	备考
1	台北州新庄郡林口庄	598,651	1	林口溪	1.8	0.66	水少
2	新竹州桃园郡大圆庄，芦竹庄	4,188,939	7	南嵌溪	3.5	1.00	水利便
3	仝上，大圆庄	2,397,550	4	浦新溪，新街溪，老街溪	2.9	1.00	水利便
4	新竹州中坜郡观音庄	596,042	1	树林子溪	2.4	1.30	水少
5	仝上	1,798,706	3	大掘溪，观音溪	2.7	1.10	水少
6	新竹州新竹郡红毛庄，旧港庄	1,194,145	2	无	3.3	1.00	水少
7	仝上，新浦庄	1,794,706	3	风山溪	2.9	0.50	水利便
8	新竹州中坜郡新屋庄，观音庄	1,184,732	2	茄冬坑溪，下埔顶溪	3.5	1.10	水利便
9	仝上，新屋庄	1,192,915	2	社子川	3.5	1.00	水利便
10	仝上，新屋庄红，毛庄	2,396,015	4	新屋溪，新庄子溪	2.7	1.00	水利便

林口溪

号数	1/8 尺^3 之采集量/gr	%	1 尺^3 之 Zircon 量/gr	1 立坪之含有量/kg	备考	号数	1/8 尺^3 之采集量/gr	%	1 尺^3 之 Zircon 量/gr	1 立坪之含有量/kg	备考
1	4.5	20	7.20	1.555		12	5.9	20	9.44	2.039	
2	6.2	20	9.92			13	5.3	20	8.48	1.831	
3	6.8	20	10.88			14	5.9	20	9.44	2.039	
4	9.0	20	14.40			15	6.2	20	9.72	2.142	
5	15.5	20	24.80			16	13.0	20	20.62	4.492	
6	15.7	20	25.12			17	14.0	20	22.46	4.838	
7	9.7	20	15.52			18	5.7	20	9.12	1.969	
8	6.2	20	9.92			19	6.6	20	10.56	2.280	
9	6.0	20	9.60	2.073		20	6.6	20	10.56	2.280	
10	7.4	20	11.84	2.557		21	5.0	20	8.00	1.728	
11	6.2	20	9.72	2.142			平均				

台北州新庄郡林口庄地内　面积五十九万八千六百五十一坪

缩尺五万分之一

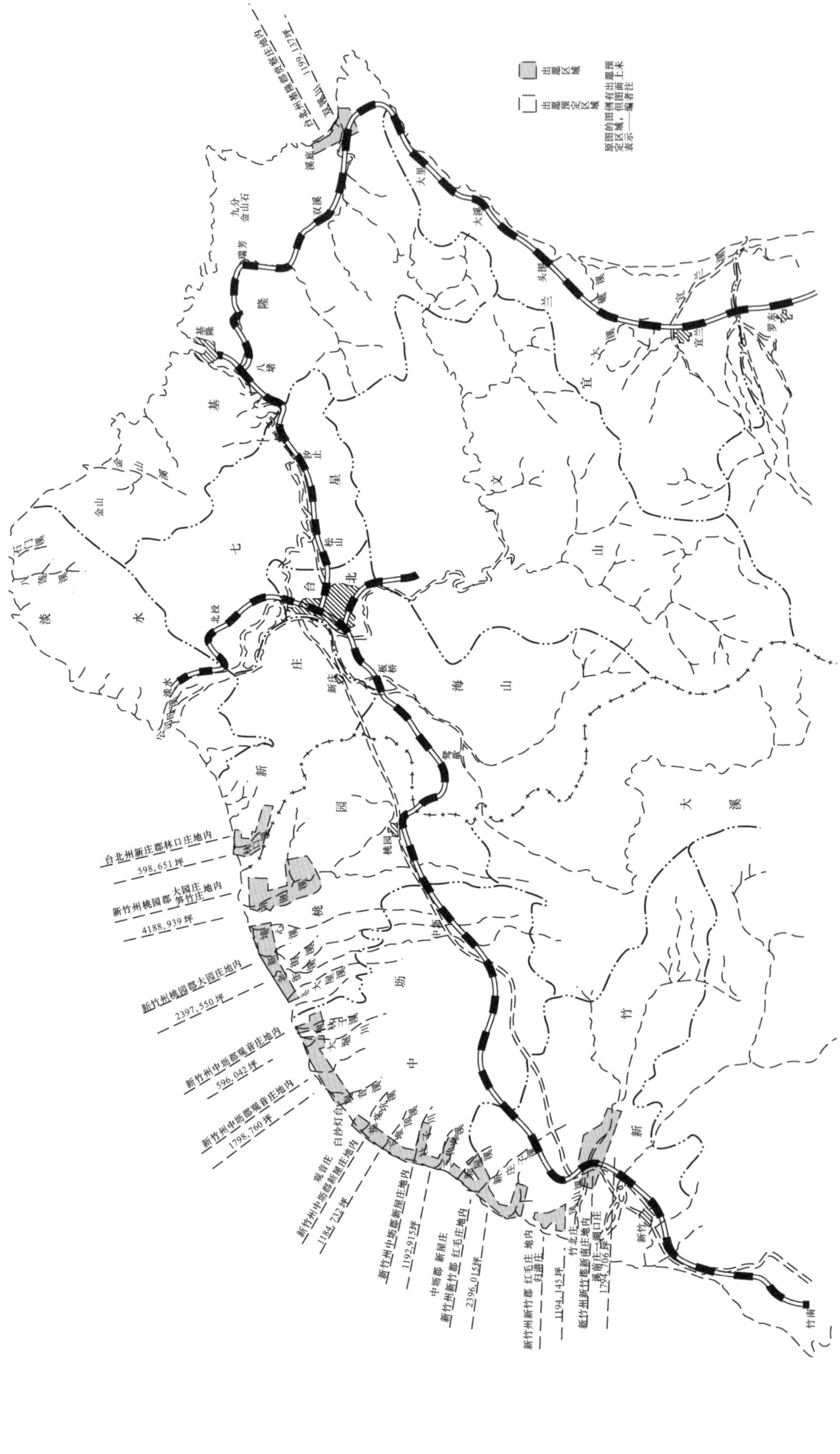

台湾北部图

缩尺三十万分之一（出愿矿区一览图）

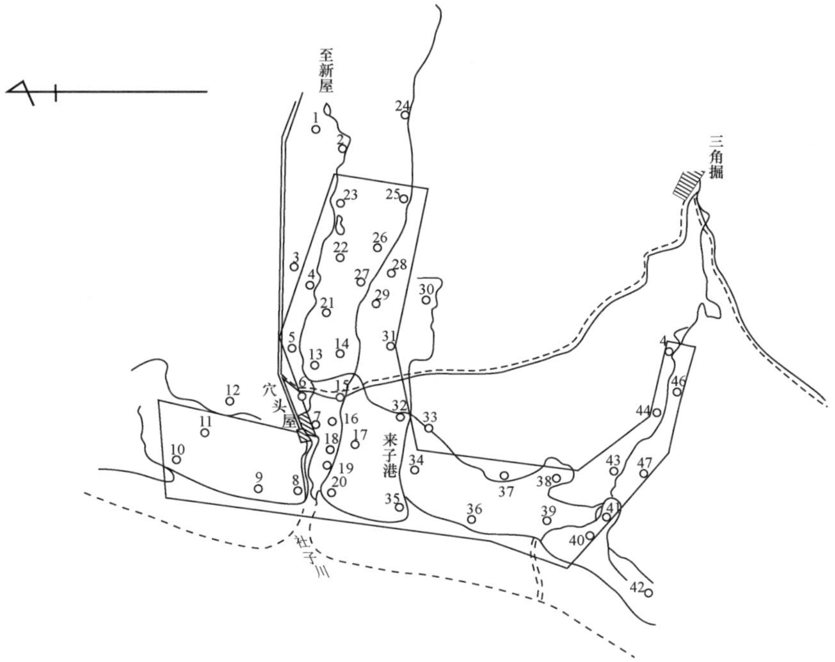

新竹州中坜郡新屋庄地内　面积一百九十万二千九百十五坪

缩尺五万分之一

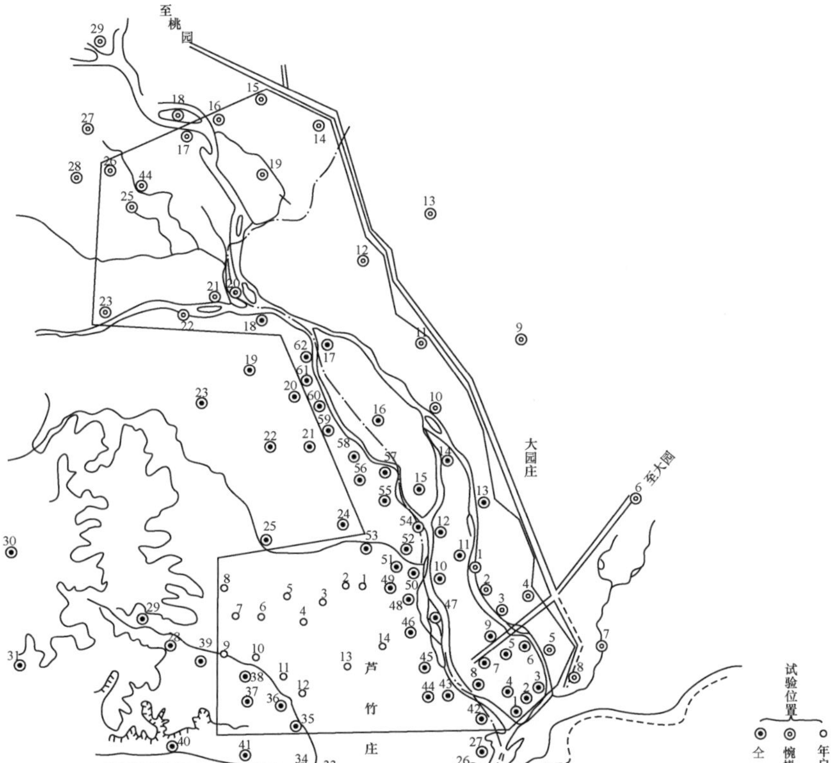

新竹州桃园郡大园庄、芦竹庄地内　面积四百十八万八千九百三十九坪

缩尺五万分之一

南嵌溪（海湖·坑子口）探井试验（⊙图中之符号）

探井号数	1 尺^{3}之采集量/gr	%	1 尺^{3}之 Zircon 量/gr	1 立坪之含有量/kg	备考	探井号数	1 尺^{3}之采集量/gr	%	1 尺^{3}之 Zircon 量/gr	1 立坪之含有量/kg	备考
1	99.75	10	9.975	2.154		9	160.6	10	16.06	3.460	
2	107.5	10	10.750	2.320		10	126.7	10	12.67	2.710	
3	112.6	10	11.26	2.430		11	168.0	10	16.80	3.610	
4	93.6	10	9.36	2.030		12	175.3	10	17.53	3.800	
5	92.7	10	9.27	2.000		13	193.8	10	19.38	4.200	
6	118.8	10	11.88	2.570		14	177.9	10	17.79	3.830	
7	120.2	10	12.02	2.600			平均			2.817	
8	80.0	10	8.00	1.730							

南嵌溪中洲一带 （图中⊙符号）

号数	1/8 尺^{3}之采集量/gr	%	1 尺^{3}之 Zircon 量/gr	1 立坪之含有量/kg	备考	号数	1/8 尺^{3}之采集量/gr	%	1 尺^{3}之 Zircon 量/gr	1 立坪之含有量/kg	备考
1	10.4	20	16.64	3.594		22	8.9	20	14.24	3.075	
2	13.6	20	21.76	4.700		23	8.2	20	13.12	2.833	
3	11.7	20	18.72	4.043		24	6.2	20	9.92	2.142	
4	12.3	20	19.68	4.250		25	6.6	20	10.56	2.280	
5	12.3	20	19.68	4.250		26	7.8	20	12.48	2.695	
6	10.6	20	16.96	3.663		27	4.4	20	7.04	1.520	
7	11.0	20	17.60	3.804		28	4.4	20	7.04	1.520	
8	10.0	20	16.00	3.456		29	5.0	20	8.00	1.078	
9	10.5	20	16.80	3.628		30	3.7	20	5.92	1.278	
10	15.6	20	24.96	5.391		31	4.0	20	6.40	1.382	
11	16.7	20	26.72	5.771		32	4.1	20	6.56	1.416	
12	14.7	20	23.52	5.080		33	4.1	20	6.56	1.416	
13	11.7	20	18.72	4.043		34	4.3	20	6.88	1.486	
14	11.7	20	18.72	4.043		35	9.2	20	14.72	3.179	
15	12.0	20	19.20	4.147		36	8.9	20	14.24	3.075	
16	12.0	20	19.20	4.147		37	11.4	20	18.24	3.939	
17	11.5	20	18.40	3.974		38	12.0	20	19.20	4.147	
18	10.6	20	16.96	3.663		●39	7.2	20	11.52	2.488	
19	10.7	20	17.12	3.697		●40	6.2	20	9.92	2.142	
20	12.6	20	20.16	4.354		●41	4.0	20	6.40	1.382	
21	9.6	20	15.36	3.317		42	9.0	20	14.40	3.110	

续表

号数	1/8 尺^{3}之采集量/gr	%	1 尺^{3}之Zircon 量/gr	1 立坪之含有量/kg	备考	号数	1/8 尺^{3}之采集量/gr	%	1 尺^{3}之Zircon 量/gr	1 立坪之含有量/kg	备考
43	9.0	20	14.40	3.110		54	12.6	20	20.16	4.354	
44	8.0	20	12.80	2.764		55	8.7	20	13.92	3.006	
45	8.0	20	12.80	2.764		56	8.3	20	13.28	2.868	
46	7.7	20	12.32	2.661		57	7.6	20	12.16	2.626	
47	7.9	20	12.64	2.730		58	6.9	20	11.04	2.384	
48	6.8	20	10.88	2.350		59	8.8	20	14.08	3.041	
49	12.9	20	20.64	4.458		60	9.8	20	15.68	3.386	
50	13.9	20	22.24	4.803		61	10.5	20	16.80	3.628	
51	13.0	20	20.80	4.492		62	9.5	20	15.20	3.283	
52	13.7	20	21.92	4.734			平均（有●符号者除外）			3.784	
53	16.6	20	26.56	5.736							

南嵌溪·旧河床地带　（图中⊙符号者）

号数	1/8 尺^{3}之采集量/gr	%	1 尺^{3}之Zircon 量/gr	1 立坪之含有量/kg	备考	号数	1/8 尺^{3}之采集量/gr	%	1 尺^{3}之Zircon 量/gr	1 立坪之含有量/kg	备考
1	16.6	20	26.56	5.736		17	9.0	20	14.40	3.110	
2	15.0	20	24.00	5.184		18	9.0	20	14.40	3.110	
3	14.0	20	22.40	4.838		19	10.3	20	16.48	3.559	
4	15.5	20	24.80	5.356		20	7.0	20	11.20	2.419	
5	9.5	20	15.20	3.283		21	6.9	20	11.04	2.384	
6	8.2	20	13.12	2.833		22	9.2	20	14.72	3.178	
●7	5.2	20	8.32	1.797		23	9.6	20	15.36	3.317	
●8	4.8	20	7.68	1.658		24	8.3	20	13.28	2.868	
●9	4.8	20	7.68	1.658		25	9.0	20	14.40	3.110	
10	9.9	20	15.84	3.421		26	7.0	20	11.20	2.419	
11	9.2	20	14.72	3.179		●27	6.0	20	9.60	2.073	
12	8.0	20	12.80	2.764		●28	5.3	20	8.84	1.831	
●13	7.7	20	12.32	2.661		●29	4.7	20	7.52	1.624	
14	6.6	20	10.56	2.280		●30	6.0	20	9.60	2.073	
15	7.9	20	12.64	2.730		●31	3.9	20	6.24	1.347	
16	8.3	20	13.28	2.868			平均（有●符号者未计在内）			3.373	

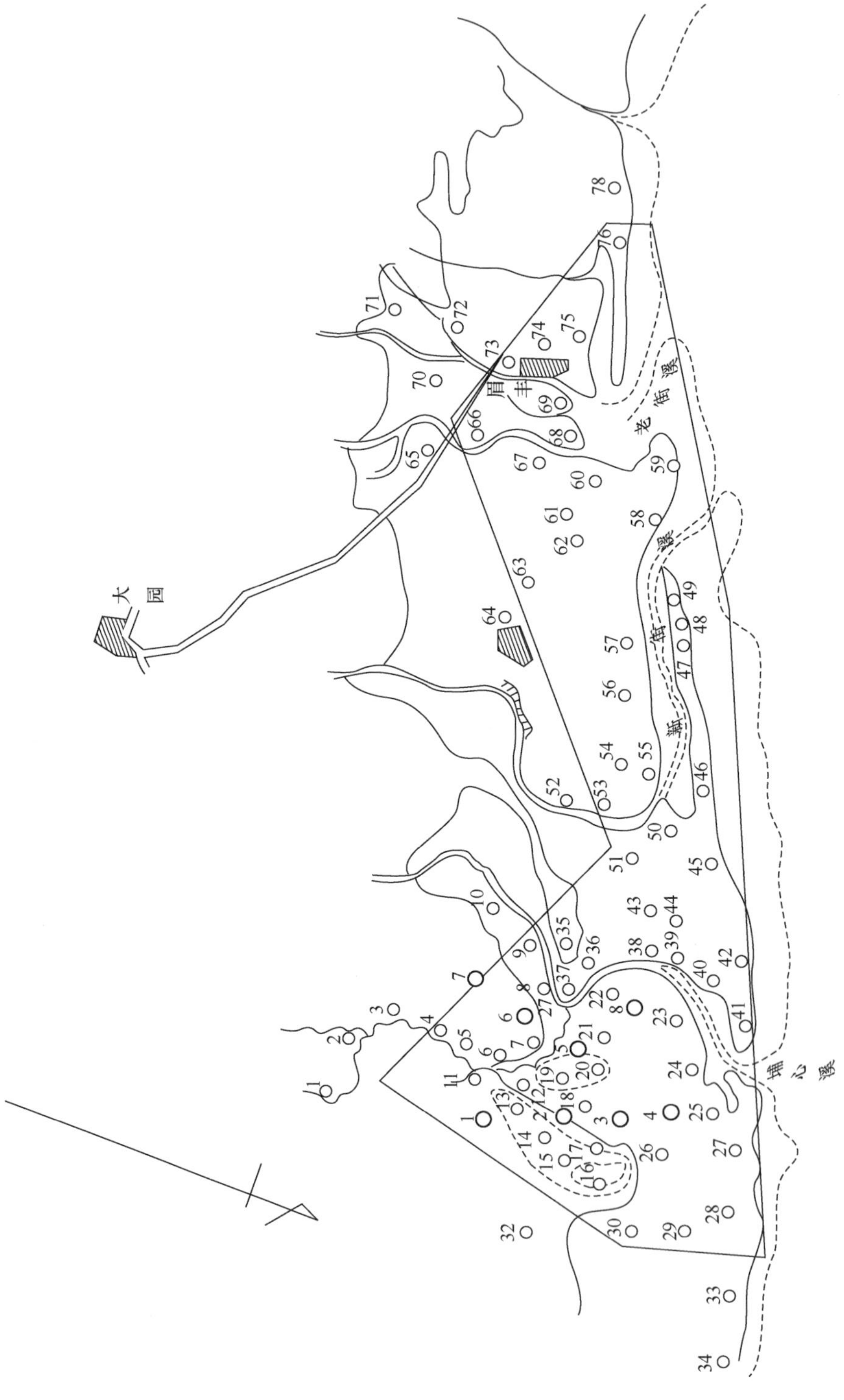

新竹州桃园郡大园庄地内　面积二百三十九万七千五百五十坪

缩尺五万分之一

埔心溪　新街溪　老街溪

号数	1/8 尺³ 之采集量/gr	%	1 尺³ 之 Zircon 量/gr	1 立坪之含有量/kg	备考	号数	1/8 尺³ 之采集量/gr	%	1 尺³ 之 Zircon 量/gr	1 立坪之含有量/kg	备考
1	6.2	20	9.92	2.143		34	4.0	20	6.40	1.382	
2	6.0	20	9.60	2.074		35	12.8	20	19.68	4.250	
3	7.0	20	11.20	2.419		36	13.0	20	20.80	4.493	
4	8.5	20	13.60	2.938		37	11.0	20	17.60	3.800	
5	9.3	20	14.88	3.214		38	9.0	20	15.84	3.420	
6	9.7	20	15.52	3.352		39	9.2	20	14.72	3.179	
7	10.2	20	16.32	3.525		40	9.1	20	14.56	3.144	
8	11.2	20	17.92	3.871		41	9.1	20	14.56	3.144	
9	12.0	20	19.20	4.147		42	7.0	20	11.20	2.420	
10	12.0	20	19.20	4.147		43	6.5	20	10.40	2.250	
11	9.8	20	15.68	3.387		44	6.5	20	10.40	2.250	
12	9.8	20	15.68	3.387		45	6.0	20	9.60	2.074	
13	7.7	20	12.32	2.661		46	6.0	20	9.60	2.074	
14	7.4	20	11.84	2.557		47	6.0	20	9.60	2.074	
15	7.9	20	12.64	2.730		48	7.7	20	12.32	2.661	
16	8.0	20	12.80	2.765		49	7.0	20	11.20	2.420	
17	8.2	20	13.12	2.834		50	6.9	20	11.04	2.380	
18	7.7	20	12.32	2.661		51	7.0	20	11.20	2.420	
19	6.6	20	10.56	2.280		52	10.5	20	16.80	3.628	
20	6.5	20	10.40	2.246		53	11.8	20	18.88	4.978	
21	7.0	20	11.20	2.419		54	10.0	20	16.00	3.456	
22	9.5	20	15.20	3.283		55	10.0	20	16.00	3.456	
23	8.8	20	14.08	3.040		56	11.0	20	17.60	3.800	
24	8.8	20	14.08	3.040		57	9.0	20	14.40	3.110	
25	8.0	20	12.80	2.765		58	9.7	20	15.52	3.352	
26	7.0	20	11.20	2.419		59	8.3	20	13.28	2.868	
27	7.5	20	12.00	2.592		60	10.5	20	16.80	3.628	
28	6.0	20	9.60	2.074		61	9.2	20	14.72	3.179	
29	6.5	20	10.40	2.240		62	9.0	20	14.40	3.110	
30	6.2	20	9.72	2.143		63	8.8	20	14.08	3.040	
31	5.0	20	8.00	1.782		64	7.9	20	12.64	2.730	
32	5.0	20	8.00	1.728		65	7.0	20	11.20	2.419	
33	4.0	20	6.40	1.382		66	8.5	20	13.60	2.937	

续表

号数	1/8 尺^{3}之采集量/gr	%	1 尺^{3}之 Zircon 量/gr	1 立坪之含有量/kg	备考	号数	1/8 尺^{3}之采集量/gr	%	1 尺^{3}之 Zircon 量/gr	1 立坪之含有量/kg	备考
67	9.8	20	15.68	3.386		74	8.0	20	12.80	2.765	
68	10.5	20	16.80	3.628		75	8.3	20	13.28	2.868	
69	11.2	20	12.92	3.871		76	7.0	20	11.20	2.420	
70	8.3	20	13.28	2.868		77	8.0	20	12.80	2.765	
71	8.3	20	13.28	2.868		78	7.5	20	12.00	2.598	
72	8.0	20	12.80	2.765			平均			2.888	
73	8.0	20	12.80	2.765							

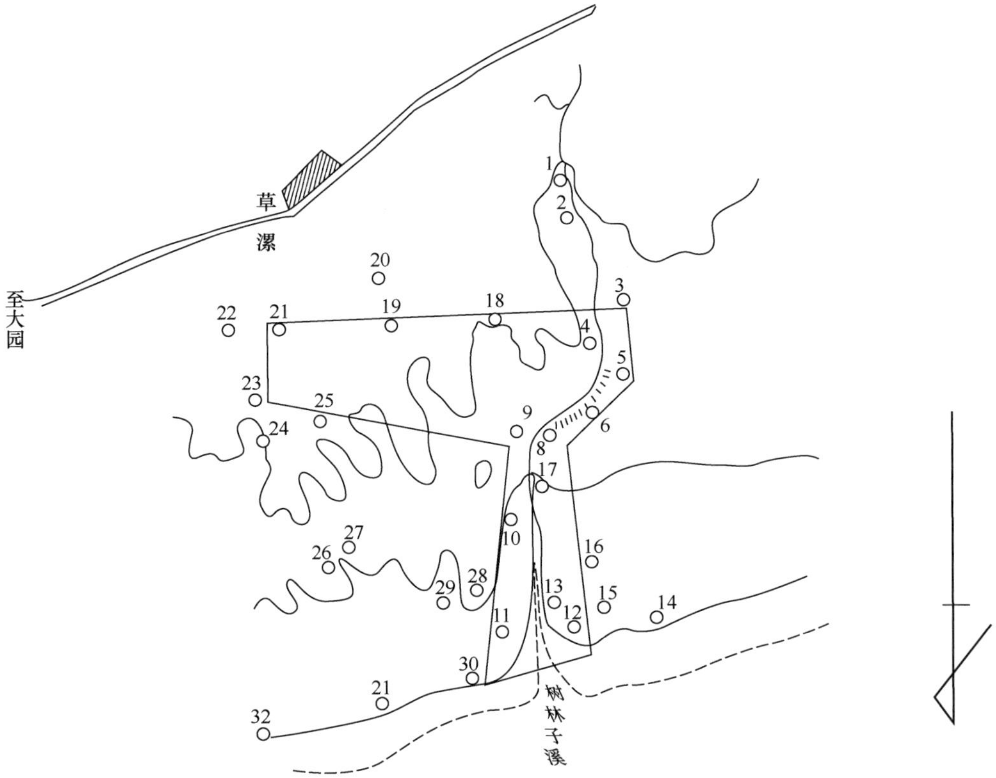

新竹州中坜郡观音庄地内　面积五十九万六千四十二坪

缩尺五万分之一

树林子溪

号数	1/8 尺^{3}之采集量/gr	%	1 尺^{3}之 Zircon 量/gr	1 立坪之含有量/kg	备考	号数	1/8 尺^{3}之采集量/gr	%	1 尺^{3}之 Zircon 量/gr	1 立坪之含有量/kg	备考
1	4.5	20	7.20	1.550		4	6.5	20	10.40	3.040	
2	4.5	20	7.20	1.550		5	6.7	20	10.72	2.315	
3	4.5	20	7.20	1.550		6	6.9	20	11.04	2.384	

续表

号数	1/8 尺^{3}之采集量/gr	%	1 尺^{3}之 Zircon 量/gr	1 立坪之含有量/kg	备考	号数	1/8 尺^{3}之采集量/gr	%	1 尺^{3}之 Zircon 量/gr	1 立坪之含有量/kg	备考
7	4.5	20	7.20	1.550		21	7.0	20	11.20	2.419	
8	10.2	20	16.32	3.525		22	5.0	20	8.00	1.728	
9	9.9	20	15.84	3.421		23	5.2	20	8.32	1.797	
10	8.3	20	13.28	2.868		24	4.3	20	6.88	1.486	
11	7.7	20	12.32	2.661		25	4.8	20	7.68	1.658	
12	9.2	20	14.72	3.179		26	7.8	20	12.48	2.695	
13	7.5	20	12.00	2.592		27	6.8	20	10.88	2.350	
14	7.5	20	12.00	2.592		28	6.3	20	10.08	2.177	
15	8.0	20	12.80	2.764		29	4.8	20	7.68	1.658	
16	7.0	20	11.20	2.419		30	6.5	20	10.40	2.246	
17	8.3	20	13.28	2.868		31	8.5	20	13.60	2.937	
18	8.7	20	13.92	3.006		32	6.2	20	9.92	2.142	
19	8.7	20	13.92	3.006			平均			2.360	
20	6.3	20	10.08	2.179							

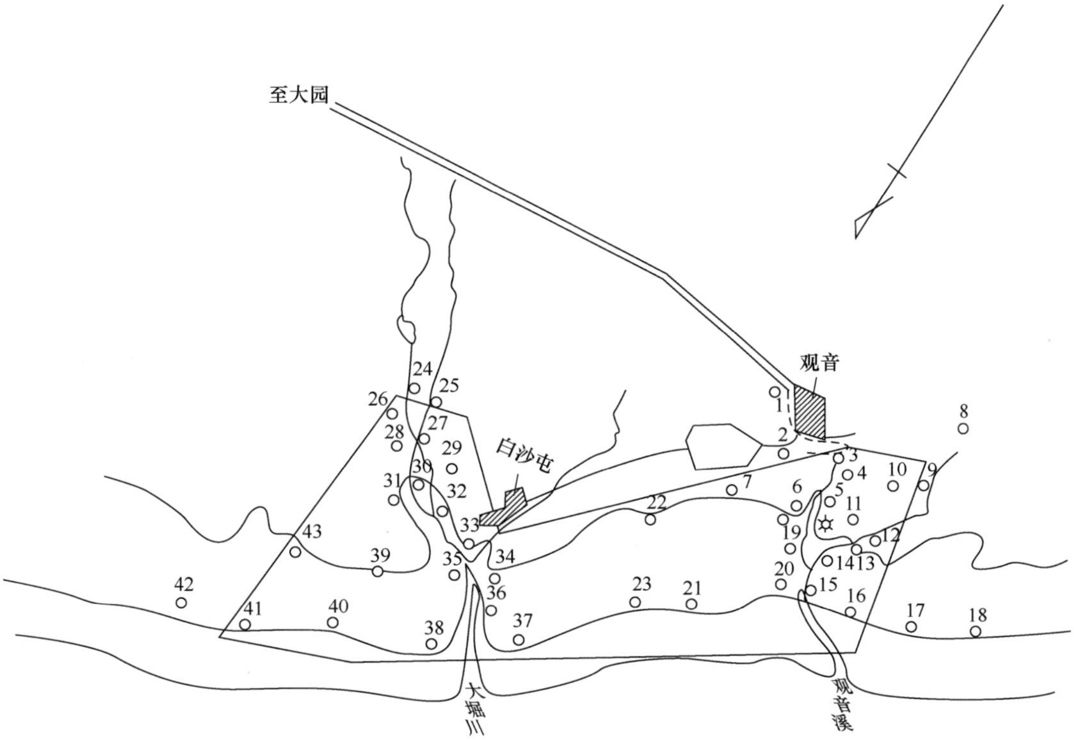

新竹州中坜郡观音庄地内　面积百七十九万八千七百六十坪

缩尺五万分之一

大堀川　观音溪

号数	1/8 尺^3 之采集量/gr	%	1 尺^3 之 Zircon 量/gr	1 立坪之含有量/kg	备考	号数	1/8 尺^3 之采集量/gr	%	1 尺^3 之 Zircon 量/gr	1 立坪之含有量/kg	备考
1	5.3	20	8.48	1.831		23	6.6	20	10.56	2.280	
2	5.7	20	9.12	1.969		24	6.5	20	10.41	2.240	
3	6.6	20	10.06	2.280		25	6.0	20	9.60	2.073	
4	6.0	20	9.60	2.073		26	7.0	20	11.20	2.419	
5	7.0	20	11.20	2.419		27	7.5	20	12.00	2.592	
6	8.9	20	14.24	3.075		28	8.3	20	13.28	2.868	
7	7.4	20	11.84	2.557		29	8.3	20	13.28	2.868	
8	7.3	20	11.68	2.522		30	9.0	20	14.40	3.110	
9	7.3	20	11.68	2.522		31	10.3	20	16.48	3.559	
10	9.0	20	14.40	3.110		32	10.3	20	16.32	3.525	
11	9.3	20	14.68	3.214		33	11.5	20	18.40	3.974	
12	9.0	20	14.40	3.110		34	9.2	20	14.72	3.179	
13	10.0	20	16.00	3.456		35	8.2	20	13.12	2.833	
14	11.0	20	17.60	3.801		36	8.2	20	13.12	2.833	
15	8.0	20	12.80	2.764		37	7.0	20	11.20	2.419	
16	7.0	20	11.20	2.419		38	7.0	20	11.20	2.419	
17	6.3	20	10.08	2.177		39	7.5	20	12.00	2.592	
18	8.0	20	12.80	2.764		40	6.2	20	9.92	2.142	
19	8.7	20	13.92	3.006		41	7.8	20	12.48	2.695	
20	7.0	20	11.20	2.419		42	6.0		9.60	2.073	
21	6.0	20	9.60	2.093			平均			2.666	
22	5.0	20	8.00	1.728							

* 22 号至 25 号之 1 立坪之含有量原文为 1728，2280，2240 和 2073，疑遗漏小数点。——编者注

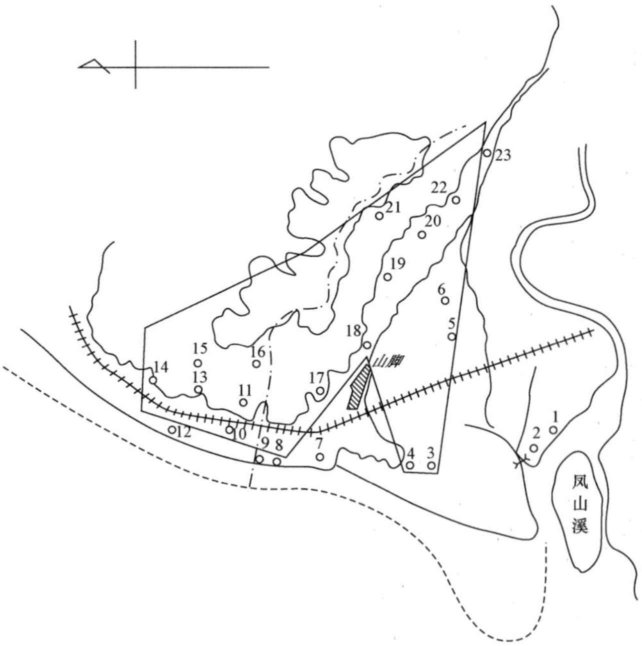

新竹州新竹郡红毛庄、归港庄地内　面积百十九万四千百四十五坪

缩尺五万分之一

凤山溪河口北部

号数	1/8 尺³之采集量/gr	%	1 尺³ 之 Zircon 量/gr	1 立坪之含有量/kg	备考	号数	1/8 尺³之采集量/gr	%	1 尺³ 之 Zircon 量/gr	1 立坪之含有量/kg	备考
1	6.8	20	10.88	2.350		13	11.5	20	18.40	3.974	
2	7.9	20	12.64	2.730		14	14.2	20	22.72	4.907	
3	9.3	20	14.88	3.214		15	9.2	20	14.72	3.179	
4	8.3	20	13.28	2.868		16	6.2	20	9.92	2.142	
5	6.3	20	10.08	2.177		17	7.0	20	11.20	2.419	
6	7.2	20	11.52	2.488		18	6.2	20	7.92	2.142	
7	15.7	20	25.12	5.425		19	5.3	20	8.48	1.831	
8	13.7	20	21.92	4.734		20	9.2	20	14.72	3.179	
9	14.0	20	22.40	4.838		21	7.0	20	11.20	2.419	
10	14.0	20	22.40	4.838		22	7.2	20	11.52	2.488	
11	16.2	20	25.92	5.598		23	7.1	20	11.36	2.453	
12	9.9	20	15.84	3.421			平均			3.296	

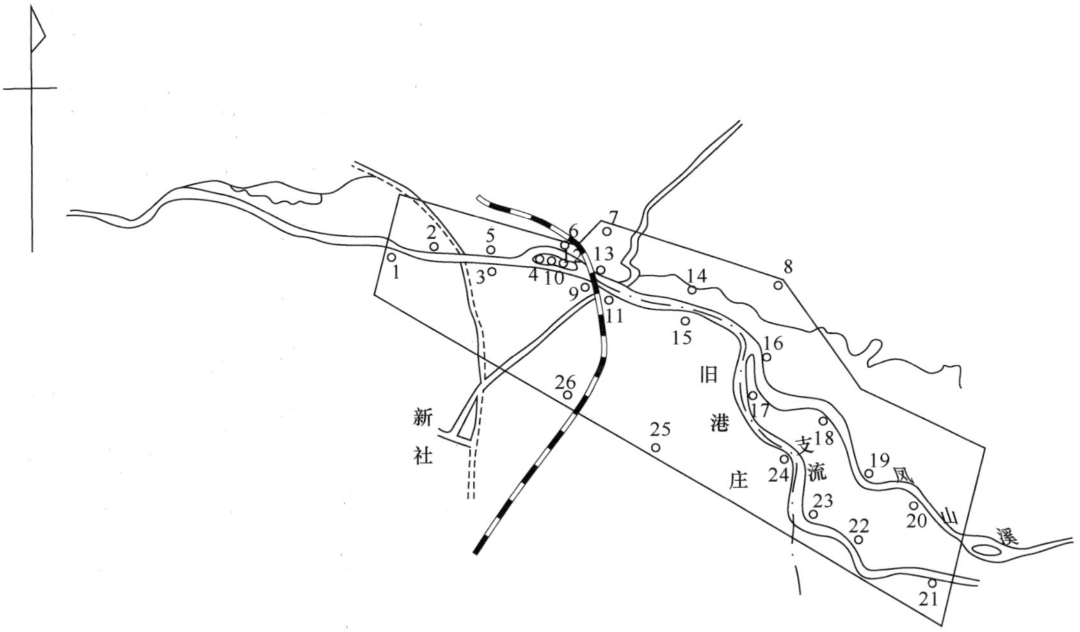

新竹州新竹郡新埔庄地内　面积百七十九万四千七百六坪

缩尺五万分之一

凤山溪 铁桥附近（曾领矿区）

号数	1/8 尺^{3}之采集量/gr	%	1 尺^{3}之 Zircon 量/gr	1 立坪之含有量/kg	备考	号数	1/8 尺^{3}之采集量/gr	%	1 尺^{3}之 Zircon 量/gr	1 立坪之含有量/kg	备考
1	8.8	20	1.408	3.041		14	12.0	20	19.20	4.147	
2	8.3	20	13.28	2.868		15	11.5	20	18.40	3.974	
3	8.5	20	13.50	2.937		16	12.3	20	19.68	4.250	
4	5.8	20	9.28	2.004		17	11.9	20	19.04	4.112	
5	9.2	20	11.72	3.179		18	6.6	20	10.56	2.280	
6	7.2	20	11.52	2.488		19	7.8	20	12.48	2.695	
7	8.2	20	13.12	2.833		20	7.2	20	11.52	2.488	
8	8.1	20	12.96	2.799		21	7.5	20	12.00	2.592	
9	9.5	20	15.20	3.283		22	6.0	20	9.60	2.073	
10	9.5	20	15.20	3.283		23	6.0	20	9.60	2.073	
11	10.7	20	17.12	2.697		24	7.5	20	12.00	2.592	
12	9.2	20	14.72	3.179			平均			2.940	
13	10.7	20	17.12	2.697							

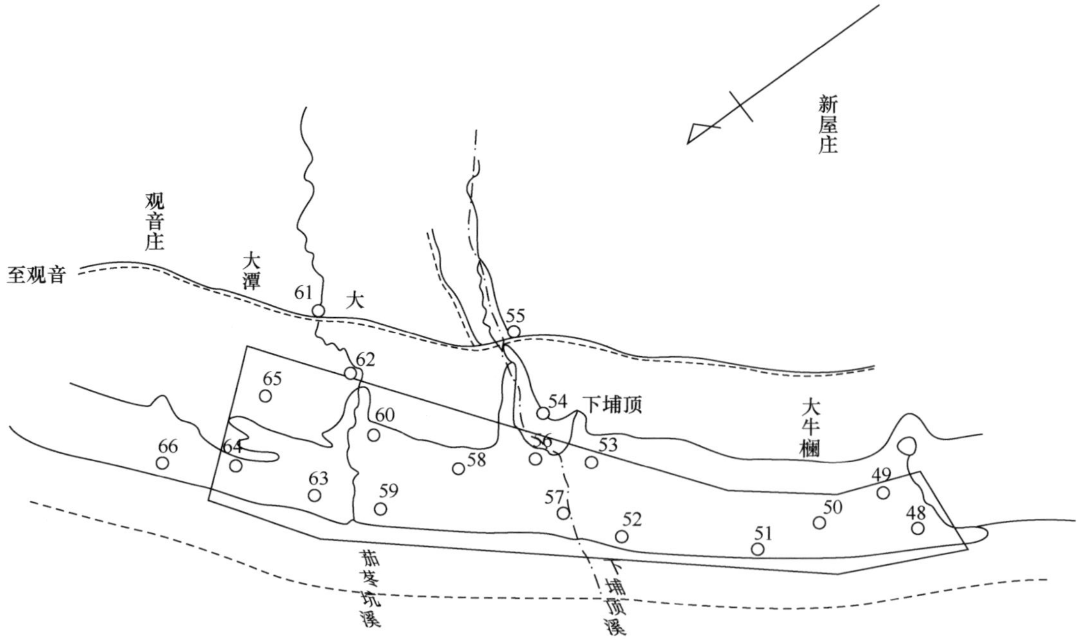

新竹州中坜郡观音庄、新屋庄地内 面积百十八万四千七百三十二坪

缩尺五万分之一

茄苳坑溪　下埔项溪　社子川

号数	1/8 尺³ 之采集量/gr	%	1 尺³ 之 Zircon 量/gr	1 立坪之含有量/kg	备考	号数	1/8 尺³ 之采集量/gr	%	1 尺³ 之 Zircon 量/gr	1 立坪之含有量/kg	备考
1	6.6	20	10.56	2.280		35	9.9	20	15.84	3.421	
2	6.9	20	11.04	2.384		36	8.9	20	14.24	3.075	
3	6.0	20	9.60	2.073		37	9.0	20	14.40	3.110	
4	8.3	20	13.28	2.868		38	12.0	20	19.20	4.147	
5	8.3	20	13.28	2.868		39	11.2	20	17.92	3.870	
6	9.9	20	15.84	3.421		40	13.0	20	20.80	4.492	
7	9.2	20	14.72	3.179		41	13.7	20	21.92	4.734	
8	9.0	20	14.40	3.110		42	14.0	20	22.40	4.838	
9	8.5	20	13.60	2.937		43	12.0	20	19.52	4.216	
10	8.4	20	13.44	2.903		44	10.0	20	16.00	3.456	
11	8.9	20	14.24	3.073		45	11.1	20	17.76	3.836	
12	6.6	20	10.56	2.280		46	12.0	20	19.20	4.149	
13	10.5	20	16.80	3.628		47	10.7	20	17.12	3.097	
14	11.8	20	18.88	4.078		48	9.2	20	14.72	3.179	
15	11.8	20	18.88	4.078		49	8.3	20	13.28	2.808	
16	12.5	20	20.00	4.320		50	7.3	20	11.68	2.522	
17	14.6	20	23.36	5.045		51	6.6	20	10.56	2.282	
18	17.7	20	28.32	6.117		52	7.2	20	11.52	2.488	
19	16.8	20	26.88	5.800		53	7.9	20	12.64	2.730	
20	9.5	20	15.20	3.283		54	6.0	20	9.60	2.073	
21	9.5	20	15.20	3.283		55	6.2	20	9.92	2.142	
22	9.9	20	15.84	3.421		56	8.2	20	13.12	2.833	
23	8.8	20	14.08	3.041		57	9.2	20	14.40	3.110	
24	6.6	20	10.56	2.280		58	7.00	20	11.20	2.419	
25	8.5	20	13.60	2.937		59	7.3	20	11.68	2.522	
26	10.7	20	17.12	3.607		60	11.2	20	17.92	3.870	
27	12.8	20	20.48	4.423		61	8.0	20	11.68	2.522	
28	14.0	20	22.40	4.838		62	9.7	20	17.92	3.870	
29	14.8	20	23.68	5.114		63	9.7	20	12.80	2.760	
30	14.7	20	23.52	5.080		64	8.3	20	15.52	3.352	
31	13.8	20	23.08	4.769		65	8.8	20	14.68	3.047	
32	12.2	20	19.52	4.216		66	7.2	20	11.52	2.488	
33	12.7	20	20.32	4.389			平均			3.484	
34	14.4	20	23.04	4.976							

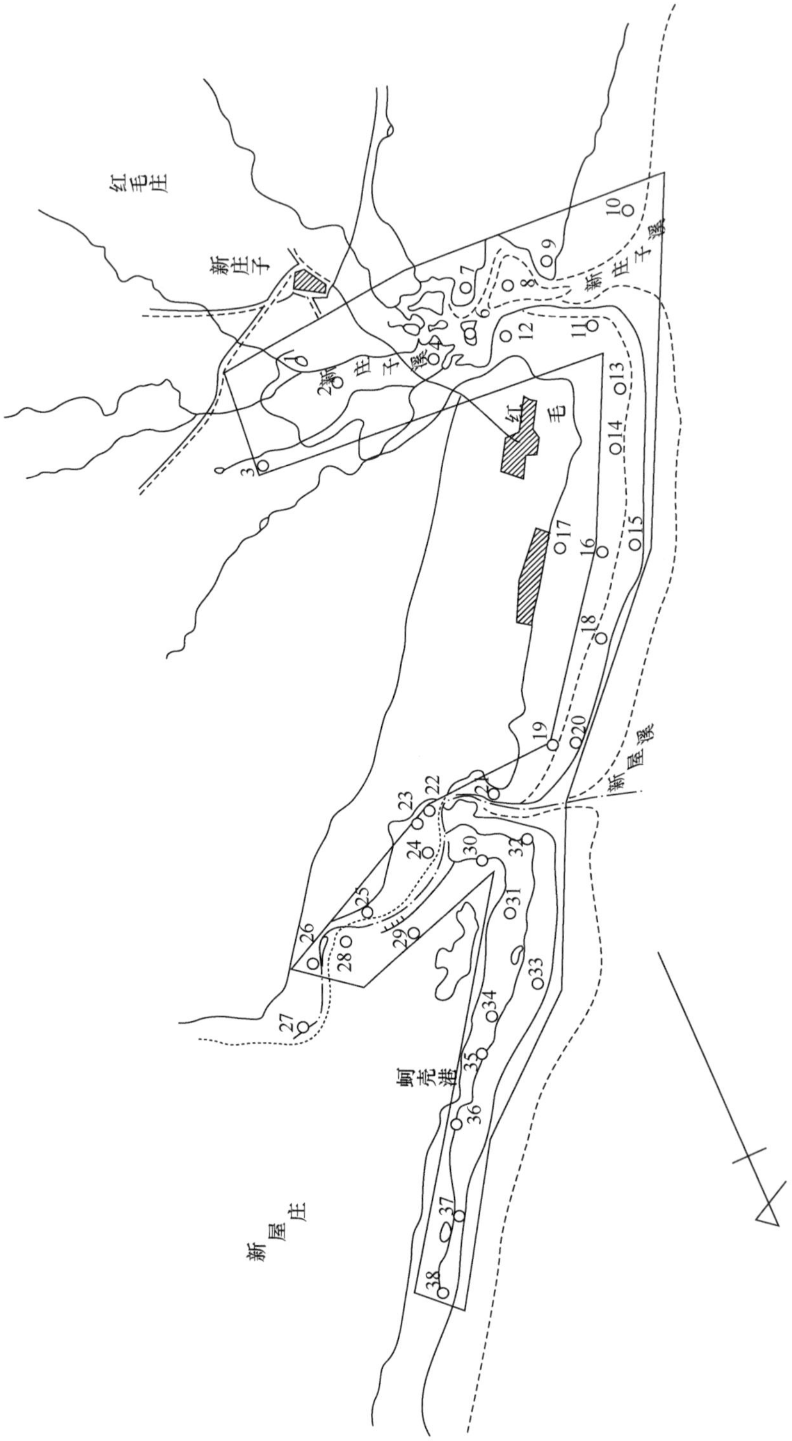

新竹州中坜郡新屋庄、新竹郡红毛庄地内　面积二百三九万六千十五坪

缩尺五万分之一

新屋溪　新庄子溪

号数	1/8 尺³ 之采集量/gr	%	1 尺³ 之 Zircon 量/gr	1 立坪之含有量/kg	备考	号数	1/8 尺³ 之采集量/gr	%	1 尺³ 之 Zircon 量/gr	1 立坪之含有量/kg	备考
1	5.6	20	8.96	1.935		21	10.7	20	17.12	2.697	
2	6.2	20	9.92	2.142		22	10.8	20	17.28	3.732	
3	4.3	20	6.88	1.468		23	11.2	20	17.92	3.870	
4	5.7	20	9.12	1.969		24	10.7	20	17.12	2.697	
5	6.7	20	10.72	2.315		25	11.3	20	18.08	3.905	
6	4.8	20	7.68	1.658		26	12.6	20	20.16	4.354	
7	6.7	20	10.72	2.315		27	8.3	20	13.28	2.868	
8	8.3	20	13.28	2.868		28	9.0	20	14.40	3.110	
9	8.7	20	13.92	3.006		29	9.2	20	14.72	3.179	
10	9.3	20	14.88	3.214		30	9.3	20	14.88	3.214	
11	6.6	20	10.56	2.280		31	8.2	20	13.12	2.838	
12	7.7	20	12.32	2.661		32	7.7	20	12.32	2.661	
13	9.0	20	14.40	3.110		33	7.7	20	12.32	2.661	
14	6.2	20	9.92	3.142		34	6.5	20	10.40	2.246	
15	5.0	20	8.00	1.728		35	9.2	20	14.72	3.179	
16	7.5	20	12.00	2.592		36	8.5	20	13.60	2.937	
17	7.8	20	12.48*	2.695		37	7.8	20	12.48	2.695	
18	9.5	20	15.20	3.283		38	6.5	20	10.40	2.246	
19	9.5	20	15.20	3.283			平均			2.744	
20	7.3	20	11.68	2.522							

* 原文为 1248，疑为小数点遗漏。——编者注

中国之独居石矿

一、广西省东北部之锡砂尾

（一）产地

广西省东北部与湖南省南部接壤之富贺钟区锡矿分布甚广，于此区内锡矿矿脉及砂矿之锡砂尾中，前经矿测处张兆瑾、霍学海与中央地质调查所之王超翔、彭琪瑞二君发见含有独居石。

（二）成分

锡砂尾所含独居石成分据粗估约为 50%，若就毛锡砂全体言之则约为 10%。此项锡砂尾经美国地质调查所用显微镜研究，就体积言其所含矿物成分如左：

独居石	50%
不透明矿物未经检定者	46%
金红石	2%
锆英石	2%

又此项锡砂尾经化验分析含 $ThO_2$1.58%，U 0.06%，至所含铈、钼成分约为 50%。

（三）过去最高产出量之估计

从过去锡之最高年产量反求独居石（成分 50%）矿砂每年之最高产出量约为 214.75 吨，可提出 ThO_2 3.16%或 6.786 吨，U 0.06%或 0.1288 吨，$CeO_2$30%或 64.425 吨。此为该地区过去年产独居石及其可能提出产品之最高估计数字。

二、辽宁海城之铀矿

据日人勘探估计，金属铀之储量为 13 吨。曾经于 10 个月之探矿工作期间内，获得精独居石矿砂 4.4 吨，其成分为含 UO_2 8%，计含金属铀量为 362 公斤。

三、台湾之锆英石及独居石矿

（一）产地

台湾之锆英石及独居石多产于台地砾石层，该岛西北部如台北南部及新竹、台中等地较为发达，南部次之。

（二）产状

富集于河流之沙洲、河口附近及旧河床之堆积层，悉为砂层或砂土层，厚有 0.6 至 6 公尺。在海岸地带之砂土，其表土亦常成为含量丰富之锆英石矿床，所产锆英石及独居石为径约 0.1 耗（0.1mm）之微粒独居石，色较广西所产者为灰暗。

（三）储量及成分

台北南部至新竹北部一带锆英石储量约为 25,779 吨，可采量为 8,593 吨、含独居石成分约为 10％至 15％，依此计算则此区域内独居石储量（可采量）为 859.3 至 138,895 吨（这里记为 138,895 吨，但在英文中记为 128,895 吨，见后文。——编者注）。

（四）产量

1914 年日人于新竹桃园南崁溪河从事开采，月产含养化锆 30％锆矿砂 1 吨左右，如充实机械设备可达 5 至 10 吨，此项锆砂经用电磁分离机试选，可得含养化锆及独居石成分达 65％以上之精砂。

The Occurrence of Monazite Deposits in China*

1. Tin placer region of N. E. Kwangsi

In the Fuchuan, Hohsien, Chungshan and Kianghua districts of N. E. Kwangsi and S. Hunan, tin-placer deposits are widely distributed. They are formed by weathering, erosion and re-deposition of pre-existing tin-lodes occuring in the granite and limestone formation of the higher mountain region. There are two principal granite intrusions and several smaller ones from which the ultimate source of tin is supposed to have been derived. The granite intrusion in the west lies near Huanghua while in the east, it forms the lofty mountain of Kopushan.

The placer deposits have been the chief object of tin mining for many years. Some of the rich tin lodes are also mined though usually on a smaller scale.

In the tin-washings as well as in the tin lodes, some monazite has been recently discovered by Messrs. C. C. Chang and H. H. Hou of the Mineral Exploration Bureau and Messrs. C. S. Wang and C. H. Peng of the Central Geological Survey. The distribution of the monazite localities is shown in the accompanying sketch❶. It is roughly estimated that monazite concentrate containing about 50% of pure monazite forms about 10% of the first concentrate obtained from sluicing of the tin-placer deposit.

According to Mr. C. S. Wang, the monazite is in general fragmentary, but may also occur as euhedral grains. The usual size is only some fractions of one millimeter, while larger ones may reach 2 mm in size. The mineral is golden to orange yellow in color with resinous luster. Few grains are still found to be attached to cassiterite crystals. Optical properties as determined by Mr. C. S. Wang are as follows: Indices of refraction are high, >1.78, thinner fragments are yellowish and weakly pleochroic. $c \wedge z = -3°$ and is biaxial positive with a very small axial angle ($6° \pm$), thus appearing pseudouniaxial.

Microchemical test made by C. S. Wang shows the presence of phosphate radicle. It is radio-active as detected by Geiger-Müller counter. Other elements like Th, Ce, La were not tested.

---

* 本文成文于 1947 年 12 月，原件存全国地质资料馆，档号 4972，但在《台湾之锆英石 Zircon 及独居石 Monazite》（档号 2989）中也存有一份。两份均为打字稿，仔细核对后发现，两份文稿略有出入，收入本卷时作了相互补充的处理。——编者注

❶ 这里所说的独居石产地分布示意图在全国地质资料馆所存档案中并没有见到。——编者注

Optical examination of the concentrate by the U. S. Geological Survey shows the following mineral content on a volume basis:

Monazite	50%
Opaque minerals not specifically identified	46%
Rutile	2%
Zircon	2%

By chemical analysis the sample as a whole contains 1.58% ThO_2 and 0.06% U. Because of the small size of the sample it was not feasible to determine the amount of ceria. From the amount of monazite, it is estimated that the cerium group would be about 15%.

The placer-tin region of N. E. Kwangsi produced for sometimes in the past a total of about 3,000 tons of tin per annium. On this basis it is estimated that some 4,295.42 (3,000÷7) tons of concentrate should have mined per year at that time. Assuming a 10% content of crude monazite in this concentrate there will be 429.5 tons which is equal to 214.75 tons of pure monazite on a 50% basis as according to the result obtained by the U. S. Geological Survey. From this amount of 214.75 tons of pure monazite, we could extract 3.16% or 6.786 tons of ThO_2, 0.06% or 0.1288 tons of U and 30% or 64.425 tons of CeO_2. This would represent the possible maximum amount of out put per year of monazite and its product from the N. E. Kwangsi region.

It is to be noted that the total reserve of metallic uranium in the pegmatites explored by the Japanese in Haicheng district, Liaoning Province is about 13 tons. In a ten months period of exploration, the Japanese has obtained only 4.4 tons of hand-picked and washed concentrate containing aboat 8% UO_2 which is equivalent to about 362 kg of metallic uranium. Thus the value of uranium alone in the Kwangsi monazite deposit is roughly comparable to the Haicheng deposit.

2. W. coast of Taiwan island

In the terrace gravel beds and old and recent alluvial sand of the W. coast of the Taiwan island, zircon and monazite are also widely distributed. They are especially rich in S. parts of Taipeh and W. parts of Sinchu and Taichung, forming a bed from 0.6 to 6 m in thickness. Some zircon and monazite are also found in the Takao district of S. Taiwan.

The deposits of W. Sinchu and S. Taipeh have been studied to some detail by the Japanese geologists. According to their estimate, there is, within this area, a total of 25,779 tons of zircon in which about one third, i. e. 8, 593 tons are workable. The unworkable parts are those deposits occuring in lands that are not procurable for mining, or are lost during sluicing and concentration. The average content of zircon varies from 2.4 to 3.7 kg per cubic ping (Japanese measurement). The zircon concentrate contains from 10%~15% of monazite, so the workable reserve of that mineral in the area named would be 859.3～1,288.95 tons. If the deposits of S. Sinchu and Taichung are also included, a totel reserve of over several ten thousand tons of zircon concentrate may be reached.

The depesit at N. of Taoyuan（桃园）along the Nanka（南崁）river was worked by the Japanese during 1941 with a monthly output of about one ton of zircon concentrate containing 30% of zirconia. It was expected that with the addition of some mechanical appliances, the monthly output could be easily increased to 5～10 tons of zircon concentrate. According to test made by the Japanese, higher content up to 65% of zircon and monazite could be obtained by electro-magnetic separation.

The zircon and monazite sands produced in Taiwan are very fine grained, being only about tenth of a millimeter in diameter. The monazite is more pale in color as compared with the Kwangsi ore.

Some Promising Regions for Searching Uranium and Thorium Deposits in China*

Ⅰ. Pegmatite dikes in pre-Cambrian massifs

Two regions i. e. the Liaotung bay region and the Yinshan mountain region have already yielded some small amount of euxenite, samarskite, fergusonite and betafite. In the Yinshan mountain region, the beryl together with lithium mica and some columbite and tantalite are more abundant than the euxenite minerals. The Liaotung bay region forms, structurally speaking, the northern continuation of the eastern Shantung peninsula, so in the latter region, a search for radioactive minerals in the pegmatite dikes should also be made. Although pegmatite has now been known to be not the right source of the uranium minerals, a careful study is still worthwhile, especially during the preliminary stage of the study.

Ⅱ. The Nanling region of complicate mineralization

This region extends from S. Kiangsi in the east passing S. Hunan, N. Kwangtung and S. E. Kwangsi to as far as Kochiu tin field in S. Yunnan. It is marked by the occurrence of tungsten and tin, but other minerals of molybdenum, bismuth, copper, lead, zinc, and even antimony are also found. It includes, therefore, a complicated series of deposits of different origin and type, ranging from pneumetolytic to epithermal, but high temperature types are predominanting. Igneous intrusions are almost always present in the neighbourhood of the deposit. A Cornwall type of occurrence of uranium may be expected in this region.

Ⅲ. The W. Hunan and E. Kweichow region

This forms essentially a plateau in the west and a high-land in the east, but there existed some distinct dislocations and flexures of marked extent. Igneous intrusions are few or absent. The deposits are predominantly of the low temperature type, being marked by the occurrence of mercury, gold, antimony, tungsten (scheelite), arsenic (realgar and orpiment) and some lead, zinc and copper deposits. On the eastern border of the W. Hunan highland or at the transitional zone between the E. Kweichow plateau and the W. Hunan highland, any metalliferous deposits that may occur seems to be worthy of serious

* Suggested By C. Y. Hsieh. Nov. 1947. 原件存北京大学档案馆，档号 1RAW0172002－0066。——编者注

study, especially from the view point of the occurrence of uranium.

Ⅳ. The central Yunnan and S. Sikang region

This consists essentially of a Pre-Cambrian metamorphic rocks ranging in age from Archaen? to Wutai and Sinian. In central Yunnan, the chief value of the deposits lies in iron, but some lead, zinc and copper are also found. In N. Yunnan and S. Sikang, the copper deposits of the Tungchuan type are widely distributed, being found on both sides of the Chingshakiang River and practically all over the mountains that surrounding the Huili basin of S. Sikang. Besides the ordinary copper minerals, there occurs some tetrahedrite, pyrrhotite, safflorite etc., the last named one is a rare mineral of cobalt and nickel arsenide. A nickel-bearing, pentlandite and pyrrhotite deposit occurs at Limaho, Siaokuanho and Tienchuan both S. W. and N. of Huili. Tetrahedrite and tennantite form the principal ore minerals at Yuehtsin, N. of Sichang in Central Sikang. A very complicated mineral association is therefore representated in this region. Besides some of the nickel and iron deposits, which are of magmatic differentiation or hypothermal origin, the others belong principally to hydrothermal deposits of mesothermal to epithermal type. Occurrence of uranium mineral in this region is, therefore, considered to be very hopeful.

Ⅴ. Region with basaltic copper deposits

In the region adjoining the four provinces of Yunnan, Kweichow, Sikang and Szechuan and slso in certain parts of W. and N. W. Yunnan, there occurs a number of copper deposits that have been formed directly or indirectly from the basalt extrusion. The occurrence of the deposits varies from amygdaloidal filling or irregular veinlets in the basalt itself to concretions (locally called Matoutze) and disseminations in the Permian or Triassic formations lying above the basalt. In the latter type, i. e. dissemination or concretion, represents evidently a more complicated condition of deposition, but their mineral content has not yet been carefully studied. Some occurrence of uranium or vanadium may be expected in this kind of deposit.

Ⅵ. Occurrence in sedimentary formation

Attention should be directed to the occurrence of uranium minerals in sedimentary rocks, especially the Mesozoic basin deposits of Szechuan, Sikang, Yunnan and Sinkiang. While the red basin of Szechuan and Yunnan may be too wide in extent and too far from the so presumable source, the Huili basin of S. Sikang, being surrounded on all sides by mineralized Pre-Cambrian formations, is considered to be most hopeful for searching uranium and thorium minerals. As a matter of fact, copper deposit occurring in conglomerate beds in the Huili basin has been mined since long time ago. The ore is chiefly chalcocite with a small amount of chalcopyrite, bornite and other oxidized copper minerals. A careful search for radioactive minerals in this basin may lead to discovery of deposit similar to the carnotite type of Colorado. A same kind of mineral association may be expected in the numerous basin deposits of Late Mesozoic to Tertiary age in the Sinkiang Province. There the sedimentary copper deposits are well known, but as to the other rare or radioactive minerals, much are remained to be studied.

Ⅶ. Beach sand and coastal deposits

Monazite has been found in the beach deposit of S. Liaoning, eastern Shantung (at Tsingtao) and Formosa. Careful search for this mineral in other coastal regions may lead to more important discoveries. The whole coast of Fukien and Kwantung should be promising for monazite since granite is the principal rocks seen along the coastal land area.

本处三十六年度工作检讨*

“我们在这一年中，打了三千多公尺的钻眼，发现了四万万吨的煤，二百六十万吨的磷矿，五十万吨的铝土矿，最低的总价值达403，100亿元。这个数目，较之本年度本处的支出，大过一万倍。我在卅五年度本处年报及其他文章里所说的话，现在想起来，竟是一一的都兑现了。”

资委会矿产测勘处——一个工作性质不大为人们所了解而在政府组织中真小得像芝麻绿豆般的机关，当时局动荡，战祸弥漫的今日，却还在挣扎、苦干、成长、发扬。它是在遍地荆棘的夹缝中，战乱靡常的间隙中，努力地找寻工作对象，总算邀天之幸，经过数年来的奋斗，还达成了相当重要的成果。

因为本处是战时成立的机构，根基薄弱，设备毫无，所以在胜利复员之后，为着工作的推进，基础的建立，本处同人，仍旧是紧束裤带，努力苦干，在勉强节余的经费项下，抢着建筑房屋，购置设备。这一年中，我们建筑了122（平）方（米）的房屋，购置了若干重要书籍、显微镜、磨片机、化学材料以及九架金刚石钻探机；在一个经费不充，业务尚未发展的穷机关，有此成果，也可算是难能可贵的了。

一、双重使命下的工作

矿产测勘处是民国二十九年抗战正酣时所设立的，其目的在测勘全国矿产，以应抗战急需。现当胜利建国之际，这个为工矿先锋的矿产测勘工作，无疑地将被格外重视，格外扩展了。因为中国地质调查，尚未普遍，基本材料，诸待搜觅，所以我们不得不先从面或线的概测着手。这就是采用与地质调查所相似的方法来测勘全国矿区的地质，等到明了了矿产分布的情况，质量变迁的规律，然后再集中力量，从事于点的详测。又因为探矿工作在中国尚未被重视，办矿的人们，不是忽略了这些工作，就是有心无力地勉强敷衍，因之开矿似乎还是一种在暗中摸索的冒险事业。为了促进矿业的合理开发，避免投机冒险的无谓损失，矿产测勘处不得不负起实际探矿的责任，为全国公私营矿厂服务。

从上面的一番话，我们可以明了本处的工作，是负着双重的使命的。一方面采用地质的理论和方法，测勘并研究全国的矿产，这重使命，与普通的地质机关，大同小异。另一方面，又利用工程的技术，作进一步的实施探勘，甚至作初步的开拓工程或选炼试验，以能确估矿量，精测成分，以断定矿床的经济价值，为最后的目标。所以我们的设备，除了普通地质机关所应有者外，还需有钻探机、开井机、抽水、打风、凿岩、动力以及选炼试验等等的设备，这几乎需要与矿厂相似的设备了。多年的经验告诉我们，惟有这样工作，地质的应用，才不失之空谈，采冶的计划，才能脚踏实地。我们相信，自从矿产测勘处成

* 本文发表于《矿测近讯》1948年1月号（第83期），1—4页。——编者注

立之后，并获得若干发现的辉煌成果，我们才能将地质、探矿和采矿的三部曲（引用资委会钱前委员长的训话）完成联系；理论与实用的关系，更臻密切。此后的中国地质学者，将不再被讥为“书呆子”，而将被誉为实际生产的基本斗士了。

二、淮南煤田的新贡献

本处于（民国）卅五年六月发现舜耕山之西北、八公山前平原地带有含煤希望后，就于九月杪实施钻探，不及一个月发现煤层数层，迄（民国）三十五年底止，已发现煤层总厚达廿五公尺，储量概算在2万万吨以上。（民国）卅六年度继续钻探，迄年底为止，已完成24个钻眼，钻探总尺数为3,700公尺，从此证明新煤田的延长，从六公里增加到八公里半，煤的储量从2万万吨增加到6万万吨。在含煤系里又发现了好多层菱铁矿和一水型铝土矿，这种矿石，虽还不能立即利用，但将来的工业价值，却相当重大。

本年度在淮南的工作，还有两个更为现实的发现：一是从地层层序研究，推想南八槽可能是炼焦烟煤，经公司实地试验，果属不诬。一是在西矿及东矿井底下研究，从A组煤系标准层——紫页岩及灰白色铝土页岩之出露，推想其南边或尚有南八槽煤存在的希望。最近公司在西矿二道石门向南开拓，果然找到了厚达一公尺以上的煤层。这二个发现，较八公山新煤田的发现，尤具现实经济价值，因为马上可以增产，马上可以得到实惠。

新煤田的开拓工程，进展甚速，现虽尚未正式产煤，但就开拓过程中所出的煤，每日已达200吨，在新矿堆积的共有6,000余吨。

三、磷矿生力军

中国是农业国家。农业的增产和持续，大部分靠着肥料，而肥料之中，据最近美国研究，磷肥却是基本而重要的成分。我们在去年的春天，就注意搜觅磷矿，从苏北、皖北到江西中部，调查的人们都怀着钼酸铔和硝酸，不断地试验，除了在结晶片岩系及第三纪湖成层中发现若干含磷层外，在无意之中却发现了安徽凤台的磷矿。这是与云南昆阳磷矿同属一式而产于寒武纪底部的水成磷矿层。详测的结果，证明它平均层厚一公尺，矿量概算259万吨。露头明显，开采甚易，而地处淮河之滨，运输尤为便利。

美中不足的是成分较低，平均P_2O_5的含量不过20%，倘用寻常的硫酸法处理，则所得磷肥的成分，将不够标准。但它的优点也很多：含氟的量特别微少，所以大部分的磷都易被植物吸收。矿石中的杂质，都是游离的砂粒，对于硫酸，不起作用，所以酸量的消耗不大。上海化验师罗维士先生在联（合国）总顾问司徒佛先生的指导之下，曾用7%的硫酸来处理凤台磷矿，可以得到在柠檬盐中溶解到11.6%的P_2O_5的产物，这与目前台肥公司所产磷肥的成分，已相差不多。最近司、罗二先生又采用熔炼法，将凤台磷矿烧到一千四百度左右（约20分钟），挥发的碳酸气和氟、氯等气体都飞走了，存下的产物含有可以被柠檬酸溶解的P_2O_5到25.83%，这是一个极合标准的磷肥。因为矿石中矽氧和氧化钙的量，配合得宜，所成熔滓，容易流动，在冶炼上不生困难，并且只要拿加压的冷水冲浇熔滓，就可变成细粒，大部分不需研磨，就可包装待运。

以上司、罗二先生试验的结果，虽还需大规模试验，以资证明，但凤台磷矿之富有经济价值，实已毫无疑问了。我们除已采集矿样二十磅送交司徒佛先生作更进一步的试验外，又应台肥公司之请，将采运矿石20吨至台湾，以便在电炉中作大规模试验。同时又因为磷质易被流水溶解，露头部分，含磷往往较低，在潜水面以下的矿层，质地可能变佳，故又建议台肥公司，合作钻探，此项工作，今年1月起就可实施。

我们又两度派员到东海磷矿详测地质，并提供在探采工程上的许多意见。经此测勘，证明该区磷矿的储量还有1,929,000吨。从构造推想，西矿区内可能有上层矿存在的希望，而东矿的延长亦可望增加。凡此理想都要将来钻探证明。

中国磷矿从前仅知江苏东海一处，早经开采。抗战期中发现了昆阳一带的磷矿，因为交通不便，暂难开采。凤台磷矿的发现，增加了一支生力军，是有关我国农业前途的一桩好消息。

四、我们再不需要南洋的铝矿了

中国辽、鲁、冀、晋及黔、滇等省，虽已先后发现了许多铝土矿，其中也有低矽高铝的富矿，但是俱属一水型的硬铝矿，在目前冶金技术之下，还不能用作炼铝。我们依据地质理论，觉得闽粤沿海是产生堪供拜耳法炼铝的三水型铝矿的理想地带。经过本处两次的测勘，证实了这个理想，并且发现了在漳浦县属东吴山及赤湖二区、数近50万吨的低矽富矿。

这些铝矿都成砾石层，夹于红土之中，最厚的地方可达四公尺，普通为半公尺或一公尺，显露地表，很容易开采。在东吴山一带，这些矿石显露于山顶或山坡之上，俯拾即是，开采更易。矿区离海岸不过三四公里，地形平坦，无论筑公路或轻便铁路运输，都很方便。矿石含矽氧二平均在6%以下，最好的不过1%左右。铝二氧三约50%。灼失量俱在25%以上，这证明它是三水型的矿石。显微镜下的研究，指出同样的结论。

台湾铝业公司开炉在即，需要矿石，至为急迫，这个适时代的发现，正可解决他们的需要，我们以后将不再仰赖南洋的矿石来作我们炼铝的原料了。我们每年可节省数十万元的外汇，而将这个外汇的数额，用为输入其他更急迫更重要的原料或器材。同时漳浦的矿业，却可逐渐开发，将来再到雷州半岛和海南岛搜觅更多更佳的矿床。我们深切愿望以上的计划能够实现，并相信中国铝矿业的前途是十分光明的。

五、锡矿山的秘密

在湖南屈指第一，也就是世界最大锑矿的锡矿山，虽已开采数十年，并经中外地质家、矿师们不断地探勘，但它的秘密，却还没有全部揭露，它是如何的产生，为什么产生，在何种化学的和物理的环境之下才成为这样丰富的矿床。这一切的秘密，不但富有科学意义，并且足为将来采矿的指针。我们在本年度先后派去二队人员考察这个秘密，最近又运去两架新式钻机，想钻进地腹里去看一个究竟。第一钻眼在欧家冲东的坝塘山，于去年12月17日开工，第二眼在陶塘，于同月28日开钻，进行俱极顺利。

这个土法的，在过去也曾相当繁荣过的古老矿山，现在却是钻架矗立，机声轧轧，1947年式的金刚石钻机，正以每分钟千余转的速率，毫不容情地往下探凿，锡矿山已变成老摩登了，已受到近代的科学洗礼了，它的自然的秘密，恐终于要被全部揭穿了。

在锡矿山的西北，还隐伏着一块可能成为锑矿处女地的名叫鸡叫岩的地方，它的地史过程和地质构造与锡矿山一般无二，但在地面上却丝毫找不到有含矿的征象，将来如何证实我们的理想，揭发它的秘钥，又要靠我们这两架新式的钻探机了。

六、湘中煤田的钻探

湘中的湘潭、湘乡、宁乡、邵阳、零陵、祁阳等县，这块人烟稠密，丘陵起伏的地带，却蕴藏着丰富的煤田，大部分并且是堪供炼焦用的高级烟煤。以往开采，大多数是土法经营，零星挖掘，不成局面。自从资委会成立了湘江、中湘、湖湘、永邵等等的煤矿组织后，才开始增添机器，整顿工程，努力地增产，但关于煤田本身的构造、煤层的层数、厚薄以及分布等等，还缺少彻底的认识。本处与湘江、中湘等公司合作，先派队详测地质，继又实施钻探。初因钻机破旧，零件缺乏，时常停工，最近煤业总局拨到新钻机一架，而本处的 Junior Straitline 新钻机亦已运到矿上，遂在湘江公司的磨石塘及湖湘公司的史家坳附近同时开钻。迄本年底为止，磨石塘钻眼已深达 120 公尺，曾经穿过好几层炭质页岩及砾岩三层，还有一层淡水石灰岩，这种层序与朱家山三号井中所见一般无二，大概到 150 公尺左右的地方，可能钻到煤层了。湘江的第二眼不久也就可开钻。湖湘钻眼在葛家大山的西坡，东距长槽三号斜井约五百公尺，地面显示的好像是三叠纪石灰岩，但钻下去所见都是黑色石灰岩及黑页岩，没有化石，是否为三叠纪尚成问题，因为它北面三英塘石灰岩的时代是一个谜，是否南延及史家坳，又是一个谜。更为奇怪的在九十余公尺深的石灰岩，常有方解石脉，而脉中的晶洞里头，时常见到石油的痕迹。这是一个很值得注意的新发现，但是湖湘公司忽然主张停钻，不但题外的问题不能解决，就连生命所关的煤的勘探工作，也就此停下来了。

七、四川石油之谜（略）*

八、稀元素矿产的探觅

我们在辽宁的海城、绥中等地方做了若干稀元素矿产的测勘，本拟探采若干吨，以供研究，因时局不宁，暂停进行。

九、两广的钨锑锡

两广区域内大部分的钨、锑、锡矿产，俱属资委会第三特矿区开采范围，该区为明了各矿床的储量起见，特与本处合作，于本年内派出两队人员进行详测，在广东阳江县南鹏岛、云浮大金山、新会九笃螺、阳春留硐以及广西的田东、田阳、西林、天保、靖西、宾阳、河池、南丹等矿区，俱经勘测，获得了许多新的事实。在抗战时代，南鹏岛曾被日人劫采了不少钨矿，现在复工，需有相当经营，才能大量生产。桂西的红锑矿，虽没有很大的经济价值，但确是一种特殊矿床，它的发生史正在本处专家详密研究之中。

十、其他煤田的测勘

这一年中，我们又测勘了开滦附近的新煤田，河南英豪煤田，江西宜春宣风煤田，台湾新竹的新煤田，以及徐州附近的理想煤田，提供了许多在探采工程上的意见和计划。在

* 见《谢家荣文集》第四卷，第 194 页。

这煤荒严重的今日，如何开辟新区，以资增产，如何从技术观点，使地尽其利，物尽其用，以增效能，这些都是地质学家们深切关怀的问题，而本处在这方面的工作确已尽了我们应尽的责任了。

十一、我说的话都兑现了

我在本处（民国）三十五年度年报的“前言”上，曾说过下列的一段话：

“本处工作，已由面或线的概测，进而达到点的详测，从地面的地质观察，进而达到地腹的工程钻探，淮南一钻得煤，更使国人对于地质应用，具有信心，从此树立钻探工程之模范，指示科学勘矿之途径，苟能宽筹经费，充实设备，并予以更大之鼓励，更多之机会，则明年度之发现无穷，更可预卜。”

在本刊第七十期“矿产测勘处工作方针及预算原则”一文里，我还说过几句更切实更具体的话：

“我们将毫不客气地说，以后的每一年，都将有在经济上或理论上重要的发现。我们从今年起的年报上，可以明白地用数字来表示出这一年中所发现的矿产品的价值，这个价值的数字，比之我们这一年中的支出，要大过数十百倍，甚至千万倍。换句话说，我们这机关不是纯粹研究学理的机关，我们也是一个生产机关，我们可用成本来计算盈余，并且这盈余，要比任何的生产机关来得多。”

现在事隔一年，当我仔细检讨过去一年间的工作情形时，我觉得我所说的话竟是一一的都兑现了。这一年中我们总共打了三千多公尺的钻眼，其中一个最深的钻眼是四百多公尺，我们对于钻探工作无疑地是已经获得了相当的经验了。我们又详究岩心，推解构造，提出了煤系分组的新方法和地史过程的新认识。又从地质理论的研究，指示出若干有望地带，作为进一步探勘的计划，而这些计划已有好多个业经实施，并已获得了满意的成果了。所谓“树立钻探工程之模范，指示科学勘矿之途径”的两句话，可谓正在身体力行，当之无愧。

间接的贡献或建议的价值，暂且不谈，单就直接的发现来说，我们在本年度发现了4万万吨的煤，260万吨的磷矿和50万吨的铝土矿，倘以每吨价值国币1元，并以最低的十万倍的物价指数来计算，这三项发现的总价值就可达到403,100亿元。我们（民国）三十六年的经费是15亿，加上追加预算，行政院生活津贴以及其他业务收入至多也不过30亿元，照此计算，我们这一年中发现的矿产品的价值，不是要超过全年支出在一万倍以上么？这是一本万利的生意，是要比任何生产机关来得多的盈余！

一个工作性质不大为人们所了解，而在政府组织中又小得像芝麻绿豆般的机关，如果有些微的建树或贡献，我们是不得不详为指出以争取人们的同情和了解的；尤其当我们听到有人谈到中国地质学家的成就，仍在弹那几年前禄丰龙、三叠纪和玉门石油的一套老调，而抹煞了最近最新的发现时，我更不得不冒着卖膏药的嫌疑，自家来作这个坦白，直率而真切的介绍。

矿产及经济地质发现年谱（民国三十六年度）*

一、含磷层

矿产测勘处沙光文，董南庭及韩祖铭在津浦南段结晶片岩系及六合方山一带湖成沉积中发现含磷层。（二月至四月份）

二、凤台磷矿

矿产测勘处韩金桂，申庆荣在凤台附近于无意中采到黑色矿石一种，经谢家荣检视，认为磷矿，化验证实，乃由谢家荣，赵家骧，燕树檀前往初勘，继由赵家骧，沙光文，车树政，倪青珩，龚铮等详测，并估计矿量。（三月至五月）

三、长沙岳麓山锑矿及白钨

岳麓山锑矿系卅五年秋季由筑路工人发现，报告资委会第二区特矿管理处，乃派靳凤桐调查，最近经商人开采。中央大学地质系教授徐克勤于十月间前往视察时，见开出之废石堆中有白钨矿不少，于是湖南之白钨产地，又多一个。

四、淮南煤系中菱铁矿及铝土页岩

矿产测勘处谢家荣于研究淮南新煤田钻心，发现菱铁矿及铝土页岩，遂嘱钻探人员注意，迄今已发现多层，在舜耕山老煤田中分布亦广，足为比定煤层之助。菱铁矿含铁尚高，硫、磷俱低，将来或可开采。（四月至六月）

五、淮南南八槽煤炼焦性

矿产测勘处谢家荣从淮南与中兴、贾汪等煤系层序研究，推测南八槽可能为炼焦佳品，经矿局试验，果然。（七月）

六、漳浦三水型铝土矿

矿产测勘处谢家荣，殷维翰，沙光文，王承祺等在漳浦东吴山发现低矽高铝之三水型铝土矿，估计储量约30万吨，后沙君等详测，又在东吴山之西发现若干铝矿山头，全部储量增为50万吨。（十月至十二月）

---

* 原载《矿测近讯》1948年1月号（第83期），10—11页。——编者注

七、南丰广昌钨矿

江西省南丰广昌交界古竹圩附近之珠坑及金华山，于本年八九月间有乡人入山樵采，无意中发现钨矿，消息所播，采矿者云集，最多时每日工人二万余人，现减至万余人，月出毛砂四五百吨，从此淘洗纯砂可得八成，产量为赣省各钨矿之冠。此外尚有兴国属之蜈蚣山，亦为新发现之钨矿，但尚未大采。

八、锡砂尾中独居石

广西八步一带锡砂中含有许多稀有矿物，早经中究院张更研究发现。矿产测勘处张兆瑾、霍学海及中央地质调查所徐克勤，彭琪瑞，王超翔等合组之探矿队于卅五年上半年前往八步复勘，采集所谓“黄烟”之砂尾甚多，经矿产测勘处用自制之盖末二氏计数仪试验，证明具有放射性，继经彭琪瑞，王超翔用显微镜研究，确定为独居石。矿产测勘处又将矿样寄美分析，据复谓砂中含独居石达50%，含氧化钍为1.58%，铀6‰云。

九、浙江诸暨之斑脱岩（Bentonite）

本年1月中研院地质研究所吴磊伯，李铭德赴诸暨调查铅锌矿，在县东北四十里枫桥附近之火山灰层中发现斑脱岩，厚自一公尺至三四公尺，又余杭县境内亦产之。按斑脱岩应用甚广，对于石油之采炼尤具莫大效用。

十、江西乐平海泡石

江西省地质调查所章人骏调查乐平耐火白土，经分析发现含氧化镁在21%～28%，与海泡石Meerschaum成分相似。此种耐火白土产城西五公里之小皮附近，为制造匣钵（瓷业上应用）之主要原料。

十一、湘潭湖湘煤矿钻眼中之油迹

矿产测勘处为湘潭湖湘煤矿施行钻探，在三叠纪（?）灰岩中下钻，于九十余公尺处，灰岩中恒夹有方解石脉，脉中晶洞时见油迹。查南方二叠纪石灰岩可能为生油层，故湖湘钻眼中之油迹，颇堪注意，惜公司方面忽然中止钻探，殊为遗憾。（十一月）

十二、柴达木盆地西缘发现大量油层

在西北一带测量经纬度及地质矿产之周宗浚等一行，顷于柴达木盆地西缘铁木里克附近及札哈之红色地层内，发现丰富油田，含油层达二十余层，其中一层厚达三公尺，同时并寻获沥青多处，该油田位置在东经九十度廿分北纬三十八度十分云。（十二月）

十三、四川三叠纪顶部硬石膏层

中国石油公司请英人宋迈田Strong及矿产测勘处郭文魁，杨博泉等赴四川各处作普遍概测，在三叠纪嘉陵江灰岩之顶部，发现硬石膏层。据宋氏之意，此层可能为重要之盖覆层，以封闭油气，对于四川石油地质有重大意义云。（十一月）

十四、淮南新煤田矿量增大

矿产测勘处在淮南新煤田继续钻探，证明矿区延长达八公里有半，矿量可达 6 万万吨，较之去年度估计增加约 4 万万吨。

十五、老君庙北山天青石

甘肃玉门油田附近，前经孙健初、陈贲发现之所谓重晶石，近经黄先驯复勘及试验。证明为天青石，成分为硫酸锶。矿石充填于下白垩纪岩层裂缝中，长数公尺至数十公尺，厚五六公分，矿量恐不大。（九月）

以上所列，皆为见闻所及或亲身经过的事实，如有遗漏之处，敬请读者诸君惠函指教，以便补正。

广西钟山县黄羌坪铀矿苗简报*

一、绪言

广西钟山县黄羌坪铀矿苗系民国三十二年南延宗先生所发现，从此即名闻全国。此次复勘目的有五：

（1）在花山花岗岩区域内有何其他指示次生铀矿物如黄羌坪者，特别在探寻所谓长英岩（现改名为细粒花岗岩）之分布，盖次生铀矿俱产于其中也。

（2）在姑婆山区域内有何相似之地点。

（3）在花山及姑婆山花岗岩区域之接触带内搜觅热液矿床（如铅、锌、铜、砒、锑等矿），以视其中有何铀矿。

（4）在八步区域尖峰岭一带所露出之中生代含长石砂岩（石梯层），其时代可能在花岗岩之后，或有产生如 Carnotite 一类之水成铀矿床。

（5）研究独居石 Monazite 之产状，分布，储量及可能产量以供政府收购之计划。关于此问题，将另草简报。

迄今为止，已证明尖峰岭区域内并无铀矿迹象，花山及姑婆山区域内之细粒花岗岩虽分布甚广，但未见有何次生铀矿。故确有铀矿指示之地点，仍只黄羌坪一处。现正分为二队，在望高至新村坪、半路圩一带之按触带内探寻热液矿床，可能指出若干为钻探锡、铅、铜、铁等高温热液矿脉之地点，但铀矿之希望殊微，以后将至距花岗岩较远之铅、银、铜、锌等矿地考察，以定其有何铀矿矿苗。

此次携有紫外光灯，但为考验铀矿最灵敏之盖末二氏计数仪 Geiger Müller Counter 则尚未寄到，因此不能作精密之测验，殊为憾事。

此次会同工作者有南延宗、赵家骧、霍学海、赵宗溥诸先生，对于测勘，试验及理论探讨，多所协助。本文所附之地形图及剖面图**俱由赵家骧君主持测制，在野地所作之吹管及微化学试验俱由霍学海君办理，统此志谢。

二、位置及交通

黄羌坪位于花山之中，西南距平乐县同安圩约 35 里，由大冲村迤逦上行，登一高坡后稍下，复登一岭即至，路尚平坦。另一路系由牛庙溯花山河而上，四十五里至冠南公司，再 15 里越二十四冲之高岭而下，亦可抵达，路较弯远，冠南以后一段，更为崎岖难行，故今去黄羌坪者皆走同安一路。同安圩为一大镇，又为桂林八步之公路所经，故交通尚属便利。将来如需钻探，为搬运钻机亦以此路为便。花山最高峰三王岭，拔海 1,229 公尺，黄羌坪高

* 本文列资源委员会矿产测勘处临时报告第 73 号，成文于 1948 年 5 月。文存全国地质资料馆，档号 2618。——编者注

** 现存报告内仅附有一张 1/5 万的广西东北部铀和独居石矿分布图（英文）未见地形图及剖面图。——编者注

约九百余公尺，附近地形险峻，登涉綦难，且常在云雾之中，气候寒冽，湿度尤高。

三、地质

花山及姑婆山同为桂东锡钨矿母岩之二大花岗岩体，花山居西，姑婆山居东，四周绕以泥盆、石炭等纪石灰岩及时代未定之变质岩层。花岗岩以粗粒斑状者最普通，在边缘部分时有闪长岩。穿越于花岗岩中者有许多细粒花岗岩，伟晶花岗岩，云英岩及石英脉，或成岩脉，或成不规则体。花岗岩常风化甚烈，在花山者尤甚，风化部分深达数十公尺，且可直达山巅，现花山河一带如冠南、西发各公司皆引水冲涮此项风化体，以淘洗锡石。

四、铀矿苗

黄羌坪为道孚公司开采锡脉之窿口，处于高山半坡狭谷之中，有不规则形状之细粒花岗岩体（前人均名此为长英岩，似不惬当）穿越于粗粒斑状之花岗岩中。细粒花岗岩之主要成分为红色长石及石英，但白云母及黑云母俱属常见，电气石及黄铁矿亦时见之。本岩体在窿口所见东西宽达 30 公尺（参阅附图）❶，南北延长尚未确定，北端止于窿口之上不远处，南端为浮土及乱石所掩，可能延长较远。细粒花岗岩之上为一平铺之伟晶花岗岩脉，中含肉红色正长石及石英之巨晶，又含白云母及少许锡石与辉钼矿，在石英之晶洞中，锡石结晶尤为巨大。岩脉之上下边缘，云英化作用格外显著，中含锡石。在矿窿所见，伟晶花岗岩脉厚达 5 至 8 公尺，东西之宽，大致如细粒花岗岩，但南北延长，似甚有限。伟晶花岗岩与细粒花岗岩间之界线，甚为显然，并无逐渐变迁之迹。在窿口附近，又有一近于垂直之硫化矿脉，东西延长，厚 0.7 公尺，中含黄铁矿、辉铜矿、毒砂、黄铜矿等矿物，颇受氧化，变成赤铁矿、褐铁矿及碳酸铜，附生矿物多蚀变为绿泥石、高岭土等物。

细粒花岗岩具有二组显著之节理，其方向一近于南北，一近于东西（详细方向见附图）❷，铀矿苗即产于此种节理或其他岩缝之中，成簿层之盖皮或粉状、片状及针状结晶之散浸点，呈黄、绿、红、黑种种元色，当初南君发现此矿，即为其灿烂之色泽所吸引，其位置在窿口之峭壁上，后经徐克勤君等探采殆尽，今已不易察觉矣。此次考察时有广西建设厅第二探矿队雇工施探，在窿口内西壁细粒花岗岩之节理及隙缝中，又发现苦干黄色针状、粉状及绿色片状之次生铀矿物。此种铀矿苗，虽经前人给予许多名称，但在未经详细鉴定之前，多予名称，似无多大意义，我人只须认定其为次生铀矿物足矣。

用紫外光灯考验时，凡次生铀矿物俱现绿色或黄绿色荧光，在窿内四壁探照时，则发现一惊人事实，即细粒花岗岩中有许多部分俱现较真正铀矿更为灿烂之绿色荧光是也。但置白光下检视时，则知此种发荧光部分，俱为白色之石英或含水石英。查美国表现绿色荧光之石英，亦经发现甚多，据精密研究，俱谓为其中含有极微量之铀质所致，故此处之绿色荧光石英，亦不能例外。（按在平头山接触带部分，亦发现绿色荧光之石英甚多）此外可为铀矿存在之指示者有长石颜色之特红及墨水晶之众多，后者在伟晶花岗岩脉中亦甚普通，但次生铀矿在此中迄未见及，硫化矿脉中次生铀矿亦尚未见。

次生铀矿应沿节理面沉淀，但在显著之节理面上，反不多见。今所见者多充填于不规则之隙缝中，我人以为显著之节理面应为铀矿富集之所，但因显露地表，风化较烈或俱已被

❶ ❷ 档案原文中未见此附图。——编者注

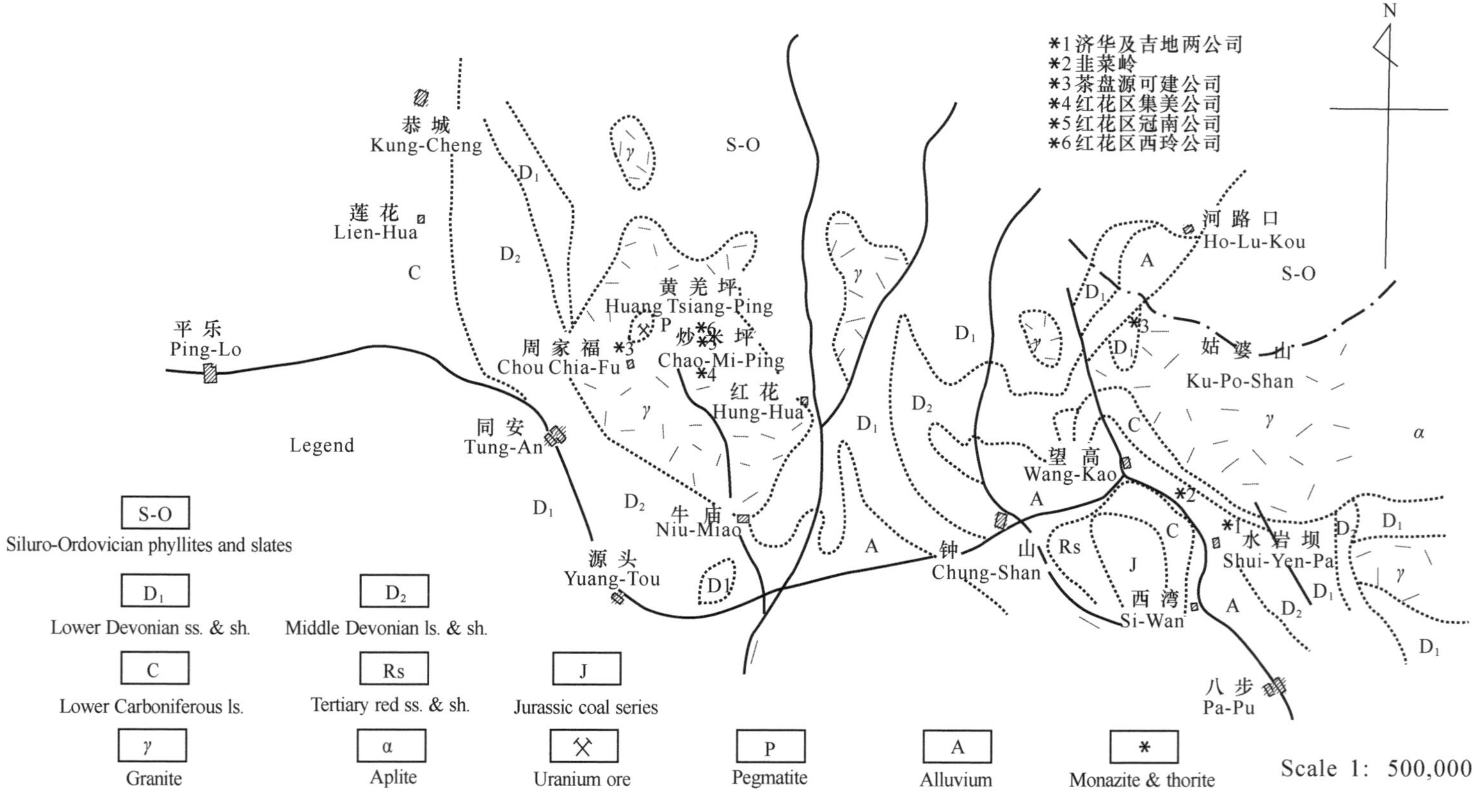

A sketch showing the distribution of uranium & monazite deposits in N. E. Kwangsi

流水冲蚀以去，而在细密之不规则隙缝中，反得保存。前人调查谓次生铀矿常限于东西向之节理，而不见于其他方向者，似尚待考证，盖次生铀矿产生，应与节理之方向无关也。

细粒花岗岩在花山中分布甚广，有数处并与平铺之伟晶花岗岩脉共生，其产状悉如黄羌坪，惟长石之色不甚红，硫化矿脉亦未见，经仔细搜寻迄未见有次生铀矿，因之我人似可假定，产生如黄羌坪式之铀矿，除细粒花岗岩、伟晶花岗岩外，似更图有硫化矿脉，后者为热液矿床，而铀矿常随之而生也。

至论各岩脉侵入之先后，细粒花岗岩最先，伟晶花岗岩脉次之，但三者皆与花岗岩浆同属一源，由岩浆状态经气化状态以至热液状态，温度渐低，金属矿质亦愈浓集，铀矿为热液期之产物，因其质重，或多蕴集于矿脉之下部也。

五、铀矿苗之成因及其意义

综上所述，所谓黄羌坪铀矿，不过为铀矿苗之一种指示，而尚未可称为铀矿床也。但此种指示，殊有力量，盖除次生铀矿物外，尚有：①细粒花岗岩中长石之特红，②墨水晶之存在，③绿色荧光之石英，④硫化矿脉之存在等等。凡此征象，至少可指示花山花岗岩，尤其细粒花岗岩脉中含有较寻常花岗岩格外丰富之铀量。但是否其下尚有堪采之铀矿床，则殊难断言，盖花岗岩或细粒花岗岩中所含之微量铀质，经过潜水浸溶，经裂隙上升，可复沉淀于节理或岩缝中，造成如今日所见之次生铀矿，但其下未必有堪采之铀矿也。

从另一方面观之，地面发现次生铀矿，其下常有原生铀矿如沥青铀矿之类，国外实例甚多，我国不能独异。南君最初发现之铀矿苗中有黑色之沥青铀矿，本处张兆瑾、霍学海二君于去年探勘本矿时亦曾获得厚达数公厘之黑色铀矿脉，其外缘俱已变为黄色及红色之次生铀矿，可见地面所示，原生铀矿之微脉，已稍露其端，向下则有扩大为堪采矿脉之希望。

更就地质环境及矿床型式论之，黄羌坪铀矿苗与葡萄牙及英国之康华尔铀矿颇为相似，葡萄牙铀矿于地面上仅见次生铀矿物，但至地面下二十余公尺即发现原生铀矿脉，深达百公尺以上。准是以观，则黄羌坪铀矿苗颇有注意之价值。上述二种相反之推测，俱属可能，究竟如何，只有实施钻探以证实之。俟本处向美订购之盖末二氏计数仪到达后，当携同仪器前往复勘，在黄羌坪区域作一有系统之测验，对于该矿之价值，或可有更重要之指示。

六、钻探计划

黄羌坪为我国黄河以南唯一之铀矿苗产地，其地质征象已如前述。从学理推断，本矿之值得钻探，实已毋容或疑，况自政府公布管制铀钍矿产后，亟应有所设施，以示倡导。兹特建议钻探，并先定第一及第二两钻眼，其地点如附图所示（未见附图。——编者注）。第一号钻眼系向北斜钻，目的在探寻东西方向各节理及硫化矿脉中之铀矿，第二号钻眼系向东斜钻，目的在穿越细粒花岗岩体，并探寻南北方向各节理中之铀矿。以上两钻眼之深度，均不超过二百公尺。本处向美订购之 Pioneer 式钻机于本月（四日）底以前可到上海，届时拟以一架担任此项工作。

广西富贺钟区独居石矿简报*

一、绪言

此次奉命来富贺钟区工作，除铀矿外，独居石矿亦为测勘对象之一。查本区锡砂尾中含有独居石及其他重性矿物，昔张更教授在美国研究后所发表之论文中即已述及，但略而不详，且未曾提出其重要性。（民国）三十五年本处派张兆瑾，霍学海会同中央地质调查所徐克勤等复勘黄羌坪铀矿时，即对此问题，深加注意，并采集多种砂尾之含有所谓黄烟（独居石土名黄烟）者，携返南京，以本处自制之盖末二氏计数仪试验，证明其具有放射性。迩后中央所王超翔，彭琪瑞用显微镜研究，测定其各种光性，断定为独居石，并由彭琪瑞在中研院科学纪录上为文发表，于是富贺钟区产独居石之事实，又名闻全国矣。

此次工作时，承本会第三区特种矿产管理处及平桂矿务局招待协助，又承三区杜工程师衡龄以其所著独居石调查简报相示，获益良多。会同工作者有本处南延宗、赵家骧、霍学海、赵宗溥诸君，多所助力，统此志谢。

二、分布及产状

姑婆山及花山二花岗岩体为富贺钟区锡、钨矿之母岩，同时亦为独居石之来源。向北至恭城、灌阳、全县一带，又有若干花岗岩体，盛产锡、钨，其中亦略含独居石。兹分为三区论述如次：

（一）花山区

花山花岗岩体之东部，产锡甚多，南部如黄宝村，沙江圩之平原中，亦经试探，但成绩不佳，现均停办。其东侧同安圩之平原中，未闻产锡。花山西部及西北部之山地中，亦未见开采锡矿者，探勘未精欤？仰天赋不丰欤？兹尚未敢确定。在花山花岗岩体东部所产之锡砂尾中，如公然，西发，冠南，新华，德志，天裕，大陆，集美，荣昌，德发各公司，含独居石俱多，在全部锡砂尾中可达50%，在全部毛砂中可达30%。此处锡砂矿俱属风化残积矿床 Elluvial，即花岗岩之深受风化尚未经迁流或稍经迁流而不甚远者，锡石显成微粒散浸全体或成厚达数公厘之细脉，沿花岗岩之裂缝，纵横穿贯，在新华，德志，冠南各公司俱曾见及。冠南苦竹坪矿区内，昔曾获得一大块锡砂，重三百斤，几为纯粹锡石所成。现在所得砂粒，常较水岩坝一带为大，数公分口径之锡石结晶，甚为常见，足示其来源甚近，冲流未远。

无论何种产状，锡石显与云英化有密切关系，故悉与白云母及石英共生。因锡脉微细，不值单独开采，而花岗岩围岩又风化甚烈，故采矿者俱引水冲洗此种风化体，以淘选

---

* 本文列资源委员会矿产测勘处临时报告第74号，成文于1948年5月。文存全国地质资料馆，档号2628。——编者注

锡石。据云凡有锡脉可见之处，产量最富，每工每日可获锡砂四五斤甚至十斤。但独居石则甚少。反之在寻常花岗岩不见锡脉之处冲洗，则所得毛砂，含独居石最多，常在40%甚至50%以上。由是观之，独居石似属花岗岩中之一分子，并不与锡石共生，且与云英化作用，亦无关系，因之凡开采花岗岩之风化残积矿床者，独居石常为重要之副产品，此花山区之所以产量特多也。

花山河下游志和，凤西，裕桂，太和各公司俱系开采平原冲积矿床，迁流较远，来源亦杂，可能有一部分产于石灰岩中之脉锡矿床，掺杂其间，故锡砂尾中以青烟（包括铁矿及弱磁性或无磁性之重矿物，种类甚杂，尚未确定）为多，独居石反居少量。

花山区花岗岩常风化剧烈，剥蚀甚深，直达山巅，俱为风化土所覆，深可达数十公尺，现因机采停顿，而锡价甚高，凡引水冲洗之水庄，不需机力，而又不虞水患者，成本既低，经营亦易，遂纷纷复工，预料当夏秋水涨之时，花山区水庄之产量，当续有增加，同时独居石之副产品亦将产出不少也。

（二）姑婆山区

在姑婆山花岗岩体之南缘，西自白沙，中经望高、水岩坝，东达半路圩，俱盛产砂锡矿床，而水岩坝尤为昔日机采丛集之所，现则为平桂矿务局之主要矿场。砂锡矿又可分为古河冲积之红土层，岩缝冲积及洞穴冲积层以及近代河流冲积层。花岗岩之风化残积矿床虽不无其例，但远不如花山区之发育。产于石灰岩中之脉锡矿床，现只发现二处，即平头山及新村坪以北之北达公司。砂锡矿产状不同，来源各异，故所含独居石之量，亦各处不同。大致言之，古河冲积之红土层，含独居石较少。查此红土之来源或为风化之石灰岩，当时姑婆山之大部，或尚为石灰岩所盖覆，因气候湿热，风化剧烈（此剧烈风化期似可与花山花岗岩之风化相比，兹不详论），石灰岩俱蚀成红土，随水迁流，成为古河冲积，其中由花岗岩蚀变之分子甚少，故独居石之含量亦不多。岩缝冲积及洞穴冲积为古河红土层之另一产状，来源相同，成分相似，故独居石亦甚稀少。至若近代河流冲积层则随地而异，如白沙附近之可达公司、中南公司等，附近有石灰岩及花岗岩之接触带，锡石来源或多出自高温之热液矿脉，因之独居石为量亦少。反之，水岩坝之河流冲积，其上流深入姑婆山之花岗岩体，源远流长，分子复杂，花岗岩之风化物掺入甚多，故锡砂尾中所含独居石为量特多，可达30%，就毛砂全体言，则不及10%。水岩坝徭山中有一锡砂尾含独居石约50%，惜仅见其标本，不详地点，或当为花岗岩区域中之残积矿床也。更东至半路圩、新村坪一带，石灰岩及花岗岩接触带，殊为发育，高温脉锡希望甚大，锡砂尾中之独居石含量亦少，如大利、合利、大南、万达、六合等公司之所见。反之，在此处砂尾中，颇多白钨矿，万达之砂尾业经紫外光灯证明，其他各公司之砂尾，尚待考验。查白钨矿常产于接触带中，此处接触带殊为发育，故无怪白钨之多矣。

（三）恭城灌阳区

此区未经亲历调查，据第三区杜工程师衡龄所采标本觀之，独居石为量甚少，但有若干砂尾，则含白钨甚多，其地质情形与上述半路圩者相仿，盖亦邻近石灰岩之接触带也。

综上所述，我人可得结论如次：独居石似产于花岗岩中，为该岩之一份子，与云英化之气化作用或无关系。原生锡石之产状有二：一为云英化之微细锡脉及散浸体，为气化矿床，不能单独开采，必待风化后用水冲洗。一为石灰岩中之高温热液矿床，已知者仅平头山及北达二区，未见大脉，但详施钻探后或可发现堪采之矿床也。由花岗岩直接风化而成之残积矿床，含独居石最多，约占毛砂 20%～30%，如花山东部之各矿。古河红土冲积岩缝及洞穴冲积，含独居石俱少。近代河流冲积则视地点而异，水岩坝各矿场为现知此类矿床之含独居石最多者，约占毛砂 10%，以其源远流长，有花岗岩之风化分子，掺入甚多故也。

三、储量

富贺钟一带之砂锡矿床，分布既广，复不规则，采去者又复不少，而独居石在其中之分布，尤为散漫，因是而欲精计储量，殊不可能。平桂矿务局陈矿长纪光尝估计本区现存锡矿储量共为纯锡 122,080 公吨，倘以锡石含锡六成计算，应有纯锡砂约 20 万吨。纯锡砂与毛砂之比，处处不一，最高者为可达公司，可至 80%以上，最低者为太和公司，仅 5%至 10%。水岩坝平桂矿务局自（民国）三十五年五月至三十七年二月共产毛砂 937,291 公斤，由此得纯砂 726,684 公斤，其比例为 77.5%，其他各公司则四五成或六七成不等，兹以平均五成计算，则应有毛砂 40 万吨。毛砂中含独居石之量亦各处不一，兹以平均 15%计算，则独居石之总储量约为 6 万吨。

以上所列，为一种最粗略之估计，且仅限于锡尾砂之副产品而言，至若不产锡或锡量过少，不值开采之花岗岩风化区域，其中所含独居石当亦为量不少，果能获得应用之道，而以独居石为主要产品而开发之，则其储量或可数倍或十倍以上述之数，亦未可知也。

四、产量及现存量

第三区特矿管理处杜工程师衡龄曾估计富、贺、钟、恭、灌五县每月可产锡钨尾砂 65,395 公吨，现在各矿所存尾砂共约 691.5 吨。至于尾砂中独居石之含量，杜君以未分析，不能确定。

欲估计从锡尾砂中所得独居石副产品之每月可能产量，另有一法，即从锡之产量反求而得是也。查现在富贺钟区每月锡产量约为百吨，即需纯锡砂约 150 吨，倘以纯锡砂与毛砂之平均比例为 50%，则应产毛砂 300 吨，倘以毛砂中独居石之含量假定为 15%，则月可产纯独居石约 45 吨，即年产约 540 吨，此数较杜氏之估计为高，盖彼为尾砂数量，而此则为纯独居石也。又查富贺钟区产锡最盛时年达 3,000 吨，照上法计算，则可年产独居石 1,384.59 吨。如上所论，倘能专营独居石，则每月产量自可增加甚多也。

至于现存尾砂数量，亦颇难估计。平桂矿务局自（民国）三十五年五月至三十七年二月之尾砂数量共为 210.60 吨，杜氏表上所列之数，当自此出。花山区各公司及太和公司之尾砂数量，据此次调查，似不如杜氏估计之多，且太和所产者青烟为多，黄烟颇少。倘约略估计，则全区或有三四百吨之数，但此中独居石之含量，至为不一，平桂矿务局所产者，据台湾大学化学系张主任定钊测定约为 30%，花山区某公司所产经美国地质调查所估计，约为 50%。大抵用人工筛洗之法，至多可达到 50%之含量，若须纯矿，则非用电磁机选分不可也。

五、建议

自政府命令禁止铀钍矿产出口，并公布管制铀钍矿产之办法后，桂东矿商咸盼政府对于独居石之收购，迅订办法，早日实现。但在实行收购之前，下述各点必须先为研究。

（1）独居石中所含钍质，究有若干。前据美国地质调查所代为分析，含独居石 50% 之粗砂中含氧化钍仅 1.58%，即纯砂之含钍量为 3.16%，较之印度、巴西之矿，不逮远甚，但一种分析，不足为据，必须就所采各地样品，历加分析，以确定矿石之品质。

（2）人工筛洗至多能选到含独居石 50%之成分，此种矿品，是否能运销出口，必须先向国外市场，广为咨询，俾作准备。

（3）用小型电磁选矿机试验独居石之选矿方法，然后再订购机器以备选矿之用。

（4）将来收购，成色可以含独居石 50%为准。应先训练人员，就颜色、比重及紫外光灯下之反应，为鉴别之法，不需分析以节时间。

至于收购价格，当视物价之涨落而定，下述各点，可供定价之参考：

（1）现有不肖商人收购独居石每市斤二万元，以松香爊炒，为冒充锡砂之用。

（2）锡砂售价随锡价而异，目前价格每市斤约十万至十五万元。

（3）工人工价，日约六七万元至十万元，如每日淘洗锡砂半斤，即足糊口。

（4）独居石虽为锡尾砂之副产品，但如需达到 50%之成分时，亦需稍费工资，再加选洗。

俟收购办有成效，再进而谋自采之道。查美国年需独居石约 3,000 吨，而富贺钟一区之最大可能产额，即年达一千三百余吨，全区储量则在 6 万吨以上左右，其为一重要之资源，不言而喻。值此印度、巴西等国俱在禁止独居石出口之时，则本区之独居石矿产，更值得我人之注意矣。

补记

查新村坪、半路圩一带锡尾砂中，颇多白钨，已如前述，其意义甚为重大，盖一则可就此项尾砂中洗取白钨，以免货弃于地，而达到物尽其用之旨，一则可就此线索，以发现原生之白钨矿床。上述地带现有商办锡矿七八家，约略估计每月可产尾砂二吨，其中白钨含量尚待测定，如假定为 5%，则月可得白钨百公斤，其数固小，但如将来各矿能大量开采，则为数亦殊不少也。凡靠近花岗岩与石灰岩接触带之锡砂矿俱含白钨，已为证明之事实，故除新村坪、半路圩外，望高、立头、铁屎坪一带之锡砂尾中亦应有白钨。该区现由南延宗，霍学海二君调查，不久谅可证明。故知姑婆山区之白钨矿，分布殊广，况历来所得尾砂，俱弃置道旁或用为铺路，其量甚巨，如能设法选分，则所得白钨之量必甚可观也。故将来收购独居石矿砂时，应注意白钨（用紫外光灯测验最为灵敏）及锆英石（Zircon 在紫外光下现金黄或棕色，在尾砂中分布亦广），如能将三者分清，各得其用，则价值更大，是应由选矿专家详为研究，俾能化无用为有用也。

关于开发广西独居石意见*

一、据美国寄来分析广西独居石（Monazite）含氧化钍达百分之六，尾砂经磁性分选后可得 99.25%之独居石纯砂，可见八步尾砂经过选分后已够出口之资格，盖独居石含氧化钍之量，通常以 6%为标准也。

二、据本年上半年本处调查，八步一带共有独居石储量六万余吨，但此只就尾砂之副产品而言，倘将含锡较低而含独居石特高之花岗岩风化区域一并计算，则其储量或可数倍或十倍于上述之数。

三、照目前八步一带锡产额计算（月产约百吨），则每年从尾砂中获得之独居石约 540 吨，如锡产增加或就适宜区域专采独居石，则或可达到年产千吨之数。

四、据约略估计，全区现存尾砂约三四百吨，但中含独居石之量不一，约有百分之二三十至五十，故纯独居石存量约一二百吨。

五、今年上半年调查时，纯锡市价为每吨四亿元，当时独居石的商人收价为每市斤二万元，即每吨四千万元。现在锡价涨至每吨八十亿元，即增加二十倍，故独居石收价或将增至每吨八亿元。所收粗砂含独居石至多达百分之五十，故须二吨粗砂，始能选成一吨纯砂，换言之即须十六亿元，另加选矿、管理等费，故每吨最低成本为二十亿。若加出口运费，则更属不赀。

六、今据美国来函所述，运至纽约后每吨独居石纯砂市价为美金一百元，照官价折合率仅值五亿，即照黑市折合亦只八亿元，不敷成本甚巨。

七、照上述广西独居石之成分、储量、产量等等而言，该矿实有收购外销之价值，且为加紧对于铀钍矿产之管制与开发，收购更为必要之图，但如何使成本与销价不致相差至巨，拟由三方面进行：

（a）查美国所定每吨百（美）元之市价，往往有市无货，而因巴西、印度等国禁止钍矿出口后，美国原子能委员会需要钍矿甚为急迫，故可要求较高之价格，如贴补出口运费，贴补其中所含之铀量及稀土金属之价值等等，希望能达到每吨 150 至 200（美）元之数。

（b）设法自采或给予矿商以种种便利，以抑低成本，减少收价。

（c）设法自独居石中提取钍盐类及稀土金属盐类，使成为工业成品，以增加收入。关于此点，前台大化学系主任、现服务于永利公司之张定钊先生已作有若干研究，可请协助计划。

---

* 文存全国地质资料馆，档号：4710。——编者注

转变中的八步锡矿业*

——纪念陈书馨和俞肖彭二位先生

我于本年三月奉命赴广西视察矿产，在八步一带停留了有个把月的时间，尝西至白沙，东达半路圩，又深入花山、平头山，对于各处砂锡矿和脉矿都巡视了一周。八步是我旧游之地，当我在江华主办锡矿的时候，更是时常前去的，差不多每一个角落，每一家矿厂我都跑过。这次的复习，使我对于八步一带的锡矿，更得到了一个全貌的观察。据说八步附近有个山名叫回马峰，因为这个风水的影响，凡是到过八步的人们，离开以后，迟早总要回头的。这固然是一种传说，但我想：像八步这种山明水秀，民风淳朴的地方，矿业发达，谋生容易，当此时局动荡的今日，更是世外桃源，不可多得，怎不教人留恋忘返，去而复回呢！

从地质观点来说，八步锡矿可分为风化残积、古河冲积和近代冲积的三种。前两种矿床都位在高山平岗之上，不怕水淹，只须引水冲洗，就可淘取锡砂，用土法开采，最为方便，从明末发现以来，一直用这个方法。近代冲积的矿床就不同了，地势低平、水流泛滥，倘使没有抽水的设备，是很不容易开采的；但因锡量较富，面积宽广，而且地形平坦，交通便利，所以最合于用机器大量生产的原则。自从民国十六年模范锡矿场和贺成锡矿，先后用南洋的砂泵机采方法来采取锡砂，一时风起云涌，群起仿效，水岩坝一带的近代冲积矿床，更为集中机采的对象，从民国二十三年到二十七年间每年纯锡的产额，竟达到二三千吨的高峰。当时公路纵横，矿场林立，电炬通明，人烟稠密，真有一番兴隆气象。

抗战发生，政府西迁，人才资本，集中西南，政府为争取外汇，又尽力鼓励锡的增产，所以在抗战初期，八步的锡矿业，还是显著蓬勃的景象。但物价步涨，器材日缺，慢慢地使生产困难；又加政府收锡的价格，赶不上成本，矿商们报国有心，而经营无力，等到抗战末期，桂林沦陷前后，八步的锡业差不多完全停顿了。最可惜的是许多机器，迁散各地，笨重的机件，甚至折毁了当废铜烂铁出卖，现当胜利复工，许多公司想再买机器而不可复得，真是后悔莫及了。

但是八步矿商们的苦干精神和应变方法，真可佩服，他们在缺乏机器的困难环境之下，仍能因陋就简地逐渐复工。现在机采锡场虽多停顿，只有平桂、可达、永盛和光明四家，但是土法锡矿，就是开采风化残积及古河冲积的庄头窿口，却如雨后春笋，十分繁盛。个人或家庭组织的零砂工人，在山沟瓢洗锡砂，也颇足糊口。所以物价虽高，成本虽贵，而八步的锡业，现又达到月产百余吨的小康境界了。这固然泰半受了政府解放锡业统制之赐，但也是矿商们经营得法的成果。

---

* 本文1948年6月发表于《矿测近讯》第88期，71—72页。——编者注

从土法到机采，现在又从机采回到土法，八步的锡矿业真是无日不在转变之中。就是机采矿场，也随着环境而变，譬如以前机器燃料，都用柴油，现在除了矿量特富的可达公司之外，平桂和永盛都用电力。光明改用水力发电，更足表现出他们随机应变的创造精神。以前金山沟都用木制，现因木价贵了，也有用土石堆砌的。这样适应环境的转变，是前进的创造的转变，尤其处在万分困难的环境之下，这种转变的能力，是不可或少的。

八步的矿业，得能维持不断，八步的市况，得能继续繁荣，我们还要感谢两个人，这两个人一是平桂矿务局的总经理黄旭芳先生，一是前八步专员李伯林先生。当桂林沦陷，日寇侵略桂东的时候，八步的危急，真是间不容发，驻华英军已派员到八步与平桂当局商洽炸毁八步电厂和其他器材的办法，而八步的人民，更是惊惶万状，不知所措。幸得黄总经理力持镇静，坚主暂时保留炸厂之议，又在半路圩等处设站疏散，维持员工生活，并恃当时仅有的大型无线电台以沟通西南各省流亡政府与重庆的联络。而李专员尤能雍容坐镇，妥筹疏散、保卫之法，等到敌人远撤，百姓归家，门户依然，无一丝一毫的损失。这种有计划有秩序的疏散，在全国各地中诚属少见，所以当李专员卸任的时候，怪不得老百姓要万人空巷感激涕零地自动欢送了。倘使没有这两位先生的远见卓识和镇静功夫，那么电厂毁了，市面破坏了，八步的锡矿业至少在五年甚至十年之内是无法恢复的了。

平桂矿务局是广西省政府和资源委员会合办的机构。它现在握着八步锡产的牛耳，每月可产纯锡二十吨至四十吨，它利用西湾煤矿自产的煤来发生电力，以供机采。永盛锡矿的电力也是平桂供给的。平桂的矿区，包括水岩坝一带的租赁矿区和望高附近的自设矿区，租赁期限以全部锡矿采尽为止。

八步一带的锡矿，还有多少，照目前的产额，还能维持多久，这是一个被许多人关心的实用问题。我在民国二十六年曾作过一个估计，在从白沙到水岩坝、牛车地一带的砂积矿床，共得锡砂储量82,974公吨，折合纯锡约为49,784公吨。最近平桂矿务局陈矿长纪光又作了一个较为完备的估计，将庙湾、莲塘、红花、三江等矿区都包括在内，共得纯锡122,080公吨。照这个数目并照年产纯锡3,000吨计算，八步的锡矿业还可维持三十余年。这是从乐观方面的看法。其实有许多矿区，不是交通困难，就是含锡过低，俱不适于大规模的机器开采，尤其在物价高涨，动力缺乏的今日，更谈不到开发；现在已经开发的机采区域，恐只能维持四五年，就要开完了。所以陈矿长提出了一个利用水力发电来采洗低级矿床的百年计划。从前茶盘源公司的成就和最近光明公司的规划，俱已充分证明水力发电确是开采八步锡矿最经济的方法，希望陈先生的计划能逐步实现，使八步的动力，大部分或全部分水力化，那末锡矿业的延续，也就不成问题了。这是八步锡业将来可能转变的一个新动向。

另外的一个转变，也已在人们的计划和憧憬之中了，那就是脉锡的探采，以代替势将垂尽的砂锡。钟山县的平头山、黄羌坪以及贺县的新村坪，俱经发现脉锡，但还没有探到确切的矿量，以供有计划开采。清华大学教授孟宪民先生相信八步一带总有堪采的脉锡矿，他指出了平头山是一个最有希望的地点。我在半路圩附近接触变质带的观察，也觉得脉锡或其他金属矿脉的产生，是很有希望的。在与平桂矿务局合作之下，我们不久就将派钻机前往平头山实施钻探，果能一钻得锡，那么八步的锡矿业又将发生一个重大的转变而步入另一阶段了。

八步又是现在所知华南唯一稀元素矿床的出产地，将来倘能准此方向，转变发扬，那末，八步的地位和价值将更高一筹了。

当我搭汽车经白沙到可达公司的路中，我看到我们从前督造的江华矿务局的公路，据说涵洞半已毁坏，不能通车了。我不禁想起那年堕车惨死的陈书馨先生和客死赣南的俞肖彭先生，俞、陈两先生都是江华矿务局的工程师，经营擘划，建树独多，现在江华已成陈迹，而二先生也墓木已拱，不堪回首了，人事沧桑，悲怆无既，敬草此文，聊志纪念。

资源委员会矿产测勘处处理新发现矿区办法*

一、资源委员会矿产测勘处（以下简称本处）就学理技术及经验自动工作所发现之新矿区，其处理办法依本办法之规定行之。

二、本处如发现有望矿区时，应即报由资源委员会申请设立国营矿权，进行探勘。

三、探勘上项新矿区所需经费，由本处编具预算，呈请资源委员会核拨。

四、探勘工作包括：①地形测量，②地质详测，③物理探矿，④槽探，⑤坑探，⑥钻探，⑦显微镜研究，⑧采样化验，⑨小规模选炼等项。探勘目的以能确定矿量，详列成分，以及将来在选炼或应用上所应注意之点，并能草拟一初步之开采计划。如矿体复杂，成分变迁过巨，本处并得施行若干开拓工程，或试采若干时期，以能彻底明了矿体之形态变化，而能作有计划之开采时为度。

五、经过详密探勘，证明新矿区确具经济价值，并能供大规模开采时，该新矿区连同若干建筑及不便移动之器材，全部作价移转采矿机构接收。前项建筑及器材之移转作价，应参考原价，但如当时市价与原价变动过大时，得临时洽议办法，呈请资源委员会核定。

六、采矿机构除照价接收本处移转之建筑及器材外，并须一次或经常给付本处探矿辅助金，其数额及期限得视所发现矿量之多少，双方临时洽议，呈由资源委员会核定。

七、建筑与器材价款及探矿辅助之收入，除归还资源委员会原拨探勘经费外，余款由本处拟定用途，呈请资源委员会核定之。

八、新矿区发现人，除保留在发现上之一切荣誉外，并由本处呈请资源委员会予以奖励。

九、本办法自呈准资源委员会公布之日起施行。

---

* 原载《矿测近讯》1948年6月号（第88期），78页。——编者注

Palaeogeography as A Guide to Mineral Exploration*

Ⅰ. INTRODUCTION

The study of palaeogeography forms one of the main objectives in the geological interpretation of the earth's history. It is made on the basis of mineralogy, stratigraphy, structure, palaeontology, physiography, petrography, mineral deposits, etc.; in fact, all branches of the geological science have been utilized in the study and interpretation of the ancient forms of the earth's surface.

With the aid of fossils and sedimentary records, the distribution of land and ocean during the successive geological epochs may be broadly traced, and, as a result of the study of tectonics, physiography, etc., the formation and distribution of some of the prominent mountain systems of the past may be fairly well deciphered. Detailed mapping and interpretation of all the geological phenomena may give, in some cases, an intricate and refined knowledge as to the trend of the coast line, the depth of the ocean, the pattern of the drainage system, the distribution of lakes and swamps, etc., in any given geological period. Taking the present as a key to the past, the geologist is thus able to read, through the immense record of rock formations, and within a limit of reasonable accuracy, the palaeogeographical features of the different geological periods.

As palaeogeography is the fundamental condition of the formation of different kinds of sedimentary rocks, and as deposits of coal, oil, bauxite, phosphate rock, sedimentary copper and iron ores, etc., are all only a part of the sedimentary rocks, a knowledge of palaeogeography will therefore be most helpful in their study and exploration. Most of the metallic deposits of igneous origin are genetically related to igneous activity and diastrophism, and these, in turn, are often conditioned by palaeogeographic environment, so a study of palaeogeography may also throw some light on the location and occurrence of the deposits of magmatic affiliation.

The close relation between palaeogeography and mineral deposition has been well shown by American and European authors. In the Chinese literature on economic geology, however, no especial attention has yet been paid to this interesting subject. In his recent study of sedimentary mineral deposits in China, the writer has gathered, from time to

* 本文为作者 1947 年 11 月 18 日在台湾省台北市举行的中国地质学会第 23 届年会上发表的理事长演说，后刊于 *Bulletin of the Geological Society of China*. Vol. XXVIII, Nos. 1—2, pp. 1—11。——编者注

time, a number of beautiful examples of palaeogeographical conditions which served as bases for mineral deposition. A clear understanding of these fundamental factors may be of use as guide to mineral exploration. These interesting examples may be briefly described in the following pages.

Ⅱ. PALAEOGEOGRAPHY AS THE KEY TO THE DISCOVERY OF THE NEW HUAINAN COAL FIELD

The Huainan coal basin in north Anhuei has been known and worked for coal since a long time ago. Both geologists and mining engineers have hitherto been aware of only the great coal reserve in the Shuengkengshan hills, and of some poor coal in the Shangyao field, about 20 km north of the former. The great basin intervening between these two fields has been considered, on structural grounds, also to be coal-bearing, though the coal was thought to occur probably only at great depth. Seismic surveys made by the Japanese during the war confirmed this supposition, showing that coal might be found at 1000 m below the surface and, in certain rare spots, at a shallow depth of 500 m. To my knowledge, there is no one who has ever suspected the possibility of another coal field in the Shuengkengshan area.

In the summer of 1946 the writer was invited by the Huainan Mining and Railway Company, to do some surveying in the basin between the Shuengkengshan and Shangyao fields. He got the idea, after consulting the geological literature of the area, that a concealed coal field might be found in the west. This region, now called the Pakungshan new coal field, trends in northwest-southeast direction and joins with the northeast-east—southwest-west trending Shuengkengshan hills to form a beautiful arc structure. A strip of Ordovician limestone occurs on the northeast and dips easterly toward the plain. This hill extends northwest to as far as the Fengtai district, while to the north about 30 km beyond the great plain of the Huai River, there occurs a small isolated hill called Minghungshan. From here the Huaiho plain extends for another 30 km eastward to the hills of Shangyao, which form the northern limb of the great Huainan synclinorium. A great basin structure could be reconstructed, and in this basin the deposition of the Permian coal measure should have been chiefly confined. Later investigation on the spot revealed a continuous outcrop of Uralian limestone, which is the base of the coal measure, and which as seen in the underground work of the Shuengkengshan coal mines, lies only 20 to 30 m below the lowest coal seam. This stratigraphic evidence coupled with palaeogeographic and tectonic interpretations more than convinced the writer that a concealed coal field might be found in the plain northeast of Pakungshan. Recommendation for drilling was made to the company authorities and work was started during the later part of August. In less than ten days' time a coal seam of 3. 6 m thick in thickness was struck at a depth of only 29 m, being directly under the alluvium. At the time of writing the present address a total of 24 seams, with an aggregate thickness of 38 9 m, have been struck.

The length of this new coal field has been determined to be 8.5 km, and more than one-half of the field has been drilled and proved to be coal-bearing. The total reserve of this new coal field is about 600 million tons. This is about 6 times the reserve of the old Shuengkengshan coal mines. It is a virgin field of flat-lying and normal-dipping coal, in contrast with the steep and overturned seams of the old field.

Thus, one can see how by the use of the palaeogeographic interpretation, together with stratigraphical and tectonic knowledge, an entirely new coal field of immense economic value was discovered. And keeping in mind this same palaeogeographic back ground, more new coal fields may be found in this hitherto little known but now clearly defined coal-forming basin. This basin will hereafter be called the Great Huainan Basin because of its extension both north and south of the Huai River.

Ⅲ. PALAEOGEOGRAPHY AND TYPES OF COAL FIELDS IN CHINA

Detailed stratigraphic study of the coal measures in China usually gives some clue as to the palaeogeographic conditions under which the coal was deposited. A clear understanding of these conditions is important, as it not only will help to explain the localization and distribution of the coal fields themselves, but also will give a clue to the quality of the coal and the economic value of the fields.

As is now generally known, the productive coal measures of north China fall chiefly into three groups, the Taiyuan series of Uralian age, and the Shansi and Shihhotze series of Permian age.

The Taiyuan series contains, in addition to sandstone, shale, coal seams, etc., frequent intercalations of limestone beds totalling as many as five or more in number, and varying from less than one meter to nine meters in thickness. The coal seams are usually intimately connected with the marine beds and generally lie below them. This indicates that for every regression of the sea, with the formation of swamps and the accumulation of vegetal materials, a renewed subsidence and a renewed transgression followed. This cycle has been repeated again and again. Through the invasion of the sea immediately after swamps were formed, the vegetal materials accumulated therein could be thus saved from destruction and preserved as coal.

Coal seams of the Taiyuan series, though in number they may be as numerous as those of the next formation (*i. e.* the Shansi series), only occasionally attain a thickness suitable for working. Such workable seams occur at Wuhutsui in southern Liaoning (Manchuria); Taiyuan and Yangchuan in central Shansi; Paote, in northwestern Shansi; Lincheng in western Hopei; and I-hsien, in southern Shantung. The characteristic feature of the Taiyuan series coal is its content of sulphur—generally exceeding 1 percent, and sometimes as high as 5 percent or more. Its volatile matter is also high as compared with the coal of the other series.

The Shansi and Shihhotze series, on the other hand, contain practically no marine intercalations. They are made up entirely of sandstone and shale with as many as 20 or more seams of coal, some of which being thick enough to be workable. The coal is usually low in sulphur, which in most cases is not more than 1 percent. This is quite different from the coal of the Taiyuan series, as the latter usually contains more than 1 percent of sulphur.

Any appreciable difference in character between the coal of the Shansi and the Shihhotze series is not yet well known. In the coal fields of northern Anhwei, northern Kiangsu, and southern Shantung, however, the Shansi series usually yields a better coking coal, while the Shihhotze series coal generally makes an inferior coke.

From the foregoing, it is clear that the Taiyuan series represents coal deposition in low lying coastal swamps under the frequent oscillation of sea level and the repeated invasion of marine water; in other words, it is coal of the paralic type. The coals of the Shansi and Shihhotze series, on the other hand, were deposited almost exclusively under continental conditions; *i. e.*, of the limnetic type. It is the most productive coal measure in the whole north of Tsinling area in north and central China.

In the Permian coal measure of south China, similar distinction between paralic and limnetic types may be made. This coal measure is now generally known as the Loping series, and in it, according to T. K. Huang, two contemporaneous types may be distinguished, namely, the Choutang series of paralic type and the Leipakou series of limnetic type. The Choutang series consists predominantly of chert, shale, limestone, and some sandstone, with as many as seven to nine seams of coal, but of which only a few are workable. As in the Taiyuan series coal, the Choutang coal usually contains a higher percentage of sulphur and volatile matter and seems to be richer in such materials as spores, cuticles, algae, etc.

The Leipakou series, on the other hand, is chiefly a continental deposit, consisting of sandstone, shale, coal seams, and having in certain places an underlying conglomerate at its base. A flourishing *Gigantopteris* flora is usually present. Coal seams are numerous, occurring almost throughout the whole series, and many are thick enough to be workable. The sulphur content in this coal is usually low, being in most cases less than 1 percent.

The higher sulphur content in the coal of the paralic type agrees very well with the theoretical background, for, according to Schuchert, sulphur is always present in marine marshes and almost non-existent in fresh water deposits.

The coal fields of eastern Yunnan and western Kueichou illustrate strikingly the transition from a limnetic to a paralic coal basin. The coal fields of eastern Yunnan usually contain more and thicker seams of coal of low sulphur content, and a flourishing *Gigantopteris* flora. Moreover, an entire absence of marine intercalations is apparent. In western Kueichou, in the eastern parts of Shuicheng, and in Weining, marine beds with fossils of Brachiapoda, etc., begin to appear in the coal measure and the sulphur content of the coal increases from one to five percent, and even eight percent as is seen in the coal near Kueiyang in central Kueichou. The boundary between a coastal swamp to the west and a marine marsh to the east can easily be traced in the field—as roughly shown in the attached sketch (Pl. I).

From the above discussion it would seem that a close relation between palaeogeography and types of coal fields can actually be traced and this, in turn, will reflect on the chemical and physical nature of the coal seams and the economic value of the coal fields. A thorough understanding of this relation is most helpful in practical exploration.

Ⅳ. DISTRIBUTION OF BAUXITE FOLLOWS CLOSELY THE PALAEOGEOGRAPHIC TREND

As a result of extensive research carried on by the Mineral Exploration Bureau, N. R. C., the origin and types of the Chinese bauxite deposits have become fairly well defined. Broadly speaking, we have two types of deposits, namely, the redeposited terra-rossa type of sedimentary origin and the lateritic type of residual origin. The former is widely distributed in the provinces of Liaoning, Hopei, Shantung, Shansi, and as far as northern Kiangsu and northern Anhuei. In southwest China it is also widely found in central Yunnan and central Kueichou. The deposit occurs in several horizons in the Permo-Carboniferous formation and is composed chiefly of diaspore clay, and some high siliceous ore also containing boehmite. The residual type is now known to occur in southern Fukien, but it may extend to Leichow Peninsula and Hainan Island, as similar geological and climatic conditions prevail there.

All the important bauxite deposits of Yunnan and Kueichou are found in the basal part of the Lower Carboniferous formation: they lie either above a thick sequence of Ordovician dolomitic limestone, as in central Kueichou, or on continental Devonian and marine Carboniferous limestorne, as in eastern Yunnan.

In central Kueichou, the bauxite deposit has a total thickness of 10 to 15 m, in which the upper part, 6 m or more, is a low to medium grade ore. The high grade ore, 2 to 3 m thick, occurs in the lower middle part, while the lowest part is again a low grade ore. Thus, a regular vertical variation in chemical composition can be roughly traced in this deposit. In the central Yunnan deposit, the occurrence is more complicated, and no such regular variation can be seen.

The protomaterial of the bauxite in Yunnan and Kueichou evidently originated during a long erosion interval of Siluro-Devonian time, during which thick blankets of terra-rossa were formed, probably chiefly from the Ordovician limestone. In the subsequent Carboniferous transgression, this terra-rossa slime was deposited as bauxite along the shallow water zone. Therefore, if we draw a palaeogeographic map of Yunnan and Kueichou showing the Siluro-Devonian old land as well as the Carboniferous transgression, the theoretical and possible extension of the bauxite will follow a zone bordering the Siluro-Devonian old land on the one hand and the Carboniferous shallow sea on the other. This theoretical area is shown in the accompanying sketch, and it is surprising to see that all the known deposits of bauxite in central Kueichou lie within this zone. As this zone seems to extend west to Tating and Piuchieh, in western Kueichou, so a possible occurrence of bauxite in that region may be predicted. On the same palaeogeographic grounds, the theoretical and possible extension of the bauxite deposit in central Yunnan is indicated on the map (Fig. 1).

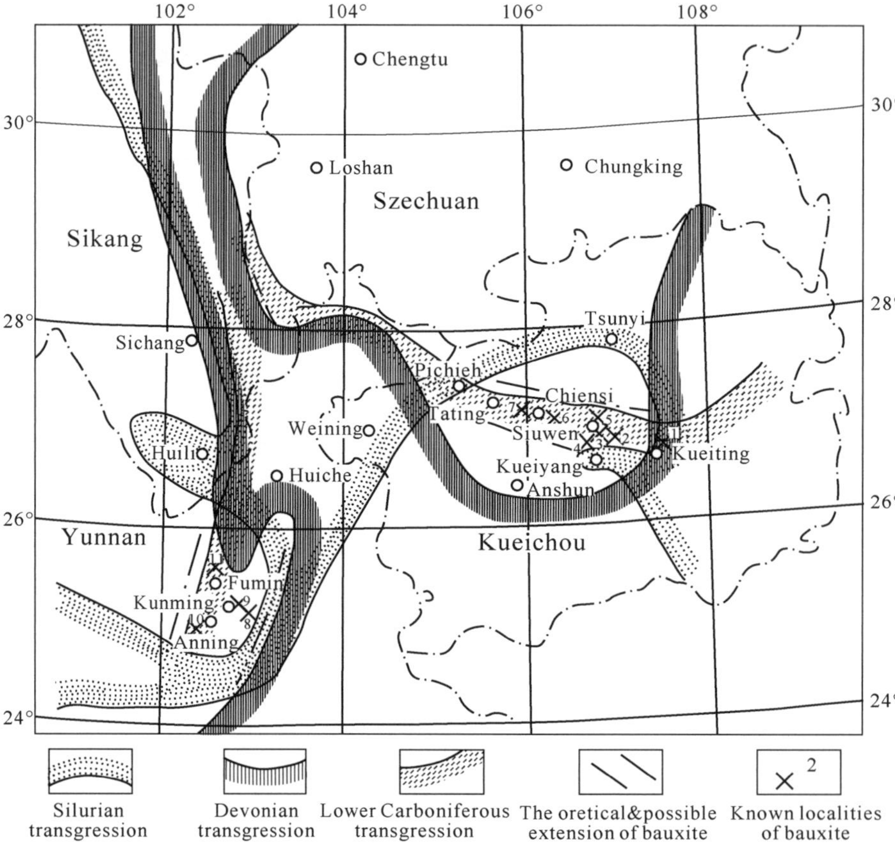

Fig. 1 A sketch showing the known localities of bauxite in Kueichou and Yunnan and their possible extension.

1—Huangsu, Pingyueh, 2—Wangpi, Kueichou, 3—Yunwushan, Kueichou, 4—Wangkuan, Siuwen, 5 — Chatso, Siuwen, 6 — Shinchang, Tsingcheng, 7 — Sisi (?), Chiensi, 8 — Loshuitang, Illiang, 9—Tapanchiao, Kunming, 10—Tsaopu, Anning, 11—Fumin.

From the above, it is clear that palaeogeography has determined to a large extent the distribution of the Chinese bauxite deposits of the terra-rossa type, and by the utilization of this knowledge, new bauxite fields may be predicted and discovered in unknown regions.

V . PALAEOGEOGRAPHY, A PREREQUISITE CONDITION FOR THE FORMATION OF PHOSPHATE ROCK

Although the use of phosphate fertilizer by the local farmers in Yunnan Province dates back to very remote times, the occurrence of phosphate rock deposits was not known to the Chinese geologist until 1926, and only since 1938 were the deposits seriously studied. There are now known to be eight localities of phosphate rock deposits in central Yunnan, all located not far from Kunming city. The deposits occur in bedded form in the lowest part of the Cambrian formation, being very near the Sinian-Cambrian contact. In thickness the deposits vary from 2 to 7 or more meters. The mineral is chiefly collophanite with some of it recrystallized to dahllite. The ore is usually high grade, containing 35 percent or more of P_2O_5.

The phosphate rock evidently represents a shallow water deposit laid down along the old shoreline of the Lower Cambrian sea bordering the crystalline massif from which the ultimate source of phosphorus has probably been derived. The crystalline schists of central Yunnan, southern Sikang, and northern Indo-China very likely form the site of the former old land, along which the Lower Cambrian sea extended to spread over the southwest provinces of Yunnan, Kueichou, Szechuan, Kuangsi, etc. All the known phosphate deposits are located on or very near the old shoreline of this Lower Cambrian transgression—as diagramatically shown in the accompanying sketch (Fig. 2).

An entirely new phosphate rock deposit has recently been discovered by the members of the Mineral Exploration Bureau. This deposit, occurring in the same bedded form, in the same geological horizon, and consisting also of the same minerals—collophanite and dahllite—is found in the Fengtai district of northern Anhuei. It represents, in fact, the reappearance of the central Yunnan ore at a place about 2,000 km northeast of the type locality. The grade of ore, however, is rather low, containing on the average about 20 percent P_2O_5. The chief impurity of the ore is silica; while the Yunnan ore is a phosphatized limestone. This latter deposit is located on the northern border of the old Tsinling axis, and therefore, also represents a shoreline deposit of the Lower Cambrian sea. According to T. K. Huang, the palaeogeography of the Lower Cambrian time consisted of the Tsinling old land in the north and the old land Chiangnania in the south, with a narrow channel between them. This channel widens toward the direction of western Hupeh and northern Kueichou, since the Chiangnania swings around to the south in east Kweichow. Should phosphate rock deposits really represent shoreline deposits of the Lower Cambrian sea, then new phosphate ore may be found along the old shoreline in eastern Kueichou and northern Kiangsi (near Kiukiang) since there Cambrian-Sinian contact is well exposed. On the north shore of the Tsinling massif new deposits are likely to be found toward the west in western Anhuei and eastern Honan. On the south side of this old mountain chain the same phosphate deposit may be found north of Pukow and in the Hsu-

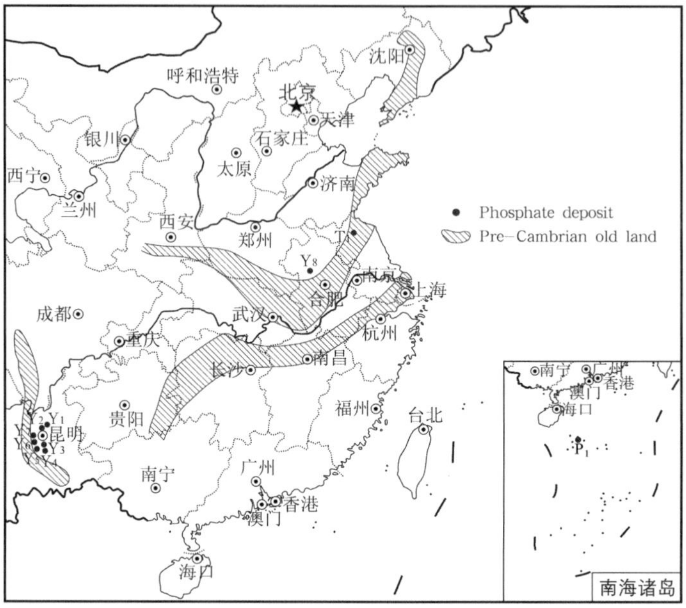

Fig. 2 Map showing distribution of phosphate deposits in China and its relation to Pre-Cambrian old land.

T—Tunghai Type: T_1—Tunghai, Kiangsu.

Y—Yunnan Type: Y_1—Kuanching, Sungming; Y_2—Talungtan, Kunming; Y_3—Chichiaoshan, Chengkung; Y_4—Tungshan, Chengchiang; Y_5—Chungyitsun, Kunyang; Y_6—Haikou, Kunyang; Y_7—Houtien, Anning; (Y_1-Y_7 in Yunnan Province). Y_8—Fengtai, Anhui.

P—Paracel Islands Type: P_1—Paracel Island, South China Sea (Guano deposit).

hsien area. The limestone formations, probably of Sinian age, exposed near Pukow are found to be more or less phosphatic. This indicates the beginning of phosphatization in the Sinian sea. Similar phenomenon was seen in the Sinian limestone of Yunnan Province.

Thus, it may be seen that for a better understanding of the distribution of the phosphate rock deposits, and especially for the location and discovery of new deposits, a consideration of palaeogeographic conditions should be of prime importance.

Ⅵ. THE SEDIMENTARY IRON AND COPPER DEPOSITS AND THEIR RELATION TO PALAEOGEOGRAPHY.

The sedimentary iron deposits of China are of different ages. Two of the most important iron-forming periods are Sinian and Upper Devonian. The former is called the Hsuanlung type, while the latter is known as the Ninghsiang type.

The Hsuanlung iron deposits are known to occur in the Hsuanlung region of Chahar in the north, and the Chinghsing area of Hopeh and Tsinglo area of Shansi in the south. A line connecting these three regions would represent the old shoreline of the Sinian basin in which the great Sinian limestone formation was deposited.

The iron deposits of the Ninghsiang type are distributed in eastern and northern Hunan, western Kiangsi, southwestern Hupeh, southern Shensi, and probably also in certain parts of southeastern Kansu. If a line is drawn to connect all the known deposits of the Ninghsiang type, a curve will be formed, which indicates in a rough way the old shoreline or nearshore zone of the Upper Devonian transgression, as the deposition of iron ore is usually favored by a shallow water condition, and as east of the line marine Devonian sediments are rare or absent. If this curve line is compared with Grabau's Palaeozoic geographic map showing the❶ Upper Devonian transgression, one will find striking resemblances between the two (Fig. 3).

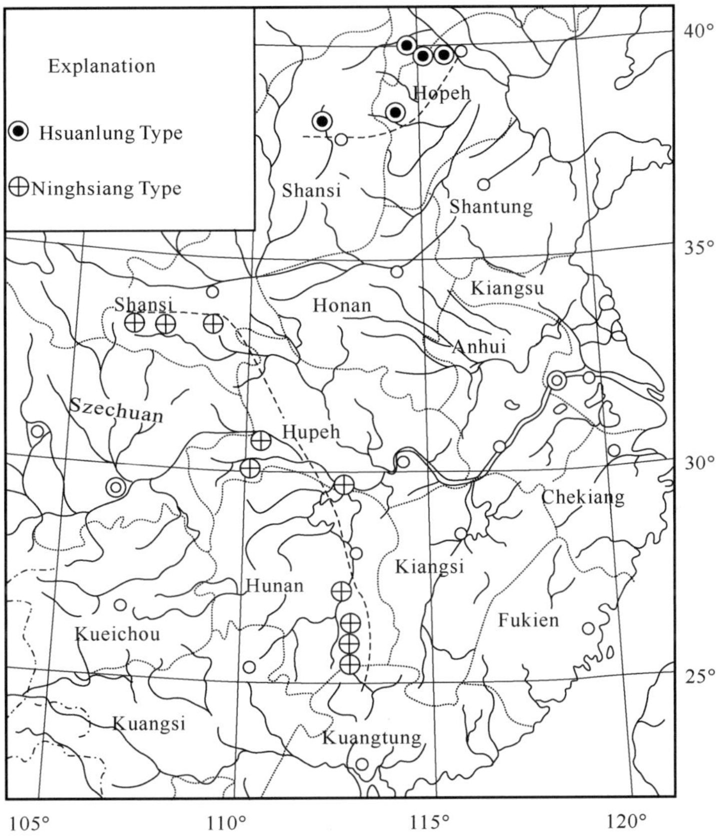

Fig. 3 Relation of palaeogeography to the distribution of iron deposits of the Hsuanlung and Ninghsiang types.

West of the line, for example in the Sinhua and Anhua districts, the same iron deposit of the Ninghsiang type, but in much reduced thickness, is found—indicating a gradual transition to a deep sea condition under which the formation of iron beds become more and more difficult.

The famous copper deposits of Luchang, southwestern Huili in Siking Province, are

❶ 这段文字的第二句和第三句原文用了虚拟语气，但它所表达的并非不是事实，而是真实的事实，故本卷改用直陈语气，对相关的动词作了相应的调整。——编者注

at least partially of sedimentary origin. According to Tang, Sun, Kuo, Yen, etc., the deposit is chiefly chalcocite, with a small amount of chalcopyrite, bornite, and other oxidized copper ores. It occurs in conglomerate beds which are intercalated in an immense formation of red beds of probable Cretaceous age. The ore is rather low grade, the best of which contains about 5 percent Cu. Owing to its considerable thickness and rather regular and extensive distribution, this red-bed copper of the Huili type is considered worthwhile for serious prospecting.

As to the origin of the deposit, opinions differ. Whether the ore was formed by direct sedimentation in a desert-washed inland basin or whether it was deposited in the porous conglomerate bed by cold ground water circulation is a problem to be settled by future studies. It can be definitely said, however, that the ultimate source of the copper must have come from primary deposits of the Tungchuan type, the remains of which are abundantly cropped out in the surrounding mountains of the Huili basin. Very likely these two processes of direct sedimentation and ground water circulation and concentration are both instrumental in the final making of this interesting deposit.

If the above explanation is plausible, then the localization and concentration of the pay layers in the conglomerate should depend largely upon the old topography of the basin as well as that of the surrounding hills. A knowledge of the variation of the ground water table in the past is also important for a clear understanding of secondary concentration and enrichment of the copper deposit by the ground water action. Theoretically, rich layers of ore should be localized at places where the Tungchuan type of ores were present and where a rugged and steep topography prevailed so as to facilitate rapid erosion. The rich ore shoot should also be at the outlet, the inner curve, or near a barrier in the ancient drainage system, because it is in such places that the flow of the ancient river would have been checked and deposition of particles of the copper ores thus facilitated. In other words, a clear understanding of the palaeogeography of the Huili basin should be of paramount importance in the future exploration of this hitherto little known copper deposit.

REFERENCES

CHAO, C. H.: The Fengtai Phosphate Deposit. Manuscript, 1947.

HSIEH, C. Y.: Coal Fields and Coal Mining Industry in China, a General Survey, Contributions to Economic Geology, no. 2, Mineral Exploration Bureau, 1944.

HSIEH, C. Y.: Origin of the Chinese Bauxite Deposits. Contributions to Economic Geology, no. 2, Mineral Exploration Bureau, 1944.

HSIEH, C. Y.: How the New Hwainan Coal Field was Discovered. Manuscript, 1947.

HSIEH, C. Y.: The Discovery of the Fengtai Phosphate Rock Deposits, Central China (in Chinese). Monthly News, Mineral Exploration Bureau, no. 77, July 1947.

HUANG, T. K.: The Permian Formations of Southern China. Geol. Mem., Geol.

Surv. China. ser. A, no. 10, 1932.

LEE, J. S.: The Geology of China. Thomas Murby & Co. London 1939.

LEE, J. S. & CHAO, Y. T.: Classification and Correlation of Palaeozoic Coal-Bearing Formations in China, Bull. Geol. Soc. China, vol. 5, no. 2, p. 107-134, 1926.

EXPLANATION OF PLATE I.

Distribution of coal fields in Yunnan & Kueichou & its relation to palaeogeography.

闽南的一角*

我于民国廿四年四月，为调查安溪铁矿，曾到过闽南一次，当时的路线，是从福州到厦门，经安溪到矿地，归途经永春，莆田而至福州，再搭轮返沪。民国卅六年九月为了漳浦铝矿，我又到闽南，这次是搭机赴厦门，换乘小火轮至白水营，步行六十里至佛昙镇，从此到赤湖、东吴山等矿地，俱不到二三十里之遥，交通还算方便。倘使没有耽搁，从京沪出发，三天以内就可到达矿地，有了空运，人们的旅程，的确缩短了许多。

我旅行的范围，仅是厦门、佛昙、赤湖、东吴山的一个小区域，但我得到的感想却很多，最使我愉快的是到处风景秀丽，令人留连忘返。花岗岩本来是最易造成秀丽的山峰的，再加上海边的风景，绿波荡漾，帆影迷离，登山远瞩，真有心旷神怡之感，凡曾到过厦门大学的，谅能领略这种动人的景色，而这种景色在闽南一带，几乎到处都能看到。

闽省多山，重峦叠嶂，几有地无三里平之感，但在这闽南的一角，则丘陵起伏，谷沟纵横，都是阡陌连云的膏腴之地，沿海地势更平，交通称便，在距海边二三十里以外，才是高山地带，所以本区农业茂盛，产米尤丰，海产的鱼虾蚌蟹之类，尤属形形色色，美不胜收，人民安居乐业，熙攘往来，在这世乱年荒的今日，确是一个世外桃源，不可多得。

闽省产茶，名闻全国，闽南的铁观音，尤属珍品，因之闽南人民对于茶的欣赏，茶的调制，有过人的艺术。他们用滚热的开水，足量的茶叶，盛在四周用开水冲洗过的特制的小茶壶及小茶杯里，一杯入口，滋润香甜，使人感到意外的兴奋，杯量虽小，而气味浓厚，真能达到品茗的真谛，较之牛饮者流，其雅俗真不可以道里计了。这种潇洒闲逸的习惯，深入民间，虽属贩夫走卒，盛夏奔忙，汗出如雨，但当他们休息在毛店茶棚之下时，都还是执着闽南式的小杯，细细品尝，而茶的质料也远较普通乡村茶肆中所供应的为佳。饮茶的艺术，在闽南确已达到崇高而普遍的境界了，这种情况，颇足象征当地人民的富庶和生活的安定。

闽南这个角落，真是一向过着太平的日子么？倘使我们查一查民国以来的事迹，就可发现它也是在过着惊风骇浪的日子；如民国十三年张仪与民团之战，民国廿一年红军占领漳浦县城，在地方上都曾掀起了相当的不安。抗战发生后二年（廿八年五月），敌人进占厦门及鼓浪屿，但一直到胜利前二个月，佛昙、赤湖这一块地方却始终未陷魔掌。（民国）三十四年六月，敌人已准备南撤，厦门的日军流窜漳浦、诏安等地，路经佛昙、赤湖，但信宿即行，没有发生骚扰，盖当时人民保国卫家的情绪，非常热烈，地方团队组织坚强，才使敌人不敢正视，而保持着这一块清白之土。这块土为当时我国仅有的几个海岸据点，在战略上甚为重要，因为在这儿不但可为进攻日巢的跳板，并且可以勘察海上敌船的往来，尤其从台湾高雄港出来的舰艇，可以得到最先的情报，所以从民国三十三年七月起，中美合作所就在佛昙设立无线电台，与地方人士密切合作，刺探情报。据说有好几次敌舰

* 本文发表于《矿测近讯》1948年8月号（第90期），97页。——编者注

的炸沉，是得力于佛昙的情报的。赤湖士绅陈元白先生和佛昙的杨慎徽先生都曾出过许多力。当时佛昙驻有七八个美国人，漳州更多，与地方人士相处得非常融洽，虽然言语不通，而一声“顶好”，大家就意会到是并肩作战的盟友了。据说因言语隔阂，在漳州曾闹过一次小小误会，有一个美军向小贩购物，给钱太多，小贩摇手不要，美军以为不够，加给一倍，小贩更不敢受，美军再加，小贩再摇手，于是美军以为要索过多，盛怒之下，报以一掌，后经舌人沟通，大家一笑了之，这种朴实的民风，我想美国人也一定要称赞不绝的。及至（民国）三十四年八月十一日晚，日人乞降的消息，传播全国，翌日美军就撤离佛昙，前往漳州，从此佛昙又恢复为一个滨海的寂静农村，与外界似乎又要隔绝了。但村人们谈到当日紧张的局面，还是娓娓不倦，而想到这闽南的一角，对于抗战会有重要的贡献，也好像颇有些自负不凡呢！

在这些滨海的农村里，我们也可看到几所漂亮的洋房，这都是南洋侨胞辛苦经营的成绩。至于本地的经济，也甚枯竭，因为除了农产和渔产，没有什么出息。这儿满山遍野，都是质坚耐用、型色美丽的花岗岩，倘使有一个大规模的采石公司，利用海运出口，以供给沿海各大城市建筑之用，倒是一笔大生意。其他矿产，传说甚多，尚未证实，但我们却发现了一个确具开采价值的铝土矿，这个铝矿，供给台湾铝业公司之用，正是天造地设的理想配偶，我们努力地测量，探勘，采样，分析，还拟具了切实可靠的工程计划，乃时隔一年，台铝购买南洋铝矿的外汇，仍然外流不息，东吴山上的铝矿石，恐怕已忍不住冷淡而要向我们招手了！

喷火钻（Jet Piercing）在美国试验成功*

打钻的主要用途有二：一为探矿，一为炸石。固然还有许多目的如通风，排水等等，兹不具论。打钻的技术，主要的也有两种：一是冲击式，一是回旋式。虽然钻头的质料，有钢，硬金属和黑白金刚石种种的不同，但都是利用冲击或磨蚀的机械力量，使石层磨碎成为岩屑或岩心，而石层中留下来的是一个钻眼。倘以探矿为目的，我们可取岩心或岩屑来观察研究，倘以炸石为目的，就可利用钻眼，装置火药来爆炸石层。

这里要介绍的喷火钻，是专为炸石用的，但它却利用另外一种力量，乃是靠热和化学的作用，来穿凿石层。约莫十年以前，在美国密内苏太州的一个铁矿窿内，这种喷火钻首次试验，结果颇佳。1941 年在该州 Babbitt 的低级铁矿 Taconite 作第二次实验，后因战事发生，暂停进行。1946 年在同地恢复试验，1947 年夏天又作第四次试验，有许多改良，结果异常圆满。发明喷火钻的林得公司 Linde Air Products，Co. 和向以制造冲击钻著名的蒲舍洛司伊里公司 Bucyrus-Erie Company 正在合作制造这种新式钻机，据说在本年的夏季就可大量生产，以供工矿业上的应用了。

这次试验，分在两个地点。在第一地点，一共打了 40 个钻眼，平均口径九英寸，眼深 31 呎，总深度 1,180 呎，每小时可钻深 18.9 呎，实际喷火下钻的时间不过 62.8 小时。在第二地点打了 15 个钻眼，平均口径及深度同前，每小时钻深增为 21 呎，有一眼，则达 31 呎。钻机和钻架都装在一部爬行式的汽车上，一切均用机力，故搬运至易，从一个钻眼搬到另一钻眼，所需的时间不过三十分钟，所以每班工人，至少可钻深 100 到 150 呎。

喷火钻的原理，相当简单。它利用一个旋转的吹管，灌入石油，氧气和水，用火点着，就发生强烈的火焰，最高温度可达华氏 4,000 度，碰到岩层，不是剥裂，就被熔化。磁铁矿的熔点是华氏 2,790 度，矽石是 3,090 度，所以铁矿易被熔化，而矽石就易剥裂。吹管头和火焰随着钢绳下沉，由于火焰和燃气的压力，地层遂被穿成一孔，熔化的和剥裂的岩石，遇到吹管头上的水流，就裂成细粒，同时水变成水蒸气膨胀爆发，岩石细粒随着水蒸气和燃烧气的回流，喷出钻孔，大概百分之五十左右的岩石，俱成不到 1/16 吋的细屑，就是一英寸大小的岩块，也不难冲出钻孔。矽石的剥裂，是由于在华氏 1,100 度时 α 石英变到 β 石英时容积膨胀的原故。

喷火钻的设备，和一个油井钻大致相仿，有钻架，绞筒，钢绳，转盘等。长约三十呎的吹管，连在钢绳之上，用马达的控制，可使吹管上下自如。另有许多开关，调节氧气，油料和水的供应，以控制温度和压力。转盘的动作，可使吹管旋转。紧接于吹管上头的是一个八吋长的钻筒，四周镶以硬金属板片来研磨钻孔的石壁，因为石壁业经剥裂或熔化，研磨容易，所以钻筒可经久耐用。还装一个电风扇，使气体和石屑被抽出钻孔。石层在钻孔四周，纷纷沉落，由助手一人在旁随时清除。工作的时候，蒸气弥漫，吼声如雷，好像

---

* 本文发表于《矿测近讯》1948 年 8 月号（第 90 期），98 页。——编者注

火山爆发，情景异常紧张，但只须二个工人，就可措置裕如，一个躲在钢幕之后，控制各种开关，一个助手，清除岩屑，这种工作，稍经训练，即不难纯熟。

从发出吼声的不同和钢绳拉力的大小（有一个拉力表可随时查验），可略测经过岩层的种类：如遇到矽石，则因岩石迅速剥裂，钻速加大，必须增加下钻的速度，否则将裂成较大之孔；此时下面阻力减小，钢绳的拉力增加，而发出一种吼声。倘使遇到磁铁矿，则须熔化始能下钻，钻速减少，下钻的速度，也应随之调节，同时钻底阻力加大，钢绳的拉力减小，而吼声也不同了。

喷火钻有许多优点，最重要的是钻速增加，特别在美国上湖铁矿区的低级铁矿层，质性异常坚韧，倘用普通的机械钻，毋论冲击也好，回旋也好，最大的速度，每小时只能钻进一英尺，喷火钻平均可达十呎，普通石层，则可达二三十呎，同时钻筒等等的耗损率，也大为减少。喷火钻的另一优点是，经过灼热的结果，岩石发生裂缝，等到装药爆炸的时候，岩石容易崩裂。经过适当控制，钻孔各部分的口径，可不尽相同，对于第二步的爆炸，也可得到若干便利。最近的改良，除免去熔剂外，并可打斜钻。总之，喷火钻是一种革命式的钻机，原来设计的用意，是专为低级铁矿等特别坚硬的石层，但其他岩石，也可适用；它有无限的前途，但尚需不断的研究和改进，将来登峰造极之后，对于采矿工业上，无疑的将有创造性的贡献呀。（资料采自美国工矿杂志 1946 年 11 月号及 1948 年 3 月号）

章鸿钊著《中国分省历代矿产图录》述评*

此书为章鸿钊先生于抗战期内完成之一种，共分十卷，约廿余万言。专就国内历代已知之矿产，并能详其产地者，分次行省；择要摘录，汇为是书。其前代郡县地名，悉以今地名附志其下，不烦再考。其所引书，上自史汉，下迄各省方志，无不搜罗，并道里方向一一毕载，即实地勘查亦极方便。所录矿产，不仅五金玉石举为当今重要资源，即如龙骨，石鱼，石燕等化石及一切矿物，以其有关地质考证，亦搜罗无遗，详细列入，俾供学术界之参考，洵为有用之书也。

其最便检查者，各省各附以三百万分或二百万分之一民国新地图，每县矿产略按其道里方向添驻其上 。如携赴实地，按图即可知矿之所在。至于矿物及古生物之产区，则研究地质，采集矿物以及考古者尤有探检之必要，洵至便也。兹举其目录如次：

卷一 江苏附图一 安徽附图一 江西附图一

卷二 浙江附图一 福建附图一

卷三 湖南附图一 湖北附图一

卷四 四川附图二 西康图附四川下

卷五 云南附图二 贵州附图一

卷六 广东附图一 广西附图一

卷七 山东附图一 河北附图一 热河图附河北下 察哈尔同上

卷八 河南附图一 山西附图一 绥远图附山西下

卷九 陕西附图一 甘肃附图一 新疆附图一 宁夏图附甘肃图下 青海同上

卷十 辽宁附图一 吉林附图一 黑龙江附图一 台湾附图一

每省必首列该省所产矿石种类，以征引书籍所见之先后为次序。故开卷即知该省昔产何种矿产矿物，而后按文索之，无不具得。

抑又有言者，近代之需要矿产远较古代为多，不仅为重要生产事业之一，且国防上实多所利赖之，乃今人所得反不若古昔之多且富者，非其术不逮古人也，盖茫茫禹迹，非耳目所能编及也。故探矿必先有其线索；今人苟欲得其线索，其最捷之术莫如求诸历代已知之矿苗所在为便。此书乃正示人以探矿之线索也，故其用为尤大。

古人虽已知矿之所在，而其采矿术远不如近代之精密，故其矿虽几经采掘，仍有多所未尽者。试举一例言之：今安徽铜陵县南十里有铜官山，明为古时出铜之山也。此书引《唐书食货志》，《元和郡县志》，《太平寰宇记》，《元丰九域志》，《明一统志》，《方舆纪

* 本文 1948 年发表于《地质论评》，第 13 卷，第 3—4 期，245—246 页。此书后于 1954 年由地质出版社出版，书名易为《古矿录》。——编者注

要》,《清一统志》等，皆云有铜有铁；考其开采之始，当首推晋立梅根冶，经六朝至隋相继不辍。南唐于此置铜官场，宋置利国监，山亦名利国山。则古昔产铜之盛，可想见矣。但今人之勘查此山者，又以有铁无铜为异。此实不足异也，《方舆纪要》已云“岁久铜乏，场监俱废”矣。盖古时铜之用多于铁，其或立冶或置场或设监，皆为采铜而已，则铜安得不竭乎？然地上之铜虽已竭，而地下之铜未必全绝也。果也，抗战期内，日人复至是山行电气探矿法，而知地下尚储有相当丰富铜量矣。然则所谓当求线索于历代矿苗之所在，此明验也。

只上述一例，已足以见此书之价值而有余。试再就今日国内有名之矿山举其一二：如湖北大冶之铁，察哈尔宣化龙关之铁（今称龙烟铁矿），山东登莱之金，博山、淄川、峄县、潍县之煤，辽宁本溪之煤铁，河北宛平房山，山西大同、广灵、平定等处之煤，云南东川之铜，易门之铁，浙江长兴之煤，安徽当涂、繁昌之铁等，实无一非前代几经采掘之余，而今犹为国计民生所利赖焉乃若此。然考诸历代旧矿，上所举者不过千百中之二三而已，岂除此二三外，其余必无可采者乎？即不必皆可采，亦岂绝无可探之价值乎？鉴于铜陵铜官山之例，殊未能信其然也。

章先生是编之用意，于其“自叙”中已详述之，其意乃欲于举国患贫患弱之秋，唤起国人注意前人已得之矿产，再加探寻，俾尽地利，期以事半功倍之方法达到自给自足之目的。故征引必详且慎，其有裨于实业界与学术界之参考，自不待言。今此书行将问世，爰先为介绍内容概要如此。

矿产与建设*

（十月十五日在中央广播电台演讲稿）

诸位先生：今天晚上本人应中国十科学团体联合年会的邀请，在这儿作一个简短的广播。今天所讲的题目是“矿产与建设”。矿产对于建设的关系太密切了，太重大了。倘使没有矿产，就没有建设，我们要建设，就一定要有足够的矿产。大家都知道建设的要素是动力、原料和人工。动力的源泉是煤、石油和水力。煤和石油都是矿产。水力好像不是矿，但我们学地质的人还叫它为矿，因为水也是地上和地下组织的一份子呀！何况水力建设，还需要许多其他的矿产来辅助它呢。将来的动力可能要靠原子能，但要使原子分裂，我们先要有铀矿或钍矿，这是十足道地的矿产。讲到原料，大部分又是从矿产中制造或提炼出来的，钢铁五金是矿，水泥灰石也是矿；若干化工、食物及纺织工业的原料，虽然不是矿，但它们的机器、燃料和油料还是从矿产中炼制出来的。人工是有机体，当然与矿无关，但我们倘使想一想为维持人类生活的衣食住行，就没有一样不是与矿有直接或间接的关系的。衣靠纺织，要有钢铁和燃料已如上述；食靠肥料和农具，住靠建筑材料，行靠飞机、火车、轮船，都是由许多矿产品制造出来的。所以没有矿产，不但没有建设，就连人类的生命，也不能维持了。上古人类最低程度的文化用石器，石就是矿，其次用铜用铁更是矿了，倘使我们说没有矿就没有人类，也非过分之谈。

铁路是一种大建设，它不但需要钢铁来制轨，煤觔来行车，它还需有大宗矿品来维持路运的收入。水力发电也是一种大建设，它必须先有水泥、石料、钢筋来筑坝，钢铁器材来安装机器，而尤其重要的，附近需有大工厂、大矿场来消费这庞大的电力。无矿产即无建设，这句话是不错的。

美国矿产丰富，甲于全球，所以它能建设成为头等的强国。苏联的矿产，不亚于美，它的建设也就突飞猛晋了。现在世界之所以成为美苏二国争雄的局面，人为的努力，固然有很大的影响，而天赋所予矿产资源的独厚，却是决定的因素。意大利、瑞士以及北欧各国，矿产甚为贫乏，所以即使人民如何努力，终不能称霸世界。反之，矿产丰富的地方，如果民族不努力，政治不改良，反将怀璧伤身，召致祸害，非洲就是一个最佳的例子。

中国抗战八年终于得到最后胜利，原因很多，但是西南和西北矿产的及时开发，以供战时建设的运用，却是一个不小的因素。我们开发了煤矿、石油矿和天然气来供给动力燃料和维持交通。我们又开发了铁矿、铜矿、铅矿并设立钢铁厂、炼铜厂、炼铅厂，来制造军火、机器、农具及各种器材。我们又大量生产钨矿、锑矿、锡矿、汞矿，源源不绝地输出国外，争取外汇，以作抗战的资本。还有一种最重要的矿，那就是四川、云南的盐矿。那时海岸封锁，海盐断绝，倘使没有矿盐，人民将有淡食的恐慌，又岂能维持抗战到八年

* 原载《矿测近讯》1948年10月号（第92期），113—114页。——编者注

之久呢！在这里我们要感谢中国地质学家们对于西南和西北矿产的调查早有初步的准备；又要感谢中国矿冶工程师们的经验有素，苦干硬干，所以随着政府的西迁，而后方的工矿业，也就在最短时期之内，逐渐建立了。倘使没有这些矿产，或者没有这班开矿的斗士，那末，抗战不成，建国也无从说起了。

现在大家不是在闹着煤荒么？钢铁五金的供给，也常感到不足么？台湾又时常闹着肥料荒，这种种荒都是矿产不够供给的表现，它的后果，将造成工厂关门，水电断绝，运输停顿的严重局面，也就是没有矿产，将没有建设的最现实最明显的例证。

中国向称地大物博，后来有识之士，又提出地虽大而物不博的论调。我本人的看法却有些不同。照目前所知，中国的钨、锑、煤、铁、锡、盐、石膏、镁等矿产是非常丰富的，铝、磷、硫、汞等可能有重大矿床，就是石油、铜、铅、锌，倘使详加探勘，也未始没有发现大量矿床的希望。抗战时代国人在后方的经营和日人在沦陷区内若干发现，可为例证。胜利后本人主办的矿产测勘处，稍稍努力，就发现了淮南的新煤田，漳浦的铝矿，凤台的磷矿，最近又发现了栖霞山的铅矿，这都足证明天赋的优厚，只要努力探寻，随时随地，都可发现。有志建设的人士们，赶快努力罢，我们有着丰富的矿产，又何患建设不成，中国地大物不博的论调，恐怕要感到动摇了！

南京附近的矿产*

李仲揆先生在他的名著《南京龙潭地质指南》英文版中开头就说“……龙潭，这是由于生产优良石灰，以及苦干被认为有开矿价值但曾经屡次失败而著名的。这种粗型的工业，引不起地质学家们的注意，倒是它的古生物和地层材料的丰富，以及许多构造上的显示，没有一个地质学家可以忽略，假使他要懂得南京山系的组成的话”。李先生所说的矿业，大概是指煤矿。龙潭的煤田，固然不佳，但是整个南京山系中难道没有一些值得地质学家们注意的矿产么？同样对于矿产不加注意的著作是《宁镇山脉地质志》，这是一部调查最精叙述最详的标准著作，但从头至尾，却看不到关于任何一个矿产的叙述，就连岩石的变质，普通矿物的产状，也不大提到，这在我们研究矿床注意应用地质的人们看了，不免有些遗憾，因为矿产究竟也是地壳组织的一份子，而要懂得南京山系的组成，似乎也不能不稍加注意。所以倘使我们要参考一些关于宁镇山脉及其附近地区的矿产资料，我们仍不能不去翻阅那些稍为老的出版品像《江苏地质志》，《扬子江下游铁矿志》以及若干零星的矿产报告。

我说上面的这些话，并不是对于李先生们的工作，有何不满，或甚至非议纯粹地质研究的不当；相反地，我是十分欣赏和钦佩宁镇山脉地质图的精详渊博，虽然有若干地方还需要改正，但可以说直到现在为止，在国内是很难找到可以与它比美的。同时，宁镇山脉地质图又给予我们经济地质学家们在探矿工作上一个基本的线索，因为从这个图上我们可以看到那儿是火成侵入岩丛集的地方，那儿是弧形的顶点，那儿是断裂的集团，那儿有容易起交代作用的石灰岩，那儿有合适的背斜或向斜构造，这一切的一切，都是探矿的基本问题，而宁镇山脉地质图的作者们，却已给我们解决了一大半，这是值得我们十分感谢的。

我得到了这种线索，又研究其附近地带如南京南部至当涂间的许多铁矿，我就相信南京附近包括宁镇山脉，茅山山脉以及当涂一带，应当是一个适宜于造成各种金属矿床的矿产区域；至于非金属矿产像煤，磷灰石，各种黏土，萤石等等，如详为探觅，也未必无发现的希望。当涂附近南山，大凹山，大小东山的铁矿，在战前业经开采甚盛，南京南部凤凰山、牛首山、静龙山的铁矿，和獾子洞的铜矿，也早就知道，不过尚未开采。宁镇山脉中矿产，除了若干劣质煤田外，很少发现，《江苏地质志》上所列的仅有下蜀仓头镇南的铜矿和高资巢凤山的石墨，似乎都没有什么经济价值。但是沦陷时期，日本人在南京附近却发现了不少矿产，如当涂向山的黄铁矿，南京栖霞山的锰矿，钟山西北蒋庙的铁矿，都经大规模开采。日人又在凤凰山大量开采铁矿，从他们探采的结果，证明它的矿量，远较前人所估计的为多。另在铜井湾西南的铜坑山，发现了一个金铜矿脉，已着手探勘，但还没有正式开采。此外又在当涂的龙山、王山发现锰矿，南山附近发现铜矿，价值如何，以

* 原载《矿测近讯》1948第11月号（第93期），123－125页。——编者注

未见报告，无从知悉。近几个月来本处对于南京附近的矿产，稍加注意，首先发现了栖霞山的铅矿，最近又发现了下蜀仓头镇南龙王庙的钼矿，现在将这两个新矿地的发现经过和矿床情形，略为叙述如次：

栖霞山为京郊名胜，公路铁路俱可到达，北距长江亦不过二三里，所以交通异常便利。在栖霞寺北有一条东北西南向的小沟，沟北的山坡上，日人开了十多条明沟来探采锰矿，分为五级，筑有运矿铁路，计干线一条，现尚保存，分级支线多条，现多拆除，仅留若干遗迹。在矿区东段御花园之上三十余公尺有四五个土石堆，其中含有许多黄色和白色而比重甚高的石块，这就是磷酸铅矿 Pyromorphite 和碳酸铅矿 Cerussitc，含铅平均在百分之二十以上，最高的可达百分之四十。发现的经过是这样的：有一次本会钢铁组严冶之、邱玉池及袁子英诸先生邀我同往栖霞山勘查锰矿，本处李庆远、南延宗、张兆瑾、沙光文、杨庆如、杨开庆诸先生，也一同参加。在上述土石堆的附近，我于无意中发现了一块含有黄色六角柱状结晶的标本，异常精美。在石堆上又采集了许多黄色并含有铜绿的矿石，这些矿石，本处李庆远、南延宗诸先生于前一次赴栖霞山旅行时也已采到，而中大教授徐克勤先生也经注意，但都没有认出它的经济价值。我最初疑心这种黄色结晶含有铀、钒等稀有元素，但用吹管和各种试验，都没有反应，又请本处化验室陈四箴、申泮文、孙剑如三先生作定性试验，最后才知道是磷酸铅矿。同时我又磨制若干薄片，在显微镜下研究，见到许多屈折率特高而重屈折率特低的黄色矿物，至此才恍然大悟，知道这些黄色石头都是含有甚多磷酸铅的铅矿石。在这些黄色矿石中，又有许多白色细脉，我在野地时以为是重晶石，后来铅矿性质确定了，南延宗先生提醒我说这恐怕是碳酸铅（亦称白铅矿），因为它具有特殊的金刚石光泽；我用薄片研究和吹管试验，证明了南先生的话，至于有否硫酸铅 Anglesite 或氧化锌的矿物，那要待继续研究来决定了。栖霞山含有成分优良的铅矿，既成事实，其次要解决的就是矿床的产状和储量的多少，因此，我又约了本处的南延宗、王植二先生同往复勘，驻山四日，对于地质、矿床，作了一个初步的研究。在矿堆附近，至少找到两处铅矿床的露头；我又侥倖地在为许多白铅矿散浸的含铁矽石中找到了一些风化残留下来的原生方铅矿结晶。我们又测定矿堆的面积，并约略估定其中氧化铅矿的储量达 2,000 吨左右。我认为这矿堆是代表铅矿风化部分的松石，日人为修筑运矿支路，将这些松石就地堆叠，成为平台，所以这些石堆之下，恐怕就是主要矿床的露头。至于它的产状如何，厚薄、大小，以及原生方铅矿的情形，那都要待详细探勘之后，才能知道，所以我又拟了一个探勘的计划，俟资源委员会拨到款项，就可实施。

下蜀仓头镇南的钼矿是本处王植、赵宗溥二先生所发现的。我鉴于下蜀铜山的铜矿有研究价值，就请他们前往复勘，他们在龙王庙附近一个古代开采的石坑中，发现了长约五公尺，宽达半公尺而深未及底的辉钼矿体，它产于厚达五六十公尺的石榴石的接触变质带中，共生的矿物甚多，现在不及备载，但最使人惊异的就是这些钼矿和它附近的变质岩 Skarn rock 在紫外光灯下，显出许多黄色斑点的荧光，这些发荧光的矿物，在寻常光波下呈白色或黄色，它显然是次生钼矿物，很可能是钼酸钙的 Powellite。倘使没有紫外光灯，这些矿物就颇不容易辨察出来了。为复勘钼矿，我与王植，刘国昌，郭文魁及赵宗溥几位先生，又带了紫外光灯前去视察，在钼矿体附近二三十公尺的范围内，都显示荧光，刘国昌先生又在对面石顶上发现一小块辉钼矿体。从这种种迹象看来，辉钼矿的分布，似乎不很狭窄，凡上面显示黄色荧光的地段，其下可能都有辉钼矿，倘能仔细搜探，说不定会发现一个具有经济价值的钼矿。就所采矿样分析，含钼达2.36%，改算成硫化钼则为3.939%，成分相当好，但这是富矿，平均成分还要低些。另作浮游选矿试验，成绩也甚佳。按中国钼矿产地，闽浙两省最多，近来江西、新疆也有发现，抗战期内日本人在东北的锦西、本溪、和龙等十余县发现许多钼矿，据林迺信先生报告（未刊稿）总储量可达七八百万吨，平均含硫化钼量不及1%，特别丰富的地方可达百分之三至十，其中以锦西的杨家杖子矿体最大，储量亦最多（600万吨）。日人开采时每年的总产量达纯钼砂（百分之六十的硫化钼）1,500吨。林先生将东北钼矿分为四类，而以接触变质矿床为最重要，如杨家杖子马路沟等矿，俱属此类，矿体的证实深度在一百公尺以上，可能深度或可到六百公尺。下蜀的钼矿，无疑地也是接触变质一类，所以就矿床型式上讲，颇值得我们加以注意的。

此外据日人报告，高资南面巢凤山一带，还有磁铁矿，储量虽不甚多，也颇堪注意，因为除了铁矿之外，恐怕还有其他矿床，俟本处考查后就可知道了。江宁县南乡獾子洞铜矿，据已故中央大学教授郑厚怀先生调查（中国地质学会志十五卷三六一——三七九页，民国二十五年）是产于钟山层（中生代）的石英质砾岩中，常呈椭圆形的浸染体，为石英，石榴石，方解石，镜铁矿等所充填或交换，也有成脉状的。矿石以赤铁矿及镜铁矿为主，稍含黄铁矿和黄铜矿。郑先生推想这种矿床的成因，热液为主，接触变质为副，而椭圆形的形成和石榴石的产生，是由于矿液交换砾岩中的石灰岩块砾所成。我们在江宁县治所在地土山附近的山上也找到同样的矿化现象，这儿有许多圆形或椭圆形的镜铁矿散浸在同时代的砾状砂岩中，因为砾石不是石灰岩，所以见不到石榴石、方解石等矿物，而铜矿物至少用肉眼辨察也还没有见到。铜井湾西南铜坑山的金铜矿产于石英脉中，据说含金量甚高，现正由资委会华中矿务局施探中。

从上面叙述南京附近矿产的情形，包括战前已知的产地，以有日人和我们最近的新发现，我们更可以相信它应该是一个有意义的矿产区域了。因为探矿工作，还没有实施，所以这些矿产的真实价值，尚难断定，但我可以相信至少有若干处是值得探采，并且可望得到满意的结果的。尤其要使人注意的是这儿地带在交通，物资，销售方面的种种便利，一个在内地不值开采的矿产，在这儿也许就成为宝贝了。

此外我要特别提出许多非金属矿产像磷灰石，重晶石，萤石，石墨以及有些笨重而需要交通的矿产，像建筑石材，黏土，斑脱岩，酸性白土，为制造轻质混凝土的浮石Pumice，珠岩Pearlite，蛭石vermiculite和特种防蚀水泥所用的火山灰等矿产。由于方山、茅山以及江北一带大片火山岩的发育，我想浮石、珠岩、火山灰等材料的丰富，是可以想像得到的。栖霞山的重晶石，高资的石墨，都已发现，若干可疑的寒武震旦纪地层中可能有磷灰石的发现，而建德系中的斑脱岩（Bentonite）甚至萤石，也都是有用的矿产。我们只要依据合理的地质理论，认定目标，详事搜探，并广采试样，精密分析和测验，将来在南京附近巨大非金属矿业的建立，是毋容置疑的。

最后我要略论南京附近矿产的分布与地质构造的关系。李仲揆先生及其同事们所提出的宁镇山脉和茅山山脉的弓矢型或弧型构造，是极有意义的，它对于金属矿产的分布，尤有密切关系。在这个弓矢型构造的顶端，就是高资下蜀一带，褶皱断裂，异常强烈，火成岩分布亦最广，这该是大片岩盘出露的地点，许多水成岩陷入其中，深受变质，所以接触变质作用特别发育，石榴石带厚可达百余公尺，就是许多砂岩、页岩也都变成角质岩（Hornfels）和红柱石（andalusite or chiastolite）、硬绿泥石（Chloritoid）或其他种类的片岩了。这儿我们有接触变质型的钼矿，磁铁矿及铜矿。距弧形顶点稍远的地方，像栖霞山，我们见到低温热液的锰矿，铅矿和重晶石矿。钟山麒麟门一带是南京弧的西翼，火成岩分布亦广，成为岩脉、岩株，出现在钟山北坡岔路口、红山、蒋庙一带。我们在蒋庙找到接触变质型铁矿。岔路口一带，据本处郭文魁、赵宗溥、杨开庆诸先生研究，岩石俱深受变质，锰矿痕迹，到处可见，其下有何矿床，颇值研究。钟山南坡和青龙山之间是一个由中生代岩层所组成的大向斜层。这个向斜构造，东北接射乌山，向西南经过南京南部直与当涂采石的向斜层相连。钟山南坡及其东北，都是象山砂岩，仅射乌山的山顶有少许建德系的火山岩，但其西南，包括南京南部，火山岩系位于象山层之上，分布甚广。这个向斜层普遍的含有许多火成岩的小侵入体，组成岩株、岩脉等形状，而这些小侵入体却造成了许多铁矿，黄铁矿以及其他矿产，在江宁县的南乡和当涂之东，俱已证实开采，而射乌山一带是否有同样矿床，那就要待我们的研究来证实了。至于南京弧的东翼，就是镇江一带，有何金属矿产，以材料不全，暂难推论。所以从南京弧的理论，我们可将南京附近的矿产区域分为五段，就是：（一）南京弧的顶点，是火成岩盘的中心，有接触变质型的铁、钼矿和其他高温矿床；（二）南京弧的西翼，在栖霞山有低温铅、锰、钼矿，蒋庙也有接触变质的铁矿；（三）南京弧的东翼，矿床情形，现尚不明；（四）钟山采石的中生代向斜层，以中温至低温的铁矿为主，也有高温式铁矿如当涂大凹山的磷灰石磁铁矿。他若黄铁矿及金铜锰矿也是重要矿床。（五）茅山的矢形山脉，构造复杂，但没有火成岩，所以金属矿床也很少发现。

南京附近，这个一向认为是仅仅在古生物，地层以及构造上值得地质学家注意的地点，现在已充分地证明为一个有意义的矿产区域了，假使要懂得南京山系的组成的话，地质学家们对于这组织中的重要一份子——矿产——是不能够并且不应该随便忽略的！

与美国经济合作诸国的矿业近况*

John C. Christie 原著　谢家荣节译

“这是一篇关于德、奥、意三国矿业近况的报道，刊于本年十月号的美国工矿杂志上。原著者克利斯脱先生说：这三国的矿业，虽然在苏联的压力下并为铁幕所分割，但因有美国民主主义的援助，已在蓬勃地复兴了。”

一、德国

因为美苏政治思想的不协调，德国形成东西对立的局势，这不但影响四强占领程序的进行，也阻碍了矿业的复员。其他次要原因为燃煤的缺乏，以及英美两国对于矿业国家化和取消独占化观点的不同。至于劳工问题，不甚重要，德国有充足的工人，足够应付将来的增产。虽然战时的损害甚大，将来困难还多，但西德的矿业却已步向一个足以自给并能贡献于和平世界经济建设的地位。西德向以制造采矿机械著名，尤其是供露天（采）掘的若干机器，以及浮游选矿机，冶炼复杂铜锡矿的炼炉，利用废物收取副产品等等的设备。所以在矿业设备方面，西德几乎可以自给自足不需进口了。

唯一缺点是，经过二十五年来两次世界大战的罗掘，又因为若干矿地如上哈士山 Upper Harz 的铅锌矿等，开采历史已达数百年，探采既穷，都有洞老山空之势，除非局促于薄利的边缘，或者设法利用更低级的矿石，进一步大规模的开发，似乎不甚可能。又因为德国是一个强度工业化的国家，需用矿品，至繁且多，虽然她的矿产资源，并不十分贫乏，但因消费过多，就成为一切需要进口的国家了。

目前苏联控制下的东德与美英法控制的西德，虽然对立，物资交流，备受阻碍，但因为地理分布的比较均匀，对于西德矿业经济的影响，还不十分严重。苏联区拥有的重要矿产资源，计有下列四区：（一）德国最丰富的铅锌矿以及许多未拆除的炼厂，都在上西里西亚 Upper Silesia。（二）德国唯一重要的孟斯菲尔德 Mansfield 铜矿，炼厂设备可冶炼达 80 万吨含 2.5%的矿石，出产硫酸及银，铅，镍甚多。（三）与捷克交界的爱尔兹山 Erzgebirge 是一个老矿山，现由苏联大规模开采低级的铀矿。（四）哈士山东的十七个钾盐矿，年产氧化钾达 1,217,100 公吨，但其中有十四个矿年产钾盐 70 余万吨，却是位于美英法的控制区内。苏联又拆除了许多铅，镁，镍，铜，锌等等的炼厂，最大的损失是麦特堡 Magdeburg 的电化炼锌厂，年产额达 6 万吨。

铁矿——钢铁是德国的重要工业，但国内缺少高级铁矿，目前问题是继续输入高级矿石呢，还是设法采用国产的低级铁矿。有二种原因，似乎要阻止后者的实行：（一）德国钢厂一向惯用进口的高级铁矿；（二）如果采用低级矿石，需煤较多，而煤的缺少恐尚须

* 本文 1948 年 12 月发表于《矿测近讯》第 94 期，1949 年 3 月和 4 月第 97、98 期连载。——编者注

继续数年。但目前趋势还在设法利用低级铁矿。最重要的是柴而兹奇斗 Salzgitter 的褐铁矿，含铁 25%～30%。矽氧 18%～20%，氧化钙 5%，储量二十亿吨。该矿在第二次大战前即经开发，战时年产矿石 600 万吨，现则年产 250 万吨。钢铁厂完成之后，将为欧洲最大之一。此外若干含锰铁矿，如 Siegerland，Peine 也是重要的铁源，含铁自 24%～54%，储量都很丰富。最近德国与瑞典签约，在一九四九年输入铁矿石 340 万吨，而瑞典所得的是 125,000 吨的钢铁成品。

铝——虽然德国全靠输入铝土矿（1938 年达 120 万吨）来炼铝，但一九三八年的铝产额 165,000 吨，就占世界总额 28.5%。依照波茨坦协议，德国的铝工业应予全部拆除，后因四强失去协调，为加强西德工业计，暂准在现有的矿石和氧化铝存货下，继续炼铝，实际则已无限制的开放，不过由三强加以统制罢了。德国现在炼铝能力，每年氧化铝 22 万吨，纯铝 75,000 吨。

镁——镁的生产是禁止的，就是暂时开放，也还没有办到，不过将来可望恢复。德国现存纯镁一千至一千三百吨，废镁料 4,000 吨，如不生产新货，到一九四九年就需要进口。承平时的消费量年达六七千吨。德国镁盐和钾盐的矿产是很丰富的，若干矿区属苏联控制，但是西区所有的资源也已足够发展了。

铅锌矿——西德的铅锌矿都是低级矿石，最重要的矿地在英国控制区内，据计算在 1952 年时可年产锌七万吨，铅 55,000 吨。莱因区的 Man. bach 矿储量百万吨，含铅百分之三，锌百分之二，正在设计开发，1952 年可望年产铅 2 万吨，锌 8,000 吨。东西二区合计每年炼铅能力是 14 万吨，锌 18 万吨。

铜——德国没有大铜矿，1947 年的产额仅仅纯铜 239 吨。最有名的桑脱拉 Sontra mine，Hesse 铜矿，含铜量自 0.3%至 0.5%，已被水淹没，炼厂也拆除。汉堡的北德炼铜厂，利用粗铜废料，电炼精铜，年产量可达 8 万吨，现因损毁，仅达半数。

其他矿产：慕尼黑的石墨足够自给，并略有出口，1947 年产粗品 15,244 吨，精品 4,930 吨。1948 年的上半年则为粗品 2,087 吨，精品 3,170 吨。同区域内也产滑石，1947 年产矿 15,443 吨，中含滑石百分之八十。1948 年上半年产矿 9,045 吨，中含纯滑石 8,968 吨。德国向以产销萤石著名，南德区各矿 Bayerenth－Amberg 在 1947 年产 19,235 吨，至 1948 年可达 3 万吨，大概有一半的产量可供出口，其他萤石产地尚多，有些是属于苏区的。

德国缺少的金属和矿产，最重要的为：镍，锡，苦土矿，（主要自奥国输入）镉，工业用金刚钻和云母等。

二、奥国

奥国最丰富的矿产是苦土，石墨和滑石，它的出口，不但可以供给经济合作各国，并能输至美国为储备之用。这些矿产的复员工作，并不困难，但因战后政治的不协调，一般的矿业经济，是趋向低沉之途。经济合作总署只能救济一部分，并且是属于西区的各矿。

最不幸的情况是关于燃料方面。奥国的齐斯脱村 Zisterdorf 油田，甚为丰富，如能善为开发，每年油料的输出，可获得二千万以上的外汇，但因苏联阻挠，工作不易进行，经济合作总署亦爱莫能助。奥国又不能照向例地从鲁尔和西里西亚得到燃煤，唯一国内的煤矿，又适在苏联控制区内。

奥国对于铁矿，可以自给自足，除为特别应用的高锰铁矿，却甚缺乏。若干司德里 Styria 区的铁矿，又因交通设备被折除，运输困难，不易增产。战前产额每日 1 万吨，现仅三千二百吨，颇感不足。故在近二年内必须输入 40 万吨铁矿，始够应用，此外还须输入锰矿 2 万吨。

因为缺乏资金，燃料和动力，非铁金属矿业也受到重大影响，为补充设备和材料，约需 30 万美元，为本项矿业复原之用。奥国矿务部已自美国订购价值 25 万元的钻探机器，为探勘非铁金属及油煤等矿区之用。最为幸运的，是这三个主要矿产——苦土，石墨和滑石的矿场，都是比较完整，只要补充些选矿设备，就可完全复原了。

战后奥国的矿业政策，本是规定为国营的，但因政府力量薄弱，且为调和左右两翼的政治观点，没有做得彻底；如百分之六十的煤矿是公营，百分之九十的铁矿是国营，还有许多矿如苦土，石墨，滑石之类仍是民营。许多德资矿厂，都收归国有，但奥政府仅仅占了几个董事，实际经营都操在占领政府的手内。现在将几种重要矿产，再分述如次：

苦土——这是奥国第一重要的矿产，在世界产额中，向占第二位置。1945 年的产额，减至相当于 1937 年的百分之二十五，但至 1947 年增加到百分之五十六。1937 年约有百分之四十的烧透苦土输入美国，百分之二十四输入英国，百分之十三输入德国。英、法、德三国合起来获得在百分之五十以上的苦土砖的出口量。奥国将靠着苦土矿来获取外汇，而在援欧计划中，它也是为易货或其他方法上已经贡献了许多力量。现有两个外资公司在奥国的苦土矿业上占重要位置，一个是奥美合资，一个是奥瑞（瑞士）合资，都位在英国的控制区内。

石墨——奥国的石墨，质地虽不最佳，但颇能有利开发，生产量足够美国的需要而有余。1937 年的产额为 18,158 吨，其中百分之六十九是出口的。1945 年因为没有销路，降到 3,485 吨，翌年更少，不过 254 吨，但至 1947 年又增到 3,845 吨。1948 年的目标至少为 1 万吨，所以需要大量的出口了。西区的石墨矿在援欧计划中需要若干设备。其他石墨矿之重要者，位于东区的苏联控制区内。奥产石墨在冶金工业上特别适用，如翻砂工业之类，它也是优良的耐火材料。平均成分含碳自百分之四十至七十，硫不及 1%，灼失量自百分之四十五至七十五。

铜，铅，锌，锑——奥国所产的铜铅锌，在平时工业的消费下，不够自给。唯一开采的铜矿在美区的米突堡 Mitterberg，Land Satzburg，它是一个低级铜矿，含铜量约 2.2%。1947 年产矿石 17,085 吨，翌年的七个月中却产了 23,289 吨的矿石。另一铜矿在法国控制的银堡 Silberberg，Tyrol，还没有开采。唯一炼铜厂在勃里斯莱葛 Brixlegg，最高时月产电解铜 350 吨，包括废铜品的精炼在内。该厂在战时损毁甚巨，至今还没有修复，所以在 1947 年的下半年，仅产电铜 310 吨，但是 1948 年的七个月就产了 1,000 吨。奥国平常每年需铜约 15,000 吨，所以在一九四八至四九年的经济合作计划中，列入了 1 万吨铜的进口量。

铅堡 Bleiberg，Carinthia 附近的铅锌钼矿，与南斯拉夫国的边界甚近，是目前唯一开采这项金属的矿厂。1947 年产矿石 50,697 吨，但翌年的七个月内就产了 5 万吨。每月最高产量的估计可达 1 万吨。该矿仅有选锌厂，1947 年产净锌砂 2,458 吨。正想在援欧款项下，设立一个炼锌厂，还没有实现。炼铅厂已经设立，每年生产能力自 12,000 至 15,000 吨。1947 年产铅 3,795 吨，包括若干从意国进口的铅砂在内。在经济合作计划中，奥国请求输入铅 3,000 吨，锌 7,500 吨，以补国内产量的不足。

锑矿位于苏联控制区内，1947 年产矿 2,235 吨，1948 年的七个月产了 3,222 吨。每月的生产能力据计算可达 1,800 吨。

滑石——奥国为主要产滑石的国家之一，1937 年产了 17,090 吨，战事结束后，积极恢复，在 1947 年就增加到 24,490 吨，成为一种重要的出口矿产。主要矿地在阿尔卑斯山区域内的斯得里亚（Styria）。

铝——奥国有二个炼铝厂，一在蓝得 Lend，是瑞士炼铝公司的一个分厂，是战前设立的，每年生产能力 4,000 吨，德国占领时扩大到 7,000 吨，有自备的水力发电厂。另一炼铝厂在冷斯霍芬 Ranshofen，是德国人在战时设立但还没有完成的欧洲最新式的炼铝厂，每年生产能力可达 65,000 吨，但最高纪录是 36,000 吨。战事结束后，两厂俱已复工，但因电力不敷，不克经常开工。1948 年 7 月份最高的纪录，蓝厂产 468 吨，冷厂 1,926 吨。奥国不产铝土矿，也没有铝氧厂，需用铝氧的原料，都从瑞士和法国运来。

云母——奥国的云母矿，颇具投资价值，最大矿床在圣安得利亚 St. Andrea in Carinthia，因缺乏资金，现已停工，据计算只须投资三十万元，添设制裁机器，就可成为第一流的云母厂了。

三、意大利

因为生活艰苦，币制贬值，意大利的工人，大都不满现状而偏向左倾，但他们没有社会主义或共产主义的思想，只要生活改善，他们都可能变为保守派的。这种情形在矿业方面，尤为明显，因为矿场工作，特别艰苦，而矿主对于工人福利一向不甚注意，凡居住，卫生，教育，娱乐诸端，需要改进或补充的，实在太多了。意大利的技工，不愁缺乏，现有二百万失业工人，其中二万五千人属于矿工。他们的工作效能，一般而论是很高的，虽然营养不够，也无影响。

意国政府对于矿业，没有国营或社会化的意思，政府对于若干矿厂的间接统制，实为救济而非经营，倘使不是这样做，那些矿厂就要关门了。目前的政策，正在停止这种统制，为免左翼政党的反对，这种政策只能逐渐推行。在若干矿区，曾经施行合作制度，但结果不佳，无论劳资双方，俱觉得难获成效。

就一般而论，意国的矿场设备，距完全机械化的程度尚远，他们虽有各种钻凿机，但地下机械化的运输设备，以及露天掘的机器，颇为缺乏。他们能够自造并且可以出口的采矿机器仅是些压缩机、风钻、铲以及水泵，碎矿机，浮游选矿机等等，为使矿场现代化以减少成本，输入大量的美国机器实是必需的。在援欧计划中他们已请求输入值价十三亿到十四亿美金的机械。如何使用美国的新式机器，他们需要若干技术上的指导，但就一般而论，意大利工程师足能解决为适应其本国小规模的设施而有余。

在战前，意国最为缺乏的矿产是铁矿，煤，石油，铜，铁合金类像铬，镍，钨，以及锡和高岭土。它有丰富的硫黄矿，汞矿，滑石，黄铁矿，锌矿和重晶石。战后它丧失了亚德利亚 Idria 的汞矿，依斯脱利亚 Istria 的铝土，和阿萨 Arsa 的煤，这些矿都已划归南斯拉夫了。现将若干重要矿产，分述如次：

锰——意大利有相当大的锰矿储量，但成分不佳，含锰自百分之十五到四十，常含高量的矽氧二（从百分之二十到四十），所以必须与外国的低矽锰矿或铁矿掺合使用。最重要的矿床在 Tuscany 的 Grosseto 和 Siena 等地方。

汞——在战前意大利的汞产额名列第一，主要产地为芒特阿米达 Monte Amiata 和亚德利亚，现在后者虽已划归南国（即南斯拉夫——编者注），使它丧失了约五分之一的产量，但意大利仍是重要的产汞者，大约百分之八十的产量都是出口的。不过目前情况，西班牙的汞矿业处境较优，所以 1947 年意国仅出口了六百吨，大部分的汞还存库未运。

铝——意大利年需铝土矿 15 万至 18 万吨，主要产地为 S. Giovanni Rotando，储量估计达千万吨，矿石平均含氧化铝百分之五十六，矽氧二在 3.5% 以下 。其他矿床像 Apulia，Campania，Abruzzi 等等还没有详细测勘，据说矿量也有千万吨。还有一种白榴子石 Leucite 矿物，分布在意大利的中部和南部，矿量在 1 万万吨以上，含氧化铝百分之二十二三，钾氧百分之十七八，已经初步试验成功，可供炼铝并提取钾盐之用，所以意国的铝矿资源，可称丰富而不愁缺乏了。炼铝厂有若干处，每年炼铝能力 48,000 吨，在国内消费者达 42,000 吨。

锑——最重要的锑矿在萨地尼 Sardinia，矿石含锑百分之四至七，每年产矿能力 6,000 吨。有几个炼厂制炼纯锑，锑氧和各种锑品。

铅锌——萨地尼一带，特别在 Iglesias 附近，是主要铅锌矿产地，最近因矿井被淹，炼炉损伤，产额稍减。1940 年产铅矿 705,000 吨，为最高纪录，其后稍减。炼铅厂也在萨地尼，1938 到 1942 年平均年产铅 37,800 吨，最高为 1938 年的 44,031 吨。平均消费年达五万八千余吨，缺少的二万余吨要靠输入。意大利的锌矿一向是输出的，一九三八到四二年间平均年产锌矿 185,493 吨，其中输出之数达 75,500 吨，每年锌的消费量约 38,000 吨。

铜——在西部阿尔卑斯山区和萨地尼有若干低级铜矿，战前仅产数百吨，但一九三八到四二年间年产额达 22,000 到 25,000 吨，1947 年又大为减少。在平时意大利年需精铜约 6 万吨。

石墨——石墨矿业已大为恢复，1947 年产 4,151 吨。意产石墨都是不结晶低炭型的，必须自雪兰及马特加斯加输入结晶石墨为制造电极和坩锅之用。

石棉——长绒和短绒的石棉都有产出，储量在千万吨以上，1947 年产量为 10,500 吨。

滑石——产地甚多，1942 年产量 80,500 吨，1941 年出口 22,400 吨，都为最高纪录。

四、法国

假使法国能克服它目前内部的政治困难，那末，它必能步入经济扩展的路程，这是以开发它属地的矿产资源为主，本国矿的机械化和现代化为副的。美国经济合作总署的援助，对此计划，业已开始，除了短时期的美援外，希望私人资本，无论是外资或内资，都将为法国属地未开发的资源所吸引而踊跃参加了。

据 1948 年 8 月统计，法国非铁金属矿业，除盐矿外，矿工共不过六千人，在二十五个大矿中，每矿所用的工人不过数百人，所以劳工问题，不若其他较大工业的严重。许多地方的矿工，都有着农村或其他副业的收入。矿厂所在地，又大多是农业区域，所以食粮是不愁缺乏的。职是之故，共产党偶然的渗入，在非铁金属矿业内，并无影响，但是，煤矿业自然是除外的。

所有非铁金属矿，除煤矿及钾盐矿外，都是私人资本。阿尔塞（Alsatian）钾盐矿自第一次世界大战后，即由政府从德人手中收回，现由一自治政府的组织所经营。目前法国非铁金属矿没有国家化的迹像，只是若干属地的新矿开发，政府或将投资经办。

法国矿场的机械化，较之美国，瞠乎其后，如何积极补充，实为当今急务。据法国非铁矿业工会估计，在马歇尔的四年援欧时期内，法国至少需要四十亿美元的采矿机械，才能有超过战前标准的大量增产。二十亿美元将用为开发地中海马赛附近 Martigues 的海底镁盐矿，五十万美元将用为购置地下用机械如钻岩机，汽铲，刮削机，水泵，火车头等等，七十五万美元为精炼厂和浮游选矿厂的设备，余下的七十五万元则为改善运输和修理机械之用。至目前止，矿公司已向政府申请订购二十架汽铲，一百架钻岩机及大量硬金属钻头。若干机器业已由美国起运。但现实与需要，尚相距甚远，目下除若干煤矿及钾盐矿有新式设备外，其他矿场都感到机器的缺乏。

法国非铁金属矿都面临到资金的匮乏，都在期待美援以供开发，但迄今尚未获得美、法政府主管当局的核准，而给予付款。其中一个理由是商矿为数在五十以上，且散处各地，主管当局颇难得到为实现马歇尔计划中各项必需的详尽资料。经济合作总署的主管们，已有些等得不耐烦了，因为增产计划中的若干矿品，是列在美国的战略物资单上的，所以在不久的将来，必将有一个切实的开发计划提请实施。现将几种重要矿品，分别论述：

一、锑：1948 年 Ouche（Cantal）锑矿的产量将为 1,000 吨含量百分之四十的纯砂，从第一季的成绩观察，上项目标，必能达到。1947 年由属地输入的锑矿达 6,000 吨，主要产自摩洛哥。法国 1948 年的需要量为锑矿 4,000 吨，纯锑 2,500 吨。

二、铬：1948 年法国约需铬矿 7 万吨。1947 年有 23,000 吨铬矿，约等于需要的半数，自法属新喀里多尼亚输入，1948 年第一季同地铬矿的输入量为 1 万吨。法政府愿意将属地所产的铬矿，输入美国，而获得土耳其或罗得西亚［津巴布韦（南罗德西亚）和赞比亚（北罗得西亚）的旧称——编者注］的铬矿为本国之用，因为这样可以减少许多运费；但在运输没有改善前，罗得西亚的铬矿，是无法获到的。

三，钴：1948 年摩洛哥的钴产量可达到 5,000 吨，其中 3,500 吨将用为制造 300 吨的金属钴，为法国工业上应用，其余可供出口。

四、铜：1947 年法国输入粗铜 127,200 吨，废黄铜 22,300 吨，但 1948 年的第一季输入粗铜不过 18,700 吨，目前存量不多，形势甚为严重。据法国矿务局估计，1948 年法国每月至少需粗铜 12,000 吨，废黄铜 3,000 吨，后者须自美国输入。有些专家认为这项估计，尚嫌不够，粗铜每月须 17,000 吨，废黄铜 4,000 吨。总之法国用铜，尽恃输入，而输入之量，颇感不足。

五、铅：1948 年法国需铅约为 110,000 吨，比 1947 年的 95,244 吨增加甚多。需要激增的原因，由于电气化计划和工业增产的迅速开展。输入量为 55,224 吨。共中 8,532 吨，由法国属地输入。

六、锰：1948 年法国需用锰矿约计为 240,000 吨。1947 年的输入量为 175,000 吨，其中 107,000 吨由摩洛哥输入。1948 年摩矿生产将达 20 万吨。

七、镍：依据每年产钢 800 万吨计算，法国在 1948 年需镍 6,500 至 7,000 吨。1947 年的产量是 1,777 吨，1948 年可望达到 2,500 吨。这些镍都是从新喀里多尼亚的冰镍

Nickel matte 炼成的，预计最大产额，不能超过 3,000 吨。

八、锡：1948 年法国约需锡 12,000 吨，但是本年第一季的进口仅是 1,523 吨，所缺尚多。本国和属地的锡产量，都很有限。

九、钛：1948 年法国约需钛矿石 4,000 吨，大部分从非洲西部的法国属地和挪威输入，但恐不能达到上列的数字。

十、钨、钼：这两项矿石合计，法国（1948 年）约需 5,000 吨，国内所产不过四五百吨的纯砂，（含 WO_3 百分之六十至六十五），不足之数，都将自外国输入。

十一、锌：1947 年法国锌的消费量不到 12 万吨，1948 年约需 13 万吨。大部分的矿石产自法属北非的阿尔及利亚和突尼斯，本国所产不过八分之一。往常从比国输入的金属锌年达 3 万吨。其他的来源是墨西哥和加拿大，近因缺少外汇，比国的进口已自 1948 年 1 月起，暂为停止，只有努力开发本国和属地的矿产了。

十二、铁矿：1947 年每月铁矿的平均产量是 1,588,000 吨，到 1948 年第一季中已增到 1,820,000 吨，这种普遍的增产，颇堪注意。大部分的铁矿输出到英国冶炼。

十三、钾盐矿：阿尔塞钾盐矿在 1948 年上半年共产粗盐 2,506,471 吨，相当于氧化钾 433,096 吨，1947 年的总产量为 4,167,675 吨，1939 年则仅为 51 万余吨，可见产量正逐步增加中。矿工人数也自 12,000 千余人增加到 13,000 余人。百分之八十以上的钾产是输出的，输出量也在逐年增加。各矿厂正在实施十年计划的机械化工程，到目前止，已有许多改进。

十四、属地各矿增产计划：为了各属地矿场的增产，法政府从 1946 年起拟订了一个十年计划，主要为：（一）属地各矿产额的总价值，要比战前高出三倍以上，如 1938 年的总值为 13 亿法郎，到 1956 年就应为 60 亿法郎了（照 1947 年初期的法郎市值计算）。（二）投资总额定为 74 亿法郎，其中 52 亿法郎将为商股，22 亿法郎为政府官股。（三）此外另需订购 20 至 29 亿美元的矿冶机械。（四）为鼓动私人资本，凡计划中所列的各项矿冶机械其应征进口税概予豁免，属地各矿的矿产税，酌为稳定。（五）该计划又鼓励外国资本，但不得超过每一矿厂总股额的百分之四十九，且规定管理权属于法人。在原则上，外国资本仅仅在能带来技术，机械，或新市场的条件下才受到欢迎。（六）设立法国海外矿务局，综管一切属地矿场的经营，特别注重地质调查和测勘工作。政府，私人和地方政府在各矿场投资的比例，也由该局决定。（七）本计划分为三项工作，同时进行，计有（1）地质调查和测勘；（2）在已开各矿内增加设备，使之现代化；（3）开办新矿。关于调查的经费定为十亿四千六百万法郎，其中一亿七千七百万为器材，八亿六千九百万为薪津。（八）计划中规定需要详测或探勘的矿产，计有：（1）刚果 Congo，象牙海滨 Ivory Coast（今名科特迪瓦——编者注），玛里塔尼 Mauritania（即毛里塔尼亚——编者注），马达加斯加及新喀里多尼亚的铜矿。（2）法属非洲各处的沙金矿，将采用美式配备如 Scrapper，dradge 等。（3）嘉防 Gabon（今加篷——编者注），象牙海滨，圭亚那等处的金刚石。（4）尼日利亚 Nigeria，苏丹 Sudan，卡梅朗 Cameroons（今译喀麦隆——编者注）及刚果的锡矿。（5）新嘉尔 Senegal（即塞内加尔——编者注）及苏丹的磷灰石矿。（6）法属西非的锰矿。（7）法属赤道非洲区及新喀里多尼亚的铅锌。（8）马达加斯加的绿宝石及水晶。（9）英尼尼 Inino 及圭亚那的铝土矿。（九）此外又详定了在各矿场机械化的计划。原来属地各矿，因为人工低廉，一向没有很好的设备，现在工资虽还低廉，但工人却颇感缺乏，除了安南（即越南——编者注）外，都是人烟稀少的区域，所以拿机械来补充人力，成为一个急要之图。像新喀里多尼亚的镍矿和英尼尼的金矿，业已部分机械化。此外许多金矿和锡矿，也待积极补充，美援的资金和技术，在这儿将要发挥它重大的作用了。（十）本计划又详定了各矿预定生产的分配数和开发程序的优先等第，都是以个别矿场为单位，而不是以属地区域为单位的。（十一）本计划完成后，法属各矿的年产量希望能达到下列目标，金：从目前的 4 吨，增加到 13 吨（五年底）至 31 吨（十年底）。工业用金钢钻：增加到 30 万克拉（五年底）至 50 万克拉；金红石增加到 2 万吨，铁矿从目下的 2 万吨增加到 200 万吨。铝土矿增加到 10 万吨，锡增加到 1,000 吨。

十五、希望调整金价：据专家们研究，照目前世界黄金价格每两 35 美元计算，法国属地各金矿的开采或发展，几乎是不可能的。他们希望美国或能增加金价，或者得到国际货币会的允许，让法属所产的金子卖到远东市场去，因为在那儿可以得到较高的价格。但实际上据说法属产金都已流到欧洲的黑市场中去了。

五、葡萄牙

葡萄牙虽也是马歇尔计划内十六国中的一国，但它没有参加美援的经济合作，因为它握有充足的金元，可用借款的方式，获得款项，而不需要赠授。但它也希望从经济总署获得若干采矿及工业的设备，虽然详细数目，至今还未确定。

葡萄牙的矿产资源，远在耶苏（即耶稣——编者注）降生以前就知道了，但大规模开采的矿场却寥寥可数，只有在战争时期，开拓工作，最为活跃。譬如锡产，在 1939 年仅为 30 吨，到 1943 年就激增到 3,058 吨，而 1944 年又减到 373 吨了。钨的情形也是一样，它从 1939 年的 3,851 吨，增加到 1943 年的 7,477 吨，到 1947 年又减到 3,052 吨。战争时期锡、钨价值的激涨，鼓励了葡矿的开发，等到战争结束，价格低落，各矿也就赶为紧缩了。

目前进行中的各矿，都由英、比、法资的公司经营，并由各该国的技术人员管理。有少数美国技师，正在钻探石油。大致说起来，葡萄牙看不出有大规模发展矿业的现象。

许多小型及中型矿场，散布在泰谷斯河 Tagus River 的北岸。另一矿区，主要出产黄铁矿和硫黄，是位在葡国的东南部，与西班牙交界。含铜黄铁矿在锡土坝（Setubae）区域最为丰富。在战争期中黄铁矿却从 50 万吨减到 13 万吨。钨矿一共有一百五十个，其中四十三个钨、锡并产。主要产地是北部的 Oporto，Branganca 及中部的 Vizen，Guarda Cartelo Branco 等处。锡矿共有 110 处，包括兼产钨的在内。许多锡矿含有钛，锂，金，银或铀。共有二所炼锡厂，都用电气冶炼，纯度可到 99.9%，粗铅及粗铜的总产量，年约 1,500 吨，但没有炼锌厂。其他如钛铁矿，锂云母，绿宝石，云母等俱少有出产。

葡国属地的矿业，计有东非 Mozambique 的云母，著名已久。Tete 的铀矿现已停探。Nacala 的石墨近又恢复施探。西非洲的 Angola 产金云母，同时也是重要的金刚石产地。锰矿很多，分布在 Angola 及葡属印度的 Goa，每年出口的约有一二千吨。

六、荷兰

荷兰属地的战略矿产，共有四种，就是锡、铝土、锰矿和锑矿。荷兰本土的阿海姆 Arnhem 有一座年产可达 35,000 吨纯锡的炼锡厂，在战争期间破坏甚巨，但现已完全恢

复了 。在荷印的邦加 Banka 炼锡厂，战前业经开炼，但目前尚未恢复。阿海姆还有一所炼铝厂，南荷的葡台尔（Bude）则有一座炼锌厂，年产量三万到 35,000 吨，工人千余人。1947 年输入锌矿 13,968 吨，1938 年却为 45,434 吨。

战后人工的缺乏，固成问题，但在荷兰和荷印并不是生产的症结。荷印的共产党活动，也不能影响矿业的进行，只有最近在爪哇岛的动乱，倒是值得注意的。现在将荷兰属地最重要的四种矿业情形分述如后：

一、锡矿：都是砂锡矿床，分布在荷印的邦加，勿里洞 Biliton 及新开普 Singkep 三处。矿工共计 25,787 人。从 1938 年到 1941 年年产纯锡砂 27,000 至 51,000 吨，1947 年减到 15,915 吨，但是 1948 年的上半年就产了 13,963 吨。纯锡产额，在 1940 年前都在一二万吨以上，战时产量锐减，现又逐渐恢复了。战后勿里洞公司新造了八架挖矿轮(Dredges)，其中二架是美国制造的，现在都已参加工作了。在荷印锡矿区内共有二十九座箕桶式挖矿轮 Bucket dredge，五座抽吸式挖矿轮 Suction dredge，五十五处水力采矿场和挖矿轮，两所巨大的水力采矿场。勿里洞公司的炼锡厂，规模最备，从美国得撒省新设大炼锡厂的建筑和管理，都要效法它的成规，就可证明了。

二、铝土矿：荷兰的铝土矿分布在荷属圭亚那和荷印两处。前者由一个美国铝业公司的分公司苏里南 Surinam 铝矿公司和勿里洞公司分别开采。苏里南公司每年产量约 120 万吨，它的干焙厂的容量是每小时 150 吨。这个公司的产品全部输美。勿里洞公司的年产量约 50 万吨，一部分输美。1947 年圭亚那的总产量为 1,739,137 吨。荷印的铝土矿分布在冰丹 Bintan 岛上，年产能力为 60 万吨，战时的损毁都已修复，现又照常工作了。1939 年冰丹岛产矿 230,668 吨，1947 年 30 万吨，1948 年的上半年约 15 万吨。战前在荷印拟建的炼铝厂和铝品制造厂，到 1941 年还没有完成，目前情形不详。

三、锰矿：瓜哇的 Djacjacosta 地方产锰，1940 年产了 11,569 吨，这个地方现属印尼共和国的范围，矿业情形，无法探悉。

四、镍矿：西里伯岛上产镍矿，正在探勘，结果不详。

七、卢森堡

钢铁和铁矿是卢森堡的主要矿业。1947 年以前，铁矿的年产量在 200 万至 500 万吨以上，从该年起减到 200 万吨以内，储存未用的矿，还有不少。铁矿的主要出口地为比国和德国，解放后对德输出暂为停止，直到 1948 年的五月，又告恢复，并有增加数量的协议，但德国能否吸收，那要看它的经济状况了。卢森堡每年还有若干铁矿的输入，主要来自法国。战后瑞典铁矿的输入大为增加。卢森堡年产生铁和钢各约一百三四十万至 170 万吨。

八、比利时

比国有了比属刚果，对于矿产资源就有重大的贡献了，但它并不需要甚多的美援。刚果所产和在比国所产或冶炼的战略矿物，计有下列各种：锑、镉、铜、钴、铅、锰、云母、镍、铂、硒、镭、钯、锡、铀、锌等等。刚果又是世界上工业用金刚石的主要产地。1947 年产了 5,474,469 卡拉（是年的世界总产额为：9,754,231 卡拉）。铜矿产地最多，有若干处铜矿兼产钴。钯、铂、铀、镭产自著名的辛格罗倍矿 Shinkolobwe mine 。锌和锡的产地也有三四处。

比国的冶炼工业，甚为发达，主要的铜、铅、锌、镭、铀等等炼厂都设在比国境内，冶炼公司共不下十余家，其中最大的一家是——Societe General Metal urgique de Hoboken。但是刚果方面也有不少炼厂和选矿厂，差不多半数的铜矿是在刚果冶炼的。最近还在计划建设一座月产 3,000 吨的炼锌厂。因为运输关系，在刚果的产矿中心，建立冶炼事业，自属合算。

比国矿业上并不缺少人工，但亦没有多余的失业者。机械化的程度，恰到好处，所以只须少数的技工，而这些技工，目下却只够应用。生产效率很高，没有社会和政治上的骚动，虽然六月间也有过一次因为要求增加工资的罢工。共产党的影响很小，也没有国家主义的宣传。

在刚果却需要大量矿工，因此，他们建立了完备的集训和管理制度，对于本地工人的食宿、教养、医药、娱乐诸端，特加注意，更给予矿工的子女们以特种训练，务使养成父启子承的习惯，这样，矿工的生活安定了，矿方也不愁人工的缺乏了，罢工风潮几乎没有听见过。矿上的机械化设备，颇为完整，效能增加了，几个大公司还能从丰富的盈余中，拨出资金，继续不断地从事各项研究和实验工作。小型的矿冶机械，比国都能自制，这样，加强了本国和属地的经济交流。笨重的大机器，大部分还是从美国进口。

比国目前在欧洲诸国中的繁荣，至少一部分是由于战争时期刚果出口矿产所换得的金元所造成的。因为战时的需要，又鼓励了技术的发展和矿厂的机械化，而战争的破坏，却轮不到刚果，因此，比国不需要甚大的美援，若干补充机器，仅相当于马歇尔计划中20%的款项，其余都变成比法郎存款而贷给其他国家了。

九、丹麦

实际上丹麦没有什么矿产资源，泥炭和石灰岩是唯一值得提起的矿产。因此，每年进口的金属和矿物，数量特高，尤其在工业化的进展和她四百万人口生活水准逐步提高之下，需要更多。普通人以为丹麦的活动仅限于农业是不对的。

丹麦需要大量钢铁和非铁金属的进口，来供给为国内需要和出口的制造工业之用。这项工业包括建筑，造船（每年在 20 万吨以上）、机器（主要为柴油机马达）、水泥机和牛乳场机器等。丹麦年需钢铁约 50 万吨，1940 年前，它没有制钢工业，以后，它建立了炼钢厂和轨钢厂。每年生产能力 4 万吨，这个厂利用了以前仅供出口的年约 75,000 吨的废铁。

丹麦每年非铁金属的需要量，大致如次：铜 1 万吨，锌 8,000 吨，锡 700 吨，铅 8,000 吨，铝 2,000 吨。这是平时的消费量，在战时当不止此。

格林兰：丹麦的属地格林兰，蕴藏着世界唯一可资开采的冰晶石矿床，这种矿是为炼铝工业上熔剂之用。但自人造冰晶石盛行以来，格林兰矿的重要性，已大为减少。该矿自1856 年以来，继续开采，目前产量年达 3 万吨，十年或二十年之后，恐怕就要采尽了。

最近传说格林兰发现大量铅铀矿床，并说铅矿的储量至少为 100 万吨，但详细情形，始终未见公布。因为格林兰地处寒带，最近的港口，每年仅能通航六星期，即有丰富矿床，如何进行开发，也是一个大问题。丹麦缺少金元，所以从美国输入的矿产品、金属和机械设备，仅能限于在其他方面无法输入的几种了。

十、英国

英国属地资源的开发，无疑地将要加强，倘使它要完成为达到经济稳定的四年计划的话。这个计划直到去年十二月才正式公布，但计划的要点，巴黎各报早就透露，当时曾引起欧美各方面的批评，因为这个计划将使英国与欧美的商业发生重大的变更。

简单的说，这计划要使英国到1952年得到功效，这与马歇尔计划实相配合的。它要减少自西半球国家（实际就是金元国家）的输入，要从一九四七年的七亿二千一百万镑，减到一九五二——五三年的四亿七千二百万镑。同时要增加对同地区的输出，要从一亿六千五百万镑增加到三亿六千四百万镑。在战前英国对西欧各国也是入超的，新计划同样的要加以补救。就全世界论，这计划的结果，将使英国在一九五二——五三年获得一亿镑的入超，而不是像1948年那样的有二亿八千二百万镑的出超，为达到此目的，英国的生产，必须增加。

虽然四年计划的能否成功，还难预料，但计划本身已指出未来商务上的转变。矿业界人士特别关心下列问题：①罗得西亚铜矿尽量开发后将如何影响西半球的市场。②英国对西半球商务如有转变，加拿大所产的金属，是否将涌入美国？③倘使英国减少从西欧的输入，各该国的矿产消费，将发生何种影响，他们将向何处发展新市场。为解答这些问题，我们应同时想到世界性的工业化将普遍提高生活水准，而增加金属的消费，因此，新矿区的开发和新商务关系的建立是必然的趋势。

在经济合作总署发动战略矿物的计划以前，英国已拟好一个为扩展属地生产，包括矿产品在内的一个庞大计划了。非洲自然是主要的目标，将从三方面筹集数达四十亿美元的投资，这三方面是英政府的十三亿美元，属地政府的十五亿美元和私人资本约在十亿以上。

经合总署对于英国开发属地矿产的计划，正予以衷心支助，目前进行的工作约可分为四项：①尽量输入铁路材料、机车材料以及码头装卸机器，以解除目前非洲各铁路货运拥挤的困难。②加速运输矿冶机器，以供各矿厂的急需，虽然有许多机器是英国制造的，但经合署的官员们仍在幕后或其他方面协助，以求迅速运到需用的地方。③目下属地政府感到技术人员的缺乏，如最近需要二十五位地质技师，三十位测量技师，已由经合署在美国方面代为聘请了。④财政方面的协助。总之，经合署的目的在增加生产，特别为堆储计划上需要的各种战略矿物，格外重视。现在将英国属地的几种主要矿产，分述如次：

（一）铝土矿：英国炼铝厂所用的铝土矿，主要产自西非的黄金海岸（今加纳——编者注），那儿铝矿总储量229,430,000吨。1947年迄三月底止英铝公司产矿石118,454吨。加拿大炼铝公司在这里也有矿权。还有一个西非铝业公司正在设计水力发电，以便炼铝。英属圭亚那的铝土矿质量俱佳，1946年出口总量1,120,015吨，雷诺公司于1946年在这里获得二个探矿区。马来半岛还没有恢复战后的生产，但是澳、英、加等国的资本家，俱在计划探勘。一九四二到四四年的总产额是395,450吨。牙买加高级铝土矿（详见民国卅七年本刊第九十一期王承祺君译文）的储量，据估计在3万万1,500万吨以上。尼亚萨兰 Nyassam land（今马拉维——编者注）铝矿储量6,000万吨，正由南非洲的英美联合公司进行探勘。

（二）铍：1944年乌干达 Uganda 产绿宝石（Beryl 为铍之唯一重要矿石）18吨，

1946 年没有生产。

（三）铬：塞拉勒窝内 Sierra Leone（今塞拉利昂——编者注）铬矿在 1946 年的上半年产量很低，到下半年达 10,138 吨。

（四）钴：北罗得西亚（今赞比亚——编者注）是英帝国的主要钴产地，它是利用炼铜炉的炉滓，一种钴铁铜混合物，其中含钴 39.21%，这种产物运到加拿大提取金属钴，1947 年产钴 2,035,600 磅。纳卡那矿 Nkana 是唯一的产矿场。

（五）钶钽矿物：钶铁矿（Columbite）最大产地在奈机立亚 Nigeria（即尼日利亚——编者注），1946 年产矿 1,550 吨，到 1946 年年底的总产量为 9,746 吨，大部分运销美国。奈机立亚产钽矿，1946 年值价 1,333 磅，都运销英国。乌干达 1944 年产钽矿 6.75 吨，1946 年钽矿和钶矿都没有生产。英属圭亚那最近核准二个钽矿探矿区，详情不悉。

（六）铜：罗得西亚至少含着 7 万万 5,000 万吨的高级铜矿石，这些矿由四个公司分别开采。因为缺乏煤斤，1947 年的产量略为减少，计共炼矿石 7,101,753 吨，粗铜 136,224 吨，电铜 56,276 吨。纳卡那是最大的矿厂，现正扩充电冶设备，所需机械大部分可由英国供给，另一部还须从美国输入。经此扩充增产，英国对于铜的消费，可以自给自足，因此可以节省一大笔的漏卮。

西部乌干达发现铜矿，自 1947 年起正由加拿大的一个探矿公司进行探勘，已证明有百万吨的矿石，但因交通不便，运费过高，至少须有 700 万至 1,000 万吨的矿石才值得开采。

（七）工业用金刚石：美国经合总署的战略矿物组在 1948 年十月向英国购买了值价四百万美金的工业用金刚石。据英国各属地的报告，1946 年金刚石的出口量和价值，约计如次：黄金海岸出口 753,088 卡拉，值价 624,718 镑，塞拉勒窝内 559,231 卡拉，值价 806,412 镑，坦干伊喀 Tanganyika（今坦桑尼亚非洲大陆部分——编者注）119,446 卡拉，值价 981,833 镑。英属圭亚那 1946 年的产量为 30,957 卡拉，较 1945 年增加一倍。

（八）铅：北罗得西亚的铅产量，近来增加很快，1947 年已达 15,640 吨，大部分的铅块运到英国和南非。在坦干伊喀的一个比国公司，正在（Mpanda）矿区内，开挖直井，敷设铁路，并完成产量一百吨的试验厂。在奈机立亚有九个矿区，面积二五二英亩，迄 1946 年止，正由各公司分头探勘。

（九）锰：黄金海岸拥有一个世界上最大的锰矿——纳苏大矿——（Nauta），属非洲锰矿有限公司，这个矿连同另一较小的矿在 1947 年三月底止，出口干的锰矿石 769,509 吨。在战前，黄金海岸的锰矿产额约 53%运销美国，25.9%运销挪威。现在美国承销的约 40%，其中有些是以加拿大或挪威炼成铁锰或矽锰合金后再转运出来的。其他地方的锰矿，俱在停顿中。

（十）云母：1946 年坦干伊喀的云母出口量减到 72.3 吨。罗得西亚和乌干达的云母矿在 1947 年及 1946 年都没有生产。

（十一）锡：伦敦锡业研究团的报告说：美国决定堆储 23 万吨的锡，历数年之久，因此，康瓦尔锡矿区的矿业协会在 1948 年八月上呈文给燃料部说：虽然英国本国的锡矿业，几已完全停顿，但是康区还有相当的储量（详情可参阅三十六年本刊七十三期马祖望君译文）。现在世界局势，需要全力产锡，所以该会吁请政府，在矿税、人力、器材以及矿区的合并，锡市的自由贸易各方面，予以调整协助；在测勘，开凿新井及老矿抽水等工作上，由政府资助，以便恢复康区的锡业。想不久英政府必有满意答复。

但是英国的主要锡源，都在属地。最重要的是马来半岛。战前的产量约等于世界总额的30%，其次为奈机立亚，产量居世界总额10%。马来锡矿自经日本劫占，迄今尚未完全恢复，如日人对于砂尾的堆放，颇不恰当，还有其他原因，致使恢复不易。现在目标为达到1946年平均月产6,699吨的水准。1947年全年仅产锡27,026吨。1949年的预定目标是73,500吨，但就进程估计，恐难达到。在平时，马来50%的产锡用挖锡轮，36%的锡产用砂泵（译者按：就是广西八步一带锡矿通用的方法）。据史多克氏（Storke）报告，在总共的126只挖锡轮中，有104只可以修理重用，其他22只只有报废了。由于工潮不定，工资过高，材料缺乏，煤斤不够等原因，挖锡轮的产锡量，急切不能增加。砂泵锡矿都是中国人经营的，现已大部恢复，如1947年的生产量即达8,827吨。进步的主因，系由于中国锡矿复员部——Chinese Tin Mine Rehabilitation Board的资助所致。马来矿商们反对政府豁免从马来输出锡砂的附加税，因为这样，将使锡砂都流到美国的得克撒斯炼锡厂去，而减少了槟榔屿炼厂的产量。英政府的解说谓：附加税的豁免，是遵照日内瓦协定，但如美国政府贴补得克撒斯炼厂，那末，附加税还可以恢复的。但马来矿商们相信，得克撒斯炼厂之得到政府贴补，美国人自已都已公开承认了。有了贴补，锡砂远程运输的运费，就可弥补，马来炼厂将受到严重的竞争。矿商们还希望重开伦敦金属交易市场，或者在三年内保证维持目前的锡价，只有这样，才能在稳定的情势下，从事切实的发展。马来矿商都是拘谨小心，他们不愿意生产过剩，以减少利润，虽然他们的矿都是成本很低，决没有倒闭的危险的。

奈机立亚的锡产，在战时颇为活跃，尤其在日本人劫占马来锡矿之后；当时采锡者集中开发富矿脉，以致目前几已采尽。属地政府已发动大规模的测勘工作，希望发现新矿，一个探矿公司业已成立，去开发喀麦隆（Cameroons）的锡矿。1946年奈机立亚产锡13,756吨，全部由英国政府收买。英国炼锡厂是用奈机立亚的高级锡砂与玻利非亚的低级砂参合冶炼，所以，要在奈邦建设炼锡炉，英政府是不大愿意的。

（十二）钨：在战前英国年需精钨2,000吨，其中百分之六十来自缅甸。英国材料部经常保持一个库存，而以少数售给无法获得供给的消费者。目前钨的来源甚少，大部分的消费，都靠政府供给，每年约在2,350吨左右。在战时英政府曾鼓励非洲若干小矿从事采钨，但和平恢复，就多停闭了。

（十三）钒：北罗得西亚的布洛垦山 Broken Hill 已恢复产钒，1947年的产量是99吨。

（十四）锌：锌也是布洛垦山所产，1947年产锌21,140吨，其中15,753吨是电冶锌，大部分运销英国及印度。

（十五）铁：在北罗得西亚探矿的结果，发现了8万万4,000万吨的优良铁矿。奈机立亚也有一个新铁矿区，由一家公司设权探采。

十一、希腊

在经合总署的四年计划中，开发希腊矿业，被排入最前列的程序，为配合工业化和农业复员，矿产品的增产和若干种矿物冶炼方法的改进，被认为希腊经济复兴的要图。为达到此目的，希腊政府在经合署的协助之下，正在广泛调查，以便决定全面促进矿业的可能性，经此调查，预料可发现若干前所未采的矿产，包括黄金在内。地质学家和地球物理专家都在准备到希腊来参加工作。

1948 年矿砂和纯矿砂的产量都减低，主要原因是内战频仍，矿区治安失去保障。据约略估计，全国矿产品的总产量应在 12 万吨左右，价值 240 万美元。1938 年的实际产额是 85 万吨，值价 850 万美元。由于战争和被占据时所受到的损害，希腊矿厂立刻需要值价 450 万美元左右的机械和器材，以便在此后四五年内达到相当规模的开发。截至 1953 年止，器材的需要总量，据估计约为 1,100 万美元。有了这些设备，再加上开发水力发电所得到的新动力，希腊矿产品和冶炼品的总产额，应该达到 190 万吨，值价 3,250 万美元。

希腊的主要矿品有铝土矿、菱镁矿、重晶石、铬铁矿、锰矿、黄铁矿和铁矿，这都是以矿砂的形态出口的。铅锌矿产品是经过浮游选矿后的纯砂，铅砂在本地精炼，制成铅皮、密陀僧等，在国内销售，锌矿砂则输出国外精炼。

能够并愿意长驻矿厂服务的技术人员，甚为缺乏，这于矿业的发展，久已成为一种严重的阻碍，当 1940 年矿厂安全毫无保障时，更为严重。由于缺乏技术上的经常管理和现代化的机械设备，采矿成本必然增高，生产量也就随之低落了。目前每人每工的生产量仅为四分之一吨，比美国二吨左右的效能，相差甚远。铬铁矿和锰矿，现均停采，倘能复工，则铬铁矿的年产量约为 8 万吨，其成色为百分之三四十，锰矿（可制电池的一类）年产量约 7,000 吨。

经合署目前的计划，不但要使各矿厂在机械方面现代化，还要改进矿厂间的运输，甚至还要建设房屋，以提高矿厂的生活水准。另一重要计划是开采一种储量特丰的低级褐炭，用为火力发电，以减少燃油的消费，并辅助水力发电的不足。经合署最后的目标，是建立希腊矿产品在世界市场上竞争的基石。（未完）*

* 原文说“未完”，但此后各期的《矿测近讯》再未见到续文。——编者注

三十七年度本处工作概述*

这一年中我们打了4,877公尺的钻眼，发现了栖霞山的铅矿，下蜀的钼矿和桂西的菱铁矿。发现新矿的成绩，虽然没有像去年那样多，但是钻进尺度增加了1,800多公尺；地质指示在采矿工程上的贡献，像在淮南和八步等处所表现的，可相当于现值金圆券数千万甚至数万万元的价值。希望和平不久就会到来，我们将继续贡献我们的才智和劳力！

本年度经济恐慌，时局动荡，尤其在下半年最后几个月内波动最大；等到徐蚌会战（即淮海战役——编者注），京沪震惊，局面更是危殆万状，本处事业受到严重打击，自然不能例外。但本处一向抱着苦干精神，虽然遭受到这种天翻地覆的场面，还是照着原定计划，沉着进行。就在那全国闹着抢购风潮最烈的时候，本处人员还在山间工作，并且发现了栖霞山的铅矿和下蜀的钼矿。室内的精密研究，除了编制报告图件和分析试验之外，还发现一种新的锑铅矿物。仅仅在年度最后的一个月中，因为政府命令疏散员工眷属，本处才分出一部分时间，办理疏运，并在杭州设立工作站，为员工眷属暂时居留之用。因为人员大多返处，室内工作，反而加强进行：我们编制了若干幅的中国矿产分布图和产状、储量表，我们实行了分组工作、专题研究的办法，我们彻底整理公物、标本，我们又恢复了讲学会。同时为应付紧急事变，我们又储备粮食，布置一些关于安全救急的设备。除了已派出的钻探人员外，暂时停止出差，那些送眷回籍的人也一律限令返处，这样，本处的阵容，反为加强，工作格外紧张，秩序也大为整饬了。

一、煤的测勘

本年度关于煤的测勘，一共派出四队，计有浙赣铁路沿线，安徽水东，广东狗牙洞及江苏镇江四处。浙赣线工作是由刘国昌、马子骥、韩金桂、孙万铨四君担任，测勘的范围，包括丰城、进贤、余干、乐平、江山各县。在丰城河西和乐平西南划定了矿区三处，面积合计9,760余公顷。就地质时代论，浙赣沿线的煤田可分为中石炭纪的梓山系，二叠纪的乐平系和侏罗纪的安源系。梓山煤系层薄质劣，分布不均，且都是无烟煤，没有多大价值。安源系所含的是烟煤，但厚薄不定，价值也低。只有乐平煤系最富经济价值，尤以在丰城、乐平一带者，交通便利，露头宽广，亟待探采。乐平煤系可分为上下二系，上煤系含煤三层，其中一层可采，最厚可达2公尺，但仅见于丰城河西一带，其他各地，在相当层位中俱不含煤。下煤系分布广泛，到处可见，含煤二层，二层可采，通常厚二三公尺，但在江南公司（即前鄱乐公司矿区）矿区内，则最厚可达7公尺。乐平煤是一种高挥发分烟煤，在乐平可达百分之五六十，但向西至丰城，则挥发分逐渐减到百分之二三十；硫分常很高，为唯一缺点。这种特殊成分和其逐渐变迁的情形，与煤的成因有密切关系，

* 原载《矿测近讯》1949年1月号（第95期），1—8页；三十七年度指民国三十七年即1948年。——编者注

我前作乐平煤的显微镜研究时，业经详论，兹不复赘。就地理分布，丰乐煤田，自西至东，可分为六区：（一）丰城河西区，是一个单斜层，并为一向南指的弧形构造，其西有侏罗纪煤系，不整合于二叠三叠纪的地层之上。（二）丰城河东区，是一个东南翼陡急，西北翼缓斜的盆地。（三）进贤钟陵桥的褶皱带，西南端闭合，东北端开展，可与乐平煤区遥相连接。（四）余干区，又可分为枫港的鼻形构造（Nose）和余干城区的单斜层；枫港煤田曾经江西省政府探采，余干城区还待开发。（五）鄱乐区，是一个褶裂带，在乐安江以北的为江南公司矿区，煤层最厚，质亦最佳，其西有侏罗纪的洪门口（属鄱阳县）煤田，也曾开采。乐安江以南的为厚生公司及浙赣公司等矿区，煤层厚薄多待施探。（六）从余干城区到鄱乐的一段，可能另有煤田，此次因治安不靖，没有调查。

此次本处在丰乐区地质测勘最大的收获，约有数端：（一）中石炭纪梓山煤系的确立，并与侏罗纪煤系的更正和划分。（二）许多不整合面的确定。（三）构造的详究，并用以为煤田分区的根据。（四）中石炭纪前和二叠纪前的古地形，可能有许多“埋伏山”，对于煤层沉积及构造型相具有重大影响。（五）煤系层序的确定。这些问题的解答，对于将来探采煤层，俱有基本上的指助的。

江山南乡的礼贤煤田，自泉家弄至政塘，迤逦20余公里，煤层的时代属二叠纪及侏罗纪，各含煤二层，厚薄不定，自0.3至2公尺，有时仅一层可采。二叠纪的煤都是无烟煤，侏罗纪在若干地方是烟煤，但质地不佳。就地理分布，可分为屏风山、泉家弄、和睦市、骑马山及政棠五区，北距浙赣铁路自7公里至15公里不等，仅有公路可通，并无水运。全区储量烟煤630万吨，无烟煤1,000万吨。

宣城水东煤田是江南重要煤田之一，战前在大汪村一段历经安徽官矿局、省政府等用机器开采，并自大汪村至宣城东十里的双桥镇筑有轻便铁路，与京赣铁路衔接，交通便利。最盛时日产三五百吨。据本处杨博泉、董南庭二君调查，煤系属二叠纪，在上部含煤一层，厚约1公尺，属中级烟煤，可炼焦，但硫分稍高，为一缺点。就地理分布，可分为大小汪村、项村、洪村、灰山及水巷四区。储量合计2,300余万吨。孙家埠东南的水巷煤田，交通最便，沦陷时日人曾加施探。目前唯一开采的地点在灰山，每日产煤70余吨，行销港口及芜湖各地，颇能获利。本处代资委会所划的矿区，一在洪村附近，一在水巷。因为开拓范围尚未普遍，各地煤层厚薄，以及上层煤之下是否尚有其他煤层，都需实施钻探，才能明了。

本处受狗牙洞南岭煤矿公司的邀约，特派钻探顾问戴维斯及工程师马祖望二君前往检视钻机，勘定钻位。所获结果，已由马君为文载本刊第九十期，兹不复赘。侏罗纪煤田通常都是厚薄无定，狗牙洞的煤层，更不规则，古地盘的高下参差，使煤层的沉积，受着先天的限制；后来的变动，又使煤层褶裂挤压，这种煤田的探采，无疑地需要精审的地质测勘和详密钻探，除此之外，我实在想不到再有其他的妙法了。

我承立委彭震寰先生邀约，曾赴镇江西南二十余公里处测勘煤田，除彭先生外，同行的还有大会雷孝实和本处郭文魁二先生，在野外作一日的观察，看到煤系露头延长达五公里，废硐满山，煤屑遍地。据说敌伪时代，日人曾在本区探煤，因厚薄不定而罢。

二、扩大探油的范围（略）*

三、右江流域菱铁矿的发现

在详测右江流域第三纪地层的层序时，我们见到许多褐铁矿的结核，大的口径一二呎，小的也有数吋，断断续续的含于黏土层中。后来仔细研究，才知道这些褐铁矿是由菱铁矿结核风化而来的，因为结核中心往往是未变的菱铁矿。含矿层不下十余层，分布非常宽广，交通也很便利。铁矿在桂西是陌生的东西，本地人不认识它，也不知道如何开发利用，但是日常所需的铁锅和农具却都从远道搬来，每年也是一笔大支出。有心人士倘能将我们所发见的菱铁矿加以采炼制造，倒是一件很有意义的地方工业。

四、铝土矿的探采

本处自发现福建漳浦铝土矿后，即提出探采计划，呈会核办，迁延了好几个月，才拨到款项，乃派赵家骧、沙光文、王承祺三君办理，于五月初开始工作，先试采矿石二百吨，运至海边，供台铝公司试验之用。继在金塘、赤湖、将军澳三区开探坑 29 个，探槽 4 个，另利用天然水沟和旧日战壕观测剖面，经过此番探矿，关于矿层的厚薄、分布和变化情形，就了如指掌了。本区铝矿大部属再沉积的块砾层，与红土相杂，就体积言，矿石常占全体百分之八九十。厚薄不一，最厚三公尺（金塘区），薄时 20 至 50 公分。矿砾的直径小的一二公分，大的 10 公分左右，偶有大到 20 公分的。出露地面的矿层，因红土洗刷殆尽，矿石散布地表，俯拾即是，开采最易，如金塘区的东吴山，就是一例。原生风化矿，就是没有经过再沉积的矿床，仅见于将军澳和赤湖二区，面积不广，下与不结晶高岭石 Lithomarge，风化玄武岩及新鲜玄武岩的层序，非常明显，可为铝土矿由玄武岩风化而成的有力证据。将军澳铝矿区为此次探矿时所新发现的，成分也很佳。赵君等依据实地探勘所得的材料，精密计算矿量共为 66 万吨，所含矽氧二平均可在 6%以下，铝二氧三约 50%。

漳浦探矿工作于 6 月底结束，赵、沙二君乃由厦飞港，转赴雷州半岛和海南岛，调查该处所假想中的铝土矿。7 月 10 日开始工作，因治安不靖，仅能在沿海地带，作初步测勘，见到玄武岩及红土甚多，也找到若干与漳浦相仿的矿石，但磨制薄片用显微镜研究后，知道大部还是不结晶的高岭石，三水型的铝矿石所含不多，嗣经分析证明，含矽氧过高，不堪应用。但此次调查，范围不大，将来详密测勘，仍有发现佳矿的希望。

五、广西金属矿

我于三月初偕南延宗、赵家骧、赵宗溥、霍学海诸君飞汉转桂，在八步一带测勘了一个多月，主要目的在研究铀钍矿产。我们也看了许多锡矿，在半路圩发现了一段发育良好的接触变质带，其附近有磁铁矿、赤铁矿、方铅矿，可能还有锡矿，将来广施钻探，极有发现希望。南延宗、霍学海二君继赴平头山附近考察，赵宗溥会同霍学海又赴贺县南乡测勘铅矿。到五月初南延宗又独赴南丹、河地、宾阳、贵县、桂平、武宣等县调查各种金属

---

* 见《谢家荣文集》第四卷（石油地质学），第 204—205 页。——编者注

矿产，他所获得的结果，已在本刊第八十八和九十期里发表了。

六、水泥材料的勘查

本处受大会辽宁水泥公司的委托，在沿江沿海和铁路沿线交通方便的地方勘查水泥材料，主要的是石灰岩。为水泥用的石灰岩，需有若干规范，最重要的是它的含镁量应在2.5％以下，此外铁、铝等质也有相当限度，但不十分严格。另一条件是需质地均匀，化学成分不要变迁过大。经双方商讨之后，定了一个扬子江沿线、太湖流域及浙赣、粤汉各路沿线的勘查计划。我们又试用 pH 值来粗测石灰岩中的含镁量，因为自制试纸不大灵敏，有时不能得到预期的结果，后来又改用浸蚀着色等法，在显微镜下约测白云石的含量，因为缺少详密分析作为比较，这项研究还在继续。野地工作，先派刘国昌、李伯皋二君赴镇江、吴兴、长兴、杭州一带考查，在吴长交界的黄龙山、双井岭都见到二叠石炭纪石灰岩，可采矿量共有 3,000 万吨，堪供建设水泥厂之用。杭州附近飞来峰、南高峰、玉皇山都有石灰岩，除因分布过狭或风景区关系，不克开采外，其最合于开采条件的有将军台一区，该区南距钱塘江岸仅二里，运输方便，储量估计约有 1,300 万吨。以上灰岩都是中石炭纪的黄龙灰岩和上石炭纪的船山灰岩，其中尤以黄龙灰岩质地纯粹，最合于制造水泥之用。至于二叠纪的栖霞灰岩，因含燧石过多，颇不适用。镇江附近交通便利的石灰岩计有二处，一是城东五里的岘凉山，一是城南五里的观音山，但两处岩石俱是三叠纪的青龙灰岩，是薄层状含泥质较多的石灰岩，有若干处受小体花岗岩的侵入，已大部结晶，至于含镁多少，是否适用，尚待分析证明。

浙赣、粤汉沿线的工作由贾福海、李伯皋二君担任。他们原定的测勘范围甚为广泛，包括赣、湘、粤诸省，后因京（指南京，下同——编者注）沪局面紧张，在赣省工作刚完到达长沙后，就临时结束返京。这次见到的石灰岩很多，要以万年大源村一处交通既便，储量亦丰，最合设厂条件。该处在万年之东，京赣铁路线附近，北距乐平煤田不过数十里，属黄龙灰岩，质地非常纯粹，储量估计可达九亿吨。其附近武山石亦有黄龙灰岩，储量约为 3,000 万吨。他若萍乡的彭家园、猴子石，宜春的彬江街，分宜的北岭，湖口的石钟山，瑞昌的白龙泉山等石灰岩，或属三叠纪夹页岩甚多，或属栖霞层富含燧石，都不适用，至于石炭纪的黄龙或船山灰岩，大部分布狭仄，不值开采。贾君等又到永新的高旺和泰和的桔园、钟埠考察石膏矿，这都是产于红色层中的薄层纤维石膏，在高旺已开五层，钟埠有二层，厚俱达三四公分，桔园的石膏系充填于页岩的节理中，纵横错杂，颇为美观。以上石膏矿，昔曾开采，现仅钟埠一处尚在生产，将来大规模开发，必先广施钻探，俟勘得丰富膏层，再定开采计划。此间含膏层的紫页岩中也含若干盐质，将来钻探时还可发现盐矿。

七、浙江的磁铁矿和萤石

我们在本年内又调查了浙江绍兴的磁铁矿和江山的萤石矿，这项工作由赵家骧、马子骥、王宗彝三君担任。浙江铁矿以前仅知长兴的景牛山和建德的数处，绍兴漓渚铁矿是最近才知道的。它是产于奥陶纪灰岩中的热液矿床，共生矿物有云母，萤石，菱铁矿，高岭土，绿泥石等，其附近又有接触变质岩，含石榴子石，白云母，石英及透辉石等矿物，但火成岩露头，却未见及。矿体分布于东西两区，东区产地有四，为茶山、寿星头、松树坞及九龙山，都在苦竹村附近，为不规则的矿袋体。矿质甚为纯粹，含铁率在60%以上。西区铁矿则成脉状，与地层的层面大致相合，南自李家湾，北达双峰尖、仙人洞，全长一千公尺，厚约三公尺，惟矿质较杂，中多灰岩包体。据露头显示，并照五十公尺的深度约计矿量，最小在300万吨以上，若深度加大，则可达五六百万吨。查本矿在绍兴县西南，相距约十五公里，距漓渚市不过五六公里，从此有水路可通绍兴，交通甚为便利，而矿质极佳，且含萤石，尤易冶炼，乃是一个颇堪注意的铁矿。

浙省的萤石，久已著名，最近发现更多，江山南境相距二十公里的上台镇附近，有二条萤石矿脉，产于建德系的紫红色页岩和凝灰岩中。矿脉位置一在矿区的西南部，分布于车水头，后徐山，觉海庵一带，一在东北部的象鼻山，黄枝坞等处，走向俱为北西南东，倾角近于直立。两脉全长俱达千公尺，厚自半公尺至二三公尺不等，脉中除萤石外，肉眼可见的仅有石英，约占全体积百分之一二十。萤石以白色的为主，一部分呈浅紫色和绿色，精美的结晶，颇为常见。就精测结果，共得确实矿量843，688吨，可能矿量170万吨，但其中所含的石英杂质，还须除去，才能出口。

八、宁镇山脉矿产——铅钼矿的新发现

南京附近宁镇山脉的地质，曾经中研院地质研究所详细测绘，但其中所含的矿产，却颇少注意。本处近来稍加研究，首先发现了栖霞山的铅矿，后来又发现了下蜀的钼矿。从这些发现，加上以前所知的和沦陷时代日本人探采的矿产，我们已可确定宁镇山脉是一个有意义的矿产区域了。我们曾三度调查栖霞山铅矿，参加工作的人很多，除我本人外，还有南延宗，王植诸君。下蜀钼矿是王植和赵宗溥二君所发现，是一种与锦西杨家杖子相似而产于接触变质带中的辉钼矿和钼酸钙矿。我们已拟了详密探矿计划，资委会也已核准拨款，准予施探，但不知道为了什么原因，款子迟不拨发，后来时局恶化了，就这样的耽误到今，这不免使我们的一番热心付诸流水了。

九、台湾地下水

本处受台湾糖业公司的邀请，特派郭文魁、刘汉及美籍钻探顾问戴维斯君等前往台湾研究地下水地质及协助钻探水井。郭君等留台二个多月，足迹及台南、台中、台东及屏东一带，所得结论，大要如次：台湾西部沿海一带冲积层和台地砾石层分布很广，其中蓄水很多，在砾石之下常有一黏土层，足以阻止水流，蓄积水量。普通浅井数十尺就可得水，百尺至二百尺以下常为喷水井。凡地形和地质成盆地构造的处所，如南投区，屏东区，钻得大量地（下）水的希望最大，尤以屏东区最为理想，三百尺以下的深井都为喷水井，在屏东至溪州公路两旁的稻田中，随处可见。台南高雄区是沿海平原，冲积层中的砂层依原来倾斜从山边向海岸微倾，所以在低处凿井，因受山边水头的压力，也可发生喷水泉。总之利用台湾地下水灌溉蔗田的希望很大。关于钻井情形，容于下节详述。

十、东江坝址地质

本处受长江水利工程总局的委托，派郭文魁君赴郴县东江市勘察水坝基址的地质。郭君在坝址附近及沿河上游详察五日，对于将来工程设计，提出下列建议：①该坝址属泥盆纪的跳马涧石英岩，岩性虽然坚韧，但因岩层顺谷倾斜，岩层间隙缝也甚显著，将来不无

漏水之虞。石英岩与其下的震旦纪硬砂岩成不整合接触，有砾岩一层，此砾岩及不整合面亦可透水。②沿河谷为一断层，将来若有地震，可能沿断裂发生移动，影响坝址安全，且坝中积水后，水压增大，可能沿断层面透水。③以上虽为筑坝的缺点，但如能加以特殊设计，防患未然，那末困难也可克服。

十一、七个钻探队4,877公尺的总进度

本年度本处共有七个钻探队，分在皖、湘、桂、鄂、台五省内工作。钻探的对象三队是煤，其余的四队是锑，磷，锡和地下水。凤台磷矿和台湾地下水在七八月间就已结束。淮南煤田的钻探继续了二年多，到11月初因时局紧张，全部员工撤回京处，所以在本年底只有湘江，锡矿山，八步和武昌的四个钻探队尚在继续进行。现在先将各队的钻探成果，列表如次，然后再依次申述：

队别	钻探对象	地点	钻机数目	开钻日期	钻眼数目	钻进/公尺	开钻以来总进尺/公尺
淮南煤田探勘队	煤	淮南八公山洞山及大通	5	继续去年工作	完成10眼，未完成者4眼	1510.6	5210.6
湘中煤田探矿队	煤	湘潭杨嘉桥及乐桥	5	同上	完成20眼，未完成5眼	1744.96	1864.96
锡矿山锑矿钻探队	锑	新化锡矿山	2	同上	2眼，均尚未完成	290.3	341.0
凤台磷矿队	磷	安徽凤台县	1	2月下旬至7月中完工	4	393.1	393.1
八步探矿队	锡及煤	广西八步平头山及西湾	1	8月11日开钻	锡矿完成2眼、煤3眼	807.01	807.01
台湾队	地下水	台南西营岸内	1		1眼，未完成	36	36
武昌煤田钻探队	煤	武昌土地堂西毛屋边	1	10月5日开钻	共2眼，完成1眼	194.9	194.9
共计						4876.87	8847.57

（一）淮南

淮南队分在八公山新煤田和大通、洞山等处钻探，八公山共打八钻，未完成者一钻，总深1,024.5公尺，最深的一钻达387公尺。有四个钻眼遇到一公尺以上的煤层自一层至七层，有二钻为试探煤系顶部有何新煤层，但结果不佳，另一钻为试探乌拉统，仅遇到半公尺左右的薄煤五层。依层序推断，乌拉统主要煤层应位于底部，惟以时局紧张，工作暂停，不免有功亏一篑之憾。又有一钻位于一横切断层线上，也没有遇到煤层。经过两年半的工作，新煤田的煤层情形，除乌拉统外，已大致明了了。大通、洞山区的钻探目的有三：（一）探求大通逆掩断层下煤层的分布情形，借以计算该断层的错动距离。（二）探求乌拉统内有何堪采煤层。（三）勘定大通逆掩断层向洞山方面的展布，并探寻其下有何煤层。大通逆掩断层的发现，乌拉统含煤及洞山煤田的新解说，都是本处申庆荣君首先提出，这项结论，对于大通已开区域的发展，和洞山煤田将来的希望，有重大影响。原来大

通三号井开到240公尺以下，煤层减少，北面各巷道都没有见煤，而新开的七号井正开在北部的无煤区域内，这都是逆掩断层的结果。洞山区日人打了许多钻眼，找到二三公尺的煤层数层，但中间夹了七八层石灰岩薄层。从前日本地质学家认为这是由于鳞片型的逆断层所致。但申先生认为这些煤是属于乌拉统，并且设想大通逆断层西延到洞山，所以这儿的二叠纪煤层应该向南在乌拉统灰岩甚至奥陶纪灰岩的领域内钻探，同时乌拉统内煤层也很值得开采。基于这种理想，一向认为扑朔迷离的洞山构造，得到了合理的解说，而它的煤藏的展望，也顿时露出光明。自四月中开始，在大通打了三钻，二钻在窿道内，一钻在地上，洞山打了二钻，总进度为486.1公尺。因为战事关系，匆促撤离，有二钻未经完成，但即就此片段的结果，已充分证明申君解说的无误，将来时局平靖，工作恢复，宽假时日，从容施探，必能获得预期的成果。

（二）湘江

本处在湘江矿区的钻探，遭遇到意外的劣运，开钻以来，虽已完成了二十个钻眼，未完成而尚在进行的五眼，但始终没有遇到堪采煤层。天赋的贫乏，自为主要原因，但矿局方面的举棋不定，多所主张，亦不无影响。譬如本处坚主尽力详探杨嘉桥的侏罗纪煤田，但矿局因为想博得美援，立即移钻乐桥的二叠纪煤田，现在乐桥未见成效，又返钻杨嘉桥。此外又有若干钻眼，其附近已出露石灰岩，但工程师们仍主张设钻。本年进度共为1,744.96公尺，工作效率不算很低。据本处地质研究的结果，杨嘉桥煤田虽属极不规则，但除已开发的一个煤囊外，其附近谅必尚有若干相似的矿床。就理论上讲，本处探煤，必需找深而广的盆地构造，而厚煤层或将限于盆地的边缘，因此我们预测杨嘉桥以东的河谷平原，有试探的价值，而目前正在进行的272号钻眼，极应重视。乐桥区的北风岗钻眼因矽石坚硬，仅至五十公尺而止，未能穿过该层，一窥究竟。张家湾汗冲塘各眼所见的薄层石灰岩，有人以为属二叠纪，因而假想许多玄妙的构造，似乎尚待考证，所以目前进行的汗冲塘一钻必须设法完成。至于北翼癞子山、谢家塘各钻，因岩层陡急，岩性易塌，以致劳而无功，殊为可惜。总之本区天赋既不优厚，构造又极复杂，再加岩石坚韧，回旋钻难于奏功，如何达成使命，尚待我人努力。

（三）锡矿山

锡矿山锑矿钻探工作，从去年底开始，迄今因为矽化岩层质性坚韧，钻进困难，停了好几个月，后来向美订购（的）黑钻石及Plug Bits寄到，才重新开钻。迄年底止，第一号坝塘山钻眼共进190.2公尺，在189.6公尺处遇到矿层，计为花砂一公寸，内夹青砂五公分，详细成分正在化验中。第二号陶塘钻眼在120.7公尺处变为未矽化的深灰色页岩夹黑灰岩，迄年底止深150.9公尺，尚未见矿。查第一号钻眼距含矿层背斜顶点达八百公尺，今竟探到青砂，其意义殊为重大。第二号钻眼密迩矿区，将来钻到矿层自是意中之事。又查本区七里江含矿层开发范围仅限于上部，究竟全层含矿有几，产状及成分又如何，俱为未解之谜，所以上述二钻眼倘能施钻到底，或可获得意外的发现，我们正以热烈的心情每日期待好消息的到临。

（四）凤台

本处与台湾肥料公司合作，钻探凤台磷矿，其目的在探求矿层在地面下的展布及在潜水面下矿质是否可以改优，从二月下旬开始，七月中完工，共钻四眼，钻进393.1公尺。

第一号钻眼在矿层的最西端，淮河东岸，钻到寒武纪底砾岩，仅见磷质灰岩，未遇矿层，大概磷矿至此，已形尖灭。第二号钻眼至109公尺时发现岩层几近直立，钻机能力恐难达到矿层。乃在其附近改开七十度倾斜的斜钻，至106公尺遇到矿层，厚约2公尺，经分析后含 P_2O_5 仍只21.9%，在目前状况下不够开采标准。第四钻在矿区中部，仍用斜钻，共进67.9公尺，以岩质坚韧，金刚钻头耗损过巨，均至磷质灰岩后即行停钻。斯时物价上涨不已，第三钻的结果既不甚佳，乃与台肥商定暂为结束。

（五）八步

本处与广西八步的平桂矿务局合作，钻探钟山县平头山锡矿，所有钻眼位置，悉由清华大学孟宪民教授指定，钻探工作由本处派燕队长树檀主持办理。于八月十一日开钻孟氏所定的第二号钻眼，迄廿二日止共钻204.5公尺，因套管被卡，不易取出，乃在其东三公尺处另钻一眼，是为第二号甲孔，迄十月十三日共进342.7公尺，所遇岩层悉为结晶石灰岩及矽化石灰岩，在341公尺处遇到花岗岩，因岩质坚硬，钻头磨损甚剧，不易钻进，且花岗岩以下的含矿希望，似不甚大，故即停止。

矿方以平头山矿区还未十分确定，为审慎计，暂停进行，并将钻机运返西湾，改钻黄花山煤田。原来西湾煤矿的大岭矿区开采已久，150公尺以上的煤层，大部采尽，南北两端又为断层所切，如欲发展只有加深直井，但抽水捲扬的能力，都嫌不够，而电厂将增添锅炉，需煤孔亟，增产势在必行。因为黄花山毗连大岭，管理方便，遂决定先从该区着手。去年春季，矿方根据廿二号钻眼在33公尺下见厚煤的记录，在该孔南五公尺开一斜井，预计25公尺可遇煤层，但进掘50公尺，未得结果。为明究竟，乃由本队在斜井北四公尺处另钻一斜孔，名曰新一号孔，十一月五日开工，十二月七日竣事，共钻229.81公尺，除浮土砾石外，140公尺以上，尽为灰白色灰岩，从140.5至229.8公尺为灰岩与煤层的夹层，遇大小煤层18层，其中第四层伪厚1.02公尺，第十七层伪厚2.19公尺，其余各层俱不到半公尺，惟因倾斜及倾角俱尚未知，所以真实厚度，还难确定。新一号孔完成后，将所钻岩心与廿二号孔记录比较，发现二者绝然不同，二孔相距不过十公尺，而岩性变化若是之巨，殊难索解，乃在廿二号孔东十公尺处，再打一直钻，是为新二号孔，钻到30公尺，仍为灰白色灰岩，未见煤层，与新一号孔相同。嗣经仔细参阅以前钻探的许多记录底稿，发现有一卅七号孔，深103公尺，位置相合，所钻岩心也都是灰白色灰岩，至此乃恍然大悟，所谓廿二号孔实是卅七号孔之误，真正的廿二号孔应在黄花山南端总局消费合作社之后。从此发现，可知已开斜井的位置，甚不适宜，应予废弃，同时为断定黄花山煤田的经济价值，并勘定煤层位置，以便另设新井计，该队拟定钻眼三个，第一眼在黄花山中部，是为新三号孔，不久就可开钻。从构造及层序研究，该队认为新一号孔所见煤层，应位在大岭主要煤层之上，因为大岭煤层共有五层，距离甚近，层厚都在1公尺以上，与新一号孔所见的完全不同。西湾整个煤田构造是一个向斜层，该队为彻底明了煤田的价值，又拟定了一个三期的钻探计划，第一期探东翼，第二期探轴部，第三期探西翼。第一期根据构造，又分为三区，它的施工程序，将完全配合工作需要而定先后。第一区为黄花山，该区为今后煤矿发展重心，应先施探。第二区为大岭以北的海华区，构造整齐，面积宽广，假使不是先天不足，它的开采条件，要比大岭和黄花山好得多。第三区为水井村，在黄花山之南，相距甚近，从前曾经土法开采，也是一个值得钻探的备用矿区。

该队每日分二班工作，效率甚高，在石灰岩地层内，每小时进度最高4呎，每日进度二三十呎至六七十呎不等，在花岗岩内则不及一呎。岩心提取率也很高，在95%以上。钻机和水泵的油类消耗量计每小时汽油一加仑，机油0.06加仑，黄油约0.03磅。近来汽油来源困难，价值昂贵，该队乃参照钻机发动机的转数，改装马达，用电力发动，情形甚为良好，经此改装，每月可节省汽油400余加仑。

（六）武昌

本处受中元煤矿公司的委托，代为钻探武昌南乡土地堂以西毛屋边附近的侏罗纪煤田，派杨博泉、董南庭、孟邦达三君办理。选定钻眼五个，先钻第一号孔，于十月五日开钻，十一月中完成，井深179.7公尺，经过岩层都为侏罗纪煤系的砂页岩和砾岩。根据地质观测，该孔应于140公尺左右见煤，但结果仅见黑灰色页岩，没有煤层，在底部的3呎许为灰岩夹薄层页岩，似属三叠纪，故此孔无煤，业已证实，现另钻第三号孔，位于一号孔之东1,100公尺，迄年底止已钻进15公尺。

（七）台湾

台糖公司委托本处勘查台湾地下水地质，并请本处办理钻井工程，本处乃派工程师郭文魁研究地质，美籍顾问戴维斯及工程师刘汉主办钻探工作。郭君等到台后，公司已向农垦机械管理处借得爱达谷第10号型（No. 10 Ideco）凿井机多架，在戴君指导之下，开始工作，试钻六日，钻进118呎（合36公尺），因砂层松散，常常渗入套管中，而套管为数不多，质料又不坚强，困难重重，戴君以为这种钻机，不适应用，须另购回旋式油田上所习用的钻机，公司方面及彼方的美籍顾问，都深然其说。后来戴君返京，农机处派员又试钻数日，终于无法钻下就停工了。

十二、室内工作

（一）化验室

自新屋落成后，工作渐上轨道，除分析本处采集的矿物外，各界委托分析的业务，亦属不少。在本年内本室一共作了199个定量分析，其中自采样品计129种，包括锑、磷、铝、铁、铅、锰、钼、石灰岩、石膏、煤、白云石、褐帘石、斑脱岩等矿石。受外界委托的有70种，包括锡砂尾、锡、钨、铁、铅、煤、滑石、长石、黏土、石英、海水、井水等等。又作了18个定性分析。矿样的来源，有远自西藏，云南，台湾，西沙岛，南沙岛等处。本室职员仅有三人，由陈四箴君主持。

（二）矿物岩石实验室

由赵宗溥君管理，装有磨片机、切片机，经常磨制光片及薄片，又增设了紫外光灯，盖末二氏计数仪，电磁分析器及反光显微镜等设备。赵君工作最多，他发现了一种铅锑新矿物，研究凤阳接触变质以及湘、桂、苏、皖等省的矿物岩石。张有正君用电磁分析器研究广西独居石，杨开庆君研究石灰岩和白云石。

（三）中国矿产分布图及储量、产状表

分由郭文魁、王承祺、孙万铨、周泰昕、高存礼、马子骥诸君担任，已完成者有煤、石油、铁、锰、锑、钨、钼、铜铅锌、铝及各种非金属矿产。

（四）测绘课

经常测量、编绘、晒印各种图幅，名目繁多，不及备载。

（五）图书馆及出版组

由马祖望君主办，地质课同人随时帮忙，除按月编印《矿测近讯》外，又为资委会季刊编了一期“矿产测勘”专号。油印报告及同人著作散见报章杂志的很多，不及备载。新到的图书也不少，迄年底止共有图书约 2,000 册。

结语

本处本年度发现了栖霞山的铅矿，下蜀的钼矿和桂西的菱铁矿，因为探矿工作还未实施，矿量暂难确定，所以还不能拿币值来表示出它们的价值，但我相信，这些发现，都是具有重大的经济意义的。我们又为资委会划定了四个煤矿区。浙赣路沿线的煤田，绍兴铁矿，江山萤石，四川和江南的油气构造，闽粤的铝土矿，广西的许多金属和稀有金属矿产，台湾地下水，经过我们的测勘，都已获得了精详的结果。一向不为中国地质学家们所注意的水泥材料——石灰岩，我们也开始在作有计划的研究了。我们对于贡献最大的淮南煤田，由于地层上和构造上的新理论，又有新的贡献。八步黄花山煤田斜井的存废和将来新井的地点，我们贡献了决定性的意见，这些贡献，对于开矿工程的帮助太大了，可相当于数千万甚至万万元目前金圆券的价值。我们今年一共打了 4,877 公尺的钻眼，虽然没有获得如去年度的辉煌成绩，但就进度来说，已增加了 1,800 多公尺，锡矿山 5 公分青砂的发现，或者就是大矿袋出世的前奏，至于湘江和凤台负性的结论，也不能不算是结果。一年的苦干，更增加了我们对于开发中国地下富源的信心，而许多困难问题的解决，却增进了我们的经验，我们现在虽面临着危急关头，但和平不久就会到来，我们将继续贡献我们的才智和劳力！

编者的话*

美国的堆储政策

为了军事保障，美国政府实施了有关战略物资的堆储政策，它的用意是在承平时代，未雨绸缪，以免战事发生，临渴掘井。战略物资中一大部分是矿物，即所谓战略矿物者是，共不下五六十种，其中有些为美国所不产的，有些是虽有所产而犹虞不敷，尤其在战时大量消耗或航运停顿的时候，必需预为储备，以防不虞。由于战争的教训和堆储的实行，美国人才发现他们的所谓天富之国，其实也有许多资源是要靠外国供给的。

堆储政策除军事保障外，还有经济上的意义。它能保障国内矿业，以阻止国外产品的涌进；能经常维持矿业的进行，不使间断，以收到利用资源的最高效能；同时又可鼓励国内外的探矿和开发工作。但为达到这些目的，美国所定堆储政策的范围和时间，似乎太小太短，因为堆储经费的预算，最大的一年，不过是六万万美元，而国会所定实行的时间，仅为五年。矿工程师们都知道要发展一个矿，从开采到还本，至少非十年不可。所以美国的专家们，正在讨论一个更大更远的堆储计划了。

西欧诸国的矿业

美国工矿杂志从去年十月份起连载了几篇关于与美国经济合作诸国的矿业近况（Mineral Position of ECA Nations），该文将于本年 3 月号结束，已由本处谢处长译成中文，在本刊陆续发表。该文所论涉的国家，到 1 月号为止，共有德、奥、意、法、葡、荷、卢（卢森堡）、比、丹、英、希等 11 国。

为了经济的稳定，工业的复兴，并在马歇尔援欧计划和美国堆储政策的鼓励之下，西欧诸国都在努力地开发资源，扩展矿业。英国定了一个四年计划，希望在 1952 年底，将从西半球金元国家的输入，由 1947 年的 7.21 亿英镑减到 4.72 亿英镑，输出品的价值，将从 1.65 亿镑，增加到 3.64 亿镑，这样，英国就可得到 1 亿镑左右的出超。为达到此目的，英国正在努力开发属地矿产，特别注意非洲，预定投资总额将达 40 亿金元。英国又尽量输出它所产的煤焦和钢铁，1948 年出口煤量为 1,600 万吨，1949 年将增至 2,300 万吨，在这种全面的努力之下，毋怪英国的经济复兴，已得到初步的成效了。

法国也是亟需美援的国家，他们的主要目标，在开发西非、南非、马达加斯加、圭亚那、新喀里多尼亚等属地的矿产。已经拟定了一个十年计划，希望在 1956 年年底，属地

* 据《矿测近讯》第 100 期原注说，该刊自 97 期起，曾增加“编者的话”一栏，系采不具名制，各文都是由谢处长执笔。自编辑委员会成立后，决定自 100 期起改为具名制。经查各期“编者的话”署名，计有“荣”、“庸”、“丁”、“鸣”、“谢家荣”等，均为谢家荣先生所作。署名方式是在文后。与“矿测随笔”不同的是，“编者的话”多属于短评、言论范畴，当然有些“编者的话”仍带有“随笔”色彩。本卷将所有各期“编者的话”按照时间顺序汇集于此。——编者注

矿产品出口的价值，将由1938年的13亿法郎，增加到60亿法郎。投资总额定为74亿法郎，其中用于地质调查和矿产测勘的约为七分之一，即10亿法郎。法政府成立了一个海外矿业部，专司开发属地矿业的职责。

葡萄牙的矿业，没有甚大的前途，并且它有相当数量的金元，可以不需美援。比利时的矿产宝库在非洲的比属刚果，在大战时期，不但获利甚厚，并且没有受到破坏，所以也是不需要美援的。

从这篇文章的报道，我们得到三种感想：（一）西欧列强的经济基础几乎大多数是建筑在它们的属地上的。（二）西欧列强正在努力增加输出，减少输入，俾以收入的盈余，作扩充的资本。（三）地质调查和矿产测勘是开发矿业的先锋，他们不惜耗费巨大资金，积极推动，法国开发属地的十年计划，就是一个例子。此外若美国、苏联以及占领中国时代的日本，亦莫不如是，这种重视基本工作的精神，似乎值得我人效法的。

我们照常工作

在南京各机关闹着搬家，疏散，甚至卷逃的当儿，本处人员却仍坚守岗位，照常工作，除了淮南、武昌二个钻探队，或因环境特殊，或因矿方无意续钻，相继停工外，其余八步、湘江、锡矿山三个钻探队俱仍照常进行。八步队在黄花山探到了2公尺左右的烟煤层三层，奠定了西湾新煤矿的始基。湘江探矿队一直遭遇着劣运，但最近谢家塘210孔在二叠纪煤系内也探到了2.2公尺的优良烟煤一层，湘江煤矿的前途，已露出光明。锡矿山的一、二两钻眼，先后遇到花砂三四层，但因金属矿床的太不规则，在没有详密钻探之前，它的经济价值，还难确定。

至于测勘工作，因时局不定，暂为停顿，现正想在南京附近，作些详测地质和找矿的工作。因为野地人员大半归来，室内研究，反加强起来了，除了编著未完成的报告、图件外，我们正在编制中国矿产分布图和矿产表，这些图表，是凭着一种新的设计，新的理想，在实用理论兼筹并顾的原则下进行的。它给予我们在探矿上的线索，也指示出将来探矿的方针。

由于大多数工友的自请遣散，本处同人们乃不得不亲司扫地、看门、守夜打更之职，实行以来，已历二个多月，虽是一种疲劳服役，但同仁们还是认真轮值，丝毫没有懈怠之心。同时我们也没有忘记体育，蓝球、排球的练习，继续进行，最近并曾与中央地质调查所比赛二次。

这个小刊物，从民国三十年三月不定期的油印，到三十四年十一月起每月一次的铅印，到如今也有八年的历史了，现在还是继续出版，并从今年起增加附图，刷新内容，虽然印费的高涨和稿件的张罗，都是相当麻烦的事情。

时代的巨轮，毫不犹豫地向前飞驰，我们不能等待，只能依着既定方针，照常工作，追随前进！

（以上原载《矿测近讯》1949年3月号（第97期），25—26页）

中国的探矿政策

合理的开矿，先要探矿，这是不易定论，任何人不能否认。探矿的技术，姑且不谈，兹所欲论的，是探矿的政策。

中国要有一个探矿政策。在建国开始，工业复兴的时候，这个政策，更为急要。多年的经验告诉我们，要完成探矿使命，达到高度效能，必须遵着左列五个原则进行：

（一）组织专业化

全国探矿工作，必须交给一个有经验有成绩的专业机关办理；矿厂自办探矿，或请外国顾问技师短期工作，都是浪费金钱，无补实际。本刊第五十八期（民国三十四年十二月号）谢家荣先生所著的一文里，已经详细论到了。为争取时间获得实效，我们更要仿照苏联或沦陷时代日本人在中国的作风，就是以最大多数的地质人员专心一志地从事矿床的测勘和施探，其他与探矿没有直接关系的理论问题，暂且不谈。这样，我们可以集中人力物力，在一个单纯的目标和管理之下，迅速推行。

（二）工作计划化

在实施探矿之前，必先详定计划，分别探勘的范围，工作的先后，尤为重要的，这个计划，要与建国增产的全面政策，密切配合，以免有空中楼阁、不切实际之弊。主管探矿或办理探矿的人，还要随时依据理论、经验，阐示若干线索，作为工作的准绳。

（三）严密管理规定时限

各种工作，无论测量、勘矿，打钻、挖槽，都要严密管理，争取效率，最好用包工或半包工式的办法。报告的编制，也要有一定时间，否则旷日持久，失去时效，对于整个探矿的进行，影响很大。

（四）扩大规模宽筹经费

以往对于探矿，不是粉饰场面，就是虚应故事，所以总不肯拿出足量的经费来彻底办理。要知开矿的成败，大半系于探矿，探矿工作者也是建设和生产的一员，因陋就简的局面，不可能获得满意的成绩，把地质学者或探矿工作者目为迂腐无能的书呆子，而加以薄待或轻视，更要受到意外的恶果。

（五）奖励发现以资激励

凡有重要发现或特殊贡献的工作者应优予奖励，以资激励。语云：重赏之下，必有勇夫，以中国之大，矿产之丰，再加以金钱上或名誉上的鼓励，有志之士，必能闻风兴起，惊人的发现，必将层出不穷了。

地质学者应有的风度

一个地质学者要有为大众服务和为研究而研究的精神。他要有客观的态度，谦和的礼貌，不要坚持成见，睥睨一切，更不要太看重了自己的工作，而忽视他人的成绩。用外文或在国外杂志上发表的文章，固然重要，但中文的写作或本国刊物中也有不少有价值的作品。

对于前人著作，应加尊重，不可过意抹煞，如有援用，更应忠实声明，剽窃掠美或巧妙的掩饰自己的错误，都是科学工作者的缺德行为。

在研究或写作中，他人的指点或提醒，常有极大帮助，虽最后的结论，有时不尽于此，但在论文中必须声明，不要以其为小人物而故意抹去。相反地，与工作绝无指助，也不是主管而可予以鼓励或协助的人，但是，因为是大人物，或者是外国人，往往被列入志谢人名之中，叫人看了，感到肉麻！

金属矿业的趋势

据一位经合总署官员的报告说：世界非铁金属的产量，已超过战前的平均数，但更多的生产，恐怕要到1952—1953年才能实现，1948年铝、铜、铅、锌等金属的产销量，勉能相抵，倘消费继续加多，只有尽力扩展老矿或开发新矿了。锑、钨的供应，也不十分缺乏，但锑的大量生产，恐怕要全靠中国锑矿的发展了。1948年各金属的总产量，大致如次：铝1,546,000吨，铜2,471,000吨，铅1,841,000吨，锌1,728,000吨，锡152,000吨，钨30,000吨，钼15,000吨。

照上所述，可见金属的生产不能急切增加，而消费还是迫要，但据近日报载纽约和伦敦市场的消息，金属价格都在下跌，四月五号的市价，铅每磅1角7分，锌1角5分，铜2角3分半，钨砂每单位110至120先令。美国商务部鉴于生产畅旺，外销呆滞，也将钢铁出口的限制，略为放宽尺度。这一切都指示金属市场有供过于求的趋势。

（以上原载《矿测近讯》1949年4月号（第98期），37—38页）

我们的探矿工作开始了

从今年一月应变起到四月廿四日南京解放，我们的室内研究工作，从未间断。解放以后，本处全体动员办理清点移交工作，到五月中旬，大体完成。为迅速展开业务，我们又拟具了一个南京附近临时工作的计划，这个计划，包括槽探栖霞山铅矿，详测当涂和牛首山的明矾石，详测江宁县铜井湾金铜矿以及概测宁镇山脉内的各种矿产。经本处与经济部和华东区负责人接洽后，俱认为急需实施，当即拟具预算，呈候核办。此时本处谢处长又奉命赴沪协助接收上海资委会的工作，所以预算的呈送，稍为耽搁了几天，但下月初各探矿队一定可以全部出发了。

铅和明矾石都是目前急需的原料，倘使探矿结果良好，马上可以开采制炼，将来对于工业建设，谅有若干贡献。

中国矿产品应该尽量出口

为了发展生产，繁荣经济，中国必需有大宗外汇来订购各种急需的机器和材料。外汇的获得，既不能乞怜外援，也不能借贷外债，目前我们可以做到的只有一条路，就是依据平等互惠的原则，进行正常的贸易，尽量减少进口，增加出口，使一个向来入超的国家变为出超的国家，以博取大量的外汇。在若干种贸易中并可照以货易货的方法，用土产来换取机器；只有这样，我们的生产，才能迅速地增加，我们的建设，才能广泛地开展。

可供出口的物品很多，农产品、纺织品和其他手工业产品或者还较矿产品更为重要，但矿产也是一种重要的出口物品。钨、锑、锡、汞，在抗战期中，出口甚多，由此所获得的外汇或器材，对于抗战曾发生过相当大的作用。其实还有许多矿产，像焦炭、铁矿、锰矿、萤石、明矾等在战前每年都有经常的出口，如能大量生产，撙节使用，而以余下的吨数，尽量出口，也可得到一笔不小的外汇。此外像菱镁矿，一水型硬铝土、石膏等矿产，日本人在战争时期已经大量生产，大量出口，我们以后还可继续进行。最后还有许多矿产像磷矿，滑石，石棉，斑脱岩，蛭石，硅藻土，富滤土以及钼、铍、铬、铋、钍等矿产，目前所知，蕴藏或不甚富，但就地质理论推断，在中国各地或有发现大量矿床的希望，所以也应随时注意，列为可能出口的矿产品的。

据以往经验，钨、锑、锡三种矿品，当以运销美国为主，并以获取金元为主要目的，但是苏联和欧洲的几个国家，也可销售若干。焦炭，铁矿，镁矿，硬铝土等都是笨重而价值较廉的矿品，不值得长途运输，所以只有日本为最理想的对象。美国缺少锰矿，品质优良的锰矿可以输美，但日本也可吸收若干。菲律宾及南洋可为石膏的输出地，萤石和明矾的出口，大概也限于远东各国。

有人或者要提出疑问，拿矿砂或半制成品的矿产品出口，是有损天然资源的不经济政策，尤其当我们想到出口的对象是日本时，不免要感到国防上的威胁。在表面上看起来，这种顾虑是有理由的，但我们除走这一条路，试问又有什么好的道路可走。我们只要将这个政策，定为暂时的过渡政策，并且在出口的数量上加以考核，务使本国需要，先为充分供给，在矿产的开发上，详为设计，务使天产资源，不致浪费，在储量丰富的矿床，三五年的消耗，决不会发生重大影响的。

中国几种重要矿产的研究

中国几种重要矿产，像煤、铁是工业的基本原料，钨、锑是储量特丰，在世界资源上占着优越的地位，俱应设立专门研究所，在理论和实用各方面加以深切而具有创造性的研究。从前中央地质调查所附设的沁园燃料研究所（室），就是一个例子，虽然因为限于经费、人才和设备，不能充量发展，但就该所（室）业经完成的几种研究和发表的论文看起来，已有相当的贡献，而这种贡献，对于将来进一步的精深研究确有重要的指助的。

当兹全国革新，努力建设的时候，为了增加生产，提高学术水准，像上面所述燃料研究所（室）的一类工作，似应继续进行，并且还应扩展到钢铁、钨、锑方面。钢铁是基本工业原料，钨、锑则是中国的特产，有了这种稀有的宝藏，我们就应该有资格去争取在世界各国中对于同样研究的领导地位，否则我们不但辜负了天赋的优厚，还要担负着阻碍研究的责任了。

（以上原载《矿测近讯》1949 年 5 月号（第 99 期），49—50 页）

我们提出的一个探矿计划

为了开发矿业，增加生产，使国家踏上经济繁荣之路，中国要普施探矿，要使开矿事业，只许成功，不许失败。中国更要彻底地探矿。因为不懂探矿，或忽视探矿，以致遭受到惨痛失败的故事，从前清末季到现在，真是书不胜书，用不到我们详细列举了。相反地，抗战时代，日本人在中国沦陷区的经营，却都是凭着可靠根据，探矿的指示——脚踏实地地干的，所以他们获得了相当的成果。因此我们认为探矿工作的是否被重视，和是否能彻底地施行，将决定开矿的成败，也就是工矿建设，经济繁荣的成败。它是建国工作的急先锋，要在任何建设工作开施以前先为办理的一种急要事业。

我们现在提出一个全面的和庞大的探矿计划，它是依据我们的学识、经验，并在配合工矿建设和经济繁荣的大前提下所拟定的。我们探矿的地点，要先从交通方便，运输通畅的地方着手，偏僻的西北和西南，除了若干特别重要的矿产外，暂不积极工作。我们要集中力量，在东北、华中、华南，特别在铁路沿线，江河沿线，以及沿海一带，就学理上认为有望，或过去探采已见迹象的各地点，分头进行。

探矿的对象，包括下述各类：（一）工业基础的煤、铁，在中国储量极丰，除自给自足外，还可出口。（二）中国所含并不甚丰，但如积极探勘或可自给自足的矿产，像石油、铜、铅锌银、铝土、磷、硫、云母、石棉等矿。（三）一向有出口矿产品之称的钨、锑、锡、汞，还有锰矿、菱镁矿、滑石、萤 石、一水型硬铝土、石膏、明矾石等，中国所含都极丰富，可以大量开采，大量出口。（四）镍、钴、铬、钒、钼、铋、铍以及许多非金属矿产，像斑脱岩、蛭石、硅藻土、富滤土等，在工业上都是重要原料，而在中国也有发现的可能。（五）铀、钍等放射性矿物。（六）水泥材料，其他非金属矿以及地下水，坝址地质，工程地质的测勘，也都是我们工作的对象。

这个全面的探矿计划，倘能实施，那么，我们共将派出探矿队七十二队，钻探队二十二队，我们共需地质人员 143 人，地形测量 54 人，钻探人员及助手 118 人，共 315 人，非技术人员及工友，还没有计入。我们需要 200 公尺深的钻机 5 架，300 公尺的 14 架，500 公尺的 7 架，2,000 公尺以上的 2 架。除我们已有钻机 9 架外，还需添购钻机 19 架，约需美金 70 万元。探矿经费合计约需人民币 9 亿 3 千 9 百 77 万元，员工薪津及总管理机构的经费，还没有计入。

这是一个比较庞大的探矿计划，在目前百废待举，财政艰难的时候，新政府是否愿意全面施行，而我们这个仅有 40 余名技术人员的小机关是否担当得起这个重大责任，都成问题，但我们仍旧做了这个计划，其目的不过在估计一个全面探矿所需的经费、设备和人员，以供有关当局及同业机关的参考罢了。（关于探矿计划的详情及图表，本处有油印本）。（荣）

今后中国地质工作的动向

中国地质研究，从民元到现在，已有 30 余年的历史了，它在国内外学术界上，一致被认为是有相当的贡献和成绩的。所以如此的原因，很为简单：第一，地质学是多少具有地域性的科学，在一个草创的国家，稍稍努力，便容易见功效，有成绩。第二，我们不能不归功于几位领导人的准确方针，从基本理论问题着手，而共事诸君子的努力苦干，在任何环境下坚守岗位的奋斗精神，也是促成事业成功的重要因素。

30 余年来中国地质界领导人注重理论，特别像古生物、地层等等的研究的事实，可在中国地质学会颁发奖金或奖章的名单中以及政府派赴欧美考察的人名中，找到证据。这种提倡的精神，固可佩服，但如过于偏差，尤其在地质工作已有相当规模的阶段，不免要发生好高骛远，不切实际的毛病。同时又将使有志向上的青年们，误解到只有谈理论，找化石，才能得到荣誉和实利，其他都是下品了。我想，中国岩石矿物的研究，尤其经济地质学研究的不能长足进步，上述的偏见和误解，是要负着相当的责任的。

其实从民元到现在，地质工作一向是掩护在矿产调查和探矿的美名之下的，政府的方针，主管的指示，都是如此。现在全国解放，为期不远，今后的地质工作，应当在配合人民的要求和政府的国策下，集中力量，实事求是地，朝着生产建设的大路迈进。（荣）

（以上原载《矿测近讯》1949 年 6 月号（第 100 期），59—60 页）

关于资源调查的意见

查全国资源，需要精密调查，已为关心建国的人士们所一致承认，为使这项工作有效和迅速地推进，中央人民政府应该专设机构，并将前国民党政府所设的有关机关合并起来，俾能集中权力，人力和物力，切实办理这个有关新中国建设的基本工作。关于这种机构的设立，有许多问题需要讨论，现在提出来，并附述我个人的意见：

（一）关于资源的范围

资源的范围很广，有地上的农林、水力，畜牧、水产，地下的矿产、岩层，土壤、水源，甚至有灵性的人才也是资源，也需要调查。如果能够设立一个资源调查部，将这些调查工作全部归纳在内，统筹办理，固然最好，但恐怕因为包含了过多的部门，不容易做得好。比如地上资源的农林、畜牧、水产，与农业关系最为密切，开发水力则与农林、水利、航运、供电，都有关联。人才的调查，则牵涉的部门更多了。只有地下资源的矿产、岩层，土壤、水源，虽然部分也与农林、水利有关，但调查的原理和方法，却都是直接或间接地从地质学发展出来的，并且为了新中国的建设和工业化，我们对于地下资源，应该格外注意，要用最大的力量克期完成调查工作，以供将来制订三年或五年建设计划的参考。所以照我个人的意见，农林、畜牧、水产的调查，可由农业林垦部门办理，水力调查由水利部或重工业部办理，人才调查由科学院办理，地下资源的调查，却须另设专门机构。

（二）机构的名称和隶属

负责调查地下资源的专门机构可名为地下资源调查局，或地质矿产土壤调查局，或者不用局而称总署，也无不可，可由大家商讨决定。这个机构，照我个人意见，应该直属财经委员会，而不应该属于计划局或调查统计之类部门，因为地下资源调查的工作，是比较专门的，需要大量员工和许多精密繁复的仪器；一个矿产储量数字的获得，常需半载甚至数年的时间；如果将这种机构属计划局或调查统计之类的部门，那么，因为性质的过于不同，将难得指挥协调之效，而对于将来经费分配，也将有失掉中心任务的毛病，所以我个人主张，这个地下资源调查机构，一定要直属财经委员会，并且它的地位，要与一个部大致相等。

（三）归并有关机关的问题

究竟哪些原有的地质和矿产机关，应该归并入这个新机构之内？照我所知，全国性的中央机关有中央地质调查所及其所属的二个分所——北平分所和西北分所（设兰州），资源委员会的矿产测勘处，中央研究院的地质研究所，经济部的矿冶研究所。省立或地方性的地质调查所已设立的有长春（现属长春工业研究所）、湖南、江西、福建、绥远、两广、新疆等省区。照一元化的原则，这许多机关，应该全部归并，统一指挥，而在全国若干冲要地点，设立分所，办事处或工作站。不过中央研究院所属的地质研究所，性质有些不同，它一向偏重学理方面的研究，所长李仲揆先生在这方面的贡献尤大，这种研究，将来应该在全国最高学府的科学院下发扬光大，不应该使他与财经系统下实用性较浓的机关相混。所以我个人的意见，地质矿产机关的合并，应取二元化的原则，中央地质调查所及其分所，矿产测勘处，矿冶研究所，各省区地质调查所等合并为一个机构，直属财经委员会。中研院所属的地质研究所及中央地质调查所中纯理论研究的部门，可以合并成为另一机构而直属于科学院。

（四）新机构的组织

上述各项，如果决定，其次要讨论的就是组织问题，科学院系统的地质研究组织，现暂不谈，下面所列的是照我个人意见所拟订的关于地下资源的一个组织系统的初步草案：

- 地下资源调查局或地质矿产土壤调查局（或称总署）局长或署长一人，副局长或副署长二人至三人。总机构设北京
  - 东北区分局（长春）
    华东区分局（南京）
    华南区分局（长沙）
    西南区分局（重庆）
    西北区分局（兰州）及（迪化）
    其他绥远、福建、山东、山西等处视工作需要随时设工作站
    （各分机构的组织另定之）
  - 全体职工大会
    - 管理会议（全体职工的代表出席）
    - 技术会议（技术职工的代表出席）
    - 计划会议（同上）
    - 考绩会议（全体职工的代表出席）
    - 福利委员会、财务委员会、聘任委员会等
  - 全国地质图编印委员会
  - 地质工作联络委员会
  - （以上与科学院地质研究所及各大学地质系合作）
  - 地质调查所　测制全国地质图，研究各种地质问题
    矿产测勘所　测勘全国矿产
    土壤调查所　研究土壤，测制全国土壤图
    工程地质研究所　（包括坝址研究、工程地质问题及地下水）
    矿冶研究所　附试验室、分析室
    探矿工程处　实施钻探、井探、坑探、槽探等探矿工程
    地球物理探矿所　用地球物理方法探矿
    矿业统计室　收集资料，编印统计，兼办矿业咨询事务
    古生物研究室
    矿物岩石研究室
    测绘室
    图书馆
    陈列馆
    编辑出版委员会
    秘书室
    材料保管室
    - 总务部
      - 庶务、文书、会计
      - 出纳
      - 材料室

（荣）

（以上原载《矿测近讯》1949年9月号（第103期），77—78页）

一切都变了

人民革命的胜利和新中国的诞生，带来了新的气象，新的精神，一切都在前进，都在改革，以今较昔，确乎都不同了；特别明显的是新政府正在诚心诚意地依靠中国地质工作者去大力测探地下资源，以作将来大规模工业建设的根据。去年十二月在上海召开的华东工业会议上，各省区、各行署的代表们都一致强调探矿应列为最急要的工作，并要求本处派员赴各地测探。在汪部长的总结报告中，他特别提出要加强矿产与水力测勘的工作，以作将来大规模建设的准备。会议通过了1950年本处的测勘计划及相当于全部建设资金约2%的测勘预算。在最近中财会召开的地质工作分配会议，更通过了全国地质调查和探矿的总计划和总预算，并决定在中央地质总机构尚未成立之前，各地质机关应各站岗位，分头工作。像这样民主的，科学的，大刀阔斧的地质探矿计划，确为以前国民党政府执政们所做不到的。革命的先进们，已为我们刈去了蔓草，填平了道路，现在的环境一切都变了，地质工作者的同志们，赶快努力罢，应该齐心合力地同为新中国的建设而奋斗！（庸）

为什么我们要办地质探矿专修学校

现在全国解放战争业已获得基本上的胜利，大规模更艰巨的建设工作正在开始。对地下资源探寻的工作正是这建设事业“万里长征”的一步。因此在今天，沉重的任务正落在我们地质工作者的肩上。

中国地质事业虽已有卅多年的历史，但今日地质学家恐怕还不到三百人。以一支三百人的渺小队伍，要在千余万平方公里广袤国土上展开资源探寻工作，这力量实在太微弱了。

在沙皇时代全俄国也只有二百多个地质学家，然而十月革命卅二年后的今日，苏联已拥有近万地质工作者，每年都有几百个调查队出发工作。最遥远的人烟全无的冰天雪地都有地质学家的踪迹。由于大批新的生力军不断加入，矿产探寻的队伍才逐渐强大起来，使得苏联在短短三十年中对自己地下财富的认识完全改观。煤和石油的储量比过去所知增加了十余倍，铁矿储量增加了一百多倍，一向认为最贫乏的有色金属铜、铅、锌、锡等的储量现在都一跃而居世界最前列。

如果革命后的苏联没有大力地发展地质教育，在短短二三十年中培养出这么多优秀的地质人才，那么上述的辉煌成就简直是不可能的。

我们的国家正和卅年前俄国所发生的情形类似。我们对自己地下财富的了解太不够。悲观的学者们曾下过结论说：“中国是地大而物不博”，但我们却有充分理由和信心否认这一点。日本人在（我）沦陷期，和本处近年的成就已经指明了这一个真理：就是只要把探矿工作大规模地和有计划地组织起来，我们未来的成就将更无可限量。实际上我们至今为止顶多只粗粗地研究了全国总面积的四分之一，许多地域的情况我们完全毫无所知，卅年来我们只测了十四幅百万分之一的地质图，到现在出版的还不过五幅，我们的物理探矿和钻探工作等于还没有开始。

摆在我们面前迫切需要做的工作是这么多，而由于过去国民党时期对地质教育的忽视，今日地质界的人荒确是严重。要想像苏联那样在短短二三十年内培养出数千新的地质工作者，就不但要大大扩充加强大学中的地质系，而且还要迫不及待地开办专修性质的学校，使学生能在最短期内学会实际工作的本领，以应当前迫切的需要。

我们有经验有修养的中国地质工作者对国家负有双重责任，不但自己要全力为发掘祖国财富而工作，还要为国家训练更多更多能做这工作的人才。在今日这两者相比显然后者更重要，这就是本处在今年大规模测勘工作中间还要抽出人力物力与南京大学地质系，中研院地质研究所和中央地质调查所四个机关合力创办这一个地质探矿专修学校的原因。（丁）

（以上原载《矿测近讯》1950 年 1—2 月号（第 107—108 期合刊），1—2 页）

中国地质界大团结

中国地质工作者在研讨学术的精神和如何搞好工作方面，向来是意志一致，互相团结的，这在历次所召开的地质学会年会上以及多年来工作的稍有成绩上可以证明。但因为机关分立，组织不健全，并且在反动统治及资本主义的环境下工作，不免形成了若干门户之见和为资本家服务的坏作风；又因为要表现各人自己的成绩，和过分看重了自己的兴趣，而不顾到实际的应用，遂使个人英雄主义及自由主义也有相当的发展。因此在若干方面的联系和合作，不够完善，大规模有系统的调查，无法进行，为人民所急切需要的探矿工作，没有认真地做好，诚心诚意为人民服务的精神，更不容易在每一个工作者的心中坚强地树立起来。

现在的时代完全不同了，在新政府大力从事经济建设的号召下，每一个地质工作者都感觉到自己前途的光明和责任的重大，在经过学习、检讨之后，大家一致认为以前的门户之见、英雄主义以及散漫自由的作风，都应该抛弃，理论和实际，必须结合。在这样的统一目标下，中国地质工作者的团结，深深地进了一步，所以当今春中央财经委员会拟订空前未有的 1950 年度地质探矿工作计划时，大家一致拥护，热烈参加，经过二个多月的准备时间，各队就陆续出发。到今天为止，全部计划业已实施。在东北的二十多个调查队，由于东北人民政府的鼓励、协助，工作进行更为热烈。最近宁京两地举行欢迎新自欧洲返国的中国地质界权威李四光先生，各地质工作者在会场上的发言，都充分表现了团结合作和诚心诚意为人民服务的精神。中国地质界的大团结从此开始，在未来经济建设的高潮中，将有一支坚强统一、吃苦耐劳、精干细作的先锋队出现，为发掘我们祖国的财富而奋斗！（庸）

（原载《矿测近讯》1950 年 5 月号（第 111 期），33 页）

本处在南京附近发现磷矿的意义

自从本处迁处南京，并进一步地认识了东海磷矿的型式和成因以后，即发动在华东各区进行有系统的搜探磷矿的工作。在津浦南段沿线的变质岩中及方山六合的湖成沉积中，先后发现了含磷层，但因磷分太低，不能称为矿床。继又在皖北凤台发现了与昆阳同型式的寒武纪底部磷矿层，平均含磷二氧五 20%，储量估计约有 260 万吨。只要选矿有办法，这个矿就能开采，以供大规模磷肥厂的需用。

在最近几个月来，本处的曹国权君又发现了孤峰层的结核磷矿层，而本处所属的地质探矿专修学校又在一次师生集体同赴龙潭实习的时候，发现了志留纪高家边层顶部的磷矿层。据初步研究，孤峰层磷矿平均含磷二氧五在 25%以上，最高可达 31%，分布在龙潭、煤炭山、青黄龙山的三角地带，储量估计150万吨（详请参阅本期曹君专论）。高家边磷矿层含磷（二氧五）在20%到26%之间，矿层多而薄，它的详细分布及经济价值正在继续调查中。

据初步显微镜研究，孤峰层结核磷矿是一种比较深海的沉积，由海中生物的粪粒团结而成，外观与鲕状构造相仿，但没有核心，也没有同心圆形的构造。与之相杂的只有极细的石英粒和许多海绵类的针刺 Spicules，一部分为石英所交换，一部分则恐系原来的角质，此外还有一些赤铁矿、褐铁矿及极微量的黄铜矿。高家边磷矿则是许多介壳类碎片及粗粒泥砂相杂的堆积物，中杂云母、次生结晶磷灰石、黄铁矿以及若干尚未确定可能是磷酸铁的矿物。本层中含瓣鳃类化石很多。从其产在高家边层的顶部——一种海水在退缩的环境——以及其成分和组织上看，本类磷矿可能是浅海甚至是海滩沉积的产物。

以上二种新磷矿层的发现，在经济上和地质上的意义太大了。我们现在虽还不能断定我们所发现的几个地点已有开采价值，但就此线索在扬子江中下游如鄂中、皖南、浙西等处于相当的层位仔细探觅，可能发现比南京附近更好更大的磷矿。至于从磷矿层的发现，我们以后可以更精确地比定层位，并借以推究海水的进退及古生物的变迁。这些都是理论地质的贡献。

中国对于磷矿一向不大注意，中国的农人们更不知道磷肥的应用，其中唯一的例外，是昆明附近的农人，因为他们已很早地在利用一种由磷矿风化所成的磷酸白土了。为增加农业生产，磷肥的制造和推行，是绝对必要的。因此我们在南京附近所发现的二种新磷矿层，将为以后在其他各地发现大量磷矿的重要线索，也就是为新中国农业建设上必要的准备条件。希望我们的同业们大家注意这个问题，就上面所述的线索，努力搜觅，相信必有重大的发现。（庸）

（原载《矿测近讯》1950年6月号（第112期），51页）

地球化学探矿的新发展

地球化学正像地球物理一样，已经发展到探矿方面了。1932年苏联的地质学家们首先大规模地利用这个方法去探矿，获得重要的成果，同时瑞典、挪威等国的地质学家依据植物所含微量金属的线索以作探矿的指针，也得到相当结果。自此之后，其他各国群起效尤，美国国立地质调查所专设一个地球化学探矿科，拨出大量经费，从事这项工作，许多私人资本的矿冶公司也纷纷做同样的试验。

地球化学探矿的原理是非常简单的，它不过是依据矿床中微量金属能扩散到其附近的铁帽、残积土、冲积土、冰碛土、泥沼、潜水、地面水、植物的根枝叶脉中的原理，因而由远及近，从小到大的来勘定矿床的位置。另一方法是依据若干种植物的发育和生态，与金属的积聚有密切的关系。这种植物称为指示植物。

以上所述探矿方法的原理，其实并不新奇，因为当我们在一个露头不很显明的矿区探矿时，本要随时随地的在浮土或冲积层中注意搜觅有何金属矿质或其共生的若干种重性而又耐蚀的矿物来作指示。不过从前所用的方法以瓢洗为之，并用肉眼来鉴定矿物，现在则用精密的化学方法来测定其附近各种微量金属的详密分布罢了。

照上所述，可知地球化学探矿的最重要武器乃在精密的微量分析。这种分析必须准确简捷，能在短时间内完成大量的试验。又因为这种分析最好能在野地或临时工作站上当场实施，所以所用的仪器及设备必须特别轻便，俾易携带，因此分光镜分析法及比色分析法就成为最适宜的分析方法了。苏联近已制成一种轻便分光镜，由 7 人工作，每天可照 100 个分光相，包括试料的磨制及相片的洗印等等，但分光相的研究并不在内。瑞典也用分光方法，每 4 人为一班，每日每班可照 40 张植物灰的分光相。美国正在试验比色方法，已采用若干种有机试剂，获得显著成果。

地球化学探矿的发展，在欧美不过近 15 年间的事，而在中国则连知道的人还不多，何况实施。当兹经建高潮，地质工作应以探矿为第一的时候，深望国内的地质家、化学家们对于地球化学探矿深加注意，努力研究，设法实行，对于新矿地的发现，必将有重大的贡献。(庸)

金岭镇探矿已有重大收获

山东金岭镇铁矿是一个标准的接触变质铁矿，矿体产于闪长岩和奥陶纪石灰岩的接触带。从前所知的露头，仅有铁山东南坡的一小块，后经日人详密调查和磁性探矿，证明其接触带延长 10 余公里。地面露头呈半圆形，而从磁探的结果，又找出其西北边侯家庄一带还有一个接触带，因此这里的闪长岩岩盘很可能成为一个穹形构造。铁山矿体向东北的延长，已经日人钻探证明到达黄金庄及新庄。更向东北，日人又在北金召一带发现了极显著的磁性异常，但其下有否铁矿，尚待钻探证明。又金岭镇铁矿中时常含铜，最多时可达 2.7%，这种情形和铜官山铁矿很为相似。

本处为彻底勘定金岭镇铁矿的经济价值，并探觅其中有何堪采的铜矿体，特于本年五月派出钻探队用美国先锋式 200 公尺的汽油机一架前往试探，由杨庆如、韩金桂、王达舜三君负责办理。同时又携往磁性仪一具复勘日人的结果，由中央地质调查所的秦馨菱君指导协助。钻机到达后，先依据日人磁测结果，在北金召附近试钻一眼。开钻不久，秦君到达矿地，乃施行磁测，发现磁性异常十分强大，与日人结果大致相合。当时预测该钻眼在 150 公尺左右的深度可达矿体，不料钻至 170 公尺尚未见矿，但研究岩心变质极深，岩层亦复错乱，相信矿体必已不远，乃加紧继续下钻，首见黄铁矿增多，到了 180 公尺，果然发现磁铁矿体。斯时钻机能力已渐有不堪荷负之虞，但为明了矿体情形，又勉强下钻 6 公尺，尚未见底。为保养钻机计，暂为停止，移钻其西北的第二眼。相信此钻必能穿过铁矿体。

据秦君等函告，金岭（镇）铁矿区没有地面矿块的干扰，地形又极平坦，而磁性异常特别强大，实为最理想的磁测区。这次测探结果，可谓为自从中国施行物理探矿以来最重大最实际的收获。我们对于秦、杨、韩、王四君以及各位钻工们的努力工作，以致获得此辉煌成绩，非常感谢和钦佩，而同时又使我们深深地相信只有磁测与钻探同时进行，也就是理论与实际密切结合，才能得到这种确切不移的成果。(庸)

(以上原载《矿测近讯》1950 年 7 月号（总第 113 期），65—66 页)

栖霞山一钻成功

本处在栖霞山钻探铅矿的工作，经过了许多困难。到 8 月 9 日那一天，在 121 公尺处开始打到了我们所希望的原生硫化矿，其中包含着黄铁矿、闪锌矿、方铅矿以及一些黄铜矿。到本月底为止已钻深 153 公尺，还是在矿体之中，这就是说，这个矿体的深度至少是

32公尺。因为钻孔发生故障，且引擎能力有限，不能再往下打，就此结束，而移钻其西边的一眼。

栖霞山铅矿的发现是南京解放前一年的事，从我偶然地发现了一种黄绿色的磷酸铅矿结晶起（铅的存在还是经本处化验科陈四箴先生首先指出的），就一连串地证明了许多其他氧化铅矿的存在，于是先由我及南延宗、王植诸先生作了一个概测，又请王植、申庆荣、龚铮诸先生进行详测和槽探，最后才决定打钻，以便在地腹深处能遇到未经氧化的原生硫化矿。现在总算成功了，一切都与我们的推测相符合了。这是一件有计划有步骤的事业的成功，是一种理论与实际相结合的最好的例子，是本处继淮南八公山新煤田发现以后的又一辉煌成绩，不但本处的同人们值得庆幸，就是全中国的地质工作者都应该高兴。同时又因为中国目前极端缺乏铜铅锌，所以栖霞山新矿地的发现——虽然它的最大经济价值的确定，还待继续努力——也将为全国工矿业界人士所极端关心的了。

在栖霞山的钻探过程中，我们时常遭遇到钻孔漏水、岩壁塌陷、机件失灵、套管失落或卡住的种种困难，因为水源太远，套管及若干零件的缺乏，更使这种困难无法避免（详请参阅本期马君专著）。幸经该队全体工作人员在马队长祖望及本处刘工程科长汉的领导之下，艰苦奋斗，逐渐克服困难，使地腹深处的宝藏，终于显露出来，贡献为人民所有，这是值得感谢和表扬的。

栖霞山从此将不再仅仅以深秋的红叶为诗人所欣赏，或丰富的纺锤虫化石为地质学家们所注意了。在不久的将来，可能就有一个现代化的矿厂出现，而在未来经济建设的高潮中占着重要的地位，正像淮南八公山一样，从一个寂寞的农村，突然地变为繁盛的矿都。地质学家为人民服务的目的，到这个时候，才算完全地达到了。（谢家荣）

超低级铀矿的探勘

铀矿是发展原子能的基本原料，对于国防及将来的经济建设，关系非常重大，所以全世界的地质工作者几乎都在注意这种稀有矿床。在目前采冶技术的条件下可资利用的铀矿床，其含铀量必须在2%以上，有些高级富矿其含铀量可达50%，但这种富矿，非常稀少，其矿量也不多。到目前为止，世界上这种高级富铀矿的产地，只有三处，就是加拿大的大熊湖，非洲比属刚果的凯达那和捷克的圣岳金谷。此外像美国西部科罗拉多和犹他两省的水成铀矿以及许多伟晶花岗岩脉中所含的铀矿，虽已达到可以采炼的成分，但矿量不多，成本高贵，究未能供给为将来和平建设上大量开采的需要。

据地球化学家研究，地壳含铀为量虽少，却是非常普遍，平均在百万分之二到百万分之九。这样低的含铀量，当然是无法利用的，但据最近欧美地质专家探勘结果，发现若干中生代以前含有有机质和硫化物较多的海生黑页岩以及各种海生的水成磷矿层，包括磷矿的结核在内，都含有较高的铀，大多数在0.01%至0.02%；瑞典寒武纪的所谓明矾页岩，则含铀特高，可达0.5%。俄国同时代的 Dictyonema 页岩以及美国的许多古生代黑页岩矽石层及磷矿层，都含有相当高的铀量。又据精密的地质研究，乃知这些含铀的黑页岩或磷矿层，必须：①成层较薄，从数英尺到100余英尺；②代表的时间，却甚悠久，就是说，这些薄的岩层是在一个漫长的地质时代中沉积的；③沉积环境必须恬静不乱，既没有砂砾的渗入，更没有石灰质的沉淀。又据传说，瑞典和苏联已在设法采用这些含铀较低，但分布广泛、矿量特多的超低级铀矿了。

为了和平，为了建设，研究这些几乎各国都有分布的超低级铀矿，将为今后地质工作者一种重要课题。依据上述线索，我可以指出最近本处所发现的三种磷矿层，都有含铀的可能，其中特别是孤峰层的磷矿结核，希望更大，因为这是一种薄的而又非常匀净、不含砂砾和石灰质的岩层。此外如浙江奥陶纪底部的所谓石煤层以及志留纪底部的龙马页岩，都可一试。关于铀矿的一般情形，可参阅拙著“铀矿浅说”，载本刊第89期。（谢家荣）

如何在野地测验氧化铅矿

最近美国《经济地质学》杂志上发表了一篇关于野地测验氧化铅矿，特别是碳酸铅和硫酸铅的方法，虽不是新的发明，却是非常简单实用。我们在探勘栖霞山铅矿的过程中，如法试验，结果甚为满意，特为介绍如次：

在要测验的矿石上滴上一滴百分之五的醋酸，过了一分钟，再滴上百分之五的碘化钾，如果矿石中含有碳酸铅或硫酸铅，就有黄色的沉淀发生，这种沉淀如放在显微镜下观察，都是六角形薄片状的结晶。这是微量测验铅质的老方法。倘要分别是否有硫酸铅，则可先滴一滴热水，然后再滴碘化钾，则硫酸铅为热水所作用，也就发生黄色的沉淀了。再如要在矿石中看出碳酸铅或硫酸铅矿分布的状况，只须滴上一些百分之十的硫化钠，那末这些氧化铅矿的表面都还原成为黑色而呈金属光泽的方铅矿了。（谢家荣）

（以上原载《矿测近讯》1950年8月号（第114期），79—80页）

大家注意铁帽

金属矿床的露头，常因深受风化，许多硫化物都氧化了，因为氧化铁耐蚀耐溶，就自然富集，成为鲜红灿烂的露头，倘使含有铜、铅、锰、镍等质，则其氧化后的各种盐类，常呈绿、黄、蓝、黑等斑驳陆离之色，这种现象，在矿床学上称为铁帽，因为最易引人注目，所以一向成为探矿者的指针；又因其中时常包含着许多种类的矿物，结晶美丽，所以又成为矿物学家研究的对象。

在中国，铁帽也是非常发育的，特别在气候湿热、潜水面较深的地方，如云贵高原的许多金属矿床区域，不但其露头都成铁帽，并且氧化的深度可深达三四百公尺，如个旧的锡矿、会理的锌矿、东川的铅锌矿，都是很好的例子。中国地质学家谁都懂得铁帽的意义，但显然的很少人加以注意和研究，因此就在南京近郊栖霞山所出露的大片铁帽和锰帽，以及其中所含的许多金属氧化矿物，竟为从前的工作者们所忽略了，而具有重大经济价值的锰矿和黄铁锌铅矿，也就被遗漏了。最近本处在该山所作的详测和钻探工作，发现了深达120公尺的氧化带，认识了铁帽和锰帽的意义，这对于将来在华东区进而在全国的探矿工作上，将有重大的指助。我所以要特别提出华东，就因为在扬子江下游的许多所谓铁矿露头，很可能大多数是铁帽，如能在有望地点测勘钻探，或可在其下部发现许多有价值的金属硫化矿。希望同业们在今后的工作中，多多注意铁帽，必将有意外的收获。（荣）

研究工程地质和地球化学的重要

工程地质和地球化学是二门比较新兴的科学，无论在学术上或实用上，都有无限发展的前途，在新中国建设的前夕，它更将发挥重大的作用，以服务于人民。中央地质调查所的组织中，早已设立工程地质室，近年来对于坝址调查、地下水调查等工作，贡献很多。

本处对此也曾做了一些工作。1950 年全国地质调查计划中，工程地质占了很重要的一部门，因为人员不够，设备不全，以致有许多方面要求做的工作，没有完全照顾，这是非常遗憾的。听说 1951 年的工作计划，对于工程地质将有更多更大的任务。寻常人都以为工程地质与普通地质差不多，只须测绘一张比较精密的地质图，多多填上些断层就够了，实际情形，并不如是简单。工程地质是以土木工程、水力工程、土壤力学以及地质学、岩石学、构造地质学的原理为基础，应用到大自然的伟大建筑体上去解决许多工程问题的学问。它自有一套研究的方法，必须特立部门，广设实验室，由一大批专家精心一志地去研究、调查和测探，才能完成任务，解决问题。

地球化学在探矿上的应用，我在本刊 113 期“编者的话”中已略为介绍了。它在学术方面的任务，更为重大。凡一切地质现象，在质的方面的变化，都依着地球化学的规律进行，而要知道地壳以及其内部的成分、组织，也只有用地球化学的方法和原理去研究，才能解决。在中国，地球化学研究更是一块未开辟的园地，许多有兴味有意义的问题，正待我们去研究解决。我可以随便举几个比较有经济价值的问题。关于超低级铀矿的探采，我已在本刊 114 期中说过了，如何在许多海生黑页岩和磷矿层中测验和分析含铀量，将为一个地球化学问题。研究国内各处所产的锡砂、铁砂，以测验其中所含的稀有金属，也是一个重要问题。许多锡砂中有独居石，而从昌平到山海关一带平原下的砂铁，据北京矿冶研究所分析，不但含钛，且含有相当数量的钒。这种含钒、钛的磁铁矿，显然是由热河高原上如大庙一类的钒钛矿床冲刷下来重行堆积而成的。从此我们更可推想西康盐边攀枝花的含钛磁铁矿也有含钒的可能。如此说来，中国的钒矿资源岂不可以有扩大的希望了么？诸如此类的问题很多，不及枚举。

从上所述，可知工程地质和地球化学的研究，在中国实有必要，且其发展无可限量，倘使要组织一个完备而现代化的地质机构，这两个部门的设立是决不可少的。（荣）

（以上原载《矿测近讯》1950 年 9 月号（第 115 期），第 95—96 页）

欢迎野外工作同志胜利归来

中央财经委员会所发动的 1950 年全国地质矿产调查工作，已大部分的完成了，到东北、华北去的野外工作同志们都已陆续归来，只有在华东区工作的若干调查队以及在华北、华东的几个钻探队还在继续工作，争取在本年内完成预定的任务。

为了庆祝和慰劳野外工作同志的胜利归来，中共南京市委宣传部及市府文教局特于 10 月 18 日在交际处联合设筵欢迎，参加的除地质专家外，还有其他科学机构及大专学校的科学家共 100 余人。中央地质调查所及该所的工会也于 10 月 14 日在该所礼堂举行了盛大的茶会和晚会。在这两个盛会中，孙叔平局长、石西民副部长及地质调查所副所长周赞衡、工会负责人钱德荪都分别致欢迎辞。接着由各野外工作同志报告了如何不顾风雪烈日翻山涉水的辛苦工作，终于找到了许多为中国人民目前所急切需要的矿产；又如何用集体工作的精神把地质调查和化验、物理探矿、测量、槽探、钻探等工作密切地配合起来，俾能于短时期内确定了新矿区的经济价值。在已经开采的矿区内，他们又为矿上解决了许多实际问题。最后由留在南京和在南京附近工作的同志们讲了话。在这样热烈交流工作经验、相互报道重大发现的盛会，与会的人们都兴奋极了，毋怪中国地质界的开山祖师章鸿钊老先生要兴奋地说：“今年——1950 年，是中国地质界最光荣的一年，今天又是中国地质工作者最愉快的一天了。”

1950 年中国地质工作的收获是辉煌、伟大的，地质队伍阵容的坚强和经费的充足，更是空前未有的。这种大规模的调查探测，只有在人民政府的大力号召下，在各级地方政府和各矿厂的热心协助下，才有实现的可能。中国地质工作已有 30 余年的历史，以往也有不少的成绩，但由于环境不良，影响了它的充分发展，如果像今年的环境和工作情形再继续 30 年，中国地质界的成绩就要无法估计了。

1950 年的地质工作是遵着一个共同的目标迈进的，这个目标就是要用理论与实际结合的方法，为人民服务的精神，大家一致地为发掘祖国的地下资源而奋斗。这次工作的胜利完成，证明了这个目标的准确性和实践性，所以石西民副部长说：“这次的胜利，不仅是获得了工作成绩，而且为科学研究与实际结合，与祖国的生产建设开辟了新的道路，这条道路已为今后新中国的科学研究的发展，找到了方向。”（荣）

克夫丹诺夫先生的话

《科学通报》第 1 卷第 6 期，载着一篇由叶群同志译的由苏联克夫丹诺夫先生所著的“怎样提高知识分子和科学工作者的思想政治水平”的文章，在这里我们看到了下列的一段话：

“科学、文化与社会主义建设的实际任务紧密结合之后，就能产生巨大的实际的改造力量。‘实践’是新科学的普及和发明的取之不尽用之不竭的泉源。然而不明了这一点的人，不肯把自己的科学工作同社会主义建设当前实际任务联系结合的学者们及研究院、学校的工作者们，还大有人在。而且还有不少的‘废物们’，他们工作在研究院里，然而他们对科学、对社会主义建设的实践都没有和不可能有任何益处。”

大家都知道地质学是最能与实际结合的科学，在新中国建设的前夕，它更将能发挥最大的效能。当兹人才缺少而工作特别繁重的今日，全国的地质工作者应该暂时放弃他们个人的研究兴味，减少一些为名山事业而埋头著作的雄心，再放大眼光，更广泛地团结不但在地质圈内的人，还要团结一切与地质工作有关的人，大家齐心合力用集体工作的精神，为发掘人民祖国的财富，为建设新中国的伟大经济事业而奋斗。如果还有不明了这一点的人，则他将不免要受到如克夫丹诺夫先生在上述的一段话中的批评，虽然这段话中的批评似乎过于严重了一点。所以我特地的把克夫丹诺夫先生的话转载出来，以供我地质界同人们的警惕。（鸣）

（以上原载《矿测近讯》1950 年 10 月号（第 116 期），第 115—116 页）

学习苏联地质家的探矿精神

苏联自十月革命后到今天，在短短的 30 余年中，使他们对于祖国地下资源的认识，完全改观。煤和石油的储量，增加了 7 倍，铜增加 28 倍，铅和锌增加了 9 倍和 10 倍，铁增加达 138 倍。此外，还有大量的钾盐矿、磷灰石矿、铝矿和镁矿都是新发现的。苏联的这种伟大成就，自然要归功于彼国地质家们的努力，而其基本原因，则一方面要感谢政府的大力支持，每年不惜以巨额资金投入探矿事业，同时训练大批人才，派出工作，使最遥远的冰天雪地，沼泽、草原，都有探矿者们的足迹；而另一方面则地质家及其他有关部门工作人员的团结合作，坚强组织，也是成功的主要因素。此外苏联地质家又彻底地打破了以前对于苏联矿产贫乏的老观念，而在每一个工作者的心坎中树立了发现新矿地的信心，依据学理观点，运用最新方法，齐心合力地朝着共同目标迈进，这样，他们才得到了上面所述的成就。

现在让我略说几件苏联地质家在探矿方面的成就吧。苏联第一大煤田库兹涅茨 4,500 亿吨储量的证实，是斯大林奖金接受人雅伏斯基的功劳。苏联第三大煤田卡拉根达储量 526 亿吨的断定，是贾辟叶夫的成绩。苏联科学院院士古柏肯（今译古勃金，下同——编者注）就构造研究，预测乌拉尔山与伏尔加河间存在着泥盆纪的大油田，由于斯大林元帅的支持与鼓励，先探到了石炭二叠纪的油，最后于 2,000 公尺的深度下，终于获得了如古氏预测的泥盆纪大油池。苛斯克（库尔斯克——编者注）的磁性偏差（异常）早在 1874 年就知道了，但没有彻底探勘，直到 1923 年列宁派古柏肯去钻探，才发现并证实了这个苏联最大的铁矿。考古学家研究青铜器物的分布，推定了喀什克斯丹（今译哈萨克斯坦，下同——编者注）是当时青铜的供给中心，但没有推究这个事实的意义。革命后在政府大力号召下，地质家萨得彼叶夫、罗萨可夫等在附近一带详密调查，并追踪地名语尾有“Kan”与“Gan”是表示铜矿产地意义的地点，终于发现了许多在青铜时代早已开采而现在却完全忘了的铜、锡、铅、锌矿床，而使喀什克斯丹成为苏联最重要的金属矿产中心之一。在北极圈科拉半岛吉平山地中，院士费尔斯孟的探险队发现了 20 亿吨储量的磷灰石和大量可供炼铝和制造曹达（苏打）的霞石矿，在短短的 8 年之中，使这个冰天雪地的角落，成为一个新兴的名叫基洛伏斯克的工业都市。在北乌拉尔山的西坡，苏联地质家又发现了储量达百数十亿吨的钾盐矿和镁盐矿。苏联每年需用很多的肥料，一向靠国外输入，自从发现了这些磷矿和钾矿，苏联肥料的供应就可自给自足了。

从上面所述库兹涅茨、卡拉根达的例子，我们可知大煤田的储量可以达到数百亿吨甚至数千亿吨的。那么中国大同煤田 400 亿吨的储量，不足为奇，而本处发现淮南八公山 10 亿吨储量的新煤田，更如小巫之见大巫了。因此我又想到我们暂时停钻的定远理想煤田，决不能就此罢休，我们必须要有再接再厉的精神，用 500 公尺甚至 1,000 公尺的深钻机来解决这个问题。

苏联地质家追踪老矿，特别从地名语尾来探矿的方法，在中国也很可适用。中国地图上有不少的金山、银山、铜山、铁山，更有许多村镇的名字，也含有开矿的意义。安徽铜陵的铜官山，以前只知有铁，现在却发现了大量铜矿，就是一个显明的例子。我们以后探矿，必须注意此点。从上面所述喀什克斯丹的例子，我们还要研究古铜器物的分布，而最近在栖霞山的经验又告诉我们同时要注意矿滓的分布。原来在栖霞山的氧化矿堆上以及在镇旁的山坡上，本处的马祖望、严济南二先生发现了大量的矿滓，据简单定性试验，含铅很多，含铜微量，但没有银。由此可知栖霞山也是一个老矿。我们可推想从前的矿床露头，必定斑驳陆离，鲜艳夺目，因此引起了古人的注意，从事采炼，后来开采渐深，遇到了高岭土层（参阅本刊第 114 期栖霞山岩心研究）或深厚的铁帽，因铅量太低，就停止了。因此我敢大胆断定，我们在 120 公尺深处所发现的原生黄铁矿、闪锌矿和方铅矿，当时决没有开到。从矿滓已为土层所盖一点看，这个矿的开采年代，必很久远，一切历史记载都忘了这个矿，本地人屡经迁徙，更是无从记忆，但矿滓的遗迹，石头的记录，是埋没不了的，所以我们在今天还能把它发掘出来。

中国目前情况，正和苏联革命后相仿，中央人民政府正以无比的热忱和力量来提倡中国的地质探矿事业。我们地质工作者必须团结一致，消除成见，学习苏联地质家的探矿精神，要打倒以往不准确的所谓“中国地大而物不博”的老观念，把理论与实际结合起来，团结一切有关部门的职工，包括地质、测量、物探、化探、钻探、化验、土木、机械以及办理事务的人员，用集体工作的方式，有组织有计划地勇往前进。如果能够这样做，我想我们将来的成就，一定是不亚于苏联的。(荣)

扬子江中下游的金属矿带

从最近各方面调查的结果，已可证明不但南京附近是一个重要的金属矿产带，而且这个矿带可一直推广到安庆以北，这就是说，它已经展布到长江以北了。在这个矿带中目前已经知道的含矿地点，从西到东，计有安庆以北的铜、铅、钼矿，贵池青阳的黄铁矿，铜陵铜官山的磁铁矿、铜矿和钼矿，繁昌长龙山的镜铁矿，当涂的磁铁矿（与磷灰石共生）、赤铁矿、黄铁矿，铜井湾的金铜矿，凤凰山及其附近一带的许多铁矿，栖霞山的黄铁矿、锌铅矿及锰矿，以及在宁镇山脉中零星出露的许多磁铁矿、铜铅锌矿、辉钼矿和锰矿。

黄汲清先生最近在本处地探专校的演讲中说到扬子江中下游含金属矿较富的原因，要归功于薄壳构造。他譬作蒸笼的盖子，如果这个盖太薄了，含矿的水蒸气就容易上升，而在其上面地层中发生矿化作用，造成矿床。郭文魁先生当时就补充，薄盖不是唯一的因素，断裂褶皱，与成矿更有关系。我在《南京附近的矿产》一文（载本刊第 93 期）中，曾提出若干基本的成矿因素，就是断裂的繁多，火成岩特别是小型侵入体的发育，以及容易发生交换作用的石灰岩的随处皆是，这一切的控制条件，就产生了这个重要金属矿产带。至于薄壳构造，应该是华夏区及其邻近区域的普遍现象，不尽限于扬子江的中下游。这个薄壳构造与贵州高原、山陕高原（或盆地）以及四川盆地，却成了显著的对比。而这两种不同区域对于金属矿产的丰瘠，更是显然，所以黄先生的理论，在大体上还是可以适用的。

扬子江中下游许多金属矿床的来源，应该出自中生代末期的闪长岩类侵入体，这似乎没有多大问题的。从研究中央地质调查所所出版的百万分之一地质图“汉口幅”来看，我们又可揣想在芜湖安庆间的许多火成岩体，大概是九华山和黄山花岗岩岩基的分支，至于南京附近的许多小侵入体，是与哪一处岩基相连，还难确定，但有一点可以断言的，就是这些小侵入体从闪长岩到辉长岩都有，但很少是真正的花岗岩。徐克勤先生最近在繁昌一带的调查，得到同样的结论。这个事实，可有二个解说：一是岩浆分异说，就是从花岗岩岩基中分泌出来的许多小侵入体有逐渐趋向基性之势。另一说法是若干水成岩层如阳新石灰岩之类，被侵入体所熔融而同化了，其结果就造成比较基性的小侵入体。这种解说，在铜官山很有可能，因为那里有整段的石灰岩层都被火成岩所侵占了。这是一个极有兴味并与矿床有密切关系的问题，究应如何解说，还待将来研究证明。(荣)

（以上原载《矿测近讯》1950 年 11 月号（第 117 期），第 131—132 页）

测勘西北矿产私议

为了国防，为了响应政府开发内地的号召，我们今后的矿产测勘计划，必须注意西北与西南，尤其是西北，因为在这个区域中，以前所做的工作实在太少了，除石油矿，因有石油公司专业办理，所知较多外，其余像为重工业基础的煤、铁资源以及其他金属和非金属矿产，连初步测勘还多没有普遍，遑论详测与钻探。现在西北铁路网的建设，正在次第进行，为了配合这个交通大动脉，为了建设新西北，我们对于西北矿产的测勘，必须加紧进行，除调整西北的地质机构，使成为一个区机构外，中央地质委员会尤须加派人员前往西北工作，同时还须拨给足够的图书仪器，俾能提高技术，从事精密的室内工作。

今后西北矿产测勘工作，除石油仍由中国石油公司专业办理外，自应将重点放在煤、铁方面，同时若干金属及非金属矿也应择要施探。据目前所知，甘肃的侏罗纪煤田价值最大，煤层厚在五公尺至十公尺间，质属烟煤，少数还能炼焦。倘河西区暂不测勘外，则最重要的煤田可分为三区，就是（一）永登的窑街、莱子湾、炭山岭；（二）皋兰的阿干镇和靖远的阴窪山；（三）陇东的华亭、平凉、崇信、固原等七个煤田。以上三区都应派员分头详测，特别注意为黄土及其他新地层所掩盖的部分，加以钻探，俾能发现新煤田。其中如炭山岭及阿干镇之南北两端、固原七营镇一带，都很有希望。至于靖远、景泰的石炭纪煤田，虽能炼焦，而含硫过高，且煤层过薄，常不及一公尺，似无重视之价值。

在陕西探煤，当首先注意渭北的石炭二叠纪煤田，其分布至广，东自龙门、韩城，西达陕甘交界的麟游、凤翔、陇县，绵亘四五百公里。在韩城已知煤层有五，总厚十余公尺，煤质甚佳，并可炼焦；白水、同官厚虽减至三四公尺，但浅井采煤，常不能到达全部。故究竟渭北煤田层数有几，各厚若干，俱须详为钻探后始能确定，自应多派人员分区详测，然后再施钻探。至于延长、洛川、宜君一带的侏罗纪煤田，分布更广，现知煤层亦仅一层，而厚已达七公尺。当择交通较便的宜君区先为钻探，以确定其价值。

至于铁矿，就现知材料观之，希望似不甚大。就矿床型式似可分为二类：一为水成矿床，略经变质而又氧化的，其时代可从志留纪以达石炭二叠纪，在秦岭山脉中分布至广，如陕西之镇安、留坝、略阳，甘肃之成县、徽县，都是。据初步调查，矿体很小，储量不多，照本人推测，很可能是一种菱铁矿之结核或晶片状矿床经变质风化者，究竟经济价值如何，须加详测并槽探后始能决定。另一类矿床则是与火成岩有关的岩浆矿床，如陕西之洛南、甘肃之中卫、中宁，俱应详测后再作进一步探矿的计划。此外在北秦岭的变质岩区域中，还须注意搜觅如鞍山式一类的铁矿。

在秦岭山脉中调查时，应顺便注意变质岩系及志留纪地层中有无磷矿层，而汉阴等处的基性侵入岩体，更应仔细搜觅其有何铂、镍、钴及其他金属矿床。

西北的有色金属矿所知最少，目前可值得详测及钻探的，当以皋兰北之白银厂黄铁矿最有希望。此处铁帽显露最清，并有各种矾矿矿物。据初步估计，黄铁矿储量已有相当数量，其中是否含金，其下部能否变为铜铅锌矿，俱须钻探后始能明了。此外宁夏小松山的铬铁矿，亦应详测，并应扩大范围，以搜觅更多更佳的铬矿，或其他与基性岩有关的矿床。

总之，西北在矿产测勘上还是一个处女地，如能依据学理，仔细搜探，则随时随地都有发现新矿的机会。同志们，大家到西北去罢，那里有许多新矿床正在等待着我们！

本刊宣告结束

本刊于一九四一年在云南昭通西南矿产测勘处时代创刊，是一种不定期的、篇幅很短的油印刊物，其目的不过在报道工作情况，沟通内外消息，专供本机关人员的传阅而已。后来本处迁址重庆，物质条件较好，觉得这个刊物有扩大改良的必要，遂于一九四五年十一月起改为定期月刊，并改用铅印。是为第五十七期。后来本处复员南京，本刊仍继续发行，直到南京解放前后，从未间断，并从一九四九年的一月份就是第九十五期起，加印锌版插图，使实地调查需要图幅说明的报告节要，也能在本刊中尽先发表；又从第九十七期起，增加“编者的话”一栏。近二年来本刊的内容，大致包括下列各项：（一）编者的话；（二）一般性或讨论性的文章；（三）一二篇实地调查报告或专门论文；（四）翻译文章或比较轻松的游记、感想等等；（五）本处工作近况及地质探矿专修学校的消息；（六）剪报集，收集有关地质探矿和经济建设的消息；（七）其他。在解放前本刊时常译载欧美杂志上有关经济地质和探矿的论文，并不时刊登国内外矿产品及金属品的市价及市场情况。近因国外杂志不能按时寄到，这类文字也就无法继续了。

本刊原意是专供本机关人员传阅的，后来扩大篇幅，改为铅印，就分送到有关机关及若干个人方面，请求指正并供参考，这时就有许多人来函订阅，本刊为照顾到各方面的需要，乃增印份数，照成本酌收订费，成为一种公开发行的杂志了。

本刊虽是比较专门性的刊物，但也带有一些普及和通俗的意义在内，不过我们的人力、财力，十分有限，大家忙于野地工作和编写报告，很少能分出时间来写文章。再加地质工作者的文字，就一般来讲，不免枯燥艰涩，缺乏生动流利的写作技能，而专门报告和论文的最后发表，又非本刊的任务。因此种种，本刊的内容，就提高方面，以格于体裁，无法收罗，就是通俗文章，也不能做到深入浅出的理想境界，这是要向读者诸君们深致抱歉的。但有一点可向读者诸君保证，那就是凡所报道，皆力求翔实，不事虚夸，特别关于本处的工作情况，更为切实可靠。读者诸君倘使要知道一些有关本处的工作方针和近年来在探矿方面的成就，只要略为翻阅本刊，就可得其大概了。

从一九五一年一月份起，本处就将改组并入新成立的中国地质工作计划指导委员会内。本刊以任务完成，就此宣告结束，谨向爱护本刊的读者诸君们致敬，并预祝中国地质及探矿事业的成功！（荣）

（以上原载《矿测近讯》1950年12月号（第118期），第151—152页）

世界矿业译丛*

地球化学探矿

上月（一九四九年二月）美国经济地质学会在旧金山开二十九次年会时，有一篇关于探矿的文章，颇值得注意，该文题目为“地球化学探矿”，作者霍克司（H. E. Hawkes），原文尚未得见，节要已刊《经济地质》第四十四卷第一号，本年二月出版的。

霍氏的节要里说，大约十二年以前北欧和苏联开始用化学的方法研究残余土，冲积土，冰积土，植物和自然水等以作探矿的线索。第二次（世界）大战以后，美国和加拿大有好几个独立的单位从事于此项工作，其中以美国地质调查所的地球化学探矿部门为主要。

用有系统的化学分析方法，在美国和其他国家对探矿已得有初步的线索。最好的结果，如残余土中分析有锌；冲积土内有铜；残余土，冲积土和植物内有锡；和植物内有钨，有希望但并非十分有把握的结果：如自然水，冰积土和植物内分析得锌，残余土内得铜、铅、钼和植物内得钴、镍、金。结果往往不很好的：如自然水及植物内之铜和铅。此外研究植物生态与富含铜质土壤的关系和研究植物有毒征象与富含锌质土壤的关系，是很有希望的。但是所有地球化学方法所得的结果并不是百试百效的，应用时对于当地的气候、地形及地质环境须小心注意。

目前美国地质调查所的地球化学探矿计划，是在研究各种迅捷，简单而反应灵敏的分析方法，以便在土壤，水和植物内探寻金属矿质而适合于野外应用。

现在的探矿方法，日新月异，我们必须随时注意。一九四七年六月份美国工矿杂志有一篇关于探矿新法的文章，其中也讲到地球化学和植物探矿的方法，已由马祖望先生译出，载本处近讯（即《矿测近讯》——编者注）三十六年七十八九合期，请阅者参阅。

钻探砂丘

美国佛罗里达省的沿海砂丘 Sand dune 含着许多重性矿物如钛铁矿物，锆石 Zircon，双硬石 Kyanite，矽线石 Sillimanite 等等，这些矿物是从其北部的结晶岩系中，风化剥蚀，冲洗沉积而来，再经过海浪和风力的洗刷，在适当位置造成富集的矿层。美国矿务局现正用钻探方法，在 Trail Ridge 地方，加以施探。因为砂层松碎，所以钻探和取样的方法，都有改进，详情可参考该局出版的第 4227 号报告（美国工矿杂志 1948 年 11 月号）。

世界深矿井

1948 年 11 月号的美国工矿杂志上刊布了一张截至 1948 年 1 月底为止的世界深矿井

---

* 1949 年 3—5 月，作者在《矿测近讯》第 97—99 期连续三期开设“世界矿业译丛”栏中先后发表了《地球化学探矿》等 7 个短篇，署名：白丁，庸。——编者注

一览表，凡 4,000 呎以上的矿井都包括在内，计美国有 15 个井，最深的是密歇根的铜矿井，直深 6,197 呎。加拿大有 17 个井，最深的是安大略省的 Lake Shore Mine 金矿，深 8,075 呎。巴西有 7 个井、最深的是 St. John del Rey 金矿公司的一个井，深 8,051 呎。南非有 28 个井，都在维得华德司伦德 Witwatersrand 的金矿区内，最深的一个是 6,331 呎。南印度有 19 个井，都在寇拉 Kolar 金矿区内，最深的也可说是目前世界最深的一个井，直深 9,220 呎，此外 8,000 呎以上的有 6 个，7,000 呎以上的 7 个，这个区域可称为集世界深矿井的大成了。按以上深矿井差不多都是金矿，其次是铜矿和镍矿。

开路机探矿

探矿方法很多，一个初步的方法是槽探，这在覆盖过广、露头稀少的地方，确甚需要。槽探并不艰难，只需锄铲、土筐和人工，在工资低廉的我国，一向认为是轻而易举的工作，但在工矿发达的美国，从成本，时间和精密方面讲，他们又想到了新方法了，这就是利用开路机 Bulldozer 来开挖探槽，在美国内华达省的一个白钨矿上已经试用成功。这儿的白钨矿成层状，产于砂质石灰岩中，上面覆有三五呎厚的盖层，以致露头稀少。从前挖槽也用人工，但是既不经济，又费时间，现在用了开路机，先在地质图上依据走向、倾斜，定了路线，然后驰出开路机，纵横奔挖，顷刻之间，就完成了三五呎甚至十五呎深的连续不断的槽沟。到了夜间地质学家拿了紫外光探矿灯在挖好的槽道中仔细搜觅，如有白钨矿的露头或痕迹，一经探照，就可从它的青白色荧光而被发现了。这种可供探矿用开路机的牌号名称，附志如下：Allis Chlamers HD14 Tractor With dozer blade，Caterpillar Db Bulldozer &Loader.（美国《工矿杂志》1948 年 12 月号 81 页）

（以上原载《矿测近讯》1949 年 3 月号（第 97 期），第 35—36 页）

钾在记数仪上的干扰

最近美、加诸国的探铀狂，使各地实验室接受到大量认为是铀钍矿产的标本，但是一经测验往往所含至微，就是曾经袖珍盖氏记数仪测定而认为绝对可靠的，也是如此。考其原因，却是钾在作祟。查钾有三个同位素，就是^{39}K，^{40}K 及^{41}K。其中^{40}K 是具有放射性能，射出贝大线和加玛线，对于记数仪可发生显著的影响。又因为钾在矿物中的分布相当广泛，如钾长石，微斜长石，钾盐矿等等，所以在花岗岩，正长岩，花岗闪长岩，伟晶花岗岩，或钾矿区域中测验，常常得到使人迷惑的结果，这结果有时可大到标准记数（就是认为绝无放射影响时的记数）的二三倍，所以加拿大矿务局放射性实验室的物理技师沈甫德先生（F. E. Senftle）特著一文并附列实测结果，提请热心探勘铀钍矿产人们的注意。（加拿大《矿业杂志》1948 年 11 月号）

（原载《矿测近讯》1949 年 4 月号（第 98 期），第 48 页）

关于加拿大上湖区新发现的沥青矿

自从坎柏尔氏（Robert Campell）在加拿大上湖之滨的齐诺角（Theano Point）发现沥青矿以后，举世瞩目。该矿是 1948 年 9 月 8 日发现的，到 10 月 16 日已领矿区有三十个，11 月初已领矿区达二百个，今春有更多的业余者和职业者蜂拥前往，实为克伦蒂克（Klondike）时代以后仅见之盛况。（克伦蒂克时代系指 1896 年夏在克伦蒂克河发现金矿，翌年消息传至旧金山后，短期内即有三万人前往淘金）。

1947年康得氏（Le Conte）得到一块标本，据说是从安剔厘阿（今译要大略——编者注）省苏圣马利（Sault Ste. Marie，Ontario）之北七十英里上湖旁悬崖上两英寸宽的矿脉里得来的，他认为是一种新的铀矿物，定名叫Coracite，坎柏尔氏是根据康得的报告去找寻发现的。

新发现的地点在齐诺角西北的小湾里，离十七号公路72.9英里处2英里，路不很好走，该区地质，以花岗岩、花岗片麻岩、及混凝片麻岩为主，为伟晶花岗岩岩墙所切或交替，伟晶花岗岩化的程度在短距离内变化甚大，沿十七号公路可以看见由花岗片麻岩至伟晶花岗岩循序而变的各阶段。

花岗岩与伟晶花岗岩又为辉绿岩岩墙所切，据前人调查，有三个方向，最老的岩石为东西向，次老的东北西南向，最新的南北向。

去年11月多伦多矿务局派萨脱累和黑会得（Satterly and Hewitt）二氏前往调查，他们用盖末氏计数计测验，得到不少结果可供参考。①花岗片麻岩及辉绿岩的反应甚小，伟晶花岗岩及伟晶化的花岗岩反应较大，有许多裂缝反应甚大，但不见沥青矿，因沥青矿极易蚀去。此种裂缝及能见到的沥青矿，大部分产于伟晶化的花岗岩中。②辉绿岩与沥青矿之成因无关。其生于辉绿岩接触处者，系构造有利所致。③用盖氏计数计测验，须离铀矿极近，若隔浮土数呎或相距5至10呎，其反应即大减。④其经济价值为何，有待作进一步的查勘。

萨氏等采了三块标本，分析的结果含UO_2 61.6%、63.8%和56.3%。多伦多大学纳菲博士（Dr. Nuffield）曾将该项标本作X光试验，他说那三块标本的结构是一样的，与大熊湖的矿比较，可知为沥青矿，理论上的化学成分为UO_2，但有一点值得注意的，即齐诺角的沥青矿，其单体较其他人造的或天然的UO_2为小，现正继续研究中。

去年春天起，加拿大政府准许人民开采铀矿，这是开禁后第一个发现，加拿大政府极为关切。

（参阅本年1月份加拿大《采矿杂志》及四月六日《字林西报》）

美国钨矿进口

伦敦四月十五日路透社消息：去年美国钨矿进口总数为7,963吨，六至九月共进口983吨，十至十二月共进口4,579吨，矿质以60%为标准。1947年美国钨矿进口数为1,588吨，1946年为1,895吨。

去年最后三个月进口之钨矿，主要来自中国，其中1,792吨是美国政府账上的。

（一九四九年四月十七日《字林西报》）

（以上原载《矿测近讯》1949年5月号（第99期），第58页）

中国探矿计划*

一、探矿的重要

为了开发矿业，增加生产，使国家踏上经济繁荣之路，中国要普施探矿，要使开矿事业，只许成功，不许失败，中国更要彻底地探矿。因为不懂探矿，或忽视探矿，以致遭受到惨痛失败的故事，从前清末季一直到现在，真是书不胜书，用不到我详细列举了。相反地，抗战时代，日本人在中国沦陷区的经营，却都是凭着可靠根据——探矿的指示——脚踏实地地干的，所以他们获得了相当的成果。因此我们认为探矿工作的是否被重视，和是否能彻底地施行，将决定开矿的成败，也就是工矿建设、经济繁荣的成败；它是建国工作的急先锋，要在任何建设工作开始以前先为办理的一件急要事业。

二、探矿的机构

全国探矿工作，必须集中化，专业化，由一个有经验有成绩的机关承办。矿厂自办探矿，或请外国技师短期工作，都是浪费金钱，无补实际。普通地质机构对于调查矿产，虽也列为重要部门之一，但它们没有充分时间，专力地注意矿产，更没有丰富的经验和合适的设备，办理探矿。目下全中国有资格有经验来做切实探矿工作的有资委会的矿产测勘处，它具有九年的历史，粗具规模的设备，已经打了 9,700 多公尺的钻眼，发现了六万万吨以上的淮南八公山新煤田，260 万吨的凤台磷矿，60 余万吨的漳浦铝土矿以及栖霞山的铅矿，下蜀的钼矿和桂西的菱铁矿。讲到经验、成绩，都已有事实证明，毋容置疑了。所以我们亟愿继续负起这项艰巨的责任，并且希望新政府当局和全国人民给予支持，俾能发挥我们最大的效能。

三、探矿的对象

倘使我们负起全国探矿的工作，那末，在最近三年之内，我们将从何种矿产着手，并先从哪几处矿地开始呢？依据我们的学识、经验，并在配合工矿建设和经济繁荣的大前提

* 在南京解放后跟随解放大军进军上海途中和在上海期间，作者和和华东区的领导讨论过新中国的探矿问题。1949 年 6 月，依据在上海期间和华东区有关领导的讨论，编制出了《中国探矿计划》，系统地提出了中国 1950 年各项矿产的探矿计划。其中说到石油等矿产“目前所知，中国所含并不十分丰富”，“但就我们理论判断，如能积极探勘，必能发现苦干重要矿床，至少可以自给自足”。在这个计划中，谢家荣与郭文魁拟在 1950 年的石油天然气探测计划中派出 52 人，组织松辽平原热河区、陕北区、四川龙泉驿、四川巴县和江南区等 5 个队进行工作，其中 3 人组成热河队，踏勘阜新朝阳区、赤峰大庙和承德丰宁，详测阜新东岗油田。其中说到铀、钍等放射性矿产“中国至今虽还没有大规模研究或利用原子能的能力，但这些放射性矿物的存在，却已有事实证明，就地质理论研究，我们并可指出苦干搜探这类矿物的区域”，计划 1950 年派出地质 9 人，测量 2 人，钻探 2 人，助手 2 人踏勘黑龙江、绥远、台湾，详测辽东，钻探广西各处的铀钍矿产，并详细列出了相关地点。《中国探矿计划》文存全国地质资料馆，档号：1322。原文注明有“附图五幅表八种”，但档案中只有所附的 8 个表，却未见图。——编者注

下，我们制定了下述的几个方针。

（一）先从交通方便，运输通畅的地方着手，偏僻的西北和西南，除了苦干特别重要的矿产外，暂不积极工作。我们要集中力量在东北、华北、华中、华南，特别在铁路沿线，长江沿线以及沿海一带，就学理上认为有望或过去探采已见迹象的各地点分头施探。

（二）煤、铁为工业的基础，必须积极开发，大量生产，以供建国的需要，但中国煤、铁储量极为丰富，除了自给自足外，还可酌量出口，以换取外汇或器材来贴补大规模工矿建设的资本。为了出口我们应选择距海口较近的炼焦烟煤和质地优良的铁矿，先为大量生产。据约略估计，在一年之后，中国每年可出口焦炭 450 万吨（战前出口焦炭仅数万至 15 万吨），优良铁矿 340 万吨（战前出口铁矿年约 80 万至 100 万吨），由此可得外汇美金 4,700 余万元。

（三）铜、铅、锌、银、石油、铝土矿（三水型铝矿 Gibbsite）、磷矿、硫黄、云母、石棉等都是重要工业原料，但目前所知，中国所含并不十分丰富，特别如石油、铜、铅、锌、云母、硫黄等，更为缺乏，以前国内消费，一大部仰给国外的输入，但就我们理论判断，如能积极探勘，必能发现苦干重要矿床，至少可以自给自足，以节省大宗外汇，所以这些矿物积极探勘，是极为重要的。

（四）钨、锑、锡、汞、锰、菱镁矿、萤石、一水型硬铝土矿（Diaspore clay）、石膏、明矾、滑石等矿产，中国所含，极为丰富，如钨、锑、锡、汞，久已有出口矿产之称，由资委会经办，近数年来每年出口钨砂最少 3,226 吨，最多 12,556 吨，锑最少 240 吨，最多 14,597 吨，锡最少 1,570 吨，最多 16,497 吨，汞最少 62 吨，最多 169 吨。其实还有许多矿产，因为本国销路有限，也可以尽量出口的，如锰矿，战前每年出口达四五万吨，大量生产后至少年可出口 10 万吨。在日人经营时代，菱镁矿年产 60 余万吨，烧炼后约 20 余万吨，一水型硬铝土年产约百万吨，全部运至日本。萤石可出口 5 万吨。石膏的储量更多，山西一省至少可出口 30 万吨。明矾一向也是出口的，如将浙、闽、皖以及新发现南京附近的明矾石矿床，悉为开采，熬制成矾，每年出口至少可达 2 万吨。滑石的出口量也可达数万吨。这些出口矿产品的价值，总计起来约在七千三百余万美金，连同第二节所述的焦炭、铁矿，总数可达一亿二千一百万美元。这个数目对于工业建设，经济复兴，将有重大的帮助。

（五）还有若干矿产，像镍、钴、铬、钒、钼、铋、铍以及非金属矿物，像班脱岩，蛭石、硅藻土、富滤土等，在工业上也是重要的原料，以前中国虽没有大量开采，但就种种迹象看来，很有发现若干堪探矿床的希望，如能适时开发，不但可供国内少量而急迫的需要，以减少漏卮，同时还能以一部分输出，换取外汇，所以对于这些矿产，我们要在测勘其他矿产的时候，随时注意调查，其中有若干已知的有望矿地，还要专派人员，进行探勘。

（六）铀、钍等放射性矿物为发展原子能的重要原料。中国至今虽还没有大规模研究或利用原子能的能力，但这些放射性矿物的存在，却已有事实证明，就地质理论研究，我们并可指出若干搜探这类矿物的区域，所以我们也要随时加以测探。

（七）此外水泥材料，其他各种非金属矿以及地下水、坝址地质的测勘，也都是我们工作的对象。

四、1950 年探矿计划

根据上述方针，我们特提出 1950 年度的探矿计划，编列图表，俾可一目了然。

我们将各种矿产的探矿计划，分门别类的各给一个编号。这个编号，分为二部分，前一数字，指示一种或数种有关矿产的种类，后一数字系代表年份，如 1 - 1950 就是 1950 年关于煤的探矿计划。现将编号及说明表列如次：

1 - 1950　1950 年煤矿探矿计划
2 - 1950　1950 年铁矿及锰矿探矿计划
3 - 1950　1950 年石油及天然气探矿计划
4 - 1950　1950 年钨、锑、锡、汞等外销矿产探矿计划
5 - 1950　1950 年铜、铅、锌、银、镍、钴、铬、钒等探矿计划
6 - 1950　1950 年非金属矿产的探矿计划
7 - 1950　1950 年水泥材料的探矿计划*
8 - 1950　1950 年地下水、坝址及其他工程地质的探勘计划
9 - 1950　1950 年铀、钍等放射性矿产的探矿计划

就探矿工作的性质，我们可大别为视察，踏勘，详测，钻探，槽探，坑探，井探，物理探矿等数种，也各给予一个编号，如下面所示：

100	视察	500	槽探
200	踏勘	600	坑探
300	详测	700	井探
400	钻探	800	物理探矿

视察为一般性的考察，特别注意已有图表的收集，各种资料的采访，若干重要标本的采集。在原则上，视察并不测图，但可就已有图件或资料编绘新图。踏勘是依据陆军地形图或用指南针步测法测制十万分之一以上的地质及矿产概测图的工作，在重要地点，可详测剖面，广采标本，但不测制精密图件。详测是指用经纬仪、平板仪等仪器测制五千分之一至五万分之一的精细地形地质矿产图，这些图的测制，费时较久，用费亦较多，必须在证明有进一步研究或具有探勘价值的矿地，才予实施，它可为点定钻眼，槽位或浅井的根据，也可为初步开发的指针。其他探矿工作的性质，如钻探、槽探等，字义甚明，毋须赘述。

在踏勘区域中如找到有望地点，即应加以详测；在钻探区域中，有时也须补做详测的工作，所以二种甚至三种性质的探矿工作，有时可在同一区域里办理。为指示工作性质与地点的关系，我们又将每一拟测区域或拟测地点，照上述分类给予编号，如 200 或 204 为踏勘区，321，340 为详测地点，并在计划图中各就其位置所在，分别注明。但图表中所列的详测或视察地点，仅供参考之用，如何分别缓急，量为增减，或另测新地点，各队的主任地质师，可就实地观察所得，随时酌定更改。

---

* “7 - 1950　1950 年水泥材料的探矿计划”及“8 - 1950　1950 年地下水、坝址及其他工程地质的探勘计划”两个计划表在全国地质资料馆载的资料原件中缺，故本卷收入此文时没有这两个表。——编者注

各区各地点的探矿工作，由探矿队任之，另给编号如Ⅰ，Ⅱ，Ⅲ等字样。每一探矿队可担任一个或数个视察区，也可在一个踏勘区中担任若干地点的详测。一个钻探队或槽探队也可在附近踏勘或详测。如钻探、槽探同区进行，但以钻探为主，那末，就以钻探的数字 400 为该区的编号，而不另给以 500 的槽探号数了。

探矿计划图共为五幅，煤、铁锰、石油三个计划并列一幅，其余每一计划自成一图。计划表共为八种。包括计划总表一种，水泥材料，地下水，坝址地质等的测探，在 1950 年度内暂不举办。

五、人员、设备和经费

上述探矿计划倘能全部施行，那么，在 1950 年我们将共派出探矿队 72 队，其中视察 3 队，踏勘 10 队，详测 14 队，踏勘与详测 23 队，钻探 22 队。我们共需地质人员 143 人，其中富有经验可当领队的 72 人，地形测量 54 人，钻探 58 人，钻探助手 60 人，共为 315 人，非技术人员及工友还没有计入。

在 1950 年我们需要 200 公尺深的钻机 5 架，300 公尺的 14 架，500 公尺的 7 架，2,000 公尺以上的 2 架，共为 28 架，最后一类的钻机，是为探勘油气用的。我们现有钻机共有 500 公尺的 2 架，300 公尺的 3 架，200 公尺的 4 架，共为 9 架，还须添购钻机 19 架，约需美金 70 万元。

探矿经费合计约需银元 1,807,250 元。此外员工薪津及总管理处的薪津经费、采购等等，共需银元 100 万元，美金 70 万元。以上总计银元 2,807,250 元，美金 70 万元。（详见所附探矿计划总表）

六、结语及志谢

这是一个比较扩大的探矿计划，所需的经费和设备，也比较庞大，在目前财政艰难的时候，实施起来，或有困难，但我们要知道这个计划实行之后，发现新矿产的价值，或将千万倍于兹，同时测勘所得的资料，对于矿业上直接或间接的贡献，其价值之大，更将无法估计。法国开发属地矿产的投资总额，定为 74 亿法郎，其中用为地质调查和矿产测勘的即达 1/7，约 10 亿法郎。英国开发非洲矿产的总资金定为 40 亿美元，用于矿产测勘的也占很大的成数。苏联对于探矿工作，更为积极，更能不惜巨资，彻底进行，据说参加地质工作的人员，常多至四五千人，难怪对于煤，石油，铝矿，铀矿等等常有惊人的重大发现了。希望新政府当局将中国的探矿事业，列为建国的基本工作之一，优予支持，力为提倡，而我们也将加倍努力，依照计划分头进行。我想，我们将来的贡献，必将十倍于过去的贡献，这是可以预料的。

这个探矿计划是经过本处若干次座谈会讨论的结果，探矿计划图表的编制，更经过许多人的帮忙，如煤系由刘国昌先生编拟，铁、锰由刘汉先生编拟，石油及天然气由郭文魁先生编拟，出口矿产由王植先生编拟，其他非金属矿由赵家骧先生编拟，铀、钍由赵宗溥先生编拟，我本人则编拟了一张关于铜、铅、锌等矿产的图表。对于参加座谈会以及编拟图表的诸位先生，我谨在此致其感谢之意。

1950 年中国探矿计划总表

种类	计划编号	队别及队数						钻机					人员					经费预算（银元）
		视察	踏勘	详测	踏详勘测	钻探	共计	200公尺	300公尺	500公尺	2000公尺	共计	地质	测量	钻探	助手	共计	
煤	1-1950	—	2	3	—	5	10	—	4	6	—	10	25	6	20	20	71	609,000
铁、锰	2-1950	1	—	—	6	3	10	1	2	—	—	3	18	5	6	6	35	199,500
石油及天然气	3-1950	—	1	—	2	2	5	—	—	—	2	2	11	1	6	8	26	253,500
出口矿产（钨、锑、锡、汞等）	4-1950	—	3	5	1	1	10	—	2	—	—	2	21	12	4	4	41	150,500
其他金属（铜、铅、锌等）	5-1950	1	—	—	7	4	12	1	2	1	—	4	23	13	8	8	52	242,750
其他非金属	6-1950	1	1	5	7	6	20	3	3	—	—	6	36	15	12	12	75	315,000
水泥材料	7-1950																	
地下水及工程地质	8-1950																	
铀、钍	9-1950	—	3	1	—	1	5	—	1	—	—	1	9	2	2	2	15	37,000
共计		3	10	14	23	22	72	5	14	7	2	28	143	54	58	60	315	1,807,250

共合人民币 939,770,000 元

计划编号 1-1950

煤

队别及区域	工作性质及区号	说明	钻探种类及数目	工作人员	时间	经费预算（银元）
Ⅰ河北西部	踏勘 1-201	太行山东麓煤系露头颇多埋没，应先踏勘，系获得有望地点，再施钻探，必有惊人发现		地质四人	6 个月	6,000
Ⅱ山东南部	踏勘 1-202	莱芜，新泰，蒙阴，沂水，曲阜，费县，临沂，峄县等县境内有发现隐伏煤田之望，应先踏勘再加钻探		地质四人	6 个月	6,000
Ⅲ山西大同	详测 1-301	大同煤田为中国最大之煤田，日人在北部已有详图，应在其中部及南部补测详图		地质四人 测量二人	12 个月	18,000
Ⅳ山西大同	钻探 1-402	日人在大同煤田之北部，曾钻十余眼，获得辉煌成果，但尚嫌不够，应普施钻探	能钻深 500 公尺之钻机二架	地质二人 钻探四人 助手四人	12 个月	120,000
Ⅴ江苏徐州	详测 1-302	本区有含煤希望，系本处首先指出，已详测徐州以东贺村一带，应再补测徐州以西及西北东北一带，与贾汪煤田相连		地质二人 测量二人	3 个月	3,000
Ⅵ江苏徐州	钻探 1-403	贺村附近有含煤希望，应施钻探证明	能钻深 300 公尺之钻机一架	地质一人 钻探二人 助手二人	6 个月	30,000

续表

队别及区域	工作性质及区号	说　明	钻探种类及数目	工作人员	时　间	经费预算（银元）
Ⅶ安徽宣泾一带	详测 1-303	宣泾煤田为江南比较重要之煤田，煤可炼焦，尤富工业价值，应在中部及西部泾县一带补作详测		地质二人 测量二人	6个月	6,000
Ⅷ安徽宣城	钻探 1-405	宣城大汪村煤田及其附近若干未证实煤田俱应施钻，以定煤层之层数及厚薄	能钻深300公尺之钻机一架	地质一人 钻探二人 助手二人	12个月	60,000
Ⅸ河北唐山	钻探 1-401	唐山及开滦附近经日人发现有若干隐伏煤田，但钻探尚嫌不够，本处派员复勘提出至少有四区，即碑子院，胥家庄，范各庄及李尚庄，值得广施钻探	能钻深500公尺之钻机二架	地质二人 钻探四人 助手四人	12个月	120,000
Ⅹ安徽淮南	钻探 1-404	本处发现淮南八公山新煤田后，又从地质观点推测盆地内有希望含煤之区尚多，如胡郢子，九龙岗，上窑，明龙山，此外洞山大通新本处新的观点尚有复钻必要，本处在淮南钻探前后虽达三年，然至少再须三年始能将整个（煤田）钻探明白	能钻深300，500公尺之钻机各二架	地质三人 钻探八人 助手八人	12个月	240,000
共计十队	踏勘二队 详测三队 钻探五队		能钻深300公尺之钻机四架 能钻深500公尺之钻机六架	地质25人 测量　6人 钻探20人 助手20人		609,000

合人民币316,680,000元

计划编号2-1950

铁矿及锰矿

队别及区域	工作性质	说　明	钻机种类及数目	工作人员	时　间	经费预算（银元）
Ⅰ、东北华北区	视察 视察 视察 视察	2-100通化临江铁矿 2-101鞍山本溪区铁矿 2-102宣化龙关区铁矿 2-103山东益都金岭镇铁矿		地质二人	2个月	1,000
Ⅱ、山东	踏勘 详测	2-200胶东半岛铁矿 2-300福山芝罘岛铁矿		地质三人	5个月	3,750
Ⅲ、鄂西	踏勘 详测 详测	2-201鄂西山地铁矿 2-301长阳小风垭铁矿 2-302巴东龙潭铁矿		地质二人 测量一人	6个月	4,500
Ⅳ、长江中下游沿岸	踏勘 详测 详测 详测 详测	2-202长江中流沿岸铁矿 2-303安徽铜陵铜官山铁矿 2-304安徽当涂南区及北区铁矿 2-305南京凤凰山铁矿 2-306浙江长兴景牛山铁矿		地质二人 测量一人	7个月	5,250

续表

队别及区域	工作性质	说明	钻机种类及数目	工作人员	时间	经费预算（银元）
Ⅴ、福建	踏勘 详测 详测 详测 详测	2-203 中部及南部山地铁矿 2-307 火田南坑文经铁矿 2-308 永春景山铁矿 2-309 华安洛阳村铁矿 2-310 安溪潘田铁矿		地质二人 测量一人	6 个月	4,500
Ⅵ、湖北	钻探	2-400 大冶铁矿	Pioneer 钻机一架能钻深 200 公尺	地质一人 钻探二人 助手二人	12 个月	60,000
Ⅶ、浙江	钻探	2-401 绍兴漓渚市铁矿	Junior 钻机一架能钻深 300 公尺	地质一人 钻探二人 助手二人	10 个月	50,000
Ⅷ、海南岛	钻探	2-402 昌江石碌山及崖县田独铁矿	Junior 钻机一架能钻深 300 公尺	地质一人 钻探二人 助手二人	12 个月	60,000
Ⅸ、湘赣及广西	踏勘 详测 详测 详测 详测 详测	2-205 赣西湘东区锰矿 2-311 江西乐平铁山峰锰矿 2-312 湖南岳阳芭蕉岭锰矿 2-313 湖南湘潭上五都锰矿 2-314 广西武宣三里墟锰矿 2-315 广西桂平桂兴马皮锰矿		地质二人 测量一人	7 个月	5,250
Ⅹ、广东	踏勘 踏勘 详测 详测 详测	2-204 海南岛中部及南部山地铁矿 2-206 粤西滨海区锰矿 2-316 钦县黄屋屯与上龙岭锰矿 2-317 防城大直圩锰矿 2-318 合浦金牛山锰矿		地质二人 测量一人	7 个月	5,250
共计十队	视察一队，踏勘及详测六队，钻探三队		Pioneer 一架 Junior 二架 钻机共三架	地质 18 人 钻探 6 人 测量 5 人 助手 6 人		199,500

合人民币 103,740,000 元

计划编号 3-1950

石油及天然气

队别及区域	工作性质	说明	钻机种类及数目	工作人员	时间	经费预算（银元）
Ⅰ、热河区	踏勘及详测	踏勘下列地区 3-201 阜新朝阳区 3-202 赤峰大庙 3-203 承德丰宁 3-301 详测阜新东岗油田		地质三人	6 个月	4,500

续表

队别及区域	工作性质	说　　明	钻机种类及数目	工作人员	时　间	经费预算（银元）
Ⅱ、陕北区	踏勘及详测	3-204 踏勘绥德肤施延长间地质 详测下列地区： 3-302 延川永平镇 3-303 延长 3-304 肤施		地质三人 测量一人	6个月	6,000
Ⅲ、四川龙泉驿	钻探	3-401 龙泉驿为一良好之背斜层，闭合度达300公尺，有油气苗，业经本处详测等构造线图，拟定钻眼七个	能钻深2,500公尺之钻机一架	地质一人 钻探三人 助手四人	12个月	120,000
Ⅳ、四川巴县	钻探	3-402 巴县石油沟前经钻探见油及大量天然气，后经本处详测知一良好闭合背斜层，拟定钻眼五个	能钻钻深2,000公尺之钻机一架	地质一人 钻探三人 助手四人	12个月	120,000
Ⅴ、江南区	踏勘	3-205 无锡、江阴、上海、长兴等地，曾有油气苗之发现，为明了其产状及地质环境，应加踏勘		地质三人	4个月	3,000
共计五队	踏勘及详测二队，钻探二队，踏勘一队		2,500公尺钻机一架 2,000公尺钻机一架	地质 11 人 测量　1 人 钻探　6 人 助手　8 人		253,500

合人民币 13,1820,000 元

计划编号 4－1950

出口矿产　钨、锑、锡、汞

队别及区域	工作性质及区号	说　　明	钻机种类及数目	工作人员	时　间	经费预算（银元）
Ⅰ、武夷山区	踏勘（200）	寻觅钨矿范围包括南城，云都，寻邬一带，下列地点尤应注意：201 南丰苦竹墟；202 广昌白水镇；203 寻邬澄江		地质三人	3个月	2,250
Ⅱ、武夷山区	踏勘（210）	寻觅钨矿，范围包括安福峡江一带，下列地点尤应注意：211 安福钱江		地质二人	2个月	1,000
Ⅲ、赣南东区	详测（300）	详测下列主要钨矿产地而连系之。钨矿脉产花岗岩及水成岩系（包括变质岩）中，而此水成岩系系大部分陷落于花岗岩中者。301 赣县牛栏坑；302 赣县东埠头；303 云都上坪；304 安远盘古山		地质二人 测量二人	3个月	3,000
Ⅳ、赣南西区	详测（310）	详测下列主要钨矿产地而连系之，钨矿脉产花岗岩及水成岩系中，此区花岗岩在水成岩系中成岩钟状，311 崇义鸭溪山；312 崇义黾子背；313 大余西华山；314 大余洪水寨；315 大余漂塘		地质二人 测量二人	3个月	3,000

续表

队别及区域	工作性质及区号	说明	钻机种类及数目	工作人员	时间	经费预算（银元）
Ⅴ、皖浙边区	踏勘（220）	寻觅锑矿以宣城，贵池，建德，衢县，上饶一带为范围，下列地点尤须注意：221 青阳白石山；222 休宁西源山头；223 绩溪角落坞；224 昌化株柳镇；225 淳安西乡；226 遂安毛湾角；227 开化大溪边		地质三人	3 个月	2,250
Ⅵ、湘南粤北区	踏勘及详测（230）	在湘南粤北普遍调查锑矿，并于若干重要产地做详测工作，下列地点踏勘时须加注意：231 桂阳塘湾桥；232 新田道塘；233 郴县金船塘；234 临武落雁山；235 江华松柏；236 江华源口。下列地点详测时须加注意：321 郴县大岗洞；322 宜章长城岭；323 乐昌乐家湾；324 汝源梅花街；325 曲江天子岭		地质二人 测量二人	6 个月	6,000
Ⅶ、湖南锡矿山区	钻探（400）	打八至十个钻眼，探求锑矿深度，延长及富矿所在，401 锡矿山	Junior 钻机二架	地质一人 钻探四人 助手四人	12 个月	120,000
Ⅷ、大义山区	详测（330）	详测湖南临武，郴县，桂阳及常宁一带锡矿，包括下列产地：331 临武香花岭；332 郴县安源；333 桂阳大顺窿；334 常宁倒石湖；335 常宁炭山窝；336 桂阳绿紫坳		地质二人 测量二人	6 个月	6,000
Ⅸ、南丹河池区	详测（340）	详测广西南丹锡矿，包括下列地点：341 南丹大厂；342 南丹芒场；343 南丹车河		地质二人 测量二人	3 个月	3,000
Ⅹ、湘黔边区	详测（350）	详测湘黔边区汞矿，包括下列地点：351 晃县酒店塘；352 晃县三雀湾；353 凤凰茶田；354 凤凰猴子坪；355 玉屏万山场；356 铜仁岩屋坪；357 铜仁茉莉坪		地质二人 测量二人	4 个月	4,000
共计十队	踏勘三队，详测五队，踏勘及详测一队，钻探一队		Junior 钻机二架	地质二十一人 测量十二人 钻探四人 助手四人		150,500

合人民币 70,263,000 元

计划编号 5－1950

铜、铅、锌、银、镍、钴、铬、钒等矿

队别及区域	工作性质及区号	说明	钻机种类及数目	工作人员	时间	经费预算（银元）
Ⅰ、东北区	视察分为三区：100，110，120	视察下列地点：101 天宝山铜铅锌矿；102 开山屯铬矿；103 磐石铜矿；111 桓仁铜矿；112 凤城铅锌矿；121 杨家杖子铅锌铜钼矿；122 兴仁铜矿；123 滦平钒矿		地质 3 人	3 个月	2,250

续表

队别及区域	工作性质及区号	说　　明	钻机种类及数目	工作人员	时　间	经费预算（银元）
Ⅱ、青岛济南间	踏勘及详测 200	（1）踏勘全区，搜觅铜，铁（磁铁矿），镍，菱镁矿，石棉，滑石等矿产 （2）详测下列地点：301 担山铅锌银矿；302 白石岭铅锌银矿；303 桃科铜镍矿；304 茅茨金铜镍矿		地质 2 人 测量 2 人	4 个月	4,000
Ⅲ、扬子江中下游	踏勘及详测 210	（1）踏勘全区，搜觅铜，铅，锌，银，铁，钼，黄铁矿，明矾石 （2）详测下列地点：311 铜官山铜铁矿；312 大冶阳新铜矿及黄铁矿		地质 2 人 测量 2 人	4 个月	4,000
Ⅳ、南京栖霞山	钻探及槽探 401	该矿为本处所发现，次生铅矿露布甚广，拟加钻探及槽探，以定其深度，宽度及原生矿床之贫富	Pioneer 一架能钻探 200 公尺	地质 1 人 钻探 2 人 助手 2 人	6 个月	30,000
Ⅴ、杭州永嘉上饶一带	踏勘及详测 220	（1）踏勘全区，搜觅铜，铅，锌，银，铁，沸石，冻石，班脱岩及镍，钴，锑等矿 （2）详测下列地点：321 诸暨铅锌矿；322 宁海铅锌矿；323 永嘉铅锌矿；324 青田铜铅锌矿；325 寅平铅锌银矿；331 德兴铅锌银矿；332 广丰铅锌银矿；333 铅山铅锌银矿；334 弋阳铅锌银矿；335 上高铅锌钼矿		地质 2 人 测量 2 人	6 个月	6,000
Ⅵ、闽粤沿海	踏勘及详测 230	（1）踏勘全区，搜觅铜，铅，锌，银，铁，钼，沸石，明矾石，铝土矿等 （2）详测下列各区：341 宁德铅锌矿；342 闽侯铜矿；343 蒲田铜矿；344 南平铜矿；345 清流钴镍锰矿；346 连城钴镍锰矿；347 金门岛钴锰铝土矿；351 蕉岭铅银矿		地质 2 人 测量 2 人	6 个月	6,000
Ⅶ、湖南中部及北部	踏勘及详测 240	（1）踏勘全区，搜觅铜，铅，锌，银，锑，钨，锰等矿 （2）详测下列各地点：361 临湘铅锌矿；362 福田铺铅锌矿；363 鸦头山铅锌矿；364 宜秋庙铅锌矿；365 银坑冲铅锌矿；366 铁屎垅铅锌银矿；367 大脚岭铅锌银矿；368 金船塘锌银矿		地质 2 人 测量 2 人	6 个月	6,000
Ⅷ、水口山	钻探及详测 402	本区为中国南方最重要之铅锌矿，开采已久，矿床垂尽，但附近有发现新矿体可能，以前钻探仅完成一眼，应再加详测，并就地质上有望地点续施钻眼，本年内拟完成八眼，各深约 300 公尺	Junior 钻机一架能钻探 300 公尺	地质 2 人 测量 1 人 钻探 2 人 助手 2 人	12 个月	60,000
Ⅸ、海南岛南部沿海	踏勘及详测 250	（1）踏勘全区，搜觅铜，铅，锌，银，铁，锰，铝土矿及石油 （2）详测下列地点：371 昌江铅银矿		地质 2 人 测量 1 人	3 个月	2,250

续表

队别及区域	工作性质及区号	说明	钻机种类及数目	工作人员	时间	经费预算（银元）
Ⅹ、宁夏定远营	踏勘及详测 260	（1）踏勘全区，搜觅镍，钴，铂，铬，金刚石，菱镁矿，滑石，石棉等矿 （2）详测小松山铬矿 381		地质 2 人 测量 1 人	3 个月	2,250
Ⅺ、云南东川矿山厂锌铅矿	钻探 403	产中石炭纪石灰岩中，为与层面约略平行之交代矿床，在背斜层两翼俱有展布，向东南及西北倾斜，倾角约 25°，延长各达三公里。目前开采斜深已达三百公尺，亟须钻探，以定其沿倾斜及走向两方之展布。本年度拟完成八眼，各深 300 公尺	Junior 钻机一架，钻深能力 300 公尺	地质 1 人 钻探 2 人 助手 2 人	12 个月	60,000
Ⅻ、云南东川落雪铜矿	钻探 404	落雪铜矿展布甚广，并相当整齐，应加钻探，以证明矿层在倾斜方面之延长。本年度先用一架，拟钻八眼，总深 2,400 公尺	U. S. Strait line 钻机一架，钻深可达 500 公尺	地质 2 人 钻探 2 人 助手 2 人	12 个月	60,000
共计十二队	视察 1 队 踏勘及详测 7 队 钻探 4 队	铜，铅，锌，银，镍，钴，铬，钒等矿。附带注意搜觅铁，锰，钼，铂，金刚石，铝土矿，明矾石，黄铁矿，滑石，石棉，石油等矿产	Pioneer 一架，Junior 二架，U. S. Strait line 一架	地质 23 人 测量 13 人 钻探 8 人 助手 8 人		242,750

合人民币 126,230,000 元

计划编号 6－1950
其他非金属矿产

队别及区域	工作性质及区号	说明	钻机种类及数目	工作人员	时间	经费预算（银元）
Ⅰ、浙江福建沿海区	踏勘及详测 201，301	（1）踏勘全区，搜寻新明矾石矿 201 （2）详测浙江平阳矾山及苔湖工区之明矾石矿 301		地质 2 人 测量 1 人	3 个月	2,250
Ⅱ、扬子江中下游区	踏勘及详测 202，302－305，391－392	（1）踏勘全区，搜寻新明矾石矿及黄铁矿 202 （2）详测下列各矿： 302 庐江大小矾山矾石矿； 303 无为三公山矾石矿； 304、391 当涂矾石矿及黄铁矿； 305 江宁牛首山矾石矿； 392 贵池火龙冲、扇子排、青山排等地黄铁矿		地质 2 人 测量 1 人	6 个月	4,500
Ⅲ、河北西北部山区	踏勘及详测 211，311	（1）踏勘全区，搜觅新石棉矿，211 （2）详测涞源燕美洞石棉矿，311		地质 2 人 测量 1 人	3 个月	2,250
Ⅳ、河南西部伏牛山脉及外方山脉以南地区	踏勘及详测 212，312－313	（1）踏勘全区，搜觅新石棉矿，并注意石墨矿，212 （2）详测下列各矿： 312 内乡黄龙寨石棉矿； 313 浙江韭菜坑石棉矿		地质 2 人 测量 1 人	3 个月	2,250

续表

队别及区域	工作性质及区号	说明	钻机种类及数目	工作人员	时间	经费预算（银元）
Ⅴ、福建广东沿海区及金门岛	踏勘，详测及视察 121，221，321	（1）视察福建漳浦铝土矿区，121 （2）踏勘闽粤沿海，搜觅新铝土矿，221 （3）详测金门岛铝土矿，必要时施以槽探 321		地质 2 人 测量 1 人	6 个月	4,500
Ⅵ、海南区	踏勘 222	踏勘全区（雷州半岛及海南岛北部），搜觅新铝土矿		地质 2 人	3 个月	1,500
Ⅶ、浙江中部沿海区	踏勘及详测 231，331	（1）踏勘全区，搜觅新萤石矿，231 （2）详测象山县破石山，五狮山，乌龟山，吉头岙，五牧岙，樟岙，隔岭山等地之萤石矿，331		地质 2 人 测量 1 人	3 个月	2,250
Ⅷ、浙江吴兴眬山	详测 332	详测眬山萤石矿		地质 1 人 测量 1 人	2 个月	1,000
Ⅸ、浙江江山长台	钻探 431	该萤石矿已经本处详测，应加钻探，以明了矿脉延展情形及储量之多寡	Pioneer 一架钻眼四眼，每眼深 150 — 200 公尺	地质 1 人 钻探 2 人 助手 2 人	6 个月	30,000
Ⅹ、河南东南部	详测 341 - 342	（1）详测商城马鞍山及二道河石墨矿 341 （2）详测确山新店石墨矿，342		地质 1 人 测量 1 人	3 个月	1,500
Ⅺ、湖南南部粤汉铁路沿线	详测 343，393	（1）详测耒阳马水镇石墨矿，343 （2）详测常宁水口山黄铁矿，393		地质 2 人 测量 1 人	4 个月	3,000
Ⅻ、山西灵石富家滩	详测 351	（1）详测该地之石膏矿		地质 2 人 测量 1 人	2 个月	1,500
ⅩⅢ、湖北汉湖区	钻探及踏勘 451	（1）踏勘应城京山产膏区，并择地施钻，以求新矿	Junior 一架，每眼平均深度 300m	地质 2 人 测量 1 人 钻探 2 人 助手 1 人	10 个月	50,000
ⅩⅣ、湖南湘江中下游	钻探及踏勘 452	（1）踏勘湘潭株宁昭山下带产膏区，并择地钻探，求觅新矿	同上	同上	10 个月	50,000
ⅩⅤ、辽宁海城大石桥	视察 161	（1）视察该地广大之菱苦土矿以为开发之准备		地质 2 人	2 个月	1,000
ⅩⅥ、绥远大青山区	踏勘及详测 271	（1）踏勘全区，注意有无开采价值之白云母及蛭石矿 （2）遇有较佳之白云母及蛭石矿，即加详测		地质 2 人 测量 2 人	6 个月	6,000
ⅩⅦ、苏北海州连云区	钻探及踏勘 281，481	（1）踏勘全区，搜觅新磷灰石矿，并注意石英及云母矿 281 （2）钻探东海锦屏山磷灰石矿，以求其矿层分布情形并确定储量 481	Pionner 一架，每眼约深 100～200 公尺	地质 3 人 钻探 2 人 助手 2 人	12 个月	60,000

续表

队别及区域	工作性质及区号	说明	钻机种类及数目	工作人员	时间	经费预算（银元）
XⅧ、安徽凤台	钻探 482	（1）钻探凤台碛矿，藉明矿层延展情形及成变分变化并确定储量	Pionner 一架，每眼约深 120 公尺	地质 1 人 钻探 2 人 助手 2 人	6 个月	30,000
XⅨ、西沙群岛区	详测及槽探 581	（1）槽探并详测该区各岛之鸟粪磷矿		地质 2 人 测量 2 人	2 个月	1,500
XX、广东英德	钻探 491	（1）钻探英德硫黄山黄铁矿	Junior 一架，每眼深约 300 公尺	地质 1 人 钻探 2 人 助手 2 人	12 个月	60,000
共计二十队	计：视察 1 队，踏勘 1 队，详测 5 队，踏勘及详测 7 队，钻探 6 队		计：Pioneer 钻机 3 架，Junior 钻机 3 架	计：地质 36 人 测量 15 人 钻探 12 人 助手 12 人		315,000

合人民币 163,800,000 元

计划编号 9－1950

铀，钍

队别及区域	工作性质	说明	钻机种类及数目	工作人员	时间	经费预算（银元）
Ⅰ、黑龙江省	踏勘	201 漠河县中兴沟，202 嫩江县全阳河，203 嫩江县逢源金厂，204 嫩江县兴安金厂，205 嫩江县霍龙门，206 嫩江县葡萄沟，207 桦川县小石头，208 依兰县黑背，209 穆棱县穆棱 上列各地砂金矿内皆含有独居石，成分可自 40％～50％		地质 2 人	4 个月	2,000
Ⅱ、辽东省	详测	301 绥中县环海寺，302 绥中县矾石山，303 锦县三角山，304 海城县大房身，305 海城县三台沟。上列各地伟晶花岗岩内有钶钛铀矿物产出。306 庄河县黑岛，307 庄河县木耳山，308 盖平长岭寺，309 盖平仙人岛。上列各地海岸砂内皆含有独居石		地质 2 人 测量 2 人	3 个月	3,000
Ⅲ、绥远省	踏勘	211 集宁鱼心及平绥路沿线。上列各地伟晶花岗岩露出甚广，鱼心地方且有钶钛铀矿物发现		地质 2 人	3 个月	1,500
Ⅳ、台湾省	踏勘	221 新竹桃园沿岸，222 台南曾文溪。上列各地砂层内皆有独居石		地质 2 人	1 个月	500
Ⅴ、广西省	钻探	401 钟山黄羌坪 富川，贺县，钟山砂锡矿产地皆有独居石矿，如水岩坝等地皆有产出，前曾加以调查，不列本年度计划内	Junior 钻机一架能钻深 300 公尺	地质 1 人 钻探 2 人 助手 2 人	6 个月	30,000
共计	踏勘 3 队 详测 1 队 钻探 1 队	（1）调查砂金地及海岸砂内之独居石 （2）调查伟晶花岗岩内之铀矿	Junior 一架	共 15 人 地质 9 人 测量 2 人 钻探 2 人 助手 2 人		37,000

合人民币 19,240,000 元

参观东北的观感*

我这一次参加自然科学工作者代表大会筹备委员会所组织的东北参观团，时间虽然短促，观察更为浮浅，但印象很深，学到的东西更多。关于矿产方面和鞍山、本溪、抚顺三大东北工矿支柱的若干地质和采矿问题，我另有短文发表，这里我略述一般的观感。

首先使我们钦佩的，是东北各工矿自从由人民政府接管之后，在短短的几个月之内，就已全部地或局部地恢复生产了。大多数工矿的生产量，已达到伪满时代最高峰的十分之一，一小部已达到当时的水准，甚至还有超出的。这种惊人的成绩，使我们深深地相信，只有在共产党领导之下，艰苦奋斗，实事求是，才能获得这样的成果。在共产党许多方法中，一个最重要的法宝，就是依靠工人，团结工人，用教育、说服、竞赛、鼓励等等的方法，培养工人的自觉性，创造性，使其自动地和自愿地努力工作，以加强工作的效能。另一方面，又厉行劳动保险制度，凡职工的婚丧医药，残废死亡，以及子女教育等等，都予以合理补助，这种劳保经费，约等于每人工薪的3%，这样，职工的生活得到保障，工作的情绪，自然加强了。同时又随时随地发掘工人中的积极分子，劳模英雄，训练教育，使他们做到领导工作的地位。如鹤岗煤矿，现在已有三个工人当了副矿长，109个工人和廿四个普通职员，当了坑、厂、股长，281个工人当了班长。像这样诚心诚意地依靠工人，扶植工人，使工人真能做到矿厂主人的地位，确是资本主义国家中所找不到的，毋怪工人们都能勤奋工作，齐心合力地为增加生产而努力了。

但是矿厂复工了，生产增加了，如果不顾到效率，不重视成品的规格，不计算成本，那么，生产愈多，品质愈低落，亏累也就愈重，不但不能达到繁荣经济的目的，反将浪费国家的财源，增加人民的负担，所以东北人民政府又号召精简节约，节省原材料，减少事故，防火防奸等等的运动。为彻底推行经济核算，加强成本管理，各矿厂正在次第试行定员生产，定额生产和严格管理原材料，严格检查成品的许多制度。东北工业部在七月廿九日发出“关于加强经济核算制，开展反浪费斗争的决定”的一文里，将目前若干矿厂浪费的现象，坦白陈述，并指示出改进的办法，这是一篇富于建设性的重要文献，凡是研究工矿经济或工厂管理的人们，都应该仔细研读。

从复工到生产，进而增加生产，争取效能，工人的才智，工人的力量，无疑地是具有决定性的因素的。在国民党时代以及资本主义的国家里，这种力量，也在不断运用，但是没有能够充分地发展，更没有能够坦白地表扬，所以许多劳模英雄的功绩是被剥削了，若干天赋的领导人才是被埋没了。共产主义的制度则不然，他是在广泛地发掘天才，诚意地培养人才。从另一方面讲，如果对于技术上有所改进或发明，那就需有深长的研究和试验才能办到，这种研究和试验，需有学理的素养和充分的时间，这在终日辛劳的工人阶级是无法办到的，所以现代化的大规模矿厂，工程师的领导，研究室的指示，仍然为工业生产

* 原载《矿测近讯》1949年7—8月号（第101—102期合刊），72—73页。——编者注

中重要的一环。东北各矿厂因为忙着复工，忙着生产，并且技术人员普遍缺乏，所以改进和研究方面不能充分照顾，这原是过渡时代无法避免的。最近东北人民政府正向各方延聘专家，并开办训练班，训练大量技术人才，可见英明的当局，业已看到这种缺点而正在设法改善了。

东北方面的农业设施，也在长足进步，三年来恢复耕地的面积已达一九四五年的百分之九十四。一九四八年开始提出精耕细作提高产量的方针，每乡地的平均产量，乃逐渐增加。为适应工业需要，又采取了鼓励特产作物如棉、麻、柞蚕、烟草等等。水利方面，以防水治水为主，恢复发展了水田近二十万块。三年来农民交纳了450万吨公粮，支援了战争，供给了城市的需要和工业的原料。

东北卫生部推行了军教合一，政教合一和医药合一的制度，将医药行政，医药教育和卫生制药等工作统一起来，确是一个大进步。医药教育方面，注意专科教育，形象教育，大量训练医生，下乡工作，预定于短期内达到每千人中有一个医生，以满足广大人民的需要。鼠疫是东北人民的大害，一九四七年患者三万多人，死亡的二万三千余人，一年之后，死亡数降到不足四千人，今年到七月为止，各地患鼠疫的仅有十数人，这是防疫卫生方面的一大成就。

社会方面，我们看到大家都有工作做，没有游手好闲的人，乞丐几乎绝迹，老幼都有教养。因为厉行路票制和严格取缔私藏军火，所以向以胡匪著称的东北（尤其在北满方面）现在竟可通行无阻，不怕有被土匪袭击的危险了。我们参观了沈阳和哈尔滨的监狱，一入监门，恍如在一工厂，只见有工人，不知有罪犯，一切管理操作之事，俱由犯人自理，每日工作之外特别注意教育，培养犯人的自尊心和觉悟性，以减少将来出狱后的重犯。这种办法，也是以前国民党政权下所看不到的。对于文化教育方面，则普设文化馆识字班，以消灭文盲；改良戏剧歌舞，提倡美术音乐，拍摄富于革命性和教育性的影片，使人民于不知不觉之中，受到了崇高美善的教育。大连的鲁迅艺专和长春的东北影片公司，都有大量人才努力于这方面的工作。最近在沈阳召开的东北人民代表大会，农工商政，男女老幼，荟合一堂，发言热烈，讨论周详，充分表现了民主的团结精神。

中国人民解放革命，是一个划时代的，为大众谋幸福的革命，是一个经过新民主主义以达到社会主义的准确路线的革命，我们参观了东北之后，更觉得这种革命，正在蓬勃地发展，无限光明的前途，正在期待着我们！

东北地质矿产概况和若干意见*

我这次参加科代筹委会所组织的东北参观团，是到北平之后才决定的。事前毫无准备，并且时间忽促，走马看花；因为是团体行动，我不能单独到自己想看的地点，所以关于地质矿产的观察，几等于零。不过，向东北工矿方面负责人请教的结果，却得了不少宝贵资料，参考在旅程中所买到的几本日文报告，也得到一些综合性但不十分新颖的材料，再加上我以前所知道的，总算对于东北地质矿产的全貌，得到了一个极粗浅的了解，刚巧张孟闻先生要我写报告，在《科学》上发表，我就写了这篇短文，聊以塞责。我要声明的是：这篇文章，除了若干意见和我的不成熟的推解之外，其余都是依据所见所闻和前人著作荟编而成的，在学术上可说没有任何创作的价值。又加在旅途中写成，没有参考文献的机会，谬误的地方，要请读者诸君多加指正。

一、东北地质的轮廓

要写东北地质，决非短篇所能尽，这里只能略示轮廓，并分为地形，地层和火成岩及地壳运动三节如次：

（一）地形

东北有三个平坦的地形，就是松辽嫩大平原（嫩江、松花江和辽河的流域），黑龙江平原和海拉尔的台地。主要山脉，在北满方面[1]，西为大兴安岭，东为小兴安岭；南满方面，东为长白山脉，及与之平行的若干山脉如张广才岭，萨哈亮山，大黑山，西为热河山地，包括松岭山脉，凌源山脉，七老图山及燕山等。大多数的山脉，都是遵着震旦方向，就是东北西南的方向；但小兴安岭，七老图山和燕山却是从西北走东南的。

松花江和辽河的分水岭，极不显著，是波丘状的丘陵地，大致走向从西北到东南。这个分水岭是在第四纪洪积统以后才出现的，在此以前，嫩江，松花江和辽河可能合流向南，目前松花江的东流与黑龙江会合入海，可能是河流袭夺的结果。

---

* 《东北地质矿产概况和若干意见》是作者作为全国自然科学工作者代表大会筹备委员会所组织的东北参观团的副团长和团长竺可桢一起率领参观团于1949年7月22日至8月28日期间参观完东北回到北平之后，于9月11日至16日期间在北平撰写的一篇文章，于1949年11月发表在《科学》第31卷11期，323—328页。本文明确指出，石油是东北尚未发现的最重要矿产之一，并第一次将找油的战略目标指向北满（今大庆）地区：“到现在为止，东北还没有发现的矿产，最重要的是石油，磷灰石，三水型铝土矿……。日本人在锦州和扎赉诺尔二区对于石油的钻探，虽然没有成功，却是很有理由的，我们将来还应该继续做，并且要扩大范围，彻底钻探。……从区域方面讲，我们将来的测勘工作，要特别注意北满，因为北满到现在为止，还是一个处女地，……中生代煤田炭分的特低；和沥青的产生（如扎赉诺尔），可能有发现油田的希望。”——编者注

[1] 地理上的满洲通常指今天的辽宁、吉林和黑龙江三省全境，再加上内蒙古东北部地区（即东四盟）及外兴安岭以南（包括库页岛）。南满、北满的划分是帝国主义侵略中国的结果。1907年7月30日，日俄在圣彼得堡签订第一次《日俄协定》和《日俄密约》，以松辽分水岭作为地理界限，此线以北的满洲地域称为北满，为俄国的势力范围，以南的满洲地域称为南满，为日本的势力范围。——编者注

山脉中有许多盆地像牡丹江盆地，镜泊湖盆地等。在海拉尔台地和松辽平原中，有许多咸湖。小兴安岭的南北两边缘有三四个梯级层，这表示该山脉在洪积统以后，曾经三四回的隆起。在大兴安岭中，也有相同的现象。

（二）地层

东北地层的发育，南北满显有不同。南满研究较详，其地层系统，跟华北大致相仿。最古的太古界片麻岩，结晶片岩等，在热河山地的长城地区和辽东的脊梁山脉内，分布甚广，可与华北的泰山系、桑干系相比。北满也有少数片麻岩，但时代没有确定。元古界包括五台纪和震旦纪，在南满分布甚广，岩石性质也与华北大致相仿，如在灰岩中含有藻类化石。北满有无这类地层还难确定。

古生代地层的层序，南满和华北更相像了，寒武奥陶和石炭二叠纪的发育以及志留泥盆纪的缺失，都是标准的华北型相。在石炭二叠纪地层中，相当于华北的太原统和山西统的，都有富厚的煤层，像辽宁的本溪，五湖嘴，田师傅沟，热河的大窑沟，南票等都是。在北满的情形就不同了，寒武奥陶纪地层尚待研究，但志留纪和泥盆纪的化石，却都已发现。石炭二叠纪也经证明，但岩相大异，变质较深，其中且不含煤（吉林层或豆满层），这种情形，好像与华南的若干型相有局部类似的地方。

从中生代起，南北满在地层上的发育，无大差别。三叠纪的存在，尚待研究；侏罗纪及其含煤层的分布，却遍及全区，如阜新，西安，鹤岗，密山，蛟河，扎赉诺尔都是。在北满，哈尔滨以西的许多侏罗纪煤田（以前误定为第三纪），像九峰山，免渡河，扎赉诺尔，都是褐炭；再以西的像鹤岗，密山等却是优良烟煤，有些还能炼焦（如鹤岗）。这种煤质变迁与地理上分布的关系，极有经济上和学术上的意义。在扎赉诺尔以北，和黑河以北至漠河间的大片侏罗纪地层，没有听说含煤。白垩纪地层分布在热河山地的南半部，从本溪，通化，临江，牡丹江到穆陵的山间向斜轴，延吉附近，开原到吉林，以及北满的若干地点，为赤色砾岩，砂岩，凝灰质页岩等所成，局部夹褐炭层，如赤峰的东西元宝山，也是重要煤田。在许多地方含油页岩，最重要的是汪清县（延吉东北）的罗子沟，他若凌源，丰宁，朝阳等县俱产，惟质量欠佳。

新生代的第三纪层在抚顺石门寨一带分布甚广，且含着世界上最厚（达百公尺）的烟煤和东北最丰富的油页岩。吉林附近的缸窑，火石岭，珲春及三姓附近也有第三纪煤田。除三姓是烟煤外，其余都是褐炭。黑龙江及嫩江沿岸也有第三纪地层，局部含褐炭，质劣量少，不足重视。第四纪地层包括洪积统的黄土，砂，砾，风砂，梯级层及近代冲积层，在松辽嫩平原，黑龙江平原，海拉尔台地以及热河山地和长白山脉中的许多小盆地中，分布甚广。在本层中发现许多骨化石和古物，哈尔滨南的顾乡屯是一个最著名的产地。在北满，热河山地及南满若干地区的冲积层和梯级层中，盛产砂金，北满的产地最多，产量也最大。

（三）火成岩和地壳运动

东北分布最广的火成岩要算是花岗岩了。在张广才岭，萨哈亮山，大黑山以及长白山的西南段，花岗岩组成长带出露，或断续相连。小兴安岭和大兴安岭中，花岗岩也大片出露。热河山地中的花岗岩比较零散，其出露情形，与长白山西南段相仿。花岗岩的侵入，可分为三个时期，就是寒武纪前，石炭二叠纪后和中生代的末期，就是燕山期。寒武纪前的花岗岩都呈片麻状，在南满最为发育，著名的辽宁式铁矿，青城子铅锌矿，天宝山铜铅锌矿，夹皮沟金铜矿，海城菱镁矿和滑石，若干地点的石棉，都是本期的产物，而与花岗岩有成因上的关系。二叠纪后侏罗纪前的花岗岩，能够确定的不多，在辽东山块和北满各处有其分布，本溪马鹿沟的铜矿，锦西杨家杖子的铅锌钼矿，可能是本期的产物。燕山期的花岗岩分布更广，南满和热河山地俱有，许多金属矿床，特别是北满砂金的原始矿脉，可能是本期火成岩活动的结果。

在燕山期先后，直至第三纪之初，有好几期的火山喷发岩，包括石英斑岩，玢岩，石英粗面岩，粗面岩，安山岩，凝灰岩等等，在大小兴安岭，满州里，热河的北部，分布最广，长白山西南部也有若干露头。本类岩石，分布很广，但所占的平面面积，不但较花岗岩为少，还不及下一节所述的玄武岩。此外在寒武奥陶纪地层中，常有小块基性侵入岩，如辉长岩，橄榄岩，滦平的钒铁矿，和龙的铬铁矿，恐怕与这类岩石有成因上的关系。在大块花岗岩的边缘，因岩浆分化关系，常有闪长岩，花岗斑岩等等的产出。

玄武岩在东北的分布，仅次于花岗岩；其喷出时代，从下部第三纪到第四纪，还有在历史记载中喷发的，如白头山（会宁临江间西历 597 年及 1702 年喷发）及五大连池火山（就是乌云和尔冬吉火山，在嫩江的东北，西历 1702 年即康熙九年喷发）。在长白安图间，敦化到穆陵，东宁以南，热河的围场经棚间，以及大小兴安岭一带，玄武岩大片出露，多数是裂缝喷发，因切割不深，造成显著的台地地形。在松嫩辽平原的周围和中部，黑龙江沿岸，长白山和大小兴安岭的内部，有许多玄武岩，成锥体的火山形状，喷口熔岩，历历可考。此种火山，共计不下十七处，但大多数俱为死火山，其在历史记载中尚在喷发的休火山，只有上述的白头山和五大连池二处。

东北的地壳运动史，与华北的情形大致相仿。太古纪与五台纪间，地盘沉降；奥陶纪后，石炭纪前，地盘隆起。但都不是造山运动，所以各层间仍都保持平行间断的接触。二叠纪后，在南满发生微弱的褶曲运动，在北满则运动较为强烈。真正之造山运动，发生在燕山期，就是侏罗纪与白垩纪之间，造成震旦方向的构造，大片花岗岩的侵入和石英粗面岩、安山岩等等的喷出。自此之后，玄武岩屡屡喷出，到中新统有一个大断裂运动，以后地盘的升降倾折继续不断，但都是轻微弱小的运动。

二、东北矿产的鸟瞰

东北工业之所以能够蓬勃发展，交通的便利，水、火电力的充足自属主要因素，但矿产的丰富，尤为基本条件。讲到东北矿产，真可说是天赋独厚，除了少数没有发现外，几乎应有尽有。其中最重要的计有六种，就是煤，铁，耐火材料，油页岩，黄金和钼矿。现在将东北矿产，分为三类叙述如次：

（一）六种最重要的矿产及若干有望矿产

1. 煤

就地质时代论，东北的煤田可分为四类，就是石炭二叠纪，侏罗纪，白垩纪和第三纪。上面已经说过，石炭二叠纪煤田仅发育在南满各地；北满的同样地层，都是海相，且变质较深，绝不含煤。南北满型相的分界，大概在北纬四十二度（?）附近。石炭二叠纪煤田主要分布在烟台，本溪，牛心台，小市，田师傅沟，成东西方向的一带，再向东，又见于通化的铁岭，这是辽河平原东边的一组。辽河平原以西，在热河境内，石炭二叠纪煤系出露在锦州的大窑沟，南票，锦西的虹螺岘以及兴隆（北马圈子，老爷庙），平泉（松树台），建昌等县，露头比较零散，但仍可断续相连地成为东西向的一组。这辽河平原的东西二组，代表着从寒武奥陶以迄石炭二叠纪的大向斜，包含着从海成，海陆混合层，以迄沼泽相，就是含煤系的沉积。另一含煤地带在复县的五湖嘴，位于辽东半岛的西南角，越辽东湾而西，可与开平，唐山甚至北平的西山煤田遥相呼应。这是位于千山和长城区古山脊以南另一东西向的大向斜。

侏罗纪煤田在南北满同样的发育，同样的重要，因为褶皱断裂，剥蚀切割的结果，现成为许多盆地，四散分布，像南满的阜新，北票，八道濠，西安，杉松岗，北满的鹤岗，密山，穆陵，蛟河，延吉，扎赉诺尔等。白垩纪煤田只有赤峰的东西元宝山，五家，十大分等较为重要。最重要的第三纪煤田是抚顺，石门寨，其次为珲春，三姓。吉林附近的褐炭田，其时代是否为第三纪抑为侏罗纪，似乎还没有确定。

东北煤的储量，由于近年来的不断测勘，不断发现，一直在增加。比较谨慎的估计是120亿吨，可能达到200亿吨。这个数字是相当大的，但还不及山西的丰富，因为山西大同的一个煤田，就有400亿吨。储量在一亿吨以上的大煤田，在东北共有八个，就是鹤岗，阜新，抚顺，密山（与滴道、穆陵合计），蛟河，西安，北票和本溪。在一亿吨以下的次要煤田还有十五个。就煤质论，石炭二叠纪的煤，烟煤与无烟煤都有，而以本溪的炼焦烟煤，质性最佳。侏罗纪煤以烟煤为最多，无烟煤次之，褐炭又次之，烟煤中能炼焦的有鹤岗，密山，西安，临江，北票各矿；阜新和蛟河的煤，一部分也可炼焦。第三纪煤都是烟煤或褐炭，抚顺煤单独不能炼焦，但与本溪煤合起来，却能炼成优良的焦炭。大部分的烟煤含挥发分很高，为炼石油的佳品；从炼油和炼焦中副产品的收获，促进了化工业和制药业的发展。东北煤田中煤层的丰厚，也是一个优点，如抚顺煤厚达百公尺，阜新和鹤岗的煤也可厚达五六十公尺。

由于东北煤田的丰厚集中，煤质的优良，加交通，动力等等的优异条件，东北的煤矿业就很容易地蓬勃发展起来了。伪满时代的年产额，曾达到2,400万吨的高峰，占全国总产额的一半以上。

2. 铁

东北最重要的铁矿称为辽宁式，就是产在五台纪变质岩中的磁铁矿和赤铁矿；有富矿与贫矿之分，后者含铁在40%以下，实际上是一种含磁铁矿的结晶片岩。主要分布地点在鞍山的大孤山，东西鞍山，樱桃园，王家堡，小房岭；辽阳的弓长岭，茨儿沟，杨木沟；本溪的庙儿沟，南坟等处。自此向东，经过一段无矿地带，同型式的铁矿又见于通化的七道沟和临江的大栗子。这条约近东西方向的辽宁式铁矿带，刚巧位在千山古山脊的北缘，前寒武纪花岗岩侵入体的附近，与铜铅锌，菱镁矿，滑石矿等合组成南满前寒武纪地层中的一个重要矿产区域。这条铁矿带的分布，相当集中，并且与本溪、抚顺等大煤田相邻，有许多铁道线纵横连贯，这一切优势的条件，就产生了鞍山和本溪的伟大的钢铁事业，达到了年产铁矿300万吨，生铁240万吨，钢锭150万吨的最高纪录。通化、临江的铁矿是抗战后才开发的，日人已在那里计划建立另一个钢铁中心，因为兵败投降，没有实现。此外还有接触变质式和其他型式的铁矿，在南北满俱经发现，据今所知，俱不重要。

东北铁矿的储量，也随测勘的进展而逐渐增加，可能有四五十亿吨，在全国各省区中居首要位置。有人谓“铁在东北”，大体上说是不错的。但我们要补充，东北的铁矿十分之七八都是贫矿；倘单就富矿来讲，它的重要性就要大为减低了。因为福建和海南岛的富矿储量，经过详细测勘之后，可能还比东北为大。在这儿我们要强调科学研究的重要，倘使没有磁性选矿的研究和实施，这儿庞大的贫矿资源，就将等于废物而无法利用了。

3. 耐火材料

任何人都知道煤、铁是重工业的基础，但很少人能了解耐火材料的重要。从耐火材料制造的矽砖，镁砖，耐火砖等，不但是钢铁业所必需，也是其他冶金工业和化学工业所必需。如果没有丰富的耐火材料，这类事业就将受到严重的阻碍。天赋独厚的东北，没有遗漏了这些资源。它蕴藏着东亚第一，储量达14亿吨的海城菱镁矿，还有几乎取用不竭的铝土页岩和耐火土，至于制造矽砖的原料，也可到处找到。

海城菱镁矿分布在海城大石桥以东官马山，白虎山，牛心山，转山子，朱家堡子，大岭一带，与白云岩成互层，或成扁桃状夹于白云岩中。论其成因，系由花岗岩浆中的镁质，与五台纪中的石灰岩和白云岩交换变质而成，矿层雄厚，成分优美，是东北的一大特产，为耐火业和轻金属的基本原料。铝土页岩的分布更广了，在本溪，烟台，小市，牛心台，五湖嘴各煤田中到处存在，从本溪统的G层铝土页岩到山西统的A层铝土页岩共有七八层之多，因为含矽氧二较高，常在20%～30%以上，并且矿物种型是属于一水型的硬铝土（Diaspore）。所以，尽管日人如何试验，用为炼铝，总是勉强而不经济的战时工业，将来的发展，仍将在耐火材料或研磨料方面。在煤系中，尤其在紧接煤层之下，常有耐火土，分布也很广。矽石原料，主要产自震旦纪钓鱼台统和南山统的石英岩，在铁道沿线或沿海交通方便的地方开采甚盛。

4. 油页岩

东北至今还没有找到油田，但却有厚达120公尺，储量在50亿～60亿吨以上的抚顺油页岩，业经开采炼油。伪满时代最高年产量可达原油70万吨。从抚顺往东到石门寨，营盘等处，油页岩不断出露，三姓煤田内也产，这都是属第三纪的。白垩纪地层中也有油页岩，主要的是汪清县的罗子沟，储量6亿吨。他若凌原的九佛堂，朝阳的太平房，月见冈，丰宁的饽营子沟，和龙的大拉子等，质量俱不佳。

5. 金矿

东北金矿的丰富，也是人所共知的事实。北满一向是淘金家的乐园，从前清末季到现在，不知出产了多少万两的黄金。日人侵占时代，用了许多挖泥船大量开采，据说每年产量二十余万两。抗战末期，日人将挖泥船全部拆去，并停止采金。东北政委会接管后，正在逐步恢复，半数用机械采金，预定本年产金6万两。北满砂金的分布，可大致分为四区：①额尔古纳河的东岸，如吉拉林，奇干河，漠河等。②黑龙江上游的西岸，包括伊昔肯，呼玛河，兴安，逢源，大黑河。③黑龙江下游的西岸如太平沟，都鲁河，梧桐河。④松花江下游从三姓到富锦，包括驼腰子沟，太平桥，黑脊山，东沟，小石头，揪皮沟，大平川等产地。这些砂金都产在近代的冲积层中，离地面3～7公尺，属于永久冻结层。砂金层的厚度约在1～2公尺间，含金量颇不一律。砂金地的周围，都是片麻花岗岩和花岗岩，金的来源，一定是从这些岩石中经过剥蚀冲刷，再行沉积而成。但是原始的山金矿脉，却至今没有找到。听说在砂金的砂尾中，最近还发现过独居石（Monazite）。这是含钍的稀金属矿物，如能广为搜探，恐怕还能发现其他的稀元素。

南满是山金区域，在海城（分水）岫岩，安东，清源（狗奶甸子及苍石），海龙（香炉碗子），绢安（报马川），桦甸（夹皮沟），延吉（鹁鸽褶子）等县，都经开采，大多数是金铜共生的石英矿脉，像桦甸的夹皮沟，年产金700公斤，为东北最丰富的脉金矿。此外还有含金石英脉，含金伟晶花岗岩脉或金银共生的低温矿脉，种类繁多，不克尽述。金矿脉的围岩，大部分为片麻岩或片麻花岗岩，是否全部与前寒武纪的侵入花岗岩有成因上的关系，尚待研究。在本区域中也有几处砂金矿如珲春的土门子，但大不如北满的重要。

热河山地也是重要产金区，山金脉矿有承德南的倒流水和建平的撰山子，最为重要。砂金产地很多，如承德的钟鼓楼沟，金厂沟，赤峰的红花沟，青降沟等。

6. 钼矿

东北钼矿产地很多，都在南满和热河山地，矿床型式有石英矿脉，伟晶花岗岩矿脉，浸染矿床和接触变质矿床等数种。最重要的钼矿是接触变质式的锦西杨家杖子钼矿，与铅锌矿脉相距不远，是日人在侵占期中新发现的，业经开采，设有新式选矿场。据说储量很大，含有0.5%左右的钼矿石300万～400万吨，为目下所知中国最大的钼矿。

以上所述是东北最重要也是最基本的矿产。此外还有海城的滑石，长石，关东区的长石，石棉和硅石球，东蒙的天然曹达，都是储量丰富，品质优美，为东北有希望的矿产。

（二）生产还嫌不够或发现不多的矿产

属于这类的矿产包括铜，铅，锌，以及锰矿，黄铁矿，云母，石墨等。东北的铜铅锌矿，已发现的有三十余处，业经开发，并有新式设备如浮游选矿机的二十一处。东北政委会接管后，已恢复铜矿三处，就是磐石的石咀子，庄河的芙蓉厂和复县的华铜。此外还有十二处，在本年度内将全部恢复。重要铅锌矿为凤城的青城子和锦西的杨家杖子，都已恢复生产了。沈阳冶炼厂的冶炼能力为每年铜2,500吨，铅9,000吨，安东炼厂每年可炼铜5,000吨，葫芦岛的炼锌厂年产能力1,000吨，但已遭破坏，暂难恢复。东北铜铅锌矿的产地虽多，但矿量似均不大，成分又很低，平均含铜在0.7%～0.8%，有些还要低，1%～4%的富铜矿极为少见。铅矿平均含铅5.5%，少数的富矿可达4%，锌矿也是如此。幸亏日人在每一矿地都建立了选矿场，采矿设备也很新式，所以成分尽管低，但还能开采。因为成分太低了，要供给现有炼厂的生产，我们要年产数百万吨的矿石，才能够用。日人时代，每个矿的产量大概为每日200～600吨，所以必须好几个矿同时开采，才能充分供给炼厂的需要。中国铜铅锌矿的贫乏，原是一般的现象，而目前的需要，却甚急迫。就矿床而论，东北的产地，未必比关内为优，不过关内各矿，还没有细心探勘，并且缺乏选矿设备，开发自然困难。所以将来在关内外普遍探觅铜铅锌矿，将为中国地质学家的主要课题。

锰矿是制炼钢铁的重要原料，在东北的需要，自甚急迫，但产量不丰，其产地据现所知，仅有兴城的黑松林和锦西的蓝家沟数处。所幸关内湘、桂、赣、粤等省，都有丰富矿床，将来供给，不成问题。黄铁矿是制造硫酸和硫黄的重要原料，化工业、造纸业都很需要，在东北每年就需5万～6万吨，但所产不及万吨。矿床可分为二类：一是产于寒武纪前片麻岩，花岗岩或结晶石灰岩中的黄铁矿，石英，绿泥石矿脉，与磁黄铁矿及磁铁矿共生，如凤城的林家台，本溪的杨木沟，盖平的接官厅，哈达岭等都是。若干铜铅锌矿脉中附产的黄铁矿，也可属本类。另一类是石炭二叠纪煤系内夹生的黄铁矿，成薄层，晶片或圆盘状，在本溪和烟台煤田中，俱经开采。中国关内各省也没有大的黄铁矿床，当涂向山的产额，还嫌不够，将来黄铁矿的探勘工作，也是很重要的。云母是电工业的重要原料，石墨为冶金事业所必需，在东北都很缺乏，需要继续探觅。其他像斑脱岩（Bentonite）产吉林奶子山，锦州高桥驲及穆陵等处，硅藻土（桦甸维新屯），铀矿（海城），铬矿（产和龙开山屯）等，都是日本人在抗战末期新发现的矿产，也须继续研究搜探。

（三）希望极少或至今还没有发现的矿产

在东北虽也曾发现过钨矿，锑矿，甚至水银矿，但照我个人的看法，这些矿在东北是无多大希望的。到现在为止，东北还没有发现的矿产，最重要的是石油，磷灰石，三水型铝土矿（就是可用拜耳法炼铝的矿石），蛭石（Vermiculite，烧过后膨涨质轻，防火耐潮，隔音隔热，在建筑上应用极广），锡矿，镍矿，钴矿等。除锡矿在中国的分布相当集中，恐怕到不了东北外，其余矿产，如能努力搜探，都或有发现的希望。日本人在锦州和扎赉诺尔二区对于石油的钻探，虽然没有成功，却是很有理由的，我们将来还应该继续做，并且要扩大范围，彻底钻探。

三、几点意见

照上面所述，天赋独厚的东北，仍然有不够用或至今还没有发现的矿产，特别像铜，铅，锌，黄铁矿，石油，磷灰石，铝土矿等等。又如若干冷门矿产像斑脱岩，硅藻土，蛭石等，从前不大注意，而现已成为工业上的重要原料，在东北却已开始发现，或可能有发现的希望了。为了建设新中国，为了使东北成为新中国建设过程中的出发点和示范区，我们在东北要迅速地发动一个有计划的和大规模的矿产测勘工作，特别注意上面所述不够用或欠缺的矿产，以及若干冷门矿产，俾能迅速地解决工业上迫切需要的原料问题。

从区域方面讲，我们将来的测勘工作，要特别注意北满，因为北满到现在为止，还是一个处女地，治安的不靖，交通的阻塞，加上气候严寒，森林掩盖，阻碍了矿业的发展。但地质环境的优越，并不亚于南满，火成岩的活跃，砂金地的密布，指示出在深山地带，可能有丰富金属矿床的蕴藏；中生代煤田炭份的特低；和沥青的产生（如扎赉诺尔），可能有发现油田的希望。现在人民政府领导之下，治安已不成问题，只要地质学家能够不畏艰苦，努力奋斗，依据学理、经验，仔细搜寻，将来许多新矿产的发现是可以预料的。

但南满区域的矿产测勘也是不能过于忽略的。日本人在侵占时期短短的数年之内，不但在已知矿区用钻探方法，证实了比较以前大过数十倍的煤储量（如阜新煤田），还在未知区域内发现了许多新矿产，像锦西的钼，通化、临江的铁，海城的铀，滦平的钒以及和龙的铬。这些事实，证明了即在日本人多年经营的南满地区，只要精密研究，仍然有发现新矿的机会。

在我们参观过的鞍山，本溪，抚顺三个区域，我又提出了四个有关地质探矿方面的意见：

（一）贫矿问题

鞍山，本溪等处所以能够成为东北钢铁业中心，除了其他经济条件外，用磁性选矿法，利用贫矿，也是一个重要因素。从这点看，东北已超出美国，因为美国也正在计划利用 Taconite 的贫矿，以补富矿的不足。从贫矿炼成钢铁的成本，现还没有详细计算，但因多了几重手续，成本一定是很高的。要减轻成本，从地质探矿方面论，可从以下三方面着手：①现在选出的精矿，仍含氧化矽达 20%，可见选矿的技术，还须改进。②美国因为要大量开采 Taconite，已发明了一种喷火钻（Jet piercing），利用高热，熔钻岩层，价廉迅捷，可减轻成本不少。这种方法，将来在大的露天采掘场，如大孤山，值得考虑试用。③依据地质理论，研究富矿的成因，举行磁性测量，就有望地点试钻，如能发现新富矿体，不但增加铁矿的资源，也可减轻钢铁的成本。

（二）深部煤层和新煤田

本溪煤矿距地面 240 公尺以上的煤，大部开完，所以南部直井采煤，甚为重要。为合理的开发，须先搜集日人的钻探资料，详为研究，以供参考。如果日人在这个区域没有钻探，或钻探不够，应该迅速补充。抚顺 400 公尺以上的煤，仅能维持七八年；为将来发展，深部煤层的钻探，以测定层的厚薄，深浅和质性，或先用物理探矿法，研究地腹构造，实属必要。如果深部煤层，倾斜转向，或倾角变缓，那么，煤层向北延展的深度，可不致到 1,600 公尺如日人的估计了。这一点将来对于开采深煤层有重大关系。

抚顺附近是否还有隐伏的新煤田，特别在其西部一带，颇值得考虑。日本人虽在该区施钻，恐不彻底；尚须进一步的研究和测探。

（三）厚煤层和瓦斯

抚顺煤层之厚，世界闻名，但正因为太厚了，并且含着许多瓦斯（如龙凤坑），所以一向成为采矿上的困难问题。日人多年研究，发展了废石充填和长壁法的采煤法，已可避免煤层自燃的火灾，和相当高的采煤率。但此次考查，据说采煤率还不过 30%～40%，局部可达 60%，这一点应请专家研究，以求改进，并训练工人，以求达到长壁法所应有的效能。煤中瓦斯的产状和成分，也应精密研究，目前在龙凤坑所做关于利用瓦斯的设施，应加推广。

（四）低磷煤

本溪的低磷煤，配上南坟的低磷铁，可供制炼低磷生铁和特殊钢之用，所以也是一种至可宝贵的资源，应加详密研究，确定其在横的和直的方面的分布，进而研究低磷煤与地质时代和地质环境的关系。

山东矿产前途无量*

在华东地区中，山东矿产最具大规模发展的条件。淄博的煤和耐火材料，金岭镇的铁，招远、玲珑的金，早已著名。最近发现开采的还有莱阳南墅的石墨，掖县粉子山的菱镁矿和诸城的云母。为了发展全省矿业，山东工矿部李部长人俊，特邀请本处派员测勘，从8月起到12月止，本处先后派出7队，其中四队在鲁中、鲁南一带工作，由刘国昌、刘汉、颜轸、杨博泉、贾福海、韩金桂、马子骥、车树政、王宗彝、严济南诸君担任，另有由山东大学地质矿物系何作霖教授率领的师生一队，也参加工作。其他三队在胶东工作，由郭文魁、沙光文、王承祺、段承敬、谢继哲和我参加，工矿部又派了张启祉君照料联系。兹将各队调查所得和我个人的感想，略述如次。

一、鲁中南区

此次调查的范围，北自博山，南达莱芜、新泰、蒙阴，主要目的是为寻觅铁矿和详测新蒙煤田的地质构造。铁矿分布很广，可分为四种型式：①为产于片麻岩中的镜铁矿脉，脉多而小，颇为零散，矿量似不很大。在莱芜东北十公里粮坡所见的是一种镜铁矿和正长石共生的伟晶岩脉，据何作霖教授估计，矿量可达150万吨。②含赤铁矿的石英重晶石脉，在莱芜东北杨家峪，最为重要，共有矿脉二十一条，据何教授估计矿量约有800万吨。在赤铁矿内并有含铜的迹象。此外在新泰北十八公里的蒙阴寨，有褐铁矿重晶石脉，产于奥陶纪石灰岩中，脉厚可达3公尺。西石马村的石炭纪砂岩内，夹有铁锰矿层颇多。这些铁矿，据我个人见解，可能是硫化矿脉的铁帽，或者上部含铁较多，其下就逐渐变为铜铅锌或硫化铁矿的矿脉了。在本区中铜铅矿的产地，还有几处，也有以重晶石为脉石的，似乎与本类矿型有同属一式的可能。③山西式铁矿就是产于奥陶纪灰岩和石炭二叠纪煤系之间的赤铁矿和褐铁矿，在新泰西南孙村、汶南一带，分布很广，但厚薄不定，断续无常，其经济价值恐不很大。④接触变质式的磁铁矿，就是与金岭镇铁矿同型式的铁矿，在莱芜正北20公里的金牛山，最为著名，但所见的都是转石，没有确实露头，必须先作磁性测量，勘定可能含矿地点，然后详施钻探，才能证明有无重大矿床。莱芜城北2公里的矿山，也有同样矿床。

莱芜、新泰、蒙阴的煤田，可分为四个区域，就是东西磁窑，赤柴，孙村和莱芜以南，其中以孙村煤田长25公里，分布广长、储量最多。日人曾加详测，并在若干区域中施钻，但图件、记录，都不可得。这次详测结果，确定了煤系分布的范围。这个煤区所产的烟煤，为山东最佳的炼焦烟煤，倘与淄博煤混合炼焦，结果也很好，这是山东的珍贵资源，为将来在山东建立钢铁中心的一个有利条件。

郭文魁，张启祉和我又同去看了金岭镇的铁矿，虽只留了两个半天，但所得印象却很

---

* 原载《矿测近讯》1949年12月号（第106期），111—114页。——编者注

深。日人侵占时期，每日有工人万余人，日产矿石1,000吨，数年之间，劫采了200万吨的矿石。日人又造了两个250吨的化铁炉，炼焦和焙烧矿石的设备也俱齐全。据日人估计，现在开采的铁牛岭矿体，尚存矿量1,000万吨（假定深度100到200公尺），其中成分较佳，含铁在60%的红黑矿石仅有30万吨，其余俱为绿铁石，含铁自40%到65%，硫黄有时稍高，可达2%，又时常含铜，最高的可达2.7%。各种矿石俱含磷很低。绿铁石露置空气中，又容易风化成为粉矿。本矿是一个标准的接触变质式铁矿，主要矿石为磁铁矿，但浮面部分，却变成为赤铁矿和少数的褐铁矿，这就是所谓红铁石。较深的矿是黑铁石，以磁铁矿为主。再深的便是绿铁石，除磁铁矿外，含着许多透辉石、绿泥石，所以就变为绿色了。证实的矿体虽只铁牛岭一处，但接触带延长达15公里，在四宝山，刘公山，金屯之南，铁山与团山间，都已发现许多铁矿的转石。日本人作磁性测量，更指示出许多地方，特别在铁牛岭的东北，黄金庄、辛庄、南金召一带，磁性异常特别显著。又在铁山的西南，玉皇山皇山间，四宝山及刘公山的东麓，都有指示，将来就此地带，普遍钻探，新矿体的发现可以预卜，所以金岭镇铁矿的储量，决不止如目前的1,000万吨，而应当是数千万甚至数亿吨的数目。

其次要研究的是绿铁石的利用问题。这些矿无疑的是本类矿床的主要矿石，含铁成分并不算低，但因含了较多的硫，不免大为减色。日人从前曾将矿石先经焙烧，或可减去若干硫分，但这不是基本的办法。为了利用这巨大数量的绿铁石，我们必须用磁性选矿，将硫分（主要是黄铁矿）选去，同时其中所含的铜，也可去掉，这样所得的纯矿石，硫、磷俱低，可为制造海绵铁或用贝色麻法炼钢的绝好原料。

还有一个重要问题，就是金岭镇铁矿中含铜的现象，极为普遍，这指示出在本区内将有如铜官山的情况，而发现堪采的铜矿床。此次视察时，郭文魁君在矿石堆中发现了自然铜和红铜矿，后者成毛发状，非常美丽。在山东的苏联专家（工矿部李部长转告我的）和在北京的苏联地质专家都非常注意这个事实，他们说最近在苏联发现的若干铜矿，都是和铁矿共生的，他们主张积极探勘，很可能在本区内会发现重要铜矿。查我国东部接触变质式铁矿中含铜，原是普遍现象，不特铜官山和金岭镇如此，就是大冶铁矿也何尝不然，如能就此线索，广施探勘，不难发现大量铜矿，而解决了中国铜荒的危机。

金岭镇铁矿自解放后就积极开采，从今年3月到10月一共产了71,765吨的矿石。现有工人一千三四百百人，分日夜二班开采，日产矿石五六百吨，最多可达700吨，其中成分最佳的红铁石约200吨。曾与华北钢铁公司订立售矿1万吨的合同，业已交足，现又续订1万吨。矿上现存（10月底止）矿石八万余吨，其中一部分系日人遗留下来的。

二、胶东区

此次在胶东调查，为期不过40天，我们分为三队，详测了招远玲珑的金矿，莱阳南墅的石墨和掖县粉子山的菱镁矿。因为旅行匆促，不能详测剖面，所以胶东的许多地质问题，特别是变质岩系的时代，程序和成因等等都还没有解决。兹将各队所得的结果，略述如次：

（一）玲珑山金铜矿

这是招远区中开采最盛、储量最丰的金铜矿床，共有大小矿脉50余条，厚由数公分至十数公尺，最长可达2,500公尺。主要矿脉厚在1公尺以上，长逾千公尺者，有大玲珑、小玲珑、雨子涧、井湾坡、北二号、南二号及九曲至双山间所见的矿脉四条。在玲珑区西部的马山和东部诸山，还有许多矿脉没有探采。此外还有北截，灵山，金山和三山岛各矿区，最近都已开采，所以即就招远一县而论，金矿脉的分布，已非常广泛。矿脉中除金外，尚有黄铁矿、黄铜矿、磁硫铁矿、方铅矿、闪锌矿等金属硫化物。富金带常与黄铜矿有密切关系，含黄铜矿多的，含金量也愈高。脉石主要为石英，间有方解石及白云石。各种硫化物在矿脉中所占的比例，约为20%。矿石含金成分，根据日本中央试验所历年分析结果，最高的为十万分之31.75，就是每吨含金317克，合十两二钱六分。普通含金量为十万分之0.8，就是每吨含金8克，约二钱五分。在雨子涧矿脉中所见有明金的矿脉，其含金量常可达二三百克。虽然矿脉尚为整齐，但含金量不一，矿量计算就很难准确。日本地质家曾经屡次估计，最乐观的是南满铁道株式会社西尾治氏的数字，计全部矿石1,757万吨，含金87.838吨，即约281万两。抗战期间华北开发会社派员重新估计矿量，分为确定矿量与测定矿量二项，前者共为27万公吨，含金量约2.5吨、后者为107万吨，含金量8.7吨，合计含金量11.2公吨，即约358,400两，但九曲区的矿脉，尚未计入。解放后，矿上的工程师们也作了一个较为审慎的估计，共得矿石957,714吨，含金372,631两，与华北开发会社的估计，大致相合。西尾治氏的估计，假定矿脉的深度和它的长度大致相比，所以大小玲珑矿脉的深度就假定为1,800公尺和1,470公尺，井湾坡、雨子涧等为700公尺到980公尺，照这深度，已经远在海平面以下了，似乎太深些。但矿脉的平均含金量，却只假定为每吨五克，好像太低些。矿上工程师们估计的深度，仅算至地平面为止，从100公尺到300公尺，平均含金量的假定还不到4克。这些估计，似乎都去实际还远。整个玲珑矿区的矿量，尚待我们继续研究。

以上所说的矿量只是地质学家估计的贫富合计的可能矿量，至于目前窿道开发所及的可见富矿量，却是非常微小，总共不过1万吨，但这些都是含铜百分之5到15和含金30到50克的富矿，为目前经济条件下可以开采的矿体，照解放后最高纪录月产700吨矿石计算，一年之后就要开完了。所以如何探觅新的富矿体，实为当务之急。目前因为缺乏动力，又因金铜合生，用氰化法提金，必须先去铜，而目前缺乏炼铜设备，所以只有每吨含金30克，即每吨含金约一两以上的富矿，或能用汞膏法提金的游离金矿 Free milling gold才能开采，其他30克以下到8克，通常一致认为可以开采的矿石，在本区所存尚多，而因条件的不合适，只能弃置不顾。目前矿上积存硫化物富矿数千吨，尾砂含金在4克左右的还有数万吨，俱无法处理。

查玲珑金矿，明天启年间即经开采，清时土人偷采，光绪十三年平度金矿局总办李宗岱设立招远金矿局，宗岱殁后，由其子道元继承，探矿约一个年，在玲珑山西南麓发现富矿体，迄廿六年为本矿全盛时代，当时矿工千余人，日产金500两。其后富矿渐尽，经营困难，李道元屡次设法吸引美日资本，俱无结果。抗日战起，日人侵占本矿，在雨子涧井湾坡南北二号脉及大玲珑矿脉的残存部分，大量开采，并设立每日处理矿石150吨的选矿场和氰化设备，当时月产矿石2,500吨，金200两，银1,200两。因为矿上没有炼铜设备，所以选矿厂洗得的金铜精矿，悉数运往日本处理。日人投降后，本矿即由解放军接管开采，在某一时期，产金甚丰。1946年10月成立玲珑矿业公司，现有职员150人，工人600人，最高产量每月矿石700吨，调查时月产200吨。

玲珑金铜矿，无疑的是一个质量俱优而富有经济价值的重要矿床，合理的开发，必须增加动力和选炼设备，大量采选冶炼，才能获利。目前困难，不但缺乏资金，而尤为重要的是还没有探到足够开采多年的富矿体，以供长期采炼的计划，所以探矿工作将为目前最重要的业务。我们主张，在没有充分设备之前，应该探采兼施，而以探矿为主，采得的富矿，除能提炼金银的尽量提取外，其余应悉数售与东北，订立合同，按照成分，扣计金银后再计算矿砂的价格。因为矿脉近于垂直，富矿脉又相当狭小，坑道的开发，又相当宽泛，所以探矿应以坑探为主，辅以电探，多开横切矿脉走向的南北向坑道，详绘坑道图，将地面和地下联合起来。多采试样，详为分析，这样，才能明了富矿体的分布状况，进而研究它分布的规律，以作将来大规模开采的根据。至于钻探方法，据我们的意见，似乎不甚适用。为达成上述探矿任务，除详密的地质研究外，玲珑金矿公司必须加强测绘人员，测制地面和地下详图，并须充实化验室，加强化验人员，以配合各项工作。

（二）南墅石墨

莱阳东区南墅的石墨矿，抗战以前业经本地人发现，但人们不大注意，学地质的人更多不知道。日人侵占该地后即大量开发，建立浮游选矿厂，制成石墨纯品，运天津一个石墨厂制造电极、坩埚等成品。解放后于1948年7月开始复厂，10月正式出货，1949年9月扩大，现职工200余人，日分两班工作，采矿场工人20余人，每日每人平均可采矿一吨，雇零工捣碎后，送往选矿厂浮洗。选矿动力系木炭引擎，另有柴油机备用，每日选矿能力可出石墨2吨，烘干后装布袋销售。今年二三月间销出石墨数万斤，当时月产八九吨，均已销完。五六月间月产石墨20余吨，亦已销完。7月份起即未出售，调查时存石墨200吨。石墨分普通，粉状，鳞片及精制四种，每公斤售价从粗粮2公斤到4公斤，但是天津美国进口石墨的售价，每磅就值一万元，南墅石墨不能推销的原因，就因选矿技术不良，其中所含杂质，最高时据说可达26%，最精制的一种，又磨成粉状，与市场标准，多不适合，无怪销路不旺了。

查南墅石墨矿，堪称国内第一，石墨成二三公厘大的鳞片，产于石英片岩中，至少有七八层，总厚50公尺，长达2公里以上，倘假定延深100公尺，至少有500万吨的矿量。矿石中的石墨含量，还没有分析，据肉眼估计，最高可达30%，现在浮游选矿，至多收获13.5%，普通仅达10%，尾砂中尚存石墨很多，肉眼即可辨察，估计可达10%，浪费资源，实为可惜，故如何改良选矿，减少杂质，增加回收率，实为当务之急。胶东石墨矿分布很广，除南墅外，还有莱阳东乡的徐家店和蓬莱，平度，栖霞，威海，胶县等处，据说都是属于结晶鳞片状的，矿床情形，尚待详测。石墨为最珍贵的耐火材料，冶金业，机械工业及其他工业上俱应用很广，电气炼钢和炼铝上的电极原料，消费更多。我国所需，一向靠外国进口，或用油焦等代用品，颇不合适，现在有了胶东的丰富资源，将来对于石墨的需要，决不愁缺乏了。

（三）掖县粉子山菱镁矿

山东有菱镁矿也是近年来才知道的事。该矿为日人发现，曾经开采，运东北应用，并在矿山北面不远的海庙后设厂烧炼，后来解放军进军胶东，日人将矿厂破坏，仓忙逃散，现所存者不过断垣残壁了。矿山在掖县西四里之遥，此次经杨博泉、颜轸、贾福海等详测，因为时间所限，仅测粉子山一区，其西面尚有几区，留待续勘。粉子山共有矿层十余条，与滑石共生，据杨君等估计，可靠矿量约有千余万吨，滑石之量或更多。据日人分析，菱镁矿含氧化镁达百分之四十六七，钙、矽、铁、铝等杂质俱低，若将西部各山一并计算，总储量可达8,000万吨。这又是胶东的名产，为将来发展钢铁工业必不可少的重要原料。

（四）胶东铁矿

胶东铁矿很多，矿量最大的要算福山芝罘岛，据日人估计，储量达5亿吨，但成分俱在40%以下或更低。矿石为镜铁矿和磁铁矿，产结晶片岩中，与东北的鞍山铁矿相似。胶东其他各地的铁矿，俱未详测，矿量如何，是否有堪采的富矿，都是急需研究的问题。

（五）蛭石矿

蛭石矿是一种灼烧后膨胀很烈的云母，因为质轻，并能耐火，耐潮，隔音，隔热，就成为建筑上轻质混凝土，洋灰砖或墙壁涂料的重要原料。我们此次在南墅附近发现了这种矿，矿量很多，经灼烧试验，质地良好，这是在国内首次发现的蛭石矿，值得大家注意。

（六）煤矿

迄今为止，胶东还没有找到真正堪采的煤矿，这是胶东在天赋地下资源上惟一的缺陷。据说莱阳曾探过煤，详情不悉，恐怕是白垩纪大陆沉积或火山岩流中夹生的薄层煤。据中央地质调查所最近编印的胶东地质概测图，在福山臧格庄一带有一片奥陶纪石灰岩的露头，如果属实，这是胶东惟一的古生代大向斜，与东北的太子河流域可以比拟。将来为探寻煤矿，我们应当在这些地带，加以注意，因为在奥陶纪之上，就是石炭二叠纪的含煤系，说不定在若干地带，因为冲积层的掩盖，煤层就被埋没而不得出露了。

三、急待研究的问题

根据上述山东的矿产情况，我们觉得下列各问题亟需研究。这些问题包括探矿，选矿和冶炼各部门：

（1）关于探矿方面的有：①莱芜金牛山和益都金岭镇磁铁矿的磁性测量和钻探。②招远及其附近一带金、铜、黄铁矿的普测及牟平金牛山黄铁矿的详测。③胶东非金属矿产的普遍调查，特别注意石墨，菱镁矿，云母，石棉及许多尚未发现的耐火材料。

（2）关于选矿和冶金方面的，我们应该迅速改良南墅石墨矿的浮游选矿，解决玲珑金铜矿的选炼方法。此外应详究金岭镇铁矿的磁性选矿法及海绵铁和贝色麻炼钢法的研究。

四、结论

（1）鲁中南的接触变质铁矿和镜铁矿为扬子江式铁矿的延长，含铜也是该区铁矿的特征。

（2）胶东在地质上和矿产上与辽东半岛有不可分离的关系，从特种矿物像鞍山式铁矿，菱镁矿，滑石，云母，萤石等等而更可证明。东北矿产既甚丰富，所以胶东的矿产也极有希望。

（3）胶东与朝鲜遥遥相对，北朝鲜是耐火材料的著名产地，除石墨，菱镁矿，滑石外，还有许多特殊矿物如橄榄石、矽线石、红柱石、双硬石等等，价值极大。我们在胶东既已发现石墨，菱镁矿等矿床，将来仔细搜觅，说不定还可发现这些矿产。

（4）此次在胶东首次发现蛭石矿，意义极为重大。

（5）山东有炼焦烟煤、石灰石，还有丰富的耐火材料，钢铁事业的四条件，已具其三，只缺铁矿。从地质观点论，山东大量铁矿的发现，希望很大，因为鲁中南有接触变质式铁矿，胶东有鞍山式铁矿，通常都是储量极大的矿床，只要详密测勘，不难逐一证明。

（6）许多矿的开发，常须先作选矿和冶炼的研究，否则虽有天赋资源，亦难利用，我们提出的若干选炼问题，希望专家们予以注意。

解放后的矿产测勘处*

“这是1949年本处的工作总结，从这个总结中，我们可以看到新政府正在诚心诚意地依靠我们地质学工作者去大力测探和发现天赋所予我们的地下资源，这就是说，也只有在人民政府领导之下，才能充分发挥我们的才智和劳力。”

中国人民革命的胜利，解放了全中国，新中国的人民从此站起来了，新中国的地质工作者也跟着站起来了，一向因为政治不良，使工作不能充分发展的矿产测勘处更觉得好像翻了一个身。从前我们缺少经费，缺少器材，缺少办公室和宿舍，而最使我们不满意的是没有工作做。现在却不同了，我们有充足的经费，在上海的仓库中我们可以去拨用我们所急需的仪器和材料，我们目前的办公室就是从前资委会通称是煤电金钢的四联大楼，一所相当大的洋楼，为我们从前做梦也想不到会住到的大楼。至于工作方面，凡是我们认为必须做或是可以做的，都让我们尽量去做。此外华东区工业部又指示出许多新的和重要的任务。最近在上海召开的华东工业会议，本处也被邀出席了，通过了统一钻探的办法和1950年的工作计划和预算。在总结的预备会议上，许多省级和行署的代表们都强调今后探矿工作的重要，要不惜经费，大力举办；因为探矿是不一定有把握的，所以他们又特别鼓励我们，不要怕失败，如果在10个工作中有一个成功了，就是最好的成绩，即使全部失败了，也不是我们的过失，相反地，这种失败却是最可宝贵的经验。新政府的当局们对于矿产测勘处从前在夹缝中努力挣扎，凭着自己的判断和努力因而获得的一些微小成绩，却是随时随地的在热烈地宣扬和称誉，使我们听了有愧不敢当之感，这与以前所遭遇到的嫉忌和冷淡，成了显著的对比。这一切的一切，指示出新政府正在诚心诚意地依靠我们地质工作者去大力探测和发现天赋所予我们的地下资源，这就是说，也只有在人民政府领导之下，才能充分发挥我们的才智和劳力，矿产测勘处在解放前后所遭遇到绝然不同的情况，就是最显明的一个例子。

现在先让我谈谈矿产测勘处在解放后8个月的工作情形，就是1949年的工作总结，之后，再谈谈1950年的工作计划，这个计划，现在已经放在中财会的全国探矿计划之中了。

矿产测勘处在解放后不到1个月就开始做野地工作，先在南京、当塗一带派出四队，就是栖霞山铅矿的详测和槽探，当塗大黄山、江宁牛首山明矾石矿的详测，江宁铜井湾金铜矿的详测和宁镇山脉矿产的概测。结果证明了4,000余吨可以炼的氧化铅矿，20余万吨含明矾在25%左右的明矾石矿，发现了巢凤山的铜矿和镇江十里长山的铅矿露头。这一切更证明了我们对于宁镇山脉是一个金属矿带的准确性。这四个工作，是我在丹阳等待上海解放时与新政府当局们口头说定的，后来呈上去就立刻批准，立刻拨款，工作也就开

---

* 原载《矿测近讯》1950年1—2月号（第107—108期合刊），2—3页。——编者注

始了。在戎马倥偬中，解放军当局对于推动探矿工作的迅速，是值得使人钦佩的。在丹阳，我们又决定了一件大事，就是要办速成的地质探矿专修学校，因为目前地质人才的缺乏，要等大学地质系的学生一年一年的毕业，实在赶不上大规模工作的需要，所以速成性的训练学校是十分需要的。现在筹备已完毕，不久就可招生上课了。

在八月中，我们又开始做远距离和较长时期的测勘工作，可分为三个区域，一共派出了十一队，就是：大淮南煤田的详测，分为二队；山东中南部和胶东地区的详测和概测，分为七队；铜官山铜矿的详测，分为二队。结果在淮南区域：①我们发现了定远的可能新煤田，如钻探证实有煤，其储量将较八公山的新煤田大过一倍。②凤台磷矿，从凤台向西边还延长约 3 公里。③八公山新煤田可能分布到鸦背铺附近，就是总长度可到 11 公里。④如定远含煤，那么大淮南煤田的总长度可到 100 公里，宽度 30 公里，其价值一定远超出开滦，或者仅次于大同罢了。⑤证明叶家集砂铁矿的来源是大别山脉中的含磁铁矿花岗岩。⑥在滁县发现了寒武纪和奥陶纪化石，更正了历年地质图上的一大错误。

在山东地区我们详测了莱芜金牛山铁矿，新泰、蒙阴、莱芜的重要烟煤田，胶东掖县的菱镁矿和滑石矿，南墅的石墨矿，招远玲珑山的金铜矿，发现了在建筑上有极大效用的蛭石矿（就是燃烧后能够膨胀的云母），在金岭镇磁铁矿中又发现了自然铜和氧化铜。在胶东地区的研究，使我们深深地相信，辽东半岛和胶东半岛从前是相连的，地质上、矿产上都有类似的特点。菱镁矿、滑石矿和许多鞍山式铁矿的出露，是一个重要的证据，所以在胶东地区仔细搜觅鞍山式铁矿，特别注意富矿，将为今后地质工作者在胶东地区重要的课题。胶东又是中国石墨的宝库，只要采选方法改进，我们今后将不再顾虑电极原料的缺乏了。从地质上、矿产上（如石墨）和地理上与北朝鲜的密切关系，我们还想在胶东地区发现许多珍贵的耐火材料，像橄榄石，红柱石，矽线石，双硬石，等等。

在抗战期中日本人发现了铜官山的铜矿，并且设厂采选，但是最奇怪的中国政府却从来没有派地质工作者前往复勘，所以在矿床上一向是模糊不明的。去年度矿产测勘处在该区域先后派出二队，除补测了若干幅地质详图外，又首先复勘到日本人发现的另一矿体，就是鸡冠山的铜矿。这些工作，充分证实了铜官山铜矿的经济价值，如何详密钻探，如何装机采选，将为今年的重心工作。此外我们又应南京市建设局的要求，调查南京附近的煤矿业，在路程中见到许多磁铁矿，同时又发现了龙潭的磷矿和一处闪锌矿。

本年度本处的钻探工作仅有一处，就是山东淄川煤田，为建设新井而打的，共钻 200 余公尺，已经达到大煤层，完成任务。至于在广西、湖南、四川方面，从前派出的各工作队，因消息隔绝，情况不甚了解。

我们 1950 年的工作计划，大部分是依据去年甚至前数年的工作结果继续做下去的，除将派七人参加东北的鞍山铁矿队和有色金属队外，我们将钻探：栖霞山的铅矿，铜官山的铜矿，金岭镇的铜铁矿，新蒙煤田和大淮南煤田。在八公山将打 500 公尺的深钻三个，以供建设新井的准备。定远将先打浅钻，以探查地下的构造情形。详测和概测的探矿队，将分派在胶东、扬子江中下游和宁镇山脉一带，每个队都负着确切的任务。这样有计划的调查，在目前是最需要的。

目前中央政府已决定将从前中央研究院所属的地质研究所归入科学院，从前的中央地质调查所，北京地质调查所和矿产测勘处，将合并成为一个机构，直属中财会。科学院的地质机构将着重理论，中财会的地质机构则将着重实用，大部分是探矿。这种二元化的合并是十分合理的。在今后旗帜鲜明和政府大力提倡之下，我们矿产测勘处的同人们，将不会再感到孤寂和冷落，将本以往一贯的精神，朝着共同的目标迈进，大家为新中国的建设而奋斗！

华东区工业部地质探矿专修学校开学典礼报告词*

今天是我们华东区工业部地质探矿专修学校开学的日子，我不禁想起远在三十七年前在北京的同样的一个日子，那就是农商部地质研究所的开学。那时，我是其中的一个学生。在那个时候，我根本不懂地质是什么意思，不过那个时候中国人懂得地质两个字怎么讲的恐怕也太少了。我记得我们那时全班只有20多个同学，比起今日诸位这样济济一堂，实在相差太多。那个学校只办了一班就停办了，但那一班毕业的学生，以后多成为中国地质界的干部。自此以后许多大学都办了地质系，陆续造就了不少人才。但由于国民党反动政府对地质教育和地质工作的不重视，地质机关整年闹穷，每年从各大学地质系毕业的人非常少，有的学校甚至有时一班只有一两个人。毕业生这么少，却还找不到工作，还要失业和改行，因此地质学在中国虽已有三十多年历史，但到今天中国的地质工作者还不满三百人。

可是现在我们的情况已经完全改变，人民解放战争基本上已经取得胜利，反动政权已经解体，建设道路上的主要障碍已经移开了，大规模建设的高潮即将来到。建设工作的第一步是要寻找和开发地下的富源；如果我们没有找到储量极丰的煤、铁，我们就无法建立大规模的钢铁工业。如果我们找不着大油田，许许多多种近代工业都是无法发展（的）。因此地下资源不明了，大规模建设就等于空谈。

我们的政府看到了这一点，因此今年中央人民政府已经拟订了全国范围的探矿计划，动员了全国的地质学家一百五十多人，分头出发到东北、华北、华东和华中工作。地质工作者这样大规模的出动，在中国这还是头一次。在人民财政极困难的今日，政府拿出这么一大笔经费来推动地质工作，可见人民政府对这工作的重视。我们地质工作者再不要像过去那样发愁，怕没有工作了。我们唯一担心的只是怕工作做不好，辜负人民对我们的希望，我们更愁的是人力实在太不够。虽然说150多人同时出动调查，在中国地质史上还是空前的，但实际说来这样一支队伍还是太渺小了。诸位想一想中国有多大？中国的面积约有1200多万方公里❶，而在这样辽阔的国土上只有一二百人在做着探寻我们自己财富的工作。我们的力量实在太微薄了。

在十月革命前，俄国也只有二百多地质学家，但卅二年后的今日，苏联已拥有近万地质工作者，每年都有几百个调查队出发工作。革命前俄国对自己地下资源也是知道得很少的，全国只有很少区域经过调查。西伯利亚、中亚细亚、乌拉尔这些地方，在俄国人心目中只是无人迹无道路的冰天雪地，他们做梦也想不到这些地方会埋藏着世界最大的富源，

* 原载《矿测近讯》1950年3月号（第109期），9—11页。——编者注

❶ 作者原文如此，按目前统计，我国国土面积约为960万平方公里。根据《联合国海洋法公约》规定和我国政府主张，我国拥有37万平方公里领海和近300万平方公里的管辖海域。——编者注

但是经过革命后卅多年地质学家努力的结果，苏联对自己地下资源的认识完全改观。由于新调查的结果，煤和石油的储量比过去所知增加十余倍，铁矿增加了一百多倍。革命以前俄国简直没有什么铝矿，然而革命后乌拉尔的铝矿保证了飞机原料的供给，使苏联空军战胜德国。革命前谁都认为苏联不会有多少锡，铜铅锌的供给也大部分要靠国外输入，然而现在苏联铜、铅、锌、锡矿的储量，都跃居世界的最前列。苏联地质学家又发现了20亿吨的磷灰石矿和百数十亿吨的钾盐矿和镁盐矿。30多年的时间使苏联对自己地下富源的认识产生了根本的改变，这决不是只靠老一辈的一二百个有经验的地质学家所能做到的，必须全力发展地质教育，通过大学地质系和专修学校各种形式，造就大批优秀人才，使得每年派出的探矿队由一二百人壮大到近万人，使得整个苏联，从无人迹的冻土带、大丛林、沼泽、沙漠、极南的亚热带地方，都遍布地质工作者。如果不是这样，我刚才所讲苏联这卅二年的成就是不可能达到的。

我们中国的情况正和刚革命成功的苏联相似。诸位大概都在小学教科书上念到过中国是地大物博，以后也许在中学听先生讲，现在许多中国专家认为中国是地大物不博。其实这两种说法都没有充实的根据，因为我们截至现在为止，对中国地下资源的情况，了解得太少，工作得太不够。卅多年来靠了地质工作者的努力，中国的地质研究是有了基础的，然而到目前为止，只完成了一百万分之一的地质图14幅，还不到全国面积的1/4。地质图的测制是探矿的基本工作。如果我们准备两年内完成全国一百万分之一的地质图，就得需要五百多人工作。实际上说来一百万分之一地质图对探矿工作是很不够的，必须测制二十万分一、五万分一或更详细的地质图才够应用。如果我们预备在五年或十年中完成二十万分之一的全国地质图1400多幅，我们就需要几千人为它工作。地质工作在这卅多年总还算有初步基础，但我们的探矿工作却等于刚刚开始。探矿工作是一种极复杂的技术科学，需要严密而灵活的组织，需要各种人才的合作，需要长期的试探和失败，需要理论与实际配合，需要高度信心和实用的观点。要在全国范围内展开探矿工作，就需要地质，钻探，地形测量，物理探矿，化验以及室内做研究（的）工作者密切配合一致，这样，所需要的人当然比做地质图又要多出好多倍。

由上面我所讲的，诸位就可以看出中国地质的“人才荒”是多么严重。因此，我觉得我们地质工作者目前负有双重责任，不但要尽自己全力为探寻祖国富源而工作，而且还要把自己的本领教给更多的人，让更多的人能做这种工作。要想建设成功，我们必须学习苏联的经验，在短期内大规模训练大批人才，地质工作者决不应忽视这一点。想单靠自己现在一二百人去工作，求得暂时一点小成绩，而忽视了地质教育的重要性，这是极近视的看法，极错误的看法。

我们现在全国有地质系的大学不过十个，每年毕业的学生不到二百人。我们应该大大地扩展地质系。即使如此，我们也只能在四年后才能得到这些人实际参加工作。为了我们国家要在十年廿年之内赶上先进国家，我们必须加速训练实用的人才。就因如此，所以我们南京的四个地质机关，工业部矿产测勘处，南京大学地质系，中研院地质研究所，中央地质调查所，不但全体动员参加中央财经委员会今年的地质探矿工作，还要在百忙中抽出人力来办这个学校。

这个学校由于各方面条件的限制，只招收了140多名学生，其中还包括代石油公司训练的地质人员50名，另外江西钨锡公司还委托我们代他们训练20名，这20名学生是由江西保送的，现在尚未到南京。这样一个专修学校，规模是很小的，但我们希望它只是一个试验的开始，如果成绩好，将来可以扩充，可以继续办理。

这个学校今天能开学，应该感谢中国共产党，尤其是华东和中央几个领导人眼光的正确、远大。我记得最初谈起这个学校，还是在去年五月，我在丹阳等候上海解放，就在这战争火药气极浓的时候，曾山副主席和工业部孙冶方副部长却和我谈到和平建设，谈到地质人才的缺乏，并且鼓励我们以后要“多收徒弟”，多办训练班才行。华东财经委员会成立后，孙冶方部长一再正式提出要办这样一个学校。很惭愧，我们地质界反而不积极，我个人就是如此。也是因为自己工作实在太忙碌，我总觉得办这样一个学校一切从无到有，实在是一种极麻烦的事，而且我们地质工作者大部分时间在野外，谁都没功夫教书。十月三十日召开第一次筹备会。后来工业部来函指示，学校可由矿产测勘处、南京大学地质系、中研院地质研究所及中央地质调查所推派代表，组织校务委员会，主任委员由矿产测勘处处长担任。这样过了好几个月，由于我又去了山东，学校又稍停顿。今年一月下旬，一切准备完成，开始招生。当我去北京开会，和中央各部长谈到这件事，他们都很重视，燃料工业部陈郁部长在液体燃料会议作报告，几次提及这个学校，回到南京又知道华东工业部汪道涵部长在几次演讲中也提到这个学校。大家都关心这个学校，使我很受感动，而且惭愧，觉得我们自己反而对这事不积极。因此回南京后，我就努力推动这个学校的事情，并且自己也决定把大部分精力用在办学校上，与诸位在一起共同学习、研究。

我们的学校是一年毕业的专修学校。也许有些人会轻视它，觉得一年之内学不到什么，这个学校没什么道理。我的看法恰巧相反。我们学校的课程都是很精简而实用的，是理论与实际结合的，并采用形象教学方法，随时随地用实物指示，同时又注重野地实习，目的是使同学们学会专门的实际的本领，能为国家所用。我们不希望训练出什么高深理论都懂一点，但什么实际工作都做不来的人。而且学校毕业后我们还准备使诸位在参加实际工作中继续学习。这样经过一年学校训练，一年到两年野外训练，我不相信我们的学生在做实际工作时，会比不上一个大学毕业生，也许经验还可更多一点。

不过我们的学校草创伊始，设备简陋，且一切都未上轨道，我们的工作人员对办学校又缺乏经验，所以我要求同学们把自己看成学校的主人；不要存着这样思想：认为一切都让学校准备好；要决心帮助工作人员，大家共同办好学校，不但要加紧努力学习，争取早日能工作的条件，而且对学校各方面积极帮助和建议。我希望同学们在彼此有初步认识后，就迅速成立学生会，自己来管自己的事情，一切生活，自修，伙食等事情都自己来管。我们学校的工作人员应该虚心听取同学的意见，帮助他们来改善生活和学习的条件。

今天，承诸位长官，诸位来宾光临指导，我代表全学校的人向诸位致谢。我趁这个机会，还要向上海工业部的同人，南京市委会，高教处，南京建设局，上海科协，大同大学，南京大学，地理研究所以及矿产测勘处的同人们，对于本校的筹备招生，阅卷，发榜等等的帮忙。我们四个合作机关的同人们对于事务上和教务上的许多帮助，也使我们十分感谢。现在请诸位长官，诸位来宾，多多给我们指教。

栖霞山铅矿的展望*

这篇文章是我在今年春间为已故叶教授左之先生的纪念册写的，纪念册因稿件未收齐，迄今尚未付印，而栖霞山的探矿工作却已获得了初步结果，为使读者们了解一些关于栖霞山的情况，特将这篇文稿一字不易地提前印出，将来叶氏纪念册付印时当另写他文或将此文修正补充后交印。又栖霞山的详测和槽探工作是由王植、申庆荣、龚铮三君担任，王君等已印有报告（本处简报第 96 号），本文中没有详叙，特为补志于此。

一、绪言

我与矿产测勘处的同事们，在民国三十七年冬季于无意中发现了栖霞山的铅矿，其经过详情已在《矿测近讯》第 93 期“南京附近的矿产”一文中叙述了。后来本处郭文魁先生告诉我，在叶良辅、喻德渊二先生所合著的“南京镇江间之火成岩地质史”（前中研院地质研究所专刊乙种第一号）中，曾经提到丹徒船山北麓的变质灰岩内产方铅矿（见原著第 116 页），而在丹徒高家边至徐湾路上的变质志留纪页岩内，他们又发现了闪锌矿。叶、喻二先生对于栖霞山的铁化现象，也早经注意。他们说：“栖霞山之近庙边坡上，此类铁块尤多。该处虽无侵入岩可见，但铁皆呈脉状出露，纵横错综，为量颇多。取其薄片在显微镜下观察，铁块皆赤铁矿与石英混杂而成，铁多作环状结聚。”……又云：“附近之灰岩或砂岩块亦多有被铁质胶合，成砾岩。”我想日本人发现栖霞山锰矿的线索，恐怕尽在叶先生所写的几句话中了。只可惜叶先生等当时没有进一步加以研究，否则该处锰矿甚至铅矿的发现，要提早十多年。

近年来矿测处的同人们，对于宁镇山脉间的矿产，不断研究。郭文魁、花友仁二先生在句容花山南蔡家山的铁帽中和洪门口以北的栖霞石灰岩中发现了和栖霞山相同的黄色氧化铅矿；在镇江南十里长山的铁帽中见到了原生方铅矿；在巢凤山的南坡又发现了铜矿。最近曹国权、张綍言二先生又在巢凤山附近地方发现闪锌矿，而龙潭孤峰层中磷灰石矿的发现，又是曹、张二先生和赵宗溥先生的成绩。这个磷矿层又分布在黄龙山、青龙山及北望山一带，层位固定，在地层上有极重大的意义。现在这些矿的经济价值虽还没有确定，但至少更可证明我以前所设想宁镇山脉为一个有意义的矿产区域之无误；而叶良辅先生早在二十年前就注意到这些矿苗的描写。在一个纯粹学术研究的巨著中，没有忽略了经济地质，这是值得郑重提出来，以供后人的钦仰的。

矿测处对于栖霞山铅矿已经作了详测地质和槽探的工作，现在又要实施钻探，以确定其下面有否丰富的原生矿体。根据王植和申庆荣二先生的估计，浮面出露的次生铅矿至少有 4,000 吨。在 11 个探槽中，已有 9 个槽探到含铅平均在 10%左右，最高可达 32%的氧化矿。此外在许多矽化带和与锰矿脉共生的残留黄土中又常可测验到铅的存在。倘再加上

* 原载《矿测近讯》1950 年 7 月号（第 113 期），66—68 页。——编者注

上面所述在宁镇山脉中所见到东鳞西爪的铅锌的矿苗，可见在本区内铅矿的产生，不是偶然的现象了。

二、分布和产状

发现铅矿的地点是在栖霞山栖霞寺东北小沟北面的山坡上，在御花园之上 30 余公尺。那儿有四五个土石堆，其中含有许多黄色和白色而比重甚高的石块，这就是铅矿，含铅平均在 20%以上，最高的可达 40%。我推想这些矿堆是代表铅矿风化部分的松石。日人为修筑采运铅矿（的）小铁路，将这些松石就地堆叠，成为平台。所以这些石堆之下，恐怕就是主要矿石的露头。此外在矿堆东北的土山坡上，王植先生又发现了若干氧化铅矿，很像是生根的露头。在许多白铅矿散浸的含铁矽石中，我又很侥幸地找到了一些风化残留下来的原生方铅矿结晶。更向东西二方向推广，在沿侏罗纪砂页岩和石炭二叠纪石灰岩不整合面的附近，砂页岩都表示矽化和矿化的现象。这个矽化矿化带的延长约有五六百公尺。锰矿的分布更广了，西自栖霞寺对山起，北达三茅宫的西坡，在栖霞、船山、黄龙诸石灰岩中，日本人都开挖了明沟，开采锰矿，这些明沟一共有 10 多条。

我们在矿堆、矿化带和好像是铅矿露头的地点，开了 11 个槽，有 9 个槽见到厚 1 公尺至五六公尺含氧化铅矿的矽化岩层。不过矿石很是零星散漫，风化又深，生根的露头更少，究竟产状如何，颇难推测。在显微镜下研究，含矿岩石都矽化甚深，没有见到石灰岩，至少目前所见的含矿地层，都是侏罗纪的砂页岩。但这并不能断定在深部的原生铅矿不能达到石炭二叠纪的石灰岩；相反地，在石灰岩中的铅矿，其希望可能更大。这都要等将来钻探证明了。

详测和槽探的结果，也还不能断定铅矿床的形状。在二处假定是露头的地点推测，铅矿床好像呈东西向和东北西南向的脉状，宽二三公尺，长各在五六十公尺以上，但地底下的情形如何，还是没有法子十分确定。

锰矿大部分产在石灰岩中，也有产在砂岩中的，如三茅宫的西坡，但都与侏罗纪砂岩的不整合面相距不远。锰矿以硬锰矿为主，也有软锰矿，大部分成西北东南向的矿脉状，最长的可达 150 公尺，一小部则近东西向，成短脉或矿袋状。方解石脉纵横贯穿，为量最多，若干深黑色的方解石据在显微镜下观察，其中含锰矿细粒甚多，所以成为黑色。还有矽石层铁化了则成棕色、黄色的 Jasper。若干镁质石灰岩则含白云石。西南部栖霞寺对山的锰矿脉都不丰富。从珍珠泉以北，向东经过铅矿堆以达三茅宫的西坡，为锰矿脉丛集之区，质量俱较佳，开采也最盛。这个地带是西北东南向斜切断层最发育的地方，也是矿化带、矽化带和铅矿漂石出露的地方。至于含锰石灰岩的时代，从中石炭纪的黄龙灰岩到二叠纪的栖霞石灰岩都有。

三、矿石的成分和种类

我在“南京附近的矿产”一文（中）说到栖霞山的铅矿是磷酸铅矿和白铅矿（就是碳酸铅），现经详细研究，知道只有黄绿色呈六方形晶体的矿物，才是磷酸铅矿，它常成晶簇，产于变质砂岩的裂缝中，但为量并不甚多。白铅矿当为本区氧化带中的主要矿物，它是白色结晶，呈珠光光泽，成长柱状体，与重晶石颇相似，也有成粒状的团结体，或散浸于含铁质的矽石中。至于许多黄色土状、比重甚高的氧化矿，在显微镜下观察，都是结晶的，成六角形细粒，或是短柱状的集合体，呈黄色，有多色性，折光率和重屈折率都很高；据化学试验，含铁、铅及硫酸根和磷酸根，应当是 Jlumbo Jarosite[1] 一类的矿物。在薄片中还没有见到硫酸铅矿。此外还有孔雀石、蓝铜矿和褐铁矿等。

黄色氧化铅矿常成细脉穿插于白铅矿中，而孔雀石等矿物则更成细脉插入黄色氧化铅内，至于石英细脉则常穿贯全体，故知各矿物生成之次第当为：白铅矿、黄色氧化铅、碳酸铜、石英脉。因为磷酸铅矿常成裂缝充填，与其他铅矿物不大接近，故知其生成时期或为最晚。至于原生方铅矿，就只上面所述的一小块，其中有否硫酸铅尚待研究。查美国柏克城 Park City，Utah 的铅矿体中也有许多黄铅矿，白铅矿和硫酸铅，其变化程序是原生方铅矿先变成硫酸铅，次变成白铅矿，最后变为黄铅矿，与上述程序大致相合。在栖霞山区域，由于原生方铅矿多未出露，硫酸铅亦不多或未发见，故知露头部分当以白铅矿和黄铅矿为主，渐向深处，或先经过硫酸铅后再到达方铅矿，亦未可知。

四、与断层的关系

上面已经说过，大多数的锰矿脉是沿着西北东南向的断层带，在石灰岩中的裂缝洞穴或层面中充填和交换而成的，在这项断层丛集的地段，锰矿也最丰富。这一切都指示锰矿的分布和生成与断层有密切关系。铅矿与断层的关系更密切了，两个假定的铅矿脉刚好产生（在）一个斜切断层的两侧，一个铅矿堆又适在断层的所在。断层与成矿作用的先后，目前虽没有确切证据，但从各种迹象看来，断层的发生，好像在成矿之先，因此断层面很可能是矿液流通的孔道。

五、铅矿和锰矿是一体么?

栖霞山的铅矿和锰矿虽没有见到共生一处，但我们从：①锰矿中的风化残余黄土中常含少量之铅；②铅矿出露的地方，也就是锰矿富集的地方；③铅、锰矿都与断层有密切关系；④铅、锰矿的分布又俱与侏罗纪砂页岩的不整合面相距不远，但目前所见的氧化铅矿似乎都产在侏罗纪砂页岩中，而锰矿则大部分产在石灰岩内；⑤在宁镇山脉其他地点的许多铁帽中俱曾见到黄铅矿甚至原生的方铅矿，栖霞山的锰矿，从露头所示铁质特富的一点看（见叶氏报告），或者也是一种变相的铁帽；从此五点推论，我相信这儿的铅矿和锰矿应该是同源一体的矿床，但目前地面所见的铅矿，可能经过潜水的浸溶，迁积在石灰岩的裂缝中重新沉淀而成。所以锰矿的下部不一定有铅矿，但是锰的来源可能出自铅矿脉中的含锰矿物，如蔷薇石、含锰菱铁矿等等。换句话说，锰矿物在铅矿脉中可能占着脉石的位置，因之铅矿与锰矿应该是一体的，锰矿的出现，也可算是铅矿苗的指示，栖霞山既有大量锰的露头，那末铅的希望岂不更大了么?

六、成因的推测

现在推测栖霞山铅锰矿的成因，似乎还嫌过早，因为矿床的产状、结构，都未明了，铅、锰矿的原生矿石，也未发现，根据氧化带的情况，来推测整个矿床的成因，似乎是不可能的，但从宁镇山脉大的构造和火成岩活动史方面推论，也还能得到若干臆测。栖霞山

---

[1] 这里的 Jlumbo Jarosite，后者是黄钾铁矾，前者拼写或印刷有误，不知为何物。——编者注

位置在宁镇弧顶点的西边，附近无火成岩露头（王植、申庆荣二先生在矿石堆中找到二块闪长岩类的漂石，其来源尚未明了，但可能有重大的意义）。但东至龙潭之南，西至钟山麒麟门一带，相距不过30公里之遥，闪长岩、花岗岩等就出露甚广，所以栖霞山下部很可能有火成岩的侵入。栖霞山本身，石炭二叠纪灰岩急斜向南，侏罗纪砂页岩不整合地位于其上，倾斜向北，倾角也有四五十度，斜切断层很多，其北面还有一个大逆掩断层，这一切也都是成矿的优良条件。所以我们相信，这儿铅、锰矿的来源，很可能是与火成岩有关而属于上升热液的一类，而矿液的流通大部分是受着斜切断层的控制，但矿物沉淀的场合，却多少为裂缝，洞穴或层面所支配。所以尽管目前见到的氧化铅矿多产生在砂页岩中，而大矿体的希望，还是寄托在石灰岩。后来受到风化剥蚀，潜水浸溶，造成了白铅矿和黄铅矿的氧化带，若干锰质和铁质又随着潜水浸溶，沉淀在石灰岩的上部，造成了锰矿和铁帽。这是本矿生成史的速写，究竟如何，还待钻探和进一步的研究来加以证明。

七、如何钻探?

不久栖霞山的钻探工作就要开始了，但究应从何处着手呢?王植先生等认为一部分矿液是沿不整合面而来的，因为不整合面在主要铅矿露头附近倾斜向北，所以主张在假定矿脉露头的北边开钻。我的看法则不然，把大矿的希望，寄托在石灰岩，所以主张在上述地点的南边着手。这两种不同的意见，都没有确切证据，所以最安全的办法是双方并进，南北兼施，等到探着了真正矿脉的所在，再依据构造，逐步推进。如果在矿脉和矿堆附近钻探成功，则将进一步普遍试探矽化带和锰矿的附近。铅矿床的最大分布，可能达到六七百公尺，如果矿床深厚，成分优良，那么它的矿量就很可观了。最后不管栖霞山成功与否，我们还要钻探十里长山、洪门口、蔡家山等等地点，这样我们才能确切证明宁镇山脉是一个有价值的矿产区域，而不是徒托空论了。

栖霞山第二号钻眼岩心的初步研究*

本处在栖霞山钻探的第二号钻眼于121至153公尺处已打到了原生硫化矿体，包括黄铁矿、闪锌矿、方铅矿及少量的黄铜矿。因钻孔发生故障，且钻机能力不够，暂为停止，而移钻其西边的第三号钻眼。兹将本钻眼中所获的岩心，做初步肉眼的研究，并就目前所了解的地质情况，作一理想剖面如另幅所印，以供关心本矿者的参考，将来显微镜研究及化学分析完成后，当另作报告。

在本钻眼中所见到的岩层，可大体分为下列各层：①各种氧化铅矿的块砾，包括碳酸铅、硫酸铅、磷酸铅、黄铅矿（一种复杂的铅铁硫磷酸盐）、碳酸铜及铁锰等矿物，种类繁多，详细研究尚未完成。②黄铅矿，成细粒、块状或粉状，含铅可达30%以上，厚约四五公尺。③铁帽，就是氧化铁，系由原生硫化物矿氧化浸滤而成，在栖霞山从地面到本钻眼的121公尺都有分布，就其岩性可分为红色、以赤铁矿为主的，黄色、以褐铁矿为主的，又有夹杂黑色条块、铁锰兼含的。就铁帽的结构论，又可分为比较坚密、较具多孔状、或多孔状十分发育的三种；在具多孔状的铁帽中，常有菱锌矿、异极矿、含锰菱铁矿及方解石的微粒结晶充填于洞穴中。大部分的铁帽是由石灰岩（在此处恐是栖霞石灰岩）及其所含的硫化矿变化而成的，但其上部50公尺以上的铁帽，则是由侏罗纪砂岩及其所含的硫化矿变成。④高岭土，白色，相当纯粹，略带黄色、红色的条斑，厚达10公尺。⑤侏罗纪砂岩，颗粒混圆，胶结物以铁质为主，也含许多石灰质，故加盐酸后发气泡甚为猛烈，普通不坚密，常为氧化铁质的细脉所穿越，也含若干孔隙，中有次生石英及氧化锌矿的充填，但第42号的岩心却异常坚密，有如石英岩。岩心所获的砂岩，仅有数公分，在钻眼中穿过的恐也不过数公尺。⑥含铁质的石英，在57公尺处遇到，仅有一小块，可能是一种石英脉，其中含若干星点状的方铅矿及闪锌矿。⑦石灰岩，都已变为大理岩了，在70～80公尺的铁帽中见到若干小块，90～100公尺处则收获很多的岩心。灰岩呈白色结晶，为许多含锰菱铁矿及方解石所穿越，致使大理岩呈角砾状，若干岩石并已氧化成为黄色土状之物。值得注意的是这一段大理岩在紫外光灯下都呈现深红色的美丽的荧光，有如烧红的煤炭一样，这恐怕是含有锰质之故。上次赴杭州在浙江地质调查所采集的诸暨铅锌矿标本中也见到这种发深红色荧光的大理石及方解石，究竟与铅锌矿有何关系，尚待研究。在原生硫化矿体中也有许多为矿液交代所残留下的大理岩块砾，大多数是黑色，也有呈深黑色而含炭质甚多的，因之我揣想这里的含矿层可能属栖霞层底部的臭灰岩。⑧原生硫化矿体，再作如左的分层。

从110公尺的多孔状铁帽起，向下逐渐变为坚实，最后则黄铁矿残粒清切可见，再下去就变坚密的黄铁矿了。再下到122公尺是富矿带，为细粒块状硫化矿，除黄铁矿外，方铅矿最多，闪锌矿次之，二者俱交换黄铁矿使呈一种残粒状结构。再下到124公尺也是富

---

* 原载《矿测近讯》1950年8月号（第114期），85—86页。——编者注

矿带，但方铅矿较少，黄铁矿增多。124 到 132（公尺）是贫矿，大理岩块较多，呈角砾状构造，但硫化物穿插很多，也有大粒的方铅矿结晶。132 到 143 公尺又是富矿，硫化矿比脉石为多，中有数层含闪锌矿及方铅矿较多，其余则以黄铁矿为主。143 到 144（公尺）为比较的贫矿，144 到 146（公尺）又是富矿，以闪锌矿及黄铁矿为主。147 到 150 公尺含脉石多于矿石，150 公尺以下又是富矿，主要为闪锌矿，也有方铅矿。

从上面的初步研究，我可作如下结论：①本钻眼穿越一个侏罗纪砂岩与栖霞石灰岩间的不整合面，其位置大概在 50 公尺的深度左右。②铁帽特别发育，可深到 120 公尺，这个深度也是本处地平的高度，大致与本地的潜水或江面相差不远了。③在地面的氧化铅中几乎不含锌，但到 30 公尺以下的铁帽中，在孔穴中就有很多菱锌矿、异极矿的充填，表示浸滤及沉积的结果；在原生硫化矿带中则闪锌矿却占着重要的比例。④铁帽大部分是由黄铁矿及含锰质的菱铁矿变成的，这从 90 到 100 公尺大理岩中的菱铁矿细脉及 120 公尺以上黄铁矿的残粒可以证明。⑤15 到 30 公尺的高岭土大概是由侏罗纪中的页岩层经过了热液变化造成的，它是比较不透水的，所以对于矿液的上升和潜水的下降，多少发生封闭作用，但这种封闭，不够严密，因为高岭土以上也有矿床，而锌液的下浸，也已通过了这层。⑥矿床不论是氧化的或原生的，主要产在栖霞石灰岩，可能是其底部的臭灰岩层，中含炭质及有机质特富，对于上升矿液的还原及富集有重大的影响，但浮面的氧化铅矿则大多数产在侏罗纪的砂岩中。⑦这里的许多斜切断层、节理、石灰岩中的洞穴以及不整合面，都是供给矿液上升和经流的孔道。⑧如果臭灰岩（在本区东边打的二个手摇钻眼在 30 公尺俱见到黄龙石灰岩，石质坚密，不含矿）是本区的主要含矿层，那末，将来探矿似应依此追索，而在本钻眼附近探矿，似应多多在其南面打钻了。

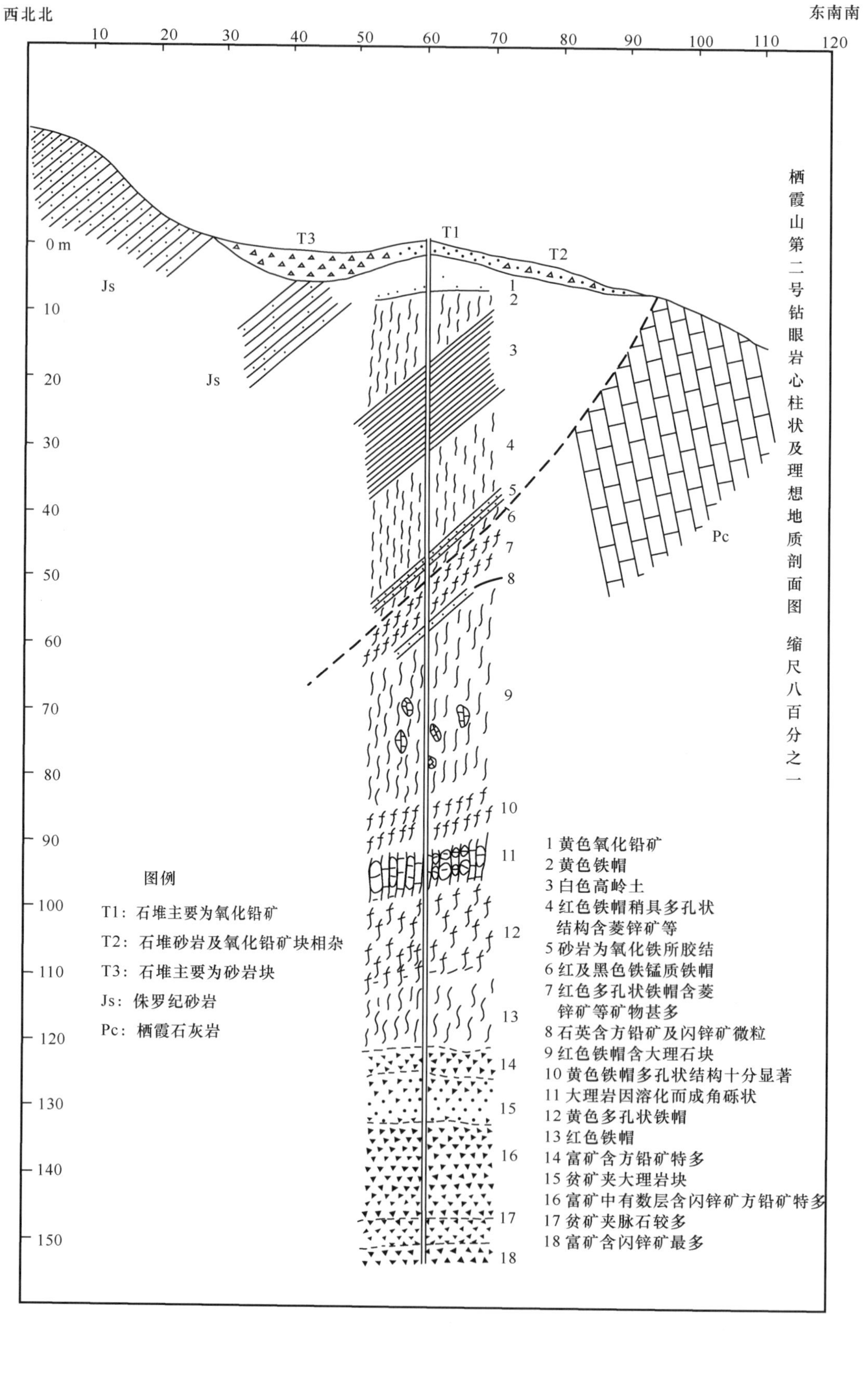
西北北
东南南
10 20 30 40 50 60 70 80 90 100 110 120
0 m
10
20
30
40
50
60
70
80
90
100
110
120
130
140
150
T1
T2
T3
Js
Js
Pc
1
2
3
4
5
6
7
8
9
10
11
12
13
14
15
16
17
18
栖霞山第二号钻眼岩心柱状及理想地质剖面图 缩尺八百分之一
图例
T1：石堆主要为氧化铅矿
T2：石堆砂岩及氧化铅矿块相杂
T3：石堆主要为砂岩块
Js：侏罗纪砂岩
Pc：栖霞石灰岩
1 黄色氧化铅矿
2 黄色铁帽
3 白色高岭土
4 红色铁帽稍具多孔状结构含菱锌矿等
5 砂岩为氧化铁所胶结
6 红及黑色铁锰质铁帽
7 红色多孔状铁帽含菱锌矿等矿物甚多
8 石英含方铅矿及闪锌矿微粒
9 红色铁帽含大理石块
10 黄色铁帽多孔状结构十分显著
11 大理岩因溶化而成角砾状
12 黄色多孔状铁帽
13 红色铁帽
14 富矿含方铅矿特多
15 贫矿夹大理岩块
16 富矿中有数层含闪锌矿方铅矿特多
17 贫矿夹脉石较多
18 富矿含闪锌矿最多

关于出席科代大会、矿产测勘处最近工作和今后地质工作重点问题的报告*

在地探专校第二届学生会执委就职典礼上的报告词

一、科代会开会经过

这次参加科代会编过号的代表共为536人，实际报到的455人，每日到会的在三四百人左右。大会从8月17日下午的预备会起到25日晚政务院的招待会止，一共经过8天，才算完全结束。在18日的开幕式中，朱总司令、吴玉章主委以及教育部、轻工业部、交通部、北京市人民政府的各首长都致了辞。在会议中我们听取了科学院、农业部、卫生部及重工业部门的报告。20日下午全体代表到中南海怀仁堂谒见了毛主席，并见到了边疆代表团青年团献礼的仪式，当晚在清华礼堂晚会看京戏。21日下午游颐和园，在听鹂观聚餐。24日下午行闭幕式，周总理亲来讲话，讲的题目是“团结与建设”，历时四小时。25日最后的一晚，政务院在北京饭店盛筵招待，接着又同到怀仁堂看京戏。会议的主要任务是讨论关于中华全国自然科学专门学会联合会简称“科联”及中国科学技术普及协会简称“科普”的组织章程草案要点，又选出了科联和科普各50人的全国委员会委员。另一重要任务是分组分科地审查了415个提案，决定办法，提交大会通过，又详密商讨了由政府各部门提出的223个问题，各别的予以当场解答、送请专门机构或专家解答的种种办法。提案分为一般性的、关于组织问题的以及理、工、农、医的六组，其中一般性最多，共141案，工组次之，共127案，医、农、理及组织又次之。各项问题则分为理、工、农三组，其中以工组最多，共192个问题，农组次之，共22个问题，理组又次之，共9个问题，医组方面没有提出问题。在理组的9个问题中却有7个是关于地质的，在工组的许多问题中，也有若干是关于地质的。由科代筹会南京区分会提出的提案共有59件。

二、地质机构

由李仲揆先生处理的全国地质机构问题，现在已大体决定了，就是在文教、财经二个委员会之下设立一个地质工作指导委员会，以下设二所一局，二所是地质研究所和古生物研究所，归科学院领导，一个局叫做矿产地质勘探局，归财经会领导。各局所的负责人都已由李先生派定，不久谅也可发表了。从前政府一直想召开而地质界也有若干同人希望召开的地质会议，李先生已决定不开了。

---

* 原载《矿测近讯》1950年第8月号（第114期），89—91页。——编者注

三、本处最近4个月来的工作概况

本处最近4个月来的工作已获得辉煌成绩，这要感谢本处全体工作人员的努力奋斗，而本校同学们的几次实习，也发现了不少有价值有意义的矿产。本处的工作可分为测勘和钻探二项，一共派出了十二队，计测勘七队，钻探五队。测勘方面东北有二队，注意铁矿及有色金属矿的探寻。山东三队，第一队在胶东的东部详测了福山的铁矿、金牛山的黄铁矿，金矿以及藏马县的云母矿，第二队在胶东中部招远、栖霞、蓬莱一带，详测了玲珑山及其附近的许多含铜黄铁矿，第三队在鲁南的新、蒙、莱，详测煤田，准备钻探。皖北一队，在安庆以北月山、踏水桥、金钩树一带，在100平方公里的范围内找到了20余处的铜矿地点，这些矿有些是老矿新发现，有些从前日本人占领期间已在设法开发了，但大多数是这一次新发现的，并且这个区域的富有经济意义，也是经这次本处派员测勘后才知道的。据检视携回的标本，其含铜成分远较最近在东北发现的所谓斑岩铜矿为高，至于矿量究有多少，那就要靠我们以后详细探勘了。在南京附近，包括本校的各次实习及杭州的零星考察，并为一队，主要的结果是发现了孤峰层和高家边层中的磷矿，又发现了煤炭山龙潭煤系砂岩和石灰岩中的沥青细脉及石油遗迹。这个发现，在将来江南区探觅石油的工作上有重大意义，同时沥青本身也是一个极重要极有用的矿产。我这次在北京开会，见到上海工务局长赵祖康先生，他提起上海市每年至少要用沥青1,000吨，从前多的时候要到3,000吨，现在来源缺乏，就用柏油替代，也供不应求，因为在东北和华北炼焦炉中所产的柏油，在本地就不够用，如何能运给上海呢？国产的柏油，还有一个大缺点，温度一高容易熔化，冷了容易裂开，所以夏天在柏油路上走，好像走在棉花毡上，要粘鞋，要化开的。赵先生正在考虑利用甘肃玉门的沥青矿，但那儿产的是石蜡质底的石油，恐怕还不适用，因此我就提出了我们在南京附近的发现，他非常注意，想请我们做进一步的研究。我们所找到的沥青质在南京的大热天下是不容易熔化的。倘将这种沥青与柏油混合，就可大大地改善柏油的品质，所以即使我们的矿，产量不多，也还可能去解决一部分问题的。

其次是钻探工作。本年度本处预定派出六个钻探队，钻探总尺度为7,900公尺。因为经费拨到太迟了，所有工作到五六月才开始，铜官山的钻探，开工更迟。又因为钻机不够，鲁南莱新蒙煤田的钻探迄今还未开始。因此种种，到目前为止，我们的钻探总深度还不过2,036公尺，即使减去鲁南的1,800公尺，还比预定的6,100公尺的总深度相距很远，这要靠我们以后的加倍努力来补足了。就各队比较，淮南八公山队已钻1,061公尺，该队的工作同志们全体具名来函，要保证完成本年度所给予2,100公尺的任务，我想这是没有问题的。定远和金岭镇二个钻探队都已完成了过一半的任务，就是各已钻深300余公尺，但定远不久要停钻，将钻机移钻栖霞山，因之栖霞山本年度1,000公尺的任务，也很可能可以完成的。最困难的是铜官山1,800公尺的任务，恐不容易达到，这儿的岩石特别硬，遂使进程特别慢，要急也急不出的。各钻探队在钻探过程中都遇到了钻孔漏水、岩壁塌陷、机器失灵、套管脱落或卡住的种种困难，因为套管不够，配件不齐，有时水源也不充足，遂使这种困难无法避免。幸赖全体工作人员齐心一志，努力奋斗，随时随地克服困难，完成任务，这是非常庆幸而值得提出来表扬的。

至论各钻探队探矿的成果，除定远队因为钻机深度不够，原先就是一种试探性质，不准备打到煤层外，其余四队都已获得了满意的结果，有些结果竟是出乎意料之外的好的。

淮南八公山队钻探的主要目的在确定地面下500公尺深度的各组煤层是否延续不变，现有一个钻眼已完全证明了这一点，所以这个新煤田的储量，已从6亿吨增加到10亿吨以上了。此外还在钻探乌拉统中煤层的厚薄，以及此新煤田向东南延展的问题。金岭镇钻探队在距现开铁矿的东北10余公里的地方，于一望无垠毫无露头的平地下180公尺深处钻到了含铁60%以上的磁铁矿，厚达6公尺，还没有见底。这个钻眼的位置是依据从前日本人所做磁性测量的结果而定出来的，而我们又加复测，证明无误。这个发现，一方面证实了物理探矿的实用性，另一方面又指出只有理论与实际结合，才能得到这种好结果。铜官山队开钻最迟，到目前仅进50余公尺，但已打到了铜矿，其上部还发现了辉钼矿。现在第二钻眼不久开工，进度就可以加快了。栖霞山一钻见矿，并且深达32公尺，还是在矿体之中，没有见底。这个惊人的100%的新发现，是本处继淮南八公山十万万吨新煤田发现以后的又一重要贡献，在中国特别缺乏铜铅锌及黄铁矿的今日，这个发现，其意义更为重大。虽然一钻的结果还不能断定本矿最大的经济价值，但从地面氧化铅矿带的富厚，锰矿露头的延绵达1公里以上，地下铁帽的深达100公尺，这一切都指示出它将有巨大的矿量。从钻出的20余公尺厚的矿体岩心加以初步研究，知道这个矿主要的是黄铁矿，其次为闪锌矿，再其次为方铅矿，至于黄铜矿则为量很少。在已钻到矿体的最上部、中部和下部，从二三公尺到10余公尺，都有含闪锌矿及方铅矿较丰富的富矿体，详细成分正在分析中。方铅矿俱成微粒或小块，散浸全体。浮面的氧化矿则以碳酸铅、硫酸铅及磷酸铅为主，含铅最多可达40%，估计矿量可有10万吨，可用露天法开采，冶炼也很容易，这是目前急应举办的一件轻而易举的事业。从栖霞山这个新矿地的发现，更增强了我们从事经济地质的工作者对于为发掘祖国财富而奋斗的信心，努力罢！同志们，只要有科学的根据，准确的推断，配合上坚强不易，艰苦耐劳的精神，你们所费的任何心力，一定可以得到收获的！

四、今后地质工作的重点问题

为了遍普地发掘和准确地估计我们祖国的财富，以配合即将到来的经济（建设）高潮而全心全意地服务于人民，我们今后地质工作的重点是应当放在经济地质和探矿方面的。这不但是政府的国策，也是全国人民一致的要求。但很奇怪的（是）关于这个问题的看法，在我们地质工作者本身，却存在着许多种不同的意见，这从最近发展的各种迹象看来，可以证明的。有些根本怀疑了地质科学的实用性，因而不信任自己；有些好高骛远，轻视探矿，以为只有钻牛角尖，从事纯粹理论的研究，才是最崇高，最时髦。还有些人看到了研究不一定要兑现，而探矿却是最现实、最能看出是非曲直、百分之百需要兑现的工作，为了减轻责任，就不敢担任这艰巨的工作了。我并不主张全国的地质工作者都去打钻，都去看矿，但我也坚决反对全国的地质工作者都沉湎在几种崇高的理论之中，而不屑分出一些时间来讨论实用问题。所谓重点工作，就是要有较多数的人去做人民所急切需要的工作，至于其他一小部分人尽可为他们自己的兴味、为研究而研究。

在地质工作计划指导委员会接管矿产测勘处会上的报告词*

我们矿产测勘处的全体职工以及地质探矿专修学校的全体同学所日夜期待的日子——接管的日子——今天终于到临了。从今天起，矿产测勘处就宣告结束，一个新的在中国地质工作计划指导委员会统一领导下的地质探矿机构，不久就要产生了。矿产测勘处是一个微不足道，仅仅有十年历史的小机构，虽然在工作过程中，也完成了若干任务，并且很侥幸地得到了一些相当重要的结果——好几处新矿地的发现——但是，这些成绩，从全国范围的眼光看起来，从崇高学理的观点看起来，究竟是沧海之一粟，没有多大价值。而这个新机构，一个具有全国性统一领导的机构，有群众拥护的机构，尤其在全中国大公无私、独一无二、最高地质权威李四光先生直接领导之下的机构，它必将发挥最大的效能，创造无比的奇迹。所以，今天这个接管会是富有历史意义的，它象征着从旧的渺小的一页，进到新的伟大的一页，因此，我们全处同人，全校同学，都感到无比的兴奋，无比的愉快，无上的光荣！

矿产测勘处是抗战中在云南创办的，因此，图书、仪器的设备非常可怜，并且屡经迁徙，连办公家具都买了好几次，丢了好几次。等到复员南京，我们可说是一无所有，一切要从头做起。经过了五年来的努力，从节余的经费项下，从我们接受各矿厂钻探顾问费项下，我们先买了一块地，后来就造了一些狭小的办公室和宿舍，由于得到了前资委会拨给的一笔外汇，我们才添购了若干仪器和化学药品，开始有了化验室。为了能彻底探矿，我们决定订购了一批为国内其他地质机构所不大设置的钻机，都是用汽油发动，装金刚石钻头的岩心钻，从200公尺到500公尺一共有10余架。解放后，承华东工业部借给我们前资委会的煤电金钢大楼作为办公室，又在上海仓库中让给我们许多化学仪器，测量仪器，钻探器材和数架显微镜，这样，我们才有足够的地方，把仪器标本装列起来，而我们的化验室和测绘课才能充实到目前为全国地质机构中比较最完全的设备了。

矿产测勘处的工作，一向是注重实用的，我们不大研究纯理论的问题。到现在为止，我们除刊印了一种通俗性的《矿测近讯》月刊，到1950年底为止已出到118期，和一本以西文发表的《经济地质丛刊》外，我们没有印什么正式报告。但我们同人常把论文寄到中国地质学会，在《地质论评》或《地质会志》上发表，也还有若干论文，寄到国外发表。

我们的成绩，假使可以称为是成绩的话，都是粗浅幼稚，万万比不上那些具有卓越工作能力和高深理论素养的。但是我们的结果，却是简单明了，常常是为人民大众所需要或了解，并且一部分是可以用数字来表示的：譬如我们曾经发现了1,000万吨以上的黔滇一水型铝土矿，10万万吨的淮南八公山新煤田，260万吨的凤台磷矿，60万吨的漳浦三水型铝土矿，以及矿量还没有确定的栖霞山黄铁矿闪锌矿方铅矿，和安庆以北的许多铜矿。

---

* 原载《矿测近讯》1950年合订本插页。——编者注

从钻探，我们又证实了金岭镇北金召的铁矿。此外，还有许多零星发现，如当涂大黄山的矾石矿，桂西的菱铁矿，南京附近的磷矿和沥青矿，山东南墅的蛭石矿等等。从1947年我们开始做钻探工作的一年到今天，我们一共钻了12,000公尺的钻眼，这个数字，可算是中国人在中国境内打钻所完成的最高记录了。去年，就是1950年，政府所给予我们的钻探总任务，共为6,100公尺，分为五个钻探队进行，其中有二队提前完成了任务，二队完成了80%以上，有一队因为开工最迟，石头最硬，只完成了12%。倘使平均算起来，1950年我们已完成了67%以上的钻探总任务。

为了培植人才，特别是为紧急需要的人才，我们又办了一个地质探矿专修学校。开办这个学校的动机，还是在1949年的五月，当我在丹阳等候上海解放，就在这战争火药气极浓的时候，曾山副主席和孙冶方副部长却和我谈到和平建设，谈到地质人才的缺乏，并且鼓励我们以后要多收徒弟，多办训练班才行。华东财委会成立后，工业部孙冶方副部长一再提出要办这个学校，由于本处的工作太多，所以一再延迟到1950年的三月才正式开学，一共招了120多位学生，其中有50名是为石油管理局训练的，另有20名是由江西有色金属分局保送来的。因为本处设备不够，人员也不多，所以这个学校是由矿产测勘处和南京大学地质系，中研院地质研究所及中央地质调查所合办的，本定一年毕业，后来为符合教育部公布的专科学校制度，改为二年，现在第一年的最后一个学期就将开始，第二年的上半年，全部同学将派赴各地作长期实习，实习完后再读一学期就可毕业了。同学们经过各次的实习，都已学会了测地形图和填绘地质，并且在几次实习中，还很侥幸地发现了龙潭志留纪的磷矿层和煤炭山的沥青矿。

以上所说是矿产测勘处十年来从无到有，逐渐充实的情况，以及一些微不足道的成绩，这些成绩，都是本处职工同人努力合作，艰苦奋斗的结晶，是他们用脑力、体力和流汗所换得来的。

但是矿产测勘处的缺点太多了，东一钻，西一眼的投机式的探矿，重应用而不重理论的江湖派的作风，早已为具有卓越工作能力和高深理论素养的人们所提出了。我们没有出版刊物，更没有从提高方面下工夫，以致阻碍了一些青年工作者的进步，也是一个大缺点。要知道，我们虽然做到了把工作面向人民大众，并希望在普及的基础上提高，还是不够的。这些缺点，都是领导上的不健全和不合理所造成的。我愿意承认这些缺点，并担负造成这些缺点的责任。

矿产测勘处在解放后不到一个月就开始工作了，直到现在没有停顿。在一年多的军管时期和华东工业部及中财会的领导时期中，组织上给予了我们许多的便利和帮助，已如上面所述。有了这些帮助，我们才能够从一个万分简陋的机构，逐渐成为粗具规模的机构了。在这里，我要特别感谢南京市军管会经济部的万里部长和万金培副部长，华东财委会曾山主任，华东工业部汪道涵部长和孙冶方副部长。我更要感谢本处职工同人们和本校同学们的始终密切合作，倘使没有他们的合作，那末，矿产测勘处就将一无所成了。

我担任矿产测勘处处长的职务，前后算起来，已有十年之久了，建树毫无，罪多功少，实在非常惭愧。现在使我有机会移到另一个工作岗位上去——中国地委会的副主委兼计划处处长——向另一方向去努力，这是我非常高兴，并要感谢我们的李主任委员的。从今天起，本处的一切责任，将由以谭组长寿田为首的三人小组担负，倘使有什么需要我帮助的地方，我一定尽力。现在请尹副主任委员报告关于接收本处的情形。

十月革命后苏联地质家在探矿方面的成就*

苏联自十月革命后到今天，在短短的30余年中，使他们对于祖国地下资源的认识，起了基本上的改观。煤和石油的储量，增加了7倍，铅、锌增加了9倍和10倍，铜增加28倍，铁增加达138倍。此外，还有大量的钾盐，磷灰石和铝矿都是新发现的矿产。依据1913年估计，苏联的煤储总量，本居于世界之第五位，到1937年重新估计，就跃居于世界之第二位了。革命前苏联只知道巴库一处的油田，现在则乌拉尔山与伏尔加河间以及北极圈附近的许多新油田，陆续开发，较乐观的估计，储油量可达64亿吨，超出美国好几倍。以前苏联的铁矿储量居于不重要的地位，自从发现了库尔斯克的大铁矿后，她已成为世界上含铁矿最丰富的国家了。

苏联的这种伟大成就，自然要归功于彼国地质学家的努力，但十月革命后苏维埃政府的大力支持，热心协助提倡，却是成功的最基本的原因。在沙皇时代，俄国早已成立了地质调查所，也有不少杰出人才，完成了若干重要的贡献，但他们当时的工作，正像我们中国在解放前一样，是没有组织，没有目标，没有计划的，以少数人各就兴味所在，个别工作，自然就做不出任何伟大的成就了。他们又专为资本家服务，忘却了广大的人民，因此，如果有什么成就的话，也只是为少数人谋利益的成就，或只是书院式的钻牛角尖式的贡献罢了。

革命后的苏联地质界就大不相同了，由于政府的号召，全国的地质工作者都动员起来了，在中央政府的组织中，成立了一个为世界上任何国家所没有的地质部，每年不惜以大量资金，投入探矿事业，同时训练大批人才，准备工作，每年有新的生力军不断加入，因此，这个探矿队伍就很迅速地壮大起来，而使最遥远的冰天雪地，沼泽草原，都有探矿者们的足迹。

另一方面，苏联地质家本身，也能坚决地树立了为人民服务的观念，并能破除门户之见，紧密地团结在一起，以集体工作的精神，向同一的目标迈进。他们又彻底地打破了以前对于苏联矿产贫乏的老观念，这些观念是被那些为欧美资本家所雇用的特务式的伪专家们所恶意宣传种下来的。譬如他们曾经这样的说："土耳其斯坦是不可能有铜的，任何俄国地区不会有锡，在俄国大平原上找油田是绝对没有希望的，新掀起来的高加索山固然不会含任何稀金属矿产，但是老年的乌拉尔山却又因深长的剥蚀作用，而将所有的金属矿产都冲走了"。这些在表面上看好像很科学的恶意宣传，遂使地质家，矿工程师和企业家们都深深地中了毒，只晓得每年以巨额金钱，向国外输入原料和成品，而没有勇气去探寻和开发自己的地下资源。十月革命后的情况就不同了，由于列宁和斯大林的号召，大声疾呼地要开发自己的资源，乃使每一个地质工作者的心坎中，都树立了发现新矿地或新矿产的

* 本文1951年3月15日发表于《科学通报》第2卷第3期，287—290页。——编者注

信心，他们依据学理和经验，用最实际最精密的方法，配备上各式各样的仪器和机器，齐心合志的努力探寻，果然，恶意歪曲的宣传，终于被真理所打倒了，在30多年的短时间中，苏联地质家不但在已知的矿区内，增加了更多的储量，还发现了许多新矿区和新矿产。苏联现在拥有世界上半数的石油，半数的铁矿，半数的泥炭，大量的煤、磷、钾盐、大量的锰、铜、铅、锌以及各种稀有金属，苏联的地下资源，已从贫乏一变而为无所不有了。

现在让我略说几件苏联地质家在探矿方面的成就罢。苏联第一大煤田库兹涅茨克（或称库兹巴斯）4,500亿吨储量的证实，是斯大林奖金接受人雅伏斯哥（Yavorsky）的功劳。以前估计的储量只有130亿吨，经过雅氏的详密调查，它的储量增加了35倍。煤田时代属二叠纪，所产以烟煤为最多，无烟煤次之，烟煤可以炼焦，具有高度的热力，含灰分和硫又都很低，所以是苏联最佳的煤矿。这个煤田的开发，已将位于横贯西伯利亚铁路南面的中西伯利亚的一块草原，改变成为一个伟大的工业中心，而当第二次世界大战，西部各煤矿如顿巴斯等俱陷敌手的时候，本煤田的开发，更起了重大的作用。从库兹涅茨克到其西边乌拉尔山边的马格尼托高尔斯克大铁矿，距离在2,000公里以上，倘使要建立钢铁厂，必须以矿就焦，或以焦就矿，因为运程太远，都不合算，但是，伟大的苏联计划经济家却倡立了联合冶炼的方法，就是在这长距离的两端，都设了钢铁厂，从库兹涅茨克运煤焦到铁矿区，而回程的火车又把铁矿运回来了，这样就大大地减低了运价。又因为两地所产的矿石与煤焦，都是价廉物美，遂使这个艰巨的事业，获得了意外的成功。最近经过地质家更详密的调查，发现乌拉尔山区内也有很多的煤田，而库兹涅茨克附近也有大量铁矿，所以，这个配合冶炼计划更可以大大地改善了。

苏联第二大煤田是早经开发，目前产量仍居首位的顿内次或称顿巴斯的煤田，它位于黑海之北，大部分供给其西部相距约200公里之遥的克立伏洛格铁矿冶炼钢铁之用。自1913年以后，顿巴斯的产量虽增加了3倍，但在全国产量的比例中，反降低了1/3，这是因为西伯利亚许多东部煤田兴起的缘故。这个煤田的开发，虽然很早，但是精密地质图的测制和现代化用煤的研究，都是革命以后的事。精密地质研究的结果，它的储量已确定为888亿吨，比以前估计增加了一倍半。

位于库兹涅茨克和乌拉尔山中间的有一个老早就用小规模开采的煤田，革命后经过地质家贾彼叶夫（Gapeyev）的研究，断定它储量达527亿吨，这就是目前成为苏联第三个大煤田的喀拉干达煤田，它的时代属下石炭纪，所产的也是能炼冶金焦的烟煤。质地很好。因为这个煤田距乌拉尔山较近，所以能代替了马格尼托高尔斯克炼铁炉中所原用的库兹涅茨克煤的一部分。

在北极圈附近的碧佐拉，一向有产煤的传说，但没有人能去开发，当时北部的许多城市包括圣彼得堡在内，以及工厂用煤，都要老远的从英国输入。革命后，在政府广泛开发各地区煤田，就近应用，以减少铁路运煤的负荷的号召下，地质家捷诺夫教授（Chernov）领队前往研究，再加钻探，结果发现了储量达30亿吨的一个新煤田，解决了列宁格勒的燃料问题。此外，列宁格勒附近的广大泥炭，莫斯科盆地所产的中石炭纪褐炭，以及许多其他地区的煤田，都在广泛开发，目前苏联每年的产煤量已达到2亿5千万吨的数字，而成为欧洲产煤最多的国家了。

讲到石油，苏联地质家更有惊人发现的故事。苏联科学院院士古柏肯（Gubkin）就构造研究，预测乌拉尔山及其西边伏尔加河之间，存在着油田，他相信蓄油层可深达泥盆纪，并推测其深度为1,500至2,000公尺。1929年在上卡买盆地钻探钾盐矿，打到了石油，虽为量很少，不值开采，但已证明了古氏推测的无误。在斯大林元帅“不惜任何代价，必须在这个区域内找到石油”的强力指示下，终于在1932年在一个名叫意星巴叶（的）地方，钻井中涌出了大量的石油。这个地方为附近船户们所熟知的，他们时常将该地所产的泥砂，撒在火上，那火就格外的旺大起来了，这是含有油质的表示，但革命前的帝俄政府，如何会留心这些问题呢！紧接着意星巴叶油田的发现，其他邻近地区，像土买才，捕哥古罗斯兰等处，都钻到了油，到了1937年在伏尔加河的东岸沿河的许多地方，如萨拉托夫也都发现了油。以上所产的石油，都是从石炭二叠纪地层中流出来的，而古柏肯的预测，则是一个要深到2,000公尺的泥盆纪的蓄油层，因此，钻探工作，还继续进行，在伏尔加河东岸的苏士兰，于古氏预测的深度下，首先钻到了泥盆纪的地层，此时古柏肯早已不幸去世了，但石油却没有找到。于是在其他各区，再度努力，此时战火已漫延到伏尔加河的下游，但钻探工作，仍是勇敢地进行，终于在1944年在齐哥里的山中，泥盆纪的石油，从1,500公尺的深度下涌现出来了！几星期后，土买助的泥盆纪深钻井，也喷出了同时代的油，不久这个地区就成为苏联东部最重要的产油区，因此，在一个新兴油都的主要通衢，就定名为“泥盆街”。最后，泥盆纪石油，又在西维罗甘姆斯克及塔塔里亚等地方发现。

以上各产油区四散分布，相距俱有数百公里，由此可知泥盆纪蓄油层分布的广泛了。它的蓄油量也远较其上面各层为丰富，至论油的品质，更为巴库所不及。以上是苏联“巴库第二”油田发现的经过，但故事似乎还没有完，乌拉尔山的东部，早已发现了油苗，而这个新油田之可能与其南面的恩巴油田相连，似无多大问题。许多迹象指示出伏尔加河的西岸，也可能有油，而莫斯科东的山区以及与列宁格勒间的潜伏山脉，也是可能的油区，如果钻探得油，则莫斯科将成为产油的中心区了。

邻近北极区的乌黑塔油田的发现，也是很动人的。这里产油，早在十五世纪时就知道了，那时碧佐拉的居民，常把这些从油泉流出来的黑原油为润滑大车轮轴之用。在帝俄时代，先有一个商人在这儿探油，但没有能认真工作之前，他就因欠缴税款而被捕了。另一商人前去钻探时，则因钻头断裂，无法修理而停。最后一个军人请了一位丹麦矿师前去调查，但是巴库油矿的主人，为保障他独占苏联石油事业的利益起见，贿赂了这位矿师，使他提出了一个不值开发的报告。于是乌里塔油田就一直停顿到革命以后，才由政府的提倡，终于成功（发现）了另一重要产油区。此外，在库页岛，在与中国新疆相近的费尔根那都有油，因此，苏联的石油资源，已可说是无疑问的占着世界上第一的位置了。

莫斯科南面库尔斯克草原上的强烈磁性偏差，早在1874年就知道了，大家都相信其地下必有大量的铁矿存在。在帝俄时代，有一个本地地主曾经集了些资本，进行钻探，发现钻进愈深，则钻头就愈磁性化，但始终没有打到铁矿。革命后列宁派了以古柏肯为领队的测勘队前往工作，当时正值战争剧烈的时候，在火线下工作。重新测制了精密的磁差图，最后在磁差最强的地点，进行钻探，同样发现了磁性化的现象，其磁性之强，竟可吸起一块重73磅的铁块。1923年的4月，在162公尺深处，居然钻到了含磁铁矿的石英岩，其后经过多年探矿，终于证明了这个几等于世界铁矿储量之半的苏联大铁矿。现在这个铁矿，因有冶金上的困难，虽还没有开发，但它对于苏联钢铁资源的地位上，无疑地起了基本的改变了。

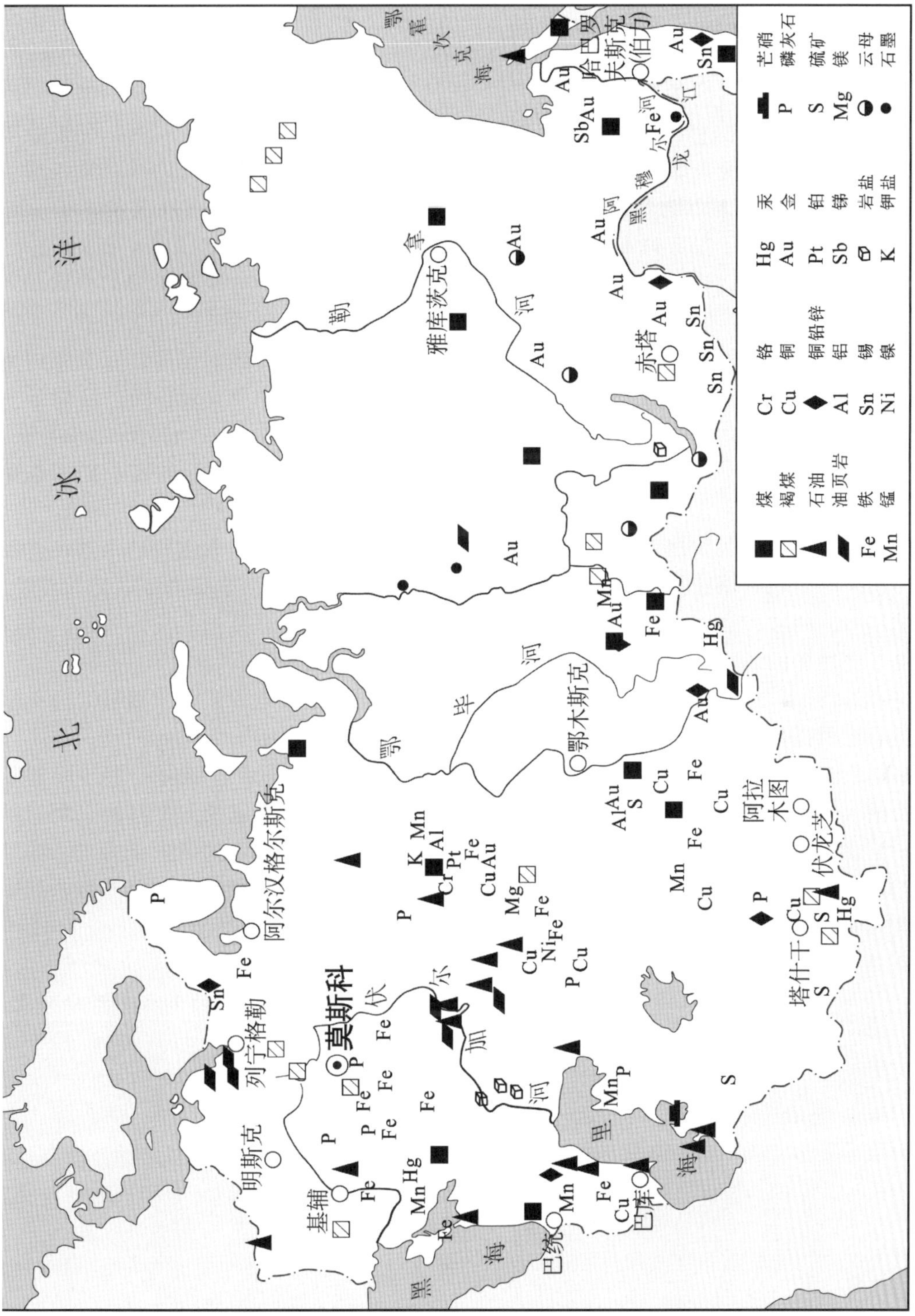

北冰洋
鄂霍次克海
黑海
里海
莫斯科
列宁格勒
阿尔汉格尔斯克
明斯克
基辅
巴统
巴库
塔什干
伏龙芝
阿拉木图
鄂木斯克
雅库茨克
赤塔
哈巴罗夫斯克(伯力)
伏尔加河
鄂毕河
勒拿河
阿穆尔河(黑龙江)
煤
褐煤
石油
油页岩
Fe 铁
Mn 锰
Cr 铬
Cu 铜
铜铅锌
Al 铝
Sn 锡
Ni 镍
Hg 汞
Au 金
Pt 铂
Sb 锑
岩盐
K 钾盐
芒硝
P 磷灰石
S 硫矿
Mg 镁
云母
石墨

苏联矿产分布图

苏联的铜矿，经过几个五年计划的探查，已大为增加，其中最重要的发现，要算是哥萨克斯坦（即哈萨克斯坦——编者注）的许多矿床了。这个地区，远在青铜时代，已有上古的未开化的民族，就露头富矿部分，开采锡矿和铜矿，炼成青铜，制作铜刀，铜箭头及其他装饰品，行销各处。据考古家研究，这项铜器，可远达埃及。降至近代，富矿垂尽，人们已不复忆及此为一古代的矿厂中心了。革命后，由于政府的提倡，地质家的努力，罗萨可夫（Rusakov）首先发现了孔拉德的富铜矿，在不到1平方公里的范围内，有大量矿体的聚集。后又在哥萨克斯坦的中心山区，科学院院士沙得潘叶夫（Satpayev）又详测了及士喀士根的大铜矿，这个地名的意义，就是有铜矿的意思，正像中国地名的金山、银山、铜山、铁山一样，于是苏联地质家又留意地名语尾之有 Kan 或 Gan 者，细心搜觅，结果又找到了许多铜矿，锡矿和水银矿。到今天哥萨克斯坦遂成为苏联最重要的金属矿产区了。

苏联每年需要大量的磷矿和钾盐矿，以供肥料之用，在帝俄时代，都靠北非及德国输入，价值昂贵，只有大地主才有能力购买。革命后基洛夫（Sergei Kirov）同志组织了一个北极圈可拉半岛的探险队，在科学院院士、地质学家费尔斯孟（Fersman）之领导下，在吉平山地中，发现了20亿吨储量的磷灰石和大量可供炼铝及制造曹达的霞石矿。磷矿是绿色松散的矿石，含磷二氧五最高可达30%，产于含霞石的正长岩中，为一种岩浆分泌矿床。开发这个矿是很费经营的，但不到八年的简短时间，这个冰天雪地的角落，就发展为一个新兴的名叫基洛夫斯克的工业都市，拥有5万人口，每年开采矿石达200万吨。在北乌拉尔山的西坡梭列卡姆斯克，苏联地质家又发现了储量达百数十亿吨的钾盐矿和镁盐矿。由于这些矿的发现，遂使苏联对于肥料矿产可以自给自足了。

中国目前情况，正和苏联革命后相似。中央人民政府和各级地方政府正以最大力量来支持中国的地质探矿事业，我们地质工作者，应如何团结一致，密切合作，把理论与实际结合起来，把工作方针与广大人民的要求配合起来，大家齐心合意地朝着一个共同的目标，为发掘祖国的地下富源而奋斗。同时，我们还要学习苏联地质家的探矿精神，要打倒以往若干敏感人士所称的“中国地虽大而物不博”的不准确的观念，训练大批人才，团结广大职工，运用最新方法，最新仪器，有计划有组织地勇往前进，如果能够这样做，我想我们将来的成就，一定是不亚于苏联的。

（注：本文中所提到的地名及俄文原名，请参阅所附的苏联矿产分布图）

大冶鄂城阳新一带铁矿勘探方法的讨论*

1951 年 12 月 6 日大冶铁山会议室讲

大冶勘探工作的任务是为了搜寻建立大冶钢铁厂所需的若干种矿产资源，如铁、煤、锰、耐火材料、白云石等。找到之后，还要估计每一种的矿量，其中最重要的自然是铁矿，就是今天我们所要讨论的题目。此外工程地质方面，我们还得勘察大冶钢铁厂厂址附近的地质，和大冶核心区（铁山）的给水问题，这些我们今天暂不讨论。

大冶铁矿，在以钢铁厂为中心，以 50 公里为半径作圆的范围内，能否有我们所要求的一亿吨以上的数字呢？要解答这个问题，我们先从地质观点来看——

一、铁山的地质环境

铁山曾经日本人开去很多，他们估计到现在还有矿石 3,000 万吨至 5,000 万吨。这是一个保守的估计数字。就是说日本人的探矿工作，很可能不彻底。因为他们是在 1941 年前后几年汪精卫伪政府支持下进行的，做贼心虚，不是平心静气时做的。

我们看来，现在要增加铁山铁矿的储量，还可以有下面的三个可能性：

第一个可能性是加深、补空、加宽、加条的问题。

1. 加深

就是它的深度还有前途。日本人认为最深的深度是 145 公尺，一般只有七八十公尺，有几处只有三四十公尺。我们认为决不只此。

2. 补空

就是在已知的两个矿体间，还有隐伏的矿体存在，如象鼻山、龙洞间的 900 公尺的一段空处。

3. 加宽

如象鼻山矿脉的宽度，下深有变宽之势。因为向上是由于成矿时达至较上部时，矿液沿岩层面而横溢，部分颇似马鞍状矿床。

4. 加条

从以往日本人在狮子山所作探坑来看，矿脉是有两条的，探坑内甚为明显，地表已因露天开采不能确言。又如物探在象鼻山的磁测结果，也认（为）象鼻山矿体之北 100 公尺处，还有一条隐伏矿体。

第二个可能性是东西延伸的问题。

铁山向东有管山，曾经日本人开采过，约近 100 万吨，现在还剩下几万吨。管山再向东二三百公尺是陆家湾百林（小）村，有铁矿出露，出露长度量得为 31 公尺，宽为 13 公

* 原件存全国地质资料馆，档号 11215。——编者注

尺半，其东端10公尺处，日本人打了一个钻。再向东是铁子脑（在下陆的谢家畈附近），出露长度量得为103公尺，再以东是老官庙，山顶有铁的碎块，再东到肖家湾，1947年高振西同志看过。合计铁山以东的一二十里距离以内，有铁矿断续出露，当然值得我们注意。

我们再看铁山以西，已经知道的有分夥山、大面山、砂子脑几处。分夥山的西北面和山的南脚下，都有铁矿。还有分夥山东面不远的大面山南脚下也有铁矿。又在分夥山西北的砂子脑，在400公尺长的范围内，山脊上面有铁矿。

第三个可能性是铁山以北的一个大侵入体，姑名之为大冶侵入体，它的南缘就是铁山的铁矿。可是侵入体的其他东、西、北三面有没有铁矿呢？这是有的，详情在勘察中，现在还不十分明了。铁矿已知地点有碧石渡附近的广山马坡，鄂城西雷二山，肖家湾以北，银山头等处。

二、灵乡的地质环境

灵乡区铁矿的深度很是一个问题。几处矿体的出露深浅，可能因侵蚀的程度而异。此外还有一个特殊现象，就是它的富矿在山顶，往下就前人所挖探槽来看，是以贫矿为主的，贫矿的矿石是磁铁矿，磁铁矿的结晶往往很完整，颗粒有芝麻大小，如交代凝灰质页岩时，生成相当显著的条带状构造，下面的矿是很不整齐的，难以捉摸的。

又就刘岱山附近几处的情况来说，当地人认为矿体很像一个个的萝卜，下面还有萝卜根子。

灵乡的玉坪山，狮子山等地，山顶上的富矿，可能是由于风化作用，把原来的贫矿富集而生成的，时期可能是在白垩纪灵乡系以前。

灵乡铁矿因无铜的杂质，含矽含硫均甚低，矿质是优良的。

灵乡探矿的问题，就是下面的贫矿如何呢？分布好大呢？探矿方法，将来拟以坑探为主，以钻探为辅。就上富下贫来推测，灵乡铁矿的矿是不能过存奢望的。

比较起来，大冶铁山的储量是颇可乐观的。

三、地质条件的控制，可分四个方面来看

1. 找接触

接触面、接触带、接触线等是。因为火成岩与各种地层接触的地方，往往有产生矿床的机会，所以要留意接触。

2. 围岩种类

石灰岩，火山岩，石英岩，砂岩中，石灰岩往往易于成矿，火山岩次之，矽质岩石又次之。又不纯石灰岩往往易于成矿，纯净石灰岩次之。

3. 矿液上升孔道

就铁山来说，矿液上升到相当高处，沿背斜层构造而横溢，停积于这种构造内或其附近，因为背斜层顶部的裂缝是很发育的，成为上升矿液的孔道。其他构造，如层面，节理等，也都是矿液所循的孔道。

4. 围岩蚀变

铁山和灵乡的高岭土化作用是很普遍的，铁山还有青磐岩化作用。

四、探矿的程序

探矿工作要分别出轻重缓急来进行，所以在着手探矿以前，尽量地详做地质工作，目的是全面了解——了解地质，了解构造，了解矿床分布。成竹在胸，才不至于盲目进行。

综合起来看，我们得知道主要矿体之所在，并要明了矿床的集体性，知道矿体两端有无延伸情形，再注意附近的侵入体，注意地质构造关系等项。总之，要注意它的整体，千万不能孤立地看问题！我们所要分辨的，何者为矿群，何者为矿组，何者为矿区，集群为组，集组为区……等问题。

五、工作方法

（1）测量方面，矿群作一千分之一地形图，加上方格子。矿组作五千分之一地形图。矿区就用已有的五万分之一地形图。测图时要留地面标志。

（2）测量要去配合物探，这样可以节省时间，节省人力，因为全国物探工作人员是很少的。

（3）物探图上，不要以为单只画上了物探结果即以为足，要把地质、矿体一并画上。

（4）定钻眼——周密慎重，就地定钻眼。

（5）打钻，要有系统，要用地质来领导钻探，将地面地质与地下地质密切结合起来。铁山区尽先在象鼻山和铁门坎打排钻。

（6）岩心研究不够周密。要以地质研究结果决定钻探工程的进止。

（7）群众报矿的方法，应该提倡。

（8）最后还要用坑探来确定矿体的形状、大小。

（全文曾经讲演人谢副主委校订　黄懿记录并注）

从中国矿床的若干规律提供今后探矿方向的意见*

科学上所谓规律就是定律，有在一定条件下的准确性和普遍应用的一致性的。但矿床学上所称的规律，有时却不能如此准确、如此一致。相反地，因为因素的复杂、环境的悬殊，就有许多的例外。有些规律差不多可适用于全世界，但还有一些规律，只适用于一个地区，甚至只适用在一个矿区之内。等到全世界的矿产都研究得很清楚了，地质的演变、物理化学的环境，都弄得很明白了，就可发现以前的许多所谓规律可能是假规律，是片段的、表面的规律，只有那些经得起考验，能普遍适用的规律才是真规律。

研究和发现矿床上的许多规律，主要是地质问题，但物理、化学、生物以及其他有关的科学，也都有所贡献。在地质部门中，牵涉的范围也很广，地层、古生物、构造、地史、岩石、矿物以及古地理等等，都要研究。有些规律是单纯的，就是一种地质作用的结果；但大多数的规律是错综复杂，是由许多地质作用相互交织而成的。所以我们不能孤立地研究矿床，或凭单方面的根据去解决一个规律问题，必须有全面的眼光，用整个地质理论的根据去研究。

究竟矿床上的所谓规律包括哪些问题呢？这是一个很长很复杂的问题，在这里不能具体解答。但我可以说整个矿床学可算是研究矿床规律的学问。矿床上的各种现象、特性、组合、产状，经过详密的观察分析、比较研究之后，都可找出一定的规律。不过在现阶段中有许多规律还不很可靠，而有更多的规律还待我们继续去发现。总的说来，有大的规律，也有小的规律，有与探矿有直接关系的规律，也有与探矿只有间接关系的规律。如研究矿床在纵的和横的方面的分布和变化的规律就是大的规律，它包括研究矿产时代和矿产区域的问题，要从整个地史、从古地理、造山运动、岩浆活动以及地史演变的各阶段中仔细研究而得。又如研究富矿集中的规律，矿质在垂直和水平方面变化的规律，矿床形态变化的规律，都是比较小的但与实地探矿却有密切关系的规律。又如研究矿床的来源，矿床造成时物理化学的环境，如温度、压力、浓度、酸碱性等等的规律，似乎为纯粹理论问题，但与探矿也有重大的但只是间接的关系。

明了并掌握了矿床的规律性以后，我们就可以解答一个时常被问到的最实际的问题：就是“何处去找矿？如何去找矿？”的问题。虽然我们不能马上指出一个具有工业价值、可以开采利用的矿地，但至少可依据这些规律指出探矿的方向和探矿的步骤，而经过一番

---

* 本文1952年发表于《地质学报》第32卷第3期，219—231页。作者在本文的第三部分“若干探矿方向的意见”中提出了寻找油田的7个条件，指出“在港湾、潟湖或内陆大湖的沉积中也可能生油”，并提出了两个新的探油方向：(1) 以往中国探油只注意中生代和第三纪的地层，其实古生代的各纪地层几乎都能产油。……就此方向，我们定出了一个古生代的可能产油区。(2) 其次要特别注意海相的第三纪或中生代地层。在华北、华东、甚至东北的广大平原下，已有种种迹象指出有广大海水侵入的可能。如果不谬，那么，含油的希望就很大了。所以这些地区应作为可能油区而予以密切注意。”这种提法在中国石油地质学史中是第一次。——编者注

详密的探矿工作后就可能准确地、毫无疑问地划出一块在质量上含有足够丰富的、具有工业价值的矿地了。必须这样做，我们的探矿工作才不致陷于盲目，在探矿的成果上才能增加成功的成数而减少失败的成数，这就是用地质方法的科学探矿的基本原理。

一、中国矿床的规律

中国研究地质虽已有三十多年的历史，但由于已往在反动统治时代受到种种的障碍，研究工作不能长足发展，因此所得结果不是粗枝大叶就是支离分散，谈不到有什么具体系统的重大贡献。至于矿床上的规律，知道的更是不多，还须继续深入研究。当兹新中国大规模经济建设即将开始的时候，开发地下资源尤为当务之急，而研究矿床的规律问题，更是十分重要的。现在把一些极肤浅的、多少可称为规律性的问题，略述如下，以供参考。

1. 矿床在分布方面的规律——纵的分布和横的分布。

（1）纵的分布：就是矿产时代的问题，在中国颇有规律可寻，如煤的盛产于石炭二叠及侏罗各纪，各种金属矿床的发育于中生代末及第三纪初，磷矿沉积在寒武纪的开始，水成铁矿则分布在震旦、泥盆、石炭诸纪之中。大概水成矿床与当时的古地理环境及气候关系最为密切，那个时代有供给矿质的来源，并有适合于沉积的环境，就可造成重要矿床。

至于与火成岩有成因关系的许多金属矿床，则是岩浆活动和地壳运动的结果。因为矿质的来源出自岩浆，但岩浆侵入或喷出的前后，又常是地壳运动剧烈的时代，而造成矿床，必须先有运矿的孔道和容矿的空隙，地壳运动发生的断层、褶皱、裂缝、节理，又适能符合这些要求。因此，岩浆和地壳运动组成了一系列分不开的为造成矿床的基本因素。中国的主要地壳运动可分为震旦纪前的太古界运动，泥盆纪前的加里东宁运动，石炭二叠纪的海西宁运动，中生代末的燕山运动，以及第三纪的喜马拉亚（雅）运动。除了加里东宁运动外，其他每一运动都已找出与它有关联的岩浆活动，并且这种岩浆活动，往往从基性、中性和酸性的喷出岩开始，最后则为大块花岗岩的侵入。如太古界中有喷出岩流，也有花岗岩侵入体。泥盆纪地层中有火山岩流，同时又有属于石炭纪前的花岗岩，在西北的祁连山、天山、昆仑山一带最为发达，秦岭山脉中可能也有。这种花岗岩可称为天山花岗岩。二叠纪时，云、贵、川三省有大片的海底玄武岩喷发，北京西山也有时代大致相当的辉绿岩。而在内蒙（古）自治区和华北一带，则有分布甚广的蒙古花岗岩，其时代为二叠纪后，侏罗纪前。与燕山运动相配合的岩浆活动，先有安山岩、粗面岩和流纹岩的喷发，在北京西山和热河并可分为两个喷发时期，最后则有燕山花岗岩的侵入。这一系列的岩浆活动，在中国东部发育最盛。第三纪只有大块玄武岩喷出，在中国南北都有分布。

在每一系列地壳运动岩浆活动之后，都有若干矿床的造成，如东北太古界中的鞍山式铁矿、菱镁矿、滑石，山东的东海式磷矿都可能是太古界地壳运动和岩浆活动的结果。西北的许多金属矿床，大部分可能与天山花岗岩有关，西南的玄武岩可能是该处许多铜、铅、锌、铁矿床的母岩，为海西宁运动的产物。而华北的许多金矿，可能与蒙古花岗岩有成因上的关系。至于燕山期花岗岩则更为造成中国东部许多金属矿床最重要的母岩。在华南的又可分为二系：(i) 与扬子式的花岗闪长岩有关，造成铁、铜、铅、锌等矿，如扬子流域的接触变质式（广义的）铁矿，大冶阳新的铜矿和水口山的铅锌矿，都属此类。(ii) 与南岭式或香港花岗岩有关，造成钨、锡、钼、铋等高温矿床、分布在南岭、仙霞岭一带。围绕着这个高温矿区，距母岩稍远的地方，也有铜、铅、锌等中温矿床，离母岩更远的地方，在湘、黔、滇一带更有低温的锑汞和雄黄、雌黄矿床，造成表面性的带状分布。在华北，本期的矿产远不如华南的重要，仅有少数接触变质铁矿，如山东、河南等处。燕山期火成作用所成的安山岩、流纹岩中矿产很少，较重要的如浙江流纹岩中的萤石及少量铅锌矿以及澎润土等。第三纪火成岩所造成的矿产，以台湾某处的金铜矿最为重要，其次为经过风化后造成的福建境内的三水型铝土矿和在浙赣一带分布很广的钴土。

（2）横的分布：就是矿产区域问题。所谓矿产区域有两种意义：一是将地形、构造、岩浆及矿产情形相似的地点集合起来成为一区，如陕北盆地与四川盆地都是在地形上、构造上显著的单位，而它所包含的矿产也各有其特点。另一方法是将一种或数种矿质的相似矿床连合起来，成为一个矿产区域，如中国的铁矿可就其矿床类型的不同，分为许多区域，如辽南、冀东、辽东的鞍山式铁矿区，扬子江中、下游接触变质式铁矿区和察哈尔的宣化龙关，以及可能一方面向山西某处，另方面经过井陉而向河南某处断续相连，在震旦纪大地槽四周沉积的宣龙式铁矿区。又如中南区的宁乡式铁矿，很显然的是随着上泥盆纪的海侵边缘而分布的。因为在此线之东只有陆相的泥盆纪沉积，而在此线之西则海侵较深，虽有铁矿而成层较薄。三水型式铝土矿则主要分布在闽、粤沿海及海南岛一带。诸如此类的矿产区域不胜枚举。明了了这种区域分布的道理，就是说，掌握了矿床横的分布的规律，在将来探寻新矿区的工作上，可得到不少的暗示和指助。苏联有一种所谓预测矿产分布图，就是根据这个原则来制绘的，而为了记忆矿产地点，更能给予人们以深刻不忘的影像。

2. 矿床与古地理的关系

地质研究总任务之一，是要设法推测在每一地质时代中地理的情况，包括海陆的分界、山岭的起伏、海水的深浅、温度、生物的分布以及河流、沼泽等等，这就是古地理。因为古地理是控制水成岩生成最基本的因素，而许多矿床，像煤、石油、铝土矿、磷灰岩以及水成的铜、铁矿床，都是水成岩的一分子。因此，为探寻这些水成矿床，古地理的研究最能提供基本的关键。与火成岩有关的许多金属矿床，好像与古地理无关，但因这些矿床的造成都是岩浆活动和地壳运动的结果，而这两种活动又基本上（是）为地理环境所控制的。如大地槽与造山运动及火成岩喷发，或侵入关系的密切，就是一例。因此，为探寻岩浆系统的金属矿床，也不可不注意古地理的研究。

（1）煤的例子：倘将志留、泥盆等纪近似煤类的东西除外，中国真正煤的沉积实始于下石炭纪，其分布只限于云南、广西、贵州、湖南等省，而以云南某处煤田最为重要。到了中石炭纪和上石炭纪，整个华南为海水所侵淹，因此就没有煤层的造成；但在秦岭以北，如西北、华北和东北南部诸省，则有浅水的海湾和沿海沼泽造成了广大的煤田。其附近大陆常为低平的准平原地形，地盘稍有升降，则海陆易相，沼泽中的植物堆积，就易被海水所淹没而得保存，这种情况维持很久，因此造成了多数的煤层，而这种煤层又常与石灰岩相间，这就是华北一带分布很广的太原系和本溪系，可称为近海相的煤系。到了二叠纪，整个华北海水退却，成为大陆，造成了山西系和下石盒子系最为丰富的煤田，这是纯陆相也可称为远海相的煤田。在华南这个时期不断为海水所淹，只在中二叠纪时代，闽、粤、湘南和滇东造成了纯陆相的煤田，而在其他各地则为沿海沼泽，造成了近海相的煤田。以上所述，可知华南各省在石炭二叠纪时代，海侵的时间较长，成煤的时间较短；而在华北，则除二叠纪为主要成煤期外，上石炭纪太原系的成煤条件也相当优越。因此，中国北方的煤远较南方为丰富。这都是古地理环境所造成的。

古地理环境不特可以控制煤田的大小和煤层的厚薄多寡，对于煤质也可发生相当的影响。如上面讲的近海煤田，因沿海沼泽中常富于硫黄菌，因之这种类型的煤，其含硫量常较纯陆相的远海煤田为高。

到了中生代的侏罗纪，除新疆的西南部和香港一小区外，海水全部退却，成为大陆。此时秦岭地轴的隔阂，也已消除，从这时开始所成的煤，都是纯陆相煤田，含硫较低，又因为古地理环境的大致相似，就没有南北型相的分异了。但因东部的燕山运动和岩浆活动远较西部为强烈，而西部的许多内陆湖沼往往非常广大，因此就造成了东西煤田在若干关系上不同发育的情况。

（2）石油的例子：依据石油地质的理论，石油都产在水成岩中，最好是海洋边缘的浅海相沉积，在此中迅速地堆积着巨厚的沉积，因为有机物先天的不遭氧化，倘使后天的也不遭到剧烈的变动，使之毁灭，那末，就可造成石油。但石油的蓄积却不一定限于原生的海相层，它可迁移到附近的陆相层，特别是粗细相间，有足够渗透性的蓄油层和结构紧密足以阻止油质流散的盖层。因之，产油地带大都在从前大地槽的边缘，或其附近内陆大盆地的陆相沉积中。因为从前的大地槽现在常成为高山，而内陆盆地经过后期褶皱，又常成为大山前的前山带，所以在这个前山带中寻找石油，最为有望。

中国有好几个内陆大盆地，其中堆积了第三纪的或中生代的巨厚沉积。第三纪的大盆地，从西到东，有准噶尔盆地、塔里木盆地、甘肃河西走廊以及其南北两山间的山间盆地。中生代盆地最重要的为陕北—伊克昭盟盆地和四川盆地。在这些盆地的边缘都是高山，也就是从前的大地槽，如准噶尔和塔里木盆地间为天山大地槽，塔里木盆地之南为昆仑大地槽，河西走廊与柴达木盆地间为南山大地槽，河西走廊之北与蒙古高原间为北山大地槽，四川盆地的西北缘和北缘为龙门大地槽及大巴山大地槽。陕北—伊克昭盟盆地的四周也都有现在为高山而从前为大地槽的构造，如秦岭、阴山等等。在这些大地槽的边缘，都可能找到为适宜于生油的浅海相地层。倘使承认大陆相或海陆混合相的湖、沼、港、湾等沉积也能生油，则在地盘不断下降的条件下所造成的这种巨厚沉积，只要气候不太干燥，氧化不过剧烈，都可能使有机质保存而变为石油。这就是说，大陆沉积的本身也能生油，如陕北盆地、四川盆地中都可能有这种情况。

事实证明，上面所述的许多大盆地，特别在其边缘和从前大地槽邻接的地方，都是现知的产油区或可能产油区，这与石油成因的理论大致吻合。从此可知古地理环境对于石油的生成有如何重大的关系了。

（3）磷矿的例子：产于寒武纪底部的所谓昆阳式磷矿，在昆明附近的分布，就有八个地点之多。这些磷矿都位于康滇古陆的东缘下寒武纪海侵的滨海地带，是代表一种浅水的沉积。其磷质的来源，可能从古陆上的结晶岩石经过风化剥蚀，再在海中沉积而成。因为康滇古陆的方向约为南北向，所以磷矿也是遵着这个方向分布的。1951 年在四川新发现的磷矿与昆阳磷矿同属一式，在古地理的位置上，也是位于康滇古陆的东缘。所以这个磷矿可称为昆阳磷矿的北延部分，倘使我们预先认识了这个规律，我们老早就应该在四川去搜觅磷矿了。

解放前矿产测勘处在安徽某地发现的磷矿，虽然矿石的颜色、成分和昆阳磷矿大不相同，但在时代上、类型上都完全相似。它是位于古秦岭轴的北缘，也是一种浅水带的海滨沉积。根据黄汲清同志的下寒武纪海侵图，古秦岭轴（包括淮阳地盾和江南古陆之间），有一条下寒武纪的海湾，在此海湾的边缘靠近古陆的地带，应该是沉积磷矿最适宜的地点。它将分布在长江中游两岸和贵州的东部，我们曾派人在南京附近及九江一带搜寻磷矿，但没有找到。后来贵州地质调查所的同志们却在贵州多处发现了同时代、同型式的磷矿。这是从古地理研究可以预测矿床的又一鲜明的例子。

3. 大家注意铁帽

我在 1950 年《矿测近讯》第 115 期中曾提出请大家注意铁帽。因为这个现象对于探矿特别是探金属硫化矿的关系太密切了，所以我在这里重为申述。所谓铁帽，就是金属硫化矿床的氧化部分。因为硫化物常含黄铁矿，氧化后就成为褐铁矿，在气候干燥的地区，也可成为赤铁矿，颜色鲜明灿烂，成为显著的露头，最易引人注目，故称为铁帽。其实许多金属氧化后都可成为显著颜色的帽，如锰帽呈黑色，铜帽呈绿色或蓝色，铅帽呈黄色，镍帽呈绿色等等。如各种金属相杂，就成为斑剥陆离之色。在华东某矿区的钻眼中，发现了深达 120 公尺的铁帽，其中含着许多铅锌矿氧化矿物。从此就提起了我们对于铁帽的注意，熟悉了铁帽的规律。随后我们就大胆地指出甘肃某处所见广大的铁帽，其下可能有丰富的铜矿；又大胆地认定贵州某处的铁矿是铁帽，其下可能有黄铁矿和铅锌矿，现在这些话都已一一地证实了。以后在探勘金属硫化物的过程中，还要更多地注意铁帽。要从铁帽的颜色和结构来预测其下可能含些什么金属。这是一个非常有用的方法，大家必须学会推广，必将有意外的收获。

4. 矿床与大地构造的关系

矿床与地壳运动、岩浆活动、古地理等的关系，已如上述。这些因素的综合就形成了大构造的基本环境，把大构造单位与矿床分布结合起来，就更能看出许多矿床上的规律，以作我们在探矿方面的指针。必须把地盾、地块、地台、大地槽等大构造中的矿产分别来看，并从而研究它的成分、特性、类型，这样才能指出一条合理的、准确的探矿方向。在这里先要略述从大地槽发展到地盾的简史和各阶段的岩浆活动与矿产的生成。所谓大地槽就是在稳定地带间的或稳定地带内的活动的地带，因为继续下降，就能造成深厚的沉积。这时古陆深受侵蚀，其上如有已成的矿床就要受到风化、剥蚀和冲积的作用，而造成残积矿床、砂积矿床以及次生富集矿床。在地槽中，特别在浅水地带，就能造成从古陆上冲刷下来，而经海水中生物作用造成的各种水成矿床，如磷矿、铁矿，和在隔绝的海盆地经过蒸发作用而造成的各种盐类矿床。在古陆上广大的湖沼和在沿海的沼泽或港湾中则堆积了植物的遗体，进一步造成煤层。在浅海带潟湖、港湾以及三角洲沉积中，如含有丰富的有机物，将来就可能造成油田。当地槽中的沉积日厚，则槽底的下降也就越深，最后就达到矽镁带。而在造山运动尚未开始前，就有基性岩浆的喷出或侵入，造成了大部分属于海底喷发的基性岩，以及从此发泄出来的许多喷气。此种喷气有时可造成相当丰富的若干类型的铁矿和铜矿，如我国西南各省分布广泛的所谓峨眉山玄武岩以及由此造成的一系列的矿床，特别如杏仁状铜矿等。这个时期可称为大地槽岩浆活动的初期。大地槽中的沉积，都是松软脆弱的，经过两旁古陆的侧压力，最后就逐渐隆起、挤压褶裂，造成剧烈变形的阿尔卑斯型的山脉，这是大地槽的主要造山时期。在此时期的前后，地下的大量岩浆随着活动，侵入于由于褶皱所造成的许多空间中。岩浆的成分大概是从超基性、基性逐渐变为酸性，最后则为大块花岗岩的侵入。当岩浆冲动达到最高的地位时，就能喷出地面，造成各种火山岩。由于这个大量岩浆活动的结果，各种不同类型的岩浆系统矿床就跟着产生了。如在岩浆中特别是基性岩浆中凝结的胎凝矿床，以及与花岗闪长岩或花岗岩有成因关系的各种伟晶矿床、汽化矿床、接触变质矿床、热液矿床等都在这个时期中产生。在这里应当分别两种不同时期的火成岩，一是成于造山运动之前，一是成于造山运动之后。前者因受挤压同化，常成为片麻岩、片麻花岗岩以及各种混合岩。其中矿床较少，重大的矿床更不多见。只有与主要造山运动同时或终了后的岩浆活动，才能产生各种重要矿床。如我国天山花岗岩、燕山花岗岩及其分异或同化等岩浆所造成的在西北和在东南分布很广的各种金属矿床，就是一些例证。主要造山运动和成矿时期之后如再有运动，只能发生断裂或轻微的褶皱，造成断块山，形成所谓日耳曼式的构造。此后往往还有一个岩浆活动期，造成若干中性或酸性的火成岩，如安山岩、粗面岩、流纹岩之类，发生浅成的热液矿床，如我国燕山期末期的流纹岩喷发，以及从此产生的若干铅锌矿和萤石矿床就是一例。大地槽最后的一个岩浆活动常为大片玄武岩的喷发，如中国第三纪玄武岩就可能是燕山期岩浆活动的尾幕，它造成一些钴矿和从玄武岩风化而成的铝土矿。到了这个时候经过了褶皱、造山、侵入、喷出的繁复过程，地基已非常坚固，以后就只有逐渐下沉，为后来的堆积所盖覆，在深处受变质作用，造成变质矿床，这就成为地盾、地块，或称坚地了。

以上所述，虽多理论推测之谈，在现阶段中可能是一种最为合理的论断，我们可以暂为采用。黄汲清同志所著的《中国构造单位》就是大致应用这种原理来解说中国的构造特性的，但他对于这种构造单位与矿床的关系，却说得太不够。我们应当把这些单位，更准确地划分，然后再研究每一单位中各种矿床的分布、成分、特性和类型，从此可推断出矿床在大地槽发展史中的阶段，与岩浆活动序幕的确切关系。然后才能在全国范围内对于各种金属矿床作一个合理的比较与估价，才能具体地指出将来探矿的对象和方向。

二、要注意矿床的群体关系

从上所述可知，矿产的造成是有其一定的因素和环境的，是由于错综复杂相互交织的地质作用所发生的。因此，无论何种矿床都不是偶然的、局部的现象，而却是相当长的、相当广泛的现象。但是由于先天的条件（如沉积地区的不连续，岩浆活动的分散，断裂的不均等）和后来的变化（褶皱，断裂，风化，冲刷，掩盖等等），大部分的矿床常不能连续完整。在露头上所见的矿体尤为支离散漫。而这些零散的矿体或矿层合起来后，就能成为一群，把许多群合起来，就能成为一组，把许多成分虽不相同但在成因上和时代上有连带关系的矿组合起来，就能成为一个矿地或一个矿区了。这就叫做矿床的群体关系。如果我们只抓住了一个矿体，而忽略了其所属的矿群、矿组，在学理研究上就要陷于片面，在经济发展上更要招致重大的损失和错误。这是十分严重的问题。因此，我们在调查一个矿区时，必须尽量扩大我们的普查范围，把包含着与这个矿床的地质环境相似的地区，统统加以测勘，初步划定这个矿地的最大分布范围，然后再有计划、有步骤地施行详测和钻探。只有这样，才能明确了解矿床的群体关系，才不致遗漏了和低估了天赋我们的丰富的地下资源。

由于不能准确地掌握矿床的群体关系，就使我们只发现了福建某处的铝土矿，而却忽略了相距不远、地质环境完全相同的另处铝土矿。忽视了由于古地理环境所造成的矿床群体关系，就使我们在知道了昆阳磷矿很多年之后，才发现四川某处的重要磷矿。这些例子是很值得我们警惕的。

相反地，从矿床群体关系的观点出发，我们曾在一矿床附近地区定出了广泛调查的计划，从而指出了有望的地点，再加详测、钻探，终于发现了较原矿区超出10倍以上的矿量的新矿区的经验，这就是发现华东某新煤田的例子。经过多年的普查和详测，现在知道这个煤田的分布恐还不止限于已知的老矿区和新发现的几个地带。在长约100公里，宽约50公里（的地区），都可能有煤田的存在。由于明了了古地理和矿床的群体关系，我们老早就指出在江南古陆的边缘，从九江到贵州东部一带，可能有磷矿，这个预言，终于被贵州地质调查所的工作所证实了。

目前正在测勘的许多矿地，如湖北某铁矿、云南某铜矿、安徽某铜矿和宣龙铁矿，都正在应用矿床的群体观点，尽量扩大普查范围，在地质环境相似的地区内详测、钻探，以便发现新矿床。在宣龙铁矿和安徽某铜矿都已得到了初步的结果。

三、若干探矿方向的意见

掌握了矿床的规律，明了了矿床的群体关系，我们就可指出今后探矿的若干方向。就是说，上哪儿去找矿，找哪种类型的矿和用何种方法去找矿的问题。以下就愚见所及，把几种重要矿产的找矿方向，略为论述：

1. 煤

新中国在三年中对于煤矿的恢复和发展工作，已获得了辉煌的成就，大规模的经济建设高潮即将到来，煤的需要就要激增。为了在最近期内达到预定的年产量，目前已开发的若干煤田，必然是不够的。此外，为了供给特别缺煤的西北和华南及为充分供给冶金焦（如东北），开发已知的煤田和发现新煤田，都是我们迫切的任务。如何发现新煤田，完全是地质问题。在目前的条件下，我们可依照下列二原则进行。

（1）要在已知煤田的附近，从研究古地理、地质构造等资料，重新建立其原来煤田沉积的范围，因而指出何处可以发现新煤田，再用钻探来证实。华东某新煤田的发现，就是一个最明显的例子。江西某矿区在红色地层下钻到了丰厚的煤层为另一例子。目前在苏北一带的工作，也是照着这个方向进行的。将来还要在河北某煤田和甘肃某煤田及秦岭山脉的山间盆地中寻觅与已知煤田有关联的新煤田。

（2）要在为新地层或冲积层所埋覆的地方寻找新煤田。这个方向的范围更广泛了。太行山东坡的许多地段，都有发现新煤田的希望。其中有若干处，日本人已作过地震震波探矿。北满大片为森林和浮土所盖覆的地带，其下可能发现比现在更多更大的侏罗纪煤田。目前在渭河北岸黄土台地上进行的钻探工作，是这个探矿方向的例子。

2. 铁

为了大规模的经济建设，中国现知的铁矿矿量是万分不够的。所以发现新矿床，当为今后努力的方向。在水成铁矿的探矿工作中，首先要依据古地理，推定古代的海岸线及浅海带的所在，作为我们勘测的范围。其次，再依据详测构造的结果，进行钻探。如宣龙式铁矿、宁乡式铁矿，都可用这个方法。在火成矿床的磁铁矿体，要广泛地施行磁性探矿法，以勘定矿体所在，再进行钻探。山东某铁矿在远距已知矿体十余里外的平原中，钻到了铁矿，就是依靠磁测探矿的结果。在人烟稀少，交通不便，而铁矿分布又可能十分广泛的地区，可用飞机磁测法，这样可在短时间内完成广大面积的勘查。然后就指出地点，进行详测和钻探。此外，在已知接触铁矿的附近，要沿接触带扩大测查，以便发现新矿体。山东某新矿的发现，就是一例。

3. 石油

寻找油田，除油苗等外，主要依据古地理环境，沉积型相和地质构造。大致的条件如次：(i) 大地槽边缘的浅海地带；(ii) 为海侵所及褶皱轻微的地台区；(iii) 没有火成岩的干扰；(iv) 有相当褶皱，但造山运动不能过于剧烈；(v) 粗细相间的地层，有生油层，也有蓄油层；(vi) 生油层和蓄油层不要过于暴露的地区；(vii) 此外，在港湾、潟湖或内陆大湖的沉积中也可能生油。

依据上述条件，我们编制了一张中国油区和可能油区的分布图。这里指出了两个新的探油方向：

(1) 以往中国探油只注意中生代和第三纪的地层，其实古生代的各纪地层几乎都能产油。世界各国实例甚多，尤以石炭二叠纪、泥盆纪等产量更为丰富。就古地理及沉积型相研究，中国古生代地层，未尝不能产油。贵州翁项的志留纪油苗足为一证。而泥盆纪和石炭二叠纪地层，就沉积型相和古地理研究，也都有产油希望。就此方向，我们定出了一个古生代的可能产油区。

(2) 其次要特别注意海相的第三纪或中生代地层。在华北、华东、甚至东北的广大平原下，已有种种迹象指出有广大海水侵入的可能。如果不谬，那末，含油的希望就很大了。所以这些地区应作为可能油区而予以密切注意。

4. 铜

中国产铜不多，而需要激增，详测已知铜矿和发现新铜矿，当为中国地质工作者今后主要课题之一。就苏联专家的意见，作为中国主要勘探铜矿的对象，似有下列各类型：(1) 斑岩状或浸染式铜矿；(2) 黄铁矿式铜矿的中温热液矿床；(3) 含铜较富的脉矿；(4) 磁铁矿、磁黄铁矿和黄铜矿共生的接触变质铜矿。我们如果找不到质量俱丰的大铜矿，则成分较低，而矿量巨大的矿床，实较零散的富矿为重要；因此，斑岩状或浸染式铜矿当为主要的对象。目前这类铜矿在中国发现尚少，成分合格，矿量巨大的尤不多见。今后当就此努力，并把浸染在砾岩中的西康某铜矿，也作为斑状铜矿看待。因为这种铜矿也可能是由上升热液造成的。此外，当特别注意构造控制、铁帽类型以及次生富集作用，这与勘定铜矿的聚合和富集矿体有重大关系。目前必先编制一张铜矿分布与大（地）构造关系的图，从此可定出在不同大（地）构造中铜矿床在成分、形状和类型上的特性，作为将来探矿的指针。

5. 铅、锌

铅锌矿也是中国非常缺少，而又极感需要的矿产。目前已在生产的只有辽东、辽西、云南、湖南等处，开采数十年，但其附近仍有发现新矿的希望，现正钻探。从地质观点和古代铅银产地的纪载，以后探矿似应首先注意云南西南部一带。其次滇东的许多古铅银矿中，也有若干可以恢复发展。在赣西和赣东一带也是古代开采铅银极盛的地方，值得注意测勘。冀、热、辽山地中的许多铅锌矿也应注意。湘中为一个重要铅锌矿带，如仔细调查，可能发现很丰富的矿床。此外，在鄂西南和湘西高原区域与火成岩似无直接关系的许多铅锌矿床，可能也有若干大矿。

6. 铝矿

中国铝土矿可分为一水型与三水型两类：前者产于中石炭纪和二叠纪，在云南、贵州、辽东、河北、山东许多煤田中分布很广，为重要的耐火材料。三水型铝土矿系由玄武岩风化而成，已发现者有福建的两处。因三水型铝土矿较易处理，以后当特别注意，并要在闽粤沿海、雷州半岛、海南岛等地质环境相似的地方，仔细搜寻，必能发现新矿床。

7. 磷矿

中国磷矿可分为五种类型：

（1）产于太古界或元古界结晶岩中的变质水成矿床，为结晶的磷灰石。成分最高，如苏北的某矿。

（2）寒武纪底部的水成磷矿，不结晶，质量俱佳，最为重要。且分布极广，现知产地有云南、四川、贵州及安徽等数十处。

（3）下志留纪顶部的磷矿，在南京及安徽数县已有发现。惟成层既薄，成分亦欠佳，似不重要。

（4）二叠纪孤峰层中的结核磷矿，在南京及浙江俱有发现，成分尚佳，或有开采价值。

（5）南海各岛的鸟粪矿床。

从上所述，可知中国磷矿极有发展的希望。而在五种类型中，尤以（1）、（2）两类最为重要。据日人报告，山东某地有东海式的，为东亚最大磷矿之说，但地点不详，当详加测勘，以便发现。寒武纪底部的昆阳式磷矿为中国最重要的磷矿，今后当就上述古地理的环境，在寒武纪海侵靠近古陆的浅水地带，详为测勘，必能发现更多更大的矿床。

8. 钒矿

现仅知热河一处，系含钒磁铁矿，显属岩浆分异矿床。从昌平到山海关一带平原下的砂铁，据分析不但含钛，且含有相当成分的钒。这种含钒钛的磁铁矿砂矿显然是由热河高原上的钒钛矿床冲刷下来重新堆积而成的。因此，可推想热河高原上这种矿床的分布，决不止一处。而西康某处的含钛磁铁矿也有含钒的可能，因为这都是岩浆分异矿床。如此说来，中国的钒矿资源，也很有希望，应在上述地带或地质环境相同的地区，仔细调查，可能有新的发现。

9. 超基性岩石中的矿产

有若干矿产如铂、铬、镍、金刚石等时常产于超基性岩石中，都属岩浆分异矿床。在中国已发现的有吉林与宁夏的铬矿，甘肃祁连山中的铂矿（闻秦岭中产铂，尚未证实），西康和山东济南的镍矿。西北的超基性岩石分布很广，所以，为探觅这类矿床必须在甘、青、宁、新数省多加注意。

中国金刚石的产地，现知者共有两区：

（1）湖南的沅江流域，从常德经桃源、辰溪以达黔阳，在淘砂金时常有金刚石发现。贵州东部的天柱、锦屏砂金矿中也有这种矿物。金刚石的晶粒如黄豆大小，偶也有大粒，色微黄或无色，售给商人为钉碗钻孔之用。

（2）山东临沂附近，详情不悉。

以上二处多产自近代或古代的冲积层中，其来源何自，产于何种地层或岩石，俱不得而知。据世界金刚石矿床的产状，除次生的砂积矿外，其原生矿床，大都产于超基性岩石中。只有极少不重要的例子，可能产自伟晶片麻岩中。山东济南及淄博煤田俱有大块辉长岩，济南的东南并产镍铜矿，因此在沂水流域或有发现超基性岩石的可能。必须扩大普查范围，注意搜寻这类岩石，以便追索金刚石的原始来源。

沅江流域一带火成岩很少，超基性岩石更无所闻。贵州东部也全属水成岩区域，只有东北部的梵净山，地形高耸，为复杂火成岩的地块所成。以往从未详细调查，其中可能有含金刚石的超基性侵入体。因此，我们除在黔阳盆地、沅陵盆地和桃源盆地的砂金矿床中施探外，还必须派队在梵净山、佛顶山一带普查。同时还要注意震旦纪冰碛层中有何金刚石，因为这种矿物可能经过多次冲积，而其原始来源，则可能出自梵净山一带的老地层中。

此外，可能产生金刚石的地点还有甘肃的祁连山和秦岭。这两区都有超基性岩石，在探寻铂矿时，可附带注意。

10. 碱性岩石中的矿产

中国碱性火成岩在山西已发现两处，在甘新境内似分布尚广，还待研究。碱性岩中有时可产生大量磷灰石（如苏联新发现的科拉半岛磷矿）及黄铁矿式铜矿床，以后调查该类岩石时，当特别注意。

以上所述的一些方向，只是从地质观点出发的。今后我们当适应祖国大规模的经济建设需要而朝这些方向努力。

青海省共和、贵德境内地质矿产简报*

一、行程纪略

我等结束了第一阶段化隆、民和的预查工作后，于八月三日又自西宁出发，乘汽车越日月山赴倒淌河，因候牲口在倒淌河停留 4 日，考察附近地质并赴青海❶边视察。八日经把卡台赴曲乃海考察都龙沟的铅矿。十一日赴寨门卡牙❷考察铜矿，在山共住 7 日，测制了五千分一的矿区地形地质图，并雇民工挖了一个浅槽。十八日赴罗汉堂，测制五千分一铁矿区地形地质图。廿二号赴德河楞，考察附近地质及含铜石英脉。二十六号赴贵德相曲沟考察甘家沟的煤矿及铜矿。二十八日赴贵德县。二十九日赴贵德西南的温泉考察地质。因天雨多日，公路不通，乃于三十一日自贵德骑牲口赴尕让。九月一日越拉基山至上新庄以南，遇到由西宁派来的汽车，乃乘车北返，于当日到达西宁。

综计此行共历一月，共测勘了五个矿地，就是都龙沟的铅矿，寨门卡牙、德河楞和甘家沟的铜矿及罗汉堂的铁矿。其中只寨门卡牙的铜矿有进一步勘探的价值。除测制五千分一矿区地质图两幅，计共 6.53 平方公里外，因所携十万分一地形图极不准确，乃自测从曲乃海至相曲沟的五万分一路线地形地质图，计长 68 公里，面积约计 379 平方公里。沿线地形崎岖，交通不便，又加淫雨连绵，行旅困难，影响工作甚大。共和县中郭密区委书记郭登云同志从倒淌河起一直陪同测勘，直至贵德县为止，对于矿区情报及找寻露头协助很多。贵德县赵县长及杨秘书在贵德境内曾陪同调查，并送食品慰问，统此志谢。

二、沿线地质

1. 从西宁到倒淌河

从西宁出发，沿湟水北的公路西行，俱为冲积平原。30 公里至扎马航镇，始见石山，为黑云母片岩及片麻岩。自此即入五石峡口，两旁露头很多，片岩的层理俱向西南倾斜，倾角 50 度。至海藏寺（距西宁 40 公里）露出很多的石英质片岩，花岗片麻岩及伟晶花岗岩等。至 45 公里处，开始出露千枚岩，斑点状片岩等，属南山系，似向西北倾斜，倾角 50 度左右。52 公里即达湟源县城，拔海 2,720 公尺（气压计估计），系位于一小型的红层盆地中。

自湟源西南行即为花岗岩。自此经小高岭直达山根庄之北，10 余公里间俱为这种岩

---

* 本文成文于 1953 年 4 月，文稿存全国地质资料馆，档号 5080。文稿前有文字称简报有下列附图：（一）青海共和县塞门卡牙前本儿铜矿矿区图，（二）青海省共和县曲乃沟相曲沟间路线图，（三）青海共和罗汉堂才冲山，（四）罗汉堂塞门卡牙间地质剖面，曲乃海耶里毛台间地质剖面，才冲山地质剖面（一），才冲山地质剖面（二）。虽然如此，但这份资料中却并没有这些附图。——编者注

❶ 这里的“青海”指青海湖，下同。——编者注

❷ 寨门卡牙，原文在正文中俱写作“寨门卡牙”，但在正文前所列的图名中俱写作“塞门卡牙”。——编者注

石，结晶粗大，具斑状结构。至山根庄以前不远，有黑板岩，中含变质矿物。再向南，行经药水塘、克素尔，俱为一种厚层至薄层的矽质或白云质石灰岩，风化后常成红色，形成峭壁尖峰，中夹薄层千枚质板岩。地层倾向首为北60度东，倾角约40度。继见千枚质板岩，褶曲甚烈，成垂直倾斜，最后在克素尔之南，石灰岩改向西南倾斜，其间可能成一背斜层。此种灰岩向东南分布甚广，组成塔尔寺西南的高山，俱成峭壁尖峰，远望极易辨识。至论其时代，因未找到化石，暂难决定。大致推测可能位于南山系之上，属上部古生代，也可能较古，而属南山系。至图尔干有白垩纪红砂砾岩，其分布向南直达毛多吉庄，组成一盆地构造，南翼系不整合地位于片麻岩之上，向东北倾斜，图尔干附近则向西南倾斜。图尔干与毛多吉庄的中间，公路之东有一茶石浪沟，产煤，据云有煤三四层，各厚一公尺至二三公尺，属烟煤，质甚佳，从前马匪步芳开过，可能属侏罗纪，而位于白垩纪红层之下。至毛多吉庄后，开始上日月山，首为白垩纪红砂岩，继为黄土及其下的红土砾石，俱成缓坡，但其东西俱为高山，属片麻岩系，山虽高但无尖峰峭壁。山岭高度大致相若（估计在4,000公尺左右），可能代表一最老的准平原地形。日月山的分水岭俱为黄土、红土所覆，无露头，拔海3,600余公尺，坡度甚缓，因此组成了目前赴青海、都兰、玉树等地交通必经的要口。从日月山下坡西南行约15公里即到倒淌河。

倒淌河拔海3,300公尺，地形平坦，属游牧地区，不能耕种，青新及青藏两公路俱由此经过，有宿店七八家，来往汽车甚多，堪称交通重镇。倒淌河草原南北宽10余公里，东西延长甚远，向西20余公里为青海边，向东不及六七公里则为把卡台的台级。倒淌河高出青海约180公尺，因此河水俱向西流，与一般的东流方向不同，倒淌河之名即由此而来。我们曾乘汽车沿着青新公路至青海边考察。青海东头有一小耳海，北岸多沙丘，南岸则无。南岸海边有一狭的砾石滩，砾石多片麻岩、片岩、板岩之类，水的咸度不高，滩边未见介壳。向西行10余公里为二郎箐，系一砂堤，向北伸入海中，未及北岸而没。海南有一系列山，形状和缓，但也相当高。我们曾至一沟名海峡者（有藏民帐篷）考察，其露头俱为片麻岩，片岩及花岗岩，属皋兰系应无问题。此间地形一般成准平原状态，但其突起的高山，可能由于花岗岩侵入掀起所致。片麻岩的片理向北40度东倾斜，倾角45度。

倒淌河之南有一大致东西向的低山，十万分一地图上名八盘山，也叫柳梢沟，高距倒淌河草原最高310公尺，分水岭只高290公尺，地势平缓，坡度极小，代表一标准的准平原地形。青藏公路沿倒淌河西不远的一个山沟向西南行，于黄土下即见层次非常清楚但倾角很陡（向北50度东倾斜，倾角40度到70度）的地层，主要为千枚状页岩，页岩及石英质页岩，色深灰或黑色，其中也夹杂着一些黑板岩。页岩及石英质页岩常具细密层理，有时可见复杂不规则的交叉层；也有细密层理的页岩夹于石英质岩石中，因受上下地层剪力的挤压而现复杂的小褶皱。自此上行，两边露头很多，岩性大致相似，俱为灰黑色页岩与灰绿色砂岩的互层。至距分水岭下约三四百公尺的距离，拔海3,250公尺处，于黑页岩中见一厚不及半公尺的结核状页岩，中含不少石灰质结核及石英砾，其中也夹杂着若干保存很坏、常受挤压的腕足类化石；若干石灰质结核可能原来也是化石，但现已被破坏，看不清楚了。从分水岭下坡所见岩石与前大致相似，至距山根约三四百公尺处见到粗粒硬砂岩及砾岩一层，厚约10公尺。硬砂岩中分子复杂，含长石及黑云母。砾岩厚不及半公尺。其中块砾俱属页岩。再下为一层白云岩，厚约1公尺。未见化石。再下又见几层灰绿色硬砂岩夹于黑页岩中。页岩的颜色较前更黑，常成为板岩。自此直到山根，岩性都是如此。

此山宽度直距五六公里，弯曲距离可能到 8 公里。山南又为一大草原，为千卜录千户住所，其宽度及长度较倒淌河草原更大。八盘山地层概向北 50 度东倾斜，倾角平均五六十度。假定有一部分因同斜褶皱而重复外，其厚度至少达二三千公尺。此系南山系的一部分，代表海相的黑页岩类型，为标准大地槽沉积，如所采腕足类化石可资鉴定，则其时代可以确定。八盘山为拔海 3,600 公尺左右的准平原，其上为黄土所盖覆。岩石风化后，因长有许多苔藓，呈褐红色，远望颇似铁帽，但并非真正的铁帽。绢云母化等矿化现象亦未见到，但在若干处见到黄铁矿氧化后的褐铁矿方块，当系动力变质的结果。此山向西延长五六公里，至海峡之东才变为片岩、片麻岩及花岗岩，山形也高大峻峭，其间关系可能为断层。

从倒淌河西北行，过河约半里上亦高阜，高距河面约 10 公尺，为第一级台地。自此上行约 10 里至另一土阜，高距河面约 130 公尺，为第二级台地，经过被现代河流切割所成、约东西方向排列但断续不连的前山。此前山也见于青海的东岸，俱为砂层所成，中杂小石块，大的块砾很少，不具层次，显属在风力与水力混合作用下所成的半沙漠沉积，可见当时的气候比现时还干燥。自此上行，沿此半沙漠沉积所成的缓坡，经过若干为现代水力所冲刷的小沟，其中大小块砾非常多，足见水力冲刷的强大。共行约 10 公里才到山根，有片岩及片麻岩出露，组成高距河面三四百公尺比较峻峭的山，其后主峰高距河面约八九百公尺，山形更为峻峭，山顶成尖峰，下为急陡的堆屑，成为岩流，显受热胀冷缩及霜雪风化作用所成，为标准的高山崩解地形。依据河谷中的漂砾判断，此主峰主要为花岗岩所成，它侵入于片麻岩系中，因花岗岩的片理不显著，其侵入时代可能较新。

根据上述观察，我们推断倒淌河草原为一地堑，南北俱为断层所限。北面的山就是日月山及其东西延长的山（日月山东延为野牛山），俱属片麻岩及片岩，中为大块花岗岩所侵入。南面的八盘山在倒淌河之南，属南山系的页岩及石英质砂岩，但在青海之南则也属片麻岩系。

2. 从倒淌河到寨门卡牙

自倒淌河草地向东行约 5 里上一台级，高距倒淌河约 50 公尺，再东行数里又上一级，高距倒淌河约 100 公尺，此处广布沙丘，一般西坡平缓，东坡急陡，表示风向自西或西北吹来。此沙丘是否代表古青海湖的东缘尚待考证。自此，路线渐改向南行，地势亦逐渐低下，约 20 余里至把卡台，拔海 3,280 公尺，低距倒淌河约 50 公尺。此处有一南北向河流，名玛琅沟。自野牛山下行，西面为一南北向的高山，高距河面约三四百公尺，东为把卡台，非常平缓，河流切入南山系的砂岩、板岩中不过五六公尺，但愈向下行则切割愈深。我们自把卡台配种站帐房过河，沿西面山坡迤逦南行，一路平坦，均为草原地，绝无人烟。行 10 余里至台地边缘，南望黄河河谷，切割甚深，群山起伏，地形险峻。此处为玛琅沟出口处。从高原至沟底，坡急岸深，均为砾石及黄土砂层相间成层。至曲乃海，拔海 2,730 公尺，低距把卡台顶 570 公尺。就是说，这层砂砾层的厚度至少达五六百公尺。在把卡台配种站附近及沿路所见南山系的砂岩、板岩俱向西南四五十度倾斜，倾角从 30 度到 70 度，一般都很急，在五六十度间。倘与倒淌河南的观察相连，则其间可能成一背斜层，而倒淌河南所见的黑页岩、板岩似属南山系的上部。

曲乃海附近俱为新生代地层，上为砾石及砂土的夹层，厚五六百公尺，下为红土中夹淡灰色黏土，含介类化石，厚亦约四五百公尺。黄土砾石与红土间似有一不整合，因为前者常可超覆于灰色黏土之上，使红土层缺失。以上地层组成深受切割、形势险峻的恶地地形。自曲乃海沿玛琅沟西行约1公里有一石峡，为粗粒花岗岩所成。在峡的南北两壁（主要为北壁）于石隙中冒出温泉甚多，有一处共有三股温泉，平射达半尺至一公尺的距离，并发出巨声。温泉分布范围，东西达300公尺，俱沿花岗岩的裂隙带冒出。水的温度极高，可煮鸡蛋，在其附近岩石被热不能立足，必须掺入冷水始能洗澡。温泉流出处有硫黄及一种白色的沉淀物。

从温泉向北，上一陡坡，高距约百公尺。在坡顶见灰色薄层状石灰岩，向南40度西倾斜，倾角四五十度，与花岗岩的接触面走向北50度西，向西南急倾。在接触处，花岗岩结晶较细，因灰岩质地较纯，变质后仅结晶成大理岩，肉眼观察未见有何接触变质矿物。自此西行，灰岩出露甚多，大部成薄层状，偶有呈厚层状者，中夹少数薄页岩及泥质灰岩，俱不变质。曾遍觅化石，毫无所得。计其厚度约有四五百公尺。再西行，见绿色火山块集岩，似位于石灰岩之上。更向西行，则有黑页岩及砂岩，倾斜俱向西南，倾角48度。再西行，覆盖甚厚，露头不清。至距都龙沟不远处，则见具细密层理的矽质石灰岩、矽质页岩及石英岩，变质极深，也向西南倾斜，倾角从五六十度到直立，一般都很急陡。此层应属南山系似无问题。但上述的石灰岩、火山块集岩等的时代，因未找到化石颇费考虑。根据岩石性质及变质程度，该层应较南山系为新，而从民和乌释沟附近所见火山块集岩位于侏罗纪煤系及火山岩系之下的事实来判断，上述地层可能属中生代。兹暂以石灰岩属三叠纪，火山块集岩及砂页岩等属侏罗纪，留待将来证明。

温泉附近的花岗岩似沿一断层上升，其本身又多破裂，造成一宽大的裂隙带，深达地腹，潜水沿此下降，温度渐增，终至达到沸点，借水蒸气的膨胀压力，又沿裂隙上升，造成温泉。玛琅沟自野牛山下行，大致取南北方向，蜿蜒于把卡台之上，至台地边缘始深切成为深沟。至曲乃海折向西行，穿越花岗岩及南山系所成的坚石，造成峡谷，至都龙沟之南不远处流入黄河。这种经流方向颇不合理。据我们初步推测，从前的玛琅沟可能自曲乃海西南行，穿越刚拉与桑鲁山间的黄土山，经曲苟昂沟流入黄河，后来因黄河向温泉方面一个支流的向上侵蚀力量较大，切割也较速，终至达到曲乃海，把玛琅沟牵引向西，而使刚拉与桑鲁山间成为一个干沟。这种现象在地文学上称为河流的袭夺。究竟是否如此，尚待详细研究曲苟昂沟的地形及沉积情况后才能决定；我们因时间不够，只能提出问题，留作将来工作者的参考了。

自曲乃海南行，越黄土及砂砾所成的格血山，下坡至耶里毛台，为拔海约2,800公尺的草原。在此高台之上有二三百公尺的高山，俱为安山岩、粗面岩、斑岩及块集岩，显属中生代的火山岩系。有一处还见到有似明矾石化的岩石，宽达50公尺，已采有标本，留待分析证明。自此向西南行，即为黄河峡谷的边缘，深约二三百公尺，陡急难下，自边缘望，见成红黄色的矿化带延长甚远。曾在黄色的矿化带中采到自然硫黄及铁帽，其岩石则属花岗斑岩。据郭书记及到贵德后遇见水力测勘队李队长所说，该队曾于去年在此采到铜绿非常显著及含黄色金属矿物的矿石，是否为黄铜矿尚待证明。据云，这个矿化带延长达2公里，可与寨门卡牙的铜矿断续相连。在拔海2,800公尺以下，峡谷地带的地质显俱属南山系及侵入其中的花岗岩或斑岩，但在台地之上，则有中生代的火山岩，两者成显著的不整合。这种事实足与曲乃海以西有中生代石灰岩、块集岩及砂页岩的假定相吻合。

自耶里毛台下坡东南行，在曲苟昂沟的下流，见花岗岩出露甚多，但在高坡及台地上则俱为黄土及第三纪的红土层。自此沿黄河边缘迤逦东南行，花岗岩断续相连，约10里许到达寨门卡牙。

寨门卡牙拔海2,930公尺，沿黄河边缘有南山系的矽质石灰岩及石英岩、页岩等出露甚广，概向北20度西倾斜，倾角70度到80度，有时几乎直立。其北面及东面有花岗岩出露，接触带成北北东—南南西的方向，高坡及台地上则俱为黄土及第三纪红层的沉积，组成3,000公尺以上的高山。在台地上，有时黄土层被切割分离成为许多锥形小丘，与喀斯特地形相似。

3. 从寨门卡牙到贵德

自寨门卡牙东北行约7里许，于黄土及第三纪沉积下有花岗岩及变质石灰岩的露头，其接触线走向从西北到东南，向东北急斜，延长约二三公里。花岗岩风化甚烈，并多破碎，风化后呈灰色。石灰岩则多矽化，破碎褶裂，倾斜不清楚，可能向西南急斜。灰岩中多方解石及石英脉，向北70度东倾斜，倾角50度。此处石灰岩虽甚变质，但肉眼未见任何变质矿物。自此东行，上一黄土高山，拔海3,250公尺，两旁沟中有花岗岩及侵入其中的细晶岩岩脉。在山顶即望见罗汉堂的台地及密布其上的树木及房舍。从山顶下行六七里，在拔海2,800公尺左右的高度，见到南山系的石英岩、板岩及硬页岩，俱成薄层状，呈灰色及灰黑色，褶裂甚著，富于节理。地层向南45度西倾斜，倾角30度。自此下行，坡度甚陡，又多崩岩所成的乱石堆，行走较为艰难。到山根后过河，上一砾石所成的高台即至罗汉堂。

罗汉堂拔海约2,700公尺，系位于高距本地河面约40公尺的台地之上。此台地长10余里，宽五六里。其东又有一台地，可分为三级，最高一级拔海至少在3,000公尺以上，俱为砾石所成。从罗汉堂沿台地北行10余里至德河楞所属的第一村庄名杨拉，自此再北行10余里至德千寺下的乡公所，两旁所见俱为黄土及第三纪沉积。东面的加当卡拉则又为非常平整的砾石台地，拔海3,150公尺，与罗汉堂东的台地当属同一时期。从乡公所沿沟上行，南山系的石英岩、石英质页岩及黑页岩出露甚广，向北20度西倾斜，倾角40度至60度。在一沟中出露黑色炭质页岩及可能为（含）菱铁矿结核的页岩，后者风化后呈褐黄色，颇似铁帽。再北行为野牛山山根。其间有一狭长低地，为砾石台地，拔海约三千二三百公尺。东望又有一台地，高度相仿，此当系此间最高一级的台地。野牛山南坡仍为南山系的石英岩及页岩，惟倾斜改向东北或东南，倾角较平，其间可能成一向斜层。其西北山则为花岗岩，与南山系接触处有含铜石英脉。

从德河楞东行，上一红色土层所成的分水岭，拔海约3,300余公尺。自此下行，在红土层中有褐炭层，厚不及1公尺，本地人曾开采。再行六七里至多拉村，拔海约3,200公尺，系位于一南流的沟口，沟北高山俱为南山系，再北则有花岗岩。山上有森林。自多拉上坡东行约10里至曲卜宅，系位于一高坡之上。再东行约七八里，越两个小坡至相曲沟。以上从德河楞到曲卜宅，共越三个山岭，路线俱经行于黄土及第三纪沉积中。但其北不远，约一二公里之遥，则为南山系砂页岩及板岩所成的高山（为野牛山的东延部分），地层俱向西北倾斜，倾角从30度到六七十度。自此直至甘家沟，南山系地层继续出露，成一东西向的直线，可能为断层接触。在此断层下的盆地中，乃有第三纪及黄土的沉积。但在多拉之西，高距多拉村约160公尺处，在土层下开始见到许多页岩、石英岩及石灰岩的露头。有一处页岩成非常薄的薄层，察其岩性似非南山系之物，应较南山系为新，就是属断层下投部分者，因时间匆促，未及找寻化石。在相曲沟东不远有淡紫色砂岩及页岩，曾受变质发生劈理，但变质程度远不及南山系，岩质亦不甚坚硬，层面向北 40 度西倾斜，倾角 30 度。从相曲沟东南行，下一陡坡，初为红土沉积，剥蚀成恶地地形，继有黑灰色杂质砂岩，中有花岗岩岩脉。下沟，沿沟东南行，两旁俱为第三纪沉积。有一处见到泥灰岩，厚约半公尺，但两旁山顶则俱为灰色砂页岩，剥蚀后成淡灰色的泥土，向西北倾斜，倾角甚平。此层似位于淡紫色砂页岩之下。更向下行，至相曲沟与甘家沟合流处，在河边两旁有灰黑色及黑色页岩出露甚广，中为许多直立的酸性火成岩脉所切，呈灰白色，远望甚为明显。在黑页岩中曾找到似介类的化石一枚。此外又多黄铁矿斑点，常沿岩石的劈开面分布，有时还有铜绿的矿染。在侵入岩脉中也见到铜绿，并有黄铁矿结晶少许。劈开面向北 60 度东倾斜，倾角 60 度。地层层理则向北 60 度西倾斜，倾角 20 度。在河对面见到同样的倾斜，似有褶皱，并有显著的磨擦面，表示曾受错动。沿甘家沟上行不远，有一处在黑页岩中本地人曾开过煤矿，挖一斜坑，据云深入三四丈，只挖到黑色炭质页岩，不能燃烧。其附近黑页岩中常找到铜绿。所谓甘家沟的铜矿即由此而来。我们曾在上述地层中找寻化石，未有所得。根据岩性及变质程度，上述地层似较南山系为新，可能属中生代。从甘家沟、相曲沟汇合处至相曲沟村，高差 540 公尺，相曲沟村拔海约 3,220 公尺。

从相曲沟西北行至山口，沿山腰迤逦南行，所见俱为黄土及第三纪沉积。下坡至一沟，沿沟下行，又上一坡至山顶，拔海 3,100 公尺。自此下一陡坡，俱为第四纪的砾石及砂土的间层，至都里仓，即甘家沟下游河面，高差 600 公尺。故此砂砾层的厚度至少在 600 公尺以上。从都里仓过河，沿河东岸南行至甘家沟口，又过河，在西岸南行不数里即达贺尔家黄河浮桥，过黄河东行约 10 里，过河两次即达贵德县城。

4. 从贵德到西宁

贵德县城位于黄河南岸，拔海 3,100 余公尺，附近为广大冲积平原，农业茂盛，物产丰富，为青海省一富庶地区。西为巴吉山，大部分为黄土及第三纪沉积所盖覆。东为扎马山，拔海在 4,000 公尺以上，除山坡及其前山为浮面沉积外，大部分为石山。我们曾至县城西南 30 里的热水沟考察地质。先沿黄河西行约七八里，乃沿沟南行 20 余里至温泉，两旁俱为黄土及砾石沉积。至温泉附近开始见到花岗岩，多出露于沟的北部，为黄土所盖覆。沟南除有少量花岗岩外，大部分为南山系的矽质石灰岩，呈细密层理，常成复杂的褶曲，在与花岗岩接触处变质成许多石榴子石，结晶很完好；另有绿帘石及其他变质矿物，中杂磁黄铁矿的斑点。矽质石灰岩中还夹杂若干纯石灰岩，变质后成为大理岩，倾斜向北 40 度东，倾角 60 度。石灰岩下夹一薄层石英岩，局部成砾岩状。再下为花岗岩的岩片，呈斑状细粒结构。再向下，就是向西南方向，露头尚多，远望似仍为石灰岩，因为时间所限，未及往观。总之，此间为石灰岩与花岗岩的接触带，其接触带走向为西北东南，石灰岩性质与寨门卡牙完全相似，其接触带可能有断续相连的趋势。

从贵德县西行至贺尔家浮桥，过河后沿黄河北岸西行，经贺尔家村，约 10 余里至西笈滩，有旧筑公路蜿蜒起伏行于黄土及砾石沉积之上。再西行 30 里至阿什贡，于黄土砂砾层下出露鲜红色页岩及褐红色土层，中夹砂砾层。前者出露于阿什贡的东北，倾斜向北，后者则在路线的西北，向南东及北西倾斜，组成一整齐的背斜层，远望即可见及。南翼倾斜很陡，倾角可达 50 度或更大，北翼较平。褐红色层之下为一湖成沉积，由蓝色灰质页岩、泥灰岩或白垩所组成，中含介壳类化石，因时间匆促，未及仔细搜觅。泥灰岩或白垩至少有三层（可能更多），各厚约30公寸或半公尺，含石灰质很高，是否可作为水泥原料须待分析证明。上述湖成沉积厚达二三百公尺，在路线西沿黄河一带分布很广，呈显著的灰白色。从阿什贡上行，穿过背斜层，湖相沉积出露更广，就倾斜估计，其构造可能成为一穹窿层，对于石油的储积，殊有希望。但该处附近未闻有何油苗，将来调查时当对此加以注意。自此沿沟上行，穿过红层的北翼，溪流渐峡，直至30里外的尕让，两旁仍为红色地层及砂砾所成的梯级层，惟山顶则有岩石露头，可能为片麻岩。尕让位于山沟之中，拔海2,780公尺，附近村落很多。上行至2,900公尺处，开始出露白色花岗岩，中含很多云母片岩的包体。在毛里扎附近，片麻岩及云母片岩出露很广，片理倾向北45度东，倾角30度至50度。经千户城的小洼地，到拉基山边的加洛山根，拔海3,200公尺。此处公路向西沿山坡绕行，牲口道则直趋山顶，大片片麻岩出露甚广。自此到山顶，拔海3,900公尺，俱为片麻岩，系灰白色花岗质片麻岩，片理很为显著。从山顶下行，沿沟向西北折约10里与公路相会，见到绿岩露头，可能为基性火成侵入岩或石灰岩变质所成，尚难决定。自此公路折向东北行约四五里，路北山上有灰色薄层千枚状板岩及石灰岩出露，向南40度西倾斜，显属南山系无疑。此层向东，显可与平安镇、扎伯镇（赴化隆公路沿线）间石壁岩附近的南山系相连。再东北行数里至下马台，两旁高山俱为呈红色尖峰的矽质或白云质石灰岩所成。灰岩本身呈白色，一般为薄层状，有时具细密层理，偶亦有角砾状，其岩性与湟源至明山道中克素尔附近所见的石灰岩完全相似，曾搜觅化石，毫无所得。自此东北行约10里许俱为这种石灰岩，直到上新庄，到达西宁盆地的边缘才开始出露红层（可能为白垩纪红层的底砾岩，因此时已改乘汽车，不及下车考察）。公路沿大南川东岸的冲积平原下行至总寨以北，绕行第三纪红层的低山至南山寺以东，穿过红层到达西宁。

三、地层及地文

综上所述，我们此次所见地层层次，自下而上可划分如次：

（1）片麻岩、结晶片岩及片麻花岗岩：此为最老的基底地层，分布于湟源东扎马龙附近、日月山、青海湖南北两岸、野牛山的大部分及拉基山的主峰，它造成比较平缓的山岭。拔海除扎马龙（2,600公尺）外都在3,600公尺左右，形成一个最老的准平原地形。至若野牛山及拉基山有较新花岗岩侵入的山脉，则可高达4,000公尺以上，山形也比较峻峭。这个准平原大致愈西愈高，在东部化隆附近的卡里冈山及辣水峡山，则同样地层所成的准平原拔海只三千四五百公尺。

（2）南山系的矽质石灰岩、千枚岩、板岩、硬砂岩及黑页岩：分布在湟源之东、倒淌河以南的八盘山一带。从都龙沟到寨门卡牙的黄河沿岸，罗汉堂到德河楞，德河楞到甘家沟，野牛山的东延部分，贵德的西南热水沟及拉基山北、下马台以南一带，组成另一准平原。在八盘山，山形平缓最为显著，拔海3,600公尺，在黄河沿岸一带则拔海只2,800至3,000公尺左右，野牛山南坡的南山系则可高达3,500公尺以上。这个准平原也是西高东低，在黄河沿岸一带，此准平原上堆积了深厚的新生代沉积，并局部有中生代的石灰岩、火山岩系及时代尚未确定的砂页岩沉积。

南山系地层总厚可达数千公尺至万公尺，岩性繁复，代表中下古生代及可能属震旦纪的地层，时间悠久，历史复杂，为标准的大地槽沉积。详细层序因调查未详，不克确定。大致言之，最下可能有变质较深的结晶片岩及各种板岩，如在湟源东所见。其上可能为矽质石灰岩，如寨门卡牙附近及贵德西南热水沟所露出者。再上则为各种千枚岩及板岩，如罗汉堂所见。最上可能为黑页岩、板岩及石英岩，如在八盘山所见，其中并曾找到若干化石，其层位可能最新。

（3）矽质或白云质薄层石灰岩及板岩：分布在日月山北克素尔及拉基山北下马台一带，走向约近东西，风化后呈红色的尖峰，最为特征。因未找到化石，时代不定，可能属下部古生代而同属南山系，也可能较新。

（4）灰白色薄层状石灰岩：只在曲乃海以西温泉沟以上见到一处，厚可达四五百公尺。未找到化石，就岩性论，可能属三叠纪。

（5）火山块集岩、砂页岩及安山岩、斑岩等：沉积于南山系形成的准平原之上，与之似成不整合，分布在曲乃海以南及郎里木台一带。黄河沿南北的高山，可能也有本系的存在。就岩性比较，可能属中生代而为燕山期运动的产物。所占地势极高，俱在3,000公尺以上，所成山峰尤多峻峭。

（6）黑页岩、炭质页岩、灰色砂页岩及淡紫色砂页岩：见于从多拉经相曲沟至甘家沟一带野牛山南山系断层前的盆地中，组成拔海3,000余公尺的高山。就岩性、变质程度及所找到好像为化石的情况推断，可能属中生代而较南山系为新，但确实时代无法推定。

（7）白垩纪红层及新生代沉积：分布在图尔干日月山间及拉基山北的上新庄一带。在许多盆地及南山系所成的准平原之上都有新生代沉积，分布宽广，厚可达三四千公尺。其详细层序及时代因时间匆促，未及研究，大致言之：①最下为蓝灰色黏土、灰质页岩、泥灰岩或白垩的湖相沉积，厚二三百公尺。在阿什贡及西宁之南俱有出露；②次为褐红色或巧克力色的黏土夹砂砾层，厚四五百公尺。在曲乃海之西，阿什贡等处俱有分布；③再上为鲜红色黏土及砂层，其顶部常夹有褐炭。见于西宁附近、阿什贡及德河楞赴多拉的道中，厚约三四百公尺；④再上为砂层，壤质砂土及砾石，俱成黄色，厚至少为600公尺，分布很广。在从卡把台下坡到曲乃海及从相曲沟南的山顶到都里仓道中，出露最为明显。黄河沿一带分布亦广，常组成平整的台地，拔海在3,000公尺以上；⑤最上为真正的黄土层，从拔海2000余公尺到3,500公尺以上俱有分布。厚不及100公尺。在寨门卡牙一带常剥蚀成孤立的锥形山峰。以上①至③层俱属第三纪，④、⑤两层属第四纪。此外还有许多砾石及砂层所组成的台地。其最高也是最老一层台地，相当于上述的第④层。此外，各级台地，如罗汉堂附近的台地等，则俱位于最近切割的河床之中，其时代应在黄土之后，代表最近期地盘上升时逐步冲积的结果。

（8）各种火成岩：如花岗岩、闪长岩、安山岩等，俟将来显微镜研究后再为详述。

（9）地文发育史：调查区域内的地文发育非常显著，就初步研究，可分为下列各期：①南山系前的准平原期，目前拔海在从2,600公尺到4,000公尺以上，其高度大致西高东低，造成比较和缓的壮年期地形，其受后来（主要为燕山期）火成岩侵入的影响者，则掀起较高，并造成比较峻峭的山形；②南山系后的准平原期，为华力西造山运动的结果，在黄河沿及八盘山一带发育最为标准，拔海从2,800公尺到3,300公尺左右，也是西高东低；③在准平原上及各个盆地中有上古生代（未确定）及中生代地层的沉积，经过燕山期造山运动后俱成为拔海3,000到4,000公尺左右峻峭的山形；④白垩纪及第三纪红层填积于各个盆地及准平原之上，经过侵蚀切割又有第四纪砂砾层的沉积，故后者常超覆于各种红层之上；⑤第三纪的地盘上升使红层高起，位于拔海3,000公尺以上；⑥最近期的地盘上升，造成各级砾石台地，并使黄河再度下切，造成深达二三百公尺的峡谷，并使各处河流都不平整，造成许多悬谷。

由于各期准平原的发育，广厚的第三纪及第四纪沉积以及第三纪后及最近期的地盘上升，就造成了目前到处是峡谷深沟，但到了高山顶上都比较平缓，并往往为广厚的红土及砂砾所盖覆，经剥蚀后造成了切割极深的恶地地形，其未经切割者则成为平坦宽广的台地和草原。这种地形上的不整合是非常显著的。由于深沟及悬岩的发育及盖覆层的广厚，遂使旅行非常困难，露头多不连续，许多有用矿产亦常被掩盖而不得出露。

四、矿产

此次测勘的矿产共有五处，分述如次：

（一）寨门卡牙铜矿

1. 位置及交通

寨门卡牙属共和县境，位于目前县治曲沟（不久将迁恰不恰）的东南约八九十公里，贵德之西北约 40 公里。从西宁前往，最好先乘汽车经湟源县，越日月山至倒淌河，共 105 公里，然后上把卡台，迤逦下行约 30 余公里即达。路途非常平坦。如从贵德前往，则至罗汉堂后，必须攀登 700 余公尺的高山才能到达，行旅比较困难。矿床适位于黄河峡谷的边缘，与黄河底高差约 320 余公尺，俱成绝壁，地形非常险峻。但边缘之上，则俱为黄土及第三纪红层形成的台地，地形平缓。寨门卡牙仅有窑洞三四所，为游牧藏民渡冬之处，考察时仅有一藏女看守羊群。附近无泉源。人畜饮水，只有干沟中的小水塘，中杂牛羊排泄物，水质十分恶劣。我们掘地三五尺取水，虽恶臭较少，而仍多浑浊。在山居住共 7 日，有四晚下雨，暴风雷雨，水漫帐篷及窑洞，颇不能安居。窑洞所在处名阿里交寇，矿区在其东南三四里，中隔两重黄土低山，来往甚为便利。

2. 地质

寨门卡牙位于拔海约 2,800 公尺的高台之上，其南为黄河峡谷，除沿黄河边有南山系的矽质石灰岩、石英岩、硬页岩、板岩等及侵入其中的花岗岩出露外，其余大部为黄土及其下的第三纪砂土层所盖覆，组成高距黄河边约百余公尺的比较平缓的山。黄河边缘之下，则俱成危岩峭壁，为南山系的石英岩、页岩、石灰岩及侵入其中的花岗岩所成，因攀涉不易，未能详细考察其层序及岩性。我们此次测有五千分一的矿区地形地质图及五万分一的路线地质图。据各处可能登涉的露头所见，初步决定其地层层序如次：

（1）矽质石灰岩及纯石灰岩：为薄层状的矽质石灰岩、纯石灰岩及具有细密矽质层理与结核，常具复杂褶皱的厚层状石灰岩所成。据出露部分估计其厚度约有五六百公尺。铜矿即产于本层中的较纯石灰岩与花岗岩接触的部分。

（2）石英岩、页岩、板岩等：本层似位于矽质石灰岩之上，在黄河河谷及一支沟中出露甚广，呈灰色、灰黑色，有时也呈黑色。厚度因出露不全，无法估计。以上地层俱倾斜向北 20 度西，倾角七八十度。

（3）花岗岩及花岗斑岩：在黄河沿之北及西部与东部沿黄河边缘一带有花岗岩出露。在黄河沿以北者，多为黄土所盖覆，出露不广。东西两部黄河边缘的花岗岩则露头很大，在东部并组成恰得那尕的高山。花岗岩呈深灰色，一般含黑云母很多，常深受剥蚀，其岩性与曲乃海温泉附近所见者完全相同。在寨门卡牙东北约 5 公里，黄土及第三纪地层的沟中也有花岗岩出露，可见该岩在本区分布之广。该处还有矽质石灰岩，倾斜似向西南，与花岗岩形成了一条西北东南向的接触带。除正常的花岗岩外，又有一种呈斑状及细晶结构、不含黑云母或很少、石英也不很多的、近乎花岗闪长斑岩的火成岩，常成岩脉侵入于石灰岩及石英岩与页岩之中，其侵入时代可能较花岗岩为略晚。花岗岩不具片理，根据曲乃海温泉附近的考察，其侵入时代可能属中生代，为燕山期运动的产物。

3. 矿床

寨门卡牙铜矿产于花岗岩与石灰岩的接触带，属接触变质交代矿床。矿化带可分为三组，中间一组可分为三个矿区。(1) 中区，即寨门卡牙黄河沿岸，矿床厚达50公尺，至少为5条矿脉所组成，各厚自3公尺至四五公尺不等。在黄河沿上观察，其深度至少在80公尺以上，并向下有3条矿脉合组成一条的趋势。再向下至黄河河底200余公尺的深处，矿脉似仍延续，但未直接看到。

本组的长度，包括黄河沿上及绝壁下可见到的，至少有百公尺；此组的东南，为数公尺厚的矽质石灰岩所隔。另一矿组包含两条矿脉，各厚约三四公尺，延长可看到的不及百公尺，深度及成分与第一组相仿。中间组的西北为一菱铁矿带相隔，又有一含方解石的矿化带，厚不及2公尺，在黄河沿上分布可达200余公尺，但其中未见铜绿，是否其深处含铜，尚待将来探勘证明。

在地表及距黄河沿约80公尺深处所见到的矿脉，几已全部氧化，含孔雀石、蓝铜矿及矽酸铜矿很多。据青海省工业厅初步分析，含铜达4.26%至5.83%。另有黑色矿物，一小部似为辉铜矿，并可能有钴的存在（点滴试验呈蓝色），但大部分则似为氧化锰。但在黄河沿地表可能为古代开采所留下的矿石块中打开，则常可见到残余的黄铜矿很多，其周围俱已风化成为褐铁矿，可见这种矿石可能是从80公尺深度以下采取出来的。从地面上留有两个深坑及其东南有一平坑的遗迹来判断，这个矿在古代必已开过，并已挖到了含黄铜矿的原生矿带，因时过境迁，历史未有记载，本地人亦多已遗忘了。附生矿物以方解石为主，常成巨大的菱形结晶，另有呈黑色的，似为含锰菱铁矿及若干绿泥石化的云母。但高温矿物如石榴子石、透辉石等，则在矿化带中并未见及。可见铜矿床的造成应在接触变质作用之后，而属岩浆晚期的热液矿床。在此处曾挖一浅槽，穿越中间矿组，共长45公尺，所见矿化如附图所示❶。

本区从花岗岩到石灰岩似有下列的接触变质分带现象：(1) 矽化变质大理岩，中含少许绿帘石及透辉石，厚二三十公尺。(2) 含菱铁矿很多、比重极高的白色岩石，厚最大可达10公尺。此种岩石初时疑其含白钨矿，用盐酸试验呈黄色溶液，加铵还原后则成蓝色，俱与钨的反应相合，但用硫代氰酸汞铵试验，则呈极显著的铁的反应。返西宁后用紫外灯光试验，仅有若干盖皮现黄白色荧光。又请青海省工业厅做定性分析，亦证明不是白钨矿而是菱铁矿。此带在黄河沿出露三次，每条延长在黄河边上看到的自100公尺至350公尺，其实际长度，包括黄土掩盖部分及峭壁上出露的，可能达到500公尺以上。如以平均厚5公尺，深300公尺，总长1500公尺计算，则可含菱铁矿600万吨以上。(3) 含块状石榴子石的斯卡隆带❷，厚可达百公尺，其中常含方解石细脉及一种尚未鉴定的灰紫色矿

---

❶ 原文并未见附图。——编者注

❷ 斯卡隆带，即矽卡岩（Skarn）带。——编者注

物，另有透辉石及绿帘石，但为量不多。上述的方解石含铜矿脉似即夹于此斯卡隆带或菱铁矿带中。

在中区东东北约 2 公里达具峡的前本尔，有一小块石灰岩陷落于花岗岩中，北为花岗岩，南为石英岩及板岩。石灰岩深受变质及矿化。从北往南，初为斯卡隆带，厚 42 公尺，次为菱铁矿带，厚约数公尺，再南为矿化带，厚约 50 公尺，为 7 条含矿方解石脉所组成，厚自 1.3 公尺至 7 公尺，其上布满铜绿，但未见黄铜矿，只在一块漂砾中见到少许黄铜矿。本区矿化虽甚显著，但长不过数十公尺，深度恐亦有限。在前本尔的西北约半公里，于花岗岩中见到一条黑色含锰铁帽，长 20 公尺，宽约 2 公尺，其中亦含铜绿很多。

在寨门卡牙向北约 10 公里，耶里毛台的黄河峡中，我们在黄河沿上曾看到呈红黄色的矿化带，并曾采到若干自然硫黄。后据燃工部水力勘测队李队长面告，该处在黄河河面 10 余公尺处有含铜绿及黄色金属矿物的矿化带一条，据云，长可达 2 公里，惟宽度不知。共和县中郭密区委书记并曾见到标本，黄色矿物可能为黄铜矿。又据李队长面告，该标本已交兰州水力发电筹建处分析，结果不详。

4. 远景估计

综上所述，寨门卡牙及前本尔俱属接触变质矿床，似无疑问。耶里毛台的矿床情况尚待考证。照我们测的五千分一矿区地质图所示，从目前黄河沿上所见的铜矿露头，向东北方向小峡附近相距约 1 公里，适位在花岗岩与石灰岩的接触线上，但其间俱为黄土所盖覆，其下有矿的希望很大。小峡以东至黄河沿，花岗岩穿插侵入于石灰岩中，造成了斯卡隆带及菱铁矿带。有一处我们见到一小块铜绿，夹于石榴子石中，另一处见到方解石脉。如仔细搜觅，并施槽探，可能发现新矿体。从黄河沿矿体向西，亦约 1 公里，接触变质带延续不断，但大部为黄河峡谷所切割，矿化带可能出露在黄河峭壁之上，将来需修筑便道，下河仔细搜寻，必能发现矿体的延长。因此即在寨门卡牙中区，推测矿床最大的延长可能达到 2 公里。前本尔矿床的东边虽为石英岩所限，但其西面黄土掩盖部分，矿体仍有延伸的可能，故其最大长度可能达到 300 公尺。至于耶里毛台，根据水力测勘队的报告，希望似更大。从寨门卡牙向东北，另有一花岗岩与石灰岩的接触带，我们这次虽未找到铜绿，但从矿床位置与接触变质带的关系推断，如有矿体应在矽化变质石灰岩之东，适在黄土盖覆之下，将来详测地质及槽探后，也有发现新矿体的希望。根据以上的推测，我们认为，寨门卡牙铜矿有重视的价值，需做进一步的详测及探勘。

5. 探矿计划

初步拟定下列的探矿计划：

（1）详测五千分一从耶里毛台到前本尔，包括寨门卡牙东北接触带的地形地质图，应详分南山系的层序，并划出矿化带（方解石脉）、菱铁矿带及斯卡隆带，修筑许多便道到黄河底，以便把黄河峡谷的地质也详细地画出来。

（2）在从寨门卡牙黄河沿到小峡间黄土盖覆地区，广施槽探及浅井探，以便发现矿化带的延长。小峡以东前本尔以及寨门卡牙东北的接触带亦都应广泛槽探及浅井探。

（3）从寨门卡牙黄河沿下现知矿化带内，在距黄河沿 50 公尺及 100 公尺处各开一沿脉，然后垂直于矿体的走向开一穿脉，如沿脉继续找到矿体，则可每隔 50 公尺开一穿脉，以探明各个矿脉的成分及宽度。

（4）如上述结果良好，则再考虑用钻探方法来探勘矿床在百公尺以下的延深。

（二）都龙沟铅矿

位于曲乃海西北约8公里。都龙沟西的一个山坡上，附近地质俱为南山系的具条纹状矽质页岩及板岩，其中也夹杂一些矽质灰岩及可能成岩脉状的侵入斑岩。南山系地层俱向西南急倾。方铅矿似产于石灰岩中，成分甚好，系从老洞中挖出，而老洞已填塞，山坡上又多为崩岩所覆，无从找觅露头，暂不详测。

（三）罗汉堂铁矿

罗汉堂位于贵德县西北约40里，都系平路，交通甚便。铁矿产于罗汉堂西南对河的才冲山上，相距约1.5公里，高差450公尺。山势很陡，不易攀登。在拔海2,900公尺以下俱为南山系的石英岩、板岩及硬页岩，向南西倾斜。以上则为黄土及第三纪沉积的高原。南山系中夹杂三层流纹岩，风化后成褐红色，远望颇似铁帽。另有闪长岩及斑岩，系侵入于南山系中，其时代可能较新。铁矿产于山顶的闪长岩侵入体中，成为许多细脉状，其附近闪长岩则多蚀变为高岭土及绢云母，但矿化及蚀变范围很小，长宽不过10余公尺。铁矿为赤铁矿及褐铁矿，在矿脉中间成分较好，余则含矽质较高，偶含星点状的铜绿。此矿无经济价值。

（四）德河楞铜矿

所谓德河楞铜矿系其西北野牛山南坡花岗岩中的含铜绿的石英脉，宽0.3公尺，长18公尺，向北70度东倾斜，倾角45度。花岗岩与石英脉接触处也有若干矿化，其宽度共不过1公尺。本矿也无经济价值。

（五）甘家沟铜矿及煤矿

位于贵德县北西北约50里，在甘家沟与相曲沟汇合处的上游不及半里。附近地质属黑页岩及炭质页岩，其中为许多酸性火成岩脉所贯穿。黑页岩之上有灰页岩、砂岩及淡紫色的砂页岩，时代未定，可能属中生代。黑页岩中有黄铁矿斑点，并偶有铜绿，其含炭质较高者，本地人曾当做煤矿开采，毫无所得，可见铜矿及煤矿两者俱无经济价值。

探矿的基本知识与我国地下资源的发现*

在我们祖国伟大的建设事业中，需要各种各样从地下开采出来的矿物。要从地下开采矿物，首先就要根据矿物的生成和分布的科学道理，发现哪里有矿，有多大的矿。

这里想简单地介绍一下探矿的基本知识和根据科学道理推断出来的我国有无限丰富的矿物资源。整个报告分为三部分：一、矿床是怎样生成的——这一部分是基础知识，整个探矿的理论与技术都是由此确定的；二、怎样探矿——简单介绍一般的地质测勘，物理与化学探矿及钻探、井探和坑探等探矿方法；三、地大物博的中国——从我国新发现的地下资源和我国大地构造，来论证我国矿物资源是丰饶的，并预测将来的探矿方向。

矿床是怎样生成的？

矿物都蕴藏在地球表面——地壳中。构成地壳的元素主要有八种，就是：氧、矽、铝、铁、钙、镁、钠、钾，它们的数量占地壳构成元素总量的98.19%，其他常见的有用的金属如铜、铅、锌、金、银、钨、锑等都很少，加起来只占地壳元素总量的1.81%。这少量的矿质在地壳内原来是非常分散的，以后经过“聚矿作用”，矿质聚集起来，才成功矿床。

一、聚矿作用

什么是“聚矿作用”呢？简单地说，聚矿作用是由于地质作用的力量，使地壳所含各种零星分布的金属分离出来，同类的金属又再聚集在一起的作用。它是在地内或地面上进行的，因此也可以称为内力作用和外力作用。例如，在地壳下面紧压着的地下熔岩（岩浆），由于地壳压力的改变而侵入地壳，有的还从地壳的裂缝喷出地面；由于熔岩的运动，或地内温度、压力和水汽发生变化，引起地层的褶皱和断裂，或地壳组织成分上的变化：这些都是内力作用。由于温度的变化，风、霜、雨、雪的浸润剥蚀，江、河、海、洋的冲刷沉积，长年累月，可以造成地表的极大改变；在地面居住的动物和植物，也可以改变地面，如腐烂的生物尸体变成有机酸，会使岩石破坏，微生物可以使土壤变质，而植物的根

---

* 《探矿的基本知识与我国地下资源的发现》是中华全国科学技术普及协会1953年6月依据谢家荣的“中央科学讲座讲演速记稿”在北京出版的一本小册子。“中央科学讲座”进行的时间不得而知，估计应当是1953年上半年。在这个讲座中批判了“盲目的地大物博说”和“地大而物不博说”，指出“盲目的地大物博说”“是既没有实地调查，又没有科学根据的夸张的说法，盲目乐观，以为中国什么都有，无所不包”；“地大而物不博说”则是“帝国主义的恶意宣传”，“帝国主义的应声虫们”则提出“中国地虽大而物并不博”。作者主张“有事实根据的地大物博说”，并以大量事实证明之。作者认为“我国的地质是非常复杂的，大地构造的发展也是多种多样的：我国有广大的水成岩区域，有广大的盆地，这是有利于产生石油和煤的地质条件，我国有各种火成岩所贯侵的褶皱地槽区域，这是产生金属矿床的优越条件”。对于中国的石油，作者在文中指出：“无论在地槽区或在地台区中都可能产生石油，它大致位于地槽的边缘，或地台的凹地之中”，“广西西北、云南东部、贵州南部的地台区都可能有尚未证实的重要油田，华北大平原、松辽大平原下面也都可能有石油蕴藏。”——编者注

部生长的力量，甚至可以劈开坚硬的岩石：这些，都是外力作用。

各种不同的地质作用可以生成各种不同的矿床。由于各种矿物比重不同，熔点（固体开始化为液体时的温度）不同，挥发点（液体开始化为气体）不同，溶解度不同，化学性质不同，因此不同的矿物分离聚集的情况也就不一样。可是，这些聚矿作用都是遵循着一定的物理的和化学的自然法则进行的。因此我们可以在实验室中实验、模仿。不过在伟大的自然界中所发生的地质作用，范围非常广泛，时间非常悠久，规模又十分巨大，这在实验室里是做不到的。

和聚矿作用相仿的作用，我们在若干工业里面也可以看到。比如在炼铁炉里，熔解铁矿，生铁和渣滓杂质分离出来，生铁质重向下沉，渣滓轻浮在上面，我们就可以得到纯净的生铁。在许多化学工业里，我们也可以看到利用熔点或挥发点的不同，来进行分离蒸馏的方法。如引海水到盐田里，利用阳光蒸发水分后，就留下结晶状态的食盐。在炼制石油时，温度渐次升高，在低温时蒸发的，也就是挥发性强的，就是航空汽油，以后按挥发点的不同，分为普通汽油、煤油、燃料油、机械润滑油、凡士林和石腊等。这些作用都是和聚矿作用相类似的。再比如选矿机利用矿石的比重不同，设一面斜坡淘洗矿石，使较重的矿积聚在斜坡下部，较轻的留在上部。这些就是造成天然砂金矿、砂锡矿的基本原理。

二、矿床的形成及其分类

我们再来谈谈矿床的形成和分类。所谓矿石，就是岩石的一部分，只不过分布范围比较小，数量也比较少。石头和矿石的生成原因大致是相同的。所以矿石的形成作用也就是岩石的形成作用。既然岩石可以分为火成岩（直接由岩浆冷凝而成的）、水成岩（火成岩受风、霜、雨、雪侵蚀破坏后又沉积生成的）、变质岩（火成岩和水成岩生成后又经变质作用的）三类，矿床也可以分为火成矿床、水成矿床和变质矿床三大类。

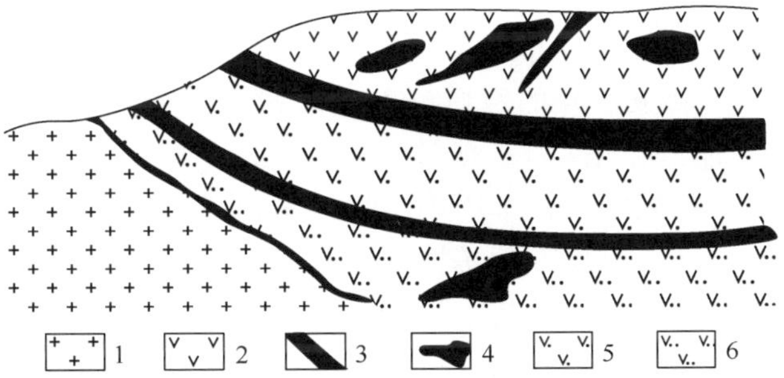

图 1　这是呈脉状、块状或板状的超基性火成岩中结晶的岩浆分异矿床

1—较古的结晶岩；2—基性和超基性火成岩中的上部岩石；3—层状、板状或脉状的矿体；4—块状的矿体；5—基性和超基性火成岩的中部岩石；6—基性和超基性火成岩的下部岩石

先谈火成矿床。火成矿床也可以称为岩浆矿床。它是由地下深处的岩浆逐渐分化，矿石和一般岩石分离了，含矿的气体或液体，或者就在岩浆内部结晶，或者离开岩浆上升，充填了地壳中的裂缝和空隙，或者与周围的岩石起交代（互相交换其内含成分）作用，含矿的气体或液体占据原来岩石的位置，从而形成矿床。火成矿床也有许多种类：最初在岩

浆内凝结的矿床，其本身就是火成岩的一分子，成矿时的温度最高，地位最深，压力也最高。随着岩浆的分异，含矿部分远离岩浆，温度也逐渐降低了，岩浆中分离出来的气体，压力最大，可以冲破没有裂缝的岩石，造成汽化矿床，地质学上叫做伟晶岩脉的就是这样的矿床。此后温度降低，水汽便变为热液，挥发物减少，各种金属大多数成液体状的硫化物，压力也降低，必须沿着空隙或裂缝充填，或与周围岩石起化学作用，发生交代，才能造成矿床。最后矿液升近地面，温度最低，并与地面下降的潜水（或称地下水）相混合，造成冷液矿床。因此火成矿床可依其远离岩浆的程度而分为：岩浆分异矿床、汽化矿床、接触变质交代矿床（就是沿着火成岩与围岩接触带变质交代而成）、深成热液矿床、中深热液矿床、浅成热液矿床、冷液矿床等类型。这种分类，代表着含矿熔液与母岩逐渐远离的过程，也是温度与压力逐渐降低的过程。而各种矿物，它们的熔融点或熔解点愈高，其沉淀和结晶也愈快。

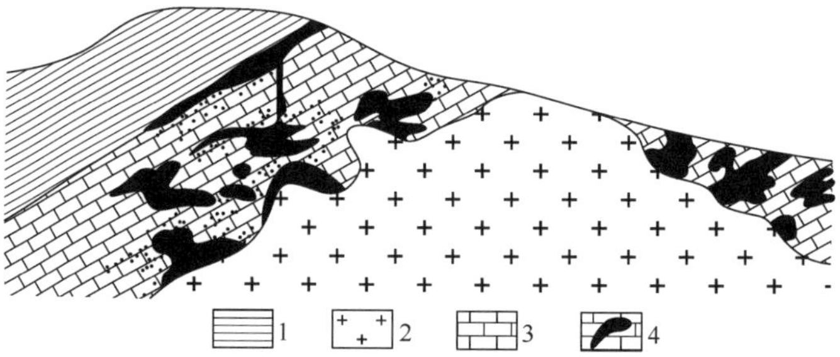

图 2　这是一个接触变质交代矿床

1—页岩；2—花岗岩；3—石灰岩；4—矿体

火成矿床的形状是很不规则的，成分一般是很复杂的。

大多数的金属矿都属于火成矿床，如铁、铜、铅、锌、钨、锑、锡等都是。也有非金属的火成矿床，如金刚石、萤石、云母等。

火成矿床的矿产种类和火成岩的性质有着非常密切的关系，目前我们所找到的规律是：岩石中有属于酸性的，如花岗岩；有属于盐基性的，如玄武岩；也有属于中性的（如闪长岩），或超基性的（如橄榄岩）。如中国的钨、锡、铋、铜等矿的生成，就和酸性岩石有关；白金、镍、铬、钒矿等都是在超基性的岩石里面；铁矿则分布较广，盐基性岩和中性岩都有；有些铜矿，也产于盐基性岩中。

这个规律很重要，假使我们要找某一种矿产，一定在某一属性的岩石中去找。比如要找锡矿或钨矿，就一定得在酸性岩石中去找，要找镍矿或白金矿就得在超基性的岩石中去找，否则就找不到。

至于水成矿床，它的成因也和水成岩一样，是经过地球的外力作用如风化、剥蚀、沉积、生物作用等形成的。所以一般水成岩可以分为沉积岩、沉淀岩、生物岩、风化岩等。沉积岩又分水成的、风成的、冰成的各种。水成矿床也可以这样分，但是在矿床中风成的、冰成的比较少。

大多数水成矿床都很规则，一层层地分布很广，成分也比较稳定，如铁矿层、煤层便是很好的例子。虽然水成矿床有些形状和成分都比较复杂的，但和火成矿床比较起来还是要规则得多了。

水成矿床大多数是非金属的矿，煤和石油就是水成岩中最重要的产品。但也有一些水成金属矿床，铜矿和铁矿都有。

我们再简单谈谈煤和石油的生成过程。煤和石油又称为可燃性的生物岩，是由生物作用生成的。在遥远的古代，生长在大陆上沿海沼泽或山间盆地中的植物的遗骸，被压在岩层下，浸渍着水，隔绝了空气的供给，又经过细菌的腐烂作用，在上覆的岩层的重压下，长年累月的便变成了煤。也有一小部分煤可能不是巨大的陆生植物，而是水生的水草、藻类等形成的。

石油也是由生物形成的。可是到底是什么生物，意见就比较多，有的认为是像煤一样由植物形成，有的认为是鱼类等动物，也有的认为是微小的动植物，如有孔虫、藻类等形成。苏联地质学家普斯泰洛夫则认为是陆地上的植物腐烂了，分异而成的胶状物质，是造成石油的主要原料。石油的形成过程也比较复杂：这些生物大部分在浅海带中沉积，一小部分也可能在港湾、礁湖、或三角洲中沉积，经过腐烂和在地内高压及高温下蒸馏以后，虽然造成了石油，但这种石油是分散在地层各处的，要构成具有工业价值的油田，还必须地层隆起成为背斜层、穹窿层，或由于断层（地层的断裂）造成孔道，油质才能集中起来形成便于开采的油田。

水成的铁矿、锰矿和铝矿的成因，有多少相似之处。这三种元素的化学特性是高价氧化物，都不容易在水中溶解，在水中沉积下来的时候，就能停留在原来的地点而造成风化残余矿床。铝矿和锰矿主要是这类矿床，铁矿一部分也是这样造成的。许多硫化物矿床上部的“铁帽”也是风化残余的产物。铁、锰、铝在特殊环境下或它们的低价氧化物，也可能被水溶解或混合成胶质状态，被河流搬运到适当地点，如湖沼或浅海，经过生物作用，或盐水的凝集作用，沉淀成为矿床。许多铁矿和部分的锰矿、铝矿，是这样造成的。如我国的龙烟铁矿，江西、湖南等处的泥盆纪铁矿，都是沿着浅海带沉积的水成矿床。

另一种矿床是变质矿床。变质矿床是由水成矿床或火成矿床经过变质作用生成的，这种作用可以使矿床受到挤压，而破碎或变质，使形状变得更复杂，或不结晶的变为结晶，也可能加入若干新的矿质。对于矿床的经济价值来说，它可能使矿床变得更好，也可能使矿床变得更坏。

三、矿床的褶皱、断裂、风化和剥蚀

矿床造成之后，各种地质作用，还在进行，因此，它就要受到影响。例如，地壳运动可以使矿床褶皱、断裂，造成背斜层（地层褶皱的隆起部分），向斜层（地层褶皱的凹陷部分），各种各样的断层和逆掩断层（有些断层生成后上升部分压在下降部分上面，较古的地层反而位在上面，就叫逆掩断层）等，还可能受到后期火成岩侵入的影响，而使矿床变质或冲断。这一切复杂的构造对于探矿有重大关系，必须明了矿床的详细构造，掌握它的规律，才能准确地计算矿量，并合理地布置开矿工程。

风化作用对于铁矿、锰矿、铝矿，可使矿质富集，造成风化残余矿床，已如前述。对于另外一些矿床，像煤矿、石油矿及许多容易溶解的盐类矿床，在风化以后，可使矿质变劣或分散，甚至消灭。还有许多矿床像铜矿、银矿，风化后一部分矿质溶解了，冲掉了，但还有一部分溶解后的矿质，随着地下水渗透到地面以下，到适当深度（地下水面附近）又重新沉淀，造成所谓次生富集矿床。这在采矿工业上有重大的意义。如在我国最近发现的西北某地的铜矿中，这种次生富集带就非常丰富。

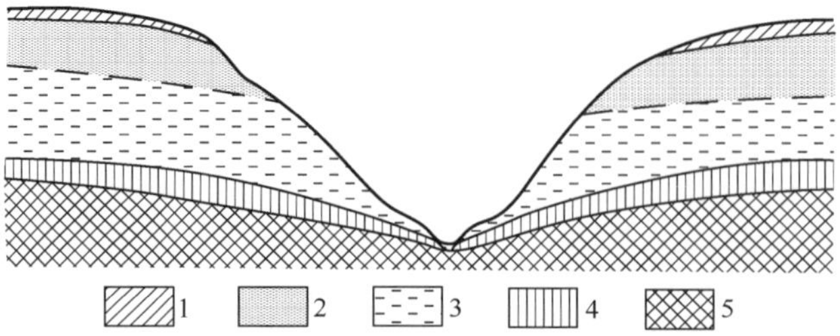

图 3　这是硫化矿床风化后造成的氧化带和次生富集带，其中部为河流切割，露出原生硫化物带

1—表面层；2—不含矿质或含矿很少的淋滤带（矿质随地下水向下渗透，剩下来的岩石渣滓），3—氧化矿化带，含氧化铁及其他氧化物或碳酸盐矿物；4—次生富集带，矿质富集最多；5—原生的硫化物带

另外像白金矿、磁铁矿、锡矿、金矿等，因矿物既不容易风化，而它们的比重又特别大，含这种成分的岩石在原地受到风化、剥蚀后，把这种矿物碎粒带到另一个地方，又重新沉积，聚在一起，造成具有开采价值的所谓砂积矿床，如砂金矿、砂锡矿、砂铁矿等。

怎样探矿？

探矿是根据矿床生成的科学道理去寻找地下的矿物资源。因为矿物大多是埋藏在地下的，不可能在地面直接看到（最多看到一些露头），因此要用各种各样的探矿方法。

有人说探矿是采矿工程的一部分，只要多开几条探坑，多打几口探井，就可以把矿脉弄清楚了；也有人说打井开坑，都是艰巨、困难的办法，最好采用钻探，才最经济、最有效；还有些人说探矿工作是搞地质工作的人做的，只要多派几个勘测队出去，就可以把全国的矿床、矿量调查清楚了；再还有些略懂科学的人却以为这些都走了弯路，以为现在既有了地球物理的探测仪器，我们只要把这些仪器运用到测勘中去，不就可以解决问题了吗？

事实上，我们可以说这些话都是似是而非，都是不恰当的说法，精密的科学探矿，必须是把前面所说的各种方法结合起来进行的，这样才可能得到准确可靠的结果。

我们今天探矿，不仅要弄清矿藏的位置，还要求出精密可靠的矿量数字和矿质的分析，那就需要采取各种探矿方法互相配合的完整的合理的探矿方法。这样的探矿方法可以分做下面三个步骤：一、地质测勘；二、地球物理和地球化学探矿；三、钻探，井探和坑探。

一、地质测勘

地质测勘是探矿的第一步工作。这项工作包括预查、普查、详查和精查，同时也包括槽探、浅井探等工作。预查是在相当大的区域内找矿，只需了解矿的分布概况，和交通、经济等情况，不必绘制详图。普查是在指定的大区域内进行调查，要测绘地形、地质图。这类地质图的缩尺通常是五万分之一或十万分之一。详查和精查的范围，限于矿区或矿体附近，其缩尺从一千分之一到一万分之一，视地质情况和矿床大小而定。一切地质界线和矿床分布，都要用精密仪器测定。如遇矿物隐在地下深处、露头不明或矿床中断了，那就要进行槽探或浅井探，以确定矿床的位置和厚薄。

地质测勘的工作，主要是使我们了解这一区域的矿量和矿质情况，以供初步评价。

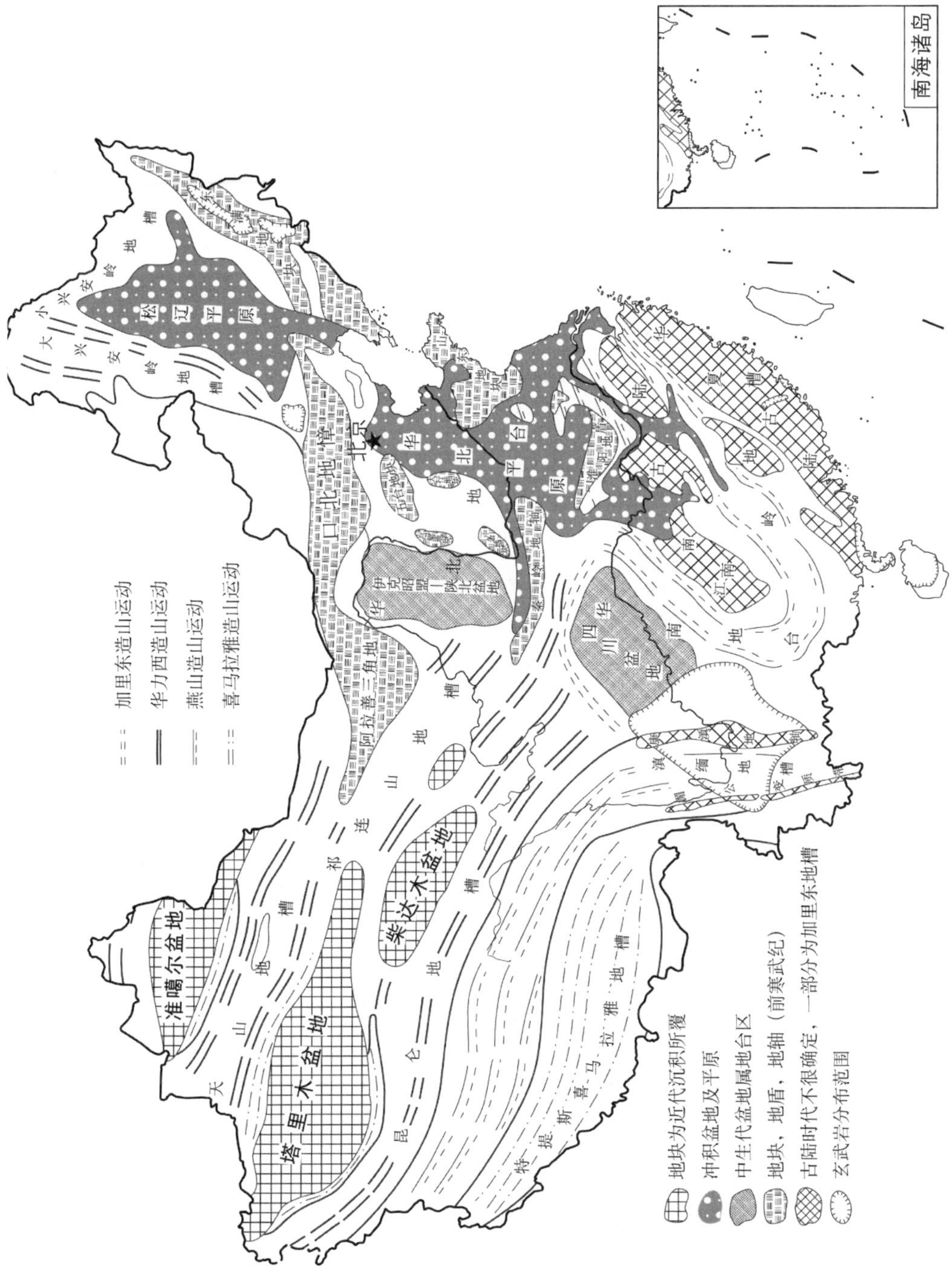
南海诸岛
加里东造山运动
华力西造山运动
燕山造山运动
喜马拉雅造山运动
地块为近代沉积所覆
冲积盆地及平原
中生代盆地属地台区
地块，地盾，地轴（前寒武纪）
古陆时代不很确定，一部分为加里东地槽
玄武岩分布范围
塔里木盆地
准噶尔盆地
柴达木盆地
四川盆地
松辽平原
华北平原
北京
天山地槽
祁连山地槽
昆仑地槽
喜马拉雅地槽
大兴安岭地槽
小兴安岭地槽
阿拉善三角地
伊克昭盟
陕北盆地
江南地台

中国的大地构造略图

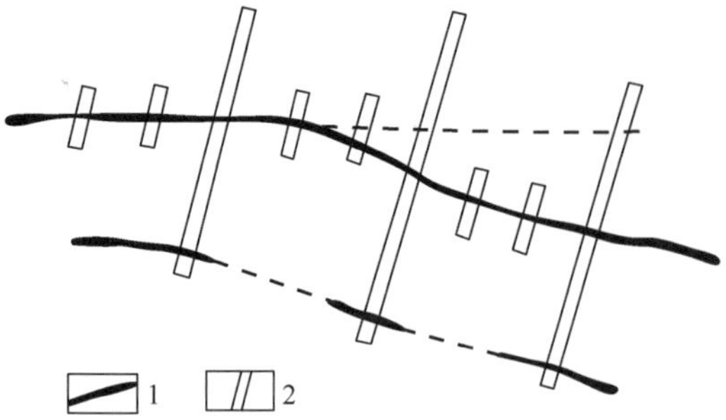

图4　图示怎样用槽探法来探勘矿脉

1—矿脉；2—与矿脉相垂直的槽槽的长短随探勘范围的大小而不同；各槽间的距离则随矿脉的变化情况而不同

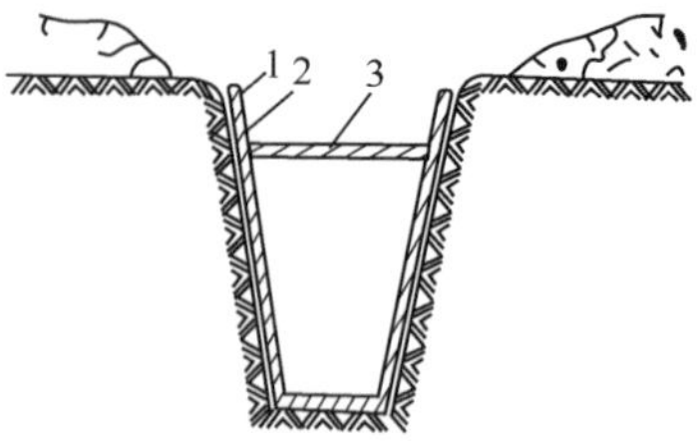

图5　这是槽探中所开的槽

一般槽深约1—3公尺，以挖到生根的岩石或矿体为度，宽度约1公尺

1—木杆；2—木板；3—支撑的横木

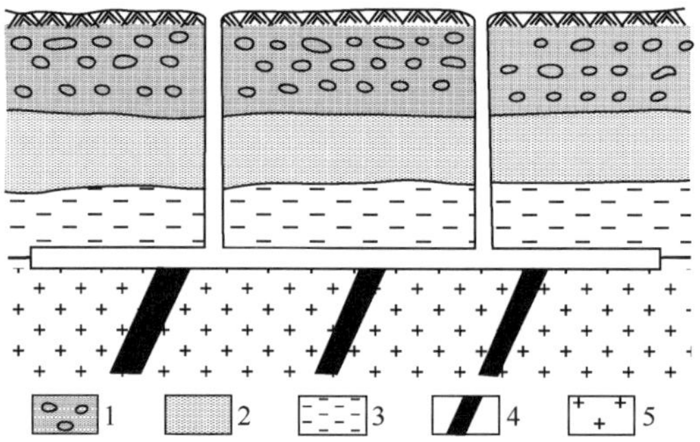

图6　受厚达3—4公尺以上的冲积层所覆盖的矿体就要用浅井探勘，浅井穿过冲积层后再开穿脉（穿过矿床的孔道）探矿

1—冲积层；2—砂层；3—泥土；4—矿脉；5—岩石

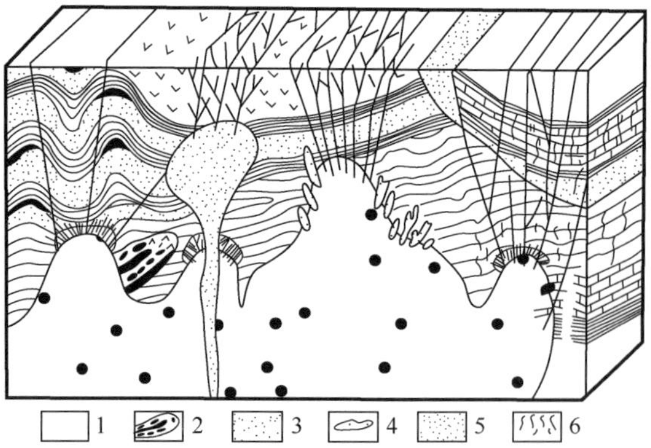

金属矿床成因理想图

1—花岗岩岩基；2—基性和超基性火成岩中含矿床；3—火成岩侵入体在近地面处凝结；4—伟晶岩脉及汽成矿床；5—接触变质矿床；6—热液矿床

矿床是怎样生成的？

金属矿物原来是分散在地壳中的，经过聚矿作用，才生成矿床。上图示火成矿床的成因及种类：由于地下深处岩浆的逐渐分化，矿石和一般岩石分离了，含矿的气体或液体，或者就在岩浆内部结晶，或者离开岩浆上升，充填了地壳中的裂缝和空隙，或者与周围的岩石起交代作用，含矿的气体或液体占据原来岩石的位置，从而形成矿床。水成矿床则是经过地球的外力作用如风化、剥蚀、沉积、生物作用等形成的，最主要的水成矿床是煤和石油。下图示煤和石油的生成过程：生长在大陆上沿海沼泽或山间盆地中的植物遗骸沉积在水中，长年累月的便变成了煤。石油则是生物遗骸在浅海带或港湾、三角洲中沉积的。

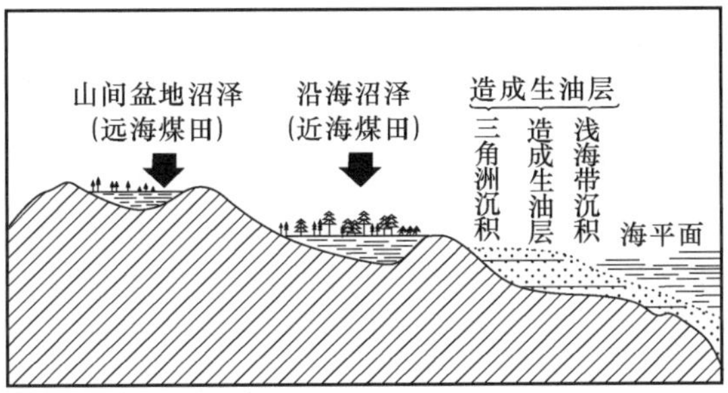

煤及石油生成环境理想剖面图

石油怎样集中起来形成便于开采的油田？

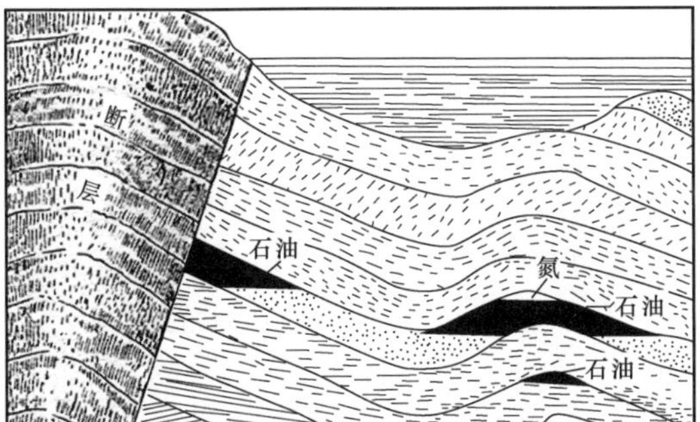

石油矿床产状图

石油矿床产状图

沉积在浅海中的生物遗骸，虽然造成了石油，但这种石油是分散在地层各处的，要构成具有工业价值的油田，还必须地层隆起成为背斜层、穹窿层（左图），或由于断层（右图）造成孔道，油质才能集中起来形成便于开采的油田。

二、地球物理探矿和地球化学探矿

地质测勘只能看到外面的矿苗，即使挖槽、打浅井也只能挖到一二十公尺，要再深，就要利用学理探测的方法了。学理探矿就是物理探矿和化学探矿。物理探矿的方法很多，如磁探、电探、重力探、震波探等都是，这些都要用很精密的仪器进行。

磁探是用于有磁性的矿石，如磁铁矿、磁黄铁矿等。矿床中如含有磁性的副矿物，也可以用磁探。另外就是火成岩与变质岩的磁性和一般水成岩不同，也可以用这个方法区别。

电探通常用于含有有色金属的矿床。电探包括电阻法和自然电流法两种，观察矿体导电性或电阻的大小，来确定它的性质和数量。

重力探就是利用各种矿物、岩石的重力都不相同，从而分辨矿床的大小和质量。它的应用范围很广，在重性金属和石油探测中用得很多。

震波探是利用人为的地震震波，经过地下岩层的反射或折射，用检波器（基尔风）接收。由于震波通过各种矿物和岩石的速度、大小、反射或折射角度的不同而探出矿石的性质和矿体的大小。这种方法的操作过程比较复杂，耗费也比较大，其优点是最准确。在石油探矿中用得最广泛。

以上都是属于物理探矿的方法，这些方法虽然很精密，但影响探测结果的外在因素太多，仪器的灵敏性也有一定的限度，必须依靠切实的地质根据加以控制，才能作出正确的结论。

地球化学探矿主要是研究矿床中矿质受风化剥蚀所造成的分散现象，这种现象叫做分散晕。研究这种现象，要用详密的采样和分析的方法把分散晕的含金属的最高点绘出来，这样就指示出地下可能埋藏的矿体。然后再用钻探、井探来证实。

采样一般是把矿区划分为方格，有规律的采取土样（表面 2、3 公尺浮土），或采取石样。因为样品中的金属含量非常微少，样品又多，所以必须用比色法、光谱法或极谱法等微量的分析方法。同时还要观察植物的分布，搜集金属指示植物来加以分析。最近我国发现了一种铜矿的指示植物，叫做海州香薷，它能够吸收土壤中的铜份，海州香薷大量生长的地方，下面便含铜矿，因此把海州香薷叫做铜矿的指示植物。它在长江中下游分布很广，对于找铜矿有很大的效用。进行地球化学探矿也必须有地质根据，否则也会发生极大错误。

三、钻探、井探和坑探

刚才所讲的都是间接探矿的方法，钻探却是最直接的探矿法，也是最切实可靠的方法。不但可以把矿质拿出来，而且可以立即化验，使我们能清楚地看到矿床的情况。

钻探的方法很多，一般从用钻的运转方式和钻头来分，有：冲击钻、旋转钻和涡轮钻三种。

冲击钻是用钢绳连住钻头，上下冲击来凿取岩屑，所以也称作顿钻或钢绳钻。它的缺点是把要凿取的岩石击碎了，不能得到完整的矿体。

旋转钻是用钻杆连住钻头，回旋运转来钻取岩心。钻头有用黑金钢石、白金钢石或硬金属片（钨碳合金）镶嵌等几种，还有用许多小粒白金刚石镶嵌的机镶钻头。价钱最便宜的是铁砂钻头，把生铁小圆粒投入钻头孔中，使它与岩石相磨，便可以钻取岩心。

钻探石油的工作比较复杂，因为这种井将来就是采油井，所以钻井的口径很大，钻头也较复杂，它的深度可到几千公尺。

最新式的涡轮钻也叫透平钻，在钻杆中用钢绳连接钻头，钢绳和钻头转动，钻杆可以不动，所以速度很高。

钻探的进度极为不一，主要看岩石硬度和钻机转速而定。一般的新式钻机和新式钻头，压力很低，增加转速（最速的钻机每分钟可达 1,000—1,500 转），钻进的速度很高。钻油井的速度最高，每月甚至可达数千公尺，因为含油的地层比较松软，而且可以一直往下钻，不用提上提下以取岩心，可以大大地节省时间。现在正在号召安全、快速钻进运动，最近煤的钻进速度已经达到了每日钻进 41.95 公尺的最高纪录。

钻探虽然是经济有效的办法，可是因为地下构造复杂，矿体变化莫测，而岩心太小，无法推断全面，故即使钻孔如何密布，假使没有地质控制，把地面地质与地下地质（就是钻孔中所测到的地质）结合起来，就难以作出合理的推断。因此，详密研究岩心，并了解附近的地质情况，是钻探工作中极其重要的任务。

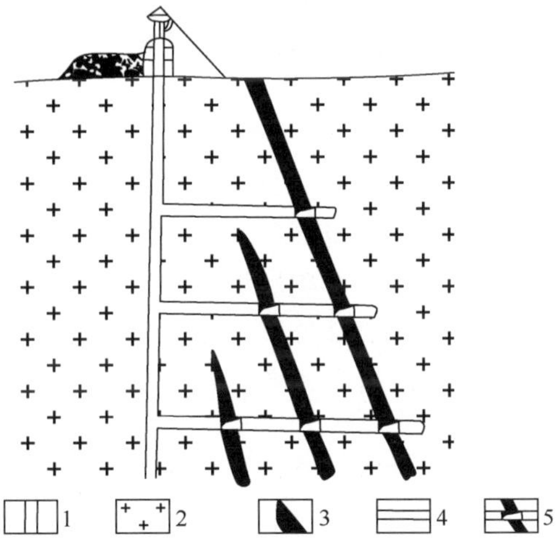

图 7　探测很深的矿体，要用井探或坑探。这里是井探

1—直井；2—周围岩石；3—矿脉；4—穿脉（穿过矿床的孔道）；5—顺槽

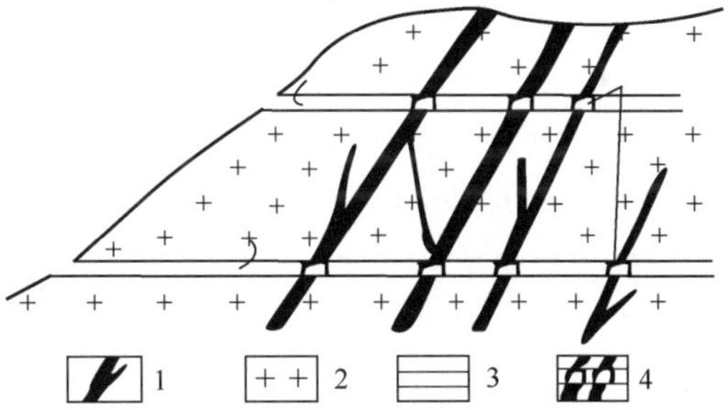

图 8　在山地，用坑探来探勘埋藏很深的矿体

1—矿脉；2—周围岩石；3—平坑；4—顺槽

因为岩心太小，在矿体形状复杂、成分变化极大的许多金属矿床中，钻探探矿往往是不够的，必须以井探和坑探辅助它，在地下开拓石门、顺槽、上山、暗井等隧道工程，广泛采集试样，加以分析，才能得到准确的结果。在过去几年的探矿工作中，我们太重视钻探，而忽略了坑探，以为钻探万能，其结果在许多复杂的金属矿床中，像湖南水口山铅锌矿，钻探就未得到预期的结果。这种经验教训，是值得我们深切注意的。当然坑探、井探，也要和地质工作密切联系，以免无谓的虚工。

地大物博的中国

一、对我国矿产资源的看法

对于中国矿产资源的看法，从前清末年到现在，大致可以分为三种不同的看法：

盲目的地大物博说——这种说法是既没有实地调查，又没有科学根据的夸张的说法，盲目乐观，以为中国什么都有，无所不包。这种看法在前清末年相当盛行。

地大而物不博说——自辛亥革命以来，由于帝国主义的恶意宣传，和他们派来的许多地质学家或探矿工程师歪曲理论，便以为中国只有相当丰富的煤和仅够小规模发展的铁。至于石油、有色金属及其他许多工业上需要的重要矿产，在中国几乎就不存在，或含量不多。当时帝国主义的应声虫们就提出了一种看法，说中国地虽大而物并不博。另一小部分中国的地质学家也中了恶意宣传的毒，不去实地调查，也盲目相信中国矿产的贫乏。所以在那时要想开发中国的铜、铅、锌矿和石油矿，都好像是毫无希望的。

有事实根据的地大物博说——在解放以后的短短数年中，由于中国共产党和人民政府的正确领导，中国的地质学家翻身了，从一向不大注意实际问题的迷梦中觉悟过来，大家都要为开发祖国的地下资源而努力。近年来测探的面积已急剧增加，现在西到西藏，北到内蒙古和东北，南到海南岛，在广大的区域中正进行着地质调查和钻探、坑探工作，先后发现了许多前所不知的矿藏，并大大增加了已知矿区的矿量。

在这里我们想简单地谈一下新发现的资源：

华北某地的大铁矿，国民党反动派没注意过，日寇统治时期虽曾经去调查过，但没有结果。自从人民政府成立以后，首先就注意了这个矿，接着就派了一个钻探队去进行勘探。经过近三年来艰苦的勘探后，结果除确定了中央矿体的巨大矿量外，还继续发现了许多新矿体，证明了它是一个很大很大的铁矿，矿石最厚处达数百公尺，并且埋藏不深，可以用现代化的方法进行大规模的露天开采；矿质也极良好。这个新铁矿的发现对于我国钢铁工业的发展具有重大意义。

其次是西北某地的含铜黄铁矿，这矿的交通比较方便，地形也并不复杂。过去可能开过白银，后来又开过金矿。可是究竟到底是一个什么矿？在过去始终没搞清楚过。解放后，经过了两年的调查和钻探，证明了它是一个含铜很丰富的黄铁矿式矿床，与苏联乌拉尔山及西班牙的含铜黄铁矿相像，都含有相当丰富的次生富集带。初步估计至少和我国著名的云南东川铜矿不相上下。将来不久，我国铜矿的产量，可以赶上甚至超过世界最大的产铜国家——智利。

另外，最近报纸上公布了大冶尖林山铁矿发现的情况。大冶铁矿本来是早经开采的一个重要矿区，矿脉呈东西走向，西自龙洞，东至象鼻山，延伸很长。但中间约有 900 多公尺的一段却没有矿的露头，当时也不知道究竟是没有了呢？还是断了呢？尽管许多猜测，却始终没去钻探。解放后，这个问题才得到解决，经过长期的耐心的勘探工作后，在 220 余公尺的深度下，钻到了很好的磁铁矿。

此外，新的发现还不断增加。仅西北地区，即发现了大量的石油、煤、铜、铁、锰、钨、铍、铋、锌等矿物资源。如陕西渭北、新疆天山南北坡等地都发现了极为丰盛的煤藏；三年来用钻探、重力、地震等最新科学方法详测石油资源的结果，又发现了许多适合于储油的新构造，证实新疆、甘肃、陕西广大地区都有丰富的油苗。而在南方一带，广西发现了储量很丰的新的红锑矿；湖南的白钨矿估计可能比江西的黑钨还要丰富。东北也发现了锑矿。最近，在井岗山地区又发现了三万万年以前浅海中沉积起来的水成赤铁矿，矿质很好，藏量丰富，铁层最厚的地方竟达 9 公尺。

要在这里把我国矿产资源的新发现一一列举是不可能的。同志们！这些发现仅仅是一个开端，只是为第一个五年计划准备最低限度的原料而已。在今后加速发展的测探工作中，必能发现更多的矿产，以保证中国的工业化。从这些活生生的事实也就足以说明我国是矿产丰富、地大物博的国家了。

此外，我们还可以用地质学的理论来证明中国是矿产丰富的国家。我国的地质是非常复杂的，大地构造的发展也是多种多样的：我国有广大的水成岩区域，有广大的盆地，这是有利于产生石油和煤的地质条件；我国有各种火成岩所贯侵的褶皱地槽区域，这是产生金属矿床的优越条件。

二、从大地构造来看我国矿产的分布

大地构造是从地壳上大的构造单位来划分来研究的，这些单位必须结合到海侵（陆地下降海水入侵）与海退（陆地上升海水退落）、地壳运动、火成岩活动等各种重要地质现象来划分。它不同于普通的地质构造单位，像背斜层、向斜层、地堑（地层断裂的陷落地带）、地垒（两陷落地带间的突出地块）等等，它是许多地质因素综合影响所形成的，是全部地质历史的反映。而最主要的因素则是地壳的稳定性。因为一切地质现象、地质活动，归根结蒂都与地壳的是否稳定有直接或间接的关系。地壳稳定就不容易活动，就不能造成深厚的水成岩沉积，不能造成复杂的褶皱山脉，不能引起大量的和代表着各种分异过程的火成岩的侵入和喷出。这种稳定地带就叫做地台。

最稳定的又几乎老是往上升的，在地质历史中几乎没有海侵、没有厚的水成岩沉积的地带，则叫做地块或地盾。

在不稳定的地带，和前面所说的情况完全相反，在连续不断沉降的条件下，造成了深厚的水成岩沉积，这些沉积是软弱的、活动的，很容易便升起、褶皱而造成复杂的褶皱山脉。在褶皱以前和以后，它同时还伴随着大量的具有不同分异阶段的火成岩的活动。这种地带叫做地槽。

这些只是对大地构造最初步、最简单的介绍。实际上大地构造的研究非常繁复，每一单位都可依照它的形状和它的经过历史的不同而分为许多类型。

矿床是岩石的一部分，是由各种地质作用所造成的，尤其与地壳运动和火成岩活动有密切的关系。所以矿床的造成和矿床的分布，也和大地构造——全部地质作用的综合的反映——有着密切的关系。正因为如此，苏联的地质学家在1930年便初步完成了全国大地构造的研究，从而掌握了矿床与地槽区和地台区相互联系的规律，作为预测矿床位置的基本原理，作为指导探矿工作的主要方针。这里最主要的例子就是顾伯金（即古勃金——编者注）关于伏尔加河与乌拉尔山脉间新油田的预测，斯契帕诺夫关于顿巴斯煤田向东西延展的预测，雅伏斯哥关于库兹涅茨克煤田远景的预测，以及斯密尔诺夫、毕力宾关于西伯利亚金属矿区与矿带的预测。后来这些预测都一一证实了，发现了现在所盛称的“第二巴库”的大油田，大大地扩大了顿巴斯煤田的矿量，确定了库兹涅茨克数达四千五百亿吨的苏联第一大煤田的储量，发现了在西伯利亚和哈萨克斯坦许多前所未有的重要金属矿区。

苏联的先进经验，苏联从理论结合实际中所获得的辉煌成就，正是我们今天所应该努力学习的。为了合理的、科学的探矿，为了能作出预测来指导今后探矿的方向，我们必须研究中国的大地构造与矿床分布的关系，来定出这种关系的规律。中国的大地（构造）研究还不够完全，准确的大地构造的论断自然也不够成熟，不过根据目前片断的材料，我们已可初步制出一张表示中国大地构造轮廓的图来（见本书插页）。

这图已大致表现出大地构造的一些情况。如像口北地幛、吕梁地块、太行地块、中条地块、秦岭地轴、淮阳地盾等都是属于稳定性的；再如江南古陆，华夏古陆（现今东南沿海一带）也是稳定地带。祁连山、天山、喜马拉雅山都是标准的地槽，中国南部的长江流域、南岭山脉、云南都可能是地槽区。西北的准噶尔盆地、塔里木盆地和柴达木盆地，都是为新地层所盖覆的可能是地块的区域。

在苏联，几个大煤田多分布在地槽区，而中国的情况则略有不同，含有重要煤田的地区正是地台区域，如华北地台中所包含的陕北盆地、山西中部盆地、东部的边缘盆地，太行以东的从开滦到河南禹密煤田以及皖北淮南煤田都是。

无论在地槽区或在地台区中都可能产生石油，它大致位于地槽的边缘，或地台的凹地之中。如苏联的巴库油田，位于地槽区；而乌拉尔、伏尔加河间的所谓“第二巴库”油田却位在地台之中。中国现知的许多油田多位于从前是地槽，现在成为高山的前山麓带和许多与盆地相连的地区。如新疆的准噶尔盆地、塔里木盆地、青海的柴达木盆地、甘肃河西走廊等。又如陕北及伊克昭盟盆地、四川盆地，则大部分属地台区。因此如广西西部、云南东部、贵州南部的地台区都可能有尚未证实的重要的油田，华北大平原、松辽大平原下面也都可能有石油蕴藏。

金属矿床与大地构造的关系更为密切。我们知道要找金属矿床，一定得在地壳运动剧烈和火成岩活跃的地区去找。因此，就一般情况而论，地台区的金属矿不会很多。因为地台区是稳定了老化了的地区，裂缝空隙不会很多，火成岩又不甚活跃，聚矿作用不会很强烈。即使有矿，也是一些比较分散的，或规模小的矿床，如比较小的金铜矿脉，与超基性火成岩有关的铜镍矿床，伟晶岩脉中的稀有金属矿床；只有其中一些变质矿床，如中国的鞍山铁矿，尚有相当巨大的价值。与岩浆有关的金属矿大部都分布在地槽区域中，因为这个区域，地壳运动非常强烈，容易造成运矿的空隙或孔道，使矿的熔液得到填充；火成岩非常活跃，保证含矿熔液的供给，造成许多重要的接触变质交代矿床（如大冶的铁矿，阳新及铜官山的铜矿），各种热液矿床（包括像西北某地的黄铁矿式铜矿），在火成岩或水成岩中成散漫浸染的斑状铜矿以及许多有色金属和稀有金属矿床，如南岭及长江中下游的铜、铅、锌、钨、锑、锡等矿床，都是分布在地槽之中的。

这些虽是一个简单的介绍，但也表明了苏联先进经验和理论的正确性。

那么，我们是不是也可以作一些预测，作为将来我们探矿的方向呢？完全可以的。只是因为材料还不够充实，不可能作很多预测。根据山前凹地的理论，淮南新煤田附近还可能发现煤田，它将扩展到淮河以北去；在淮南煤田与河南禹密煤田之间大片平原上，还可发现同属于山前凹地类型的许多新煤田。如果要寻觅目前大家注意的、分布广泛、形状整齐、矿量巨大的斑状铜矿，那我们必须在地槽区中去找，而西北的祁连山地槽、东北的兴安岭地槽，南方的南岭地槽和长江中游地槽，就应作为我们今后努力勘探的对象。阳新和东北某地斑状铜矿的发现，已初步证明了这个理论的正确。在江西，我们根据大地构造的原理，特别是结合海侵、海退的情况，发现了丰厚的铁矿。目前我们正在搜寻钢铁工业所急需的锰矿，这是一项重点工作，除了要调查我们已知地区的矿质、矿量及分布情况外，还要吸取苏联经验，注意第三纪（离现在约三千万年）地层中的水成锰矿层，我们希望在新疆发现。又如为寻找第三纪地层中水成的铝土矿，我们可根据玄武岩分布情况及近代气候关系，在福建、广东沿海、海南岛、雷州半岛一带去找。中国下寒武纪（离现代约五万万年）磷矿的分布和古地理有很大关系，因此要发现它就必在江南古陆、康滇古陆和秦岭地轴的边缘而在下寒武纪是浅海的地带中去找，最近所发现的若干磷矿新产地都在这个预测范围内，初步证实了这个理论的正确性。

根据理论来推断我国资源的蕴藏，根据理论来进行探矿，在苏联先进地质科学理论的指导下，我们的探矿事业就能够少走弯路，事半功倍。

结　论

我们明白了矿床基本理论，掌握了探矿的先进理论和先进技术，就可能解答一个常常被问到的问题：到哪里去找矿？怎样去找矿？这就是探矿的方向和方法的问题。苏联的地质学家依据大地构造与矿床分布的关系，找出了若干规律，订定了探矿的方向，从而获得了辉煌的成就，这是特别值得我们学习的。我们在这里即使根据了很少的材料，也可以提出若干探矿的方向，供今后大模规探矿工作的参考。

其次，如前面所说的，任何一种探矿方法，都不能单独施行，只有在密切配合、密切联系之下，才能得到最好的结果。整个探矿工作是集体工作的表现，而地质科学则是一切探矿方法的基础，必须以地质的理论来指导探矿，才能符合于理论与实际结合的原则。

根据近年来许多新矿床的发现，以及若干理论上的推测，已从实践和理论上准确地证明了中国矿产资源的丰富，坚定地树立了我们对于中国地大物博的信心，当此新中国第一个五年计划刚刚开始的时候，这种信心的树立是非常必要的。

解放后短短的几年中，中国的地质探矿工作，已获得了重大成就，这首先要归功于毛主席、中国共产党和中央人民政府的正确领导和大力支持，我们才有可能去进行这样空前未有的大规模的地质探矿工作；其次要归功于苏联专家们的指导，和广大人民群众的协助，没有他们，我们的地质探矿工作，也是不可能顺利地进行的。无数的地下资源的源源不绝的发现，将加速我国胜利地走上国家工业化的道路，走上社会主义的道路。

学习苏联先进地质科学的一些体会*

伟大的和平旗手斯大林同志的逝世消息传来，全世界爱好和平的人民感到无比的震惊和悲痛。在那几天最沉痛的日子里，我们很多同志都感到手足无措，的确，这个消息太突然，这个打击太沉重了。在悼念斯大林的日子里，我们深切地体会到斯大林光辉的一生和事业对我们这个时代的巨大意义。全世界劳动人民在斯大林的名义下团结得更坚强了，对斯大林同志永恒的怀念已化成了全世界进步人类的无比的战斗力量。我们中国科学界遵循着毛主席的指示，化悲痛为力量，加紧学习苏联先进科学，以在斯大林同志直接培养下长大的苏联先进科学作榜样，来发展我们的科学，建设我们的国家。

苏联的先进科学是在斯大林同志直接培养下长大起来的，斯大林同志经常关怀并支持苏联科学的进步。我在学习苏联科学的时候，常感觉到苏联科学有几个特点。苏联科学的一个大特点就是最善于对每个科学领域内的各种规律性，作大力的探求。这里正是斯大林的思想所在，斯大林说："世界及其规律完全可能认识。……世界上没有不可认识之物，而只有现在尚未认识，但将来却会由科学和实践力量揭示和认识之物。"苏联科学依据了这样的指导思想，在一切科学领域内作了巨大的努力，找寻那些以前认为不可能认识也不可能有严格规律的事物的规律性。譬如沉积岩一向地质学家都认为是个垃圾堆，没有什么规律可循，而苏联地质学家作了十几年极耐心果敢的努力，终于找出了沉积岩的规律。地球化学这门基本上是在苏联国土上生长起来的新科学，它的发展过程就表示了苏联科学家利用最近代的物理和化学的观点及方法，试图把本来不够严密的地质科学变成更严密更有规律性；它本身就是苏联科学家果敢而耐心地搜寻规律，深入认识世界的光辉例子。

苏联科学的另一特点是最善于利用科学法则来为社会造福，这是斯大林同志最关心的问题。斯大林同志不只一次地提到那个乐意服务于人民的科学，那个善于利用科学法则为社会谋福利的科学，并祝贺它在苏维埃国土上的繁荣。苏联科学界的活动中到处都是利用科学法则服务于人民的例子。伟大的斯大林改造自然计划更是这种利用科学法则为人民造福的斯大林思想的空前巨大的体现。这已是人所共知的事实。这里只想提一提关于地震的例子。苏联很幸运是一个少地震的国家，地震带都在国境边缘，位置在那些曾经过第三纪造山运动——阿尔卑斯造山运动——而现在还在调整波动的区域中。但苏联科学家并没有放弃对这自然灾害的研究，他们正在研究创造一种高度精密的地震仪，经常收受那些为寻常地震仪所收不到的震波，从此试图全部掌握地震的规律性，来预测地震的发生，以便人

---

* 原载《科学通报》1953年6月号，41—43页。作者在文中指出，苏联成矿预测的辉煌成就"证明了理论基础对于找矿的重要性，今后我们合理的科学探矿工作，也必须走苏联的道路，从研究大地构造开始。……依据黄汲清同志所著'中国构造单位'一文的材料，我们已能初步做出一张表示中国大地构造与矿床分布关系的轮廓图，从这张图上可指示出若干探矿的方向。例如根据山前凹地的理论，我们可能在淮南煤田与河南禹密煤田间大片平原上发现许多新煤田，在桂西滇东的地台区和华北与松辽大平原上可能发现重要油田，在祁连山、南岭和扬子江中下游一带地槽区内可能发现斑状铜矿以及寻找铝土矿、磷矿及锰矿的方向等等。"

类有预避这种自然灾害的可能。至于利用人造地震的方法来探寻地下资源，特别是石油矿床，在苏联更是广泛地应用着，创造了若干新的方法，并获得了辉煌的成就。

苏联科学还有一个特点就是善于分析和区别各种规律，善于不断地批判和扬弃旧的不准确的规律，而发现和认识新的更准确的规律。斯大林经常号召先进的科学，不要畏惧偶像，应该细心倾听实践的声音，不要害怕去反对衰朽的、陈腐的东西。因此，苏联的科学家在物理学、化学、生物学以至地质学各方面，都批判了过去资产阶级学者错误的观点，而提出了新的理论。例如在地质学方面，对于爱孟司的金属矿床分带说、施蒂勒的褶皱运动幕、奥格和舒克特的大地槽学说，都给予了严正的批判，并提出了正确地反映事物的规律性的新学说。善于区分局部和一般的规律性更是辩证法的基本精神所在，比如一般矿床学上的规律，Н. И. 克鲁泡得金把它分为三类：（1）可适用于全世界的一般性规律，如铬、铂、镍矿产于超基性岩石中，锡、钨、钼矿产于酸性岩石中以及金属矿床在垂直方面分带的变化等，都属于这一类。（2）一般的经验规律是适用于一个大地区的，如从古地理研究定出其在沉积范围内各种矿床的可能分布等。（3）局部的经验规律是适用于小地区的，如矿床的富集常与某种构造有关，甚至与某种方向的构造有关，以及为寻找断失了的矿床的经验规律等。

地质工作一般都要有实际根据，但问题是在如何分别重要的和次要的，一般的和局部的规律，如何去抓住中心环节。由于各人对问题的看法不同，就陷入了公说公有理，婆说婆有理，无所适从的境界了。因此，今后我们必须加紧学习斯大林的治学精神，更客观更全面地看问题，并根据毛主席所说分别主要矛盾和次要矛盾，逐步地从实践中去认识客观事物的规律。

我所初步想到的苏联先进科学的这些特点，都是和斯大林同志的指导思想分不开的，因此就更深地感到要学好苏联先进科学，必须好好学习斯大林同志的著作，才能体会苏联先进科学的精神，不然便会流入生硬的搬运苏联经验，变成了教条主义。要学好苏联先进科学，除了要体会它的精神外，还须要真正钻进去。在今日，苏联科学在许多部门已居于世界第一位，有的已远远超过了资本主义国家，这是不容置辩的事实。但单单只是感觉或说说苏联科学是最先进的还是不够的，必须深深钻进去，彻底了解她巨大成就的具体事实，广泛阅读最近若干年来苏联的文献，踏踏实实地下一番苦功来学习，这样才能真正体会苏联科学的先进性。毛主席说过："我们的实践证明：感觉到了的东西，我们不能立刻理解它，只有理解了的东西才更深刻地感觉它"。这是我们科学界的任务，这个任务，因斯大林同志的逝世而感到更迫切。

我就是抱着上述的看法来学习苏联先进科学的。我开始学习苏联地质科学的时间还很短促，阅读俄文还不够熟练，在中国今日所能得到的书藉杂志，还很残缺不全，因此，既不能系统地学习，更不能全面地了解。但仅仅这一点的了解，已使我深深体会到苏联科学的先进性，现在我愿意响应《科学通报》的号召，提出一些学习的心得来和共同学习苏联科学的同道们讨论。

1. 找矿方向

苏联有所谓矿床预测图（Карты прогноза），依据理论指出合理的探矿方向。理论的基础很多，其中主要之一是研究大地构造。苏联地质学家在 1930 年就初步完成了全国大地构造的研究，从此订出了许多规律和找矿方向，并且获得了巨大的成就。最明显的例子就是古勃金对于乌拉尔山和伏尔加河间新油田的预测，斯切柏诺夫对于顿巴斯煤田向东西两方延展的预测，斯密尔诺夫和毕力宾对于西伯亚金属矿分带研究的预测，后来这些预测都成了事实，乌拉尔与伏尔加间的新油田成为“第二巴库”，顿巴斯煤田的储量大大增加了，而在中亚细亚哈薩克斯坦等地发现了许多前所未知的金属矿。这些辉煌的成就，证明了理论基础对于找矿的重要性。今后我们合理的科学探矿工作，也必须走苏联的道路，从研究大地构造开始。因为中国地质工作做得不够普遍，许多地区还是空白，准确的大地构造的论断，还嫌过早；不过即使根据这些片段的资料，并依据黄汲清同志所著《中国构造单位》一文的材料，我们已能初步做出一张表示中国大地构造与矿床分布关系的轮廓图，从这张图上可指示出若干探矿的方向。例如根据山前凹地的理论，我们可能在淮南煤田与河南禹密煤田间大片平原上发现许多新煤田，在桂西滇东黔南的地台区和华北与松遼大平原上可能发现重要油田，在祁连山、南岭和扬子江中下游一带地槽区内可能发现斑状铜矿以及寻找铝土矿、磷矿及锰矿的方向等等。

2. 岩石学的研究

近年来苏联地质学家对岩石学的研究，获得了巨大的成就：在理论方面创立了许多新的观点和学说，在实用方面，对完成发展苏联国民经济的斯大林五年计划起了极大的作用。关于沉积岩的分异理论，沉积形成的周期性和沉积作用的方位性诸学说，是近十年来苏联沉积岩石学方面最具有理论性的综合。普斯托伐洛夫根据他自己所倡立的分异学说，定出了两大沉积系统中分异产物的大致程序，画成了一幅充分表示出沉积岩系统的规律性的成因树。他从地壳运动影响沉积环境的重要意义上，订立了沉积周期性的理论，并在一定范围内，从地壳构造发展的知识，便能预先指出这一区沉积岩的特性。这对于预测若干水成矿床，如煤、石油、铝土矿、磷矿、锰矿、水成铁矿、钾盐矿等就有了极其重大的实用意义了。从沉积分异的理论，普斯托伐洛夫又创立了以陆生植物为主的胶体分异产物为造成石油原始质料的崭新学说，这个学说，虽还未能获得普遍的承认，但对中国石油地质问题上似有极重大的意义。过去中国对于水成矿床和非金属矿床的研究做得非常少，虽然也曾用大致与苏联近似的但远为肤浅的理论，发现了一些磷矿和铝矿，但理论探讨不够深入；鉴于苏联在这方面突出的成就，更使我们感到有加紧努力学习的必要了。研究火成岩的结晶过程及物理化学体系是纯粹理论问题，但苏联地质学家像别良金等却把它应用到实用方面去，从此发展了“工业岩石学”的专业，在制造火泥、玻璃、耐火材料、研磨料及若干人造岩石方面起了决定性的理论指导作用。

3. 金属矿床分带的理论

美国爱孟司的金属矿床分带说基本上是一种地热分带，就是要先假定一个无所不包的普遍存在的花岗岩岩基，随着温度的降低，从这个岩基中分异出各种不同的矿床，形成了在垂直方面和水平方面的分带。但实际情况，并不如是简单，因此，苏联地质学家斯密尔诺夫提出了间歇分带的理论，他以为在褶皱带发展的不同阶段中，将分出不同的含矿熔液，这些熔液依次地充填了围绕着侵入体所发生的裂隙，因而产生了带状分布。最近毕力宾又提出了沉淀分带的补充理论，这是在一次分出的含矿熔液中由于物理化学环境的不同，也造成了分带现象，并且还可分为顺向的和逆向的两种不同的分带变化。这种进一步的分带学说，对研究矿床的垂直变化，具有极大意义，并对矿床的远景估计，有了根本改变。中国华南金属矿床分带，一向依据爱孟司观点，现在应该根据新理论加以修改，对于矿床深度变化，远景估计，也必须用新的观点来推测。

4. 计算矿量

苏联科学的理论与实践是紧密联系着的。斯大林同志曾说：“离开实践的理论是空洞的理论，离开理论的实践，是盲目的实践。”这两句话正是过去中国地质学的写照。过去中国地质家很少关心实用问题，对于探矿工作，做得更少，在许多调查矿产的报告中，只是追踪老窑，或填绘露头，很少能根据地质理论，提供发现新矿床的方向，更少能提出一个精密的探矿计划。我过去自以为是最注意实用问题的，一向主张要理论与实际结合，因而就很早提出要大规模地进行钻探工作。但在布置探矿过程中，我常感觉到缺少一套合理的标准以资依据，而在计算矿量时，更由于矿床形状的复杂，常有无从下手之感。当初也曾在英美书籍中去寻找，但所得到的都是些零碎的，缺乏完整系统的东西。自从学习了苏联专家们关于矿量分类及计算矿量的许多报告以及若干文献后，才知道苏联计算矿量是有一整套的办法的，它不但照顾到量，还照顾质，照顾到技术指数和远景估计。它首先依据对于矿床了解程度的不同，探勘工作的精粗，把矿量分为三级五类，而每一类级，在地质测勘和探矿工程上都有它大致的安排。至于每一类级的具体布置和要求，又要视矿床类型的不同而分别规定。这种探矿类型的划分，主要依据矿床的规模大小，矿体的稳定程度（就是矿体形状为规则的抑为不规则的）以及成分变化而定，一般是分为五类，也有分为四类或三类的。这一整套最精密最科学的探矿规范，并不是凭空造出来的，它一方面依靠大量经验，在实践中不断补充修正，另一方面还要靠对矿床规律性极广泛极深入的理论上的探讨，才能达到这样完善的程度。“矿物原料储量计算法”是一部关于矿量计算的标准著作，作者斯密尔诺夫本人，不但是一位经验丰富的地质工程师，而且也是苏联矿床界的理论权威，足证理论指导是计算矿量的基础。

这样，当我稍稍深入地学习了一些苏联先进经验，就觉得过去自以为是联系实际的一些工作，实在是很肤浅，很不实际了，并且更深地体会到陈云副总理去年在全国地质工作计划会议上所说的话：“苏联的经验，综合了世界上技术的最高成就，并加以提高和完整化了。我们接受苏联经验，也就是接受世界上最先进的经验。”

阳新铜矿报告*

一、位置

铜矿矿区位于阳新城西北，直距约20公里，白沙铺附近。主要矿区有：

1. 刘许山区

位于白沙铺西北约6公里，在铜绿山（赤马山南）南麓，分布于刘家山、许家山、韩家山、李家山等地。

2. 牛头山区

位于白沙铺南东东约3.5公里，牛头山东南侧（百福山西北麓）。

3. 欧阳山区

位于白沙铺西方约4公里，欧阳山西侧（七峰山北麓）。

二、地质

白沙铺一带花岗闪长岩露出甚广，东南自距阳新直距约14公里之福神墩起，西北至大箕舖，长约17公里，西南至欧阳山，迄至东北之赤马山，长约11公里，复至赤马山东南延展，如牛头山、潘村、舒家畈等地，周围凡50余公里范围内皆有风化极深之花岗闪长岩分布。此花岗闪长岩体，牛头山、欧阳山等地与二叠纪阳新灰岩接触。所有接触带常有石榴石带发生。

三、矿床

A. 总论

1. 产状

花岗闪长岩与石灰岩接触带每发生石榴石，厚皆在二三公尺以上，铜矿即产于此石榴石接触带内，充填于石榴石颗粒空隙间，成浸染状及细脉穿贯，有如胶结物然。

2. 形态

接触带之石灰岩皆背火成岩体倾斜，斜度每在70—80度间，故接触面与地面几成直角。接触带有向下延深之望。

3. 矿物

本区发现之矿物，依其成分分类列记如左。

a. 矽酸盐类矿物——矽灰石，透辉石，透闪石，石榴石。

b. 氧化物类矿物——磁铁矿，赤铁矿，褐铁矿，石英。

c. 硫化物类矿物——黄铜矿，斑铜矿，黄铁矿，辉铜矿，辉钼矿，铜蓝。

---

* 本文成文时间不详。原稿存全国地质资料馆，档号3531。——编者注

d. 碳酸岩类矿物——方解石，孔雀石，蓝铜矿。

4. 成因

（1）花岗闪长岩侵入石灰岩后，发生接触变质作用。此后石灰岩变成大理岩，内中发生接触变质矽酸盐类矿物矽灰石、透辉石等。

（2）继而高温交代作用开始，发生石榴石带。此后残余岩浆中硫化金属在此接触带空隙内浸染或沉聚，发生铜矿床。

（3）风化及地下水作用，铜矿发生变化，生成孔雀石、褐铁矿等次生矿物，但与原生铜矿无一定相生关系。

5. 类型

兹将阳新铜矿依成因上分类略记于左：

成因	矿物	牛头山	刘许山	欧阳山
氧化作用	孔雀石		×	
	褐铁矿		×	
地（下水）作用	铜蓝	×		
	辉铜矿	×		
热水作用	赤铁矿			××
	辉铜矿（蓝色脉状）			××
	斑铜矿（无黄铜矿包裹物）			××
	绿泥石化、绢云母化、矽化作用			××
接触变质—高温交代作用	黄铜矿	××	××	
	斑铜矿（含黄铜矿包裹物）	××	××	
	赤铁矿		××	
	磁铁矿		×	
	矽酸盐类矿物	××	××	×

注：×少量；××多量

6. 成分

据以前之采探报告，阳新铜矿矿石含铜 4%，石榴石带厚自二三公尺至二三十公尺不等。

B. 各述

1. 刘许山矿区

矿区附近诸山皆为阳新灰岩，形成低缓山岗。花岗闪长岩则露出于西麓，接触带作西北—东南走向，厚约 6—8 公尺。矿石为浸染于石榴石带内之黄铜矿及多量之镜铁矿、磁铁矿等，且有阳起石等随伴产出。此接触带向西北延长至李家山、韩家山一带，皆有铜矿产出。

此平化带❶虽有间断，但比较尚称连续，构造亦稍整齐，有可探采之价值。

2. 牛头山矿区

牛头山一带皆为花岗闪长岩体露出地，只矿区邻近有石灰岩露出，系侵蚀残余之岩盖，四周与花岗闪长岩接触，但接触矿物甚少。接触带之方向为东北—西南。矿石内仅见斑铜矿及黄铜矿。

3. 欧阳山矿区

欧阳山矿区附近几皆为花岗闪长岩，仅在矿区内可见些微石灰岩露出。接触带作北60度西方向分布。矿石成分甚高，主要矿石为孔雀石，蓝铜矿，辉铜矿，斑铜矿等，与石英，方解石共生。

此接触带忽断忽续，共有数公里，但距接触带西数公尺有断层，使下位之志留纪砂岩上升，致矿化带常被切断。此断层之发生推断应在成矿作用之后。

四、结语

1. 阳新铜矿只铜绿山（赤马山）区构造及产状比较整齐，可有探采价值。

2. 阳新铜矿属接触铜矿床（除欧阳山），世界上此类矿床准有大矿，阳新恐不例外。

3. 阳新铜矿次生变化不显著，富集作用未能发达，难有富矿体或富化带发生。

4. 阳新欧阳山，大冶龙角山，天台山（铜山口）为热水矿床，虽地面含铜不显，可加重视。

五、其他

阳新韩山洞位于富池口南约12公里，附近地质为阳新灰岩被花岗岩类侵入，接触带长约2公里，接触矿物不多，微有铜矿，详情不悉。

参考文献

[1] 谢家荣。中国几个铜矿之地质及显微镜的研究（英文），1929年。
[2] 李学清。湖北东南部铜矿矿物研究。
[3] 叶良辅。湖北阳新大冶鄂城之地质矿产。附阳新铜矿参考资料。
[4] 湖北阳新大冶铜矿探矿队工作经过纪要。资委会月刊，3卷4，5，6合期。
[5] 湖北大冶铜矿浮选之研究。施家福著。
[6] 湖北阳新富池口炼铜厂勘察报告。□□著，资源委员会存稿。
[7] 湖北阳新铜矿报告。施家福著。
[8] 湖北阳新大冶铜矿队组织大纲。
[9] 探勘湖北大冶龙山，角山铜矿计划。□□著。
[10] 钻探湖北阳新大冶龙角山铜矿之意见。朱熙人著。
[11] 牛头山探矿工程总报告。
[12] 湖北大冶阳新铜矿调查简报。朱熙人，计荣森合著。

❶ 原文如此。——编者注

找矿标志*

为了准备更多的矿产地点来进行勘探；为了配合国家工业建设，找出急迫需要的某些矿产，以供开发；而更重要的是为了要对全国矿产获得全面的和综合的了解，以便能从资源分布的观点上，更加合理地来考虑全国工业基地的分配，中央地质部从1954年起将开展一个大规模的全国普查找矿工作。这是一种长期性的和综合性的工作，它将不止为一个五年计划，而是为好几个五年计划打下基础，以及为提高理论水平，研究矿床规律的重要工作。

要做好普查找矿工作，必须详密准备，加强组织，依靠群众，树立信心，技术方面要熟悉地质图的测制，各种矿床的观察和研究，而其中的一个关键问题，就是要定出找矿的标志，我愿在这篇短文里，略抒己见，以供参考。

什么叫做找矿标志？找矿标志就是一种线索，依靠这种线索，我们可以顺利地、事半功倍地找到我们所要寻找的矿产。它包括如何认识矿石及如何辨认矿石的露头在内，但这只是初步的，表面的线索，而更重要的是要从矿床的成因、类型、与地质构造的关系等等，来找出控制矿床分布和富集的因素，明了了这些因素，并进一步地掌握了它的规律，我们就不难按图索骥似地去进行找矿或布置详密的勘探计划了。因此，找矿标志，不但在普查找矿的阶段中占重要位置，即在次一步的勘探阶段中也是要随时研讨的问题。

找矿标志是理论与实践密切结合的产物。没有理论，它将是表面的、局部的，经不起考验的标志；没有实践，则将陷入钻牛角尖，空洞幻想，而得不到结果。

从找矿标志的性质来讲，我们可把它分为地形的、地层的、构造的、岩性的、矿物的和植物的数种。

矿床与地形的关系，是尽人皆知的事实。质坚耐蚀的巨大矿体，常组成高山巨岭、危岩峭壁，其形体较小的，也常成陡坡高地。容易风化的矿体则位在低山缓坡，甚至形成洼穴，这在喀斯特地形区以铅锌矿床及若干塌陷的铁帽，尤为显著。矿床的地形标志，虽只是浮面的，为表示矿床露头的一种标志，但因其容易引人注意，且远望就可辨认，所以也是非常重要而不可忽视的找矿标帜。

地层的找矿标志，就是从地层层位上来确定矿层的位置，或与矿体的关系，对于沉积成因的矿床来说，其重要性自不待言。

淮南某地新煤田的发现完全依据在平原上找到了向北缓倾斜的含纺锤虫化石的石灰岩，就推测其北面的大片平原下可能含煤。四川某地煤田的发现，只是看到了煤系上的长兴石灰岩，就进行打钻。在北方，差不多沿着所有奥陶纪石灰岩倾斜方向以上的平原地带，即使没有煤系露头，古代的矿工们也都曾打了坑井，把煤挖出来，可见这个地层的找矿标志，老早就为我们的祖先有效地运用了。目前在普查找寻层状矿床时，无论是煤矿、

* 原载《地质知识》1954年第4期第3—5页。——编者注

铁矿、磷矿、铝土矿，大家都已知道运用这个找矿标志，把各种地层细致地测绘在地质图上，从这张图上我们可以获悉矿层的来踪去迹，褶裂隐伏，从而可以布置勘探工作，也可计算矿量。这是初步的地层找矿标志。进一步的研究，则是要依据岩性、岩相、构造重建当时的古地理环境，并从沉积旋回的道理，来找出矿层沉积的规律性，这样，不但可以追索矿层，了解构造，还可推究矿层尖灭、消失、冲蚀和质性变化的原因，因而预测矿层在质与量上的变化规律。

构造的找矿标志，在许多矿床中都起着决定性的作用。首先是石油及天然气矿床，差不多全部的普查找矿工作是在寻找闭合的背斜层，窟窿层，阶地层，封闭的断层等等。找到了这种构造标志，再配合上其他许多有利的地质条件，那么，即使在附近见不到油苗，也值得打钻探油。在寻找断失了的煤层，铁矿层或其他矿脉时，如能正确运用在本地勘探经验中所获得的关于构造上的规律或标志，我们就可很容易地把这些断失的矿层找出来。

构造对于许多金属矿床的形成和富集起了很大的作用，特别是由于断层所造成的裂缝，压碎带及背斜层顶部的涨裂带，或者是为上升含矿溶液准备了孔道，或者则是腾出空间给予矿液以沉淀的机会。在汞矿床方面，这种构造控制的因素，特别重要。几乎所有已知的重大汞矿带，都与大而深的断层裂隙有关，有了这种裂隙，矿液就有上升的机会，如没有破碎带或角砾岩带，矿液将无容身之地，而如果其上面有了一层不透水的致密地层，则矿床就可格外地富集起来，因此，许多丰富的汞矿地，都产在为致密层所封闭的背斜窟窿顶部的破碎带内，这是非常明显而又很容易理解的找矿标志。如果在普查中确实找到了并认清了这种找矿标志，那我们就可集中力量去寻找这种构造，对找矿工作就能事半功倍，大获成效。

许多铅锌矿床也与大断层、大裂隙有成因上的关系，但它们又常能与围岩，不论是碳酸质的或是矽酸盐质的疏松岩层如凝灰岩等起交代作用，而形成了另一种在岩性上的找矿标志。

岩性的找矿标志，可以理解为岩浆源母岩的特性及围岩的选择交代作用，矿床与沉积岩的性质等等。在矿床学上有一个世界性的规律，就是在超基性岩中常可找到铬、铂、镍、金刚石等等的矿床，这些矿床很少或几乎看不到在其他中性或酸性岩石之中。相反地，另有一些元素的矿床，如钼、钨、大部分的锡则专属于酸性火成岩中，至于铁矿、铜矿则这种专属性似不显著，因为在基性火成岩以及中性或酸性的火成岩中也都找到了重要的铁矿和铜矿。铅锌矿与火成岩的关系，比较疏远，那些近乎接触变质式的矿床，则可与酸性或弱酸性岩石有关，也可与基性岩有关，如中国西南的峨眉玄武岩及西康会理的辉绿岩，可能为产生西南各省许多铅锌矿床的母岩。汞矿与火成岩的关系，更为遥远，因此在大多数情况下，很难确定它的母岩属何种类，据苏联萨乌可夫的研究（见汞的地球化学）似与侵入的酸性岩及喷出的超基性岩关系最为密切。锡矿一向以为是无例外地与花岗岩有成因上的关系的，自从在苏联找到了一种与半深成的基性岩有关的含绿泥石、电气石、硫化矿物的锡石黄锡矿矿脉后，这个结论就需要加以修正了。

把钠长石化的细碧角斑岩类岩石与黄铁矿型含铜黄铁矿床密切结合的理论，是苏联对这类矿床在找矿标志上最伟大的贡献，而这个标志，已在我国的某地矿区中充分地被认识并已被运用了。

围岩的岩石性质对于矿床的集中有重大影响，这对于以交代作用为主的铜铅锌矿床意义更大。碳酸盐岩石一般是最容易被交代的，疏松的凝灰岩，富于孔隙及裂隙的砂岩和页岩，以石灰质为主要胶结物的砂岩、砾岩都可承受矿液，造成矿床，如有不透水岩层为之阻隔，则矿液富集的机会更多，就可形成巨大矿体。这些岩性上的找矿标志，在普查找矿时，必须精密研究，予以确定。

矿床与沉积岩的性质也有一定关系，如煤层很少或几乎不产在红色地层中，后者经常为岩盐和石膏的围岩。在深黑色的页岩和磷灰岩中常含比较多的铀和钒；水成锰矿的围岩以胶体状的矽质岩为多，石灰岩次之，碎屑岩如砂岩、页岩等很为少见。

矿物的找矿标志，是找矿方法中的直接指标，因为其中也包括了为找矿主要对象的有用矿物在内。但我们同时要注意其他的共生矿物，并要特别注意围岩的接触变质，热液蚀变及由此生成的各种矿物，依据这些矿物的种类、结构及分布，我们就有可能把接触变质带、热液蚀变带等更细致地分别开来，然后再把有用矿物依据它的位置和产状，分列进去，定出整个共生矿物先后形成的序列，划分矿床在形成过程中的各个阶段，确定原生带、次生富集带和氧化带的分布及深浅，这样，不但给予我们以更为具体的找矿方向，并且也奠定了矿床分类的基础。

在矿物找矿标志中最易引人注目的是氧化带的颜色。随着原来矿质种类的不同，常呈斑驳陆离之色，如铁呈红色、褐色，锰呈黑色，铜呈绿或蓝色，铅呈黄色，钴呈黑色及鲜粉红色，镍呈绿色，钼呈鲜黄色，银呈油绿色，砷呈橘黄色及黄色，铋呈黄色，镉呈淡黄色，铀呈绿、黄、红等种种不同之颜色。又因矿床中一般都含铁，氧化后成为褐铁矿，呈显著的颜色及结构，称为铁帽。铁帽是金属矿床的指示碑，铁帽的存在，往往指示其下可能有宝贵的金属矿床。所以在普查找矿时，大家要注意铁帽。研究铁帽，详细描写铁帽的颜色、结构、产状及与围岩的关系，从而推测其下有无硫化矿体，如有则应属于何种金属的矿床。

由于黄铁矿氧化后，将发生大量硫酸，它可阻止水氧化铁的沉淀，促使后者迁移到很远的地方，造成所谓迁积的或散浸状的褐铁矿；铜恰恰相反，它可促成水氧化铁的沉淀，阻止其迁移，因之造成了所谓原积褐铁矿，在被淋失的孔隙中沉淀。因之，大量迁积褐铁矿的存在，表示其原来硫化矿体中不含铜或含铜很少；大量原积褐铁矿的存在，则往往指示下面是一个含铜的或其他有色金属（的）矿床。从许多经验证明，砖红色或鲜红色的褐铁矿，其中含着多量的迁积赤铁矿，是不含铜的黄铁矿的指示，枣红色、橘黄色则是含铜之证，还有各种褐色指示着含有铅锌或辉钼矿。

只靠褐铁矿的颜色，甚为不够。必须研究其结构，由于浸滤淋蚀的结果，褐铁矿常成蜂房状、细胞状、海绵状的结构，此时当注意孔隙的多少，形状，及房壁（或胞壁）的厚薄、形态等等。如淡褐黄色粗细胞状的褐铁矿，其原来硫化物中含黄铜矿，三角状的细胞结构为斑铜矿，海绵状的为闪锌矿，具有正长板状节理的为方铅矿等等。对于铁帽研究有经验的专家，认清了褐铁矿的颜色、结构，就可推测其下部为含有何种金属的矿床，并有无次生富集带。因此，铁帽为最细致、最能给予具体指示的找矿标志。

植物的找矿标志近年来正由地球化学家及植物学家们深入研究，目前所得结果，大概可分为三方面：（一）有些植物对于含有大量某种金属的有毒土壤，可以生长，这种植物称为某种金属的指示植物，如铜、铅、锌、硒等都已发现了它们各自的指示植物。在中国所发现的海州香薷则是铜的指示植物，在长江中下游及许多其他铜矿区，俱已发现证实。

找到了这种植物单独茂盛生长的地方，其附近必是含有高量铜的地方，可测制这种植物的分布图，再进行地质调查或地球化学探矿，常可获得更可靠的结果。（二）有些植物可吸收土壤中的某种金属，聚集在植物体中，这种植物称为聚集植物，分析和比较一个地区聚集植物中的金属含量（用植物灰分析），也可找出高含量的变异区。（三）由于金属的有毒影响，使某些植物发生变态，研究这种变态，也可作为找矿的标志。

最后谈一些用大地构造、古地理及地球化学的方法作为找矿标志，这种标志，能指示一个大的方向，故在布置普查找矿的计划时，尤须深切注意。有许多类型的矿床，如斑岩铜矿，接触变质矿床，黄铁矿型的铜矿等，都主要分布在地槽区中，又有许多矿床，如铬矿、磷矿、沉积式的铜矿等，则地槽与地台中俱有其例，不过在地槽区中的矿床，其规模与质量俱远较在地台区中的为佳。认识了这种找矿标志，我们就不至于在老的地块中找斑状铜矿，而要找好的铬矿时，就应首先注意满蒙地槽，祁连地槽等。古地理对于沉积矿床的找矿标志，作用很大，如定出了上泥盆纪海岸线的范围，则宁乡式铁矿的分布，就获得了规律；学习了苏联关于原生氧化锰与碳酸锰矿的分布规律，我们就可从古地理的研究，来追踪和发现品位较高的原生氧化锰矿层；研究了盐矿生成的学理，再配合上中国古地理情况及地球化学的若干规律，我们就不难预测晋南及川中的某些地区，可作为将来普查寻找钾盐矿的可能对象，而除详细研究其附近地区的地质情况外，必须布置地球化学探矿，从盐卤、井水、泉水中大量分析钾、溴、碘、硼等等的含量，以便最后圈出有望地点，用钻探方法把钾矿床探出来。

为便于叙述，把找矿标志分为上述许多种类是不无理由的，但实际上各种找矿标志都是相互交织，相互为用，不能孤立地来考虑的，只有把各种找矿标志综合研究，综合比较，才能获得最好的结果。我可举某地含铜黄铁矿矿床为例。这种矿床的找矿标志，现已能很具体的证明如次：大地槽区中华里西褶皱山脉中有钠长石化细碧角斑岩的海底喷发岩，其中所夹的凝灰岩，最易承受矿液的交代作用，热液蚀变造成了围岩明显的绢云母化、绿泥石化、矽化，而下降的酸液又造成了高岭土化及明矾石化。氧化带在地面上形成了引人注目的铁帽，它一般是凸起的，也有塌陷的地方。这个简短的叙述，差不多把上面所论的各种找矿标志（除植物标志外）都包括在其中了。

在总路线灯塔的照耀下，中国的地质工作者，都已深切地认识了寻找和勘探祖国的地下资源，以保证社会主义工业化的建设，将是最伟大最光荣的任务。我们要学习苏联的先进理论与经验，确立找矿标志，掌握成矿规律，指出预测矿床的方向，为发现更多的新矿产地而努力。

在普查及勘探设计中值得注意的几个问题*

本部三年来的工作证明，为了做好普查勘探工作，能够完成和超额完成国家所交给我们的任务，首先必须做好普查勘探的设计工作，其中也包括了设计最初步的项目和地点的选择问题。已往由于设计工作做得不好，有时就会造成返工浪费或完成不了任务，这充分证明普查勘探的设计工作是一项最重要的工作，必须密切注意。现就在普查勘探工作中值得注意的几个问题，略抒管见，借供大家参考。

一、地点及项目的选择

普查找矿的地点及项目的选择，以及如何从已往普查过的项目中选择重点进行勘探，这是设计中的初步问题。它首先要服从国家的整体计划和国民经济的要求，要照顾到地区的平衡和国家工业化的步骤等方面。另一方面，则必须从已知矿产分布的情况及主要地质构造的观点，来选择最有希望并能获得最大成果的地点，进行普查或勘探。1954年的普查项目，主要是这样决定的，这就是所谓“就矿找矿”、“点面结合”的办法，更进一步讲，可称为“连点成面”，“就面找点”。第一个点就是从已往资料及群众报矿方面所获得的许多关于矿产分布的地点，把这些点连起来就成为一个面，从地质构造的理论推测，我们可决定哪些面希望最大，这就是我们要进行普查的面积。普查找矿的目的，就是要从广大的面积中用地质测量、揭露地表及系统采样分析的方法来决定并划出可供进一步勘探的点，这就是第二个点，所以叫做“就面找点”。1954年虽已在原则上定出了这个主要方针，但在具体工作上还做得很不够。我们以后要经常参考资料，收集情报，做出精密的矿产分布的点，同时要依据先进理论，结合地质情况，划出那些点子最密集、地质条件最合适的个别的面，以便随时能提出对于各种矿产普查找矿的地区，以供计划设计的采择；同时更要依据矿床的产状及具体地质情况，作出对某些矿产的预测，就是在那些地区即使没有资料、情报或露头，就是没有点，我们也能决定它有发现我们所要找寻的矿产的可能。这样我们才能走上科学找矿的途径，才能由被动而改为主动，并可在充分考虑到地区平衡及国民经济的要求的原则下，指出我们找矿的方向。

现在举一个例子来说明上述的方法。在四川盆地中寻找铁矿，是完全符合国民经济的要求及国家工业化的计划的。一年来的工作证明，盆地中的许多沉积铁矿，包括泥盆纪的平武、江油铁矿，涪陵、彭水的下二叠纪铁矿及雷马平的上二叠纪铁矿，矿层不稳定，成层亦薄，品位又低，都没有很大的希望。目前开采的属侏罗纪的綦江及巴县铁矿，也至多不过是小型铁矿，没有巨大的价值。从沉积铁矿的基本理论来看，在地台（四川盆地是一个标准地台）上要发育巨大沉积铁矿，必须是接近于基底褶皱出露的隆起地带，因为从这

---

* 原载《地质通讯》1954年第18期，第7—10页。——编者注

个深受剥蚀的隆起地带，我们才能获得充分的铁的供给。在四川盆地中，这种隆起地带是很少能找到的；但因四川盆地的褶皱比较显著，还有许多沉积上的间断，所以铁矿的存在是可能的，但不会很富很厚。至于另一盆地像陕北盆地，既没有隆起地带，又由于倾斜几近水平，沉积间断亦不发育，因此，这里不会有铁矿，亦不可能有铁矿，到目前为止所获得关于陕北盆地的资料，完全证明此点。从此我们可初步得出结论：在四川盆地中寻找沉积铁矿，希望很小，我们必须转换方向，去寻找与火成岩有关的铁矿。把百万分之一的四川地质图摊开来看，我们可立刻看到有两个与盆地最接近的火成岩的露头，一是川北的大巴山，一是川西南天全、宝兴一带。同时从资料证明在这两个地方及其附近都有铁矿情报，有些是与火成岩有关的（如大巴山及川西南的金汤），也有些是沉积型的。后者在品位与厚度方面，都较在盆地中的其他沉积铁矿（如洪雅）为佳。因此，我们就有理由去选择这两个地区作为1955年在四川盆地普查找寻铁矿的主要对象。

二、勘探程序

在地质部召开的专业会议中，曾经不止一次地提出了要遵守勘探程序。就是我们的工作，要由浅及深，由疏到密，从普查找矿到详测勘探，是有其一定的步骤的，如果不遵守勘探程序，则欲速不达，盲目冒进，必将受到莫大的损失。这种道理，非常简单，说起来人人都懂，但实行起来却有些困难。近二年来，尽管大家都在提倡要遵守勘探程序，但超越程序、盲目冒进的现象还是不少。这种教训，值得大家警惕，应予以深切的注意。

三、经济观点

勘探矿产，必须要有经济观点，这可从矿产本身的价值及勘探成本两方面来衡量。每一个矿产地的价值，除矿产本身外，交通及其他经济条件，亦为重要因素。因此在选择勘探基地时，必须要考虑到该基地的交通位置及其他经济情况。在勘探晋中某煤田时，工作人员只考虑了地质情况，而忽略了经济观点，因此他们选定了河西的一个井田，后经苏联专家指出，将来如在河西开矿，必须筑大铁桥，所费不资，而在河东布置井田勘探，就可省却这一大笔费用。因此，如果河东河西都有煤田，其本身价值并不相差过远时，还是以设在河东为宜。

勘探成本，必须与其探出来的矿产的价值有一定的比例。如果勘探成本大大超过了这个合理的比例，则不论所获得的结果如何准确可靠，也不能算是一个成功的企业。在若干层薄质劣、层位又不稳定的铁锰矿床，或产状十分复杂的许多金属矿床，为获得可靠矿量，必须加密钻探网，但如果钻探网密到超越了经济限度时，则就不能用钻深方法去求得高级矿量，只有依据较粗的钻探，配合地质理论，定出矿层分布及变化的规律，计算 C_1 级矿量及远景评价，划出可供开采的地区，交给企业部门设计开采，以后用边采边探的办法，主要用坑探法逐年探出矿量，以供开采。

在布置其他工作时，同样也要有经济观点。在勘探煤田或层状铁矿时，我们一般是用五千分之一到一万分之一的缩尺来进行地形及地质的详测，而只在个别地点，或解决某种特殊问题时，才用更详细的缩尺。如果我们在一个广大煤田或铁矿区域，全部测制二千分之一或更详细的地形地质图，这种工作就是浪费，就不合经济观点。

槽探及浅井探主要是揭露露头，阐明矿床的层位及产状，其次也用于确定地层的接触线，研究断层及地层层序等等。近二年来，部、局所属各工作队由于重视槽井探而获得重要成果的很多，特别像405队、205队、403队等，都能在槽井探中揭露矿层，获得了对矿床的深切的认识。因此，为了能获得可靠结果，我们必须布置足够的槽井探，并采取足够的矿样以供化验。但这些工作的工作量，也要有一定限度，并要布置在最为恰当的地方。如太多了，大大超过了工作上所要求的精度；或者盲目追求工作量，而不问布置得是否确当，这也是浪费，也是不合经济观点的。在报告上我们只看到布置并完成了若干槽井探或采取了若干矿样，但每一槽井探的目的如何，从未加以申述；而在槽井探完成之后，其结果如何，符合于探求的目的而能解决问题者有几，结果不能确定者有几，报废者又有几，更从未加以分析。样品的化验，有时亦大大超过了限度，因此在化验报告单中可时常看到只含微迹有用矿质的结果。要知在第一批矿样中，由于经验不足，并为避免漏失起见，我们必须多送矿样，但在多次送样化验之后，我们必须学会用目测鉴别矿石品位之法，而把那些绝对无开采价值的矿样剔除，以减少送样化验的负担。用槽井探来追索地层或其接触线，必须是在露头极不清晰的地方或需解决重要关键问题，如确定标志层或地层的走向、倾斜时，才值得适用，否则应尽量借助于露头及追索转石之法，并随时要考虑到用推断法与用槽井探确定地层接触线，其所得的结果，究竟有多大差别，如这种差别在所用缩尺的精度上表示不出来，就不值得多费功夫进行槽井探。

四、预见性和整体性

矿床的产生，有其一定的条件，而这种条件，往往普遍存在于广大的区域内。因此无论何种矿床，都不是偶然的、局部的现象，而是相当长的和相当广泛的现象。如果我们只抓住了一个矿体，而忽略了其余的有联带关系的许多矿体，这在学理研究上要陷于片面，而在勘探工作上就要招致重大的错误和损失。因此，正确的勘探设计必须要从许多实际资料，配合理论研究，作出关于矿床产生条件及分布规律的远景推测，在充分具有预见性的基础上，大胆提出一个从整体着想的勘探设计。这叫做勘探设计的预见性和整体性。

由于不能准确掌握矿床的整体关系，没有对于矿床发育规律的预见性，就使我们只发现了福建漳浦的铝土矿，而却忽略了与其相距不远、地质环境完全相同的金门岛的铝土矿。由于忽视了从古地理环境所造成的矿床的整体性，就使我们在知道了昆阳磷矿很多年之后，才发现四川大渡河的磷矿。这些例子是很值我们警惕的。

在近二年来本部的勘探设计中，缺乏预见性和整体性的例子还是很多。安徽某铜矿的勘探设计，未能在所有铁帽及接触带上布置勘探网，而是东鳞西爪、举棋不定地进行钻探，结果拖长了勘探时间，得不出全面的结果，这就是由于缺乏预见性和整体性所致。

五、时间观念

勘探设计的另一重要问题是时间观念。我们的设计，不但要考虑国民经济的要求和地区的平衡，而且还要配合整个经济建设的步骤。这就是时间观念。开发一个煤矿井田或布置一个钢铁基地，常需要很长的时间，从三年到七年不等，视矿厂的大小而异。因此，我们的勘探工作，必须与工业设计的时期密切配合。如果勘探工作落后于工业设计，就要大大地影响开发，使经济建设计划不能如期完成，关系至为重大。在若干找矿工作中，如在西北和西南找寻铁矿，目前我们还没有确切对象，将来恐怕误事，必须从速开始，迎头赶上，以免落后。

相反地，如果某项勘探设计工作，大大超过了工业设计需要，或把勘探基地设在目前尚不需要开发的地方，则在人力物力十分缺乏而我们所勘探的矿种又不平衡的今日，也是不应该的。例如有几个煤田的勘探工作，已经获得了极大的矿量，足够几个井田之用，如果再继续地在其附近精密勘探，继续求取高级矿量，则这种矿量，势必在其他许多矿井筹建之后才能应用，其时期或须在二三十年之后。可是在某些地区又极需找到煤田，以免长距离的运输。正确的方法，是在选出最有希望最适宜的地点，并经过钻探求得为一二个井田足够需用的高级矿量后，对其他附近地区的工作，只须详测地质，充分了解煤质，布置几条钻探总景线，彻底掌握煤层层序及变化规律，得出 C_1 级矿量及远景评价，就可暂时结束，而将力量转移到更需要更迫切的地区去工作。

六、找矿标志

无论何种矿床的产生，都有其一定的地质条件，而矿床在地表上，也时常有一定的显示。从实践中去研究、推解，寻找与认识这种条件和显示，就能给予我们在普查找矿上的一些可靠的准则，作为找矿的线索。这种准则和线索就是找矿标志。

找矿标志可分为地形的、生物的、地层的、岩性的、矿物的数种，而综合的，理论的，指示大方向的找矿标志，则大地构造和古地理的研究，尤为重要。我最近在《地质知识》上写过一篇关于找矿标志的短文，故在这里不拟详述。除一般的找矿标志如火成岩活动，地质构造，围岩蚀变等等外，应特别提出铁帽，次生石英岩风化壳，铜草，煤的成因类型等，作为今后工作人员经常注意的找矿标志。由于每一矿种或每一矿区都有其独特的一定的地质条件和地表显示，因之找矿标志，在各矿种和各矿区中也都是不同的。普查和勘探设计的重要任务之一，就是要在每一设计中预先定出其特有的一套找矿标志，根据这些初步的找矿标志，布置工作及工作量，再使工作人员在实践中去证实、修正或补充。如果没有找矿标志，则我们的工作就将陷于盲目而迷失方向。有了一套正确的找矿标志，则我们不但在普查找矿工作中能按图索骥，事半功倍，即在勘探工作中，由于对矿床产生的条件有了充分的认识，所以在钻孔或坑道进行过程中如果发现了明显的标志，我们就可立即推断将有何种有利的或不利的事情发生，以作正确处理的准备。

以上所述，仅就个人想到的几个值得注意的问题，加以申论。作者学识、经验俱感不足，对勘探设计尤少实际经验，尚望同人不吝批评指正，实深感幸。

次生石英岩*

概论

在表示交代岩石的不多的名词中，“次生石英岩”一词是在最近时期内才出现的。这个名词被列入地质文献是在1901年，在费多罗夫（Е. Федоров）和尼基亭（В. Никитин）关于北乌拉尔博戈斯洛夫山区的专著中。作者们断定了次生石英岩是从安山斑岩和它的凝灰岩变成的，并且在矽化了的岩石中的 SiO_2 含量，与其原始岩石相似，即约60％。矽化作用的成因，则没有搞清楚。

后来，这个名词开始用来表示在东部哈萨克斯坦广泛发育的矽化了的侵入岩、喷出岩和沉积岩。在这些矽化岩石的块体中，因为在有些地方可能与散漫状的铜矿床有关，这就吸引了地质研究者和工业家们的注意，以致后来就发现了巨大的矿物原料的产地。

1925年在哈萨克斯坦所用的“次生石英岩”名词具有完全不受拘束的解说。此后，次生石英岩开始用来称呼各种成因的所有类似石英岩的岩石，属此类者有云英岩、接触角岩、变质页岩、青磐岩、碧玉岩、乌拉尔“苏哈里”类岩石、矽质页岩、石英脉，而在近年来还包括那些由于岩石表面变化而成的富于矽质的产物。

可是，从1931年起，在地质文献中出现了要以一定的成因概念，如矽卡岩或云英岩的概念来保存这个名词的趋势。下列有关次生石英岩的一些新的材料就是这种趋势的基础：

1. 1926年在矽化的岩石块体中发现了刚玉矿床——谢米兹布古（Семиз-Бугу）矿床（图1）。

2. 1928年在次生石英岩中发现了有工业价值的斑状铜矿——科恩拉德（Коунрад）矿床。

3. 1930年在次生石英岩块体中发现了红柱石。

红柱石在次生石英岩中的发现促使进一步确定谢米兹布古刚玉矿床围岩的成分，使得在这里发现了丰富的红柱石岩石，这种岩石从前是当作含高岭石质的。

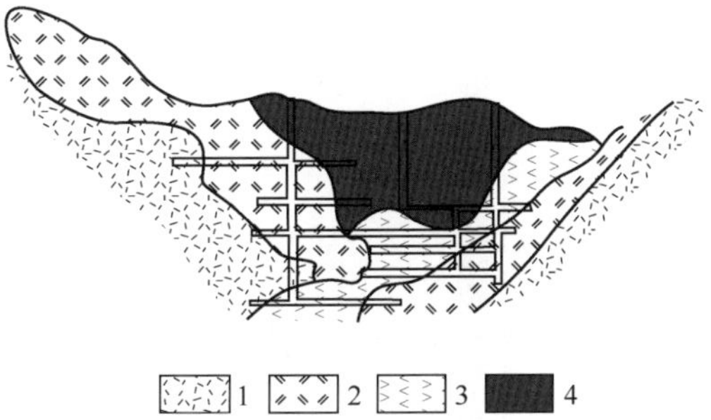

图1　谢米兹布古矿床中刚玉-红柱石主要矿体的地质剖面略图

1—绢云母次生石英岩；2—含红柱石、红柱石-石英的岩石和红柱石石英岩；3—含刚玉及刚玉-红柱石的岩石；4—刚玉岩

---

* 本文是1955年10月地质出版社出版的《蚀变围岩及其找矿意义》的一部分。该书是根据苏联国立地质保矿科技书籍出版社1954年于莫斯科出版的《全苏地质研究所汇报》“ИЗМЕНЕННЫЕ ОКОЛОРУДНЫЕ ПОРОДЫ И ИХ ПОИСКОВОЕ ЗНАЧЕНИЕ”一书翻译的。全书共八章，包括绪言、矽卡岩、云英岩、次生石英岩、含绢云母的岩石、含绿泥石的岩石、热液蚀变的碳酸盐质岩石和结论。其中的次生石英岩一章由谢家荣翻译。——编者注

研究哈萨克斯坦次生石英岩所获得的成就，使地质学家们对苏联其他地区石英质岩石的研究予以较多的注意。于是便逐渐确定了苏联中亚细亚、萨拉伊尔、阿尔泰的许多次生石英岩块体，以及外高加索和乌拉尔的新的有工业意义的地带。

在国外，许多在文献中提到的在火山岩区域中火成岩的矽化现象，和不同于其他交代岩石类型的特殊矿物组合的发育，都没有依据综合资料经过比较研究，虽然对于苏联所谓次生石英岩的特殊岩类的基本类型已作了个别研究。国外地质学家们忽视了我们在研究这些岩石中的成就。他们甚至没有注意到最主要的情况：次生石英岩的各个矿物类型在成因上的紧密联系。而这一点已为苏联地质学家所阐明了，他们还把次生石英岩作为一种广泛分布的矿床围岩的独立成因组合，是地质-岩石、矿物和矿床标志的典型综合。

地质情况

次生石英岩属热液交代岩石，是酸性及中性岩，主要是火山岩蚀变的矽化产物。其矿物成分，除石英外，有黄铁矿、赤铁矿、金红石、绢云母、明矾石、高岭石、叶蜡石、红柱石、一水硬铝石、刚玉、黄玉、氯黄晶及其他若干副矿物。

已知的有关次生石英岩块体（为数 500 个）的基本材料指出，这些块体属于各种不同的成分、成因和时代，并且与之有关的有用矿物也不相同。图 2 示哈萨克斯坦区 220 个块体，其中包括 80 个矿地的图解，而图 3 则为所有其他国家或地区的 280 个块体，其中包括 160 个矿地的图解。

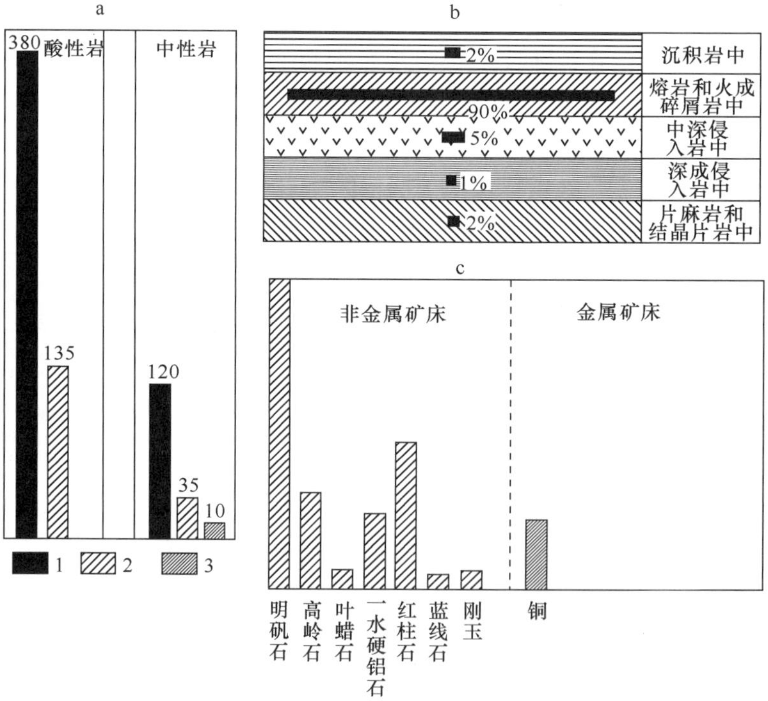

图 2　哈萨克斯坦次生石英岩及其有关矿床的分布图表

a—次生石英岩及其有关矿床在不同成分岩石中的面积比较（以平方公里计）；b—在不同成因岩石中次生石英岩的面积比较；c—次生石英岩中发育的各种不同矿床的面积比较。1—次生石英岩地区；2—非金属矿区；3—金属矿区

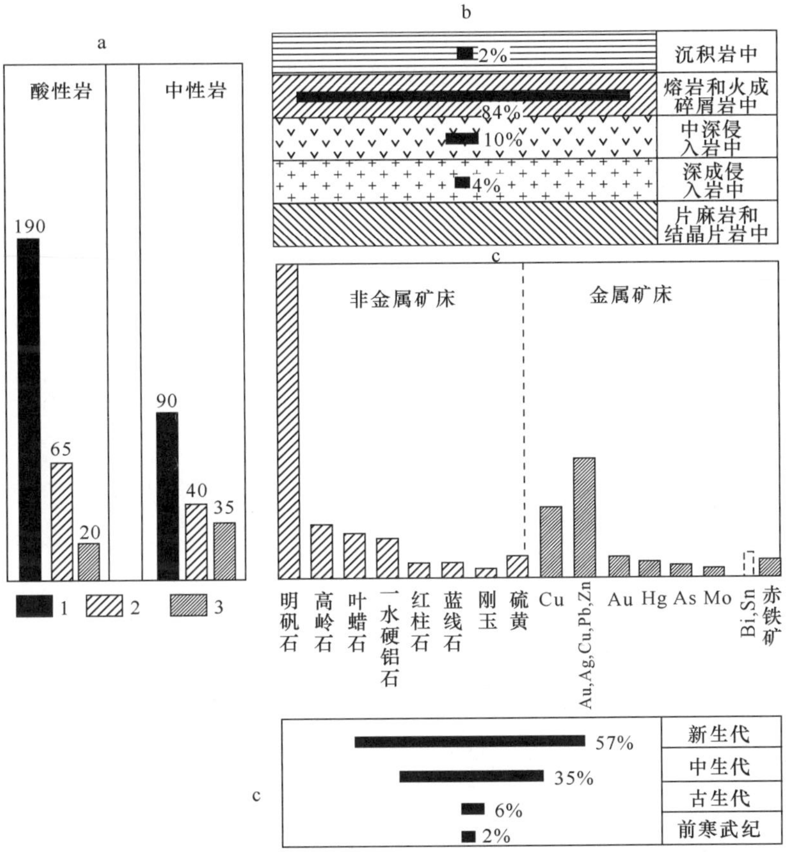

图 3　次生石英及其有关的各种矿床的分布；根据哈萨克斯坦除外的世界资料

a—次生石英岩及其有关矿床在不同成分岩石中的地区数量比较；b—在不同成因岩石中次生石英岩地区数量的比较；c—在次生石英岩中各种矿床在数量上的比较；d—在各种时代中次生石英岩数量的比较；1—次生石英岩区域；2—非金属矿区；3—金属矿区

上述材料指出，不论哈萨克斯坦或其他国家和地区的次生石英岩，都主要发育在地面火山作用的岩石中，如熔岩及凝灰岩中；在其他岩石，特别是沉积岩及结晶片岩中是比较少见的。次生石英岩的原生岩石约 80%是熔岩、熔岩角砾岩及凝灰岩。众多资料的综合，证明了次生石英岩几乎无例外地与酸性及中性的喷出岩有关而主要的是酸性岩。没有看到次生石英岩从基性岩（如辉绿岩、辉长岩、玄武岩等）形成的例子。很显然，这种次生石英岩是极为少见的。

从同样的综合中可看到，其他国家的次生石英岩在新生代分布最广，其次为中生代，再次为古生代，而在前寒武纪中则极少。哈萨克斯坦的次生石英岩发育在古生代，主要在泥盆纪的火山岩中，在这个地区的地面火山作用最强烈最广泛的时期。

从国内外文献的概述中阐明了，凡是酸性和中性火山岩，特别是酸性岩非常发育的地区，也标示了非常发育的次生石英岩，而在强烈显示深成岩浆作用（酸性的及其他侵入岩）以及全部或主要为沉积岩及结晶片岩所发育的地区，都几乎没有次生石英岩。在苏联属于后者的地区有：阿尔泰山、外贝加尔的东部、阿穆尔省及苏联境内天山的许多山脉。

次生石英岩与火山岩有关的最显著的例子是东哈萨克斯坦——这几乎是世界上酸性火山岩分布最广的区域，它集中在广大的乌拉尔-天山构造弧的后方。这个区域同时也是次生石英岩发育最广的区域，近20年来在这里确定了将近300个不同矿物组成的这类岩石的块体（图4）。依据矿物成分的类型，其分布如次：富石英[1]及含绢云母的—45%，含明矾石的—25%，含高岭石的—10%，含红柱石-刚玉的及含蓝线石的—13%，含叶蜡石及一水硬铝石的—7%。在次生石英岩块体中发现了氧化铝原料矿床及含铜矿床。在哈萨克斯坦次生石英岩块体的分布及其地质情况方面，确定了下列的特点和规律性：

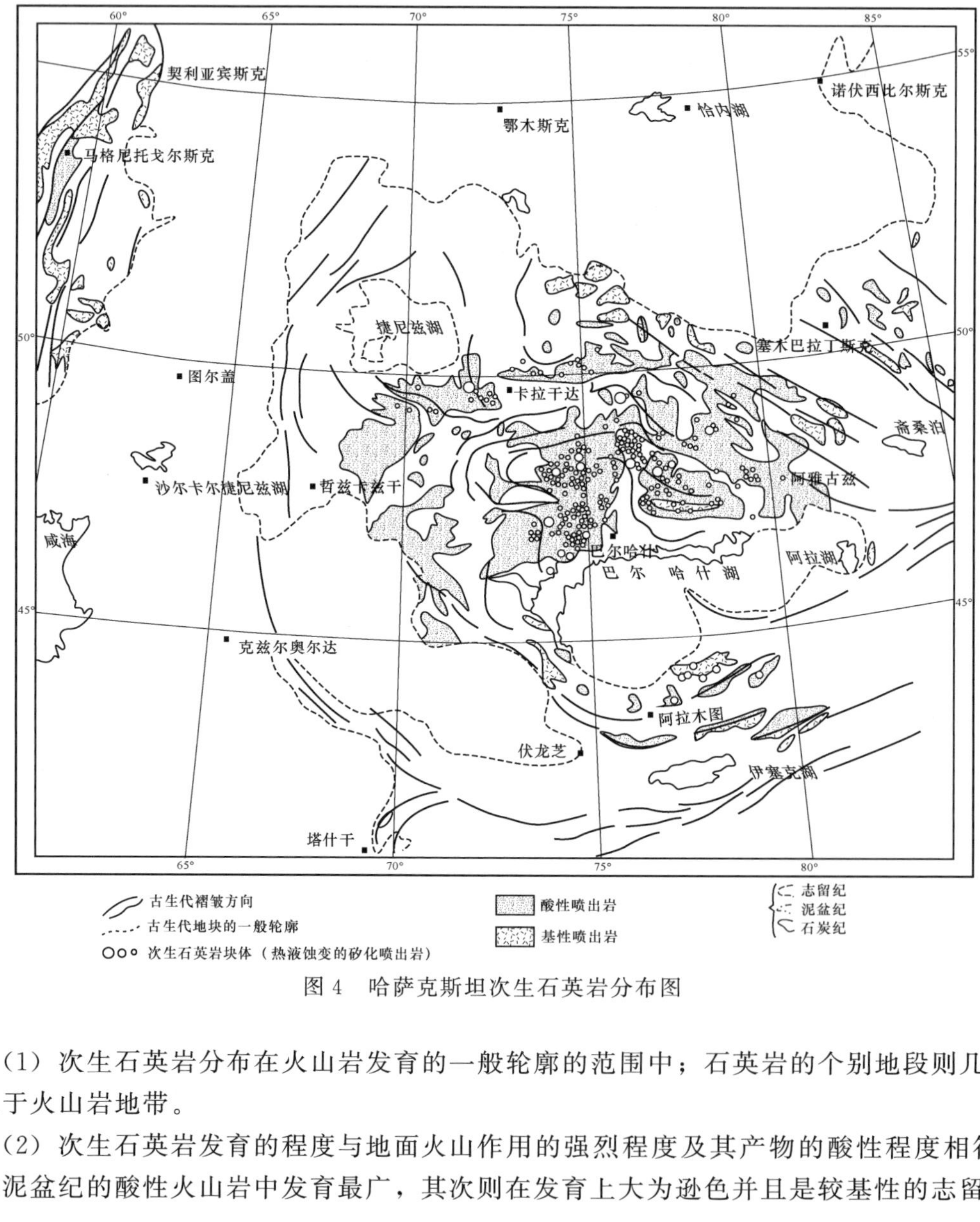

图4　哈萨克斯坦次生石英岩分布图

（1）次生石英岩分布在火山岩发育的一般轮廓的范围中；石英岩的个别地段则几乎仅仅生于火山岩地带。

（2）次生石英岩发育的程度与地面火山作用的强烈程度及其产物的酸性程度相符合：它在泥盆纪的酸性火山岩中发育最广，其次则在发育上大为逊色并且是较基性的志留纪和

[1] 即含石英特别多的。——译者注

石炭纪的火山岩中，而在其他系统的岩石中则几不存在。

(3) 次生石英岩块体的最大浓集是在火山岩一般分布轮廓的中心部分。

(4) 次生石英岩与接触作用的关系，广泛显示于哈萨克斯坦东部花岗岩侵入体的附近，而对广大地区来说，则不显著或全不存在。

(5) 次生石英岩与侵入体的直接关系，只在那些规模不大的侵入体中看到，主要为斑岩类和细粒花岗岩类的侵入体。

在苏联的其他地区，主要是高加索、阿尔泰、乌拉尔及中亚细亚，酸性和中性喷出岩的分布范围大为减少，次生石英岩的地段及分布面积也俱大为减少。

国外地区中最显著的为喀尔巴阡构造弧的后方——围绕匈牙利低地的侵入岩很少的山前地带（图 5）。这里在巨厚的第三纪沉积岩中，广泛发育着安山英安岩的岩流，部分为流纹岩及凝灰岩。此中产许多著名的金-银青磐化矿化系统的矿脉，它时常与喷出岩流的通道相依属。接近矿脉的或其外围的火山岩，不但有青磐化，而且局部还变化为含明矾石-一水硬铝石、明矾石、高岭石的次生石英岩（图 6）。

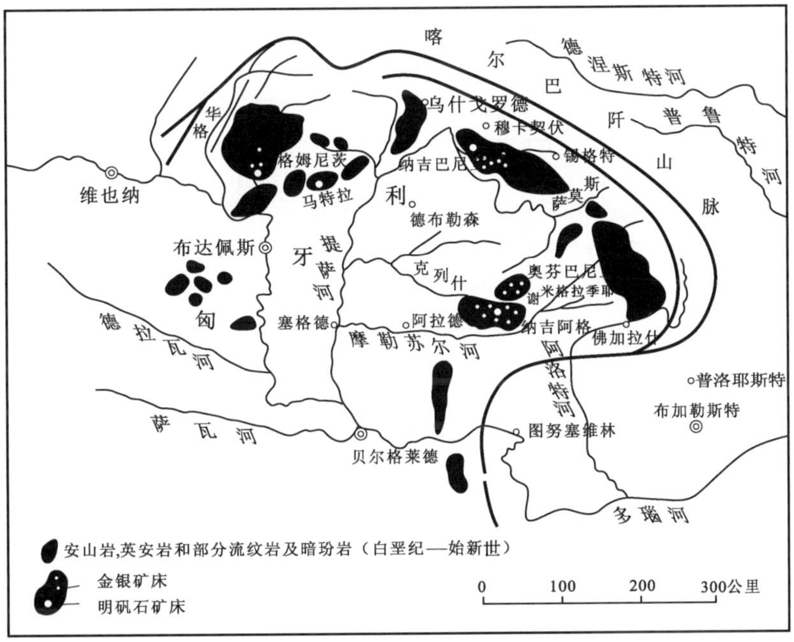

图 5 喀尔巴阡内部主要喷出岩地区及金银矿床

（依据赫尔克［A. Helke］1938）

另一显著例子为中国。在东北兴安构造弧的转折处及从广东到上海的沿海地区广泛发育着中生代的酸性喷出岩及其热液变质的产物——次生石英岩。与此有关的有最大的寿山石、明矾石及一水硬铝石❶矿床。

其次，在南北美洲边缘，科迪勒拉山脉*的广大安山岩火山岩带中，我们知道有许多时常生于古火山的火山颈和火山喷口的次生石英岩类型的矽化岩石，主要由中性喷出岩组

❶ 此处所指一水硬铝石显有错误，因在此广大火山岩区域中尚未发现有工业价值的一水硬铝石矿床。——译者注

* 南北美洲西岸山的总名。——校者注

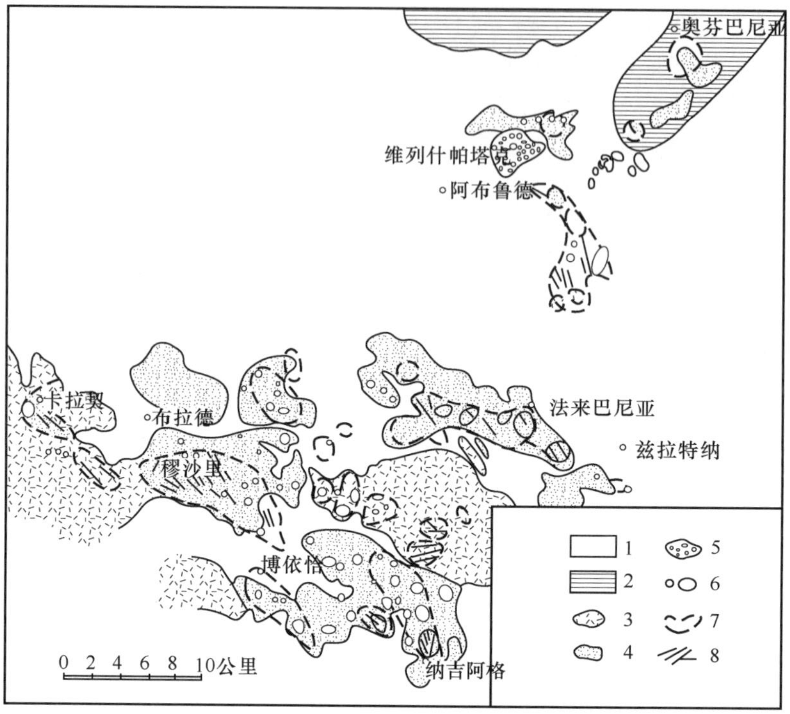

图 6　集宾比尤尔根——谢米格拉季耶含矿山南部地质图

（依据希图列斯库［T. P. Ghitulescu］及索科列斯库［M. Socolescu］1935）

1—沉积岩（白垩纪及第三纪）；2—结晶片岩（前寒武纪）；3—暗玢岩（三叠纪）；4—安山岩及英安岩（第三纪）；5—流纹岩（第三纪）；6—火山及火山颈；7—岩石蚀变带——局部转变为次生石英岩的青磐岩；8—矿脉及矿体

成，部分也由酸性喷出岩组成。在这些岩石中，已确定了有明矾石、叶蜡石、高岭石、一水硬铝石、氯黄晶、红柱石及其他矿物，都是次生石英岩所应有的矿物组分。

最后，必须提到在文献中所熟知的常见的例子，即次生石英岩也可在熄灭不久或尚在作用的火山喷口中产生。这种例子知道得很多，如日本和希腊各岛、台湾、爪哇、意大利及其他地区。这些矽化的，时常是蛋白石化的岩石由酸性和中性的火山岩形成。其矿物成分为绢云母、叶蜡石、高岭石、明矾石、一水硬铝石、硫黄，在若干地点还有刚玉。

研究上述材料的结果，我们可断言，次生石英岩类的矽化岩石具有一定的和特殊的地质-岩石上的特性，即明显的与酸性及中性岩石、地面或接近地面的火山作用过程的成因关系。

含矿性

直到最近以前，人们还设想与次生石英岩类的矽化岩石相联系的主要是（如果不是绝对是）非金属的氧化铝原料：明矾石、叶蜡石、高岭石、红柱石、一水硬铝石、刚玉、蓝线石，而只部分地有散漫类型的铜钼矿床。但在进一步研究矿脉的蚀变围岩时说明了次生石英岩也围绕着或伴随着金矿床、多金属矿床和含铜黄铁矿矿床。

为了标示与次生石英岩有关的各种矿物原料的种类和分布情况，我们在图 2 及图 3 上用图解法表示出综合了哈萨克斯坦及其他国家与地区的材料而获得的各种数据。

从这些图以及图 7 中，我们可作如下结论：

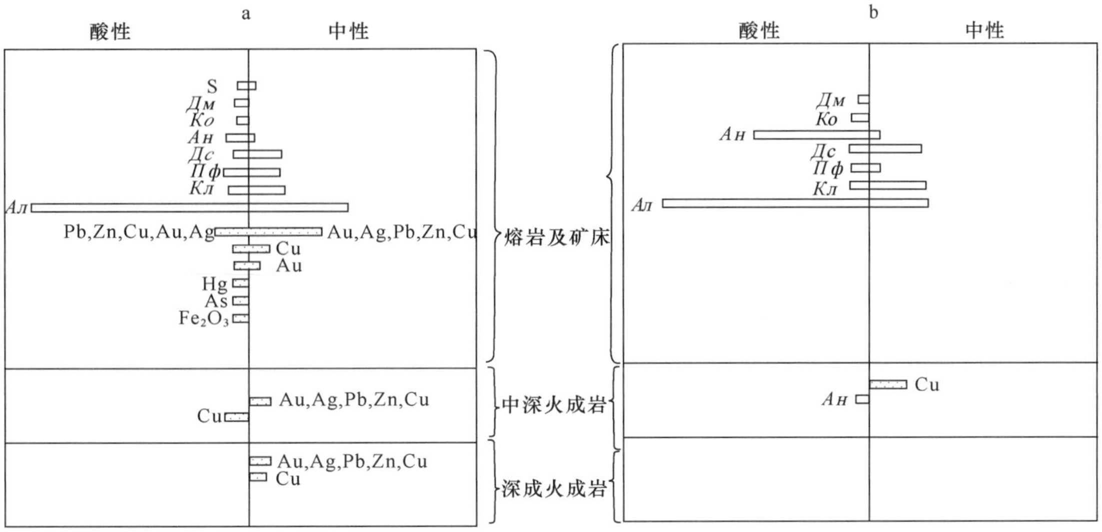

图 7　次生石英岩型矽化岩中工业矿物原料的分布及其与原生岩性质的关系图

a—全世界，哈萨克斯坦除外（共统计 280 区，其中包括 105 个非金属矿区及 55 个金属矿区）；b—哈萨克斯坦区（共统计 220 个块体，总面积达 500 平方公里，包括 76 个非金属矿区和 4 个金属矿区）；*Ал*—明矾石；*Кл*—高岭石；*Пф*—叶蜡石；*Дс*——水硬铝石；*Ан*—红柱石；*Ко*—刚玉；*Дм*—蓝线石；*S*—硫黄

（1）在次生石英岩块体中最主要的矿产为非金属的氧化铝原料（也有硫黄矿床），至于金属矿床，则显然次之。

（2）金属矿床肯定在从中性岩石变成的次生石英岩中较多。至于非金属矿床则在从酸性岩形成的次生石英岩中较多。

（3）与次生石英岩有关的主要金属矿床含有：铜、铅、锌、银、金、部分有汞、砷、钼、铁，少数也有锡和铋，其他少量金属杂质未予论列。

（4）在金属矿石中显著的是铜矿、多金属矿、金银矿、锑砷矿，时常也有含碲化物类的矿石。

（5）在具有工业价值的非金属原料中，显著的为明矾石，其次是：高岭石、叶蜡石、一水硬铝石、红柱石、刚玉、蓝线石及硫黄。

（6）约 70％的金属矿床含于由熔岩及凝灰岩形成的次生石英岩中，而非金属矿床则几乎全部从此产出。

（7）工业用非金属矿床的种类相应于次生石英岩的原始岩石而分布：高岭石与一水硬铝石主要产于中性岩石中，而其他一切非金属矿床，特别是高温的红柱石和刚玉则在酸性岩石中。

次生石英岩中的非金属矿床因受熔岩覆盖层的形状、火山岩的条带性、间或也受岩石裂缝的限制，主要成散漫状。

金属矿的富矿或块状矿则成层状、囊状、扁豆状、管状，很少成交错的脉状。

次生石英岩中的金属矿床与一定的矿物组合，主要与低温的明矾石、高岭石、绢云母组合有关，偶亦与高温的红柱石-刚玉组合有关。矿脉附近的次生石英岩一般发育不大，宽约数 10 公尺。在含有重要非金属氧化铝原料的广大次生石英岩区域中，通常没有或几乎找不到大的金属矿床。

与次生石英岩有关的多金属矿脉，其地球化学和矿物学上的特点为在矿石成分中有非常多的，时常超出硫化物部分的砷化物，锑化物，金的碲化物，铋化物和特别是银、铅、铜及锌的硫盐类（硫砷化物、硫锑化物）——淡红银矿、硫锑铜银矿、深红银矿、脆银矿、脆硫锑铅矿、车轮矿、硫锑铅矿、硫砷铜矿、砷黝铜矿等。

在许多与次生石英岩有关的金属矿床中应该提到瑞典的博利登含铜和砷的黄铁矿床，乌拉尔的克勒斯诺乌拉尔斯克及卡班的含铜黄铁矿床，哈萨克斯坦科恩拉德的斑状铜矿，秘鲁帕斯科山的铜银矿床，墨西哥的圣胡安河、科罗拉多的银镇和罗马尼亚、捷克的各种多金属金银矿床，内华达金田的金矿床，玻利维亚的奥鲁罗及波托西的银锡矿床等等。

从许多与次生石英岩有关的非金属矿床中（其中有些是具有世界意义的）必须指出下列各矿床：中国苔湖矾山[1]，澳大利亚博拉杰拉和朝鲜半岛的明矾石矿床，哈萨克斯坦谢米兹布古的刚玉-红柱石矿床及加利福尼亚白山的红柱石矿床。

矿物成分及矿物相

次生石英岩的矿物成分中有：

（1）主要矿物——石英、绢云母、明矾石、高岭石（地开石）、红柱石、一水硬铝石、叶蜡石；

（2）副矿物——刚玉、蓝线石、黄玉、氯黄晶、电气石；

（3）经常有的矿物杂质——金红石、黄铁矿或赤铁矿或二者都有；

（4）不常有的少见的杂质——天蓝石、光彩石（аугелит）、钛铁矿、重晶石、硫黄及在图 7 中所示各种重金属的硫化物。

在个别例子中还见到：冰长石、钠长石、萤石、硫磷铝锶矿（сванбергит）、磷硫铅铝矿（гинсдалит）、硬绿泥石、尖晶石和碳酸盐类。在残余矿物（原始岩石残留物）中，大部分为未变的石英和锆石。

为了简明扼要起见，下面附列了一张依据哈萨克斯坦次生石英岩中矿物成分研究而编制的统计图（图 8，a 及 b）。在图上指出矿物在诸主要类型——矿物相中的分布，这些相是以重要的“主导矿物”来划分的，围绕这些矿物又可合并成一定的组合——这就是矿物的共生。

从此图可着重指出次生石英岩的下列矿物上的特点：

（1）缺乏标准的矽卡岩矿物和许多为接触角岩、结晶片岩、青磐岩、滑石菱镁片岩和云英岩特征的矿物；

（2）主要是在酸性介质中稳定的矿物；

（3）在石英岩矿物体成分中起着唯一巨大作用的是石英、含着少活动的 SiO_2 和 Al_2O_3 组分的铝质和矽铝质矿物；

（4）缺乏（或作用很微）那些含有碱土类和钠阳离子的矿物，这些矿物易被酸性溶液所去掉；

（5）非常广泛地分布着不为其他热液交代岩石特征的硫酸铝（сулъфат глинозема）矿物——明矾石；

[1] 按即指浙江平阳的明矾石矿床。——译者附注

（6）广泛分布着地开石、叶蜡石及一水硬铝石，同样不是上述岩石的特征；

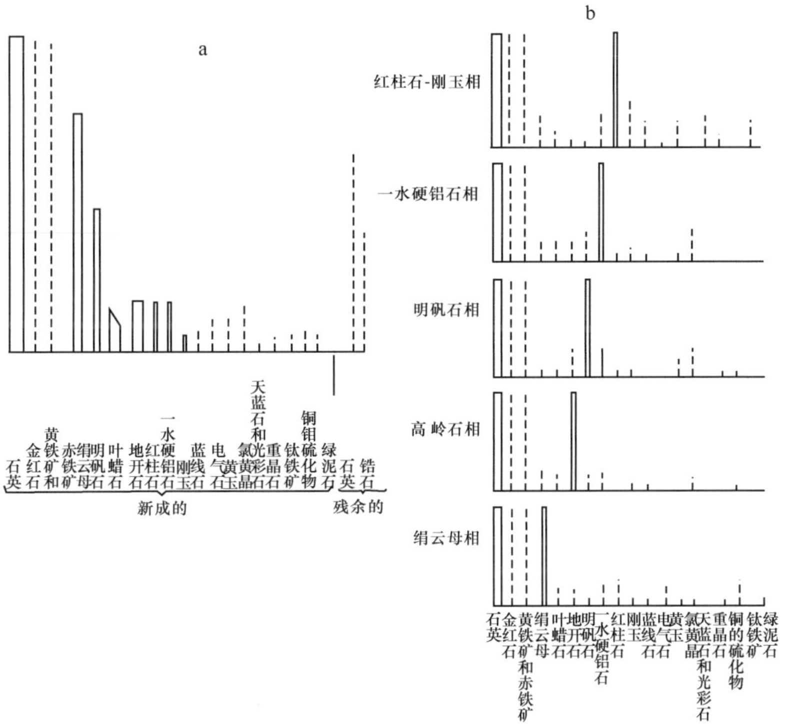

图 8　哈萨克斯坦次生石英岩的矿物成分

a—一般的；b—按各个相的。200 个次生石英岩块体标本的岩石分析的综合——研究薄片在 7000 以上柱的高度——出现的频度。柱的厚度——矿物平均含量（在 a 中 1 毫米为 22.5%，在 b 中 1 毫米为 45%）。虚线代表杂质和含量不多的矿物

（7）显著地存在着有气相参加的矿物，如含有强酸的阴离子氯和氟的氯黄晶和黄玉，含有硼的电气石及蓝线石和含有磷的天蓝石和光彩石，其中氯黄晶在其他交代岩石的矿物组合中从未见过。

在经常具有石英和杂质金红石、黄铁矿或赤铁矿或后两者并存的次生石英岩中，可依据其某些占优势的氧化铝矿物而分为下列主要类型，即矿物相（按照在哈萨克斯坦分布的次序）：绢云母相、明矾石相、石英相、刚玉-红柱石相、高岭石相、一水硬铝石相和叶蜡石相。在其他地区和国家中，含刚玉-红柱石的石英岩分布很狭，远次于含高岭石的石英岩。

次生石英岩的矿物相以一定的次生矿物的共生组合为特征，而在每一相中可分为：

（1）经常多少在同一时期造成的主要的平衡的一组矿物组分，它们能并存而无相互置换的现象：如石英、金红石、黄铁矿或赤铁矿，加上主导矿物即刚玉、红柱石、一水硬铝石等等。

（2）不常有的但是标准的矿物（杂质）。

以下略述所有的相。

刚玉-红柱石相：刚玉、红柱石＋石英、金红石、黄铁矿、赤铁矿；杂质为一水硬铝石、黄玉、白云母。

一水硬铝石相：一水硬铝石＋石英、金红石、黄铁矿、赤铁矿；杂质为叶蜡石、明矾石、地开石、氯黄晶。

明矾石相：明矾石＋石英、金红石、黄铁矿、赤铁矿；杂质为一水硬铝石、地开石、氯黄晶。

高岭石相：地开石＋石英、金红石、黄铁矿、赤铁矿；杂质为一水硬铝石、明矾石、绢云母。

叶蜡石相：叶蜡石＋石英、金红石、黄铁矿、赤铁矿（?）；杂质为一水硬铝石、地开石、绢云母（?）。

绢云母相：绢云母＋石英、金红石、黄铁矿、赤铁矿（?）。

在绢云母相中看不到不经常有的矿物组分（杂质）的组合，只可大致指出，即这种相以重金属的硫化物为特征，而不以明矾石、黄玉、氯黄晶、蓝线石和钛铁矿等为特征。

在次生石英岩中时常分出所谓石英相，这是富含石英的岩石，含石英在100%以下，并含黄铁矿、金红石、赤铁矿及其他相的主导矿物的杂质。这种“单石英岩”有时与纯粹的或几乎纯粹的刚玉-红柱石、氯黄晶-一水硬铝石、黄玉-一水硬铝石、明矾石和高岭石质的岩石相交界，但多半则是由于主导矿物杂质的增加而逐渐变为其他相的石英岩。

岩石中矿物存在的主要形式是交代原生矿物的假象。细脉和在空隙中的生成物较为少见。交代长石的假象可从非常显著到不大显著、不显著、一直到模糊不清的斑点，最后为零星粒状的堆积体，看不到任何与原生矿物的关系。在此现象下可看出下述有意义的规律：假象的清楚程度按蚀变浅的岩石到蚀变深的岩石方向渐次减弱。就一般论，清楚程度又随着交代矿物成分中 Al_2O_3 含量的增加而减少，并且与在其中有否酸的阴离子有关。

原生矿物的交代是有选择性的。如长石为石英、铝质和矽铝质矿物所交代，并且经常被两种、三种甚至四种矿物按照不同的相在一定的组合下进行交代。暗色矿物为石英、金红石、黄铁矿（或赤铁矿）所交代，并结合了绢云母、地开石、叶蜡石、明矾石，偶然也有高铝质的矿物。原生岩中的磁铁矿为黄铁矿所交代。原生石英则几乎不为次生矿物所交代。

有时在一块岩石标本中，可看到两种不同长石的选择交代：钾长石为绢云母或明矾石所交代，而斜长石则为钠云母型的绢云母或地开石所交代。甚至还看到在带状斜长石中分带选择交代的例子：较基性的核心为地开石所交代，而其外缘带则为绢云母或明矾石所交代。

上面提出的交代矿物成分与被交代矿物成分之间的关系，使作者有责任从事解说明矾石成分与其原始围岩成分间的关系。依据与次生石英岩有关的47个不同产地的明矾石的为数在150个以上的化学分析来看，原始岩石的基性度愈高，则其所成明矾石的钠含量也愈高，即愈接近于钠明矾石类；而基性度愈低，则明矾石含钾愈高，并愈接近于钾明矾石类。例如在从中性熔岩（安山岩）形成的明矾石中，其 K_2O∶Na_2O 的比例为0.7∶1，从英安岩形成的为2.5∶1，而从酸性熔岩（斑岩、流纹岩、粗面岩等）形成的，则为8∶1。

次生矿物的选择交代现象、产状及其发展，以及从总的来讲，其组合的特点，着重指出了在次生石英岩形成的过程中，原生（原始）岩石的化学成分起着巨大的作用。

在次生石英岩中常很好地显现出原始岩石：如熔岩、熔角砾岩、凝灰岩、凝灰角砾岩、凝灰块集角砾岩及斑状花岗岩类的残留构造和结构。依照残留构造可容易地重建所有各种各样的岩石构造，像那些为火山喷口或靠近喷口相的特征的构造。残留构造照例在含绢云母、高岭石、叶蜡石和明矾石的石英岩中非常清楚。在强烈变质作用的同样产物中，就是富铝质相中，残留构造常被强烈破坏或消灭，只有个别未变的散漫状石英和一些间接的标志说明原生岩石的性质。

分带性

在同一矿区中，次生石英岩常能发育一系列的二三个的矿相。在少数场合下，还能存在着四个甚至所有的相。在酸性岩石中，矿物相的发育较为复杂，而在中性岩石中则较不完全，并且在后者中主要发育着高岭石相和一水硬铝石相，至于刚玉-红柱石相则颇为少见，或甚微弱。

在次生石英岩类型矽化岩石的情况复杂及研究最详细的地区里，按照气体和溶液的主要循环带，代表着相的次第位置的资料，指出这里是具有一定的顺序的。经常可观察到发育不完全的相，和在一个地方缺失了的一些相却在另一地方出现了。就一般论，下列若干相的自然顺序系列表现得相当清楚（图 9）：

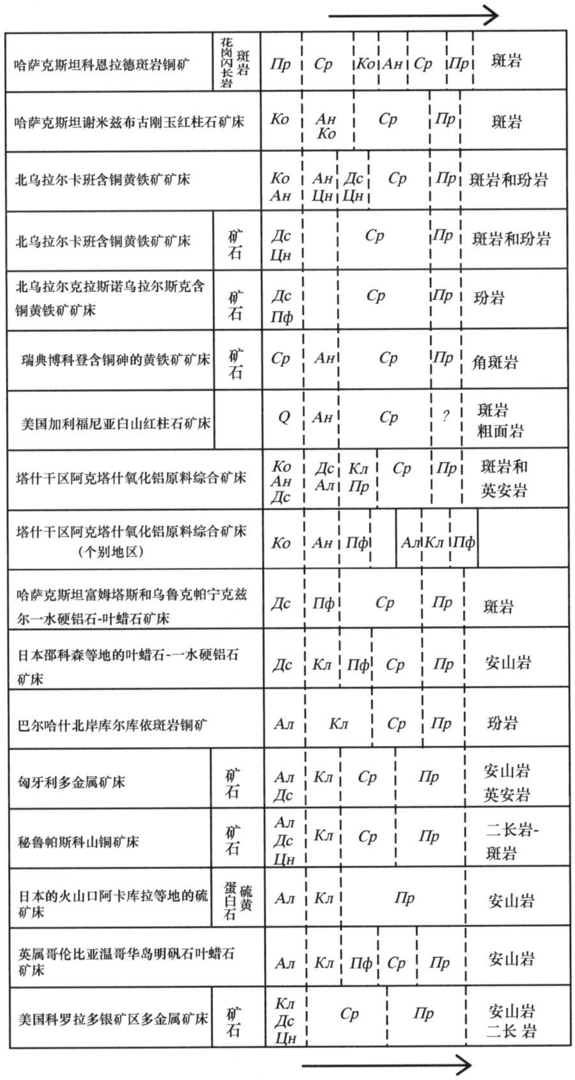

图 9 次生石英岩矿物相的分带，从气液作用带到未蚀变的原生岩石

Ко—刚玉相；*Ан*—红柱石相；*Дс*——一水硬铝石相；*Ал*—明矾石相；*Кл*—高岭石相；*Пф*—叶蜡石相；*Ср*—绢云母相；*Пр*—青磐岩相；*Q*—富石英相。小写字母代表可作为特征的矿物杂质

（1）刚玉→红柱石→一水硬铝石→叶蜡石→绢云母——这是为酸性岩特征的主要顺序。

（2）明矾石→高岭石→叶蜡石→绢云母——这是为酸性和中性岩特征的主要系列。

（3）一水硬铝石→高岭石→叶蜡石→绢云母——这是为中性岩石特征的主要系列。

这样，按照向着新鲜的未蚀变岩石的方向可定出理想的发育完全的各种相的分带情况如下：

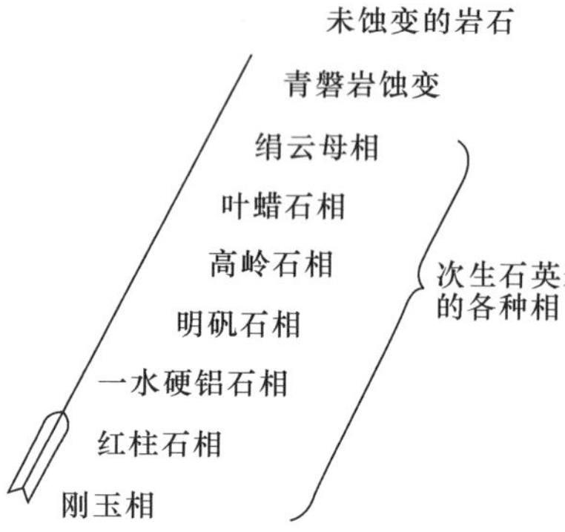

与新鲜原生岩石交界的最外面的相，通常是绢云母相，它逐渐变为微弱的含有钠长石、冰长石、绿泥石、绿帘石和碳酸盐等所谓青磐化的蚀变带。这种青磐化蚀变完善而显著地显示于中性岩石中。叶蜡石相、高岭石相或明矾石相诸外圈相很少直接过渡到未蚀变的岩石。从内圈相（系列的开始）直接过渡到未蚀变的围岩，其间不经过后来的各外圈相，是从未见到过的。

在矿物成分上最为复杂的是各种内圈相：如刚玉-红柱石相及一水硬铝石相。在刚玉-红柱石相中常可见到各外圈相中的主导矿物和次生石英岩中的其他矿物，包括黄铁矿，但其他硫化物及绿泥石除外。注意到各种矿物间一定的相互关系时：内圈主导矿物为外圈主导矿物所胶结、溶蚀和交代（关于此点容后再论），应该指出，这种相的复杂性，可能说为不但是在这个地区中顺序地发育了各种过程的结果，而且还由于在过程中有新鲜的溶液作用的结果。

同样的现象也可在外圈相中观察到（如在最后阶段中明矾石的发育）。

为决定各种相中主导矿物形成的顺序，其最重要的现象是溶蚀和交代。从许多观察中可说明如次（参阅图10的观察综合）：

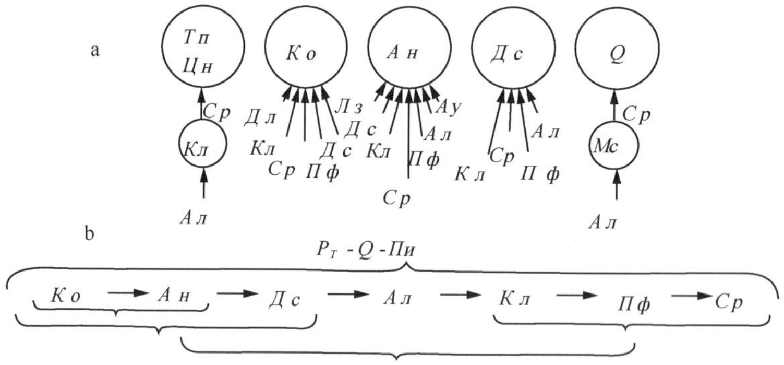

图10　次生石英岩中个别主要矿物的交代

a—交代的性质；b—交代的一般程序

Ко—刚玉；Ан—红柱石；Дс—一水硬铝石；Тп—黄玉；Лз—天蓝石；Цн—氯黄晶；Мс—白云母；Q—石英；Ср—绢云母；Pμ—金红石；Ал—明矾石；Кл—高岭石；Пф—叶蜡石；Ау—光彩石；Пи—黄铁矿。箭头指交代矿物，箭头的长度指出现频度；圆圈内为被交代的矿物

（1）内圈相中最常被交代的矿物：刚玉、红柱石和一水硬铝石。这些矿物为所有以后各相中的主导矿物——明矾石、地开石、叶蜡石和绢云母所溶蚀，而刚玉和红柱石也为一水硬铝石所溶蚀。

（2）三个外圈相中的主导矿物既不互相交代和溶蚀，也不被内圈相中的主导矿物——刚玉、红柱石和一水硬铝石所交代与溶蚀。

（3）各相的主导矿物不为经常见到的矿物如石英、金红石、黄铁矿和赤铁矿等所交代或溶蚀；后列一些矿物也不互相交代，更不为次生石英岩的其他矿物交代。

所有这一切现象，以及明矾石围绕着地开石、叶蜡石和绢云母的结合体，使我们认为次生石英岩中主要矿物最可能的形成次序如图10下半部（b）所示。

在这个图上，矿物的顺序与上述矿物相的带状分布是一样的，所不同者是中间相的主导矿物——明矾石——其位置不但是内圈的，也是外圈的主导矿物。因此，明矾石的形成不但适应于整个复杂的和规律地消灭的过程的中间阶段，而且也发育（多半是这样）成为独立的掩盖了所有早先各相的一种过程。

成　因

从文献的简述可见，除哈萨克斯坦外，所有各国和各地区的次生石英岩都属于接近地面的岩浆侵入体和体积不大的岩株、岩脉、火山颈及热水泉的产物。描述这些地段的作者们自然会把这类岩石看作为在地面附近火山作用的热液生成物。次生石英岩与深的侵入体只有间接的联系，正如与岩浆源的联系一样，这种岩浆源使个别岩浆部分沿着顶板的裂缝上升，后来又从此流到地面，并分出高温度的卤素类的、硫黄的、碳酸气的和其他带水蒸气的喷气。次生石英岩类型的矽化岩石的造成主要是与这些地面的和接近地面的火山作用——它的酸性分出物——有联系。

从上述观点来说，很明显，次生石英岩主要是由组成喷口或靠近喷口相的火山岩生成，因为那是火山喷发时气体和热液周流及散布的主要孔道。用同样的观点，我们可了解在哈萨克斯坦和一般在地面火山作用显现得最强烈的地区，次生石英岩的发育也非常广泛。

在不久以前，次生石英岩类型的矽化岩石是用接触变质作用的理论来解说的。依据这个理论，次生石英岩乃是接触角岩的一种特殊形态，在酸性侵入体的接触影响晕圈内形成于酸性火山岩中。

必须注意到，对于接触晕圈的角岩来说，像明矾石、一水硬铝石、地开石和叶蜡石等次生石英岩的标准矿物完全不是其特征。这种矿物组合，除少数例外，既不会在泥质页岩，也不会在长石砂岩及其他酸性岩石中造成，而主要发育在酸性的喷发岩中。次生石英岩很少从其他酸性及中性岩石形成，虽然这些岩石的发育比酸性喷发岩要广。从接触变质作用理论的基本原理出发，处在侵入体作用晕圈内岩石的成因如何，好像是无足轻重的，如果它们属于酸性成分，并含有长石，则此中应该发育着次生石英岩的矿物组合。可是实际观察，并不如是，至少不是显著的。上述矛盾，是为次生石英岩乃接触变质成因论的最大弱点。接触理论既不足以解说，也不可能解说次生石英岩主要从酸性岩石发育的事实，也不能解说其在哈萨克斯坦区域性分布的卓越的现象。

依据接触理论还存在着一种见解，即哈萨克斯坦的次生石英岩主要位于花岗岩地区的附近，并且含刚玉-红柱石的次生石英岩接近或产在接触带中，而含明矾石的、含高岭石的及其他的次生石英岩则较远。实际情况不是如此：

（1）哈萨克斯坦的大部分花岗岩地区，甚至是分布在火山岩中的，其近旁都没有次生石英岩。

（2）只有所有次生石英岩块体的一半，位于离花岗岩不远的地方。

（3）若干含有重要明矾石矿床及低温矿化物的块体（约 30 个）其位置接近于或在与花岗岩接触之处。

当从许多上述情况来判断关于哈萨克斯坦次生石英岩的成因问题时，下列两点，可认为是足够确实的：

（1）次生石英岩是中古生代火山岩系在接近地面的火山作用的气化阶段中形成，而作为喷出岩浆源的后来的侵入体，并没有使已蚀变的岩石发生变质。

（2）在志留纪厚层沉积岩中升起的花岗岩岩浆，在许多地方形成了巨大的接近地面的岩干和岩盘。沿着这些截短了的孔道，多次地发生了连续的（主要在泥盆纪）喷发，并伴随着气体的作用。气体和水蒸气沿岩顶的细裂缝上升，广泛分布在火山产物的沉积中。这样，在接近喷出中心及为喷出的蒸汽和气体所达到的广大地区内发生了强烈的岩石蚀变——即巨大次生石英岩地区的形成。

现在论到形成次生石英岩的物理化学方面，它们的矿物相、矿物组成及这个过程的顺序。

把原始岩石的化学成分与次生石英岩相比较，不能证明在这个过程中有 SiO_2，Al_2O_3，K_2O，TiO_2 及 Fe 从岩浆中带进来，而在地面研究时往往认为这些组分是夹杂进来的。次生石英岩中矿物的交代假象，这些矿物主要的存在形式，以及几乎是纯粹的石英质、刚玉质、红柱石质、明矾石质和寿山石质的岩石，都说明了在气体和溶液的作用带中，氧化物从某些地方被除去，而在另一些地方再沉积下来。就一般论，次生石英岩中矿物的形成，是由于四周围岩中的一些物质被带走和另一些物质的沉积。带进来的只有水、S、F、Cl、P、B 及各种重金属（铁除外）。

最稳定、最少活动的组分是 Si、Al、Ti 和 Fe；它们也进入了次生石英岩稳定矿物的成分中。最活动的为 K、Mg、Na 及 Ca，几乎无例外地集中在外围相中，而 Ca 只在过渡到未蚀变的岩石的青磐相中才有。

原始岩浆作用剂（исходные магматические реагенты），按其对于岩石的强烈淋蚀作用和矿物中存在着强烈的酸性阴离子如 Cl、F 及 SO_3 而论，是具有高度的酸性的，而当进一步在富集了溶提出的碱性物质后，就变为中性和碱性。在此作用剂的酸性度的连续变化中，很可能，在火山作用中所观察到的这些作用剂的连续变化也发挥了作用：开始时大多为卤化氢、部分硼化氢及含 H_2S 和 SO_2 杂质的水蒸气，其后是硫气和主要是 SO_3 及水蒸气，最后为 CO_2 及水蒸气。这种顺序为矿物相的特性所证明：如 F 和 B 之对于内圈刚玉-红柱石相，SO_3 之对于中圈的明矾石相而 CO_2 之对于外圈的青磐相。

这些对我们有兴味的矿物的实验和野外观察结果的综合，使得在决定矿物相的分带性方面可作出如下最可能的结论：

（1）次生石英岩矿物相的基本类型是在下列条件下形成的：温度低，参加起作用的作用剂的成分和介质成分的不断变更——溶液与四周围岩反应时的中和化。

（2）属内圈相岩石的刚玉-红柱石和一水硬铝石石英岩的形成，符合于岩浆期后过程的初步阶段：最酸性作用剂的作用，温度在 300°～400°以上。

（3）属中圈相岩石的明矾石石英岩的形成，是在温度 300°以下，在水蒸气及开始阶

段不稳定的 SO_3 与杂质 HF 及 HCl 作用下进行的。

(4) 高岭石（地开石）和青磐化石英岩的形成，是在同样或较低温度下，在弱酸的 H_2SO_4 溶液或甚至在碳酸溶液的作用下进行。

(5) 属外圈相岩石的绢云母石英岩的形成，是在中性或微碱性介质中，主要是在热的碳酸溶液或中和了的强酸溶液作用下进行。

(6) 青磐化岩石——过渡到未蚀变岩石的相——形成于高碱性介质中，并主要在碳酸盐溶液的作用下进行。

(7) 硫化矿床的形成，是在全部过程的末期，当溶液中和的时候，并与酸性较弱的外圈相的造成有关。

在次生石英岩的形成及矿物相的发育中，四周围岩的原生化学成分起着巨大的作用。与酸性岩石相较，中性和基性岩石中碱土类元素的饱和度较大，是使溶液猛烈中和并创造不利于形成酸性矿物，特别像刚玉、明矾石和黄玉的因素。这就是为什么在酸性、中性和基性岩石中，当其他作用条件都相同时，在基性岩中，除少数例外，不会发生次生石英岩，且蚀变经常局限于蛇纹石化、青磐化和绢云母化，而在中性岩石中不发育或很少发育刚玉-红柱石相。

次生石英岩中各矿物相发育顺序的理想进程为下列原因所复杂化：

(1) 在一定地段中气体和溶液停止进入，它们沿着新孔道周流到其他地段；

(2) 另一种酸度的新的作用液的重复供应，和业已在深处作用过的碱性溶液的进入；

(3) 在一定地段的作用剂的作用带中，存在着不同成分和不同渗透率的岩石。

这些原因，就会引起个别相的缺失，顺序的不完整，若干相的低度发育，和一个相叠覆在另一个相之上。

本节所述可总结如下：

(1) 次生石英岩主要发育在酸性的和中性的地面或接近地面的火成岩中，而在深成火成岩以及沉积岩和结晶片岩中则属稀见的例外。

(2) 次生石英岩的强烈发育与地面火山作用的强烈现象，即酸性和中性火山岩的发育相联系。

(3) 许多次生石英岩产在喷口或靠近喷口的火山岩相中，在温泉附近和接近小的侵入体处。这些小侵入体多半是近地面的侵入体，即所谓火山侵入体。

(4) 大片次生石英岩的形成，与岩浆期后过程中接近地面的火山作用的表现，即在广大地区中气液的周流与扩散比较符合，而与跟深成侵入体有关的在狭窄带中发生的热液过程的作用是不相合的。

(5) 在次生石英岩中广泛发育着明矾石，这是其他蚀变岩石所没有的特征。

(6) 次生石英岩的特殊的矿物组合，就总的来讲，是其他蚀变岩石所没有的。

(7) 作为在过程中重要组分和参加者之一的 SO_2 的形成，是在氧过剩和温度不高时进行的，这只在不深的地位才有可能。

(8) 盐基甚至 SiO_2 和 Al_2O_3 的强烈淋滤和广泛移动，比较符合于与火山作用有关的岩浆期后过程，伴随这个作用的为长期和猛烈的分出大量酸性的气液体。

次生石英岩形成后的蚀变

次生石英岩在深部或表面作用影响下的后来变化，研究还不够。人们尝假想这些岩石的标准矿物如含水铝化物和矽铝化合物等如果进入到深成侵入体高温作用的带中，就会转变为刚玉和红柱石。这种变质作用的间接例子，曾在苏联的若干一水硬铝石铝土矿中确定了，这里的一水硬铝石有几处脱去水分而变为刚玉砂，一种不纯粹的刚玉石。可推测在本文第二节中所述最老地层中次生石英岩不发育的原因是由于深成的区域变质，把次生石英岩类的岩石，变为含红柱石-蓝晶石-矽线石的结晶片岩和刚玉片岩，此中所有次生石英岩的标志都已消失了。

产在志留泥盆纪蚀变火山岩中的次生石英岩的动力变质作用，曾为查瓦里茨基（А. Заварицкий）、洛吉诺夫（В. Логинов）、谢尔吉也夫斯基（В. Сергиевский）、伊万诺夫（С. Иванов）、纳科夫尼克及其他等人在乌拉尔的黄铁矿矿床中所指出。这些岩石，当初为熔岩和凝灰岩，经过火山汽化变质成为黄铁矿化、矽化的块状体产物，后来在强烈挤压的影响下，变为绢云母片岩，此中保存着标准的次生石英岩矿物：刚玉、红柱石、氯黄晶、一水硬铝石、黄铁矿，成斑状变晶和透镜体状的结构。

所有在地面带中最不稳定的次生石英岩矿物，当推黄铁矿和其他硫化物，以及赤铁矿。地面蚀变在本地造成了绢云母相的疏松的“高岭化”岩石，含石英、金红石、绢云母或伊利水云母，负光性的高岭石及置换黄铁矿的褐铁矿和黄钾铁矾杂质。在次生石英岩的强烈黄铁矿化带和在硫化矿体之处，常造成许多褐铁矿，有时成为大片的铁帽。

次生石英岩中全部主要矿物，特别是石英、刚玉、红柱石、一水硬铝石和明矾石对于化学风化的高度抵抗性，就使这些岩石的外貌在地形上很突出，而在哈萨克斯坦及其他地区成为次生石英岩及其有关矿床的准确的找矿标志。

找矿意义

与次生石英岩有联系的为巨大的富于铝质（铝化物、矽铝化物）的高度耐火材料、刚玉及金属矿床。

在普查找寻次生石英岩及与之有关的矿床时，第一个一般性标志乃地质情况及地质岩石学上的特点，这是由于这些岩石是与酸性和中性火山岩及主要是地面的和接近于地面的火山作用有确定的成因关系。

找寻上述岩石的第二个标志为外貌轮廓：多半成高起突出的地形、峻峭的块体（图11及图12）、一般呈淡色的岩石，局部有强烈褐铁矿化的深色斑点和高岭石化的白色斑点。次生石英岩的基本特征——峻峭的山峰和灰白的颜色——给予了在具有这些标准岩石的地点以恰当的名称，如尖山、白山、白岭、砂头及其他等名字。外貌特别是地形上的特征，在发现次生石英岩块体的工作中起了巨大的作用。

对找寻次生石英岩有利的第三个标志——主要发育在气体和液体强烈周流与扩散的带中，在火山喷口和围绕喷口的相内；在被裂缝破坏的由熔岩、凝灰岩、角砾岩以及岩脉和小的所谓火山侵入体所组成的火山岩系带中。

与次生石英岩有关的各种矿床的找矿标志，系以上面关于这类岩石的性质、成因和矿物相分带性的叙述为依据。

次生石英岩大量发育的区域，如能证明“酸性溶液”作用的强烈和广泛的表现，是对找寻非金属原料——刚玉、红柱石、一水硬铝石、明矾石、叶蜡石、高岭石和蓝线石的最有利的标志。

图 11　哈萨克斯坦中部托尔帕克-卡依恩的次生石英岩块体

图 12　南朝鲜契赞多（译音）村附近的明矾石次生石英岩块体

酸性的火山岩围岩（原生岩石），对于在次生石英岩中寻找刚玉-红柱石矿床最为有利，而中性成分的火山岩围岩（原生岩石），则有利于在次生石英岩中寻找金属矿床。

次生石英岩的每一个矿物相，是以其主导矿物的分散矿化为代表。

红柱石相为找寻具有工业价值的刚玉和红柱石矿体的标志，而一水硬铝石相则为一水硬铝石和寿山石矿体的标志。明矾石相、叶蜡石相和高岭石相，各为其相当的主导矿物（明矾石、叶蜡石和地开石）工业矿床的找矿标志，也是一水硬铝石矿床的找矿标志。许多含明矾石的次生石英岩区域，不但包含着明矾石含量高的（40%～60%）地段，还含有呈囊状、层状、透镜体状和脉状的纯粹明矾石岩石。

次生石英岩可包围或伴随着金属矿床，主要是 Cu、Pb、Zn、Au 及 Ag 的硫化矿石，部分还有 Hg、Sb、As、Mo、Fe 及少量的 Sn 和 Bi 的硫化矿石。在金属矿床中最主要的是多金属类、锑砷化合物类型和有时为碲化物类型的金银矿床。次生石英岩外圈相——明矾石、高岭石和绢云母——发育的、特别与中性成分的围岩（原生岩石）有关的地区，乃为找寻多金属矿、金银矿、铜矿和含铜黄铁矿的有利标志。所有哈萨克斯坦的斑岩铜矿及大部分世界上以次生石英岩为近矿岩石的金属矿床，都产在中性成分的接近地表部分的岩石中，主要有绢云母相、高岭石相、明矾石相和一水硬铝石相较少，刚玉-红柱石相则非常少见。

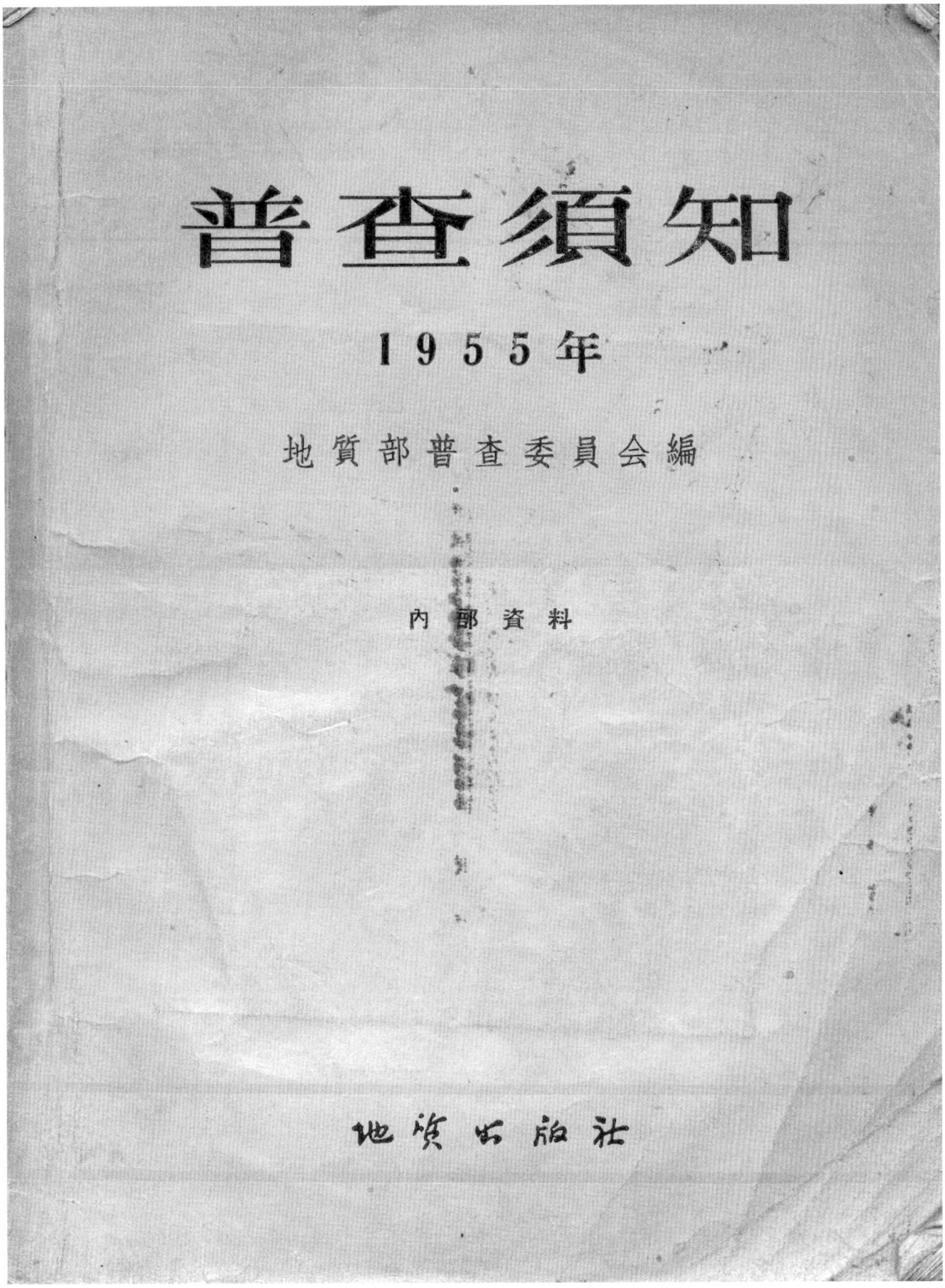

1955 年出版的《普查须知》第二版封面

《普查须知》节选*

* 1954年，为适应即将开展的全国大规模矿产普查工作，为野外工作人员提供一本尽可能详尽的工作手册，遵照普查委员会的意见，谢家荣与黄汲清一起编著《普查须知》，由地质出版社出版。全书共五章：第一章“找矿须知”（述及一般方法及铁，铬，锰，钒，镍和钴，钼，钨，铜，铅、锌、银，铝，镁，锡，汞，铂族金属，铀、钍、镭，磷，金刚石，钾盐，煤，石油），第二章“普查工作中的测量方法”，第三章“地质制图”，第四章“追索露头、揭露矿体、系统采样”，第五章“野外简易试验方法”（含铁帽及次生富集带的研究，点滴试验法的说明，用研磨法试验矿物或岩石中各种元素说明，煤的鉴定和简单试验，用荧光检查岩样中的沥青质，包括野外用荧光盒方法、荧光摄影法和荧光分析用岩样采集方法）。谢家荣执笔第一、四、五章。1955年出版的第二版，扩充了第一版的内容，增为八章，谢家荣执笔第三、四、五章和第六章的大部分。本卷依据地质出版社1956年5月第4次印刷的版本付印，重印谢家荣执笔的章节，同时完整保留原书的目录，但页码做了删除处理。——编者注

第一版前言

大规模的矿产普查工作即将在全国范围内展开。显而易见，要搞好普查，首先要求普查工作人员具备普查工作中所必需的各种科学技术知识。这些知识范围非常广阔，而普查队又不可能携带大批参考书籍到深山旷野中去，让工作人员一面工作一面学习，以便逐渐掌握它们。所以地质部领导上早就考虑把在普查工作中所应知应会的东西，搜集在一起，印成专册，以供野外工作人员的急需。这样一种“普查须知”，如要名符其实，不但需要记载各种找矿的理论和方法，而且需要扼要地介绍与普查有密切关系的技术方法如测量学、地质制图学、勘探工程、采矿选矿工程、地球物理、地球化学等等；此外还应当介绍中国区域地质的一些基本知识（包括地层、大地构造、火成岩和矿产区域等）。像这样一个繁重的任务显然是不可能在短促的时间内完成的，也不可能应有尽有地写在一本手册里。但是几十个普查队即将出发，为了使工作人员不致于毫无综合性的参考材料，普查委员会请了谢家荣、黄汲清两同志在最短期间编成这个小册子，取名《普查须知》。它的内容偏重找矿的基本理论和方法，附带讲一点测量和地质制图；一些野外试验方法，特别是点滴法和先进的粉末研磨分析法，有很大的实用意义，也附在后面。

我们深知，这本册子内容是非常不够全面的，错误也是难免的；所以恳切地希望使用它的同志们，尽量提供意见，指出它的缺点和错误。并希望在今年的大规模普查实践中，获得宝贵的经验，从而逐渐修改并丰富它的内容。

此外，由于时间迫促，没有能开会讨论，以致许多名词和术语未能统一，有一些是暂用的或试用的；不少操作方法须用图件说明的，也未来得及这样做。这些缺点今后当予以改正。

地质部普查委员会
1954年6月17日

第二版前言

本书第一版系在1954年五、六月间，由普查委员会谢家荣、黄汲清两同志于很短时间内编成的。因为只照顾了野外队在工作中的急需，所以尚有许多重要资料，没有来得及加入，且全书在内容方面也缺乏系统化。但这本小册子已起了一定的作用，对1954年从事野外工作的同志们给了一些帮助。

本年的普查任务比去年更为繁重，并且加上了石油普查工作，因此普查委员会认为有把第一版的《普查须知》修改和补充的必要。于是发动了有关部门在实际工作中有经验的同志们来帮助：如科学院地质研究所，燃料工业部石油管理局地质处，本部地质矿产司，物理探矿局，水文工程地质局，西南地质局及华北地质局等部门同志。这些同志有的编写了新的章节，有的就原有各章提出了修正的宝贵意见。普查委员会对这些同志的热忱合作，谨表示衷心的感谢。

我们本想多费些时间，多搜集些材料，把此书彻底改变成为一本更有系统，更为全面的实用书籍；但因有许多别的急迫任务，致使编辑时间万分不够，这个愿望无法达到，此次也只能将现有的新旧资料加以汇编，并新加入了围岩蚀变、水文地质、石油普查的野外简单试验、中国地层表等各章节，以供同志们在野外参考之用。

现在再版的《普查须知》内容尚不够充实，系统还不够完善，错误的地方自然也不少，更重要的是所介绍的某些方法还缺乏实际工作中的证明，因此希望工作同志们能在实践中参酌各地具体情况灵活地加以运用。

《普查须知》是野外地质工作的手册，是配合工作规范的详细说明，在祖国目前正在开展大规模普查找矿的时候，它的重要性是不言而喻的。但这类书籍必须密切结合我国实际情况，用许多具体例子，加以引证，才能更为实用。普查委员会拟继续进行这个工作，希望在一年内把《普查须知》再加修改，使成为比较完善的一本野外参考用书。

此次编辑工作是用集体方式进行的，但又大致略为分工，如创稿和总的布置方面由谢家荣、黄汲清及王曰伦三同志担任；缮贴编校的工作由孙文玺及宋士渊二同志担任；绘图工作由李子平及邹由基二同志担任。感于时间的万分仓促，错误与疏忽之处很多，希望读者多加批评与指正。并希望实际工作的同志们能把在实践中所获得的许多宝贵经验随时函告普委会，以便在第三版时加以修正补充，这是非常感谢并欢迎的。

地质部普查委员会

1955年4月1日

目　录

第三章　追索露头，揭露矿体，系统采样

普查找矿与地质测量不同之点，是要把大部分力量放在观察矿床或与矿床有密切关系的地质现象方面。它的主要目的是要解决矿床的分布、大小及质量。因之，我们对于矿床本身或与它有密切关系的母岩、标志层或围岩蚀变等等的露头必须尽量追索，准确地绘入地质图中。如地层掩盖很厚，露头不显时，则必须用大量的剥土、浅井、槽探等人工方法，把矿体或其他有关的露头揭露出来，然后准确地测量其走向、倾斜及厚度。为了明了矿床的质量，必须在天然露头上或经人工揭露出来的露头上进行系统采样，获得有代表性的矿样及时地进行化验。

(一) 追索露头

(1) 矿体本身的露头，由于矿床组成的不同，其抵抗风化的程度至为不一，与其围岩比较，更为明显。因此，矿体就形成了在地形上的特征，足为追索露头之助。如矿体坚硬耐蚀，则风化后常成凸起的高地、山峰、陡坡或组成高山的顶部。如系层状矿体或矿脉，则常可组成一条山脊或在山坡上突出成为一条陡壁，远望即可辨识。许多铁矿体常多突出地面，或在山坡上成为危岩，有的甚至形成矗立的如烟筒状的露头，如贵州水城观音山的铁矿露头。许多石英矿脉，特别是较厚的矿脉，因其硬度较围岩为高，亦多凸起成为山顶、山峰或沿坡组成危岩和陡坡。

如矿体松软易蚀，其抵抗风化之力远较围岩为低，则常形成凹地、缺口、缓坡、低山，甚至夷为平地。煤系地层，包括其中所合的煤层在内，大多呈这种地形。风化、蚀变的超基性岩及蛇纹岩亦常呈低缓地形。斑岩铜矿，由于火成岩蚀变很深，常成平缓丘陵，但其中矽化较深之部，则可突起。与喀斯特地形有关的许多铅锌矿床，在地面上常造成陷落地带，颇易辨识。普查砂积矿床时，认识阶地地形后，对于追索矿层是有极大帮助的。

火成岩与水成岩的接触带，在地形上常很明显。这时要看两者抵抗风化的悬殊及接触变质带的种类、宽窄而形成不同的地形。有时火成岩（如花岗岩）蚀变很深，就形成低地，而水成岩如石灰岩等，则成山坡或高山。接触变质带则常呈凸出的陡坡，在接触部分的火成岩常低凹，但远离矿区的火成岩则成高山。

(2) 其次最能引人注目而足为追索矿体的特征是颜色。加拿大大熊湖最大铀矿的发现是从飞机上看到它的灿烂的黄色所引起的。对金属矿床有重大意义的铁帽，在地形上和在颜色上更有特殊的标识，它一般呈突起的陡壁、危岩或平台，颜色呈鲜红、褐红、黄褐及黑褐等，视水氧化铁的种类、结构及所含杂质而异。各种金属的氧化带常呈显著的颜色，如下表所列：

表 20　铁帽颜色表

矿物或金属	露头颜色	氧化化合物
硫化铁	黄，褐，枣红	针铁矿，赤铁矿，褐铁矿，硫酸铁矿
铅	黄、黄绿	复硫酸盐，磷酸盐
锰	黑	氧化锰，锰土

续表

矿物或金属	露头颜色	氧化化合物
铜	绿，蓝	碳酸盐，矽酸盐，硫酸盐
钴	黑，鲜粉红	氧化物，自然钴，钴华（Erythrite）
镍	绿	镍华（Annabergite），矽镁镍矿
钼	鲜黄	铅钼矿，钼酸矿
银	油绿色	氯化物，自然银
砷	褐黄	氧化物
铋	黄	铋华（Bismite）
镉	淡黄	氧化镉
铀	黄，绿，红，黑	各种次生铀化合物

依据上述颜色，我们不但可作为追踪露头之助，还可用为鉴定矿体中主要组成物的种类。

（3）矿体为浮土所盖，而浮土又不很深，我们常可从土的颜色、结构、粗细及其中所夹杂的块粒来推断其下面是否有矿体或矿层。如能用手摇土钻或洛阳铲（从前盗墓者所用的一种铲）铲起一些土来仔细观察研究，更能解决问题。

（4）矿石受了风化剥蚀，即分成碎块，沿陡坡下坠或被水流冲刷，散布于其附近的河谷中。因此，根据这些矿石的碎块，沿着河谷斜坡，逐步上溯，最后就可发现原生矿床的产地。这叫做碎石（或称转石）追索露头法。碎石可为矿石本身，如赤铁矿、磁铁矿、锡矿或有色金属的硫化物、氧化物等等，也可为与矿石共生的脉石。如矿脉中有很多的萤石、重晶石或电气石则虽找不到矿石，而追踪这些脉石，也可引向到矿脉所在的地点。又如矿床是一种石英脉，而矿区附近没有其他的石英脉时，则追踪脉石英，就与追踪矿石一样。又如矿脉旁有特殊的围岩蚀变，则追踪这些蚀变的围岩的块砾，也能找到原生矿床所在。至于在接触变质矿床区域工作时，要随时追索火成岩及接触变质岩的碎石，找到了接触带，就可以较容易地去追索矿体露头了。因此，碎石追索法的对象是很多的，有时不一定仅仅追索矿石，而必须兼顾到与矿石共生的比较特殊的矿物或岩石。

（5）更细致的露头追索法是重砂法。因为矿床被风化剥蚀后，其中的细屑将随水迁流移动到很远的地方，造成一个很广泛的机械分散晕。我们沿着河流溪谷有规则地逐步采样，把样品放在瓢或砂金盘中淘洗，将悬浮的泥质及比重不大的矿物去掉，而收集较重的矿物，其中包括金属矿物在内，这叫做重砂。重砂法对钨、锡、铂、铬、金、辰砂、金刚石、金红石、稀土元素、磁铁矿等化学上稳定的矿物，效用很大。对铜、铅、锌等比较容易分解的矿物，则重砂法的应用较狭。但白铅矿及菱锌矿也有时可在重砂中找到，在白铅矿粒的内部，有的还可见到方铅矿的残余。随着重砂中有用矿物的发现，逐步上溯，愈近矿床所在地的重砂，则含有用矿物愈多、愈大或愈富有棱角。最后就可勘定原生矿体所在。如这里为浮土所掩，则可用浅井或槽探把矿体揭露出来。研究重砂有时也可利用与矿石共生的其他稳定矿物，如石榴石、锆英石、重晶石、萤石等作为追索的标志。如有用矿物本身属于不稳定的矿物时，则这种间接方法尤有必要。

如果重砂中有价值矿物的含量很大时，则含重砂的沉积层本身，即可成为独立的矿床。这就是砂积矿床。

在广大区域内进行重砂追索时，首先要依据地质的指示。如超基性岩体的分布，接触带的范围，某些含矿层的露头等等，来划出初步追索区域。然后就此区域沿着河谷作有规律的采样淘洗，其间隔必须遵照由疏到密，由粗到细的原则进行。如开始时的间隔为500～1,000米，把结果测绘在小比例尺的图上，发现了有价值矿物的存在时，再在此范围内布置细密的间隔（100～200米或更小）取样，并填绘成大比例尺的图。

因为重矿物往往分布在洪积层或冲积层的最下部。重砂取样要尽可能在沉积的最深部分进行，最好在接近底岩的地方，挖掘深浅不一的坑来进行取样。如果底岩太深，无法达到，则只好在河流冲积层砂嘴上、砂嘴头部和凸出部的坑洼中进行取样。从注入主流的支流中取样时，不应在支流的出口处取样，而应当沿支流向上，在主流范围以外的地区取样。如遇良好剖面，应依据冲积层的各层层次及底岩，分层采样，分层淘洗，特别注意接近底岩的分解很烈、含砾石不很多的砂土层，其中往往含有最丰富的重矿物。充积在底岩隙缝中的砂土层，其中重矿物的聚集特别丰富。在较高的层位中，要注意有无阻滞重矿物向下移动的泥质夹层，即所谓“假底层”，在此夹泥层之上，往往有富矿层。

在河谷的阶地层中也应取样，但其目的不在追索矿体，而在估计阶地砂积矿层的价值，因为供给此阶地层中有用矿质的矿床，可能已被冲刷无遗。在阶地层中进行重砂取样，要逐层采取，垂直间距一般为0.25～0.50米，视阶地层的厚薄及性质，可酌为增减。

在山坡的洪积层和残积层中也要进行重砂取样，这对铅锌矿床有特别重要意义。一般应照一定间隔（20～50米或更大）进行。从此结果就可划出有矿地点，进行槽探或浅井探，以揭露矿体。

除把重砂取样的地点及试验结果适当地填入地质图外，还要详细记述各地点的地形及沉积分层情况，并估计一定体积内有用矿物的含量，以资比较研究。

（6）另一追索矿体法是地球化学探矿法，这是最近三、四十年来才发展的一种新的探矿方法。它的基本理论是：在矿体形成时，岩浆或热液中金属的微迹，可能顺着周围岩石的裂隙，劈开面，地层层理，或肉眼不能见到远离矿体的毛细孔，在矿体周围比较大的范围内，造成扩散现象，叫做原生扩散晕。位于地表的矿床露头或经过矿化的围岩，受了风化剥蚀，变成土壤，其中微迹金属，随土壤的搬运，而向四周或一定方向分散，也在覆盖矿体的土壤中造成扩散现象，这叫做次生扩散晕。这种晕可分为两种，一是机械扩散晕，矿物经过物理作用的分解，成为碎屑，上述重砂法就是追索这种机械扩散晕。另一种是经过化学作用的分解，有用金属散浸在泥砂中或被胶状体所吸附，因此只能用分析方法，才能鉴定出来，这叫做化学扩散晕。

追索原生扩散晕，要在岩体中布置有规律的采样，追索次生扩散晕，则是在土壤中依照一定距离，用手摇钻或洛阳铲有系统地采样。以上样品，不论是岩石或土壤，都只需少量（约数克），然后用近代微迹分析技术，光谱法、比色法、极谱法、点试法等，就在野外进行定量分析，把结果精确地绘在图上，并把金属含量分为几个级，相同的级以线相连，绘成等金属含量图。这样就能找出若干含金属量比正常情况下要高得多的所谓变异区，再与当地地质情况，联系研究，布置槽井探或钻探，往往可以发现地面以下隐伏矿体。对于土壤覆盖地区，地面上看不到露头，这种方法最为有效。

另外还可以分析矿化区域流出的地面水（河水）或地下水（如泉水、井水）中的微迹金属或盐类的含量，也布置有规律的采样网，制成等含量线图，从此找出变异区，以供进一步的勘探。这种能溶于水中所形成的有用矿质的扩散晕，叫做盐晕。对有色金属及盐类矿物（如钾盐）的探矿，有极大用处。

分析土壤或岩石中的固体碳氢化合物、微量天然气、各种盐类及其他对油气有指示意义的化合物，制成等含量线图或等比例区域图，也可找出变异区，以供勘探石油矿床的指示。最近又盛用以四氯化碳溶解岩石或土壤中的沥青质，然后用紫外光灯检验或摄制照片，依据荧光的深浅，分别等级，找出变异区。此法甚为便利。

地球化学探矿的另一方面是研究指示植物，如①锌的指示植物有：*Viola Caminariae zinci*（堇菜属植物），*Thalapi Calamznncti*（花科十字菥蓂属植物）。②铜的指示植物有*Viscao-siaaepina*（石竹科植物），*Melandium dioecum*（女娄菜属），*Poly Cerpeer Spirostyis*（一种厥类）及在中国近年来发现的海州香薷（*Elschoetzi hachowensis*（枝梢一侧出花，状如牙刷，色紫红，秋季开花）。③硒的指示植物：*Ashagaeaub Xy lorrnhiza*（豆科黄蓍属植物），*oonopsis*（菊科植物）及*Ston Lcy a*。④铅的指示植物*Amorpha Canescenus*。

海州香薷首先在安庆月山区发现了它与铜矿的关系，其后在湖北及浙江等处俱经发现证实。据植物学家研究，这一属植物共有二十多种。分布在云、贵、川、康为多。江、浙、鄂、甘、陕、晋、冀次之。两广、湘、赣、豫、吉林亦有。多生长在山坡上，平地较少。它对追索铜矿有极大帮助，希望在普查时，大家对此加以注意。并望发现更多的指示植物，以供追索矿床露头之用。

用植物来探矿的方法可分为三方面：①在含有大量某种金属的有毒土壤中，只有属于这种金属的指示植物，才能茂盛生长，其他植物即不能生存，因此，看到了这种植物单独生长在某一地区，往往指示了下面含有某种金属矿物的可能性。②植物往往可从根部把土壤深部的金属吸收到植物体内，并沉积在最容易蒸发的地方，尤其是叶子，这种植物叫做聚集植物。有系统地分析植物灰分中的金属量，也往往可以找到与下面矿体有关的高含量变异区。③土壤中含了大量某种金属，往往伤害了这个地区的植物，使它们生长不正常。研究这些现象，也可以找到某些金属在此区域大量存在的线索。

（7）间接追索矿体或矿层的方法，应详细明了地质构造，地层层序，标志层及其他控制矿床的因素，如断层，裂隙带，破碎带等。为间接指示这种地质因素的地面征象，如泉水的分布（指示断层裂隙带或两种地层的接触面等）、断崖、断壁、陷落地等等都可利用作为追索矿体之线索。

（二）揭露矿体

（1）为了揭露矿体并补充表面地质观测的不足，在露头不完整或不新鲜的地方，需要剥土、爆破、槽探、浅井探或浅钻，借以深入了解露头或底岩的真实情况。

（2）探槽的一般挖掘方向应与地质构造方向（如岩层的层理、片理、接触面，以及矿体矿脉的趋向、断层的走向等）相直交，必要时可辅以平行于各种构造线的槽探。在覆层较厚（10米以上），不适合于挖槽地区，则可采用浅孔、小圆井（直径0.8～1米）或浅井探方法。

（3）槽探应作有规则的布置，除矿床走向变更或其他特殊原因外，必须相互平行，并保持大致相等的距离。浅井探和手摇钻的布置也必须是有规则的。

（4）对象位置不明时，应先行剥土，配合地质的推断定出构造线或矿体的主要趋向，再决定是否槽探或如何槽探。计划挖槽或打浅井之前，应先进行矿区内及其邻区关于覆土厚度、地下水面等的调查和访问工作，估计槽井之最小深度以及是否有受地下水阻碍之可能，以此拟定排水计划，或改变位置，或停止施工等不同的措施。

（5）槽或井底探到岩石时，应注意观察它是否确为底岩或是大块转石，可按岩石种类、走向、倾斜、岩块风化面的形态等来判断，以免误将转石认为底岩而引到错误的结论。

（6）在用浅井及探槽都不能达到要求，而钻机又不便进行工作的地区，可考虑使用手摇钻。

（7）探槽或浅井的深度以达到底岩为止。必要时应视底岩的风化程度，再掘下不同的深度。一般为打开风化原岩 0.5 公尺。

（8）探槽的宽度依其深度而增加，两者的比例应顾到施工安全的原则并随着季节、地形、土层的性质、结构、湿度等斟酌决定。在三米左右深的探槽，一般地表宽约 0.7～1 米，向下逐渐减少到 0.5 米。

（9）探槽间距，视矿床或矿层的产状而异，颇难硬性规定。一般要遵照由疏到密的程序进行。大致言之，探煤系地层的存在时，可用较疏的间距，俟探到煤层，再逐步加密到 100～200 米间距。探金属矿床可用 20～100 米的间距。为了搜索已知矿脉外的新矿脉，应于一般探槽外，加长原有探槽或增加较长的主干探槽，其间隔为 100～500 米。

（10）槽井中的地质记录应随工程进展随时完成之，以免历时过久，槽井壁坍塌，或因雨雪冲蚀覆盖等妨碍观察。槽井地质记录中必须包括：

1）表土种类、厚度、性质及地表现象等。

2）岩石的种类和描写。

3）节理、层理、片理，断层等的记载。

4）矿体种类、类型、有关矿物、估计品位，富矿贫矿的分布，矿石结构，矿体大小，形状，氧化程度等。

5）采样地点及号码。

6）其他必须记录的地质情况（如地下水情况，不整合面或假整合面的存在，变质情况等）。

（11）对金属矿床的槽井探一般应绘制不小于 1/500 的展开地质剖面图，包括槽的底和四壁。煤层或其他有规则的矿床，则绘寻常的剖面图即可。无论展开图或剖面图均应附比例尺和图例说明。

（三）系统采样

（1）采样的目的是为了通过对具有代表性的矿样，对矿产中的矿物组成、分量比例、分布情况、相互关系及各种性质、特征作全面的研究和了解。因之采样首先需要注意代表性，避免不自觉的多采富矿样少采贫矿样的偏差。

（2）按照不同的目的，所采矿样应包括：

1）为岩矿研究用的矿样，应注意其代表性及特殊性；

2）为化学分析用的矿样，应注意其全面性及代表性；

3）为技术试验用的矿样，除应注意其全面性与代表性外，并需采取大量或足够数量的样品。

（3）为化学分析用的矿样可按下列方法采取：

1）凿格法　在矿质特别坚硬，不便刻槽，而矿质比较均匀时，可用此法。在矿体可见部分（地上或地下）按一定间隔定出采取面，在每一面上画成每边长10～20公分的方格，长方格或菱形格，在每格交点上凿取大小约相等的矿块，再用四分法分别处理之。

2）攫取法　用于一般已开采的碎矿如井内外的矿石堆，把矿石堆分为一定大小的方格或菱形格，在每格交点上挖一小坑，检取矿石块。或从运矿车中按一定车辆间隔检取同量的矿石块，集成矿样用四分法处理之。

3）刻槽法　先在露头，探槽或坑道中所见的矿体上，削平和清理采样面，然后划定刻槽位置。刻槽间距应根据矿体大小与均匀程度而定，一般为数米至数十米以至数百米。但在某一单位段中，槽的间距应保持一律。在极窄的矿脉中，可平行矿脉，连续采样，以适当工具，凿取槽中全部矿石及其碎屑，编号作为矿样。如矿床较厚时，刻槽应按规定距离（1～2米）及矿石品位分段分级，分别采取矿样。

刻槽宽度及深度一般规定如下，可斟酌实际情况，选用或加以变通。

表21　刻槽采样规格表

<table>
<tr><th>硬而质均的矿石</th><th>硬而质不均的矿石</th><th>软而质均的矿石</th><th>软而质不均的矿石</th><th colspan="3">工业煤层矿样 25×25cm</th></tr>
<tr><td rowspan="2">10×3cm
10×2cm</td><td rowspan="2">10×5cm
15×5cm</td><td rowspan="2">7.5×5cm</td><td rowspan="2">(20～30) cm
×(10～20) cm</td><td colspan="3">勘探煤层矿样</td></tr>
<tr><td>硬煤</td><td>中等硬煤</td><td>软煤</td></tr>
<tr><td>7.5×2cm
5×2cm</td><td>20×10cm</td><td>黏土矿样
(15～20) cm
×(10～15) cm</td><td>硫黄矿样
(20～25) cm
×(10～15) cm</td><td>30×25cm</td><td>15×5cm</td><td>10×7.5cm</td></tr>
</table>

刻槽应垂直于矿体走向或与之保持一定的角度，槽面应先铲平，如一个刻槽不能采得全厚的矿样，可就近另刻平行新槽，连续采样。

地面刻槽的位置与方向最好与钻眼线相一致，以便计算。

4）风钻法　用风钻在矿体上的规定位置，向不同的方向钻进一定的深度。收集钻出的全部碎屑，分别集合成样。

5）剥层法　在矿体面上，凿下厚度均匀的一层矿石，其厚度一般为10～20公分。

6）全巷法　将巷道中所遇到的矿体的某一段长度（一般为数公尺）全部采取作为矿样。

7）钻探法　钻探所得的矿体或矿层的岩心与岩屑，应分段或分级编号，作为矿样。采样间隔一般为1～3米（按钻井深度计算），取得之岩心应沿纵长劈为两半，均应编号登记，一半保存研究，另一半与同段的岩屑分别化验。化验结果，应按二者的体积比率，计算平均成分。

（4）为了确定矿石的物理性质，技术及加工指数，需要采取工业试验矿样，其重量由数拾公斤至数十吨以至数百吨。基本采样方法应用全巷法或剥层法，刻槽法则应用较少。用于确定矿体中有用矿物之含量及提取量所需的矿样，也要按照采化验矿样的方法有系统地采取。采样地点的间距一般在3～5米以内。用于试验选矿的矿样则应在矿体不同组成的部分中分别采取。在普查找矿阶段中不需采取工业试验样品。

（5）用上列各种方法采得的矿样，除大量工业矿样须全部送交试验外，其他均须经过加工：①碾碎和过筛，②拌匀，③用四分法缩减的步骤处理。

（6）每一采样地点均应编号，绘入平面图及剖面图中，必要时并绘制采样地点的素描图，表示详细地质情况。

（7）所有矿样都应登记在专用的记录本上，并记明：

①矿样编号；②采取年月日；③采样准确地点；④采样地点矿体的地质情况；⑤采样方法；⑥矿样分析及试验结果。

此外，对原始矿样处理的操作过程也应说明，并记录在本上。

装入矿样袋内的矿样，应附标签，并需在袋外标明号码。普查找矿时凡有代表性或其他特征的矿石及岩石，均应采取大致符合规定尺寸的标本，以备研究参考。标本应在新鲜部分采取，并应附带采取一二块磨制薄片的小块。

第四章　围岩蚀变

当含矿溶液沿裂隙或其他软弱地带上升时，在矿石沉积的前后，这些溶液常可与围岩起化学作用，使之在成分上（包括化学成分及矿物成分）和结构上发生变化，这叫做围岩蚀变。这里所指的围岩，除在矿床发生以前早已存在的沉积岩，变质岩或火成岩外，也包括了与矿床溶液有成因关系的各种火成岩的母岩在内。凡母岩的围岩蚀变称为内蚀变，其他围岩的蚀变则称为外蚀变。围岩蚀变的种类、性质，一方面与含矿溶液的物理的和化学的性质有关，另方面则与围岩的岩石性质有关。地质工作者对于岩石的观察，较为亲切，故我们论围岩蚀变时，最好以围岩的原始成分为分类的根据。

我们一般可分围岩蚀变为三类：①基性或超基性岩的围岩蚀变；②中性和酸性岩的围岩蚀变，主要是含长石的岩石，其中也包括了相似成分的碎屑岩；③石灰岩及其他碳酸质岩石的围岩蚀变。泥质岩由于它的不透水性，其围岩蚀变一般不深，蚀变结果与含长石质的岩石大致相仿。纯粹石英质及矽质岩石，由于化学上的耐蚀性，一般蚀变不深，只表现为再结晶作用等。

（一）基性及超基性岩的围岩蚀变

1. 蛇纹石化

蛇纹石化为超基性岩最标准的围岩蚀变。有的蛇纹石化，系由于区域性变质及动力变质所成，分布范围较广，对找矿意义不大。只有那些在超基性岩中由于热液作用所成的蛇纹石化，才可作为找矿的间接标志。这些蚀变往往伴随着碳酸盐化及绿泥石化。在超基性岩块体与较新的酸性侵入体接触的地方，常可发育温石棉，此超基性岩属斜方辉橄岩（гарцбургиты）则希望较大，异剥古铜橄榄岩（лерцолиты）则较次，在含辉石的蛇纹石化岩中希望最小。在蛇纹岩与非蛇纹石化超基性岩的接触处，以及超基性岩块体为酸性岩脉所穿越的地方，都为寻找温石棉的有利条件。蛇纹石化常沿着断裂带显著发育，在断裂带以外，就大为减弱。在上述的较酸性岩脉中如辉长岩，辉绿岩等，受了热液作用还可发生石榴石、绿泥石、辉石等矿物，与从石灰岩产生的矽卡岩相似，同时石质加重，并发生褪色作用。这一切都可作为在超基性特中寻找石棉矿床的标志。

2. 边缘作用带

在超基性岩块体中，有时可看到富于黑云母（或金云母、蛭石、绿泥石）、阳起石、滑石及蛇纹石的岩石，沿着边缘分布，从其颜色上看与超基性岩有显著不同，这叫做边缘作用带。这种作用带在超基性岩如橄榄岩、辉石岩、角闪石岩、蛇纹岩中，足为寻找含刚玉斜长岩（奥长刚玉岩［плумазит］）、刚玉钙长黑云岩（кыштымит）、斜方钙长岩（борзовиты）及刚玉珠云伟晶岩的找矿标志。含滑石的边缘作用带其本身也是有用矿床。

3. 滑镁片岩化

在热液作用下超基性岩及基性岩中的铁镁矽酸盐可为钙镁铁的碳酸盐所交代，而析出了游离的矽氧。其结果造成了滑石菱镁矿片岩或简称滑镁片岩，就是含有滑石、石英、菱镁矿、艳色方解石，有时还有铬云母及黄铁矿。这种岩石，如含滑石很多，本身即有工业价值。滑镁片岩常形成陡岩峭壁，颇易引人注意。它的存在标示了在基性岩中热液变质作用的发育，应予密切研究。在乌拉山，滑镁片岩为含金石英脉及铜钴镍矿脉的找矿标志。但也有许多滑镁片岩化地区，不含任何矿床。

4. 碳酸盐化

碳酸铁镁质的发育为基性和中性岩围岩蚀变的经常现象。在酸性岩中，碳酸盐化的蚀变分布较狭。在含长石质的岩石中，碳酸盐化还伴随着绢云母、绿泥石和黄铁矿的发育。这样的蚀变为许多金、铜及多金属矿床的特征。其分布之广，可与酸性岩中的绢云母化相比拟。因之，可用为找矿标志之一。碳酸盐经常含铁，颇易风化淋蚀，结果造成菱形或不规则形的孔隙，为淡色的赭土所充填。在某些金矿区中，这种空隙结构也足为找矿的标志。

5. 绿泥石化

绿泥石化分布非常广泛，最为标准的为基性岩、超基性及中性岩，偶亦可自酸性岩石变成。就其成因，可分为三种：甲. 区域的接触的或退向的变质作用；乙. 自变质作用；及丙. 热液变质。对矿床有关系的当推热液作用的绿泥石化，常分布狭窄或形成不规则的条带。大部分与矿床有关的绿泥石化作用，同时也伴生着其他蚀变，如矽化、绢云母化、电气石化等。绿泥石化可分为下列不同的种类：

（1）单矿物相的绿泥石化，比较少见，在矿体周围或边缘带，如黄铁矿型、硫化物-锡石型、铅锌及铬矿的各种矿床中。

（2）石英-绿泥石相比单矿物相常见得多，并为硫化物-锡石，偶然也为含铜黄铁矿及多金属矿床的围岩蚀变。

（3）绢云母-绿泥石相，含石英或不含石英，在乌拉尔及其他的黄铁矿型矿床及阿尔泰的若干多金属和含铜矿床中，分布很广。

（4）电气石-绿泥石相，含石英或不含石英，主要为锡石-硫化物矿床的特征蚀变。

（5）黑云母-绿泥石相，含石英或不含石英，常见于黄铁矿型及斑岩铜矿床中。

在黄铁矿型及多金属型矿床中的绿泥石化作用常形成带状分布。其排列次序大致如次：未变的；轻微绿泥石化带；石英-绿泥石化带；绢云母-绿泥石化带；石英-绢云母-绿泥石化带。这种分带可达相当大的范围。

依据绿泥石的成分及其有关的矿种，可分为下列三类：甲、铁质的鳞绿泥石类，为锡石-硫化物矿床的特征；乙、镁铁的绿泥石，为含铜黄铁矿床的特征；丙、镁绿泥石，即叶绿泥石及斜绿泥石类，则见于多金属矿床中。

6. 青磐化

青磐化在安山岩，英安岩及玄武岩中最为常见，流纹岩中则偶尔见之。对含金银的脉状矿床，如为各种砷化物、锑化物及碲化物所组成的金银矿床，青磐化的围岩蚀变非常标准，可作为找矿标志之用。但如青磐化分布范围过大，则对找矿就失了意义，此时必须配合其他与矿化作用关系更为密切的围岩蚀变现象。

青磐化的结果，将使岩石中的所有暗色分子，变成绿泥石和绿帘石，同时产生黄铁矿（含长石岩石的绢云母化则在较晚的阶段中形成）。在化学成分上的变化为钾、钠及少量矽氧、钙、镁的移去，硫及水分的增加。与青磐化伴生的还有高岭石、冰长石、沸石、石膏、明矾石等，表示有硫酸以及碳酸盐、蛋白石、玉髓的掺入。

（二）中性及酸性岩的围岩蚀变

1. 云英岩化

云英岩化为锡、钨偶亦为钼的最好的找矿标志。对砷、铋及铜来说，则意义较小。所谓云英岩化可了解为一种气化-热液作用，使酸性及中性岩发生如下的变化：长石及其他矿物为石英、白云母、锂云母所交代；岩石本身则富于电气石、黄玉、萤石、绿泥石；次要矿物为金红石、绿柱石及 жиль-бертит（绢云母的一种）；金属矿物最显著的为：黄铁矿、锡石、钨锰铁矿、白钨矿、毒砂、自然铋、磁黄铁矿、黄铜矿、辉钼矿及闪锌矿等。含有上列矿物成分的岩石称为云英岩。

云英岩主要产于酸性侵入岩中。在闪长岩中颇少，石英岩及石英质砂岩更少，基性岩中的云英岩则尚无例子。绝大部分的云英岩及云英岩化岩石俱位于小侵入体的内缘及外缘接触带。

与云英岩有关的矿床，可大别为两大类：

（1）非硫化物型的锡石-钨矿矿床，硫化物含量甚少，或不含，主要与酸性的花岗岩侵入体有成因关系。

（2）硫化物型矿床，含铁、铜、砷、锡、铋、钼、锌、铅等（的）疏化物，及比较少量的锡石及钨锰铁矿。与花岗闪长岩的侵入体有关。

云英岩的成分和矿床种类有重大关系，可分为下列五类：

（1）含电气石的，特别是电气石、绿泥石的云英岩——为硫化物型锡矿脉的找矿标志。

（2）含黄玉的云英岩——非硫化物型的石英锡石矿床。

（3）含萤石的云英岩——钨锰铁矿矿床。

（4）含萤石-白云母的云英岩——辉钼矿脉矿床。

含硫化物矿石的云英岩，经过地面风化可成为含褐铁矿的岩石。其不含硫化物者，则变为含高岭土及石英的砂质，为形成砂积矿床的源泉。

2. 电气石化

电气石化的围岩蚀变，可为若干锡矿床的找矿标志。少数的金、砷、铅、锌、钨、钼及钴矿床，也与电气石化有关。这是比较少见的围岩蚀变。在苏联的某些矿区中（锡、铅锌及金矿区）则颇为标准。含电气石及石英-电气石的岩石，外形具有块状的或角砾状结构。主要产生在花岗闪长岩或花岗岩块体的边缘，在较基性的侵入体中颇少，在喷出岩及沉积岩中同样是少见的。侵入体一般为浅成的，故常呈斑状结构。除石英及电气石的主要矿物外，还有白云母、绢云母及简单的硫化物，偶有毒砂。在侵入体中，电气石化的岩石，常成交代的条带状，扁豆体状或柱状，面积可达若干平方公里。电气石化的岩石中时常不含矿石。由于其质坚耐蚀容易认识，故电气化的岩石颇易被人注意和发见。

3. 黄铁细晶岩化（Березитизация）

黄铁细晶岩化为含金石英脉的找矿标志。对钨锰铁矿脉来说，意义较小。有时也与多金属及铜矿床相伴生。

酸性岩如花岗岩、花岗斑岩、石英斑岩等，在含矿溶液的作用下，使其中的长石部分分解变为次生云母及石英（偶亦有碳酸盐矿物的产生），同时产生许多黄铁矿，这叫做黄铁细晶岩。

4. 绢云母化

绢云母化经常伴生着矽化，为各种含长石岩石所最常见最广泛的围岩蚀变。其中除长石外，若干有色矿物也可变为绢云母。绢云母化的成因不一，有动力变质，退向变质及热液变质等。对矿床的产生来说，从热液变质所成的绢云母才有意义。同时含长石的岩石在地面风化时，也可产生与绢云母化相似的细鳞片状矿物，其中包括伊利石等。而在绢云母中也有许多不同的细鳞形矿物如白云母、多矽白云母（фенгит）、叶蜡石及水云母等。如何分别由各种变质作用所成的绢云母化现象，以及如何分别由地面风化所成的似绢云母的岩石，需要经过详密的野外观察和室内研究。

可以指出，在近矿围岩蚀变所成的绢云母化作用中，可使全部长石，包括斑晶在内，强烈地变为绢云母。而在动力变质所成的绢云母化作用，则长石斑晶常可保存不变。岩石的强烈褪色为热液蚀变的另一特征。在实地观察时又常见到各种硫化物，首先是黄铁矿，呈浸染状分布在热液蚀变的绢云母岩石中，而绢云母化的分带现象，及所占面积较为狭窄，都可为热液蚀变的准则。绢云母化岩石中的主要矿物为绢云母及石英，常见的还有绿泥石、绿帘石、碳酸盐及各种硫化物，特别是黄铁矿以及金红石、磷灰石等。

绢云母化为寻找铜、铅、锌、金、砷及若干稀有金属矿床的重要找矿标志。绢云母化也发育在云英岩化、电气石化、白云母化及次生石英岩的外缘带中。而在绢云母化带的外围，则常可见到绿泥石化及钠长石化带。在乌拉尔及中国白银厂勘探产在喷出岩中的含铜黄铁矿床时，绢云母化的研究起着特别重大的作用。

5. 次生石英岩

次生石英岩常为含矿岩石，故也可用为间接的找矿标志。次生石英岩为酸性或中性的岩石，主要是喷出岩（熔岩及块集岩）的矽化产物。除石英外还含有黄铁矿、赤铁矿、金红石、绢云母、明矾石、高岭石、叶蜡石、红柱石、水铝石、刚玉、黄玉、氯黄晶（цунит）、蓝线石及若干其他次要矿物。由酸性岩石所成的次生石英岩，对产生非金属矿床，特别是刚玉-红柱石矿床，最为有利。由中性岩石所成的次生石英岩，则产生铜、铅锌及其他金属矿床。

在苏联的东哈萨克斯坦、高加索、阿尔泰及乌拉尔等地区，都分布着广大的次生石英岩，其中如哈萨克斯坦的孔拉德，则为苏联著名的斑状铜矿所在地。次生石英岩在地形上的显示为突出的高峰或危岩。由于褪色现象它又常成为灰白色露头，其中并夹着褐色的褐铁矿和白色的高岭石。从这些标志，这种岩石最易被人注意发现。在许多次生石英岩发育的地区，可看到下列的分带现象：未蚀变的原始岩石；青磐化带；绢云母带；叶蜡石带；高岭石带；明矾石带；水铝石带；红柱石带及刚玉带。刚玉带最近于热液发源之处，故其形成时的温度应最高，可达三四百度以上。上述各带不一定都能发育，有些带可以缺失，也有些带可以重复。

上述各带中的矿物，有些本身就有工业价值，如明矾石、刚玉等。有些则可为寻找其他金属矿床的指标。在中性火成岩发育的次生石英岩中，如有明矾石、高岭石、叶蜡石或绢云母化的蚀变带，即可为有利于寻找金银及铜矿等多金属矿床的找矿标志。分布在酸性火山岩及较新的酸性侵入岩（主要是花岗闪长岩的成分）接触带间的次生石英岩，有产生刚玉矿床的希望。

中国现知有两大次生石英岩发育的地区[1]，分布最广的是在浙、闽、粤沿海一带中生代火山岩及侵入岩出露的地区，最著名的是浙江平阳和福建福鼎的明矾石矿床，以含明矾石为主，当地人采炼明矾已历数百年。浙江青田的青田石，昌化的鸡血石，福州附近的寿山石，广东的广绿石，则皆为刻图章之用，其中以叶蜡石为主，亦含石英、高岭石，偶亦有水铝石、刚玉等矿物，惟量甚少。福建有许多地方盛产磁土，如德化的磁土尤为著名。可知在本区域中，高岭石化的现象也甚广泛。凡此都是属于次生石英岩类型的岩石。昌化的所谓鸡血石，是含有微量辰砂的叶蜡石，其附近的遂安、淳安及安徽的绩溪、休宁等地还产锑矿。因此推断这一带的次生石英岩中有汞锑矿化的存在。在浙、闽沿海一带广泛分布铜铅锌矿床，如青田、永嘉、宁海、宁德、古田、屏南等县，产地很多，大部分产在火山岩系或侵入岩中，这些矿床是否与次生石英岩有成因上的关系，目前因研究较少，尚难断定。但有一点值得注意的，在本区中的火山岩及浅成侵入岩都属酸性成分，如流纹岩、花岗岩之类。根据苏联最新理论，从此形成的次生石英岩，应以产生非金属矿床如刚玉、红柱石、水铝石、明矾石、叶蜡石及高岭石等矿物为主，金属矿床则不甚重要。明矾石、叶蜡石及高岭石多已发现，且经长期开采，而刚玉、红柱石、水铝石等，虽在显微镜下曾经看到（见叶良辅氏专著，地质研究所西文集刊，第 11 号），但具有工业价值的巨大矿床，则尚未发现，故以后调查时当对此加以注意。

第二个次生石英岩发育的地区，是在长江下游南京、当涂、无为、湖东、庐江一带的火山岩区域中，其时代也属中生代。这个区域虽分布不如浙、闽、粤区的广泛，但在构造上和层位上却是具有一定的规律的。它从南京以南的牛首山开始，沿着钟山向斜层趋向西南，经过当涂，乃过长江分布于无为、湖东及庐江各县。在庐江的矾山，无为的三公山都盛产明矾石，并经长期采炼明矾。近年来在湖东的雾天山、当涂的大黄山及南京的牛首山亦都发现了明矾石矿床。至于高岭石、绢云母、青磐化等为次生石英岩特征的围岩蚀变现象，在本区中分布尤为广泛。本区的火山岩以中性为主，如安山岩、粗面岩等，而浅成侵入岩则都属正长岩、二长岩及闪长岩等酸性较弱的中性岩石，依据苏联理论，对于发育金属矿床是极为有利的。目前已知的矿床，有当涂的许多铁矿和黄铁矿及庐江、湖东一带的铜矿，后者的工业类型及远景评价，因勘探工作尚未完成，目前尚难予以评定，但从矿化现象和围岩蚀变的强烈发育及苏联关于中性火成岩与成矿关系的理论来判断，应有重视的必要。

有些中国地质工作者自从学习了苏联对于次生石英岩的理论后，时常发生一种误解，以为次生石英岩是斑岩铜矿或细脉侵染状铜矿的唯一找矿标志，有了次生石英岩就可断定其铜矿属斑岩类型，而也只有在斑岩铜矿的区域中，才能见到次生石英岩。读了纳可夫尼克的次生石英岩专著后，可知这种看法是不很恰当的。次生石英岩可与非金属矿床有关，也可与许多种的金属矿床有关，其中也包括了斑岩铜矿。次生石英岩是从火山喷发或浅成侵入岩浆所分出的喷气和溶液与围岩起交代作用所形成的产物，其生成时的温度很低，地位很浅，如果从岩浆中有金属矿物的带入，必然是属于低温浅成的类型的。我们必须从原

[1] 在纳可夫尼克的专著中提到北满兴安构造弧转折处也有次生石英岩的分布，这是非常可能的，但我们还没有详细的报告。台湾基隆一带与第三纪火山岩有关的次生石英岩，含有明矾石、高岭石、叶蜡石、绢云母等标准矿物，而在目前尚在作用的喷气中则有硫黄及卤盐的沉积。

始火成岩的成分、产状、次生石英岩的各种矿物相与分带情况，以及围岩蚀变的深浅，来详细比较研究，才能断定调查区域金属矿床的类型和价值。在这方面可作为我们找矿标志的是原始岩石的属于中性成分及强烈发育的围岩蚀变，特别如绢云母化，其次则为高岭土化，明矾石化和青磐化。根据这个指导理论，我们可初步指出，在上述我国第二个次生石英岩发育的区域中，即南京、当涂、无为、湖东、庐江的广大面积中找寻各种金属矿床，其中也包括了大家所注意的斑岩铜矿，是较有希望的。

6. 高岭石化

与热液作用有关的高岭石化作用，常伴生多金属如锡、金、萤石及其他矿床（水晶、重晶石、毒重石等矿脉）。含有水晶的矿脉其围岩常表示明显的高岭石化作用，因此，如在生根露头或在冲积层、洪积层中遇到富含高岭石化的石英岩，或强烈高岭石化的矽铝质岩石，都应予以注意。在富含高岭石化和绢云母化的长石，并有石英及玉髓的岩石中，应注意寻找萤石矿床。绢云母、长石及其他矽酸盐类矿物的高岭石化，是在地表由于硫酸溶液的下降与围岩起作用而形成的。硫酸则是金属硫化矿物的氧化所造成。如在调查区中存在着大量的火成岩或变质岩都遭受高岭石化作用，就可指示有风化壳存在的可能，而要注意镍、铁、铝土、耐火黏土及其他类似的风化残积矿床。

高岭石为一属名，其中包括地开石、珍珠陶土、富矽高岭石（аноксит）及正常高岭石等各异种。高岭石属的异种及结构与其成因有一定的关系。如地开石一般属热液成因，与矿床有关的珍珠陶土及富矽高岭石，部分也可由内生作用造成，而由风化及沉积成因造成的高岭石则都属寻常的高岭石。因此用X光，热差分析及其他方法详细鉴别高岭石的异种，在研究高岭石化作用时颇为重要。在我国许多矿区中曾看到高岭石化作用。江西九江的高岭为高岭石这个名称的发源地。安徽祁门的陶土为目前景德镇陶瓷工业的主要原料，可能由千枚岩风化而成。扬子江中下游的铁矿都伴生着显著的高岭石化。关于中国各地的高岭石化作用及其与矿床类型及矿种的关系尚待进一步的研究。

7. 石英化

热液成因的石英化作用，与铜、铅、锌、金、汞、压电水晶、萤石、重晶石、毒重石等矿床有关。在火山岩中产生的低温热液矿床，石英化的现象特别显著。纯粹石英化而不含其他矿物的围岩蚀变为水晶、萤石、重晶石、毒重石等热液矿脉的指示。与石灰岩相接触的矽铝盐岩石的完全石英化，其中全为石英或玉髓所组成，不论本身含萤石与否，俱可为萤石矿床的找矿标志。在中国的许多汞矿及萤石矿床中，其围岩的石英化作用一般非常显著，在野外调查时应予以特别注意。

8. 明矾石化

是中性或酸性火成岩特征的围岩蚀变，常位于热液蚀变带的最上层，而与金、铜及多金属矿床相共生。其他矿物有石英、绢云母，有时还有高岭石，黄铁矿。明矾石化作用可作为次生石英岩中一个单独的矿物蚀变相，它在中国的分布及意义已如前述（次生石英岩）。

（三）碳酸盐岩石的围岩蚀变

1. 矽卡岩

当火成岩侵入石灰岩时，岩浆中的余气及溶液在高温但不很深的深度下，可与石灰岩发生交代作用，在火成岩与石灰岩的接触带或其附近，造成一种坚密黝暗以各种石榴石（钙铝榴石—钙铁榴石系）及辉石（透辉石—镁铁辉石系）为主要成分以及其他钙铁矽酸盐矿物的岩石，称为矽卡岩。依据矿物的组成，矽卡岩可分为简单的和复杂的两种，前者除石榴石及辉石外，仅含少量矽灰石、符山石及方柱石的杂质。复杂矽卡岩则由简单矽卡岩再经后期的蚀变作用所造成，其中除上述主要矿物外，还含有绿帘石、阳起石，有时还有蔷薇辉石、钙蔷薇辉石（бустмит）、黑柱石（ильваит）等矿物。

矽卡岩常伴生着许多种金属和非金属矿床，多属于晚期生成的阶段，即在主要矿物石榴石或辉石等矿物形成之后。与矽卡岩有成因关系的矿床，就矿种来说，铁最重要，铜次之，铅锌又次之，钨则居第四位，并常以白钨矿为主。矿床的产状，则颇不一，有散浸状、脉状、柱状、似层状、扁豆状及不规则状等。造成含矿矽卡岩的基本地质条件为：中性或酸性的浸入岩，如花岗岩，花岗闪长岩，石英闪长岩，正长岩等；围岩则为石灰岩，白云岩或含有碳酸质的岩石，很少数的围岩属于火山或变质成因的。大多数的矽卡岩产在石灰岩与侵入体的接触带或其附近，也可分布在远距火成岩体达 1,500～2,000 公尺的围岩中，一般则距火成岩侵入体约 100～300 公尺。在侵入体本身有时也可找到矽卡岩，这可能是由于碳酸质岩石为侵入岩捕虏而形成的。

在野外要善于辨识矽卡岩及与之相类似的，但往往是不含矿的钙矽酸角闪岩。在产状上，钙矽酸角闪岩与侵入体的接触带，呈连续不断，既长又宽，并且分布范围很广。矽卡岩则颇不规则，偶近层状，沿走向很少超过 1,000 公尺，普通则为 10～100 公尺，并常与裂缝构造有一定的关系。在矿物成分上，钙矽酸角闪岩主要由矽灰石、透闪石、钙铝榴石及透辉石所组成；这些矿物为方解石所包围而产于大理岩中，岩石颜色，一般较淡，灰色或黄色不等。矽卡岩则以钙铁榴石及辉石为主，或几乎组成岩石的全体，呈暗褐或暗绿的颜色。在晚期矿物的形成上，钙矽酸角闪岩颇不发育，而矽卡岩则经常伴随着绿帘石、石英及碳酸盐矿物，还有各种金属硫化物矿物。

在简单的矽卡岩中，石榴石及辉石的化学成分及矿物种属，与其共生的矿床种类，显有一定的关系。石榴石一般可分为钙铝榴石和钙铁榴石二大类。在野外可大致从其颜色及有无共生的铁矿来区分，如钙铝榴石色常较淡，而钙铁榴石则色较暗，且常有磁铁矿共生。辉石则为透辉石及镁铁辉石的系统，必须在显微镜下才能鉴别。就一般论，钙铁榴石矽卡岩常与铁，多金属，也与钴，绿柱石等矿床共生，与白钨矿共生者非常少。钙铝榴石则大多数与白钨矿共生。钙铁榴石与钙铝榴石同等发育的中间成分的矽卡岩，则主要为铜及白钨矿床。石榴石的不均质性，与矿床亦有关系。均质性的石榴石为磁铁矿床的特征，而发育不均质性的光性异常的石榴石，则常见于其他各种的矿床中。广泛发育辉石而含石榴石极少的简单矽卡岩，对钨及铅锌矿床的远景最大。以镁铁辉石或次透辉石（салит）为主的简单矽卡岩，则与铜、多金属及钨矿床有关。含锰的镁铁辉石，常伴生蔷薇辉石、钙蔷薇辉石，为多金属以及有时也可为钨矿的找矿标志。在野外认识铜及多金属矿床的矿化比较容易，而识别白钨矿则比较困难，必须细致地刻槽采样，系统分析，而最有效的方法，则为利用紫外光灯，从白钨矿显著的荧光反应，就可以从矽卡岩中或从其附近采集的重砂中发现出来。含锰的镁铁辉石，可从其面上氧化锰的黑色斑点作为特征。

在复杂的矽卡岩，从其晚期矿化的共生序列，也可指出与矿床的若干关系。如广泛发育绿帘石化及阳起石化的矽卡岩，可指示可能有金属硫化物矿床；黑柱石常与多金属矿床相共生。在石英或石英-长石质的矽卡岩中，如含有磁黄铁矿及闪锌矿，则常可作为白钨矿存在的标准共生矿物。

矿床在矽卡岩中的产状，可分为五类：

（1）矿体与矽卡岩体相一致，矿石散布在整个的矽卡岩中。这是钨、铜及多金属矿床的产状特征。

（2）矿体产于石灰岩及矽卡岩的接触带中，并与接触带的面相一致。这种产状的矿床包括铁、钨、多金属及金。特别是铜矿床常具有这种产状。

（3）矿体全部或部分地与矽卡岩中的任何一个矿物带相一致，如辉石带、石榴石带等。具有这种产状的矿床有：铁、钨、铜、多金属，特别常见的为钴及绿柱石矿床，少见的为锡石矿床。

（4）矿体产于矽卡岩中的断裂带或交错的裂缝中。包括的矿床有：钨、多金属、金，特别常见的为锡、钴、绿柱石矿床，少见者为铁矿矿床。

（5）矿体位于矽卡岩的范围内，但是沿着交切矽卡岩或围岩的裂缝分布。具有这种产状的矿床为钨、金，特别常见的是铅锌及金矿床。

必须指出，矽卡岩的找矿意义，必须从区域的或一般的成矿作用来判断，因为有许多矽卡岩是不含矿的。在已知含有矿床的矽卡岩区域中，如找到了新的矽卡岩产地，则其对于找矿意义特别大。

中国的矽卡岩型矿床占重要位置，铁矿有湖北大冶、山东金岭镇、安徽桃冲；铜矿有安徽铜官山、湖北阳新、吉林天宝山；铅锌有湖南水口山、浙江诸暨高坞坑；白钨矿有云南文山、湖南彬县的瑶冈仙；锡矿则云南个旧的马落革最为标准。侵入火成岩都属酸性或中酸性的花岗岩，花岗闪长岩或石英闪长岩，从侵入岩的结构看都属细粒或斑状，可知其凝结时的地位是不深的。围岩一般均是石灰岩或白云质石灰岩，其他种类的岩石，颇不多见。矿床都产在接触带中（如铜官山），或相距不远（如水口山），也有离侵入体较远的（如安徽桃冲）。就构造位置论，矽卡岩有位于背斜褶皱的顶部（如云南个旧老厂）或翼部（如广西平头山），且大部分与构造（裂缝或断层）具有控制的关系。我国各地所产矽卡岩的矿物成分及分带情况，多待研究。湖北大冶铁矿从闪长岩至石灰岩，一般可分为下列各带：甲. 矽化、碳酸化、绿泥石化的破碎闪长岩；乙. 石榴石-绿帘石-方柱石-透辉石矽卡岩；丙. 透辉石矽卡岩及丁. 含透辉石的大理岩。铁矿体参差不齐地位于蚀变的闪长岩、矽卡岩及含透辉石大理岩之间。本区的石榴石大多为钙铁石榴石，符山石不存在，辉石一般似为次透辉石或钙铁辉石。铜官山铜矿由石灰岩至闪长岩可分为：甲. 石灰岩，乙. 含透角闪石大理岩，丙. 含矽灰石再结晶的大理岩，丁. 透辉石矽卡岩，戊. 石榴石矽卡岩，己. 闪长岩的内变质带即透辉石闪长岩，庚. 石英闪长岩等。铜矿成细脉状、浸染状及囊状产于石榴石矽卡岩及透辉石矽卡岩中，而与磁黄铁矿及磁铁矿相共生。比较规则的主要矿体则为角页岩上交代石灰岩所成的似层状矿体，与矽卡岩带距离较远。石榴石属铁质钙铝榴石及钙铁榴石，符山石不存在，多数呈均质光性。

2. 方柱石化

为产在白云化大理岩与花岗岩及伟晶岩间的金云母矿床的绝好找矿标志。金云母一般产在花岗岩块体方向的方柱石带中。方柱石化的强烈程度，也指示了金云母含矿的强弱。含角闪石的正长岩如经过方柱石化后完全变为辉石-方柱石岩，则足为接触型铜矿床的找矿标志。铜矿即产于辉石-方柱石岩中。

3. 石英化

碳酸盐岩的石英化，有时还伴生着萤石，可为寻找重晶石-毒重石矿床的标志。碳酸盐岩中的石英化和矽化，也常伴生着汞及锑矿床，如中国贵州、湖南一带的汞矿，在含矿围岩的石灰岩中都有石英化，与白云石、方解石等共生。碳酸盐岩中的石英化一般呈不规则形，呈细粒或极小的自形粒状结构，只在显微镜下才可看到。这种结构显属交代作用所成。

4. 白云岩及石灰岩中的重晶石化

由热液蚀变所造成的重晶石化现象，为铅锌矿床的主要找矿标志。因为重晶石本身及其有时共生的毒重石皆有工业价值，因此重晶石化也就为这些矿床的找矿标志。重晶石化的围岩蚀变已在许多地区找到，在个别例子中，它分布宽广，作用强烈，并与矿化保持密切关系。苏联几个较大的浸染状铅锌矿床，都是随着白云岩中的重晶石带分布的。重晶石铅锌矿床为温度最低的热液交代及充填矿床，其特点是由比较简单的矿物所组成并且含银很高。它可逐渐过渡到兼含石英、萤石及方解石的温度较高的脉状铅锌矿床。必须注意分别那些在碳酸盐岩中分布比较规则、略呈层状的，可能为沉积成因的重晶石层，这种重晶石与热液作用似无关系，并且大多数是不含矿的。

我国有许多铅锌矿产于以重晶石为主的层状或脉状矿床中。围岩都为石灰岩及白云岩。与矿脉相近处都有强烈的重晶石化。如广西的石龙、修仁、湖北孝感的青山口及山东、湖南等矿地。这些产地有的正在进行勘探，其真正的工业价值目前尚难断定。

5. 白云岩化

在许多地区中，铅锌矿及重晶石-毒重石的发育与石灰岩中的白云岩化具有密切的关系。这种矿床也属低温热液一类。必须指出，白云岩也可由原生的沉积作用造成，这是分布规则，延展较远，并有一定层位的近于层状的白云岩，它对寻找金属矿床的意义不大。只有由于热液作用生成的次生白云岩，才有找矿意义。就一般讲，凡分布不广，形状不规则，常为裂缝所控制的淡色成巨晶状的白云岩，常属热液成因，要予以特别注意。作为铅锌矿床及其他金属硫化物矿床的石灰岩围岩，其中再结晶的粗粒状方解石，也是一个重要特征。对钢铁工业的辅助原料来讲，白云石本身就是一种矿产，故有时亦可为找矿的对象。

6. 蛇纹大理岩化

鲜绿色，玫瑰色或黄色的蛇纹大理岩，乃是在碳酸盐岩中温石棉矿床的绝好找矿标志。蛇纹大理岩一方面过渡为大理岩或大理化石灰岩，另方面则变为含石棉的蛇纹岩。这种石棉矿床，大多数含在为酸性或基性小侵入体（如辉绿岩，斑岩，辉长-辉绿岩等）所贯穿的白云化石灰岩内。石灰岩本身富于镁质是为成矿的主要条件。我国的震旦纪石灰岩，一般含镁较高，受到了火成岩侵入影响后常可造成石棉矿床。如河北的涞源即是一例。

（四）研究围岩蚀变的目的

综上所述，可见围岩蚀变应该是一个相当有效的间接的找矿标志。在普查找矿阶段，为了能合理地划出可能有矿的地区和推断这种矿的种类和成分等，围岩蚀变的研究尤为重要，以后担任普查工作的同志们要予以密切注意。我们研究围岩蚀变的目的，可大别为下列三方面：

1. 是否有矿

围岩蚀变有时不一定伴随着有用矿床的产生。如白云岩化和矽化作用，可能是原生沉积的，也可能是次生热液成因的。只有后者对寻找各种金属矿床才有意义。绢云母化和绿泥石化的成因更为不同，除为热液生成的可能含矿外，那些由于自变质，动力变质和广泛的区域变质所成的绿泥石化和绢云母化，一般含矿的希望极小。云英岩，次生石英岩，矽卡岩及大多数的重晶石化作用都属热液成因，因此，含矿的机会较多，但不一定都能形成具有工业价值的矿床。从理论上讲，矿床中的各种有用矿物，既与围岩蚀变的矿物同属一个来源，并且在大致相同的环境下形成，那么在围岩蚀变的部分，应该多少存在着这种矿质或矿物。这个问题自从应用了光谱分析及其他微迹分析的方法后，已为矿床学家开辟了解决问题的道路。但很可惜，这种工作做得还很不够。以后地质学家和化学家应该密切合作，为解决这个问题而努力。不过即使在蚀变的围岩或蚀变矿物中，找到了微迹的金属或矿物，可以确切证明这里的围岩蚀变作用是与有用矿产相伴生的，但它们是否具有足够要求的质量，以供工业开采，那又是另一问题了。

2. 是哪些矿

如果决定了普查区域内的围岩蚀变确与矿化有关，跟着来的问题就要解答可能找到的矿属何矿种，含有什么矿物成分。如果能够详细研究围岩蚀变的矿物组成，尤其是能确定出矿物相和蚀变带，那么，这个问题的答案有时是可以比较肯定的。许多实际资料证明，钙铁石榴石常与磁铁矿及方铅矿床共生。而钙铁石榴石及钙铝石榴石的混合相，则为铜矿床的标准共生矿物。云英岩是高温锡钨矿床的有效找矿标志。从详细矿物相的划分，我们可更具体地来推断它的矿种和矿床类型；如电气石及电气石-绿泥石相，为硫化物型锡矿脉的特征；黄玉-电气石相为石英-锡石矿脉的特征；含多量萤石的云英岩，一般指示钨矿脉的存在，而萤石-白云母的云英岩则为钼矿脉的特征等等。在酸性火成岩中形成的次生石英岩，在其内相带中可寻找刚玉或红柱石矿床。而在中性火成岩中的次生石英岩，则在其外相带的绢云母化和高岭石化带中，可寻找斑状铜矿。铁质绿泥石、鳞绿泥石常与锡石硫化矿脉共生，镁铁绿泥石常产在黄铁矿型及大部分的压电水晶的矿床中，镁绿泥石则为铅锌矿及若干矽卡型铁矿的特征。在金矿床中的绿泥石，大多属镁铁质的，有时也属富铁质的，而在铬铁矿床中则存在着含镁铬质的绿泥石。与热液成因的白云岩化有关的，一般为低温的铅锌矿床，少数也有中温的多金属矿床及萤石，菱铁矿及菱镁矿矿床。碳酸岩中的石英化作用在已确定与矿化的关系后，可作为寻找中温或低温的铅、锌、锑、汞及砷矿床的标志。重晶石化则一般指示低温的特别富于银的散浸状的铅锌矿床。含镁铁质的碳酸盐化作用乃有色金属及稀有金属矿床的中温围岩蚀变现象。

3. 向哪里去找矿

在详细研究了围岩蚀变的种类，矿物相及分带情况以及与当地地层及构造的关系后，我们就有可能指出进一步详查或勘探的方向。例如在矽卡岩中，磁铁矿、白钨矿及铜铅锌矿床往往位于外围相与大理岩接触之处，但也有成裂缝充填或细脉浸染状而产于矽卡岩之中者。此外远离接触带的地方，如有矿化象征亦应注意。因为有些较低温的多金属矿床，是远离火成岩体的。这里一般的理想带状分布为硫化矿床（有时含重晶石），石英化（偶含铁锰碳酸盐），白云岩化，而最后则为再结晶的大理岩。在热液交代成因的含矿白云岩中找矿时，要注意白色粗晶的白云岩，这与矿床关系最为密切。我们要充分认识并掌握围岩蚀变的各种矿物相，分带情况以及进一步研究矿物成分与一定矿床间相互共生的规律，就此布置详测及轻型山地工作，就不难找到我们需要寻求的矿床。

第五章 找矿须知

（一）一般的方法

（1）在出发前必须充分参阅关于这个区域及其附近一带的地质资料、探矿资料，明了它在大地构造中的位置，以及除此次主要探矿的对象外，可能遇到的其他矿产。

（2）到达矿区后，必须先与矿厂负责人（如为已开发的矿区）和当地群众密切联系，明了该地区的交通，经济和矿厂的情况，然后在拟行工作的范围内，作一个大概的视察，登几个高峰，俯瞰全景，并记下露头完好和剖面整齐的地点，以便进一步的研究。

（3）就上述所得结果，再配合参考和探询所得的资料，就可定出普查的初步计划，如地形测量范围，地质调查的路线，必须详测的剖面，露头和与矿床有关的各种地质现象。其次要详细思考关于本区域已解决的和尚未解决的许多问题，从而发现新问题，并定出解决问题的方法和步骤。

（4）初步计划定出后，就可按照本队中的工作人员分别派定工作，并依照规定时间，逐步施行，同时定出汇报和讨论的时间，以便随时商讨，并随时修正和补充业已订立的各种工作计划。

（5）以上关于计划、组织和讨论等等的工作，俱由队长为主要起草人和召集人，用开会方式，共同商讨，以便取得一致意见后，再由队长率同各队员分头负责，切实执行。

（6）在地面调查和在探槽、浅井或钻眼中所找到的各种岩石和矿物，必须准确地鉴定和描述。如需显微镜研究或分析才能鉴定，而在工地又无这种设备时，必须将标本寄交各区或中央的试验室代为鉴定。此后工地工作人员就可依据鉴定的结果就肉眼可见的特性来鉴定这些已知的矿物或岩石了。如发现有新的或可疑的岩石或矿物时，再寄交试验室研究鉴定。

（7）矿区的位置、交通，对于开矿关系重大，必须详为叙述，除现有的水陆运输路线外，还须说明将来的和可能的运输路线。关于矿区的地理环境如气候（最高、最低平均气温）、雨量（雨季、干季）、风力、结冻期、化冻期，以及人口、工商业及物产概况，也应详为调查叙述。

（8）在研究矿区的地形、地文时，应注意：

1）地形对于矿厂交通及将来发展的关系。

2）矿区内的最高洪水位、最低洪水位及地下水位。

3）注意冲积层厚度及地基的稳固性，以供将来建设主要工程及矿厂位置的设计。

4）根据地形及矿床分布情况，划出无矿或矿床深伏而地形又适宜的地带，作为建立和发展矿厂的地位。

5）依据地文演化，推测矿床业已被侵蚀之部及矿床可能延展的深度。

（9）在业已开发的矿区内探矿时，必须调查目前开采的情况，包括：

1）矿井、矿坑的数目，分布和高度。

2）地下开采情况，如面积、深度、开采方法、巷道布置等。

3）已开拓到的矿层或矿体的分布、形状、大小和成分。

4）地面设备。

5）产量及成本。

6）收集各种坑道图、地面布置图等，如该区以前曾做过探矿工作，也应详为调查，并收集关于探矿所得的全部资料。

（10）在进行探矿时，一切工作，包括地形测量、地质调查、物理探矿、采样、分析、槽探、浅井探、钻探等必须密切联系，相互呼应。在物探图上必须标示大致的地形和地质。在记录岩心，绘制岩柱图时，必须与地面地质及本区的地质构造相结合，而采样分析尤须及时完成，把结果随时加入各种图件之内。总之，探矿是一种集体工作，必须通力合作，如果有一门工作脱了节，则整个工作就要大受影响，以致不能及时完成任务。

（二）铁

（1）含铁矿物种类极多，但有经济价值的主要为磁铁矿、赤铁矿、褐铁矿、菱铁矿及含铁绿泥石等五种。可采的铁矿石，其含铁成分至少要在25％以上。含铁在25％～30％的矿石，需先选矿，才能冶炼，30％～50％的矿石有时也需洗选。铁与硫、砷的化合物，像磁黄铁矿、黄铁矿、毒砂等，虽也含相当数量的铁，但不能直接用来炼铁，因此不能当做铁矿看待。含铁绿泥石（有许多种类）因系为矽酸铁，冶炼困难，但如其中含有钾时，就有重大价值。

（2）铁矿所含的杂质如硫、磷、二氧化矽等，对铁矿品位有重大影响，因而有严格的规定。这种规定，就所用冶金方法的不同而异。在这方面磷的含量是主要关键。如用酸性贝色麻法，矿石含磷不得超过0.05％，硫在矿料中的含量，尽可能不高于1.5％～1.75％。对托马司基性法则磷的含量为0.85％～1.1％，最高可达1.5％。酸性马丁法则含磷不应超过0.01％～0.02％。用基性法则含磷不多于0.2％，硫的含量应极低。含二氧化矽多的矿石，要多加熔剂，多费热力，少出铁，亦属不利。矿石含锰，碳酸钙、碳酸镁等杂质，一般讲对冶炼是有利的。

（3）铁在地壳中含量达4.2％，占第四位置，仅次于氧，矽及铝，在内生和外生的各种地质作用中，都能造成铁的富集，因此铁矿床的类型特别多，有工业价值的铁矿床，据现在所知，有下述各类（表22）：

表22　铁矿床工业类型表

矿床类型	火成岩或地质作用	矿石特性	形状	工业价值
（1）岩浆分异矿床 （甲）	辉长岩等	磁铁矿、钛铁矿与钛、钒共生	块状 脉状	如能选去钛铁矿则价值极大。钒有重大意义
（乙）	正长岩等	磁铁矿、磷灰石	同上	极大
（2）接触交代矿床	酸性或中性火成岩	磁铁矿、赤铁矿，与黄铁矿、黄铜矿共生，产矽卡岩带中	块状 脉状 不规则状	相当大
（3）热液矿床	酸性中性火成岩或见不到火成岩	赤铁矿、镜铁矿、菱铁矿，高温到低温	脉状及不规则状	若干矿区有巨大价值

续表

矿床类型	火成岩或地质作用	矿石特性	形状	工业价值
(4) 铁帽	风化作用	硫化矿物或菱铁矿的氧化带	不规则	一般意义不大，个别矿床有巨大价值
(5) 风化残余或红土化矿床	基性岩或蛇纹岩	褐铁矿、赤铁矿，常含少量的 Cr，Ni，Mn，Al，Co	不规则层状，块状	个别矿床有巨大价值
(6) 淋滤矿床	风化及地下水作用	褐铁矿、菱铁矿	不规则层状，块状	大多数矿床规模不大
(7) 漂砂矿床	酸性岩或基性岩	磁铁矿	层状	不大
(8) 水成矿床				
（甲）	海相沉积	赤铁矿、褐铁矿、菱铁矿、含铁绿泥石	层状	一般价值大
（乙）	湖沼沉积	菱铁矿、赤铁矿、褐铁矿	层状 扁豆状	不大
(9) 变质矿床	前寒武纪地槽中的特殊沉积	磁铁矿、赤铁矿，与石英或矽石共生，呈条纹状或不呈条纹状结构（碧玉岩）	层状 扁豆状	极大

（4）据目前所知，中国有工业价值的铁矿类型，可分为下列五种：

1）高温交代矿床　为不含钛的磁铁矿，现知内蒙某地矿床，有极大工业价值。

2）变质矿床　产于前寒武纪地层中，原为水成铁矿，呈显著的条纹结构，后经变质，成为磁铁矿和赤铁矿，成层很厚，分布亦广，但成分往往不高，称为贫矿。有少量富矿是经后来的热液变化或其他作用造成的，形状常很复杂。这种铁矿称为鞍山式铁矿。

3）水成铁矿　就其时代又有数种，而以震旦纪的宣龙式铁矿、石炭纪的山西式铁矿、上泥盆纪的宁乡式铁矿和二叠纪的涪陵式铁矿最为重要。

4）接触变质到热液矿床　都与酸性或中性火成岩有关，在扬子江中下游和福建的各矿床最为重要。

5）岩浆分异矿床　可分为两类：与基性火成岩有关，为含钛、钒的磁铁矿；与酸性或中性岩有关，为含磷灰石磁铁矿，但矿量不很大。这都是在岩浆晚期造成的贯入矿床。

（5）以上 1）2）两类，都产于前寒武纪的地块中；4）5）两类在地槽构造带。震旦纪水成铁矿限于地台和古陆的边缘，而宁乡式铁矿，则都在上泥盆纪海的沿海浅水带。地槽中的铁矿（特别是前寒武纪的）以层厚量大著称。地台中的铁矿则分布有时虽很广，但厚度不大，一般不超出 1～2 米。

（6）目前测探铁矿，似可以上述五种类型为主要对象。但在变质矿床中要注意非条纹燧石式的可能与海底基性喷发岩有关的铁矿。在岩浆分异矿床中，要注意发现更多的含磷灰石的磁铁矿，因为这些型式，在世界各处都有极大的矿量。此外从基性火成岩风化剥蚀或再沉积造成的铁矿（雷波式），低温热液或冷水沉积的菱铁矿、赤铁矿，浮面俱经风化成为褐铁矿的西班牙皮尔博式（甘肃及秦岭可能有这类铁矿）铁矿，也有极大价值。而在许多侏罗纪和二叠纪水成菱铁矿中，也可能有若干矿量巨大的矿床。

（7）研究地质构造与铁矿床的关系时要注意：

1）褶皱和断裂对于矿体的分布，在各种铁矿床中都有影响，而在水成铁矿和变质铁矿，尤为重要。

2）褶皱和断裂对于供给运矿孔道和控制矿床的聚积条件上，除水成铁矿外都有关系。

3）要研究构造对于变质矿床中造成富矿的影响。

（8）在水成铁矿层中，要找出若干标志层，并要根据沉积学的原理，把观测到的详细层序列成若干沉积旋回，作为对比矿层的根据，并要指出矿层变厚变薄的方向，从而定出其厚度变化的原因和规律。在变质铁矿中也可能作同样的研究。铁矿层的沉积一般是在海侵的开始，或是在海退的末期，亦即是沉积旋回的初期和末期。

（9）要详细研究铁矿的露头情况，包括：

1）是否为生根的或是转石；

2）详测铁矿露头的面积和厚度；

3）如系成层矿床，应详测铁矿层的层数，厚度及上下岩层的程序，如系火成矿床，应注意接触变质，围岩蚀变及接触面的走向及倾向。

（10）要注意铁矿石的结构，坚密度，粒度及胶结的种类、性质。要在野外估计矿石的品位，用点滴法试定菱铁矿的存在及分布。在水成铁矿区，要在铁矿层本身及其上下岩层中搜觅化石，以便确定铁矿的时代。

（11）在水成铁矿中要注意菱铁矿及各种矽酸铁矿物的种类、成分、分布及相互关系，它们对于铁矿的成因有重要关系，并且本身也可能有经济价值（如含钾的矽酸铁）。

（12）对含特种元素的高温交代矿床，应多采矿样作有系统的物理方面（包括X射线和一般光性鉴定）和化学方面（包括光谱分析，微量化学分析和一般化学分析）的鉴定与研究。详细鉴定岩矿中的矿物和元素的种类和数量（室内工作与野外观察所得结合起来）。

（13）为追索矿床的分布和连续，在浮土不很厚的地方，一般可用槽探或浅井探。如覆盖甚厚或为确定矿床的储量，则必须进行钻探。其布置方法可参考关于勘探的文件。只有在个别场合，当矿床的形状非常复杂时，则多少可用地下坑道探的方法。

（14）大多数的火成铁矿都含磁铁矿或磁铁矿与赤铁矿的混合物，因之，磁性探矿在铁矿的测探工作中最为重要。其法可分为二步：

1）就接触带或地质研究有希望地区，先用磁力仪或磁罗盘进行广泛的探测，以便发现磁性异常；

2）其次在测得的磁力反常区（或称变异区）内，再进行磁力详测，以勘定矿床在水平方向和深度方面的分布。为得到更全面的了解，磁力法常可与重力法合用，以便勘探含有一定数量的赤铁矿的混合铁矿体。

（15）在普查各种铁矿床，特别是接触变质交代矿床及变质矿床中的贫铁矿，必须考虑到露天开采的可能性，因此，对于覆盖层的厚薄、体积及地下水位等，必须注意估计，以供将来设计工程上的参考。

（16）如遇有望矿区，应布置更多的槽探及浅井探，揭发矿体，并测 1∶5,000 或 1∶10,000 的地形地质简图，详示矿床的分布、产状，进行系统采样。初步估计矿量，作出评价，并提出进一步详测或勘探的意见。

（三）铬

（1）铬在地壳内的平均含量为 0.035%。在火成岩内的平均含量：橄榄岩（纯橄榄岩）为 3,400 克/公吨，辉长岩为 340 克/公吨，闪长岩为 68 克/公吨，花岗岩为 2 克/公吨，在岩浆矿床的硫化矿物内为 0.02 克/公吨。由此可知铬是非常富集于火成岩的早期结晶时期（超基性岩），而且是在上部岩石圈内的强烈亲氧元素。

（2）含铬矿物虽多，但只有铬铁矿具有工业价值。铬铁矿为铬尖晶石类矿物中的一种，在地壳中常为铝铬铁矿，镁铬铁矿及富铬尖晶石三种矿物的类质同像混合体，但因区别较难，一般都统称之为铬铁矿。铬矿常与铂共生。

（3）含铬铁矿的超基性岩石，大致不外下列三种：

1）纯橄榄岩，所产铬铁矿品位常极高，含 Cr_2O_3 可达 48%以上，Cr_2O_3 与 FeO 的比值常大于 2.5，甚至大于 4。

2）斜方辉橄岩，其中铬铁矿常含铝甚高，可达 20%～25%，含 $Cr_2O_3$40%～48%，有时在 40%以下，是低品位至中品位的矿石。

3）古铜岩中的铬铁矿，含铁高，常为低品位的矿石。

（4）铬铁矿石的品位，不一定取决于其所含铬量的多少，而主要取决于其中 Cr_2O_3 与 FeO 的比值，这在散浸状的矿石中尤为重要。如含铬铁矿粒仅 10%，即含 Cr_2O_3 5%～6%，但如矿石本身铬与铁的比值高，则用选矿法剔除了其余的矽酸盐类后，常能成为品位很高的纯矿。如果矿石本身铬铁的比值低，虽经过选矿也不会提高矿石的品位。在苏联堪选的散浸状矿石，其含 Cr_2O_3 的最低含量为 12%。

（5）铬铁矿的主要用途有三，即铬铁合金、耐火材料与化学原料。

表 23 根据用途对铬矿石的要求表

用途	Cr_2O_3	Cr_2O_3∶FeO	磷、硫	SiO_2、CaO	其他要求
①铬铁合金	＞40%	＞2	磷＜0.07% 硫＜0.05%		
②耐火材料 （a）天然耐火材料	＞35%			SiO_2＜8% CaO＜2%	块度大于 50～30mm，脉石＜5%可用含铬较低含铝较高的矿石
（b）铬镁砖	32%～37%	＞1.6		SiO_2＜11% CaO＜3%	
③化学工业（制铬盐）	36%	不起作用			要求含 SiO_2 低的矿石

（6）铬铁矿床的工业类型有下述三类，如表 24 所示：

表 24 铬铁矿床工业类型表

矿床类型	形状	产状及成因	工业价值	举例
①岩浆分异矿床 A. 早期岩浆矿床	均匀散漫状	铬铁矿作为副成分散浸于纯橄榄岩及各种橄榄岩内	价值不大，风化后可成砂积矿床	
	带状异离体	由于重力分异作用所成，与围岩界线为渐变的	不大	苏联乌拉尔、英国设得兰翁斯得
	似层状	由于重力分异作用，产于原生剥离状的带内	不大	南非布什维尔德，南罗得西亚
B. 晚期岩浆矿床	扁豆状，似脉状，偶成管块状	富集于残余岩浆内，在造岩矿物凝结后形成，与围岩界线常很清楚	价值最大	苏联南肯皮尔赛，南斯拉夫
②热液矿床	细脉状	在超基性岩蛇纹岩化期间，铬尖晶石类矿物溶解后再沿裂隙沉淀而成	不大	南罗得西亚，加拿大魁北克，日本新日东矿山
③砂积矿床	层状	含铬铁矿的超基性岩经风化后，重新沉积而成	可采	越南敦化古定，新加里东岛，苏联萨拉洛夫

（7）地台区和地槽区中都有超基性岩及铬铁矿的分布，在地台区主要为分异强烈的岩盘状苏长岩杂岩体，如南非特兰斯瓦尔，布什尔维尔德及美国蒙他那州等。地槽区为分异不甚强烈的榄橄岩侵入体，分布在岛弧构造及新褶皱山脉的中央或古褶皱山脉的根部。重要铬矿都产在地槽区中，此外沿地壳大变形带的轴部，也有超基性岩及铬矿产出，如澳洲新南威尔斯。

（8）从大地构造及矿床类型观点来看，我国吉林省产铬矿地点俱位于华力西期的满蒙地槽内，似俱属岩浆晚期矿床，品位似俱合格，但尚未找到规模大的矿床。祁连山地槽已找到重要矿床，从大地构造观点出发，应予以重大注意。热河西部地台与地槽的边缘，亦应注意。小松山矿区位于地台内，分布很广，但品位尚未确定，应继续勘探。

锡林格勒盟的铬矿似位于满蒙地槽带内，可与吉林各产区遥相联系。

（9）中国勘探铬铁矿的远景方向，似应注意满蒙地槽及祁连山地槽。满蒙地槽内因大部为大兴安岭花岗岩和蒙古花岗岩分布之区，有些地方则为新生代玄武岩流所盖覆（如牡丹江南），故找铬矿有望地区，应在吉林层或豆满层分布的区域，如锡林格勒盟附近，林西以北，五常吉林桦甸间及汪清延吉珲春一带。祁连山地槽，已获得初步线索，尚须继续普查。

（10）在普查铬矿时，应先了解本区的区域地质，包括地层层序，构造单元，各种火成岩，特别注意超基性岩的种类、分布、形状、破裂情况、蚀变情况等等。因超基性岩常受强烈的蛇纹岩化，且常为浮土所掩盖，必须进行槽探或浅井探来揭露地表，追索它的分布及确定它与围岩接触的情况。

（11）因大多数铬铁矿都产在纯橄榄岩内，必须在整个超基性岩体内鉴定有无纯橄榄岩并划出它的分布范围。如岩石全受蛇纹岩化，则鉴别时比较困难。在野外鉴别法为：岩黄褐色的岩石，表面不平，有辉石突出，则为辉石橄榄岩，反之则为纯橄榄岩。

（12）铬铁矿在超基性岩体内的分布，常与其原始裂隙构造有密切关系，必须详细研究超基性岩的裂缝，破碎带及断层，以便定出矿床富集的地方及其规律性。

（13）在超基性岩体内，必须用重砂淘洗法沿河上溯，追寻铬铁矿分布的大致范围，然后在此范围内，详细研究露头，配合槽探及浅井探划出有望矿区，并依据岩性（纯橄榄岩）及构造（裂缝、破碎带等）等来推定矿床分布的趋向。

（14）找到了有望矿区并定出了矿床的分布趋向后，乃布置更多的槽探或浅井探，必要时进行铬量测量。这些工作的设计，必须依据矿床分布的可能趋向，作有规律的布置，并且首先必须布置一条或数条间隔较疏的总景线，然后再由疏到密，逐步包围，逐步收缩，最后划出若干矿床的富集地带，以供进一步的详测或勘探。

（15）在有望矿区内必须测制较大缩尺的地形地质图，示超基性岩的各种地质情况，矿体趋向，及槽井探与化学探矿的布置等。

（16）各种工作完成后，应作出对个别矿区的评价，计算可能矿量并对全区作远景估价。拟定进一步详测或勘探的意见或计划。

（四）锰

（1）有工业价值的锰矿物为氧化锰如软锰矿（MnO_2）、硬锰矿（$m RO \cdot MnO_2 \cdot n H_2O$）及褐锰矿（$Mn_2O_3$）等，其次为菱锰矿（$MnCO_3$）。在地表最稳定的是四价锰，如软锰矿、硬锰矿及偏锰酸矿。

（2）绝大部分锰矿用于冶金方面，只有少量矿石（5%～10%）用于化学工业及其他工业部门。用于冶金方面的锰矿石含锰（或锰铁总量）要高，含矽酸要少，含基性硷土化合物（CaO＋MgO＋BaO）的总数要大，含磷要低（表25）。

表25　锰矿石成分类型表

矿石类别	品位/%		Mn∶Fe比值	含磷量/%	主要用途
	Mn	SiO_2			
Ⅰ—A	＞50	＜9	6～7	0.17～0.20	锰铁合金
Ⅰ—B	40～50	9～15	7～10	0.14～0.17	锰铁合金
Ⅱ	35～40	15～25	3～4	0.18 }	炼镜铁，铸造生铁及炼钢生铁的配料
Ⅲ	30～35	25～35	4～5	0.5 }	

（3）锰矿矿床如属于沉积成因及风化残余者价值最大，变质矿床次之，内生成因各矿床颇不重要，如表26所列。

表26　锰矿床分类表

矿床成因	锰矿物及共生矿物	矿物类型	工业价值
（一）热液矿床			
（1）接触交代	褐锰矿、黑锰矿、方锰矿、蔷薇辉石、菱锰矿、白云石、方解石等	矽酸盐类及氧化物矿物	价值不大

续表

矿床成因	锰矿物及共生矿物	矿物类型	工业价值
(2) 矿脉	褐锰矿、水锰矿、黑锰矿、软锰矿、硬锰矿、重晶石、石英及有色金属硫化物	矽酸盐类及氧化物矿物	价值不大
(二) 风化矿床			
(1) 锰帽型	硬锰矿、软锰矿、偏锰酸矿、褐铁矿等	氢氧化物矿物	常有巨大价值
(2) 淋滤型	硬锰矿、软锰矿、褐铁矿等	氢氧化物矿物	价值不大
(三) 水成沉积矿床			
(1) 海成型	软锰矿、硬锰矿、水锰矿、蛋白石、泥质物、菱锰矿、锰方解石、白铁矿、黄铁矿、海绿石、重晶石等	(1) 氧化物矿物 (2) 碳酸盐类矿物 (3) 含锰石灰岩	有巨大工业价值 有时具有工业价值 作为熔剂
(2) 湖成型	硬锰矿、软锰矿、褐铁矿、氧化铝和氧化矽矿物	氢氧化物矿物	价值不大
(四) 变质矿床			
(即变质的沉积矿床)	褐锰矿、黑锰矿、石英、有时有矽酸盐类、赤铁矿、磁铁矿等	(1) 氧化物矿物	价值常极大
	菱锰矿、钙蔷薇辉石、锰石榴石、石英、褐铁矿、赤铁矿等	(2) 矽酸盐类矿物	价值不大
	菱锰矿、锰方解石、锰的矽酸盐和含水矽酸盐，有时含铁	(3) 矽酸碳酸盐类矿物	可作为熔剂

(4) 沉积成因的锰矿床，随着与海岸线远近及水的深浅不同可分为下列三带：

1) 接近海岸线，氧化作用强，形成原生高价氧化锰，含硫、磷及铁很少。

2) 沿着深入海盆地的方向，氧化作用渐弱，形成水锰矿。

3) 更深入的地带，氧气少，在有机物分解所生的碳酸气及硫化氢的作用下，形成碳酸锰矿（二价锰），常有黄铁矿、方解石等共生，含硫、磷高。

(5) 含锰沉积沿深入海盆地方向的宽度及厚度，视盆地底部沉降的性质而定。陆缘带平缓时，沉积相当稳定，宽达数千公尺，而倾斜急陡时，沉积仅宽数百公尺。

(6) 由于海面的升降，海岸线的移动，原生氧化锰沉积带与碳酸锰沉积带时有变动，因此，沿含锰层的上下左右，碳酸锰可为氧化锰所替代，或者氧化锰变为碳酸锰，其分布规律主要与当时海岸线的距离及海进海退有密切关系。

(7) 海洋沉积锰矿的特点是产于胶状的矽质沉积岩中（如矽石、蛋白石等），有时也产于石灰质沉积中，很少时候可在碎屑岩中发现。从胶状的沉积带到更深的化学沉淀带，有时可有磷矿层的沉积。中国孤峰层中产锰，而在同系的另一层位中则产磷矿结核；东海磷矿最先开采锰矿，都可为例证。

(8) 海成型锰矿层除要有一定的沉积环境外，当时大陆还需为温湿气候，并遭受到剧烈的风化作用，近于准平原状态时，会给含锰胶体溶液的造成创造有利的条件。

（9）轻微变质作用，使锰矿石变为紧密，脱去水分，使矿石的质量变好。在强烈的变质作用下，使原生氧化锰或碳酸锰变成矽酸盐类，质量就变劣，只有受风化作用变为锰帽型矿床后，才具有工业价值。

（10）无论何种锰矿床受风化作用后，都可使矿质加富，形成锰帽矿床，因为氧化后的高价锰矿物在地面上是非常稳定的。但锰帽矿床一般入地不深，都位于浮面而为现时的地下水面所限，如湘潭锰矿在地下水面以下的氧化锰矿，大多数品位极低，没有工业价值，就是一例。只有为古代风化作用所造成的“古锰帽”才能延展较远，深入地内，矿量可相当大。但因为风化面的高低不平，以及后来剥蚀作用的影响，这种锰矿层的厚薄有无，是很不规则的。

（11）中国的锰矿矿床，据目前所知，可分下列各类：

1）水成沉积矿床：

A. 海相沉积：

a. 震旦纪：如北方的冀北、热南及南方的湘潭、岳阳、乐平、钦县、防城。热河锰矿为呈鲕状结构的原生氧化锰，品位还好，但断续不定，都成锰饼状。北方各矿俱产于石灰岩及白云岩中，南方各矿则产于矽质岩或页岩中。就层位论，北方锰矿每在震旦纪地层的上部，距寒武纪地层不远处，在许多地方相当于高峪庄石灰岩的层位。在南方，锰矿层系位于冰碛层之下，矿层之下有时有凝灰质页岩或凝灰岩。

b. 上泥盆纪榴江系：如广西的桂平含锰层在地表形成锰帽，品位很高。原生富矿似尚未找到。产矽质岩中。

c. 二叠纪孤峰层：锰矿分布很广，如广西、湖南、贵州及苏皖一带，俱产矽质岩中。贵州已确定有原生碳酸锰矿，品位相当高。

B. 湖相沉积：新疆鄯善有鲕状氧化锰矿层，可能为第三纪湖相沉积。

2）风化矿床：

A. 锰帽：在各锰矿区地表风化之部皆形成锰帽，如湘潭、乐平最为显著。

B. 淋滤矿床：广西桂平，柳江等红土层中俱有锰矿结核，山东徂阳也有同样矿床，可能属搬运后而复经淋滤造成者。

3）变质岩中矿床　如甘肃白银厂西湾、兰州南庙沟、梯子崖等处，产南山系中，可能属华力西地槽中的沉积，而与海底喷发岩有关的矿床。矿石变质很浅，地表多锰帽。另如东海亦有同样矿床，产泰山系变质岩中。

4）热液矿床　尚未详细研究。南京栖霞山、浙江及其他金属矿床区的锰矿，可能属此。地表俱有锰帽。

（12）结合大地构造，中国锰矿的分布可归纳为下列各区：

1）燕山南麓震旦纪古地槽中的锰矿，其分布东自朝阳，西经凌源、平泉、建昌、兴隆、迁安、蓟县、平谷、昌平、宣化、涿鹿，再西可至山西北部，包括吕梁区静乐的锰矿。时代属震旦纪。

2）江南古陆的周围，现知地点，北为岳阳，西为湘潭，南为萍乡，东南为乐平，时代亦属震旦纪。

3）华夏古陆的北侧，现知仅钦县、防城一区，时代亦属震旦纪。

4）广西地台中的泥盆纪锰矿，主要为桂平的木圭三里。

5）二叠纪准地槽中的孤峰层锰矿，现知地区有三，遵义附近，柳江、宜山及湖南的常宁、莱阳、郴县。

6）祁连山地槽中的锰矿，如兰州、靖远等处。

7）山东地块中及其南缘的锰矿，如徂阳及东海。徂阳仅知红土层中有锰矿结核，尚未发现原生锰矿层，东海则产变质岩中。

(13) 在普查锰矿时应搞清楚矿区附近的地层层序、地层时代、构造单元、有无火成岩、地形与地下水面的深浅及地文发展情况。其次应详测含锰层的剖面，特别注意各重要岩层的横的变化，即岩相的变化，沉积间断及风化剥蚀面。

(14) 把所有锰矿露头绘入图上。如露头不显，可施人工挖掘，做出素描图及槽探、浅井探的展开剖面图，示锰矿层位、产状及采样点。

(15) 估计矿石的品位，分别氧化锰，碳酸锰或矽酸锰，尽量鉴定锰矿的矿物种类，研究其结构，鉴定各种共生矿物，研究各矿物的相互关系。

(16) 确定锰矿床属何形状，是层状、扁豆状、脉状或其他不规则形状，分别测定其厚薄、分布并采样（包括若干刻槽取样以供分析）。

(17) 仔细研究锰矿的氧化情况，推测其深度及与古今地形和地下水面的关系，断定这种氧化锰矿是在现代地形上造成的抑在古地形下造成的。

(18) 依据大区域内的地质概况或参考文献推测成矿时古陆及海岸（或湖岸）线的位置所在，以便在找到了原生碳酸锰矿层后从而指出寻找原生氧化锰矿的方向。

(19) 应注意搜觅矿区附近新地层中（第三纪或白垩纪红土层）有无呈结核状的再沉积的锰矿（湖相沉积）或风化淋滤矿床。

(20) 普查红土层中的锰矿结核时，应尽量先从河谷中的露头再配合槽探及浅井探，测定含锰层的层位、厚薄、与上下地层的关系及分布情况。测定矿结核的大小、形状，估计其品位，注意有无其他砾石。应就露头完好地点开挖一定面积的含矿红土，筛出其中矿核，估计矿层的含矿率（就体积及重量分别计算），定出含矿率在各处矿层中变化的情况，估计单位面积内的含矿量。

(21) 从含锰红土的位置，共生砾石，上下岩层的性质及四周地质环境，推测锰矿的来源，指出若干地点，布置普查路线，以便发现原生锰矿床。

(22) 如发现有望地点，应进行更多的槽探、井探以揭露矿体，并测 1∶2,000、1∶5,000 或 1∶10,000 的地形地质图，示矿体或矿层的分布，形状及产状，从此估计可能矿量，进行评价，并推测有无在更大区域内分布的可能，提出对本区进一步详测或勘探的意见。

(23) 在各矿区的详细观察或路线地质，应尽可能地联系起来或分为几个区域联系起来，这种联系图的缩尺为 1∶100,000 至 1∶200,000，未到过的地方，可留空白。

(五) 钒

(1) 地壳中钒的平均含量，虽比铜、铅、锌为多，但含钒矿物则为数不多，有工业价值的钒矿床更属稀少。目前所知重要钒矿物有绿硫钒矿（绿色）、钒云母、钒铅锌矿、钒铅矿、钒酸钾铀矿（黄色）、水钒矿（黑色）等数种，其中以绿硫钒矿价值最大，但目前只知有秘鲁的一个产地。

(2) 钒主要用在冶金工业中，制造钒铁及优质钒钢。在化学工业上也有重要应用。

(3) 在内生条件下，钒经常为三价元素，而在外生矿物中则为五价元素。在岩石风化的条件下，钒最容易集中，产于铅锌硫化物的氧化带中。

（4）具有工业价值的钒矿床有下列各类型：

1）与基性岩有关的岩浆矿床，与钛一起产在含钛磁铁矿中。我国热河滦平及西康攀枝花的含钒钛磁铁矿，即属本类，矿床成脉状，块状及不规则状生在辉长岩中。

2）热液矿床，产石英脉中，与其他金属硫化物共生，矿物为硫钒铜矿，价值不大。

3）渗滤矿床，产在硫化矿的氧化带中，与铜铅锌共生，有时还有铀与镭，如苏联的秋亚-穆云矿床。

4）沉积矿床，成分虽不高，却是最大最重要的钒矿床。可分为二类，一是秘鲁的绿硫钒矿，产在沥青中，一是美国科罗拉多和孟狄他州，产在侏罗纪白垩纪地层中，属钒酸钾铀矿和钒云母，常交代木化石。许多磷矿及含磷黑页岩及煤和油页岩的灰渣中都含钒，沥青质或一般含有机质的岩石中也富含钒。含磷多的铁矿，含铁的沉积岩及沼铁矿中也都含钒。干旱区所形成的黏土和砂岩中经常有钒存在。

（5）我国许多红层或杂色地层（三叠纪、二叠纪、白垩纪及第三纪等）中应注意搜寻钒矿，如遇到沥青沉积或石灰岩、砂岩中的沥青脉或浸染的沥青时，都要注意钒矿。在许多铅锌铜矿的氧化带中亦常可找到钒。

（6）钒矿的颜色常很鲜艳动人，在野外颇易认识，如钒酸钾铀矿的黄色，唯此矿与其他铀矿不同，在紫外光灯下不起反应。

（六）镍和钴

（1）镍的原生矿物以镍黄铁矿 $(Ni, Fe)_9S_8$ 为最重要，其次为砷镍矿（$NiAs_3$），红砷镍矿（NiAs）等也多开采。风化后所成的次生镍矿如镍绿泥石（$H_4(Ni, Mg)_3 \cdot SiO_7$）及暗镍蛇纹石类矿物，亦有工业价值。钴矿物较少，主要是硫砷化合物如辉砷钴矿（CoAsS），砷钴矿（$CoAs_2$）等，氧化物则较少，如土状钴矿（$m CoO \cdot MnO_2 \cdot n H_2O$），有时也值得开采。

（2）地壳中镍的平均含量为0.019%，钴0.0012%。有工业价值的矿床中，两者含量都能达到千分之几，有时为百分之几或更高。

（3）在内生条件下，镍与钴的地球化学特性，很多相似，因此两者常成类质同像混合物，紧密共生。在超基性岩（橄榄岩）中钴与镍之比为1∶20到1∶50，在岩浆硫化物矿床中其比例为1∶15到1∶25，而在热液矿床中，钴比镍较易集中，因此，这种矿石中的钴含量要比镍为多。

（4）在外生（风化作用）条件下，镍与钴各有其独立的游离方式，如当超基性岩风化时，镍成含水矽酸盐类，而钴则单独分出，与锰成为胶状体的结核。

（5）镍用来制造不锈钢，生铁和与铜锌的合金（青铜）。钴主要用于制造颜料，具有磁性的钴铁合金及高速钢。

（6）镍钴矿床的工业类型可分为下述三种：

1）岩浆分异矿床　经常产于辉长岩—苏长岩或辉长岩—辉绿岩的母体中，在其分异体的橄榄岩和辉石岩中者则较少，矿床成脉状或浸染状，矿石主要为磁黄铁矿、镍黄铁矿和黄铜矿。加拿大的萧德别里为著名例子。矿液在地下分异后再行上升成为矿体，故应属岩浆贯入矿床。中国宁夏有同样矿床，规模很小。济南附近辉长岩小侵入体中产铜镍矿。

会理镍铜矿产于橄榄岩内。

2）热液矿床　脉状含银的镍钴矿床属于此类。矿物为红镍矿、砷钴矿、辉砷钴矿、自然银、辉银矿、黄铁矿、闪锌矿、方铅矿、黄铜矿等，并时常含有沥青铀矿。脉石为石英，碳酸盐类，萤石，重晶石等。本类矿床钴常多于镍，加拿大大熊湖的钴铀矿为最著名的例子。中国这种矿床尚未发现。

3）风化沉积矿床　当含有镍、钴的基性岩风化时，在风化壳的中下部常形成矽酸镍矿床，钴则成土状钴矿与锰一起集中在风化壳的上部。中国已知的几个镍矿区中是否有矽酸镍矿，尚待普查找矿者去发现❶。浙、闽、赣、云南、贵州许多地方的红土中都有钴土结核，有开采价值。产生钴土的原生母岩，在闽、浙、赣可能为中生代火山岩系，或第三纪玄武岩，尚属未定，而云、贵钴矿，则均从二叠纪峨眉山玄武岩中产生。

（7）在普查原生镍矿床时，除了解矿区的一般性地质外，对于基性岩或超基性岩的分布、产状、岩浆分异、裂缝及断层的体系，要深入研究，要进行重砂试验，点滴试验等，划出含矿带或含矿区域，以之与地质观察相结合，从而找出矿床富集的主要因素。在富集区中布置更多槽井探和重砂试验，以找出矿体的确实所在。

（8）在普查次生的矽酸镍矿床时，要研究矿区的地文情况及风化带的深浅。要研究基性岩风化壳的详细剖面，注意有无赭石带，褐或绿色的黏土带及蛇纹石淋失带，分别测量其厚度。矽酸镍矿床就位于中间的黏土带中，常为含镍的绿石英、蛋白石、绿石髓及绿高岭石等脉所贯穿。而在淋失带中，则常有白色的方解石或菱镁矿脉。仔细追索这些脉石的转石，有时可帮助了解各带在地区内的分布。有工业意义的矽酸镍矿床，除品位合格（含镍砂达 1.2%）外，必须范围较大，含矿黏土的厚度不少于 2～3 公尺，其埋藏深度不大于 5～6 公尺，且不会被地下水淹没，才有开采价值。

（9）矽酸镍矿床可分为：

①成平面型的风化壳；②沿裂隙的风化壳；③沿石灰岩与基性岩接触带的喀斯特型风化壳，如属第三类则应注意基性岩与石灰岩的相互位置。就一般论，基性岩位于石灰岩上的矽酸镍矿床，范围较大，价值较高。

（10）在普查红土中的钴结核时，要开挖一定体积的红土，筛出结核，估计其含矿率及单位面积的矿量。用点滴法估计结核的品位。

（11）在找到了有望矿区，不论是原生的或次生的镍钴矿床时，要测制大比例尺（1∶2,000 到 1∶5,000）的简图，布置更多的槽井探，估计可能矿量，提出对个别矿区及对全区的远景评价及进一步详测或勘探的意见。

（七）钼

（1）含钼矿物共有 20 余种，其中只辉钼矿一种分布最广，在工业上有重大意义。钼华、彩钼铅矿和钼钨钙矿都是次生矿物，虽也常见，没有大的经济价值。其余含钼矿物都是稀见的。

（2）1913 年全世界钼矿产量只 162 吨，到 1938 年即增加为 14,385 吨，由于对钼的需要日益增长，以后钼的产量将继续增高。

（3）钼主要用于冶炼特种钢，钼钢在军事、航空、汽车、机械、化工、电工上有广泛

---

❶ 会理小官河及内蒙锡林格勒盟俱已证明有次生矽酸镍矿床。

应用。也用为制造特种合金，如司太立合金。在电工上钼用于制造电炉线圈及电灯丝，在化工上用于制造颜料，色剂及接触剂。

(4) 含钼2%～3%的矿石称为富矿，一般分布较广的可采矿石含钼约0.6%～1%。含有其他金属的综合矿石，含钼0.2%～0.3%就可开采，而在浸染型铜矿中，含有万分之几甚至十万分之几的钼，也值得考虑。

(5) 在冶炼前，钼矿要经过浮游选矿，浮选可获得含65%辉钼矿的精矿。

(6) 有工业价值的钼矿床，可分为下列四类：

1) 气化矿床，产伟晶花岗岩中，与石英、萤石等共生，硫化物有磁黄铁矿、黄铁矿等。这类矿床品位有时很高，但矿量不大，从现代工业眼光看，价值不大。

2) 矽卡岩型矿床，呈石英脉或小型矿窠，产于矽卡岩的裂隙中，与钨酸钙、黄铜矿、黄铁矿等共生，脉石以石英为主。钼的含量常为0.2%～0.3%，有时还要少，由于矿量较大，且常含有其他有用金属如钨，故本类矿床价值很大。

3) 裂缝填充的石英钼矿脉，或成扁豆体，还含碳酸盐矿物，围岩蚀变为绢云母化和微弱云英岩化。本类矿床含钼可高达1%，但矿量不多，工业价值不大。

4) 细脉浸染型矿床，与黄铜矿、黄铁矿、闪锌矿共生。脉石有石英、绢云母、明矾石、萤石等，常与次生石英岩有关。矿石品位很低，但总的矿量极大，几乎世界上80%的产量俱从此采出，故为钼矿最重要的工业类型。本类也可称为含钼铜矿床，以与1)—3)三类的钼矿床相区别。

(7) 在高温热液的钨锡矿床及低温热液矿床中经常有钼的伴生。在沉积矿床中不会形成有价值的矿床。在氧化带中，钼成为钼华、彩钼铅矿和钼钨钙矿，都呈黄色，易于认识。钼钨钙矿在紫外光灯下有荧光反应，更易检视。

(8) 我国某地钼矿，产于寒武奥陶纪石灰岩与花岗岩的接触带，成五条矿脉，除辉钼矿外，还有磁黄铁矿、黄铜矿，其附近还有很大的铅锌矿床，矿石的品位不高，但矿量很大。此外还有江西上高、江苏句容，也有本类矿床，价值不明。以上俱属矽卡岩类型。石英钼矿脉在我国分布最广，如闽浙、南岭、广西宾阳及东北的东宁、临江、海城各矿俱属之。南岭各矿与钨、铋共生，闽浙各矿则与铜铅锌矿物共生，或相距不远。这些矿床是否应属上述的第三类（这类的价值不大）或应属最重要的第四类或第二类，极须判定，以便估计它们的远景。伟晶花岗岩中钼矿在我国亦知有多处，一般无工业价值。在世界其他各地最富有经济价值的细脉浸染型含钼铜矿床，在浸染型铜矿中亦应注意。

(9) 普查钼矿床时，除了解矿区的一般地质情况外，要确定其工业类型，然后依据老硐、露头、铁帽、围岩蚀变及其他矿化征象，布置足量的槽探及浅井探，揭发露头、刻槽采样、估计品位，并立即送样分析。

(10) 要研究钼矿的氧化情况，注意铁帽中褐铁矿的颜色、结构，如系薄片状即为原来是辉钼矿之证（参阅第六章铁帽及次生富集带的研究）。用紫外光灯经常检视其中有无钼钨钙矿。

(11) 在有望地点，要布置更多的揭露地表工作，结合地质情况，作出对矿区的初步评价及全区的远景估计，提出进一步详测或勘探的意见。

(八) 钨

(1) 现知钨矿物不下20种，其中以钨锰铁矿、钨酸钙矿（或称白钨矿）及为数不多的钨酸锰矿有工业价值。

(2) 钨主要用在冶金工业，生产工具钢。钨与镍、铬、钴等一起可制无铁的司太立合金。碳化钨（亦称硬金属片）用在钻探工作上，以代替金钢钻。钨又用于制造电灯泡中的电丝。钨的化合物可制颜料及银幕涂料等。

(3) 钨矿石的工业品位，一般应为1%～3%，而在综合矿床（即同时含有其他有用金属时）中，钨的可采品位可降低到千分之几。砂钨矿中的可采品位亦可降低。

(4) 原矿石要经过选矿，才能冶炼。洗选后的精矿，一般含 WO_3 从50%到70%。我国出口的钨矿砂其含 WO_3 之量都在60%左右。

(5) 钨、锡、钼具有共同的地球化学上的特点，因此三者常相共生，其矿床类型亦多相似。在成因上此三种矿床都与花岗岩质的火成岩有关系，并且都集在岩浆残余溶液的结晶产物中。

(6) 钨矿床的工业类型可分为下列五类：①矽卡岩型，矿物为钨酸钙矿，成脉状或浸染状，产于花岗岩与碳酸盐质岩石的接触带中，共生矿物为黄铜矿、黄铁矿、毒砂、磁黄铁矿，有时还有辉钼矿。本类矿床的品位很低，但储量一般很大。②伟晶花岗岩中的钨锰铁矿，与萤石、云母、绿柱石、黄玉、石英、毒砂、黄铁矿、磁黄铁矿、辉钼矿、锡石等共生，围岩呈强烈的云英岩化。本类矿床价值不大。③高温热液矿床，一般为脉状，产于花岗岩侵入体的顶部或其外围与侵入体相距不远的围岩中。脉石以石英为主，次为白云母、长石，碳酸盐矿物则较少。共生金属矿物有黄铁矿、磁黄铁矿、闪锌矿、黄铜矿、方铅矿、辉铋矿等。除以钨锰铁矿为主外，亦稍含白钨矿。本类为目前开采钨矿之主要来源，价值最大。④中温或低温热液矿床，亦成脉状，白钨矿为主，常与金及辉锑矿共生，另有毒砂、黄铁矿、方铅矿等。脉石以石英为主。经济价值不很大。⑤砂积矿床，价值很大，目前有一半产量从此开采，如马来亚及越南等产地。

(7) 我国为世界上产钨最多的国家。上述五种类型俱经找到。如云南（文山）、湖南（瑶岗仙）的白钨矿属矽卡岩矿床。赣南、粤北、湘东、湘南（南岭山脉）为我国钨矿最富集地区，其矿床类型俱属高温热液矿床。以钨锰铁矿为主，偶有白钨矿，经济价值最大。湘西区含金、锑的白钨矿脉，产地很多，但矿量似不甚大。伟晶花岗岩脉中的钨矿含量极少，在赣南有时可见到石英脉渐变为伟晶岩脉时，则脉中的含钨量即大为减少，或竟绝迹。至于砂钨矿床则以广东沿海产地较多，常与锡共生。

(8) 普查钨矿时，必须明了矿区附近的地质情况，特别是侵入花岗岩的分布，时代及产状。要注意围岩的蚀变现象，如云英岩化、电气石化、黄玉化等等。详细研究矿脉露头的地形特征，是凸起的抑或是凹下的，比较矿脉与围岩对抗风化力的强弱，以说明地形特征的原因，从而推测矿脉向下延深时可能的变宽或变狭。研究矿脉方向与围岩中哪一组节理的方向相符合。必须在矿脉可能出露的地点，进行足量的槽探及浅井探，以揭露露头，详测矿脉的走向、倾斜及厚度。

(9) 研究矿脉在侵入岩体中的位置，如位于岩体的顶部或两翼，或位于其上覆围岩的盖顶部分，如属后者，则必须推测花岗岩体的深度，以便估计矿脉的可能延深，及矿脉可能延深的方向，把位在同一矿脉上各处露头的高度，详细测定，从最低到最高处的高差为矿脉可能的最小延深。同时注意不同高度处矿脉中矿物成分的变化。

(10) 从本地矿工采矿经验，目测矿脉中钨锰铁矿的分布或试挖一定体积的矿石来淘洗等等的方法来估计矿脉中矿石的含量，从而估计矿石的品位。

（11）注意矿脉附近洪积层或冲积层中的砂钨矿含量，挖槽或浅井估计其品位，以便考虑有无开采价值。

（12）在同样地质环境但尚未发现钨矿脉的地区，用重砂试验法沿河流冲积层逐步上溯，可能发现新的矿脉。

（13）在有望矿区，应布置更多的槽探及浅井探，揭露地表，研究露头，测制 1：2,000 至 1：5,000 的简图，标示矿脉的位置、分布、走向、倾斜、厚度及围岩蚀变情况，估计可能的深度及品位，作出初步评价（如可能应计算可能矿量）及对全区的远景估计，提供进一步详测或勘探的意见。

（九）铜

（1）含铜矿物约 170 种，其中较普通或有工业价值的约 10 余种，大多数为硫化物如黄铜矿、斑铜矿、辉铜矿、铜蓝，其次是复合磺盐如黝铜矿、硫砷铜矿等，再次为自然铜、氧化物（赤铜矿、黑铜矿）、碳酸盐（孔雀石、蓝铜矿）、矽酸盐（矽孔雀石）、硫酸盐（胆矾）、氯化物（氯铜矿）等。世界铜产量中的 85%俱得自硫化物，10%为自然铜，其余 5%为各种氧化物矿物。

（2）地壳平均含铜量即铜的克拉克值为 0.01%。铜具有强烈的亲硫性，因此从岩浆源起到表生的次生硫化物富集带止，俱可形成铜的硫化物的富集，而造成有工业价值的矿床。由于二价铜盐类的容易溶解，铜就具有极大的转移能力，而当溶液酸度降低，就能形成不易溶解的含水氧化物或与还原剂起作用（微生物、有机质或其他重金属的硫化物）则造成次生硫化物或自然铜。这一切地球化学的特性，使铜在自然界富集的范围，非常宽广，因此具有工业价值的铜矿矿床类型就有 12 种之多，如苏联最近所划分的。各类矿床的名称，特征见矿产普查勘探丛书《铜》第 50 页，兹不复述。

（3）我国的铜矿床尚未详细研究，兹把重要类型归纳见表 27。

表 27 我国铜矿床工业类型表

矿床类型	母岩及围岩	矿物	形状
①岩浆分异矿床			
A 铜镍型	辉长岩或橄榄岩	磁黄铁矿、镍铁矿、黄铜矿	脉状及不规则状
B 铜钛镍型	辉长岩	磁铁矿、钛铁矿、黄铜矿	脉状及不规则状
②接触交代矿床 矽卡岩型	闪长岩、花岗岩与石灰岩接触	磁黄铁矿、磁铁矿、黄铁矿、黄铜矿、斑铜矿	脉状、巢状及不规则块状
③热液矿床			
A. 白银厂式（含铜黄铁矿）	流纹英安岩、凝灰岩及细碧角斑岩	黄铁矿、黄铜矿为主，稍有斑铜矿、闪锌矿及方铅矿	块状、网脉状、浸染状
B. 东川式	震旦纪石灰岩及辉长岩	黄铜矿、辉铜矿、斑铜矿	细脉状及似层状
C. 中条山式	前寒武纪变质岩	黄铜矿、辉钼矿及金	脉状及细脉浸染状
D. 细脉浸染型（斑岩铜矿）	花岗岩、闪长岩等	斑铜矿、辉铜矿、辉钼矿	细脉浸染状
④淋滤矿床			
A 次生富集带		辉铜矿	
B 马豆子矿床		辉铜矿、黄铜矿	

续表

矿床类型	母岩及围岩	矿物	形状
⑤沉积矿床			
A 含铜砂岩（红层铜矿）	三叠纪—第三纪	孔雀石、蓝铜矿、辉铜矿、斑铜矿	
B 含铜砂砾岩	白垩纪	蓝铜矿、辉铜矿、斑铜矿、黄铜矿、孔雀石	

（4）据最近统计，世界铜矿储量（苏联除外）中，细脉浸染（亦称斑岩铜矿）型占44%，层状铜矿型占31%，含铜黄铁矿型占8%，铜镍矿型及脉状矿床各占5%，其他各类型合计约占7%。从此可知细脉浸染、层状矿床、含铜黄铁矿、脉状矿床和铜镍矿型是铜矿床中最主要的工业类型。

（5）我国的细脉浸染铜矿，目前所知不多，真正的层状铜矿还未发现，或尚未证实。

（6）细脉浸染铜矿是产于弱酸性侵入岩如花岗闪长岩、闪长岩、二长岩或斑岩中的矿床，它是属于地槽型中温中深热液矿床，表现极明显的绢云母化、矽化及高岭土化的围岩蚀变。在苏联的这类铜矿中还有红柱石化，明矾石化及造成次生石英岩等等的现象。由于一种尚未明了的原因，火成岩在侵入后就发生了许多裂缝，以致随而上升的含矿热液四散浸润，造成细脉浸染的产状。细脉浸染铜矿的原生矿床，往往不够开采品位，必待经过次生富集后，才能形成具有工业价值的矿床。因这种矿床分布范围非常宽广，次生富集带又常成距地面不很深的比较整齐的近于平铺的矿体，所以矿量往往很大，探勘亦比较容易；其成分虽低，但比较均匀，距地面既近，往往可用露天法开采。这一切的优越条件，就使细脉浸染铜矿成为目前占世界产量达44%（苏联除外）的最重要的工业类型了。

本类矿床的找矿标志主要为：地形的凸起（有时亦可为低洼），中酸性火成岩的发育，强烈的围岩蚀变包括褪色化、矽化、绢云母化、高岭土化及黄铁矿化。在苏联还有次生石英岩的发育。细脉浸染状的黄铁矿及黄铜矿，在侵蚀的深处有时可见到次生富集的辉铜矿，在干燥气候下有时还可见到石膏及其他硫酸盐的细脉。石英-辉钼矿细脉的存在亦为本类矿床的特征。

（7）层状铜矿是工业类型的名词，它包括著名的非洲北罗得西亚矿床，卡坦加矿床及苏联的哲兹卡斯甘矿床。非洲矿床产在前寒武纪稍为变质的砂岩、页岩、白云岩中（名为麦因系），哲兹卡斯甘矿床则产在石炭纪的砂质页岩中。关于本矿的成因，学者意见，颇为不一，英美学者主张为热液矿床，一部分欧洲学者及最近苏联文献（铜—第44页，第129页）则都主张为在干燥气候下的地槽沉积矿床，而含铜砂岩或称红层铜矿则是地台上内陆盆地的沉积。本矿特点为成整齐的层状（厚一二十公尺），具有一定层位，有时可分为好多个组，总厚数百公尺，原生矿床品位极高，含铜3%～5%，一般都含钴，可达1%，次生富集不显著。

（8）含铜黄铁矿是与钠长石化的弱酸性或中性海底喷发岩，如流纹英安岩、角斑岩、凝灰岩等有成因关系的中温热液矿床，伴随有显著的绢云母化、绿泥石化、矽化及黄铁矿化等蚀变现象，地面常有显著的铁帽。因为矿床的形成在早期的华力西造山运动之前，或与之同时，故矿床曾受变质，常呈扁豆状，其长轴方向与变质岩的片理相平行。此外也有细脉状、网脉状及浸染状的矿体。在氧化带下发育着一层不很厚的次生富集带，以烟灰状的辉铜矿为主，含铜很高。

含铜黄铁矿床的找矿标志，学者意见还不一致，在苏联曾有以断裂带的构造控制，侵入体的分布及志留泥盆纪的火山岩系的存在等等为本矿床的特征。最近工作又证明若干乌拉尔的这种矿床与短轴褶皱的顶部有密切关系。含铜黄铁矿床的直接找矿标志为致密状或疏松状褐铁矿的铁帽，大部分含铜很少，但常富含金，有时并有重晶石。中乌拉尔的围岩为强烈片理化的石英绢云母页岩，但在南乌拉尔则片理不显著，围岩蚀变较不强烈。其他阿尔泰及哈萨克斯坦的同样矿床，其围岩蚀变情况，亦多不同。

（9）镍铜矿床，除铜外，其主要价值在镍，在目前缺镍的时候，应格外予以注意。现已知有五个镍铜矿区，俱位于地台上，而与基性岩如辉长岩，苏长岩，橄榄岩等有关。

（10）脉状矿床，种类很多，一般是指中温热液矿床，如规模较大，延展很深，就有重大价值。本类矿床的找矿标志主要为铁帽，围岩蚀变，及足为控制矿床分布的构造单元，如断层、破裂带等。

（11）在普查铜矿时，必需首先确定本区的地层层序，构造单元，有无火成岩及一般的地史和地文发展情况。实测若干剖面以资说明。

（12）要详细研究矿床的露头情况，包括：①隆起的或低洼的，②有无铁帽或其他氧化矿物，③在土色上、植物上或岩石组织上有无特征，④矿床两旁围岩蚀变的情况，中温的如绢云母化、绿泥石化、矽化等，或高温的矽卡岩带等，⑤共生矿物的种类、结构、颜色等等，⑥矿床可能的形状及向下分布的推测，最好每一露头附有剖面或素描图。

（13）在露头不明显的地方，要施行槽探或浅井探，以便揭露矿体，研究其产状、分布及大小，估计品位，进行系统采样。

（14）要确定矿床露头或开掘部分是否属于铁帽、氧化带、淋滤带、次生富集带或原生带。如有次生富集带的存在，应依照各处观察及地下水面的情况，推测次生富集带的分布、厚薄及上下起伏之状，如该带距地不深时，可开若干浅井以决定其存在。

（15）要仔细观察铁帽的颜色和结构，以便推测其下是否有丰富铜量或不含铜。大致方法为：①暗棕色、枣红色和橘红色为含铜之征，黄色、砖红色和鲜红色则为不含铜的黄铁矿。②铜足以加速二价铁氧化为三价铁，加速其沉淀，阻止其流散，因之，在含铜矿床的铁帽中，褐铁矿常充填于原来硫化物溶去后所留下的罅穴内，不含铜的褐铁矿则四散流浸，其距离远近，又视共生矿石的性质而不同。③从罅穴的多少和形状，可略测其原来含硫化物（铜或铅锌等）的数量和种类。④从在罅穴中沉淀的褐铁矿的细胞状组织，可推断其原来硫化物属于何种，如粗或细的细胞状褐铁矿为含黄铜矿之证，三角形细胞状为斑铜矿，脆薄片页状则为辉铜矿。⑤不呈细胞状组织的脂状褐铁矿也为含铜之征。

（16）在扬子江中下游探测铜矿时，要注意海州香薷（开紫色如牙刷状的花）的分布，因为这已经是确切证明的铜矿的指示植物，它的根灰中含有最高达3%的铜量。海州香薷也分布在云、贵、川、康、甘、陕、晋、湘等省，调查时也应注意。但必须只有海州香薷单独生长，或只有海州香薷茂盛，其他植物很少的地区，才有注意的价值。同时希望发现更多的其他种类的铜的指示植物。

（17）必须携带点滴试剂，以便随时试验含铜矿物的存在并粗略地比较矿石的含量。如氧化铜矿物占量很多时，应大致估计其比例，分别估计成分。

（18）其次要确定控制矿床分布和矿体形状的主要条件属于何种。就一般论，这种控制条件有下列各类：

1）火成岩的——又有：

A. 属于火成岩的顶部的；

B. 属于火成岩的边缘的；

C. 属于火成岩与水成岩接触带的。

2）地层的——如：

A. 孔隙率较高的砂岩、砾岩、白云岩或火成岩；

B. 容易起交代作用的石灰岩或灰质页岩；

C. 富于裂缝的页岩、砂岩或火成岩；

D. 为致密质岩石所封闭的地方；

E. 富于石灰质胶结物的砂岩或砾岩。

3）构造的——如：

A 裂缝；

B. 正断层或逆断层；

C. 背斜层的顶部；

D. 若干断层或裂缝交错的破裂带、压碎带等。

（19）要详细讨论和决定地质构造与矿床的关系，何种构造是成于矿床之先，因此可作为运矿的孔道和聚积矿床的处所。何种构造是成于矿床之后，因此，它将影响矿体的分布和存在。从详测区域构造，我们就可以划出：

1）含矿地带；

2）位于矿层或矿体以上，覆盖地层不很厚的可资探勘的地区；

3）位于矿层或含矿带以外，不值得注意的地区。

（20）在有望矿区应布置更多的槽井探，估计可能矿量，进行初步评价。

（21）要确定矿床的工业类型，如系与岩浆有关的矿床，要推定其与何种火成岩有关。如系接触变质矿床，要分别各种变质带及其与矿体的关系。如系水成矿床，则应从古地理情况及沉积型相等推测矿床沉积时的环境。

（22）在一个已证明有详探价值的矿区，为了明了矿体在地下的大致分布，火成岩与水成岩接触的情况，必须施行物理探矿。在接触变质铜矿、热液铜矿等，必需用三种方法，就是磁力法、电阻法和自然电流法，同时进行，因为铜矿本身虽不具磁性，但其伴生矿物如磁铁矿、磁黄铁矿等都有不同程度的磁性。物理探矿可与详探或精探同时进行，但必须在正规钻探之前。

（23）在研究和记录岩心时，首先要注意铜矿的分布，以及与原生带、次生富集带、氧化带的关系，同时要注意接触变质、围岩变质、火成岩与水成岩的分界和穿插等情形。

（24）在接触变质带，为研究其性质并辨明接触面的倾角，需用较深的井探，有时还可辅以石门坑道。在浮土很厚区域，必须先行井探，然后由探井向各方面展开，以探明地下地质。个别情形下，遇有大矿体被厚土掩盖，井探之外还须进行钻探。

（25）在斑状铜矿或其他大型铜矿区域，可进行地球化学探矿或铜量测量。测网必须依照在本区所确定的或推测的矿床分布趋向，如大片斑岩强烈蚀变的区域、断裂带、压碎带、蚀变带、或对矿化特别有利的层位上，作有规律的布置，并且要遵照由近及远，从疏到密的原则，先做几条主要剖面线（即总景线），等到获得更具体的结果后，再加密到50×50公尺及20×20公尺。一般在露头或在浅井（深2～3公尺）中采取石样分析，但如覆盖极厚时，则采取土样（1公尺左右深度，最好用洛阳铲）分析亦可找出相对的变异区。

（26）在小矿体露头上进行采样一般采用凿块法或刻槽法。凿块法之采取网一般为：1×1或1×2公尺。

（十）铅、锌、银

（1）铅、锌、银三种元素，在天然界常相共生；有时还有铜、镉和金，所以这种矿床称为多金属矿床。

（2）铅、锌、银的矿物数目，铅在130种以上，锌、银则各约五六十种，但在工业应用上的重要矿物则为量不多。对铅来说为方铅矿、白铅矿及硫酸铅矿；锌为闪锌矿、菱锌矿、水锌矿、异极矿；银为辉银矿、角银矿、硫锑银矿、硫砷银矿等。银常与方铅矿在一起，而镉则常产于闪锌矿中，都成极细的机械混合物或类质同像的共生。

（3）铅锌矿石的最低品位要视矿床大小、技术条件及有无其他有用组成物来决定，颇难定出一般的数字。对规模大、矿层厚的矿床来说，如果其他经济条件都有利，则其铅锌总含量最低限度可定为3%；在中等规模，矿体厚约数公尺时，其铅锌的最低总量约为4%～5%之间。对脉状矿床，厚在0.8公尺以上时，铅锌总含量的最低数为5%。当矿石中含有贵重成分的杂质时，则矿石的最低品位一般可更为降低。

（4）多金属矿石的加工技术伸缩性很大，因此矿石中杂质的影响不大，但对净矿来说，则视所用冶炼方法的不同，都有一定的要求。同时由于铅锌硫化物与氧化物在选矿习性上的不同，在矿床中定出硫化矿物与氧化物的分布及在数量上的比例是必要的。

（5）在岩浆分异及伟晶岩生成条件下，铅、锌、银不易富集，具有工业价值的矿床尚未发现。接触交代矿床有较大意义，如美国纽折西矿床就是一例。最具有工业价值的矿床为热液成因，并且在各种温度条件下，高温、中温、低温及超低温都能形成铅锌银的富集。

（6）铅锌银矿床的工业类型可大别为下列四类，如表28所示。

表28　铅锌银矿床工业类型表

矿床类型	形　　状	矿物组成	围岩及火成岩	矿石品位	成　　因	例　　子	工业价值
1. 超低温矿床	层状、脉状、常成浸染状，比较简单规则	闪锌矿、方铅矿及少量黄铁矿	石灰岩、白云岩，未见到火成岩	一般不高，Pb0.5%，Zn2.5%～3%，含银量不高	有沉积及热液两说	美国密西西比，西里西亚	极大

续表

矿床类型	形　状	矿物组成	围岩及火成岩	矿石品位	成　因	例　子	工业价值
2. 矽酸盐岩中交代矿床	扁豆状或大矿层	闪锌矿、方铅矿、黄铁矿、磁黄铁矿、黄铜矿，有时还含细小的锡石	火山岩系中的凝灰岩，细粒砂岩，片麻岩等围岩受剧烈蚀变，如矽化、绢云母化、绿泥石化、钠长石化，有时还有电气石化	Pb+Zn 15%～20%，含大量的银	高温，中温，及中等深度的成因	加拿大苏里文，澳大利亚布罗干山，苏联阿尔泰，缅甸老银厂	较大
3. 中温交代矿床	柱状、脉状及带状，极不规则	矿物成分复杂	石灰岩，附近有火成岩	Pb+Zn 15%～20%，含大量的银	中温热液矿床	苏联聂尔金矿区，美国列特维尔，金季克，墨西哥及非洲各矿	中等到极大
4. 充填矿床	脉状，形状常极简单	闪锌矿、方铅矿、黄铁矿等	各种矽酸盐岩石，如片麻岩、片岩、砂页岩、石英岩等；附近有火成岩	含量不等	高温、中温及低温都有	苏联萨顿，美国戈尔德阿连区	

根据世界产量的统计，其各种矿床类型所占的百分数约如下列：

	铅	锌
接触交代及高温矿床	21%	26%
中温热液矿床	56%	21%
低温矿床	21%	51%
其他矿床	2%	2%

(7) 中国铅锌银矿床的类型尚未精密研究，初步可分为下列各类：

1) 接触变质至中温中深热液矿床，与花岗岩、闪长岩、斑岩等酸性火成岩（主要属燕山期）有关，产于接触带附近或相距不远。矿床形状为袋状、脉状及不规则状，围岩为石灰岩，以交代作用为主，如水口山、诸暨等矿床。

2) 矽酸盐岩石中的交代或充填矿床，与燕山期的酸性火成岩有关，围岩为火山凝灰岩或流纹岩，矿石含银特高，以热河烟筒山，承平银山及赣东北各矿为代表。

3) 裂隙充填矿床，呈脉状，产片麻岩、千枚岩或石英岩中，附近也有酸性火成岩，以湖南桃林为代表。

4) 可能与二叠纪玄武岩或辉绿岩有关的低温至中温热液矿床，成细脉状或不规则的袋状，围岩大多数为石灰岩，交代作用为主，充填次之。云南矿山厂、西康天宝山及贵州赫威水为本类的代表。

5) 超低温矿床，大部分产石灰岩中，附近无火成岩。矿床呈脉状，层状及不规则袋状。广西融县，湖南慈利等矿山都属此类。

（8）在普查铅锌银矿床时，首先应明了矿区附近的一般地质，包括地层层序、构造单元、火成岩的种类及产状，以及整个地质发展的历史。必须实测若干地质剖面，计算各系地层的厚度及标示重要构造。

（9）其次要观察矿床的露头、老峒、矿石堆、废石堆及矿渣堆等，详细记述其位置、分布、形态及其他情况。把它们详细地绘入图上，并测绘若干剖面图及素描图。

（10）研究矿床露头时，要注意其在地形上的特征，为凸出的抑为低洼的；矿体的倾斜、走向、厚薄、延长；矿石及共生矿物的种类、结构、与围岩接触的关系，有无围岩蚀变现象，如矽化、绢云母化、高岭土化、重晶石化、白云岩化、绿泥石化或其他可能有的高温变质现象。围岩的种类及性质，有无断裂、破碎或发生许多节理的现象。

白云岩化对铅锌矿来说是一个重要的找矿标志，但必须仔细确定其为热液成因的。分布宽广属沉积成因的白云岩对铅锌矿的关系较少。

（11）在研究氧化带或铁帽的露头时，要注意其颜色，并要仔细寻觅其中有无白铅矿、硫酸铅矿（俱呈白色），硫酸铅复盐矿（黄色），彩钼铅矿（橙黄色）及磷酸铅矿（绿色）等次生铅矿物，及其中有时残存的方铅矿晶体。因为白铅矿和硫酸铅矿俱不溶于水，故能在氧化带中富集。锌矿氧化后的硫酸锌能溶于水，它将随水溶掉或下浸到次生带，只有与石灰岩或白云岩起作用后，才能成菱锌矿沉淀，因此在氧化带中菱锌矿不常见到，而氧化带中的铅量常常比锌为高。必须系统地采集铁帽的标本以分析其中的铅量及有无其他残存的金属。

（12）研究铁帽中褐铁矿的结构，常可推测其原来所含硫化物的种类，有无铅、锌、铜等的矿物，详见第六章。

（13）只有在干燥气候下，次生的角银矿才能在氧化带中保存。银矿能造成不很显著的次生富集带。菱锌矿的富集带常位于地下水面之上，而铅矿则因大部在氧化带中被截留，不可能造成次生富集带。

（14）研究老硐的位置，可帮助了解矿体产状及分布。观察矿石堆及废石堆可提供有关围岩及矿石性质的重要材料，同时还可采集若干标本。尽可能设法进入老硐，以便观察昔时的开采规模及矿床的产状。如矿区内有很多废渣堆，如考虑是否值得利用冶炼，应测定其范围大小，以便估计储量，用点滴法试验其中有无铅、锌，并采集若干标本，以供分析。有的废渣堆已被浮土或冲积层掩盖，应测其分布、层位及厚薄，注意搜觅有无古代人类器物的遗迹，以便估计其年代。

（15）在露头被掩盖或在地形上、地层上认为可能属矿床分布的地区，应布置槽探及浅井探，以便揭发露头，进行观察。如露头掩盖不厚，在浮土处可以看到塌陷现象，这种现象，表现为平缓的凹陷，它可以反映出矿体的形状。

（16）要研究矿床附近残积层的性质、分布及其与地形的关系，注意其中岩块的种类，及上下层位中块度大小的不同，寻觅有无氧化矿物，从此可以推断矿床露头的深浅及矿体可能所在地，如紧接在其下面，或在其附近，或在其上流等等，以便决定槽探或浅井探的位置。

（17）要在山坡或河谷中研究洪积层或冲积层中的块砾种类和性质，注意有无有用矿物或为矿床特征的脉石（如重晶石、萤石或碧玉或与矿床有关的火成岩和蚀变的围岩），同时用漂洗法研究其中的重矿物，如发现白铅矿、硫酸铅矿、菱锌矿（用点滴法帮助鉴定）时，即应标记其地点，以后即应沿河上溯，逐步包围，最后可能找到矿床露头，或找到露头被掩盖的地点，以便布置槽、井探来证实。

（18）更准确的方法是应用地球化学探矿法，研究矿床的各种分散晕来追索矿体或推测矿床的富集部分，详见本部出版的地球化学探矿法。

（19）除少数铅锌银矿床产在火成岩与水成岩接触不远的地方外（如水口山，诸暨），大多数矿床都与火成岩相距很远，甚至在矿区周围看不到火成岩。因此控制矿床富集的因素，主要是构造因素，如断裂带、破碎带、节理带或背斜的鞍部等等。其次是岩石性质的因素，如易于交代的石灰岩、白云岩，易被渗透的凝灰岩、砂岩或富于节理的岩层等等，尤其在这种地层与不易渗透交代的致密层相接触时，对富集成矿更为有利。如找出了这种控制矿床富集的因素，必须把有利于成矿的带或层准确地绘在图上，作为指导探矿的方向。

（20）铅锌银矿床与大地构造的关系，似远不如铜或其他矿床的明显，对我国来说，这种关系阐明得更少。从初步研究来看，似乎大多数的所谓超低温矿床都位在地台区中，在地台边缘或其中的断裂带，希望更大。有许多裂缝充填矿床多位于地块中。与接触带相距较近的中温热液矿床则多位于地槽或准地槽中。

（21）如找到有望矿地时应布置更多的槽、井探，揭露矿体，刻槽采样，作出初步评价，并提出进一步详测或勘探的意见。

（十一）铝

（1）铝是地壳中含量最多的元素之一，仅次于氧和矽而占第三位置。含铝矿物很多，但能供炼铝用的铝矿石，目前尚只有一水硬铝矿（$Al_2O_3 \cdot H_2O$）、一水软铝矿（勃姆铝矿）（$Al_2O_3 \cdot H_2O$）及三水铝矿（$Al_2O_3 \cdot 3H_2O$）三种。各种土类矿物中都含铝很高，如高岭土类，以含水矽酸铝为主，红土或赭土则以含水氧化铝及氧化铁为主。不含水的纯氧化铝矿物称为刚玉（Al_2O_3），比较少见，不能作为炼铝之用。普通所称的铝土矿，则成分不固定，常包含上述三种氧化铝矿物在内，但其比例则随地而异。

（2）适合于炼铝用的铝土矿，氧化铝的含量必须超过45%，氧化矽不大于15%～18%；亦即Al_2O_3与SiO_2含量的比值等于或大于3。从水的含量的多少，可大致推测矿石的种类，如三水型铝土矿含水俱在25%～30%左右。此外氧化铁及氧化钛的含量亦需分析，这对矿石品位有重要影响。

（3）炼铝方法可分为两个步骤：

①制炼纯氧化铝，有各种不同的方法如拜耳法（用苛性钠溶取氧化铝）、库磁涅佐夫法（用碳酸钡与铝土矿熔融）和苏打石灰法（铝土矿与苏打石灰烧结）。拜耳法最为简捷经济，但因一水硬铝矿不溶于苛性钠，故矿石必须是以三水型的或一水软铝矿（部分溶于苛性钠）为主的矿石。对于以一水型铝土矿为主要成分的矿石应用苏打石灰法或其他方法。②从纯氧化铝中用电解法提取金属铝。

（4）曾有人用较纯的黏土、明矾石或霞石来提炼铝，但因过程复杂，成本较高，尚难广泛采用。

（5）铝土矿除冶炼金属铝外，一水型铝土矿是最可宝贵的耐火材料，可用作制造耐火砖、铝土水泥，人造研磨料等。大量金属铝及其合金应用于航空制造业，电工业和日常用品方面。约70%的铝是制成各种合金后再应用的。

（6）铝土矿床可分为两种类型：

1）风化红土矿床 在富于含长石质的碱性岩，含矽酸少的基性岩或变质岩分布地区，经过红土化作用产生的矿床，常成连续的盖层覆于母岩之上，厚度有时可达10公尺左右。美国阿肯色州（从正长岩风化而成）、非洲和南美圭亚那都有这种矿床。中国福建的漳浦，玄武岩风化后也形成了铝矿。本类矿床的矿石以三水型铝土矿为主，最适合用拜耳法制纯氧化铝，因此为最重要的炼铝原料。本类矿床发育在现代或古代的风化壳中，其自下至上的一般剖面为：未变的母岩，高岭土化的分解带，富集带及最上的铁化带。

2）沉积矿床或再沉积矿床 大陆上经过红土化或赭土化后的风化产物在附近海边（地槽型）或湖沼中（地台型）沉积而成，常成层状或扁豆状，有时也产在石灰岩的洞穴中。矿石大部分为一水型铝土矿，其中也夹杂些一水软铝矿，很少有三水型铝矿。矿石属胶状体沉积，常呈缅状或豆状结构。法国南部及苏联乌拉尔东坡的铝矿以及我国云贵、华北及东北各矿都属此类，其中云贵各矿属海相沉积，其他产地则为陆相沉积。

（7）我国三水型铝土矿系由新第三纪或第四纪的玄武岩风化而成，属红土化残余矿床，一部分则为再沉积的砾石矿床。目前所知，仅分布于漳浦及金门岛。根据地质理论推测，雷州半岛及海南岛颇有发现本类矿床的希望。

（8）沉积矿床分布在西南云、贵两省者都围绕在志留泥盆纪古陆及石炭纪海侵的边缘地带，铝土矿层的时代可能属中石炭纪，而与华北、东北的G层铝土矿大致相当。其中富矿层品位极高，可能系经过潜水的浸滤而成。华北、东北的铝土矿产于石炭二叠纪的煤系中，除G层铝土矿可能为海相外，其余都属陆相沉积。

（9）可能成为炼铝及钾盐原料的明矾石矿在我国分布甚广。浙、闽、皖所产俱属热液矿床，产中生代火山岩系中。台湾北部的明矾石为火山余气所成，与温泉及自然硫共生。新疆的明矾石由侏罗纪煤田自燃作用所致，与硫黄、雄黄及卤砂等共生。

（10）在普查华北地区的煤田地质时，要注意其中有无铝土矿夹层。这种夹层一方面可做为煤系的标志层，另一方面也是重要的耐火材料、人造研磨料的原料，其成分特别好的还可作为炼铝之用。要详测铝土矿层的剖面，分层采样，用显微镜及X光研究，进行化学分析及热差分析，以便发现富矿层及鉴别有无三水型铝土矿或一水软铝土矿，后者在若干煤系所含的一水型铝土矿中已经发现。

（11）铝土矿呈各种的颜色和结构，既不重也不发亮，不大会引起一般群众的注意，必须由地质学家根据铝土矿生成的原理和矿床类型，在可能发现这些矿的地点，仔细寻觅，初步用显微镜研究，加以证实。这样才能发现质地良好的富矿，特别是三水型铝土矿必须为今后找铝矿的主要目标。

（十二）镁

（1）有工业价值的含镁矿物为菱镁矿（$MgCO_3$），理论成分 MgO 47.62%，CO_2 52.38%，在天然矿物中经常含 $FeCO_3$，$MnCO_3$，$CaCO_3$，Al_2O_3 及 SiO_2 的杂质。

（2）菱镁矿有块状不结晶的和结晶的两种，前者为白色如磁器的胶状体，含杂质时则呈黄、褐或灰色，因含矽质，硬度常较高。结晶的菱镁矿与大理岩相似，结晶一般很粗。

（3）用冷浓盐酸滴至矿物的新鲜面上，方解石、白云石和菱镁矿的反应不同，如表

29 所示：

表 29　方解石、白云石、菱镁矿与盐酸反应表

	方　解　石	白　云　石	菱　镁　矿
(1) 发泡情况	发泡剧烈	极小的泡连续发生，肉眼可看到	用放大镜才能看出极小的泡
(2) 二氧化碳爆破的声音	非常大	连续发出“就此”“就此”的声音	发出稀疏的“噗哧”的小声
(3) 发声的长短	不长	连续发声不超过十分钟	最初数分钟不发声或发声很少，此后连续发声 10 分至 30 分钟

(4) 在市场上有两种加工不同的菱镁矿：①初烧矿，煅烧温度 700～1,000℃，其中常含 CO_2 从 3%～8%。②硬烧矿，温度 1,700℃，其中 CO_2 已全部挥发。

菱镁矿的主要用途为制造镁砖，用于铸钢、硫酸及水泥工业方面，要用结晶的并经过硬烧的菱镁矿。另一用途为制造镁水泥，则最好用不结晶的菱镁矿并经过初烧。此外菱镁矿也用于制造纸板及各种涂料等。镁盐可制金属镁。制炼金属镁的原料，目前以菱镁矿为主，其次为白云岩，也可从海水中提炼镁。

金属镁与铝一样同属于轻金属，在冶金工业、化学工业上应用很广。

(5) 菱镁矿的品位要求，一般不很严格。在用作耐火材料方面，SiO_2 含量可到 7%～8%，CaO 可到 1.5%～3%。用于冶金方面，则铁的含量可多至 7%～8%。

(6) 菱镁矿床可分为下列三种类型：

1) 在白云岩或石灰岩中的热液交代矿床　成层状或扁豆状，矿石为结晶质菱镁矿，分布宽广、储量极大。热液来源可自酸性火成岩也可自基性岩，部分镁质也可自周围的碳酸质岩中取得。从前有人以本类矿床属水成成因，但从共生矿物、交代结构、与火成岩的关系及与若干其他矿床的联系，无疑问地应属中温或低温热液矿床。我国海城大石桥及山东掖县菱镁矿俱属此类。

2) 超基性火成岩中的热液矿床　超基性岩中橄榄石受热液作用变为蛇纹石时，一般有碳酸镁的分出，可沿岩石的节理或裂缝沉积，造成扁豆状、脉状或囊状的菱镁矿，这种矿体规模有时也很大，并可延深达 100～200 公尺。例子为苏联乌拉尔东坡的各矿。矿石俱为不结晶的菱镁矿。

3) 超基性岩中的浸滤矿床　蛇纹石经过地面水风化，又可分出碳酸镁，随地下水潜流，在裂缝或岩石空间充填形成浸滤矿床，与胶体状矽氧二质共生，一般延深不超过 10～15 公尺，规模狭小，形状不规则，矿量极小。矿石亦为不结晶的菱镁矿。

(7) 我国菱镁矿有东北海城大石桥、山东掖县，俱属热液矿床，产前寒武纪的结晶岩及白云岩中，品位优良，矿量极大。此外尚闻宁夏定远营有菱镁矿，但未证实。

(8) 在华北震旦纪白云质石灰岩中，常有蛇纹石及石棉矿床，其附近应注意有无菱镁矿。在西北及东北许多超基性岩及蛇纹岩化的区域中，亦应注意找寻菱镁矿。

(十三) 锡

(1) 含锡矿物比较简单，现知有 15 种左右，属氧化物、磺盐、硫化物和矽酸化物。

有工业价值的锡磺物以锡石（SnO_2）为最重要，其次如黄锡矿（CuS・FeS・SnS_2），圆柱锡矿（6PbS・Sb_2S_3・6SnS_2），辉锑锡铅矿（5PbS・Sb_2S_3・2SnS_2）等偶亦开采。

（2）锡主要用于制造白铁、青铜、焊接剂、轴承合金及化学工业等，其中约50％用于镀锡以制白铁，20％用于焊接，15％用于锡箔、青铜铸造及锡管等，10％用于其他工业部门。

（3）锡在地壳中的分布相当广泛，其重量克拉克值等于6×10^{-4}，它是岩石圈的标准元素，且与酸性岩浆有关，在硫化带中也有一小部分的锡。由于锡和其他元素亲和力很弱，所以无论在结晶初期或结晶的主要阶段，锡都不能集中，而要转入到岩浆的残余结晶产物中，形成伟晶花岗岩矿床、高温及中温热液矿床，其中尤以高温矿床价值最大，中温者次之。又由于锡石是稳定而比重大的矿物，所以在含锡岩石或矿床分解过程中就形成了锡砂矿床，开采比较容易，具有极大的工业价值。

（4）锡矿石的品位要求，视矿床的类型而异，砂锡矿的平均品位要在0.01％～0.1％之间，原生锡矿应不低于0.15％～0.2％。在很富的中温热液矿床（玻利维亚）中，其平均品位可达2.5％～3.4％。锡矿石一般都需洗选，达到含锡约55％的精矿，就可入炉冶炼。

（5）锡矿床的工业类型有下列各种：

1）伟晶花岗岩脉矿床　包括产在伟晶花岗岩脉中及花岗岩侵入体凸出部分或与围岩接触处的锡石矿床，都成细脉及浸染体，围岩有强烈的云英岩化蚀变作用，脉石有石英、电气石、绿宝石、萤石、云母等。锡石的粒度从1公厘至1公分，晶形不完整，常含稀有金属如钽、钶、锂、铍等。本类矿床的工业价值不大。云南个旧锡矿中有本类矿床。

2）高温热液矿床　为含石英、锡石的脉矿，同时亦含有上述的各种高温气化矿物，在成因上近于伟晶花岗岩脉矿床，工业价值不大。本类矿床的特征为锡粒巨大（可达1公分以上），晶形完美，常与钨锰铁矿共生，有强烈的云英岩化的围岩蚀变。

3）硫化物锡石矿床　以硫化物等广泛发育为特征，如毒砂、黄铁矿、磁黄铁矿、辉铋矿、黄铜矿等。脉石为石英、绿泥石及方解石，高温的脉石矿物不多见。围岩蚀变有显著的绿泥石化、绢云母化和高岭土化，故在成因上显属中温热液一类。苏联东外贝加尔的哈普契兰加矿床为本类的标准代表。我国云南个旧的原生锡矿似亦属本类。

4）黄锡矿锡石多金属矿床　以含多量的黄锡矿及其他铜铅锌的硫化物为特征。脉石为石英及方解石，锡石常与硫化物成文象构造，颗粒极细，颇易忽略。围岩蚀变有矽化、绿泥石化、绢云母化、黄铁矿化及明矾石化等，在成因上应属中温甚至低温热液矿床，与半深成岩及基性岩有关。苏联的门克丘斯及辛南庆矿床都属本类。玻利维亚的托兹矿床为本类的另一型式。除锡石、黄锡矿及铅锌的硫化物外，还有许多含银矿物如硫锑银矿、硫砷银矿，脆硫锑铅矿及黝铜矿等。

5）风化淋滤矿床　原生锡矿床经风化淋滤后，形成红土，其他易溶物质大部淋失，就形成极丰富的风化锡矿床，如个旧锡矿中产额最大称为红塃的矿床，即属本类。

6）砂锡矿　马来亚锡矿大部属砂锡矿。我国广西、湘南及广东沿海的许多锡矿亦属砂矿床，世界过半的锡产量得自砂锡矿床，而这种矿床中的锡大半是自石英锡石矿脉中风化出来的。

苏联施密尔诺夫院士把原生锡矿床分为下列四类：

A. 含锡石伟晶岩脉，又分为：a. 白云母钠长石型，b. 锂辉石-钠长石型。

B. 石英-锡石类，又分为：a. 正石英锡石型，b. 云英岩型，c. 黄玉-石英-长石型。

C. 硫化物-锡石类，又分为：a. 矽卡岩型，b. 电气石-硫化物型，c. 绿泥石-硫化物型，d. 方铅矿-闪锌矿型，e. 少量硫化物夹铁矽酸盐型。

D. 流纹岩类，锡石产流纹岩中。

（6）我国锡矿的分布，可大别为三带：

1）两广沿海带，包括海南岛在内，目前开采以砂锡为主，原生锡矿为云英锡石脉及高温矿脉，后者与钨矿共生，偶亦开采，但一般规模狭小，价值不大。

2）南岭带，从西到东又可分为五区：

A. 个旧区，包括伟晶花岗岩脉矿床，石英-锡石矿脉，硫化物-锡石矿床，矽卡岩型矿床，风化淋滤矿床及砂锡矿床。最有前途的为原生硫化物-锡石矿床及矽卡岩型矿床，目前主要产量则为风化淋滤矿床。

B. 广西河池南丹区，为高温热液矿床，而与中温甚至低温的白钨矿、辉锑矿、辰砂、雄黄、雌黄矿床成平面的或垂直的带状分布。在矿物成分和矿床类型方面非常复杂。

C. 湘桂区，包括湘南及桂东北各产地，目前开采者以砂锡为主，原生锡矿属伟晶岩脉矿床及高温矿床，形状狭小，价值不大，只有一处在原生脉矿中曾找到黄锡矿与毒砂等共生。

D. 湘南区，锡矿床为产在石灰岩中的锡石-毒砂脉矿或管状脉矿，其两旁距花岗岩较远处常渐变为铜铅锌矿床。

E. 赣南区，俱为伟晶岩脉或高温矿床，矿脉中或以锡为主，或以钨为主，其两侧亦有渐转变为铜铅锌矿床者。共生矿物有时有毒砂、白钨矿、辉钼矿及辉铋矿等。

3）黄锡矿曾在浙江的永嘉、开化、遂昌及云南的东川、大姚、牟定等产地中发现，详情不悉，值得进一步研究。

4）北满的合江、依兰及黑龙江瑷珲于砂金中俱曾发现锡石。故在北满也有发现重要锡矿床的可能。本区尚未证实，故不在上述三带之内。

（7）普查锡矿时除了解矿区附近的一般地质外，要注意矿床的形状、分布、围岩蚀变及矿脉中的共生矿物，注意有无黄锡矿及其他多金属的硫化物，以便确定矿床的类型。

（8）在普查砂锡矿时要研究附近地质环境，地文发育及河流的弯曲，在四周为含锡花岗岩所环抱的山间盆地及河流的内弯处，砂锡的沉积最为有利。

（9）要分别砂锡矿是为现代河流所沉积，抑为古河的阶地冲积。详测砂锡矿层的剖面，从岩性、颜色及组成物方面分别其岩相（山坡堆积、急水冲积、河床相、河漫相、湖沼相及红土相等）并确定主要含锡层的层位、分布及厚度。

（10）注意研究有无风化淋滤矿床，喀斯特岩穴堆积的次生锡矿床。要注意矿区附近的地形及水源是否充足，含锡层中的黏土夹层及其性质、块砾的大小及多少，这一切都与将来实地开采锡矿有重要关系。

（11）要多挖探槽、探井，以揭露矿床，随时用漂洗法来测定锡石的存在及估计品位。用重砂法追索矿床。在原生矿床要刻槽采样，以便分析。

（十四）汞

（1）辰砂（86%Hg）是汞的最主要的矿物，其他矿物殊为少见。汞的克拉克值为

7.7×10^{-6}%，在酸性或基性火成岩中汞的含量没有多大差别。

（2）关于汞矿床的成因，从前固有深海沉积说、升华说等种种不同的看法，现代矿床学者，则都已一致认为由于热液作用所成。从原始岩浆经过伟晶岩脉以及各级热液矿床，汞含量逐渐增加，而在低温热液矿床中，汞的富集最高，因此可以说汞矿物的生成，系在热液活动最后一个阶段。几乎所有具工业价值的汞矿床，都属低温热液类型。

（3）汞矿的最低品位为0.2%，若干含汞在0.17%以下的废矿砂有时也能重行采炼。

（4）汞矿石的熔点很低，容易蒸发，故冶炼金属汞比较简单，但汞蒸气对人健康极端有害，必须有现代熔炉设备，像目前中国在贵州、湖南汞矿区中所用的炼矿方法不但损失太大，且对人有害，亟须加以改进。

（5）汞的应用很多。金属汞用为制造温度计、气压计、无线电真空管及其他电气工业上的用品。汞与金银合成汞膏在采金银矿业上用得很多。汞的化合物用于医学、化工及染料工业。利用汞蒸气的作用及用为制造爆炸物质，在工业上及军事上有极大意义。

（6）产生汞矿床的地点常距离火成岩很远，因此要决定其与何种火成岩有成因上的关系，此较困难。据大多数地质学家的意见，汞矿似与酸性与中性侵入岩如花岗岩、花岗闪长岩、闪长岩等有关，偶然亦为酸性喷出岩如流纹岩之类。其次为基性喷出岩，至于与基性侵入岩的关系，似不明显。

（7）辰砂有足够的化学稳定性，故在残积层或冲积层中常可找到辰砂，有时可形成矿床，如四川酉阳秀山（曾经开采）。祁连山的砂金矿中及广西等砂锡矿中也俱曾找到辰砂。这种矿一般经济价值不大，但它却能给予我们利用重砂追踪法来寻找原生汞矿床的可能。

（8）汞矿常与辉锑矿共生，偶亦有其他金属的硫化物。脉石为石英、玉髓、方解石、白云石，偶亦有重晶石、萤石等。

（9）汞矿床的围岩，不是砂岩和石英岩就是石灰岩和白云岩，偶然也可产在火成岩如蛇纹岩、花岗岩或斑岩中。如围岩为页岩时，则它往往形成矿床的盖层，位于背斜层的顶部。

（10）从研究许多汞矿床的结果，可以肯定地说，差不多所有汞矿床都属较新的地质时代，大部分在华力西期以后。但这并不意味着新岩浆中的汞含量要比老岩浆中的为高。很可能，在老的成矿时代中，也产生了汞矿床，不过由于汞的地球化学特性，多形成在接近地表之处。因此，在漫长的地质过程中，它被保存的机会，就比新岩浆的矿床要少得多了。

（11）从上所述，可知作为汞矿床的找矿标志，火成岩的种类、性质是不容易给予肯定的答复。我们首先要寻找深的延长很远的裂缝或断裂带，从此就给予含矿溶液以上升的可能。但并不是所有裂隙构造都能含矿，所以必须寻找汞矿物的遗迹，即使是很少量的也足以证明矿化作用的存在。要造成汞矿的浓集，还必须有利于矿液浸染或充填的破碎带如角砾岩、节理带、裂隙带等。砂岩中的孔隙，对汞矿浓集固属有利，但当成矿时，砂岩孔隙往往早已被充填，所以裂隙还是最重要的因素。其次还必须有不透水的盖层的存在，这样才可使汞矿大量浓集，形成具有工业价值的矿床。最后，如果矿床形成一个背斜层或穹窿层，那么，在其顶部，如果其他条件都合适，就能造成最大的矿床。以上为普查找寻汞矿的最有效的标志。

（12）我国汞矿床毫无例外地属低温热液一类，常沿裂缝或层面充填，一小部分也与围岩起交代作用。至于与火成岩的关系，至今未明。

（13）就地理上分布及矿床特征，我国现有已知主要汞矿产地，可分为下列各区（其他零星产地暂不列入）：

1）湘黔区　位于贵州高原的东缘，与湖南接壤，当湘黔背斜的西翼，走向北北东—南南西，含矿层位属寒武纪者五层，奥陶纪者一层，皆产于石灰岩或白云岩中。共生矿物：钨砂、自然水银、辉锑矿、石英、方解石、白云石、重晶石、黄铁矿、孔雀石、方铅矿及沥青。

2）川黔区　分布于金鸡山背斜，秀山背斜及桐麻溪背斜的两翼，走向北东南西，为第一区的向西推广部分。矿床可分为脉状矿床，地下水浸滤矿床及砂积矿床三种。

3）黔中区　分布于洋水大背斜的两翼开阳、息峰各地，走向北北东—南南西。属裂隙充填矿床，产震旦纪、二叠纪及三叠纪的石灰岩中。共生矿物：辉锑矿、石英、方解石、白云石、绿矾。白马硐并有褐铁矿所成的焦矿。

4）黔南区　当三穗镇远大背斜的西翼，成南北向分布，沿石灰岩的层理或节理成充填矿脉。上部多雄黄，下部多辉锑矿，脉石为石英及方解石，沥青颇少。

5）黔桂区　位于黔西南褶皱带中，走向北西西—南东东。

6）滇西澜沧江带　成南北向分布，产二叠纪或三叠纪的灰岩、页岩中。

（14）汞的野外鉴定方法：将含汞的矿样磨成粉末，直接用白金丝粘少许矿粉在酒精灯上燃烧（在暗室内或晚间进行）。用荧光灯照燃烧矿粉的火焰，另在火焰一边放置涂有矽酸锌矿的纸板。如纸板上见有由汞挥发的火焰即证明矿样内有汞的存在。

（十五）铂族金属

（1）铂族金属包括铂、铱、钯、锇、铑、钌六种元素，他们非常密切共生，在大多数情况下都以自然形态出现，成为天然合金，偶或成砷、硫、锑的化合物。

（2）铂族金属的矿物比较多，除自然铂外，最常见的为粗铂矿（Pt，Fe）及铱锇矿（IrOs）。

（3）铂族金属矿物都呈银白色、白色或暗灰色，硬度不很大（4～7），一般可用小刀或石英刻划，比重则极大（14～19），有的易溶于王水，有的不溶于王水。在砂积矿中很容易淘洗出来，而从它的形状（不规则的粒状、长条状）、色泽及比重等很易鉴别。

（4）由于铂的难溶性，导电性及化学稳定性，铂在化学、电气及其他工业部门上有很广大的应用。

（5）在成因上，铂族金属主要和超基性岩石如橄榄岩，纯橄榄岩有关，其中铂常最多，铱次之，其他为量甚微。在基性岩中铂金属一般为量很少，此时钯的含量增多，有时甚至比铂为多。铂金属很少产于酸性及热液矿床中。

（6）因铂金属的比重大，所以超基性岩或基性岩受了风化剥蚀后，铂金属就能富集而形成有经济价值的砂积矿床。

（7）铂族矿床的工业类型、可分为下列三类：

1）超基性岩中的岩浆分异矿床，产于纯橄榄岩中，与岩浆后期分出的铬尖晶石密切共生，其结晶还在铬尖晶石之后，甚至部分在岩浆气化时期生成。矿床呈巢状、扁豆状、有时为柱状及脉状，经常不大。可以乌拉尔的产地为代表，可称为乌拉尔型。

2）基性岩中的岩浆分异矿床，可称为萧德别里型。产生在辉长岩、苏长岩或辉长岩绿岩体中，在成因上与铜镍矿床有关。矿体呈扁豆状、块状及浸染状，分布在岩盘内。主要是铂钯矿及砷酸铂矿。以加拿大的萧德别里为代表。

3）砂积矿床，与磁铁矿、铬尖晶石、石英及其他稳定而重的矿物相共生。

（8）祁连山中超基性岩分布很广，所以在这个区域中找寻铂矿是很有希望的。在没有找到原生矿床前，应先从砂积矿床做起。在广大的砂金矿区中要广泛淘洗，找出产铂较多的地段，进行地质测量。

（9）在测制地质图时要分别冲积层，各期的阶地层及基岩层。要详测砂砾层的剖面，记述其厚度，岩性及其在岩相上的变化，特别注意其中所含砾石的种类、大小及分选程度，以及有无黏土夹层。从地文研究定出各阶层的发育历史及河流变化的过程。

（10）要分层采样，分层淘洗，定出主要的含铂层。根据乌拉尔砂铂矿的经验，有工业价值的含铂砂层是紧接于基岩之上，这种砂层含有大量从基岩风化而来的黏土物质，而没有大的卵石，厚度一般不大。铂的富集地段离超基性岩很近，在离岩体较远时，就有金子参加，铂的颗粒，则愈圆愈小。富矿又经常分布在河流（现代的或古代的）弯曲的部分或从山区进入盆地的地段，这是砂积矿床的一般规律，对铂矿来说，也是适用的。

（11）要研究基岩层的裂隙、片理、空洞及高低起伏的情形与黏土夹层的层位。因为铂（金及其他砂积矿也是如此）经常是富集在基岩的隙缝中或为黏土层所阻截而富集于其上。

（12）找到了含铂砂积地区，找到了有工业价值的含铂层，就应布置更多的槽、井探。揭露矿层并开挖一定体积的砂层淘洗，定出其含矿率，估计单位含矿量。同时测制1∶5,000或1∶10,000的地形地质图，示矿层分布及厚薄、品位变化的情况，作出初步评价，估计可能矿量，并提供进一步详测或勘探的意见。

（13）次一步骤，要在超基性岩地区，走若干路线，研究超基性岩的分布、产状、与围岩的关系，推测其侵入时代。在经过的河床或山坡堆积中随地用漂洗法试验其中有无铂的存在。从此追溯到含铂最多的地方，布置槽探、浅井探，以便揭露原生矿体，圈出可能的矿区范围，估计远景，提供进一步勘探的意见。

（十六）铀、钍、镭

（1）铀、钍、镭都是原子量最大的元素，具有放射性，在国防工业，和平工业及医药上具有极重大的意义。

（2）铀矿物种类很多，属内生成因的有沥青铀矿（氧化铀）、铌酸钇矿，褐钇钽矿等数种，其他碳酸盐、硫酸盐、磷酸盐、矽酸盐等铀矿，皆属外生成因。铀的硫化物尚属未知。钍的主要矿物为独居石。镭的自然形态矿物尚未发现，它主要存在于含铀矿物中，为放射性分解的产物。

（3）用盖米二氏计数仪测验铀的存在，是最为准确简捷的方法。其次是紫外光灯，大多数铀矿物（沥青铀矿，铌酸矿及钒酸钾铀矿除外）都呈现清楚的荧光反应。许多次生铀矿物都呈鲜艳的红、黄、绿等颜色，而原生铀矿物因多少被氧化，亦常呈这种颜色的斑点。因此，从颜色加上紫外光灯的测验，很容易在野外认识铀矿。

（4）如遇到没有氧化的原生铀矿，则识别的方法是它的比重特高，黑褐的颜色及油脂光泽。用氟化钠在白金丝上熔成小球，加入一些待鉴定的矿物，熔融后以紫外光灯试验，如系铀矿，即呈现灿烂的荧光。

（5）铀矿物的四周，因经常发生放射现象，遂使其附近的石英变为黑色，成为烟水晶，长石变为深红色，方解石变为粉红色，萤石成深紫色，金刚石变为绿色，石英或方解石含有微量的铀时在紫外光下现绿色。这种种特殊颜色均可为鉴定铀矿之用。

（6）浓集到足够开采的铀矿床，为数虽少，但铀及其他放射性元素在地壳中的分布却甚广泛，在花岗岩、伟晶岩及富含有机质的岩石中含量比较多。

（7）铀矿矿床可分为下列四类：

1）中温热液矿床，成脉状，为目前最重要的铀矿床，除沥青铀矿外，还含有红砷镍矿、砷钴矿、自然银、自然铋、辉铋矿，铜的硫化物及赤铁矿等等，脉石经常是白云石、方解石和石英。世界上已知的最重要铀矿床仅有三处：加拿大的大熊湖，非洲喀坦加的申果洛布维及捷克的犹喜姆斯塔尔。英国康瓦尔锡矿上部及德国萨克森矿山中也有本类矿床，但不重要。

2）伟晶岩脉矿床，都产在富于钾的伟晶岩中，常为结晶质，沥青铀矿或铌酸矿。

3）在表生层中的氧化矿床。

4）沉积矿床，成层状，如美国犹太及科罗拉多与钒共生的钒酸铀矿即属本类矿床的一种。另一类型是许多成深黑色富于有机质的页岩及磷矿结核中都富含铀。最著名的产地为瑞典寒武奥陶纪的矾质页岩，中含 U_3O_8 达 0.05%即每吨约有氧化铀 1/3 磅，或每平方公里中含 U_3O_8 1,800 吨，而这种页岩的分布面积至少有 400 平方公里。苏联费尔干那的志留纪页岩亦含铀较多。这些含铀页岩的特点是成层不厚，而所代表的地质时间却非常之长，如瑞典的矾质页岩厚仅 17 公尺，却代表了整个上寒武纪的沉积。费尔干那页岩厚仅 10 公尺，而所代表之时间则为志留纪的大部分。这意味着是在深长的侵蚀间断和在极缓慢的沉积作用下进行的。

（8）上述第一类矿床为目前已在开采的最重要的矿床。2）、3）两类则矿量微小，现已证明无工业价值。第四类矿床虽目前尚未采用，但由于形状整齐，矿量巨大，有极重要的远景意义，只要加工技术解决，即可利用，因此可视为将来的有工业价值的矿床。

（9）原生铀矿床包括热液矿床及伟晶岩矿床都产在地块中，特别在地块的边缘。又据在许多地方研究的结果，凡含有铀矿伟晶岩的地区中，即不可能再发现重要的热液脉状铀矿床。

（十七）磷

（1）有工业价值的磷矿物可大别为二类：

1）结晶质的磷灰石，又可分为氟磷灰石及氯磷灰石两种，前者含氟达 3.8%，P_2O_5 42.26%，后者含氯达 6.8%，P_2O_5 40.92%。

2）不结晶的胶状体磷灰岩，纯粹的标本含 P_2O_5 45.8%，因此其成分与氟磷灰石相近。事实上，胶状磷灰岩乃氟磷灰石，碳磷灰石及水氧磷灰石（这种磷矿物的名称很多，如细晶磷灰石、碳磷灰石、胶磷灰石等等，不及备述）的类质同像混合体，故其成分颇不一定。

（2）磷灰石及磷灰岩主要用为制造磷肥，以供农业上的应用。一小部分的含磷矿物也用在冶金工业及化学工业，如炼磷（用于火柴工业），制造磷酸，氟酸及铸铁业方面。

（3）磷矿中的磷酸钙大部分难溶于水，不易为植物所吸收，因此，除一小部分胶体状磷矿石研碎后可直接用作肥料外，大部分矿石须经过制炼手续，才能应用。

（4）磷矿石的加工方法，颇为不同，可大别为三种：

1）研碎后制成磷矿粉，直接应用。

2）加硫酸使成过磷酸盐，复过磷酸盐或磷酸氩等容易被植物吸收的化合物。

3）用热解法在电炉或高炉中炼磷或制成复过磷酸盐，主要作用在去氟。

4）托马司即基性炼铁炉所产的炉渣，中含磷酸很多，可研细后直接用作肥料。

（5）估计磷灰矿石的技术品位，除 P_2O_5 外，还要考虑其中所含的 Al_2O_3，Fe_2O_3，$CaCO_3$ 及 SiO_2 等杂质。对于杂质含量的最低要求，视所用的加工方法而异，如用为制造过磷酸盐，则 Al_2O_3 和 Fe_2O_3 都为有害分子，因为它们将与磷酸结合，造成不溶于水的磷酸盐类。含 $CaCO_3$ 过多的也有害，因它将消耗多量硫酸。如用溶取法制过磷酸盐时，则这些过氧化物的影响不大，因它们将遗留在渣滓而不进入溶取的产物中。热解法加工的有害分子为 SiO_2，因它将消耗熔剂。如用蒸馏法来炼磷，则 SiO_2 为不可缺少的分子，最好的配炉料为 $CaCO_3$：SiO_2＝42：58。

（6）直接用为磷肥的磷矿粉，只须考虑其中所含 P_2O_5 的含量，不必涉及其他杂质。但磷酸钙的可溶性关系最大，就一般论，结晶质的磷灰石矿，必须进行加工。胶体状的磷灰岩，特别是成结核状的地台型（详后）的磷矿石，主要为胶磷灰石，其中含氟较少，可磨成磷矿粉后，直接用为磷肥，不需加工。

（7）结晶质磷灰石为高品位的磷矿，当用作制过磷酸盐时其一般的品位要求，Fe_2O_3 不超过2％，与 Al_2O_3 一起的总含量不超过3％，P_2O_5 的含量不低于33％。对磷灰岩的品位要求，就所用加工方法而异，颇难规定，其含 P_2O_5 的量大概应不低于25％。

（8）视胶结物或杂质成分的不同，苏联把水成磷矿分为三类即砂质的，泥质的及海绿石的。砂质磷矿含 SiO_2 在40％以上，其他 R_2O，R_2O_3（包括 Al_2O_3 及 Fe_2O_3）及 MgO 含量较少。泥质磷矿含 SiO_2 较少，在10％以下，R_2O，1％～2％，R_2O_3 约3％及 MgO ＜1％。海绿石磷矿含 SiO_2 19％～33％，R_2O 约3％，R_2O_3 4％～12％，MgO 1.2％，在工业上为最劣的磷矿。

（9）磷矿床的工业类型可分为下述各类：

1）岩浆晚期的分异矿床　产于酸性或碱性侵入火成岩的分异体中，成厚层或个别的成侵入层。在瑞典则与磁铁矿共生。在苏联科拉半岛的希平矿床，则与霞石共生。后者矿量巨大，品位亦高，为世界上稀见的大磷矿。矿石俱为结晶质磷灰石。

2）接触交代矿床　产于花岗岩及石灰岩的接触带，矿石品位极高，属结晶质磷灰石，但储量不大。南非及加拿大的矿床属于本类。

3）伟晶花岗岩中的磷矿　磷灰石成巨大晶体，与金云母及金红石等共生，成脉状，规模不大，储量有限。加拿大、挪威等矿属之。

4）热液矿床　很为少见，只西班牙有若干例子，矿石为磷灰石，储量极小。

5）变质后的水成矿床　本类型尚未确定，我国东海磷矿为结晶质磷矿石，似属本类。部分矿床似曾经溶滤沉积后再变质者。

6）沉积矿床　在海边陆棚中经过化学生物作用沉淀而成，俱属胶体状的磷灰岩。呈层状、扁豆状或结核状，常呈缅状或豆状结构，显示褐、黄、黑等各种颜色。本类矿床又可分为地槽型和地台型两种。地槽型磷矿产于碳酸质岩石（或石灰质砂岩）中，沉积时的地位较深，成均一结构的层状，品位较高，含 P_2O_5 从22％到36％，矿层很多（可多至

11层），其中可采者常有多层。北非（阿尔卑斯地槽）、北美西部（上古生代科迪勒拉地槽）、哈萨克斯坦的喀拉道山脊（加里东地槽）及南乌拉尔西坡（华力西地槽）各磷矿属之。

地台型磷矿矿层较少且薄，常呈结核状，偶成均一的层状，含磷量一般不高（$P_2O_5$12%～28%），可采层也较少。苏联欧洲部分中生代和新生代各磷矿及法国与美国的若干磷矿属之。

世界上约80%的磷矿储量及50%以上的磷矿产量皆是沉积矿床。

我国云南中部，贵州北部及东部，四川大渡河，安徽凤台各磷矿皆为沉积矿床，时代属下寒武纪。南京附近的志留纪及二叠纪磷矿亦属沉积矿床。

7）磷灰岩砾石及砾岩矿床　由已成的磷矿经过海流或河流冲刷再沉积而成，也成层状，分布广，储量大，美国佛罗里达州及苏联若干矿床属之，矿层厚度虽不及上述的沉积矿床，但因接近地面，开采容易，工业价值极大。

8）残余矿床　含磷石灰岩经化学风化后，不易溶的磷矿就残存富集成为残余矿床。美国田纳西州的褐色磷矿即属此类，矿量不大。

9）淋滤矿床　化学风化作用把P_2O_5溶解，随潜水周流再经沉积，形成淋滤矿床，美国佛罗里达州的所谓硬磷矿属于本类。工业价值不大。

10）鸟粪堆积　若干海岛海鸟群集，其所遗的粪堆亦可形成磷矿，如我国西沙群岛的磷矿即属此类。

（10）我国磷矿的分布与古地理及大地构造发展有密切关系。就现知材料，可分为下列各区：

1）康滇古陆的东缘，下寒武纪海侵的陆棚地区：磷灰岩产砂岩及石灰岩中，现知产地南有昆阳、昆明、澄江的云南中部磷矿，北有四川大渡河的磷矿，品位较高，成层亦厚。

2）淮阳地盾北缘及江南古陆或若干古岛边缘的下寒武纪海棚地区：现知产地，东有安徽凤台（淮阳地盾之北缘），西有遵义及黔东各矿。

3）志留纪海侵边缘：已知产地为南京附近高家边页岩顶部的磷矿层，成层既薄，品位亦不高，价值如何，尚待进一步研究。

4）孤峰海侵的边缘：已发现者为南京附近及杭州西湖。为结核状磷矿，品位尚高。

5）前寒武纪地块中的结晶质磷灰石：品位最高，已发现江苏东海及安徽宿松两处。

6）南海各岛的鸟粪沉积，品位尚好，分布广，但矿量似不甚大。

（11）普查磷矿应首先就上述大地构造区域内寻找更多的磷矿产地，详测矿层厚度，刻槽取样，分析品位，以便作出对各区的工业评价。

（12）进一步研究各沉积磷灰岩是属于地台型还是地槽型。

（13）在祁连山及秦岭地槽中应详细研究剖面，可能发现标准的地槽型磷矿。在西北将有大量制造硫酸的基地，所以如能在祁连山区找到磷矿，将有特别重大的意义。

（14）磷矿呈各种不同的颜色和结构，有的像砂岩，有的像页岩或石灰岩，甚至曾被误认为玄武岩，火山岩或凝灰岩。一般人民群众对这种矿（既不重，也不发亮）是不大会注意的，必须由地质学家随时注意研究，使人家熟悉用钼酸铵试磷的点滴法，才能发现这种矿床。

（十八）金刚石

（1）金刚石（化学成分为C）属等轴晶系，结晶成八面体，比重3.5，硬度10，折光率2.4～2.42，无色透明，含杂质时则呈黄，绿或黑色。光泽最强，且富于扩散性，故成虹彩，光辉动人，其成多面时，尤为夺目。

（2）鉴别金刚石的方法很多，对宝石有经验者从颜色、光泽即可确定。最可靠的特性是其折光率与硬度的特高。在野外鉴定时试验硬度最为简单。此外，如磨擦后可吸纸屑，沾脸上有凉的感觉，以水滴晶面上不散等，不很可靠的方法，有时亦可试用。

（3）在砂矿中找金刚石时，应用淘洗法收集重矿物，然后把重砂置于涂有黄油的瓢或其他淘洗器中加水再洗，如有金刚石，即会沾于油上，可刮取研究。

（4）金刚石有许多种类：无色透明或略有色而透明者作宝石用。小粒或不规则形状，混浊不很透明者，称为浅红晶石。球粒结合体呈放射状结构者称为圆粒金刚石。坚密或疏松，色黑或棕色，形如焦炭者叫黑金刚石（Карбонадо）。以上三种俱用为钻凿或研磨金属及石质之用，为工业上不可缺少的研磨原料。其中黑金刚石韧度最高，为钻探工程上最名贵的镶钻原料。在最新发明的镶钻头上则盛用圆粒金刚石。有时亦可用浅红晶石镶焊钻头。

（5）金刚石矿床有两种主要类型：

1）原生矿床 俱产在超基性岩中，为岩石的一分子，与其他造岩矿物同时结晶，故属岩浆矿床。南非州的金勃莱为世界上最大的金刚石矿，产在形成管状侵入体的金勃莱岩（今译金伯利岩—编者注）中，其上部风化部分，成为黄地或青地者含矿最富，为开采的主要对象。

2）砂积矿床 又可分为古代冲积层及近代冲积层两种，前者如南非维特华特司冷特的含金砾岩及印度的砂岩，俱属前寒武纪，中含少量金刚石，价值不大。近代冲积层中的金刚石产量较多，意义较大。最名贵的黑金刚石目前只知南美巴西的一个产地，属砂积矿床，最先只知道有普通的金刚石，对此形如焦炭的黑金刚石弃置不顾，到后来才被发现应用。

（6）我国金刚石产地，现知者共有两区：

1）湖南沅江流域及贵州东部砂金矿中都有金刚石，晶粒一般如小米或绿豆大小，但也有大粒，色微黄或无色，售给商人为钉碗钻孔之用。

2）山东临沂附近，详情不明。

以上两区多产自近代或古代的冲积层中，其来源何自，产自何种地层或岩石，皆不得而知。

（7）沅江流域一带及贵州东部全属水成岩区域，只有贵州东北部的梵净山为复杂火成岩的地块体构成，以往从未详查，其中可能含有超基性岩侵入体。因此，我们除在黔阳盆地，沅陵盆地和桃源盆地的砂金矿床中施探，决定其含矿率，找出富集地段，以供勘探外，还须研究其上流的地质，希望发现原生矿床。

（8）山东济南及淄博煤田俱有大块辉长岩侵入体，济南的东南并有镍铜矿床，因此在沂水流域或有发现超基性岩石的可能。必须扩大普查范围，注意寻觅这类岩石，以便追索金刚石的原始来源。

（9）此外，可能产生金刚石的地点，还有祁连山和秦岭，这两地都有超基性岩，在搜寻铂矿时，可附带注意。

（十九）钾盐

（1）钾盐类矿物为数在30以上，其中含钾的重要矿物有钾盐石（KCl）、光卤石（$KCl \cdot MgCl_2 \cdot 6H_2O$）、杂卤石（$K_2SO_4 \cdot 2CaSO_4 \cdot MgSO_4 \cdot 2H_2O$）等七八种，其中尤以钾盐石含钾最高，价值最大。

（2）钾盐矿的最重要用途为农业肥料，约占90%，其余用于化学工业。

（3）钾盐为海水或盐湖最后蒸发的产物。当海水容积浓缩到五分之一至七分之一时开始沉淀石膏，当浓缩到十分之一以上时则有石盐层的沉淀。因此要形成钾盐矿床必须使全部盐水几乎蒸发净尽，这样就需要特殊的环境。正因为特殊环境的难得，所以世界上钾盐矿床是不很多的，目前只在德国的斯塔司夫脱，亚尔萨斯，苏联的梭里克姆斯克，西班牙，波兰及美国西部等处找到。

（4）钾盐矿床可分为：海相沉积，盐湖沉积及盐湖中的钾卤等三种，其中以海相的蒸发沉积范围最大，矿量较多，最具有经济价值。

（5）海相钾盐矿床一般是在海退的环境下造成的。除气候合适外，更须有地形上的环境，如为堤岸封闭的海湾或浅海，一系列的潟湖等等。没有这些合适的环境，就不能完成几乎全部的蒸发，更不能形成较厚的品位高的钾盐或其他盐层。

（6）上述从石膏经过石盐到钾盐的层序乃一般的规律，世界上只有少数地区完满地显示了这种层序。由于成盐作用的复杂性，不合乎这种规律的层序也很多，有许多情况，目前尚难一一予以解说。

（7）自1861年德国发现了斯塔司夫脱的钾盐矿后，世界上许多国家的钾盐肥料，都由此供给。1925年在苏联的梭里克姆斯克及美国的得克萨斯州，新墨西哥州都发现了极大的钾盐矿，德国的钾盐工业即失去了独霸的地位。苏联和美国的钾盐矿都是依据地质理论及地面上有盐和石膏的象征，而在平地上钻探出来的。

（8）我国需要有自给的钾盐矿以保证社会主义大规模农业的发展，实属毋庸置疑，但除四川自流井的盐卤中有微量钾盐外，真正的钾盐矿层，至今尚未发现。我们根据地质理论，在地质历史海退时期中最适合于形成钾盐的时代，似以奥陶纪和二叠纪的末期，最为理想。在山西南部，下奥陶纪顶部有巨厚的石膏沉积，但尚未闻有石盐；在四川自流井一带，则三叠纪顶部盛产石膏、石盐，而在盐卤中并已有钾盐的发现。这两区的地质环境都有存在封闭海湾的可能，因此它们将为今后寻找钾盐矿的理想对象。

（9）钾盐的其他来源为盐湖中的盐卤，各种工业植物燃余的草灰，明矾石，霞石及水泥厂鼓风炉所产生的烟灰等等。我国明矾石矿床，分布很广（详见铝矿节），如果找不到真正的钾盐矿，可能作为代替品之一。

（二十）煤

（1）煤是各种碳氢化合物的混合体，其中还夹杂一些矿物质（灰分）及水分。就化学成分言，主要是碳、氢、氧三者，另有少量的氮和硫。在陆植煤中主要的组成是腐植质，包括纤维素和木素及少量沥青质，包括石蜡、松香及脂肪。腐泥煤中则沥青含量较多。

（2）化学家曾以含矿物质（即灰分）不高于30%且大部分不溶于四氯化碳的固体可燃性物质称为煤。从工业观点言，灰分的限制，大概为40%，但在缺煤少薪的区域，灰分高于40%的煤，也曾采用。

(3) 把煤中的水分、灰分，挥发分、固定碳及硫加以分析称为煤的工业分析，为分别一般煤类及其性质的最基本的方法。为分别主焦煤及配焦煤则必须进行胶质层试验，测定胶质层厚度（Y）及收缩度（X）。

(4) 中国关于炼焦煤的详细分类尚未确定，表30是中国科学院工业试验所暂定的标准：

表30 炼焦煤暂定标准表

主要煤种及符号		华北标准		东北标准	
		挥发分（%）（纯燃基）	Y（mm）	挥发分（%）（纯燃基）	Y（mm）
D	长焰煤	37	0	>37	0
Г	气煤	35～46	6～18	>36	6～22
ЖГ	气肥煤	30～38	12～25	32～38	8～22
Ж	肥煤	26～38	>25	29～37	>22
КЖ	焦肥煤	25～30	12～25	26～32	12～22
К	焦煤	16～27	10～25	18～29	8～22
ПС	瘦煤	12～22	0～12	15～23	0～10
Т	贫煤	10～18	0		（成块）

(5) 焦煤可单独用来炼焦，但因这种煤往往不多，且炼焦时因收缩小，使推焦困难，同时因膨胀压力大，对焦炉有危险。最好的办法是用各种配煤炼焦，不但能节省宝贵难得的原料，还可得到最理想的结果。配煤范围从瘦煤到气煤均可应用，其比例视各处煤质而异，需要实地实验才能确定。各种配煤对焦性的影响大致如次：肥煤粘结性最强，全部熔合，但横裂纹多，焦炭易裂为小块。气肥煤所炼焦炭多纵裂纹，性脆易破裂为小条，配合使用时可减少肥煤所成的横裂纹。瘦煤粘结不好，不完全融合，易粉碎，焦炭的形状不好。配合使用时能改善焦炭的强度、块度及降低其裂纹率。气煤性质与气肥煤相似，但表现得更为显著，配合使用时可增加焦炭的收缩，使其容易从焦炉内推出。

(6) 用于冶金工业的焦炭，除对焦性有一定要求外，对于焦中所含的灰分、硫、磷，俱有一定限制，对于炼钢用的焦，其限制更严。炼有色金属用的焦可容许含较多的硫。

(7) 用于发生煤气的煤，以不粘结的长焰煤或微粘结的气煤（胶结层厚不超过5mm）最为适宜。若干瘦煤，无烟煤及含腐植酸与石碳酸不高的褐煤也可用。对煤中所含灰、硫、磷及水分的限制不很严格。

(8) 用于锅炉燃烧的动力煤，应尽量利用含灰较多的劣质煤。或加适当装置，利用粉煤或煤屑。含有易熔灰分的煤，对锅炉用煤是不利的，因此必须测定灰分的熔点。

(9) 加工炼油所用的煤，以含挥发分特高的长焰煤、气煤、褐煤及含沥青质多的腐泥煤最为合用。我国的乐平煤在这方面应用最佳。用合成法炼油时，则各种煤皆可用，并可用天然气及焦炭。

(10) 在熔提沥青及制石蜡的工业上通常用土状褐煤及藻煤。

(11) 依据煤的成因，可分煤为三大类：即陆植煤（以陆生植物为主，在沼泽中形成），腐泥煤（以水生植物为主，包括孢子、花粉及一小部分动物，在湖沼中生成）及残余煤（在腐蚀最深的状态下生成，只含孢子、花粉及松脂等耐蚀物质）三大类。

（12）我国含煤系的地质时代，南方从下石炭纪开始（滇东、湘西）至上二叠纪的乐平煤系，为产煤较盛的时代。北方从中石炭纪（本溪系）开始，而上石炭纪（太原系）及石炭二叠纪（山西系）则为我国主要的产煤地层。至于中生代的侏罗纪（少数亦有白垩纪）及第三纪，在我国南北皆有煤层的沉积，从时代及沉积型相上看则南北的区别渐不显著。

（13）华北的本溪系和太原系中，煤层常与薄层的石灰岩相间，成为近海煤相。山西系则除少数例外，一般不含石灰岩，为远海煤相。华南的乐平煤系，在黔中、湘中、赣北、苏皖一带，全属近海煤相，有海相石灰岩及矽石的夹层。在湘南、闽粤、浙江的一部及滇西皆属远海煤相，不含海相地层。

（14）我国煤田大多数属地台凹地或纯地台类型。如华北的广大煤田，滇东及四川盆地的煤田，皆属此类型。少数煤田属地槽型的山前凹地型，如河西走廊、贺兰山东坡及南坡、川西龙门山的前山带等。湘中一带的近海煤系，以矽石为特征，可能属准地槽类型。

（15）我国的地台型煤田与苏联不同，煤层变质的程度相当高，在纯地台型中，一般可变成为气煤及长焰煤，见不到褐煤。在地台凹地中，煤的变质程度更高，可达到焦煤、瘦煤甚至无烟煤。（和）地层与时代的关系相当密切，下石炭纪的煤皆为无烟煤或瘦煤，石炭纪及二叠纪的煤，则除褐煤外，各级煤类皆有。侏罗纪的煤，一般为高挥发分的烟煤，但北京西山为无烟煤，四川盆地为焦煤或瘦煤，殊为例外。第三纪的煤，除抚顺为长焰煤及气煤，台湾为烟煤外，其他如云南许多坝子中的第三纪的煤皆为褐煤。

（16）在山西的汾河、沁水及太行山东坡的煤田，山东的博、淄、章及豫西煤田等，其煤质变化情况按照一定的方向（主要是东西向）作有规律的分布，这显然是与大地构造及动力变质有关系。详细原因，尚须进一步研讨。

（17）普查煤田时必先确定本区域一般的地层层序，包括煤层以上的和以下的各种地层在内，并须测制范围较大的煤田地质图及剖面图，其缩尺为五万分之一到十万分之一，表示全煤田的一般地质和构造情况。

（18）其次要详测含煤系的地层层序，依据岩石性质、地质时代、海生层、陆生层、标志层、煤层及化石层位来详细划分。从这个详细层序，特别依靠标志层来测制井田地质详图，其缩尺为五千分之一到一万分之一，详示褶皱及断层，测制足够的剖面以表示地层层序，构造及煤层的分布。这些剖面主要靠实地测量而得。

（19）要记述煤系及其上覆地层中各种岩石的硬度与坚度，以供将来钻探时估计钻进速度及规定定额之用。

（20）注意煤田内有无火成作用，包括侵入岩及喷出岩，要研究它们的种类、性质、时代和分布，从而定出对于煤田的影响。

（21）要详细研究每一主要煤层，包括下列各项：

1）煤层的顶板　如种类，厚度（至少须记述 30 公尺），岩性和强度，对于采煤在施工上和安全上的影响，注意在顶板中采集完善的植物化石。

2）煤层本身　包括种类，如烟煤，无烟煤或褐煤，注意有何特种煤类的夹层，如烛煤、藻煤等。性质，如色泽、组织（条纹状、板状、均性状）、块或末和二者的比例、硬度、裂缝、节理，煤岩分子的组成，风化的影响及自燃性等；夹层须记述种类、厚度、位置，疏松或粘密；其他杂质的如石灰质、硫黄质（黄铁矿）、菱铁矿质的结核及方解石脉。要注意这些结核的多少，分布，与煤层分开的难易，并要采集若干种，以供古植物学家用作植物内部组织的研究；煤层的不规则状态及对于采矿的影响如煤层的分裂，要注意是由于沉积关系抑由构造影响，煤层的变厚或变薄，煤层为断层或为岩脉所切断等；煤层的层数和厚度必须实测，如不可能全部实测，则必须向多方面探询明白，务求准确。凡厚在0.5公尺者为可采煤层。关于煤的野外鉴定及简单试验见第六章。

3）煤层的底板　如种类及性质；厚度，至少须记述10公尺；有否向上隆起的趋势；对于施工有何影响；注意其中有何种植物的根茎；煤层的底板常为耐火土，应采集若干标本，以供分析。

4）采集为化验用和陈列比较用的重要煤层的煤样，另须采集各种化石，可在露头，矿井或矿堆上采集，详记地点及层位。在矿堆上采集的化石，亦应设法定出或推测其层位。

（22）为勘定层位及构造用的标志层必须分布广泛，性质固定，容易辨识而又不很厚的最为合适，如我国北方太原系及本溪系中的石灰岩夹层，及在东部各石炭二叠纪煤系中所夹的许多呈缅状结构的铝土页岩和菱铁矿等，都很适用。有时也可以主要煤层为标志层。

（23）在井田地质图上，必须把个别煤层或若干煤层合成的煤组绘出来。这可从追索露头或老窑，研究矿井或钻眼的纪录或从标志层位的推测，而求得其在地面上应该出露的位置，然后一一绘入平面图上。

（24）矿区内如有煤层露头，应详为描述，并将其位置准确地绘入图上。

（25）在详测井田地质图时，应根据各方面（在已开发的矿区中包括矿井和钻眼的纪录）所得的资料，绘制煤层等高线图，等高线距离视煤层的倾角及缩尺的详略而异，一般应为数十公尺到100公尺，其标高应与地形标高取得一致。可采煤层多于一层者，应各制一张。

（26）要作水文地质的研究，须详细记述矿区内井、泉的位置、流量，及煤系中含水层的位置、厚度及其特征如孔隙度、裂缝、溶穴、水之来源、涌水量等。并要注意到钻探用水及将来开采时机器用水及饮用水的供给。

（27）应根据层位、构造等等来推想本煤田内有无埋伏不很深而可开采的隐伏谋田，以便钻探证实。还须把本煤田与附近地区的地质构造和古地理关系结合起来，以推测其原来沉积盆地的范围，并从而指出在本区附近可能发现的新煤田，以便勘探。

（28）要根据沉积学的原理，把煤系的详细层序分为若干沉积旋回，由此可把许多煤层和其共生的标志层归纳为若干煤组，详细记述各煤组中煤和其共生岩石的特性，要熟悉这种特性，以便将来在矿井中或钻眼中对比煤层，确定构造时，作为依据。

（29）从大地构造观点判断调查区煤田属于何种类型，俾于估计煤田的远景价值及布置勘探设计时，有所依据。

（30）注意煤系内或其上下地层内所含其他矿产，如油页岩、菱铁矿、锰矿、铝土矿、耐火泥、黄铁矿、石膏、矾类矿物以及建筑石材、水泥原料、矽砖原料、白云石、泥浆用黏土等等。

（二十一）石油（略。此节由张传淦撰写）

（二十二）油页岩

（1）油页岩是一种页岩，在低温干馏之下，能蒸出与石油相同的油来，故叫油页岩。油页岩一般呈薄层状，有时看来成块状，但一经风化之后，便显出明显的薄层，普通呈黑褐色，有的亦作褐色、黑色、或巧克力色，颜色愈深者其含油率愈高，亦即蒸出之油愈多。风化后之油页岩，坚韧不易破碎，以小刀削之，可成薄片而卷起，以指甲划之出现油脂之纹，其薄片以火柴点之即可燃，一般投入炉火中，便能自燃，冒浓烟，具沥青臭味。含油率愈高者，上述性质愈明显。

（2）油页岩是多灰分的（40%以上），属腐泥成因的，含有焦沥青质（或称油母）的页岩。它在浅海或湖沼中由腐泥堆积而成，其中除水生植物孢子花粉外，还有若干动物质。由于水面盖覆甚深，并在不断下降的条件下沉积，故氧气极端缺乏，沉积物迅速埋覆，通过嫌气细菌的活动，使沉积中的有机质发生还原与分解的作用，使有机质沥青化，造成了油页岩。

（3）油页岩只能用干馏法把油分出来，并不能为二硫化碳，四氯化碳等溶剂溶提沥青或油，因此，与沥青质页岩不同。后者呈黑色，其中所含沥青，能溶于上述一般的有机溶剂中。油页岩与褐煤的区分，是后者含有游离的腐植质，可用硝酸或碱溶液试验（使溶液呈黄色），而与沥青质煤的区分，是后者含灰分一般在40%以下。

（4）根据现知材料，世界各地油页岩的地质时代，颇为不同，古生代，中生代，第三纪及第四纪中都有油页岩的产出，其中以下志留纪，下石炭纪，上侏罗纪及第三纪的油页岩，分布最广。就地质条件论，特别是介于造山运动序幕之间的安定时期，在没有气流循环及大量碎屑物的集积，而水的深度又不利于陆生植物成长（的情况下），对油页岩的造成最为有利。这样的沉积环境，通常存在于地台及其边缘的盆地，或是在古褶皱山脉内的侵蚀盆地之中。

（5）我国的油页岩主要产在二叠纪，侏罗纪，白垩纪与第三纪地层中，常与煤层相距不远；下古生代的油页岩在我国尚未发现。在东北、中南、华东及西南都有油页岩，新疆二叠纪的油页岩成层尤厚。在我国地台上许多中生代和新生代的沉积盆地中，都已发现了或正待发现油页岩，在古地块或褶皱山脉中的小盆地，同样亦有发现油页岩的可能。

（6）我国已往对油页岩工作做得很少，除东北抚顺及少数其他地区外，对油页岩的性质、产状，特别是含油率，都不明了。以后在普查中除了解油页岩的时代、层位、构造外，尤须多采试样分析灰分、挥发分、水分，还须确定其发热量、焦油率及含硫分等。要先作野外简单试验，划出油页岩层的界线，然后再就颜色，结构等分层，各采若干样品，做初步分析，俟找出有可采品位的油页岩层后，乃就这些层位，按正规刻槽采样，大概每1公尺采样一个。另须采大量样品，就蒸出的焦油进行分馏试验，确定各级的油产量及煤气，半焦，焦油水的成分等等。

第六章 野外简易试验法

在普查找矿工作中，对于各种矿物、岩石、化石及地层的鉴定极为重要，必须随时进行，或予以初步的定名。关于鉴定的各种方法，普通教科书上讨论很详，兹不赘述。这里附列关于铁帽及次生富集带的研究，点滴试验法，用研磨法试验矿物中各种元素表，煤的鉴定和简单试验法，用荧光检查岩石中的沥青质，及几种试验沥青及水化学指标的野外方法等。

（一）铁帽及次生富集带的研究

（1）各种金属矿床露头，受了氧化作用后，其中各元素都形成氧化物或氧化的盐类，呈各种灿烂的颜色，已如上述。由于矿床中铁的普遍存在，及铁氧化后所成褐铁矿所具有的颜色及结构，最易引人注目，因此金属矿床的氧化盖层，通常称为铁帽。铁帽是金属矿床的指示标志。铁帽的存在往往指示其下可能有宝贵的金属矿床，所以在普查找矿时，大家要注意铁帽，研究铁帽，详细描写铁帽的颜色、结构、产状及围岩的岩性，从而推断其下有无硫化矿体，并推测其属于何种金属的矿床。

（2）据矿物学家研究，褐铁矿不是一种单纯矿物，而是若干氧化铁矿物的混合体，主要是一水氧化铁的针铁矿及无水氧化铁的赤铁矿，有时还有少量的黄钾铁矾（Jarosite）及绿高岭石（Nontronite）等矿物。纯粹赤铁矿为深红色，针铁矿为橘黄色，黄钾铁矾为黄色。

（3）铁帽中的褐铁矿可分为两种生成方式：

1）在前一种硫化物的原来地方定积下来的称为原积褐铁矿。

2）经过溶解，迁移，而在另一地方沉淀的称为迁积褐铁矿。原积褐铁矿占据在原来硫化矿物所遗留下来的孔隙中，很少超出这种孔隙之外。这种褐铁矿一般是坚密而相当硬，呈暗淡的颜色，它的结构多少保留原来硫化物的结构，因此可用来推测原来硫化矿物属何种类。迁积褐铁矿则位于孔隙的边缘，也可迁移到距原来硫化物数十甚至数百公尺距离的地方，这要视脉石的活动性能来决定。

（4）原积褐铁矿是在不溶的三价铁状态下沉淀的，迁积褐铁矿则属二价铁状态。游离硫酸能阻止二价铁氧化成三价铁，因此它将阻止原积褐铁矿的生成。铜恰恰相反，它能加速二价铁的氧化，也就是加速原积褐铁矿的生成。我们知道黄铁矿氧化时将产生许多游离硫酸，而黄铜矿氧化则产酸很少，但有很多的铜，因此，黄铁矿的存在将阻止原积褐铁矿的生成，而黄铜矿或其他含铜矿物，则可加速原积褐铁矿的生成。换句话说，原积褐铁矿的存在指示原来矿床中含铜较多，而迁积褐铁矿则产在含铜很少或不含铜的矿床中。

（5）所谓脉石的活动性是指它对于铁或铜溶液移动的影响而言。不活动的脉石如石英、重晶石对于从铁的溶液中沉淀矿物几乎不起作用，碳酸质脉石则这种作用很大。对铁如此，对铜也是一样。石英或矽酸质对铜有时也可起沉淀作用，形成矽酸铜。由于活动性脉石的存在，可使在溶液中移动的铁或铜沉积下来，形成一个相当大的铁染或铜染区域，初看很像铁帽或铜帽，但事实上，这种铁或铜是从其附近地方流来的，其下面不可能发现硫化矿脉，这种帽称为假铁帽或假铜帽。与真铁帽分别之法为①没有原来硫化物所遗下的孔隙，②没有原积褐铁矿或原积碳酸铜，③碳酸铜多成细脉、皮壳等迁积的产状，褐铁矿也多是迁积式的，④围岩没有原生蚀变现象。

(6) 铁帽中孔隙的多少及形状，与推测其原来硫化物的多少与种类有甚大关系。就一般言，孔隙愈多，则原来的硫化物亦愈多，但不要与非硫化物特征的孔隙相混（如火山岩，长石及其他造岩矿物所成的孔隙等）。孔隙形状与原来硫化矿物的种类，其关系如表31所示：

表31 铁帽孔隙与硫化矿物关系表

孔隙或模型的形状	可能的原来硫化矿物
方形	黄铁矿
方形具有梯级状	方铅矿
盾牌状	毒砂
刀片状	砷硫铜矿
板状	辉钼矿，铜蓝
菱状	菱锰矿

(7) 在铁帽中如找到了原生硫化矿物的残余如方铅矿、黄铜矿等或各种金属元素的氧化矿物如白铅矿，钼华及其所表示的显著的颜色，则对于铁帽的评价及推测，常有极大的帮助。

(8) 由于褐铁矿是若干种水氧化铁的混合物，其中还有其他杂质，以及孔隙度、密度、形成方式及颗粒大小等等不同的影响，所以褐铁矿的颜色是很不一致的。目前还难仅靠颜色这样一种特性来推断其原来是否含铜或其他金属。就一般言，豹褐色，枣红色及橘黄色的铁帽为含铜的指示；砖红色为含黄铁矿，深褐色及黄褐色（多量针铁矿）为含黄铜矿，赭褐色至朱古力色（多量针铁矿及赤铁矿）为含斑铜矿，深枣红色（多量赤铁矿）为含辉铜矿，赭褐色为含方铅矿，黄褐到褐色为含闪锌矿，黄褐到枣红色则为含辉钼矿的指示等等。

(9) 研究原积褐铁矿的结构，对于推断其原来硫化矿物属何种类有极大作用，如结构相似时，则可用颜色加以区分。褐铁矿由于浸滤溶蚀的结果，常成蜂房状，故这种结构也称为蜂房状结构，如表32所示：

表32 褐铁矿结构表

蜂房状结构	特性	颜色	原来硫化物
粗细胞状	粗的，棱角的，薄而宽的坚壁；片状、胞状、块状	赭色	黄铜矿
粗细胞状	矽质；薄、坚、棱角状的壁	淡褐色	闪锌矿
细细胞状	胞壁细小，脆弱；斑点状、片状	黄橘色	斑铜矿—黄铜矿
细细胞状	胞壁坚固；皱缩的褐铁矿，碧石	淡褐色	闪锌矿
细胞状海绵	浑圆，厚而坚的中空的细胞，卷缩，多二氧化矽	褐色	闪锌矿
三角状	三角状细胞，厚而脆，带皮壳	赭橘色	斑铜矿

续表

蜂房状结构	特性	颜色	原来硫化物
三角状	三角状，屈曲	赭橘色	斑铜矿
成等高线状	狭长，有棱角的坚的胞	朱古力色	黝铜矿
凸起	无蜂房状结构，疏松凸起，示硫化物的排列	枣红色	辉铜矿、铜蓝、斑铜矿
油脂状褐铁矿	油脂状，如涂漆，无蜂房状结构	暗褐色	黄铜矿、斑铜矿
褐铁矿的皮壳	薄、脆、片状的同心箔	暗褐至黑色	辉铜矿
具有节理	平行正方薄板状的褐铁矿，碧石	赭橘色	方铅矿
金刚石网状	金刚石形的网	赭橘色	方铅矿
锥体状	阶级形排列	赭橘色	方铅矿
箔片状	平，薄，圆的细胞	黄褐色至枣红色	辉钼矿

（10）铁帽的形状、大小与其下伏矿体的形状、大小，常有一定的关系，板状的矿体这种关系更为密切；但因风化后铁帽往往移位扩大，以致在地表上显示很大的铁帽，但其下未必有很大的矿体，普查者对此点当倍加注意。主要关键在考察其中是否有很多的原积褐铁矿，如果原积褐铁矿很少，大部分铁帽属迁积褐铁矿时，则其下面原生硫化物矿体的希望不大。

由于氧化后体积的缩小，就要发生塌陷破碎，成为许多裂纹及为方解石或石英胶结的角砾岩状态，这种现象对于铁帽是很为特征的。

（11）最后，对于铁帽需要注意的是高岭土化的蚀变现象，它是由于下降的硫酸或硫酸盐作用于业经热液蚀变的围岩上形成的。与高岭土共生或相距不远，有时还有明矾石及许多矾类矿物，如在甘肃白银厂所见。这种下降高岭土化的范围，大致符合于氧化带的范围，高岭土化作用愈剧烈，再加上许多原积褐铁矿一同发生在围岩强烈绢云母化的区域，那末，其下面找到次生富集矿床的希望就很大，这种关系对斑岩铜矿来说尤为重要。

（12）上述对于铁帽的研究，总的来说，我们要研究褐铁矿的颜色、结构，孔隙的形状，残余原生矿物，围岩蚀变，铁帽的位置、形状、大小等等，从此可以推测原来硫化物的种类，其下有无重要矿体或次生富集带，作出对每一地区铁帽的评价。在研究铁帽的蜂房状结构时，必须在铁帽中仔细地去寻找这些结构，因为整个铁帽并不能全部显示这种结构。兹将上述各点，依据原来硫化矿物的种类，列表（表33）综合如次：

表33　各种铁帽孔隙结构颜色成分表

原来矿物	孔隙的形状及有无充填	褐铁矿的产生方式	结构（或称蜂房状结构）	颜色	铁帽的矿物成分
黄铁矿	正方、空洞	迁积式、呈晕状散布	无	砖红色	赤铁矿+，黄钾铁矾+
磁黄铁矿	空洞	迁积式、呈晕状散布	粗海绵状	砖红色	赤铁矿+，黄钾铁矾+

续表

原来矿物	孔隙的形状及有无充填	褐铁矿的产生方式	结构（或称蜂房状结构）	颜色	铁帽的矿物成分
黄铜矿	充填	原积式	粗细胞状，细细胞状，油脂状	赭色	针铁矿+，黄钾铁矾−
斑铜矿	充填	原积式	三角状、海绵状，皮壳，凸起	赭色至橘黄色	针铁矿+，赤铁矿
辉铜矿	充填	原积式	凸起，皮壳状	枣红色至豹褐色	针铁矿+
黝铜矿	充填	原积式	等高线状，可连结起来	朱古力色	针铁矿
闪锌矿（惰性脉石）	空洞	迁积式	苔藓状褐铁矿	黄色至褐色	针铁矿+，石英+
闪锌矿（活动性脉石）	充填	原积式	粗细胞状，细细胞状，细胞状海绵	黄色至褐色	针铁矿+，石英+
方铅矿	充填	原积式	具有节理，皮壳状，金刚石网状，细胞状海绵	赭色至橘黄色，豹褐色，暗朱古力色	针铁矿，赤铁矿
辉钼矿	充填	原积式	箔片状，粒状	枣红色	针铁矿
菱铁矿	充填	原积式	具有节理，云母片状	黄色，深褐色	针铁矿

＋表示或为重要组分，—为少量。

（13）氧化带下是否有次生富集带及次生富集带的深浅、厚薄，视各处情况而异（主要系为金属的种类，共生矿物及地形，气候，潜水面，围岩性质及渗透性等各因素），应详为研究，并尽可能用浅井测定或用其他间接方法来推断。铜为最容易造成次生富集带的元素，如围岩为碳酸盐质时，则有时可在表面沉淀碳酸铜，阻碍了次生富集带的生成。方铅矿氧化后在表面形成一种不溶的皮壳（白铅矿、硫酸铅矿）亦可阻碍进一步的氧化。氧化物的菱锌矿等较易溶解，故可在氧化带下造成多少的富集。兹将原生带，次生富集带及氧化带中常见的矿物名称列表如下：

表 34　原生带、次生富集带、氧化带的矿物对照表

金属	原生带	次生富集带	氧化带
铜	黄铜矿 斑铜矿 硫砷铜矿 黝铜矿 砷黝铜矿	辉铜矿（特别是烟灰状的） 铜蓝（成盖皮）	自然铜 孔雀石 水胆矾 块铜矾（Antelerite） 氯铜矿（Atacamite） 蓝铜矿 矽孔雀石 赤铜矿 黑铜矿

续表

金　属	原　　生　　带	次　　生　　富　　集　　带	氧　　化　　带
银	黝铜矿 砷黝铜矿	自然银 辉银矿 深红银矿（Pyrargyrite） 淡红银矿（Proustite） 脆银矿（Stephanite） 硫锑铜银矿（Polybasite） 砷硫锑铜银矿（Perceite）	角银矿（Cerargyrite） 氯溴银矿（Embolite） 溴银矿（Bromaryrite）
金	自然金 碲化金	自然金	自然金
锌	闪锌矿 矽锌矿（Willemite）	纤维锌矿（Wurtzite） （常成 Wurtzite 假形）	菱锌矿 异极矿 水锌矿（Hydrozincite）
铅	方铅矿		白铅矿 硫酸铅矿 磷酸铅矿 硫碳铅矿（Leadhillite）
铁	黄铁矿 白铁矿 磁黄铁矿 毒砂 磁铁矿 赤铁矿（特别是镜铁矿） 菱铁矿	白铁矿	针铁矿 硫酸铁 赤铁矿
锰	菱锰矿 蔷薇辉石 水锰矿（Manganite） 硫锰矿（Alabandite）		硬锰矿 软锰矿 褐锰矿（Braunite）
镍	针镍矿（Millerite） 镍黄铁矿（Pentlandite） 红砷镍矿（Niccolite）	硫铁镍矿（Bravoite）？	矽镁镍矿（Garnierite）

从上表可知次生富集作用对铜、银矿物特别重要，锌次之。自然金一般富集在氧化带，特别在其底部，如矿床中含有锰，则金亦可下浸造成次生富集带。铁、锰及镍的氧化带都可富集成为有价值的矿床。镍是否有次生富集带尚未确定。褐铁矿是针铁矿、赤铁矿及其他矿物的混合物，故未列入在上表之内。

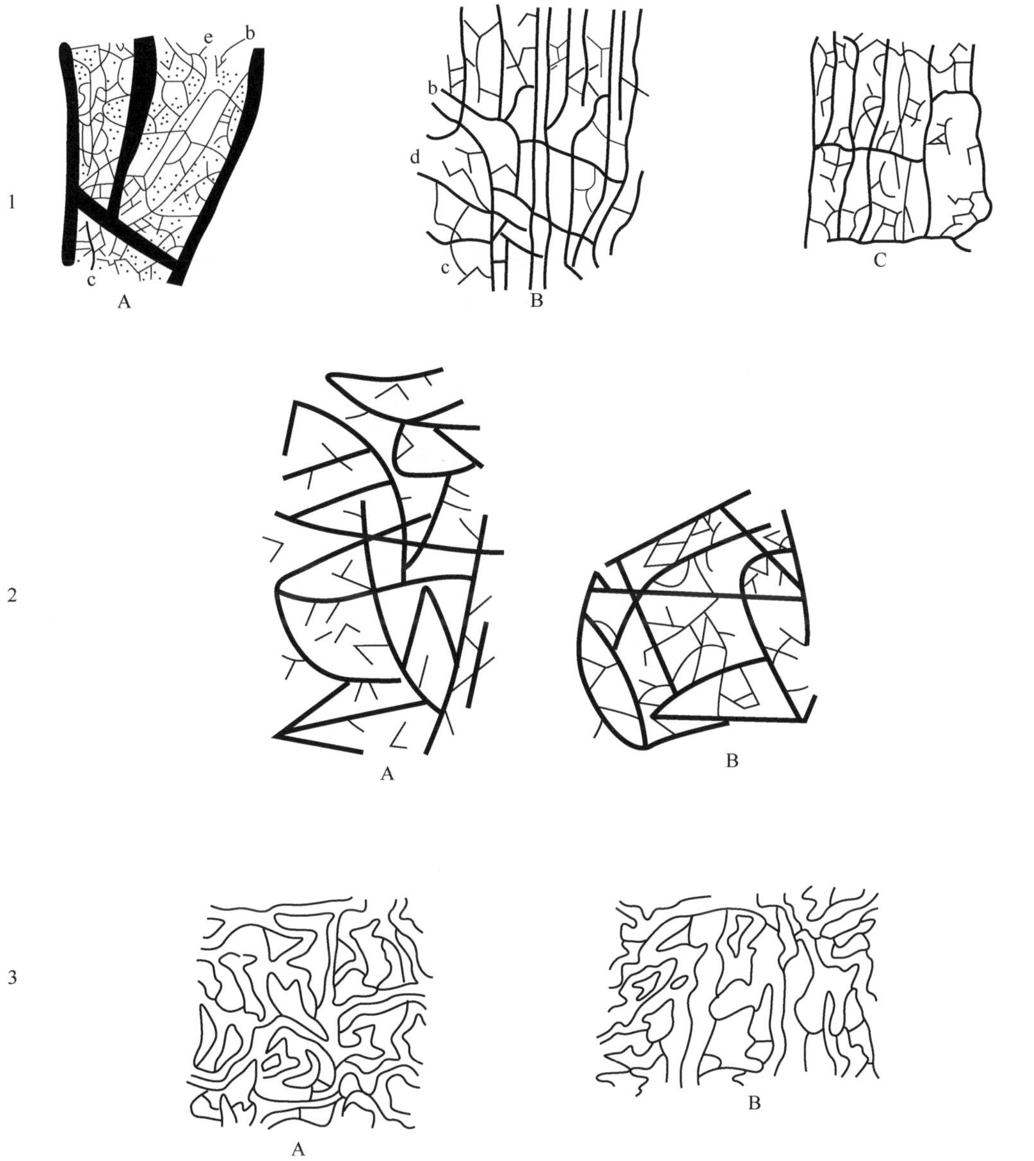

图 30　铁帽图

1. 黄铜矿铁帽的粗细胞状结构

　A（×2）a—石英细脉（原图中无 a——编者注），b—褐铁矿碧石的胞壁，c，e—充填的褐铁矿

　B（×5）四边形的细胞状，胞壁大致平行，b—穿脉，c. d—细的角状网脉

　C（×5）一般类型

2. 斑铜矿铁帽的三角状屈曲结构，中含眼球状细胞（× 5）

3. 黝铜矿的铁帽，示如等高线形状的结构（×5）

4

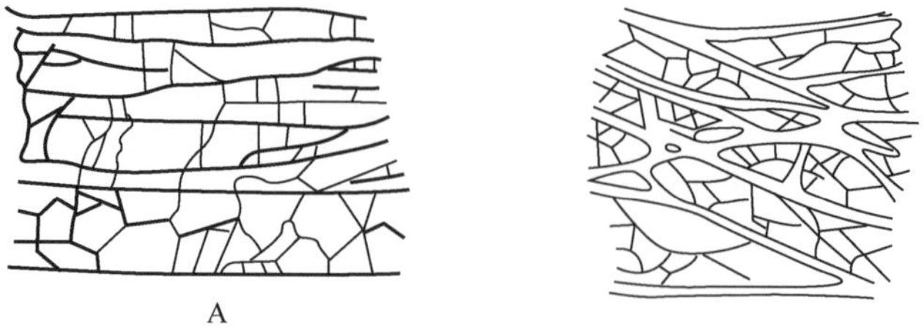

A　　B

5

6

A　　B

图 30　铁帽图（续）

4. 方铅矿铁帽的结构

A（×3）比较规则的型式，示平行板状、正方状、锥体状；

B（×3）不规则的金刚石网状细脉。

5. 闪锌矿铁帽的粗细胞结构（×2）

a—石英细脉；b—褐铁矿碧石的胞壁，c—充填的褐铁矿

6. 辉钼矿铁帽的箔片状结构中含褐铁矿片及石英细脉（A 及 B×20）

（二）点滴试验法的说明（陈亚镳撰文略）

（三）用研磨法试验矿物或岩石中各种元素的说明

（1）研磨法是苏联伊萨科夫于 1947 年所创立的一种新的定性分析方法，但是在固体物质间的反应和进行这些反应的条件，却已为俄国化学家门德雷耶夫于 1868 年指出了。

（2）研磨法设备简单，只需小磁皿、杵（玻璃的或玛瑙的）、磁杯、坩埚及 33 种固体药品，其中包括少数分解剂及许多反应剂，除特殊情况需用浓硫酸或盐酸分解外，几乎不需液体试剂，这是本法的最大优点。

（3）此外需要一个特殊装置但也比较是简单的挥发瓶。这是一个带有支管的小瓶，支管上有凹处，把要试验的矿物粉末与分解剂混合放在瓶中，于凹处置反应剂，加热后就可得到应有的反应。本法用于试碘、砷、钌等元素。

（4）研磨法操作简单迅速，其灵敏度可达 0.28 微克。有若干反应，在液体中不发生或会受干扰，但在固体中则进行顺利（如钴）。此为研磨法的另一优点。

(5) 为得到迅速而鲜明的反应，研磨时要经常搅动粉末使互相接触，并有新的面互相接触。呵湿气或加一滴水可使颜色格外明显，但在液体中不发生反应时，则加水可使色消褪。

(6) 在野外工作时，可即在标本上凿一小孔，或捶下若干小粒，在不含矿的石上用杵研磨。有的反应需加热，则可放在岩矿研究用的玻璃片上，用酒精灯加热。

(7) 关于研磨法的详细说明可参阅伊萨科夫原著，杨正华、陈筱熙译的《矿石和矿物粉末研磨定性分析法》，1954年地质出版社出版。

表37　研磨法试验矿物中各种元素表

元素名	(1)分解剂	(2)反应剂	(3)反应颜色及产物	(4)附记
铝		(a) $C_{14}H_7 \cdot SNa \cdot H_2O$ (b)淡氨水	鲜红色	用硫酸铝结晶试验与(2)(a)合研后，加淡氨水，显红色(如含铁，色不显，如含钴，则变为褐色。没有铝，则呈紫色。)
硼Ⅰ	浓 H_2SO_4	(a)$C_{14}H_8O_6$	红色或紫色液立即变为蓝色	先把矿物和(2)研磨，加硫酸，由于其他元素的干扰，蓝色可较浅
Ⅱ		(b)$HgCl_2$ (c)$Hg \cdot (CH_3COO)_2$(醋酸汞)	加水后呈红色($HgB_4O_7 \cdot HgO$) 呈黄色，在空气中略现橘黄色	KOH和NaOH与$HgCl_2$研磨后，不加水即现红色 Na_2CO_3和K_2CO_3则加水后呈红褐色(成为Hg的碳酸物)。硼矿物有溶于水的，也有不溶解的矽酸盐
钒Ⅰ	浓 H_2SO_4	O—羟基喹啉	黄色，加热后变为深蓝色$(C_9H_6NOH)_4 \cdot (V_2O_3)$	钼、钨和钛都有同样反应，把矿物研磨加酸蒸发后，再取一小部蒸发物与(2)合研
Ⅱ	浓 H_2SO_4	$Fe_2(SO_4)_3$	红色	用酸分解蒸发后再与(2)合研、并呵以湿气
Ⅲ	浓 HCl		红色	用分解后的含钒矿物
Ⅳ		对二氨基联苯稀醋酸	立呈蓝色	用NH_4VO_3结晶与(2)合研加稀醋酸
铋Ⅰ	$KHSO_4$	$(NH_4)_3[Cr(CNS)_6]$	红褐色 $Bi[Cr(CNS)_6]$	先与(1)合研，呵气，再加(2)，并呵气，必须用少量矿物，否则呈黄色。反应剂制法：用$Cr(NO_3)_3$或$CrCl_3$与NH_4CNS照1∶3比例合研成潮润绿色粉末，干后变为淡紫色，可保存应用
铋Ⅱ	$KHSO_4$	$Na_2S_2O_3$	先成淡黄色，在空气中2～3分钟后，变为红色。用硫化铋矿物试验则为黄色，不变红	
Ⅲ	$KHSO_4$	$C_6H_6O_3$焦性没食子酸	黄绿色	呵以湿气
Ⅳ	NH_4NO_3	$C_4H_8N_2O_2+FeSO_4$	深红色	用$Bi(NO_3)_3$试验。在液体中不现本反应。与锑的Ⅲ试法相混，在铁存在时呈橙红色

续表

元素名	(1)分解剂	(2)反应剂	(3)反应颜色及产物	(4)附记
V	NH_4NO_3	NH_4CNS 或 KCNS	淡黄色	适用于硫化铋等矿物，研细后放入玻管中加4～5倍的NH_4NO_3，混合加热3～4分钟，冷后以一部块末与(2)合研，呵湿气
铋及铁		NH_4CNS $+Na_2S_2O_3$	初为红棕色(Fe)，加$Na_2S_2O_3$后变为黄色(Bi)	用$Fe(SO_4)_3$及$Bi(NO_3)_3$与NH_4CNS合并呈红棕色，加$Na_2S_2O_3$后变为黄色
钨Ⅰ	稀HCl	$SnCl_2$	蓝色，冷时慢，热时快W_2O_5	用于钨酸盐，白钨矿等矿物
Ⅱ	KOH固体	$SnCl_2$	蓝色	用于钨锰铁矿等矿物。先与KOH共研，加热后现黄色，仍加$SnCl_2$再研并加HCl，加热就现蓝
铁ⅠFe^{++}	$KHSO_4$	$K_3[Fe\cdot(CN_6)]$	蓝色	先与(1)共研，再加(2)就现蓝色，加水后更显
ⅡFe^{++}	$KHSO_4$	$C_4H_8N_2O_2$(双乙酮肟)稀NH_4OH	深红色	先与(1)研，后与(2)研，再加稀氨液；此法与Ni相混，可应用1法加以佐证，用$FeSO_4$试验
ⅢFe^{++}		(a)$C_4H_8N_2O_2+Bi(NO_3)_2$	深红色	加稀HCl后即消灭，加水后颜色的强度增加
		(b)$C_4H_8N_2O_2+SbCl_3$	橙黄色，加水后变为红色	加淡HCl后色不褪，但变为红色，加浓HCl后则色即消灭。以上(a)(b)作用，可以用两价铁作为触媒剂来解说，因一般在酸性溶液中，此作用不发生，所以必须加氨水
Fe^{+++}Ⅰ	$KHSO_4$	$K_4[Fe(CN)_6]$	深蓝色	先与(1)研，次与(2)研，呵湿气更显
Fe^{+++}Ⅱ	$KHSO_4$	NH_4CNS	红棕色	每一步呵湿气
Ⅲ	NH_4Cl $+NH_4NO_3$	$K_4[Fe(CN)_6]$ 或 NH_4CNS	与$K_4[Fe(CN)_6]$成蓝色与NH_4CNS作用，成红棕色	赤铁矿、黄铁矿、白铁矿、磁黄铁矿等不能用$KHSO_4$分解，必须用$NH_4Cl+NH_4NO_3$分解。用4～5倍的分解剂，须加热4～5分钟
Fe^{++} $+Fe^{+++}$	$KHSO_4$	$K_4[Fe(CN)_6]$ $K_3[Fe(CN)_6]$	滕氏蓝。普鲁士蓝	如用王水或$NH_4Cl+NH_4NO_3$分解矿物，则都氧化成Fe^{+++}，只能得到一种反应；如需两者俱得到反应，可用$KHSO_4$分解，乃可分为两部，各用各的(2)来试验就可得到分别的反应
碘	NH_4Cl $+NH_4NO_3$ 照2∶1比例	KI及$(C_6H_{10}O)n$淀粉	在玻瓶中先现紫色，继续加热，侧管中现蓝色	把矿物研碎与(1)混和装入挥发瓶，加热2～3分钟，玻瓶中因有碘分出，现紫色，再加热，碘与侧管凹处中的淀粉起作用，现蓝色，淀粉须加水潮润，则色显(挥发瓶装置，见说明)

续表

元素名	(1)分解剂	(2)反应剂	(3)反应颜色及产物	(4)附记
镉Ⅰ	$KHSO_4$	$CuSO_4$ ∶ $K_4[Fe(CN)_6]$ ∶ $KNa\ C_4H_6O_6$ = 1∶10∶20	紫丁香色	矿物与(1)合研，呵湿气，加(2)再研，加稀氨液，即现紫丁香色，稍加热则色更显。反应剂配制照左列比例。得潮润的红棕色粉，烘干后备用
Ⅱ		二苯胺脲	红紫色	用 $CdSO_4$ 与(2)合研，加氨水现红紫色。与 Hg^{+} 及 Hg^{++} 的试验相混
Ⅲ		Na_2S	黄色(CdS)	与 Fe、Ni、Co、Ag、Pb、Bi、Cu 等相混
钾Ⅰ		$NaNO_2$ ∶ $CoSO_4$ ∶ $Pb(CH_3COO)_2$ =1∶1∶1 砖红色粉末	黄色	与(2)合研，呵潮气即现黄色，加水，色更显。(2)可预制，系砖红色粉末。本法为试钾最好之法
Ⅱ		$NaNO_2$ ∶ $Pb(CH_3COO)_2$ ∶ $Cu(CH_3COO)_2$ =3∶1∶1	棕色 $K_2PbCu(NO_2)_6$	把矿物与(2)合研，呵湿气立呈棕色。反应剂照比例合研为一绿色潮润粉末，烘干后可保存应用。本反应在湿法试验中成黑色方形结晶。与氨、铷、铯和铊等相混
Ⅲ		$CoSO_4$ ∶ $NaNO_2$ =1∶1	黄色稍带绿色	不能预配，须与试验同时进行。矿物与(2)合研，本为砖红色粉末，在钾存在时个别地方呈现出黄绿色，与氨、铯、铷、铵相混，不如Ⅱ法灵敏
钴Ⅰ	$KHSO_4$	NH_4CNS 中用 $Na_2S_2O_3$ 去铁的干扰	蓝色 $(NH_4)_2[Co(CNS)_4]$	先与(1)研，再与(2)研。有时因小有铁，其所呈红褐色可盖过蓝色，必须加 $Na_2S_2O_3$ 后铁变为二价，则红褐色消褪，但因分出结晶水，使粉末潮润发生电离作用，颜色不显。用湿法时必须加酒精。应稍加热则色即显
Ⅱ	$KHSO_4$	$(NH_4)_2[Hg(CNS)_4]$ 加 $Na_2S_2O_3$ 去铁的干扰	蓝色 $Co[Hg(CNS)_4]$	本反应产物不溶于水及酸，故较1法为善。为去铁的干扰，可加 $Na_2S_2O_3$ (2)制法：用 NH_4CNS ∶ $Hg(CH_3COO)_2$ 照1∶2比例合研，干后可备用。以上Ⅰ—Ⅱ两法适于钴的砷化物、硫酸盐、碳酸盐、矽酸盐或其他类似矿物
Ⅲ		浓 HCl	蓝色	用于钴华 $Co_3(AsO_4)_2\cdot 8H_2O$，钴矾 $CoSO_4\cdot 7H_2O$，钴菱锌矿 $(Zn,Hg,Co)CO_3$；菱钴矿 $CoCO_3$ 等。把矿物研磨，加浓 HCl，现蓝色，稍加热则反应更速，把酸蒸发，色即消灭
钴Ⅳ		NH_4Cl ∶ NH_4NO_3 =2∶1	蓝色 $CoCl_4^{--}$	钴的砷化物或硫化物等矿物，适用此法。将矿物与4～5倍的(2)合研，加热3～4分钟，现蓝色，呵湿气或加水，色即褪消

续表

元 素 名	(1)分解剂	(2)反应剂	(3)反应颜色及产物	(4)附 记
V	$KHSO_4$	$Na_2S_2O_3$	蓝色($Na_2[Co(S_2O_3)_2]$)	把矿物与(1)合研，次与(2)研，成蓝色，此物不稳固，加水即溶，灵敏度不如以上各法
钴及铁		NH_4CNS + 浓盐酸	加酸后成蓝色，其后由于 $Fe(CNS)_3$ 的造成，变为红褐色	钴的反应，在加酸后，立即就可以看到
镁 I		(a)$C_{12}H_9O_4N_3$ (b) KOH 或 NaOH	蓝色	与少量(2)(a)合研，加足量的(2)(b)再研，加水即现蓝色。(2)制法：以对硝基苯铵与 1：1 HCl 合研，加 $NaNO_2$ 再研，再加 резорцин(间苯二酚)又研，就得红褐色粉末，可保存应用，原料—p—硝基苯胺，$NaNO_2$，$C_6H_5O_2$(树脂酚)比例是 2：1：1
II		(a)$C_{14}H_8O_6$ (b)＋KOH 或 NaOH	蓝色(在强碱性介质中)	$Mg(NO_3)_2$ 或其他含镁盐类与(2)(a)合研，加(2)(b)现蓝色，为比较计，可同时做一个不含镁的试验，这时呈蓝紫色
锰	NH_4Cl：NH_4NO_3 ＝2：1	$AgNO_3$	黑色(Ag)	与 4～5 倍的(1)混合，加热 3～4 分钟，冷后取出一部分混合物与(2)合研，加一点氨水就变黑色，稍加热黑色更显
锰及钴 I		浓盐酸，$AgNO_3$，氨水	深蓝色($CoCl_4^{--}$)	矿物研细，加浓 HCl，加热，黑色矿物即变为蓝色($CoCl_4^{--}$)。把酸蒸发，蓝色消褪，冷后加 $AgNO_3$ 共研，加一点氨水，就变黑色(Mn)
锰及钴 II		(a)NH_4Cl：NH_4NO_3＝2：1 (b)$AgNO_3$	蓝色($CoCl_4^{--}$)	矿物研细加 4～5 倍(2)(a)，混合，加热 2～3 分矿，现蓝色($CoCl_4^{--}$)，其余用(2)(b)试验得黑色反应(Mn)
铜 I[a]		NH_4OH	蓝色 $2[Cu(NH_3)_4]SO_4 \cdot H_2O$	不需分解，适用于硫酸铜及其他碱性铜盐类矿物
I[b]		NH_4Cl+CaO	蓝色 $2[Cu(NH_3)_4]SO_4 \cdot H_2O$	用 $CuSO_4$ 矿物研细，加(2)再研。因有 NH_3 放出，即现蓝色
II	(a)$KHSO_4$ (b)$KHSO_4$	氨水 $K_4[Fe(CN)_6]$	蓝色 $2[Cu(NH_3)_4]SO_4 \cdot H_2O$ 红棕色 $Cu_9[Fe(CN)_6]$	适用于矽酸铜及碳酸铜，磷酸铜，砷酸铜等矿物 (a)与(1)合研，呵湿气，加氨水即现蓝色 (b)与(1)合研，呵湿气，加(2)合研，呈红棕色。与铀矿物相混是同样红棕色。并受三价铁的干扰呈蓝色
III	NH_4Cl：NH_4NO_3 ＝2：1	(a)氨水或 (b)$K_4[Fe(CN)_6]$		与(1)合研，加热，加(2)(a)蓝色，加(2)(b)得红棕色。本法适用于各种硫化铜矿物

续表

元　素　名	(1)分解剂	(2)反应剂	(3)反应颜色及产物	(4)附　　　记
钼Ⅰ		(a)NH_4CNS (b)$SnCl_2$	樱桃红色 $(NH_4)_3[Mo(CNS)_6]$	适用于钼酸盐矿物，不需制炼，先与(2)(a)研，再与(b)研即得
Ⅱ	坩埚中焙烧	(a)NH_4CNS (b)$SnCl_2$	樱桃红色 $(NH_4)_3[Mo(CNS)_6]$	适用于硫化钼矿物，先放坩埚中焙烧，再照Ⅰ法试验
Ⅲ	浓硫酸	NH_4CNS	樱桃红色 $(NH_4)_3[Mo(CNS)_6]$	矿物加石英粒合研，置坩埚中加硫酸蒸发，在埚边可见钼的蓝色。冷后取出加(2)合研，使蓝色消褪，呈现樱桃红色
Ⅳ		乙黄酸钾＋稀盐酸	红色(MoO_3 $[SC(SK)(OC_2H_5)]_2$	用钼酸矿与乙黄酸钾合研，混合物加一点稀 HCl 即得
Ⅴ		Na_2S	棕色(MoS_3)	用钼酸矿与(2)合研变黄色，在空气中渐变为棕色
砷Ⅰ	$KHSO_4$	$AgNO_3$	红棕色(Ag_3AsO_4)	用砷酸盐矿物与(2)合研或先与(1)合研，再与(2)合研，加水即得。如为砷酸铜用后法为宜
Ⅱ		$(NH_4)_2MoO_4$＋浓硝酸	黄色$[(NH_4)_3\cdot AsO_4\cdot 12MoO_3]$	与(2)合研加浓硝酸即得，与磷相混，如两者同存时须用Ⅲ法分别
Ⅲ	NH_4Cl：NH_4NO_3＝2∶1	$(NH_4)_2MoO_4$	黄色$[(NH_4)_3\cdot AsO_4\cdot 12MoO_3]$	研细矿物，与(1)混合放入烧瓶中，侧管凹处加硝酸及潮润的(2)，加热2～3分钟，试料即褪色，砷或 $AsCl_3$ 蒸发，与(2)反应成黄色。如矿物含磷，则因磷残留在玻瓶中不致与砷相混
Ⅳ		(a)$CuSO_4$ (b)Na_2CO_3 或加氨水	蓝绿色 $Cu_3(AsO_4)_2$	用砷化物矿物与(2)(a)合研，加(2)(b)合研即得。或于加(a)合研后，加氨水再蒸发至干亦得
镍		(a)$C_4H_6N_2O_2$ (b)$(NH_4)_2CO_3$	玫瑰红色	用矽酸镍与(2)(a)合研呈现玫瑰红色。本反应非常灵敏，不与其他元素相混，铁的反应只在溶液中表现，因此可以分别。为加强反应，可再与(2)(b)合研则色更显
镍及铁Ⅰ	$KHSO_4$	$C_4H_8N_2O_2$	玫瑰红色	与(1)合研呵湿气，一部分镍成 $NiSO_4$，再与(2)合研即得。铁在固体中不干扰
Ⅱ	NH_4Cl：NH_4NO_3＝2∶1	$C_4H_8N_2O_2$	玫瑰红色	与(1)混合加热4～5分钟，冷却后，再与(2)合研并加氨水即得。铁与(1)分解已变为三价，故不起干扰
锡Ⅰ	锌粒＋1∶4盐酸	$C_4H_8N_2O_2$	玫瑰红色	加(1)蒸发至干，锡先还原，继与 HCl 作用成 $SnCl_2$，再与(2)合研即得。

续表

元素名	(1)分解剂	(2)反应剂	(3)反应颜色及产物	(4)附记
Ⅱ		$(NH_4)_2MO_4+H_2SO_4$	蓝色（$MoO_3\cdot Mo_2O_3\cdot xH_2O$	用 SnCl 或用 I 法处理后的锡矿物，与(2)合研，再加硫酸，因钼的还原呈蓝色
Ⅲ		$(NH_4)_3PO_4$ $12MoO_3\cdot 6H_2O$	蓝色	方法和作用同Ⅱ，但反应速较显
锇Ⅰ	NH_4Cl：NH_4NO_3 =2：1	NaOH	黄色或棕色	把矿物及(1)放在挥发瓶中处理，锇氧化成四价（约 400℃），挥发后与侧管中(2)起作用，成黄或棕色
Ⅱ	NH_4Cl：NH_4NO_3 =2：1	KI＋浓硫酸	绿色(H_2OsI_4)	方法同(I)
Ⅲ	NH_4Cl：NH_4NO_3 =2：1	$CS(NH_2)_2$ 硫脲，稀 HCl	玫瑰红色	方法同上
钯Ⅰ	NH_4Cl：NH_4NO_3 =2：1	KI	黑色(PdI_2)	与(1)混合，加热(3～4 分钟)，冷后，与(2)合研即得黑色(PdI_2)，再与多量的(2)合研，则黑色渐变为棕色(呵湿气或加水)
Ⅱ	NH_4Cl：NH_4NO_3 =2：1	$C_4H_8N_2O_2$	黄色	方法同上，须呵湿气
Ⅲ	NH_4Cl：NH_4NO_3 =2：1	$C_{10}H_6(NO)OH$ α-нитрозо-β-нафтоA	红棕色	方法同上
铂	NH_4Cl：NH_4NO_3 =2：1	KI	黑色，加水则变为红色	与(1)混合，加热(3～4 分钟)，成$(NH_4)_2[PtCl_6]$，呈黄色，冷凝后取出与(2)合研，呵湿气，呈黑色，加水则变红色
汞Ⅰ	稀盐酸	氨水	黑色	用 $HgNO_3$ 试验，加(1)后成为 Hg_2Cl_2（原文如此。疑应为 $HgCl_2$——编者注），经(2)还原成为金属汞，如不含银或锰时，则不须加(1)
Ⅱ		二苯胺脲	蓝色	用 $HgNO_3$ 与(2)合研即得。如试料为氯化汞，须加一点稀硫酸，才现蓝色，以上Ⅰ—Ⅱ为一价汞反应
Ⅲ	NH_4Cl：NH_4NO_3 =2：1	KI	粉红色(HgI_2)	用辰砂或其他矿物与(1)混合，加热 3～4 分钟，冷后，与(2)合研即得

续表

元素名	(1)分解剂	(2)反应剂	(3)反应颜色及产物	(4)附记
Ⅳ	浓硫酸	KI	淡橙色或橙色	用 NH_4Cl,NH_4NO_3 处理辰砂时,可使大量的汞成 $HgCl_2$ 而挥发,而损失,如用浓硫酸处理再把酸蒸干则较好。反应剂的量不能太多,过多则色不显,甚至消失
Ⅴ		二苯胺脲	紫色	用醋酸汞与(2)合研即得,如加水则反应更速
钌ⅠRu	NH_4Cl∶NH_4NO_3=2∶1	NH_4CNS 或 KCNS	玫瑰红色	用挥发瓶试验,加热 3～4 分钟,瓶中现红色,侧管凹处的溶液,呈橙色。本反应与锇相似,也是以四价金属的挥发性为基础
Ⅱ	NH_4Cl∶NH_4NO_3=2∶1	$CS(NH_2)_2$ + 1∶2 盐酸	深蓝色	装备同上,反应剂不同,但存在锇时有干扰,可用氨处理
Ⅲ	NH_4Cl∶NH_4NO_3=2∶1	二磺乙二醯胺(рубеановодородная кислота. Qu-beauicacld)+ 1∶2稀盐酸	蓝色	装备同上,反应剂不同。本法不受锇的干扰
锇及钌	NH_4Cl∶NH_4NO_3=2∶1	(a)NaOH (b)二磺乙二醯胺	黄色或棕色(锇)蓝色(钌)	当锇、钌并存时可用挥发瓶连以有两个凹处的侧管,其中分置反应剂得到各别的颜色
铅Ⅰ		KI	黄色(PbI_2)	硫酸铅矿及若干方铅矿可不需处理,直接与 KI 合研,呵湿气或加水即得鲜艳黄色
Ⅱ	$KHSO_4$	KI	黄色(PbI_2)	其他铅矿物须用(1)处理并加水即现黄色,用方铅矿与(1)合研时,发出 H_2S 味极重,证明其为硫化物。如 $PbSO_4$ 与 PbI_2 并存在溶液中时,则因 $PbSO_4$ 溶度较低,故成 $PbSO_4$ 的反应,但在固体中则起 PbI_2 的反应
硒(Se)	NH_4Cl∶NH_4NO_3=2∶1	$SnCl_2$	红色	把矿物及(1)置挥发瓶中,于侧管凹处置(2),加热 3～4 分钟,即得红色反应
硫Ⅰ		Tl_2S	红棕色(Tl_2Sx)	以硫黄与 Tl_2S 合研,即得红褐色。反应剂用 Tl_2CO_3 及 Na_2S 合研即得
Ⅱ	$KHSO_4$			以硫化物矿物与(1)合研,呵湿气有 H_2S 气味发出,证明含硫
Ⅲ		(a)NaOH 或 KOH (b)$Na_2[Fe(CN)_5NOS]$	红紫色	以硫化矿物先与(2)(a)合研,次与(2)(b)合研即得

续表

元素名	(1)分解剂	(2)反应剂	(3)反应颜色及产物	(4)附记
银Ⅰ	浓硫酸	$MnSO_4$+氨水	黑色(Ag)	把矿物放在瓷钵中研细，加(1)，加热，蒸发至干，加(2)再研，加氨水即得黑色
Ⅱ	NH_4Cl∶NH_4NO_3=2∶1	$Na_2S_2O_3$	先红色，次褐色，最后变为黑色。	矿物用(1)分解后，加少量(2)，稍研即得
Ⅲ		(a)$Bi(NO_3)_3$ (b)$C_6H_6O_8$(焦性没食子酸)	渐变为黑色	以(2)(a)(b)两种合研，(2)量较多成黄绿色粉末，乃加 $AgNO_3$ 合研，即渐变为黑色。因反应剂可延迟 $C_6H_6O_3$ 对于硝酸银的还原达一、二分钟
银及锰	浓硫酸	氨水	黑色	有些锰矿(如硫锰矿 MnS)中常含银。二者可合并试验，用硫酸分解后，再加氨水还原即得
锑Ⅰ		KOH	淡黄色，1～2分钟后变为红橙色	以辉锑矿小粒与 KOH 相接触，在瓷钵中稍加压，即变为淡黄色，继为红褐色
Ⅱ	浓硫酸	苏丹Ⅲ $C_{22}H_{16}ON_4$	深蓝色	把矿物用(1)分解，加热蒸发，冷后加(2)即得，加入(2)的量须极少，否则成黑色。呵湿气则色消褪，因在液体中不起反应
Ⅲ		(a)$C_4H_8N_2O_2$ (b)$FeSO_4$	橘红色	用 $SbCl_3$ 与(2)(a)合研，再与(2)(b)合研，即现橘红色。与 Bi 相混，后者呈玫瑰红色
铊Ⅰ	浓硫酸	$Na_3[Co(NO_2)_6]$	鲜红色 $2Tl_3[Co(NO_2)_6]$	用(1)把矿物分解，蒸干，与(2)合研，加水即得
Ⅱ	同上	(a)KI (b)$Na_2S_2O_3$	黄色(2TlI)	分解后，与(2)(a)合研，即现黄色，如再(2)(b)合研，色不褪，即为 Tl，因银与铅同呈黄色，但加(2)(b)后，色即消褪
钛Ⅰ	$K_2S_2O_7$	(a)H_2O_2 (b)稀 H_2SO_4	红棕色(多量钛)，黄色 $H_2[TiO_2(SO_4)_2]$(少量钛)	把矿物与(1)混合，加热使融，冷后先加(2)(a)，次加(2)(b)即得
Ⅱ	$K_2S_2O_7$ 焦硫酸钾	丹宁(Tannine)	红棕色(多量钛) 或黄色(少量钛)	处理法同上，加(2)后合研，并加水即得
铀Ⅰ		$K_4[Fe(CN)_6]$	红棕色 $(UO_2)_2[Fe(CN)_6]$	用硝酸铀或醋酸铀与(2)合研，即现红棕色。本反应受三价铁(蓝色)与二价铜(棕色)的干扰，必须用 $Na_2S_2O_3$ 除去，如Ⅱ

续表

元素名	(1)分解剂	(2)反应剂	(3)反应颜色及产物	(4)附记
Ⅱ		(a)$K_4[Fe(CN)_6]$ (b)$Na_2S_2O_3$	红棕色 $(UO_2)_2[Fe(CN)_6]$	将含铀矿物与 $Fe_2(SO_4)_3$ 及 $CuSO_4$ 合研，加(2)(a)，得黑蓝色，再与(2)(b)合研，则黑蓝色消失，变为红棕色
磷Ⅰ		(a)$(NH_4)_2MoO_4$ (b)浓 HNO_3	黄色 $(NH_4)_3PO_4 \cdot 12MoO_3$	与(2)(a)合研，加(2)(b)即得
Ⅱ	$KHSO_4$	(a)$(NH_4)_2MoO_4$ (b)$C_{12}H_{12}N_2$	蓝色	先与(1)合研，呵湿气，冷加(2)(a)再研，又加(2)(b)重研即得。因钼磷酸氨能氧化(2)(b)使成蓝色，同时钼蓝亦还原成钼蓝色
氯Ⅰ		(a)$CoSO_4$ (b)NH_4NO_3	深蓝色($CoCl_4$)	先与(2)(a)合研，加热数分钟，俟其未冷时加(2)(b)稍为混合即得。本反应也可在挥发瓶中(没有侧管)试验，加热后即得深蓝色
Ⅱ		(a)$CoSO_4$ (b)O—羟基喹啉	把橙色的反应剂变为绿蓝色或土耳其蓝色	把(2)(a)(b)合研加含氯矿物再研，2～3分钟后即变为绿蓝色。本反应与溴及碘的反应不相混淆
铬Ⅰ	Na_2O_2	$AgNO_3$	红棕色(Ag_2CrO_4)	与(1)合研加热使熔，冷后再加(2)合研即得
Ⅱ	Na_2O_2	$(NH_4)_2 \cdot HPO_4$	绿色($CrPO_4$)	用 $Cr(NO_3)_3$ 或把矿物如上法处理后加(2)稍热即现绿色斑点，1～2分钟后现绿色反应。研磨愈细则反应愈明显
铈 Ce	浓硫酸	(a)K_2CO_3 (b)H_2O_2	黄色($Ce(OH)_4$)	研细，加(1)处理，在坩埚中蒸发至干，冷后与(2)(a)合研，再加(2)(b)即得，如稍加热则色更显
锌Ⅰ	$(NH_4)_2SO_4$	$Hg(CH_3COO)_2$(醋酸汞)+NH_4CNS (a)$(NH_4)_2[Hg(CNS)_4]$ (b)$CuSO_4$ a+b=(c)$Cu[Hg(CNS)_4]$	淡紫或暗紫色，在瓷皿的边部则现红色	与(1)合研，呵湿气。在另一瓷皿中用醋酸汞与 NH_4CNS 合研，成(2)(a)，加少量(2)(b)再研磨，即制成灰绿色的(c)反应剂，以(c)与处理后的矿物合研，加1∶1稀硫酸，则与酸接触处呈紫丁香色，在皿的边部现红色
Ⅱ	NH_4Cl+NH_4NO_3	$Hg(CH_3COO)_2$(醋酸汞)+NH_4CNS (a)$(NH_4)_2[Hg(CNS)_4]$ (b)$CuSO_4$ a+b=(c)$Cu[Hg(CNS)_4]$	淡紫或暗紫色，在瓷皿的边部则现红色	如矿物为黑色的硫化物时则应用(1)，然后照上法试验，得同样反应

(四) 煤的鉴定和简单试验

1. 煤、沥青、炭质页岩及油页岩：

这四种东西，基本上是不同的，在形态上，性质上一般是很容易分别的，但有的时候，尤其在各种过渡类型中，往往不易区分。

煤和沥青都是以有机物为主，矿物质（灰分）为副的可燃性有机岩，但煤中的有机物则以腐植质为主，稍含沥青质的沥青中则几乎全属沥青质。煤中灰分的界限尚难规定，在沉积岩石学中有以 50%为最高限度，超过此数就是炭质页岩或油页岩。在苏联目前一般以 40%为最高限度。在实用上则视各地的经济情况而异，不能硬性规定。一部分腐植质可溶于氢氧化钾或稀硝酸中成褐色溶液（试验褐煤的特征），大部分沥青则溶于有机溶剂中，如哥罗方、以脱、松节油、石脑油等，并可用紫外光来研究鉴定。从对于各种有机溶剂所起作用的不同，可分为不同的沥青质。也有若干老化了的沥青，不溶于有机溶剂，那时就很难与煤区分了。沥青一般是软而易熔融，但老化了的沥青也能坚硬不熔。云南的禄劝煤，是煤还是沥青，至今尚未能决定。

炭质页岩和油页岩都是含灰分多于有机质的可燃性有机岩，但炭质页岩中以煤质为主，不含沥青，油页岩则以沥青为主。

表 38 煤、沥青、炭质页岩、油页岩的鉴定表

	煤	沥 青	炭 质 页 岩	油 页 岩
灰分	<40%~50%	很少	>40%~50%	>40%~50%
有机质	腐植质为主，稍含沥青	沥青	煤质	沥青质
熔融度	高温下可熔	易熔	不熔	不熔
燃烧点	不一，通常要温度稍高时才能燃烧	易燃	不燃	易燃
有关溶剂的作用	小部分溶解	一般能溶	不熔	部分能溶

2. 泥炭、褐煤、石煤、无烟煤：

这是煤的一个体系中（陆植煤类）四种不同变化程度（包括岩化过程及变质过程）的阶段。褐煤与石煤的区别见表 39。无烟煤有时列在石煤中，但最好还是分出来。欧洲大陆包括苏联在内，把保存木质结构特别清显的褐煤叫做 Лигнит，其他称为 Угли бурые，Brown coal 等。倘从此意分类，则 lignite 可译为木煤。泥炭又有由高沼泽和低沼泽造成的不同类型，高沼泽中泥炭，大部分由水藓（sphagnum）造成。

表 39 褐煤与石煤的鉴别法

<table>
<tr><th colspan="2">性 质</th><th>褐 煤</th><th>石 煤</th></tr>
<tr><td rowspan="4">Ⅰ依据物理性质</td><td>1. 颜色</td><td>黑色，偶为褐色，条痕大部分为褐色</td><td>黑色，条痕大部分也为黑色，偶呈黑褐色</td></tr>
<tr><td>2. 光泽</td><td>暗淡，也可能光亮</td><td>主要是光亮的，偶为暗淡的</td></tr>
<tr><td>3. 坚密度</td><td>常疏松</td><td>总是紧密的</td></tr>
<tr><td>4. 比重</td><td>较小</td><td>较大</td></tr>
<tr><td rowspan="2">Ⅱ依据化学性质</td><td>5. KOH 的作用</td><td>褐色（游离腐植酸）</td><td>无色</td></tr>
<tr><td>6. 稀硝酸的作用</td><td>鲜黄到红褐色（游离腐植酸）</td><td>无色</td></tr>
<tr><td colspan="2">变化阶段</td><td>腐植化的终了过程</td><td>已进入碳化过程</td></tr>
</table>

无烟煤的一般特征是坚密（也有疏松的）、光亮、比重较高。在显微镜下全不透明；如用光片研究，则最好的鉴别法是非均质光性的发育，这种性质从瘦煤开始随着碳化程度的增高，而逐步加强。用薄片研究可看到这种非均质光性，实际上从烟煤的长焰煤即已开始，只有褐煤是均质性的。

煤的第二个体系是腐泥煤，以藻煤、烛煤等为代表，第三个体系是残余煤，以松香，石蜡及若干特殊煤为代表。

3. 炼焦煤的简单试验法

最简易的试验法是把煤在研钵中研磨，如系炼焦煤或肥煤，煤粉粘着杵端，不易刷去，不粘结的煤则无此现象。中国土法试验，焦煤或粘结煤燃烧后起泡，现金黄色，用铁棍搅拌，有黏性。进一步的方法是显微镜研究，从透明度、颜色、有形态分子、丝炭、不透明分子、反光率、折光率及非均质光性等，可约略区分，如表40所示。

表40　炼焦煤的简单试验法

	瘦煤	炼焦煤	肥煤	气煤
透明度	几不透明	初步透明	透明，很易磨成薄片	
颜色	黑	褐红色	褐色中杂黄色的各种分子	
有形态分子（孢子、花粉、角皮等）	看不出	很少看出	很多	更多
反光率	相差不多，一般是随着碳化程度的增高而加强			
折光率	1.93～2	1.91～1.93	1.84～1.89	1.83
非均质光性	开始出现非均质光性（光片）		光片看不到非均质光性	
丝炭	对炼焦性是不利的，含丝炭多的煤大部不能炼焦			
亮煤、镜煤及暗煤	亮煤、镜煤一般都是对炼焦性有利的，暗煤在气煤、肥煤中较多，对粘结性不利。如暗煤中含有很多不透明分子，对炼焦也不利			

4. 煤的各种物理性质的鉴定

煤的若干物理性质如光泽、硬度、脆度、裂缝等等，很为重要，不但为鉴别煤类，对于煤的成因研究，也有很大意义。煤的反光率及折光率的测定，对于分别煤类，尤有重大意义，不过这方面做得还很不够。研究煤的裂缝的分布，要应用紫外光的方法（把煤浸入具紫外光的溶液中，然后再用紫外光灯观察）可得到更精密的结果。

表41　煤的物理性质与各种成煤因素的关系表

成煤因素 物理性质	原始质料	沉积环境及腐解过程	碳化作用	构造变动	附注
比重		矿物质的多少	碳化愈高，比重愈高		褐煤0.8～1.25；石煤1.25～1.35；无烟煤1.36～1.65；残煤最低
颜色			碳化愈低，颜色愈浅		褐煤、腐泥煤—褐、深褐色，少数褐煤呈浅黄色 石煤—黑或深灰色 无烟煤—深灰或灰色

续表

物理性质＼成煤因素	原始质料	沉积环境及腐解过程	碳　化　作　用	构造变动	附　　注
光泽			碳化愈高，光泽愈强，无烟煤常呈金属光泽		油脂状—肥煤； 半金属状、玻璃状、金刚石状—镜煤，亮煤； 丝绢状—丝炭
密度（疏松度）	腐泥煤及暗煤密度较高		从褐煤到无烟煤密度逐渐增加		
硬度（软度）		灰分多，硬度低	碳化愈高，硬度也愈高		摩氏硬度计—1～3。褐煤—0.5～1，无烟煤2.5～3.0。烟煤不等 希罗硬度计—焦煤瘦煤间最低，气煤及长焰煤间较高，无烟煤最高
脆度（韧度）（用抛掷、磨蚀、压力等方法测定）	四种煤岩分子脆度的次序如次（从最高到最低）：丝炭→镜煤→亮煤→暗煤		与碳化作用有关，但无一定比例		焦煤、贫煤最高，无烟煤与气煤最低，腐泥煤与暗煤组织相同，脆度最低，就是韧度最高
断口		与由于胶体化作用所成的原生裂缝及节理有关	与由于构造变动及变质作用所造成之裂缝及节理有关		介壳状、平面状、土粒状、爆裂状、针状、纤维状
结构（示各种分子的配置和分布）	与原始质料及沉积环境都有关系		与变动及变质有关系		薄层状、厚层状、规则层状、不规则层状、块状；块状中又可分为粒状、土状，后者没有胶结性
组分（示各分子间成分的大小、形状及相互关系）	与原始质料及沉积环境关系最密			稍有关系	木质状（木煤）、纤维状（丝炭）、叶理状（莫斯科煤田的“纸煤”、巴尔沙斯的 Bast 煤）、条带状，又可分为薄层、厚层，扁豆状、丝纹状等等
劈理及节理（平行的裂隙系统不属于原生的结构者）			内劈理或节理—由于碳化时容积缩小，内部调整所成。特征：与层面垂直，平整，具眼球状、椭圆状等结构，没有滑动现象	外劈理或节理—由于构造运动的外力作用所成，当时煤已多少受了碳化的影响。特征：不与层面垂直，具滑动现象如擦痕，擦面，毡状结构等	板状，方块状，柱状，斜方块状等—内劈理 内劈理的密度与各种煤类有关系。 与层面不相垂直的各种板状，柱状，平行面状劈理。如运动复杂的，可造成锥面状，角砾状，扁豆状，鳞片状，圆筒状等外劈理。研究劈理的重要：①选煤方面：影响煤的块度，②勘探方面，③采煤方面，④对煤变质及构造的理论方面

表 42　四种基本煤岩分子特征表

特征＼煤岩分子	镜煤	亮煤	暗煤	丝炭
光泽	最强	较强	暗淡	最弱
层理	较厚片或扁豆状	厚片状或扁豆状	厚片状	扁豆片状
断口	介壳状	平整状	粒状，爆片状	纤维状
结构	均匀状、木质状	条纹状	不均匀状，叶理状	纤维状，疏松
硬度	次硬，光面平整	次硬，光面平整	最硬，光面上常凸起	最软，染指作黑色
脆度（韧度）	次韧	次脆	韧度最高	最脆
裂纹	常富于垂直裂纹	较少	更少	纤维状
透明度（薄片）	到炼焦煤（K）为止，都是透明的，瘦煤起开始不透明，无烟煤绝不透明		同右，但暗煤中常含许多不透明体	绝不透明
均匀度（薄片及光片）	完全均匀，偶呈植物组织	大致均匀，中含少量杂质	含许多杂质，包括有形态分子如孢子，花粉，角质等，常呈黄或淡黄色。在无烟煤中变为均匀，在偏光干涉下才见到不均匀结构	除矿物质的充填外都是均匀的
挥发分	随碳化程度而异，一般较低		随碳化程度而异，一般较高	最低
灰分	最低，约2%	低，约2%	较高，6%～12%	最高，15%～22%
比重	低	低	较高	较高
对于煤加工的影响	有利于炼焦及液化		有利于液化及气化	对煤加工均不利
在各类煤中的分布	①各项煤中都有分布，在焦煤、瘦煤中为主要成分 ②无烟煤几均为镜煤或亮煤，呈不均质光性		①各类煤中均有分布，在肥煤、气煤、长焰煤中较多 ②腐泥煤及残余煤几均为暗煤	各类煤中均有分布，多少不一

（五）用荧光检查岩样中的沥青质（焦守诠撰文，略）

（六）几种试验沥青及水化学指标的野外方法（谢学锦撰文，略）

453队（孝感青山口队）检查报告*

检查组在五日下午抵453队部，同日，听取了来队检查的中南地质局王晓青副总工程师及队上同志的汇报，次日即赴野外观察。在该队工作共计3日。

一、一般情况

453队原为451大队（伏牛山大队）的第三分队。10月末，451大队第一、二两分队调赴赣东北工作，第三分队遂即独立，成为453队。

453队的工作任务是普查京汉线花园站东15公里青山口一带的多金属矿床。自6月中旬开始工作以来，至目前（11月上旬），阅时已将近5月。担任是项任务的人员目前共有130余人，其中行政队长2人，东北地质学院本年专科毕业生11人（原有14人，10月中有3人分配工作，调离该队），局派地质人员2人，测量2人，工程2人，秘书1人，总务1人，会计1人，工程组组长1人，固定工100人，炮工6人，支柱工2人。在工作初期，尚有局派四级工程师1人（周圣生）及东北地质学院助教1人（钟汉）负责技术领导工作，7月中，周圣生去451队第一、二分队工作，8月底钟汉又离队返校，故该队地质工作方面，自9月以来，完全由同学担任。

该队在组队初期，曾由周圣生工程师提出一工作计划书，其中拟定了各项计划工作量，目前该项计划完成情况如下表所列：

	1/1万地形（km^2）	1/2千地形（km^2）	1/10万地质（km^2）
计划	16	2	300
完成	10	0	230

	1/1万地质（km^2）	剖面（条）	槽探（m^3）	浅井（m）	清理老硐（m）
计划	16	8	15,000	400	60
完成	10	2	7,200	38.41	19

	硐探（m）	研究浅剖面（条）	采样（个）	光谱分析样（个）
计划	40	25	1,180	20
完成	0	3	220	0

九月中，局派朱钧同志赴该队检查工作后，重新拟定本年第四季度计划中规定工作量如下：

---

* 《453队（孝感青山口队）检查报告》成文于1954年12月，原稿存全国地质资料馆，档号3400。文前有如下的短序："普委组织的中南检查组，于11月3日自京出发，先后赴453、451及409等队检查工作，检查组由谢家荣总工程师及张瑞祥、谢怀德等三同志组成。检查组在野外工作及旅途共历时40天，于12月12日返回北京。现已将对该三队的检查报告写就，分述于后。"——编者注

1/2,000 地形草图（km^2）	槽探（m^3）	浅井探（m）	小坑探（m）	采样（个）	清理老硐（m）
6	2,500	150	100	500	75

另外，还对已测就的 10km^2 1/1 万地质图进行检查，朱钧提出的计划已经局批准执行。

二、基本地质情况

青山口矿区的基本地质情况，业经周圣生及朱钧两同志予以叙述。周圣生认为本区的石灰岩和片岩属震旦纪，并把它分为四部，自下而上为：①薄层淡灰色至灰黑色薄板状变质灰岩，内夹凸镜状燧石层，厚约 150 公尺，其下与片岩及片麻岩似成整合接触。②中部为深灰至黄褐色云母片岩，片理清楚，厚约 100 公尺。③上部为青灰、淡黄、淡灰色变质灰岩，含镁质颇丰，风化面常作刻痕状，也呈薄层，但较下部为厚，其中并夹黄褐色云母片岩数层，一般厚约 20～30 公尺。④顶部为蓝褐色云母片岩，见于矿区最西部，断续出露，常为第三纪的红色砂砾岩所覆。朱钧以为本区地层可与三叠纪的大冶灰岩相比，其分层则与周圣生所述，颇有出入，他只分为两层，底部为一黄褐色页岩，已见厚度约 30 公尺，经过热液变质后，成为钢灰色的绢云母化片岩。片岩之上为厚逾 200 公尺的淡灰色薄层石灰岩，层厚由一公厘至一公分，中夹厚约 1 公尺的片岩两层。朱钧认为本区的主要构造为一向斜层，因此，在矿区东西两侧出露的片岩属同一层位，而作为向斜层的两翼看待。

此次检查仅花两日半的时间，故对地层及构造不能作详细研究，就考察所及，并参合周朱两同志所作的地质图报，以及听取队上各工作同志的汇报，仅能提出初步意见，以供今后进一步研究的参考。就岩性及层位关系来看，本区出露的地层，毫无疑问不能与三叠纪大冶灰岩相比，而应采取周圣生的看法，暂属于震旦纪，其理由如次：①本区地层俱受相当变质，显与大冶灰岩不同，②灰岩中夹数层千枚岩，灰岩本身则每富含矽层与镁质，与大冶灰岩之富含泥质者亦不相似，③矿区地层一般倾斜向西南，故愈向东层位愈老，据队上同志在东边地区的普查，石灰岩之下为大片千枚岩，再下则入双峰尖的高山区域，为结晶片岩，片麻岩，中夹若干大理岩及白云岩，其时代可能属元古纪或更老，因此，从层位及变质程度言，以本区的石灰岩属震旦纪似最为恰当。

至于矿区地层的详细层序，现尚不能确定，其关键问题在矿区的构造，据我等初步意见，主要构造似属一向西南倾斜的单斜层，因此，其底部应为黄灰色（风化后）的千枚岩，除矿区东侧外，在东部低山区出露很广。其上为薄层条带状矽质石灰岩，呈黑色或灰黑色，中夹若干千枚岩或千枚状灰岩，再上为淡灰色较厚层石灰岩，夹白云质石灰岩及千枚岩，及层数及层位尚难确定。最上为灰色绢云母千枚岩，出露于涂家寨、仙人洞一带主脉之西南，因掩盖过多，层厚不知，再上似尚有一灰岩层，因露头更为零星，不易追索。以上各层的厚度尚难计算。上列层序与周圣生的剖面可以大致比较，但周氏之所谓片岩，据我等意见，似应称为千枚岩较为合适，因结晶极细，其变质程度尚未到达片岩的境界。

自此向西，经过大片掩盖，乃为紫红色砂砾岩层所组成的低岗，比高不超过 20 公尺，向西北至花园附近，俱为本层分布之区。就露出之部言，下为砂岩，上为砾岩及角砾岩，砾石有时粗大，长可达一尺以上且多具棱角，石质有片岩、片麻岩、石英岩、石灰岩等，但从未见到重晶石，周氏报告上还说在某一地区见有石英斑岩的露头，详情不悉。本层时代，据周朱两氏意见俱定为第三纪。红层之上为一砾石层，疏松未胶结，位于平岗的顶部，应为第四纪的梯级沉积，再上则为近代冲积层。

三、对于矿床的初步意见

本区的矿床情况，周、朱两氏的报告中，俱有较详细的叙述，惟周氏报告，着重在铜矿，对于铅矿则一字未提，朱氏报告则是在发现了涂家寨探槽中富铅矿体之后所写，故其注意力又偏重于铅，对于铜矿的评价，并不甚高。但朱氏的最后结论，则认为青山口矿区为一具有工业意义的脉状的中温热液多金属矿床，则是十分准确的（不过中温应改为低温，容后申论）。

此次在露头上、探槽中、废石堆和老硐中所见的铜铅矿迹象，从北至南有下列各处：①尖山庙（比高 59 公尺）南坡有一废石堆，长满铜草，有少量黄铜矿及孔雀石产石英脉中。其东不远，沿路边于黄灰色千枚岩中发现黄铜矿、辉铜矿细脉，品位极高，宽约二三公分，产石英脉中。②万家磐*矽化灰岩所成山顶（比高 202 公尺）的西南坡为一广大废石堆，其上长满铜草。检得黄铜矿及孔雀石矿块，俱产在矽化带中。③仙人岭（比高 193 公尺）亦有广大废石堆，长满铜草，铜矿石碎块较万家砦更多，并发现自然铜小粒，外为赤铜矿石包围，更外则为孔雀石。于晶洞中则有毛发状的赤铜矿，但其外表则已为黑铜矿所盖覆。晶洞中的若干石英结晶，其表面也为黑铜矿所盖。④青山凹（比高约 160 公尺）有一富铜矿体出露，周、朱两报告中俱曾详述，此富矿体在 20 号探槽中所揭露者厚不过七八十公分，长约 2 公尺，但品位极高，含铜达 18%，其上下围岩中含浸染状铜矿，长 10 余公尺，含铜大多在 1%以上。其东北相距 60 公尺之第 22 号槽，虽未发现富矿体，但刻槽采样的分析，一般含铜亦够工业品位（最高 1.45%，有 7 个样品在 1%以上，8 个样品在 0.5%以上），且分布范围长达 30 余公尺。惟再向东北 30 公尺处的 21 号槽则未见任何矿化迹象。20 号槽的西南 25 公尺处，亦挖一槽，因崩坍未得结果。在 22 号槽下相差 5 公尺处开一平洞，正进行中。此处富矿体产蜂窝状灰岩中，全部变为赤铁矿，中夹重晶石及石英细脉，含铜矿，主要为辉铜矿（?），另有星点状黄铜矿及氧化后的孔雀石等，是否有赤铜矿，尚待证明。⑤涂家寨东南山坡（比高 160 公尺）的探槽，发现宽 2 公尺的方铅矿重晶石脉，目测品位含铅可达 10%，几乎不含铜，已追索的长度达 20 公尺，顺槽向东北过一数公尺宽、不呈任何矿化现象的纯石灰岩后，又为蚀变剧烈的矽化灰岩，故推测矿脉宽度还不止如上所述之 2 公尺。⑥在涂家寨与青山间的谷地中（比高约 160 公尺），有两个探槽揭露含孔雀石及黄铜矿星点的重晶石脉成于矽化灰岩中。⑦大蛇塘东南角上，也有含铜的重晶石脉，此处比高约 125 公尺。⑧沿天门洞，和平洞，仙人洞及绿帘洞的主脉带上，共有四个老洞，都有长满铜草的废石堆，比高约 150 至 170 公尺，都为矽化及重晶石化的矿化带，组成陡坡。在天门洞老窿的掌子面及两壁上都有重晶石脉及孔雀石与黄铜矿的星点。最近清理和平洞老窿，在垂直深 10 公尺处发现相当富的黄铜矿。在绿帘洞露头处，见到方铅矿及孔雀石。⑨青山顶东南 18 号研究线的附近有废石堆，长满铜草，延长达 150 公尺，随地可捡到孔雀石及黄铜矿，都含于有重晶石脉的矽化带中，附近露头上

---

* 报告中的万家磐、万家砦、万家寨疑为同一地方“万家寨”，本卷保留原报告的不同称渭。——编者注

也见到黄铜矿及方铅矿，并曾找到两种矿物共生一处的标本。⑩公母山北端有两处露头，东边三个探槽中（比高约100公尺）均见黄铜矿及重晶石，夹于矽化灰岩中。西边沿河于千枚岩及灰岩的接触处，有4公尺宽的含方铅矿重晶石脉，推测其成分足够工业品位。⑪在公母山东南麓有四个探槽探到含方铅矿重晶石脉，延长在150公尺以上，品位尚好，已刻槽采样，此处比高在100～125公尺间。

以上所述，俱系此次检查时所看到的。此外含铜铅矿的露头尚多，不及细述。从此可知在本区虽尚未证明有巨大矿体，但铜铅矿的迹象则在整个矿区中几乎普遍存在，在一万分一图的范围内，延长可达5公里，宽可达七八百公尺。但对于找矿具有更大意义者，则为矿床附近的围岩蚀变现象，如矽化及重晶石化，此种蚀变后的岩石，硬度较高，不易风化，故常形成高山陡壁，如万家寨、仙人岭、涂家寨、青山、小山包、天门洞、青山顶及公母山一带，其山顶及突出之处俱为矽化灰岩或重晶石化灰岩所成。此种岩石风化后常成灰白色，与未蚀变灰岩之呈灰黑色或青黑色者迥乎不同，其风化面又常呈凸凹不平危岩峭壁之状，与未蚀变灰岩之成平整层状者又多有异，凡此都可作为明显的找矿标志，故登高一望，矿脉分布的情况，即可了如指掌，如北自尖山庙，经万家寨、仙人岭、青山及青山顶，矽化带及重晶石化带断续相连，组成本区的东北主脉。自松林坡向南经涂家寨、小山包、天门洞以至青山顶的西南，矽化带及重晶石化带亦断续相连，组成本区的西南主脉。此两条主脉在涂家寨与青山间相距约800公尺，在青山顶相距不过三四百公尺，向南至公母山则更为接近，相距不过200余公尺。但在松林坡以北，万家寨之西南，因地形低降，掩盖过多，此西南主脉似不存在。在此两条主脉间，又有许多支脉或不甚连续的小脉，扁豆体或形状复杂的块体，如在青山与涂家寨间及青山顶与天门洞间所见的都是。

据在各处露头观察的结果，本区的方铅矿与重晶石关系最为密切，凡有方铅矿之处，几均有重晶石。两者当自同一矿液中沉淀而成，在时间上亦大致相同，但重晶石的生成，开始或较早，完成则较晚，因有些致密块状的重晶石，其中不含矿石，且有穿插于矿石中的趋势。黄铜矿的生成亦与重晶石有关系，但同时与矽化作用似更为密切，因有许多铜矿都产在矽化带中。朱钧同志报告及蒋溶同志的显微镜研究中俱谓可分为三个不同时期的矽化，此点尚待证实。据我人所见，在灰岩中广泛发育成致密状或网脉状的矽化作用，似较重晶石化为晚，而最后的矽化则表现为成梳栉状的石英脉，此种石英脉不但穿越石灰岩，亦穿越千枚岩，其中有时亦含黄铜矿，如在尖山庙南坡所见。至于在灰岩中成条带状的矽石层及白云石化作用，似俱为原生沉积时所成，与矿化无关。千枚岩中的绢云母化，似属区域及动力变质的结果，亦与矿化无关。因此，与成矿有关的蚀变现象，先为重晶石化，次为矽化，后者占有无论在垂直面上或平面上俱更为广泛的位置，而重晶石化则与铅铜矿的生成，关系最为密切，几有影形相随之势。

苏联1954年出版的《近矿围岩蚀变及其在找矿上的意义》一书中论“碳酸盐岩石的热液重晶石化”（原书第240～247页）时，谓重晶石化乃低温热液铅锌铜矿床中最特征的蚀变现象，在中温热液矿床中，重晶石有时存在，有时则不存在。重晶石不但造成围岩蚀变，也成为矿石的附生矿物，有时也能单独分出，成为纯粹的重晶石脉，其中不含硫化矿物。重晶石化所占的位置常较硫化物为广泛，但因其生成常接近地面，故在垂直深度方面，有时反不如硫化物之深，因此，重晶石除与矿石共生外，常分布在矿脉带的外围及矿脉的上部，如沿矿脉向深处追索时，重晶石将逐渐减少，而硫化物矿石反能延续不断。至于矽化现象，其所占面积较重晶石化更为广泛，它将位于重晶石带的外围以及重晶石带的上部。凡以重晶石为特征的低温热液铅矿床，其中常含有丰富的银，最多可至每吨一二公斤。

根据上述理论，可知青山口多金属矿床应属低温热液矿床，而不是如朱钧所说的中温热液矿床。就重晶石化与矽化的分布来看，矽化确占有较重晶石化更为广泛的面积，而在高度方面，尤为显著，凡在比高 200 公尺以上的较高山脊，如万家寨、仙人岭、徐家寨*、青山、青山顶，都广泛发育了矽化，而很少见到重晶石。从比高 180 公尺左右开始，重晶石脉逐渐出现，同时也出现了铜铅矿。上面所述的许多铅铜矿露头，差不多都在比高 125～170 公尺之间，而在比高最低的公母山西南麓含铜重晶石脉中，则曾见到萤石。青山口矿区北面外围的小河矿区（此次未曾前往考察）比高更低，据队上工作人员谈，除重晶石及铅铜矿外，也曾发现萤石，可见萤石应为较深处的特征矿物。至于黄铜矿的位置，现在尚难确定，它曾在较高的地方出现，如万家寨、仙人岭及青山顶的东南，也可在低处见到，如公母山的西南麓，根据其与矽化带关系的密切，它可能占有比方铅矿更为广泛的垂直分布。

上述关于重晶石化带及矽化带在垂直方向不同分布的理论，对于探矿有重大关系，因为如果这个理论是正确的，那么我们可推想在许多目前成为高山（如万家寨、仙人岭、徐家寨、青山、青山顶）的矽化带的下面，都可能有重晶石化带，也就是矿脉带存在的可能，换句话说，重晶石化带和矿脉带的产状，在大体上是连续的，有规则的。在高度上尤其是具有一定的位置的，目前所以成为断续不断的状态，除浮土掩盖及断层影响外，主要原因乃由于地面切割高低不等所致，如果地形切割一律都在比高 170 公尺以下，则重晶石化带与矿脉带将出现更多，而成为连续不断的比较整齐的分布了。从这个理论观点出发，我们可断言在本区作进一步的勘探，以阐明矿脉在深处的延续及其品位的变化，是富有意义的，因为矿脉广泛分布的可能性非常之大，但其品位如何，是否值得开采，只有经过详细的坑探和钻探后才能明了。

含矿重晶石脉的形成：（矿液）一般都沿断裂带或裂隙带上升，如遇容易溶解的碳酸盐岩石，即与之起交代作用，成为比较宽广而不规则的交代充填矿脉，如遇不易交代的矽铝岩石如千枚岩时，则以充填为主，而成为狭窄而形状比较规则的充填矿脉。就本区东西两主脉的分布和其中广泛发育的重晶石化与矽化现象而论，此二主脉的位置可能即为当时的主要裂隙带，为矿液上升的孔道，而在此二孔道间，矿液又能沿层面及裂缝穿插贯入，成为许多小脉，扁豆体及各种不规则形状的矿体。我们要认清主脉与副脉的关系，要了解重晶石化与矽化在不同高度内的变化，这对于将来探矿无疑地是有巨大的指导作用的。

在北自尖山庙南达公母山长达 5 公里的范围内已测有一万分一的地形地质图，矿床情形大致已如上述。从公母山向南至雨山，长约 4 公里，围岩蚀变现象，延续不断。从尖山庙向北至小河，长约 10 公里的地段，也有同样矿脉的存在，故整个矿区的长度至少在 30 公里左右，如果矿石品位良好，则将成为规模相当大的多金属矿区，其发展的远景是非常有望的。

---

* 原报告前半部分出现“涂家寨”，至此之后的后半部分则记为“徐家寨”，本卷按原报告叙述保留二者。——编者注

最后略述本区矿床的成因。尽管最近在苏联文献上有把这种低温矿床归入地下水沉淀或正常的沉积成因的各种学说，但我们仍暂定它为低温热液矿床。至于矿液的来源问题，因研究未精，目前尚难决定。据队上工作人员告知，在矿区东南约15公里之处，有似为新的花岗岩侵入体的露头，侵入于片麻岩及片岩中。本区矿床是否与此有关，值得将来研究。另一线索是周圣生报告上谓于紫红色砂砾岩区域中找到石英斑岩的露头。据我人初步观察，它很可能为白垩纪的火山岩系，而在江西德兴则这种中生代火山岩即为供给矿液来源的母岩，但在青山口则矿液从火山岩出发后，经过断裂带，侵入其附近的震旦纪石灰岩中，与之起交代作用，造成含铅铜的重晶石矽化矿脉，因距来源较远，故温度很低，属低温热液一类。这种说法根据尚少，可以供进一步工作参考。

四、进一步勘探和研究的意见

如上所述，青山口矿区为一极有远景而值得仔细勘探的多金属矿床。本年内除依照中南局所提出打10个斜坑及穿脉的计划，以探明露头下垂深20～30公尺范围内的矿石品位外，以后如何进一步勘探和研究，值得详细考虑。兹就管见所及，提出下列苦干原则性的意见，以供采择。

（1）如10个斜坑及穿脉获得良好结果，即应（对）两个主脉布置更多更深的斜坑及穿脉，以探明垂深30～50公尺以下的矿石品位。

（2）如坑探结果证明矿脉可延深至50公尺以下，且品位变化也不过于剧烈，可用钻探探矿时，即应选择最优越的地段，布置正规的钻探网，以求得较高级的矿量。

（3）就目前所知情况，我们的勘探对象，当以两个假想的主脉为主，尤以徐家寨至绿帘洞一段，应首先勘探，其次向北推广至徐家寨北段，向南推广至公母山。但同时也要注意如青山凹式的铜矿，要注意找寻这种高品位的铜矿石。再其次则勘探东面的主矿脉，特别注意青山至青山顶的一段，以便与东主脉相联系，将来还可继续勘探从尖山庙、万家寨至仙人岭的一段，因为在此段中，目前虽见不到很多的重晶石脉，但依据上述理论，矽化带下可能有重晶石带，同时铜（矿化）的现象相当明显，这都是值得勘探的。

（4）松林坡以北的掩盖地区及东主脉西南至红层间的平原地带是否还有矿脉，值得注意研究。

（5）要扩大五万分之一的填图工作，包括其东部的高山区及西部的丘陵区，要搞清楚震旦纪地层的层序及其下片麻岩与结晶片岩的关系，特别注意若干晶片状的大理岩层、锰矿层，仔细找寻并试验有无东海式的磷矿。在西部丘陵地带要注意石英斑岩的露头及分布，及其与红层的关系。要研究这种斑岩是否为侵入岩，其中是否含矿，以便推测其与矿床有无关系。要仔细研究红层中的砾石成分是否确实如周圣生所述其中找不到重晶石。

（6）在二千分一主脉的地质详图上要分别：①千枚岩，②白云岩，③纯石灰岩，④黑色薄层状石灰岩，⑤千枚岩夹层，⑥大片千枚岩（下千枚岩），⑦重晶石脉及重晶石化带，⑧矽化带，⑨蜂窝状矽化带。同时要填绘：①老硐，注明其深季（原文如此。——编者注）开采方向及有无积水，②露头上见到的矿石，用符号标示，③废石堆，其中有何矿石，用符号标示，④铜草，⑤其他围岩蚀变如黄铁矿化、绢云母化及方解石化等，用符号标示，⑥岩层的走向、倾斜及主要节理方向。

在一万分一的地质图上，所用图例大致如上面所述，但对于白云岩，蜂窝状矽化岩，老硐的开采方向，深处及废石堆中矿石成分、节理及其他围岩蚀变等可省去。

在五万分之一地质图上，只绘出主要分层，如震旦纪的①千枚岩，②石灰岩，③震旦纪前的片麻岩、片岩，④大理岩，⑤花岗岩，⑥石英斑岩，⑦红砂砾岩，⑧砾石台地，⑨近代冲积层。矿化及围岩蚀变要填绘：①锰矿层，②磷矿层，③重晶石化带，④矽化带，⑤铅及铜矿的迹象，⑥老硐位置等。

五、工作中之优缺点及目前存在之问题

由于我们在队上停留的时间不多，同时我们也未很好地去接近同学和其他工作人员，所以对该队的工作情况，了解的很少，现仅就地质工作方面的我们所见到和听到的一些问题简述如下：

（1）该队经过四个多月的努力工作，已对调查区域接近地表的地质情况有了相当了解，对矿床的若干情况，亦能加以注意，工作相当细致。所以，该队已填出了一张 1/1 万地质图，虽于地质情况有些遗漏及错误，但稍事补充及修正，即可合乎规格。不过对有关矿床的一些细小情况，今后尚需加强了解，目前所做，尚嫌不够。

（2）因同学缺乏工作经验，加以没有技术领导及采用了错误的山地工作布置等等原因，整个讲来，该队了解到的有关矿床的材料，特别是揭露矿体的材料甚不丰富。

（3）本区地质情况，就地表所见，甚为简单，虽浮土掩盖面积较广，但露头清晰，施用少量槽井探，制造人工露头，当可填出合乎规格的地质图。在朱钧同志去该队检查之前，周圣生同志布置了 20 条研究线，工作量颇大，实际采用结果，于地质情况之了解及对矿床之评价，均裨益甚少。周圣生同志布置研究线之主要企图在于发现平行矿脉，但本区矿化带出露完整，登高一望，即历历可见。因此，大量剥土追索平行矿脉实非开展本区工作之首要关键，何况本区矿脉赋存地位较低，更非槽探所能控制，朱钧同志提出的停止研究线工作的建议是正确的。今后山地工作应着重于探井及小平坑了解矿床深部情况及生成规律，以为矿床评价之依据。

（4）该队在地质及矿床方面均已取得一些材料，但未进行综合研究工作，以致长期以来，对该区之地质及矿床之认识没有提高，或对一些问题之意见不一，莫辨孰是孰非。例如对该区地质构造之认识有背斜及向斜二说，究确系何者，未有定论。此次谢总工程师根据初步观察及结合区域地质环境考虑，认为该区地质构造简单，可能系一单斜。诸如此类问题，如能随时综合研究已搜集到的材料当不难解决。

（5）该队过去在地层分层方面很不详尽，只分出千枚岩、石灰岩、矽化石灰岩、蜂窝状灰岩及重晶石脉等带，今后在二千分之一地质详图上，应力求详尽，具体分层，在本报告的进一步勘探和研究的意见业已述及，兹不赘。

（6）目前（11 月中旬）尚缺少技术领导骨干及开始山地工作所需的炮工，中南地质局应加以解决。

（读本报告时，请参阅周圣生著“湖北孝感青山口铜矿快报”及中南地质局工作组著“对于湖北孝感青山口铜矿区矿床类型的认识及矿区勘探的建议”两报告所附的各图件。）

1954 年普查检查工作中的几个问题*

一、绪言

根据计委的指示，地质部于 1954 年组织了有各大专学校师生参加的普查检查工作，从 2 月到 4 月，部局进行了收集资料，编制设计任务书，筹备器材物资，及抽调骨干等工作，5 月中分头召开普查会议，进行具体部署，编制计划。大部分的队于 6 月份即到达工地，开始工作。至八月底为第一阶段，教师返校，部分学生调回分配，其余人员工作至年底结束。有些队进行冬季施工，至今尚在工作中。

参加今年普查的，第一阶段，连工人在内，全国共约 2,000 余人，其中部、局、队抽调的骨干 136 人，学校技术骨干 82 人，专科毕业生 1,187 人。组成了 44 个队，分布在华北、东北、西北、中南、西南及华东各行政区的 22 个省，针对 82 个地点，寻找铁、锰、铜、铅锌、镍、铬、铂、钼、煤、磷、硫等矿产，整个投资 400 亿。像这样大规模的普查工作，解放以来，还是第一次。

7 月以后，地质部苏联专家与部门负责同志组成了检查组，分赴华北、东北、西南、西北及中南各区，有重点地进行了检查帮助。各局也陆续进行了检查，此次普查工作得到了各地党政（部门）的大力支持，各区乡干部和群众的热烈欢迎及帮助，在政治上，生活上和精神上都得到了很大的教育与鼓舞。

在工作同志们的辛勤努力下及苏联专家们的无私帮助下，今年的普查检查工作，获得了一定的成果，还取得了一些经验教训，兹择要报告如次：

就以（已）获得的结果来看，我们可初步分为下列三类，并可根据队或地区及矿种分别列入：

（1）经过普查检查工作，从实际资料或结合理论推断，说明有进一步工作的价值者，就队或地区论，属此类者有：锡林格勒盟、晋东南、两渡、桌子山、清水河、韩城、中条山、涞源、屏南、庐江、赣东北、孝感、豫西、湘中、桃林、木圭、遵义、昆明、会理、赫威水、兰州、景泰、野牛沟及祁连山等 23 个队。

就矿种论，属此类者，铁矿方面有：罗茨（昆明队）、云南中部的扩大普查及攀枝花（会理队）；煤方面有：晋东南、两渡、豫西、景泰、桌子山、清水河、韩城、华莹山及湘中；锰矿方面有：木圭及遵义外围；铜矿方面有：中条山、鹿厂（会理队）、梯子岩（兰州队）、石青铜及民乐（以上属祁连山队）、庐江。铅锌方面有屏南（浙闽队）、铅

---

* 《1954 年普查检查工作中的几个问题》是作者 1955 年 3 月 1 日在地质部全国地质会议上所作的报告，后收入中华人民共和国地质部《1955 年地质会议文献汇编》，载 514～520 页。作者在这个报告的第四部分“今后普查找矿的方向和方法”中明确指出：“今后数年的石油普查工作应集中力量在准噶尔、柴达木、塔里木及河西走廊的四大盆地之中。华北、松辽及华东平原中亦有产油希望，应予注意。在四川应注意川西川中各区，并应着重天然气的开发和利用。”——编者注

山（赣东北队）、孝感、桃林、赫威水、登封（豫西队）、温峪（中条山队）、连八岭（涞源队）、团宝山（洪雅队）。镍铬方面有：锡林格勒盟及民乐。铂则有野牛沟。以上共31个产地。

（2）经过普查检查工作证明价值不大，无须进一步工作者。就队或地区论，属此类者有：汪清、历城、石门、青田、热河、四川盆地中各铁矿队、纵江、中卫中宁、山丹永昌、宝成北队等队。

就矿种论，铁矿方面有：南召镇平（伏牛山队）、巴县、涪陵彭水、江油平武、雷波马来（四川盆地中各铁矿队）、中卫中宁、山丹永昌、洛阳留坝、涞源支家庄，密云长城岭。煤方面有阿干镇外围、杨林、亮池寺。锰矿方面有：泰安组阳、临夏、涞源灵丘、瓦房子外围、梯子岩（兰州队）。铜矿方面有汪清及石门。铅锌矿方面有大湾（涞源）、青田永嘉、黄柏村（浙闽队）、烟筒山（热河队）。铜矿方面有临江、石坪川（青田）。镍铜矿方面有历城、从江。铬矿有高四台子（热河队）。以上共计29个产地。

（3）普查检查后还不能肯定是否值得进一步工作，因之，可主要根据人力物力的条件来决定是否继续进行或立即停止。属此类者，煤有临沂、长寿（华蓥山长寿队）、窑街、赫尔苏；铜矿有罗茨、易门；铅锌有大义山及郴资（湘南队）、镍铜有力马河、小官河（会理队）。以上共计九个产地。

此外，在普查检查中还获得了对矿区地质的基本情况，初步掌握了一些矿床分布的规律性，足为进一步研究，或在其他地区研究比较的参考。

二、普查检查工作中的优点和缺点

（一）优点

1. 任务的完成

由于工作同志，特别是青年学生们的热情努力，大部分的队都完成了计划所规定的各种工作任务，有些队还超额完成了任务。在第一阶段终了后，各队都提出了总结报告，附有各种平剖面图，对工作进行状况，已获得的成果及进一步工作的方向，都有较详尽的讨论。至于各队的最后报告，应于今年一月终提出，刻尚在分头编辑中。

2. 地质图的质量

1954年参加普查工作者，除技术骨干外，大部为新毕业的学生，他们的技术水准一般较低，对于填测地质图尤不熟娴，故各普查队所制的地质图，其质量是不高的，对于地层的划分，构造的确定，尤多存在着严重的缺点。但也有若干队在测制地质图方面，成绩相当好，如宝成北段队在地质点的布置和观察方面，创造了一套较好的办法，就使所测制的地质图，质量较高。涞源队及泰安镍铜矿队所测一部分的地质图也合乎标准。豫西煤田队在广大面积内所填的五万分之一地质图，已做到了能供次一步详查煤田的参考。伏牛山队由于区内变质岩发育甚广，分层不易，地质理论方面，虽还存在着很多问题，但对于否定这个地区对于铁矿及有色金属的远景评价，也已获得了一定的作用。中条山普查队的困难问题也是在变质岩系的分层及详细构造的确定，在这方面他们的工作是很不够的，但对于找矿来说，中条山队测制的地质图也已指出了若干方向，足为进一步研究的准则。

3. 轻型山地工作

各普查队对于轻型山地工作，如槽井探等，大体上都给予足够的注意，其中特别如桃林队在所挖的探槽中揭露了很多矿脉，获得了一定的成果。他们还拟订了一套进行槽井探的规格及应该注意的问题，其中虽还有许多缺点，需待改进，但这已经是一个很好的开端，因此，普委会曾把他们所订的办法，通知各队，以资推广。

4. 老窑、老硐的清理和调查工作

在煤田的普查工作中为了推测各煤层的分布、厚薄、性质，已往开采的深度及地下水面的深浅，最简单易行的办法，是从调查老窑做起。此次斗笠山外围队在洪山殿煤田内进行了这种工作，他们把所得结果，用简明符号详尽地绘在图上，使人一目了然，这也是很值得推广的经验。会理队注意了清理老硐及进行编录、刻槽取样工作，因而使鹿厂铜矿可以得出初步评价，并可转入勘探。

5. 对煤层煤质的注意

此次豫西煤田的普查检查工作，其目的是在找炼焦煤及瘦煤，因此，如果只了解了煤的分布与储量，而忽略了对煤质的估计，还不能认为完成任务的。此次豫西各煤田队，一方面充分利用老窑进行采样，有些队还采了大样，另一方面他们还从多方面采访关于各地煤层的数目，煤层的本地名称以及各种质性，包括能否炼焦，有烟无烟等等，他们这些采访所得的资料，与地层柱状剖面图结合起来，就能初步了解每一含煤系所含煤层的数目，名称及大致的性质，在分析结果尚未到达之前，这种初步了解，对于煤田评价及如何进一步布置工作等方面，都有很大的帮助。这也可说是本届普查检查工作中的优点。

6. 在苏联先进经验指导下发现了次生矽酸镍矿床

当计划普查内蒙锡林格勒盟地区时，只知那里有几块分布相当大的超基性岩，至于该处有何确定的镍铬矿床，事前是毫无所知的。工作人员到达工地后，就证实了超基性岩分布的辽阔，继而在蚀变了的蛇纹岩及绿色岩中，由于学习了苏联先进的理论和经验，用研磨法发现了次生矽酸镍矿床，同时又在掩盖很多的超基性岩体中，用槽探发现了若干处铬铁矿。由于槽井探的工作做得不够，可能还要施行浅钻，因此，这个矿区的工业价值，在目前虽还不能肯定，但工作人员的细密观察及耐心试验的精神是值得奖励的。

7. 利用填图及转石追索法发现了铬铁矿

民乐队依据群众报矿的线索，在比较大的范围内进行了详细的填图工作，并利用转石追索及重砂取样法，发现了迄目前为止在中国为成分最佳的铬铁矿体若干处，这也是值得提出的优点。

8. 现场设立化验站所起的作用

此次普查工作证明，凡在现场设立化验站的各队，如会理、赫威水及民乐各队，利用快速的比色分析法就能及时地定出矿石所含主要矿质的成分，对矿区评价及工作安排，起了一定的作用。这种办法应在各队中推广施行。

（二）缺点

1. 普查检查的目的性不够明确

此次普查检查的基本方针是“就矿找矿，点面结合”。为了对已知矿地给予评价，必须进行细致的检查，包括大比例尺的目测地质图的测制及足够的槽井探的揭露矿体，刻槽采样，以确定成分。把许多矿地结合起来就成为一个面，为了对这个面的地质环境，进行了解，以便阐明各个点（就是矿地）间的关系，我们必须进行较大范围的普查，填绘五万分之一的地质图，确定地层层序、构造单元及与矿床的关系，在广大的面中，找新点，并从基本地质情况中获得更多关于矿床的规律性。因此普查检查在许多情况下，必须双方并进，相互配合，如有面无点，或有点无面，或点面不能密切结合，都是不对的。

1954年的普查检查工作，有些队明确了上述方针，执行了检查与普查并重的办法，而获得了一定的成果。但也有些队对此不够明了，有的只做了大面积的普查，而忽略了对任务更为直接的矿区的检查工作，如涞源队做了相当好的五万分之一的地质普查，但对于支家庄的铁矿及大湾的锌矿的矿区地质图，则延至年度终了时，还未见做出来。相反地，也有些队只做了矿区的目测详图，但其外围数里之遥有极好露头与剖面的地点，却置之不顾，如铅山队、戈阳队等等。要知道，研究并认识矿区外围的露头和剖面，了解矿区地质的基本情况，特别是控制矿床的地质条件及找矿标志，为普查工作最重要的任务，如果忽视了这些问题，不但将影响对已知矿床的远景评价，更将影响新矿床的发现，这不能不认为是本届普查检查工作中最大缺点之一。这个缺点在有色金属的各普查队中，存在较多，在煤及水成铁矿队中，因普查面积较大，观察范围较为全面，这种缺点并不严重。

2. 对矿物认识不够

各普查队对矿物和岩石的野外鉴定一般不很熟娴，有时还存在着粗枝大叶的作风，因此不免造成错误，最突出的例子是伏牛山队把石墨片岩及含石墨的大理岩，误认为钼矿，拟布置大面积的详查；涞源队毫无根据地把寒武纪底部的石灰岩误认为磷矿并初步断定其厚度可达600公尺，将布置800公尺左右的长槽，以资勘探。以上错误俱经储委在征集标本鉴定后去电纠正。还有热河丰宁曾将矽卡岩误认为含磷灰石的碱性正长岩，后经薄片研究自己更正。

3. 槽井探布置不当，浅钻配备不够

各普查队现已注意了揭露地表的工作，但总的说来，槽井探的布置往往不够恰当，获有结果能解决问题的槽井探更为缺少，其主要原因是在设计槽井时未能结合当地的矿床与地质情况，恰当地有目的地布置，以致往往不能获得预期的结果，而造成了浪费。最突出的例子为孝感青山口队。他们一共布置了与走向相垂直的等距离间隔的长槽13条，工作总量15,000立方公尺，并为节省工程，采取了断续相连跳槽式的方法。但探槽的布置，未能由疏到密，又未能密切结合当地的矿床情况，从有矿的地段挖起，以致所挖跳槽几乎全部在红土或废石中，全区共开挖了12条槽，工作量7,200立方公尺，竟没有一条槽见到矿体。后来重新布置探槽，才发现了较有价值的铅矿脉。另一突出例子见于内蒙古西苏尼特温都尔庙锰矿队。此处矿床属第三纪的含锰砂岩，在工业类型上的价值是不大的，当详细观察了地表露头，结合基本地质情况，开几个浅井或探槽揭露矿体，就可得出结论，但该队却布置了百余口浅井，所得结果都是成分不佳，没有价值，造成了极大浪费（以上情况曾经库索奇金专家在大会上指出）。东北汪清队就采集的标本来看，黄铁矿及黄铜矿的含量极少，岩石蚀变也不深，不能作为有希望的斑状铜矿来看待。从已有的若干分析资料研究，含铜量尤为稀微，但该队却布置了极大的槽井探和25公尺及50公尺间隔的铜量测量，后经库索奇金专家检查，认为浪费，予以停止。

在另外一些队中，由于未能认识槽井探的重要性，在布置工作量时过于保守，以致未能充分发挥这个有用的武器，这也是不对的。此外，由于浅钻配备不够，去年计划所定浅钻的工作量大部未完成，对了解地表以下矿床的情况有极大的影响。

4. 采样不及时又未能结合矿床产状

采样不及时，送样不迅速，使分析落后于地质的需要，这是各普查队几乎普遍存在的严重缺点，只有那些在现场设立化验站的队，才能及时获得分析结果，解决了品位的问题。另一重要缺点是各普查队虽已学会了刻槽采样的方法，但却忽略了一个基本因素，就是矿床的产状。在采样时我们必须依靠目测辨别何者是矿或可能是矿，以及绝对不是矿，同时还要弄清楚矿床的来龙去脉，就是它的趋向，就此布置刻槽取样，才有根据，如果不管是矿非矿，盲目布置刻槽，就是极大浪费，或没有弄清楚矿床的趋向、厚薄，而任意挑出一块或一段布置刻槽，都不合规格，不能解决问题的。会理鹿厂队在老硐中刻槽采样，但对顶底板的含铜品位未加观察，致矿层的实在厚度未能确定。赫威水队把矿脉周围肉眼可清切见到铅锌矿、后来分析证明含铅2%的浸染矿石，称为围岩，而不包括在矿体厚度内，都是采样未能结合矿床产状的突出例子。野牛沟队在没有弄清楚何处有原生铂矿床，就在超基性岩中布置刻槽采样，可谓毫无道理。小松山勘探队也犯了同样错误，在超基性岩中刻槽取样，据闻送了一万多个样品，分析白金，已分析了好几千个，只有一个样含极少量的铂。像这种不用地质工作者自己的眼睛和常识，作为初步判断，而盲目地采样送样，造成了化验室无谓的负担，影响了其他工作，是十分严重的损失，以后应随时密切注意，予以纠正。

5. 运用目测品位的重要

上述已谈到采样时目测品位的重要，而在估计一个矿地的价值时，运用目测品位尤为重要，特别当已有若干分析的资料时，更应依据分析结果，用比较标本的方法，来修正我们目测的可靠性。石门铜矿的关键问题是在判断在厚350公尺的澄江砂岩中有何够工业品位的铜矿层，如果有这种铜矿层，它的厚度、层数、层位及分布情况都是必须弄清楚的问题。因此在详细研究一个剖面时，必须充分运用目测品位技术，定出可能的含矿层，立即采样分析，使第一批分析结果送到后，就可更准确地定出有无够品位的含矿层，以作出评价。但是石门队的工作同志们却未能运用目测品位的方法，因此，在工作快到终了时，还迷眩于矿层何在的问题，而始终得不出对这个地区有何价值的结论。

6. 找铂不知从何着手

苏联乌拉山铂矿是从砂积矿床中首先发现，并且也是先从开采砂铂矿做起，到后来才开始采取原生铂矿的。根据这个经验，我们在设计任务书及普查须知中都再三说明要先从砂矿算起，但是野牛沟找铂的同志们却不明了这点，而花了很大力量在测制超基性岩的分布（进行了200平方公里的十万分之一的路线地质图）并在此中刻槽采样，幸经王曰伦同志在检查时指出，必须在砂金矿床中淘铂，明确它的产状，层位及大致含量，然后再选出交通较便，含量较多的地段，详细测量其地层，并追索与超基性岩体的关系。这样做是较为简捷较为合理的办法，而正因为采取了这个方法，野牛沟队才在普查快终了时获得了一定的成果。

7. 不善于运用目测图

测制矿床目测图为检查工作中的基本手段。有了这种目测图，我们就能把各种对于矿床的详细观察记录下来，能有根据地来布置槽井探，把槽井探的结果，分析的品位合理地绘在图上，并能综合了解矿床的形状、分布，作为初步评价的依据。能善于运用目测简图，我们就不致于使采样等待槽井探，槽井探等待地质，而地质等待测量的一连串的窝工的毛病，而能以最经济最迅速的办法来完成我们对矿区初步评价的工作。苏联专家们在检查普查队的工作时，发现大多数的队，对目测图都不够了解，不善于运用，经专家们悉心指点，予以纠正，工作效能大为增强。

8. 编录工作质量低，不及时

苏联专家们检查各队工作的另一意见是，发现各队的编录工作一般质量很低，又不及时，以致影响了工作的精度，并推迟了工作。以后各队的技术领队人员都应重视这种工作，应亲自下手，多加指导，以搞好我们的编录工作。

三、若干理论问题

矿床是地质体中的一分子。要明了矿床的规律性，必须先明了地质体的规律性。因此，探矿工作，特别是在初步的普查找矿阶般，主要是地质问题，必须把一切探矿的措施，建筑在地质基础之上，要充分利用地质知识，地质学理来指导探矿，来布置各种探矿的设计。如果离开了地质的基础，则一切设计都将会陷于盲目，而不得结果，不论是正面的或是反面的，也将无法加以综合推解，而得出合理的结论。

1954 年的普查检查工作充分证明上述原则的正确性。由于不能充分根据地质的基础来布置槽井探，来刻槽取样，以致影响了对矿区的评价，这在上述的例子中，已很清楚地说明了。为了要做好我们的普查找矿工作，必须进一步运用我们的地质学理来指导各种工作的进行，因此简短地讨论一些在此次工作中发现的理论问题，如何深入地认识、了解和掌握这些理论，使为我们的探矿服务，是有重大的意义的。

（一）风化壳

风化壳的发育、特征及由此所产生的各种有用矿床，是苏联的先进理论，是对探矿有密切关系的具有重大实用性的理论问题，我们的工作同志们在锡林格勒盟及西康小官河的工作中，已发现并认识了这种风化壳，并由此发现了价值虽未确定但毫无疑问是具有重大意义的次生矽酸镍矿床。为了寻找有工业价值的矿床，我们必须研究这个风化壳发育的时代、气候，在发育过程中岩性的、构造的和地形的控制条件以及风化壳形成后地盘的升降、地形的切割等等的现象，因为这一切都是控制风化壳中次生矽酸镍矿床发育的是否完全，及厚薄、深浅和有无后来被冲刷的主要条件，这就是说，我们除详细研究超基性岩体的组成成分，有无断裂带及与石灰岩的接触外，还要结合地史和地貌的研究，以便推定对次生矽酸镍矿床发育和保存最为有利的地点，以供钻探。同时要熟识风化壳中各种找矿标志，如赭石、蛋白石、菱镁矿等等的分布和产状，这对于指定有望地点，也可起指导的作用。

进一步地研究风化壳，我们要从地壳运动的序幕，古地理的发展和地文的演进，来推断中国地史中在哪些阶段和哪些地区有风化壳存在的可能，以便调查证实，并从此发现与风化壳有成因作用（联系）的各种有用矿床。

（二）次生石英岩

我们的庐江队已发现了有次生石英岩的存在，而在浙闽沿海一带中国次生石英岩发育最广的地区，工作同志们在矿区附近还没有找到这种蚀变的岩石。次生石英岩对许多金属矿床及非金属矿床的产生有重要关系，我们要根据苏联的先进理论，在浅成侵入的中性火成岩中，并有显著绢云母化、高岭石化等蚀变现象地区，寻找斑状铜矿，这些条件在庐江是存在的，应予密切注意。

（三）砂积矿床的研究

上面已经说过，要找铂必须先从砂积矿床开始，因此，我们必须深入了解砂积矿床的生成规律。如对于基岩的分布关系，地文的发展，河流的演变，从而分别新旧冲积层阶地，详测剖面，确定各层的含铂率，以便指出含铂最富，对砂积矿床形成最为有利的地点，从事详测或勘探。根据苏联经验，含铂最富的是在冲积层最下部、接近基岩并含黏土质较多，砾石较少之部，表示当沉积时地面深受剥蚀，金属铂游离分散，随土质下流，富集于适宜沉积的地段，其时冲刷作用不甚剧烈，故矿砾石夹杂，凡此条件，在中国的砂铂矿床中也可能存在，必须在野牛沟、小松山及其他可能找到铂矿的地点，注意研究。

（四）锰矿风化面的时代

近二年来在全国各地对锰矿的普查勘探确切证明了有原生层状锰矿床的存在，但除热河的瓦房子及贵州的遵义外，原生锰矿的品位，一般是不够工业开采的。此外又确定了有开采价值的锰帽矿床及重新沉积的或由渗滤作用生成的第三纪的层状矿床和红土中的锰豆矿床。这些矿在地面上虽有广泛的分布，其品位有时也足够开采，但其向下延展的深度非常有限，往往不超出本地的地下水面。瓦房子的锰矿属原生层状矿床，已由钻探证明。遵义的富矿，据黄汲清同志的观察，可能系在一古代的风化面中所形成的，因此这种富矿可延展甚深甚远。如果这种看法是对的，那么在今后的找矿工作中必须对于锰矿风化面的时代仔细研究，予以确定。为近代风化作用所造成的锰帽矿床，不可能有很大的深度，只在古代风化面下发育的矿床，才能具有相当的深度，并往往能超出现代地下水面以下。这种观念对于一个锰矿区的远景评价，有重大意义，值得注意观察。

（五）变质岩系的研究

此次普查区域中，如伏牛山、中条山、白银厂及易门铁矿区，都广泛发育了深浅不一的变质岩系。这些变质岩的大地构造类型颇为不同，如白银厂确属下古生代的地槽沉积，而中条山及易门则都属前震旦纪的沉积，但变质程度则深浅不一。伏牛山变质岩系的时代尚未确定。从成矿作用与变质作用的关系来讲，白银厂及中条山矿床的生成可能都在变质作用之前，或至少与之同时，而易门铁矿及伏牛山的各种矿床则显然是成于变质作用之后。我们必须引用研究变质岩的一套理论和方法来确定这些变质岩层的层序、构造，可能有的侵入和喷出作用，变质岩系的分带，并找出更多的证据来阐明矿床与变质作用的关系，这对于矿床类型的确定，矿区的远景评价，都有重大的意义。

（六）火成岩的种类和产状

1954年普查的另一些地区中，如浙闽沿海、热河、赣东北及兰州梯子岩等处则广泛发育了各种各样的火成岩，包括侵入岩及喷出岩，我们对于这些岩石的种类，产状及相互关系，必须详密研究。因工作同志们对岩石研究的水平一般很不高，在火成杂岩体中作详细的分层和命名，是有相当困难的。我们必须遵照库索奇金专家的指示，先在野外作详细的比较、鉴定，确立其相互间的关系，然后再在室内作进一步的显微镜下研究，以确定其名称。如果忽略了野外关于产状的观察，而只依靠室内镜下的定名，往往要引起极大的错误。

（七）超基性岩的分异作用

在超基性岩体中寻找铬、镍（硫化镍）、铂（原生矿）、铜、金刚石等矿床（如锡林格勒盟、小官河、小松山、民乐大黑山、高寺台子、野牛沟等处），地质理论的主要指导作用是在研究岩浆的分异，特别是确定矿化发生于岩浆分异的早期或晚期，而构造控制如破裂带、背斜顶部、盆层等对于分异及矿化的影响，重矿物富集的地位（在侵入体的底部或其他）等，都有重要关系。超基性岩体在大地构造体系中的位置，也可使分异作用发生基本上的区别。这些理论问题俱应密切研究。

（八）铁帽

铁帽为许多种金属矿床的重要找矿标志，这个意义，已为大多数的工作同志们所熟悉，但如何运用铁帽的颜色、结构（即所谓蜂房状结构）及产状来推测其下有何有用金属的方法，大家还不够明了。首先要声明，蜂房状结构在铁帽中不是全部发育的，必须仔细地去找，如找到了就可获得比较确切的证据。在许多地方常发育着假铁帽，其铁质全部是从他处迁积来的，这些就不是我们找矿的对象。辨别真假铁帽方法很多，研究围岩是否有蚀变现象为一重要方法，在铅山检查时我们又倡导了一种方法，就是铁帽附近有老窿、有废石堆，其中又找到了矿化围矿物（原文如此。——编者注）的残迹，那么这个铁帽一定是真的了。

（九）对矿物周流的控制条件

在一般属于低温或超低温的铅锌矿床中，控制矿液沉淀的主要因素为构造裂隙、层面、不透水层的封闭作用以及构造隆起，使矿液有停滞沉积的机会等等。这些因素，在贵州赫威水的铅锌矿床中都是存在的。此外在该区由于喀斯特崩陷所成的洞穴中也发育了次生锌矿床的沉积，亦值得注意。要用地面观察，揭露地表及清理老硐的方法，详测地层（特别注明不透水层的分布）、裂隙带及背斜隆起的分布来阐明与矿体集中的关系，就可选出最为适宜的地带作为进一步勘探的对象。在广西的泗顶厂也可用同样的方法。我们必须对矿液周流的控制条件获得认识才能针对要害，布置勘探，一味的追踪老窑，在很多的场合下是要落空的。

（十）含铅重晶石矿床的真正价值

在各普查队中，如石龙、青山口都是低温的含铅重晶石矿脉，这些矿床在苏联是相当重要的，而在中国则至今还未确定出它的真价值。在已往探采的许多矿床中，如山东、湖南及广西的修仁都未获得好的结果，但已往勘探，颇不彻底，我们必须选择一个交通方便，在地质上比较有望的地区，再次地进行彻底勘探以确定它的真正价值。我们建议在青山口做一个试验，如果失败，以后对这种类型的矿床就可少予以注意了。就含铅重晶石脉的分布来看，它似乎位于与火成岩有明显关系的矿床与超低温矿床（就是矿区附近绝对看不到火成岩的大片石灰岩发育的地区）之间，同时在若干业已证明有价值的低温至中温铅锌矿床中，如桃林，重晶石也是常见的附生矿物，但这里除重晶石外，还有更多量的萤石、石英等矿物。这种关系均值得予以注意。

（十一）砂砾岩层铜矿的沉积环境

西康会理鹿厂白垩纪红砂砾岩层中的铜矿与湘西石门震旦纪澄江砂岩中的铜矿，在时代上虽颇不相同，但在矿床的成因类型上却颇多相似之点。研究这些铜矿的沉积环境，古地理及地文发育的情况和对于铜矿富集的关系，无疑地将对于矿区的远景评价及勘探方法上有密切的影响。

(十二) 要进行煤区的综合研究

几年来的工作证明，要合理地了解煤田地质，正确地掌握煤层在质与量上的规律性，我们必须把邻近的个别煤田结合起来，作为煤区来研究。如豫西煤田，包括平顶山、禹县的两个勘探队及去年进行普查的密北、宝丰、临汝三个分队。这些煤田在地层上、构造上都有其共同的特点，而由于在构造单元中位置的不同，却产生了煤变质程度有规律性的变化。斗笠山、恩口、洪山殿、谭家山等煤田又组成了另（一个）有意义的煤区，它还可向南与邵阳的许多煤田相连。中梁山、华蓥山及长寿为川东褶皱带中惟一出露的煤田，在地层及构造特征上亦多相似。桌子山、平罗、景泰及清水河各煤田，由于位置在不同的大地构造单元中，故煤系的厚度，煤层的层数及性质，都显示出有规律性的变化。掌握了这种变化的规律，对于找矿方向，布置勘探及预测煤层各方面，俱有极大的帮助。

(十三) 各种沉积矿床在沉积体系中的位置

根据苏联的先进理论研究，各种沉积矿床，如铝、煤、锰、铁、磷、石油、油页岩、喷出沉积型的铜矿床等，在整个沉积体系中，从大陆的风化壳经过潟湖、沼湖、港湾、海边以至浅海地带，随着沉积来源的远近，沉积方式的不同，海水的深浅等等，而具有一定排列的位置，这种位置，又随着地盘的升降运动，海水的进退而发生移位、重叠等现象。明了并掌握沉积矿床在这方面的规律性，对于普查找矿及预测矿床的存在，将起极大的作用。

(十四) 矿床指示植物的研究

各种金属矿床及油气矿床的指示植物及其他地区植物形态的研究，是地球化学中极饶兴味的问题，并已获得了一定的效用。中国发现的为指示铜矿存在的海州香薷已在广大地区内找到，并已确定了它与铜矿的关系，其他类似的铜的指示植物也在若干地区发现。最近在德兴又看到了一种可能为铅的指示植物。这一切都表示在这方面的观察和研究，还须进一步进行，以便发现更多的指示植物，并阐明这些植物的品种、生态、分布、共生等等与矿物浓集的关系，以提供为找矿上更为可靠的指针。

四、今后普查找矿的方向和方法

为了配合国家经济建设的需要，我们必须找出更多的矿产资源，特别在中原、西北及西南寻找铁矿，在华北寻找锰矿，在全国范围内寻找更多的铜铅锌，在铁路沿线及缺煤之区寻找煤矿。而需要尤为急迫者则为石油，我们必须全力以赴，要有只许成功，不许失败的精神，在祖国广大地区内找出石油资源的基地，以保证社会主义工业化的圆满建成。他若镍、铬、铂、金刚石、铝、磷、钾盐等矿产也是我们普查找矿的对象。为了发展原子能在和平事业中的应用，我们应开始寻找放射性元素的矿产，以供试验及开采。兹根据几年来在普查找矿中所获得的经验，加上学理判断，提出下述的找矿方向。

西康攀枝花已证明为一巨大铁矿，必须继续探勘，以供在西南建立钢铁基地之用。至于昆明附近铁矿，因规模不大，只能供给小型钢铁厂的原料。在四川盆地中寻找大型铁矿，已得到了否定的结论，那些已找到的像綦江铁矿，涪陵、彭水等铁矿也只能供给小型钢铁厂之用，故今后找矿方向应转向盆地边缘大山之内，如川北的大巴山及川西南的天全、宝兴一带。如结果不好则最后只有依靠攀枝花。

在中原和西北寻找铁矿，尚未获得结果。我们在秦岭及甘肃南部应继续搜探，同时应在河西走廊的北山地区及阿拉善三角地带寻找变质或火成类型的铁矿，如鞍山式，白云鄂博式或其他种种矿床。

应在华北山西、河北及热河等省，就震旦纪地层分布之区，广泛寻找原生沉积的锰矿。

继续普查中条山变质岩分布地点，以寻找更多的铜矿，同时在五台地块、吕梁地块及太行山地块中布置普查，搜寻相似的铜矿矿床。在祁连山布置区域地质测量以寻找白银厂式及其他类型的铜矿。

扩大赣东北，江西北部及浙闽沿海的普查，以寻找铅锌矿，普查青海的铅锌矿。在湘西及云贵高原区布置适当的普查队，以寻找有工业价值的超低温的铅锌矿床。

继续在满蒙地槽及祁连山地槽寻找铬镍矿床。集中力量在野牛沟找铂及沅江流域和其上游梵净山一带寻找金刚石。

从漳浦往南，在闽粤沿海及在雷州半岛、海南岛等地寻找三水型铝土矿。在东海外围及在大别山南麓从宿松到花园一带普查磷矿。在山西中部太原以南至晋南盐池间及川中自流井普查钾盐矿床。

以后数年的石油普查工作应集中力量在准噶尔，柴达木，塔里木及河西走廊的四大盆地之中。华北、松辽及华东平原中亦有产油希望，应予注意。在四川应注意川西、川中各区，并应着重天然气的开发及利用。在华北寻找炼油煤，而在华东、中南则注意油页岩。中南区的乐平煤已划定为炼油煤，而清水河、大同、静乐各煤田及平顶山的上部煤亦俱有用作炼油的条件。

普查找矿的方法应着重在每一地区中提出关键性的地质理论问题，同时结合当地的地质情况，矿床产状，定出每一地区的具体的找矿标志，作为在工作中的指针。应广泛利用点滴法及各种野外测验法以鉴定矿物，辨别品位，以辅助目测的不足。除槽井探外，还应广泛采用露头爆破法获得岩石的新鲜面，以发现有用矿物。用唧筒喷射试液，在大面积内测验矿物的存在。每一地质人员应学会淘洗重砂法以追索露头，发现矿体。认真注意研究老窑（包括露天开采遗迹及陷落带）、炉渣及废石堆，密切联系群众，采访各种情况，发动群众报矿，以获得更多关于矿产地的资料。

中国矿产的分布规律及其预测*

矿产是地壳成分中的一分子，也是地层组织中的一分子，它在地面上的分布，正如地层的分布一样，是有规律的。探讨这种规律性是矿床学家或称经济地质学家毕生的事业，而应用所及却为工矿业解决了不少问题，节省了很多耗费。

一、内生矿床的分布规律

与岩浆岩有直接或间接关系的矿床，以及与变质作用有关的矿床，是在地球内力的作用下造成的，故俱称内生矿床。它包括正岩浆矿床、气化伟晶岩矿床、接触交代矿床、各种热液矿床及变质矿床。在地槽发展的各个阶段中，内生矿床有一定的分布规律，如在地槽发展的早期，伴随着基性岩和超基性岩的侵入，发育了铬铁矿床，铂及铂族矿床，铜、镍硫化物矿床，钛-磁铁矿床等；伴随着火山岩和火山沉积岩（细碧角斑岩、流纹英安岩、凝灰岩、碧玉等）的发育就发育了白银厂式的含铜黄铁矿床，镜铁山式的赤铁矿床（在德国称为 Lahn-Dill 式）及梯子岩式的锰矿床。以上矿床产于标准的地槽沉积中，是在地槽不断沉陷，在地槽转变（即隆起）阶段之前发生的，故含矿建造先于褶皱，而受到褶皱的影响。如祁连山，乌拉尔都有标准的在地槽早期所形成的矿床。

在地槽发展的中期，即在转变隆起之后，伴随着花岗岩岩基及其他侵入体的发育，就产生了细脉浸染矿床（即斑岩铜矿），接触交代矿床（包括铁矿、铜矿等），钨、锡、钼等高温热液或气化矿床。这些含矿建造都产于褶皱之后，故矿床本身不受褶皱的影响。本类矿床是在厚的矽铝层（中）并在地壳长期上升的阶段所发生。在苏联的外贝加尔及哈萨克斯坦，中国的南岭及扬子准地槽区域，本类矿床最发育。以上早期及中期矿床都位于地槽的内部带。

在地槽发展的晚期，即当剧烈的裂隙作用及边缘凹陷发生陆相、潟湖相等沉积时，则发生了各种各样的脉状矿床，包括钨、锡、钼、多金属及锑、汞等矿床。这些矿床位于地槽的外部带。

在地台区仅有微弱的隆起和拗陷，没有大的转变隆起期。在地台发展早期，有基性岩和超基性岩的侵入，并常有大片暗色岩的喷出，与此有关的则发育了铜镍硫化物矿床，局部含铂的铬铁矿矿床，及含泡沸石的自然铜矿床。较古的花岗岩类侵入体也可局部发育，从此造成了石英金矿脉及含稀有金属的伟晶岩脉矿床。

以上所述乃内生矿床在大地构造发展史中的分布规律，从此就可推断各种不同类型的矿床或不同的矿种在大地构造单元中的分布规律。

---

* 本文发表于《地质知识》1956 年第 8 期，1—3 页。作者在谈到石油的预测时指出：“中国有广大的沉积盆地和沉积平原，油气苗又遍及全国，石油远景一定很大。从前找到的石油很少，主要原因是（1）地质了解不够，特别对于储油层及圈闭类型未加研究；（2）没有经过广泛钻探。美国每年钻探 2,000 万公尺，钻井一万二三十口。苏联钻探 500 万公尺。中国从解放后至今共钻不过 50 万公尺，这样小的钻探量如何能钻到大量石油呢？”——编者注

另一对矿床分布规律具有重要意义的乃是地球化学的观点。熟悉了各种成矿元素的地球化学分类，如亲石元素、亲铁元素和亲硫元素等，并认识了成矿元素在地壳中分异和浓集的作用，我们就会懂得为什么某些元素的矿床的分布主要为构造因素所控制（特别是铅、锌、锑、汞矿床），而某些元素的矿床则为岩石因素所控制（如钨、锡矿床之与花岗岩有密切关系）。

二、外生矿床的分布规律

由风化、沉积及淋滤等各种表生作用所成的矿床统称为外生矿床。在地槽沉积的早期，与火山岩及火山沉积岩有关的则造成了一系列有价值的铁、锰及含铜黄铁矿床，已如前述，这里内外生作用，相互并列，不易分清。在地槽沉积的中期，即相当于碳酸盐层，上碎屑层及地台的边缘凹陷带都可发育铝、铁、锰、磷等建造。这些矿床在整个沉积体系中常保持一定的位置，如铝矿建造距大陆最近，铁矿次之，锰矿又次之，磷矿最远。它们虽有一定的分布规律，但在一个地区不可能全部依次出现，能出现两种矿种者即算难得。含煤建造常发育在地槽的山前凹地（即隆起后所成的凹地）或地台的边缘凹地中，就沉积体系讲则属地槽与地台的中间类型。石油的沉积情况也大致相似，但需要更为封闭与还原的环境。在地槽沉积的晚期或地台的中部地带，在干热气候的作用下则可形成盐类矿床。

外生矿床分布规律的地球化学观点在研究沉积分异的原因，如化学分异、机械分异、胶体分异等，元素移动的规律及浓集的特征，以及进一步研究矿石元素的来源及聚集的条件等具有重要意义。

三、矿床在时间上的分布——成矿时代

矿产的造成需要特殊环境，而这种环境往往和造山运动及岩浆活动的时期相吻合。在地史发展的过程中，常有若干时代，最富于这种环境的发生，也就是最适合于矿产的造成，矿床学者称这个时代为成矿时代。如北欧的石炭二叠纪及三叠纪，南欧的第三纪，东美的寒武前纪，西美的中生代末及第三纪初，都是各种金属矿床发育最盛的成矿时代。

中国主要的内生矿床的成矿期：①前震旦纪，镁、金、铁、铜、铀、磷、石棉等，在华北、东北最为发育。②华里西期，西北如白银厂的铜，镜铁山的铁，西南如康滇地轴的铜、铅、锌、铁、钴等。③燕山期，如扬子区的铁铜矿床，南岭区的钨、锡、铋、钼、铜、铅、锌矿床及西南、中南区的锑、汞矿床。④第三纪——台湾金瓜石的金、铜矿床。

石油时代已知有第三纪、侏罗纪及三叠纪，但白垩纪、二叠纪、石炭纪、泥盆纪、志留纪及奥陶纪等恐都有重要的油气矿床，均需我们钻探证实。

成煤时代以石炭纪、二叠纪、侏罗纪及第三纪为主。磷矿有前震旦纪、寒武纪、奥陶纪、志留纪、二叠纪及第四纪等六个时代，而以寒武纪为最重要。沉积铁矿的时代有前震旦纪、震旦纪、奥陶纪、泥盆纪、石炭纪、侏罗纪、第三纪等。

四、矿床在区域上的分布——成矿区域

各地地史的发育，不能尽出一辙。岩浆的成分，剥蚀的深浅，更是各地不同。所以矿产的类聚隐现遂亦各异其趣。矿床学者将大地构造及矿床情形相似的地点集合起来，成为一个成矿区域。如康滇地轴、贵州高原、南岭区等，都是在地形上、大地构造上显著的单

位，而它所包含的矿床，也有一定的特征。另一方法是将一种或数种矿种的矿床联合起来成为一个矿产区域，如中国的磷矿区，铝矿区，扬子江下游的接触变质式铁矿区或湘西高原的锑、金、重晶石矿床等等。

五、矿床预测及其例子

研究成矿作用及分布规律的实用目的是为进行矿床的预测。预测有粗细之分，粗的预测是用小比例缩尺（三百万至五百万分之一的预测推断图）的底图，在大范围内进行预测，作出布置普查及指示找矿的方向，主要根据是大地构造及地球化学。细的预测，则利用较大比例尺（一百万分之一、二十万分之一的预测推断图）的底图，在小范围内根据详细地质、矿床情况及由此订立的找矿标志来进行预测，从此可指出普查、详测的确切地点，以便进一步加以勘探。这些找矿标志或关键性的地质因素，可能是古地理的，构造的，沉积型相的，接触关系的，围岩蚀变的，火成岩种类的，风化壳关系的及其他等等。同时把矿产分布的点连起来成为一个面或一条线，它可以表示矿区分布的可能范围，和矿床在构造上或地层上所取的趋向。

几个预测的例子：

煤：我曾从地层的和构造的找矿标志在舜耕山西北的八公山发现了淮南新煤田，又根据构造及地层上的关系，推测八公山北的明龙山及舜耕山东的定远以北，可能有潜伏煤田，解放前曾在定远打过浅钻，未得结果。最近地质部在明龙山和定远都钻到了煤层，证明这个大淮南煤田的预测是完全准确的。

根据煤系层序，煤岩特征及大地构造的关系，我又预测豫西煤田可能与淮南大煤田断续相连，组成了位于淮阳地盾与蚌埠怀远隆起带间的一个大煤省，这个预测至今还没有证明。有人说，根据煤炭工业部最近在蒙城打钻发现了煤层，而这些煤层走向近于南北，可能是从其北面的烈山煤田南延下来的，因此或可证明大淮南煤田向西延的可能已不存在了。我的看法则不然，这个可能性还是有的，因为蒙城烈山为一线，而淮南豫西则另为一线，两线相交而并存，这种构造也是常常有的。

烈山煤田是刘寄人先生根据地层及构造推断后经钻探证实的。这个濉河平原下及其西的潜伏煤田可能向北与最近在徐州西发现（煤炭工业部打钻证实）的若干新煤田断续相连，而向南则与蒙城的新煤田相连。

清水河煤田是一个从前未经注意的大煤田，从这个大煤田的存在，我们可推断鄂尔多斯地台下石炭二叠纪煤田的重要性。

从上面所述几个大煤田的预测，中国煤的远景总储量，可达到一万亿吨。

石油：中国有广大的沉积盆地和沉积平原，油气苗又遍及全国，石油远景一定很大。从前找到的石油很少，主要原因是①地质了解不够，特别对于储油层及圈闭类型未加研究；②没有经过广泛钻探。美国每年钻探2,000万公尺，钻井一万二三千口。苏联钻探500万公尺。中国从解放后至今共钻不过50万公尺，这样小的钻探量如何能钻到大量石油呢？

由于最近采取了广泛钻探的政策，在柴达木、准噶尔都布置了钻孔，历时不久，果然好消息就不断传来。克拉玛依及冷湖都喷了油，初步证明了这两个地区是具有工业价值的重要油区。

中国其他地区如华北平原、黔桂滇地台、鄂尔多斯、四川等地都是有希望的大油区。华北平原可先在边缘找奥陶纪及石炭二叠纪中的油储，在平原中的隆起带还可找海生中新生代的油储，黔桂滇可找古生代及中生代产在石灰岩和白云岩中的储油层，在该区发现珊瑚礁油田的希望极大。

如何在酒泉盆地中寻找第二“老君庙”，是中国地质学家一向关心的问题。我从研究文献及实地考察而得出结论：谓只有为白杨河系所成的构造，才是与石油聚积真正有关系的含油构造，但在本区中这种构造非常少，只有老君庙及石油沟数处，此外只有找潜伏构造。根据从已知到未知的浅显理论，我预测从老君庙向西，在青草湾之南到南山山麓间10公里左右的地段内可能有潜伏构造，这个预测为最近的地震详测所证明了，但是否含油，要靠正在进行中的钻探来证实，本年内就可得到结果。

铜：在苏联乌拉尔长达750公里的范围内，已经找到了近百个大小不一的含铜黄铁矿床，因此，在中国的含铜黄铁矿床也不能例外，它决不能只限于白银厂一起。只要根据上面所述的规律，再配合上这类矿床的许多找矿标志，如铁帽、围岩蚀变等等，我相信在不久的将来是一定可以找到许多新产地的。

中条山铜矿是一种产在变质岩中的矿床，它的成因类型还未确定，可能与北非罗得西亚的层状铜矿有多少相似之处，如果属实，则中条山铜矿还可大大扩大，应进行大规模的地球化学探矿来寻找铜的异常区，然后用钻探证实。

安徽庐江铜矿可能是标准的斑岩铜矿，主要理由是：①该处有正长岩或二长岩类的岩石侵入于火山岩系中，有的侵入体只出露一个小的岩顶，所以在大片火山岩系下，有许多地方应发现侵入体；②已勘探过的龙王山矿脉，价值不大，只是本处矿床中心一种附属类型，主要矿体应为细脉浸染状，即斑岩铜矿，如最近在拔茅山所发现的；③围岩蚀变为绢云母化、高岭土化非常发育，还有各种各样的次生石英岩分布甚广；④铜草在矿区内到处可见，足示矿化现象的广泛。今后应进行大规模的地球化学探矿，找出异常区，并详细研究侵入体的分布和产状，应在铜矿矿化显示比较清楚并有强烈绢云母化或高岭土化的地点，进行钻探，必可获得满意的结果。

钾盐：下奥陶纪及三叠纪的海退期是寻找盐类矿产包括钾盐在内的有望时代。鄂尔多斯深钻已发现奥陶纪岩盐，晋南奥陶纪灰岩顶部有石膏，四川自流井三叠纪黑卤中已确定有钾。应在上述地区进行普查，并配合伽玛射线测井（在自流井盐井区最为适用）及地球化学的水化学方法分析溴、碘、硼等元素，寻找异常区，可能会发现钾盐矿床。

湘西金刚石：除在含金砾石层中勘探外，还应注意震旦纪的冰碛层，并应追溯至梵净山。

磷：前矿产测勘处于1947年发现了安徽凤台的磷矿后，我就进行预测：“凤台磷矿的发现，证明昆阳式磷矿可能东延达数千公里，并且就古地理研究，凡是下寒武纪的濒海区域，尤其是两边为古陆夹峙的港湾区域，昆阳式磷矿的发现最为有望”（节录1947年《矿测近讯》77期谢家荣著“安徽凤台磷矿的发现”）。我又就古地理关系，预测沿江南古陆的边缘，从南京附近经九江、宜昌以达黔东一带，在相当层位内都有发现磷矿的希望。就前人记述下寒武纪的剖面，依据岩石性质，我更大胆地指出贵州遵义（金鼎山）的所谓牛蹄塘黑页岩（刘之远同志调查）及杨怀仁、施雅风两同志在金沙所见的俗称为嫩瓜石的岩石都可能是磷矿。后来据罗绳武同志谈，他们根据这个预测进行找矿，果然在黔东的某县及遵义的金鼎山都发现了有工业价值的磷矿。

铝：1941 年左右，福建省地质调查所在漳浦于无意中发现了含铝高并含烧失物达到29%以上的铝土质岩石，我就非常重视这个发现，并大胆地预测，“这个漳浦式的铝矿可能属于三水型的，并冒昧地推测，凡是闽粤沿海玄武岩发育的区域，都有产生这类铝矿的可能”（1947 年《矿测近讯》谢家荣著“本处发现三水型铝土矿”及 1944 年三月重庆大公报“泛论中国铝土矿”）。后来根据这个预测，果然在漳浦发现了有工业价值的三水型铝土矿，又曾派员赴海南岛及雷州半岛进行普查，证实了在玄武岩上有风化壳的存在，但一般含矽较高，不能应用，如能详细研究，相信必能发现有工业价值的三水型铝土矿。

锑：锡矿山是在广大石炭纪灰岩区域中出露的一个由泥盆纪矽质岩所组成的紧密背斜。在锡矿山西北的鸡叫岩，具有同样构造及地层，在这里打钻，可能会发现“第二锡矿山”。

以上所述的许多预测，有的业已证实，但大多数尚待进一步工作，特别是要用钻探才能证明。由此可知预测固然重要，但如没有实践就等于空想，相反地，如只有实践而没有理论上的根据，则这种实践也就不免盲目了。预测是不能百发百中的，有的可能成功，有的则可能失败，所以我们必须要有再接再厉的精神，不要因失败而灰心，才能获得最后胜利。

中国铜矿的分类、分布及今后普查勘探的方向*❶

一、过去中国铜矿业的概况

中国自古以铜为主币，并以铜制造各种兵器及器皿，因此，在各金属中用途之广，除铁外以铜为最大，故对于铜矿，一向很为注意。据翁文灏氏的考据[1]谓汉唐及汉唐以前，以山西、河南间黄河两岸为最盛，其范围大致与中条山山脉相符合。章鸿钊所著“古矿录”亦谓“古之产铜地最著者乃在晋南、豫北，西连陕西终南山一带，其范围尤为广大”云云。史籍所载：黄帝采首山之铜，这个首山可能就在此区域内。但当时所产，实并不甚多，有历史记载可考者，以唐为始，每年产额至多1,300余吨，少时只150吨。

自唐以后，中国中部的铜矿业渐趋衰落，而渭南及汉水上流以及湘鄂，江淮各铜矿，渐次开发，遂以成宋初之盛。据历史记载，宋景佑年到元丰年（公历1049—1078年）为中国第一个产铜特盛时代，当时年产量为3,000～8,000余吨，最高年产量为宋元丰元年（1078年）的8,763吨，自宋初以后，各处铜矿又复有衰竭之势。但元、明年间，开采铜矿的范围似更大，如铜官山、彭县等矿，俱经开采，不过产量增加却并不甚多；甘肃白银厂在此时期亦经开发，但当时的对象，恐以金银为主，铜仅为副产品或竟未加注意。

至清初：四川南部及云南东部的各种铜矿，积极开发，矿业又复鼎盛，从雍正、乾隆至咸丰初年（1726—1858年）造成了中国第二个产铜特盛的时代，年产量从3,600吨到8,100吨，产量的顶点为乾隆38—39年（即1773—1774年）。咸丰以后，又复衰落，年产量不过数百吨。民国以后，矿业仍复萎靡不振，全国铜产量仅及一千数百吨。当日寇侵占期间，曾在东北大量劫采铜矿，当时开采地点达二、三十处，年产矿石2,000,000～3,000,000吨，约合纯铜2,000～3,000吨，并在沈阳及安东设厂冶炼。

从上所述，可知中国开采铜矿的历史是很悠久的，最初似从中条山一带开始，其后渐向西南发展，只有清一代，则集中在云南、川、康一带。当日人侵占期间由于东北的交通便利，各种物质条件的优越，东北就暂时成为中国的产铜中心，其实东北铜矿并不比关内丰富，这种转移，大多是人为的因素所造成的。

尝考古代各地铜矿发展的历史，往往为期甚短，大抵突然而盛，未几即竭，待有新矿发见，即转移地点，继起代兴，此盖因浅露富集的矿藏，易采亦易竭，而中国土法采矿，既不能深入，又无选矿技术，以处理低级的贫矿。因此，在中国已经开采过的许多老矿区

* 本文的一部分曾在地质部召开的地质工作会议上作过报告。现加修正补充，全文发表。

❶ 本文1957年1月发表于《地质论评》第17卷第1期，3～21页；作者所加题注说，本文的一部分曾在地质部召开的地质工作会议上作过报告，经查，是向中国地质学会第30届年会提交的论文“中国铜矿的分布及分类”。——编者注

中，深入勘探，可能发现深埋地腹的富矿，或品位较低，为古人无法利用，但储量极大的较低级品位的矿床。从另一方面言，古代矿业的规模极为狭小，当时认为有价值的富矿，如果分布散漫，储量不大，就未必适合于现代矿业的开发。这是从古矿业来推断今后勘探铜矿方向时所必须详加考虑的二点意见。

二、解放后若干新产地的发现

解放后由于党及政府的大力号召及中国地质工作者的努力，许多已知铜矿产地如东川、铜官山等的真实价值，逐渐被证明了，许多未知的新矿地，陆续被发现了。其中最重要的要算甘肃的白银厂和山西的中条山，俱已证明含有巨大矿量，至如安徽的庐江可能为一斑状铜矿，则尚待钻探证明。

甘肃白银厂铜矿位于兰州之北，是一个含有各种矾类、硫黄及硫酸铜矿物的老矿，过去曾开过银矿或铜矿，但详情不悉。抗战时前地质调查所的西北分所曾应兰州工矿方面人士的请求，进行过铁矿的调查，并对各种矾矿做过矿物学上的研究。解放后，为了在全国范围内寻找有价值的铜矿，作者首先提出白银厂是一个有希望的铜矿产地，其理由是根据各人报告判断，所谓铁矿实际上应该是一种铁帽，从矾类、硫黄及硫酸铜的存在来看，这个铁帽下面，应该有含铜的黄铁矿，即使铜量不高，黄铁矿的价值则几乎已是可靠的。当时中央的地质工作指导委员会采纳了作者的意见[2]，就派宋叔和同志及作者组队前往调查，后因作者另有任务，无法分身，遂由宋同志等前往。工作不久，宋同志等即发现了次生富集带中的烟灰状辉铜矿，作者据此提出初步结论，谓此矿有极大远景，值得大规模勘探。在第一阶段的详测工作结束后，宋叔和同志即首先指出白银厂铜矿可与西班牙的里窝-丁多铜矿相比拟，其后苏联专家罗基诺夫来华后，即决定该矿就是在苏联乌拉尔一带分布甚广的所谓含铜黄铁矿矿床。经过宋叔和、李铭德同志等多年的辛勤工作，加上详细的勘探，这个矿床的产状，形态及成因类型都已研究较详[3]。这是位于祁连山地槽带中华力西早期褶皱时所形成的矿床，呈若干长的扁豆体或网状脉，与岩石片理大致平行。含矿围岩属中泥盆纪富含钠的半海相变质火山杂岩系，包括流纹英安岩、流纹凝灰岩及细碧角斑岩，但主要含矿层则为流纹英安凝灰岩。常呈强烈的绿泥石化、绢云母化、矽化及碳酸盐化等围岩蚀变现象。矿石产状有含黄铜矿的块状、黄铁矿网脉状、黄铜矿及含黄铜矿的散漫状黄铁矿等数种。矿物以黄铁矿、黄铜矿为主，稍含斑铜矿、闪锌矿及方铅矿。脉石主要为石英、绿泥石与绢云母，另有少量的白云石和方解石。在距地不深处有一次生富集带，含品位相当高的烟灰状辉铜矿。地面上则都氧化成为铁帽，依据含铁量的多寡，可分为富铁帽、贫铁帽及矽质铁帽等，在块状铁帽并有陷落现象的铁帽之下，常可遇到致密块状的富矿体。

中条山铜矿位于山西垣曲的铜矿峪，是一个早经开采过的老矿地，但其真实价值则经此次的调查和勘探后，才趋明了。1951年地质部派王植、杨开庆等赴山西五台山、吕梁山、中条山等古地块中调查铜矿，王植同志建议以铜矿峪试行初步勘探，因钻机未到，先进行坑探，探到品位极高的铜矿二处。苏联专家罗基诺夫乃建议大力钻探，不久就证明是一个大铜矿，并在附近发现了几处相似的铜矿。中条山铜矿成相当宽大的条带，主要产于前震旦纪强烈绢云母化及矽化的石英质片岩中，这种变质岩的原来形态，尚需进一步研究决定。矿区附近还有基性岩脉，酸性侵入体及位于前震旦纪顶部的安山岩岩流，似都与主要铜矿床的生成无多大关系。在安山岩岩流中常有一种含铜石英矿脉，已证明无经济价值。

中条山铜矿虽已证明有极大价值，但其矿床的成因类型，则迄今尚意见分歧，莫衷一是。在该矿工作最久的王植同志则强调应属斑岩铜矿一类，并谓这是变质了的世界上最老的斑岩铜矿，故其各种特性与一般的斑岩铜矿不同[4]。作者则认为中条山铜矿在形态上讲为标准的细脉浸染状，但在成因上讲，则与斑岩铜矿大为不同，主要区别为：

（1）斑岩铜矿一般产于地槽区的隆起部分，矿化作用发生在地槽的升起运动之后，而中条山则为前寒武纪的古地块，地壳已经硬化，不容易产生需要孔隙率和渗透率较高较广的斑岩铜矿。至于王植同志以为这是变质了的前寒武纪的地槽中的产物，则根据别洛乌索夫院士的意见，古老地槽的性质，尚多未明，不能与寒武纪后的地槽相提并论。

（2）斑岩铜矿床的原生铜矿，一般品位很低，不值开采，必待经过次生富集后，才有价值。中条山铜矿则不然，原生铜矿的含量常可达到开采品位，而次生富集带则不发育。

（3）从详细勘探证明，中条山铜矿呈倾斜较急，入地很深的宽长条带状，与斑岩铜矿一般之呈平铺的层状者，大为不同。由于基本形态上的不同，中条山铜矿就要兼用坑道法采矿，而不可能如一般的斑岩铜矿用露天法开采了。

（4）王植同志把中条山铜矿作为变质了的斑岩铜矿，其关键性问题是铜矿产生在变质作用之前，抑在其后，如果矿化是在变质作用之后或与之大约同时，则就不能称为变质了的矿床，而应是变质矿床了。

（5）即使中条山铜矿诚如王植同志所设想的是变质了的斑岩铜矿，则照矿床学上的一般分类惯例，应把最后发生的最重要的作用，反映在分类名称之中，例如中国的鞍山式铁矿，其原来成因，可能属沉积矿床，但因后来的变质作用非常强烈，大大地改变了其原来的成分和结构，因此这种矿床就另属一类，称为鞍山式的变质矿床，而不能与未变质的沉积铁矿如宣龙式、宁乡式等等相提并论了。

（6）主张中条山铜矿属斑岩铜矿一类的最有力的证据不外二项，即细脉浸染状并含辉铜矿。要知形态在矿床的成因分类法中不能成为主要的准则，已经许多学者们申论了。辉铜矿固为斑岩铜矿的特征，但在其他类型的矿床中，亦有存在，因此，其对矿床分类上的意义，就不是最主要的了。

根据上述六项理由，作者认为中条山铜矿不能属斑岩铜矿，是否可作为一种层状矿床看待，而与南非的罗得西亚大铜矿相比较，目前尚难决定*。至于该种铜矿应属热液成因或沉积变质成因，则学者意见纷歧，尚未一致。其在矿床分类中的位置，容后再述。

东川铜矿经过近年来的详密坑探，亦已证明有巨大价值[5,6]。其矿床的成因类型应属中温热液的交代充填矿床，显已毫无疑义。但在最近发表的若干刊物中[7]曾有称之为层状或似层状铜矿者。查层状铜矿一般包括北非的北罗得西亚铜矿及苏联的哲兹卡兹甘矿床，其成因究属水成抑属热液，学者意见，尚不一致。但最近苏联学者似有接近于沉积成因的趋向，故似层状铜矿，至少亦应有若干近似沉积铜矿的特点，但在东川铜矿中，则这种可能还待研究，故它最好称为岩浆后期的中深热液矿床。

安徽庐江铜矿是解放后发现的另一重要铜矿，但其价值尚未确定，成因类型更未能研

---

* 罗得西亚铜矿有不同的产状，主要有产于砂页岩中的和产于石灰岩中的两种，而在后者的附近还分布有世界著名的铀矿床。中条山铜矿也有两种主要产状，一是产于所谓变质花岗闪长岩中的铜矿，以铜矿峪为代表，一是产于石灰岩中的铜矿，以胡家峪为代表。后者曾有人指出属似层状类型。

究清楚。朱夏同志于进行了粗略的检查后曾著一短文谓可能属斑岩铜矿，作者虽未亲自考察，从研读勘探队的报告后，亦觉庐江铜矿颇有属斑岩铜矿的可能，主要理由是：

（1）该处有正长岩或二长岩类岩石侵入于火山岩系中，有的侵入体只出露一个小的岩顶，故在大片火山岩系下，有许多地方应可发现侵入体。

（2）已勘探过的龙王山矿脉，价值不大，只是本处矿床中的一种附生类型，主要矿体应为细脉浸染状即斑岩铜矿，如最近在拔茅山所发现的。

（3）围岩蚀变如绢云母化、高岭土化非常发育，还有各种各样的次生石英岩分布甚广。

（4）铜草在矿区内到处分布，足示矿化现象的广泛，今后探矿应进行大面积的铜量测量，并详细研究火成岩侵入体的分布和产状，就有铜矿矿化显示比较清楚并有强烈绢云母化或高岭土化的地点，进行勘探，可能获得满意的结果。

三、中国铜矿床的成因分类

如上所述，解放后中国铜矿的发现是很多的，但关于成因分类尚存在着不同的意见，因此把全国现知的许多重要铜矿进行一个全面的分类，无论在提高学术研究，或指导今后勘探方向方面，俱有重大的意义。这个分类首先必须是成因的分类，因为在勘探工作方在开始，许多勘探数据尚未获得的今天，还不可能进行详密的工业类型的分类。

在许多种已有的矿床分类法中，据作者的意见，要算德国许那德勋[8,9]及苏联萨赫洛夫[10]的分类法最为完备，最为系统。他们大体上把矿床与岩石一样看待，而分为三大主类即岩浆矿床、沉积矿床（或称表成矿床）及变质矿床，而在每一大类之下，又根据产状、母岩或围岩及共生矿物的种类，分为许多亚类及型式，这种方法是值得学习的。兹大体依照他们的分类系统，提出一个中国铜矿的成因分类，如表1所示。每一重要类型，都冠以标准产地的地名，如东川式、中条山式等等，而在某一矿式之下，则除列举矿石建造、母岩及围岩的种类、产状等等之外，还附列了大地构造单元及若干例子。相信从这个表可获得对中国铜矿一个概括的全貌。

在第一主类的岩浆矿床中，我们分为正岩浆矿床及岩浆后期矿床二亚类。正岩浆矿床是产在火成岩中，与岩浆关系最为密切的所谓岩浆分异矿床。视母岩种类的不同，又分为与橄榄岩有关的力马河式及与辉长岩有关的桃科式。这是我国目前知道的有数的几个铜镍矿床，它们分布在康滇地轴、山东地块及贺兰山等若干地点，但迄今为止尚未证明具有重大的经济价值。

所谓岩浆后期矿床是包括从与火成岩关系非常明显的接触交代或高温热液矿床到看不见有火成岩侵入的成因非常模糊的低温或超低温充填交代矿床。在此次提出的分类表中，我们依据矿石建造及母岩或围岩的关系，分为较高温深成热液矿床，中温中深热液矿床及低温浅成矿床三亚类。第一亚类包括矽卡岩（接触变质矿床）铜矿及大义山式的铜砷锡石矿床。第二亚类类型最多，计有斑岩铜矿、东川式、越西式及招远式四种不同型式，其中招远式乃标准的金铜石英脉矿，越西式则是产于石灰岩中的黝铜矿脉，其成因类型，尚未大定。斑岩铜矿目前所知只有产于矽卡岩矿床附近、分布狭小的若干矿床，如阳新、汪清等处*。另一可能属于斑岩铜矿的矿床，则为安徽庐江，值得进一步研究。低温热液矿床

* 据最近情报在江西德兴已发现有较大的斑岩铜矿。

表1　中国铜矿成因类型的分类

主类	亚类	式别	矿石建造	母岩及围岩	产状	大地构造单元	举例
Ⅰ岩浆矿床	(A)正岩浆矿床	力马河式	磁黄铁矿-镍铁矿-黄铜矿建造	橄榄岩	不规则形或脉形	康滇地轴（前寒武纪）	四川会理力马河、小官河，天全大川铜厂沟
		桃科式	磁黄铁矿-黄铜矿建造	辉长岩及片麻岩	不规则形或脉形	山东地块华北地台	济南桃科，泰安茅茨舍，宁夏小松山
	(B)岩浆后期矿床	较高温深成热液矿床：1 矽卡岩矿床	磁铁矿-黄铁矿-黄铜矿建造 黄铜矿-斑铜矿-赤铁矿建造	闪长岩及二叠纪石灰岩	脉形及不规则形	扬子下游准地槽	安徽铜官山 阳新大冶赤马山、龙角山
			黄铜矿-菱铁矿-斑铜矿建造	花岗岩及南山系石灰岩	”	西北地槽	青海共和寨门卡牙
			黄铁矿-磁铁矿-黄铜矿建造	花岗岩或石英粗面岩与石灰岩接触	”	东北地槽	延吉天宝山、本溪马鹿沟、庄河芙蓉、复县华铜沟、磐石石砠子、汪清小百草沟及热河寿王坟
		2 大义山式	锡石-黄铜矿-毒砂建造	石灰岩与花岗岩侵入体接触附近	筒状矿脉	南岭准地槽	常宁倒锡湖、大顺窿、桂阳绿紫坳
		中温中深矿床：3 斑岩铜矿	斑铜矿-辉铜矿-辉钼矿建造	花岗岩	细脉浸染状	扬子下游准地槽	阳新赤马山、欧阳山、安徽庐江、拔茅山
						东北若干准地槽	汪清百草沟、永吉大黑山
		4 东川式	黄铜矿-斑铜矿-辉铜矿-赤铜矿建造	震旦纪石灰岩、页岩及辉长岩	细脉及不规则交代层状矿床	康滇地轴	东川、巧家、通安、易门
		5 越西式	石灰岩中黝铜矿脉	震旦纪石灰岩及辉绿岩	脉状	康滇地轴	四川越西
		6 招远式	金-黄铜矿-石英建造	太古代片麻岩中有花岗岩侵入	脉状	山东地块东北的地台	山东招远玲珑山、东北本溪天道沟、热河倒流水
		低温浅成矿床：7 安山岩中铜矿	辉铜矿-斑铜矿-黄铜矿-绿帘石建造	中生代安山岩，另有花岗岩	气孔充填及细脉浸染	地台	宣化庞家堡、青海民和都兰贺尔亨山、陕西安康牛山
		8 玄武岩中铜矿	自然铜-黄铜矿-方解石-泡沸石建造	二叠纪玄武岩	气孔充填及细脉浸染	云贵川地台区	昭通稻田坝、四川荥经青杠坡
		9 金瓜石式	金-铜砷硫矿-银-重晶石-明矾石-石英建造	第三纪石英安山岩	板状，筒状，脉状，层面脉状，主要由充填所成	地槽	台湾金瓜石
		10 石灰岩中浅成交代充填矿床	黄铜矿-斑铜矿-闪锌矿-方铅矿建造	产于寒武奥陶纪石灰岩	脉状及扁豆体状	扬子地台区	湖北西南部咸丰、鹤峰、建始、恩施等处及湖北西北部

续表

主类	亚类	式别	矿石建造	母岩及围岩	产状	大地构造单元	举例
Ⅱ表成矿床	(A)淋滤矿床	(1)次生富集矿床	辉铜矿-褐铁矿建造 辉铜矿-斑铜矿建造	落雪灰岩（震旦纪）	细脉状、烟灰状、层状及散漫状“马尾丝”“牛眼睛”“鸡眼睛”等浸染状	扬子下游准地槽、南山地槽 康滇地轴	阳新、铜官山、白银厂 云南东川
		(2) 马豆子矿床	斑铜矿-辉铜矿建造，偶有黄铜矿	二叠纪煤系，母岩为玄武岩	结核状，细脉状	扬子地台	四川荥经前后聚坝，贵州德卓，水垆上，盘县
		(3)辉铜矿脉	辉铜矿-蓝铜矿-孔雀石-黑铜矿建造	二叠纪茅口及栖霞石灰岩，从上覆玄武岩淋滤而成？	脉状	康滇地轴	海棠汪家桥
	(B)沉积矿床(红层铜矿)	(1)含铜砂岩	孔雀石-蓝铜矿-辉铜矿-斑铜矿建造（偶有黄铜矿）	三叠纪浅海相红层 白垩纪红层 第三纪红层	层状浸染	扬子地台 西北的若干地台	四川荥经前后聚坝，贵州德卓、盘县，四川叙水，湖南衡阳 新疆库车、拜城
		(2) 含铜矿砂砾岩	孔雀石-蓝铜矿-辉铜矿-斑铜矿-黄铜矿建造	白垩纪	层状浸染（可能有岩浆水参加）		西康会理鹿厂
Ⅲ变质岩中矿床	(A)主要矿床成于变质作用之前后	(1) 中条山式	黄铜矿-辉钼矿建造，产绢云母化及矽化的石英质片岩中	前震旦纪结晶片岩、石英岩，有基性岩脉及酸性侵入体	细脉浸染及石英含铜脉	华北地台 中条山地块	山西中条山、五台山、吕梁山及太行山 河南济源
		(2) 彭县式	黄铁矿-黄铜矿-磁黄铁矿建造，产强烈绢云母化的片岩中	下古生代石灰岩及片岩，与辉绿岩侵入体有关	扁豆状及脉状	加里东地槽，由于华力西火成岩侵入作用所成	四川彭县
		(3) 化隆式	自然铜-赤铜矿-绿泥石建造	产太古代（?）片麻岩、结晶片岩中的石英质片岩中	脉状	地台（?）	青海化隆辣水峡
	(B)被变质矿床	(1) 白银厂式	黄铁矿-黄铜矿-斑铜矿-闪锌矿-方铅矿建造，围岩强烈绢云母化、高岭土化及矽化、绿泥石化	产海相火成岩系钠长石化的流纹英安岩，流纹凝灰岩及细碧角斑岩中	块状、网脉状、散漫状，呈若干相当大的扁豆体，与岩石片理大致平行	南山地槽，在华力西褶皱期前或与之同时生成	甘肃皋兰白银厂，张掖柘树台子
		(2) 石门式	黄铜矿-斑铜矿-辉铜矿-黄铁矿-方铅矿建造	震旦纪石英岩中	层状	地台	湖南石门至湖北鹤峰间

计分四式，即安山岩中铜矿、玄武岩中铜矿、台湾的金瓜石式及石灰岩中的浅成交代矿床。安山岩中铜矿已发现宣化庞家堡、安康牛山及都兰贺尔亨山数处，都没有重大经济价值。就围岩种类及矿床成因讲，本类与金瓜石式有多少相似之处，不过后者安山岩的时代属第三纪，且经济价值远较第一式为大，故另立类型，实为必要。玄武岩铜矿，以自然铜为主，也有黄铜矿等硫化物，附生矿物则为方解石及泡沸石。本式在云贵川地台区虽分布非常之广，但有经济价值的矿床，则迄今尚未找到。成因尚不明了者乃第四式灰岩中的交代充填矿床，成脉状及扁豆体状，产于下古生代石灰岩中，在湖北西南及西北部分布很广，价值都不大。矿区附近见不到任何火成岩侵入体，究竟是否属岩浆后期矿床抑为沉积或表生矿床，因研究未精，尚难确定。

第二主类的表成矿床，可分为淋滤矿床及沉积矿床两亚类。淋滤矿床乃在表生层中经过地面风化及地下水作用所成，又可分为次生富集带矿床、马豆子矿床及辉铜矿矿脉三种型式。次生富集带以烟灰状的辉铜矿为特征，已在湖北阳新、安徽铜官山及甘肃白银厂发现，除白银厂成层较厚，价值较大外，其他两地的次生富集带矿床，其经济意义并不很大。东川落雪铜矿中的所谓马尾丝等辉铜矿脉，据作者意见乃次生富集矿床的另一型式，确否，有待进一步工作证实。马豆子矿床乃云贵川玄武岩铜矿区中的特产，以斑铜矿及辉铜矿为主，成结核状产出，显由地下水作用所成，因分布散漫，价值不大。在川西海棠汪家桥所见的辉铜矿脉产石灰岩中，是否由上覆的玄武岩中的铜质淋滤下降，再行沉淀所成，抑属热液矿床，尚待研究决定。第二亚类的沉积矿床主要为红层铜矿，在新疆、湖南、四川、贵州等处分布很广，究竟有多大经济价值，目前尚难断定。在会理鹿厂一带分布的含铜砂砾岩，亦属红层铜矿的一种，矿床价值，可能较大，故特另立一式，而与一般的含铜砂岩相区别。

第三主类变质岩中的铜矿床，可分为三亚类：

（1）主要矿床可能成于变质作用之后或前，矿床本身则属中温到较高温的热液充填矿床，也可能为沉积变质矿床。目前所知有三种型式：即中条山式、彭县式及化隆式。中条山式铜矿已述于前，兹不复赘。彭县式则为扁豆状及脉状的黄铁矿、黄铜矿及磁黄铁矿建造，产于强烈的绢云母化片岩中，矿体沿片理充填，可能成于变质作用之后。化隆式为自然铜、赤铜矿及绿泥石建造，产片麻岩结晶片岩系中的石英质片岩中，呈脉状，只见于青海化隆的辣水峡，型式奇特，尚待进一步研究。

（2）第二亚类则可简称为变质矿床，即主要矿床成于变质作用之前或大致与之同时，属此类者有白银厂式的含铜黄铁矿及石门式的含铜石英岩。白银厂式铜矿前经详述。石门式铜矿在湖南石门及湖北鹤峰间，分布很广，成层状，产震旦纪的石英岩中，含黄铜矿、斑铜矿、辉铜矿等矿物，成分甚杂，但品位很低，似无经济价值。

四、中国铜矿的分布[11]

目前所知中国铜矿的产地，不下600余处，其分布几遍全国，就地理区域言，可分为下述各区：

（一）东北区

包括东北三省，就大地构造言*，属中朝地台，其中又分为东满地台，兴安地槽，华

---

* 关于本文所述各区大地构造特征，火成岩发育及矿床情况曾由黄汲清、田奇瑰、孟宪民、程裕淇诸同志参加意见。

北地台的一部分，及若干可能的准地槽，如沿太子河流域的复式向斜及北满的老爷岭等处。主要造山运动为燕山期，但北满的兴安地槽（包括原热河北部）似属华力西期。燕山期花岗岩及花岗斑岩甚为发育。此外又有大片喷出岩如安山岩、斑岩、流纹岩及凝灰岩等，属中生代。

本区铜矿有下列各种：

（1）矽卡岩矿床：如延吉天宝山、庄河芙蓉、复县华铜沟、汪清小百草沟、本溪马鹿沟、磐石石咀子及原热河省寿王坟等铜矿属之，矿产于前寒武纪之白云岩、石灰岩与花岗岩接触带中，或奥陶纪灰岩与花岗岩接触带中（前者如复县华铜沟，后者如本溪马鹿沟），组成矿物主要为黄铜矿，有接触变质矿物伴生；矿石品位平均在1%以上；长度自数十米至数百米，厚度自数十毫米至数十米。另如通化二道洋岔，临江铜山的铜矿，则成细脉浸染状，但在成因上仍属矽卡岩矿床。矿生于石灰岩与闪长岩之接触部分，或充填于二者之节理裂隙中，呈矿染状、矿筒状、块状、小脉状；延长自数米至数十米，宽0.5～1米左右，组成矿物为孔雀石、蓝铜矿、斑铜矿、黄铜矿、辉铜矿，有辉铜矿伴生。辉铜矿散布于接触带，呈2～3毫米之鳞片及皮膜状或成细脉富矿（宽约6米）。

（2）斑岩铜矿：汪清百草沟及永吉大黑山有属斑岩铜矿的迹象，但真正的斑岩铜矿，在东北区尚未确定。

（3）含铜石英脉：如本溪六道沟、砂金沟及桦甸的铜矿。六道沟矿床生于石灰岩及页岩之裂隙中，组成矿物为黄铜矿，有金、银伴生；矿石品位铜：1%～10%左右。矿脉厚度在1米左右。

本溪砂金沟及桦甸的矿床为石英、重晶石、方解石脉，充填于矽质石灰岩或泥灰岩中，脉长可达数百米，厚自数毫米至1米不等。

（4）铜镍矿床：产清源及锦西、兴城等处，详情不悉。

（二）华北区

包括河北、山西、山东三省及河南一部分。就大地构造言，属华北地台，在此地台中，有许多前震旦纪地块，如五台地块、吕梁地块、中条地块及太行地块；另有若干中生代的准地槽，如热河冀东准地槽（是以震旦纪和一部分寒武、奥陶纪为主的基底褶皱）及北京西山准地槽，通过华北平原向东为山东地块，向南为秦岭地轴。主要造山运动为燕山期，火成岩有燕山花岗岩及其相关的花岗闪长岩、斑岩等；前震旦纪的酸性及中性侵入岩，如山东地块的花岗岩，中条山的安山岩及闪长斑岩，另外在山东地块中有辉长岩侵入于奥陶纪石灰岩中及超基性的角闪岩脉侵入于片麻岩中。在秦岭地轴中，太古代的片麻岩及结晶片岩甚为发育。

本区铜矿有下列各种：

（1）含铜石英脉：如山西五台、定襄、代县、繁峙、静乐、交城以及山东招远玲珑的铜矿。矿脉生于石灰岩或变质岩系中；组成矿物主要是黄铜矿，品位均在1%以上；厚度及长度不一。

（2）中条山式铜矿：分布在垣曲、夏县、闻喜、绛县一带。矿床产于前震旦纪的绢云母石英片岩及绿泥石片岩中，呈细脉浸染状或不规则块状，接近母岩处矿染及热液蚀变现象甚为明显。组成矿物有黄铜矿、斑铜矿、黄铁矿、赤铁矿。

（3）铜镍矿床（桃科式）：如济南桃科、泰安茅茨舍的铜矿。矿床生于桃科基性岩中，呈矿染状、矿脉状或扁豆状，长径自1到80米，短径最高可达5米，略平行于片麻岩之片理；组成矿物有含镍黄铜矿、含镍磁硫铁矿、黄铁矿，矿石品位铜自万分之几至百分之几，镍在1%以下。

（4）矽卡岩矿床：如山东沂水铜井的铜矿。矿床生于寒武纪灰岩与闪长岩之接触带；组成矿物有黄铜矿、孔雀石及其他接触变质矿物。

（三）秦岭区

本区只指秦岭南部的地槽区，主要是古生代的硬砂岩系和复理层，厚度可达2万米。秦岭褶皱带曾经过加里东、华力西及燕山三个造山运动，后二者较为重要。火成岩侵入体（特别是花岗岩体）和喷发物分布甚广，如华力西期的花岗岩、花岗闪长岩、辉长岩、安山岩以及燕山期的花岗岩、闪长岩和斑岩等。

本区铜矿类型不明。现知产地有陕西的安康（牛山）、饶安，湖北的郧西、郧阳、竹山等铜矿。俱似属中温或低温热液矿床，推测本区可能发现白银厂式或其他属于地槽型的矿床。

（四）华南区

就大地构造言，本区包括燕山期扬子江下游准地槽褶皱带、华南准地槽褶皱带、加里东期的江南古陆，以及前震旦纪的淮阳地盾。在淮阳地盾内几乎全部都是前震旦纪的古老岩层。江南古陆地层以板岩、千枚岩、石英岩、硬砂岩为主，变质一般轻微，火成岩侵入体不多，区域硬化不显著。华南准地槽褶皱带的特性是：①下部古生代不发育或不显著；②主要沉积区是加里东运动所形成的；③泥盆纪及石炭纪地层堆积甚厚。这是与扬子区情况很不同的地方。本区有加里东期的花岗岩（已变质）及喷出岩，燕山期的花岗岩、闪长岩、斑岩、石英二长岩及凝灰岩等。

本区铜矿有下列各种：

（1）矽卡岩矿床：如江苏铜山利国驿、句容铜冶山、江西上高、安徽铜陵铜官山、湖北大冶龙角山等铜矿。矿床生于石灰岩或石英岩与花岗闪长岩之接触部分；组成矿物有黄铜矿、孔雀石、黄铁矿、磁黄铁矿、磁铁矿、辉铋矿、白钨矿、赤铁矿、石英、石榴石、透角闪石、绿泥石等；含铜一般均在1%以上。

（2）斑岩铜矿：如湖北阳新赤马山、欧阳山的铜矿。矿床生于石炭二叠纪石灰岩与闪长岩接触带之外部；组成矿物有黄铜矿、辉铜矿、孔雀石、蓝铜矿等，惟分布狭窄，价值不大。

（3）铜砷锡石矿床（大义山式）：如湖南常宁炭山窝、桂阳大顺窿、绿紫坳的铜矿。矿床生于上泥盆纪及下石炭纪石灰岩中，与花岗岩接触带相距数百米；矿床多呈烟囱状；组成矿物有黄铜矿、斑铜矿、孔雀石、毒砂、锡石、方铅矿、闪锌矿、方解石、石英、氟石、绿泥石等。

（4）云英岩化高温钨铜矿床：如江西大余的下龙、石坪脑及漂塘等矿床属之。黄铜矿呈粒状浸染于云英岩中，偶亦有呈脉状或块状者；组成矿物有黄铜矿、斑铜矿、孔雀石、铜蓝及钨锰铁矿。

（5）含铜砂岩：如湖南衡阳的铜矿，产于第三纪砂岩中，属红层铜矿的类型。

（五）东南沿海区（包括台湾及海南岛）

就大地构造言，本区为华夏古陆及浙闽褶皱带，主要造山运动为燕山期。本区内广泛分布火山喷发物，如流纹岩、凝灰岩及块集岩等。这些喷发物常与红层成互层，而且往往有花岗岩之侵入。另外本区还分布有已变质成片麻状的或片麻岩的花岗岩以及在台湾分布的第三纪的火山岩等。

本区铜矿有下列各种：

(1) 多金属脉状矿床（低温或中温）：如浙江浦江金银村、青田直岭、牛藏脚、永嘉银坑山等地的多金属脉状矿床。矿脉生于花岗岩或流纹岩中，组成矿物主要为黄铜矿、闪锌矿、方铅矿、黄铁矿等；矿脉长厚不一，在永嘉银坑山所见者长 100～300 米，厚自 1 毫米至 2 米不等。

(2) 第三纪低温脉状矿床（台湾金瓜石式）：如台湾基隆金瓜石的铜矿，矿床大部产安山岩中，一部延伸及于水成岩内。呈脉状、层状、圆筒状、环状等不规则形状；围岩皆显热液变质现象，矽化作用、高岭土化作用非常普遍；组成矿物为硫砷铜矿、黄铜矿、金及银，共生矿物有黄铁矿、白铁矿、闪锌矿、方铅矿、纤维锌矿，脉石矿物有石英、方解石、重晶石、明矾石等。

此外本区铜矿尚多，但成因类型大多不明。

（六）西南区

就大地构造言，本区包括四川盆地及其四周之龙门山褶皱带、大巴山褶皱带、鄂西褶皱带、娄山褶皱带及大凉山褶皱带。龙门山是地槽型的褶皱带。火成岩有前震旦纪的闪长岩类及辉长岩类的侵入岩，但因本区沉积甚厚，仅在宾阳弧及梵净山等地有零星出露。

本区铜矿就目前所知俱为交代矿床。属中温热液或低温浅成的多金属矿床，分布在湖北西南部咸丰、五峰、鹤峰，湖南西北部大庸、石门、辰溪等地。矿床产于震旦纪、寒武纪或奥陶纪的灰岩中；呈脉状、扁豆状、角砾状；组成矿物有斑铜矿、黄铜矿、蓝铜矿、孔雀石、自然铜、黄铁矿、闪锌矿、方铅矿等。

（七）川康滇黔区

就大地构造言，本区包括前震旦纪的康滇地轴，加里东、华力西及燕山期的川西地槽及滇黔山地，燕山期及喜马拉雅期的滇缅地槽。康滇地轴为昆阳板岩及片岩、片麻岩的分布区域，由于昆阳板岩硬化程度不够，这一地块显然受了华力西造山运动和燕山运动的影响，华力西末期高原式的玄武岩大量喷发于地块之上和其东的广阔地区。此外尚有前震旦纪的花岗岩、安山斑岩、闪长斑岩、辉长岩，加里东期的火山岩、凝灰岩（如四川泸定一带），华力西期的花岗岩、花岗闪长岩、辉长岩及基性、超基性岩石（如会理力马河）以及燕山期的花岗岩、花岗闪长岩等。

本区铜矿计有下述八式：分布最广，类型亦最多[12]。

(1) 东川式：如东川、巧家、通安、易门的铜矿。矿床生于灰岩、矽质灰岩、板岩或石英斑岩中；矿体呈线状，扁豆状或薄脉状、浸染状，组成矿物有黄铜矿、辉铜矿、斑铜矿、孔雀石、矽孔雀石、蓝铜矿、赤铜矿等。

(2) 越西式：如四川越西的铜矿。铜矿脉成细脉穿插于二叠纪的矽质灰岩或变质灰岩中，多数与层面平行，且常生于矽石层与灰岩之接触面；脉厚自数毫米至数十毫米不等；

组成矿物为孔雀石、蓝铜矿、斑铜矿、矽孔雀石、黄铜矿、砒黝铜矿、黝铜矿等。

(3) 力马河式：如四川会理力马河铜厂沟的铜矿。矿床生于橄榄岩中，含有磁黄铁矿及镍铁矿。

(4) 玄武岩式：如昭通、荥经、峨边、洪雅、威宁、永胜的铜矿。矿床生于玄武岩中；呈脉状；组成矿物有自然铜、黄铜矿，伴生矿物是黄铁矿、石英、方解石、泡沸石、绿泥石等。

(5) 马豆子式：如荥经、德卓、永胜的铜矿。矿床生于乐平煤系的矽质页岩中；呈结核状、树枝状及层状。组成矿物为斑铜矿、黄铜矿、孔雀石、白铁矿、黄铁矿等。

(6) 含铜砂岩：如荥经、德卓、永胜、蒙化的铜矿。矿床生于三叠纪、白垩纪及第三纪的红层中。

(7) 含铜砾岩：如四川会理鹿厂的铜矿。矿床生于红色砂页岩系的砾岩中，多充填于砾石的裂缝中，含铜层厚可达 2 米余，长可达数千米，组成矿物有辉铜矿、黄铜矿、斑铜矿、赤铜矿、孔雀石、蓝铜矿、氯铜矿，伴生矿物有方解石、重晶石、黄铁矿、赤铁矿、菱铁矿、褐铁矿等。

(8) 彭县式：如彭县马松岭、半截河、飞水岩的铜矿。矿床生于上寒武纪之片岩及片麻岩中；均呈扁豆体状，矿体一般皆与围岩走向倾斜一致；组成矿物有黄铜矿、磁黄铁矿、黄铁矿等。

(八) 祁连山及其南区域

就大地构造言，本区为华力西期的南山褶皱带，燕山运动及喜马拉雅造山运动仅局部存在。本区有前震旦纪的橄榄岩、蛇纹岩，加里东期的喷出岩及花岗岩，华力西期的安山岩、花岗岩、安山斑岩、辉长岩、基性及超基性侵入岩等。

本区铜矿有下列数种：

(1) 白银厂式：甘肃皋兰北白银厂的含铜黄铁矿，已证明有巨大价值，在祁连山的其他地区可能尚有同样矿床发现*。

(2) 矽卡岩式：如青海共和寨门卡牙的铜矿。

(3) 安山岩中的铜矿：如青海都兰贺尔亨山及民和的铜矿。

(4) 变质岩中自然铜矿：如青海化隆辣水峡。

(九) 天山区

本区为华力西期的天山褶皱带。火成岩有前震旦纪的火山喷出岩、橄榄岩、蛇纹岩，华力西期的安山岩、花岗岩等。

本区铜矿除库车、拜城的含铜砂岩（生于第三纪红层中）稍有了解外，其余铜矿目前尚不知其究属何种类型。

(十) 西藏区

铜矿产地甚多，地质及矿床情况多不明。

---

* 据最近情报已发现数处。

表 2 中国铜矿床分布表

铜矿区域	大地构造及造山运动	与铜矿有关的火成岩	含矿层或围岩	矿床类型	重要产地
东北区	东满地台、华北地台的一部及若干可能的准地槽。主要造山期为燕山运动。	燕山期花岗岩。	前寒武纪石英岩、白云岩。奥陶纪石灰岩。 石炭二叠纪石灰岩。	1. 矽卡岩矿床。 2. 斑岩铜矿。 3. 含铜石英脉。 4. 石英重晶石方解石脉状矿床-浅成充填及交代矿床。 5. 铜镍矿床。	1. 延吉天宝山、庄河芙蓉、复县化洞沟、本溪马鹿沟、磐石石咀子、汪清小百草沟、通化二道洋岔、临江铜山，原热河省寿王坟。 2. 汪清百草沟、永吉大黑山。 3. 本溪六道沟、原热河省倒流水。 4. 本溪砂金沟及桦甸。 5. 清源及锦西杨家杖子、兴城夹山村。
华北区	华北地台中有许多前震旦纪地块。如五台地块、吕梁地块、中条地块及太行地块。通过华北平原向东则为山东地块，向南为秦岭地轴(包括伏牛山)。主要造山期为燕山运动。	1. 燕山期花岗岩(及其相关的闪长岩、斑岩等)。前震旦纪中性至微基性侵入岩或岩流？如安山岩、辉绿岩等。 2. 山东地块中有辉长岩及超基性侵入岩脉(角闪岩)。前者侵入于奥陶纪灰岩，后者则产于片麻岩中。在秦岭地轴中可能有前震旦纪安山岩(伏牛山)。	前震旦纪石英岩、石英绢云母片岩、片麻岩及白云岩。 地轴区：片麻岩及结晶片岩。	1. 含铜石英矿脉。 2. 中条山式铜矿。 3. 桃科式铜镍矿。 4. 矽卡岩矿床。在许多地块及秦岭地轴区中可能发现中条山式矿床。	1. (a)五台区：五台、定襄、代县、涞源。 (b)吕梁区：静乐、交城。 (c)中条区：济源。 (d)山东地块：招远。 2. 中条山式：垣曲、夏县、闻喜一带。 3. 济南桃科、泰安茅茨舍。 4. 沂水铜井(寒武纪灰岩与闪长岩接触)。
秦岭区	本区只指南秦岭的地槽区，曾经过加里东，华力西及燕山期造山运动。	燕山花岗岩、闪长岩、斑岩及华力西花岗岩，基性侵入岩及火山岩。	古生代变质岩属标准地槽沉积，厚度很大，可能有火山岩。	矿床类型不明，在地槽区可能发现白银厂式或其他属于地槽区的矿床。	
华南区	包括扬子下游准地槽，江南古陆及南岭准地槽。江南古陆为加里东造山运动的产物。 扬子及南岭准地槽为华力西及燕山运动。此外还有震旦纪古地块。	燕山期花岗岩、闪长岩、花岗闪长岩及斑岩。	1. 奥陶纪石灰岩、石炭纪石灰岩及石炭二叠纪石灰岩。 2. 石炭二叠纪石灰岩。 3. 上泥盆纪及下石炭纪石灰岩。 4. 前震旦纪千板岩、板岩及石英岩。 5. 第三纪。	1. 矽卡岩铜矿。 2. 斑岩铜矿。 3. 铜砷锡石矿床(大义山式)。 4. 云英岩化高温钨铜矿床。 5. 含铜砂岩。	1. 江苏铜山利国驿、句容铜冶山、江西上高、安徽铜陵铜官山、湖北大冶龙角山。 2. 湖北阳新赤马山，欧阳山，安徽庐江。 3. 常宁炭山窝，桂杨大顺窿、绿紫坳。 4. 江西大余下龙石坪脑。 5. 湖南衡阳。

续表

铜矿区域	大地构造及造山运动	与铜矿有关的火成岩	含矿层或围岩	矿床类型	重要产地
东南沿海区（包括台湾及海南岛）	华夏古陆可能为前震旦纪，其上为中生代地层，包括流纹岩及花岗岩侵入体。 主要为燕山运动。	燕山期花岗岩侵入于流纹岩中。 第三纪火山岩（台湾）。	1. 中生代火山岩系。 2. 燕山花岗岩。 3. 第三纪火山岩。	1. 多金属脉状矿床，低温至中温。 2. 第三纪低温脉状矿床（金瓜石式）。 3. 若干矿床类型尚多不明。	1. 浙江浦江、青田、永嘉等处的多金属脉状矿床。 2. 台湾金瓜石式。
西南区	扬子地台，主要为燕山期运动。	除若干小露头（宾阳弧及梵净山附近）外，火成岩甚为少见。	寒武、奥陶纪石灰岩，震旦纪石灰岩。	1. 交代充填矿床（产石灰岩中，低温浅成矿床）。	1. 湖北西南部（咸丰、五峰、鹤峰，湖南西北部大庸、石门、辰溪）。
川康滇黔区	包括康滇地轴（前震旦纪），滇缅地槽（燕山期及喜马拉雅造山运动），滇黔山地及川西地槽（加里东、华力西及燕山期）。	辉长岩、闪长岩侵入体（康滇地轴、前寒武纪）。 大片玄武岩喷发（二叠纪）。 花岗岩（燕山期）。	1. 震旦纪页岩及灰岩。 2. 二叠纪石灰岩、震旦纪灰岩及辉绿岩。 3. 橄榄岩。 4. 玄武岩。 5. 二叠纪煤系。 6. 三叠纪、白垩纪、第三纪红层。 7. 白垩纪—第三纪。	1. 东川式 2. 越西式 3. 力马河式 } 康滇地轴 4. 玄武岩式。 5. 马豆子式。 6. 含铜砂岩。 7. 含铜砂砾岩。 8. 彭县式。	1. 东川巧家、通安、易门。 2. 四川越西。 3. 会理、天全。 4. 昭通、荥经、峨边、洪雅、威宁、永胜。 5. 荥经、德卓、永胜。 6. 荥经、德卓、永胜、蒙化。 7. 会理鹿厂。 8. 彭县马松岭、半截河、飞水岩。
祁连山区	在甘肃南部及青海主要为华力西造山运动。 燕山期及喜马拉雅造山运动局部存在。	泥盆纪海相火山岩系，矿体主要产于流纹英安岩及流纹凝灰岩中。	泥盆纪板岩、千枚岩、石英岩及变质的火山岩。	1. 白银厂式。 2. 矽卡岩式。 3. 安山岩中铜矿。 4. 变质岩中自然铜。	1. 甘肃皋兰白银厂。 2. 青海共和寨门卡牙。 3. 青海都兰贺尔亨山及民和。 4. 青海化隆辣水峡。
天山区	天山南北路，主要造山运动为华力西期。		第三纪红层。	1. 含铜砂岩。 2. 成因不明。	1. 新疆库车、拜城。
西藏区				成因不明。	

铜矿分布与大地构造的关系。

各种矿床的分布都与大地构造有密切关系，铜矿床自然也不例外。根据苏联的先进理论研究，含铜黄铁矿、斑岩铜矿及矽卡岩铜矿，一般都分布在地槽区域，其中含铜黄铁矿的形成是在地槽掀起的逆转期以前或大致与此同时，而斑岩铜矿及矽卡岩铜矿，则一般都是在逆转期之后，即当大块岩浆侵入之后，含矿溶液才沿着运矿孔道上升到隆起的部分，而造成了矿床。铜镍矿床有产于地槽中的，也有产于地台中的。如属前者，则其地位及矿床的形成时期，都与含铜黄铁矿相似，即产于地槽的内圈，并形成于逆转期之前。层状铜矿与红层铜矿的关系，尚未十分确定，依据一部分苏联学者的意见，层状铜矿乃地槽中的产物，而红层铜矿则产于地台中。

中国铜矿的成因类型及大地构造的研究，俱尚在开始，有许多类型及构造单元还不能肯定，因此目前要研究各种铜矿床分布与大地构造的关系，自难得出一个准确的结论。不过即就目前所得资料加以综合，已可得出若干与上述苏联先进理论大致相符的结论，举其要者，有下列数点：

（1）白银厂式的含铜黄铁矿矿床都分布在祁连山地槽带的北侧，矿床的形成，则在华力西早期褶皱以前或大约与之同时。

（2）矽卡岩铜矿大多位于准地槽之中，而形成于地槽掀起之后，应无疑问。但是否位于地槽的隆起部分，则因资料不够，尚难断定。目前已知的若干小型斑岩铜矿，其位置俱在准地槽区域中。

（3）大多数的铜镍矿床，如四川会理及济南、泰安都属地台区，惟宁夏小松山的铜镍矿床则可能属准地槽区。

（4）其他重要铜矿类型，如中条山式及东川式都产在前寒武纪的古地块中，四川彭县的彭县式铜矿则属地槽区中的产物。

根据目前所知情况综合起来，中国有五个主要含铜带即①祁连山天山带；②康滇地轴带；③中条山带；④东北带；⑤扬子中、下游带，其中①—③带已发现有若干重要矿床，含铜的远景为最大。

五、今后普查勘探的方向

中国的大地构造及火成岩种类是多种多样的，铜矿床的类型又是非常繁杂的，我们虽还没有找到大量的具有世界上最大意义的斑岩铜矿和层状铜矿，但它们在中国的存在是很可能的，尤其是斑岩铜矿，我们已在若干地点找到了线索，而属于较次要的所谓含铜黄铁矿及铜镍矿床，则已在中国境内相继发现，前者并已确证其含有巨大的矿量。因此我们可以很肯定地说，中国铜矿的远景是极大的，如能详为勘探，必能发现更多更大的矿床，不难使一个本为缺铜的国家成为富铜的国家了。

不难明了，中国今后勘探铜矿床的主要对象，应该为若干最重要类型的矿床，如斑岩铜矿、层状铜矿、含铜黄铁矿、东川式铜矿、镍铜矿、矽卡岩铜矿等，至于其他次要类型的矿床，可暂置不探，或仅费较小力量，作初步调查。此外还有许多成因不明的产地，因为其中可能包括一些重要类型的矿床，所以必须依据交通条件及地质情况，择要调查，俟确定类型并获得可靠的评价后，再作进一步详勘的计划。

找寻这些重要类型的矿床，究应向何处着手呢？能否作出一些预测来推断在某一区域内有这种矿床的存在呢？在目前对中国地质情况尚未详细了解时，要做这种工作自然是很困难的，并且其可靠程度也是很低的，但我们还是能够作出一些初步的推测，现在提出来，请大家指正批评。

（一）斑岩铜矿

斑岩铜矿是产于弱酸性侵入岩如花岗闪长岩、闪长岩、二长岩或喷出岩中的矿床，它是属于地槽型中的中温中深热液矿床，表现极明显的绢云母化、矽化及高岭土化的围岩蚀变，在苏联的这类铜矿中还有红柱石化、明矾石化及造成次生石英岩等等的现象。由于一种尚未明了的原因，火成岩在侵入后就发生了许多裂缝，以致随而上升的含矿热液，四散浸润，造成细脉浸染的产状。斑岩铜矿的原生矿床，往往不够开采品位，必待经过次生富集后，才能形成具有工业价值的矿床。因这种矿床分布范围非常宽广，次生富集带常成距地面不很深的比较整齐而近于平铺的矿体，所以矿量往往很大，成分虽低，但比较均匀，距地面既近，往往可用露天法开采。这一切优越条件，就使斑岩铜矿成为目前占世界产量达44%（苏联除外）的最重要的工业类型矿床了。

根据斑岩铜矿的特点，它在大地构造中的位置，以及目前中国已知的若干可能为本类铜矿，但不很标准的地点（如吉林的汪清百草沟、永吉大黑山及湖北阳新的赤马山、欧阳山），我们认为以后找寻斑岩铜矿，应首先在扬子准地槽（包括庐江、阳新），南岭准地槽，太子河准地槽及北满准地槽中去找。特别要注意研究庐江的铜矿，因为这可能是一个重要的斑岩铜矿。

（二）中条山式铜矿

目前勘探地点在山西垣曲的铜矿峪，但其附近的胡家峪、横岭关等处，皆已发现有同样矿床。此外在华北地台的许多地块中，如五台地块、吕梁地块、太行地块以及秦岭地轴中的伏牛山脉等，也都有发现中条山式铜矿的希望。以后应就这些地区，布置普查工作，并择有希望地点，进行勘探。

中国是否有层状铜矿，现尚不知，兹略述该类铜矿的特点以供参考。层状铜矿是工业类型的名词，它包括著名的非洲北罗得西亚矿床，卡坦加矿床及苏联的哲兹卡兹甘矿床。非洲矿床产在前寒武纪稍为变质的砂岩、页岩、白云岩中（属大陆沉积，名为麦因系），哲兹卡兹甘矿床则产在石炭纪的砂质页岩中。关于本矿的成因，学者意见，颇为不一，一部分欧洲学者主张为在干燥气候下内陆沉积的矿床，英、美学者则多主张为热液矿床，但最近又有沉积成因说的趋向。本矿特点为成整齐的层状（厚10～20米），延长可达数十公里，并有很大的深度。具有一定层位，有时可分为好多个组，总厚数百米，原生矿床品位极高，含铜3%～5%，一般都含钴，可达1%，但不含镍，次生富集不显著。

（三）红层铜矿

如果依照沉积成因的学说，则层状铜矿就是含铜砂岩或称红层铜矿的一种变相，因成分很高，分布整齐，就具有极大的经济价值。依据层状铜矿产在地槽中，而红层铜矿则为地台的产物，并且这种矿床大都是在大陆沉积干燥气候下生成，所以我们的找矿标志应针对那些地槽或地台区中具有干燥气候的沉积。中国的许多红层铜矿，尚未详加调查，其中可能包括一些似层状铜矿的类型，因此，会理鹿厂（产白垩纪红层中）的铜矿，必须加以注意，湖南石门铜矿亦应进一步研究。红层铜矿的规律是含矿带都产在淡色或漂白色的砂岩中，如中含石灰质胶结物愈多，则含铜愈富，此外常含微量钴、锰、钒、钼、硒等。

红层铜矿的品位，一般远较层状铜矿为低，在目前技术条件下几乎都不能开采。我们依照铜在地层中常有氧化还原及溶积移动的规律来推论，则似乎这类铜矿的时代愈古，它的成分就可能愈高，在沉积极厚的含铜岩层中，这种造成富矿层的可能性也就愈大，因此，我们可推想在中国许多古老地块中，如有极厚的陆相干燥沉积或其他适合于形成层状铜矿的环境，则其中或能找到这种丰富的层状铜矿。

（四）含铜黄铁矿

本类铜矿的特征大家都已明了。白银厂式铜矿为本类铜矿的标准例子，前已详述。本类铜矿的分布一般是很广的，在苏联的乌拉山已经在长达750公里的范围内，找到了许多同样的铜矿床，因此，中国的含铜黄铁矿床，也不能例外，它决不能只限于白银厂一区。今后找寻这种矿床的方向，应该首先在祁连山（或称南山），其次是天山一带，因为这些山脉都是主要为华力西造山运动所形成的；再其次在秦岭的地槽带中也可能有这种矿床，因为秦岭地槽也一部分属华力西造山运动。大的大地构造区既已确定了，进一步就要依据岩石性质及矿床标志来作为找矿的具体线索，最近宋叔和同志提出从铁帽及海底喷发微碱性（即富于钠长石者）火山岩的两个标志来找矿是十分正确的。如果在华力西山脉中找到了这种火山岩系，就必须详细研究是否有蚀变的凝灰岩层，特别注意绢云母化、绿泥石化、矽化、黄铁矿化、矾化及其他矿化现象，如果发现了这种蚀变和矿化现象，那末，即使没有铁帽，也值得详细勘探。如果找到了铁帽，而同时又证明其围岩是属华力西期的微碱性火山岩，那末，在本区发现白银厂式矿床的希望就更有把握了。

（五）东川式铜矿

东川式铜矿属中温热液交代充填矿床，已无多大疑问。将来找矿方向，应在整个康滇地轴中仔细搜觅，必能发现许多新的产地。同时要注意北与铜镍矿床，南与易门铁矿，是否为同时期的产物，更进一步研究其相互的关系及其在区域上的分布（现知东川式铜矿的分布，南达易门、北至会理通安）。

（六）镍铜矿

在目前已知五个镍铜矿区附近作区域性的地质测量时，如在小松山应更向西发展；在力马河区则普遍调查从力马河到天全间康滇地轴的地质，除详测有价值的镍铜矿区外，更应研究本类矿床与东川铜矿的关系。同时要密切注意基性岩中有何风化壳，以便寻找气化的次生矽酸镍矿床。在原热河省滦平，除含钒钛磁铁矿床中的铜外，更须调查其附近的许多铜矿产地，而东北的许多地点，亦应订立计划逐次调查。此外中国超基性火成岩分布的地点尚多，均须择要布置普查工作。

（七）矽卡岩铜矿

本类矿床虽非最重要的工业类型，但因其在中国分布极广，且大多交通方便，具有优越的经济条件，矿石品位有时相当高，故仍值得注意。同时在其附近可能有细脉浸染铜矿的存在，因此更值得加以调查。

参考文献

[1] 翁文灏，1919，中国矿产志略，137—138页.
[2] 谢家荣，1950，12. 测勘西北矿产私议，矿测近讯，118号，前矿产测勘处出版.
[3] 宋叔和，1955. 祁连山一带黄铁矿型铜矿的特征与成矿规律. 地质学报，35卷，1期.
[4] 王植、沈其韩、白瑾等，1956. 中条山勘探队铜矿峪区最终地质勘探报告（未刊稿）.

[5] 李希勣、花友仁等，1953. 云南东川铜矿地质. 地质学报，33 卷，1 期，76 页.

[6] 邓玉书等，1956. 东川铜矿勘探报告（未刊稿).

[7] 宋叔和，1955. 中国已知铜矿主要工业类型及最近几年内找矿方向，1955 年地质会议文献汇编，147 页. 地质部出版.

[8] Schneiderhöhn，H. 1941. Lehrbuch der Erzlargerstätten，Bd. Ⅰ.

[9] Schneiderhöhn，H. 1944. Erzlargerstätten lehre.

[10] Захоров，Е. Е. 1953. К вопросу о класси фикации месторождении полезных ископаемых. Известия Акад. Наук СССР. Сер. геологии，№5，стр. 50—87.

[11] 孟宪民，1953. 中国铜矿的分布情况及其勘探方向. 地质学报，33 卷，1 期，52 页.

[12] 冯景兰，1953. 川康滇铜矿概要. 地质学报，33 卷，1 期，61—75 页.

祁连山及其邻近地区构造成矿带的初步研究*

Ⅰ. 地区范围

包括祁连山、河西走廊、北山、拉脊山及其以南地区以及柴达木盆地的北缘。山脉走向一般为西北东南。东西及南北各约1,000公里。

祁连山自北而南可分为六条山脉，第一条为南山或称李希霍芬山，第二条旧称托赖山，第三条旧称亚力山大山，第四条旧称修士山，第五条即中吾农山，旧称洪布尔特山，第六条即柴达木北缘各山，旧称李特尔山。

Ⅱ. 地层问题

根据科学院地质研究所，地质部679、632、637、641及其他队，地质部地矿所祁连山研究队及我们自己极少的一些观察，对本区的地层问题，提出如下的总结：

1. 前震旦纪

包括黑云母片麻岩、花岗片麻岩、眼球状片麻岩及各种片岩，如石英片岩、黑云母片岩、白云母片岩、角闪片岩、石榴子石片岩以及石英岩、大理岩等。在祁连地轴（科学院），包括托赖山、亚力山大山、修士山及北山地轴（679队）中都有分布，柴达木北缘的隆起带中亦有分布（632、637队），为本区的基底岩层，相当于皋兰系及敦煌系。

2. 震旦纪

（1）柴达木盆地北缘，上为矽质石灰岩夹燧石条带，中下为紫红色砂岩，石英岩，有

---

* 本文为提交给1958年3月在北京举行的中国地质学会第31届学术年会北京分会的论文，署名：谢家荣，孙忠和，载《中国地质学会会讯》第12期。此前的1957年谢家荣曾撰文《祁连山及其相邻地区构造成矿带的初步研究及若干建议》（存全国地质资料馆，档号29879）。该文分三个部分：一、构造岩相带，二、构造成矿带，三、若干建议。其一、二两部分即本文的Ⅴ、Ⅵ部分。第三部分“若干建议”全文如下：

1. 应在北山地轴中普遍展开普查铀矿和白钨矿的工作。请679队邮寄各种含铀标本及各种赤铁矿，磁铁矿，铅矿石英，玉髓等标本，由矿物原料研究所进行研究。

2. 一方面从别列克托瓦窑托赖向西追索，另方面从白石头向北追索，以确定此可能属于北山加里东地槽的分布范围。

3. 注意研究金塔鼎新以北的若干铅锌矿点，以推断华牛山铅锌矿带向东延展的可能。

4. 在靖远河边及其东展开普查，在铜洞蟿岘做少量钻探工作以证明黄土覆盖层下是否有矿带的存在。皂矾洞值得进一步研究。

5. 对南祁连山加里东地槽带展开广泛的普查，以寻找第二或更多的锡铁山或含铜黄铁矿矿床。应进一步研究沙流河的铅锌矿点。

6. 铜仁夏卜楞铅锌矿应予重视。

7. 应大力展开从小铁山向西至折腰山及火焰山间和更向东的普查钻探工作。

8. 在各处工作时应适当地配合化探的工作。——编者注

底砾岩（632 队），厚 500～800 米，为华北相地台型的标准震旦纪地层。

（2）北山区白石头玉石山的大理岩（3,500 米）及其上覆的板岩，片岩，砂岩（1,800 米），华牛山、辉铜山的大理岩夹片岩、板岩，大理岩风化后呈黄色，都可能是震旦纪（679 队定为前震旦纪和奥陶纪及志留纪），其上一般覆以含化石的下石炭纪地层。

（3）镜铁山的桦树沟系，各种千枚岩含铁矿层（总厚 930～1,360 米）可能属复理式相的震旦纪。其南边托赖山中有含藻类化石的震旦纪石灰岩（科学院）。

（4）白银厂的多家滩千枚岩，在奥陶纪火山岩系之下，也可能为复理式相的震旦纪。

（5）亨堂乐都以北及五助一带的千枚岩，硬砂岩及矽化石灰岩等都可能是震旦纪（科学院）。

（6）南山脊部及其南坡和托赖山，亚力山大山的南坡，679 队所定 S—D 下部的黑色、黑绿色千枚岩，片岩，夹大理岩可能是震旦纪。

（7）天峻县捕哈河北山，卢振兴图上所绘的 D（石灰岩，千枚岩，硬砂岩及火山岩系?）是否可以划为震旦纪须进一步研究决定。

因此，可以暂时假定柴达木（北山可能包括在内）为地台型的震旦纪，祁连地轴的一部分及北加里东地槽的基底俱为准地槽型的震旦纪沉积。

3. 下古生代

包括寒武、奥陶、志留、泥盆各纪。

（1）科学院在白杨河，窟窿山，东大窑一带的工作，肯定了加里东地槽的火山岩系为奥陶纪，因在其上下的石灰岩及碎屑岩中俱曾找到了属于中下及中上奥陶纪的化石。

（2）照壁山火山岩系上的石灰岩亦采得奥陶纪化石。

（3）白银厂火山岩系的上下俱有大理岩，但厚度大减，或可与白杨河剖面相对比。

（4）锡铁山、中吾农山一带的绿岩系夹火山岩，可能属奥陶纪，因岩性相似（但变质较深），似位于下奥陶纪灰岩或笔石页岩之上，其上覆的红板岩、砾岩、黄砂岩、薄灰岩等可能属泥盆纪，或更新。

（5）柴达木盆地北缘石灰沟有标准的寒武纪及下奥陶纪的剖面，寒武纪属华北相地台型沉积，下奥陶纪则属复理式的准地槽型。

（6）北山区居延海附近汪格尔吉—阿拉木台也有火山岩系，可能同属奥陶纪，而为另一加里东地槽。

（7）火山岩系特别在石灰岩（或大理岩）上的碎屑沉积（硬砂岩，板岩，红色页岩，砂岩）夹薄石灰岩（如白银厂的半坡子层，锡铁山的红板岩系，白杨河的旱峡系及汪格尔吉附近俱有）都可能属泥盆纪或志留泥盆纪。

总之，我们把各地火山岩系合为一个系统，而同属奥陶纪是较为合理的，它可作为一个大的标志层。本区奥陶纪是标准的地槽沉积，以石灰岩、页岩的复理相开始（准地槽），继为夹火山岩系的优地槽，至上奥陶纪及志留纪又回复为准地槽或山前凹地的沉积。全部厚度可达到 10,000 米左右，而火山岩优地槽式的沉积则约为 3,000～4,000 米或更多。

4. 上古生代

包括石炭纪及二叠纪，俱毫未变质地层，与下伏岩层成显著的不整合。在祁连山山间盆地与山前凹地中分布甚广，特别在祁连地轴的上古生代凹陷中，沉积最厚，可达 4,000 米以上，而在北山地台带则总厚不及 1,000 米。老君山砾岩及火山岩显然为加里东地槽终了期的磨拉斯层及陆相火山岩系。

本组地层常含丰富化石，故其时代比较确定，但详细分层及对比（如老君山砾岩是否属泥盆纪或下石炭纪，臭牛沟系、羊虎沟系及太原系的分界及二叠纪的分层等问题），祁连地轴对石炭二叠纪沉积的岩相和厚度有何影响等问题，尚须今后的努力。

5. 中生代

柴达木盆地内有无三叠纪，目前尚未决定（朱夏），但中吾农山南麓含菊石化石的三叠纪石灰岩分布甚广，青海湖东的共和、贵德、同仁一带轻变质的海相三叠纪，分布尤广，属复理式的准地槽沉积（陈庆宣及637队）。但在祁连地轴以北，如白银厂，河西走廊及其他北加里东地槽带内，只有陆相三叠纪（西大沟系）或完全缺失，足证祁连地轴对三叠纪沉积有着巨大的控制作用。华牛山含矿层可能是轻变质的准地槽相三叠纪沉积，须进一步研究证明。

侏罗纪为含煤系，厚1,000～2,000米，常含砾岩多层。河西走廊的侏罗纪，下为龙凤山含煤系，上为湖相的赤金堡系。有些地方本系全属砾岩（博乐砾岩）。本系与下伏地层俱成不整合。祁连地轴大通山北的木里柴达尔煤田，含炼焦煤多层，有极大的工业价值。马宗山侏罗纪砂岩中含沥青细脉（中口子）。

白垩纪为红层，充填于山前凹地中。在河西走廊，本纪下部的下惠回堡系可能为局部的生油层。北山一带白垩纪分布亦广，唯祁连山中及青海湖东三叠纪准地槽区，则白垩纪出露不多。

6. 新生代

柴达木盆地第三纪地层总厚可达6,000～9,000米，自下而上分为三层（朱夏）：

（1）路乐河系——属老第三纪（渐新—中新统），厚1,000～4,000米。红色、杂色砂泥岩夹砾岩，泥灰岩及泥炭，一般为碳酸盐所胶结。为目前所知的主要储油层。

（2）大红沟系（新第三纪，中新—上新统），厚4,500米以上，主要为灰黄色砂砾岩夹泥岩。石膏含量相当富。与路乐河系成不整合。

（3）巴龙马河系——黄色砾岩，砂岩，厚数十至数百米，含盐量特高，地表成厚达1～2米的盐壳。

在河西走廊，可分为：①白杨河组，相当于路乐河系，为主要储油层；②疏勒河组亦即新疆的棕仓色系，与①可能有不整合；③玉门砾石及酒泉砾石层，总厚可达900米，属第四纪，表示南山在第四纪时上升运动的剧烈。在柴达木，白银厂等处，没有这样厚的砾石层。

其他第四纪地层包括黄土，洪积，冲积，残积各层及戈壁砾石，砂石，泥沼等沉积。

Ⅲ. 火成岩

1. 花岗岩类

（1）北山区：（a）前震旦纪花岗岩——片麻状、眼球状，花岗岩化作用的结果；（b）加里东或海西宁期——主要为灰白色花岗岩，肯定在下石炭纪前；（c）燕山期——主要为红色花岗岩，侵入华牛山含矿层中。

（2）河西走廊南北山麓带：主要为灰白色花岗岩，石炭二叠纪煤系似未受变质，可能属加里东期。在北加里东地槽带中，仅有碱性花岗岩呈岩脉出露，中性侵入体少。属加里东期（或海西宁）。

（3）祁连地轴：侵入上古生代地层的花岗岩俱应属海西宁期。侵入结晶基岩中的花岗岩可能为加里东期或更老。

（4）南祁连加里东地槽带：因隆起高，断裂多，花岗岩甚为发育，是否全属海西宁（卢振兴）或尚有一部分属加里东待研究。此外本区肯定有燕山期红色花岗岩，侵入侏罗纪煤系中。

（5）三叠纪准地槽带：主要为燕山期花岗岩。

2. 基性岩及超基性岩

在祁连地轴与北加里东地槽带接近处最多，因曾见到侵入老君山砾岩中（679 队），可能属海西宁早期。鱼卡沙流河的超基性岩也应属加里东地槽的产物。

华牛山、辉铜山的基性岩（辉长岩、辉石岩等），被红色花岗岩所侵冲，可能也属燕山期。

3. 脉岩类

斑岩、石英斑岩、玢岩、煌斑岩等，在华牛山及外围甚多，晚于红色花岗岩，亦应属燕山期。红柳峡有玄武岩岩颈侵入白垩纪。祁连山中则有加里东或海西宁的脉岩。随着造山运动及岩浆分异，每一岩浆活动期都有一系列的岩脉。

4. 火山岩类

中震旦纪凹陷中有火山岩的喷发（科学院）。最强烈的火山作用在加里东地槽的发展过程中，有两个不完全的从基性到酸性的岩浆旋回（科学院），都是海底喷发。火山岩系常成大的扁豆体，断续分布在地槽带中（679 队）。在下石炭纪老君山砾岩中也有陆相火山岩，代表地槽终了期的产物。

Ⅳ. 构造轮廓

紧密同向褶皱，倾角大，逆断层多。构造线一般与地层走向相一致即 NW—SE。在南山脊，走向 N50°W，构造线 NWW，两者间有 15°的夹角（679 队）。从下石炭纪开始，地层倾角较平，构造亦较简单，在祁连山倾角仍可达 40°～50°。在北山及河西走廊则较平。三叠纪准地槽亦成高倾角紧密褶皱。在广大盆地中白垩纪及第三纪地层俱近水平。

明显的角度不整合在：①震旦纪前，②下石炭纪前，③侏罗纪前，④白垩纪前及⑤第三纪前。此外，在震旦纪与下奥陶纪间，泥盆纪前，石炭二叠纪之间，新老第三纪之间，俱有不整合或沉积间断。

南山山脉（即李希霍芬山）是一个规模大的复背斜。

由震旦纪千枚岩组成基底，其北山麓带则为泥盆石炭等纪的山前凹地沉积带。

托赖山，亚力山大山及修士山组成了祁连地轴，其上又叠覆了上古生代及侏罗纪的沉积，属于上古生代及中生代凹陷带（但白垩纪及第三纪很少发育）。此处在加里东地槽时代，没有沉积只有冲刷，为地槽沉积的供给区。因此，上古生代地层与震旦纪或前震旦纪直接接触，没有下古生代的地层。以上几条山是否各成一复背斜而共同组成一个大的复向斜，尚待研究决定。

再向南为中吾农山及柴达木盆地北缘的绿梁山，埃姆尼克山，组成一个由结晶基岩为核心的复背斜，代表隆起破裂的南祁连山加里东地槽带。

北山为一地台区。安西、玉门及金塔以北主要为结晶基岩及花岗岩侵入体（679 队），唯华牛山为一凹陷区。玉石山、白石头为震旦纪大理岩，成一系列的复背斜。有许多盆地为白垩纪、第三纪或侏罗纪、石炭纪的沉积所充填。居延海附近可能为另一加里东地槽带，构造复杂。

河西走廊中有许多盆地，其中酒泉盆地的西部，石油远景最大。

柴达木盆地的基底，北浅南深，自北而南作阶梯式的下降。可分为：①西北高阶地带，即冷湖马海带，成不对称狭长背斜，南缓北陡，富于断层，基底较浅，对石油最富现实意义；②中南低阶地，包括盆地的大部分，成箱状或穹状背斜，基底深；③山前凹地带即茫崖、油墩子、油泉子一带，盖层厚，成紧密褶皱。

Ⅴ．构造岩相带

1. 我们大体上同意科学院地质研究所所划分的构造岩相带，即从北至南为：①河西走廊山前凹陷带；②北祁连山加里东地槽带；③中祁连山结晶地轴带（托赖南坡到疏勒南山一带）；④祁连山上古生代—中生代凹陷带；⑤南祁连山加里东地槽带及⑥柴达木北缘隆起带。

2. 经过研究了地质研究所最近的初步总结，地质部 679 队（严济南领导）及 637 队（青海卢振兴领导）的各种报告，加上自己在几个矿区内的视察，兹将祁连山及其相邻地区的构造-岩相带从北至南初步划分如次：

(1) 北山加里东地槽带（在居延海东别列克托附近有一系列的火山沉积岩，679 队定为震旦纪，我们认为很可能是奥陶纪，与白银厂相仿），现仅知在别列克托附近，它可能向西延展至星星峡、白石头以北。

(2) 北山地轴带：安西、玉门鼎新以北及星星峡石板井一带的广大地区，俱为前震旦纪的片麻岩、片岩及震旦纪（?）的大理岩、片岩，上覆石炭二叠纪及侏罗纪地层，应为地轴带。

(3) 华牛山凹陷带：华牛山含矿层的时代尚未定，应为地台中的一个凹陷带，它向东可能延展至金塔以北摩乌、哈兰乌拉一带。

(4) 河西走廊山前凹陷带。

(5) 北祁连山加里东地槽带：向东可与兰州以北（白银厂）及兰州以南（梯子岩）相连，兰州南北的地槽为一隆起所划开。本带宽 40～60 公里。

(6) 祁连地轴带：我们认为本带的范围可大为扩大，向南可至天峻刚察及可能包括中吾农山的一部，向东可连至兰州附近。所谓上古生代及中生代凹陷带，实际上就是叠覆在地轴上的凹陷带，只作为地轴上的一个副带。

(7) 南祁连山加里东地槽带：柴达木北缘沿绿梁山，埃姆尼克山（包括锡铁山）到沙流河以及中吾农山的南坡，俱有火山岩系及绿岩系，产铅锌矿床，应为另一个加里东地槽带。

(8) 柴达木盆地带：与河西走廊一样，为我国最重要的含油盆地。

(9) 同仁共和三叠纪准地槽带：在青海湖东及同仁、民和一带为主要叠覆于祁连地轴也局部叠覆在加里东地槽上的三叠纪准地槽带。1953 年我去青海调查时，曾在倒淌河附近见到细密层理的砂页岩互层并发现若干化石（未鉴定），在曲乃海、温泉沟一带见到薄层石灰岩，推测一部分为三叠纪，在拉脊山还见到各种火山岩，当时定为燕山期的产物。后来陈庆宣同志等又至该地考察，发现更多的化石，并把那些细密层理推断为复理层，于是这里一向认为是属于南山系的地层才知内部分为三叠纪的准地槽沉积了。

Ⅵ. 构造成矿带

在上述构造岩相带的基础上，我们初步划分了下述的构造-成矿带（从北至南）：

（1）别列克托的多金属带及含铜黄铁矿带：1952年蒙古人民共和国曾在别列克托挖槽打钻。铅锌矿产于石英斑岩及英安斑岩内，矿化现象有铅矾、铁帽、铁化、黄铁矿化及绢云母化等，氧化带中见到白铅矿，铬铅矿及少量孔雀石。露出五条矿带，第一条最长2,000m，宽2～12m。其附近还有阿勒克托洛克，边疆北的铜矿及银山的铅锌等。我们认为这里的矿床与锡铁山及白银厂的黄铁矿型多金属及铜矿床完全相似，应予密切注意。应在白石头以北寻找本带的西延部分。

（2）北山地轴的钨铜金铅带：

在白石头（星星峡北）、玉石山俱已发现了许多矽卡型式的白钨矿，其中本所华牛山队在白石头发现的一种白钨矿，呈蓝色荧光，质纯不含钼，最值得重视，应展开详细的找白钨矿的工作。

辉铜山的矽卡型铜矿是一个小型矿床，在其他地点可能还有相同的矿床发现。许多矽卡型铁矿对铁来说不是重要的。

（3）华牛山铅锌银矿带：华牛山已证明有巨大工业价值。金塔北尖牛井子及其他铅矿点，可能是本带的向东延展部分，应予注意。

（4）河西走廊山前凹地石油煤矿带：向东可与中卫北阿拉善地块前的盆地相连，为重要的含油区，可分为许多盆地。

（5）北祁连山白银厂式铜矿多金属矿带：本带目前已知的分布，西北自安西南的鹰咀山、照壁山，中经脑皮沟，皂矾洞，铁匠拉排沟，柏树台子，红沟脑，天祝矾洞子，石青洞，白银厂，直至靖远河边，总长达800公里以上（严济南）。目前所知有价值的矿只有白银厂区的折腰山、火焰山、铜厂沟、小铁山及石青洞，后二者含铅锌矿较多。照壁山的价值可能已否定了，此后似应注意皂矾洞，靖远河边及梯子岩西铜洞壑岘诸矿点的进一步普查。小铁山根据化探结果希望极大，还应继续扩大勘探。此外，本带中还有属于地槽发展早期的碧玉—锰矿及铁矿床，也应注意研究。

（6）镜铁山铁矿带：镜铁山的沉积铁矿有极大的工业价值，但其时代尚未定。本带向东可至马营河上游香台子一带，延长达100公里以上。

（7）与超基性岩、基性岩有关的铬铁矿、铜镍矿、铂矿及风化壳镍矿带：分布在祁连地轴的北缘与南缘及与加里东地槽带相接近的地方。本带又可分为南北二个副带：北副带主要分布在大通河以北，托赖山的北缘，在民乐以南也有若干铬矿点，大多规模狭小，价值不大。南副带在南祁连山加里东地槽带的附近，如鱼卡、沙流河，正在勘探中。

（8）上古生代及中生代凹陷中的煤、硫黄、石膏及石油带：本带叠复在祁连地轴之上，煤以侏罗纪的大小哇人寺木里—海德尔—柴达尔一带最为重要，分布在祁连地轴的北缘，质佳量多（属炼焦煤），有巨大的工业价值。石炭二叠纪煤似不重要。本带中也有发现石油的希望。硫黄山硫黄是否与石油有关，需进一步研究。

(9) 祁连地轴前震旦纪中的矿床带：本带中有条带状磁铁矿及在化隆东辣水峡的变质沉积自然铜矿床。其他矿床尚待研究。

(10) 南祁连山加里东地槽带中的多金属矿床带：这是祁连以南，柴达木盆地以北的另一加里东地槽带，同样发育了属于奥陶纪的火山碎屑岩及碳酸盐岩沉积，已知有锡铁山（已证明有极大工业价值）及沙流河的铅锌矿床，应属地槽发展早期的黄铁矿型铜矿及多金属矿床带，与石青洞矿床的类型相近似，而与华牛山则在成矿时间上显有极大的区别。

(11) 柴达木盆地石油及煤矿带：在冷湖、马海俱已钻探得油。

(12) 三叠纪准地槽中的多金属矿床带：研究还很差。现知有共和东的寨门卡牙矽卡型铜矿，同仁夏卜楞的多金属脉矿床及民和南产生在中生代火山岩系中的铜矿床。以上俱为燕山期的产物，成矿时期较晚。兴海有二个铜矿属矽卡型，一个铜矿属脉矿型，都兰有二个铁矿属矽卡型，这些矿床是否与燕山期花岗岩有关，值得注意研究。

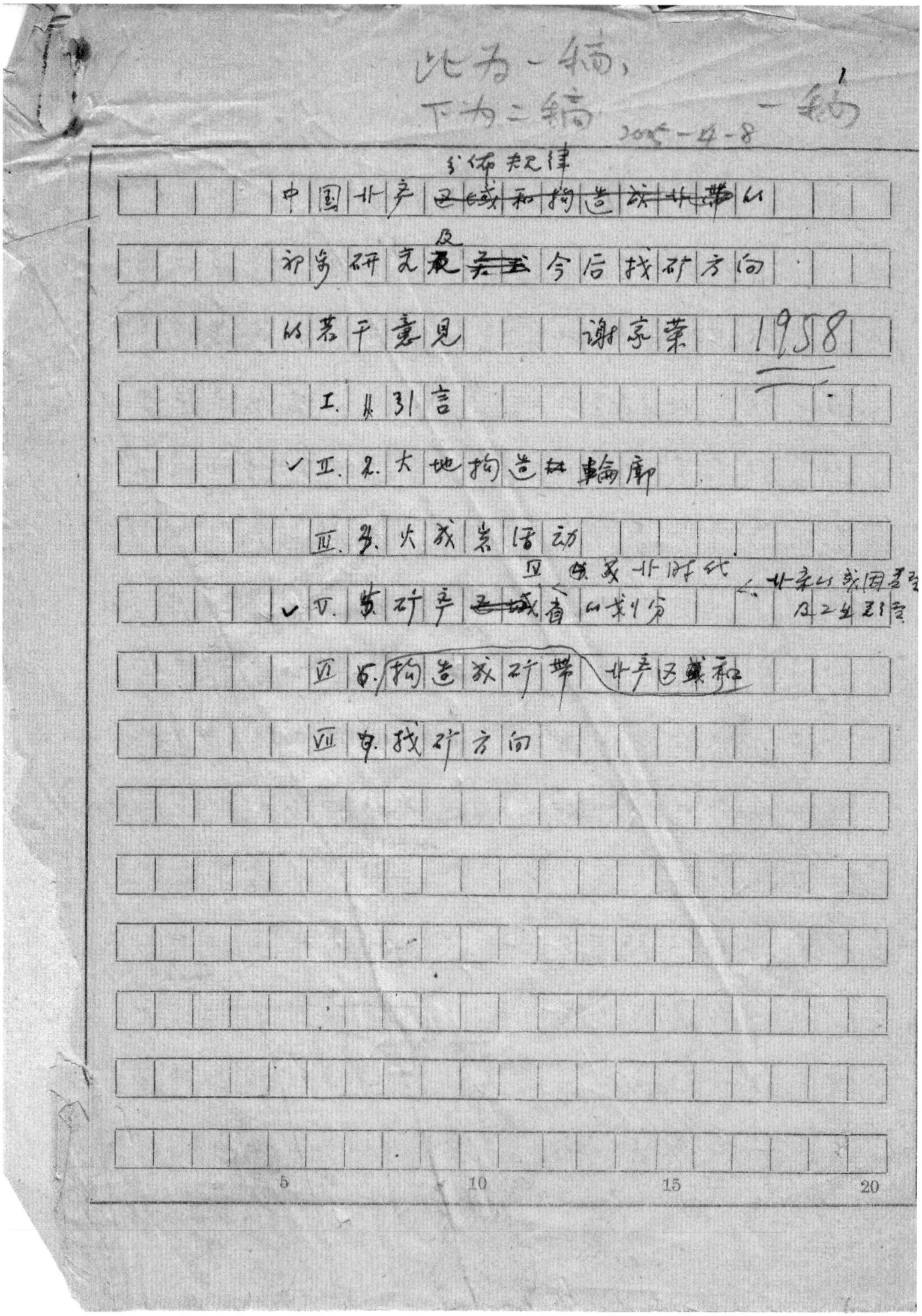
此为一稿，
下为二稿
2005-4-8
中国矿产分布规律的
初步研究及今后找矿方向
的若干意见　谢家荣　1958
I. 1. 引言
II. 2. 大地构造轮廓
III. 3. 火成岩活动
IV. 4. 矿产省的划分
V. 5. 构造成矿带
VI. 6. 找矿方向

《中国矿产分布规律的初步研究及今后找矿方向的若干意见》手稿原件封面

中国矿产分布规律的初步研究及今后找矿方向的若干意见*

Ⅰ. 引言

Ⅱ. 大地构造轮廓

早在震旦纪以前，中国东部已经形成了广大的陆台区，而在北部、西部及西南部则在一个或好几个地质时代中均为广大的地槽所占据。中国陆台在演化过程中发生了不断的分裂，沉陷，再稳定与再活化，而地槽带则经过褶皱运动而成为陆台的镶边构造。因此，中国的大地构造可以很显然地分为下列六个最大的单元：

1. 东北陆台区

主要是陆台区，但其中也可能包括下古生代的地槽，而燕山运动及火成岩活动在大兴安岭及北满东部山地都表现得非常明显。

2. 满蒙褶皱区

主要相当于华力西地槽，从阿尔泰、居延海，经过阿拉善三角地以北及大青山，直达锡林格勒盟及林西、吉林一带，横贯东西，造成了一个重要褶皱带。其中也可能包括加里东地槽。超基性岩最为发育。

3. 华北陆台

包括满蒙地盾及秦岭和淮阳地盾间的广大地区，除燕山及北京西山准地槽外，都表现了陆台型的沉积和构造形态。

4. 华南陆台

包括秦岭地槽，淮阳地盾以南，龙门山地槽以东和康滇地轴在内的广大地区，其中除扬子凹陷，川湘凹陷及赣湘桂准地槽具有较厚的沉积和火成岩活动（川湘凹陷除外）外，一般都是属于陆台型的，而广义的华夏地盾区，包括赣湘桂准地槽及浙闽粤地盾，在燕山期的再活动及大片火成岩的喷发与侵入，尤为本区的特征。

5. 秦岭及西北褶皱区

包括秦岭地槽，祁连地槽，天山地槽及其相邻的许多地块，地轴，以加里东与华力西的褶皱为主，也有燕山及喜马拉雅期的褶皱。

---

* 本卷依据谢家荣遗存文稿的手稿第2稿付印。文稿存于老科学家学术成长资料采集工程数据库，档号SG-005-040。文稿含一份手稿和一份打字稿，均缺“引言”，手稿有两稿，打字稿依据第2稿，仅有Ⅶ、Ⅷ两章，并有缺页。本文完成于1958年7月初，手稿上有孟宪民1958年7月10日的批注“快打印30份”。打字稿上有极少量手写批注，本卷文内以楷体示之。手稿文字连续，除缺“引言”外，没有发现缺页，但插表只有12个，而非正文所说13个，即缺少第二表，原文如此。——编者注

6. 西藏及横断山脉褶皱带

包括昆仑山，唐古拉山及喜马拉雅山诸地槽，以第三纪的喜马拉雅造山运动最为突出，华力西及燕山褶皱带亦甚发育，而急转直下的横断山脉褶皱尤为本区构造中的特征。

在上述六个最大的构造单元中，又可各分出若干较小的构造单元，兹列表说明如次：

表 1 中国大地构造分区分带的主要特征表

分区	分带	主要特征
Ⅰ东北褶皱区	（1）大兴安岭褶皱带	西部额尔古纳河西岸为加里东地槽带，其东为哈乌尔地块，出露结晶基岩。西侧则为中生代火山岩带。山顶为第三纪玄武岩。这是一个多轮回的褶皱带，为燕山期火成岩所覆盖、侵冲，并发生广泛的花岗岩化。
	（2）松嫩凹陷带	为近代沉积所充填的断裂凹陷，边缘地带有玄武岩，流纹岩及花岗岩。五大连池为历史记录中的活火山。第四纪盖层下可能有海相第三纪沉积。与华北平原情况应大致相似。
	（3）北满东部褶皱带	中部为结晶基岩及其上覆的中生代沉积与第三纪玄武岩，并为大片花岗岩所侵入。中生代火山岩极不发育。大部分花岗岩属燕山期。华力西及更老的花岗岩亦多存在。小兴安岭为结晶基底层所组成。
Ⅱ满蒙褶皱区	满蒙地槽带	位于满蒙地盾之北，可能西自阿尔泰，东达吉林延吉，横贯数千公里。在结晶基岩上有C，P的板岩，硬砂岩及石灰岩，而为陆相及火山碎屑的J，K及Tr沉积所盖覆。有燕山，华力西或更老的花岗岩。超基性岩已追踪至二连以西。详细岩相分带容将来补充。
Ⅲ华北陆台	（1）满蒙地盾	西起阿拉善三角地，东迄辽南地盾，东西延长达2,000余公里。片麻岩及结晶片岩中多花岗岩及伟晶岩脉的侵入。除石拐子的C，P及J的凹陷带外，沉积盖层包括震旦、寒武及中生代，一般较薄，热河地盾中还有超基性岩及其一系列的分异体。
	（2）燕山准地槽	西起张家口以西，东达阜新，北票，从震旦纪到中生代的沉积岩及火山岩厚度共达15,000米以上。实际上它向西可与杨子凹陷带相呼应，向东则与太子河凹陷带相连。褶皱断裂非常剧烈，造成许多逆断层和逆掩断层。
	（3）北京西山准地槽	位于燕山准地槽之南，向东经过唐山可与渤海对岸的复州向斜相连。从震旦纪到第三纪的沉积共厚15,327米，其中火山岩厚约2,500米。
	（4）山东断垒	北与南满地盾隔海相峙，地质情况多少相似。泰山系片麻岩广泛出露，震旦纪不发达，常缺失。古生代地层在西部分布较广，中生代及新生代地层则在东部较发育。块状断裂和上升运动为本区的构造特征。主要褶皱属燕山期，有大量火山岩及侵入岩。
	（5）华北凹陷带	为黄河三角洲冲积层所盖覆。据钻探证明深达1,000米，结晶基底层可能在3,000～5,000米以下。
	（6）山西河北地台	由五台、吕梁、赞皇和中条四个古老地块及沁水，宁武，大同及其他一些小盆地所组成。盆地中从震旦纪到新生代的沉积厚达5,064米。吕梁运动造成了地块的雏形，而燕山运动则是主要的造山期，造成简单开阔的褶皱。喜马拉雅运动表现为强烈的断裂，产生汾河地堑。
	（7）鄂尔多斯地台	西界贺兰山、六盘山，北界大青山，南至秦岭地盾，东至吕梁地块。地台中出露者多半是中生代地层及其上覆的新生代及黄土，形成切割高原地形。造山运动以燕山期为主，形成非常缓倾的向斜盆地。盆地中无火成岩活动，是华北陆台最稳定的部分。
	（8）秦岭及淮阳地盾	秦岭与淮阳地盾为南襄夹道所分隔，再向东则与嘉山蚌埠间的古老地层相连。在洛南卢氏有一个由震旦寒武奥陶纪所组成的沉积凹陷带，此带向东可与登封禹密的边缘地台带相连，更向东可与凤台淮南凹陷相呼应。除边缘略有沉积外，淮阳地盾本身几乎没有覆盖层。

续表

分　区	分　带	主　要　特　征
Ⅵ华南陆台	（1）扬子凹陷	介于淮阳地盾和江南地盾之间，从寒武纪至新生代的沉积厚度约8,080米，燕山运动造成狭窄的褶皱并有断裂。火成岩分布甚广。
	（2）江南古陆	走向东北西南，延长1,300公里，出露地层为前震旦纪板溪系，大部分没有盖层。燕山期火成岩活动有影响，特别在东部把古陆冲破了。到新生代发生了几个凹陷，造成了第三纪的红层盆地及近代河流的冲积平原。
	（3）浙赣凹陷	位于江南古陆与赣湘桂准地槽之间，从寒武奥陶到中生代的沉积共厚约5,000余米，其中泥盆石炭纪属陆相，白垩纪火山岩比较发育，震旦纪似不存在。燕山期花岗岩在东部分布广。
	（4）赣湘桂准地槽	位于浙赣凹陷与华夏地盾之间。从下古生代开始即为一活动地槽，沉积了厚在2,600米以上的龙山系（郁南云浮、防城、北流等处俱曾于龙山系中找到奥陶志留纪的笔石化石），经过了明显的加里东运动及不很剧烈的华力西运动，本区从侏罗纪起，即已全部成为陆地，但燕山期的造山运动反而变本加厉，岩浆活动亦达到顶点，直到第三纪才静止下来。本区西部有厚达2,000～3,000米的海相泥盆石炭纪地层，是为湘桂凹陷带，向东至闽浙境内则只有陆相的泥盆纪，而白垩纪的火山岩及火山沉积岩则布满本区的东部。
	（5）华夏地盾	除若干地点有结晶基底层出露外，其他广大地区俱为沉积及火山沉积盖层，总厚约6,400米。陆相泥盆纪在福建西南部出露，二叠三叠纪的海相地层则零星分布，在蕉岭、梅县则二叠纪石灰岩出露较广。在许多山间盆地中则有中生代及第三纪的堆积。燕山期的火山岩、火山沉积岩分布最广，厚2,000～3,000米，侵入的花岗岩亦到处可见。
	（6）黔滇桂地台	中部以海相三叠纪的紫页岩、石灰岩及侏罗纪砂页岩为主，四周出露较老地层。在北部缺失泥盆石炭纪，而在东部及东南部，泥盆石炭纪最为发育，缺失下古生代的沉积。西部则与峨眉山玄武岩为界。沉积岩总厚可达10,000米，褶皱平缓，断层发育，有许多隆起造成超覆，几乎找不到火成岩。
	（7）川湘凹陷	位于江南古陆与四川地台之间，南与黔滇桂地台在沉积上大部分是相通的，但由于隆起的阻隔，海侵有参差不齐之势。沉积岩总厚约6,610米，褶皱比较紧密，还有逆断层。除梵净山有小型侵入体外，区内很少有火成岩发现。经过河流的纵横切割，造成高峻崎岖的地形。
	（8）四川地台	盆地中部主要为白垩纪，四周则有较老地层，除龙门山地区外，一般缺失泥盆纪及石炭纪。边缘山区褶断较烈，中部则为平缓褶皱及穹窿层，东部有一平行褶皱带。火成岩很少见到，为华南陆台上最稳定部分。
	（9）滇东凹陷	位于康滇地盾与黔滇桂地台之间，在地形上为一高原。从震旦纪至三叠纪地层总厚12,313米，包括峨眉山玄武岩厚约1,000米。褶皱紧密，断裂众多。
	（10）康滇地盾	北起康定，南达元江，成南北向分布。出露太古代及元古代变质岩，震旦纪及下古生代盖层厚3,000米，中生代盆地沉积厚3,000～4,000米。以华力西褶皱及岩浆活动为主，出露了各种相当于峨眉山玄武岩的侵入岩体。
	（11）滇西地台	位于康滇地盾之西，横断山脉之东，二叠纪玄武岩亦分布达于本区。二叠纪红层分布广，组成平缓褶皱。

续表

分区	分带	主要特征
Ⅴ秦岭及西北褶皱区	（1）秦岭褶皱带	位于秦岭地盾之南，南与川湘凹陷相接，西与祁连褶皱相连，没有明显分界。曾经过加里东，华力西及燕山期的造山运动，是一个多轮回相的地槽区。发育了标准的地槽沉积及剧烈的火成岩活动。初步推断柞水系可能属寒武奥陶纪而与祁连山的火山沉积岩系相对比。南秦岭变质岩带中可能包括一套燕山期的火山沉积岩。本区沉积总厚在2万米以上。
	（2）祁连山褶皱带	与秦岭地槽的发展应大体相似，在前震旦纪的结晶基底层上，有震旦纪与下古生代的浅变质沉积火山岩系，志留、泥盆、石炭、二叠、三叠、侏罗等纪未变质的但倾折明显的岩系，以及白垩纪至第三纪的近乎水平的岩系。沉积总厚约25,000米，其中奥陶纪的火山沉积岩至少在5,000米以上。自北至南可分为5个构造岩相带：河西走廊山前凹陷带，北祁连山加里东地槽带，祁连地轴及其上覆的上古生代及中生代凹陷带，南祁连山加里东地槽带及柴达木盆地带。
	（3）天山褶皱带	从震旦纪（库尔克塔格系）开始到石炭二叠纪俱为地槽型沉积，并伴随有火山岩的喷发。至侏罗纪，虽为陆相沉积但达到了3,000米以上的厚度。花岗岩侵入以华力西期为主，称为天山花岗岩。加里东、华力西及燕山的造山运动在本区都有影响，而目前我们所看到的天山则主要是由新生代的断裂运动所造成。
	（4）龙门山褶皱带	位于四川地台的西北缘，在前震旦纪的结晶基岩上沉积了厚达5,000米的志留泥盆纪的地槽型沉积，并受到剧烈的褶曲与断裂。上古生代及中生代地层在山边有相当发育。它可能代表秦岭褶皱带的一个分支。
	（5）准噶尔地块	位于阿尔泰山以南，天山以北，界山以东的一个三角形的地块，在地形上是一个盆地。四周高山有较老地层，盆地本身则为中生代、新生代地层及近代的覆盖层。褶皱轻微，很少有火成岩活动。盆地覆盖层厚数百至三四千米，但在天山的山前凹地中则厚可达11,000米以上。
	（6）塔里木地块	位于天山与昆仑山间的一个沙漠盆地，在中生代开始断裂下沉后形成的。地层未经过强烈的褶皱与错动，是一个长期稳定的地台区。
	（7）柴达木盆地	四周为古老地层所成的高山，盆地中则主要为第三纪地层所成。褶皱明显，已找到了很多的储油构造。据物探推测，昆仑山前的基底，凹陷最深，向北则成梯级状的隆起，逐步升高，以达到盆地北缘的长垣为止。第三纪及更新的断裂为盆地构造的另一特征。盆地中无火成岩，但在边缘，则燕山、华力西以及更老的花岗岩出露甚广。盆地东侧为青海湖区的三叠纪准地槽。盆地中沉积总厚达12,000～13,000米。
Ⅵ西藏及横断山脉褶皱带	（1）昆仑山褶皱带	在结晶基岩上有6,000米以上的地槽型浅变质沉积，属下古生代。石炭二叠纪属地台型。中生代起全为陆相，包括第三纪在内总厚3,500米。主要褶皱期为华力西。
	（2）唐古拉褶皱带	作东西向延伸，自华力西到燕山，几乎一直是地槽，沉积总厚达10,840米。岩浆活动异常剧烈，褶皱形态也甚复杂。
	（3）喜马拉雅褶皱带	在中生代时已是地槽，到第三纪继续沉降，造成了3,500米的海相第三纪，在日喀则以西还有火山岩喷发。主要造山运动属喜马拉雅期，形成剧烈的褶皱与断层，并有花岗岩侵入。从二叠纪到第三纪的沉积总厚约为10,600米。
	（4）横断山脉褶皱带	位于四川云南西部，为怒江、澜沧江及金沙江平行南流的峡谷地区。除结晶基岩外，从寒武纪到中生代的沉积总厚达6,000米以上，其中泥盆、石炭及三叠纪俱属地槽型，泥盆纪中还有基性火山岩流。褶皱剧烈，主要造山运动属燕山期。腾冲附近有新的玄武岩火山。

Ⅲ. 岩浆活动

中国的岩浆活动是多期性的，并且种类非常复杂，它对于各种矿床的形成尤具有基本的作用。由于研究不够详尽，我们对各种火成岩的时代既多不明，而对岩石的命名，亦很多不够准确，化学分析及微迹元素的测定几乎没有开始，因之在本文中只能作一个概括的讨论，以待将来的补充。兹将中国各种火成岩，从普通地质及构造的观点，笼统地分为下述各类，即：①花岗岩类侵入岩，②碱性岩类侵入岩，③基性及超基性侵入岩，④脉岩类，⑤喷出岩类。至于精密的岩石分类及详细的有关产状等等的研究，则只有待诸异日。

1. 花岗岩类侵入岩

花岗岩及花岗岩类侵入岩包括闪长岩，花岗闪长岩，二长岩，白岗岩等等，在中国分布最广，尤其在中国的东部占有极大的面积，就其时代的不同，可分为吕梁期（前震旦纪），加里东，华力西及燕山期四大类如次：

（1）吕梁期花岗岩：在许多地块及地盾中，前震旦纪花岗岩肯定存在。如在鞍山地区的弓长岭花岗岩系侵入于鞍山统而为钓鱼台（震旦纪）石英岩所不整覆，它属于前震旦纪非常明确。还可能有一种更老的花岗岩，如所称为对面山花岗岩者，系与鞍山统成不整合而位于其下，因之它可能是最老的花岗岩。在许多地块和地盾中所见到的各种片麻状花岗岩，眼球状花岗岩，班状花岗岩等，可能都是前震旦纪的花岗岩，但是否还能细分出不同时代的花岗岩，如在鞍山区所做到者，还须进一步研究。

前震旦纪花岗岩对于许多金矿，稀有元素及放射性矿床的形成可能起着重大的作用。对于深变质及多变质式铁矿的形成和鞍山式铁矿的富集可能也都是前震旦纪花岗岩的作用所引起的。

（2）加里东和华力西花岗岩：在祁连山，天山，满蒙地槽，大兴安岭，秦岭等处，这两种花岗岩肯定都是存在的，但目前尚不能到处加以区分。因之暂时并为一类讨论。河西走廊东段山丹、永昌一带的花岗岩位于石炭二叠纪地层之下，石炭纪煤层未受变质，这类花岗岩的时代可能属于加里东。在祁连山北加里东地槽带中的许多侵入花岗岩脉或小岩体，都可能属加里东期。在河西走廊南北麓山带沿着深断裂上升的花岗岩，是在地槽回返之后侵入的，规模较大，分布亦较广，其侵入时代可能较新而属华力西。在祁连地轴及其上覆盖的上古生代和中生代凹陷带中的花岗岩都侵入石炭纪，其时代肯定属华力西。满蒙地槽及大兴安岭一带，除肯定有加里东花岗岩及前震旦纪花岗岩外，分布最广的要算华力西花岗岩，即所称为蒙古花岗岩者，它侵入石炭二叠纪，但为侏罗纪地层所不整覆。在新疆分布很广的所谓天山花岗岩亦以属华力西期者为主。在康滇地轴中部，与二叠纪峨眉山玄武岩有派生关系的许多花岗岩类侵入体，其时代之显属华力西，更属毋庸疑义。因此可以断定，华力西花岗岩在西北、东北及西南都有广泛的分布。

宋叔和主张白银厂铜矿的造成与花岗岩侵入岩脉有关，但有许多人则反对此说。在祁连山及其他地区的若干铜铅锌铁矿床则可能与加里东或华力西花岗岩有成因上的关系。

（3）燕山期花岗岩：在中国的东部，北至大、小兴安岭，南达南岭、海南岛，西迄个旧及横断山脉，燕山期花岗岩占有绝对优势的分布，并且是为造成许多锡、钨、钼、铜、铅锌、锑、汞、砷、镍、萤石、明矾石等矿床的母岩。大致说来，这类花岗岩侵入侏罗纪沉积岩及白垩纪的流纹岩、安山岩，而为上白垩纪或第三纪的红层所覆盖，其属燕山期的证据是非常明显的。如详细研究其产状及层位关系，还可分出与燕山期造山运动不同序幕有关的各种时代的花岗岩，兹以资料不足，且为篇幅所限，不拟加以详论。

据闻广研究中国东部若干花岗岩（主要是燕山花岗岩）的化学成分及其成矿专属性，发现锡、钨、钼、铜、铁是随着花岗岩类的酸度降低而增加，即铁与石英闪长岩及更中基性的一些侵入体有关，铜与花岗闪长岩有关，钼与斜长花岗岩及黑云母花岗岩有关，钨亦与黑云母花岗岩有关，而锡则与白岗岩有关。

燕山花岗岩有时也称为香港或南岭花岗岩。在秦岭中则只有一部分花岗岩相当于燕山花岗岩。在华南的燕山花岗岩有花岗闪长岩及黑云母班状花岗岩，后者含有锡、钨、黄晶等矿物。根据德日进，在华北的燕山花岗岩可分为二式：林西式及西山式。林西式常为伟晶花岗岩，富于萤石，黄晶，绿宝石，烟水晶、天河石等矿物。西山式则为近二长岩的花岗岩体。

（4）第三纪花岗岩：莫柱荪在连南星子见到第三纪红岩系中有花岗岩岩床的侵入，认为代表喜马拉雅期的岩浆活动，并谓这种花岗岩与衡阳红岩系中的铜矿及松柏的重晶石铅锌矿脉有成因上的关系。这个发现颇绕兴味，喜山期花岗岩的存在，似无多大问题，但其规模及意义究有多大，当为今后研究的主要课题。

2. 碱性火成岩

中国碱性岩类火成岩目前所知不多，最著名的为山西汾河鹿顶山、桥山及临县紫金山的碱性霞石正长岩，山东东部及广州附近的碱性粗面岩以及长白山的碱性流纹岩。山西产地的时代尚未确定，诺林定为第三纪。山东、广州两产地应属燕山期，而长白山则属新第三纪的喷出岩。鉴于若干稀有元素矿床与碱性火成岩有密切的共生关系，以后当对这类岩石注意研究。

3. 基性和超基性侵入岩

近年来为了寻找铬矿和镍矿，我们对于超基性岩和基性岩的分布有了更多的认识。属于超基性岩的橄榄岩、蛇纹岩，并产有铬矿者，可分为五区，即：①锡林格勒盟及二连一带，为中国超基性岩分布最大的区域，断续延长在2,000公里以上。②北满东部山地区，包括大黑山，开山屯，小兴安岭，鹤岗，完达山脉等处。以上两区俱属满蒙地槽带。超基性岩侵入时代属华力西。阿尔泰及居延海是否有超基性岩及铬铁矿值得注意。③祁连山加里东地槽带，分为南北二带，北带又分为民乐三岔（在北）及珠龙关野牛沟带（在南），南带则在鱼卡沙柳河。④宁夏小松山，属地台区，侵入时代可能为燕山期。⑤满蒙地盾，包括高寺台的铬矿。在以上5个超基性岩区域中，俱同时出现了基性岩的辉长岩、辉石岩等，并产生了硫化镍矿及含钛钒磁铁矿。在满蒙地盾区中，基性岩一般较超基性岩尤为发育。

基性岩辉长岩、辉石岩等的分布地区更广，有时较为零碎，现知最大一区为康滇地轴的内带，北自天全大川场，中经小官河、力马河，南达元江、墨江。在此带中普遍分布着硫化镍矿，而在南部的元江、墨江，还有风化壳中的矽酸镍矿床。含矿围岩一般俱为橄榄岩或辉石岩，但尚未闻有何铬铁矿。本区为地台型，基性岩侵入时代应为华力西。陕南安康、略阳、商南的基性岩分布较广，并产有规模较大的硫化镍矿床，惟侵入时代尚未确定，至少一部分可能属燕山期。山东泰安、济南等处，有超基性岩及基性岩，亦产硫化镍矿，时代可能属燕山期。此外，江西的萍乡及贵州的从江俱有橄榄岩、辉石岩及硫化镍矿的零星产地，侵入时代不详，可能亦属燕山期。

4. 脉岩类

浅成侵入的各种脉岩，种类甚多，如斑岩，石英斑岩，玢岩，辉绿岩，煌斑岩，伟晶岩，细晶岩等等，在各处都有分布，不及细述。与矿产有关者首先是各种伟晶岩，其中产生了锂、铍、铌、钽及放射性元素矿床。在满蒙地盾，阿拉善三角地以及其西延的阿尔泰轴心区中分布最广，应首先着重研究。其次在大、小兴安岭结晶基岩出露地区，秦岭及淮阳地盾，康滇地轴的北段丹巴一带，江南古陆（修水），华夏地盾及武功山都是大量伟晶岩分布地区，应注意研究。

在若干有色金属矿区中，如华牛山，德兴，威宁，水城，天宝山及其他地区，浅成岩脉的斑岩，石英斑岩，玢岩及辉绿岩都是含矿母岩，应予密切注意研究。

5. 喷出岩类

在中国整个地史中，喷发岩出现过不下八次之多，如详细研究，可能还要多。兹自下而上略述如次：

（1）前震旦纪喷出岩：在前震旦纪的结晶基底层中，喷出岩肯定是存在的，但因变质已深，颇难研究。鞍山附近位于鞍山统之上的有一个首山层，其中已确切证明了有火山凝灰岩的存在。鞍山式铁矿的成因是否一部分与这种火山岩有关，仍是尚未解决的问题。江西德兴的演吉岭千枚岩中曾见到老的流纹岩流，作者并曾推想江南古陆中的锑矿及原始汞矿可能与此喷出岩有成因上的关系。

（2）震旦纪安山岩：位于下震旦纪高于庄石灰岩之下，大红峪石英岩之上有一层安山岩玄武岩流，中夹若干凝灰岩，厚可达600米至2,000余米，在北京的西山北山，山西的中条山及河南的崤山、熊耳山一带分布最广，除造成若干细小的含铜石英脉外，没有见到重要矿化现象。

据科学院的检查报告，在祁连山中震旦纪凹陷带下沉期中也有基性火山岩的喷发。

（3）加里东海相喷出岩系：在祁连山分布最广，并造成白银厂式的含铜黄铁矿及多金属矿的喷出岩系，最近已经证明其时代属奥陶纪，并从枕头状构造的发育可以断定其为海底喷发。这层火山岩厚达数百米至3,500米，大致下部以基性的细壁岩，安山岩及辉绿岩居多，上部则有中酸性的英安岩，角斑岩及流纹岩，无论上下部中俱夹有凝灰岩及沉积岩。这种从基性到酸性的岩浆旋回至少有两次。火山岩系又常有尖灭及减薄现象，故应呈大的扁豆体的产状。

秦岭的柞水系，根据岩性及层位可能也是加里东的喷出岩系，而居延海北别列克托铅银矿的火山岩系，其时代亦可能相同，这可说明在满蒙地槽带中也有加里东地槽的存在。新疆天山中是否也有加里东的火山岩系应进一步研究。

（4）泥盆纪喷出岩系：在四川康定懋功间，金汤附近有流纹岩，石英斑岩，块集岩及凝灰岩，厚千余米，位于下志留纪黑色页岩之上，中泥盆纪石灰岩之下，有化石证明，故应属泥盆纪的火山岩，并证明至少一部分属海底喷发。在西昌北的泸沽，甘孜西北的玉隆及云南西北阿墩子一带的明家系中，有相似的火山岩系，可能俱属泥盆纪。这些火山岩曾否发生矿化作用，现尚不知。在新疆的天山早已证明有泥盆纪及石炭纪的火山岩系，与该带中的各种有色金属矿床可能有成因上的关系。

（5）二叠纪喷出岩系：四川峨眉山玄武岩为本系显著的代表，在滇黔川三省之交分布至广，其中常夹有石灰岩包体及夹层，故至少一部分为海底喷发。在云南东川的辉长岩脉及威宁、水城一带的辉绿岩脉可能代表二叠纪火山岩的浅侵入部分。在玄武岩中时常见到自然铜与泡沸石共生，而在滇东、黔西分布甚广的铅锌矿也可能与玄武岩，特别是侵入相的辉绿岩，有成因上的关系。玄武岩风化后的红土中常有钴矿的富集，在威宁，东川，昔曾开采甚盛。北京西山的辉绿岩，至少一部分为喷出岩，以及北票、陕县、渑池等处的安山岩均可与峨眉山玄武岩相对比。西藏也有二叠纪的基性喷出岩。

（6）燕山期喷出岩系：此为中国东部，北自大兴安岭，南达浙闽沿海分布最广的火山岩及火山沉积岩系，而在南秦岭变质岩带（安康，石泉），青海拉基山及西藏亦有分布。大致可分为上下二系，在下者以安山岩、块集岩及凝灰岩为主，偶有流纹岩，中夹沉积岩及火山沉积岩多层。在北京西山，此层称为髫髻山系，属上侏罗纪至下白垩纪，厚在1,500米以上。在浙闽沿海者称为建德系，厚亦达1,000～2,000米，在上者主要为流纹岩，其中偶夹凝灰岩及火山沉积岩层。在北京西山名为东岭台系，厚约4,000米，与其下的髫髻山安山岩呈显著不整合，其喷出时代约为中上白垩纪。在浙闽沿海者则总称为流纹岩。南岭或香港花岗岩乃侵入于流纹岩中，故应属中上白垩纪后期的产物。

本系中的矿化现象，仅知有浙江分布广泛的萤石脉及所谓次生石英岩中的明矾石，叶蜡石，高岭石等矿床。在浙闽一带的铅锌铜矿脉及石英辉钼矿脉有时虽产在火山岩中，但矿床来源可能都与其附近的侵入花岗岩有关。

（7）第三纪玄武岩：在中国东部，从北至南，第三纪玄武岩分布非常广泛，主要露头可分为下列各区：龙江以北大、小兴安岭，长白山，经棚围场间，内蒙古东南部，张家口，呼和浩特以北蒙古高原，山东中部，南京附近，浙江中部，厦门沿海及海南岛与雷州半岛。以上各区玄武岩的详细时代略有出入，但大致俱属第三纪中期和晚期，并且在张家口长白山一线以北者，俱位于高山之顶，成为连续高原式的玄武岩，而在此线之南及沿海一带，则深受切割，成为不连续的低平丘陵，属标准的方山地形。在少数地方可约略见到喷口遗迹。

非玄武岩的第三纪火山岩已在台湾北部的基隆附近见到，这里第三纪海相地层被石英安山岩的火山颈式岩干所侵入，在其附近发育了开采已历40余年的有名的金瓜石金银铜矿床。在长北山，除玄武岩外还有安山岩及流纹岩，属新第三纪，在此值得寻找金瓜石式的矿床。

（8）第四纪玄武岩及火山喷口：嫩江东南的五大连池（即乌云和尔冬吉火山），会宁临江间，长白山脉中的白头山，山西的大同及云南的腾冲，均有历史上有记载的活火山或第四纪火山，火山喷口的形状均保存甚佳。昆仑山中也有新的火山。迄今尚未发现与第四纪玄武岩有关的矿化现象。西藏的硼砂矿床可能与新火山喷发有成因关系。

Ⅳ. 成矿时代

在地质历史中常有数个时代为适合于成矿之时期。这些时代或当海陆沉积交替之期，或属大陆剥蚀最烈之世，而尤为重要者，则往往与造山运动及岩浆活跃的时期相吻合；矿床学者因名此适合于成矿的时代曰成矿时代。世界各地地史的发育不能尽出一辙，适合于聚矿作用的地质环境，更不能处处相似，因之成矿时代亦地各不同。例如北欧的主要成矿时代属华力西期，而南欧则属阿尔卑斯期。东西美洲的成矿时期尤不相同，东美的许多金属矿床大多成于寒武纪以前，而西美则要以中生代末及第三纪初为主要的成矿期。

中国关于成矿时代的研究，以缺乏资料，尚难得出全面的结论。大致言之，可分为下列 5 个主要成矿期：

(1) 前震旦纪的吕梁期为一个重要的成矿时期，许多铁矿（羊鼻山式，麻山式，鞍山式，东川式，镜铁山式，包头式等），铜矿（中条山式，化隆式），菱镁矿，滑石，放射性及稀有元素，金刚石，锑，金，白钨矿床等，皆于此时期内造成。在满蒙地盾，五台，中条，吕梁各地块，祁连地轴，秦岭地盾，江南古陆，华夏地盾内的各种矿床大都属此。本期造成的矿床种类非常庞杂，其中以铁为最重要，大都为规模巨大的矿床。

(2) 加里东期亦为一重要成矿期，造成了白银厂式的铜矿及多金属矿，铬铁矿，铜镍矿，铂矿等等。在西北的祁连山，一部分的天山，秦岭及居沿海一带，俱有这个时期所生成的矿床。

(3) 华力西期的矿床，包括东川式铜矿，易门式铁矿，铬铁矿（锡林格勒盟），镍矿（力马河），天宝山式铅锌矿，矿山厂式铅锌矿等等，在康滇地轴，满蒙地槽，秦岭的一部分，天山，昆仑山等处都异常发育。

(4) 燕山期矿床在中国的东部广泛发育，在西北的青海湖区，康藏的唐古拉山及横断山脉俱有分布，组成了太平洋外带金属矿的特征矿床。包括的矿种甚多，最重要者为锡、钨、钼，在东南矿产省，华北矿产省及北满矿产省中分布甚广。其次为铜（矽卡型，斑岩型及脉矿），铁（矽卡型，热液型），铅锌（各种脉状矿床），镍，铬，锑，汞，雄黄，雌黄，萤石，明矾石等矿床。

(5) 喜山期即第三纪所成的矿床在中国所知不多，仅有台湾金瓜石铜矿，瑞芳金矿及铬铁矿等。大陆上玄武岩中的钴矿应属本期的产物。

以上所述主要为内生矿床，亦附列了一些外生或变质矿床。其他外生矿床的成矿时代尚多，如沉积铁矿可分为震旦纪（宣龙式），奥陶纪，上泥盆纪（宁乡式），石炭纪（山西式），二叠纪（涪陵式），侏罗纪（綦江式），第三纪（右江式）及第四纪（云浮式）等等。沉积锰矿可分为震旦纪（可分为 4 个层位），上泥盆纪，石炭二叠纪（遵义，团溪）及第三纪。沉积磷矿则可分为震旦纪（开阳式），下寒武记（昆阳式），奥陶纪，志留纪（高家边式），上泥盆纪，二叠纪（龙潭式）及近代的鸟粪堆积等。值得主要的是，在震旦纪，上泥盆纪及石炭二叠纪三个时代中，这三种沉积矿床同时发育，不过层位上下稍有不同而已。铝土矿的形成时代则主要为石炭二叠纪及新第三纪。

煤的成矿时代有石炭纪，二叠纪，三叠纪，侏罗纪，白垩纪，第三纪及第四纪（泥炭）等七个不同时代。已证实的油气层时代则为三叠纪，侏罗纪，白垩纪及第三纪。油页岩时代主要为二叠纪，侏罗纪及第三纪。盐类及石膏矿床的沉积时期主要者有三，即奥陶纪，三叠纪及第三纪。

在川湘黔桂矿产省中广泛发育的汞矿及铅锌铜矿床，其成因尚待研究，成矿时代更难确定，有属多种时期成矿的可能。

兹将中国成矿时代及其发育的各种矿种列为第 2 表。

表 2　中国成矿时代表

代	纪	地壳运动	内生及变质矿床	外生矿床
近代	近世纪			泥炭
新生代	第四纪	喜马拉雅运动	钴（玄武岩中）	
	上新统			
	中新统			半烟煤、褐炭、硅藻土
	渐新统			
	始新统	燕山运动		石盐、石膏
中生代	白垩纪		锡，钨，钼，铜，铁，铅锌，镍（济南），铬（热河），锑，汞，砷，萤石，明矾石	
	侏罗纪			
	三叠纪	印支运动		铜（红层铜矿），石盐，石膏
古生代	二叠纪	华力西运动	铜（东川式），铁（易门式），铅锌（天宝山、矿山厂）镍（力马河），铬（锡林格勒盟）	铁（涪陵式），锰（团溪式），磷（龙潭式），沉积铜矿（马豆子），煤，油页岩
	石炭纪			煤、铁（山西式）
	泥盆纪	加里东运动	铜（白银厂式），铅锌（锡铁山），铬铂（祁连山），镍（秦岭?）	铁，（宁乡式）
	志留纪			磷（高家边式）
	奥陶纪		铜、铅、锌、汞（沉积成因?）	铁、磷（幕府山），石膏
	寒武纪		汞（?）	磷（昆阳式）
	震旦纪			铁（宣龙式）、锰、磷（开阳式）
	滹沱纪	吕梁运动	铜（中条山），金，铅锌 铁（鞍山式，羊鼻山式，麻山式，东川式，镜铁山式、包头式）	
	五台系		菱镁矿，滑石 铀，钍，铌，钽，铍，锂等	

Ⅴ．矿产省的划分

为了系统地研究中国矿产的分布规律，必须先把各地矿点根据大地构造的轮廓，成矿的时代，与火成岩的关系，综合分析，归纳成为几个大的矿产省，然后在每个矿产省中再根据次一级的构造特征与矿床类型或矿质种别等等，划分为若干矿产区和构造成矿带。这样，在研究分布规律和指示找矿方向上就可有比较充实的根据了。

我们已简短地讨论了中国大地构造的轮廓，岩浆活动的情况及成矿的时代，在此基础上我们就有可能进行矿产省的划分。由于许多基本问题，如地层的层序与时代，成矿的时期及火成岩的发育情况等，尚多待进一步研究决定，所以我们的意见，只是最初步的，暂时的结论，在以后工作中还要随时加以补充修正。

矿产省的划分可与大地构造的分区相吻合，但有时也可不尽相同。兹将初步划分的

10 个矿产省的名称，范围及基本特征论述如次：

1. 北满矿产省

包括东北褶皱区中的大兴安岭，松嫩平原，北满东部山地的各矿带在内，以燕山期的岩浆活动与花岗岩化为最主要的特征，许多金属矿床亦多成于此时。在大兴安岭已发现两个可能属于斑岩铜矿的矿点，在重砂中锡、钨及独居石分布很广。在若干由花岗岩化所造成的深变质带中的铁、锰及多金属矿床应予以特别的注意。至于前寒武纪及加里东期的矿化作用，在本区肯定存在，因研究不够，尚难详论。外生矿床则有侏罗纪及第三纪的煤，油页岩及许多盐湖（海拉尔及松嫩平原）中的食盐，碱，芒硝，可能还有硼及钾盐。松辽平原中的油气矿床也有希望，正在积极的普查中。

2. 满蒙矿产省

包括满蒙地槽，满蒙地盾，燕辽准地槽及西山准地槽的三个大地构造单元。由华力西岩浆活动所造成的铬矿，镍矿及铜镍矿床为满蒙地槽中的特征矿床。在满蒙地盾，前震旦纪变质岩中所产的菱镁矿，滑石，鞍山式铁矿，白云鄂博式的铁矿及伟晶花岗岩脉中的铀矿，钛铁矿，金红石，锂、铍、铌、钽及其他稀有元素等矿床，其成矿时代似应俱属前震旦纪。其他在燕辽准地槽或满蒙地盾中分布相当广的含钛磁铁矿，镍铜矿，矽卡岩铜矿，各种热液的有色金属矿床，及少量的铬矿，其成矿时代可能俱属燕山期。石炭二叠纪，侏罗纪及第三纪的煤甚为重要，阜新、北票还有石油的迹象。本区是一个丰富而又复杂的矿产省，长达数千公里的满蒙地盾中广泛分布了稀有元素及铀矿床的事实，尤为本区的特点。

3. 华北矿产省

包括鄂尔多斯地台，山西河北地台，华北凹陷带及山东断垒等几个大地构造单元。在山西的五台、吕梁、中条及太行各地块中，前震旦纪的铁矿（与鞍山式相似），铜矿（中条山式）甚为重要，个别地区还有铀矿及其他稀有元素矿床。燕山期的矿化作用包括矽卡型的铁矿及许多铜铅锌矿点，除矽卡型铁矿外，经济价值一般俱不大。煤是本矿产省中最重要的矿产，石膏及石油亦有很大的希望。

4. 秦岭矿产省

包括秦岭地盾，秦岭地槽及淮阳地盾等大地构造单元在内。在秦岭地盾中已肯定鞍山式铁矿及中条山式铜矿属前震旦纪。在可能属加里东地槽中的有色金属，铁及铀钒矿床，其时代是否属下古生代尚待研究，其他钨、钼（金堆城）的成矿时代尚难确定。南秦岭可能属燕山地槽带中的牛山铜矿及超基性岩中的镍矿等，其成矿时代是否属中生代，甘肃岷县的汞矿是否为燕山期的产物，均亟须进一步确定。本矿产省的特点是前震旦纪及古生代成矿作用的发育，燕山期的成矿作用亦肯定存在。

5. 东南矿产省

这是包括江南古陆，赣湘桂准地槽，华夏地盾三个主要大地构造单元及一些附属的凹陷带在内的非常广大的矿产省，中生代的岩浆作用最为剧烈，成矿时代主要属燕山期，但也可能包括若干较老的矿化作用。最主要的矿床为钨、锡、锑、铅锌，至于铜铁矿床则在扬子凹陷，浙赣凹陷，海南岛及台湾较为发育，闽粤沿海的若干铁矿亦有重要价值。以上矿床大都为燕山期的产物，但在江南古陆中的金，锑，白钨矿床及若干在龙山系中的铅锌矿床，其成矿时代可能较早。本矿产省的金属矿床最为丰富，为标准的太平洋带矿产区域，除台湾具有太平洋内带的成矿征象外，其他俱表现出外带的特征。是否在闽浙沿海甚至北满东部山区可能找出一些属于太平洋内带的矿床，为今后研究的一个有意义的课题。

6. 川湘黔桂矿产省

包括川湘凹陷，四川地台及黔滇桂地台三个大地构造单元。火成岩活动最为微弱是本矿产省的一个重要特征。河池、南丹的锡、锑、汞、铅锌，湘黔川一带的汞、磷，为本矿产省中最重要、最特征的矿床，其成矿时代尚待确定。产于震旦纪及下古生代地层中的许多铜铅锌脉型矿床，其成矿时代可能较老。经过风化和再沉积作用则造成了三叠纪巴东系中的红层铜矿。外生矿床的石油，最近在四川地台的中部，业经钻探证明有极大的工业价值，在黔滇桂地台中亦有较大的远景。四川地台中的煤矿亦有重大价值。

7. 康滇矿产省

包括康滇地盾及其两侧峨眉山玄武岩所分布的范围，成矿时期主要属华力西期。可分为内外两带，内带代表地盾的深侵蚀部分，二叠纪玄武岩的侵入相及其衍生的岩浆分异产物最为发育，造成了力马河式的镍铜矿，东川式的铜矿，易门式的铁矿及墨江式的风化壳镍矿床。外带则有许多铅锌矿床及杏仁状充填的铜矿，俱与喷出相或浅侵入相的玄武岩有成因上的关系。从这些古老的铜矿经过风化及再沉积作用就造成了在三叠纪和白垩纪地层中的马豆子式铜矿和红层铜矿。在外带中广泛发育的沉积磷矿也是本矿产省的特征矿床。

8. 西北矿产省

包括天山、祁连山的二个褶皱带及塔里木，准噶尔及柴达木几个地块在内。在祁连山地轴中有前震旦纪所成的金矿，镜铁山的沉积式铁矿（可能属震旦纪）及化隆的沉积变质式铜矿，而在褶皱带中则有白银厂式铜矿及铅锌矿，超基性和基性岩中的铬铁矿，铂矿，铜镍矿以及与火山岩有关的铁矿，锰矿，其成矿时代俱属加里东或早期华力西。天山北支的钨钼矿，其成矿时代尚待确定。在青海湖一带的燕山准地槽中则有矽卡型铜矿及多金属脉状矿床，其成矿时期俱属中生代。在地块和地台区中，则第三纪和侏罗纪的油气矿床有极大工业价值，如老君庙，克拉玛依及柴达木俱经开采或勘探证实。西北最重要的煤田俱属侏罗纪，其中还附产矿量较大的菱铁矿。天山北麓的二叠纪油页岩亦有注意价值。柴达木、塔里木盆地中许多盐湖盐滩所产的食盐，钾盐，芒硝及硼盐矿床是西北矿产省中另一重要的矿产资源。总之，西北矿产省是中国另一个丰富而又复杂的含矿基地，内生矿床的成矿时代以加里东或早期华力西为主，燕山期为副，铜、铅、锌、铁及石油与煤为主要的矿种。

9. 横断山脉矿产省

包括川西、滇西各地区。燕山期的造山运动及岩浆活动非常明显，造成了滇西南的许多铅锌矿，保山、兰坪的汞矿，云龙的锑矿，凤仪的雌黄、雄黄矿。这些矿的工业价值虽多未定，但从分布规模来看，它们是有极大的远景的，特别是铅锌矿，因其接近著名的缅甸老银厂铅银矿，相信更有重视的价值。本区的汞矿是否可由第三纪的深断裂或岩浆活动所造成，尚待研究。根据与南洋锡矿带的关系，推测在本区可能有发现锡矿的希望。

10. 康藏矿产省

包括昆仑山，唐古拉山及喜马拉雅山诸褶皱带。关于矿产情况知道得很少。白垩纪及第三纪中的石油及天然气矿床有极大的远景。在西藏湖区中，除盐，芒硝等外，还有中国最著名的硼盐矿床，后者与第三纪的火山喷发及温泉等有成因上的关系。已知的铁矿及有色金属矿点甚多，尚未进行评价。煤矿似分布不广。根据大地构造的观点，本矿产省北部的成矿时代应以华里西期或燕山期为主，而南部则以喜马拉雅期为主。

在上面所述的10个矿产省中，北满矿产省，满蒙矿产省，华北矿产省，东南矿产省以及横断山脉矿产省，其中虽也包括了一些较老的成矿作用在内，但主要的成矿时代则属燕山期，而东南矿产省中的一个副区，台湾矿产亚省则主要为喜马拉雅期，还有康藏矿产省的南部则主要为燕山期和喜马拉雅期。因此，这些地区都是符合于斯米尔诺夫所定的太平洋成矿带的范畴的。至于秦岭矿产省，康滇矿产省及西北矿产省，除前震旦纪的若干矿床外，主要成矿时代则属加里东期或华力西期，至于中生代和新生代的成矿作用则较不重要。川湘黔桂矿产省的成矿时代尚难确定。

斯米尔诺夫把太平洋金属成矿带分为内外二代，中国方面除台湾外俱属外带，其特征为：①侵入岩一般为高度酸性的花岗岩，超基性岩发育殊少，因此与之有联系的铬、铂等矿床希望不大；②以锡矿、黑钨矿为最特征的矿床；③铜矿及富银铅矿一般不发育或规模不大；④没有很大的铁矿。

就上述属于太平洋成矿带的五个矿产省的矿化情况来看，斯米尔诺尔夫的规律大体上还是可以适用的。属于矽卡型的铜铁矿床只在几个凹陷带中见到，规模不算顶大。超基性岩及铬、铂矿很少发现，锡矿、黑钨矿，应该再加上某些汞矿及锑矿，是太平洋外带最特征的矿床，但若干产在老地层中的锑矿，金矿及白钨矿，其成矿时代可能较早。闽粤沿海及海南岛铁矿较富似属例外。外带既以高度酸性的花岗岩为特征，则在本带中发现铀矿的希望也应该是很大的。台湾含有太平洋内带的矿床，如金瓜石富金银的铜矿，及若干铬铁矿的产地就可作为例征。

Ⅵ. 矿产区和构造成矿带

兹就上述10个矿产省中的许多矿点，进一步地归纳成为若干矿产区或构造成矿带如次：

1. 北满矿产省

可分为三个大区，自西而东为：大兴安岭矿产区，松嫩矿产区及北满东部矿产区。

(1) 大兴安岭矿产区：在额尔古纳河沿岸，哈尔乌地块及黑龙江沿岸，砂金矿非常多，还有钛铁矿砂。在重砂中已发现相当多的锡石，独居石，还有白钨矿，故可称为锡钨金及独居石带。此带向北有围绕着黑龙江而向东西环抱的趋势，并可与苏联的锡矿带遥相连接，因此在这里发现有工业价值的锡矿或钨矿的希望是很大的。花岗岩可能属燕山期，锡矿应为这个时期的产物，但金矿是否较老，需待研究。

此带之东为中生代火山岩及多金属矿化带，在被河流切割的地区，如根河、海拉尔河沿岸，矿点出露甚多。在根河方面已知有八大关及十五里堆的斑岩铜矿，别里亚的铅锌矿，下库力，萨库尔及齐牙落托伊等铜矿点。在海拉尔以东则有牙克石及巴林的矽卡型铜矿（含钴），兴安的铅锌矿等。本带中有若干煤矿（如扎赉诺尔煤田）及油页岩，俱属侏罗纪。海拉尔，呼伦池，贝尔池的盐湖产盐碱，芒硝及石膏，值得注意。在大兴安岭的东侧，又有一中生代火山岩、花岗岩及多金属矿化带，在南端，林东、林西附近有脉状铜矿及铅锌矿，产斑岩或花岗岩中。北段突泉、景星一带则有矽卡型铁矿，电气石磁铁矿脉（马鞍山式）及矽卡型铜矿，产斑岩、玢岩或闪长岩中。再向北为大片玄武岩流所覆盖。

（2）松嫩矿产区：区内矿床当以石油及天然气有较大的远景，已发现若干由砂层。其次则龙江以东喇嘛甸子、小河子及勒图车站的碱湖，其产量较海拉尔尤为丰富。按本区位于大兴安岭东坡之东，马鞍山式电气石磁铁矿脉风化下来的含硼泥沙是否可成为盐碱湖中的硼盐，或成为附近新生代地层中的沉积矿床，值得进一步研究。

（3）北满东部矿产区：自西至东可分为下列2个构造成矿带：

1）小兴安岭结晶基岩的含金石英脉带：迄今所知只有含金石英脉及砂金矿。含金石英脉的成矿时代可能较古，在燕山期之前。此外是否尚有伟晶岩脉及其中所含的稀有分散元素矿床，及燕山期的锡钨、独居石矿床，当为今后普查的对象。

2）结晶基底并经过剧烈花岗岩化的高温变质铁矿带及其上叠覆的侏罗纪煤矿带：本带中除金矿外，要以产在花岗岩化融合岩中的高温变质铁矿为最特征的矿床。如林口附近日人所称的麻山式铁矿，乃产在白粒岩（片麻岩）中的磁铁矿、赤铁矿体，与橄榄石、角闪石、铁镁尖晶石（pleonaste）、单斜辉石、粒状矽镁石（chondrodite）、韭角闪石、刚玉、萤石等共生，以富含铁、铝、镁而贫于钙、矽为特征，且一般俱含氟。在集贤南的羊鼻山铁矿则产在黑云母矽线石片岩中，其矿物成分尚未详细研究。这些铁矿都属深变质及多变质矿床，其经济价值尚待进一步研究决定。阿城小岭的铜铅锌锰矿及矽卡型铁矿显应属本带，矿床是否属深变质及多变质的类型，以及有何伟晶岩中的稀有分散元素矿床，俱待今后研究决定。依兰及穆稜附近有钛铁矿砂矿床，说明可能有含钛磁铁矿的存在。

2. 满蒙矿产省

从北至南可分为5个矿产区，即满蒙地槽，满蒙地盾，燕辽准地槽，西山准地槽及其东延部分与燕辽地盾。

（1）满蒙地槽矿产区：在北满矿产省的南端有一条满蒙地槽，东起延吉开山屯，中经永吉大黑山及磐石黑石头，西经林、东林西而至锡林格勒盟，都有超基性岩并造成了铬铁矿。延吉开山屯矿体甚小，无经济价值，大黑山铬铁矿规模亦不大。最大的超基性岩及铬铁矿在锡林格勒盟一带，向西至二连以西俱已发现，总计超基性岩延长可达2,000公里以上。除铬矿外，还有铜镍矿床，而在超基性岩的风化壳中则产矽酸盐镍矿及次生菱镁矿。以上各矿的成矿时期俱属华力西期。

在本区中还有许多铜矿点，如从延吉天宝山起，向东北经汪清百草沟，东宁老黑山，为一矽卡型及细脉浸染型的铜矿带，围岩为豆满层（石炭二叠纪）及燕山期花岗岩。本带向西南，通过满蒙地盾，还可与临江的许多显属燕山期的同类型的铜矿点相连，证明天宝山等矿点虽位于华力西地槽中，但它们还是燕山期的产物。

在磐石方面则有石砠子及搧车的矽卡型铜矿，若干含铜石英脉矿，伊通城南的辉锑矿脉，以及具有巨大工业价值的永吉大黑山钼矿（细脉浸染型）。本带的有色金属矿床大多以吉林层（石炭二叠纪）作围岩，其中有较纯粹的石灰岩，对成矿有利，可能造成较有希望的矿床，如磐石石砠子就是一例。至如大黑山钼矿及伊通锑矿等则俱产花岗岩中。本带矿产也与燕山花岗岩有关，当为燕山期的产物。

从二连向西，满蒙地槽还可连至居延海以北。在居延海之东南有别列克托多金属矿及含铜黄铁矿带，包括别列克托和银山的铅锌矿，阿勒克托洛克及边墙北的铜矿。别列克托铅锌矿产于石英斑岩及英安斑岩内，矿化现象有铅矾，铁帽，铁化，黄铁矿化及绢云母化等。氧化带中见到白铅矿，铬铅矿及少量孔雀石。初步认为这里的矿产可与锡铁山、小铁山及白银厂相比拟，为加里东地槽的产物。至于华力西地槽带，可能大部分分布在蒙古人民共和国境内，该处有否超基性岩及铬铁矿刻尚不知。

再向西，本区可能延至阿尔泰，该处有无铬铁矿床亦不知悉。

(2) 满蒙地盾矿产区：东西延绵数千公里，除有色金属矿外，本区可能是中国最重要的稀有元素及放性元素矿床的产地。最西段可能包括阿尔泰，此处除许多铅锌铜矿矿点外，富蕴仁化附近有矽卡型铁矿，黑钨石英矿脉及含铍（绿柱石）、铌、钽的伟晶岩脉，后二者俱产花岗岩中。成矿时代不祥。含铍伟晶岩脉是否属前震旦纪值得研究。

本区的中段，在甘肃北山及阿拉善三角地一带，在居延海至金塔间已找到若干铀矿征象，应进一步研究，不但可发现伟晶岩脉及其他脉状铀矿，还可发现陆相砂砾岩中的铀矿。在白石头、玉石山俱已发现了许多矽卡型式的白钨矿，而辉铜山的矽卡型铜矿也证明有中小规模经营的价值。从玉石山向南有华牛山铅锌矿，已证明有相当大的价值。金塔北尖牛井子及其他铅矿点可能是本带的向东延展部分，应予注意。

本区的东段包括大青山，宣化、赤城、绥中、辽南一带。大青山是著名的伟晶岩产地，中含锂、铍、铌、钽及铀钍矿物，还有各种云母。宣化伟晶岩中亦有铀矿。辽南海城含放射性及稀有元素的伟晶岩更为著名，因此这个长达3,500公里的满蒙地盾可不愧称为稀有及放射性元素的矿化带了。

本区最东段资料较多，兹再略为详述。本段又可分为东西两部分。西部在辽东海湾之西，包括龙关、承德及阜新一线以北各地区。承德北高寺台有产在超基性岩中的铬铁矿，其价值业已否定。承德滦平一带有产在基性岩中的钒钛磁铁矿，分布很广，在基性岩中还有硫化镍及铜镍矿床。以此铬、镍、钒钛铁矿为中心，其东西两侧就有许多铅锌银及铜矿矿脉，如西部分布在滦平，隆化及丰宁境内，东部则在平泉境内，多属石英矿脉，产在片麻岩及片麻花岗岩内，如承德狮子岭铜矿，少数则在石英斑岩内，如承德烟筒山。本带向西还可与赤城崇礼的银铅锌矿脉遥相呼应。总之本带以Cr，Ni，Cu，V，Ti，Fe矿为中心，其东西两侧则为Pb-Zn-Ag石英矿脉，向南靠近地槽，脉状铜矿渐多，而在与震旦纪石灰岩接触处则有矽卡型及细脉浸染状铜矿，则已属准地槽带了。

辽东海湾以东的满蒙地盾以清原（冰湖沟、万宝钵及缸山）、新宾（柜子哈达）、抚顺的铜镍矿及镍钴银矿（柜子哈达）为中心，其周围先为高温的含磁黄铁矿及磁铁矿的铜锌矿床（清原树基沟、张胡子沟、卑子沟），继为富于金银的含铜石英脉矿（下大堡，金家窝棚及三道沟）。此带向东可与桦甸夹皮沟及老牛沟的金铜石英矿脉相连，向西北经过西丰白石村的矽卡岩铜矿后才至开原（李家店，大寨子）、铁岭（苏子伙洛及三岔子）的含铜石英脉矿床及许多铅锌脉矿床。这种矿床的分带现象非常明显，并与东部承德段可以大致比拟，惟本部未发现真正之超基性岩及铬铁矿，乃与承德段主要不同之点。清原北的狗奶甸子于Au-Ag-Cu石英脉中还有白钨矿，值得特别注意。以上各矿化带走向俱为东北西南，延长可达70～80公里。

在东部满蒙地盾中另一特征矿床乃日人所称的马和寺沟铁矿，为磁铁矿及赤铁矿，产于融合岩质的片麻岩中，矿物组成极为复杂，分布在抚顺南及宇靖马架子等地方，系由花岗岩化的深变质及多变质作用所成。

(3) 燕辽准地槽矿产区：可分为辽东海湾以西及以东两个副带，后者即太子河准地槽带。在西部准地槽带中的矿床，以铜，钼及铅锌矿床最为主要，还有汞矿，则已接近燕辽地盾。在此区中可分为4个构造成矿带：

（a）地槽北缘平泉附近（小寺沟，铅洞子及万喜矿山）的矽卡型及细脉浸染型铜矿带。

（b）地槽西南缘兴隆寿王坟一带的矽卡型铜矿及铜铅石英矿脉带。

（c）位于地槽东南缘的锦西兴城建昌钼铅锌及铜矿带，其中杨家杖子的钼铅锌矿已证明有巨大工业价值，此外兴城的许多矿点亦甚重要。除震旦纪灰岩外，本区中还有寒武奥陶及石炭二叠纪的沉积岩层，石灰岩特别发育，对产生交代矿床的机会最大，为本带中最重要的矿区。

（d）地槽南缘青龙附近（周杖子、张杖子及朱杖子）的汞矿带，矿脉产安山岩，花岗岩或凝灰岩中，为准地槽带中燕山期的产物。

辽东海湾以东的太子河准地槽以石炭二叠纪煤矿为主要的矿产。金属矿床可分为三个分区：

（a）本溪区的马鹿沟、青山背矽卡型铜矿及若干含铜石英脉。本溪东的城厂还有再沉积的白垩纪含汞砾岩层，其原生汞矿可能属燕山期。

（b）桓仁区矿点甚多，主要为矽卡型铜矿和铜铅锌矿（沙尖子，冰沟，桓仁矿山），也有脉状矿床（如新开岭，马滚岭），围岩为震旦纪或奥陶纪的石灰岩，在桓仁南的湾沟有产在安山岩中成杏仁状充填的绿帘石黄铜矿矿床。

（c）通化临江区，包括通化二道洋岔及临江迎门岔的细脉浸染型铜矿及若干铅锌矿床，还有前震旦纪和震旦纪底部的沉积铁矿床。

（4）西山准地槽矿产区：实际上这是燕辽准地槽的西延部分，分布在张家口、涿鹿、北京一带。最重要的矿产为震旦纪下部的宣龙式铁矿，分布在赤城，龙关，宣化，怀来及涿鹿一带，沿着震旦纪石英岩与其下伏的片麻岩及片岩的接触带，取东北西南的趋向。昌平南口附近有若干铅锌矿脉，产震旦纪石灰岩中。龙关的井儿溼及宛平的王家山俱有产在安山岩中的绿帘石黄铜矿成杏仁状充填的矿床，与桓仁的湾沟铜矿相似，当为燕山准地槽中的标准矿床。燕山准地槽向东可与唐山开滦的沉积盆地相连，而通过辽东海湾向东还可与复州湾的震旦纪寒武纪盆地相连。在此东延带中，以煤矿及铝土页岩为最重要的矿产。

（5）燕辽地盾矿产区：分布在辽东海湾的西侧，西为燕南地盾，东为辽南地盾，前者包括密云，遵化，青龙各隆起带，出露片麻岩，片岩和花岗岩，除含金石英脉外，还有黑钨矿石英脉，分布在密云、兴隆、蓟县、遵化、迁安、抚宁，作近乎东西向的走向，延长达240公里。沿海绥中、山海关一带，含稀有元素的伟晶岩脉带分布甚广。

辽南地盾中矿产更为丰富，从北至南大致可分为下列构造成矿带：

（a）鞍山式铁矿带，分布在鞍山，弓长岭，苗儿沟及歪头山等地，呈东东北的趋向。

（b）含镍磁黄铁矿及铜镍矿带，产在闪长岩及花岗岩与沉积岩的接触带，如本溪小榆树沟，双城村。

（c）含铀、钍、铌、钽、钛、锆及其他稀有元素矿物的伟晶花岗岩带，分布在海城（大房身，王石村，三台沟，析木城）及辽阳（吉祥峪）一带。在新金，金县，盖平等沿海地带还有含稀有元素的海滨砂碛矿床。

（d）海城大石桥的菱镁矿带，可能属沉积矿床，矿层厚而且富，为东亚第一大矿。

（e）多金属矿化带，矿点甚多，自西而东可分为芙蓉，岫岩，凤城及宽甸几个分区。

铅锌矿大多成脉状，产在老变质岩系的大理岩中，也有产在花岗岩，片麻岩及片岩中者。已开采者仅有凤城青城子。矽卡型铜矿的围岩大多为碳酸盐岩，属震旦纪（如复县华铜沟，庄河芙蓉及凤城铜山）或前震旦纪。在结晶片岩中的铜矿则俱成脉状。在接触型的铜铁矿中（如复县华铜沟，宽甸大荒沟）又常含滑石，硼镁铁矿及针硼酸镁石，可作为硼的原料之一。本带中的有色金属矿床与闽浙沿海一样，其主要缺点是缺乏容易交代的碳酸盐岩石，震旦纪及前震旦纪中的碳酸盐岩层不是理想的成矿层，因之本带的远景似不如本溪新宾桓仁一带为大，因在后者中常有分布广泛的寒武奥陶纪灰岩出露，对成矿有利。

3. 华北矿产省

包括四个矿产区，自西而东为鄂尔多斯与陕北矿产区，山西及河北矿产区，华北平原矿产区及山东矿产区，分述如次：

（1）鄂尔多斯—陕北矿产区：为标准的稳定地台区，褶曲断裂稀少，没有火成岩活动。以煤及石油的希望最大，除侏罗纪煤系中的菱铁矿外，金属矿点十分稀少。若干盐湖、盐滩中的盐类矿产值得研究。

（2）山西及河北矿产区：以煤为最重要的矿产，其储量之富在全国各省区中首屈一指。油气苗虽有情报尚未证实。最重要的金属矿产当推铜矿及铁矿。产在前震旦纪不同变质程度岩系中的中条山式铜矿，在中条，五台，吕梁及太行各地块中有广泛的分布。中条山铜矿包括铜矿峪，胡家峪，虎坪，横岭关，李坝沟诸产地，中以铜矿峪最大，胡家峪次之，各地产状及层位虽各不同，其成矿时期则主要都在震旦纪以前。鞍山式铁矿在五台，繁峙，代县，定襄境内屡有发现。此外还有若干铅锌矿（闻喜，平陆，垣曲各县境内）及铜钼矿床都位于地块之中。这些矿床之属于前震旦纪也是毋庸置疑的。

在五台地块范围内的涞源，涞水有若干矽卡型铁矿，铅锌矿和铜矿，其围岩属震旦纪矽质石灰岩而与可能属燕山期的花岗岩有关，故这些矿床都可能是燕山期的产物。涞源是中国重要石棉产地之一，而在支家庄矽卡型铁矿中还有大量硼镁铁矿产出，与辽南地盾中的硼矿产地相似。

此外，在太行山东侧，涞水，易县，邢台，武安，林县一带，矽卡型铁矿、铜矿及脉状的铜铅锌矿床甚多，而自邢台向南以达林县，安阳，闪长岩侵入体不断出露，与奥陶纪灰岩接触时形成了一个断续相连的矽卡型铁矿带，具有相当大的经济价值。在汾河地堑的西侧，交城浮山有一系列的矽卡型铁矿以及文水、蒲城、翼城的铅矿。这些矿床也都是燕山期的产物，而有些铜铅锌脉状矿床，可能与太行东坡或汾河地堑的深断裂有关。

在外生矿床中则山西式铁矿分布最广，可分为三个地区：

（a）沿着沁水盆地的周围平定，阳曲，高平，普城等处，向南可延至修武，新安；

（b）宁武盆地的四周；

（c）陕北盆地的东缘，如隰县。

矿石一般为赤铁矿或褐铁矿，常与铝土页岩密切共生。

震旦纪的宣龙式铁矿在本区中只见于静乐西马坊及井陉锡富山、紫山瑙，矿层减薄，品位亦欠佳。在西马坊铁矿层之上还有锰矿层，价值亦不大。

产在中奥陶纪灰岩顶部的沉积石膏层为本区另一特征矿产，它在太原东西二山厚可达100米，向东至平定、平壶，西至乡宁，南至灵石、临汾俱有分布，但厚度减至8～10米。当时沉积盆地的中心显然在太原附近。

（3）华北平原矿产区：这个地区的最大远景矿产当推石油及天然气，目前正在积极探勘中。

（4）山东矿产区：位于泰山北缘的历城桃科与泰安茅茨舍有铜镍矿床产于角闪岩中。新泰徂阳一带河谷中红土层内有软锰矿粒，显系由附近原生锰矿层经过搬运沉积而成。沂水、沂南有一条矽卡型铜矿带，产于寒武纪灰岩与石英斑岩的接触处。

本区铅锌矿点甚多，俱属中温或低温脉状矿床，脉石一般为石英及方解石，有时亦有较多量的重晶石、萤石共生，如安丘白石岭及胶县七宝山。在西部，昌乐、益都、博山、费县各矿点，含矿围岩俱为奥陶纪或寒武纪灰岩，而在东部各矿，如栖霞，掖县，平度，胶县，胶南，则含矿围岩俱为花岗岩片麻岩或其他火成岩杂岩体。安丘两个矿点（担山及白石岭）则俱产在斑状花岗岩岩脉中。

江苏新海锦屏山位于本区的东南边缘，有产在前震旦纪结晶片岩和大理岩中的磷灰石矿床，呈透镜体，称为海州式磷矿，也是本区特征矿产之一。

山东铁矿有较大的远景。鞍山式铁矿已有沂水、沂源，即墨、胶县、高密，及烟台、福山三个区域内发现，其中有些矿床可能是由深变质花岗岩化作用所成的融和矿床，与东北的所谓马和寺沟或麻山式铁矿相似。矽卡型铁矿有较大的矿量，如桓台金岭镇及峄县利国驲俱经勘探。掖县粉子山的菱镁矿及滑石矿与东北海城大石桥的产状完全相似，亦有极大的远景。总之，本区矿床情况与辽南地盾极为相似，由以山东的东半部更为相似，举乎辽南地盾中的特征矿床在本区中几乎无不应有尽有。

4. 秦岭矿产省

可分为东西两个矿产区，西区包括秦岭地盾及秦岭地槽，东区则为淮阳地盾。秦岭矿产区自北而南可分为下列四个构造成矿带：

（1）秦岭地盾矿产带，其中又包括临潼洛南芦氏凹陷带，沉积了震旦纪及寒武奥陶纪的地层。在地盾带中最重要的矿产为临潼、金堆城、黄龙铺的钼矿，呈细脉浸染状产于与震旦纪地层接触不远的华山花岗岩及震旦纪的石英岩与安山岩中，可能属燕山期的矿化作用所成。其次是洛南、赵川、商县小垤和舞阳等处的鞍山式铁矿，其中舞阳铁矿业经勘探证明有工业价值。临潼新开山有锰矿脉，产花岗岩、正长岩及粗面岩的裂隙中，可能为一种金属矿脉的锰帽。洛南城北有若干含铜石英矿脉，产花岗岩中。商县、芦氏、洛宁、嵩县铅锌矿点甚多，俱属脉状矿床。

在芦氏洛南凹陷带中还有寒武纪底部的磷矿层，厚 8～26 米，已知延长 20 公里，惟品位较低。此含磷带向东还在河南的鲁山附近出现。芦氏的三角城铁矿则为变质的宣龙式铁矿，位于震旦纪结晶石灰岩与石英岩之间，矿层厚 1～3 米。可见在此带中华南式的寒武纪底部磷矿层与华北式的宣龙式铁矿层在此会师，在古地理与沉积环境上有特殊重要的意义。

卢氏洛南凹陷带向东实可与豫西的沉积地台相呼应。此处发育了广厚的震旦、寒武、奥陶纪石灰岩，还有较厚的石炭二叠纪沉积，产生了许多重要煤田。在寒武奥陶纪石灰岩以及其下伏的震旦纪及结晶基底层中，脉状铅锌矿在登封，密县，临汝，禹县，南召，方城境内分布非常之广，价值如何，尚难确定。

（2）加里东地槽中的铜铅锌铁矿带：这个地槽带的存在系暂时假定，需待进一步工作证实。本槽带中有山阳，柞水及镇安的若干铜矿点，俱呈脉状，产绿色片岩或柞水系中，凤县草粮驲则有铅锌矿，亦产柞水系中。本带中还有若干铁矿点，其中最值得注意的为凤县老厂红山梁铁矿，呈脉状及不规则状充填或交代流纹质凝灰岩，厚不过 1～2 米，矿石为镜铁矿，磁铁矿，并含绿帘石、石榴石等似矽卡型的矿物组合。本带中的矿床是否可与祁连山加里东地槽带中的相比拟，值得进一步研究。

（3）元古界或震旦纪基底及其上沉积的石炭纪二叠纪中的铜铁矿化带：前寒武纪基底层出露在郧西、郧阳及白河一带，在此带中铜矿脉极多，俱产云母片岩及绢云母片岩中，矿石为孔雀石，夹斑铜矿、黄铜矿并常含绿松石，成矿时代可能较古。往西至镇安宁陕间，石炭二叠纪的镇安系或泥盆石炭纪的肐膌寺板岩中有若干铜矿脉。镇安系中有许多铁矿点，属褐铁矿，赤铁矿，成不规则块状或层状，其中有些铁矿可能为热液多金属矿床的铁帽。

本带西部略阳、留坝、凤县铁矿点极多，向西可延展至成县、徽县、两当、西河及西固一带。铁矿为赤铁矿、菱铁矿及褐铁矿，有时以后者为主，还有黄铁矿，成似层状，透镜状，囊状，格板状等，产于镇安系，略阳灰岩（下石炭记），也有产于较老的白龙江系（志留纪?）或寒武奥陶纪的石灰岩中。这些含矿层的地质时代俱尚待确定，但矿床产状则颇相似，显属低温热液或冷水沉积的矿床，有些可能是多金属矿床的铁帽（如留坝偏桥），有些为淋滤矿床（如凤县闸口），也有些可能是氧化了的菱铁矿，与西班牙的皮尔博铁矿相似。

（4）南秦岭变质岩带中的铁铜矿化带：本带的西段包括留坝、褒城、西乡、宁陕等地区，以铁矿为最多，矿石为赤铁矿夹褐铁矿，产于较深变质的千枚岩及云母片岩中，其产状与上述第三带中的铁矿相似，不过围岩的变质较深。南郑西南的庙坝铁矿则属矽卡型，产于寒武奥陶纪石灰岩与花岗岩的接触带。

南秦岭的东部，包括安康、石泉及湖北的竹山、竹溪各铜矿，这主要是一个铜矿带。安康牛山铜矿成脉状或杏仁状充填产于安山岩及其他火山岩中。矿石为孔雀石，蓝铜矿，辉铜矿，磁铁矿，钛铁矿，辉钼矿，偶有黄铁矿及褐铁矿。脉石为石英及绿帘石，常与铜矿一起成为杏仁状的充填。牛山火山岩包括安山岩，块集岩，火山砾岩，凝灰岩及沉积岩夹层，位于千枚岩，云母片岩，绿泥片岩及石灰岩之上，并为酸性的石英斑岩所侵入。作者暂时推定牛山火山岩系属燕山期，其理由如次：(a) 火山岩系位于浅变质岩系之上，而这个浅变质岩系可能属石炭二叠纪的镇安系。(b) 岩性复杂，既非震旦纪的喷出岩，亦非加里东的喷出岩，只有燕山期可以大致比拟。(c) 铜矿属安山岩中的绿帘石杏仁状充填矿床，与龙关，宛平及桓仁等燕山准地槽中所发育的矿床完全可以比拟。

牛山铜矿之东为竹山、竹溪铜矿，位于陈家山向斜层的周围，围岩有三叠纪大治石灰岩，龙潭煤系及栖霞石灰岩等，但另一些调查人员则认为其时代较老，如果确属上古生代和中生代，则在本区中发育燕山期地槽的可能性就更大了。在西秦岭岷县夏河同仁一带，最近调查证明，大部分属三叠纪（原百万分之一地质图上绘为泥盆纪或石炭纪），向西可与青海湖的三叠纪准地槽相连。岷县庄儿沟中有相当多的辰砂矿粒，似更可说明这是燕山期矿化作用的结果。这些事实似又可反证牛山的火山岩系可能属燕山期。

在竹山、竹溪的许多铜矿点中，以邓家台及陈家山两处较为重要，俱成脉状，厚数公分至二三十公分。邓家台围岩为矽质石灰岩，中含各种氧化铜及自然铜极多，最大一块自然铜重达 350 公斤，说明氧化及次生富集作用在本区的发育。附生矿物有方解石，石英，绢云母，绿泥石等。

南秦岭安康、石泉一带可能属燕山期火山岩系分布之区，还有基性岩的侵入，其中发育了铜镍矿床，经最近勘探证明有工业价值。

秦岭矿产省的东部为淮阳地盾，又可分为南北二区，南为淮阳地盾的多金属及深变质磷锰矿床带，北则为凤台淮南凹陷中的煤及磷矿带。

淮阳地盾矿化带包括信阳，罗山，光山，商城等县境内的石英方解石铅锌矿脉，一般都含金、铜、银，桐柏、信阳的含铜石英脉以及孝感青山口的重晶石铅锌矿脉。以上各矿点的围岩俱属结晶片岩，大理岩或千枚岩。大别山南麓宿松县属的高尖、长溪及孝感的东北，俱有东海式的沉积变质磷矿床，主要产于各种片岩内，部分也产于大理岩中。孝感四方有透镜状的锰脉群产在结晶片岩中。这些都是深变质作用下所成的矿床。在信阳的柳林、河西、双河一带有砂铁矿床，铁质来源显由淮阳地盾中花岗岩的磁铁矿细粒风化冲积而成，其中有否稀有元素矿物值得注意研究。

淮南凤台的沉积凹陷煤磷矿床带不但可与豫西盆地相连，还可与洛南芦氏凹陷带有遥相呼应之势，这里沉积了巨厚的石炭二叠纪煤层，还有产在寒武纪底部的凤台磷矿，与鲁山磷矿层遥遥相对。此外在宿县、徐州等处，产在奥陶纪灰岩中的铅银矿脉亦可与豫西大致对比。

5. 东南矿产省

本矿产省范围最大，矿产种类也最多，矿量也比较丰富。成矿时代主要属燕山期，并且表现出最为突出的太平洋带矿化的特征。构造趋向一般为北北东或北东，也有近乎南北或偏向北西者。自北至南可分为下列五个矿产区域：

（1）扬子凹陷矿产区：位于淮阳地盾与江南古陆之间，西界湖广盆地，东达扬子三角洲。可分为西、中及东三个区段。西段以铁、铜为主要矿产，也含有相当数量的钴。自北至南可分为5个构造成矿带：

1）鄂城西雷二山铁矿带，赤铁矿及部分镜铁矿产于五通石英岩与富池页岩之间，形状不规则，属低温热液矿床。

2）广山程潮铁矿带，位于鄂城花岗岩的南缘，磁铁矿、赤铁矿产于下三叠纪蒲圻紫页岩与花岗岩接触带中。

3）铁山江洋铁矿带，其中以铁山为主要矿体，位于铁山闪长岩的南缘。矿床呈断续相连的板状，产于大冶石灰岩与闪长岩的接触带中，除赤铁矿，磁铁矿外并含黄铜矿及钴。

4）金山店铁矿带，位于金山店石英二长岩的南缘，也与蒲圻紫页岩相接触。

以上2）3）4）铁矿俱属矽卡型矿床。

5）灵乡铁矿带，磁铁矿及赤铁矿呈脉状，产闪长岩中，或与上侏罗纪或下白垩纪火山岩系中之凝灰质页岩相接触的部分，属中温热液交代矿床。

灵乡铁矿带之东，大冶之南，阳新之北，为阳新铜矿带，作东西向分布，自西而东有龙角山，欧阳山，牛头山，赤马山等，再向东还有封山洞及铜洞山诸矿点。俱属矽卡型矿床，产于石炭纪，二叠纪或少数三叠纪石灰岩与花岗岩的接触带中。铜矿物主为斑铜矿，黄铜矿及少量次生富集的辉铜矿，在内变质带中常有规模狭小的斑岩型铜矿。再向东至江西境内有瑞昌的铜岭铁矿及九江城门山的铁矿，后者产在蚀变砂岩及侵入斑岩中，分布较广。从本带以铜为主的事实来判断，这两个铁矿可能都是铁帽，其深部有变为铜矿或其他硫化物的可能，将来勘探时应予以注意。

扬子凹陷带的中段地区包括安广，贵池，铜陵各县，构造及矿带走向一般取东北西南向，与西段的北西或北西西者不同，这是受淮阳地盾形势的影响所致。在扬子江南即本段的东南带以铜为主，如贵池的铜山，铜陵的铜官山，俱经勘探证明有工业价值。其他铜矿点还多。还有许多称为铁矿的矿点是否亦为铜矿，值得进一步研究。铜官山铜矿产于闪长岩侵入体周围与阳新灰岩，石英岩或角页岩之接触处，呈断续不稳定的似层状矿体。

本段的西北带位于长江以北安广境内，有铁矿，铜矿，铅银矿等，矿质较为繁杂。含矿围岩一般为石炭二叠纪及三叠纪的石灰岩，大理岩，也有产在花岗岩中者。惟中生代火山岩系似未分布及此。矿床多属矽卡型或中温热液矿床。

从繁昌到镇江间扬子江两岸为本区的东段。在江南岸者，如繁昌，当涂，南京一带，以铁矿为主，如桃冲，南山，大小凹山，凤凰山等，其中也夹杂一些锰矿，铜矿，铅锌矿和明矾石矿床，而在江北岸者，如和县，芦江，湖东一带，则主要为铜矿及明矾石矿。本段构造代表宁芜向斜层及其两翼，在向斜中部主要为中生代火山岩及沉积岩，而在两翼则石炭，二叠，三叠，侏罗等纪地层出露甚广。

从上所述可知，扬子凹陷区的矿产以铁铜为主，黄铁矿也有相当价值，也有少量铅锌矿，明矾石则是一种特征矿床。从铁与铜的比较丰富是与斯米尔诺夫所定太平洋外带矿床的特征不尽相符的。铁铜矿床以矽卡型为最重要，磁铁矿、赤铁矿的产生一般在矽卡岩矿物形成之后，而铜的形成则更后，已属热液阶段。钴则主要赋存于黄铁矿晶格中，单体矿物迄今尚未发现。晚期的热液作用造成了少量的白铁矿，闪锌矿，方铅矿，而最后则形成了锰矿。

（2）江南地盾矿产区：江南地盾是前震旦纪的产物，后来一部分为赣湘桂准地槽所穿越与盖覆，更被厚层的中生代火山沉积岩系所盖覆，因之它目前的分布是不规则的，又由于曾受到后来多次的成矿作用，它的矿化带的划分更是十分复杂。

可以确定为前震旦纪的矿化作用，首先是产在板溪系中的锑矿及含金石英矿脉以及锑、金及白钨矿共生的矿床。产在板溪系中的含锑石英脉称为板溪式，在湘东的平江，浏阳，醴陵，茶陵及资水、沅水流域的湘乡，邵阳，沅陵，辰溪，安化，益阳等处，分布甚广，这些地方都属江南地盾的范围。在浙江的开化，遂安，淳安，休宁，绩溪等县也有锑矿，这些矿点的产状虽不详悉，但其位置也是处在江南地盾之中的。在沅陵，溆浦，板溪的范围内则锑矿经常与金矿及白钨矿相共生。板溪系中的含金石英脉则分布更广。这些矿脉富于褶曲，每呈羊肠状的构造，而为震旦纪或中泥盆纪（跳马涧系）所不整覆，而在震旦纪或泥盆纪的底砾岩中并有许多含金的石英砾石，这说明至少金矿的形成是在震旦纪以前。沅水流域的白钨矿床共生矿物比较简单，没有复杂的矽卡岩或汽化矿物，如在瑶岗仙所见到的。两处情况绝然不同。因此，可以暂时断定含锑、金、白钨矿的石英矿脉也是江南地盾中的特征矿床。

在江南地盾的西部，锑矿的分布尤为集中，组成一个锑矿带。自此向西则为川湘凹陷区的汞矿带，因此，从前曾有人提出从南岭的钨锡高温矿带，经过铜矿带，铅锌矿带而至锑汞矿带，成矿温度逐渐递降，分带现象非常明显，可作为同一成矿时期即燕山期的产物。但在南岭钨锡高温带的东侧，却只有铅锌矿带而没有锑矿带，浙江的锑矿位于江南地盾中，位置不恰当。从此也可间接证明，板溪式锑矿可能是前震旦纪的产物。至于产在泥盆纪中（如中国最大的新化锡矿山锑矿）以及产在更新地层中的锑矿，则有的属于再生或次生热液矿床，有的则可能属于燕山期的矿化作用，后再详论。

在沅水流域及其他地方砂金矿中的金刚石，其来源尚未确定，初步研究可能来自梵净山的前震旦纪杂岩系，如果属实，则原生的金刚石矿床也可能是地盾中的特征矿床。

在江南地盾的北缘，如桃林关山段山有一条铅锌铜矿带，含矿石英萤石重晶石脉产板溪系中，其成矿时代至少在第三纪以前。在地盾中还有由石英斑岩风化所成的高级瓷土矿床，其成矿时代可能属燕山期。

（3）浙赣凹陷矿产区：本区构造情况与扬子凹陷大致相仿，是陆台上的一个凹陷带。在江南地盾的南缘，在震旦纪地层中有一个锰矿带，分布在乐平，湘潭，岳阳，益阳（地盾北缘）等处。锰矿，包括碳酸锰矿，俱呈层状产于冰碛层下的黑色矽质页岩中，其经过次生富集或迁积于红土层中的锰矿，品位最高。

德兴城区银山的铅银矿及其东北铜厂的斑岩铜矿，为江南地盾南缘与浙赣凹陷带相邻近的另一矿化带，与燕山期的岩浆活动有明显的成因关系。

在凹陷带本身，最为发育者为铅锌银矿床，铜铁矿较不重要，这是与扬子凹陷带不同之点。本带的铅锌银矿，从西到东有萍乡，上高（蒙山），弋阳，铅山，上饶，广丰，常山，玉山诸矿点，还有若干铜矿点，以矽卡型矿床较多，热液矿床次之。再向东北，经过衢县，开化，遂安，淳安，可与昌化，于潜及武康，余杭，富阳的多金属带相连。从建德起向东北，本带中的铜矿似渐臻重要，如武康铜官山的矽卡型铜矿，而建德铜官的铁矿以及长兴铁矿可能俱是铜或其他硫化物的铁帽。余杭闲林埠锰铁矿可能也与有色矿床有关。

另一值得主要的是昌化玉石岭的鸡血石、辰砂作星点状产于叶蜡石化和矽化的石英质岩石中，可能与其北面的花岗斑岩侵入体有成因上的关系。这个汞矿点虽无经济意义，但它与河北青龙的矿点一样，俱代表燕山期低温热液的成矿作用，而与川湘黔桂矿产省中广泛分布的汞矿，在成因上可能有基本的不同。

最近发现的与鞍山式相似的新喻铁矿则是位于凹陷带中的隆起部分，可能位于武功山的延长线上，为前震旦纪结晶基底层的组成分子。

（4）赣湘桂准地槽及华夏地盾矿产区：因二者的矿产颇难划分，所以合并论之。这是东南矿产省中一个最大的矿产区，各种金属矿床，包括最为特征的锡、钨矿床在内，最为丰富，亦最能表现出太平洋金属矿带的特征。本矿产省的范围，北界浙赣凹陷，但一部分也与江南地盾相邻，南与东俱到海，并包括海南岛及台湾，其西界尚未确定，可能在瑶山南宁一线以东，但个旧、文山的钨锡带似亦应包括在本带之内。兹自西至东分为下列各带：

1）个旧文山锡钨硫化物带：以锡为主，白钨，黑钨及铅锌硫化物次之，与燕山期花岗岩有成因上的关系。围岩主要为三叠纪石灰岩，也有石炭二叠纪及泥盆纪的石灰岩，如文山各产地。个旧为中国最大的锡矿，包括矽卡型及高中温的锡石硫化物类型，在花岗岩的边缘当然也有含锡石英脉，云英岩及伟晶岩脉等，但极不重要。锡石脉受风化后的红磃矿床产量最巨。文山有矽卡型白钨矿，也有铅，锌，银，锑等矿床。从此向南，经麻栗坡可与越南高平的钨锡带相连，更向南则可与南洋的锡矿带相连。

2）湘桂粤砂锡及锡钨硫化物带：东与湘中粤北铅锌铜锡带相接，西则以雪峰山，越城岭，桂林，瑶山一线相界，向南至广东境内，似可与陆川、博白、阳春、阳江的锡矿相连，更向南可与海南岛北部儋县那大安定的砂锡矿相连。本带以砂锡为主，脉锡为副，在若干地段则有石英黑钨矿脉以及复杂的矿化现象。

本带的最北端以隆回的锡，钨，铜，铅锌矿为代表，其中掺杂了许多硫化物，成脉状产花岗岩中。在本带的中段，从全县到富川，贺县，钟山，为中国最大的砂锡矿产地，脉锡甚少，沿姑婆山有一矽卡岩锡石带值得注意。

3）湘中粤北铅锡铜硫化物及钨锡矿带：本带为在赣湘桂准地槽中叠覆的有泥盆纪砂页岩及石炭二叠纪石灰岩的沉积凹陷带，由于有碳酸盐类岩石的存在，对造成大规模的铅锌交代矿床以及白钨矿床特为有利，而在比较刚性的泥盆纪砂页岩及石英岩中则造成了黑钨石英的脉状矿床。本带自北向南包括水口山，大义山，绿紫坳，黄沙坪，香花岭，连县，连南及阳山各矿区。随着基岩切割的深浅，围岩性质的不同，及与岩浆源距离的远近，在南北方向中形成了从高温到中低温的矿床分带现象，如中段的大义山及香花岭即代表二个高温矿化点，而南北两端则具为中低温的铅锌及黄铁矿矿床。衡阳盆地中有红层铜矿，而南面连县的第三纪红岩系中亦有铜矿，可能是喜山期岩浆活动的结果，而这种南北遥相对称的事实，值得我人予以注意。

本带的东部，在从郴县铁屎岭经金船塘，安源，瑶岗仙，宜章，曲江，亦有分带现象，并以中段的金船塘，安源，遥岗仙为高温矿点，其两端则为铅锌及锑汞的中低温矿床，这里的分带现象与其西部的分带几乎可以连接起来。

在本带中，沿着东西方向也有分带现象，如在大义山的小范围内，随着与花岗岩接触距离的不同，即有锡砷矿，砷矿，铜锌锡矿及铜铅锌矿各种不同矿带的区分。

黑钨矿石英脉及矽卡型白钨矿在瑶岗仙并产一处，前者的围岩为中泥盆纪石英岩，而后者则为同时代的石灰岩，一部分黑钨矿石英脉还延伸到侏罗纪砂岩中，确切地证明了其燕山期的成矿时代。黑钨矿石英脉与矽卡型白钨矿为同源异相矿床，附生矿物如电气石，黄玉，云英岩等有许多类似之处，只因围岩不同，遂造成了不同的矿床。从此我们可得一经验，即在一个证实的含钨区域中，必须注意其与钨矿母岩花岗岩接触的石灰岩中有无含白钨矿的矽卡岩矿床。

4）赣湘黑钨石英矿脉带：这是中国最大的黑钨矿区，包括湘东，赣南及赣东北各矿区，尤以在赣南的各矿区最为著名。现在最北的钨矿产地，东面已到达南城，宜黄，西边则到达武功山南安福的钱山、泥湖坳等处。本带的西界大致以出现石炭二叠纪的灰岩为限，至其东界则大致在福建光泽以西。此线之东只有铅锌铜矿，还没有钨矿的发现。本带向南，直延至广东沿海并向东扩大，包括潮安，揭阳，钨锡并产而以钨为主，锡则大多为砂积矿床。

在本带的东西两侧一般含锡较多，钨、锡并产，但主要还是黑钨矿，至论白钨，仅含少量。此外经常含少量的钼、铋，及铌、钽等稀有元素矿物。在本带的东界或近东界不远就陆续出现铅锌及铜矿床。

赣南各钨矿脉大多产龙山系砂岩中，少数矿脉可伸入到其上覆的上泥盆纪砂岩中。矿脉方向以东西向者为多，也有走向 NNW 或 NE，倾角一般在 70°～80°以上。单个矿脉最长可达 700～800 米，宽 3～5 米，平均（厚）60～70 公分。矿脉组的延长则可达 1,000 米。矿脉的深度一般为数百米。常多分义及尖灭现象。倾没背斜，穹窿层及不透水的千枚岩盖层对成矿起着控制作用。围岩蚀变有电气石化，云母化及矽化等。

5）闽浙粤多金属矿床带：以铅锌银为主，靠近东部铜也渐臻重要。自西往东可分为下列七个分带：①诸暨璜山锌铅带。②闽浙中部铅锌银黄铁矿石英矿脉带，主要产流纹岩中，少数产花岗岩及石英斑岩中。③闽浙沿海铜铅锌矿脉带，如定海、永嘉、宁德各矿点，是否可与台湾金瓜石相比，值得研究。④零散分布的矽卡型矿分带，如三门，临海，南平及永春，安溪各矿点，规模多狭小。⑤陆相泥盆纪范围内的铅锌矿脉带，如福建大田，南靖等矿点。在上杭的黄竹岭还有第三纪砂岩中的红层铜矿。⑥粤东北矽卡型铅锌矿带，分布在蕉岭、梅县、大浦一带，产二叠纪石灰岩中，可能有极大远景，值得注意。⑦闽粤沿海三水型铝土矿带，由第三纪玄武岩风化或再沉积所成，已在福建漳浦及金门岛发现，可能沿海俱有分布。

闽浙粤多金属矿带多成脉状矿床，一般规模不大，揆其原因主要由于缺乏容易交代的碳酸盐围岩，因之若干小型的矽卡型矿点以及粤东北蕉岭、梅县的较大矽卡型交代矿床就值得我们特别重视。不过裂隙充填的脉状矿床仍有注意价值。为此初步选出屏南古田宁德区，三门临海区及象山定海区为今后普查勘探的对象。

6）台湾矿化带：属太平洋内带，以金瓜石的铜金矿床最为特征，矿床呈脉状、层状、筒状及复合状产第三纪的安山岩中。围岩蚀变有矽化，高岭土化，明矾石化，黄铁矿化等。矿物有硫砷铜矿，黄铁矿，自然金银，白铁矿，铅锌矿等。金瓜石之西为瑞方金矿，亦产火山岩系中。台湾东部苏澳，花莲港等地，在第三纪的变质岩中有铜铅锌及锰矿。台北市淡水有含钒的磁铁矿砂矿。

7）海南岛矿化带：北部玄武岩的风化壳及再沉积的砾石层中可能产三水型铝土矿。沿花岗岩前缘，儋县，那大，安定，多砂锡矿，稍南的变质岩中则出现锡石石英脉，锡石长石石英脉及黑钨石英脉。在海南岛中西部的昌平境内有著名的石碌铁矿及铜矿，属矽卡岩型，与燕山期花岗岩有成因上的关系。在昌平，崖县，陵水，乐东等县多铅锌银矿，大都产花岗岩中，矿床情况与闽浙中部颇多相似。羊角岭的压电石英在国内当前首屈一指，产于石榴子石的矽卡岩中，为热液交代的网状脉矿矿床。

6. 川湘黔桂矿产省

本矿产省包括川湘凹陷，黔桂滇地台，四川地台及江南地盾南侧瑶山丹池区四个大地构造单元在内，矿产区亦可依此划分。各区内很少或几乎没有火成岩，而许多金属矿床都有属外生成因的可能。这些都是本矿产省的特征。

(1）川湘凹陷矿产区：本区的西界大约在石柱、南川、古蔺一线，即以白垩纪的红层盆地为界，其南界约在福泉、遵义、桐梓一带，即以广大的三叠纪盆地为界，东南为江南地盾，北为秦岭地槽。区内见不到火成岩（梵净山除外）。所有矿床几乎都是沉积成因的，自下而上为震旦纪及下寒武纪的磷矿层，上泥盆纪（宁乡式）及石炭二叠纪的铁矿层，二叠纪的锰矿层，二叠纪及侏罗纪的煤层等等。至于在寒武奥陶纪及少数震旦纪地层中分布甚广的汞矿及铜铅锌矿床，其成因固难确定，但从一般的地层环境推论，这些矿床似不可能由岩浆来源造成，它们可能是一种与深断裂有关的、由潜水带上来的侧分泌矿床，或者也可能是由已有的矿床再行溶解沉积的再生矿床。

震旦纪磷矿在灯影灰岩之下，南沱冰碛层或澄江砂岩之上，相信相当于陡山沱组。寒武纪磷矿层大致相当于石牌页岩层。以上二磷矿层俱属黑或灰黑色砂页岩沉积。由于褶皱关系含磷层重复出露，大致可分为三个层带，其走向俱为东北西南。东南带分布在施秉，镇远，玉屏，晃县，铜仁，乾城，吉首，永顺。中带分布在开阳，遵义，酉阳，秀山，宜昌以西的磷矿显亦属中带。西北带与四川地台为邻，是否含磷现尚不知。

在沉积铁矿中以上泥盆纪的宁乡式为最重要，分布在鄂西南部长阳，宜都，松滋，巴东，建始，五峰，鹤峰一带，有极大的工业价值。二叠纪锰矿在贵州遵义，团溪分布最广，该处是否还有二叠纪的磷矿层值得注意研究。

汞矿为区内最有价值的矿产。含矿层有震旦纪，寒武纪（最多，至少可分为5个或更多的层位），奥陶纪及泥盆纪四个不同层位。主要亦遵东北西南的方向分布。大致可分为二个复合矿带：①东带：从三都、丹寨向北经都匀、福泉，折向东北，经过镇远、岑巩、玉屏、晃县、松桃、江口、凤凰、乾城、保靖，再向东北可能延至大庸、慈利。②西带从开阳、息烽起，向东北经思南、务川，经过四川的酉阳、秀山而至湖北的咸丰。矿体常与短轴背斜，穹窿层，并局部与破碎带、角砾带有密切的依存关系，也受到盖层的限制。这种控制矿床的构造条件，与石油地质上的所谓圈闭颇可比拟。

在整个鄂西南地区内，以层状、脉状或囊袋状产出的铅锌铜矿床分布极广，围岩俱为下奥陶纪的宜昌石灰岩，附生矿物简单，仅有石英，方解石及少量萤石和重晶石。在铅锌矿中一般铅多于锌。在本区南段松桃、炉山境内又有一铅锌银矿区，产状与北段大致相似，围岩为寒武奥陶纪石灰岩。在本区北部南漳、巴东、利川、建始，三叠纪巴东系的石灰岩及红砂砾岩中常有红层铜矿，厚2～3米。

（2）黔滇桂地台矿产区：本区西界为二叠纪玄武岩分布区，东界河池南丹断裂带，南至越南边界。全区内很少见到火成岩，地层倾斜平缓，组成短轴褶皱，穹窿层及平缓的单斜层，为标准的地台构造。

区内矿产以汞为最重要，分布在黔西，惠水，平坝，关岭，兴仁，贞丰，册亨，以达云南的丘北，开远，建水。这个带实际上就是川湘凹陷中东汞矿带的西南延长部分，它与上述汞矿带不同之点是，含矿围岩大部分属三叠纪石灰岩，一小部如册亨，黔西，也产在二叠纪灰岩中。矿床都成细小脉状，与断裂有关。矿石成分颇为简单，与川湘凹陷区所见者相仿佛。在本带上还同时存在若干铅锌锑矿点，它们的成因与成矿时代应与汞矿大致相同。

如果认为湘黔川的原始汞矿是产在江南地盾的前震旦纪变质岩中（有许多群众报矿及古矿录可证明江南地盾中有汞），则无论产在震旦纪，寒武纪，奥陶纪以及泥盆、二叠、三叠等纪地层中的汞矿都可称为是再沉积的或再生的次生热液矿床，其成矿时代可能不止一个，在川湘凹陷区可能较早，代表加里东和华力西的时代，而黔滇桂地台区则较晚，可能属燕山期。但这里燕山期的矿化作用，与南岭，浙东及青龙者有本质上的不同，后三者俱明显地与燕山期的岩浆活动有成因上的关系，而在前者则主要系风化沉积及潜水侧分泌的结果。

本区中的石油及天然气有相当的远景，煤矿亦值得开采。新发现的建水、白显锰矿产三叠纪地层中，代表一个新的含锰层位，值得重视，并要在泸西、罗平、兴义、兴仁一带布置普查工作，以发现更多的新产地。广西右江流域田东、田阳一带第三纪红土层中有红锑矿结核，历来采炼甚多，富有工业价值，第三纪煤系中富产菱铁矿结核，可供中小型企业的采炼。

（3）江南地盾南侧瑶山丹池矿产区：这是位于江南地盾及黔滇桂地台区间的一个层位

较老（以泥盆、石炭纪的地层为主）、褶裂较著的过渡区，就构造上论，其本身也是一个地台。本区包括三个矿化带：

1）江南地盾东南缘铅锌矿化带，包括龙胜，融安，永福，临桂，桂林，兴安诸矿点。以融安泗顶厂为中心，其外围矿点就有10余处之多。围岩一般为上泥盆纪的石灰岩，少数为下泥盆纪的砂页岩，也有产在震旦纪灰岩及龙山系中者。产状为脉状、袋状及浸染状，大多数为交代矿床而为裂隙所控制。矿石为方铅矿，闪锌矿，黄铁矿及菱铁矿，常含黄铜矿。脉石为石英，方解石及重晶石。本带铅锌矿床的成因及时代迄今未明，从共生矿物的种类来判断显属超低温一类，而从其位于江南地盾的边缘，它很可能是由潜水沿断裂下浸，溶取各地层中的铅锌，再沿裂隙上升，沿着石灰岩分泌交代而成，因此，与火成岩可能没有关系。成矿时代至少在上泥盆纪以后，很可能属华力西期。

2）丹池宾阳复杂矿化带：本带为深断裂所造成的复杂矿化带，走向西北东南，构造复杂，矿种尤为繁多。北段河池南丹区为浅成中低温锡石硫化物矿床，有黄铁矿化及矽化的围岩蚀变现象，矿种繁杂，从钨、锡到锑、汞应有尽有，并有明显的垂直分带，围岩以泥盆纪的砂页岩及石灰岩为主。南段则有宾阳、高田、马岭的钨钼矿及上林、大明山一带的石英金矿脉，产前震旦纪变质岩中。本区虽有较高温的矿种，但与火成岩关系则颇不明显，花岗岩出露不多，只宾阳的昆仑关附近有较大露头。矿床成因尚待研究，很可能是与深断裂有关的再生热液矿床，它与南岭的各种矿床可能有本质上的不同，因此暂以之属于川湘黔桂矿产省内，以待他日的证明。

3）瑶山天平山隆起带两侧的铜铅锌矿化带：本带也包括南宁隆起带附近的各矿点在内，成东北西南的走向，以铅锌矿为主，铜矿亦不少。如瑶山背斜西侧有大模山及工郎铜矿，俱属含铜石英脉。在隆起带西北侧的铅锌矿有石龙、武宣、同正诸矿点，在东南侧者更多，有桂平、贵县、横县、永谆及南宁附近诸矿点。矿床情况大致相同，俱为含银方铅矿-方解石-重晶石建造，有时含铜，一般不含锌或含量很少。常成脉状。围岩以浅变质的龙山系千枚岩为最普通，如著名的天平山铅银矿即为龙山系中的脉状矿床，其次则为下泥盆纪的砂页岩，至若上泥盆纪的石灰岩反居少数。与火成岩关系不明，故本区矿床也可能是与深断裂有关的侧分泌或再生的热液作用所造成。

（4）四川地台矿产区：本区以石油、天然气、煤及石盐为最主要的矿产，在盆地中及山边，各种类型的铁矿有相当的分布，但规模都是不大的。

川东平行褶皱带，包括隆昌、自贡，为一个天然气区，已有生产。川中盆地，包括合川、岳池、蓬溪、蓬安、射洪等县，是希望最大的石油区，最近已在龙女寺及蓬溪构造勘探证明。龙门山的山前凹陷带及龙泉驿山脉对油气亦甚有望。自贡、乐山及川中蓬溪等地方又为重要盐卤区，在黑卤中含钾盐，硼、溴、碘等元素，将来可能在此发现钾盐矿床。彭山、眉山则有芒硝井。

奥陶纪沉积铁矿分布在大巴山。宁乡式铁矿分布在龙门山江油境内。石炭二叠纪铜矿溪式铁矿则集中在川东涪陵、彭水一带。侏罗纪菱铁矿则广布在川南，川东，其中綦江铁矿则为赤铁矿，可能代表侏罗纪盆地边缘的氧化矿相。

7. 康滇矿产省

成矿时代以华力西期为主，而与二叠纪玄武岩及其所衍生的许多侵入体有成因上的关系。从矿床观点讲，本区可分为内矿产带及东西两个外矿产带如下：

(1) 内矿产带：大致符合于康滇地轴的范围，北起康定、泸定，中经冕宁、越西、西昌、会理，南达易门、峨山、元江、墨江。主要为前震旦纪的变质岩层所成，其上在若干地点有古生代及中生代的盖层，并有从酸性到超基性的各种火成岩侵入体，都是二叠纪玄武岩的分异产物，因此，可以说本带是代表华力西构造带掀起较高，侵蚀较深的核心部分。

矿床有铁，铜，铅锌，镍钴，金，石棉，云母等不同的品种，大都产在前寒武纪地层中。大致言之，南段从禄劝以南到峨山，以铁为主，称为易门式铁矿，铅锌铜次之。中段会泽，巧家，会理一带，铜矿最重要，称为东川式铜矿，铁及铅锌次之。盐边攀枝花铁矿亦位此段内，惟类型不同，属岩浆分异的钒钛磁铁矿床。会理天宝山的铅锌矿为本带的典型例子。北段冕宁，越西，康定，丹巴则铅锌铜及石棉，云母俱占重要位置。此处铜矿虽非标准的东川式，但仍可称为东川式的范畴。本带的最南端石屏，元江，墨江，则铅锌矿及风化壳中的矽酸镍矿有较大的远景。在整个带中，北自天全，南达会理，与超基性岩有关的常发育了硫化镍矿床。

(2) 东部外矿产带：从内矿带以东到峨眉山玄武岩分布的范围可称为东部外矿产带，以褶皱较烈并时有逆断层的古生代及中生代地层为特征。主要矿产为铜铅锌及铁，都直接或间接与喷发相的玄武岩有成因上的关系。铜矿有产于玄武岩本身，成细脉状或杏仁状充填，为自然铜，泡沸石及绿帘石建造，经常含一定量的钴。也有产于二叠纪煤系的炭质页岩中，呈结核状，称为马豆子铜矿，或产于下三叠纪飞仙关砂页岩中的红层铜矿。马豆子铜矿分布在天全、荥经一带，可适合中小型的开发，还应注意其中有否稀有分散元素。

铅锌矿在本带中的分布虽不如铜的广泛，但其经济价值则似大为超过，如东川矿山厂铅锌矿今犹开采，有相当矿量，他如彝良长发洞，鲁甸乐马厂，平彝富乐厂及威宁、水城的架子厂、万佛厂等，在古代俱曾开采甚盛，值得注意研究。

威宁、水城、赫章等县俱有铁矿，其中如水城观音山铁矿，已经勘探证明为黄铁矿和铅锌矿的铁帽，其他铁矿尚待研究。

总之，本带的铜、铅、锌、铁诸矿化作用都与玄武岩的喷发与侵入（成为辉绿岩）有成因上的关系，是华力西期的产物。因切割较浅，喷出相的玄武岩及浅侵入相的辉绿岩俱有保存，而所见矿床亦都属中低温的类型。这是与内矿产带在地质上和矿床上主要不同之点。

(3) 西部外矿产带：在内矿产带之西同样存在一个外矿产带。东界约在元江，易门，禄丰，盐边，西界则在丽江，凤仪以东，向北面的详细分界尚未定。本区广泛分布着二叠纪玄武岩及其上的三叠纪陆相沉积，组成了滇中的红层盆地。在永胜附近铜矿分布很广，可分为玄武岩铜矿及马豆子铜矿两种，矿床情况与荥经完全相似，俱有开采价值。铅锌矿点所知不多。另一重要矿产为产在三叠纪红层中的食盐，在广通，盐兴，盐源，盐丰及南部的宁洱，镇沅，景谷一带俱有盐井采盐，应就此研究有无钾盐或其他盐类的矿床，以供开发。

8. 西北矿产省

可分为二大矿产区，东为祁连山及柴达木矿产区，西为准噶尔天山塔里木矿产区，分述如次：

(1) 东矿产区：自北而南可分为下列 9 个构造成矿带：

1）河西走廊山前凹地石油煤矿带：向东可与中卫北阿拉善地块前的盆地相连，为重要的含油区。

2）北祁连山白银厂式铜矿及多金属矿带：本带目前已知的分布，西北起自安西南的鹰嘴山、照壁山，中经脑皮沟、皂矾硐、铁匠拉排沟、柏树台子，红沟脑、天祝矾硐子、石青硐、白银厂，直至靖远河边，总长达800公里以上。今后应注意皂矾洞，靖远河边及梯子岩西铜洞壑岘诸矿点的进一步普查。小铁山应扩大勘探。本带中还有属于地槽发展早期的碧玉—锰矿及铁矿床，也应注意研究。

3）镜铁山铁矿带：镜铁山的沉积铁矿已证明有巨大的工业价值，但其时代尚未确定。本带向东可至马营河上游香台子一带，已知延长达100公里以上。

4）与超基性岩基性岩有关的铬铁矿，铜镍矿，铂矿及风化壳镍矿带：分布在祁连地轴的北缘与南缘及与加里东地槽带相接近的地方。本带又可分为南北二副带。北副带分布在大通河以北，托赖山的南麓，在民乐以南也有若干铬矿点，大多规模狭小，惟品位较高。南副带在南祁连山加里东地槽带的附近，如鱼卡，沙柳河，正在勘探中。

5）上古生代及中生代凹陷中的煤，硫黄，石膏及石油带：本带叠覆在祁连地轴之上。煤以侏罗纪的大小哇寺—木里—海德尔—柴达尔一带最为重要，分布在祁连地轴的北缘，质佳量多，有巨大工业价值。石炭二叠纪煤似不重要。本带中也有发现石油的希望。硫黄山硫黄是否与石油有关，需进一步研究。

6）祁连地轴前震旦纪中的矿床带：本带中有条带状磁铁矿及在化隆东辣水峡的变质沉积自然铜矿床与石墨矿床。砂金矿及含金石英脉普遍分布，其他矿床尚待研究。

7）南祁连山加里东地槽带中的多金属矿床带：这是祁连以南，柴达木盆地以北的另一可能的加里东地槽带。已知有锡铁山（已证明有极大工业价值）及沙柳河的铅锌矿床，应属地槽发展早期的黄铁矿型铜矿及多金属矿床带，与石青硐矿床的类型相近似，而与华牛山则在成矿时间上显有极大的区别。

8）柴达木盆地石油、煤矿及盐类矿产带：在冷湖、马海俱已钻探得油。在许多盐湖中已发现有钾盐及硼盐矿床，还可能有碱及芒硝。

9）三叠纪准地槽中的多金属矿床带：研究还很差。现知有共和东的寨门卡牙矽卡型铜矿，同仁夏卜楞的多金属脉矿床及民和南产在中生代火山岩系中的铜矿床。以上俱为燕山期的产物。兴海都兰有若干矽卡型的铜矿和铁矿，是否属燕山期应进一步研究。

（2）西矿产区：自北而南可分为下列9个构造成矿带：

1）准噶尔盆地石油天然气及煤带：在克拉玛依和乌尔禾已发现具有工业价值的油气田，储油层属侏罗纪。

2）界岭山系及温泉隆起带中的钨钼矿床带：温泉附近有黑钨矿石英脉产花岗岩及石英岩中，精河有石英辉钼矿脉产于石英岩或花岗岩中。两处俱有黄铜矿、黄铁矿及毒砂等矿物共生。成矿时代不详，可能属华力西。

3）天山山前凹地油气煤铁带：这也是一个重要油区。独山子油田早经开发，其他构造尚多，诸待勘探。此外，侏罗纪煤及菱铁矿床俱有极大价值。

4）北天山地槽中的铜铁矿床及油页岩带：包括新源、巩留及托克逊一带的铜矿、铁矿，及若干铅锌矿。矿床情况与北祁连山加里东地槽带中者多少相似，惟围岩时代都属中古生代或上古生代，成矿时期较新，可能属华力西。与山前凹地相接处广泛发育了二叠纪的油页岩，有相当的价值。

5）天山中部及南部隆起带：由前震旦纪的片麻岩与片岩所组成，惟分布狭窄，有何特殊矿床尚待研究。

6）哈密吐鲁番盆地中的油气煤铁锰带：侏罗纪中的油气及煤俱有经济价值，菱铁矿分布广，值得重视。在第三纪底部砾岩中并有锰矿结核层。

7）南天山地槽中的铜铅锌矿床带：现知矿点有乌恰色列他克石及师伽霍什布拉克的铅矿最为重要，昔日开采甚盛。他如焉耆、和硕的铜矿及铅锌矿，亦值得重视。以上矿床俱成脉状或网脉状，产片岩或千枚岩中。可能属华力西期的产物。

8）南天山山前凹地沉积铜铁矿床及盐、石油天然气带：从阿克苏到库车以东，第三纪含油构造分布甚广。在同时代的砂砾岩中则有红层铜矿，在阿克苏，温宿，拜城及库车俱有分布，从前俱经采炼。侏罗纪菱铁矿亦分布甚广。第三纪库车层的中上部有盐矿层，最厚可达 80 米，分布在库车、温宿。东至吐鲁番，西至疏附以西亦均有盐矿，并有成盐脉或盐磐的产状。

9）塔里木盆地盐、石膏及油气带：为第四纪沉积及戈壁滩沙丘等所盖覆。盐类及石膏有较大的远景。盆地中也可能有含油气构造。

9. 横断山脉矿产省

位于康滇矿产省西部外矿产带以西，包括大理，腾冲，保山，维西，德钦，昌都，玉树及双江，澜沧一带。自东至西可分为下列 3 个成矿带：

（1）燕山期砷汞矿化带：以汞矿及雄黄、雌黄最为特征。汞矿分布在维西，丽江，兰坪，云龙，漾濞各县，俱位于澜沧江东岸广泛出露的三叠纪地层内，沿层面或裂隙充填成细脉状或浸染状。矿床的控制可能与横断山脉的深大断裂有关，主要矿物为辰砂，黑辰砂，共生矿物有铅锌及辉锑矿，黝铜矿，孔雀石等，脉石为石英，方解石。凤仪（凤尾山）、蒙化在三叠纪紫红色砂页岩所夹的石英质砂岩及黑页岩中有雄黄、雌黄的细脉或囊块，最厚可达 1 米，远在明季即经开采。此外在楚雄及宁洱俱有同样矿床。本带中铅锌矿较少，以产于三叠纪砂页岩中者最多。昌都有许多铁矿点，有属矽卡型者，亦有产于变质岩中者。

（2）保山澜沧铜铅锌及汞锑矿化带：本带矿产以铜铅锌为主，尤以铅锌银矿分布最广，如斑洪（沧源县）的炉房、焦山（统名为茂隆银厂），耿马的悉宜厂，澜沧的幕乃厂，西盟厂，公鸡厂，猛福寨，均为著名老矿，昔日开采甚盛，老窿遗渣到处可见。矿床成脉状或囊袋状，以交代为主，围岩有震旦纪矽质石灰岩或石炭二叠纪石灰岩，地面铁帽甚多，可为今后找矿的重要的标志。向北至龙陵、顺宁、保山、腾冲，铅锌银矿连绵不断，组成一个约成南北向的铅锌银矿床带。本带与著名的缅甸波龙银铅锌矿相距不远，惟矿床情况大为不同，波龙厂属矽酸盐交代矿床，含有若干复杂成分的铅银矿物，我国境内是否有这类矿床，值得注意研究。本带中亦偶有锑汞矿床，当为其东面燕山期矿化作用的延续。

（3）腾冲片麻岩中金及稀有元素矿床带：本带中矿床目前所知尚不多，脉金是重要矿床之一。最近闻悉腾冲西南莲山县伟晶岩脉中产极大的绿柱石，可知本区中的稀有元素矿床可能有极大的希望。

上述三个构造成矿带中，东面的汞砷矿带无疑地应属燕山期。在此带中可能还有发现锡、钨矿的希望，因为从南洋马来、泰国及越南的锡钨矿带向北在个旧汇合，从此一支向东北延展，造成了南岭的锡、钨矿床，另一支则向西北推展，分布于剑川，维西，甚至还可北达德钦，玉树。今后应沿此带的花岗岩附近布置寻找锡、钨矿的工作，可能获得结果。保山澜沧多金属矿带成矿时代尚不能决定。

10. 康藏矿产省

本矿产省自北至南可分为三个褶皱带，即：昆仑褶皱带，主要由华力西造山运动所成；唐古拉褶皱带，主要属燕山期；而喜马拉雅褶皱带则属第三纪。

在昆仑山山前凹陷中可能有含油气的构造。昆仑山本部的矿床，所知很少，诸待调查。在唐古拉山湖区中，除盐及芒硝外，还有中国最著名的硼砂矿床，后者与第三纪的火山喷发及温泉可能有成因上的关系。在本带的南端伦坡拉，丁青及昌都以西的三个盆地中，有海相白垩纪及第三纪地层，已发现沥青及油苗多处，有相当的希望。拉萨附近属喜马拉雅褶皱带范围内，有若干矽卡型铁矿，似有价值。其他有色金属矿点尚多，俱未进行评价，详情不悉。

Ⅶ. 几种重要矿种的找矿方向

甲、黑色及其合金金属

1. 铁

中国铁矿的成因类型，经过近年来的研究，已有很大的发展，但尚有许多问题须待进一步研讨。兹就已有的基础上稍加补充，列为第三表。这个表与程裕淇所提出的成因类型表主要不同之点是加入了火山沉积矿床一个大类，而于受变质矿床中又添了几个类型。在已定的若干类型中又加了几个特殊的型式，如攀枝花式，涞源式，秦岭式等等。

表 3　中国铁矿成因类型简表

大类	类型名称	产状及型式	规模大小	分布
一、岩浆及热液矿床	（1）正岩浆矿床	与辉长岩有关的含钒钛磁铁矿，其属燕山期（?）者称为大庙式，属华力西期者称为攀枝花式	有相当规模或极大矿量，如攀枝花	满蒙地盾北缘及南缘承德、滦平、迁安，康滇地盾西侧的盐边攀枝花
	（2）伟晶岩矿床	磷灰石阳起石磁铁矿建造，称为大凹山式（燕山期）；含磁铁矿的伟晶岩脉称为绥远式（前震旦纪）	工业价值很小	扬子凹陷区中的当涂大凹山、绥远大青山及其他地盾区
	（3）接触交代矿床	含矽卡岩矿物的磁铁矿、赤铁矿称为大冶式；交代白云岩含硼镁铁矿的磁铁矿及赤铁矿称为涞源式	有较大或巨大的工业价值	大冶式分布最广，包括扬子凹陷东西两部，太行南段东坡林县、邢台，山东金岭镇、莱芜及徐州以北，闽浙粤沿海，太子河准地槽，青海湖区西南部，大巴山及西康东部。涞源式在山西、河北若干地块周围及辽南地盾区中
	（4）高温热液汽化矿床	含萤石及稀土元素称为包头式，可能属前震旦纪；电气石磁铁矿矿脉称为马鞍山式，可能属燕山期	包头式有巨大工业价值，马鞍山式价值很小	包头式在满蒙地盾白云鄂博一带，马鞍山式在大兴安岭东麓
	（5）中温及低温热液矿床	由交代或充填作用所成的赤铁矿矿床，含石英、方解石及其他脉石矿物称为南山式；由交代作用所成的菱铁矿矿床称为秦岭式	有一定或较大的工业价值	南山式分布甚广，包括扬子凹陷，山东，闽浙沿海，云南中部及其他地方。秦岭式仅见于略阳高家沟

续表

大类	类型名称	产状及型式	规模大小	分布
二、沉积矿床（外生矿床）	（1）风化残余矿床	有色金属矿床的铁帽，侵蚀面上的残余赤铁矿及褐铁矿	工业价值很小	广东大宝山，海南岛北部。分布甚广，不及备述
	（2）冷水渗滤矿床	冷水沉淀的褐铁矿	同上	同上
	（3）机械沉积矿床	近代砂积磁铁矿	价值小，可供小型经营	闽浙粤沿海，淮阳地盾的两侧，秦岭及辽南地盾
	（4）化学沉积矿床	第四纪沼铁矿，云浮式	没有价值	仅知广东云浮一处
		第三纪菱铁矿，右江式	价值小，可供小型经营	广西右江流域及其他第三纪盆地
		侏罗纪菱铁矿（威远式）及赤铁矿（綦江式）	有一定价值	威远式在四川、新疆、甘肃、黑龙江、湖北分布甚广
		二叠纪赤铁矿，涪陵式	同上	四川南部，贵州中部及北部
		石炭纪赤铁矿褐铁矿，山西式	同上	山西、河北、河南、山东、陕西、贵州及辽宁等省
		中上泥盆纪鲕状赤铁矿，宁乡式	有较大的工业价值	东南矿产省及川湘凹陷区泥盆纪海侵边缘浅海带，包括江西、湖南、四川、贵州、云南等省
		志留奥陶等纪的鲕状赤铁矿褐铁矿	价值不大	四川大巴山、龙门山一带
		下震旦纪鲕状及肾状赤铁矿，宣龙式	有巨大工业价值	河北、山西、河南等省
三、火山沉积矿床	与海底喷发有关的沉积矿床	石炭纪中的赤铁矿、镜铁矿，与碧玉共生，新源式	可能有一定价值	天山地槽北坡新源、巩留一带
		奥陶纪中的镜铁矿、赤铁矿，与碧玉共生，夹皮沟式	同上	祁连山北加里东地槽带，从白银厂到镜铁山
四、变质矿床	受变质矿床	震旦纪或震旦纪前的条纹状镜铁矿、赤铁矿、菱铁矿，桦树沟式	有巨大的工业价值	祁连地轴边缘镜铁山到马营河上游香台子一带
		昆阳系中的豆状赤铁矿，东川式	有一定的工业价值	康滇矿产省内矿产带东川附近
		五台系中条带状磁铁矿、赤铁矿，有时兼含角闪石类矿物及黑云母，鞍山式	有巨大的工业价值	辽南地盾中分布最广，其他五台地块、秦岭地盾、满蒙地盾及江南地盾、武功山一带俱有
		深变质、多变质及混合岩中的磁铁矿赤铁矿矿床，富含铁铝镁，呈凝粒状构造（马和寺沟及麻山式）；产在云母矽线石片岩中的磁铁矿及其他花岗岩中的磁铁矿体（羊鼻山式）	价值未定	北满矿产省，燕辽准地槽及山东等处

成矿时代问题最难确定，大庙式是否属燕山期，尚待进一步研究。辽宁的通化、临江有相当于宣龙式的铁矿，但也有产在前震旦纪千枚岩中或千枚岩与石灰岩间，受轻微变质的赤铁矿及磁铁矿，并含有菱铁矿，这类铁矿的层位及类型，尚待研究。云南中部易门式铁矿的成因，亦尚有研讨的必要。此外，新增的火山—沉积岩中的矿床及深变质多变质带中的矿床，其经济价值如何，亦待进一步研究确定。从表上可以看出，具有巨大或较大工业价值的铁矿计有 9 种，按其所占总储量中的比重为序，则为鞍山式，包头式，桦树沟式，攀枝花式，宣龙式，大冶式，宁乡式，南山式及大庙式。其中如鞍山式肯定应占首位，大冶，宁乡，南山，大庙各式应占较后的位置，至于包头，桦树沟，攀枝花，宣龙各式的先后程序，将来可能有所变更。

在许多地盾的结晶基底层中都已找到了鞍山式的铁矿，最近在武功山附近新喻的发现更证实了这一点，因此今后除在秦岭地盾（包括中条，崤山，熊耳，伏牛诸山，特别在滦川，鲁山，南召，舞阳，桐柏一带），山西的若干地块及山东半岛继续寻找鞍山式及其类似的铁矿外，在华夏地盾及康滇地盾的结晶基岩中注意这类铁矿的存在也是必要的。

包头式铁矿只在白云鄂博发现，今后应沿这个满蒙地轴向东西两方发展，特别是西面的祁连北山地轴一带。这是一个重要的铀矿及稀有元素矿化带，也是一个铁矿带，除包头式铁矿外，还可附带注意鞍山式铁矿。

桦树沟式铁矿的分布，目前只知从镜铁山到香台子百余公里的范围内，今后应沿祁连地轴的北缘继续寻找，并要扩展到天山的南北两侧，其中可能有较老时期所成的铁矿床。昆仑山及唐古拉山，昌都附近铁矿点甚多，类型尚多未明，可能有属于本式或其他式的铁矿床。

在康滇矿产省内矿产带及攀枝花外围继续寻找攀枝花式的铁矿是有希望的。但本类铁矿的利用，其关键问题在于如何能经济有效地把钛铁矿与磁铁矿分选开来。

宣龙式铁矿现知的分布范围，首先是集中在满蒙地盾的宣化、龙关、赤城一带，在此地区内，凡前震旦纪片麻岩、片岩与震旦纪石英岩接触的地方都要仔细搜寻，如为黄土所掩盖，还须进行浅井或浅钻的工作，可能会发现新产地。这个铁矿带向西南延展至怀来、涿鹿、静乐（西马坊）、井陉一带，再向西南因为新地层的盖覆，相似的铁矿层见于河南伊阳的云梦山与芦氏的三角城，惟层厚及品位似俱逐渐减低。伊阳、芦氏代表秦岭地盾上的一个凹陷带，不但有铁还有磷矿，故沿此带向东西发展，西经洛南、临潼，以达宝鸡，甚至北向银川，东至怀远、凤台，均有发现本式铁矿的希望。秦岭地盾以南是否尚有本式铁矿值得进一步研究。作者初步认为，本式铁矿不再向南延展，均县方山的铁矿大概不是宣龙式。贺兰山中已发现宣龙式铁矿，还有磷矿，证明它与芦氏、洛南的凹陷带可能是相连的。

目前所知，大冶式铁矿大多与燕山期的岩浆活动有关，而位于凹陷带或准地槽中，如扬子凹陷的东西两部分、燕辽准地槽、青海湖准地槽、浙赣凹陷及闽粤沿海的准地槽及海南岛一带。西藏区昌都及拉萨附近有许多铁矿亦都属大治式。在地台上本式铁矿亦多分布，如太行山南段东麓林县、邢台，晋南汾河地堑及山东金岭镇、莱芜一带都是本式铁矿丛集的地方，就此布置找矿必能发现新产地。西康东部的若干矽卡型铁矿可能属华力西期。

宁乡式铁矿主要分布在江南古陆周围中上泥盆纪海侵边缘的浅海带中，如古陆的南缘有湘赣边区宁乡、茶陵、攸县、永新、萍乡各铁矿，北缘有湖北西南部宜都、长阳、建始、巴东各铁矿，西南缘则有都匀、丹寨、三都各铁矿。云南北部、陕西南部及四川西北部江油、荥经一带也有若干宁乡式铁矿，可能由于隆起较少，铁质来源受到限制，都不能成为大矿。研究中上泥盆纪地层的沉积型相是一个重要找矿标志，最好能把古海岸线推断出来。在巨厚石灰岩（较深水相）与陆相泥盆纪的中间地带，是寻找宁乡式铁矿最有希望的地区。

南山式铁矿在扬子凹陷的东部分布最广，其他地区如秦岭、云南中部、闽浙粤沿海都有。大概在大冶式铁矿分布的地区都有本式铁矿存在的可能。

大庙式铁矿所占储量的比重最小，但因兼含钒、钛，有重视价值，目前分布都在燕辽准地槽的北缘，就此地区进一步普查，有发现新产地的希望。在辽东海湾对岸太子河准地槽中似尚未有这类铁矿的报道。

在铁矿分布较少的地区，或为中小型矿厂的炼铁原料，则对次要的工业类型，如威远式的菱铁矿，涪陵式、山西式的赤铁矿、褐铁矿，甚至砂积铁矿床，都应注意搜寻。在国外具有巨大工业价值的风化残余矿床，在我国迄今尚未发现，今后应注意研究，在若干地盾区的古风化面上可能有这类铁矿的存在。

大别山有磁铁矿（大牛山，河南桑梓，金×，湖北罗田交界处）。

2. 锰

根据目前所获得的资料，中国锰矿可分为下列四个成因类型，即：风化残积及锰帽矿床，海相和湖沼相沉积矿床，火山沉积矿床及热液矿床。至于在印度等国家组成重要工业类型的变质矿床，在中国尚少发现。兹将各类的特性，副类及分布情况列为第四表。

表 4 中国锰矿的成因类型表

类型名称	产状	规模大小	分布
风化残积或再沉积矿床	氧化锰矿成块砾状，不规则层状或囊状，产红土中或与其他松碎岩石相杂，属第四纪，少数可能属第三纪	有相当大的工业价值	广西桂平木圭，沿浔江盆地及柳江、来宾、宜山的二叠纪褶皱盆地中都有分布
有色金属的锰帽	经过氧化而成，形状不规则	价值不大	在许多有色金属矿区中常有分布
沉积矿床	第三纪，常成结核状	价值不大	新疆鄯善，山东徂阳，甘肃临夏
	三叠纪下部的氧化锰矿层	可能有较大的工业价值	云南建水白显及贵州兴义赵家沟
	石炭二叠纪海相矿床，遵义有碳酸锰矿	有较大的工业价值	贵州遵义，沿娄山关隆起的南侧分布。常宁、耒阳、舂水两岸，广西来宾（凤凰）、柳江（思荣及四方塘）、宜山
	上泥盆纪海相沉积，主要为氧化锰矿	同上	广西桂平（木圭）、石龙（三里圩）
	震旦纪海相沉积（氧化锰及碳酸锰俱有），呈鲕状及豆状结构	有较大的工业价值	从蓟县到瓦房子（中震旦纪及上震旦纪）。静乐、叶县、伊阳，江南古陆周围湘潭、乐平（下震旦纪）
火山沉积矿床	成透镜状，产于奥陶纪火山岩系的底部，与矽石层相共生，属地槽早期发展的矿床	可能有一定的价值	祁连山北加里东地槽带，白银厂、石青洞一带

续表

类型名称	产状	规模大小	分布
热液矿床	产震旦纪或前震旦纪矽质石灰岩中，有火成岩侵入，矿床成脉状或囊状。除氧化锰矿外有菱锰矿与蔷薇辉石	可能有一些价值	河北昌平西湖村，涿鹿胥家窑相广村，宣化民信村
变质矿床	呈透镜状的细脉群，产前震旦纪结晶片岩中，与磷矿有共生关系	价值不大	湖北孝感四方山、江苏东海锦屏山

从表上可以看出，中国最重要的锰矿为震旦纪、泥盆纪、石炭二叠纪的沉积矿床，及其风化残积的次生矿床，应为今后普查勘探的主要对象。在云南建水新发现的三叠纪锰矿层有极大意义，亦应进一步普查。其他如热液矿床，火山沉积矿床及有色金属的锰帽等，规模不会很大，仅须适当地加以注意（有小型工业价值）。

震旦纪沉积锰矿床可分为四个主要层位：①下震旦纪底部位于冰碛层下的锰矿层，以江南地盾南北两缘的湘潭、乐平及岳阳等锰矿为代表，可称为湘潭式。②位于中震旦纪高于庄石灰岩以下的锰矿层，蓟县各锰矿属之，可称为蓟县式，大福坪层（涟源式），冰碛层上。③位于上震旦纪铁岭灰岩之下，大致相当于洪水庄页岩的铁锰矿层位，分布于庞家堡东明陵以北一带，称为泗海式。④位于景儿峪灰岩之下，大致相当于下马岭页岩（上震旦纪最上部）的层位，分布于朝阳瓦房子一带，可称为瓦房子式。广东防城大直及黄屋屯的锰矿，有谓为前震旦纪者，亦有谓为下震旦纪者，层位虽未确定，但决不是中上震旦纪的层位则可以肯定。因此我们可得出下列一个规律，即震旦纪锰矿的沉积，在华南开始较早，属下震旦纪，在华北蓟县、庞家堡，属中上震旦纪，而在瓦房子则属上震旦纪，似乎愈向北、向东，锰矿层位有逐渐上移的趋势。在瓦房子及湘潭，除原生氧化锰外还发现了碳酸锰矿层。

在江南古陆周围目前已知有益阳、岳阳、湘潭、萍乡及乐平几个下震旦纪锰矿的矿点，今后在此范围内进行普查，必可发现更多的产地似无疑问。

在华北，中上震旦纪的锰矿层是沿着燕辽准地槽分布的，从瓦房子到蓟县庞家堡间，矿点连续不断。自此向南只在山西的静乐（滹沱纪的锰矿）又复出现。相信在太行山东麓震旦纪地层出露之处还有发现锰矿的希望。此外在秦岭地盾凹陷带的东延部分叶县伊阳附近亦有锰矿，可见锰矿的分布与宣龙式铁矿的分布颇为相似，南为秦岭的凹陷带所限，过此只有华南式的下震旦纪的锰矿层而没有华北式的中上震旦纪的锰矿层了。因此我们要沿这个凹陷带，西向洛南、宝鸡，东向淮南一带，寻找更多的中上震旦纪锰矿产地。

广西西北部的二叠、石炭、泥盆等纪盆地是一个重要的含锰盆地，已知有桂平木圭及石龙三里圩的上泥盆纪（榴江系）锰矿层及来宾、凤凰、柳江、思荣等处的上二叠纪锰矿层（合山层），这些原生锰矿层有时层薄质劣，且褶皱断裂，构造非常复杂，不易开采。最重要的锰矿俱为产在红土中的风化残积或再沉积矿床，品位既高，矿床亦较集中，惟延深不大是其缺点。今后找矿应就原生锰矿层分布之地，在地形上成为一广大盆地并有红土堆积者，则最利于风化残积矿床的生成，如屏南、江口、桂平、贵县，沿浔江流域的第四纪沉积盆地，即可能为上泥盆纪锰矿残积富集的地区，而柳州、来宾、宜山一带有上二叠纪盖覆的向斜盆地应为寻找二叠纪残积矿床的有利地区。

贵州遵义团溪一带位于乐平煤系下的原生氧化锰和碳酸锰矿层具有极大的远景。锰矿的生成似与奥陶二叠纪间许多地层的缺失，即代表黔北的娄山关隆起有成因上的关系，因此锰矿的分布趋向可能是沿着这个隆起的南缘，从团溪向金沙、狗场一带延展。在常宁、耒阳，舂水两岸已发现许多二叠纪的锰矿层（位于斗岭煤系之下）及在红土中的次生残积层，这里亦以次生锰矿为重要。今后在整个湘中粤北带中普查石炭二叠纪的锰矿相信会有很多的收获。

应在康滇地轴的东侧，从建水向开远、罗平、师宗一带进行普查，以便发现更多的三叠纪的锰矿层。

湖北孝感四方山锰矿可能代表一种变质矿床。它与东海式的磷矿可能有密切的共生关系。

3. 铬

所有铬铁矿，几乎没有例外都产在超基性岩中，而属岩浆分异矿床。就其与矽酸盐矿物结晶先后的关系，又可分为晚期的与早期的二种。一般讲，晚期岩浆分异矿床，品位较好，矿体界线分明，富集程度亦较高。

中国已知铬铁矿的分布可大致分为四个区域：

（1）满蒙地槽带：从内蒙的二连、锡林格勒盟起，向东经吉林的大黑山、桦甸、磐石三角地带而至延吉的汪清、开山屯一带。此外在小兴安岭及完达山脉也发现超基性岩。这是沿着华力西满蒙地槽带所分布的矿床。由于褶皱关系，现在分为三条不相连续的带，其中锡林格勒盟带延长最远，品位亦高，铬铁比值一般在2.1%～2.3%间，少数可超出2.3%以上。已勘探得一定数量的矿量，其余大黑山及开山屯二带矿体俱小，价值不大。二连以西以达居延海及更西一带是否还有超基性岩及铬铁矿值得注意研究❶。

（2）祁连山加里东地槽带：分为南北二带。北带已知铬铁矿点分布在民乐南的三岔，酒泉南的蒲士滩❷（北分带）及珠龙关、野牛沟一带（南分带）。南带则在柴达木盆地北缘的鱼卡及沙柳河等处。本区铬铁矿系代表加里东地槽发展初期的矿化作用，品位相当好，铬铁比值可到2.3%以上，但矿体极小，分布零星，为最大缺点。

（3）宁夏小松山铬铁矿：位于贺兰山变质岩区的西南缘，属地台型，超基性岩的侵入时代未确定，可能属燕山期，矿石品位不高，经过勘探业已放弃。

（4）河北高寺台铬铁矿：位于满蒙地盾区中，矿体更小，已肯定没有价值。成矿时代可能也属燕山期。

从上所述可知，属燕山期地台型的铬铁矿，它们的价值，大多数已被否定了，以后应在两个地槽区中布置进一步的找矿工作。首先应在锡林格勒盟已知矿点的周围，确定超基性岩的产状（岩盆状或不同侵入体）及矿体的形态来推测并勘探深部矿体，其次应向东西两方发展。超基性岩向西南延伸已到达二连附近，而铬铁矿则已在白云鄂博东北发现。现知此段超基性岩的已知长度已达2,000❸公里以上。另一方面应向东及东南至林西间进行普查。这是中国最大的超基性岩分布地区，相信一定能够发现有巨大工业价值的铬铁

❶ 打字稿在此处删去了“值得注意研究”几字，改为“已证实有”。

❷ 打字稿删去“酒泉南的蒲士滩”几字，改为“是Ni矿”。

❸ 打字稿改为1,600公里。

矿床。

此外，在北满东部山区的吉林磐石、蛟河及和龙、汪清、珲春一带，就华力西地槽的发展地区内寻找超基性岩及与之有关的铬铁矿床，也是值得进行的有意义的工作。最近在小兴安岭鹤岗及完达山脉中超基性岩的发现，已开其端，应进一步寻找有无铬铁矿。

随着祁连山区域地质测量的进展，如有超基性岩及铬铁矿体，一定会被发现的。鉴于以往所得结果，相信这个区域的矿床可能过于分散狭小，惟品位较高，足以补锡林格勒盟的不足。而南带鱼卡、沙柳河各产地，其情况可能较北带为优，应着重进行普查与勘探。此外，在天山地槽及昆仑地槽中寻找铬铁矿床也是有希望的。西藏的日喀则和昌都地区都已分别发现了大片超基性岩体，其中是否有铬铁矿床，值得进一步研究。

4. 镍、钴

在内生条件下，镍与钴的地球化学特性很多相似，因此两者常相共生。在超基性岩及岩浆硫化物矿床中，镍比钴为多，而在中低温热液矿床中则钴比镍较易集中。在外生条件下，镍与钴各有其独立的游离方式，如当超基性岩风化时，镍在风化壳中成为含水矽酸镍矿床，而钴则单独分出，与锰成为胶状体的结核。因此，镍钴矿床的工业类型可分为下述三种：

（1）岩浆分异至高温热液矿床，产于辉长岩、苏长岩等基性侵入岩中，成脉状或浸染状，矿石主要为磁黄铁矿，镍黄铁矿和黄铜矿。中国已知产地有：

①康滇地轴的内带，北自天全的大川场，南达会理的青矿山、力马河、小官河，俱有磁黄铁矿及镍黄铁矿，成矿脉状或浸染状产于基性岩中。最近发现的墨江矽酸镍矿系位于本带的南端，是否有原生硫化镍矿尚不知。在本带中的铜铅锌矿床中，如东川铜矿，会理一碗水铅锌矿中俱已证明含镍（可能还有钴），在外带的铅矿中有时亦含镍，如会泽红河铅矿。可知镍、钴是康滇矿产省矿床中的特征元素；

②祁连山及北山一带，如酒泉西南的蒲士滩，北大河上游的珠龙关，甘州河上游的野牛沟及永安城西大梁一带俱有铜镍矿床，与加里东或华力西早期的基性岩有成因上的关系。北山的辉铜山亦有铜镍矿，但其成矿时代可能较晚；

③南秦岭安康、略阳及商南等地俱有基性岩侵入，其中发育了铜镍矿床，经最近勘探证明有工业价值。惟成矿时代迄今未明，一部分有属燕山期的可能；

④甘肃阿拉善旗小松山有铜镍矿，似属燕山期，价值不大；

⑤燕辽准地槽及辽南地盾中镍矿点甚多，俱属铜镍矿床，产片岩、片麻岩或角闪闪长岩中；

⑥山东历城桃科及泰安茅茨舍，有磁黄铁矿、黄铜矿、镍黄铁矿，产辉长岩及片麻岩中。

以上祁连山及北山镍矿的成矿期属加里东期或早期华力西期，康滇内带镍矿则属华力西期，其他各地带的镍矿可能俱属燕山期。

（2）中低温热液矿床，呈脉状，为钴、镍、铋、银、铀五种元素共生的矿床，其中钴常多于镍，铋与银常以自然元素状态出现，此外又常含铜。中国这种矿床尚未发现。

（3）风化沉积矿床：当含有镍、钴的基性岩或原生矿床风化时，在风化壳的中下部常形成矽酸镍矿床，钴则成土状钴矿与锰矿一起集中在风化壳的上部。会理小官河超基性岩风化后造成绿高岭石带，中含矽酸镍，但品位不高。最重要的矽酸镍矿床，近在墨江、元江一带发现，分布广泛，品位甚高，有极大的远景。相信该区亚热带的气候条件，对矽酸镍矿的生成有重大的影响。锡林格勒盟的超基性岩亦发育了风化壳，但其中含镍不高。

浙闽赣及云南、贵州许多地方的红土中都有钴土结核，其中常含锰及少量的镍，已往开采甚盛。产生钴土的原生母岩在闽浙赣可能为中生代火山岩系或第三纪玄武岩，尚属未定，而云贵钴矿则均从二叠纪峨眉山玄武岩中经风化作用所产生。

据目前所得资料判断，康滇内带的北端及南秦岭地槽带是寻找原生硫化镍矿最有希望的地区。祁连山及燕辽地槽对硫化镍矿的产生亦尚有利，当予以适当的注意。康滇地轴的南端则因气候关系，对发育矽酸镍矿床最为有望，应扩大普查范围，必能发现更多的新产地。

对于闽浙云贵一带广泛分布的钴土矿床应择要予以勘探，并可适用小型矿厂的方法边采边探。

世界上的钴产量有一部分是从有色金属矿的副产品中获得的，如南非、罗得西亚的铜矿及缅甸波龙厂的铅银矿中都有一定产量的钴。我国大冶铁矿及铜官山铜矿中俱证明含钴。东川铜矿及其附近的铅锌矿俱含镍，而中条山铜矿中的钴含量可能有重要的意义，因此在寻找在中国尚未发现的中低温热液镍钴脉状矿床的同时，注意研究铁及有色金属矿床中的镍、钴含量及矿物成分，以供他日回收副产品时的参考，应是一种极需进行的工作。

5. 钒、钛

钒、钛的矿床情形，并不相似，但在某些类型中则二者常相共生，而这种矿床在中国目前所知似最为普通，即含钒、钛的磁铁矿矿床。

钛矿床的主要工业类型有三：

（1）砂积矿床，有海滨砂矿，冲积坡积砂矿等，有的以钛铁矿为主，有的则含金红石。这种类型的金属储量可达数千万吨，并且开采非常容易，是有巨大工业意义的矿床。在中国目前已知的分布可分为7区：①黑龙江、嫩江沿岸瑷珲、漠河一带，与砂金共生；②松花江沿岸依兰黑背及穆棱等地方，以钛铁矿为主，亦含少量金红石；③辽东半岛沿海岸分布于盖平、熊岳城、金县、普兰店、上江家屯一带，除钛铁矿外，还有锆英石及其他重矿物；④广西富贺钟、恭城及湖南江华的砂锡矿中一般均含钛铁矿，锆英石及独居石，据云有些地方（江华麻江源，广西恭城）含有金红石，值得进一步研究；⑤广东沿海海陆丰及海南岛东部，于砂锡或砂金矿层中，常有钛铁矿、独居石及锆英石，有无金红石尚不明了；⑥青岛沿海砂中含钛铁矿；⑦台湾台北市淡水砂铁矿中含有钛铁矿及独居石。

（2）伟晶岩及石英脉矿床：在辽南地盾海城、凤城及辽东海湾西岸的绥中等地俱有含钛铁矿、榍石、金红石及其他稀有元素的伟晶岩及石英脉矿床，盖平、金县一带的砂积矿床大概俱由这类矿床风化沉积而成。内蒙大青山脉固阳、集宁、丰镇、武川、苏尼特右旗一带，于片麻岩、片岩内的伟晶岩脉及石英脉中亦常有钒钛铁矿、金红石、绿柱石等矿物，另含稀有元素、放射性元素及云母等，其情况与辽南地盾相似。

（3）基性和超基性侵入岩中致密状或浸染状的钒钛磁铁矿，成脉状、透镜状或不规则块状。显属岩浆分异矿床。这种矿床在中国最为重要，如四川盐边攀枝花，储量可达数亿吨，为华力西期的成矿作用所成。满蒙地盾区承德、滦平一带的钒钛磁铁矿分布亦广，产状相似，惟成矿时期可能属燕山期。同样矿床又见于河北的迁安，而在其南的平原中（昌平至山海关一带）又造成含钒钛的砂铁矿层。

除上述产于基性岩及伟晶岩中与钛共生的含钒矿床外，尚有武川炭窑沟的黑色含钒页岩，位于震旦纪石英岩及砂质石灰岩之下，太古代片麻岩之上，含有锰、铁、钛、镍、钒、铜等元素。这种沉积型的钒矿可能有重大工业意义，值得进一步研究。此外为世界上独一无二的最重要工业类型的秘鲁明纳斯拉格尔式的绿硫钒矿（Patronite）矿床及产在多金属氧化带内的钒铅锌矿（Descloisite）矿床，在中国尚未发现（这一矿物最近在河北某地发现）。

中国含钒钛磁铁矿的矿量虽非常庞大，但因许多矿床（如攀枝花）中的选矿问题尚未解决，故目前尚难利用。今后对钛来说，应着重寻找金红石及钛铁矿的砂积矿床，以及含钛铁矿及金红石的伟晶岩脉矿床，因此辽南地盾、大青山、北满的若干结晶基底层出露地区以及华南砂锡矿区俱应进行普查，以寻找新产地并作出可靠的评价。此外，铝土矿中的钛及若干多金属矿床都应随时主要分析钒、钛的含量，以供综合利用的参考。应对中国的砂积矿床进行一个全面系统的研究，从此可发现有价值的钛铁矿或金红石砂矿，同时还可根据砂矿中元素的分布来追踪原生的钒钛矿或其他稀有元素矿床。应在北山地轴、大青山及满蒙地盾的中新生代红层中寻找科罗拉多式的钒矿或其他稀有元素矿床。

6. 钨

钨矿的矿床情况与锡矿颇多相似，亦以高温热液及矽卡型矿床为重要的工业类型。砂钨矿床亦颇发育，但不如砂锡矿的广泛。矽卡型钨矿俱为白钨矿，其含矿母岩及矿液性质与高温热液的黑钨石英矿脉无大区别，关键问题在于碳酸盐围岩的存在，就促使发生交代作用，而造成白钨矿床。另一类型的白钨矿床则成矿脉状产于前震旦纪的板溪系中，与锑、金、石英共生，属低温至中温的热液矿床。兹将中国钨矿的成因类型列为表5。

表5 中国钨矿成因类型表

类型名称	产状	围岩	规模大小	分布
砂钨矿床	有冲积与静积两种		规模一般不大	在各钨矿区俱有分布
低温至中温热液矿床	成脉状或其他不规则状，在湘西只有白钨矿，与锑、金、石英共生，成矿时期可能属前震旦纪。在河池、南丹则黑白钨矿共生，另有锡、锑、汞等矿物。成矿时期不详	前震旦纪板溪千枚岩（板溪式），泥盆纪砂页岩及板岩（河池南丹式）	有一定的工业价值	湘西沅陵、益阳、桃源、安化；广西河池、南丹
高温热液石英黑钨矿矿床	成脉状产变质岩或花岗岩中，以黑钨矿为主，经常含少量的白钨矿、辉钼矿、辉铋矿，还有磁黄铁矿、黄铁矿及铜铅锌的硫化物，脉石有石英、云母、长石、电气石、绿柱石等	主要产在花岗岩或龙山系的硬砂岩中，一部分亦穿插到其上覆的泥盆纪或侏罗纪砂页岩中	有巨大的工业价值	湘桂粤锡钨带中若干地段，赣湘钨锡带，广东沿海及海南岛，冀东密云，蓟县，抚宁，新疆温泉
矽卡型白钨矿矿床	产于花岗岩与石灰岩之接触带，有矽卡型及高温热液矿物	泥盆纪或石炭纪石灰岩	同上	资兴瑶岗仙，云南文山老君山。冀东、冀北可能有这种矿床
伟晶花岗岩矿床	产于伟晶岩脉中，有石英、长石、云母及绿柱石，钨矿主要为黑钨矿	变质岩或花岗岩	钨的价值不大。铍、铌、钽等有较大价值	新疆阿尔泰、富蕴，赣南少数地区

在华南，钨矿的分布与锡矿颇多相似，亦多集中在赣湘桂准地槽及华夏地盾的矿产区中。在从西到东的各个矿产带中，几乎都有钨矿，但似乎在西部，如个旧，则以锡为主，钨为副，在东部，如赣南、湘东、粤北，则以钨为主，锡为副。在此两带之中则钨锡杂出，随地而异。钨矿的分布还超出准地槽范围而达到其北面的江南古陆区中，这就是在湘西沅陵、益阳、桃源、安化一带分布甚广的锑金白钨矿床，可能成于震旦纪以前，其理由已述于前，兹不赘述。

在华北已知有四个钨矿区，从西至东为：①新疆伊宁区的温泉，为高温热液的黑钨石英矿脉；②阿尔泰山的富蕴钨矿，产于伟晶岩中，与绿柱石等共生；③河北东部迁安、蓟县、密云、抚宁一带，为黑钨石英矿脉型，但共生矿物的种类似不如华南的繁杂。含矿围岩为花岗岩、片麻岩及结晶片岩；④辽南地盾区岫岩、凤城、海城等地有石英黑钨矿脉产花岗岩中。在这些地区中还没有找到过锡石。

从上述可知，钨矿的分布虽大致与锡矿相似，但其广泛程度则尤过之。在锡矿节中所述的若干找矿方向，如横断山脉带，大兴安岭东部带，北满东部山区带等，亦都可作为今后进一步普查钨矿的地段。此外下列各点值得注意。

1）冀东区及辽南地盾区内的黑钨石英矿脉分布既广，品位亦不低，似已足够成为一个钨矿区，因此有进一步加以研究并择要勘探的必要。

2）一个钨矿区的建立，说明其地的花岗岩岩浆中必含有较为丰富的钨元素，如果这种岩浆与容易起交代作用的石灰岩相接触，就有造成矽卡型白钨矿床的希望。因此，在一个已发现较多的黑钨矿石英矿脉地区内进行普查时，必须同时注意搜寻矽卡型的白钨矿。应选择有石灰岩与花岗岩接触的地方用荧光灯仔细搜查研究，或可发现白钨矿。作者初步指出，在密云、蓟县、兴隆、迁安等地震旦纪石灰岩与花岗岩接触之处都值得一试。

3）湘东、赣南为中国最大的钨矿区，现在最北的钨矿产地，东面已到南城、宜黄，西面则到达武功山，西界大致以出现石炭二叠纪灰岩为限，东界则在福建光泽以西。对于这个钨矿区的准确界限，除由发现更多的矿点来决定外，还可以从测定花岗岩及围岩中的钨的背景值来予以划分。相信在这个世界闻名的钨矿区内，其钨的背景值一定要比其他地区高得多。

4）赣湘钨锡区内钨锡的分布规律极须研究决定，据初步观察，锡似更多地出现在本区的边缘地带，它在水平方向和垂直方向上是否有一定的带状分布是一值得研究的问题。

7. 钼

据最近研究，钼矿床的成因类型是很多的，大致可分为下列各种❶：①辉钼矿成星散状产于花岗岩中，几乎不具工业价值。山东泰山、东北的宽甸及察哈尔等地花岗岩中曾找到星点状辉钼矿，应属本类。②高温热液细脉浸染矿床，辉钼矿成细小鳞片与石英共生，成细脉浸染状充填于花岗岩中。花岗岩破裂与蚀变愈强，则矿床的价值也愈大。这是钼矿床中最重要的工业类型，一般称为 Climax 型。我国陕西华县的金堆城、吉林永吉的大黑山前撮落及和龙石人沟俱属此类。③伟晶岩型脉状矿床，辉钼矿成大鳞片与绿柱石共生，工业价值不大。辽宁岫岩大房身、广西钟山黄羌坪均有含钼的伟晶岩脉。江西南部一部分的钼矿可能属此，价值俱不大。④热液石英辉钼矿脉，围岩有受蚀变与不受蚀变的两种，

❶ 根据苏联专家赫鲁晓夫报告中的分类。中国例子俱是作者加的。

前者的工业价值较大。福建的宁德、永泰，浙江的青田、永嘉以及广东的海澄诸钼矿俱属此类，为单纯的辉钼矿石英矿脉。至于围岩有否明显的蚀变现象，从前调查者未加注意。赣南、粤北、湘东及广西诸钼矿虽也属石英辉钼矿类型，但因含钨、锡、铋元素及许多其他矿物，故与闽浙的单纯石英脉有显著的不同。新疆精河的石英辉钼矿脉则有黄铜矿、磁黄铁矿及毒砂共生，且附近不远就有黑钨矿石英脉矿，故亦应与赣南者同属一类。东北通化、临江、东宁各矿中亦多石英辉钼矿脉。⑤矽卡型接触变质矿床，呈脉状或不规则状产于花岗岩与石灰岩的接触带，为钼矿床中第二重要的工业类型。锦西杨家杖子，本溪马路沟俱属此类，在扬子江中下游安广、句容及江西上高有属于本类型的零星矿点，价值不详。⑥与铀矿共生的中低温铀钼矿床，在中国尚未有报道。⑦氧化带中的彩钼铅矿，美国及南斯拉夫均已开采。我国安西华牛山有彩钼铅矿，值得注意研究其利用的可能性。⑧产于煤层、炭质页岩中的钼以及兰钼矿床，矿量极大，但品位甚低，目前尚难利用，如与铀钒矿共生时，则经济意义增大。中国对这种矿床尚未开始研究。

就目前所知地理上的分布，中国钼矿可分为下列几个区域，如表 6 所示：

表 6　中国钼矿分区表

区域名称	包括矿点	矿床类型	大地构造单元
东北区	锦西杨家杖子，本溪马路沟	矽卡型	除大黑山属内蒙地槽带外，余均属燕辽准地槽带
	永吉大黑山，和龙石人沟	细脉浸染型	
	岫岩大房身	伟晶岩型	
	通化、临江、海城、东宁各地	石英辉钼矿脉型	
中部区	陕西华县金堆城	细脉浸染型	秦岭地盾中的凹陷带
扬子中下游区	江苏句容、怀宁蟹子岗、上高蒙山	接触变质型	扬子凹陷带
南岭区	赣南大余、龙南、虔南 湖南桂东清峒、汝城白云仙 广东翁源、乐昌，广西贺县、宾阳	含钨、锡、铋的石英辉钼矿脉型	赣湘桂准地槽
浙粤闽沿海区	青田（石平川、黄洋村），永嘉（石染鱼坑、西南镇、铁坑），宁德（桃杭山、赤田洋），永泰（犁壁焦坑），华安仙都，海澄鱼坑	单纯的石英辉钼矿脉型	华夏地盾，为中生代火山沉积岩所覆盖
新疆伊宁区	精河巴鲁图沟，那路沟	可能属含复杂矿物的石英辉钼矿脉型	北天山地槽

中国钼矿的成矿时代，可能俱属燕山期。大黑山钼矿虽位于华力西地槽中，但花岗岩的侵入时代却应属燕山期。几乎所有钼矿似俱分布在准地槽或沉积凹陷带中。

在前清光绪末年，福建钼矿即经发现。直至抗战前，我国一向以石英辉钼矿脉为主要的找矿对象，南岭钨矿区中的辉钼矿则作为不重要的副产品。抗战时期日本人在锦西杨家杖子探明了矽卡型的钼矿，于是主要对象就改为矽卡型，而自最近地质部在大黑山、金堆城相继发现了巨大的细脉浸染型钼矿后，于是乃知世界上最重要的钼矿工业类型在中国也有极大的远景，目前已可初步断定，中国钼矿的储量占世界第一位。

今后找矿方向应继续沿秦岭地盾的花岗岩侵入体及满蒙华力西地槽中寻找细脉浸染型的钼矿，而在燕辽准地槽、扬子凹陷及浙赣凹陷带中寻找更多的矽卡型钼矿。应对浙闽粤及新疆的许多辉钼矿石英矿脉，研究其围岩的蚀变情况，及其与伟晶岩的关系，确定其类型，并作出评价，如证明其工业价值不大，则以后对这种矿床就可不多考虑。在横断山脉带中寻找锡钨高温矿床的同时，亦可注意寻找钼矿矿床。

乙、有色金属

1. 铜

作者于 1956 年曾提出一个中国铜矿成因类型的分类（地质论评第 17 卷 1 期），兹略加修改、简化，列为表 7。现在可以看出，产在变质岩中的化隆式和中条山式铜矿，其成矿时期俱可能为前震旦纪。产在火山岩及火山沉积岩中的铜矿可分为数个时期，如白银厂属加里东地槽初期发展的产物，天山新源及峨眉山玄武岩中铜矿则属华力西期，牛山铜矿则属燕山期，而东川式、越西式、力马河式各铜矿也都是华力西期成矿作用的结果。其他如桃科式、铜官山式（矽卡岩矿床）、大义山式、斑岩铜矿（德兴式），其成矿时期大致俱属燕山期，金瓜石式则无疑地是第三纪岩浆活动的产物。沉积铜矿可分为震旦纪（石门式），二叠纪（马豆子式），三叠纪（德卓式），白垩纪（鹿厂式）及第三纪（库车式），其中马豆子式及永胜的所谓三叠纪铜矿俱属黑页岩中的铜矿，而其他各式则俱为红层铜矿。至于在川湘凹陷北部（湖北西南部及湖南西北部）及南秦岭（湖北西北部）广泛分布的、主要产在奥陶纪石灰岩，一小部分也产在震旦纪灰岩中的细脉状及似层状铜矿，其成因颇难确定，很可能也是沉积生成但曾经过潜水作用的迁流与再沉积，而为沉积铜矿中的石灰岩相矿床。

从表上可以看出，目前已确定具有重大或较大工业价值的铜矿床计有东川式，中条山式，德兴式，白银厂式，彭县式，金瓜石式，铜官山式，招远式及力马河式的九种。最值得研究以便确定其工业价值者当为沉积岩中的铜矿，其中如黑页岩相的马豆子矿床已肯定具有中小型开采的价值，并还可有发现许多稀有元素的希望。三叠纪、白垩纪及第三纪的红层铜矿在全国各地分布甚广，其中有些地区，如新疆天山的南麓、会理一带及鄂西北，昔时俱开采甚盛，值得进一步研究，可能会发现不但适于中小型开采还可能有巨大工业价值的矿床。兹将若干重要工业类型找矿方向的意见论述如次。

（1）东川式铜矿：东川式铜矿属中温热液交代矿床，与二叠纪玄武岩侵入岩相的辉长岩类岩石有成因上的关系。现知分布南达易门，北至会理通安。将来找矿应在康滇矿产省的内矿产带中仔细搜觅，必能发现更多的新产地。据目前资料判断，以会理、东川、易门为中心，向南向北俱有渐变为以铅锌为主的趋势，同时要注意北与铜镍矿床及与本式相联的越西式及其他铜矿的关系，与易门式铁矿的关系，以便作出在本带中各金属矿带更详细的分带研究。

（2）中条山式：中条山铜矿包括铜矿峪、胡家峪、横岭关、虎坪、李坝沟等各种产状不同的矿床，但其属同一时代、同一成因的产物，似无多大疑问。就工业类型言，这种铜矿可称为“变质岩中的似层状矿床”，而其成因类型是否可与北非罗德西亚的铜矿相比，目前尚难肯定，但变质程度则较深。目前所知本式铜矿的分布范围，在中条山区则在垣曲、闻喜、夏县、济源一带，在五台地块及吕梁地块中已有若干矿点发现，今后还应扩大范围，在秦岭地盾中的伏牛山、崤山、熊耳山等地仔细搜觅，必能发现更多的新产地。

表 7　中国铜矿成因类型简表

大类	类型名称	产状及型式	规模大小	分布
Ⅰ岩浆矿床	正岩浆矿床	磁黄铁矿、镍铁矿、黄铜矿产橄榄岩中，成脉状或不规则形。力马河式（华力西期）	规模不大，有时有开采价值	四川会理力马河、小官河，天全大川铜厂沟
		磁黄铁矿、黄铜矿产辉长岩及片麻岩中。形状同上。桃科式（燕山期）		山东桃科茅茨舍、宁夏小松山、南秦岭
	矽卡岩矿床（铜官山式）	黄铜矿-黄铁矿-磁铁矿建造，产震旦纪或二叠纪灰岩与花岗岩类的接触带，呈脉形及不规则形。大部分属燕山期	有一定的或较大的工业价值	扬子凹陷区大冶、阳新，安徽铜官山；青海湖区，辽南地盾及燕辽地槽区，如天宝山、石咀子、寿王坟、本溪一带等
	较高温深成热液矿床	锡石-黄铜矿-毒砂建造，成筒状矿脉	有一定的工业价值	常宁炭山窝、倒石湖、大顺窿及桂阳绿紫坳
	斑岩铜矿	斑铜矿-辉铜矿-辉钼矿建造，产花岗岩类的侵入岩、火山岩或变质岩中，呈细脉浸染状	一般有巨大的工业价值，但中国有些这类矿床规模不大	江西德兴，大兴安岭，吉林汪清及永吉大黑山，阳新赤马山、欧阳山，庐江及燕辽准地槽。浙江绍兴
	中温中深矿床	黄铜矿-斑铜矿-辉铜矿-赤铜矿建造，产前震旦纪石灰岩及页岩中，成细脉及不规则交代矿床。东川式	有巨大工业价值	东川，巧家，通安，易门
		前震旦纪石灰岩中黝铜矿脉，呈脉状	价值未定	四川越西
		金-黄铜矿-石英建造。招远式	有一定的工业价值	山东招远、东北本溪及旧热河各地
	低温浅成矿床：安山岩中铜矿	自然铜-辉铜矿-斑铜矿-黄铜矿-绿帘石建造，产安山岩中，成气孔充填及细脉浸染。燕山期	价值不大	宣化庞家堡，青海都兰贺尔亨，陕西安康牛山，宛平王家山、桓仁湾沟
	低温浅成矿床：玄武岩中铜矿	自然铜-黄铜矿-方解石-泡沸石建造，产二叠纪玄武岩中，成气孔充填及细脉浸染。属华力西期	价值不大	康滇矿产省外矿产带昭通、荥经及其他许多地方
	低温浅成矿床：第三纪火山岩中铜矿	金-银-硫砷铜矿-重晶石-明矾石建造，产第三纪石英安山岩中。金瓜石式	有巨大工业价值	台湾金瓜石
Ⅱ沉积或潜水迁积及淋滤矿床	含铜砂岩或砂砾岩（红层铜矿）	孔雀石-蓝铜矿-辉铜矿-斑铜矿-黄铜矿建造，产震旦纪、三叠纪、侏罗纪、白垩纪及第三纪红层中，呈层状或透镜状	昔时开采甚盛，有一定价值	贵州德卓、盘县，湖北南漳、巴东，四川乐山飞仙关下部及乐平煤系顶部（二叠-三叠纪）。德卓式。金堂、叙永、古宋、古蔺重庆层中有铜（侏罗纪） 会理鹿厂（白垩纪）。鹿厂式 新疆库车、拜城，湖南衡阳，福建上杭（第三纪）。库车式 湖南石门（震旦纪）。石门式
	含铜黑页岩（页岩相铜矿）	斑铜矿、辉铜矿呈结核状产二叠纪或三叠纪黑页岩与灰色页岩中，称为马豆子铜矿	昔时开采甚盛，有一定价值，值得中小型开发	四川荥经，云南永胜
	石灰岩中交代充填或沉积矿床（灰岩相铜矿）	主要产于奥陶纪石灰岩，也产于震旦纪石灰岩中，成脉状及扁豆体状	有一定工业价值，值得研究	湖北西南部咸丰、鹤峰、建始、恩施及湖北西北部房县、郧县、竹山
	次生富集矿床	辉铜矿-斑铜矿-褐铁矿建造，附生在各种类型铜矿中	往往有巨大的工业价值	阳新欧阳山，安徽铜官山，甘肃白银厂，云南东川落雪的马尾丝、牛眼睛、鸡眼睛等？

续表

大 类	类 型 名 称	产 状 及 型 式	规 模 大 小	分 布
Ⅲ变质岩中矿床	中条山式	黄铜矿、黄铁矿，常含少量铅锌及辉钼矿、钴矿，产绢云母化、矽化的石英片岩或大理岩、片麻岩及结晶片岩中，成细脉浸染及细脉状	有巨大的工业价值	山西中条山、五台山、吕梁山及河南济源
	白银厂式	黄铁矿-黄铜矿-斑铜矿-闪锌矿-方铅矿建造，围岩绢云母化、高岭土化及矽化、绿泥石化。加里东成矿期。成矿块、网脉状及浸染状。矿体呈扁豆状，与片理平行	有巨大工业价值	沿祁连山北加里东地槽带，已发现有10余个同样的矿点
	彭县式	黄铁矿-磁黄铁矿-黄铜矿建造，产强烈绢云母化的片岩中，矿体呈扁豆状及脉状	有巨大的工业价值	四川彭县西北龙门山地槽带中
	化隆式	自然铜-赤铜矿-绿泥石建造，产片麻岩、结晶片岩中的石英质片岩中，呈脉状	价值未定	青海化隆辣水峡

（3）斑岩铜矿或德兴式：斑岩铜矿是世界上业已证明的最重要的工业类型之一，它往往分布在地槽中的凸起部分。近年来中国地质学家都在注意寻找斑岩铜矿，江西德兴的铜厂可能属于这种类型，但还不是最标准的。最近在大兴安岭西北侧发现的八大关及十五里堆铜矿也可能是斑岩铜矿。在许多矽卡型铜矿附近（如吉林的汪清百草沟，永吉大黑山及湖北阳新的赤马山、欧阳山）的内变质带中常有标准的斑岩铜矿带，如欧阳山等，还发生次生富集，但这种矿带规模非常狭窄，显然没有很大的工业价值。在庐江及整个宁芜向斜层中有出现斑岩铜矿的迹索，尚须进一步工作证明。此外，在燕辽准地槽中的宽甸榆树村及平泉铅洞子沟铜矿，据初步资料判断，与斑岩铜矿相似。海南岛的石碌铜矿也有属斑岩铜矿的可能。因此，我们在下列构造单元内已经或者可能会发现斑岩铜矿：①大兴安岭东部；②燕辽准地槽；③扬子凹陷；④浙赣凹陷及江南古陆的边缘；⑤海南岛。以后就这些地段内仔细普查可能会发现更多的产地。斑岩铜矿的成矿时期大多属燕山期，这是太平洋带的特征矿床。鉴于太平洋外带中铜较为贫乏的理论，是否斑岩铜矿在中国不会有很大的希望，这一点亟须进一步研究决定。

（4）白银厂式：这个类型的分布规律业经研究，并已在祁连山的北加里东地槽中找到了许多新矿点，以后应一方面向东南推广，在从靖远到会宁、静宁、秦安一带可能是北加里东地槽延长带，但大多为黄土覆盖的地区中去找；另一方面应向新疆的天山方向发展，首先要决定天山褶皱带中是否也有加里东地槽带，其次要确定产在石炭纪中时代不同但类型相似的新源式铜矿的工业价值，以供进一步找矿的参考。此外，有理由相信秦岭北部也有一个加里东地槽带，发育了柞水系的火山沉积岩系，在此带中的许多铜矿点应加以研究和评价，以确定是否有白银厂式矿床延长到此。四川龙门山地槽中的彭县式铜矿是否确属白银厂式，也须更多的证据来证明。

（5）金瓜石式：台湾金瓜石铜金矿是属于太平洋内带的标准矿床，成矿时代属第三纪。中国大陆上沿海，特别是闽浙沿海，如定海、象山等处，是否可以找到金瓜石式的矿床是值得考虑的一个问题。在北满东部山地区的东缘也应注意研究。

（6）铜官山式：接触变质式的铜官山铜矿在中国有广大的分布，如燕辽地槽、扬子凹陷及浙赣凹陷以及大兴安岭、青海湖沿岸一带，俱已知有许多矿点，其成矿时期大都属燕山期。本类矿床的交通常比较方便，且品位一般也较高，对中小型矿业的开发特别有利，以后应在上述地区内注意寻找，以发现更多的产地。首先要研究武康铜官、建德铜官山以及长兴的许多铁矿点和铜矿点，可能会是重要的铜官山式矿床。

（7）含铜石英脉矿床：这类矿床的规模一般不大，不是最重要的工业类型，但在中国有较广的分布，为配合中小型矿厂计划，以后应对此予以更多的注意。在燕辽地槽、山东及闽浙粤沿海一带是寻找脉状铜矿最有利的地区。

（8）铜镍矿床：在中国也有广泛的分布，如燕辽准地槽、山东地块中的铜镍矿俱可能属燕山期。康滇地轴力马河铜镍矿则属华力西期。南秦岭中的若干镍矿已证明有开采价值，其成矿时期可能属燕山期。除山东的产地已否定外，在其他地区中俱应布置进一步的找矿工作。

2. 铅锌银

中国铅锌银矿床的成因类型初步划分如表8所列。从这个表可以看出，与石灰岩起交代作用的矿床其工业价值一般较大。矽酸盐交代矿床仅在江西德兴见到一些例子。在滇西，与缅甸波龙厂（主要为矽酸盐交代矿床）相距不远的许多铅锌银矿，就现有资料研究，还看不出有矽酸盐交代的现象。在石灰岩交代矿床中，根据现知的成矿时代又可分为三类。一是主要属加里东期，在祁连山地槽中最为发育，是否可向西延至天山，以及锡铁山是否属本类型，俱须进一步研究决定。二是组成康滇矿产省中内外带的许多铅锌矿床与二叠纪的玄武岩岩浆活动有关，其成矿时代应属华力西期。三是燕山期岩浆活动所造成的矿床，在中国分布最广，价值亦最大。今后应对湘中粤北带，从水口山到阳山的许多交代矿床，粤东北的蕉岭梅县带，河北的锦西、兴城及滇西的许多铅锌银矿群进行系统的研究。浙江的诸暨璜山及昌化、富阳一带的矿床亦值得注意。至于产在前震旦纪镁质石灰岩中的矿床，如辽南地盾中所见到者，可能价值不很大。

裂缝充填式的脉状铅锌矿床，在燕辽准地槽、满蒙地盾、辽南地盾、江南古陆的边缘及闽浙粤沿海分布极广，其中如桃林铅矿已证明有较大工业价值。产在流纹岩、石英斑岩及花岗岩中，分布特别广泛的青田式和宁德式铅锌铜矿床，其经济价值如何亟需研究决定，从初步资料判断，这些矿床的规模不会很大，但可适合于目前提倡的中小型矿厂的开发。位于闽浙沿海东部的宁德式矿床，中含铜矿较多，是否接近太平洋内带的范畴亦应研究决定。

最具兴味并值得详细研究的是那些与火成岩没有明显关系，可能属沉积或潜水作用的矿床。它们在川湘凹陷及若干陆台区中分布极广。就其层位有前震旦纪、震旦纪、寒武奥陶纪、上泥盆纪及白垩第三纪的五种型式。这些不同层位的矿床是否代表一次成矿作用所造成，抑为不同时代的沉积产物，或者它们有相互继承的再度剥蚀与再度沉积的关系。作者初步意见认为不可能由一次成矿作用所造成，并且很可能为不同时期的沉积和潜水作用的产物。

目前所知储量最大的铅锌矿床当推柴达木的锡铁山，而新疆乌恰的铅矿规模也相当大。此外，安西华牛山铅矿亦有甚大的价值。这些矿床的成因类型及成矿时代虽未确定，但应同属一种工业类型似无疑问。祁连山及天山的南缘以及北山的若干凹陷带和地槽带是寻找本类矿床的适宜地区。

表 8 中国铅锌矿的成因类型表

大类	类型名称	与矿床有关的火成岩	主要产状	围岩	分布及型式名称	规模大小
Ⅰ与岩浆作用有明显关系的矿床	(A)接触变质至中温中深热液矿床	(1) 与主要属燕山期的花岗岩、闪长岩、石英斑岩或流纹岩等有关，矿床常产于接触带附近或与此相距不远	(a) 以交代为主的不规则状，脉状，袋装，或细脉浸染状矿床	二叠纪或石炭二叠纪石灰岩	湘中粤北带，从水口山、金船塘到连南、阳山（水口山式），粤东北的蕉岭梅县带，福建的永春、安溪	有一定的和极大的工业价值
				豆满层（石炭二叠纪）	延吉天宝山（天宝山式）	
				寒武纪奥陶纪石灰岩	锦西杨家杖子及兴城，浙江昌化、富阳	
				震旦纪或震旦纪前石灰岩	辽南地盾中许多矿床，如凤城青城子；浙江诸暨璜山	有一定的工业价值
					滇西保山、澜沧，龙陵、腾冲，西盟、斑洪（滇西式）	可能有极大的工业价值
				凝灰岩交代矿床	澜沧募乃老厂，产凝灰岩中或与石炭二叠纪灰岩的接触带；江西德兴（一部分）	
				碱性岩（正长斑岩）中	云南姚安	
			(b) 以裂缝充填为主的脉状矿床	石英斑岩及千枚岩	江西德兴	有一定的工业价值
				片麻岩、片岩、千枚岩	临湘、桃林、湘乡、衡山一带（桃林式）	有一定或较大的工业价值
					山东安丘、平度 淮阳地盾北缘商城罗山一带 广西瑶山及天平山一带	尚未确定，可能有一定的工业价值
				流纹岩，石英斑岩或花岗岩	闽浙一带分布甚广（青田式）；产状相同，位于青田式之更东部一带，含铜较多（宁德式） 河北承德（烟筒山），平泉青龙	可能有一定的工业价值
				陆相泥盆纪砂页岩，石英岩	福建大田、龙岩、南靖一带	价值不大
	(B)低温至中温热液矿床	(2) 与华力西期的侵入相玄武岩，辉绿岩或辉长岩等有关，主要分布在康滇地轴一带	(a) 以交代为主的不规则脉状或袋状矿床	石炭二叠纪石灰岩	康滇矿产省外矿产带会泽、彝良、乐平，昆明及威宁、水城一带（矿山厂式）	有一定或较大的工业价值
				震旦纪或震旦纪前石灰岩	康滇矿产省的内矿产带会理、汉源一带（天宝山式）	
			(b) 细脉充填矿床	二叠纪玄武岩	云南宣威托克	没有工业价值
		(3) 与主要属加里东岩浆活动的基性至中酸性火成岩有关，分布在祁连山及天山（?）地槽区	(a) 交代为主，充填为副的脉状、透镜状及袋状矿床	奥陶纪的薄层和透镜状石灰岩	甘肃白银厂小铁山、石青硐、青海锡铁山？新疆乌恰色列塔克石铅矿？居延海附近别列克托铅矿？	有较大至极大的工业价值

续表

<table>
<tr><th>大类</th><th>类型名称</th><th>与矿床有关的火成岩</th><th>主要产状</th><th>围岩</th><th>分布及型式名称</th><th>规模大小</th></tr>
<tr><td rowspan="5">Ⅱ沉积及潜水作用的矿床</td><td rowspan="5">沉积为主并曾经过潜水的浸溶与迁积</td><td rowspan="5">与火成岩似乎没有关系</td><td rowspan="5">层状，似层状或透镜状矿床，矿石大多呈细脉浸染状结构</td><td>白垩纪或第三纪红层</td><td>湖南麻阳及松柏</td><td rowspan="5">价值未定，可能有一定或较大的工业意义</td></tr>
<tr><td>上泥盆纪石灰岩</td><td>广西融县、桂林、武宣、桂平、石龙（四顶厂式）</td></tr>
<tr><td>寒武奥陶纪石灰岩</td><td>湖南慈利、桑植、凤凰，湖北鹤峰、宣恩、咸丰及贵州铜仁、松桃一带（慈利式），属川湘凹陷带</td></tr>
<tr><td>震旦纪冰碛层</td><td>湖南麻阳</td></tr>
<tr><td>前震旦纪石灰岩</td><td>山西闻喜、平陆、垣曲（温峪式）</td></tr>
<tr><td>Ⅲ区域变质矿床</td><td colspan="3">似层状或透镜状</td><td>前震旦纪变质岩</td><td>辽宁铁岭？</td><td>有一定或较大的工业价值</td></tr>
<tr><td>Ⅳ表成矿床</td><td colspan="4">氧化带及次生富集带</td><td>会泽矿山厂，会理天宝山；青海锡铁山，安西华牛山；广东蕉岭羊子山，江宁栖霞山；河南鲁山、巩县</td><td>造成富矿体，有一定的工业意义</td></tr>
</table>

其次是水口山式的矿床亦是一个重要的工业类型，它在湘中、粤北及蕉岭、梅县应有广大的分布。滇西可能是中国最重要的铅锌银矿产区，应作出全面计划，进行系统的普查与勘探。

会理天宝山及会泽矿山厂的铅锌矿代表康滇地轴中两种不同的标准产状，都具有巨大的工业价值。今后除在天宝山、团宝山等已知矿区进行勘探外，还须在康滇矿产省的内带中寻找相似的新产地。如双柏的石羊厂、马龙厂及会泽、禄劝的若干铅锌银矿都可能属此类型。至于矿山厂式的矿床，已知有鲁甸的乐马厂，彝良的长发洞，罗平的富乐厂及威宁、水城一带的许多产地，都值得进一步加以勘探。

裂隙充填的脉状矿床一般规模不会很大，但桃林式业已证明有较大的工业价值，今后应就围岩种类及矿床情况加以进一步的分类，然后择优施探，可能会发现有价值的矿床。

至于与岩浆无关，可能属沉积或潜水作用的矿床，更有广大的分布与不同的产状，其中如产于上泥盆纪石灰岩中的泗顶、石龙诸矿，业经勘探，似乎价值不大。今后应对这类矿床进行系统研究，然后选择各类中最有希望的若干矿区进行勘探，以便确定它们的工业价值。

经过区域变质如澳大利亚勃洛根山（Broken Hill）式的铅锌矿床，在中国尚少注意。辽宁铁岭的铅锌矿可能属此。北满花岗岩化区域内，这类矿床也应有广泛的分布，今后应注意研究。

在西南高原峡谷式的地形下，潜水面的位置往往深达三四百公尺，因此地面矿床俱发生氧化，并产生了深厚的碳酸锌次生富集带，如会泽矿山厂及会理天宝山，目前开采者大多为氧化矿。在西北的华牛山、锡铁山诸铅锌矿也都有极显著的氧化带及铁帽。广东蕉岭的羊子山及南京栖霞山铅矿，氧化带也甚发育。这些明显的地面征象都足为最有用的找矿标志。

3. 锡

中国锡矿可分为原生锡矿及砂锡矿二大类，而每类之中又可依据共生矿物的种类及产状分为若干类型，如表9所示。从表上可以看出，除锡石石英脉，包括云英岩及伟晶岩矿床外，其他五类俱是重要的工业类型。就目前来讲，风化残余及静积矿床，其所产的锡在国内占第一位，冲积矿床居第二，而矽卡型及热液脉状矿床则居第三位置。

表9 中国锡矿的成因类型表

类型名称	产状	围岩	规模大小	分布
锡石-石英脉矿床（包括云英岩及伟晶岩脉矿床）	这是一种高温或高温汽化的脉状矿床，常与钨、钼等矿共生。在云英岩及伟晶岩矿床中，云母、电气石、长石是常见的附生矿物	花岗岩（富贺钟，个旧，全县，恭城），前震旦纪千枚岩或其他变质岩（赣南）	规模一般不大，不是重要的工业类型	赣南，个旧，富贺钟，全县，恭城，隆回，广东沿海
矽卡型锡石-硫化物矿床	产于石灰岩与花岗岩的接触带，成脉状，板状，透镜状矿体，含石榴石、透辉石等矽卡岩矿物。常含磁铁矿、毒砂、黄铁矿，并与白钨矿、黑钨矿共生	有三叠纪（个旧），石炭纪，泥盆纪（金船塘，姑婆山）等不同层位的石灰岩	规模较大，为重要的工业类型	个旧马落革，郴县金船塘，广西富贺钟姑婆山
高中温锡石-硫化物热液矿床	产于离接触带较远的石灰岩中，呈脉状，筒状或不规则状，与磁铁矿、磁黄铁矿、毒砂、黄铁矿、黄铜矿等共生，经常含电气石及绿泥石	三叠纪石灰岩（个旧），泥盆纪及石炭纪石灰岩（大义山）	同上	个旧，大义山，黄沙坪
浅成中低温锡石-硫化物热液矿床	呈脉状或不规则状，与方铅矿、闪锌矿、黄铁矿、辉锑矿、辰砂、雄黄等共生	泥盆纪砂页岩及板岩	有一定的工业价值	广西河池，南丹
冲积矿床	可分为河流冲积，喀斯特盆地沉积及洞穴与裂缝充积，最后一类常位于地面以下，品位有时很高。在河流冲积中又可分为近代冲积与古河冲积二类。在富贺钟江区域中，近代冲积价值较高，可用机器开采。古河冲积位置较高，每成梯级层		有重大的工业价值	湘桂砂锡矿区，全县，永明，恭城，江华，富川，钟山，贺县 云南个旧 广东沿海及海南岛
风化残余及静积矿床	包括就地风化的残余矿床及没有迁流或迁流不远的静积矿床。个旧的草皮矿产在红土中，为本类的标准类型		有巨大的工业价值	个旧最重要，富贺钟也有若干例子

依据斯米尔诺夫的研究，锡钨矿是太平洋外带的特征矿床，它在南洋一带印尼，马来半岛，泰国，越南，各处都有广大的分布。在中国则主要分布在东南矿产省的赣湘桂准地槽及华夏地盾的矿产区中以及川湘黔桂矿产省，从西到东可分为：①个旧文山锡钨硫化物带，除浅成中低温锡石硫化物类外，其他各种类型几乎都有存在。②丹池宾阳复杂矿化带（属川湘黔桂矿产省），以丹池一带的浅成中低温锡石硫化物矿床最为特征。③湘桂粤砂锡及锡钨硫化物带，位于瑶山以东，与第二带相隔有一定的距离。富贺钟、全县、恭城各矿俱属之，以砂锡为主，有许多锡石石英脉，云英岩及伟晶岩脉矿床，可能多不值开采。已发现一矽卡型矿床，尚未勘探。④湘中粤北带，包括大义山，黄沙坪，香花岭，金船塘各矿，以高中温锡石硫化物及矽卡型矿床为主。⑤赣湘钨锡石英矿脉带，以钨为主，锡为副产品。

以上各带可称为广义的南岭带，以锡钨矿床为主要的特征矿床。它向南与南洋一带的锡矿显有脉络相连的关系。向北，在广大的中国东部地区内则迄今还没有锡矿的发现，只在河北的迁安、抚宁、密云、青龙及凤城、岫岩有石英黑钨矿脉，足为高温矿床向北延展的一证。最近在大兴安岭东坡哈乌尔地块区的重砂中发现许多锡石及独居石，足证苏联贝加尔湖东面的锡矿带有向中国延展的可能。事实上，在蒙古人民共和国境内早已找到了这个锡带。此外，在海参崴以北，苏联还有一个锡矿带。因此，在北满东部山区与苏联交界的地方寻找锡矿也是有希望的。

在中国其他的广大地区中，只有新疆的富蕴及温泉曾发现黑钨矿，而精河则有钼矿。从温泉向西为苏联的巴尔喀什湖区，此处金属矿床非常丰富，据说也曾发现过锡矿。

从上面关于中国及邻国边境锡矿分布情况的简述，我们可以定出下面的几个找矿方向：

（1）我们首先要在个旧文山间及个旧、麻栗坡、高平（越南）间寻找锡或钨的新产地，以扩大个旧外围找矿的范围。

（2）南洋锡带延至个旧后就向东延伸以达广西及南岭，这种分布情况与花岗岩的分布完全相合。但从个旧起，花岗岩还有向北伸展以达横断山脉区的趋势。因此，在这个地区，如云县，顺宁，剑川，维西，德钦，沿着燕山期花岗岩及主要是中生代地层分布的地区，寻找锡、钨或其他高温矿床的新产地是有希望的。在布置普查工作时，当然要进行大量的重砂测量，以寻找锡石的富集地段，同时也可适当地采用阿伦斯（L. H. Ahrens）和里本贝格（W. R. Liebenberg）所提出的分析云母中微量锡及铟的地球化学的方法来作为我们普查找矿的初步指导方向。

（3）在新疆的温泉、精河及富蕴等地区布置普查及重砂测量工作，以寻找锡及更多的钨矿产地。

（4）在大兴安岭及北满东部山区，凡有燕山期花岗岩分布的地区，都要进行重砂测量及云母中微量锡及铟的分析工作，以寻找锡、钨矿床。

（5）以上是根据邻国边境锡带分布的情况所布置的找矿方向。此外，在本国境内所确定的若干锡带范围内布置寻找新产地，或在大片砂锡矿分布的地区内（如富贺钟江）寻找原生锡矿床的工作都是非常需要的。

4. 铝，镁

铝与镁俱为轻金属，其质性与用途多少相似，但矿床情况则颇不相同。铝土矿床可大别为两种成因类型：

（1）风化红土矿床：在富于含长石质的碱性岩，含矽酸少的基性岩或变质岩分布地区，经过红土化产生的矿床常成连续的盖层，覆于母岩之上。中国此类矿床已在福建的漳浦及金门岛发现，系由第三纪的玄武岩风化而成，一部分则为再沉积的砾石矿床。矿石属三水型的水铝石，品位相当高，最适于用拜耳法制炼纯氧化铝。由碱性岩或变质岩风化所成的矿床，目前尚无所知。

（2）沉积矿床或再沉积矿床：大陆上经过红土化或赭土化后的风化产物在附近海边（地槽型）或湖沼中（地台型）沉积而成，常成层状或扁豆体，有时也含在石灰岩的洞穴中。本类矿床广泛分布在华北、东北及西南云、贵二省。华北、东北的铝土矿产于石炭二叠纪的煤系中，除 G 层铝土矿可能为海相外，其余都属陆相沉积。在云、贵两省者都围绕在志留泥盆纪古陆及石炭纪海侵的边缘地带，铝土矿层的时代可能属中石炭纪，而与华北、东北的 G 层铝土矿大致相当。本类矿床的矿石大部分为一水型硬铝矿（Diaspore），其中也夹杂一些一水软铝矿（Boehmite），在云贵的若干富矿层，品位极高，可能系经过潜水的浸滤所成。

可能成为炼铝及钾盐原料的明矾石矿在我国分布甚广。浙闽皖所产俱属热液矿床，产中生代火山岩系中。台湾北部的明矾石为火山余气所成，与温泉及自然硫共生。新疆的明矾石由侏罗纪煤田自燃作用所致，与硫黄、雄黄及卤砂等共生。

中国的一水型铝土矿分布既广，储量亦大，今后应更多地注意寻找三水型铝土矿。根据地质理论推断，从漳浦向南，在闽粤沿海，包括雷州半岛及海南岛，凡有第三纪玄武岩分布地区，在其上覆的风化带及其附近冲积或坡积沉积的红土砾石层中俱有发现三水型铝土矿的可能。

中国菱镁矿床的成因类型可大别为二：

（1）白云岩或石灰岩中的层状矿床：矿石为结晶质菱镁矿，成层状或扁豆状，分布宽广，储量极大。辽宁海城大石桥及山东掖县粉子山的菱镁矿俱属此类，产前震旦纪的白云岩系中。本矿成因，首先有人认为属水成沉积，后来从共生矿物、交代结构及与火成岩的关系进行研究，许多人都主张为中低温的热液矿床，但是最近又有人提出沉积成因的许多论证，所以这个问题，可谓尚未解决。

（2）超基性火成岩中的热液矿床与浸滤矿床：超基性岩中橄榄石受热液作用变为蛇纹石时，一般有碳酸镁的分出，蛇纹石经过地面水风化亦可分出碳酸镁，可沿岩石节理、裂缝充填，造成扁豆状、脉状或囊状的菱镁矿。这些矿床的矿石都为不结晶的，或称块状菱镁矿，规模有时也很大。属于热液成因者，延深可达 100～200 米，属于浸滤成因者，则延深一般不超过 10～15 米。锡林格勒盟铬铁矿区中已发现块状菱镁矿，可能属浸滤成因。宁夏定远营菱镁矿亦应属本类。此外在华北震旦纪白云质石灰岩的分布区域中常有蛇纹石及石棉矿床，在其附近应注意寻找有无块状菱镁矿矿床。

5. 汞

汞矿在中国分布很广，主要可分为二区：①滇桂黔湘川鄂区及②云南西部丽江兰坪保山区。前者可简称为东区，系位于川湘凹陷与黔滇桂地台区之内，几乎没有火成岩活动，而后者（可简称为西区）则属横断山脉矿产省，为标准的燕山运动和燕山花岗岩活动的地区。另在广西的恭城，浙江的昌化及河北的青龙都有汞矿点。昌化及青龙的汞矿都产在燕山期的火成岩或花岗岩中。恭城为石灰岩洞穴沉积，与砂锡矿相似，其原生矿床应同为燕山期的矿化作用。最近在南岭区所进行的重砂测量发现含汞矿的地方更多，曲江附近并已发现原生汞矿脉。从前在富贺钟一带采砂锡场中亦常常发现辰砂。此外，本溪城厂白垩纪砂砾岩层中有辰砂，北满许多砂金矿中亦都见到辰砂。可见中国东部燕山期矿化作用的广大地区内，汞是一个特征的矿物；它分布虽广，但迄今还没有找到有工业价值的大矿床。根据昌化及青龙的产状可以证明，这些汞矿是与岩浆作用有密切的关系的。甘肃岷县有冲积砂汞矿，也可能是燕山期的产物。最后，在台湾金瓜石、瑞芳等处的汞矿产地无疑地应为第三纪矿化作用的结果。

因此，我们可以初步断定，横断山脉区，南岭区（包括浙闽）及燕辽区的许多汞矿和矿化征象都属燕山期，而台湾的汞矿点则属喜山期。这些都是岩浆后期的低温热液矿床。

中国最重要的汞矿当推滇桂黔湘川鄂区，其中汞矿又可分为东、西两带。东带沿着江南地盾的边缘分布，在北段的玉屏、晃县、铜仁、凤凰、松桃各矿，规模最大，南段则在贵州的三都、丹寨、荔波一带。东带矿床的含矿层几乎都属寒武纪石灰岩，偶有少数属奥陶纪，更少数则属中上泥盆纪，如三都、荔波。西带从云南的都比、丘北开始，向东北经过西隆、册亨、兴仁、贞丰、惠水，而达开阳、务川，再向东北经酉阳、秀山而达到湖北的咸丰，在此与东带相会。西带含矿层的时代颇为不一，西南段贵阳以南都属三叠纪或二叠纪的石灰岩，北段开阳、务川、酉阳则都属寒武纪，少数为震旦纪。汞矿也见于贵阳以西威宁、黔西、织金一带，含矿层时代都属石炭纪或二叠纪。广西那隆、西隆的汞矿似属另一分支，含矿层时代尚未确定。

这个中国最重要汞矿区的矿床成因问题还是一个未解之谜。由于区内几乎没有火成岩，矿床俱受深断裂破碎带及背斜、穹窿的构造控制，而含矿层位又如是之多，作者初步推想这些矿床是否代表沉积及潜水作用的结果而与岩浆无关。最老的汞矿可能产于震旦纪地层中，以后经过几次的地壳变动、剥蚀沉积和潜水作用，汞矿就有几次的迁积与富集，其中在寒武奥陶纪地层中的沉积与迁积最为有效，故造成了最富的矿床，这个时期大致相当于加里东期。在华力西和燕山运动期所形成的汞矿床主要分布在西带的南段；分布比较零散，还没有找到较大的矿床。

今后找矿应继续注意滇桂黔湘川鄂区中的汞矿，特别是东带各矿，应为主要的勘探对象。应充分利用构造控制的理论，并可多少仿照石油地质上的理论来对矿床进行预测和评价。在已确定了一个构造控制，毋论是背斜层，穹窿层，断裂带或破碎带，并已用钻探或坑探的方法确定了一个或几个含矿层位，并且证实了足够一二年开采的矿量，就可交给采矿部门进行边采边探，不需要用很多的工作量来求取全部的矿量。

同时要对横断山脉的汞矿带进行全面的普查和重点的勘探，它的远景不一定比滇桂黔湘川鄂区为差。由于以往注意不够，故资料很少，以后要大力补充。此外，河北青龙附近的若干汞矿点有相当价值，应进行详测与勘探，如能获得一定的矿量即可交工业部门进行开采。本溪城厂及岷县的矿点亦应注意研究，前者日人曾经开采，如能证明有值得开采的矿量，也应交地方工业部门进行小规模的采炼。

根据汞矿床的成因及产状，中国汞矿可分为下列若干类型。

表 10 中国汞矿的成因类型表

类型名称	产状	分布
冲积矿床及洞穴沉积	产于地面河谷冲积或地下洞穴沉积中，淘洗后可得。辰砂大者如拳，小者如豆，亦有大至10余斤者	甘肃岷县、榆中、酒泉，北满瑷珲、法别拉河及黑河上游 广西恭城高桥村（洞穴沉积） 贵州务川（成于巨缝之中）
白垩纪沉积矿床	产于城厂砾岩层的底部，辰砂粒径0.5～5mm，含汞率0.002%～0.003%	本溪城厂
可能的沉积和潜水作用的矿床	含矿层时代有震旦纪，寒武纪，奥陶纪，泥盆纪，二叠纪及三叠纪。矿床呈层带状或裂隙脉状，分布不规则，但在一定区域内却有一定的层位	滇桂黔湘川鄂区，又分为东带及西带，为中国最重要的汞矿区，与火成岩关系不明显
低温热液矿床	矿石一般为浸染状或细脉状。有的产在燕山期火山岩及花岗岩中（如中国东部地区），有的则产在震旦纪、泥盆纪及二叠三叠纪的地层中（如横断山脉带），但与火成岩关系比较清楚。依产状可大别为层状、脉状及巢状三大类	横断山脉带，与火成岩关系清楚。南岭带及燕辽淮地槽带组成整个中国东部带，汞矿分布零星，不集中。青龙及昌化的矿点，汞矿都直接产在安山岩，流纹岩或花岗岩中

6. 锑

锑矿都是低温热液或冷水沉积矿床。根据围岩时代及产状的不同，中国锑矿可分为四种成因类型如下：

（1）板溪式锑矿：产于前震旦纪板溪系的千枚岩、板岩中，成脉状、层状或其他不规则状。在湘西的益阳、沅陵、桃源、安化，湘北的临湘、华容、长沙及湘东的平江等处，除辉锑矿及石英外，常含白钨矿及自然金，为钨矿中的一个特殊类型，已述于前。湖南其他地点的板溪式锑矿则不含白钨矿及黄金，只有黄铁矿、毒砂、方解石、白云石及重晶石等矿物共生。相似的锑矿也见于贵州的榕江、三都、都江，广东的防城、灵山，广西的宾阳及安徽的青阳、休宁、绩溪及浙江的昌化、淳安、遂安。纵观板溪式锑矿的分布似与江南古陆的范围颇多相合。而若干广东、广西的产地则位于华夏地盾之中。在湖南的资水、沅江区域，这种锑矿又每为构造上的穹窿层或复杂背斜所控制，如龙山穹层、帽子岭穹层、雪峰山复背斜、金紫岭穹层、四明山穹层等都是最明显的构造，而锑矿则丛集在这些构造的周围。从共生矿物的种类及产状可知，板溪式锑矿应为低温浅成的裂缝充填式矿床，其成矿时代可能属前震旦纪。造成这类矿床的火成岩，目前尚未确定。鉴于在江西德兴演吉岭层中曾找到古老的流纹岩的事实，作者相信，板溪式锑矿以及其他前震旦纪的矿化作用，如汞矿等，可能都与此流纹岩流有关。

（2）锡矿山式锑矿：产于泥盆纪矽化石灰岩中，由裂隙充填与交代作用混合生成，呈囊状、脉状、网脉状、浸染状等矿体。以新化的锡矿山为代表，规模巨大，为中国最重要的工业类型。锡矿山矿区四周俱为板溪式锑矿，而锡矿山本身则为一断裂背斜，断层走向东北西南，含矿层之上为一不透水的长龙界页岩所阻隔。附近数十里内见不到火成岩。由于这些情况，作者相信锡矿山式锑矿可能是由潜水下浸，溶解了板溪式的锑矿，然后再沿裂隙上升，充填交代而成。这是一种再生矿床。锡矿山式锑矿是少见的类型。在广大的资水、沅江区域中，只有锡矿山一处，此外俱属板溪式。在锡矿山西北不远的鸡叫岩有一个同样的断裂背斜，发育在上泥盆纪地层中，这里有发现第二锡矿山的可能，应注意研究。此外在湘南粤北的郴县大冈洞，乐昌乐家湾，汝源梅花街，也有锡矿山式锑矿的发育。

（3）长城岭式锑矿：这是产在二叠三叠纪石灰岩或砂页岩中的脉状、囊状或其他不规则形状的矿床，以见于宜章的长城岭而得名。在湘南粤北区中分布较广，在滇黔桂地台和川湘凹陷区中更有广大的分布，但这里有许多矿点目前产状不明，含矿围岩是否全属二叠三叠纪尚不敢断定。这个区域以发育与岩浆作用似无明显关系的许多汞矿、锑矿及铜铅锌矿床为特征，它们都保持有一定的层位关系，而这些层位，又随着地区的不同而作有规律的变化，因此我们不能不推想，它们是由沉积作用并经过后来潜水的浸溶、侧分泌等作用所成。

（4）右江式锑矿：在广西右江流域天保、田阳、田东、万岗、平治、靖西、镇边一带，于新第三纪的红土层中常有许多氧化锑矿的结核，俗称红锑矿，层位相当稳定，称为右江式锑矿。这显然是由原生硫化锑矿经过亚热带气候的风化剥蚀、再行沉积的次生矿床。由于分布宽广，且开采甚易，故具有一定的工业价值。

根据地理位置，中国锑矿可分为下列若干区域：

1）湖南的资水沅江区、湘东湘北区及贵州的榕江都江区。这是中国最重要的锑矿区，大部分锑矿俱属板溪式，只有锡矿山属锡矿山式。

2）浙皖边区。现知范围较小，所有锑矿可能俱属板溪式。

以上二区俱位于江南古陆之内。

3）粤桂边区，包括防城、灵山、宾阳各矿，可能也属板溪式，为华夏地盾中的锑矿区。

4）滇黔桂地台及川湘凹陷中的锑矿区，可能主要属长城岭式，少数也有锡矿山式的各种再生矿床。

5）湘南粤北区及滇西区各锑矿，含矿围岩大多属二叠三叠纪石灰岩，应属长城岭式，惟附近火山岩较多，是否应属燕山期的岩浆矿床，须进一步研究决定。

6）川康边缘区，包括雷波、峨眉、懋功、松潘、汶川各矿，产状不详。

7）桂西右江区的红锑矿床。

关于中国锑矿的成因类型，特别是成矿时代的问题，尚须进行更多的专题研究，以便获得可靠的事实来加以确定。至于今后的找矿方向，首先应针对锡矿山式的矿床，因为这是中国最重要的工业类型，因之，鸡叫岩的普查与勘探希望能于最短期内实现。浙皖边区的许多锑矿点应进行普查。红锑矿的矿物组成及生成环境要进一步加以研究，并应改善采炼方法，以求增产。

丙、稀有及分散元素

这是一个包括50余种化学元素的大族。中国对此正开始研究，所得资料尚少，不克详细讨论。兹依照克列特尔专家的意见，把稀有元素分为四组，并略述其矿床情况如下：

1. 放射性元素，铀、镭和钍

它们在自然界可以形成相当大的矿物堆积，也可以分散状态出现。铀钍矿的成因类型一般可分为下列6类，依其目前所占储量多少为序则有：①元古代变质岩内的似层状矿床，如南非含金砾岩中的铀及加拿大的若干产地；②各种类型的脉状矿床，包括铀-钴-镍-铋-银五元素建造的脉矿，矿石品位一般较富，但储量并不很大，如非洲及加拿大各著名铀矿产地俱属此类；③陆相砂砾岩及煤层中的矿床，如美国科罗拉多一带砂岩矿床；④近海及冲积独居石砂矿床；⑤含铀伟晶岩脉；⑥海相沉积岩如黑页岩、磷块岩及石油沥青中的铀矿，储量很大，但目前尚难广泛利用。

2. 铍、锂、钽、铌、锆、铈、钇和铯

可以自成矿物并能构成矿床，这些矿床的矿物可以是主要的，也可以是附带开采的。钽、铌、铍、锂、铯主要产在伟晶岩中，而碱性岩中铌尤为重要。最重要的铍矿为矽卡型及石灰岩中的锡石萤石交代矿床，锂则在黑钨矿石英脉周围的云英岩中尤为常见，也可与盐类矿床共生。锆、铈、钇主要产在砂矿中，也见于各种伟晶岩脉内。

3. 锗、铊、钪、镉、硒、碲

可以自成矿物，但除极少数能构成矿床外（非洲祖密勃矿山的锗），一般都成分散状态，在加工时作为副产品回收。在多金属矿床，特别是闪锌矿中常有锗，镉及硒。晚期形成的黝铜矿中常富集锗与碲。含铜黄铁矿床中则有铊，锗及碲。有些煤层中可含较多量的锗，局部也有钪。

4. 铷、镓、铟、铪、铼

仅为分散元素，不能自成矿物。如铷产在含锂的伟晶岩及钾盐矿床中，镓则在多金属矿床、伟晶岩及铝土矿中都有分布，铟主要产在高中温成因的闪锌矿中，而锗与镓则往往富集在低温的闪锌矿中。铪在砂矿中与锆英石共生，铼则产在辉钼矿及德国孟斯菲尔德的页岩铜矿中。

根据国外已知的关于稀有分散元素的矿床情况，并结合中国的具体地质结构，提出下列关于找矿方向的意见：

（1）在黑龙江、嫩江及松花江沿岸的砂积矿床中都已发现了钛铁矿、金红石及独居石等矿物，相信在北满结晶基底岩出露的地方必有许多伟晶岩，值得作为搜寻稀有元素矿物的对象。应先从研究砂矿床开始，然后追踪到原生矿床。

（2）从新疆阿尔泰的从化、富蕴起向东，经过北山、居延海、大青山、绥中及辽南地盾的广大地区，可能是中国最重要的稀有分散元素矿床带。在这里可以找到伟晶岩中的铀、钍、铌、钽、铍、锂、铯、钇等稀有元素矿物，也可能在若干脉状矿床及砂岩中找到铀矿。应密切注意并研究在盆地中或海边堆积的各种砂矿床。

（3）秦岭及淮阳地盾中的伟晶岩及稀有分散元素矿床尚少报道。据云已初步找到了若干铀钒矿点，应布置系统的普查工作，并要从研究大别山及其他地区的砂铁矿开始，以便对可能找到的重矿物获得一个概略的认识，同时也可从此寻找有价值的砂积矿床。

（4）康滇地轴北段，从东川到丹巴，特别在丹巴附近，已找到了许多含白云母、绿柱石、独居石、金红石、锆英石、锂辉石、褐帘石的伟晶岩脉，应进行详细研究。除伟晶岩脉外，还可寻找在汽成热液或热液矿床中的各种稀有分散元素，如在罗平富乐厂的闪锌矿中已证明含有较多的锗，在本带的其他相似矿床亦应进行研究。又如天宝山、团宝山的铅锌矿中应注意有否锗、镉、硒、碲、铟、镓、铊，越西黝铜矿中应注意锗和碲，东川铜矿和会理砂砾岩铜矿中也可能有另一套的稀有分散元素。

表 11 稀有及分散元素在各种矿床及岩石中的分布（依据金士堡的讲演稿）

大类	类型	主要矿物	主要矿种
Ⅰ. 与碱性火成岩有关的岩浆矿床	1. 早期岩浆矿床	铯钶钙钛矿（Loparite）	Nb，Cs
	2. 晚期岩浆矿床 （1）在霞石正长岩中 （2）在正长岩中 （3）在碱性花岗岩中	烧绿石（Pyrochlore） 复稀金矿（Polycrase），锆英石 钶铁矿（Columbite），锆英石	Nb，Ta，Zr 及稀土元素
	3. 接触交代矿床 霞石正长岩与辉石岩接触发生碳酸岩	磷灰石，金云母，斜锆石（Baddeleyite），烧绿石	Nb，Zr
Ⅱ. 与花岗岩类岩浆有关的伟晶岩矿床	1. 微斜长石黑云母伟晶岩	黑稀金矿（Euxenite）， 钶钇矿（Samarskite）， 褐钇钶矿（Fergusonite）	U，Ta，Nb，Y
	2. 绿柱石-白云母伟晶岩	绿柱石，白云母，微斜长石	Be，Nb，Ta，Li；Ga
	3. 钠长石化石英岩化带状结构的绿柱石伟晶岩	微斜长石，石英，钶铁矿，钽铁矿（Tantalite），曲晶石（Cyrtolite），锡石	Be，Ta，Nb
	4. 钠长石化石英岩化的含锂伟晶岩	有时含铯榴石（Pollucite）	Be，Li，Ta，Cs；Rb
Ⅲ. 汽成热液矿床	1. 在矽酸岩中（片岩，花岗岩，片麻岩）产在云英岩脉，围岩或含于黑钨矿和锡石中	黑钨矿，锡石，辉钼矿，石英，锂云母，绿柱石，长石	Be，Li，Sc
	2. 碳酸岩中的交代矿床	矽铍石（Phenacite），金绿宝石（Chrysoberyl），珍珠云母（Margarite），锡石，萤石	Be
	3. 产在矽卡岩中呈条带状结构	日光榴石（Helvine），含铍符山石，金绿宝石	Be，Sc
Ⅵ. 热液成因的多金属及其他矿床，稀有元素以分散状态出现，可作副产品回收	1. 钼或铜钼矿床	辉钼矿，黄铜矿	Re
	2. 含铜黄铁矿床	黄铁矿，黄铜矿及少量方铅矿，闪锌矿	Ge，Se，Te
	3. 多金属矿床	黄铁矿，方铅矿，闪锌矿，黄铜矿等	In，Co（高中温闪锌矿中）Ge，Ga（低温闪锌矿中），Cd，Se，Te，Tl
	4. 晚期形成的黝铜矿	黝铜矿	Ge，Te
	5. 金-碲矿床	金，各种碲化物	Te
	6. 雄黄、雌黄及白铁矿矿床		Tl
	7. 含铈矿物的方铅矿，闪锌矿，菱铁矿或赤铁矿		稀土元素

续表

大类	类型	主要矿物	主要矿种
V. 沉积矿床	煤		Ge，局部有 U
	铝土矿		Ga
	磷块岩		U，Ce，Y，Zr
	沉积铁矿		Ge
	盐类矿床		Li，Rb，Cs
	各种砂矿床	钛铁矿，锆英石，金红石，独居石等等	Ti，Zr，Th，Nb，Ta，Y，Ce
	沉积铜矿（黑页岩相）		Re，Ge，U

（5）华夏地盾及武功山一带结晶基岩中伟晶岩及其他类型中稀有分散元素的研究，应先从广东沿海的砂锡矿开始，鉴定其中各种重矿物，以便发现有价值的砂矿或从此以追索到原生矿床。

（6）在赣湘黑钨石英矿脉带中已发现了在石英矿脉周围云英岩化带中的锂与铍，以及红色花岗岩变色带中可能有的放射性元素，以后应注意是否还有钪，并应研究在本区发育不著的伟晶岩中是否有铌、钽、铍、锂等矿物。在黑钨矿和锡石中是否有铌、钽的共生亦一值得研究的问题。

（7）在湘桂粤砂锡及锡钨硫化物带中应首先研究砂锡矿中的各种矿物成分，除已知有工业价值的独居石及锆英石外，应确定是否有金红石及其含量，同时要注意其他稀有及放射性元素矿物的存在。

（8）在湘中粤北铅锌铜硫化物及钨锡矿带中已发现了香花岭的矽卡型铍矿，相信这种矿床在本带中应有广泛的分布。此外，锡石萤石交代矿床中的铍则尚待发现，而本带中的安源锡矿就可能有这种矿床。广东蕉岭、梅县一带的矿床与本带情况多少相似，亦应同样予以注意。

（9）祁连山一带含铜黄铁矿矿床中的稀有分散元素尚未确定是否有铊、锗、碲及其他元素的存在，极须用光谱法测定。

（10）已证明钼或铜钼矿床中常含铼，雄黄、雌黄及白铁矿矿床中常含铊，中国情况是否如此，应予以研究证明。另外，在中国分布极广的锑、汞矿床中究有何种稀有分散元素，刻尚不知，亦应进行分析研究，以便利用。

（11）此外，各种多金属矿床在中国分布极广，类型繁多，如西北的华牛山、锡铁山铅锌矿，康滇地轴内外带中的各种铅锌矿，浙闽沿海广泛分布的各种铅锌矿脉以及产在沉积岩中的各种铅锌矿床，亟应分别类型与地区采取样品，测验其中的各种稀有分散元素，作为将来进一步研究的根据。

（12）研究沉积岩中的铜矿，可分为黑层铜矿（二叠纪黑页岩中的马豆子铜矿）、红层铜矿（三叠纪、白垩纪及第三纪）及石灰岩中的铜矿（主要为寒武奥陶纪），亦应分别类型及地区采取样品，进行初步探索性的分析研究。马豆子铜矿与德国的孟斯菲尔德铜矿有多少相似，在后者之中已找到了许多种元素，其中可能有锗。中国情况是否如此，值得研究。

（13）其他沉积矿床，如煤中的锗，铝土矿中的镓，磷块岩中的铀，铈，钇，锆，沉积铁矿中的锗，盐类矿床中的锂，铷，铯，俱须分别地区进行采样与化验的工作。

（14）对于若干特殊类型的沉积岩，如北方的下马岭页岩，浙江的“石煤”，寒武纪的石牌页岩，奥陶纪的五峰页岩，武川的含钒页岩等，俱须进行适当的采样分析，以便发现其中的稀有分散元素。

（15）对于全国的砂金，砂锡，砂铁及其他砂积矿床，俱应分别地区进行采样分析，初步鉴定其中的重矿物及所含的稀有分散元素，从此一方面可发现有价值的砂积矿床，另方面则可根据地区的地质情况，跟踪追寻原生的稀有元素矿床。

（16）若干稀有元素，如铌，锆及稀土元素等常产在碱性火成岩中，如正长岩，霞石正长岩及碱性花岗岩等，因此，现知山西的若干碱性岩及其他地区的碱性岩，俱应进行初步探索性的研究，包括采样、分析等等，以便发现有价值的稀有元素或其他常见元素（如磷）的矿床。在这些地区中应特别注意寻找烧绿石、复稀金矿及铯钶钙钛矿等稀有矿物。

丁、非金属矿床

1. 磷

中国磷矿的成因类型可分为四大类，即鸟粪堆积，沉积矿床，沉积变质矿床及岩浆矿床。其中前二类为不结晶的磷块岩，后二者则为结晶的磷灰石矿床。就沉积时代的不同，沉积磷矿床又可分为六个不同的型式如表 12 所示。

就目前所知，沉积变质矿床（海州式），震旦纪沉积矿床（开阳式）及下寒武纪沉积矿床（昆阳式）都具有极大的工业价值，可称为中国磷矿最重要的工业类型。其他如上泥盆纪磷矿，二叠纪磷矿及鸟粪堆积亦有一定的工业价值，可称为次要的工业类型。

关于海州式磷矿的成因，各人意见尚不尽相同，有热液说，伟晶岩汽化说，沉积变质说及最近提出的混合岩说。作者暂时倾向于沉积变质说，俟将来获得更多的证据后再为更正。根据已知矿点的分布，在淮阳地盾的南缘进一步寻找海州式磷矿是一个有意义的工作。首先应在锦屏山附近寻找潜伏的或延展的矿体，其次在蚌埠嘉山一带（以往在本区中已找到若干含磷迹象）布置普查，应在结晶片岩中有大理岩分布的地区，加意研究，可能会找到新产地。最近发现的郧县矿点意义重大，它说明武当山一带可能也是地盾区，因此大大扩大了找矿的范围。此外在淮阳地盾的北缘及秦岭地盾中也可能有海州式磷矿的存在。

表 12　中国磷矿成因类型表　磷中注意钒

类型名称	产状	规模大小	分布
鸟粪堆积	由鸟粪堆积并经过淋滤及钙化作用而成，可采层平均厚 30cm，P_2O_5：10%～28%	业经开采，有较大的工业价值	西沙群岛及南沙群岛一带
二叠纪沉积矿床	产于孤峰层中，成黑色或灰色的结核，平均厚 1 米，P_2O_5：20%	有一定的工业价值	南京龙潭，杭州西湖及其他地方
上泥盆纪沉积矿床	产于上泥盆纪石楼梯层之炭质页岩中，成结核状，外表灰黑色，P_2O_5：25%	同上	广西南丹，马平，巴定及桂平

续表

类型名称	产状	规模大小	分布
志留纪沉积矿床	产于高家边顶部页岩中，成层薄而多鲕状结构，灰或灰黑色，P_2O_5：16%	同上	南京栖霞山，煤炭山，青黄龙山及扬子江中下游
奥陶纪沉积矿床	矿层不稳定，品位低	价值不大	南京幕府山
下寒武纪沉积矿床	产于下寒武纪下部，距震旦纪接触处不远。磷矿一般为黑色或灰黑色，在云南中部则为淡灰色，常呈鲕状或豆状结构，共生岩石一般为黑色矽质或砂质页岩。称为昆阳式	有巨大工业价值	主要分为四区：①康滇地轴的东缘，从昆明附近向北经雷波而至峨眉、峨边；②川湘凹陷，扬子凹陷及大巴山。川湘凹陷中已知矿点最多；③秦岭地盾凹陷带，包括鲁山，凤台；④江南古陆中凹陷带，分布在广西的融安、三江。此外浙江西部寒武纪底部“石煤”中有结核状磷矿
震旦纪沉积矿床	产于澄江砂岩之上，灯影灰岩之下，相当于陡山沱组，矿石呈棕灰色，呈鲕状结构。在开阳品位最高，层厚亦最大。称为开阳式。开阳平均35%～37% P_2O_5，世界最高	有巨大工业价值	开阳，遵义，宜昌，三江及昆阳，而以开阳为最重要
沉积变质矿床	结晶磷灰石成透镜状或似层状，产于结晶片岩系中，称为海州式	有极大工业价值	江苏东海锦屏山，安徽宿松，湖北孝感及郧县，即沿着淮阳地盾的南缘分布
伟晶岩及其他岩浆矿床	产伟晶岩脉或其他火成岩、沉积岩中，与岩浆作用有关	就已知矿点论，价值不大	安徽当涂大凹山磁铁矿-阳起石-磷灰石建造；内蒙集宁卧龙山，丰镇浑源窑；广东博罗李洞乡老矿山

目前对于震旦寒武纪磷矿层的分布已较前更为清楚了，它主要分布在四个地区，即：①康滇地轴的东缘，从昆阳，呈贡，澄江，昆明，嵩明一带起，向北经雷波而至峨眉，峨边。本带向南还可延展，但昆阳附近的滇中段，质量俱优，似为本带磷矿的中心。从古地理观点，本区西为康滇地轴，东为陆良隆起，夹持于此两大古陆之中的浅海带，对于磷的供给和沉积条件自较优越，其所以能成为磷矿中心的原因或即在此。抚宁找到磷矿很富（与昆阳相似）。湖北鹤峰磷矿也很好（与襄阳相似）。②川湘凹陷，包括开阳，遵义，镇远，晃县，铜仁，松桃，酉阳，秀山，宜昌许多矿点，由于褶皱关系，寒武纪磷矿层重复出露，酉阳以西到四川交界，磷矿是否延展，刻尚不知，鉴于该处距古陆较远，或竟没

有磷矿的沉积，也未可知。在扬子凹陷中现知有湖北荆门、襄阳及江西修水[1]的两个矿点，而从旺苍及巫溪的矿点可知，寒武纪磷矿还可向西分布到达大巴山。以上三个地区当沉积时，海水可能都是相通连的。③秦岭地轴凹陷带中的磷矿分布在洛南，卢氏，鲁山，凤台。此带向西，经过宝鸡，平凉，可能与贺兰山的一个磷矿点相连，在此范围内寻找更多的新产地是有希望的。④江南古陆凹陷带中的磷矿，现知矿点不多，仅有广西的融安，三江。龙游也开采磷矿（在石煤中）。

以上所述分布范围主要为下寒武纪的磷矿层，但在许多地方，如昆阳，宜昌，三江，遵义，开阳等处，同时也有震旦纪的磷矿，其中如开阳，并以震旦纪的磷矿层为主。无论何时代的磷矿石及共生岩石一般俱呈黑色，灰黑色或灰色，表示高度的还原环境，是形成磷矿层的主要沉积条件。因此可以推想，北方下寒武纪的红色页岩相中似乎不可能产生磷矿，其下的下马岭页岩对磷矿的生成似属有利，以后应注意研究，同时在与上覆景儿峪灰岩间含海绿石的砂页岩中亦应注意可能有磷矿层的存在。

关于上泥盆纪及二叠纪沉积磷矿床的找矿方向，因资料不多，尚难详论。西沙群岛、南沙群岛珊瑚礁上的鸟粪堆积有相当大的价值，应注意开发研究。伟晶岩及与岩浆作用有关的磷矿床，就现知矿点推断，似都价值不大。此外，在苏联业经确定有巨大工业价值的，产在碱性火成岩中的磷灰石及霞石矿床，在中国虽也曾在山西临县、川西会理一带做过初步研究，但未能找出有价值的磷矿床。

2. 钾，硼

钾盐矿床可分为海相沉积，盐湖沉积及盐井中的钾卤等三种，其中以海相的蒸发沉积矿床范围最大，矿量较多，最具有经济价值。

海相钾盐矿床一般是在海退的环境下造成的。除气候合适外，更须有地形上的特殊环境，如为堤岸所封闭的海湾或浅海，一系列的潟湖等。没有这些合适的环境，就不能完成几乎全部的蒸发，更不能形成较厚的、品位较高的钾盐或其他盐层。

我国奥陶纪和三叠纪末期俱有海退现象，并且气候干热，因而有石膏或盐的沉积。山西南部，从灵石、临汾向北至太原东西两山，在下奥陶纪的顶部俱有巨厚的石膏沉积，太原西山厚达100米，灵石、临汾厚约十余米，西边的乡宁厚8米。此外，平定，武乡，平壶等县也俱有石膏的报矿点。但迄今尚未闻有石盐。以后应再从太原向北扩大普查，如能找到石盐沉积或有石盐沉积的迹象（在地面上盐可能俱被溶去了）后，再进行对钾盐的普查。

在四川自流井一带，则三叠纪顶部或产石膏，石盐，而在盐卤中并已有钾盐，硼，溴及碘的发现。以后应对这个区域进行系统的研究，除对若干盐井，特别是大坟包的岩盐井，进行伽马测井外，还应在自流井及其外围地区布置地球化学探矿，测验水井、土壤或岩层中的溴，硼，碘，钾及其他盐类的含量，以便划出最有希望的地区进行勘探。如果自流井能获得结果，则滇中、滇南的许多同时代的盐井也应进行相似的普查。

据苏联专家伊万诺夫的意见，世界上现知的钾盐矿床似未有老于泥盆纪者，从泥盆纪开始才有钾盐矿床。二叠纪时钾盐矿床分布最广最大，如苏联、美国及德国的大钾盐矿俱在此时期造成。第三纪亦有钾盐矿层的生成。并云钾盐的形成主要在不断下沉的潟湖区，

---

[1] 打字稿在这里划去了修水，改为“宜春、洪江、安福（钟祥地找到）”。

并要有干热的气候。从地台过渡到地槽时，对成盐最为有利。这些意见对我们今后找矿有重大意义。因此，在山西、四川找钾盐时，必须十分谨慎，要遵照从小到大，从疏到密的原则办事，不应过于扩大，以免徒劳无功。

其次是盐湖中的钾盐，虽然规模一般不会很大，但在中国目前还没有找到固体钾盐矿床的时候，对盐湖中的钾盐应予以重视。柴达木的达布逊盐湖，据最近研究，已初步肯定了有相当数量的钾盐，其附近各盐湖亦多含钾，因此，这个地区的钾盐矿是有很大的远景的。此外，如海拉尔的呼伦池，贝尔池，锡林格勒盟的达布苏盐湖及龙江以东的许多盐碱湖也应注意研究其中是否有钾盐。

我国西藏是世界上第一个发现硼砂并加以利用（的地区），这里的硼砂产在盐湖沉积中，与第三纪的火山喷发及温泉可能有成因上的关系。柴达木盆地的许多盐湖沉积中都已找到了硼砂，在大柴旦湖并已开始用土法生产。这里的硼可能与其北山的断裂带及温泉有成因上的关系。

美国开采硼盐矿床可分为三个阶段，先从盐湖及盐滩沉积中采取硼砂，继在第三纪地层中开采硬硼钙石（Colemanite），最后则在同样地层中发现了成层厚、品位高的斜方硼砂矿床（Kernite），为目前主要的生产对象。苏联硼矿以硼镁石（Esharite）为主，与石膏共生，为二叠纪盐丘之受风化浸滤的部分。

我国目前的采硼工业还只限于盐湖及盐滩沉积，以后应进一步寻找较老时期的成层矿床，除在西藏唐古拉山湖区及柴达木的第三纪及第四纪地层中仔细寻找有何硬硼钙石（Colemanite）、斜方硼砂、硼镁石或其他硼矿外，还应扩大普查，到其他有希望的地区，如龙江以东大兴安岭东坡的许多盐碱湖及其附近的第三纪或第四纪沉积，俱应进行系统研究以寻找硼矿，尤其因为大兴安岭东坡富含电气石-磁铁矿脉，从电气石风化出来的硼可能会进入盐湖或富集于较老的沉积中。

我国另一硼的来源为燕山期花岗岩与震旦纪石灰岩接触处所形成的硼镁铁矿及针硼镁石矿床，在东北的复县（华铜矿山）、宽甸、凤城等有色金属矿区附近多有分布，河北涞源在同样的接触带中则造成了与硼镁铁矿共生的磁铁矿床。这些硼矿目前已经利用，特别是针硼镁石容易处理，已有生产。至于另一想利用电气石取硼的计划，因加工困难，恐一时尚难实现。

3. 金刚石

我国金刚石产地现知者共有两区：

（1）湖南沅江流域及贵州东部砂金矿中都有金刚石。现已在常德西南的丁家港探得有工业价值的金刚石砂矿。此处适当沅江进入洞庭盆地的口子，金刚石得能格外富集自在意中。

（2）山东临沂附近，详情不明。

以上两区俱产自近代冲积层中，其来源何自，产自何种地层或岩石皆不得而知。

沅江流域一带及贵州东部全属沉积岩区域，只有贵州东北部的梵净山及其附近的若干山则为复杂的火成岩地块所构成，以往从未详查，其中可能含有超基性岩侵入体，包括角砾云母橄榄岩（Kimberlite）在内，以产生原生的金刚石矿床。

山东济南及淄博煤田俱有大块辉长岩侵入体，济南的东南并有铜镍矿床，因此在沂水流域也有发现超基性岩石和原生金刚石矿床的可能。

此外，可能产生金刚石的地点还有祁连山、秦岭和康滇地轴。这些地方都有基性岩和超基性岩，在搜寻铂矿，铬矿或镍矿时可附带注意。

原生金刚石矿都产在角砾云母橄榄岩中，所以要找金刚石，必须先找到这种岩石，但它们产出的岩体往往不过数十公尺，很容易错过，所以最有效的普查方法是用重砂法寻找金刚石或与金刚石密切共生的三种重矿物，即镁铝榴石（Pyrope），镁钛铁矿（Picroil-menite）及铬透辉石（Chrome-diopside），如有发现，即可加强力量，集中试探，以找到含金刚石的角砾云母橄榄岩为最后的目标。

湘黔的原生金刚石矿床可能产在前震旦纪地层中，它可能已经过多次的剥蚀旋回，并曾经富集在不同时代的地层中。要证明这点可先进行震旦纪冰碛岩的淘洗工作，如发现有金刚石，则其成矿时代就可确定。据云在砂矿中与金刚石常相共生的有一种一水铝土矿的圆粒，这种铝土矿可能从冰碛泥所形成，而足为金刚石曾经富集在冰碛岩中的一个旁证。

Ⅷ. 若干建议

（1）要研究深变质、多变质及混合岩中的铁矿，确定它们的工业价值，供以后普查勘探的参考。要在甘肃北山及阿拉善三角地寻找白云鄂博式铁矿可能向西延展的部分。在秦岭地盾的卢氏、洛南及其东西延展（如凤台、淮南）的凹陷带中寻找宣龙式铁矿。太行山东麓林县、邢台（包括武安红山铁矿）是一个矽卡型铁矿丛集的地区，应进行综合研究，以供大规模开发（目前在邯郸已设中型钢铁厂）。山西汾河地堑中沿断裂上升所成的侵入体及矽卡型铁矿，同样也应加以注意。

（2）要更多注意在红土中所产的风化残积锰矿床。建议在平南、江口、桂平、贵县，沿浔江流域的第四纪沉积盆地边缘及柳州、来宾、宜山一带有上二叠纪盖覆的向斜盆地中寻找这类矿床。要把娄山关隆起作为控制遵义锰矿生成的主要因素。最近在云南发现的三叠纪锰矿层是一个新的层位，要予以特别的注意。

（3）要沿整个满蒙地槽带，西至居延海、阿尔泰，东达林东、林西、吉林、小兴安岭，寻找超基性岩及铬铁矿。在祁连山应多注意鱼卡、沙柳河南加里东地槽的铬矿带。

（4）在南秦岭燕山期及康滇地轴华力西期发育的硫化镍矿床似较有望。在康滇地轴南段元江、墨江一带，因气候有利于深厚风化壳的生成，故有发现更多矽酸镍矿床的可能。东川铜矿及其附近的铅锌矿俱含镍，应进一步研究。

除在闽浙，云贵研究玄武岩风化所成红土中的钴矿结核外，应注意中条山铜矿，大冶铁矿，铜官山铜矿及一些矽酸盐交代的铅锌银矿床中的钴含量（如缅甸老银厂铅银矿中有相当多的钴，中国同类型的德兴铅银矿应予注意）。将来勘探滇西铅银矿时亦应注意钴的分析。在铜铁矿中，钴每与黄铁矿密切共生。

（5）中国钒钛磁铁矿的矿量虽大，但因选矿困难，目前尚难利用，应先注意寻找含钛铁矿及金红石的砂矿床及伟晶岩脉矿床。辽南地盾，大青山，北满的若干结晶基岩体以及华南砂锡矿区俱应普查。应在满蒙地盾的中新生代红层盆地中寻找科罗拉多式的铀钒矿床。

（6）横断山脉带，大兴安岭，北满东部山区，温泉伊宁带都可作为今后进一步寻找钨矿的地点。冀东、冀南已发现黑钨矿-石英矿脉，应在本区中石灰岩（主要是震旦纪）与燕山花岗岩（即黑钨矿母岩）的接触处用荧光灯仔细寻找矽卡型的白钨矿床（据孟先生云，解放后不久清华大学师生们已在迁安发现了白钨矿）。在中国最大钨矿区——湘东赣南区——应做更多的工作，以确定钨矿区的分布范围，并研究在此区中钨、锡的分布规律。

（7）钼在中国已证明有极大的储量，以后应继续沿秦岭地盾的花岗岩侵入体及满蒙华力西地槽带中寻找更多的细脉浸染型钼矿。对浙闽粤及新疆的许多辉钼矿石英矿脉，应从研究有无围岩蚀变及其与伟晶岩的关系来作出评价。在横断山脉带中寻找高温锡、钨矿床的同时，亦可注意寻找钼矿床。要分析辉钼矿中有否铼。

（8）应对浙江武康（铜官）、长兴及江西九江（城门山）、瑞昌（铜岭）的几个所谓铁矿点进行研究，它们可能是铜矿，黄铁矿或其他硫化物的铁帽。要在会宁，静宁，秦安可能为祁连山北加里东地槽东延带中以及秦岭柞水系发育的地区寻找白银厂式的铜矿。要在沿海一带，特别是定海，象山，宁德寻找属于太平洋内带的金瓜石式的铜矿。北满东部山地区的东缘也应注意研究。要详细研究马豆子及各种红层铜矿中的稀有分散元素，特别是黑页岩相的马豆子铜矿与德国孟斯菲尔德铜矿有多少相似之处，发现稀有元素的希望更大。越西的黝铜矿中要注意分析锗及碲。

（9）以后应对湘中粤北带（包括水口山），蕉岭梅县带，锦西兴城带，康滇地轴内外带及滇西的许多铅锌银矿群进行系统研究，必能发现更多的新产地。浙江的诸暨、璜山、昌化、富阳及青海同仁夏卜楞的铅锌矿群亦应予以注意。对在川湘黔桂矿产省及在若干陆台上分布广泛的、可能属沉积或潜水分泌的铅锌银矿亦应适当研究，以确定它们的价值。应注意分析各种铅锌矿，特别是闪锌矿中的分散元素，并要证明在高中温闪锌矿中富含铟与钴，而在低温矿床中富含锗与镓的规律是否准确。在共生的黄铁矿中要注意分析硒，碲，铊等元素。

（10）在大兴安岭哈乌尔地块及北满东部山地可寻找从苏联贝加尔东及海参崴北延展过来的锡钨矿带。在横断山脉的云县，顺宁，剑川，维西，德钦，可寻找由南洋及个旧可能向北延展的锡矿带。在温泉，精河，除钨矿外可能也有锡矿的发现，这个矿带可能是从苏联的巴尔喀什湖区延展过来的。在普查锡矿时，除进行重砂测量外，还可试用阿伦斯和里本贝格所提出的在云母中用光谱法测定铟与锡的方法来进行初步评价。此外，要在个旧文山间及个旧、麻栗坡、高平（越南）间布置普查工作，以寻找新的锡、钨产地。在广大砂锡矿分布区域，都要设法寻找原生锡矿床。

（11）中国的一水型铝土矿储量极大，分布广泛，今后应更多地注意三水型铝土矿，并要在闽粤沿海、雷州半岛及海南岛布置普查工作，相信有发现新矿地的希望。中国的层状菱镁矿储量亦大。最近在锡林格勒盟风化壳中发现的次生块状菱镁矿以及在超基性岩区域中受蛇纹石化所成的菱镁矿，俱应予以注意。

（12）中国汞矿的成因问题非常复杂，应结合东部青龙、昌化各矿点进行综合研究，相信对今后找矿可能有帮助。除继续普查和勘探川湘黔桂及横断山脉矿产省中的汞矿外，对于河北青龙的汞矿点应做适当工作，或可供中小型矿业的开采。甘肃岷县的冲积辰砂矿床应设法找出其来源。南岭各地重砂试验所发现的辰砂应进行解释。

（13）中国锑矿的成因及成矿时代也很复杂，要注意研究。锡矿山西北不远的鸡叫岩，构造情况相似，在此勘探可能会发现第二“锡矿山”，应先做地质详测及地球化学探矿，以便获得可靠的资料。浙皖边区的若干锑矿点应予研究，这对矿床成因可能有所帮助。

（14）在中国的许多稀有及放射性元素区域中，满蒙地盾可能是最有希望的一个，应予以密切注意。最好从西到东，横贯地盾做15～25条的伽马测量飞行截线，以便发现异常区。目前对铍、锂矿床已获得若干线索，除在香花岭式矽卡型矿床中工作外，也应研究安源式的萤石锡石矿床中的含铍情况。对铌钽矿床的寻找尚待努力，似应先从研究全国最有希望的伟晶岩着手。今后应发动一个全国性的对砂矿（包括砂金、砂铁、砂锡及海滨黑砂），伟晶岩，黑色有机岩（北方的下马岭页岩，武川的含钒页岩，浙江的石煤，华南的石牌页岩，五峰页岩及含马豆子铜矿的页岩等等），铝土矿，磷块岩及煤层中稀有分散元素的分析与评价工作，并要对各种硫化物、氧化物，特别是大型矿床，如白银厂、镜铁山、中条山等等，矿物中的分散与微迹元素进行测定，以供他日回收利用时的根据。

（15）应在海州外围及淮阳地盾的南缘进一步寻找海州式磷矿，要特别注意蚌埠嘉山一带。要沿康滇地轴及川湘凹陷带中寻找更多的震旦纪及寒武纪的磷矿层。秦岭地轴中的洛南-卢氏-鲁山-凤台凹陷带也是一个重要的磷矿带。从目前迹象来看，高度还原环境的黑页岩相是形成磷矿的有利条件。北方如有磷矿可能在下马岭页岩及其上覆景儿峪灰岩中有海绿石共生的砂页岩夹层中。

（16）四川自流井一带是目前所知寻找钾盐矿层最有希望的地点，亟应先用伽马测井法测探岩盐层中或岩盐层上下有无钾盐层，其次用地球化学探矿法在自流井外围工作，以便圈出有望地点进行勘探。晋南，晋中只有石膏，尚未发现盐层，应进一步搜觅。柴达木盐湖中已探得相当数量的钾盐及硼盐，应予重视，并继续工作。其他地区的盐湖亦应做同样工作，特别在北满的各盐湖。西藏的硼盐矿床应尽先详细研究，同时要注意第三纪中或其他较老时期中有火山岩间层的层状硼盐矿床，因为这种矿床的储量与品位最大最高。已发现若干接触变质带中的硼矿物，也要注意研究并设法利用。

（17）相信贵州梵净山可能是湘西金刚石砂矿的发源地，可布置普查工作，用重砂测量方法追踪金刚石或与其密切共生的三种矿物——镁铝榴石，镁钛铁矿及铬透辉石。应对震旦纪冰碛层进行淘洗，如发现金刚石或其他共生的矿物，就可确证其属前震旦纪。

长江流域地质总论矿产篇*

Ⅰ. 现知矿产的种别，类型及其分布

在长江流域范围内各种矿产是非常多的，特别丰富的，金属如锑，钨，汞，非金属如磷，铝，至于铁，煤，铜铅锌等矿产，也有相当广泛的分布。石油及天然气的显示也非常多，特别在贵州及四川两省，最近在江浙也找到了一些油苗。建筑石料及水泥原料，如石灰岩，砾石等，在本区内有广泛的分布，这为在长江各处建造钢骨水泥高坝准备了有利的条件。兹将现知各种矿产的分布情况，简述如次：

1. 煤

本区的煤矿远不如华北及中原的丰富，其中如江浙、皖南及陕南一带，含煤尤为贫瘠。较重要的煤田分布在黔西、滇东的威宁、水城、宣威一带，俱属烟煤，有些可以炼焦。其次为川东的中梁山，华蓥山及川黔间的南桐，桐梓一带，俱有质量俱优的烟煤和炼焦煤。贵阳附近及黔东的瓮安等处也有重要烟煤，还有许多可能发现的潜伏煤田。以上煤田俱属二叠纪。四川盆地边缘及川东皱褶带中广泛分布的侏罗纪烟煤，质量虽佳（含硫一般较二叠纪煤田为低）但层厚俱不到1公尺，价值较低。

川西金沙江边永仁属的三叠纪烟煤田，分布广泛，煤层富厚，部分还可炼焦，配合盐边攀枝花的铁矿，不久可能发展成为西南一个最重要的钢铁基地。同样的三叠纪煤系还见于云南广通的一平浪和滇西的宾川，祥云等处，但在后者则煤质变为无烟煤，在工业上应用较狭。云南中部宜良、嵩明一带广泛发育了下石岩纪的煤系，煤质属瘦煤或无烟煤，工业价值并不很大，但在宜良的可保村，则开采甚盛，为昆明附近的一个重要煤产中心。

湖南煤田以湘水、涟水及资水沿岸的烟煤田，包括湘潭、湘乡、宁乡及邵阳附近的许多煤田，最为重要，大多数可炼焦，惟层薄，不稳定，且构造复杂，覆盖过多，在探勘上造成许多困难，为一大缺点。湘南耒阳、永兴，沿耒水流域有广泛分布的无烟煤，质佳层厚，为重要的资源。资兴附近有烟煤，局部可以炼焦，值得重视。在湘西及雪峰山江南古陆中有许多下石炭纪的煤田，俱为无烟煤，质劣量小，无大价值。

江西煤田以萍乡为最著，其时代属侏罗纪，为一种配焦气煤。其附近还有二叠纪烟煤及无烟煤，西南自湖南的攸县起，东北至分宜、新喻一带，分布甚广，但煤层不厚，质亦不佳，似无大希望。赣东北的乐平、余干、万年一带，二叠纪烟煤分布亦广，其中如乐平煤含挥发分特高，为最佳的煤炼油原料，惟煤层似不很稳定，为一大缺点。浙赣交界二叠纪煤俱成无烟煤，层薄不稳，希望不大。侏罗纪煤系在江西北部及中部分布很广，含煤情况尚多未明。

---

* 本文为作者1958年为水利部门撰写。原件（手稿）存老科学家学术成长资料采集工程数据库，档号：SG-006-044。——编者注

湖北煤田以大冶一带的二叠纪无烟煤（俗称柴煤）为最重要，因交通异常方便，故开采最盛。其余如蒲圻，嘉鱼，土地塘等处的二叠纪及侏罗纪煤田，交通同样方便，但因含煤贫瘠，故虽屡经试探，终未成功。鄂西北的远安、荆门，有二叠纪无烟煤及侏罗纪烟煤，因交通不便，尚少探采。

综上所述，可见本区中煤田的分布是广泛的，就时代论，有下石炭纪，二叠纪，三叠纪及侏罗纪的四个层位，而以二叠纪及侏罗纪为主，下石炭纪仅发育于滇西、湘西及赣中的若干地区，三叠纪煤田仅见于滇西及川南。在二叠纪中又可分为下二叠纪的阳新底部煤系及上二叠纪的乐平煤系，前者煤层较少且不稳定，但煤质有时却较好，在长江中下游多有开采。

在本区中的煤储量，据初步估计，共有25,000兆吨，其中业已勘探的高级储量为量不多，可见在本区中关于煤的勘探工作，还须大力推进。

2. 石油天然气

在本区中仅有四川的自流井、石油沟（巴县）及圣灯山（隆昌）开采天然气，其中如自流井用天然气熬盐的历史已达二千余年，为世界上凿井采气的首创者。到目前为止还没有找到有工业价值的油田，但油苗的分布则很广，特别在贵州及四川二省，此外在江苏的南京，浙江的长兴，最近也发现了油气苗。

四川盆地主要由白垩纪红层所组成，从西北到东南可分为五带：龙门山山前凹地带，龙泉山隆起带，川中隆起带，川东褶皱带及川南褶皱带。油气苗分布几达全省，尤以油苗为多。目前所知含油气层从奥陶纪到白垩纪俱有，其中如三叠纪嘉陵江灰岩顶部的裂缝储气层业已确定，在石油沟、圣灯山等处开采者俱属此层，在川中褶皱带及川南褶皱带中俱有广泛分布。较为确定的储油层当推龙门山山前凹地带中的白垩纪含油砂岩，在江油一带延长可达数十公里，在川南泸县一带亦经发现同样的油砂岩。川东褶皱带可能为一天然气区，川南褶皱带似亦以天然气为主。江油等处的白垩纪储油层还应进一步试探，可能发现重要油田，而今后发展似应特别注意川中隆起带中的若干潜伏构造。

据最近调查，贵州油苗之多似超出四川。贵州东部沿江南古陆的边缘，古生代海相地层出露很广，其中如奥陶纪，志留纪及泥盆纪地层中俱曾找到油苗。贵州中部，云南西部则广泛分布海相三叠纪石灰岩，在若干隆起带并出露石炭二叠纪地层，在这些地层中也有很多的油苗。本区含油气层俱属石灰岩，有发现珊瑚礁油储的可能。从许多隆起带及超覆关系的存在，可知本区是具有形成油田的有利条件的，从前因找不到构造未予重视，以后应特别注意。

长江下游山地区，包括南京（幕府山），长兴及无锡，江阴等处的油气苗，最近正在初步勘探，似尚有希望。生油层可能是二叠纪栖霞石灰岩，也可能是更老的志留纪页岩及奥陶纪石灰岩。因交通方便，有重视价值。

两湖盆地面积很广，四周山麓常有中生代或第三纪红层超覆于老地层之上，在洞庭湖周围可能有古洞庭湖的湖相沉积，从石油地质观点，俱值得重视。

3. 黑色金属，铁锰矿产

（1）铁：本区铁矿产地很多，矿床类型尤为复杂，其中如盐边攀枝花及当塗大凹山俱属岩浆分异矿床，前者矿量巨大，后者则价值较小，但俱为国内少见的类型，应予特别注意。

就分布论，长江上游云南、川西各铁矿俱属与火成岩有成因关系的岩浆矿床，包括攀枝花的含钛磁铁矿，川西毛姑坝，冕宁，金汤及道孚的接触变质式磁铁矿及赤铁矿矿床及云南中部北自武定，南达昆阳的热液铁矿。在本区的中部，川、黔、湘、鄂、陕、赣等省境内，大部分铁矿俱属水成矿床，其时代有奥陶纪（川西北龙门山及大巴山）、泥盆纪（宁乡式，分布在陕南，鄂西南，湘西，湘北，赣东及黔东）、石炭纪（黔中）、二叠纪（涪陵式，分布在川东南）及侏罗纪（威远式，分布在川中）等，岩浆矿床殊为少见。在陕甘秦岭南部，如西固、成县、礼县的许多铁矿，其成因类型尚多为确定。在长江中下游，西自大冶、灵乡，东迄南京凤凰山又广泛发育了许多与火成岩有成因关系的铁矿，其中包括大凹山的岩浆分异矿床，大冶、铜官山及长兴的接触变质矿床及灵乡、南山（当涂）等处的热液矿床，这种铁矿类型有规律的分布是值得我人注意的。

就储量论，本区铁矿大不如东北及华北的丰富，全区铁矿总储量据初步估计共有七亿吨，其中经地质部勘探过的高级储量约有二亿吨。长江中下游的岩浆矿床虽较为分散，但总储量仍可达1亿～2亿吨。个别矿量最大者当推攀枝花，据目前勘探，已可达二亿吨以上。惟矿石含钛过高（在15％以上），须选矿方法解决后才能利用，同时还含有高量的钒，如钛、钒俱能分出，则因其副产品的收获，可大大增加铁矿的价值。云南中部的热液矿床价值似不很大。川西的许多接触变质矿床，其经济价值尚待进一步勘探决定。

在本区中部分布很广的许多水成铁矿，有些分布零散，（如威远、綦江等铁矿），有的则品位过低（如奥陶纪铁矿），其经济价值还待进一步研究。宁乡式铁矿是本区水成铁矿中之最重要者，但质量俱佳，能集中成为大矿床者亦不多觏。秦岭中的许多铁矿，其成因及价值尚多未明。

铁矿分布与大地构造的关系，目前可得言者有下列各点：

1）西区的许多接触变质矿床，热液矿床及岩浆分异矿床俱产在康滇地轴中，故其分布取南北的趋向。

2）中区的许多沉积铁矿床又可分为若干不同的大地构造单元，如奥陶纪铁矿产在龙门山及大巴山的加里东褶皱区中。二叠纪及侏罗纪铁矿则主要分布在四川盆地中。泥盆纪宁乡式铁矿则分布在江南古陆与华夏古陆间及与四川盆地间的燕山褶皱带中，且多沿着上泥盆纪的古海岸线断续出现。贵州中部的石炭纪铁矿则随着黔中隆起带而分布。

3）东部的许多岩浆矿床则主要沿着扬子江下游的凹陷区，自西南至东北作有规律的分布。

（2）锰：本区的锰矿是比较丰富的，与国内其他地区相比，具有较大的远景，其发展前途仅次于广西及广东。就地理分布，本区锰矿可分为三带：①黔北川南带，分布于武隆，彭水，遵义，湄潭等处，属二叠纪的沉积矿床，以遵义锰矿最为重要，氧化锰及碳酸锰俱甚发育，后者已证明有工业价值。②湘鄂带，其分布北自花园，中经岳阳，湘潭而南达桂阳，以震旦纪的沉积锰矿为主（如岳阳，湘潭），其次为石炭二叠纪的沉积锰矿（如耒阳，常宁），另有少数热液矿床。大多数水成锰矿俱经风化成为锰帽，或结成团体富集于红土中，品位较高。③东带零星分布于赣东北及江浙等省，如乐平锰矿，属震旦纪？南京栖霞山及浙江若干锰矿则多属热液矿床。

就大地构造关系而论，本区的震旦纪水成矿床多分布于江南古陆之中或其边缘地带，石炭二叠纪矿床则多分布在燕山褶皱带中。

4. 有色金属铜，铅锌

本区的有色金属矿床也是比较丰富的，其分布情况及矿床类型，大约如次：

（1）铜：最重要的铜矿为沿着康滇地轴周围并在二叠纪玄武岩分布范围内的各铜矿，包括云南的东川，易门，四川的会理通安及滇黔川各地与玄武岩有直接或间接关系的各铜矿。就矿床类型论，东川，易门及通安为热液交代和充填矿床，会理，荥经，德卓（贵州），永胜，蒙化为红层铜矿，昭通（稻田坝），威宁（铜厂河），峨边，洪雅，荥经，永胜，德卓各矿则都是与玄武岩有关的矿床，包括马豆子的沉积铜矿。还有力马河式的铜镍矿床，分布于会理附近，产基性岩中。其他尚有成因不甚明了的热液矿床，如越西式铜矿。

龙门山及大巴山的加里东皱褶带中铜矿分布亦多，现知最重要者为彭县铜矿，其类型如何尚未研究清楚。

在江南古陆边缘，如湘西北的大庸，石门，辰溪及围绕此古陆的广大地台，如鄂西南的咸丰，五峰，鹤峰及鄂西北的郧西，郧阳，都有产在石灰岩中的低温浅成交代充填铜矿床，其详细类型虽未确定，但附近见不到火成岩则确是事实。在湖南中部大义山一带则有高温的铜锡砒矿床，分布在长宁的炭山窝及桂阳的大顺隆，绿紫拗。在湖南东北部与江西交界处有若干热液铜矿床与接触变质交代矿床，较著者如江西的上高。

在长江中下游，从大冶、阳新起，经安广、庐江、铜官山以至南京附近，有许多接触变质交代矿床及不同类型的热液矿床，业已勘探者为铜官山，阳新及庐江三处。铜官山勘探工作业已结束，为一中小型铜矿，阳新则证明价值不大，庐江铜矿可能属斑岩铜矿，工作尚在进行中。

在江西南部钨矿区域中也有若干铜矿，如赣县铜矿，产变质岩及红色砾岩中，可能属热液矿床。

综上所述，本区铜矿的分布似可分为三带：①康滇地轴带，以东川式铜矿为最重要，已经勘探证明有巨大价值。其他矿床尚待研究。②四川盆地及其周围带，以龙门山褶皱带中的彭县铜矿较为重要。③江南古陆及其周围带，造山运动主要为燕山期，矿床多产在石灰岩中，似与火成岩无关。矿化点极多，经济价值尚待工作证明。在湖南中部及湘赣间的若干铜矿则属热液或接触变质矿床，与火或岩的关系非常明显。

（2）铅锌：本区中最重要的铅锌矿，与铜矿一样，也分布在康滇地轴沿线，其中如东川的矿山厂及会理天宝山俱正在开采，黔西水城的观音山（从前当作铁矿勘探）已证明有较大的价值。其他尚未勘探的矿地还多，如鲁甸的乐马厂，彝良的长发洞及威宁、汉源等铅锌矿，俱可能有相当价值。这一带中的铅锌矿大部分产在石灰岩中，成为热液交代或充填矿床，矿液的来源可能与二叠纪玄武岩有关。

另一重要铅锌矿区为江南古陆与四川盆地间的广大燕山褶皱带，广泛分布在湖北西南部及贵州东部的许多铅锌矿多属此带，在黔东镇远等处的铅锌矿经最近勘探似价值不高，其他矿化点尚多未研究。

在江南古陆与华夏古陆间的燕山褶皱带中有两个重要铅锌矿带，其西者称为湘中带，包括开采多年，已产富矿石达数百万吨的水口山（常宁县属）铅锌矿。这个矿山的残存可见矿量已不甚多，解放后在外围探矿多告失败，但最近在深部（300 公尺以下）却又发现了不少矿体，足见这个矿区还有重视的价值。其他若衡山银坑冲、福田铺，湘乡鸦头山，郴县铁屎垅等各矿，在解放前俱经小规模开采，但价值如何，迄今尚多未明。以上各矿俱属接触交代变质矿床，或中温至高温的热液矿床。在本带之东，赣浙交界的武夷山脉一带，又有许多铅锌矿，如德兴、铅山、弋阳、上饶等矿，为与班岩及火山岩有关的热液交代矿床，经最近勘探似有相当价值。本区铅银矿从隋时即经开采，据历史记载，产银极丰，现仍可见老隆、矿渣密布山间，足证昔日开采之盛，故应予密切注意。

在长江下游，贵池、南京（栖霞山）等处还有一系列的低温至中温热液矿床，因交通方便，亦应注意。

综上所述，本区铅锌矿可分为二个主要带，即：①康滇地轴沿线及其周围各矿，与二叠纪玄武岩有成因上的关系，②江南古陆与四川盆地及康滇地轴间的鄂黔川湘高原区，属燕山褶皱带。属低温或冷水沉积矿床。③南岭沿线及其北的各矿，多属热液及接触变质矿床，可分为湘中及武夷山的二个分带。

5. 特种金属——钨锑锡汞矿产

特种金属，如钨、锑、锡、汞，在本区具有极大的希望，特别是钨、锑矿床，不但在国内首屈一指，在世界矿床中亦为最丰富者，兹分述如次：

（1）钨：主要钨矿区多集中在赣南南岭山脉各县，如大余西华山，安远盘古山，宁都画眉坳，虔南大吉山等处。向南至广东境内还有很多钨矿。向东北在广昌、南丰（苦竹圩）各县亦发现钨矿，并有沿武夷山脉更向东北分布的趋势。向北在宜春西南的饶山亦有钨矿。向西则在湘东郴县、资兴（瑶冈仙）、汝城、临武、茶陵各县亦有丰富的钨矿。以上各矿俱产石英脉中，属高温气化热液矿床，矿石以黑色的钨锰铁矿为最多，重石较少。最多时曾年产一万二三千吨。另一钨矿带分布在湘西，湘北的沅陵，益阳，桃源，平江，浏阳，长沙等县，以重石为主，与金、锑矿共生，亦产石英脉中，属低温热液矿床。

（2）锑：锑矿在本区分布更广，自东而西可分为七带：①浙皖边区带，包括昌化，遂安，绩溪等产地。②湘东区，北起临湘，南达茶陵，产地很多，俱属脉矿，与金及重石共生。③资水沅江带，为中国产锑最富之区，俱属裂缝充填脉形矿床，产于板溪千枚岩中，称为板溪式，仅中部之锡矿山（属新化县）则为交代矿床，产泥盆纪的石英岩或矽化石灰岩中，称为锡矿山式。锡矿山处于雪峰山的复背斜中，各矿区又常与背斜或穹层有关。④湘南粤北带，只有湘南各矿属本区。其中如郴县大冈洞属锡矿山式，其他如桂阳，新田等矿则属板溪式。⑤湘北鄂西带，乃湘东区的延长，包括湖南的华容及鄂西南各矿，大都属板溪式。⑥黔滇川桂高原区，含矿层以二叠纪或三叠纪的石灰岩为主，可能与湘南粤北的宜章锑矿相似，同属于所谓长城岭式。此外锡矿山式及板溪式亦可能有之。本带包括产地很多，在长江区范围以内者只有独山、都匀附近各矿。⑦川康边缘区，包括懋功，松潘，峨眉各矿，详情不悉。

就矿床形式，中国锑矿可分为四式，即：

1）板溪式，为低温的裂缝充填脉矿，主要产在震旦纪非碳酸质岩石中，以板溪锑矿为代表。

2）锡矿山式，乃交代充填矿床，产在泥盆纪的矽化岩石中，属低温或冷水沉淀矿床，以锡矿山锑矿为代表，矿量最大。

3）长城岭式，为二叠三叠石灰岩或非碳酸质岩中的交代或裂缝充填矿床。以宜章长城岭（不属本区）为代表，在黔、滇分布很广。

4）右江式，为红土中的氧化结核矿床，以广西右江为代表，已出长江流域的范围之外。

（3）锡：中国锡矿的分布主要形成两个带，即南岭带与沿海带，后者不在长江流域范围之内。南岭带锡矿又可分为五个区域，其中除最重要的云南个旧锡矿及广西的河池、南丹与湘桂等三个矿区不属本区外，只有湘南的大义山与赣南的钨锡矿则属本区。大义山区铜、锡、砒共生，价值不大，赣南各矿则以钨为主，只有若干矿区，如大余的洪水寨，漂塘及崇义等处产锡较多。

（4）汞：本区包括中国最重要的湘黔边区汞矿，如晃县（酒店塘），凤凰（猴子坪等），铜仁（万山场、岩屋坪等），松桃各矿。自此向西北，在四川的酉阳，秀山一带，向西南，在贵州中部开阳（白马洞），三都等处俱有汞矿开采。湘黔边区汞矿位于湘黔背斜之西翼，走向北北东南南西。矿床分布层位有寒武纪的牛硐矿层，茉莉坪矿层，万山矿层，猴子坪矿层及水红矿层，以及奥陶纪的田坝坪矿层。以上各层位俱产于石灰岩中，成细脉浸染状态。伴生矿物有乌砂，自然水银，辉锑矿，石英，方解石，白云石，重晶石，土沥青等。

川黔矿区分布于金鸡山背斜及秀山背斜与铜麻溪背斜之西翼，走向北东南西，可视为湘黔区的延展部分。矿床成脉状或砂积矿床。

黔中汞矿位于洋水背斜的两翼，走向北北东—南南西，成裂隙充填矿脉，产震旦纪及二叠三叠纪的石灰岩中。伴生矿物与上大致相同。

6. 非金属矿产

本区的非金属矿产种类很多，包括石棉，云母，滑石，石墨，萤石，磷矿，铝土矿，黏土，黄铁矿，石膏，石灰岩及建筑石材等种种。

（1）石棉：主要分布在秦岭褶皱带（加里东褶皱带及一部分的秦岭地轴）及康滇地轴。前者的重要产地为河南的淅川、内乡、镇平及陕西的略阳、平利、镇平，湖北的南漳、郧县等处，石棉的矿物种类及纤维长度等俱少研究，矿量更未详细测定，仅知淅川、内乡各矿储量共可达80余万吨，而略阳、平利各矿俱曾开采，可知其意义较大。

沿康滇地轴的南北两端俱有石棉，最重要的为北端的丹巴、康定、越西、石棉，南端的姚安、楚雄、绿劝一带。越西草八机的石棉，纤维长16cm，曾经开采，价值较大。其他产地的情况不详。此外在湖北宜昌，四川珙县等还有零星石棉产地，不详述。

（2）云母：云母的分布更广，而要以沿康滇地轴北端的各产地价值最高，其中如丹巴的日布山业已开采，而自丹巴向南，经康定、泸定、石棉以达越西，云母产地几乎连绵不绝，再向南至四川的会理及云南的丽江又有云母矿产出现。丹巴越西一线之东，在松潘、茂县、汶川一带及四川盆地边缘又有许多云母的矿点。

另一重要云母带分布在江南古陆与华夏古陆间的若干古陆，特别在赣南钨锡矿区中，云母产地很多，如江西的永丰、南丰及赣南各县，大多为白云母，少数则为锂云母。

在淮阳地盾的南缘，如湖北的应山及江南古陆的江西星子各处，也有相当重要的云母矿床。

以上各云母矿俱产在伟晶花岗岩中。其他零星产地不详述。

（3）滑石：本区内滑石产地不多，主要在秦岭地轴中的洛南、商县。还有四川盆地中的滑石（仁寿、江津及叙永等），可能系多水高岭石之误。

（4）石墨：石墨分布在下列各带：①秦岭地轴及褶皱带的内乡、镇平各产地；②大巴山褶皱带的广元、南江各产地；③江南古陆的西缘，分布在湘西高原，包括从慈利到黔阳的各产地，可能都由煤层经过区域变质而成；④扬子褶皱带，零星分布在通山、黄梅、青阳及南京附近各地，大都由煤层经过火成岩的变质而成；⑤湘中褶皱带，如湘潭到耒阳各产地，成因与第四带同；⑥华夏古陆与江南古陆间的若干古陆，如江西的宜黄，资溪各矿。

本区内的石墨矿床大多未经详细研究，除少数成脉状产于片麻岩中外，大多数呈层状而产于不同程度的变质岩中，其时代可能很不一致，从前震旦纪以至古生代各层俱有。至于石墨的品质，除少数肯定为鳞片的结晶外，大多数可能都为块状石墨。

（5）萤石：本区中的萤石矿可主要分为三带：①浙江北部长兴、吴兴、杭县等处的萤石矿，都成脉状产于中生代流纹岩或花岗岩中，与燕山期运动有关。本带向南，在浙江境内，随着流纹岩及花岗岩的出露，萤石矿床还延展甚远，组成中国最重要的萤石矿带。②湘北湘中带，包括岳阳，临湘，醴陵，衡山各产地，都与铅锌矿共生，显属中温热液矿床。湘南、赣南沿着南岭山脉分布的许多锡矿和钨锡矿中，都有萤石矿物共生，这是属于高温热液的矿床。③四川盆地东南边缘及四川盆地与江南古陆间的矿床，如四川的石柱、彭水、酉阳、秀山等矿，俱产在水成岩中，与火成岩的关系不明。此外还有许多零星产地不详述。

（6）磷矿：本区的磷矿资源是丰富的，它主要分布在康滇地轴的东缘。已开发的有北端的大渡河区，分布在峨边，峨眉及沐川各县。向南在会泽境内亦已发见，再南则在昆阳，昆明，安宁一带又有许多磷矿产地。这些磷矿都产在寒武纪底部，不止一层，厚可达数公尺，储量极大，矿石含 P_2O_5 俱在25%以上。

另一磷矿带是在江南古陆的西缘及川黔隆起带附近，已发现产地有贵州的松桃、遵义及湖南的晃县、保靖，也属寒武纪底部，矿层厚1～2公尺，惟品位较差。最近在开阳洋水用砂坝附近发现的磷矿则位于澄江砂岩与灯影灰岩之间，厚3～15公尺，品位极高，含 P_2O_5 平均在34%以上，为我国目前所知最佳的磷矿，其时代似属震旦纪。在开阳，位于灯影灰岩以上寒武纪底部的磷矿也经发现，称为上磷矿层，但厚度及品位远不如下磷矿层之佳。

以上磷矿有的已经勘探证明有极大的工业价值。此外在扬子江下游南京及杭州附近还有许多产地，矿床分属奥陶纪，志留纪及二叠纪三个不同层位。属奥陶纪者仅见于南京的幕府山，属志留纪者则产于高家边页岩的顶部，已发现龙潭及栖霞山二处。属二叠纪者则分布于龙潭及杭州西湖附近，成结核状，含 P_2O_5 在20%，惟层薄量少，只有小规模开采的价值。

（7）铝土矿：本区铝土矿俱属一水氧化铝的硬铝石，可分为二区：①在贵州中部的贵筑云雾山，修文九架炉及清镇广兴，产于奥陶纪灰岩与中石炭纪灰岩之间，紧位于奥陶纪侵蚀面之上。高级矿厚1～2公尺，白色块状，含 Al_2O_3 70%～83%，SiO_2 <5%，Fe_2O_3 <1%，适于制造研磨料，高级耐火材料及炼铝之用。低级矿则含 SiO_2 从20%到40%，也是很好的耐火材料。②云南中部昆阳—昆明—安宁一带，康滇地轴的东边，矿层厚1公尺至数公尺，不整合于寒武纪或泥盆纪地层之上，而为石炭纪及其他地层所超覆。矿层本身可能也属石炭纪。高级矿厚约1公尺，层位较云雾山更不稳定。品位及矿石形状

与贵州大致相仿。

最近在云雾山的勘探工作证明，铝土矿层的相变及高级矿石在垂直和侧面方向的变化是非常巨大的，故高级矿石的储量不会很多。

（8）黏土：本区的黏土矿产分布非常广，因未详细调查，故矿石品位尚多未明。就地质时代论，则有志留纪，石岩纪，二叠纪，三叠纪，侏罗纪及第三纪的各种。就层位论，则有侏罗纪，中二叠纪及下石炭纪煤系中的各黏土层及侏罗纪与上三叠纪间，下三叠纪与上二叠纪间，中二叠纪与下二叠纪间，下二叠纪与石炭纪间，每个可能与侵蚀面有关的风化沉积矿床。

区内重要黏土矿可分为五个分区：①秦岭区，西段在两当、凤县一带，俱产侏罗纪煤系中，东段竹溪、保康一带则俱属二叠纪，其下伏岩层则为五通石英岩。②四川盆地的东南缘乐山、古宋、重庆、万县一带，主要产侏罗纪及二叠纪煤系中，也有属于各层间的风化沉积矿床。③湘北区，主要分布在长沙附近上新统白沙井沙土层中。④湘西南祁阳、零陵一带，侏罗、二叠及下石炭纪的各黏土层俱有发育。⑤江西区，包括鄱阳湖沿岸及赣南，为长江区中最重要的黏土矿产地，有的是伟晶花岗岩的风化产物，有的则属震旦纪或前震旦纪变质岩中的矿床。全国闻名的浮梁景德镇陶瓷业中心，也位于本区之中。其他零星产地不详述。

（9）黄铁矿：本区黄铁矿产地不多，且都零星分布，较为集中的有两个区域：①秦岭西段，从天水至镇巴，产地很多，属侏罗、二叠及石炭等纪煤系中的结核团块或层状矿床。以往开采甚盛，究有多大价值，尚待研究。②长江沿岸自大冶、贵池而至当涂的马鞍山为目前所知最重要的黄铁矿带，其中马鞍山业已开采，产中生代火成岩及火山岩中，属中温热液矿床，矿石品位很高，含硫在40%以上。贵池火龙冲黄铁矿产于花岗岩与志留纪页岩的接触带，值得注意。

此外江西德兴有两个黄铁矿产地，呈脉状产于千枚岩及页岩中，颇值注意。

（10）石膏：本区的石膏矿分布比较零散，且研究未精，尚难得出肯定的结论。就时代论，则有第三纪，白垩纪及三叠纪的三种层位，石膏俱产红层中，有的则与盐共生。最重要的石膏及盐的产地为两湖盆地的周围及其古港湾的伸入地区，已知产地有湖北的应城，湖南的澧县，浏阳，湘潭及江西的永新，泰和及鄱阳湖西侧的南昌附近。石膏俱呈纤维状，成层不厚而多，夹于含盐的蓝色泥页岩中。

另一石膏的集中产地则为川东盆地的达县、巫山、巴东一带，俱属三叠纪的巴东系，以红色页岩为主，内夹石灰岩簿层。四川中部及南部的嘉陵江石灰岩则以灰岩为主，其顶部有一层硬石膏，在隆昌、自流井一带甚为发育，厚可达数十公尺。

四川盆地中部的白垩纪地层中也产石膏，性质及厚度不详。石膏为制造水泥所必需，在水利建设计划中应予重视。

（11）石灰岩：石灰岩为制造水泥的主要原料，也是重要的建筑石材，故在水利建设工程上必须予以特别的重视，在长江流域内石灰岩的分布是非常广泛的。除震旦纪、寒武纪等品质欠佳的石灰岩不计外，适合于制造水泥的石灰岩计有奥陶纪，石炭纪，二叠纪及三叠纪四种，其中石炭纪成层较薄，其他各层俱为厚层。就品质论，下奥陶纪灰岩几全部为白云质石灰岩，下二叠纪灰岩含矽石较多，有些地方的三叠纪灰岩中也夹有许多白云石层，故必须考虑应用范围，交通条件，详测剖面，采样分析。在许多坝址或水泥厂的附近相信必可选择到品质优良的石灰岩，以供制造水泥之用。目前在长江流域内已建立的水泥厂有重庆，黄石港（大冶），龙潭（南京附近）及上海四处，合计年产水泥共约180万吨。为供给大规模的水泥建坝之用，还大大不够，必须新建水泥厂，故对于石灰岩的调查与研究亦为不可少的工作。

Ⅱ．储量，产量及水库对矿产的影响

长江流域各种矿产的勘探工作正在进行，大多数矿产的储量即使是低级储量的计算，尚多未完成，所以目前不可能做出一个精密的统计。但为给予人们一个概略的观念，在这里根据地质远景的评价及少数勘探数字估计出一个笼统数字，也是有用处的。至于产量的统计亦颇难搜觅，兹一律加以估计，荟列为第一表。

目前因水库的范围及施工先后尚多未定，故水库对矿产影响的问题，颇难讨论，俟范围确定后，再结合现知矿点的详细位置，绘成水库范围内的矿产分布详图，然后逐次进行调查，如发现有重要矿化情况，当进行详查及勘探，如确系有巨大价值的矿区，当再建议总队商讨补救办法。

长江流域范围内各种重要矿产的估计储量及产量表

矿产	估计储量	年产量约计（吨）	附注
煤	25,000兆吨		
石油及天然气			希望很大，尚难估计储量
铁矿	7,000,000万吨		
锰矿	3,000万吨		
铜矿	300万吨		
铅锌矿	200万吨		
钨矿	300万吨		
锑矿	200万吨		
汞矿	100万吨		
锡矿	30万吨		
磷矿	30,000万吨		
铝土矿	3,000万吨		

以上产量请队上设法加

Ⅲ．进一步工作的方向

（1）为了水坝及其他水利建设的需要，必须首先对在水坝及拟建水泥厂附近的水泥原料，如石灰岩，石膏，泥土及其他建筑材料，如石材，砾石，砂土等加以调查，以便保证这些材料的供应无缺。

（2）俟水库范围内的矿产分布详图编制完成后，应即拟定计划，在短时期内将各种已知矿产及情报地加以调查，然后再择有望地点进行详查及勘探，以便划出若干确有价值的矿区予以保留。

（3）应选择耗费电力最大最多的若干工业企业，如炼铝工业，原子能矿物制炼工业等，进行关于矿物资源的普查和勘探，确立原料基地，进行总体设计，以便能对将来从水力发电厂发出的庞大电力予以有效的施用。

（4）对于长江流域范围内最重要的矿产，如南岭的钨、锡，湘西的锑，湘黔间的汞，沿着康滇地轴分布的铜，铅锌，磷，滇黔的铝土，西康及长江下游的铁，滇黔间的煤田等，必须尽先予以调查，并划出最有希望的地点进行勘探。

（5）应在现知大地构造的基础上，结合沉积型相，构造形态，古地理环境，火成岩活动，各种元素的地球化学特性及矿床的种别、类型与分布关系，作出关于在大区域内成矿规律的研究，以供各个矿区远景评价的根据。

成矿规律*

解放后近九年的普查勘探工作给我们发现与证实了许多具有重大工业价值的矿床，在矿床上增加与补充了新的内容。不论在矿床的类型、成矿的条件、成矿时代和成矿区的认识上，获得了较深刻的了解，为我国今后在找矿的指导上和矿床学的研究上，提供（奠定）了丰富的理论基础。

Ⅰ. 我国苦干重要的矿床类型

我国幅员广大，各种矿床类型几乎都有发现，有些类型在世界上尚属首次证实；有些则完全可以与国外相比；有些类型虽在国外也有，但矿床规模远远地不能与我们相比拟。现把几种最重要的类型略述如下：

1. 含稀土元素的高温热液交代的磁铁矿及赤铁矿床

产于内蒙古西部白云鄂博，围岩为前震旦纪的白云岩，为交代性质的大矿体。局部具交代生成的条带状构造，有明显而宽广的碱金属（以钠为主）及稀有元素交代蚀变带。矿体中除磁铁矿及赤铁矿外，含不等量的萤石及大量的稀土元素矿物，与邻近的较碱性（含钠高）花岗岩有成因上的关系，花岗岩与围岩接触处有宽度不大（几百公尺）含富钠辉石的混合岩带。矿床中所含稀土元素的储量可与世界上任何矿床相比较。其中并含放射性元素，为我国解放后肯定的一个新的类型。

2. 前震旦纪变质岩中条带状磁铁矿和赤铁矿

与苏联“含铁石英岩”和美国的“铁燧岩”大致属同一类型，一般变质程度较深，局部受了不同程度的花岗岩化作用。这种类型的铁矿具有最大的价值，远景储量占全国的首位。自江西新喻铁矿发现后，证实了在我国古老地层分布区域内即具有发现本类矿床的可能，已知产地有辽宁、吉林、河北、山西、山东、河南、江西等省。

3. 细脉浸染型钼矿床的发现

使我国钼矿的远景储量跃居世界第一，为解放后发现的重要矿床类型之一，分布于吉林省永吉、陕西华县等地。永吉大黑山钼矿的矿化现象为辉钼矿和黄铁矿，呈细脉状和浸染状，分布于蚀变的花岗斑岩内；矿成等轴形，品位一般为万分之几，矿区的中心地带较富集，品位可达 0.1%以上。华县金堆城钼矿，辉钼矿呈细脉状浸染于震旦纪变质安山岩及中生代的花岗斑岩中，矿化范围呈椭圆状，矿化深度已知 300 公尺以上，含钼品位由万分之几至千分之几。

4. 与花岗岩有成因关系的锡矿床

在我国分布极广，其中有与碳酸盐类岩石接触处的锡石-矽卡岩型矿床。具极大的远

* 本文依据有作者签名的打字稿付印。打字稿存老科学家学术成长资料采集工程数据库。档号：SG－005－040（与《中国矿产分布规律的初步研究及今后找矿方向的若干意见》同档号）。——编者注

景，如我国的云南个旧、湖南郴县及广西大厂等处。

矿石生于花岗岩、花岗斑岩或石英斑岩侵入岩体（呈岩钟、岩墙或岩脉）与碳酸盐类岩石的接触带内，储量一般均达相当规模。并附含钨矿。

由于我国内生锡石-硫化物锡矿床特别发育，与之相关联的坡积残积类型的砂锡矿床分布亦很广，规模较大。

5. 黑钨矿-石英脉及矽卡岩型白钨矿类型矿床

我国赣南粤北一带为世界著名的产钨区，矿与花岗岩有密切的成因关系，主要为黑钨矿-石英脉及矽卡岩型白钨矿床二个类型。如围岩为矽铝质岩石（花岗岩或砂岩）则生成黑钨矿-石英脉（如大余西华山等地），围岩为碳酸盐类岩石时，则造成巨大的矽卡岩白钨矿床（资兴瑶岗仙）。

6. 我国的铜矿分布异常广泛，其中最重要的有下列几个类型

生于前震旦纪地层中的东川铜矿及中条山铜矿。前者产于轻微变质的碳酸盐中，为似层状铜矿。矿呈散点状或细脉状，主要矿物为斑铜矿、辉铜矿、黄铜矿。

（1）中条山铜矿是解放后新找到的类型，矿体产于前震旦纪绢云母石英片岩中的变质花岗闪长岩内，成细脉浸染型的似层状矿床，矿物成分及蚀变现象与国外标准的斑岩铜矿相似，其成矿时期为前震旦纪，为铜矿的主要类型之一。

（2）江西德兴铜矿，矿产于蚀变的花岗斑岩及蚀变古老石英斑岩的接触带地方，规模相当巨大，可能要超过东川铜矿。最近在浙江绍兴也发现了同类型的铜矿，有很大的远景。

（3）黄铁矿型铜矿，这是解放后新找到的类型，矿产于地槽边缘相的细碧角斑岩系（尤其是石英角斑岩）及其有关的岩石中，与苏联同类型的矿床大致相似。除甘肃皋兰白银厂及四川西部彭县外，最近又于青海祁连发现了同类型的矿床，其分布面积超出白银厂好多倍。

7. 对铅锌矿方面的主要发现和证实了几个重要的类型

产于石灰岩中的高温和中温热液交代矿东床。矿与附近中酸性小侵入体有关，本类矿床亦称矽卡岩型交代铅锌矿床，矿物成分较复杂，蚀变种类也多，已知产地有湖南水口山、黄沙坪、广东连南及东北延吉天宝山等地。

生于各种岩石中的脉状铅锌矿床，解放后也有发现。矿产于破裂带中，围岩性质不一，共生矿物不太复杂，多属中温矿床，储量可达数十万吨。在我国此种类型的重要产地有湖南桃林、青海锡铁山。

8. 锡矿山式锑矿

中国的锑矿储量占世界第一，其中重要的类型之一为产于湖南锡矿山的锑矿，矿产于泥盆纪矽化灰岩中，呈囊状、脉状及浸染状等，矿体上部有页岩层覆盖，规模巨大。

9. 中国的磷矿分布异常广泛

其中最主要的有震旦纪及寒武纪二个时代的沉积磷矿，矿成层状，分布面积之广，规模之大，为世界所罕见。震旦纪的沉积磷矿以贵州开阳为代表，其含磷品位为世界第一，平均达 $P_2O_3$35％左右，最高可达 40％以上。矿层最厚达 15 公尺，最薄者也大于 3 公尺。寒武纪磷矿产地特多，但以云南昆阳为代表，分布于滇、黔、鄂、湘、豫、皖等省及贺兰山一带。

产于前震旦纪变质岩中的变质沉积磷矿为世界少见的类型，磷产于结晶片岩，碳酸盐岩等地层中，产地如江苏东海，安徽宿松等处。

10. 石棉

我国的石棉矿产，具有世界上的各种工业类型，其中最特出的为四川石棉县的纵纤维蛇纹石棉矿（超基性岩的），最长的纤维长达2公尺以上，不论从矿床的规模和质量来说，目前世界上还没有能够与它相比拟的。

11. 菱镁矿

主要分布在辽宁海城大石桥及山东掖县等处。矿石产于前震旦纪的白云岩或石灰岩中，呈层状矿床，矿石为结晶质菱镁矿，呈层状或扁豆状，分布宽广，储量极大。

12. 压电石英

我国海南岛羊角岭具有规模巨大的矽卡岩型压电石英矿床，石英生于花岗岩侵入体与石灰岩接触处，灰岩绝大部分已全部被同化。为一特殊类型的矿床。

13. 陆相盐湖中的盐类矿床

本类型矿床在我国西北地区的几个盆地中有广泛的分布，规模巨大，例如柴达木盆地中的察尔汗盐湖，面积达2,000余平方公里，含盐层厚一二十公尺。

在柴达木盆地中陆相盐湖的钾盐及硼砂矿床，储量亦达相当规模。

14. 我国东北的接触交代型的硼矿床

分布在宽甸、凤城等地，矿产于花岗岩与碳酸盐岩接触带，有极大远景。

15. 明矾石

我国的明矾石矿床主要分布在闽、浙、皖一带，且有世界上最大的明矾矿床，矿体产在火山凝灰岩和凝灰角砾岩中，呈层状或透镜状，为热液交代型矿床。

总之，我国的各种重要工业类型的矿床尚多，例如汞、铝……稀有分散及放射性元素矿床等均有特殊的类型，不一一备述。

Ⅱ. 矿床生成条件

在我国广大的区域内，具有各种各样的地质现象，地质构造有其自己的特征，这给我国的矿产赋存创造了良好的条件，从已经获得的一部分资料进行分析，无论在岩浆的专属性、构造控制、岩性控制及层位关系等方面都有其一定的规律。

1. 岩浆专属性

中国的岩浆活动是多样性的，并且种类非常复杂，它对于各种矿床的形成，有极为密切的关系。根据这一理论，我们曾在各种岩浆（岩）分布的地区寻找各种需要的矿产，并已经取得了很大的成果。

近几年来为了寻找铬矿和镍矿，我们对于超基性岩有了更多的认识；属于超基性岩的纯橄榄岩、蛇纹岩，产有铬矿、铂矿，如我国内蒙的锡林格勒盟及二连一带，为中国已知超基性岩分布最大的区域，延长达2,000公里以上，成为我国目前铬铁矿的重要产地。另外，基性岩如辉长岩、辉石岩及蚀变的基性岩如蛇纹岩等中产有钒钛磁铁矿、硫化镍矿及矽酸镍矿。实例为四川盐边攀枝花及河北、滦平、大庙等处的钒钛磁铁矿床；四川天全大川场、会理小官河、力马河、云南新平等地的硫化镍矿及云南墨江、金平等处的矽酸镍矿。

酸性岩浆（岩）方面，根据研究中国东部若干花岗岩（主要是燕山花岗岩）的化学成分及其专属性发现，锡、钨、钼、铜、铁是随着花岗岩类酸度的降低而增加，即铁与石英闪长岩及更中基性的一些侵入岩有关，铜与花岗闪长岩有关，钼与斜长花岗岩及黑云母花岗岩有关，钨与黑云母花岗岩有关，而锡则与白岗岩有关。

碱性岩系与稀有元素有密切的共生关系，但过去我们对这方面的研究工作做得很少。目前对碱性岩产地所知不多，最著名的如山西汾河鹿顶山、桥山及临汾紫金山的碱性霞石正长岩。此外，山东东部及广州附近的碱性粗面岩以及长白山的碱性流纹岩亦值得注意。

2. 构造控制

在矿床生成的地质条件中，构造控制作用同样具有重要的意义。根据我国大地构造的发展特点和矿产分布情况和研究，我国的许多较大的矿床常出现于某一定的构造单元中，受构造的控制；如地槽、地台及两者之边缘拗陷带。在某些具体的小范围内，矿床的位置和形状，则与当地某种构造的情况有着密切的关系，如大断裂、小断裂、裂隙、背斜、隆起等等。

我国大部分的金属矿产，尤其有色金属矿产，多分布在中国东部地区即所称太平洋金属带中和中国西部的褶皱带中。西部褶皱带包括阴山东西构造、秦岭东西构造、祁连、昆仑等褶皱带等的边缘拗陷带的矿床，诸如震旦纪和泥盆纪的沉积铁矿和湖南湘潭、贵州遵义、辽宁瓦房子等的锰矿和我国规模巨大的开阳、昆阳、襄阳等地的磷矿。

我国的许多铅锌矿，大冶式铁矿，包括太行山东麓的铁矿，长江下游的铜矿，广西大厂锡矿等等，矿体生于大断裂带中。我国著名的钼矿床，如陕西金堆城，辽宁杨家杖子等，和贵州的汞矿床，都受大断裂旁的小断裂所控制。我国东南地区花岗岩体中的石英脉钨矿脉，呈密集细脉状，也与构造中的节理发育情况有密切的关系。

其他如我国的钨矿、锡矿、铅锌矿、汞矿、锑矿受背斜和短轴背斜的控制，如个旧的锡矿、锡矿山的锑矿、会泽矿山厂铅锌矿均受短轴背斜（隆起）的控制。

3. 岩性控制

岩石性质，其中主要的为岩石成分及其孔隙度，对成矿也起着一定的控制作用。如围岩的不同性质往往可以决定矿产的类型和物质成分。例如：钨矿在矽酸盐岩石中为石英脉黑钨矿，在碳酸盐（岩石）中为矽卡岩型白钨矿，锡矿在矽酸盐中呈石英-锡石矿床，在碳酸盐岩中呈硫化物锡矿体；铅锌矿在矽酸盐岩中呈脉状型，在碳酸盐岩中呈交代型。

我国的震旦纪镁质石灰岩（白云岩含燧石）较为发育，因此与火成岩的接触带中，常易生成滑石，菱镁矿，石棉以及硼镁铁矿。

一般中等孔隙度的岩石为产生矿床的有利围岩，中等孔隙度的岩石上覆盖有致密的页岩往往成为良好的生矿条件，如湖南新化锡矿山的锑矿，生存在长龙界页岩的盖层下面的矽质页岩中。

4. 层位关系

我国许多外生矿床的层位如下表所列：

铁：

震旦纪（宣龙式）、寒武纪（岭南式）、奥陶纪（清镇式，宁南式）、中、上泥盆纪（宁乡式）、石炭纪（山西式）、二叠纪（涪陵式）、侏罗纪（綦江式）、第三纪（右江式）及第四纪（云浮式）等。

锰：

震旦纪、奥陶纪、泥盆纪、石炭二叠纪、三叠纪、侏罗纪、第三纪。

磷：

震旦纪（开阳式）、下寒武纪（昆阳式）、奥陶纪（幕府山式）、志留纪（高家边式）、二叠纪及近代鸟粪堆积等。

此外，一般认为内生矿床的一些矿种，如铜、铅锌、汞等矿床，在某些区域范围内，如黔东、湘西等地，也具有一定的层位关系。造成这种层位关系的原因，目前还不明了，有些与岩性（容易交代或富于有机质的地层）或构造（透水带、破碎带、断裂带）有关，也有些则可能与沉积间断及古地理有密切的联系，而由于一定的风化剥蚀及沉积轮回造成了原始含矿层，以后再经潜水的浸溶分泌而造成了堪采的矿层。

铅锌：

西南地台区域（包括四川、云南东部、贵州）——震旦纪、寒武奥陶纪、石炭纪、二叠纪。

铜：

西南地台区域——震旦纪、寒武奥陶纪。

汞：

黔东湘西区域——震旦纪、中上寒武纪、奥陶纪。

黔西区域——二叠纪、三叠纪。

云南区域——石炭二叠纪、三叠纪。

广西区域——上古生代、三叠纪。

Ⅲ．成矿时代

我国对于成矿时代的研究，尚不详细，有些问题迄今还未解决，今后尚需更进一步地努力着手进行。根据目前所得资料，可分为下列几个成矿时代。

（1）前震旦纪的吕梁期为一重要的成矿时期，许多重要的铁矿（鞍山式、白云鄂博式?）、铜矿（中条山）、菱镁矿、滑石、放射性及稀有元素矿床、磷矿（海州、宿松）等俱系此时所造成，其中以铁矿及铜矿分布最广而最为重要。

（2）加里东成矿期：（或包括华力西）主要在我国西部祁连山、天山一带及部分秦岭地区，造成的矿产有白银厂的黄铁矿型铜矿、多金属矿、铬铁矿及镍铜矿，白银厂的成矿时代也有人谓为加里东—华力西期者。

（3）华力西成矿期：造成了我国最大的铬铁矿床（内蒙古）、镍矿（力马河）、铅锌矿（天宝山）。在康滇地轴，蒙古地槽及秦岭的一部分，天山，昆仑山等处都异常发育。新疆的钨钼矿，阿尔泰的伟晶岩中的稀有元素及四川丹巴的云母矿床，都为华力西成矿期的具体实例。

（4）燕山成矿期：在我国东部最为重要，在西北青海湖区，康藏的唐古拉山及横断山脉俱有分布，组成了太平洋外带金属矿的特征矿床。包括的矿床甚多，最重要者为锡、钨、钼，在我国东部分布甚广。其次为铜（矽卡型、斑岩型及脉矿），铁（矽卡型、热液型），铅锌（各种脉状矿床），镍、铬、锑、汞、雄黄、雌黄、萤石、明矾石及稀有元素矿床。

（5）喜马拉雅成矿期（第三纪）：在我国仅知台湾金瓜石铜矿，瑞芳金矿及铬铁矿。

大陆上玄武岩中的钴矿应属本期的产物。还有红层中的重晶石-铅-锌建造。

以上所述主要为内生矿床的成矿期，也附列了一些变质矿床。其他外生矿床的成矿时期尚多，已在上节层位关系中叙述，兹不重复。

川湘黔桂一带的汞及铅锌铜矿床，其成因问题尚待研究，可能是属多种成矿时期的产物。

兹将中国各成矿时代及其发育的矿种列表如下：

中国成矿时代简表

界	系 地 壳 运 动	内 生 及 变 质 矿 床	外 生 矿 床
新生界	第四系、上新统、中新统、渐新统 } 喜马拉雅运动 始新统	铜（金瓜石） 钴（玄武岩中）	泥炭 半烟煤、褐炭、硅藻土 红层铜矿 石盐、石膏
中生界	白垩系、侏罗系 } 燕山运动	锡、钨、钼、铜、铁、铅锌、镍（济南）、铬（河北）、锑、汞、砷、萤石、明矾石	半烟煤，红层铜矿
	三叠系—印支运动		铜（红层铜矿）、石膏、石盐。位广西白显
古生界	二叠系、石炭系 } 华力西运动	铅锌（天宝山、矿山厂） 镍（力马河）、铬（内蒙古）	铁（涪陵式）、锰(遵义式)、磷（龙潭式)、铜（马豆子式)、煤、油页岩、铝土矿，铁（山西式）、锰(宜山式)
	泥盆系、志留系、奥陶系 } 加里东运动	铜（白银厂）、铅锌（锡铁山?） 铬、镍（秦岭? 祁连山）、 铂（祁连山）、铁（四川泸沽）	铁（宁乡式）、锰 铁（江油式）、磷（高家边式） 铁（宁南式），磷（幕府山），石膏
	寒武系	汞（?）	磷（昆阳） 铁（岭南式，清镇式）
元古界—太古界	震旦系		铁（宣龙式）、锰（湘潭式、瓦房子） 磷（开阳）、铁（四海式）
	滹沱系、五台系 } 吕梁运动	铜（中条山）、金、铅、锌、铁（鞍山式）、磷（海州） 菱镁矿、滑石、铀、钍、及稀有元素	

Ⅳ. 成矿区域

根据地质特征及矿产的分布情况，可分为东西二大部分，现分别简述如下：

1. 东部

北起大兴安岭，南延至华北（包括山西），继淮阳地盾，向南直延至海南岛，在地质上包括江南古陆及其东南部所有地区。也即C·C斯米尔诺夫所谓太平洋金属矿带，其中又为几个东西向的古老地块所分割，致使东部地质情况南北不尽一致，中新生代火成活动相当发育为其特征。

依据斯米尔诺夫的意见，太平洋金属矿带可分为内外二带，我国除台湾外俱属外带，其特征为：①侵入岩一般为高度酸性的花岗岩，超基性岩发育较少；②以锡矿、黑钨矿为最特征的矿床；③铜矿及富银的铅矿（Bonanza）一般不发育或规模不大；④没有很大的铁矿。

从我国矿产的分布情况来看，除斯米尔诺夫所指出的一些具有太平洋金属矿带的特征矿产外，铜铁矿床也相当发育，如江西德兴及浙江绍兴的斑岩铜矿，规模都相当巨大，铁在我国的东部分布也相当广泛，因此对斯米尔诺夫所指出的规律，除有些符合外，尚需进一步的讨论与修正。

根据我国的具体情况，东部的成矿特征除中新生代岩浆活动外，前震旦纪的岩浆活动也造成巨大的铜矿床，因此在我国的东部由南而北尚可分为几个矿产区。

（1）东北北部的矿产区：包括大兴安岭褶皱带，松辽平原及其以东地区，以燕山期的岩浆活动为其特征，许多重要的金属矿床亦多形成于此时，最近在大兴安岭已发现了可能属斑岩铜矿的矿点和发现在重砂中的锡钨及独居石分布也很广。若干深变质的铁矿也可注意，至于华力西期、加里东期及前寒武纪的矿化作用在本区肯定是存在的，因研究不够，尚难作出结论。

（2）辽吉蒙矿产区：包括辽蒙地槽，辽东地盾，燕辽准地槽，由华力西期所造成的铬矿、镍矿及铜镍矿床为其特征；在辽东地盾上发育前震旦纪变质岩中的菱镁矿、滑石、鞍山式铁矿、白云鄂博铁矿、伟晶花岗岩脉中的铀矿和稀有金属，并可能还有砂岩铀矿；燕辽准地槽中则发育着含钛磁铁矿、镍铜矿、矽卡岩铜矿及各种热液的有色金属矿床和少量铬铁矿，此外尚可能发现钨矿床，其成矿时代可能属燕山期。本区是一复杂的矿产区，尤以在地盾上广泛分布了稀有元素为其特征。

（3）华北矿产区：本区包括山西河北地台，华北平原及山东地块，淮阳地盾和秦岭的一部分。在山西的五台、吕梁、中条等地块中，前震旦纪的铁矿（相当于鞍山式）、铜矿（中条山）甚为重要，个别地区还有铀矿及稀有元素矿床。燕山期的矿化作用在山东地块及秦岭等地表现为矽卡型铁矿及铜、铅、锌、钼等矿床，除矽卡型铁矿及细脉浸染型的钼矿（金堆城）外，一般价值似不太大。

在淮阳地盾上及其边缘尚发育着前震旦纪的变质沉积磷矿床，在地盾的南北缘凹陷带中则发育着寒武纪的沉积磷矿。

（4）东南矿产区：其范围包括江南古陆及其东南所有地区和一些附属的凹陷带，中新生代的岩浆作用最为剧烈，成矿时代主要为燕山期，但可能包括若干时代较老的矿化作用。最主要的矿产为钨、锡、锑、铅、锌，稀有及分散元素，至于铜、铁则主要产于扬子凹陷和浙赣凹陷。海南岛及闽粤沿海若干矽卡岩型铁矿亦具重要价值。以上矿床都为燕山期的产物。但在江南古陆中的金、锑、白钨矿床及龙山系中的若干铅锌矿床，可能时代较早。本区为标准的太平洋带矿产区，金属矿床最为发育，最近又于本区中发现了大规模的铜矿。

（5）台湾矿产区：本区为太平洋带矿产区的内带，具有太平洋内带的成矿特征，新生代中性火山岩活动殊属典型，与之相连的有金瓜石的铜矿最为发育。

2. 西部

包括我国西北及西南地区，其特征为若干褶皱带（天山、祁连山、昆仑山、阿尔泰及喜马拉雅山等……）及地块相间发育（柴达木、塔里木、准噶尔、四川盆地等）。一般地块在现代地形上很多出现盆地的性质，其中发育的矿产在褶皱带与地块上完全不同，因此在成矿特征上也各相异。内生矿床的成矿时代以加里东期与华力西期为主。中新生代火成活动在昆仑山及西藏地区肯定是存在的，但由于工作不够，情况尚不清楚。

根据地质特征，可分为下列几个矿产区。

（1）西北矿产区：包括阿尔泰及天山、祁连山二个褶皱带，准噶尔、塔里木及柴达木几个地块在内。在阿尔泰分布着伟晶花岗岩及与之有关的铀矿和若干稀有元素矿产。在祁连地轴上有前震旦纪的金矿、镜铁山式铁矿？及化隆的变质自然铜矿。而在祁连褶皱带中则分布着黄铁矿型铜矿、多金属矿、铅锌矿（锡铁山）及若干铬矿、铂矿、铜镍矿及与火山岩有关的锰矿，其成矿时代属加里东期或早期华力西。天山褶皱带中发育的矿产以铜、铅、锌、铁为主，成矿时代为加里东或华力西期。在天山北支的钨钼矿成矿时代尚难确定。在青海湖一带则有矽卡型铜矿及多金属矿，其成矿时期属中生代。

在柴达木、塔里木及准噶尔盆地中，盐湖发育，所产钾盐、食盐、芒硝、硼砂为重要的矿产资源。

因此西北矿产区为我国重要的矿产基地，成矿情况复杂，也为我国比较标准的褶皱区，成矿时期以加里东及华力西期为主，燕山期为副，以铜、铅、锌、铁及盐类矿产为最主要的矿种。

（2）川湘黔桂矿产区：包括四川盆地、川湘凹陷及黔、滇、桂地台，火成活动极为微弱，甚至很难见到，为本区的特征，主要的矿产有产于震旦纪及下古生代地层中的铜、铅、锌及汞。震旦纪及寒武纪的磷矿和石炭二叠纪的锰矿，也甚为重要，汞矿在本区应为有极大价值的矿产，其成因及成矿时代尚待研究。

（3）康滇矿产区：包括康滇地轴及其两侧玄武岩所分布的范围，成矿时期主要为华力西期。以康滇地轴的深侵蚀部分，二叠纪玄武岩的侵入相及其衍生的岩浆分异物最为发育，造成了力马河式的镍铜矿及墨江的风化壳镍矿床。在地轴二侧则有许多铅、锌矿床及玄武岩中杏仁状充填的自然铜矿，可能经风化后造成了二叠纪和白垩纪地层中的马豆子式和红层铜矿。此外在地轴的边缘沉积磷矿广泛发育，为本区的特征。

（4）横断山脉矿产区：包括川西、滇西各地区，燕山期的岩浆活动非常明显，造成滇西各铅锌矿，保山、兰平的汞矿，云龙的锑矿，风仪的雄黄、雌黄矿，这些矿床从它们的分布来看具有极大的远景。特别是铅、锌矿，因其接近缅甸的老银厂铅银矿，所以更有重视的必要。本区汞矿也相当发育，其成因及成矿时代尚待进一步的研究，根据与南洋锡矿带的关系，推测本区可能有发现锡钨矿的希望，今后可注意找寻。

（5）康藏矿产区：包括昆仑山、唐古拉山及喜马拉雅诸褶皱带，但矿产情况知道极少。在西藏湖区中，除盐、芒硝外，还有我国著名的硼盐矿床。已知的铁及有色金属矿甚多，但还未作出评价。根据地质情况推断，在本区北部以华力西及燕山期的成矿作用为主，在南部则以喜马拉雅期为主。相信本区将来定能有更多的金属矿产发现。

对于福建矿产的若干看法和意见*

福建的地质工作虽然开展较迟，但由于党的正确领导和同志们的努力，已获得了辉煌的成绩。特别是今年在总路线的光辉照耀下，同志们干劲冲天，在各方面都获得了大跃进，发现了许多新矿地，获得了巨大的矿量，为今后的工业建设奠定了良好的基础。

我这次随许副部长、袁主任等到福建来主要是向各野外队学习，并收集一些地质矿产方面的资料。在与许部长等一同考察了川石岛的油苗后，又承孔、张、刘三局长的邀请，由张副总工程师及黄同志伴同赴闽北、闽西及闽南一带参观，对福建矿产情况获得了一个初步的概念。我现在简单地谈一谈对几个参观过的矿点的若干不成熟的看法和意见，然后就福建构造岩相带及构造成矿带进行分析，最后提供一些关于找矿方向及工作方法的意见。我对福建的地质矿产很不熟悉，此次参观因时间急促只能走马看花，观察极不细致，许多错误和遗漏的地方，还请同志们多加指正批评。我要感谢孔、张、刘三局长给我这个难得的考察机会，还要感谢张副总工程师和黄仲泉同志的照顾和在考察中的许多帮助。

Ⅰ. 对若干矿区的意见

我们这次参观的路线是从福州到邵武，看了大头王铁矿，继赴浦城龙霞看屏峰铜矿，乃经建瓯、永安赴龙岩考察煤矿及大池、赤坑、马坑等处的铁矿。继又折赴上杭考察黄竹岭铜矿及紫金山地层，旋赴漳州转漳浦考察铝土矿、褐煤及油页岩，又赴厦门看文圃山铁矿及深澳铜矿。从厦门返福州时又顺道考察了莆田银坑的铅锌矿。从 11 月 10 日出发到 12 月 4 日返福州前后历时 24 天。我现在谈一谈对上述各矿点的初步看法和意见：

1. 大头王铁矿

这是一个含多种硫化物的矽卡型铁矿，露头出露在南面的何厝坑，其西北的大头王只有铁矿转石，但第一号钻孔已钻到了铁矿，大头山则有磁黄铁矿脉出露。矽卡岩分布很广，似俱交代栖霞灰岩（大头王有苔藓虫化石）所成，在灰岩下有云母片岩，灰岩上则有石英岩、石英片岩及石英砾岩，其时代俱不详，前者可能属南靖系，后者则可能属二叠纪的翠屏山系。物探发现了六个磁力异常，大头王、何厝坑及童阳际西各有一个异常，大头山及其西南又有三个异常。在大头山钻探未见矿，可能因矿体向北倾，钻孔位置在矿体之南，所以打不到矿。建议先把大头王及何厝坑的矿体勘探清楚，同时钻探大头山异常，以后钻童养际及大头山以南。依照露头及物探异常的资料，初步估计大头王、何厝坑及大头山共有矿石 2,340 万吨。因矿石含黄铁矿、磁黄铁矿及闪锌矿较多，局部含黄铜矿、辉钼

---

* 1958 年 11 月 5 日至 12 月 11 日，作者随地质部许杰副部长等到福建考察月余，其间于 12 月 7 日在福建省地质局 1959 年地质计划会议上作了题为“对福建矿产的若干看法和意见”的报告。12 月 11 日作者又修改了报告稿并在当晚的座谈会上解答问题和作补充报告。12 月 16 日会议秘书处将此报告以《福建省地质局 1959 年地质计划会议附件之三》的形式发送到相关部门。全国地质资料馆收藏了这份报告，档号 29927。作者在此基础上修改后的报告稿刊《福建地质专辑（2）》，19—26 页，本卷据此刊印。——编者注

矿及方铅矿，故纯铁矿石储量只有千万吨左右。如其他三个异常俱打到矿，则矿量可大增。本矿区代表一条西北东南向的沉积岩带，陷入花岗岩中，谷沟中岩石一般变质深，山顶变质浅。逾七台山西北，栖霞灰岩及矽卡岩又见于祝岭附近，造成了该处的矽卡型铜矿。在沉积岩与花岗岩交接处常有可能由于同化作用所成的闪长岩。在大头王、何厝坑及观音山一带，沉积岩形成了一个复式的盆形构造，主要受侵入作用影响所致。

2. 屏峰铜矿

分布于龙霞东南铜坑、杨基地及冷水坑一带，位于屏峰的南坡及北坡，俱为铁帽，成蜂窝状。因工作不够，地质情况尚不明了。冯国桢同志认为矿成水平状，产于侏罗纪底砾岩下的前寒武纪次生石英岩中。刘家鼎同志认为矿产于侏罗纪岩系中，位于千枚岩、板岩、砂砾岩之上，系交代砂岩所成，成向东南急倾的产状。我等匆促观察，尚不能作出结论，但认为砂岩及砾岩肯定应属侏罗纪，千枚岩、板岩及含矿层可能较老，属二叠纪（文笔山系?），可能以不整合关系位于侏罗纪砂砾岩之下。至于含矿层，可能为侵入岩脉的斑岩，也可能为石灰岩，尚不能定。沉积岩之下为片麻岩及粒岩（原文如此——编者注），因四周俱为黑云母花岗岩，故可能属混合岩。矿床产状以急倾斜者为近似。铜坑铁帽长450米，宽50米，其厚度尚未定，刘家鼎同志认为厚3米，恐不止此数。在铜坑下大竹安及冷水坑俱找到了原生矿，含黄铁矿、闪锌矿较多，其次为磁黄铁矿、方铅矿及黄铜矿。在铜坑西南10余里的洋村铁厂亦有铁帽，有厚3～4米的石灰岩透镜体产于砂岩中，倾斜、走向与铜坑相同，已见到含硫化物的原生矿，中含铅锌较多。铜坑及洋村俱见到石榴子石。龙霞北三四十里的洋溪官查，有黄铜矿细脉产石英斑岩中，沿X节理处较富，单脉较贫，脉宽2mm～5cm，富矿含铜4%，共生矿物有方铅矿及少量黄铁矿，辉钼矿。龙霞的东南还有银坑及铜官的铅锌矿，含镉、银较多。毫无疑问，这是一个复杂的有希望的矿化区域。

我们建议应从速填制一包括龙霞、洋村、洋溪及其他矿点在内的五万分之一地质图，确定各种地层的关系及构造。同时可在铜坑及冷水坑各打三个钻，连成一剖面，以明了矿床的产状及成分。如钻机不方便，在铜坑、冷水坑各打一平硐，亦可探明原生矿床。如初步勘探结果良好，可再测制1∶2,000矿区详图，以便进行详细勘探。我们初步认为这个矿可能是以黄铁矿、铅锌矿为主的多金属矿床，铜的含量恐不很富。因在大竹安见到侏罗纪砂岩已矿化，故应属燕山期的矿化作用。在永兴及临江一带淘铁砂者甚多，有的系冲洗花岗岩的风化壳，故在填图时应注意花岗岩的风化深度。

3. 龙岩煤矿

已测制1∶5,000矿区地形地质详图及全区五万分之一地形地质综合图，把煤系划分为三个层组，断层、褶皱等测绘详明，工作较为细致。各煤区的详细剖面结合地面地下颇为精确。惟许多槽探是否解决问题，今后可考虑。在各矿区的详细地质图上要把重要煤层或煤组画出来，并择要标示煤层厚度及灰分与炭分的百分数。并要另绘主要煤层的等深线图，等厚线图。在综合图中要分绘构造纲要图及各煤层系的含煤情况图，用十字标志表示煤系厚度，含煤层数，煤层总厚及可采煤层的厚度。根据地质图上所示，翠屏山系与以下地层肯定成不整合。证据是翠屏山系常与第一层组，栖霞灰岩甚至与南靖系相接触，并在一处横切许多地层，今都用断层解说，似很勉强，若用不整合解说，则较为合理。翠屏山系常位于山顶也可作为不整合的证据。东宝山的栖霞灰岩可能成为一向东倾斜的倒转背斜，因此其下有文笔山系，再下有煤系，其东则为断层所切。此背斜可能向南延长。此次在梓山煤系中发现的介形虫化石可作为今后对比地层的一助。

煤层的正确对比是一个重要问题。除把各煤层归纳为三个层组外，还应作更细致的分层研究，特别应注意海侵层及其他标志层如菱铁矿、铝土矿、特种性质的黏土层、结核层等。我们在研究岩心时发现在第一层组的下部有三层石灰岩夹层，厚 0.73～1.45 米，俱呈黑灰色，属含炭质灰岩。在第三层组的中上部有夹于黑页岩中的鲕状菱铁矿，呈深黑色，据云大约有三层，各厚 10～30 公分，在谢家邦、毛桃坑及小岭顶俱已发现。这种菱铁矿不但对煤层对比有用处，且有经济价值，可作为小土炉的炼铁原料。最好要划分各层组的沉积旋回，这样可进行更细致的煤层对比。

用重矿物法研究砂岩标志层，于对比有用。可用重液或漂洗法分离，定各重矿物的种类及含量，并要注意不稳定矿物的存在，这对推测当时的沉积环境是有帮助的。为研究标志层的结构，除薄片外还须尽量磨制较大的光面，以便比较。在研究岩心时要经常用锤子劈开新鲜面，并用盐酸试验。要收集一套小标本，以便经常对比。

队上经常与煤矿设计人员联系，以便了解生产对勘探的要求，这是好的，但还应主动地供给资料，帮同作出总体设计。根据构造及含煤情况，交通及地形的位置，合理地划分煤区，编制各煤区的含煤情况表，作出井田布置、坑口位置及先后开发的程序以供设计人员的参考。

队上把龙岩煤田的构造总称为龙漳地堑，似不很妥当，因两翼俱为南靖系逆掩于乐平煤系之上，而煤田本身实为一复向斜构造，故似应称为龙漳复向斜。

4. 龙漳复向斜两翼的铁矿带或有色金属带

在龙漳复向斜两翼，南靖系与栖霞灰岩的断裂接触带中经常有铁矿，如西翼的铁石洋（铁矿转石），厦老（断层角砾岩中有褐铁矿充填，可能为一铁帽），赤坑（角砾岩中有褐铁矿）都是，尤以赤坑规模较大，目前正在开采。东翼从适中，经莒州（可能是铅锌矿的铁帽），新祠，马坑，以达中甲，亦为一铁矿带，其中如马坑已证明为一重要的铁矿外，其他或是复杂型铁矿，或是有色金属矿床，俱应钻探证明。此区地形比较平缓，交通亦甚便利，尤以西翼各矿交通最为方便，亟应进行工作，以便施探。

5. 马坑铁矿

为一简单成分的矽卡型铁矿，勘探证明可靠储量 13,000 万吨。地面矽卡岩及铁矿露头不多，主要铁矿产于栖霞灰岩所成的倾没背斜层中，地面没有露头，全靠磁测发现。建议目前钻探应以 500 米的深度为限，过此可作为 C_2 级的推测储量，故 53 线的深钻孔可不打。在 75 及 83 线可布置一深钻，其最北端的 91 线可酌打二钻。此外，为结合生产可布置二行钻孔，以探目前开采的矽卡岩风化矿及露头矿（可称为东矿带），而在可能设坑口的 71、75 线间酌补二孔，以探明 B 级储量。

6. 上杭黄竹岭铜矿

为产于赤石层中下部灰色细砂岩中的氧化铜矿，向 S10°W 倾斜，倾角 10°，厚约 1 公尺左右，看到露头长约 300～400 米，可能连续。在砂岩中常有碳化的漂木，长宽可达 10 余公分。在有漂木处含铜特别丰富。矿石为孔雀石及蓝铜矿，还有许多黑点，经试验证明也是铜矿，可能为辉铜矿或黑铜矿。据云分析品位含铜 0.73%～2.9%，最高达 14%。据云在 $3km^2$ 范围内有 40 余个露头，而其北的九州、玉女相距 8 里之遥，都有铜矿。今暂以 1 平方公里面积估计，并假设厚度 1 公尺，品位 0.7%；可能含铜 17,500 吨。本区为一赤石层所成的盆地，东及北俱为火山岩系，西为花岗岩。古石背铀矿点（产石英斑岩中）位于本矿的东北，成矿条件良好，值得重视。将来可用湿法溶铜，再用铁质沉淀，成本低廉，适合于小规模的土法炼铜。应速测制 1∶5,000 的矿区地形地质图及填绘外围地质图。酌施槽井探，以揭露矿层，必要时可施钻探。

7. 漳浦海澄铝土矿，褐煤及油页岩

现知铝土矿分布在漳浦的金塘、赤湖、佛坛、将军澳及海澄的白坑、黄坑一带，为玄武岩的风化产物。从下到上大致可分为：①新鲜玄武岩，色黑质密，有柱状节理。②风化玄武岩，黄绿色，呈球状风化，中间带有新鲜玄武岩的残余。③高岭土质的风化玄武岩，色灰黄，较疏松。④风化玄武岩，含淋滤的铝土矿块核，在白坑之西见到，其他地方可能也有。它紧接铝土矿层，风化作用沿风化玄武岩的隙缝更向下侵，就造成了块核铝土矿。⑤未移动的风化残积铝土矿层，在东吴山、赤湖（半石）及将军澳俱有，而以将军澳因地势较低，保存较全，成层亦最厚，往往有大块矿石，并可见到球状风化的结构。东吴山则是残积薄层，多裂成小块，其下的风化玄武岩保存不多，直接位在佛坛层砂砾层之上，新鲜玄武岩不可得见。⑥红土层，含少量铝土矿，一般成小块粒，这是铝土矿最上部的铁质富集部分。玄武岩的厚度尚未测定，可能自数十公尺至 100 公尺。风化剥蚀后则有时只存数公尺。上述自②到⑥俱为玄武岩的风化壳，总厚可达 10 余公尺，铝土矿的厚度自 1 公尺至 3～5 公尺。此外还有坡积矿层，即残积铝土矿曾经移动者，常位于山坡或低地，矿成砾石状，与红土相间成层，在东湖山、金塘等处都可见到，据队上所测剖面，可达三层之多，每层厚自 0.3 到 0.5 公尺，连同红土的总厚度则可达 6～8 公尺，常直接位于佛坛层砂砾层之上。与佛坛层相接处的矿层，除含铝土矿外，还含石英砾石，队上称之为混合层，显由坡积作用与以下的砂砾混合产生。因坡积层常为浮土所掩，故有许多矿床尚未被揭露。

根据以上所述铝土矿的产状，我们认为铝土矿的成矿条件有三：①必须有玄武岩的母岩；②热带与半热带的气候；③准平原的地形，在此条件下化学风化甚于机械风化，为成矿的主要作用。如属低平地形，则铝土矿可以多多保存，如将军澳；如属高地，则已成的铝土矿将被冲刷，只留一薄层残积于山顶。因为成矿之后可遭受侵蚀，而侵蚀之后又可成矿，因此可使全部玄武岩俱受影响，而最后则残积矿层与其下极薄的含高岭土的玄武岩可直接位于佛坛层之上，如东吴山。

从前估计矿量仅限于未移动的残积层及少量坡积层，至于将军澳铝土矿只根据零星露头分别计算，未加连续，因此矿量不超过 100 万吨。依据地形及构造，将军澳的大部分矿点，可能是相连的，如以有矿面积 $10km^2$，每立方米含 300 公斤计，即有矿量 300 万吨。再加淋滤层及为浮土所掩盖的坡积层中的矿量，以及海澄新发现的铝土矿，则似不难达到 500 万吨，甚至更多的储量数字。

今后应首先用冲击浅钻施探将军澳为砂丘所掩覆的铝土矿，然后用浅井或浅钻探明在山坡或低地为浮土所掩盖的坡积层，同时要研究并计算淋滤层中的铝土矿。漳浦铝矿队已在云霄、诏安、平和一带做过普查，没有找到矿。建议在东山岛的外围及礼士列岛一带进行普查，可能会找到矿。又据唐贵智、马灿忠报告（解放前闽所报告第 14 号），仙游东 14 公里木栏溪岑头的低圆小丘上有玄武岩，风化成为红土，其下为风化的流纹岩，附近有结核状锰矿层。希望速派人前往普查，可能会发现铝土矿。从百万分之一地质图上可以看到玄武岩还分布在永定、平和及从涵江到永春间的高山顶上，因此，有理由可以推测在龙溪、海澄及同安的盆地中也可能发现玄武岩及佛坛层，所以在盆地中打钻可能会发现铝土矿及佛坛层中的褐煤及油页岩。

在盆地中沉积的佛坛层，如和坑、黄坑、郊边、流会，都有褐煤，油页岩及琥珀，褐煤厚约0.5～0.6米，其上下各有灰黑色页岩，上层厚0.3～0.4米，下层揭露0.5米尚未到底，这种页岩是否为油页岩，尚须化验及蒸馏证明。在和坑已有一个土炉用褐煤炼油。同安、大帽亦有褐煤。如在龙溪、海澄及同安盆地中钻探得煤，相信其厚度必可大为增加。

8. 洛阳铁矿

我们没有去考察。根据汇报资料，我们认为背斜北翼也应当工作并择要打钻。南翼的西南端可在火山岩上打钻，东北端可在文笔山系上打钻，以探明矿体向两边的延长，矿量可以更为增加。洛阳铁矿可靠储量已达5,000万吨，虽属复杂型铁矿，但富矿较多，已证明有重大工业价值。

9. 莆田银坑铅锌矿

这是标准的矽酸岩交代矿床，与缅甸老银厂的矿床类型相似。矿床成平铺状，系交代流纹岩中的凝灰岩及凝灰块集岩夹层所成。在三个溪谷中出露矿体，南北长约350米，宽100米，浅井揭示厚18～30米（只有二个井穿透矿层），品位铅锌各约1.4%～1.8%，估计可靠储量铅锌各约3万吨。在此矿带的西南约300米有第二矿带，已揭露长约500米，惟矿体不甚连续。我们建议应速填绘1∶50,000外围地质图，西北至流纹岩高山，东南至公路，东北及西南向临时酌定。要特别注意火山岩系中的凝灰岩及块集岩，随时试验其中有无铅锌。要注意老窑遗迹，详测构造。同时沿溪沟进行水化学测量，逐步追索，以勘定异常；在山坡区则可用土壤分析，这样可最后追索至含矿地点，然后就此打钻。在银坑区1、2、3号钻孔完成后，如能发现第二或更多的矿层，应速在432线东与河谷间布置一条勘探线探深矿层，因将来正式开采时必须从东边河谷低地打平硐进山，以采取上山矿石，故深矿层将先采，应在此勘探求得较高级储量，以应生产方面的需要。此后应从428线起向西及南北方向扩展，以200× 200米勘探网打钻，以求得更多的矿量。本矿有较大的远景，品位不很高为其缺点，但矿层稳定，构造简单，为其长处，估计在低山区凝灰岩分布地区都可能发现矿层，且很可能不止一层，因此似决不止只数万吨的小矿。

10. 厦门文圃山铁矿

系含绿帘石、磁铁矿的小脉及网状脉，产流纹岩中，矿脉微小，且不稳定，似无大价值。

Ⅱ. 构造岩相带及构造成矿带

兹根据以往地质资料及省局张副总工程师和各队工程师、技术员所介绍的情况，《福建地质》上所刊边总工程师及其他同志们的论文，并结合此次实地考察所见到的各种情况，进行初步综合，划分下列构造岩相带及构造成矿带，以供今后找矿方向的参考。

福建全省从北往南可划分为四个构造岩相带：

1. 浦城、将乐、清流的变质岩隆起带（简称北部隆起带）：以时代未定的深变质岩为主，被大块花岗岩侵入，石炭二叠纪灰岩、板岩、千枚岩等零星出露，侏罗纪煤系普遍存在，系一深受剥蚀与切割的隆起带。

2. 永安、龙岩、永定中上古生代凹陷带（简称西南凹陷带）：在此带中沉积了厚5,000～6,000公尺的泥盆石炭纪（南靖系）* 及二叠纪地层，三叠纪灰岩及侏罗纪煤系局部出露，在四周常有大块花岗岩，在凹陷带中则只有小型岩株及岩脉。都属浅变质或未变质地层。构造主要为一复式向斜，为许多逆断层所切割，为一沉积凹陷褶皱区，接近于准地槽或台向斜。

3. 福安、德化、平和火山岩覆盖带——以中生代火山岩为主要成分，为大小块状花岗岩及其他火成岩所侵入，南部有南靖系及侏罗纪煤系稍受变质，还有零星的玄武岩覆盖。本区在地形上为一深受切割的台地，在构造上则为一褶皱不很剧烈的台背斜。

4. 沿海花岗岩底层及新第三纪沉积盆地带——北自宁德、福州，南达龙溪、漳浦都属此带，在中生代花岗岩底层上有新第三纪佛坛层及玄武岩（只在南部出露），一部分佛坛层可能属海陆混合相。局部有深变质的侏罗纪地层，如厦门、金门及港尾。本带系代表沿海的沼泽港湾相沉积，其后又经升起者。

自北而南可暂分为下列构造成矿带（因资料不够，且综合研究不足，尚不能详细分带）：

1. 高中温多金属磁铁矿复杂矿化带——大致与上述变质岩隆起带相符合，矿床有的产在栖霞灰岩中，如大头王、祝岭，有的产在三叠纪灰岩中，如将乐上湖，也有产在时代不明的深变质岩层中，如政和凤山的铅锌矿。一般属矽卡型及高温热液矿床。随着与花岗岩距离的远近，有垂直分带现象，在切割深处有高温的铜铁钼矿床（祝岭、大头王），切割较浅则有高中温的铅锌矿床（将乐上湖、屏峰等）。一般中部为铜铁钼矿床，两侧为铅锌矿床，因资料不够尚不能作出详尽的分带，惟政和夏山铅锌矿则似属深变质多变质的高温矿床。其成矿时代可能在燕山期以前。变质岩含金石英脉是一种重要矿床，其成矿时代也可能较古，由此风化而成的砂金矿，在建阳、邵武、长汀等地分布甚广。本带中是否有鞍山式铁矿，目前尚不能肯定。此外应在本带中找寻白钨矿床。

2. 简单型矽卡岩磁铁矿带——大致分布在永定、龙岩、永安的上古生代凹陷带中，矿床都产在栖霞灰岩中，与南靖石英岩相距不远。少数在三叠纪灰岩中。安溪潘田、龙岩马坑、大池、漳平挂山、南靖五更寮都属此类。少数也有复杂型的铁矿，如漳平洛阳及龙岩的中甲。此外，华安、永春、平和、德化均有相似矿床，为福建最重要的铁矿带。在本带中可能也有垂直分带现象。矽卡型铁矿似位于下部，其上则有铜、铅锌矿床。在水平分带方面，中部似为一铁矿带，两侧则为铜铅锌多金属矿带。

3. 火山岩系中的铅锌矿带——以铅锌为主，也有铜、铁、钼及明矾石、寿山石、瓷土、黄铁矿和铁砂钴锰等矿床。莆田银坑已证明为矽酸岩交代矿床，其他还有脉状矿床。这是福建最重要的铅锌矿带。

4. 沿海铝土、褐煤、铁砂、玻璃砂及可能有的油气矿床带：完全与上述的沿海带相符合。漳浦、海澄已发现铝土矿，在许多地方都已发现褐煤，在泉州、莆田一带铁砂分布广泛，宁德、厦门、金门有玻璃砂，川石岛罗源湾、福安（甘棠）、福鼎俱有油气显示。

此外叠覆于上述各带的尚有下列矿带。

5. 钨矿带——分布在清流（县西北）、龙岩（东宝山、虎头山）、武平（岩前、陈

---

* 某同志指出南靖系的时代可能较老，有属震旦纪的可能，这个意见很好，应进一步研究证明。

坑)、华安、上杭（古田乡、洋稠)、诏安（灯明山)、漳浦（旧镇)、莆田等县，范围宽广，包括上述隆起带、凹陷带以及沿海带的各地区。在隆起带中矽卡型的白钨矿希望较大，在凹陷带中白钨矿与黑钨矿石英脉俱有，而在沿海带中则似以黑钨矿石英脉最为重要。这个带是由粤东北的钨锡带延伸过来的，在本带中应注意找寻锡矿床。

6. 上杭、连城、沙县含铜砂岩、斑脱岩及锰钴带：上杭（黄竹岭)、连城俱已发现含铜砂岩，永安、沙县可能也有。此外还有斑脱岩及锰钴土矿，俱产老第三纪的赤石层中。

Ⅲ. 找矿方向及工作方法

1. 找矿方向

兹略述各重要矿种的找矿方向如次：

(1) 铁：要在主要铁矿带中寻找简单型的矽卡岩铁矿。在风化矽卡岩中也要打钻（特别是有磁力异常的地点)，以寻找潜伏的富矿。这是为建设大型钢铁基地的重要矿源。南靖系顶部的条带状磁铁矿（上杭湖洋）分布在上杭、永定、大田一带，成东北西南的趋向，是一个重要类型，值得大力寻找，其产状及成因应进一步研究。建阳黄坑据云有鞍山式铁矿，尚未证实。鉴于最近在江西贵溪南的文坊、陈坊及金溪、资溪等地俱有与鞍山式相似的铁矿发现，相信在闽北地区也可能有这类铁矿的分布。为供给土炉及小洋炉的铁矿，应注意砂铁矿及二叠纪煤系与侏罗纪煤系中的菱铁矿床，要说服群众尽量采用菱铁矿。铁砂几乎到处都有分布，但在火山岩覆盖带的古田、闽清、莆田及沿海带的晋江等处产量较多，其来源俱可能出自花岗岩。海滩冲积及佛坛层中的铁砂因品位较高，层位较为稳定，可能有更大的经济价值。

(2) 铜：北部隆起带及西南凹陷带的两侧是寻找铜矿的主要地区。除矽卡型铜矿外，要注意找斑岩铜矿，这在北部隆起带中有存在的可能。此外，含铜石英脉在福建全省都有分布，一般品位较高，可选择重点进行工作，以备勘探。上杭、连城及其他赤石层中的砂岩铜矿有重视的价值。上杭黄竹岭铜矿已证明可以小型开采。

(3) 铅锌：应在火山岩铅锌矿带中寻找更多的蒲田式铅锌矿。其他脉状矿床及石灰岩中的交代矿床也值得注意，为小型开采尤有价值。在北部隆起带中寻找更多的政和式铅锌矿。

(4) 铝土矿、褐煤、玻璃砂及油气：主要集中在沿海带，要在漳州、同安、泉州、莆田各盆地中打钻，可能发现较厚的褐煤、油页岩、铁砂及玻璃砂，如玄武岩分布及于盆地，还可发现三水型铝土矿。

在川石岛已见到流纹岩上的砂砾岩*，中含油，此层可能属坂头系，也可能属老第三纪，并有属海相的可能。福安南甘棠有天然气，福鼎东南台山岛可能有石蜡？这些都是第三纪的含油征象。

除福建油气苗分布很广外，最近在浙江南部沿海平阳、永嘉、乐清、玉环及杭州湾的嘉兴、海宁、桐乡等处都找到了油苗，浙江永康的坂头系中还有沥青，可见油苗不是偶然个别的现象，而有其区域性的意义。根据福建地质特征，燕山期花岗岩普遍分布，古生代及中生代煤俱变成无烟煤，因此古生代或三叠纪侏罗纪地层保存油气的可能性似乎不大，

* 朱夏同志认为该层位于流纹岩之下，属侏罗纪。

而要从下面穿过二三千公尺的流纹岩到达上面储油层的迁移路程亦是太远太困难。按照最新理论，石油生成固不需要很长时间，但第四纪产油的例子还不多，从太平洋第三纪油层中迁流到大陆的说法也似太渺茫。所以在本地第三纪和上白垩纪地层生油储油的可能性似最大，应为今后勘探的主要对象。建议除扩大普查范围外，应在川石岛下熨洞油苗处打钻，以了解地层含油情况，在东北的马头角海滩上亦可打钻，以了解深部的构造。同时在漳州盆地打钻也可能发现油气矿床。

（5）煤：福建含煤系可分为二叠纪，侏罗纪及第三纪三类，俱分布甚广。二叠纪煤变质极深，俱为无烟煤，侏罗纪煤也大多成为无烟煤，最近在漳平西北的下洋发现了烟煤，含挥发分可达18%，用土法炼焦也已成功，初步估计储量550万吨。第三纪煤俱为褐煤，分布于沿海一带。根据地质构造的推断，二叠纪煤系中似不可能发现烟煤，侏罗纪煤的变质似有愈北愈深的趋势，故崇安、邵武的煤，含挥发分在3%～4%左右。在建瓯梨山则可达7%，但仍为无烟煤，可能找到烟煤的地段似在漳平、长汀和尤溪的南段。从此向南至南靖、厦门，某些定为侏罗纪的地层变质又加深。此外在第三纪褐煤中如能找到煤系较厚受构造影响较深的地段或可发现半烟煤。应先就已有分析资料，编绘各煤系的等碳线图，然后就有望地带进行普查，采集煤样分析，绘出更为正确的等碳线图，乃就此详测勘探，相信必能发现更多的烟煤。为比较各地及各时代煤的变质程度，采用煤岩学的方法，研究煤的反光率及不均质性亦可起一定作用。

（6）基性超基性岩及其有关矿床：在江西的德兴、弋阳等处已发现基性及超基性岩带及有关的铜、镍、铬矿床。在福建境内，特别在北部的隆起带中，也可能有这种岩层及矿床的发现。

（7）稀有分散元素矿床：火山岩系中的石英斑岩已发现含铀，伟晶岩（深变质带）中亦有铀（邵武）。此外在赤石层中亦应注意找铀。铁砂及风化花岗岩中是找铀、钍、铌、钽、钛、锆等元素的对象。在各种硫化物矿床中已发现了很多的分散元素，如镓、镉等。应在铁矿中找锗。

2. 工作方法

（1）多快好省的勘探方法：勘探网要合理的放宽，不解决问题的槽井探要尽量减少；处于高地的矿区，不怕水淹，水文地质工作可适当简化或减少。在勘探前必须测制较详细的矿区地形地质图及较小比例尺的外围地质图，以指导找矿与勘探。依照矿床成群出现的理论，必须先做外围的区域地质，然后择要详测和勘探，以免遗漏或轻重倒置。

（2）与生产设计密切结合的普查勘探布置：勘探必须与生产设计密切结合，要经常与设计部门联系。要根据地质构造，含矿情况及交通位置划分井田，并定出开发的先后次序。高级矿量必须放在井口或平硐附近。井田有一定的范围，开采有一定的深度，因此太大太深的勘探计划是不合实际要求的。

为结合小土群和小洋群的要求，我们普查铁矿必须就铁路及水路交通方便的地方进行普查。应编绘一张有水陆交通网的矿点分布图，然后择铁路旁、水路边的各矿点进行检查。在距水陆交通遥远的地方，如远景极大，如南靖的五更寮，当然也要进行勘探，但这是大型钢铁基地所需要，不能解决目前迫切问题。

（3）更多的采用物探和化探的方法：在寻找矽卡型铁矿的工作中物探已经发挥了极大的作用（如马坑铁矿），最近航空磁测在15,000km^{2}内又发现了20几个异常，其中以三明的异常尤具远景。今后在继续施行磁测时，要更为密切地与地质相结合，要首先选择那些地质条件优越而物探又有异常的地方打钻，以免落空。同时要采用化探及重砂采样的方法，如在莆田银坑应进行水化学及金属量测量，东宝山等钨矿区应进行重砂测量，以便寻找富矿带及锡矿，同时也可寻找有工业价值的砂矿区。在石油普查中也要采用水化学及沥青测量，以便圈出异常进行打钻。在进行水化学工作时，最好采用现场分析的方法，以求迅速。

（4）地质学上基本问题的研究：这种研究看起来似与找矿无关，实际上却是多快好省找矿与勘探的关键所在。我们对于各种矿床的成因类型，深变质地层的时代及层序，火山岩系的岩性及分层，构造单元与大地构造的划分，各种花岗岩的时代及侵入岩的岩性与序列，中新生代地层的分层与时代，玄武岩的产状及喷发历史，地貌的演化和分期，海岸线的升降，深大断裂的位置，温泉的分布及成因，地震带的划分等问题，俱希望能于最近时期内进行研究，并能获得初步结果，这一切都将有助于普查勘探工作的顺利进行。

（5）矿床预测图的编制：完善的矿床预测图必须要在上述许多问题的研究告一段落之后，并在有二十万分之一区域地质测量的基础上才能进行。但在目前也可进行初步的编制，在此图上首先要综合已有的地质资料，划分构造岩相带，然后就构造及已知矿点的类型划分构造成矿带，再加上少量的物探化探及重砂采样的资料，指出有希望的矿产地区。这就是矿产预测图了。在目前资料不足，有些问题尚未解决的情况下，我们可初步编制1∶50万或1∶100万，甚至比例尺更小的成矿预测图，以指导普查找矿工作的进行。

矿床预测图编制的原则据上所述，并不神秘，但在编制的方法上还没有统一的规定，我们可根据具体的情况，编制适合福建的成矿预测图。我相信这个工作在同志们的努力下一定能提前完成。

对江西上饶专区若干矿区的看法和意见*

我们在福建工作完毕后，于12月16日由南昌抵上饶，17、18两日由上饶大队药队长及朱副队长（即朱训——编者注）介绍本区的地质、矿床情况，并共同拟订了考察的计划。19日自上饶出发，历经铅山、弋阳、乐平、德兴、浮梁、东乡各县，共考察了9个矿区。在各矿区先请各分队的地质负责人介绍地质、矿床的情况，又阅读各种图件及报告，并研究标本及岩心，然后上山作实地考察。由于时间不够，在每一矿区仅能作二三日的勾留，因此观察极为粗略，谈不到深刻的研究，主要是在各分队工作的基础上提出一些问题和看法，而这些看法大部分可能是不准确的，仅能供大队及各分队的初步参考，并要在今后的工作中加以修正。

我们又随时随地探寻本专区其他矿区的地质、矿床情况，有时还看了一些标本和图件，又收集了本专区的几幅小比例尺地质图。这些资料将综合起来编绘上饶专区大地构造分布图及构造成矿带图，以便提供找矿方向，为将来编著“上饶专区找矿指南”的根据。在本文里只提出了已看过的若干矿区的看法和意见，其他问题，俱待在“找矿指南”中再为详细讨论。

1. 铅山东南永平镇多金属矿（105队）

（1）目前正勘探含铅的的黑土矿及东南十字头的石英黄铁矿细脉，而规模较大的铁帽可能为多金属矿脉或黄铁矿矿脉的矿床则尚未勘探。

（2）矿区位于永平镇西及西南3～4公里。附近地区为一北北西走向而向南倾没的倒转同向背斜，二叠纪阳新石灰岩位于中部，两翼则为文笔山系的黑色板岩，千枚状页岩及页岩夹砂质页岩的薄层，其上覆以侏罗纪的砂岩，砾岩（局部含煤），与二叠纪地层成显著的角度不整合。石英斑岩侵入在上述地层之中。四周俱为花岗岩所包围。北至安洲以北，东达鹅湖山，则有白垩纪流纹岩及块集岩出露。在安洲见到流纹岩为花岗岩所侵入，更向北则为第三纪的红层。以上二叠纪地层俱向东北倾斜，倾角较陡，近于直立，有时倒转，侏罗纪砂砾岩则倾角较平。

1954年来本区考察时，曾在永平镇西北桐木江（汭河）西南岸的文笔山页岩中，找到腕足类及苔藓虫化石，而在镇北文峰塔北的大路西壁的黑色板岩中，曾找到腕足类及保存相当好的、已经黄铁矿化了的菊石化石。

（3）此次考察，确定黑土系坡积沉积，因此想在坡积层下发现原生铅矿的希望是不易达到的。黑土分布在鸡公岗的南坡直达观音寺。据队上勘探，黑土厚20～50余米，平均含铅1%，最高可达16%，大概从北到南，黑土层逐渐加厚，东部的品位较西部为高。到

---

* 1958年10月16日至1959年1月21日作者随地质部副部长许杰等赴江苏、福建、江西考察，其中12月16日至1月16日考察赣东北地质。考察结束后著文《对江西省上饶专区若干矿区的看法和意见》和《江西省上饶专区找矿指南》，两篇文章均署名：谢家荣，孙忠和，陈砚云。后文注明日期为1959年5月，按照文中的叙述，本文成文于后文之前，因此本文的成文时间当在1959年春，5月之前。原件存全国地质资料馆，档号29935。——编者注

目前为止已获纯铅矿量三万余吨。

黑土显系从鸡公岗向南冲流而成，故如有原生铅矿，应在鸡公岗与黑土层之间的地段内寻找。鸡公岗顶为破碎的矽化石灰岩（属二叠纪），多铁帽砾石，此下可能有原生铅矿，应先爆破露头，试验含铅量，采集漂石及浮土分析，找出异常地带，然后打钻。

目前在观音寺附近分布的黑土还可扩大，鸡公岗向北的应天寺沟中还可能有黑土的分布，全部矿量不难达到 10 万吨。应速确定洗炼方法，以便利用。

（4）在打字坪、天排山、盖石岭分布的铁帽带，向南还可连到铜坑、老虎窿及古井牌。从天排山流出的三条沟水中俱含矿物质甚多，味涩，不能饮用，可能含铁及铜。天排山的铁帽上有时可见到孔雀石及铜草。老虎窿的一个长满铜草的废石堆上捡得矽化灰岩及含石榴子石的矽卡岩，稍含孔雀石，但试不出铅。天排山及傅家山的铁帽大部分的交代文笔山，似或侵入石英斑岩，在高坡及近顶处的铁帽则交代侏罗纪砂砾岩层，而铜坑及一部分老虎窿的铁帽则显由阳新石灰岩所成（以上节录 1954 年谢家荣检查报告）。1954 年后，中南局在打字坪所打的三个钻及一个平洞俱发现有较多的黄铁矿并含铜。此次考察在天排山沟中见到可能属古代水法冶铜（即用胆水溶铜后□铁沉淀）的遗迹。从这些情况可以推断，从天排山往南至老虎窿间，可能为一含铜及黄铁矿的多金属矿化带。

（5）从观音寺向北至应天池，矽化灰岩继续出露，组成危岩峭壁，局部有铁帽，偶可见铜绿及黄铁矿晶粒，两旁虎窿极多，在废石堆中曾找到白铅矿及黄色铅华，偶也有孔雀石。炉渣中试验俱有铅铜（以上节录 1954 年检查报告）。推测本区为一含铅较多的多金属矿化带。

（6）建议队上应以天排山至老虎窿一带的铁帽带作为重点勘探的对象，并迅速进行水化学方法（应用有机试剂抽提铜、铅、锌的现场实验方法来代替过去采大量水样到实验室中分析的方法）来找出铜的异常，以便钻探。同时适当地扩大黑土矿的勘探面积，并在鸡公岗两侧及应天池一带寻找原生铅矿，在应天池也可用水化学及其他地球化学的方法来划出铅的异常带。十字头的勘探可暂停或放在最后。

（7）矿区附近有燕山期花岗岩，还有石英斑岩的小侵入体，可能是供给矿液的母岩。矿区位于一个紧密而向南倾没的背斜层的轴部，应多裂隙及断层，还有二叠纪与侏罗纪间的不整合面，这一切都为矿液上升的孔道造成有利条件。推测石灰岩、千枚岩、砂砾岩及石英斑岩本身俱可能成为含矿的围岩，而石灰岩可能是主要的理想中的含矿层。

2. 弋阳南铁砂街铜砷矿（102 队）

（1）队上认为本矿系产在三叠纪石灰岩中的脉状矿床，已探到四条主要矿脉，走向东西，向北急倾，厚自 1.5 米至 3.9 米，品位最高含铜 1%以上，平均在 0.7%，有毒砂、阳起石（或透角闪石）、绿泥石、萤石等矿物伴生。估计矿量纯铜 2～3 万吨，已由弋阳县从事采炼。

（2）根据 1954 年检查报告及此次短期考察，认为本区的地层层序自下而上应包括下列各层：

1）云母片岩及片麻岩：出露于金鸡峰西南倪村、熊坊一带，组成低平丘陵，深受风化，岩层变质极深，挤压极烈，走向大致成东西向，倾角俱成直立，含石英脉及伟晶岩脉甚多，亦多受挤压。本层代表前震旦纪变质岩系的基底结晶部分。

2）千枚岩、斑点状片岩及少量石英岩：主要为沉积成因的碎屑岩，变质较浅，出露在锈水坞、火麻坞以南，倪村以北及张家坪以北一带，大概可以倪村附近出露的真正云母片岩作为本层与1）层的分界。

3）绿岩系：可能为中基性的老火山岩，属安山岩、细碧岩及少数粗面岩之类，在张家坞出露最多，厚可达280米，向东可延至铁砂街以北及附近。少数具杏仁状构造，中有绿帘石、方解石充填，还有石英细脉。岩石普遍碳酸盐化，滴酸到处可发泡，故队上曾以此作为三叠纪的石灰岩。在杏仁状充填中偶可见到黄铜矿小粒，在石英脉及绿泥石化强烈的岩石中则含有散浸状的方铅矿及少量闪锌矿的细脉浸染。岩石一般呈绿色，风化后则呈暗灰色。

4）古流纹岩及凝灰岩：常成互层，古流纹岩斑晶清楚，片理发育，俱成直立，凝灰岩则一般为隐晶质。俱受到变质及蚀变作用，有的矽化较深者则成为致密坚硬的块状岩石，还可能有地开石化及明矾石化（?）。在锈水坞的南北两翼及火麻坞石灰岩带之北俱有出露，总厚可达200～300米。在队部西南公路转弯处采石场及火麻坞俱见到此古流纹岩与凝灰岩交互成层的剖面，流纹岩与凝灰岩各成厚约数米的互层。

5）矿化带的碳酸盐岩层：共厚100～150米，大致下部为较厚层的白云岩及大理岩，可能成透镜体，上为薄层泥质灰岩及页岩的互层，成条带状，在地面风化后，则成为薄层泥岩，富于铁染，成为同心圆壳的构造。从前所绘铁帽带都属此层。

以上五层俱属变质岩系，且层理陡立，常成垂直状，应属前震旦纪自无疑义，其中如古流纹岩、凝灰岩及千枚岩等并可与德兴所见大致对比。至于在云母片岩、片麻岩与斑点状千枚岩及千枚岩间是否有不整合或间断，尚待进一步研究决定。上述条带状的泥质灰岩与页岩可能属复理相沉积，而从中基性到酸性的古火山岩的喷发，尤为此间变质岩系中最为重要，但一直未被人注意的特征。从这些特征我们并可推断它主要代表一种优地槽的沉积。

在1954年谢家荣的检查报告中，对古火山岩的层位及时代未作最后肯定，以此作出结论，颇多矛盾和模棱两可之处。经过此次考察，并结合以前所见，它的时代是可以确定了。但所做分层是否完全可靠，由于观察不够，且从构造言，在锈水坞向斜的南北两翼地层上尚多缺失和不可解之处，均还多待进一步研究，才能作最后的决定。

6）侏罗纪砂砾岩：以厚层的砂砾岩为特征。砂岩中多粗粒石英，富含长石，今多变为高岭土。砾岩中的块砾、石英及石英岩最多，其次为千枚岩及白色千枚状凝灰质岩石，有时可隐约看到石英斑晶，还有蚀变的石灰岩，但较为少见。本层大部位于山顶，成盖覆状，成20°～30°至40°～50°的倾角，与其下老地层成不整合的接触甚为明显。本层分布在锈水坞石灰岩矿化带以南的山顶，矿区极南部金鸡峰山顶及火麻坞石灰岩带以南，后二处俱成平斜覆盖状。在金鸡峰、老人石、观音峰一带，砂砾岩向南倾斜，倾角仅20°左右，火麻坞则俱向东北缓倾。在锈水坞南的砂砾岩则向北急倾，倾角达40°～50°，似有插入变质岩中的趋势。1954年检查时，周圣生工程师曾认为这种插入关系可能由于逆断层所致，砂砾岩本身仍系不整合地位于老的流纹岩系之上。最近勘探结果，在锈水坞所打向南掘进的平洞显然遇到了这层砂砾岩，但第四号钻孔的深处却见不到砂砾岩，因此，这层砂砾岩不整合地位于古流纹岩之上，但以逆断层的关系，与碳酸盐矿化带相接触的产状，可谓业经确实证明，毫无疑问了。

7）第三纪红砂砾岩：在从弋阳到铁砂街的途中所见俱为本系岩层，组成丘陵地带。

弋阳附近为本系的上部，中多页岩，倾斜向南，倾角甚平，约 20°余。南行不数里，倾角更平，不久改为向北倾斜。至本系的中部则多块状红砂岩，示交错层理非常清楚，其中亦夹若干白色砂岩及红页岩薄层。至圭峰、船峰一带则为本系的底部，以砾岩为主，大概砾石愈下愈粗，有花岗岩、流纹岩、石英岩、石英等各种不同的块砾。本系侵蚀后常成危岩峭壁，在底部砾岩层中孤峰峭壁尤多，风景特别伟严，如圭峰、船峰，俱为著名的风景区（以上节录 1954 年检查报告）

此次在从弋阳向北到侏罗纪砂岩出露处，公路距离达 18 公里之多，即为弋阳向斜北翼红层的长距，但靠近下部并非全为砾岩，而有许多绿色及灰色的岩层出露，相信此处有白垩纪的火山岩及沉积岩，因未下车考察，故不能肯定。

8）火成岩：在铁砂街东的大石坞及其北，包括招宾店的丘陵地带，俱为花岗岩，属燕山期。在从菩萨岭到倪村北的沟中亦见到一小部花岗岩。该处并有伟晶花岗岩脉。

在锈水坞的南北两方有两条石英斑岩，似侵入于千枚岩中，火麻坞南亦有石英斑岩成侵入状。

在钻孔中所见到的含矿黑色岩也可能是侵入岩，其名称尚待鉴定。

（3）前震旦纪变质岩层的倾角俱近直立，倾向或南或北，殊不一定。一般言，锈水坞以北，南倾者为多，以南则为北倾，可能代表一急倾的同斜向斜层构造。复理式的碳酸盐层位于中心，厚 100～150 米，两翼先为流纹岩、凝灰岩，厚 400～500 米，继为中基性火山岩，厚约 300 米，但各处露头还不能完全对比起来，如锈水坞以南，只有流纹岩，没有看到中基性火山岩，其南即为千枚岩及斑点状片岩。火麻坞的碳酸盐带发育甚差。其南没有看到流纹岩，也没有中基性火山岩，可能受走向断层的影响。

侏罗纪砂砾岩不整合于老地层之上。金鸡峰向南倾，锈水坞及火麻坞俱向北倾，大体上成为一被揭开了的并断裂了的背斜层（从前 453 队第二分队普查时就有这种看法，我在检查报告中并予以肯定），代表老地层上的盖层，经过隆起后再褶裂所成。

断层似极多。锈水坞侏罗纪砂砾岩与其北的碳酸盐矿化带成为一逆断层，这在上面业经谈到。南台寺为一平推断层，使东段向北推 400～500 米，并使碳酸盐层不连续。其他断层还多，尚不能决定。

（4）主要矿脉分布在西部的锈水坞一带，产于薄层状的泥质灰岩及页岩中，从下至上各矿脉的厚度及品位如次（根据队上资料）：

矿脉	厚度	平均品位（铜）
1	1.5 米	0.5%
2	3.5 米	1.18%
3	1.9 米	0.8%
4	3 米	0.32%

可见矿不太大，也不太富，是一种具有工业价值的中小型矿床。因在侏罗纪砂砾岩中曾找到矿化的块砾，再根据共生矿物的种类，如阳起石（或透角闪石）、毒砂及矿脉产在前震旦纪变质岩中的事实，可见本矿应属多变质深变质带中的高温铜砷矿床，其成矿时代可能属前震旦纪。在东面的火麻坞矿点较有远景，可继续勘探，但碳酸盐带发育差，有些钻孔可能要从侏罗纪砂砾岩中打入。北面的张家坞矿点属中基性火山岩流，其中除铅锌外也可能含铜，应多做地表揭露工作后再进行勘探。

（5）要详究岩心标本，并结合品位，划分矿带或矿脉。初步看法：锈水坞矿床有三种产状：①产在淡色岩（可能为矽化石灰岩或白云岩，常含石英脉）中的矿，充填可能多于交代。黄铁矿外以毒砂为主，并含萤石。②深灰绿色岩中的矿，可能为石灰岩中的交代矿床，黄铁矿、黄铜矿为主要成分，有时甚富。③黑色岩（可能为基性岩侵入体）中的矿，亦以黄铁矿、黄铜矿为主。

（6）利用地形打平洞是一个有效的勘探方法，并可借此进行生产。目前铁砂街所以能迅速投入开采，即因有一平洞之故。地表揭露以槽井探方法一般不能解决问题。钻探是勘探的主要方法。

（7）区域地质测量，此前震旦纪变质岩块体的范围，东西延长达15公里，南北宽4～5公里。目前勘探面积长只3公里。应在70～80平方公里老地层分布的范围内进行普查，以便发现新矿区。

在进行新地区的普查找矿时，要把下列各项作为主要的找矿标志：

1）要在前震旦纪火山沉积变质岩的范围之内。

2）要有碳酸盐岩层的存在，其中并要有各种火成岩的侵入。

3）要有广泛分布的铁帽。根据锈水坞的经验，有些铁帽之下并没有矿，而有些矿脉的上部，却没有铁帽的发育。

4）老窿、废石堆、炉渣及铜草等等。

3. 弋阳姚家坂铜镍矿床（102队分队）

（1）矿区位于弋阳北30公里姚家坂罗村的东南。根据分队的汇报，矿区中部为千枚状页岩，其西、南及东俱为石炭纪的晶质石灰岩（壶天石灰岩）所围绕，向北则千枚状页岩延长较远，更向西及东则为侏罗纪砂岩。矿区东部有花岗斑岩的小侵入体，位于石炭纪灰岩之西。矿化带是一个铁帽，小地名叫造子坑，走向东北—西南，长400米，宽200米，狭时只30米，位于千枚岩与石灰岩之间。铁帽为绿泥石化、绢云母化及矽化的石灰岩。矿床是似层状，倾角平缓，成为一背斜层，西北翼向西北倾，东南翼向东南倾，因之其西的千枚状页岩位于灰岩之上。矿石以磁黄铁矿及黄铜矿为主，品位相当高，目测含铜平均可在1%以上。队上认为是产在石灰岩与花岗斑岩接触带角岩中的脉状铜矿。

已沿矿化带布置了NW—SE的四条勘探线，挖了许多探槽和浅井，大多数浅井俱见到矿，厚2～4米，尚未到底，目测品位俱很好。

（2）经过实地考察，我们初步认为千枚岩向西北倾斜，系位于其西面的石炭纪灰岩之下，向东则为一断层，石炭纪灰岩重复出露，倾斜向东南。所谓铁帽矿化带实际上可能是一个基性岩岩脉沿断裂带侵入。返京后，将所采标本磨薄片研究，证明上述初步结论是错误的。含矿岩石为一种绢云母石英片岩，可能是前震旦纪变质岩的一部分。

（3）我们初步认为磁黄铁矿及黄铜矿俱成细脉浸染状，沿岩石的片理及节理发育。由于片理与节理相当密集，因此矿化亦比较富集。这可能是一个有希望的矿床。

（4）在变质岩的上部有一薄层风化壳，厚不过数十公分，中含胆矾、矽孔雀石、矽酸镍，还有蛋白石。其上的石炭纪石灰岩可能含镁较多。在风化壳下还有一薄层烟灰状的黑色矿物，可能是次生富集的辉铜矿。

（5）估计矿化带分布的范围可大为扩大，不但沿断裂带追索可发现新矿体，在千枚岩及石灰岩中也还可能有铅铜矿体出现。

(6) 建议速就已揭露的矿化带中沿0线或1号勘探线打钻，先打一剖面，孔距为100米。矿层可能沿片理及节理发育，有好几条。如一线成功，即依200米线距打钻，以后再加密至100米。

(7) 应速采样分析，除铜外，还要分析镍。

(8) 本区位于江南古陆东南边缘断裂带的附近，显与其东北正在勘探的绕二墩、张村、漆工镇、樟树屯等处的超基性岩及基性岩带断续相连。因此，本区矿化带的下面是否有基性岩或超基性岩的潜伏侵入体，是值得考虑的。

(9) 寻找本类矿床的找矿标志应为：①前震旦纪变质岩的分布地带。②片理、节理特别发育的地方，在这些地点，必要时要用爆破法验证。③沿断裂带追索。④铁帽、铜镍及镍绿等标志。

(10) 造子坑东北一里许为禾昌湾矿区，沿千枚岩东北西南向的节理中有含黑钨矿、白钨矿、黄铜矿及黄铁矿的石英脉，脉宽15～30公分，最宽可达1米，长15米。西南段为小河所切，东北段则插入高山。造子坑一号线各井中的石英亦含黑白钨矿，有时还有萤石。

以上造子坑的铜矿及禾昌湾的钨矿俱经土法开采。造子坑有工人700～800人，日产矿石5～6吨。

4. 弋阳北曹溪煤矿及石灰岩（108队）

(1) 这是煤田专业队，除曹溪内洪的煤及石灰岩（作水泥原料用）外，还担任上饶四十八都及余干枫港的煤田普查。在曹溪已就原五万分之一地质图加以修正，并布置了勘探网，准备今年打钻。

(2) 根据队上汇报，在前震旦纪千枚岩上不整合地覆以石炭纪及二叠纪石灰岩与燧石层（鸣山层），还有乐平煤系。作为勘探对象的侏罗纪则又不整合地覆于乐平煤系之上。再上则有白垩纪火山岩及红层，亦以不整合关系与侏罗纪相接触。侏罗纪中所产的煤俱属无烟煤，业经土法开采，稍有生产。

(3) 队上把侏罗纪煤系分为五层，最下一层亦含煤。此层之上则为砂砾岩层，厚20～30米。我们意见，此层可作为侏罗纪的底砾岩看待，其下的含煤系可能属乐平煤系。

(4) 石炭二叠纪地层成比较平缓，但富于起伏的向斜构造，其上覆的侏罗纪煤系是否亦成向斜，还待进一步研究。

(5) 队上所布置的勘探网大致准确。根据侏罗纪与乐平煤系分层的新意见，我们指出了另一勘探乐平煤系的新地点。

(6) 在队上又听取了关于上饶南四十八都及余干枫港煤田的汇报，这两处俱属二叠纪。四十八都含煤19层，俱属无烟煤，枫港则属高挥发分烟煤，与乐平煤的性质相近似。煤系地层呈穹窿形构造。我们指出在此应注意寻找油气显示，可能会发现油气田。

5. 乐平众埠街锰矿（104队）

(1) 众埠街锰矿从前定为震旦纪，也有人认为属二叠纪。自从995队（冶金工业部）在含锰系的燧石层中发现了纺锤虫化石后，始确定为中石炭纪。

(2) 队上所定地层层序，自下而上为：

①前震旦纪千枚岩。

②中石炭纪地层，自下而上由下列地层组成：底砾岩、含锰砂岩、锰矿层，黏土夹砾

石层、白云质石灰岩及纯石灰岩。

③侏罗纪砂砾岩，不整合地覆于中石炭纪灰岩之上。在矿区外围，还有二叠纪的栖霞灰岩、鸣山层即乐平煤系等，位于中石炭纪灰岩之上。

（3）经过实地考察，我们认为中石炭纪下部含锰系的层序应改订如次：

1）底砾岩，几全为千枚岩所组成，厚1～2公尺，薄而不规则，系代表准平原地形下的冲积物。是否亦可代表下震旦纪底部地层的残余，如德兴所见到者，目前不敢决定。

2）原生含锰系自下而上由紫页岩（可能含锰）、砂质页岩、燧石夹层及碳酸锰矿层所组成。碳酸锰矿有灰色及红色的二种，为本区的原生锰矿，最厚可达15米（如小铁山），氧化深时则局部或全部变为氧化锰，碳酸锰矿层就大为减薄，甚至缺失，如大铁山。队上所定的含锰砂岩一名似不合适，因为锰矿一般产在燧石层、页岩或偶亦见于石灰岩中，产在砂岩中的原生锰矿颇不多见。

3）次生氧化锰矿厚3～15米，为主要的富矿层，由近代及古代的风化作用所造成。

4）白云质石灰岩即中石炭纪石灰岩的下部。

（4）至于队上所定位于锰矿层与白云质石灰岩间的所谓黏土夹砾石层，经过标本的研究，实地的考察与综合分析的结果，认为这种岩层性质非常松软，虽最厚可达30至40米，但常尖灭或缺失，如花亭即无此层。它不是一个固结的地层，显由地面水及地下水冲蚀石灰岩、燧石及锰矿层，溶解、填积而成，应是第四纪的溶洞填积物，与红土层沉积的时代大致相仿，不过产状不同而已。这是一种呈黄、褐及灰色的土层，其中块砾主要由燧石、千枚岩及锰矿的大块所组成，块砾多具棱角，代表就地沉积或冲流不远的填积物。从前曾有人把此层作为震旦纪的冰碛层者则更属不合实际的想法。

（5）又讨论了本矿的成矿条件，认为准平原的形成及古风化壳的发育，是产生锰矿质料的基本条件。至于在此变质基底层中是否还有富于锰质的火成岩或含有矽酸锰矿物的原始锰矿床，则须详细研究江南古陆的前震旦纪变质岩后才能予以阐明（参阅第九节东乡锰矿）。其后古陆上的锰质随水溶流，就在附近港湾的浅海带中沉积，造成了含锰紫页岩及原生碳酸锰矿层，这是一种在准平原地形控制下，没有很多碎屑物质掺杂的（少数砂质页岩除外）、主要在还原环境下进行的化学沉淀。经过历次的造山运动（华力西、燕山及新生代）及伴随而生的风化作用，原生碳酸锰就大部氧化成为氧化锰的富矿床，只要未被最后的剥蚀作用冲刷以去，就能成为现在堪采的矿床。所以对矿床的保存有密切关系的构造及地形因素，亦是重要的成矿条件。

（6）众埠街大小铁山的锰矿已开采殆尽。最近在其东北不远处的花亭发现了一个新矿区，可能有100万～200万吨的储量。鉴于锰矿的迫切需要，在外围及远处寻找新矿区实为当务之急。我们指出小铁山向西延长线，矿区的南缘横路区以及矿区南面，可能属于另一港湾地形的黎桥区，都是寻找新矿床的有希望地区。此外，有火成岩干扰（如小铁山的西缘）及为大片侏罗纪盖覆如福泉河的支流区，由于当侏罗纪前可能发生的强烈冲刷及深厚的盖层，俱不是理想的找矿地带。众埠街东北35里许的洺口人民公社最近发现锰矿，应予注意检查，东乡新发现的锰矿也有极大的意义（详后）。

6. 德兴银山及北山的铅银矿（101队）

银山矿区勘探多年，已接近结束，最近又在北山发现了几条矿脉，其北的大元坞还有发展希望。根据队上汇报及两个半天的实地考察，并参考谢家荣1954年的检查报告，我们提出下列意见：

(1) 我在1954年冬天考察德兴铅银矿时，曾在第二勘探线上的中沟附近（十八脚一带），在千枚岩中首次发现了流纹清楚、斑晶明显的古流纹岩。这里片理的走向为北30°东，向东南急斜，但斑晶的排列则较平，约40～50度，二者的倾角是不一致的。我又首次发现这里的千枚岩普遍“叶蜡石化”（后经中南地质局鉴定室研究，更改为地开石），曾推想这种地开石化的千枚岩都是古火山岩，它在十八脚、马脑坞等处分布非常广泛，虽在四号至五号平坑中，也见到一些夹杂的属沉积成因的黑板岩及灰黑色板岩，但主要应是火山喷发的产物。至于在矿区北部所见的，风化后都成红色的千枚质页岩，则都属沉积成因。队上根据中南局鉴定室的研究，划出一种所谓砂质千枚岩，定为古火山岩，并谓这种古火山岩主要分布在九龙上天及北山一带，银山较为少见，常与千枚岩成互层，厚数十公分至数十米，一部分是透镜状。这种岩石的片理不发育，岩性较脆，具纤维花岗变晶结构及残余碎屑，主要由绢云母、石英及长石所组成，并有较多的绿泥石及局部的碳酸盐化。我们认为这种岩石可能是古火山凝灰岩，但不是标准的古火山熔岩，标准的古流纹岩只在银山的中沟及弋阳铁砂街见到，可惜队上没有注意到在1954年所发现的事实，并进一步加以研究，以致前震旦纪演吉岭层中火山岩层位的问题，至今还不能搞清楚。至于砂质千枚岩这个名词，似乎不恰当，因为千枚岩为一种浅变质岩，而砂质则是未变质岩的形容词，二者并列，不合逻辑，不如以古火山凝灰岩名之较为合适。

(2) 在千枚岩与石英斑岩之间，有一层千枚质角砾岩及炭质页岩，我在1954年时亦曾见到，但当时曾推想其可能为一种火山角砾岩，即当岩浆侵入时，冲破千枚岩的围壁，包裹胶结而成。现经队上详细研究认为这种角砾岩及炭质页岩常位于火山岩系的底部，共厚约40米，几乎全部由数公厘至数公分大小的千枚岩角砾所组成，含少许石英粒，胶结物则俱为泥质。在角砾岩的顶部则有少量千枚质砂岩及灰质页岩，共厚不到1公尺。在本层的上下及中部都有矿化现象，有时品位相当高，形成了南山坞、方家坞及仙人架板等处的平伏矿床。根据此次考察，同意队上的意见，把它作为一种斜坡堆积及湖相沉积看待，但是否为中生代火山岩系的底砾岩，抑为较古的岩层，如震旦纪的底砾岩，则尚待进一步研究。鉴于铜厂东南富家坞杨村间也有变质砾岩，岩性相似；此处砾岩共有两层，估计厚度100公尺，其上有煤层，再上又为千枚岩；我们推测这些岩层的时代可能属震旦纪。据101队指出，千枚质砾岩及炭质页岩的分布很广，在西山、仙人架板、方家坞、南山坞一带俱有，但出露殊为零星，层厚亦不稳定，时常消失尖灭，可能系由于火山岩系前有一不整合之所致，再加上本层岩质常多少受变质，故其时代很可能属震旦纪，代表江南古陆上震旦纪地层的残余沉积。

(3) 我们认为白垩纪火山岩系主要包括石英安山斑岩、安山块集岩、粗面岩及流纹岩等，大概基性者在下，酸性者在上，其中也包括一些凝灰岩。主要分布在道士印以西至德兴县间，西山、方家坞及南山坞一带，组成两个向斜层的构造。至于队上认为火山岩系上部厚约100米的红色砾岩及砂页岩，究竟与第三纪的红层如何区别（不整合）尚待进一步研究。

(4) 为使矿区的地质构造更趋明显，应把火山岩系下部的紫色及绿色安山岩、安山块集岩与上部的灰白色流纹岩分别填绘，不能以火山碎屑岩的一个名词包括一切。同时千枚质角砾岩与炭质页岩，亦应在图上标示出来，因为这可能代表震旦纪的残余沉积，同时又是本区比较重要的含矿层。

（5）1954 年来本区考察时，曾在许多地方见到石英斑岩确实侵入在千枚岩之中，如第四勘探线西北端大路旁，第二勘探线 13 号槽及 15 号槽的东端，南山坞 31 号槽的东端。在第三勘探线的 9 号平坑及 10 号浅井中俱见到含千枚岩角砾的斑岩，亦似为侵入接触。至于在九龙上天、米堆及北山所见的石英斑岩，其属侵入接触更为明显。仙人架板的石英斑岩究系成侵入接触抑为岩流，尚难决定；队上所绘的剖面则认为是岩流。石英斑岩侵入在火山岩中的现象，则曾在德兴城东炉渣堆附近见到，系属 3～4 公尺宽的石英斑岩侵入在安山岩中，而在南山坞 33 号槽中所见斑岩的产状，亦似成侵入接触。因此可以断定，侵入的石英斑岩在本区确实存在，大概在道士印以东，石英斑岩俱成侵入状，其西如南山坞、方家坞及西山等处，则俱成岩流，可称为流纹岩，二者实具有同源同质异相的关系。许多石英斑岩的岩脉（如九龙上天、北山、十八脚一带）可能就是流纹岩裂隙喷发的火山颈。因此，这种侵入体是距地面很浅的侵入体，其成分、结构，与喷出的流纹岩没有很大的区别。由于石英斑岩不但是含矿围岩，也是成矿的母岩，矿液是随着石英斑岩的侵入后上升的，因此必须在图上把侵入相的石英斑岩与喷出相的流纹岩分别开来。

（6）我们认为西山不是火山口，理由是：火山集块岩及凝灰岩俱向内倾斜，形成盆状构造，与火山喷口之成锥状构造而向外倾斜者刚刚相反；中间未发现火山颈；地形上无火山喷口的遗迹，但如系喷口，其范围亦似嫌过大。我们认为这里的火山岩俱属裂缝喷发，上面所述的许多石英斑岩的岩脉，就是例证。

（7）矿区的详细构造还有待进一步的研究，特别是前震旦纪基底层的构造。根据古火山岩的分布及少数倾斜方向的测量，我们初步认为古火山岩系位于千枚岩之上，并在马脑坞、十八脚一带代表一个紧密的向斜构造。但这个构造似乎向东北可与铜厂相连，而铜厂则似成为一个倾没背斜，即西源岭背斜，因之，这里也可能成为一个扇状的紧密背斜，而沉积型的千枚岩则位于火山岩系之上。这种解说似乎更为可能。西山及方家坞、南山坞之间，代表两个由白垩纪火山岩系所成的向西南倾没的向斜层是没有问题的。

（8）队上把矿床分为垂直的裂隙充填（如银山的 2、3、4、5 号矿带及北山、九龙上天等矿带）与平伏的矽酸岩交代矿床（主要交代千枚质砾岩及炭质页岩，一小部也交代集块岩及凝灰岩，如方家坞、南山坞及仙人架板）是非常准确的。又认为北面北山及九龙上天的矿脉，走向接近东北，矿石成分锌多于铅，而铜、银俱相应地减少，银山的 1、2、3、4、5 号矿带走向近于南北，矿石成分铅多于锌，而铜、银也相应地增多。造成这种分布规律的原因，值得进一步研究。由于含有许多脉石的标准的脉状矿床，在本区颇为少见，因此，认为即使是垂直的矿带，也多成细脉浸染状，交代作用往往起着重要的影响。

（9）我们认为，垂直的脉状矿床是以张力裂隙为主，剪力裂隙为副的构造控制矿床。平伏矿体则主要由于千枚质砾岩、火山集块岩及凝灰岩的孔隙作用，以及炭质页岩的还原作用，应属岩性控制的矿床。

（10）据队上报告，南山坞及方家坞的平伏矿床，分布不稳定，矿量不大，据少数钻孔的结果又证明，西山岩层陡立，无发现平伏矿床的希望。但我们认为，西山地质应与南山坞、方家坞相似，还值得进一步勘探，以明究竟。

（11）在石英斑岩中的围岩蚀变以矽化为主，使原来结构大部消失，只余若干石英斑晶。在千枚岩中，特别是由古火山岩变成的则发生普遍的地开石化和绢云母化，而在富矿带附近则绿泥石化特别显著。

(12) 在 1954 年的检查报告中，我曾把与绿泥石密切共生的黄铁矿、方铅矿等列为第一期，与白云石共生的细脉及晶洞状硫化物列为第二期，而成同心圆形的层状结晶（在十八脚南沟之东见到），温度较低，已属交替沉淀，可能为最后一个阶段。今队上根据鉴定室的研究，把胶状矿床列为第二期，而碳酸盐化的矿床列为第三期，因未作详细的矿相研究，尚不敢断定谁是谁非。

7. 德兴铜厂铜矿（省局直属专业队）

经过几年来的普查勘探工作，德兴铜矿队已勘定了从西北到东南——朱砂红（包括铜锣坞、黄坑坞），铜厂及富家坞的三个主要铜矿区，其中铜厂区矿量最大，朱砂红次之，富家坞则铜矿量虽较少，但含钼甚高，是一个重要的钼矿床。

我们在铜厂期间，因雪雨连绵，只上山观察了两个半天，此外，主要通过队上的介绍，标本及图件的观摩等，才大体上了解了矿区的地质及矿床情况。因为自己的观察太少，所以不能够提出很多的新意见。兹就所看到的几个问题提出来与大家商讨。

(1) 矿区及外围的地层及构造问题，似乎还没有搞得很清楚。朱钧工程师在去年矿床会议上所提出的文章中，把古石英斑岩作为一种古侵入体，并认为中生代燕山期的花岗闪长斑岩是大部分侵入这个古石英斑岩中的看法，大概已经取消了。根据我们在德兴银山及弋阳铁砂街的观察，前震旦纪变质岩系中肯定有古流纹岩及凝灰岩的存在；又据我们由朱贤甲同志伴同，在从铜厂到朱砂红道中所看到的好几层具有残余斑晶的纹理状的岩石，虽不能与标准的古流纹岩相比较，但其属一种古火山岩系似乎没有多大疑问。因此我推想，朱钧、陈荣阳等所编的铜厂矿区及其外围地质图上所标示的所谓古石英斑岩，可能都是以古火山熔岩及凝灰岩为主要组分的层系，是前震旦纪变质岩系中的一个组成分子，由于后来所经受的强烈的动力变质和热液蚀变，遂使原来的成分和结构不容易辨识了。

据地质图上所示，古石英斑岩（我大胆推想就是上面所述的变质火山岩系）的分布，西自朱砂红以西以南，中经铜厂矿区，东南达石金岩以南，形成一个向东北弯曲的弧形构造。所有地层的片理及层理的方向都与此构造相吻合。这个弧形构造就代表队上所称的西源岭背斜，更确切地说，应该是一个倾向北东的倾没背斜，而从西源岭以北，这个背斜又复升起而成为一个走向东北的、褶曲紧密的直线状的背斜了。这样说起来，在此古火山系西南，在祝家岭、茅岭一带分布的千枚岩，应该位于此古火山岩系之下（这里是否有中基性火山岩，如在铁砂街所见到者，还待进一步研究）。而在铜锣坞的西北及官帽山一带所分布的千枚岩，应该是古火山岩系以上的地层了（这里是否有碳酸盐岩层，也待进一步研究）。究竟这两层千枚岩在岩性上有什么区别，须待进一步研究加以阐明。经过官帽山的向斜构造，此古火山岩系又出现在富家坞之东，造成了该处向北西倾斜的单斜层。

如果上面所说的话有几分可信之处，那末，我们可以作更进一步的推断，即作为铜矿母岩的花岗闪长斑岩的侵入，不但受了由于挤压所发生的涨力的控制，还受着由于火山岩系本身结构比较粗松的岩性的控制，而在铜厂附近，则由于从倾没背斜过渡到平伏背斜的交接之处，挤压涨裂特别强烈，就造成了规模最大的花岗闪长斑岩的侵入了。从这里我们又可推断，花岗闪长斑岩的侵入是受着倾没背斜与涨力裂隙的控制，并不能说花岗闪长斑岩的侵入使围岩形成了褶曲，如队上所假想者。

(2) 另一重要的地层构造问题则为在富家坞东北及东南出露的变质砾岩、煤层及其上覆千枚岩的层位及时代。我们虽然没有前去考察，但根据队上的报告及标本的研究，认为这层厚达100公尺，主要由千枚岩及石英块砾所组成并由泥质胶结的砾岩，应该是震旦纪的底砾岩，它与德兴银山的千枚质砾岩应属同层。砾岩之上有劣质无烟煤一层，厚约1公尺。再上又是千枚岩。这种层序很可能与震旦纪的陡山沱组相对比，不过变质更为深一些罢了。以上岩层俱向东南倾斜，倾角70°，与其下伏的火山变质岩系可能成明显的不整合。从此向东南则有（暖水附近）程家湾、龙头山的磷矿，成结核状，据云产在侏罗纪页岩中，而暖水、宗儒一带，许多地质图上都绘有大片的三叠纪石灰岩，据云逆掩在侏罗纪地层之上。我想，侏罗纪的磷矿层在中国尚未发现，而突如其来的三叠纪灰岩亦颇难解说。因之，初步推断，所谓三叠纪石灰岩可能是震旦纪的灯影石灰岩或寒武纪灰岩；而磷矿层可能属陡山沱组，也可能属寒武纪的底部。

以上推断，仅供参考，究竟如何须实地考察后才能决定，但意义则甚大。因为如果变质砾岩确属震旦纪的底砾岩，则其下伏变质岩系之属前震旦纪就可确证无疑。此外，在此地区的震旦纪及寒武纪地层中就有发现重要磷矿、锰矿及放射性元素的可能，应速组织专业队对此问题加以研究。

（3）我们大体上同意队上关于蚀变带分带的理论及以水化学及铜量测量配合蚀变带作为主要的找矿方法。在此拟作补充者是，如果把花岗闪长斑岩与千枚岩各分为浅、中、深的三种不同的蚀变带，则未免过于复杂，且深浅标准亦颇难掌握。绢云母化不但是热液蚀变的产物，也可由区域变质所造成，二者颇难区分，而在本区的千枚岩中则几乎到处俱有绢云母化，这对找矿的意义就不大了。因此认为，是否可以蚀变相作为主要的标志，用各种符号分别标示，如在千枚岩系统中可分出矽化相、黄铁矿相及绿泥石相，而在火成岩系统中则可分出绿泥石相、绢云母相及黄铁矿相等等。鉴于绿泥石化与矿化更有密切的关系，所以特别重视绿泥石化实有必要。至于普遍发育的碳酸盐化及局部的绿帘石化和硬石膏化亦可用符号标示。我们在地质图的分层上则只需分为花岗闪长斑岩，以火山岩为主的千枚岩系及以沉积岩为主的千枚岩系三种就够了。这种分层是否可行，还待队上从实践中来加以证明。

（4）队上所作的铜量测量及水化学测量已获得辉煌成果。我们的意见是，这种工作，特别是水化学测量，最好能在现场进行，可用离子交换法，或地质部化探部门最近所试验的用有机试剂分别递加提取的方法（对镍已试验成功，其他铜铅锌谅亦可应用），不但可避免采取大量水样的麻烦，并可当时即获得成果，而其准确性还较一般的方法为高。在进行铜量测量时，可适当地采用冷溶剂提取可交代金属含量的比色方法，以求快速。希望队上速与化探部门联系后施行。

（5）队上把矿化作用分为硫化物石英脉，纯金属硫化物氧化物矿脉，碳酸岩矿脉及石膏化矿脉的四大类，又依照矿物共生组合，分为17种不同的矿脉。我们认为根据矿化的不同阶段，分为石英矽酸盐矿脉、碳酸盐矿脉及石膏矿脉就够了。进一步的分类最好依据附生矿物的种类，如石英、绿泥石、绢云母及金属硫化物与氧化物的关系来划分。至于金属硫化物的多少，在矿量计算上有重大意义，但在矿床的系统研究上关系就不很大了。

（6）我们认为，铜厂的铜矿与银山的铅锌银矿有同源异相的关系，它们都是细脉浸染型矿床，而与燕山期的花岗闪长斑岩或石英斑岩有成因上的关系，都分布在江南古陆边缘前震旦纪古火山岩系之中，并受着北北西或北西方向的涨力裂隙的控制。在铜厂，碳酸盐阶段的矿化中发育了铅锌矿的沉淀，而在银山的若干地段，黄铜矿的矿化也起着比较重要的作用（这些地段目前正在开采铜矿）。因此，可以推断，铜厂铜矿系代表燕山期酸性侵入体沿着涨力裂隙所发育的地位较深的矿床，而在银山，则是同期同构造带的地位较浅的矿床。前者的母岩为花岗闪长斑岩，而后者则为石英斑岩，也代表了在不同深度结晶的火成岩。在银山的深部，石英斑岩是否可渐变为花岗闪长斑岩，而矿化也可由铅锌银渐变为以铜为主的矿床。这是一个大胆的但也是可能的假想，也可作为今后在德兴地区的一个找矿方向，希望局队的同志们对此意见加以研究指正。

（7）在从铜厂到德兴的道中，我们注意到在铜厂及银山附近，地形比较高峻尖峭。而在其他地区，则前震旦纪变质岩（主要是沉积变质岩）一般都成低平丘陵状的地貌。在从乐平经万年到东乡的道中，大部分的变质岩区域，都成起伏不著的低平丘陵。这种不同的地貌，反映了基底岩层的岩性与构造，它一方面是受着侵入岩掀起与抬高，及岩浆岩的变质硬化而能较好地抵抗侵蚀成为高峻的地形，另一方面则变质岩系中的火山岩部分也可能因岩性较坚而成为突起的地形。这种地貌上的找矿标志，相信对在广泛的江南古陆上大体的划出有望矿化地带的工作是多少有帮助的。

8. 东乡邓家铁矿（106 队）

（1）矿区位于东乡东北约 6 公里，在铁路之北。队上所定地层层序，自下而上大致如次：

（a）前震旦纪千枚岩。

（b）粗粒及中粒石英砂岩，厚 200～300 米。

（c）炭质页岩，厚 50～100 米，含植物化石（经我们初步鉴定为 *Neuropteris*），中夹 0.3～0.5 米厚的无烟煤。

（d）灰、绿、紫、白等色的杂色页岩，厚 150～200 米，含腕足类、苔藓虫等海相动物化石。

（e）绢云母石英砂岩，厚 3～5 米，可作为找矿标志。

（f）铁矿层，厚 2～3 厘米至 10 米，断续出露，在地面上可能延长 1,600 米。

（g）长石砂岩，硅化成石英岩，局部含黄铁矿，厚 0～30 米。在排上之西出露一小块火山凝灰岩。

（h）第三纪红色砂砾岩及第四纪红土层。

关于铁矿成因，队上认为乃沉积矿床又经热液作用的影响。

（2）经过实地考察，我们提出下列意见：

（a）我们在北山石英砂岩下所见的千枚岩是一种斑点状千枚岩或片岩，其南面铁路北的千枚岩则与德兴铜厂所见到者相似，可能是由火山凝灰岩所变成。

（b）以上自（b）至（e）各层位俱属中下石炭纪，其中绢云母石英砂岩只是一种细粒砂岩，局部含长石。各层厚度亦不很准确，如：（b）层应加厚，（c）层应减薄等等。（b）层的砂岩，含砾石较多，有些已成为砾岩，没有变质，是否有属泥盆纪的可能，尚未能定。但绝不是震旦纪。各岩层俱倾向东南，倾角 30°～50°。

（c）铁矿层及长石砂岩应属白垩纪的火山岩系。所谓长石砂岩大部分乃凝灰岩，此外还有集块岩及火山角砾岩。在排上西出露的火山凝灰岩乃是含长石斑晶非常清楚的呈紫色的火山熔岩，可能是安山岩或英安岩。以上火山岩系的厚度至少在 200 米以上，其详细层序及定名，俱尚待进一步研究。

(3) 铁矿系交代中下石炭纪的细粒砂岩，白垩纪火山岩系的角砾岩及凝灰岩而成，至少有三个不同的层位，而以交代凝灰岩者最多最富。矿床呈似层状、脉状及团块状，极不规则。详细产状、层位及原来的岩石性质亦尚多未明。

(4) 铁矿围岩都经受深烈的绢云母化，高岭土化及矽化，显系由中低温的热液作用所成。附近没有找到侵入火成岩，热液是否与火山喷发有成因上的关系，尚不敢决定。铁矿床都产在含海相化石的页岩层之上，相信矿液必经过断裂带的孔道上升，与孔隙度较大的细砂岩，凝灰岩及角砾岩交代充填而成。

(5) 根据以上所述，我们认为本矿乃主要交代白垩纪火山岩系的热液矿床，与安徽当涂及南京附近的所谓南山式铁矿相似。

(6) 矿床分布不规则，厚度变化大，不能以层状矿床来勘探，应择矿体有露头的地方钻探其延深，然后再酌量扩大其在走向方面的范围。铁矿床延长 1,600 米的假定，应重新考虑。

(7) 鉴于江苏溧水铁矿（成脉状，产火山岩中）最近发现有丰富的锗，本矿也应进行光谱分析，以定其是否含锗。

(8) 本矿业经开采，在东乡冶炼，将来拟供给赣东北钢铁厂，为主要的铁矿基地。

9. 东乡寺前锰矿

(1) 此乃最近发现的矿点，品位极高，已由红星垦殖农场进行露天采掘。矿点位于寺前车站之北约 5 华里，稽坊村附近。寺前在东乡之西约十里，有公路可通。

(2) 经过实地考察，确定锰矿产于前震旦纪千枚岩系的古风化壳中，为风化残积矿床，上覆红土，围岩则为千枚岩及火成岩，是否为古流纹岩流抑为长石石英斑岩的古侵入体，尚不能决定。

(3) 已揭露的矿体长 28 米，宽 12 米，深 3～4 米，尚未见底。矿质极纯，只有少数残留的高岭土化及矽化的围岩。初步分析矿石含锰 48%～59%，铁 0.7%～1%，矽、硫、磷等俱极低。

(4) 所有围岩俱蚀变甚深，如火成岩已变为红色夹白色条带的土状岩石，白色条带俱为长石所变成的高岭土。无论火成岩或千枚岩中都有黑色的锰质煊染，成细脉或斑点，表示风化残余的成因。在山边出露的若干千枚岩和斑点状千枚岩常示蜂窝状结构，并富于锰质的团结体，亦属古风化壳的特征。

(5) 千枚岩及其上覆的红土俱成低山，作东北西南向，位于下石炭纪（或泥盆纪）砂砾岩所组成的较高山岭之东南。此砂砾岩向东北延长，可与邓家铁矿北山的砂砾岩层相连。

(6) 以后应沿此低山带进行普查，测绘 1∶5,000 或 1∶10,000 的地形地质图，分别填绘千枚岩、古火山岩、古侵入体及红土层，特别注意呈蜂窝状结构并有锰质煊染的岩石，这可能是锰矿的地面标志。在红土中还要注意有无锰矿的颗粒。同时从已知的一个锰矿点，照 S70°W 及 N70°E 的方向，划为矿体可能分布的趋向，然后沿此方向布置浅井及槽探，先用 100 米的间距，以后逐步加密，以寻找红土下的潜伏矿体。

(7) 据云，寺前车站南的低山带亦已发现一个锰矿点，尚未揭露，其产状大概相似，可知在本地区寻找古风化壳中的锰矿床是极有远景的。此外，余干、万年、余江及乐平洺口人民公社所开的锰矿，俱可能为古风化壳中的锰矿床。

(8) 在古风化壳上所进行的风化残余作用是造成锰矿富集的主要条件，似毋容或疑的，但在千枚岩系的基底层中是否还有含锰矿原始质料较多的侵入岩或火山岩，如在寺前锰矿所见到者，甚至还可能有富含矽酸锰矿物，如锰石榴子石、锰绿帘石或锰辉石等的原始锰矿床，足为供给锰矿质料的母岩，这一点对今后在江南古陆的风化壳中寻找风化残积锰矿床具有重大的意义。必须从研究前震旦纪变质岩的层序、岩性及构造后，才能予以阐明、决定。

考察雷州半岛及海南岛三水型铝土矿报告附“关于在雷琼地区找煤的若干意见”（初稿）*

Ⅰ. 引言

自从发现了福建漳浦的三水型铝土矿后，前一作者就推测雷州半岛及海南岛（以下简称雷琼地区）可能有同样的矿床存在，因为在那里分布着更为广泛的新第三纪玄武岩岩流，以及由此风化而成的深厚的红土，而气候及地形的条件，也似都适合于三水型铝土矿的生成。基于这些理由，前矿产测勘处曾派赵家骧等前往海南岛调查，结果只找到了风化的玄武岩，而没有发现合乎工业品位的铝土矿。

解放后，在雷琼地区进行各种地质普查时，也曾注意到铝土矿的寻找，但没有深入工作。1959 年春，为响应国家大搞铜铝的号召，曾由广东省地质局发动湛江专区及海南行政公署的地质局分别组队，赴玄武岩分布地区作广泛深入的普查，挖掘了许多浅井及槽探，详测剖面，分层采样，计湛江区已采样品 600 余个，海南区 1,200 余个。海南区局还曾派员赴漳浦现场参观学习。这种深入钻研的精神，至可钦佩。但由于样品过多，一时尚不能全部分析。虽已发现了许多在外表上与漳浦颇为相似的结核或矿块，而品位是否合格，是否为以含水的氢氧化铝为主要成分的三水型铝土矿，至少从已分析的若干结果（大部分矿样只分析了三氧化二铝）来看，还不能作出决定。

地质部矿物原料研究所为配合广东省局队进行广泛深入的寻找铝土矿工作，特派作者等来现场协助。考虑到铝土矿的种类繁多，肉眼难于鉴别，特携带轻便显微镜一架，以便在野外随时磨片，随时鉴定。作者等于 3 月 22 日抵广州，23～25 日由省局周仁沾工程师介绍全省地质矿产情况，张有正工程师介绍区域地质测量的情况。26 日从广州出发，承湛江局谷局长派专车相送，又承广东省地质局刘局长派何立德、陈应荣二同志伴同前往。何陈二同志方自雷州半岛检查铝土矿的工作归来，他们携有快速分析铝土矿的全套仪器及药品，对鉴别铝土矿更能作出有力的帮助。27 日抵达湛江，28～29 日考察湖光岩的火山喷口湖及地质，并由宋锜工程师介绍湛江区的地质矿产情况。3 月 30 日搭湛江局车出发，局派宋工程师、鉴定员、磨片员等同行、历赴雷北的企水及雷南的大水桥、下桥及海安附近，考察红土剖面及可能为铝土矿的结核或块砾，又考察了调风的褐煤。在雷南考察时曾由第六队尹诗丽同志介绍情况并伴赴各地。

---

* 1959 年 3 月 20 日作者受地质部矿物原料研究所派遣离开北京前往广州，配合广东省地质局在雷州半岛和海南岛进行广泛、深入的寻找铝土矿的工作，前往工作区进行了近 1 个月的野外考察，考察结束后于 4 月 22 日完成了这份考察报告（署名：谢家荣，傅同泰），并于次日提交给了广东省地质局。本卷依据全国地质资料馆所存文稿（档号 18027）付印。——编者注

4月5日从海安搭轮过海，当日到达海南岛的海口市，7日搭公路局车赴石碌，8日由海南地质局符国光局长、张霖书记、王才清同志等介绍海南岛地质矿产情况，9日由周工程师伴同考察石碌铁矿及铜矿，10日上午研究标本，下午由局派之专车送海口，由张书记、王才清、鉴定员和磨片工伴同，沿途考察那白桥头等处的红土剖面，在那白东发现矿核层。13日从海口搭局派专车赴长昌煤矿队。听取队上汇报后即考察煤矿。14日赴甲子及烟塘考察风化玄武岩及铜矿、石墨矿，在蓬莱南发现了矿核层。15日经龙门、龙塘，赴定安，听取海南岛区域地质队汇报。16日返海口，在旧州附近发现矿核层。17日从海口市赴雷虎，考察火山喷口，并在秀英坡附近发现矿核层。19日搭船返广州。

此次工作承广东省地质局刘局长，湛江局谷局长，海南局符局长、张书记支持、照顾，周仁沾、张有正、宋锜、周德雨等工程师介绍情况，又承何立德、陈应荣、宋锜、尹诗丽、张霖、王才清、周德雨等同志伴赴各地考察，提供许多意见，获益良多，统此致谢。

Ⅱ. 地形、气候及土壤

考察地区属雷州半岛的大部分及海南岛的北部，俱属平原及丘陵地形。在湛江西的湖光岩、椅岭及笔架山等处有许多火山喷口，湖光岩并有喷口湖，地形起伏较大，高差可达50～100公尺（估计）。湛江附近及企水、乌石（雷北县西南）等处的湛江系则成50公尺以上的丘陵。海南岛北部大部分为平原及起伏不大的缓坡，但在许多火山喷口附近，则常成50～100公尺的丘陵，如临高西的高山岭，临高福山间的多文岭，雷虎西的雷虎岭，长昌北的旧州及龙发附近俱是。这些火山喷口的分布及地形，需要进一步详测。长昌煤田为一切割的低地区。长昌煤系位置最低，变质岩及湛江系则突起较高，薄层玄武岩则位于山顶，成为覆盖层。

雷琼地区大体上属热带及亚热带气候，平均年温度为23.9℃，5—7月气温最高，中午可达33.7℃，最低为一月份，可至5℃，但永不见霜雪。平均年降雨量为1,500 mm上下。7—9月为雨季。植被深厚，属热带及亚热带植物。在玄武岩特别是薄层玄武岩分布地区，都成为红土。火山喷口则常多石质，土壤每成棕色。湛江系所在地除偶成红色或棕红色外，一般都为棕色、黄色及白色的壤土或砂土。低地稻田区则为灰色或灰褐色黏土。海滨砂地则为黄白色的砂土。

关于地形、气候及土壤的情况，仅能略述梗概，俟参考专题报告后再为补充。

Ⅲ. 地质背景

在雷琼地区，玄武岩大多数位于湛江系之上，其间应有不整合，少数地区如海南岛的长昌及甲子，则玄武岩可盖在花岗岩或变质岩的丘陵顶上。变质岩多为紫红或灰白色的石英片岩及绢云母片岩，时代未定。花岗岩含黑云母较多，大概属燕山期。兹将调查区域内的第三纪地层，就队上汇报及观察所及，以自下而上的层序，论列如下（与茂名剖面的对比是作者初步提出的）：

1. 油页岩

在长昌煤田的钻孔中见到，厚30米。含油率1%～3%，相当于茂名的油页岩，品位大为不如。时代属老第三纪（始新世）。

2. 绿色砂砾岩层

自下而上为红色砾岩，灰绿及灰白色砂砾岩与粉砂岩，共厚440米。只在长昌煤田中见到，可能相当于茂名的黄牛岭层，时代似属新第三纪的底部。

3. 长昌煤系

为海南岛的主要含煤系，自下而上为：①青灰、灰绿色粉砂岩夹油页岩，厚15米。②砂岩、油页岩、炭质页岩及煤层，成为若干个旋回，含煤12～33层，厚自0.1～4米，煤层间距0.1～5米，煤质为高灰分褐煤至半烟煤。本层共厚约80米。③棕灰及灰黄色油页岩（含油率1%～8%）夹薄砂岩透镜体，共厚40米。在雷州半岛本层似未出露。如与茂名剖面对比，本层似可相当于尚村层，属中新世（?）。

4. 湛江系

为粗砂砾岩，粉砂岩，黏土质细砂岩，黏土及砂质黏土所组成，呈灰白、青灰、浅绿等色，在砂岩与黏土间常有铁质胶结的含铁粗砂岩，厚数公分。在湛江、雷北（即海康）一带及其西南的龙门、北合等处出露最广，在海南岛则分布于西起儋县东达长昌，长达130公里、宽约10～20公里的条带，在此条带之北又零星出露于临高、美亭、琼山及文昌附近。在湛江的水文钻孔中，本系内还见到若干玄武岩及凝灰岩的夹层，而在海南岛文昌剖面及临高南的浅井中亦俱见到有玄武岩夹层，因此可以推断，玄武岩的喷发在湛江系的晚期即已开始。在湛江钻孔中，深至200米尚在湛江系之内，估计其总厚度可达500米。在长昌煤田的剖面中，则湛江系总厚约为380米。与茂名剖面比较，本层可相当于老虎岭层及高棚岭层，时代属新第三纪上部。本层常成30～50公尺的低缓丘陵，而为流水冲刷所成的白色砂土层冲沟，为本层在地形上最显著的特征，也常位于冲积层或稻田土之下而成为低地，如雷北及海南岛北部一带。但灰白色的砂土常可出露地表，足资辨认。

本层位于玄武岩主流之下，而与下伏的长昌煤系则成不整合或假整合的接触。在湛江局所编的20万分一雷州半岛地质图上，曾把龙门、北合的露头属于第三纪，而以湛江附近及雷北一带的露头作为第四纪，而位于玄武岩之上。理由是在湛江西许多钻孔中曾见到玄武岩，而本处的砂砾及黏土层质地疏松，不如龙门、北合一带的紧密。根据我们的观察，在各处所见到的湛江系岩性大致相同，而在遂溪以北及城月圩、太平圩间的钻孔中，则并未遇到玄武岩，因此认为在湛江、雷北附近及龙门、北合一带出露的砂砾黏土层应同属湛江系，而位于玄武岩主流之下。

最后要讨论的是湛江系中是否含煤及油页岩的问题。在雷州半岛已证实的煤有调风安园及锦和二处。安园出露剖面自下至上为：①白色纯石英砂，呈交错层，出露约1.8米。②黏土质砂层，厚0.2～0.4米，中夹厚4～5毫米的铁质胶结砂岩。③灰白色黏土层，厚2.2米，上部夹一层炭质黏土，中含木块及由植物枝叶压成的褐煤，厚不过0.2米。④风化玄武岩及红土。锦和煤层据云厚约0.6米，未去实地考察。在企水东南、崩岗之东北，本系中含油页岩一层，厚1～1.7米。

海南岛临高附近现正用浅井及班加钻探煤，有一浅井在距地面深8米处，探到由枝叶压成的褐煤一层，厚0.8～1.2米。加来附近曾探到褐煤一层，厚0.8～1.7米。云龙西及定安东北的龙塘亦有褐煤，厚1～2米，含砂质很多。在南宝附近曾打三钻，最深290米，已穿过湛江系而达到绿色砂砾岩及红砂岩，未遇到长昌煤系。文昌的石壁矿区，湛江系中含褐煤二层，厚0.1～0.7米，油页岩三层，厚0.1～0.3米。

以上在各处湛江系中所见到的薄劣煤，本地俱称为泥煤。实际上它还是褐煤，都是由植物枝叶或木块堆积而成。成层既薄，又不稳定，恐非主要的找煤对象。但据云含油率很高，可从7%到12%，平均为9%。

5. 玄武岩

为黑色多孔状或致密状的橄榄石玄武岩，一般位于湛江系之上，也可盖在变质岩、花岗岩或其他地层之上，足证玄武岩前有一个不整合。在湖光岩火山喷口附近，岩质非常复杂，大概底部为由多孔状的火山弹、火山块砾及火山灰所胶结成的火山角砾岩，上为火山凝灰岩夹砂岩层，再上则为浮石，质轻色淡，主要由玻璃质组成。一般报告上常提到的黑曜石，呈圆球状、圆柱状等，最大口径可达7～8公分，长10余公分，每产在红土或第四纪沉积中。这种岩石实际上在玄武岩中从未见到，它应称为月泪石（taktite）（译名俟后更正），是属于宇宙成因的空间坠落物质。以上玄武岩系总厚可达50米以上。

在海南岛雷虎岭火山喷口附近所见到者俱为多孔状，呈绳带状结构的玄武岩熔岩和火山渣，胶结成为角砾岩，未见到凝灰岩或浮岩。（因时间匆促，未作详细观察，容后参考李承三报告后再为补充修正）。出露厚度亦可达50米左右。

以上火山喷口俱呈圆形的凹地，四周俱为悬崖峭壁，岩层俱向四周缓倾，成为标准的渣滓锥。在湖光岩的喷口中央为一长圆状的湖，风景极为秀丽。

从火山喷口带喷出的玄武岩熔岩，向四方流溢，造成了雷南及海南岛北部南北两侧的薄层玄武岩。这是多孔状至致密状的隐晶质或细粒玄武岩，气孔间有时见到许多石英（玉髓或蛋白石）的充填。岩质比较单纯。层厚则大为减薄，一般不超过10米，有时则不过5米，如在海安（雷州半岛）沿海所见到者。在喷口带的玄武岩，因岩质较杂，且时有凝灰岩的夹层，山势较高，载土不厚，其有风化残余土的保存者，则每成棕黄或棕红色，很少见到有红土的发育。在薄层玄武岩的熔岩流区域则除因有××覆盖层或其他原因外，一般俱风化成为标准的红土，厚1～2米至3～4米不等，其中常夹有铁质结核层（铁盖层）及铝土矿化的块核层，而在块核层与新鲜玄武岩之间则又有经过不同程度风化的风化玄武岩，在其顶部即强烈风化之部（有时还保持球状风化的结构）亦往往有品位较好的铝土矿层。

关于玄武岩喷发的时代，目前尚难确定，兹暂归之于新第三纪上部至老第四纪。

6. 第四纪沉积

包括河流冲积，海滨砂层，坡积，洪积，残积及淤积等不同地位和岩性的沉积，目前尚不能详细分层。

Ⅳ. 红土剖面

为寻找由玄武岩风化所成的三水型铝土矿，必先明了红土化的作用及红土剖面。所谓红土化作用可简单地了解为含矽氧二较少的岩石，在热带及亚热带气候的长期风化作用下，碱金属及碱土金属逐渐溶失，氧化铝，氧化铁，氧化钛逐渐富集，最后又经过脱矽作用，使二氧化矽与氧化铝分开，成为游离的含水氧化铝，即三水型铝土矿（Gibbsite），在少数例子中也可成为一水型的勃姆铝土矿（Boehmite）。从上至下一般显示下列的剖面，由上而下：

1. 铁盖层 铁质富集，成为褐铁矿的铁盖层，有时胶结成块，常呈豆状、鲕状或多孔状的结构，有时则为疏松的铁粒散布于红土中。本层含铁最高，可成为堪采的铁矿。

2. 铝土矿层　常呈松散的豆状、结核状或块砾状，含三氧化二铝最高，可达50%～60%。在此层中原来的玄武岩结构几已全部消失，橄榄石、辉石等俱已蚀变无遗，长石则俱为三水型铝土矿所交代，但有时还可保存长条状的假晶。这种三水型铝土矿显系由潜水上下沉降浸滤沉淀而成，故结核化实为成矿的主要作用，因此亦可称为结核带，或称为含水氢氧化铝带。在此结核带中，玄武岩的球状风化结构有的还可保存，如在漳浦所见到者。

3. 风化玄武岩　亦可称为高岭土或里梭马其层（Lithomarge），以含水矽酸铝为主要成分，含 Al_2O_3 及 SiO_2 俱高，各可达30%～40%左右，多少保持玄武岩的结构。

4. 新鲜玄武岩：为未风化的玄武岩

以上1、2两层可合称为结核带，乃由地下水上下升降浸溶沉淀的结果，第三层则可称为分解带或淋滤带。

根据在各处所见到的红土剖面及野外显微镜鉴定，我们可初步作出如下的结论：

1. 在雷琼地区的铁盖层一般发育甚为完全，它有时出露地表，有时则位于红土之下，而与其下的块核层（铝土矿?）往往密切相连。铁盖层厚可达1～2公尺，有时紧密胶结成为明显豆状结构的褐铁矿层，如在海安一带所见，有时则为松散的铁粒，中杂红土。这种铁矿虽分布比较零星，但有时品位很高，适于中小型矿业的开采。雷南一带，据估计矿量可达三四百万吨，海南岛北部，据云总矿量可达五千万吨。在铁盖层中常多游离石英的碎粒，可能是由地面水淋滤下来所成。漳浦红土剖面中的铁盖层颇不发育，此其与雷琼地区主要不同之点。

2. 铝土矿的结核化一般不全不透，较之漳浦大为逊色。在雷州半岛企水的一号样品（是否确为企水的样品须进一步证实）及海安的15、16号样品中，俱在显微镜下发现有不少三水型铝土矿开始交代高岭土化了的长石，或充填于长石晶间空隙或晶洞中。估计这种矿至少含有游离的含水氢氧化铝，成分要好些。但在15号样品中曾见到不少伊丁石，可见这是介于强烈风化玄武岩与结核铝土矿间的一个中间带，因有伊丁石的残余，估计品位不会很好。这种可能是低品位的铝土矿，至多厚1米，有时不过半米，甚至缺失。这种矿一般呈棕黄色或红色，含白色长石假晶的结构大部消灭，或一部分消灭。如含孔隙较多，则在其中常可见到板状的小结晶，恐即为三水型铝土矿。有时又有白色质软的充填物，则似为蛋白石（镜下初步鉴定）。

在海南岛福山西博厚附近山坡上亦见到似为铝土矿的块核层，厚约0.3米，位于0.4米厚的铁粒层之下，片状风化玄武岩之上。在铁粒层上则为厚0.2米的红土。此块核层含大小不一的结核（?），大者可达6～7公分，经磨片研究发现其中含较多的三水型铝土矿，大多数呈微晶结合体，交代长石的假晶，也有充填于空隙中，估计其含量较海安为佳，可达50%，含 Al_2O_3 可能在30%以上。

在蓬莱南7公里处（路桩70公里），有含大小不一的块核层，厚约0.7米，块核大者长达10余公分，呈黄色，微具纹理，颇似风化的玄武岩，仔细观察可见到许多柱状的长石假晶。在显微镜下研究发现含70%左右的三水型铝土矿微晶结合体，大部分交代长石假晶，也有充填于晶隙及晶洞中，或浸染于含铁较多的均质体中。另有较少量的均质性高岭石交代长石。此样品经分析后含 Al_2O_3 一为41.7%，一为49.68%，可惜海南局实验

室没有分析 SiO_2，故其矽铝比例迄今尚难计算。此层块核层的上下俱为红土。

海南局第四队在蓬莱东南石岭山坡的捡块采样为一种灰白色有铁质薄皮的矿块，大者40～50公分，一般为10余公分，厚50～80公分，分布在山腰以上及山顶，面积广。经磨片鉴定亦发现有多量的三水型铝土矿，产状与70公里处相似，分析后含 $Al_2O_3$49.38%，SiO_2 亦未分析。

3. 在海口市西，秀英坡有一剖面，上为红土，厚1～2米，下为铁盖层的碎粒与小块，厚0.6～1米。再下为红黄色的块核层，白色长石的假晶常可清切看到，此层厚0.5～1米。再下则为呈球状风化的玄武岩，外壳呈黄色，疏松，中间尚有坚密未风化的玄武岩核心。此层厚约1.5～2米，再下则为坚硬未风化的新鲜玄武岩，有采石场采取石料为建筑之用。将红黄色块核磨片研究，含铁极高，多为均质体，很少见到三水型铝土矿。但将风化玄武岩的外壳制片，则发现其中有较多的三水型铝土矿，不过其品位多不如蓬莱之富。

从上所述新发现的事实，我人可推断，风化玄武岩的外壳或其上层，特别是呈黄色、较坚密如砂岩状的岩石，可能是重要的铝土矿。蓬莱70公里处的大块最佳的矿石可能是从其下面的矿层崩解迁积而来。博厚0.3米厚块核矿下的片状风化玄武岩（样品2～5），是否为佳矿，应再注意研究。海安北关15号样品下5号浅井中位于红土下的崩解了的黄色风化玄武岩，厚0.9米者，亦应注意研究。雷南大水桥水库剖面中，于红土下有黄绿色风化玄武岩，厚约0.4米，及其下的球状风化玄武岩（最大口径1.4米），亦多未采样，以后俱应注意研究，可能会有佳矿发现。

4. 这里牵涉到三水型铝土矿与高岭石生成的先后问题。从前一向认为，玄武岩中的长石，先风化为高岭石，进一步风化经过脱矽作用，才变为三水型铝土矿。最近有若干作者提出相反意见，认为三水型铝土矿是长石直接变来的，不需要高岭石的中间阶段，而三水型铝土矿经过再矽化作用，却可成为高岭石，这是风化的最终产物，以后不会再起任何变化了。如果在风化玄武岩的上部发现有品位高的重要矿层，则似为直接风化说提供了另一有力的证据。不过无论在漳浦或雷琼地区，在矿核层与新鲜玄武岩之间总有一层几乎全已高岭土化了的风化玄武岩，足证玄武岩中的长石，先变成为高岭土，而在雷琼地区，许多已发现有三水型铝土矿的薄片中亦每见三水型铝土矿的微晶结合体，似多交代一种均质性的物质，恐即为高岭土物。因此，我们仍倾向于老的看法，即长石先变为高岭土，进一步风化，经过脱矽作用，才变为三水型铝土矿。至于在块核中，是否能经过再矽化作用，使已成的三水型铝土矿又转变为高岭土，而此高岭土的矿物种类可能与第一期所成者不同。这一系列的问题，都需要进一步研究，特别要借助于X光的研究，才能决定。

5. 总之，我们以前只注意了块核层，此层紧位于铁盖层之下，而本区的铁盖层又特别发育，有些铁质和矽质，不免向下淋滤，使块核层含铁太多，有时并发生再矽化作用，不能成为佳矿。在此情况下，应多多注意其下面，位于风化玄武岩与块核层间，特别是黄色或灰白色较致密的岩层可能是较富的矿石。不过我们仍认为，结核层应该是主要的铝土矿层。在风化玄武岩外壳或其上部所发现的三水型铝土矿，可能是局部的现象。我们以后要遵此方向注意搜寻，但不能寄予太大的希望。雷琼地区铝土矿品位之所以不能与漳浦向比美，主要原因或在于铁盖层的过于发育，以及结核层发育的不深不透所致。至于造成这种结果的地质的和物理化学的环境如何，那要俟进一步的科学研究才能加以阐明。

Ⅴ．远景评价

根据局队一个多月工作的结果及我们这次匆促的观察，对于雷琼地区铝土矿的远景评价提出如下的初步意见：

1．首先要肯定的是，我们是否已找到了铝土矿？或者更具体地说，是否已找到了具有工业品位的矿石？由于所采样品过多，化验赶不上采样，因之，到目前为止，还不能作出最后的结论。从我们在野外所做的显微镜鉴定，加上 4 个样品的氧化铝的分析，我们已可初步肯定，在企水、海安、博厚及蓬莱已找到了三水型铝土矿，而蓬莱已是够工业品位的矿石了。至于企水、海安及博厚，可能是低品位的矿石。如能在短期内将我们所采的少数样品进行全面分析（至少要包括 Al_2O_3，SiO_2，TiO_2，Fe_2O_3 及烧失量五个项目），这个问题就可立即解决。

2．其次要决定的是，我们是否已找到了有足够多的可供开采的矿石？这个问题必须经过详细勘探及大量分析后才能决定。从块核层发育得不深不透，其厚度至多不超过一米，且分布零星，品位变化极大诸点观之，雷琼地区的铝土矿矿量不会很大，如我们初步所想象者。但根据局队的工作及我们的考察，如蓬莱、博厚可能有足够开采的矿量，而海安、企水也有较多的低品位的矿量，因此这几个地方应首先进行勘探，以便确定矿量后，在短期内即可进行开采。

3．这里要特别指出的是，由于化验远远赶不上采样，我们对于矿石品位的估计主要依据野外显微镜下鉴定，但显微镜只能鉴别结晶的三水型铝土矿，而不能鉴别胶体状不结晶的矿石，因此，大量分析的结果可能会发现一些胶体状矿石，而总的品位可能会比原来估计的为高。

4．湛江系可与漳浦的佛昙层相对比，肯定位于玄武岩之下，在湛江附近的钻孔中以及文昌临高一带，湛江系虽已发现夹有几层或一层玄武岩，但这是局部现象，且未闻有何矿化的报道；湛江系之下是否有何玄武岩（根据长昌煤田的地层层序，肯定没有玄武岩），虽尚不知，但因位置过深，至少目前不能作为勘探的对象。因之，凡湛江系出露之处，都可划分为没有铝土矿的地带，如雷州半岛中部太平圩、雷北县龙门市及湛江赤坎一带（此处玄武岩已风化殆尽）。在海南岛北部，从儋县经南宝、东江、东山而至长昌东西方向的条带，以及临高、美亭、海口市、秀英港及文昌的若干第三纪盆地，都可划分为无矿地带。至于湛江西湖光岩、笔架岭及海南岛北部西起高山岭，东达旧州岭以东所分布的许多火山喷口带，虽不能肯定为无矿地带，但因火山块集岩、凝灰岩等岩层浸染，且红土发育不强（一般都是棕色土或黄色土），对铝土矿的形成是不利的。因此，在雷州半岛，以南部的企水、乌石、英利、锦和、海安等区希望较大，其中尤以海安、企水二区，因为在薄片中发现了三水型铝土矿，应尽先勘探。如将来能证明企水、乌石有较好的矿化，则其远景可能会比海安为大，但海安地处海滨，交通便利，亦为其经济上的优点。

海南岛北部火山喷口带南北两侧的所谓薄层玄武岩地区，对寻找铝土矿都有希望，其中尤以蓬莱之南及博厚以东，因薄片研究已发现有够品位的矿石，应尽先勘探。此外从福山经澄迈一带，红土发育极为深厚，应先进行普查。

Ⅵ. 如何进一步工作

湛江局及海南岛局均已组织了相当大的力量，在玄武岩分布地区进行工作，填绘了一万分一或五万分一的地质图，做了许多红土剖面的素描，挖了不少的浅井和探槽，并采集了数以千计的样品，但因为化验工作赶不上，且地质人员对剖面的划分与矿石的认识缺乏统一的标准，因此，迄今尚未能指出何者是够品位的矿石，何处有较多的矿量值得勘探。其缺点是没有先做普查和试探性的化验，把矿石认出来，而立即进行大量采样，大量挖浅井的近乎勘探的工作，以致超越了程序，造成了浪费。

为今之计，应就已获得的资料进行综合，编绘十万分一的综合地质图，详列采样地点、采样号数及红土剖面，并对湛江系及第四纪地层加以合理的划分。在第四纪地层中，应适当地分别河流冲积层、洪积层、低地灰土和稻田土层、海滨砂、高地红土与高地棕土层等。在红土层中应用适当符号标示有何矿化的块核层与铁盖层。

同时将所采样品，根据红土剖面的观点重新划分，每区选出1～2个标准剖面及若干可能是矿的样品，从速磨制薄片，进行显微镜研究，作出初步的鉴定，然后就发现有三水型铝土矿的矿样以及没有这种矿物，但可能有胶状铝土矿的矿样送化验室化验。估计初步分析的样品，在雷州半岛及海南岛各不要超出100个。又从这些样品中可选出至多10个样品作X光鉴定，以决定有无不结晶的三水型铝土矿及高岭石的种类等等。另10个样品作光谱分析，以鉴定其中有何稀散元素。

如分析结果证明有够工业品位的矿石，就应派队分赴各该地点进行详测及勘探的工作。详测图一般可利用已有的五万分一军用地形图。如证明有开采价值，应另测一万分一的地形地质图（海南岛北部有万分一的水利地形图可供利用）。浅井线的布置，最好与当地的地形方向相垂直，这样就可把浅井分布在山的顶点、山腰、山坡或平地。有湛江系、新鲜或（未）风化玄武岩出露的地点，就不需布置浅井。低地的灰土和稻田地区一般亦不需布置浅井。在普查时采样，可一部分采用拣块法，但在勘探时必须刻槽采样。但在所采得的样品中必须将红土洗掉，以免降低品位。应特别注意高地或丘陵顶的红土，在这里铝土矿化的发育可能较为完全，含矿的希望亦最大。浅井网可先为500米×200米，以后俟有必要，再为加密。

为争取时间计，在初步分析未完成之前，先派队分赴企水、海安、蓬莱、博厚等地进行详测及初步勘探，也是可行的。无论在普查或勘探阶段，如能携带磨片工人及显微镜，以便随时采样随时鉴定，对工作将有极大的好处。

Ⅶ. 关于在雷琼地区找煤的若干意见

就今所知，雷琼地区的含煤系俱属新第三纪，煤层属褐煤或半烟煤，灰分一般较高。在雷琼的缺煤地区，这种煤还是值得勘探的。

尽管湛江系含有炭质黏土层，叶片状褐煤或木质堆积层，但这些都不是真正的煤系，只有其下伏的长昌煤系才是我们主要的勘探对象。

在雷州半岛，只有湛江系及其上覆的玄武岩出露。因此，要在本区找煤，必须择湛江系切割较深的地点打钻，穿过湛江系以探取其下长昌煤系中的煤层。同时要注意勘探地点不要距海边太近，因为沿海的港湾沉积中是不会含有堪采的煤层的。

海南岛的长昌煤田代表一个主要为湛江系覆盖的切割盆地。因此，其下的较老地层，包括长昌煤系就出露地表或距地表很近，以致容易被人发现而首先开采了。这里还有燕山期的花岗岩和时代未明的变质岩，因断块构造而出露地表；此外，煤系与上下地层间的不整合和超覆关系非常显著，煤层的尖灭现象也极常见。这一切使得这个煤田的构造十分复杂，造成了在勘探上的许多困难。我们认为，勘探这种薄而多的质地又较低的高灰分褐煤或半烟煤，不需要求得层与层间绝对准确的对比，只要有各煤组在大体上的对比就够了。而最重要的是，经过勘探要把许多块断层都圈出来，这样就可以划分有煤与无煤的地带，而在有煤的地带再适当地加密勘探，以获得比较可靠的储量。我们认为，最密的勘探网不需要超过目前所采用的500米×250米的密度。长昌煤系一般俱形成低凹的地形，因之，矿区东部如昌头新州坡间的低地值得注意研究。

以上是对长昌煤田的勘探及找煤的意见。在海南岛北部，从儋县到文昌，以湛江系为主要成分的露头带，应是今后找煤的最现实、最重要的对象。在此带中西端的儋县南宝段及东端的文昌段，因地近海滨，可能没有潟湖或沼泽的形成，因此对找煤是不利的。南宝附近曾打三个钻，最深290米，已穿过厚达110米的湛江系而进入数米厚的绿色砂砾岩及红砂岩，未发现长昌煤系，足为煤系在此地段不发育的证明。对找煤最有利的当为自南宝以东至定安附近长达80公里、宽约10公里的地段；在此带中可布置线距约20公里，孔距约3公里的普查钻，以探索长昌煤系的存在。在打到煤系以后，再适当加密钻孔，以勘探煤层的厚度及分布。根据从已知推未知的原则，在定安附近发现煤的希望似属最大。应从东端开钻，再逐渐向西。目前以长昌矿区为中心，在玄武岩中向南北方向打钻的计划，对找煤来说似不很现实，因为本区的新第三纪地层既多断裂，复有褶皱，沿南北倾向60公里范围内难保不遇到构造上的变化。据云，在谭文的第一钻及西周的第二钻，俱在10余米下即遇到红砂岩，既无煤系亦无湛江系。在云龙东龙塘的第三钻则于10余米玄武岩下打到了湛江系，属粗砂及黏土，还有海相的贝壳夹层一层，这里可能都属海相的港湾沉积，其下是否有沼泽相的煤系亦尚不敢断定。

在海滨带打钻，于长昌煤系下可能会找到如茂名的海相或海陆混合相油页岩层，甚至还可发现石油或天然气矿床。今后无论在雷州半岛或海南岛勘探煤田时都必须予以深切注意。闻最近在三水的白垩纪红砂岩系中发现了菊石化石，足证白垩纪地层中也有海相地层存在，这对寻找油页岩或油气矿床提供了新的有利的因素。因此即使钻到了红砂岩后，也应下钻若干公尺，以便发现有何新的海相的油页岩层或油气矿床。

雷琼地区的煤，因时代过于年青，不能希望有质量较高的烟煤层。那么，在变质较轻的古老地层中是否有发现品位较高的煤的希望呢？这是在海南岛找煤的另一方向。目前虽还没有任何可靠根据，但也是值得考虑的一个问题。在石碌铁矿区我们观察到所谓Ps_5-1的碳酸盐岩层，实际上是一种薄层状的泥灰岩或钙质页岩，其中夹有若干层白云质石灰岩。这种薄层状泥灰岩和钙质页岩常成紧密的小褶皱，其岩性与扬子江一带的大冶石灰岩或南京附近的青龙石灰岩极为相似，又从其位于含有栖霞灰岩动物群的Ps_2燧石石灰岩之上的关系来看，Ps_5-1层之可与三叠纪的大冶灰岩或青龙灰岩相对比似有极大的可能性。从大地构造的观点言，海南岛似有与开平恩平的中生代地槽相连接的趋势，故在此地区中也有发现中生代海相和陆相地层的可能，因此，不但Ps_5-1可能属下三叠纪，而其上的Ps_5-2或更新的地层，更有属上三叠纪（相当于黄马青系）或下侏罗纪的可能。在广东东南沿海，上三叠纪和下侏罗纪都是含煤系，虽煤层颇不稳定，煤质亦不尽良好，但仍有可以开采的地点。海南岛既有发现上三叠纪和和侏罗纪地层的可能，其中是否也有发现煤的希望呢？根据这个理由，我们建议要在 Ps_5-2 和其上的地层中，特别就变质较轻的地点，仔细寻找有无含煤的迹象。如有任何线索，即应进行槽井探，最后则可打若干普查钻，以便发现煤层。至于位在 Ps_2 燧石灰岩上的 Ps_3 地层，还可能相当于乐平煤系，也应作为找煤的对象，但因岩层变质太深，即使有煤也将变为劣质无烟煤或石墨了。

海南岛主要为燕山期花岗岩的一个隆起区，可能除上白垩纪及其以后的地层外，其他较老地层都被花岗岩所侵袭吞没，日前以残余捕虏体的姿态，零星出露在花岗岩的块体中，因此，一般都经受到剧烈的变质。上述在上三叠纪、下侏罗纪甚至上二叠纪中找煤的方向，仅是一种理想，在进行区域地质测量时应随时予以考虑和注意，但不能寄以过多的希望，因为如果变质太深，即使有煤，也都将被消灭或变质成为石墨了。烟塘东的石墨矿床很可能是从煤变成的，如果其西面的铜矿确是产于燕山期火山角砾岩和流纹岩（我们考察后的意见）中，那末，石墨矿层的时代即有属上三叠纪或侏罗纪的可能。假使这个推论是确实的，则在古老地层中找到煤的理想可能是很为渺茫了。

江西省上饶专区找矿指南*

Ⅰ. 地质轮廓

1. 地层

区内出露地层自前震旦纪至第三纪及第四纪莫不具备，兹自下至上，略述如次：

（1）前震旦纪变质岩系：为本区的基底岩层，出露最广，在所谓江南古陆上尤有广泛的分布。对本层的研究做得很不够，故详细分层及时代，目前尚难肯定。根据江南古陆南北两翼所出露的可能属震旦纪地层的关系言之，此广大区域内所出露的浅变质及中变质地层的千枚岩、斑点状片岩及石英岩等，其时代应俱属前震旦纪，似无多大疑问。属于深变质的片麻岩及片岩在鹰潭、贵溪附近及在弋阳南隆起带的核心部分可以见到。向南至与福建交界，该层可能有更多的分布，与花岗岩一起，组成武夷山脉的基底部分。至于在江南古陆上是否尚有深变质地层的出露，目前尚难肯定。在弋阳之南，德兴的银山、铜厂及东乡等地，本系中俱曾找到古流纹岩及凝灰岩，它对找矿及地层的对比上均有重大意义。

（2）震旦纪砾岩，砂页岩及石灰岩：在彭泽东南所出露的含铜紫红色砂岩及页岩、泥灰岩等，其时代大概属震旦纪。德兴银山矿区不整合于千枚岩上的所谓千枚质砾岩及炭质层，厚达 40 米，亦可能属震旦纪。在德兴铜厂东南，富家坞南的变质砾岩，劣煤层及千枚岩，厚达 100 米以上，据我们推断亦可能属震旦纪（陡山沱组）。自此向东南至宗儒暖水一带的所谓三叠纪薄层厚层泥质及纯石灰岩，可能属震旦纪的灯影灰岩。这里有程家湾的磷矿点，根据新的地层看法，这种磷矿可能属震旦、寒武纪，应予重视。震旦纪与变质岩系间的不整合在本区最为明显，亦最为重要，为吕梁运动的结果。

（3）寒武奥陶纪石灰岩，页岩：相当肯定属奥陶纪的玉山页岩，大南岭灰岩及秦村砂页岩，在玉山、上饶一带分布很广，其中是否还包括寒武纪，现尚不能决定。本层组成东部江南古陆的东南边缘。一部分也出露于浙赣凹陷的中央隆起带中。它向东北延长甚远，可与浙江西部广泛出露的震旦、奥陶纪层带相连。

（4）泥盆石炭纪砂砾岩（峡山系）：在江南古陆上及其东南边缘有一层砂砾岩层，厚数米至百余米，不整合于前震旦纪千枚岩之上，而位于石炭纪灰岩之下。在浙赣凹陷中因覆盖过厚，本层仅零星出露在玉山的东南。泥盆石炭纪前的不整合，为本区第二个大不整合，相当于加里东运动。

（5）石炭纪碎屑岩及石灰岩：包括下石炭纪的王八山砂砾岩及砂质页岩，中石炭纪的梓山煤系及中上石炭纪的壶天灰岩，最大的总厚可达 370 米，在乐平煤田内各层俱曾找到化石上的证明。在浙赣凹陷中，石炭纪地层出露不多。从王八山系有底砾岩之事实，可知

* 本文原件存全国地质资料馆，档号 29934。署名：谢家荣，孙忠和，陈砚云。资料封面上注明日期为 1959 年 5 月。本文原有附图 3 幅：1. 江西省上饶专区地质约测及大地构造分带图，2. 江西省上饶专区矿点分布图，3. 江西省上饶专区构造成矿带分布图。全国地质资料馆所存文件注明“缺图”，故本卷只能刊印其文字。——编者注

本层与峡山系间应有一沉积间断。

（6）二叠纪石灰岩及含煤系：从下至上包括阳新石灰岩（厚约 150 米），鸣山矽质石灰岩（200 米?），乐平煤系（最厚可达 550 米）及长兴石灰岩（120 米）。以上各层在乐平、余干、浮梁各煤田中俱有化石证明，且各层似俱整合。鉴于鸣山灰岩常深受风化，故阳新灰岩与鸣山层间可能有不整合。在浙赣凹陷中，阳新灰岩之上为页岩及千枚状页岩，可与福建的文笔山系相对比，其层位相当于孤峰层。阳新灰岩与下伏地层的关系，尚不甚明。在江南古陆上，二叠纪地层及其下伏的石炭纪灰岩、泥盆纪砂砾岩，与其上覆的侏罗纪煤系成为东北西南向条带状分布，从北至南可分为浮梁鄱阳带，湧山桥鸣山余干带，官木岭桥头岻万年带，碧湾镇众埠街带及内洪曹溪带的五带。在浙赣凹陷内，二叠纪地层主要分布在中央隆起带的两旁，如玉山、上饶境内；也有一小部零星分布在江南古陆东南边缘的余江、东乡等处。

（7）三叠纪青龙石灰岩：据云曾在乐平煤田的桥头岻矿区内见到，厚约 200 米。含 *Pseudomonotis* 化石。在上饶四十八都煤田内有上三叠统黄马青页岩、泥灰岩的出露。

（8）侏罗纪煤系：以砂岩、页岩及煤层为主，底部有砾岩一层，总厚 1,000 米左右，在上述五带中俱有分布，其范围似有愈南愈广的趋势，而在江南古陆的东南边缘，横峰弋阳余江一带出露尤多。在浙赣凹陷中部上饶四十八都煤田，只有侏罗纪的底砾岩零星出露。在浙赣凹陷的东南缘，即武夷山脉的北翼，如弋阳之南及铅山一带，侏罗纪砂砾岩又大量出露，但此间一般含煤甚少。侏罗纪地层可盖覆在各种不同的地层之上，从前震旦纪，泥盆纪，石炭纪到二叠纪的地层均有，表示侏罗纪前有一大不整合。这是本区除震旦纪前及泥盆纪前以外的第三个大不整合，为印支运动的结果，对构造的推断和找矿均有很大的意义。

（9）白垩纪火山岩及旧红岩系：不整合于前震旦纪变质岩，泥盆纪砂砾岩或石炭二叠纪地层之上，如白垩纪的火山岩，中夹红砂砾岩及页岩，分布于浙赣凹陷的两翼者最广，如从东乡经弋阳，上饶玉山之北，俱有出露；在南翼，如鹰潭弋阳之南，铅山、上饶及玉山附近，亦多出露，而在东乡，则南北两翼几乎连成一片。在江南古陆上，本层以出露在德兴附近及其西南与东南一带者较广，其他地方颇为少见。

本层岩性极为复杂，有安山岩，粗面岩，流纹岩，集块岩及凝灰岩等，其中还夹有红砂岩，砾岩及页岩等。详细层序尚未研究清楚，厚度亦未详测，估计可从二三百米至 1,000 米以上，在浙赣凹陷中者最厚，如铅山东的鹅湖山即为一例。本层与下伏地层的不整合代表本区第四个大不整合，为燕山运动的一个较早的序幕。

（10）第三纪新红岩系：以紫红色、褐红色砂岩页岩为主，底部有巨厚的砾岩层，中含石英、火成岩、火山岩、石灰岩及砂岩等砾石，倾斜一般近乎水平，倾折较少，在浙赣凹陷中分布最广，厚可达 1,000 米以上，为容易采凿的价廉物美的建筑石材。在江南古陆上其分布限于其西坡接近鄱阳湖低地的范围，厚度可能较小。白垩纪后第三纪前也有一个不整合，相当于燕山运动较后的一个序幕。

（11）第四纪砾石层，红土，洞穴沉积及全新统冲积层：在从乐平到浮梁的道中见到前震旦纪变质岩系的风化面上，有一层厚只 1～2 公尺的砾石层，再上就为红土层。在东乡，乐平及其他许多地方，红土的分布非常广泛。覆于乐平众埠街锰矿层上的黏土夹砾石层显属洞穴沉积，其时代亦应为第四纪。

2. 岩浆活动

关于本区岩浆活动的情况，因资料不够，尚难详论，现只能略述轮廓：

（1）前震旦纪的岩浆活动：现已确定者为前震旦纪的中上部确有火山岩的喷发，根据弋阳的观察，可能包括中基性的安山岩，细碧岩及酸性的流纹岩，还有凝灰岩及凝灰质砂页岩等，其详细层序尚未建立，可能位于片岩及斑点状片岩之上及千枚岩之下。喷发层序，先为中基性，后为酸性。本区是否还有前震旦纪的花岗岩，尚难决定，推测在贵溪、鹰潭以南，与片岩及片麻岩共生的花岗岩可能有一部分属前震旦纪。此外，在变质岩系中广泛分布的石英斑岩的侵入体（风化后成为最佳的瓷土原料），其时代是否全属燕山期或者有一部分属前震旦纪，亦待进一步研究。

在德兴东南，北自中村、杨村，中经绕二墩、张村，以达直源、樟树屯，有一条基性岩及超基性岩带，延长达70余公里，在此中已发现了矽酸镍矿及若干硫化物铜镍矿。这里岩体成岩脉状或块体状，主要侵入于前震旦纪的变质岩中，据云有数公分宽的蛇纹岩也侵入于侏罗纪地层中，因此队上把它作为燕山期的火成活动。我们的初步意见，它侵入于侏罗纪的事实，还没有确切证明，它很可能代表前震旦纪地槽转化后沿着裂隙带侵入的早期的岩浆活动。根据基性超基性岩还分布在余干、万年及广丰东南、贵溪西南文坊附近的事实，更可证明它主要是侵入在前震旦纪变质岩系中。至于此后是否还有紧接着的酸性岩，如花岗岩，石英斑岩等的侵入活动，尚待找事实来证明。

（2）加里东和华力西期的岩浆活动：这种活动也可能存在。德兴铜矿队曾分出了一种可能是加里东期的古闪长岩岩脉。德兴银山队则认为，在许多侵入岩中有一种石英角闪正长岩，略呈片理搓碎的结构，其侵入时代应较古，可能属加里东期或更老。应在各个巨大不整合的底砾岩中详细研究其砾石成分，以便发现燕山期以前的岩浆活动。这是一个初步易行的方法。

（3）燕山期的岩浆活动：在本区分布最广，对成矿作用的关系亦最为密切。白垩纪的火山活动，其中包括可能是几次的从中基性到酸性火山岩的喷发，以及在火山活动间隙中的沉积岩和火山沉积岩的夹层，而大片花岗岩和花岗闪长岩的侵入，可能属于这期活动的最后阶段。关于这个问题尚有不同的看法，即谓花岗岩的侵入先于火山岩的喷发。根据我们在弋阳的考察，好像花岗岩确实侵入于流纹岩中。对此问题，尚须进一步的研究。

（4）新生代的岩浆活动：在其他地区看到的侵入在第三纪红岩中的安山岩岩脉，及广泛分布的第三纪和第四纪早期（?）的玄武岩喷发，在本区中尚未发现。

3. 构造轮廓

江南古陆上的前震旦纪变质岩，除局部扭曲外，一般俱向北西急斜，但在南北两翼，俱有较新地层不整合地盖于其上，如北翼彭泽以南的震旦纪红色砂砾岩，南翼东乡附近的泥盆纪砂砾岩及富家坞东南的可能属震旦纪的变质砾岩、煤层及千枚岩，因此，这个基底岩层似应成为一紧密褶皱，往往同向倾斜并具有倒转的复背斜构造。张文佑曾称之为江南台背斜。不整合于这个基底层上的则（是）由中上古生代，侏罗纪及局部还有白垩纪火山沉积岩组成的凹陷带，从北至南共有五条之多，成为大致平行的东北西南方向的排列。这些凹陷带俱成断裂的向斜构造。估计这种构造带的排列位置与其基底层的构造有继承性的相互影响的关系，并且构造力的发生可能与基底层块段断裂的垂直运动有成因上的关系。

从江南古陆向西南，山势逐渐低平，至鄱阳湖沿岸则为一低地区，二者的关系，是否为一向西南的倾折构造，抑为一断裂的地堑，今尚不能决定。根据鄱阳湖以西新建、修永等地的地质情况判断，鄱阳湖低地可能是一个地堑。

德兴东南，从中村到樟树屯，基性岩和超基性岩分布的地区是一个沿着地台边缘的深大断裂带，超基性岩、基性岩的分布是与这个断裂带密切相关的。

德兴银山的石英斑岩及其他侵入体，以及铜厂的花岗闪长斑岩，也都是大致沿着这个东北西南的方向分布的，这都是挤压裂隙的方向。在德兴铜厂的花岗闪长斑岩，其具体位置则又似受着西北东南方向的涨力裂隙的控制。德兴银山许多矿脉的方向也与涨力裂隙有关，而北山的许多矿脉则可能近于挤压裂隙。此外，还有若干羽状矿脉则是受剪力裂隙的控制。

浙赣凹陷大体上是以第三纪新红岩，白垩纪火山岩，旧红岩及侏罗纪砂砾岩为主要成分的向斜构造。由于局部的背斜隆起及断裂的关系，在上饶玉山附近又有以奥陶纪页岩为中心，两翼为二叠纪煤系及三叠纪页岩的背斜出现，而在弋阳，铅山及鹰潭、贵溪一带，则又有若干由前震旦纪变质岩所成的穹窿层，而其四周则为侏罗纪砂砾岩所包围，这是浙赣凹陷带中的中间隆起带及武夷山与闽北古地块的前山带。

浙赣凹陷之南则为武夷山及闽北地块隆起带，主要由前震旦纪的可能层位较深的深变质岩所成。其上常覆盖有白垩纪的火山岩及沉积岩，并为大片花岗岩（主要是燕山期）所侵入。

上述震旦纪前，泥盆石炭纪前，下侏罗纪前，下白垩纪前及第三纪前的五个不整合，为划分本区构造序幕的重要标志。震旦纪的不整合相当于吕梁运动，在江南古陆的南北两侧表现较为明显，在江南古陆上亦局部出现，随之而来的可能有基性岩，超基性岩，花岗岩及各种岩脉的侵入，但证据尚不够充分。在不整合面下的地层曾深受剥蚀，近于准平原的地形，形成了一个分布广泛的风化壳。

泥盆石炭纪前的不整合代表加里东运动，使下古生代的震旦、寒武、奥陶等纪的地层隆起褶皱，这在江南古陆的南北两侧及浙赣凹陷中表现较清，而志留纪及中下泥盆纪的地层则在本区中全部缺失，代表风化剥蚀的阶段。在狭义的江南古陆上，除局部有震旦纪底砾岩的残余外，其他地层可能很少沉积。此进一步的风化剥蚀，使古风化壳的发育更趋完备。伴随着加里东运动是否有何岩浆活动，尚待进一步研究。

代表印支运动的侏罗纪前的不整合，使本区地面全部上升成为陆地，而从下侏罗纪底砾岩及砂岩的发育可知，当时地形，山岭起伏，剥蚀甚于风化，古风化壳不但不能加深，反将遭受破坏了。伴随着印支运动也可能有岩浆的侵入，并有矿化，如最近在南岭地区所证实者，但在本区尚无确据。

白垩纪前及第三纪前的两个不整合，代表燕山运动的两个序幕，而在后一序幕中则伴随着中基性及酸性岩的喷发与侵入，最后则有大块花岗岩的侵入。第三纪的喜马拉雅运动在本区亦有影响，这表现在第三纪新红岩层的遭受轻微褶皱与各种块段断裂的发生，与此伴随的是否尚有岩浆活动及矿化则尚待进一步研究证明。

Ⅱ. 大地构造

根据上述的地质轮廓，本区及其邻近地区可分为下列四个主要的大地构造单元，而每个单元中又可分为若干构造岩相带，兹自北而南略述如下：

1. 扬子凹陷区

已位于上饶专区之外，为完整及便于比较起见，附述于此。这是包括震旦、寒武、志留、上泥盆、石炭、二叠、三叠等纪地层的沉积凹陷区，沉积岩总厚约有8,000米。下中泥盆纪的海侵似未达到本区，而侏罗纪及白垩纪的火山沉积岩系则似限于本区的东部。本区的详细分带从略。

2. 江南古陆区（亦可称为江南地背斜）

本区的大部分属此。在褶皱断裂的前震旦纪变质岩基底层上有从上泥盆纪开始以达侏罗、白垩等纪及局部有第三纪红岩的盖覆层，沉积岩总厚约4,200余公尺，前震旦纪变质岩俱成起伏不大的（20～30至40～50公尺）丘陵地形，大概愈往西，余干、万年、鄱阳一带，则山形愈为平缓，逐渐成为鄱阳湖的低地区，惟局部如浮梁及众埠街以北，则变质岩亦可成为比高四五百公尺的高山，而凡有石英斑岩或花岗闪长斑岩侵入的地区，如德兴的银山和铜厂，则山形比较峻峭，比高可达200～300公尺。此外，在有泥盆、石炭及二叠纪地层覆盖的褶皱地区，山形亦较突起，可高达100～200公尺以上。根据岩相及构造情况，从北到南本区又可分为下列五个分带：

（1）小源星到港口的花岗岩侵入带，在变质岩中有六块花岗岩的侵入体，大致成为东西向的排列，这与赣东北的石英黑钨矿高温矿带相符合。

（2）泥盆、石炭及二叠、侏罗等纪的沉积凹陷带：包括从浮梁向南至曹溪内洪一带，代表当时的一个沉积区，大概石炭纪的海侵较狭，可能只限于古陆之上，二叠纪的海陆相沉积范围则较大，侏罗纪的陆相沉积则范围更大，经过华力西？印支及燕山的三个造山运动，遂使这些沉积褶裂分割，成为目前大致互相平行的五条沉积带。这是为寻找沉积锰矿，煤，石灰岩及可能有的铝土矿及油气矿床的地带。

（3）白垩纪火山岩及小块花岗斑岩及石英斑岩的侵入带：包括德兴的银山、铜厂及万年东陈营街在内的地带，它接近江南古陆的东南边缘，受到由于边缘断裂及浙赣凹陷活动所引起的白垩纪的火山喷发及浅成花岗斑岩与石英斑岩的侵入，产生了中低温的铜铅锌矿床带。

（4）从中村到樟树屯的基性岩和超基性岩侵入带：它位于更近东南边缘的江南古陆之上，是受着断裂带的控制。侵入时代可能为前震旦纪，也可能为燕山期的初期，就是说在燕山期花岗岩侵入之前。这是一个重要的矽酸镍及硫化镍铜矿床带。

（5）江南古陆东南边缘带：又可分为弋阳以东及以西的两部分。弋阳以东包括怀玉山、大茅山及灵山的大块花岗岩侵入地区，有震旦纪变质砾岩及石灰岩不整合地位于变质岩系之上，其上又有寒武奥陶纪、上泥盆纪、石炭纪及侏罗纪的地层，而花岗岩则主要侵入于震旦纪及寒武奥陶纪灰岩之中，产生了另一属于高温矿床的黑钨矿石英脉带，并且可能还有锡及汞的矿化，而在震旦纪、寒武纪地层中，还有磷块岩及可能有的放射性元素及矾矿矿床。在侏罗纪地层中一般含有无烟煤。

弋阳以西的江南古陆边缘，包括余江东乡一带，与前震旦纪变质岩系接触者主要为泥盆石炭纪的砂砾岩及东乡东北的白垩纪火山岩，此外还有二叠纪煤系及侏罗纪地层。这里产生了古风化壳中的风化残积锰矿床及火山岩系中的南山式铁矿床。

3. 浙赣凹陷区

这是以白垩纪火山沉积岩及第三纪新红岩系为主的沉积盆地区，由于褶皱断裂的结果，又可分为下列几个分带：

（1）沉积盆地北翼带：白垩纪及第三纪的地层倾斜主要向南，倾角不大。

（2）盆地中央隆起带：东部以上饶玉山奥陶纪页岩（可能也有寒武纪为核心的若干褶皱）为代表，其上覆以石炭及二叠纪的地层，产生了凹陷区中的二叠纪无烟煤煤田（如四十八都）及若干多金属矿。在中部如铅山以南则有以二叠纪阳新灰岩及其上覆的文笔山页岩为核心所组成的背斜层，产生了铅山的多金属矿带。在西部地区则以东乡以东的千枚岩、斑点状片岩及鹰潭、贵溪附近的结晶片岩，表示隆起的存在。从地层的层位判断，可见西部的隆起较高，遂使深变质及浅变质地层出露地表，东部隆起较低，最底部只有奥陶纪地层的出露。而在中部则隆起最低，只有二叠纪灰岩的出露。

（3）沉积盆地南翼带：白垩纪及第三纪的红岩层概向北缓斜。

（4）武夷山及闽北地块前山带：在浙赣凹陷盆地的南缘，如弋阳及铅山以南，有若干前震旦纪变质岩成穹窿层出露，其四周及盖顶常有侏罗纪砂砾岩不整合地位于其上，而向北与盆地相接处则又有大块燕山期花岗岩的侵入。在古老地层中则产生了一系列的高温的铜砷及铜锌矿床。

4. 武夷山及闽北地块隆起区

以深变质的片岩、片麻岩为主，被大块花岗岩所侵入，局部有侏罗纪及白垩纪火山岩覆盖层。本区主要分布在闽北，详细分带从略。

5. 鄱阳湖地堑区

这是江南古陆向西倾没在鄱阳湖低地下的地区，可能代表一个地堑。相信古陆上许多条的石炭二叠纪、侏罗纪的沉积带都可能延展至此。因此，在这里寻找潜伏煤田及油气矿床较为有望。

Ⅲ. 矿床概况

本区的矿床种类甚多。兹根据上饶大队朱副队长的介绍及在若干矿点的考察，将各种矿床的类型、分布及成矿时代概述如次：

甲　金属矿产

1. 铁矿：可分为下列六个成因类型：

（1）前震旦纪下部变质沉积铁矿床，即与新喻式相近似的铁矿床，产在前震旦纪的变质岩系中。现在产地有贵溪南 70～80 公里的耳口寨，文坊，维坊，陈坊等地，俱在鹰厦铁路两旁，其价值如何，尚待进一步的普查勘探来证明。鄱阳，婺源最近均有这种铁矿的转石发现。抚州专区的资溪，金溪也有新喻式铁矿。在福建境内的建阳黄坑及政和俱有相似铁矿的发现，可知在武夷山及闽北地块隆起带内以及江南古陆上寻找新喻式铁矿是有希望的。

（2）矽卡岩大冶式铁矿：矿石一般为磁铁矿，往往含铜。德兴南福泉山、狐狸弓铁矿，产泥盆纪与石炭纪间的石灰岩中，与花岗岩接触。此外铅山南的石塘，陈坊，浆源及玉山的二个产地，据云俱为矽卡型铁矿，尚待进一步工作证明。

（3）交代白垩纪火山岩的南山式铁矿：此次在东乡邓家铁矿考察，首次证明属本类型，赤铁矿系交代角砾岩，凝灰岩及泥盆石炭纪的细粒砂岩所成，而以交代凝灰岩者最多最富，矿床呈似层状，脉状或团块状，极不规则。铁矿围岩俱经受强烈的绢云母化，高岭土化及矽化，显系由中低温的热液所成。据云玉山、关溪亦有本类矿床。

（4）风化残余及淋滤矿床：主要产在前震旦纪变质岩的风化壳中，据云贵溪、余江及鄱阳俱有，值得进一步研究。

（5）沉积铁矿床：在二叠纪及侏罗纪的含煤系中俱有褐铁矿及菱铁矿。我们在景德镇的大跃进展览会中曾见到一块浮梁蓝田小溪塘产的菱铁矿。这种铁矿适于小规模土法采炼，亦值得研究。

（6）铁砂矿床：在灵山花岗岩的周围最多，如上饶县北及北西的临江湖、姜村及郑家坊俱有风化冲积的磁铁矿砂。此外德兴、弋阳也俱有相似矿床。

2. 铜矿：初步分为下列七个成因类型，并略述其分布及特征：

（1）细脉浸染型铜矿：以德兴铜厂为代表，产于燕山期花岗闪长斑岩及主要属火山岩层位的前震旦纪变质岩系中，面积大，矿量多，但品位较低。围岩俱深受蚀变，成为绿泥石绢云母石英岩及石英绢云母岩。矿体沿着西北东南方向排列，矿化以花岗闪长斑岩的侵入体为中心，向四周渗透。矿化带厚200～460米。在铜厂区则又分为南北两个矿体，中间矿化较贫，较薄。以黄铁矿及黄铜矿为主要矿物，稍含黝铜矿及辉钼矿，偶有闪锌矿，方铅矿及辉铜矿。附生矿物一般为绢云母，石英，绿泥石，白云石，方解石，白云母等，还有硬石膏，显属中低温的热液矿床。矿石中还含有钼、镓、钛、钒、铬、镍、钴等微迹元素，而在个别地区钼的含量很高，可成为有价值的钼矿床。

德兴银山一部分含铜较高的矿床，其成因类型亦应与铜厂相似，二者代表深度不同而类型相似的矿床。

弋阳北姚家坂产在绢云母石英片岩中的磁黄铁矿及黄铜矿，亦成细脉浸染型，俱沿层理、片理及节理发育，但矿的来源是否与附近的花岗斑岩有关，或者是由潜伏的基性岩和超基性岩分泌出来须进一步研究。因之本矿虽属细脉浸染的产状，但其成因类型则尚属未定。

（2）产在基性岩与超基性岩中的铜镍矿床：沿着中村到樟树屯的基性岩和超基性岩带中有若干含硫化铜矿的矿床。余干也有这种矿床。

（3）产在前震旦纪变质岩系中的高温脉状铜砷矿床：以弋阳铁砂街为代表，产在古火山岩上的碳酸盐岩带中，属多变质及深变质矿床。铅山东南的洋锡洞、雷打天子地的铜锌锡阳起石脉状矿床可能亦属本类型。该处还有磁铁矿及磁黄铁矿共生，有时并含铅。

（4）矽卡型铜矿：上饶大队把铅山石塘的铜锌矿床，铅山浆源、广丰羊口的铜铅锌矿床及玉山、德兴的含铜磁铁矿俱属本类。是否如是，须进一步研究。

（5）中温热液多金属脉状矿床：可以铅山永平镇为代表，地面有显著的铁帽，其下已见到黄铁矿及黄铜矿，主要系产在二叠纪阳新灰岩及文笔山页岩中，如南面的天牌山、打字坪及老虎窿，含铜较多，北面的鸡公岗及应天寺则主要含铅锌。

浮梁北30公里的外蒋有铜铅锌石英矿脉多条，产前震旦纪的变质岩系中，品位较高，据云其价值可能比铁砂街铜矿为大。此外上饶冷水坑铜矿亦可能属本类型。

（6）低温方解石脉状铜矿：广丰城北的下溪有本类铜矿，产白垩纪火山岩中。

（7）含铜砂岩：彭泽东南郭家桥东风窿的铜矿是产在震旦纪紫红色砂页岩、砾岩中的含铜砂岩，已发现一层含矿，厚5米，含铜矿物为黄铜矿、斑铜矿、黝铜矿、辉铜矿、蓝铜矿、孔雀石等，品位相当好，走向东北西南，已探定的长度为5,000米，可能延长达

30～40公里（根据陈荣阳口述）。究为热液成因，抑为沉积成因，尚难断定。鉴于该矿位于扬子江凹陷区的铜矿带中，属热液成因的可能性似较大。此外在鄱阳有报矿点，是否属含铜砂岩应研究。

3. 铅锌矿

据《古矿录》记载，赣东北是昔时开采铅银矿的中心，产地甚多，尤以德兴银山最为著名。根据目前所知，可分为下列5个成因类型：

（1）细脉浸染型中低温热液矿床：以德兴银山及北山一带的矿床为代表，产在前震旦纪变质岩系的千枚岩及石英斑岩中者，俱成陡立的裂隙充填矿脉，如银山、北山及九龙上天等矿脉，而与白垩纪火山岩相交代者则多成平伏矿体，如方家坞、南山坞等处。北山一带矿脉走向接近东西，矿石成分锌多于铅，而铜、银俱相应地减少。银山的4、5号矿带，走向南北，铅多于锌，铜、银亦相应地增多。铅银矿床不但与侵入的石英斑岩有成因上的关系，并且有相当部分的矿床还产在其中。围岩蚀变以矽化为主，也有高岭石化，绿泥石化及绢云母化。脉石矿物不多，以白云石、石英为主，另有少量方解石、菱锰矿、重晶石等。

本矿与德兴铜矿同位于东北西南向的一条构造线上，有同源同型的关系：花岗闪长斑岩及其有关的细脉浸染型铜矿代表较深的岩浆活动及矿化，石英斑岩及铅银矿床则是较浅部分的产物，而流纹岩则是代表石英斑岩的喷出部分。

（2）多金属脉状矿床：矿床呈明显的脉状，并有石英、方解石等许多脉石矿物，除方铅矿、闪锌矿外，常兼含黄铜矿、黄铁矿。其产在石灰岩中（主要为阳新灰岩）者，亦有小规模的交代作用。铅山应天寺、鸡公岗的铅矿应属此类。此外如广丰东25公里的九都、银坑山，玉山北20公里的资丘、银坑山及玉山、上饶德兴间的西方尖铅银矿似应俱属本类。

（3）高温脉状矿床：产在武夷隆起的前山带中，如弋阳南的铁砂街，铅山南的洋锡洞，雷打天子地，下渠及杨村的各铅锌矿，常与黄铜矿、磁黄铁矿及磁铁矿共生，为多变质深变质矿床，其中往往锌多于铅，含银不高。

（4）低温热液重晶石铅锌矿床：鄱阳北70～80公里的石门街有重晶石铅锌矿的脉状矿床，产前震旦纪变质岩系中，品位及厚度的变化均大，正开始勘探。

（5）风化坡积矿床：以铅山鸡公岗、观音寺间的黑土矿床为代表，显由含铅矿床风化后又沿坡堆积所成，有时品位较高，但矿量不会大。

4. 锰矿：本区中现知的锰矿类型有二：

（1）中石炭纪的沉积锰矿床：以乐平众埠街锰矿为代表，产于中石炭纪的底部，位于底砾岩与白云质石灰岩之间，有原生的碳酸锰矿层及次生的氧化锰矿两种，前者最厚可达15米，但大部分已风化成氧化锰，厚3～15米。锰矿的成因显由前震旦纪变质岩深受风化剥蚀后，再随水迁流沉积于附近的浅海港湾中所成，故江南古陆上准平原的形成及风化壳的发育，是产生锰矿原始质料的基本条件，而浅海带中的沉积环境及后来构造运动的发展，都与成矿及矿床的保存有重大的关系。

（2）前震旦纪变质岩风化壳中的锰矿：如上所述，前震旦纪变质岩中风化壳的发育既为形成锰矿的基本条件，那末，在适当条件下，这种风化壳本身也可能成为堪采的矿物，最近在东乡西北寺前所发现的锰矿即属此类。氧化锰矿产于前震旦纪千枚岩及古火成岩（古火山岩的流纹岩或古侵入岩的石英斑岩，现尚不能决定）所成的古风化壳中，显属风化残积矿床，其上则覆以红土。已揭露的矿体长 28 米，宽 12 米，深 3～4 米，尚未见底。矿质极纯，只有少数残留的高岭土化及矽化的围岩。相信在此江南古陆边缘带及江南古陆上，如岩石性质、地形、构造情况俱合适的地方，都可能会发现这种风化残积的锰矿床。余干、万年、余江及乐平洺口人民公社最近所开的锰矿，俱可能属于本类型。

5. 镍矿

赣东北的超基性岩及基性岩体中已证明含有工业价值的矽酸镍矿床，品位含镍 0.2%～1%。它产于蛇纹岩中，也是风化壳中的产物。由于用蛇纹岩制造钙镁磷肥的方法业已试验成功（用蛇纹石及磷灰石各 500 公斤，石膏 120 公斤，烧至 1,450～1,500℃即成），而在此过程中，矽酸镍即变为硫化镍，成分可达到 4%，因此，这里的矽酸镍矿已能为工业上所采用。

此外，还须在这条超基性岩及基性岩带中努力寻找原生的硫化镍矿床，如余干、萍乡及广丰东南的产地俱应注意，而姚家坂铜矿中因有大量磁黄铁矿的共生，也应注意镍的分析，以便发现新的类型的镍矿床。

6. 铝矿

南方二叠纪煤系中很少有铝土矿的报道，但据上饶四十八都煤田分队的报告，此处含煤系的顶部有一层铝土质页岩，厚约 50 米，以未见标本，亦无分析，详情不知。余干东南 40 公里黄金埠之东 2～3 公里处，在乐平煤系及石炭纪地层中有白色的土层，是否为铝土矿或耐火土，亦尚未定。浮梁腊利山产焦宝石，与山东博山所产者颇为相似，显属铝土矿或铝土页岩。根据铝土矿的生成条件每与古地层的风化壳、沉积间断及准平原化地形有密切的关系，因此在江南古陆上广泛寻找铝土矿也是有希望的。

7. 钨锡锑汞矿

本区的南北两翼有两条黑钨矿石英矿脉带。北面者称为赣东北钨矿带，包括东面的小沅屋、朱屋岭及源高山的三块花岗岩侵入体及西面的瑶里港口等花岗岩侵入体。黑钨矿石英脉分布在侯家岗之东，产于花岗岩与前震旦纪变质岩的接触处。南面者称为怀玉山钨矿带，矿床都与怀玉山及灵山的花岗岩侵入体有关。姚家坂禾昌湾产在千枚岩中的黑钨矿石英脉（含少量白钨），为本带的西南延长点。在大茅山的重砂中还曾发现有锡石。因此这两个带可能是钨锡共生的高温矿床带。

在万年东北 15 公里左右的坑边、唐家、山田等处，有北东东及北北东方向的两组黑钨矿石英细脉，厚不过数公分，长可达 700 公尺，产在千枚岩的破碎带和节理中，还有 N25°E 的细脉，产于千枚岩的片理中。黑钨矿俱成细粒结晶，未见巨晶，亦未见白钨矿，常成梳状结构，共生矿物有蛋白石。在坑边矿脉北约 1,000 米还有辉锑矿脉与黄铁矿共生，再北约 5～6 公里则有毒砂石英矿脉。此间一带河谷中俱盛产砂金。紧接矿区的南面有许多石英斑岩的小侵入体（根据万年队陈靖夷的口述）。根据以上所述，可见万年附近的钨矿显属中低温类型，与一般的黑钨矿石英脉不同，这可从黑钨矿每成细粒结晶，石英的梳状结构以及共生的蛋白石及辉锑矿等得以推断证明。这是一个中低温的钨矿带，与千枚岩中广泛分布的含金石英细脉可能有相似的成因。这条矿带可能向东北延展至婺源附近。这种低温钨矿的成矿时代，目前尚无法推断，初步意见它可能代表前震旦纪的矿化作用，并且在此中还可能发现白钨矿。

在横峰附近的重砂中曾发现几粒辰砂，这可能与其北面的花岗岩侵入体及白垩纪火山岩有关，代表江南古陆与东南边缘的一个燕山期的低温矿化带。

8. 放射性及稀有分散元素矿床

上饶坑口阳新灰岩中有铀矿，大茅山炭质石灰岩中亦有铀。许多硫化物矿床中都已发现有稀有分散元素，特别如德兴铜厂的铜矿床中种类尤多。

乙 非金属矿床

1. 煤

在江南古陆上的五条沉积带为本区煤田主要分布之区，其中二叠纪煤最为重要，质量俱佳，侏罗纪煤则最近才开始注意。在乐平附近的鸣山、桥头坵及官木岭三区研究较详（闫俊峰，李广有：乐平附近煤田地质及乐平煤，载《地质学报》38 卷，第 3 期，1958 年），二叠纪煤系中含煤自 11 层至 24 层不等，其中可采者共有 6 层，均为薄煤层至中厚煤层，一般厚度不超过 4 米，煤系总厚为 360～550 米，含煤系数 0.67％～1.78％。大概在乐平附近的两条煤带（湧山桥鸣山带及官木岭桥头坵带）含煤最丰，向北至浮梁，向南至众埠街及内洪、曹溪，则煤层逐渐减少减薄。

在余干、进贤、乐平、浮梁一带分布的二叠纪煤俱属树皮型的乐平煤，但由于所受变质程度的不同，煤质有逐渐变化的迹象。在浮梁东的仙搓煤矿，所产煤质属可炼焦的烟煤，向南至乐平一带则俱为气煤至气肥煤，局部受火成岩影响的地区则变为贫煤，再向南，至众埠街、曹溪、内洪一带，则逐渐变为无烟煤。因此可以说，如以乐平为中心，向北向南，二叠纪煤的碳化程度俱有逐渐加深之势。

江南古陆上侏罗纪煤的分布情况，因资料不足，尚难详言。侏罗纪煤系的厚度，变化甚大，自 100 米至 500 米，大致言之，乐平以北的浮梁带及以南的众埠街与曹溪、内洪带，侏罗纪地层出露较广较厚，含煤亦可能较多，内洪附近侏罗纪有煤 4 层，厚 0.5～1.3 米，俱为无烟煤，其他地区的含煤情况尚多不明。推测其变质程度，亦似应以乐平为中心，向北及向南，碳化俱应加深。

在浙赣凹陷中，二叠纪煤主要分布在以上饶玉山奥陶纪页岩为中心的背斜隆起的两侧，及江南古陆东南边缘余江附近与武夷山地块隆起的西北麓山带亦有零星的分布。在凹陷中部侏罗纪地层出露甚少，但在凹陷两侧则分布较广，含煤地点亦较多，如余江，横峰，上饶一带，俱有开采。在浙赣凹陷带中，无论二叠纪煤或侏罗纪煤，俱已变质成为无烟煤。

上述煤质分布的规律，尚难予以合理的解说。上饶大队曾以从乐平向南各种煤俱变为无烟煤的事实，认为与德兴东南的深大断裂有关。但更重要的原因不如以与活动的浙赣凹陷愈接近则变质愈深来解说较为合理。证以江南古陆北侧的扬子凹陷，在从大冶到南京附近的许多煤都变为无烟煤，而泾县、宣城、长兴各煤田，因其大体上位于江南古陆东北延长线上，地盘比较稳定，活动性较差，因而都成为烟煤的事实而更可证明。

在江南古陆上的许多沉积带中，因褶皱断裂及不整合的关系，使构造甚为复杂，而从鄱阳、余干向西，又为鄱阳低地的第四纪冲积层所覆盖，故在此两个区域中，必须详细研究地质构造，并广施钻探，可能会发现许多潜伏的煤田。

2. 石油及天然气

在本区中迄今尚无石油及天然气的报道。根据江西地质局的消息，湖口、彭泽俱有天然气冒气，已有四五年的历史，气苗地点不下 30 多处，俱在第四纪冲积层的淤泥砂层中。

彭泽张家港至油店湖长20公里的小河中，除气苗密集，冒气泡外，水面上还有油花。上述情况与上海附近的气苗颇为近似。

从江南古陆的稳定性，其上覆盖层厚可达4,240公尺（闫俊峰等报告）以及煤质大都保存在气煤及气肥煤阶段的事实，我们推断在乐平、浮梁、余干、万年一带，特别在其向西倾没在第四纪覆盖层下的广大地区，如有合适的构造及储油层，对于发现油气田是有希望的。值得提出的是余干西南枫港煤田，在前震旦纪千枚岩上，石炭二叠纪的海陆相沉积厚达1,000公尺，组成一个穹窿构造。将来在此地区打钻时，应注意研究各地层的含油气情况，以便确定有何储油层，同时应在鄱阳余干间，鄱阳湖东岸的覆盖区进行物探工作，以便发现潜伏构造，而作进一步勘探的准备。

3. 磷矿

德兴东南暖水、程家湾、龙头山有一磷矿点，磷矿成结核状，口径1～40公分，共有四五层，厚2～7米，经分析含P_2O_5最高不过4%。据云磷矿层产侏罗纪地层中，与炭质页岩相共生，地层褶皱很烈，位于其西边三叠纪薄层及厚层、浅灰至黑色的泥质及纯石灰岩之上。根据我们的推断，暖水的三叠纪石灰岩可能属震旦纪，位于变质砾岩、劣煤层及千枚岩（可能为陡山沱组）之上，而含磷层则可能属下寒武纪，因此，有进一步普查的必要。应在现知含磷层上下及其下的陡山沱组中，详测剖面，广采试样，从事试验及分析，可能会发现有工业价值的磷矿床。

上面已说到利用绕二墩、张村一带的蛇纹岩以制造钙镁磷肥及收集硫化镍的试验已获成功，因此，如能在程家湾找到足够数量并有较高品位的磷块岩，则一切原料，俱近在指顾，对制造磷肥及提炼硫化镍工业的推进，有直接的关系。至于江西，本为缺少磷矿的地区，今如能在程家湾发现磷矿，对磷矿的平衡供给上更有重大的意义。此外，玉山及广丰有石煤层，是否相当于浙江的含有磷结核的寒武纪石煤层，亟须进一步研究。又闻广丰下溪煤系中亦有磷结核，若干煤系属二叠纪，则应为大致相当于孤峰层的磷矿层，亦须注意研究。

4. 萤石

浮梁东港梅树坞附近有萤石矿，详情不悉，可能与石门街的重晶石铅锌矿床相距不远。

5. 重晶石

鄱阳北70～80公里石门街的重晶石铅锌矿脉，其附生的重晶石可能有工业上的应用。

6. 水晶

德兴城南河南岸黄泥岭附近第三纪红岩系中有南北向的石英脉，产水晶，尚完好，但因结晶太小，恐无价值。

7. 石灰岩

在江南古陆上广泛分布的中上石炭纪石灰岩，品质纯良，含镁、矽等质俱少，为最佳的水泥原料及熔剂，在曹溪曾有钻探机进行勘探。

8. 各种瓷土及耐火土

本区所产瓷土，种类极多，有适于制坯者，以抚州的滑石子为最佳，祁门次之，景德镇附近南岗及三宝篷所产为中等，亦可作为电瓷原料，余干所产则较次。作为釉料的瓷土称为釉果，贵溪所产最佳，景市附近所产则为一般的原料。制匣钵用的原料产自乐平及浮梁腊利山的焦宝石，后者为一铝土页岩。各种土的矿物成分、化学成分及产状皆不详悉。大部分的矿床俱为侵入于前震旦纪变质岩系中石英斑岩的岩脉风化或蚀变所成。斑岩的侵入时代亦不知。瓷土的造成，是否为在风化壳中长期风化的结果，抑为受热液蚀变的影响，实为一极饶兴味的问题。

Ⅳ．构造成矿带

讨论了本区的地质轮廓、大地构造及矿床概况后，我们就有可能来划分本区的构造成矿带了，兹自北而南节述如次：

1. 石门街重晶石铅锌矿及萤石矿脉带：在赣东北钨矿带的外围，为一个低温热液矿化带。

2. 赣东北黑钨矿石英矿脉带：围绕着六个较大的花岗岩体的周围，有黑钨矿石英脉，产变质岩或花岗岩中，而以两者的接触处较多较富。是否还有锡、铍等矿物尚待研究。

3. 浮梁、外蒋多金属石英矿脉带：位于赣东北钨矿带的南面外围，属中温热液矿床。

4. 浮梁、乐平等处的煤、石灰岩、沉积锰矿及可能有的铝土矿及油气矿床带：由于构造关系，目前已分为五条大致平行的带，在各带中俱有产生上述矿床的可能，尤以湧山桥鸣山余干带及官木岭，桥头垅万年带，对二叠纪煤的蕴藏最为丰富。

5. 万年、坑边、山田等处的低温细晶黑钨石英矿脉及锑金矿脉带：根据共生矿物的种类及矿床结构的特点，这里的钨矿与其南北两条高温矿带的钨矿不同，可能是属于中低温的，它与在江南古陆上广泛分布的石英金矿脉一样，可能是前震旦纪矿化作用的结果。

6. 江南古陆上广泛分布的石英金矿脉带：万年、鄱阳、德兴、婺源、浮梁等处俱有砂金矿，附近也有金矿脉。这些脉一般俱扭曲褶皱非常强烈，与变质岩系往往成同一的产状，因之其成矿时代必较早，可能为前震旦纪的产物。因资料不够，目前还不能划分出确定的矿带，只能称之为在江南古陆上广泛分布的石英金矿脉带。

7. 铜厂、银山及陈营街的细脉浸染型及脉状的铜铅锌中低温矿床带：这些矿床其成分及产状有时不很相同，如银山的铅银矿，裂隙的充填矿脉较为重要，但其同为浅成的中低温矿床，而与小块的花岗闪长斑岩，石英斑岩及白垩纪的火山沉积岩有成因上和产状上的关系，则似无多大疑问，而在陈营街的东南，也有一小块花岗岩，其附近是否有矿，今尚不知。目前暂把陈营街、银山、铜厂及德兴西南大片出露的白垩纪的火山沉积岩，连成为一个带，作为进一步普查勘探本类型铜铅锌矿床的对象。值得注意的是，这样连成的构造成矿带，其走向与本区的区域构造方向相一致，即也成东北西南的方向。

8. 中村至樟树屯与基性岩超基性岩有关的硫化铜镍矿与矽酸镍矿床带：这个带占有江南古陆东南边缘明显的构造断裂的位置，作东北西南向有规律的分布，已知延展达70公里。从樟树屯向西南延至何地，刻尚不知。已勘定风化壳中的矽酸镍矿有工业价值，原生的铜镍矿尚待进一步寻找。在余干、万年分布的基性岩超基性岩可能代表零星的矿化带。根据产状，初步认为本带矿化的时代可能较老，属前震旦纪，但尚须进一步的事实来证明。

9. 宗儒、暖水的磷块岩和可能有的放射性元素矿床带：暖水、程家湾、龙头山已知有磷矿点，大茅山炭质石灰岩中据云含铀。根据新的地层的看法，这些矿点的围岩可能属震旦寒武纪，这在华南，特别在浙江已证明为一重要的磷矿及铀矿层位，值得注意普查。

10. 怀玉山钨矿、砂铁矿及可能有的锡汞及其他矿床带：在江南古陆东南侧，怀玉山、大茅山、灵山、横峰以北及弋阳西北一带，有好几块大块花岗岩的侵入。怀玉山附近已证明含黑钨矿石英矿脉，灵山一带铁砂分布很广，大茅山的重砂中曾发现有锡石，横峰附近重砂中有辰砂，可见这是与南岭相似的、与燕山期花岗岩有密切成因关系的高温的钨锡与低温的汞矿矿化带。随着与花岗岩接触距离的不同，这里还发育了矽卡型铁矿（德兴西南狐狸弓铁矿）及其他中温的多金属矿床。

本带代表江南古陆东部的东南边缘，花岗岩的侵入与在边缘带发育的断裂有密切关系，侵入的围岩一般为震旦纪至寒武奥陶纪的石灰岩。

11. 江南古陆东南边缘的煤矿，南山式铁矿及风化残余锰矿带：本带代表真正的江南古陆的边缘。在西部，泥盆石炭纪砂砾岩不整合地位于前震旦纪变质岩系之上，再上则有白垩纪火山沉积岩及侏罗纪煤系；在东部，则在寒武奥陶纪灰岩页岩之上，不整合地接以泥盆石炭纪、白垩纪及侏罗纪的地层。

侏罗纪的无烟煤为本带的主要矿产，在余江以东及横峰以北多有开采。南山式铁矿则多产在白垩纪的火山沉积岩中，在东乡东北的邓家业已勘探，玉山的关溪亦有同样矿床。相信在此边缘带白垩纪火山沉积岩发育的地区，都可能找到同样的矿床。在此带中还要注意寻找斑脱岩、明矾石及其他低温的有色金属矿床。

东乡西寺前附近的前震旦纪风化壳中发育了风化残余式的锰矿床，有较大的远景，在从东乡向西及向东至弋阳以北的边缘带中，都可能发现同样的矿床。

12. 在浙赣凹陷中，南北两侧第三纪新红岩系中的建筑石材及可能有的石膏，含铜砂岩及铀矿床带：本带中的红砂岩为较好的建筑石材，在鹰潭、上饶一带，开采甚广。以后要详测剖面，注意寻找可能有的石膏，含铜砂岩及沉积铀矿床。鹰潭南的一个铜矿点可能为含铜砂岩，也可能产在较老地层中，应予注意。

13. 中央隆起带中的二叠纪无烟煤、铝土矿、磷块岩？及产在阳新灰岩及文笔山系中的中温多金属矿床和铀矿床带：在本带中，二叠纪无烟煤分布甚广，最著者为上饶南的四十八都及玉山南乡。多金属矿床包括铅山永平镇应天寺、鸡公岗的铅矿，天排山、老虎窿及铜坑的铜矿，广丰羊口子的铜铅锌矿（矽卡型?）及上饶冷水坑的含铜黄铁矿，俱属中温及局部为高温的交代矿床。上饶南坑口的阳新灰岩中则有铀矿。四十八都煤系中有铝土矿，文笔山系中可能有磷矿结核。

14. 武夷山及闽北地块隆起前山带中的前震旦纪变质岩中的高温铜砷铜锌矿床带：以弋阳南的铁砂街铜砷脉状矿床及铅山南的洋锡洞、雷打天子地的铜锌磁铁矿及磁黄铁矿矿床，及下渠杨村一带的高温铅矿床为代表，俱产变质岩系中，成矿时代可能较老，属前震旦纪，但尚须事实上的证明。

15. 武夷山及闽北地块隆起区中的沉积变质铁矿及其他矿床带：本区主要属于福建省，已发现的耳口寨、文坊等铁矿属于本带，其他矿床尚待普查。

16. 鄱阳湖低地区的潜伏煤田及可能有的油气矿床带：根据江南古陆上石炭二叠纪地层的趋向，可以约测在其低地下的可能分布，然后布置物探工作，进一步予以勘探。上面已经说过，在这里发现油气矿床也有较大的希望。

V. 找矿指南

所谓找矿指南，就是在地质、构造及矿床的基础上，依据构造岩相带及构造成矿带的分析，指出到哪里去找矿及如何去找矿，也就是指出找矿方向和找矿方法的问题。准确的找矿指南必须建筑在可靠的地质、构造和矿床研究的基础上，并且要加以科学的分析与合理的推断。由于上饶专区的地质工作还做得不够，区域地质测量尚未全面展开，许多重要问题还未解决，加上作者们的学术水平很低，因此，目前要谈找矿指南，条件既不成熟，所得结论自然是很不可靠的了，但即此不成熟的甚至是错误的意见，对今后发动群众，进行全面的和有计划的找矿还是有所帮助的。兹就几种重要矿种，略述其在本区中的找矿方向和找矿方法如次：

1. 铁矿

就类型论，上饶专区的铁矿，要以沉积变质铁矿，矽卡型铁矿及南山式铁矿较有远景。我们今后应在武夷山及闽北隆起地块中进一步寻找沉积变质式铁矿及可能有的矽卡型铁矿，在浙赣凹陷中央隆起带中寻找矽卡型铁矿及可能有的南山式铁矿，在江南古陆边缘带中寻找南山式铁矿，而在接近边缘的怀玉山花岗岩带中寻找矽卡型铁矿，在江南古陆上要广泛寻找风化壳中的风化残余铁矿，可能会有重大的矿床发现，而在二叠纪及侏罗纪煤系中寻找沉积铁矿及菱铁矿，则可供本地中小型矿厂的采炼，灵山一带的砂铁矿亦可能有相当的价值，应予重视。

2. 锰矿

除在众埠街附近相似的港湾沉积中寻找中石炭纪的沉积锰矿外，在江南古陆上要广泛寻找风化壳中的残余锰矿，而在东乡寺前以北的低山带及万年已知若干矿点附近，尤应布置普查勘探工作，以便发现更多的风化残余锰矿床。

3. 铜铅锌矿床

就目前所知，本区的铜铅锌矿床自北而南可分为下列七个矿带：

(1) 石门街重晶石铅锌矿带；

(2) 外蒋多金属石英矿脉带；

(3) 铜厂，银山及陈营街的细脉浸染型及脉状的铜铅锌矿床带；

(4) 中村、樟树屯与基性岩及超基性岩有关的铜镍矿化带；

(5) 第三纪新红岩系中可能有的含铜砂岩带；

(6) 浙赣凹陷中央隆起带中永平、上饶等处的中温多金属矿床带；

(7) 武夷地块前山带中的高温铜砷铜锌矿床带。

在以上七个矿化带中，就矿床的规模大小论，自以第三带的细脉浸染型及脉状矿床远景最大，我们应在陈营街东南花岗岩体附近及德兴西南白垩纪火山岩中布置工作，特别要研究围岩蚀变，并进行水化学及铜量测量（要用最近试验成功的递加提取的水化学法及Rubeanic acid在野外测验微量铜的方法)，以便发现异常，进行勘探。

其次，则外蒋多金属石英矿脉及姚家坂铜矿，因品位较高，值得注意勘探。姚家坂铜矿本身虽不产在基性岩中，但矿液来源，仍可能与此有关，故今后在基性岩与超基性岩带中继续寻找铜镍矿床仍为重要的工作。

4. 钨锡锑汞矿床

要在赣东北及怀玉山的两个钨矿带中布置普查，并进行重砂测量，以便发现更多的钨矿脉及可能有的锡汞矿床。万年的中低温钨矿及锑矿亦应工作，在这里要研究与侵入岩的关系及成矿时代是否较老，同时要做重砂测量，注意寻找白钨矿。

5. 铝土矿

上饶南四十八都二叠纪煤系顶部的铝土矿乃南方煤系中少见的铝矿情报，应注意研究。余干黄金埠的铝土矿其层位及质量亟须决定。此外在江南古陆广泛分布的风化壳，乃产生铝土矿原始质料的良好条件，毋论在风化壳中或其上覆的石炭纪或二叠纪地层中，都有产生铝土矿的可能，今后要特别注意结晶基底层中矽少铝多的岩石，如碱性正长岩，基性岩超基性岩的风化壳，但千枚岩、页岩的风化壳中，亦不无产生铝土矿的例子，都应注意研究。

6. 放射性及稀有分散元素

本区中已发现两个铀矿点，今后应在暖水东南可能为震旦寒武纪的含磷地层中寻找铀矿。从上饶的铀矿产地判断，浙赣凹陷的中央隆起带中也可能有一条铀矿的矿化带，而在研究含铜砂岩的同时也应注意寻找铀。铜厂铜矿中有许多分散元素，特别是钼与镓可能有工业价值。在姚家坂铜矿中应注意分析镍，而在东乡铁矿中应注意找锗。此外在深变质区域（浙赣凹陷中央隆起带的西段及武夷山闽北地块隆起区）中应注意寻找伟晶花岗岩脉中的放射性及稀有元素矿床。

7. 煤

本区的煤是有较大的远景的，特别是在江南古陆上分布的五条含煤带必有相当大的储量。在乐平一带分布的所谓树皮煤，适于炼油，尤为不可多得的贵重资源。今后应详测构造，在已知煤区中发现更多的断失了的或被掩覆的煤层，而在鄱阳湖低地区中则可广泛寻找潜伏煤田。必须掌握各地煤质变化的规律，并予以合理的解说，这对今后为寻找我们所需要的煤种的工作上有重大的帮助。

8. 石油及天然气

已提出种种理由说明鄱阳湖低地区是寻找油气田的有望地区，这里基本上也是一个地台区，在冲积层下可能直接接以前震旦纪的变质岩系，但江南古陆上所分布的五条石炭二叠纪及中生代的沉积带必将延展及此，应无疑问。由于沉积可能较厚，覆盖又深，对油气矿床的产生与保存是非常有利的。今后应先在鄱阳湖东岸广施物探工作，测定覆盖层的厚薄、性质及结晶基底的起伏，然后择较有希望的地区，进行地震详测，勘定构造，以便勘探。

9. 磷矿

宗儒、暖水以东可能是一个有望的磷矿区，应详测剖面，在可能属陡山沱组或下寒武纪地层的层位中，采样试验分析，可能会发现有工业价值的磷矿层。在浙赣凹陷中央隆起带的二叠纪地层（文笔山系?）中，亦应注意寻找相当于孤峰层的磷矿层。

成矿理论与找矿*❶

成矿理论对于科学的和有效的找矿勘探有重大意义，而作为一个最合理的矿床分类的根据及矿床的系统论述，这种研究尤具有决定性的作用。本文首先略述现代成矿理论的几个关键问题，其次对我国矿床的成因和分布规律提出一些初步的看法，最后则概述在今后找矿方向上若干原则性的意见。

一、现代成矿理论的几个关键问题

毫无疑问，研究成矿理论的最后目的是为了指导找矿及对未知矿区进行预测。但是找矿、评价和预测是不能凭空得出来的，它必须建筑在区域地质、大地构造、岩浆活动及许多成矿理论的基础之上。没有这种基础的研究，就侈谈矿床的分布规律并进而指导找矿或预测，其结果是不可能很满意的。成矿理论是上述许多基础中最重要的一个，而其本身，又头绪纷繁，错综复杂。因为篇幅所限，现仅提出现代成矿理论的几个关键问题分别讨论如下。

(一) 花岗岩化和成矿理论

从岩浆分异一直到热液成矿的岩浆成矿学说在矿床学上几乎主宰了70～80年，而在地壳中分布最广的花岗岩类岩石，尤其被认为对成矿具有最密切的关系。正宗派的地质学者们一向把花岗岩类岩石作为是基性岩如玄武岩类岩石的分异产物。因此，从玄武岩经过花岗岩一直到各种内生矿床，是一系列岩浆分异作用的必然产物。也就是说，矿质俱导源于岩浆，而岩浆岩及其接触带，一向被认为是成矿的最重要的控制因素，而加以精密地研究。随着矿床研究及勘探工作的进行，往往发现这些被认为是成矿母岩，特别是花岗岩类岩石，与矿体没有明显的成因上的关系（参考贝尔特［G. B. Belt］关于新墨西哥侵入体与矿床的研究），所谓岩浆岩为成矿母岩的看法仅仅是地质学家的一种公式，实际上在大多数情况下它都没有得到证实。

相反地，在许多有深厚覆盖层的地台区，如美国的密西西比流域的铅锌矿区及我国鄂、湘、川、黔、桂的多金属及汞矿区，尽管矿床的分布非常广泛，价值又极其巨大，但在地面上却从来找不到有任何岩浆岩的露头，因此地质学家按照公式就不得不认为岩浆岩埋藏在较深的地方而尚未出露。

自从提出了在百年前法国地质学派早经谈到但为德国学派所否定，而在近30年来主要又经北欧地质学家所发展起来的花岗岩化的学说后，对万有岩浆成矿论的学说，不啻起了一种釜底抽薪的作用。根据花岗岩化的学说，这些岩石主要是由大地槽沉积物被沉陷到深处，受到热力（温度约600～700℃）和从深处上来的汽体、液体等的花岗岩化剂的作用，使沉积物在原地变质交代而成。有时这些变质物质可成为再熔化岩浆，或者不成为岩

* 本文1961年发表于《中国地质》第12期，13—34页——编者注

❶ 本文内容作者曾在1961年10月中国地质学会的一次学术讨论会上作过演讲，当时的题目是："中国大地构造轮廓与成矿问题"。

浆而为一种塑性体，不论怎样，二者俱可由于挤压关系而被推上升，在上覆盖层中成为侵入体。关于花岗岩化的详细过程，如干的离子扩散说或湿的热液触变说，以及花岗岩化剂的来源，和原始矽铝层（菲歇尔［Fischer］，1951）的如何形成等问题，学者们还有很多不同的意见，但大部分的花岗岩，尤其是成巨大岩基的花岗岩，不是由地下岩浆冷凝而成，而是由矽铝质沉积物变质交代而成，它不是岩浆岩，而是与造山运动有密切关系的经过混合熔化作用的深成岩的这种论点，则已为大多数地质学家们所接受了（巴克隆德［Backlund］，雷斯特尔［Rastall］，里德［Read］）。花岗岩体本身既不是岩浆分异的产物，那么，从此分出来的各种矿质就不应该是岩浆成因，而将与原来的矽铝质沉积杂岩有更密切的关系了。不过再熔化派的学者们仍称之为矽铝质的再熔化岩浆作用（Sialic Palingenic magmatism），但究竟是否为岩浆，即使近于岩浆状态，它与从深处矽镁层上升的真正岩浆作用，将有本质上的区别。因此在本文中一律改称为再熔化矽铝质的混合岩浆作用。

从沉积围岩成矿的理论，也就是侧分泌的理论，在100年前早经吴德华特（Woodwrad 1695—1728）及桑德贝格（Sandberger 1882）所提出，但后来就被正宗派的岩浆热液说所击败，尽管1904年范海斯（Van Hise）在他的变质作用巨著中还有类似的想法，但人们并未加以重视。花岗岩化的成矿新理论，与侧分泌说有许多相似之处，也有基本的区别，因为后者一般都限于在表层中地下水活动的结果，而前者则涉及到地壳的深部，可发生深变质甚至超级变质的现象。霍·麦克金斯特雷（Hugh Mckinstry）曾把这种新理论称之为新侧分泌说，其理由就在此。在矽铝层中有各种不同成分的沉积岩，还有从深处上升起来的侵入岩夹层和火山岩流，在这些不同组分中所含有的分散的矿质元素，或者在某些特殊岩相下如腐泥岩、炭质页岩等初步吸附的重金属，更有先期造成的各种成因的矿床，经过花岗岩化作用就可被蒸馏、熔融、溶解、迁流，而在适合的构造和岩性条件下，就可浓集沉淀成为各种形状的矿床。

这种随着花岗岩化学说而新兴起来的成矿新理论，虽尚未臻完善之境，但它将有无限发展的前途，并能解说许多为岩浆作用学说所不能解说的成矿特点，而对今后找矿及矿床分类上将有重大意义，这是毋庸或疑的。

目前在岩石学中大家所公认的是两个不同的体系，一是从矽镁层榴辉岩带上升起来并经过分异作用而成的、以玄武岩为主的基性超基性及若干中性的真正的岩浆岩；一是在矽铝层中经过改造作用所成的花岗岩类的岩石。与这两种岩石相联系的也有两种不同体系的矿床，如Cr、Pt、Ni、Cu、Co、Fe、V、金刚石等的岩浆分异矿床，都与超基性岩、基性岩有关，而属于玄武岩岩浆的成矿体系；而Sn、W、Mo及某些多金属矿床则属于矽铝层花岗岩化的成矿体系。这两种体系的矿床，在矿物成分及类型上有时绝然不同，很容易区分，有时则错综复杂，互相关联，如何合理地加以区别，还有待进一步深入细致的研究。在评论这两个成矿体系之前，先概述地壳的分层。

（二）地壳的分层

现代地球物理从地震震波速度变化的资料，确定地球内部有分层的结构，在距地面深约100公里的地壳部分，目前已测定了下列从上到下的几个不连续面：

（1）福虚不连续面（Förtsch discontinuity）：深4～10公里，为结晶基岩上部的片麻岩、花岗岩与下部的闪长岩的分界。

（2）孔拉特不连续面（Conrad discontinuity）：深10～20公里，一般在20公里左右。推断岩石密度从2.55骤增为2.975，为矽铝层与矽铝-矽镁层的分界，也就是花岗岩与辉长岩的分界。因为在海洋部分矽铝层不存在或非常之薄，因之孔特拉不连续面并不普遍发展及于地球全部，而只在大陆的矽铝块下部出现。花岗岩化作用主要在这个不连续面内进行。由于花岗岩熔体的密度（2.55）较其周围岩石的密度（2.85）为低，就可依照盐丘侵入的方式而上升到上覆岩层中形成各种侵入花岗岩。

（3）莫霍洛维奇不连续面（Mohorovičić discontinuity）：深 30～40 公里，一般在 40 公里左右，岩石密度从 3.025 骤增为 3.39，为矽铝-矽镁层与矽镁层的分层，亦即辉长岩玄武岩与橄榄岩的分界，也就是从含长石的基性岩变为不含长石的超基性岩，而为橄榄岩层主要进行分异的地方。橄榄岩层以下，压力继续增加，岩石密度亦随而增加，推测岩石性质可从橄榄岩，二辉橄榄岩而变为纯橄榄岩，再下则成为在高压下的榴辉岩（Griquaite 或 eclogite）。其中含碱金属，挥发分又较多。在深大断裂下切到这个带的地方，则由于压力骤减，紧压的岩体变为岩浆而上升，造成玄武岩体系的侵入与喷出。

（4）哥登贝尔格带：在深距地面 80～100 公里的高压地段，哥登贝尔格在 1948 年发现另一震波速度减低的带，足证此处有再熔化的岩浆，现称之为哥登贝尔格带。

关于地壳部分不同深度下密度，温度及压力的变化，岩石成分的推断，各种不连续面及岩浆分异及花岗岩化进行的场合，博舍特（Borchert）及特吕格尔（Tröger）于 1950 年曾有综合的推论，并绘有示意图说明，现附列为第一图，以供参考。

（三）深成的从矽镁层形成的玄武岩浆成矿体系

这是从深约 60 公里的榴辉岩层或更深的哥登贝尔格带沿着深裂隙减压地方上升起来并在莫霍洛维奇不连续面附近进行分异的玄武岩浆体系。它一般在地槽发展的初期形成，但也可延长到末期，在地槽升起及固化之后，造成所谓高原玄武岩。在地槽初期的玄武岩岩浆作用，既有侵入，也有喷出，由于分异作用可形成一系列的岩石：从纯橄榄岩、橄榄岩、各种辉橄岩，经过橄长岩（Troctolite）、苏长岩、普通辉长岩、奥长花岗岩（Trondhjemite）、最后还有斜长岩。喷出部分则包括主要为海底喷发的玄武岩，以及从中性到酸性的辉绿岩，暗玢岩（melaphyre），细碧岩，角斑岩及石英角斑岩以及各种相应的凝灰岩。当然，经过分异作用，玄武岩浆也可产生花岗岩闪长岩类的岩石，但这是非常少数而极不重要的。这种为地槽发展初期特征的基性岩浆所成的岩石可总称为蛇纹绿岩系（Ophiolite series）。不言而喻，这种从玄武岩浆造成的各种岩石为标准的岩浆岩，但在孔拉特不连续面内由矽铝层所形成的再熔化岩浆，经过分异，也可产生若干如玄武岩体系的岩石，但这不是主要的。

据博舍特的研究，肯定属于玄武岩浆体系的矿床有纯橄榄岩中的铬铁矿，苏长岩中的含镍磁黄铁矿，辉长岩中的含钛磁铁矿，斜长岩中的钛铁矿，赤铁矿以及在碱性正长岩中的磷灰石磁铁矿。还有产在成管状脉的角砾云母橄榄岩中的金刚石矿床及所谓碳酸盐岩中的铌、钽矿床，亦俱应列入本体系之中（博舍特文章中没有提到）。至于与本体系的喷发岩有成因关系的矿床，则最著者为与细碧角斑岩有关的黄铁矿型铜矿，与玄武岩辉绿岩有关的泡沸石绿泥石自然铜矿床（如北美的上湖的铜矿），这些都可称为热液或气成矿床。此外还应包括那些产在沉积火山杂岩系中的矿床，如 Lahn Dill 式的赤铁矿床，产在矽石层中的锰矿床，以及某些成层状但与喷出岩浆有关的铅锌矿床，它们都由海底喷发岩的余汽或热液供给金属质料，而在海水中沉积而成，虽与岩浆源的距离已较远，但还应属于玄武岩的岩浆成矿体系，似无多大问题。

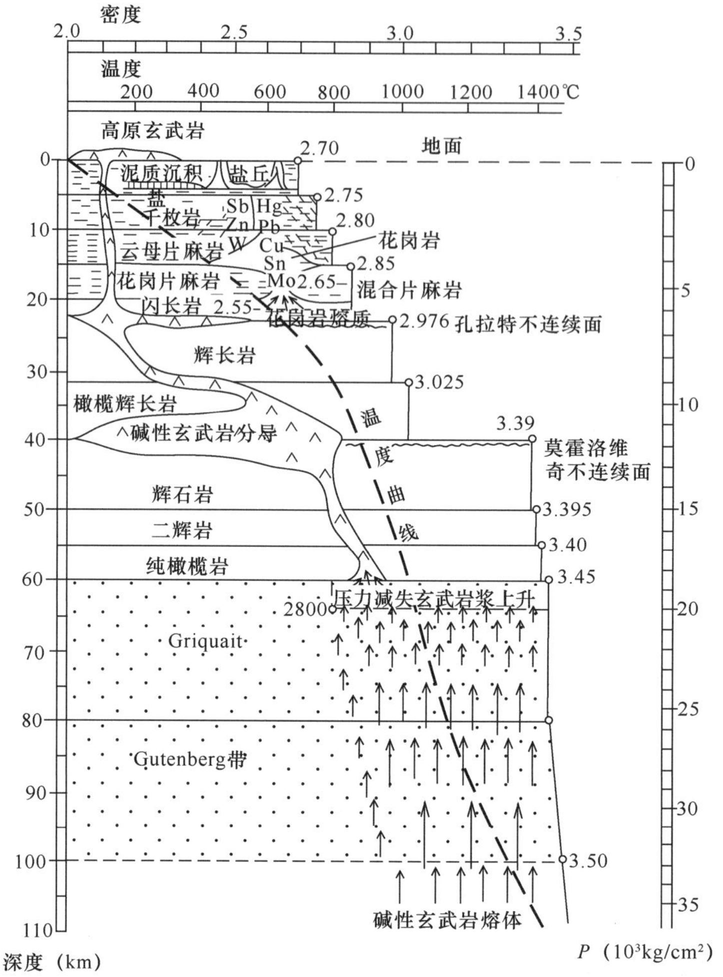

图 1　根据岩石及地球物理观点的地壳分层
（根据 H. 博舍特 E. 特吕格尔 1950）

可能属于本体系但不能十分确定的矿床则有许多接触变质式的铁矿和铜矿，都产在奥长花岗岩，石英闪长岩或闪长岩中，还有所谓细脉浸染状铜矿或称斑岩铜矿，其母岩可为二长岩、花岗闪长岩以至安山岩、凝灰岩等。这些矿床可能由矽铝层在花岗岩化作用中迁运富集而成，但也可属玄武岩岩浆的分异产物。由本岩浆体系分异所存的最后残液，还可形成一系列成带状分布的脉状矿床，包括铜、铅、锌、铋、锑、汞、砷及碳酸钡、碳酸钙、氟石、石英，等等（参阅图 2）。

（四）再熔化矽铝层混合岩浆的成矿体系

这是由花岗岩化作用所形成的成矿体系。花岗岩化作用主要在孔拉特不连续面内进行，但由于密度不同，这些矽铝层混合岩稠体也可被挤压而上升到盖层之中，造成各种深浅的侵入体，还可成为接近地面的半火山式的侵入体，因此，根据花岗岩的产状及成因，可分为原地的同褶皱期花岗岩，半原地褶皱后期花岗岩，侵入花岗岩以及褶皱期后的半火山式石英斑岩等，而成矿的场合，也就一般不在孔拉特不连续面内而将达到较高的距离

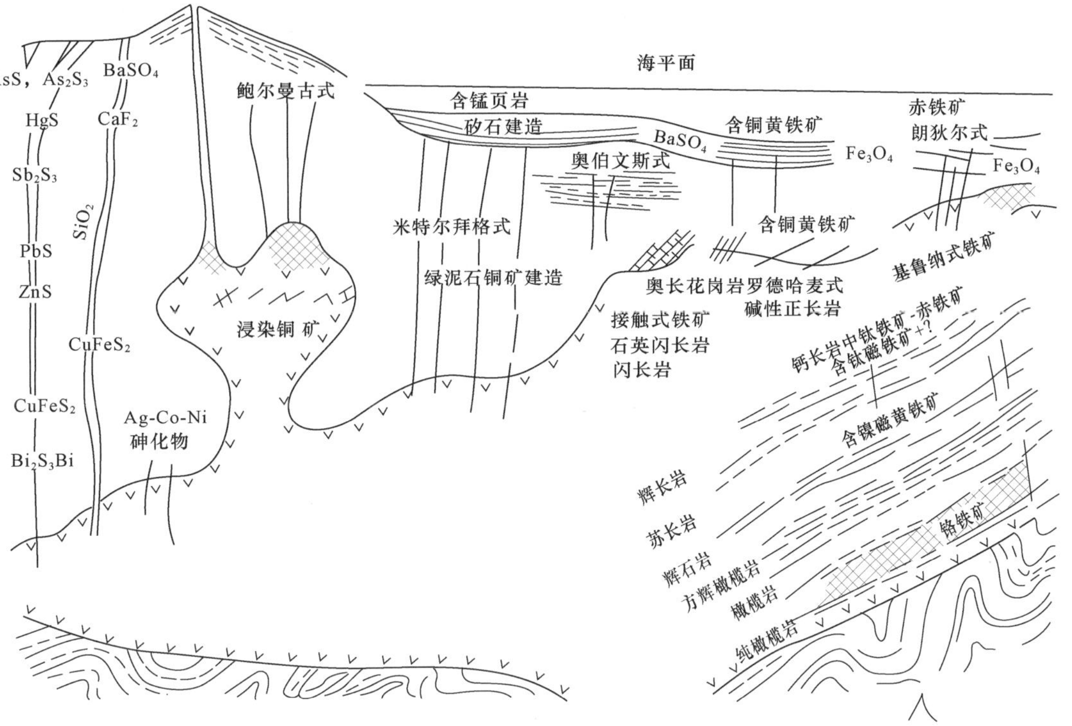

图 2 与大地槽深成玄武岩浆有关的各种矿床

（根据 H. 博舍特，1959）

了。从本体系的再熔化混合岩浆经过分异作用固然也可造成少数的基性岩，但这不是主要的。

属于本体系的矿床大多数为伟晶岩矿床，气化及热液矿床，至于岩浆分异矿床几乎是不存在的。博舍特认为最标准的为花岗岩中的云英岩锡石矿床，含锡花岗岩浸染矿床，石英-锡石黑钨矿脉状矿床，白钨矿床，浸染状钼矿床，含钼伟晶岩及辉钼矿-石英脉矿床，各种伟晶岩矿床（某些辉长岩伟晶岩除外），含金石英脉矿床等，而从锡、钨、铋、钼随着温度的降低而形成的一系列的铜、锌、铅、锑、汞、砷，并以石英、玉髓等为脉石的成带状分布的脉状矿床，尤为本体系成矿的特征。还有 Cu—Co—U 建造及电气石黄铜矿建造都似由矽铝层混合岩的成矿作用形成。就中 Mo、Co、U、V 的来源于沉积岩的证据，似更为明显（参阅图 3）。在变质岩中常有含金属特富的黑色片岩（马尔莫 [V. Marmo]，1960）。它常可追索到与未变质的含有机质较多的所谓腐泥质页岩相对比，而这些页岩，因吸附关系或其他生物的作用，常可初步富集多量的重金属，组成为在后来花岗岩化作用中的矿源层（见后）。斑岩铜矿也可以在本体系的成矿作用中形成，因之其确切隶属关系，有时很难肯定。鉴于许多斑岩铜矿中含辉钼矿，而钼的来源似乎更接近于沉积来源，因此，把斑岩铜矿作为再熔化混合岩浆成因是可能的。还有与半火山式石英斑岩或花岗斑岩有关的玻利维亚式锡矿，除锡石外还含黄锡矿及许多磺盐硫化物及其他特殊矿物，还常造成从锡钨到铜、锌、铅、锑、汞、砷的带状分布的矿床，也是本体系的标准矿床。最成为问题者是上面已经提到的所谓 Rodhammer 式的接触变质铁矿及铜矿，究竟属何体系目前尚难肯定。

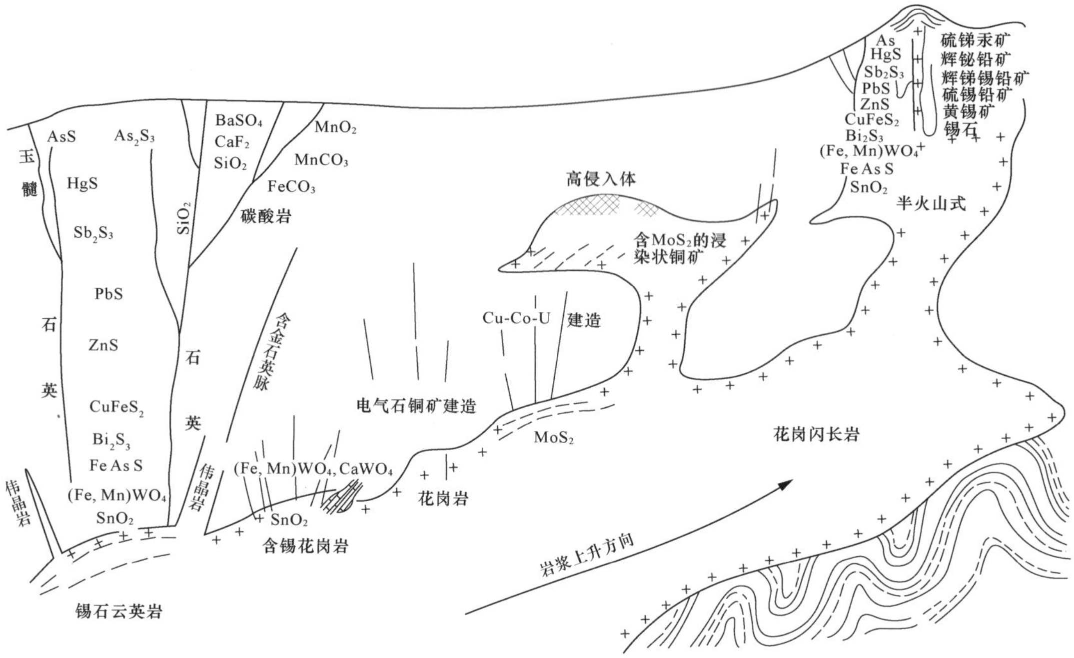

图 3　与矽铝质再熔化岩浆有关的矿床

（根据博舍特，1959）

综观上述二种不同的成矿体系，虽都与大地槽的发展有关，但深成的玄武岩浆作用也可延长到末期，在地槽固化之后还可入侵到盖层中，成为地台上的高原玄武岩。而再熔化矽铝质混合岩的成矿作用也可上达盖层，见于地台地槽交界或山间盆地，山前凹地和断裂带中，因此把矿床分为地槽与地台二种类型有时不免混淆，而不如分为深成的玄武岩浆体系与再熔化的矽铝质混合岩浆体系之较为明了（参阅图 4）。这二种体系的存在似已不成问题，它们在地壳深处导源于两个不同深度的不连续面，亦有地球物理资料可作参证，不过当它们上升到上覆岩层后，俱可由于分异与同化作用而造成相似的岩石，由此形成有时相类似的矿床，而在地壳上部的不同层位中出现。在这种混杂不分的情况下，如何依靠岩石学、矿床学，特别是矿物中微迹伴生元素的研究去加以合理区分，将为今后进一步研究的主要课题。

（五）次生热液矿床和再生矿床

上面已经谈到在某些重要矿床的附近——尽管这些矿床具有指示热液沉淀的矿物组合——都找不到岩浆岩，或者有岩浆岩而不是在成矿时期中形成的。为了解说这种情况，德国的史奈德洪（Schneiderhöhn）在 1941—1952 年间提出了次生热液和再生矿床的学说。他认为在多旋回的地壳运动中，深构造层中已成的矿床可被与后期岩浆作用有关的不含矿的热液所溶解，而沿着在本区中早存在而又屡经复活的裂隙上升，在上覆盖层中重新沉淀而成。他用此说来解释德国中生代盆地中经过日尔曼式褶皱的盖层中的重晶石矿脉，北非的某些铅锌矿，刚果加丹加铀铜矿及某些钾钒铀矿的成因。他把完全刚化了的并含有原生深成岩浆矿床的地带，称为原始造山带（Urorogen）。他并认为产生原生热液矿床的最后一个时期，在欧洲为华力西，而在美洲则为中生代的尼华达（Nevada）与拉峦

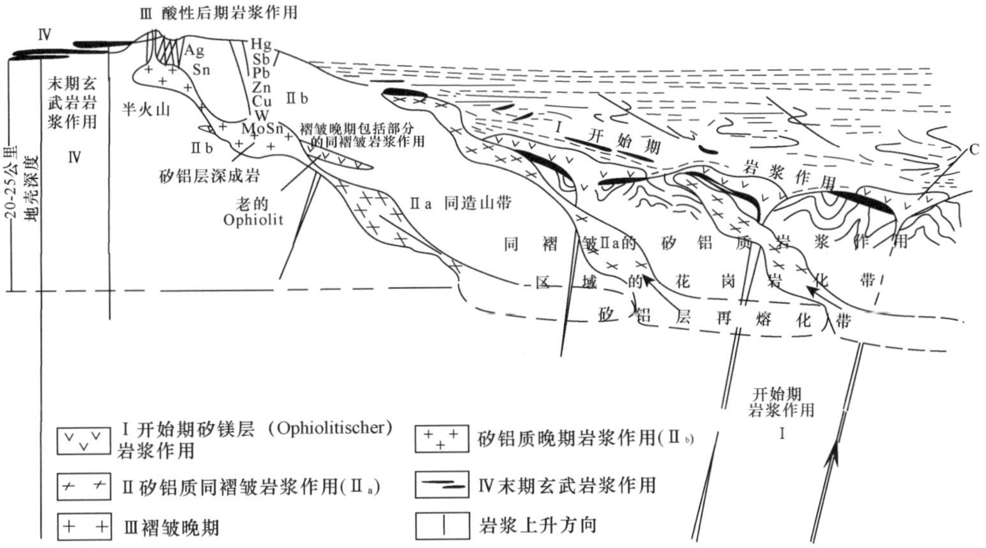

图 4　深成玄武岩浆及矽铝质再熔化岩浆作用在空间和时间方面的关系示意图
（根据 H. 博舍特，1955）

迈（Laramide）两个时期。在中欧阿尔卑斯运动中所成的矿床，俱似由已有的华力西矿床经过次生热液作用再生生成。由于次生热液的溶解作用及再沉淀作用，一方面，可使原有的许多矿质被剥失，因之所成的矿床一般都显示贫乏单调的色彩，如方铅矿中不含银，闪锌矿中不含铁等等；另方面，也可由于从深处不同矿床溶取的不同矿质混合沉淀，而使所成再生矿床的成分变化多端，非常特殊。根据勃朗德尔（Blondel）所作各成矿时期所产矿石（根据 1929 年的产量数字）的统计资料，史奈德洪进一步认为，前寒武纪地盾期的矿床，以缺失锡、钨，不发育银、铅、锌而大量生产金、砷、镍、铜的矿床为特征，他不相信华力西矿床也可由前寒武纪矿床经过再生作用所造成，如巴克隆德所设想的。因此，史奈德洪最后又提出了一个所谓根据大地构造的矿床新分类法，大致如次：

1. 在原始造山带中的正常系列的岩浆矿床。
2. 再生矿床。
   （1）在未经过褶皱但经过盖层破裂的造陆运动下的再生矿床或称次生热液矿床。
   （2）在新造山运动带阿尔卑斯式的再生矿床，系由原始造山带中的矿床经过改造再生生成。
      a）在新造山带中经过构造运动多少有变质，但没有明显的岩浆作用。
      b）在新造山带中经过似岩浆的或再熔化的广泛的岩浆作用。
3. 在老的前寒武纪地盾中的变质矿床。

史奈德洪的学说，最近曾引起苏联及德国矿床学家们的讨论。斯米尔诺夫（В. И. Смирнов）指出，元古界后只有二个主要原生成矿期即欧亚的海西或华力西期和太平洋沿岸的中生新生代期的说法，从苏联实例来看是不能成立的，因为如贝加尔—萨彦岭区的加里东成矿带显亦属原生成矿期。在多旋回成矿区中是否有再生矿床？斯米尔诺夫曾以高加索钼矿来作证，这里加里东、海西及阿尔卑斯三个成矿期中俱有钼矿的形成，但以阿尔卑斯期者既多且大，还有许多金属矿也是如此，因此，把阿尔卑斯矿床作为由海西或其他早期的成矿再生而来的看法是讲不通的。根据铅的同位素的研究确切证明了海西铅与阿尔卑斯铅的成分不同，显属于二个不同时期的产物。但在天山等地第三纪砾岩中的铅矿，据同位素的测定，其时代与本区中分布很广的海西铅矿床相当，因此可能为在第三纪时代再生矿床的一个实例。

奥埃斯纳（Oelsner）根据两个不同的成矿体系的论点认为，如果承认有再生矿床，则在矽铝层中经过再熔化混合作用所成的矿床俱应该是再生矿床。史奈德洪根据统计资料所得出的前寒武纪有独特矿化的论点是站不住的，因为首先产量不同于储量，不能作为比较的依据。其次最近在前寒武纪成矿区中不断发现有巨大的铅锌矿，而在较新时代中镍（主要为矽酸镍）的矿床亦日臻重要。至于假定欧洲的华力西与美洲的拉峦迈为最后的原生成矿期的说法，显与地球物理的论点不相符合。次生热液成矿的可能性是存在的，但热液的来源很多，不一定都导源于后期的岩浆作用。总之，在新的成矿理论的观点之下，次生热液成矿和再生矿床的发生是可能的，但是否有如此普遍的规模，并且依此划分为原始造山带中的原生矿床，盖层及新造山带中的再生矿床及古老地盾中的变质矿床的三大系统的史奈德洪的矿床新分类法，则在理论上及实践中都还没有获得确定的证明。

（六）溶解度或热力和熔点在成矿作用中的意义

成矿新理论的另一观点，是对热液说提出了疑问。热液说的主要弱点，是许多硫化物及石英俱不能在热液中溶解，究竟含矿溶液的化学性质如何，迄今尚无定论。围岩的孔隙度和渗透率对热液成矿的学说有基本意义，但近来有愈来愈多的资料证明，成矿的强弱和范围，往往与它们无关，如灰岩和页岩的渗透率都是很低的，但却往往成矿。由于这些理由，苏利万（C. B. Sullivan）曾设想，在周围岩石中所含的分散的成矿元素经过侵入体高温及热力的作用，可使之熔融或蒸馏，遇适当构造沉淀成矿，它不一定需要成为热液。因此成矿的关键问题，不在于各种矿质在溶液中的溶解度及围岩的孔隙度和渗透率，而在于其热力稳定性（即在此温度下能否活动），主要是金属的熔点以及围岩对热力的活化程度等问题。

苏利万曾把金属的熔点或金属氧化物的形成温度表列起来，可得出与矿床分类相近似的排列，如 Ni、Co、Fe、Pd、Cr、V、Pt、Rh、Ir、Os、Ru 等金属的熔点俱在 1,500℃以上，同属于由基性岩富集的岩浆分异矿床，Ag、Au、Cu 等熔点约 1,000℃左右，Sb、Ag 约 500℃以上，Pb、Zn、Te、Tl、Se、S 等则在 100～500℃之间，则俱可在花岗岩化的作用中形成，其中熔点在 500℃以下的各矿种，则还可在没有花岗岩化的作用下富集。金属氧化物的形成温度则从高到低反映了从基性火成岩，伟晶岩，氧化物及硫化物的各种不同产状。在成岩作用与成矿作用之间几乎没有间断，这也可证明在伟晶期后热水溶液的不存在（苏利万 1954，1957，1960）。

热液说是否完全被否定了呢？这也未必尽然。由于水的分布的普遍性及其对各种化学作用的促进性，水溶液的意义是不能完全被抹煞的。许多矿床的产状，如往往紧接在不透水页岩层之下，各种熔蚀的现象，围岩蚀变等等俱曾被作为上升热液成矿的证据（霍・麦克金斯特雷，1955）。在湿的花岗岩化的学说中，从矽铝层沉积岩中通过高温所取得的大量水分曾被认为是花岗岩化的重要前提。而相反地，所谓蒸馏在固体状态下的离子扩散等使矿质富集的作用，尽管有实验上的证明（吉尔（Gill），1960），但在时间和空间方面，是否能达到有效的程度，尚多矛盾的数据，以致使人怀疑。总之用热力和温度来代替溶解度的成矿理论，也可说花岗岩化对成矿理论的一种新看法，它是在研究变质作用的基础上发展起来的，尽管还未成熟，但值得我们深切注意。

（七）矿源层的概念

近年来在矿床学文献中又出现了另一个新的理论，这就是矿源层（Source beds）的概念（奈特［C. L. Knight］1957，格雷［A. Gray］1959）。这个概念认为，大多数的硫化物金属矿床是从在沉积岩中某些特殊层位中同生沉积的硫化物，经过周围环境温度的增高，重新活动迁移沉淀而成。至于为什么温度会增高，则地层被沉陷到深处，温度就会增高，以及花岗岩或其他侵入岩的影响当为主要原因。矿源层的概念，一方面解说了在许多矿区中矿床常产生在某一固定层位（就地层时代或岩石性质来讲）的现象，也就是地层控制的现象；另一方面也说明了由于矿质的迁移与再沉淀，它还可受到构造的控制。这是个容易了解的理论，而在找矿工作上却具有非常实际的意义。事实上，这个理论也不是完全新创的，它是脱胎于石油地质上的所谓生油层的理论。油气需要特殊合适的岩相环境以造成生油层，经过温度，压力或其他原因，油气向上迁移，浓集在结构合适的岩层中，成为储油层，再由于构造或其他的圈闭而聚积成为油气田。因为油气最容易流动，所以生油、储油的概念早就被提出，而在硫化物金属矿床中，则情况不同，所以就发展较迟了。但某些学者（塞尔斯［R. H. Sales］，1960）则对把矿源层概念作为指导找矿的意见，提出强烈的反对。

如果把矿源层的概念，与花岗岩化的学说连系起来，就可看出它们是密切相关的一个整体。在广大范围的矽铝层中如有对某些矿质初步富集的矿源层，经过花岗岩化的加工作用就很容易产生有经济价值的矿床了。从这个观点看来，则矿源层与再生矿床的概念，又有多少相关之处，不过照史奈德洪原来的定义，再生矿床是由在前一期造山运动的成矿作用中所已形成的矿床，再经过迁运沉积而成，这种已成矿床与矿源层的含义是有很大的不同的。

关于矿源层的性质、型相等等，原作者们没有提出进一步的研究。苏利万根据不同的沉积环境及岩相，分为灰岩相（以含铅锌矿为最多）、海相页岩及凝灰岩相、生物礁相、红层相及风成相等等。其中除风成相一般不会富集矿质外，其他俱有初步的富集而可能成为矿源层（苏利万，1960）。他还曾强调由火山喷出岩夹层所带来的某些矿质，如 Sn、W 等，对这种矿床的形成有重大意义（苏利万，1948）。作者认为这是另一种矿源层形成的方式。

作者在研究中国多金属矿床的沉积型相时，曾建议分为红层相（含铜）、灰层相（石灰岩，常含铅锌）及黑层相。后者指富于炭质或有机质的页岩而言，由于炭质的还原作用及页岩中有机胶状体对许多金属有特殊强烈的吸附力，因此对矿源层的形成，有最大的意义。最近文献中所讨论的富含金属的某些黑页岩或黑片岩（洛克［Locke］，1941，马尔莫 1960a，1960b）都属于这种型相。还有古风化壳的存在，也可富集某些矿质，而促进矿源层的形成。

（八）同生、后生、原地、异地等问题

正宗派岩浆论者与花岗岩化派学说主要分歧之点在于，前者假设花岗岩是由熔体的冷凝与分异而成，其中物质主要从岩浆上升而没有任何沉积岩中的扩散物质参加，因此可称为是同生成因的（Syngenetics）；花岗岩化派则认为沉积物质经过变质和扩散，并有上升

起来的溶液和气体的参加，使其中某些物质增加了或减失了，其结果成为花岗岩。这是从沉积岩经过改造作用所生成的，因此，这个理论可称为是后生成因的（Epigenetics）。从花岗岩化学说所发展起来的成矿新理论，就沉积物堆积的大范围来讲，特别是从矽铝层的整体来讲，从此所形成的矿床，也可以说是具有同生成因的性质，因为它几乎没有从外面带进来的岩浆源物质的参加。但如果从个别层位或层系来讲，以及岩浆成因的火山岩夹层能带入成矿新物质和从岩浆源上升的溶液及气体也可挟带成矿物质的情况，并考虑到矿床所成的各种穿插形式，那末，这些矿床还是属于后生成因的。在最近一篇关于研究“岩石及矿床的同生和后生作用”（阿姆斯特兹［G. C. Amsturz］，1961）上曾谈到这一点，并且指出花岗岩化的后生成因，却与岩浆矿床成因论的某些过程相吻合。但事实上岩浆矿床的学说中既有同生矿床（如岩浆分异矿床），也有后生矿床（如伟晶岩，接触变质及热液矿床等等）。根据花岗岩化的成矿新说，同生后生的复杂情况，也同样存在。

G. C. 阿姆斯特兹在讨论同生后生的问题时（阿姆斯特兹 1960，1961）曾强调时间，位置和物质成分三种因素的重要性。同生后生的问题，在脉状矿床或其他穿插地层层次的矿床中，好像很简单，但在层状或似层状矿床中，就显得非常复杂了，因为它牵涉到矿床是否为沉积成因或为热液成因，而在变质区域中还有属岩浆分异的可能。在某些矿床如密西西比流域铅锌矿，罗得西亚铜矿，澳大利亚 Mt. Isa 矿体（菲舍尔［Fischer］，1960）等都是久经争持而未得解决的问题。在铅锌矿床中进行铅的同位素的测定，可对同生后生问题给予指示，因为在后生矿床中，铅同位素所指出的时代应与围岩的时代不同，而各种铅同位素的比例亦不一致，因为它受着围岩中从放射作用所产生的铅的沾污所致，而在同生矿床中则有比较一定的比例（斯坦顿和鲁塞尔［Stanton and Russel］，1959）。但是铅的同位素的变化，更有它复杂的历史，最近研究（凯嫩［Cannon］等，1961）指出它有很大发展的前途。

根据时间、位置的关系，研究矿床时还要注意原地生因与异地生因（authocthonus and allochthonous）、自生与外生（authigenous and allothigenous）、一次过程与多次过程等问题。在煤田地质上早经提出的原地生因与异地生因的说法是为大家所熟知的。最近对加拿大阿撒巴斯卡（Athabasca）沥青砂岩的成因问题，在原地说派与迁流说派（insituists and migrationists）之间曾引起了异常剧烈的争论（考贝特［Corbett］、格骚［Gussow］、汉弥尔顿［Hamilton］，1961）。这个问题，一方面牵涉到石油是否可从陆生植物的腐殖质所形成以及地沥青石油是石油的风化产物还是代表尚未成熟的石油的初期产物；而另方面则关系到油气迁流究竟能到多大范围与距离的问题。提出油气能从生油层迁流到储油层，是石油地质上的一大进步，但是无限度的迁流，平面的或垂直的，却将混淆我们的观点，阻碍我们的前进，正象岩浆万能说之将阻碍我们对矿床学研究的前进一样。因此，石油地质学者最近认为，如能在储油层中发现有可能生油的层位时，则对迁流的范围，时间及其与地质构造相对关系等方面的困难问题，俱可迎刃而解。我作此说，并不等于承认阿撒巴斯卡油砂岩的原地成因，对此问题还须做更多的研究工作。

（九）地质测温计的进一步发展

成矿时期的温度与压力，后者主要反映在成矿的深度方面，是现代矿床成因分类的主要根据，也是在找矿勘探中一个有力的理论指导。以往对成矿温度与压力的研究大都根据地质的间接推断，如共生矿物的种类，矿床的结构，围岩蚀变的性质，及从地文演化的研究来推断当时盖层的厚度，从而推测成矿时的深度等等，而缺少精密可靠的数据。自从发明了地质测温计的方法（因迭尔逊［Ingerson］，1955），运用高温高压研究人造矿物，确定相变的规律以及氧的同位素的研究后，我们现在已有可能对成矿温度取得比较精密的数据。目前在矿床研究中常用的地质测温计为闪锌矿、石英、方解石、萤石等矿物中的气液包裹体法，测定闪锌矿中的含铁量法，矿物的转变点法，加热发光法，黄铁矿测定仪法及氧的同位素等，最后一法一般用于中低温方面，对测定古海水的温度最为有效。在矿床不同深度及地位所测得的成矿温度，可以有显著的变化，因此可以作出成矿温度的梯度变化并指示矿剂来源的方向。进一步对地质测温计的研究与运用，相信在成矿理论及矿床分类上俱有重要的意义。

（十）矿床的分布规律

对于找矿勘探更具直接意义的研究要算矿床在时间和空间方面的分布规律的问题了。在时间方面的分布，包括成矿时代及在地槽或地台发展阶段中各个成矿期的划分。成矿时代的测定，对外生矿床来说是比较容易的，对内生矿床则往往只能用间接的地质推断方法，因此，颇难得到准确的结论。自从发明了测定地质的绝对年龄的方法后，我们不但可测定与矿床有成因关系的某些火成岩侵入体，或变质极深的围岩的绝对年龄，还可根据对绢云母等矿物的研究，来测定围岩蚀变的年龄，这样，对成矿时代，可以得到更为准确的数据。从成矿时代的资料，我们可以划分出在地质历史中，或某一国家或某一大区域内的若干重要成矿时代，并对每个成矿时代在地球化学上的、矿床类型上的特征及其与构造发展的关系，作出结论。结合大地构造的发展来研究矿床演化的历史，是苏联首创的一个新的研究方向。在苏联已经确定了在地槽发展过程中早期，中期和晚期的三个大的矿床演化阶段，而在每一个阶段中都有它特有的矿质组合和矿床类型。（毕利宾［Ю. А. Билибин］1955，塔塔林诺夫［П. М. Татаринов］1957）。

在空间方面的分布，包括成矿区及构造成矿带的研究，而这些研究都要在密切结合大地构造、岩浆活动、成矿时代、矿床类型及在发展过程中演化特征的基础上进行。我们可就大的构造单元对某一个国家或某一大矿区进行成矿区域的划分，而在每一个成矿区域中，再根据次一级的构造特征及矿床类型与矿质组分，进行构造成矿带的划分。也可对某些矿种或某些矿种的组合编制一个国家或一个大区域的成矿区域图或构造成矿带图，如铁的成矿区域图，多金属、稀有金属或沉积矿床的成矿区域图等等。在成矿区和成矿带的基础上，我们就可编制各种比例尺的成矿预测图，为普查找矿提供最有力、最可靠的根据。

随着工业的大规模发展，有地表露头的矿体几乎已大部分被发现并加以勘探。今后必须注意研究与寻找那些没有露头的盲矿体，而矿床分布规律的研究，对寻找盲矿体将是一个有效的指针。此外，研究矿床的围岩蚀变及矿床的带状分布规律，及综合运用几种特效的物探（如阴影法、激发电位法等）、化探（如原生晕法）方法，将是今后在这方面应该努力的方向。考虑到矿床往往有成群出现的规律，因此，在已知重大矿体的前后左右及深处，就有利的构造与岩性控制条件寻找盲矿体，是最能符合现实需要的一种有效措施。

研究矿床分布规律是一个高度理论的问题，它必须在理论与实践结合的基础上进行，而理论的根据又必须是多方面的。苏联的地质工作者对全国或某一个大区域的综合成矿或个别矿种的分布规律的研究已获得了重要的结果。目前的趋势，除注意矿床在大地构造各级单元中的分布外，特别着重在岩相建造方面的研究，其中也包括了岩浆岩的建造特性问题，而古地理，古气候及沉积环境的研究是寻找外生矿床最有效的理论根据，也是控制矿质来源和富集的一个决定性的因素。

二、对中国成矿问题的若干看法

（一）根据大地构造及成矿时代划分成矿区

划分成矿区是编制成矿预测图的第一步。成矿区的划分必须在大地构造分区的基础上进行，同时还必须结合成矿时代及矿床的类型。B. И. 斯米尔诺夫于1959年试作了苏联成矿区域划分的研究，认为苏联的成矿区，除乌拉尔海西成矿区为单旋回型外，其余都属多旋回型，并且矿化作用常有上下继承的关系。

关于中国大地构造的分区，各家意见，还不一致，成矿时代更多未经确定，目前编制成矿图尚多困难。就作者粗浅的看法（中国成矿区示意图，谢家荣1961.11. 略），中国地台位于中部，由于祁连秦岭地槽的横贯东西，就把中国地台划分为南北两大部分即华北地台与华南地台。在地台上还可分出地盾、地坪和准地槽。内蒙、燕辽地轴，五台山等隆起，山东地垒，秦岭淮阳地轴，江南古陆，康滇古陆等都是地盾区。北京西山-太子河流域，太行山东坡，下扬子凹陷，浙赣凹陷及鄂湘川黔区，活动性较大，有属过渡型或准地槽的可能。此外俱属多旋回型的地槽成矿区，如阿尔泰加里东-海西成矿区，内蒙-大兴安岭海西-燕山成矿区，天山-祁连-秦岭加里东-海西成矿区，昆仑海西-加里东成矿区，赣湘粤加里东-燕山成矿区，浙闽粤沿海及桂西滇中滇西燕山成矿区等等。

在地盾上一般有伟晶岩及其有关矿床，沉积变质铁矿、锰矿，少数地区还有钨钼矿及铜铅锌矿床，在华南地盾上还有锡钨矿，锑金及汞矿床。在地坪上以外生矿床为主，如油气、煤、沉积铁矿、铝土矿、磷矿等等。而华北地台与华南地台的成矿情况显有不同。华北地台含煤较为丰富，上古生代成煤时期较短，从中-上石炭纪到下二叠纪，有震旦纪铁矿及中-上震旦纪锰矿，铝土矿俱属中上石炭纪及二叠纪，没有泥盆纪铁矿及震旦寒武纪的磷矿。华南地台含煤较贫，上古生代的成煤时期较长，从下石炭纪到上二叠纪，没有震旦纪铁矿，却有下震旦纪的锰矿；铝土矿俱属中石炭纪及上-下二叠纪；有丰富的震旦纪寒武纪磷矿及泥盆纪铁矿。造成这种不同情况的原因尚多未明，古地理及古气候的不同应是最重要的因素。在过渡型或准地槽中则多矽卡型铁矿，铜矿及多金属矿床，少数地区还有钨钼矿及铬矿、含钛磁铁矿、镍铜矿等。在鄂湘川黔区中则发育着丰富的汞矿及某些铜铅锌矿床，而在康滇地轴带则东川式铜矿，玄武岩铜矿及马豆子式铜矿最为发育。

在地槽区中，煤及油气矿床俱发育在山间盆地或山前凹陷中；内生矿床较为重要，如天山祁连及秦岭俱有为地槽发展初期特征的铬铁矿、黄铁矿型铜矿，可能还有铂矿。在东南沿海的加里东-燕山成矿带及其山间盆地中则发育了为地槽中期和晚期特征的锡钨钼铋及铜铅锌矿床，晚期的锑汞砷及多金属矿床，局部地区还有红层铜矿，为地槽初期特征的超基性、基性岩及其有关的矿床则一般不发育。在桂西、滇中、滇西的燕山期成矿区中则有与基性与超基性岩有关的硅酸镍矿床，某些铅锌矿及分布广泛的红层铜矿。在西藏的燕山成矿区中已肯定有超基性岩及与之有关的铬矿床。矽卡型铁矿及铜矿在地槽区中似乎较少，远不如在地台区中的发育。

也可编制单矿种的成矿区图，如煤矿、铁矿或钨矿的成矿区图，或者编制某种组合如沉积矿床或多金属矿床的成矿图等，因限于篇幅，不拟详述。

（二）深大断裂

近来有更多的资料证明深大断裂对大地构造及成矿作用具有重大的意义。在我国，深大断裂的发育更为突出而标准（张文佑，1961），其中有许多在前寒武纪即已开始，而在以后的各个地壳运动中继续复活，它控制了各个时期地槽发展的位置与方向，也控制了大平原、大盆地甚至海盆地的发展方向。目前我国已知的许多深大断裂，大多由航空磁测发现，因此，尚须进一步从地质上加以证明，并须确定这些断裂在地面上的位置，发生及复活的时期，地质及地形上的标志，而更为重要的是要研究它们与岩浆活动及成矿作用的关系。

在黑龙江省额尔古纳隆起之南及松辽平原两侧俱有深大断裂，它对小型燕山花岗岩体的侵入，及可能与之有关连的许多金属矿床有密切的关系。太行东麓及汾河盆地的断裂带密切控制了许多闪长岩体的侵入，从而产生了有规律分布的矽卡型铁矿带。山西的碱性岩侵入体显然也与深大断裂带有关。山东潍坊-安徽合肥庐州的深大断裂带长达千公里，宽数十公里，从两旁地质发育不同的情况来判断，它在前寒武纪时即已开始，而在以后各时代又继续活动，因此，在断裂带范围内，侵入了一系列从超基性-基性以至碱性的火成岩体，还有第四纪的玄武岩。与之有联系的则有各种金属矿床。江南古陆东南侧上饶区的超基性岩及花岗岩侵入体，也显然与该处发育的深大断裂带有关。广西北部即江南古陆东南侧的与半火山式酸性侵入体有关的玻利维亚式锡矿及复杂矿化带，也受着深大断裂的控制。滇西的两条花岗岩带同样也与深大断裂有关。其他例子还多，不及细述。从此可知深大断裂与成矿作用有如何重大的意义，我们必须密切予以注意研究。

（三）花岗岩化及成矿岩浆体系问题

中国前寒武纪地层中的花岗岩化现象业经多次观察到，但在以后时代的花岗岩化现象却还没有确切证明。有人认为在大兴安岭的海西花岗岩两侧有明显的混合岩及变质岩，足为花岗岩化存在的证据。米奇（P. Mitsch ，1949）在云南西北部石鼓所观察到的在三叠纪地层中的花岗岩化现象，是从野外资料，红层未受花岗岩侵入的干扰，在花岗岩中有变质红层的包体，并有指示与红层走向、倾斜相一致的结构以及显微镜下从变斑晶结构及筛状结构等来予以确定的，并称这是在造山运动以后所发生的静花岗岩化作用（Static granitization)，在同一文中米奇所描写的喜马拉雅山西北隅一高峰的花岗岩化现象，则是在第三纪地层中产生的同构造运动的花岗岩化作用。此外作者推测在南岭优地槽深变质带中的片麻岩、花岗岩以及海南岛的大块花岗岩俱可能是花岗岩化作用的结果，其时代俱可能属中生代，必须进一步予以证实。至于山西某地的所谓花岗闪长斑岩侵入体，从产状及显微镜研究，俱有属花岗岩化的迹象，不过这是属前寒武纪地层中的产物。从此可知花岗岩化现象在我国有广泛的分布，但如何认识与推断，尚须认真深入研究。同时也必须承认，在燕山地槽轴心花岗岩化的两侧，还有分布广泛的准原地花岗岩和侵入花岗岩，它们必须与未经移动的原地花岗岩相区分，并分别研究其在构造上，岩石上及成矿关系上的许多特征和问题。

上面已经谈到成矿岩浆的体系问题，现在应该看一下这种体系在中国是否存在？如果存在，如何把各个具体矿床分别隶属？作者首先承认这两种体系的划分是合理的，有科学根据的，因此，它也可引用到我国的矿床中去。其次谈一下各个具体矿床的分别隶属问题。

作者认为，祁连山加里东地槽带的 Cr、Pt 矿床，含铜黄铁矿矿床及硅石—锰矿床，内蒙及吉林海西地槽带的 Cr、Ni 矿床，云南燕山地槽带的 Cr、Ni 矿床，都是标准的玄武岩岩浆体系，并为地槽发展初期的产物。康滇地轴一带的玄武岩铜矿，及由此所成一系列的火山沉积矿床如马豆子矿床等，以及某些地台上的与超基性岩有关的 Ni、Cr 矿床肯定也属于玄武岩的岩浆体系，但它们不是地槽初期式的，而是属于终了期或地台上的高原式玄武岩的类型。云南东川铜矿的隶属问题很难解决，如果认为它与辉长岩有关，则可能属玄武岩体系，但由于它含有电气石，常成似层状构造，以及其他原因，也可能属再熔化矽铝层的混合岩浆体系。河北的超基性岩及之有关的 Cr、Ni 及含钛磁铁矿、铜镍矿床以及与辉绿岩有关的铜矿床等，是否属本体系还须研究，并且属地槽抑属准地槽亦尚未能决定。

在华南及西南分布广泛的、主要产在地槽本身也发育于地槽带的山间盆地或地台和地盾边缘部分的钨锡铋钼矿床及铜铅锌矿床，都应该是标准的再熔化矽铝层混合岩浆成矿体系的产物。在华北地台上的某些浸染型钼矿床，也可能属于本体系。

在华北、华中，主要分布在地台上的产在火成岩与石灰岩接触带的矽卡型铁矿及铜矿的岩浆体系问题，亦尚未能解决。这是属于上文所说的 Rodhammer 式的矿床。一般与矿床接触的火成岩俱为闪长岩或花岗闪长岩。但在山东某地附近与辉长岩接触的地方也发育了同样的矽卡型铁矿。如果把辉长岩作为玄武岩的分异产物，它应属玄武岩的体系，但也可从再熔化矽铝质混合岩侵入上覆岩层，与围岩发生同化作用而成。应该研究矿床中 V、Mo、Co、Ni 等伴生元素，因为 V、Mo 在沉积岩中较多，可为再熔化混合岩浆的证据。同样的问题也存在于斑岩铜矿中。我国这类矿床迄今发现还不多，从其中往往含钼的事实，可暂定其属于再熔化矽铝质混合体系。

最值得研究的是位于四川盆地与江南古陆间的鄂湘川黔成矿区。这里出露了从震旦纪到三叠纪相当完整而巨厚的沉积岩，明显的线状褶皱，但没有任何火成岩的侵入或喷出；矿床相当丰富，除少量煤、铁及磷的外生矿床外，金属矿床如铜、铅、锌、锑、汞、砷等分布广泛，尤以汞矿的出产最为丰富。这些矿床似乎都有一定的层位，但因研究不足，还看不出任何有初步富集的矿源层或在前期成矿中所成的老矿床。用深埋地下的岩浆源的老说法来解说矿床的成因，在这里颇难适用。因此我们不能不设想它们是由广义的次生热液（就是说没有新岩浆源的热液）或地下冷水经过自然周流，从老地层中溶取有用矿质，陆续富集，再在适当的构造与岩性控制之下重新沉淀而成。这是一种侧分泌矿床，是一种在矽铝层中远距离迁运的矿床，它们还是属于第二种成矿体系的。至于象河北，南岭，广西及滇西的某些汞矿床，则与花岗岩类岩石的关系较为密切，是近距离迁运的混合岩岩浆矿床。

（四）某些矿床的理论问题

关于中国矿床上的具体理论问题很多，由于篇幅所限不能详为讨论，兹略述一二如下，作为例子。

1. 煤变质问题

关于中国含煤区域的划分及煤田的大地构造类型等问题，尚须进一步深入研究，而尤为突出的则是煤变质带分布的解说问题。含煤地层的时代愈老则煤变质的程度也愈高的一般规律，在中国是存在的，但特殊例外也很多。《中国煤田地质学》* 曾讨论了中国煤的

* 韩德馨，杨起，任绩等合编，1961。

变质特点，并划出了几个高变质煤带。就作者的看法，如祁连山高变质带可以位于地槽轴部来解说；东南沿海及黔中桂西高变质带则以俱属地槽来解说；长江中下游、浙赣凹陷带及北京西山等高变质带则俱可以属于地台的活动带或准地槽来解说。惟晋南、豫中、渭北的高变质带则迄今尚无合理的解说，需要进一步研究。

2. 铁矿的来源及沉积型相与沉积环境问题

铁在矿物岩石中的分布较广，有比较高的化学活动性，所以无论在外生矿床或内生矿床中，铁的供应来源一般是不成为问题的。但在前寒武纪（或前泥盆纪）大陆上没有植被，缺少腐殖酸，铁质是否可被溶解而带至海水中重新沉积；或者由于特殊的湿热气候而促进铁质的风化，或者铁质成胶状体甚至是机械的分散物被带至海水中，或者铁被潜水溶带，或者在海盆地的“碳酸带”中被溶解等等，这些问题都还没有解决，因此还有人认为海底喷发岩的热液及余气是形成前寒武纪铁矿铁质的主要供给来源（古德文［Goodwin］，1956）。但某些野外资料可证明，这种深成的岩浆作用是在铁矿沉积之后才发生的，它对铁的供应没有关系（哲姆斯［James］，1954，亚历山大罗夫［Alexandrow］1955，1957，休勃尔［Huber］，1959）。还有，由于在铁矿层及其上下层位中发现了石墨质页岩，因此推想有机化学作用对铁矿的沉积有重大意义（怀特［White］，1954，海斯［Hase］，1957）。此外，根据实验室氧化铁相平衡的研究结果，从铁矿物的种类及物质组成可以推断当时的氧化还原环境及酸度的高低，从而阐明沉积时与海水深浅等有关的沉积型相及沉积环境的问题（克鲁姆班［Krumbein］，盖瑞尔［Garrel］，哲姆斯 1954，弗莱舍尔［Flascher］，1957）。还有，在形成富矿的过程中，地表风化及热液蚀变究竟以何者为主导的问题，在各家意见中也还多争论不决。这些问题，在我国的鞍山式铁矿中也都存在，必须进一步研究解决。

苏联佛尔莫佐娃（Я. Н. Формозова）从沉积建造的观点，把鲕状铁矿分为八个类型，并谓下古生代包括里非系（即震旦系）的铁矿俱属优地槽型，铁质来源可能由海底喷发的火山岩供给。我国的宣龙式铁矿，大家都认为属地台沉积，其底部确有一安山岩流，但为不整合面所分隔，它可以以风化剥蚀的方式供给铁质，不可能以岩浆的方式来供应。这些问题都需要进一步加以澄清。

3. 山西某地铜矿的成因问题

上面已经谈到山西某地的花岗闪长斑岩是花岗岩化的结果。因此它不是火成岩，而可能是由砾质砂岩或砂页岩所变成，一切所谓斑岩铜矿等等的说法都将不攻自破，而应是与花岗岩化有密切关系的、在矽铝层中经过活动所形成的似层状变质铜矿床。在这方面它与东川铜矿可能有一定程度的连系性。

4. 对南岭某些多金属矿区的看法

在南岭的许多矿区中常可看到为龙山系所成的地槽带中，分布着东西或稍偏北方向的巨大的花岗岩岩基，在花岗岩及龙山系的千枚岩、石英岩中常有多量的锡、钨、钼、铋矿脉，偶有伟晶岩脉，其方向也以东西为主，其他方向为副。在岩基的周围常有变质岩带，是否有混合现象有待研究。离地槽轴心带稍远，一般都在其山间盆地的上覆岩层（以泥盆石炭纪的石灰岩为最多）中有花岗岩或花岗闪长岩的岩枝，有时也成东西方向，但常因面积小看不出方向。在此中也有锡、钨矿脉，但较重要的矿床则为产在石灰岩中的高温矽卡型白钨矿、钼矿、锡矿及多金属矿床。在盆地的某些凹陷部分则有南北方向的石英斑岩岩脉，与此相接触的泥盆纪和石炭纪石灰岩中则常有大型的中温铜、铅、锌热液交代矿床。在某些凹陷更深的盆地中则看不到石英斑岩，而只有若干辉绿岩、玄武岩及煌斑岩的岩脉，而在断裂交错、构造合适的灰岩（以下石炭纪为主）中则发育着以铅锌为主的大型中低温热液交代矿床。在许多凹陷盆地，特别有三叠纪灰岩的地方，重砂中普遍发现辰砂，并且也已发现了一些生根的汞矿脉。在附近的红盆地中则局部有红层铜矿产白垩纪、第三纪红层中，矿物为自然铜、辉铜矿、黄铜矿、黄铁矿，还有许多氧化矿物（参阅图 5）。根据花岗岩化的学说，作者认为上述的东西向花岗岩大岩基可以代表未移动的或移动较少的原地花岗岩体，其中富集并形成了主要从下构造层龙山系中扩散活动得来的钨、锡、铋、钼矿床。花岗岩或花岗闪长岩的岩株，则系再熔化矽铝层岩浆向上侵入的部分，它除原来所含的锡、钨等外，还加入了主要从上构造层中活动得来的矿质，以铜铅锌为主，形成了高温的矽卡型矿床。再熔化岩浆在深处因压力减低，挥发分增高而发生分异，首先产生了强酸性的石英斑岩沿南北方向断裂带侵入，成为中型岩脉，其中富集了多金属矿质，与围岩（泥盆纪石灰岩为主）接触就产生了以铜为主的中温热液交代矿床。这些含矿剂更往上升，铅、锌更为富集，同时还含有汞，就在更高层位的石炭纪地层中造成了以铅、锌为主的中低温热液交代矿床，而在更高的三叠纪灰岩中则有辰砂矿床。此时再熔化岩浆渐趋基性，矿质亦渐趋贫乏，从此产生了辉绿岩、玄武岩或煌斑岩的小型岩脉，其中除黄铁矿星点外几乎不含矿。红层铜矿的成因各人意见不一，在这里可以肯定是矿化的最后阶段，是否与基性岩脉有关，尚不能定，更可能是由于地下冷水侧分泌作用所造成。

以上是作者对南岭某些矿区的初步看法。究竟钨、锡、铋、钼是否主要从下构造层中得来，而铜、铅、锌、汞则主要出自上构造层（包括下泥盆纪至二叠纪），以及矿质是否由于热液的周流溶取，遇到空隙再行沉淀而成矿床，抑是由于侵入岩体的热力把围岩中所含的矿质蒸熔挥发聚积而成，都需要进一步研究决定。特别需要研究的是，下、上构造层中是否有富含重金属的黑页岩或其他类型的矿源层，以及各种侵入岩及各沉积岩层位所含各种微量重金属的精密数据，以便阐明现在的含矿层与原来的高含量背景值之间的关系，从而得出关于矿质来源及迁运富集与再沉淀的各种规律。此外，对于各种类型矿床的成矿温度，应当用地质测温计的方法分别予以测定，各矿区的详细构造模式及各种断裂发生的先后次序，亦应进一步研究，这样才能对南岭区矿床的成矿理论获得深入的了解。

（五）关于矿床分类的一些意见

由林格仑（Lindgren）、尼格里（Niggli）、史奈德洪等根据岩浆成矿论的观点所提出来的各种成因分类，在新理论及新事实的面前，已有渐感动摇而不能维持之势。因此，史奈德洪曾提出了以次生热液及再生（史奈德洪 1952，1953）矿床为基础的、从大地构造观点出发的新分类法。在美国则除一部分又恢复到以形态为主的分类外，苏利万曾结合花岗岩化学说而提出了以含矿母岩为主的分类（苏利万，1958）。德国的博舍特、特吕格尔、奥埃斯纳等则提出了成矿岩浆体系的问题，而奥埃斯纳又根据这个观点提出了一个简单的初步的分类（奥埃斯纳，1957）。

作者认为新的矿床的成因分类应当考虑到两个基本因素，就是矿质的来源及矿床形成的处所，而这两个因素又可结合地球物理的新资料即各种不连续面来予以划分。上面已经介绍了博舍特-特吕格尔的观点，即孔拉特不连续面为矽铝层花岗岩化与矽铝矽镁层的分界，而莫霍洛维奇不连续面则是矽铝矽镁层与矽镁层的分界，亦即玄武岩类岩浆进行分异的地方。

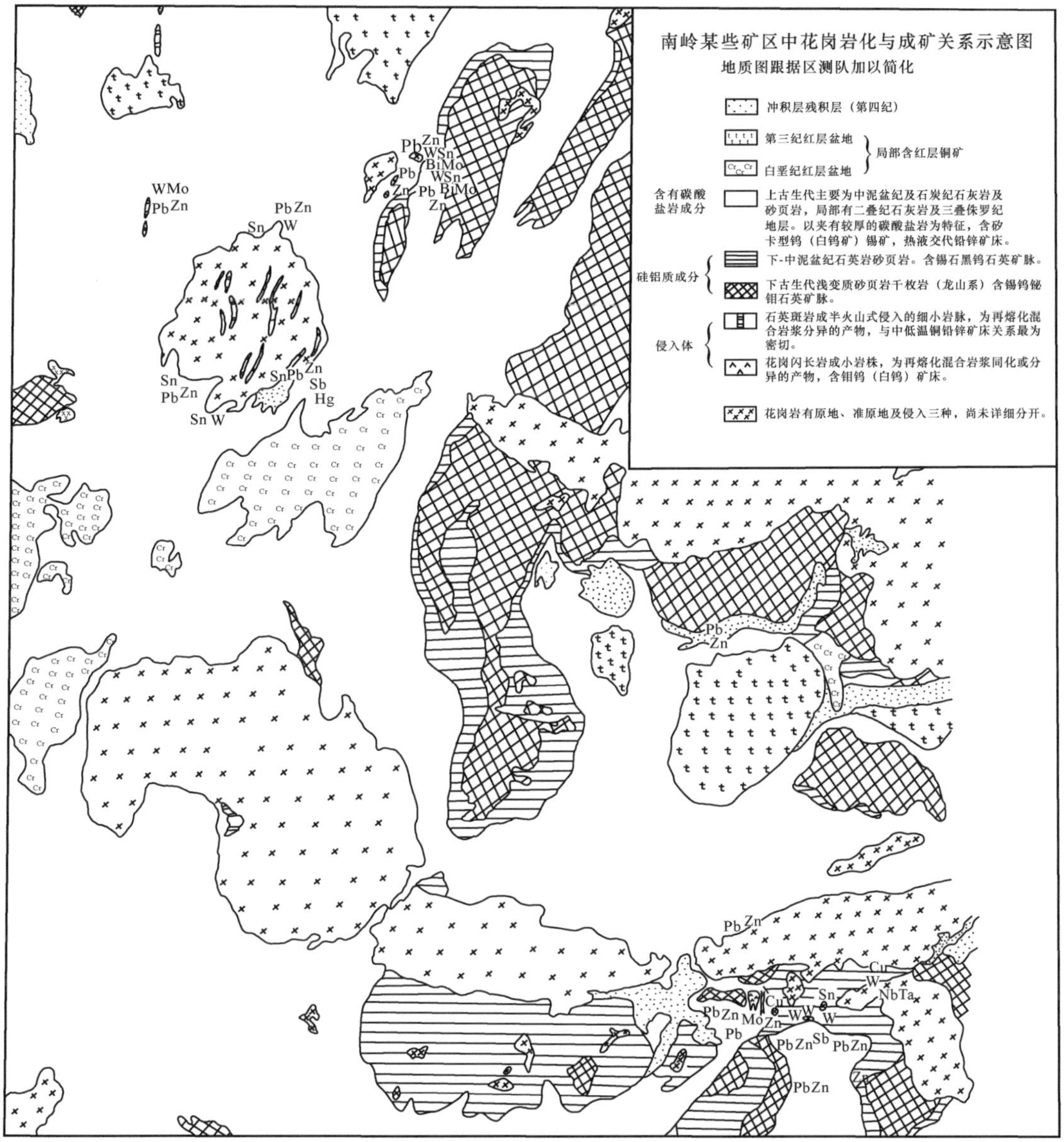

图 5　南岭某些矿区中花岗岩化与成矿关系示意图

（地质图根据区调队加以简化）

作者认为另一重要的不连续面就是地面，这是陆圈与水气圈的分界，为一切风化、剥蚀及沉积作用进行的地方。另外几个较浮浅较不明显并在地史演变过程中屡有变化的不连续面则是地下水不连续面及下降冷水与上升热液（岩浆热液或地下水下降后受到地热变为热液又上升）分界的不连续面，这些变化过多，并且有时很难测定（如下降冷水与上升热液的分界）的面是否可叫做不连续面当然可以考虑，但它们对矿床的形成都有重大意义，这是毋庸或疑的。

根据上述观点，矿质的来源就可分为矽铝层来源、矽镁层来源、地下水渗滤与侧分泌来源及地面来源的四大系统，而每一系统，又可分为地槽与地台两个类型。矿床形成的处所，当然主要都在矽铝层地壳之间，而部分则在地面上及地面水之中。在矽铝层地壳之间，又可就深浅的不同（大致依据博舍特，1951），分为深成的（15 公里以下）、侵入的（5～15 公里间）、半火山式的（0～5 公里间）、地面喷发及海底喷发等数种。兹将上述的分类原则连同若干实例列为简表如下（地槽地台暂不划分）：

表 1　矿床的成因分类

矿产来源（主要根据不连续面）	矿床形成处所						
	深成的（15 公里以下）	侵入的（5～15 公里间）	半火山式的（0～15 公里间）	地面或海底喷发	地下水面以下	地面水中	地面
地面来源（石圈与水气圈的不连续面）						陆相沉积矿床，海相沉积矿床	风化剥蚀矿床
地下水渗滤侧分泌来源（地下水面的不连续面）					次生富集矿床 Cu，Pb，Zn，Sb，Hg，U，$BaSO_4$，CaF_2，Fe_2O_3 的各种脉矿及交代矿床		
矽铝层再熔化混合岩浆来源（孔拉特不连续面）	W，Sn，Bi，Mo 石英脉，含 Sn 云英岩，各种伟晶岩稀有元素，浸染状钼矿等	斑岩铜矿，电气石含铜页岩，矽卡型白钨矿及多金属矿床	Bolivia 式锡矿，中低温多金属矿床（Cu，Pb，Zn，Sb，Hg，As）				
矽镁层岩浆来源（莫霍洛维奇不连续面）	Cr，Pt，Ni，Ti，Fe 等岩浆分异及岩浆后期矿床，金刚石矿床	矽卡型铁矿、铜矿，部分的斑岩铜矿，绿泥石含铜建造		Lahn Dill 式钨矿，上湖式铜矿，似层状含铜黄铁矿，矽石锰矿，Bor Musgul 式斑岩铜矿			

三、找矿方向

成矿理论的观点既有所改变，找矿方向也不得不随之变更。以前在万能岩浆论主宰下的、专门注意火成岩及接触带的找矿方向似乎需要修改了。我们将不得不更多地注意围岩的成分以推断矿源层的存在，详细研究各种构造模式及可能形成的对矿质的圈闭，以发现矿床。在这方面可以看出，我们的找矿方向似乎已逐渐接近于石油地质上的找矿方向了。此外深大断裂，结合大地构造及成矿岩浆体系的成矿预测，前寒武纪地质发展史，潜伏构造及围岩蚀变与矿床带状分布等问题俱对找矿有重大意义，现略论如次：

（一）岩性控制及围岩的含矿性

以前所谓岩性控制只指围岩对于含矿剂的渗透性，交代性及空间的充填性等而言。根据新观点，在大范围内的矽铝层既能同时也供给矿质，因此，它的含矿性，特别是有何初步富集的矿源层和有无先期造成的矿床，都需要精密研究，加以解决。我国震旦纪及寒武纪底部都有一层黑页岩，其中富含许多重金属，它对附近矿区的成矿作用有何意义？又如在南岭区的中泥盆纪灰岩及下石炭纪、中石炭纪的砂页岩及石灰岩往往含矿，而上石炭纪石灰岩则一般不含矿；二叠纪石灰岩也往往是一个重要的含矿层。这些问题都须分析围岩的微量元素来比较他们的含矿性，并进行深入的岩相分析，来推断形成初步富集的沉积环境，这样才能划出有利的矿源层，再结合岩性结构、构造模式及圈闭来指导找矿。

（二）构造模式及圈闭

从详细的构造地质研究，结合地质力学的分析，区别各种构造模式，从而推断那些可能为圈团矿液流通和促进矿床沉淀的地点，来作为我们进一步找矿的方向。在内生矿床中的圈闭，可能比石油地质上所已阐明者更为繁杂，必须就已知矿体进行深入研究，确定它们的构造模式及圈闭的可能性，然后就已知推未知，逐渐推广施用。

（三）深大断裂

上面已经提出了一些中国的深大断裂对控制成矿的实例，今后应该在沿着深大断裂带的延长方向，在其周围区域内布置找矿工作，必须首先把许多已知矿点及岩浆活动，围岩性质等联系起来，以便初步看出这个带已经发现了或可能发现的是哪些矿种和哪些类型的矿床，然后再布置系统的综合研究（包括地质，物探及化探）工作。这是一个非常有效而具体的找矿方向，应该深入研究，认真工作。

（四）结合大地构造及成矿岩浆体系的找矿预测

我国已经作了一些结合大地构造的成矿预测，但都还没有考虑到成矿岩浆体系的问题。如前述关于南岭某些矿区的看法，及如何进一步工作的意见，值得考虑采用，相信对于指出具体找矿方向有所帮助。

（五）前寒武纪地质发展史

矿床的统计资料证明，前寒武纪地层中产生的矿床占有相当大的比例，而据最近文献（戴里［D. R. Derry］，1961a，1961b），围绕着加拿大地盾的几个最老的太古界核心区产生了新的元古界的沉积褶皱及岩浆活动区，而正是在这新老交界的地区，特别在元古界的底部，则已经发现了世界上最重要的金铀砾岩矿床，条带状沉积变质铁矿床及某些硫化物多金属矿床。因此，太古界元古界的接触交界面或其附近，应是一个重要的找矿方向。原作者没有说明矿床所以富集的理由。作者根据斯提尔（Stille，1955）所定前寒武纪两个主要造山运动期（1，Laurintian revolution and Post Laurintian Regeneration，2，Algoman revolution and Algonkian major regeneration）的说法，则在休朗世底部和元古界底部，矿床有特殊富集的现象，也就是理所当然的了。因此我们必须详细研究中国前寒武纪的地质发展史，特别要从绝对年龄的测定划出最老的核心区，然后沿其周围或其他的构造运动期的不整合面上下，布置系统的找矿工作，相信必有重大的发现。

（六）潜伏构造

在广大平原，盆地或为深厚盖层所埋覆的地坪中，研究潜伏构造是一个重要的找矿方向，这对油气矿床的寻找，更为有效。我国已经做了许多大面积的勘探工作，对基底的起伏及潜伏构造的存在已有初步了解，应该结合地面及钻井资料，深入了解这些潜伏构造的性质及范围，相信对新油气田及其他矿床的发现，可起具体指导的作用。

（七）围岩蚀变及矿床的分带现象

研究并发现盲矿体将是今后找矿工作的一个新的任务。美国东部庭底克盲铅锌矿体（洛沃林［T. S. Lovering］，莫里斯［H. T. Morris］，1960）的发现，主要借重于精密的围岩蚀变的研究，而矿床的分带现象，水平的或垂直的分带在进行成矿预测及指导勘探等工作方面，俱有重大的意义。必须在这方面进行细致的工作，以便指出更具体的找矿方向。

参考文献

［1］Alexandrow，E. A.，(1955)：Contributions to Studies of Precambrian banded iron ores，Econ. Geol. 50，459－468.

［2］Alexandrow，E. A.，(1957)：Discussion on facies relations in the Gunflint iron formation，Econ. Geol. 52，458－460.

［3］Amstutz，G. C.，(1957)：Granitization und Minrallagerstatten N. Jb. Mineral. Mh.，1－12.

［4］Amstutz，G. C.，(1960)：Some basic concepts and thoughts on the space－time analysis of rocks and mineral deposits in orogenic belts. Geol. Rdsch 50，165－189.

［5］Amstutz，G. C.，(1961)：Syngenesis and epigenesis in petrography and the study of mineral deposits，Intern. Geol. Rev. 3. No. 2，&3，pp. 119－140，202－226.

［6］Backlund，H. C.，(1941)：Zum Werdegang der Erze. Geol. Rdsch. 32，60－66.

［7］Backlund，H. C.，(1946)：The Granitization problem，Geol. Mag. 83，105.

［8］Belt，C. B.，(1960)：Intrusion and Ore Deposition in New Mexico，Econ. Geol. 55，1244.

［9］Borchert，H.，and Tröger，E. (1950)：Zur Gliederung der Erdkruste nach geophysikalischen und petrologischen Gesichtspunkten，Gerlands Beitrage z. Geophys. 62，101－126.

［10］Borchert，H.，(1951)：Die Zonengliederung der Mineralparagenesen in der Erdkruste. Geol. Rdsch. 39. 81－94.

［11］Borchert，H.，(1960a)：Geosynklinale Lagerstätten，was dazugehört und was nicht dazugehört，sowie deren Beziehungen zu Geotektonik und Magmatismus. Freiberger Forschungsh. C 79，7－61.

［12］Borchert H.，(1960b)：Zuzammenhange zwischen Lagerstättenbildung，Magmatismus und Geotektonik. Geol. Rdsch. 50，131－165.

［13］Cannon，R. S. Jr.，Pierce，A. P.，Antweiler，J. C.，Buck，K. L. (1961)：The Data of Lead Isotope Geology related to problems of Ore Genesis，Econ. Geol. 56，1－38.

［14］Chang，W. Y.，(1961)：On the Mechanism of Block-faulting of the Chinese Craton，Scientia Sinica vol. X，No. 3，361－376.

［15］Corbett，C. S.，(1955)：In situ origin of McMurrsy oil of N. E. Alberta and its relevance to the general problem of origin of oil，with discussions by W. C. Gussow and F. J. Hamilton，Bull. Am. Ass. Petro. Geol. 1601－1621，1639－1649.

［16］Derry，D. R.，(1961a)：Major，Precambrian Boundaries and Ore Deposits，Min. Jr. 256，No6552，6553.

［17］Derry，D. R.，(1961b)：Economic Aspects of Archaean Proterozoic Boundaries，Econ. Geol. 56，635－647.

[18] Edwards, A. B., (1956): The present state of knowledge and theories of ore genesis, Austr. Inst. Min. Met. Proc. 177, 69 - 116.

[19] Fischer G. (1951): Granit und Sial. Geol. Rdsch. Bd. 39, Hf. 1, 32 - 77.

[20] Fischer, N. H. (1960): Review of evidence of genesis of Mt. Isa ore bodies. Rept. XXI, I. G. C. pt. 16, pp. 99 - 111.

[21] Flascher, S. S. and Osborn. E. F. (1957): Studies of the system iron-oxide-silica-water at low oxygen partial pressure. Econ. Geol. 52, 923 - 943.

[22] Garrels R. M. and N. K. Huber (1953): Relation of pH and oxidation potentials to sedimentary iron mineral formation. Econ. Geol. 48, 337 - 357.

[23] Gill J. E. (1960): Solid diffusion of sulfides and ore formation. Rept. XXI, I. G. C. pp. 209 -217.

[24] Goodwin, A. M. (1956): Facies relations in the Gunflint iron formation. Econ. Geol. 51, 565 -595, 53, 349 - 351.

[25] Goodspped, G. E. (1952): Mineralizaton related to granitization. Econ. Geol. 47, 146 - 168.

[26] Gray, A. (1959): The future of mineral exploration. Inst. Min. and Met. 68, pt. 2.

[27] Hase, D. H. (1957): Upper Huronian sedimentation in a portion of the Marquette trough, Michigan. J. Geol. 65, 561 - 574.

[28] Huber, N. K. (1958): The environmental control of sedimentary iron minerals. Eeon. Geol. 53, 123 - 140.

[29] Huber, N. K. (1959): Some aspects of the origin of the Ironwood iron formation of Michigan and Wisconsin. Econ. Geol. 54, 82 - 118.

[30] Ingerson, E. (1955): Methods and problems of Geologic Thermometry. Econ. Geol. 50th Anniv. Vol. pp 341 - 410.

[31] James, L. H. (1954): Sedimentary facies of iron formation. Econ. Geol. 49, 235 - 295.

[32] Krauskopf, K. B. (1955): Sedimentary deposits of rare metals. Econ. Geol. 50th Anniv. Vol. pp. 411 - 463.

[33] Kennedy, W. O. (1948): Crystal layers and the origin of ore deposits. Festschrift P. Niggli, pp. 222 - 229.

[34] Knight, C. L. (1957): Ore genesis—the source bed concept. Econ. Geol. 52, No7.

[35] Locke Aug. (1941): Granite and ore. Econ. Geol. 36, 448 - 454.

[36] Lovering, T. S. and Morris, H. T. (1960): The chief oxide-Burgin area discoveries E. Tintic district, Utah. Econ. Geol. 55, 1116 - 1147.

[37] Marmo, Vladi (1960a): On the origin of ore, Neu. Jb. Miner. Bd 94, H. 1, 77.

[38] Marmo, Vladi (1960b): On the possible genetical relationship between sulfide schists and ore. Rept. XXI, I, G. C. Pt XVI pp. 160 - 163.

[39] Mckinstry, Hugh (1955): Mining geology, retrospect and prospect. Econ. Geol. 50, 803 -813.

[40] Mehnert, K. R. (1959): Der gegenwärtige Stand der Granitproblems. Fortschr. Min. der Bd. 37, H. 2, 117 - 206.

[41] Mitsch, P. (1949): Metasomatic granitization of batholithic dimension. Pt. 1 - 111. Am. Journ. Sci. 247, pp. 209 - 245, 372 - 406, 673 - 705.

[42] Oelsner, O. (1956): Zur Frage der sekundar-hydrothermalien und regenerieten Lagerstätten im Sinne Schneiderhöhn, s. Zeits. f. Angew. Geol. Bd. 5, H. 7, 282 - 288.

[43] Rastall, R. H. (1945): The granite problem. Geol. Mag. 82, 19－30.

[44] Read. H. H. (1957): The granite controversy, London.

[45] Read H. M. (1954): Granitization and Mineral Deposits, Geol. en Mijnbouw, 16. 4, pp. 95－99.

[46] Sales, R. H., (1960): Critical remarks on the genesis of ore applied to future mineral exploration. Econ. Geol. 55, No. 4

[47] Schneiderhöhn H. (1952): Genetische Lagerstättengliederung auf geotektonischer Grundlage. N. Jb. f. Min. Mh. 2 u 3, 47－89.

[48] Schneiderhöhn H. (1953a): Erzlargerstättenbildung u. Geotektonik. Z, f. Erzbergb. u. Metallhw. Bd 6, H. 6. 205－212.

[49] Schneiderhöhn H. (1953b): Fortschritte in der Erkenntnis sekundär-hydrothermaler u. regenerierer Lagerstätten. N. Jb. Min. Mh. H 9/10, 223－237.

[50] Schneiderhöhn, H., (1956): Neuere Forschungen zur theoretischen Lagerstättenkunde, N. Jb. Min. Mh. 8, 169－178.

[51] Singewald, J. T. Jr, (1956): Some concepts of ore deposits reflected in textbooks since 1900, (Presidential Address) Econ. Geol. 51, 131－138.

[52] Smirnow, V. I., (1959): Üher regenerierte Lagerstätten. Z. F. Angew. Geol. Bd. 5/H 7, 280－282.

[53] Smirnov, V. I., (1960): Types of Hypogene Zonality of hydrothermal ore bodies. Rept. XXI. I. G. C. pt. 16, pp. 181－191.

[54] Stanton, R. L. and Russel, R. D. (1959): Anomalous leads and the emplacement of lead sulphide ores, Econ. Geol. 54, 588－607.

[55] Sullivan, C. J., (1948): Ore and Granitization, Econ. Geol. 44, 336－346.

[56] Sullivan, C. J., (1954): Metallic melting point and ore deposition. Econ. Geol. 49, 555－574, 903.

[57] Sullivan, C. J., (1957): Heat and temperature in ore deposition. Econ. Geol. 52, 5－24.

[58] Sullivan, C. J., (1958): The classification of metallic provinces and deposits, Eng. and Min. Jr. 6, 26－28.

[59] Sullivan C. J., (1960): The origin of the sulfide ore. Min. Jr. 161, No. 6.

[60] Taupitz, K. C., (1954): Über Sedimentation. Diagenese, Metamorphose, Magmatismus u. die Entstehung der Erzlagerstätten Chemie der Erde, 17, 104－164.

[61] Билибнн Ю. А. (1955): Металлогенические Провинции и Металлогенические Эпохи.

[62] О Закономерности Размещенця Полезных Ископаемых Ⅰ—Ⅲ, 1958－1960.

[63] Смирнов В. И. (1959): Опыт Металлогенического Раионирования Территории СССР, изв. А. Н. Сер. Геол. No4, 3－21.

[64] Татаринов П. М. етс (1957): Общие Принципы Регионального Металлогеничсского Анализа и Методмка Составления Металлогенических Карт для Складчатых Областей. Вып. 22, Всегеи, Мин. Геол и Ох. Нед. СССР.

[65] Формозова Л. Н. (1960): Формационные типы местарождений оолитовых железных руд. О Закон. Размещ. П. И. Ⅲ, 117－146.

概论铌、钽*

Ⅰ. 铌、钽的性质及应用

1. 铌、钽的历史

1801年英国化学家Hatchett在据云产自美国康涅狄格州的一块黑矿石中发现了一种新元素，他命名为钶（显系从哥伦布发现美州新大陆的史实而命名的）。1802年瑞典化学家Ekeburg发现另一新元素，他命名为钽。1844年瑞典化学家Rose证明钶铁矿中实际含有二种不同的酸类，一为钽化合物，另一种属于相似但是不同的元素，他称为铌。后来不久就证明Hatchett的钶与Rose的铌是同一种元素。美国喜欢用钶的名词，而欧洲人都经常用铌。为了避免混淆，1949年在荷兰阿姆斯特丹举行的国际化学会议上曾确定以铌为国际上的名词，但美国习惯上还时常用钶的老名词。铌、钽虽发现甚早，但比较纯粹的金属，直到1905年才由德国化学家W. von Bolton制成，并由他首创用铌丝制电灯泡以代替脆弱的碳丝，但不久（1911）它又为更好的钨丝所代替了。铌、钽的钾氟复盐的不同溶解度是由Marignac于1865年发现的，从此就奠立了分析和分离铌与钽的基础。

2. 铌、钽的性质与应用

铌、钽在周期表上属于第五类。在自然界常与氧结合形成酸盐矿物，或复氧化合物，还没有发现铌与钽的自然金属或硫化物，所以它们是典型的亲石元素。兹将铌、钽金属的若干重要性质，列表如下：

表1 铌、钽重要性质表

名称	原子序数	原子量	比重	熔点℃	沸点℃	拉应力	电阻 Micrhm/cm20℃	硬度
铌	41	92.91	8.57	2,415°	3,300°	50,000—100,000	13.2	75 Brihell
钽	73	180.88	16.6	2,996°	5,300°	50,000—180,000	12.4	60 Rockwell. ε.

铌、钽的详细性质，在这里不拟详述，总之它们都具有耐热，耐蚀，抗疲劳，抗变形的特性，并有高度的展性，延性及导热，导电等性能，因此在工业上应用极广，特别在尖端工业如特殊合金钢，喷气引擎，电子工业，核反应堆，超声音速飞机及太空航行等方面

* 《概论铌、钽》是作者为地质部地质科学研究院在1961年11月所出《中华人民共和国地质部科技情报》系列的《铌、钽矿床专辑》撰写的一篇文章，印在该专辑的1-24页上。专辑印出来后，作者又在原文上作了一些修改和少量补充，除正文的修改和补充外，又增加了1篇参考文献，使之从原来的9篇变成了10篇。本卷依据作者修改和补充后的文稿刊印。——编者注

都有重大的作用。目前主要用途可分为下列五项：

（1）合金钢及其他特殊合金：以铌铁合金（含铌40%～50%）或钽铌铁合金（含NbTa约60%）的形式加入各种铬镍钢中，可增加其耐热，耐蚀，抗变形及抗疲劳的性能，这在现代的汽轮机，喷气发动机以及在许多化工设备上是非常必须的。铌、钽具有稳定不锈钢中碳素的作用，即它们可优先与钢中的碳结合，这样就保证了金属结构的晶面上有游离铬的存在，从而防止了在高温下钢的粒间腐蚀。含铌的不锈钢曾用为建造镨的分离器，而获得成功。

Nb、Ta与Ti、W、Mo、V、Zr及U等元素所制成的合金，种类繁多，日新月异，目前值得注意的有下列各种：

90Ta—10W，90Nb—10Ti，99Nb—1Zr，80Nb—10Ti—10Mo，79Nb—15W—5Mo—1Zr，70Nb—29Ta—1Zr，Nb—U。

这种特殊合金都具有非常优良的性能，因此将成为制造火箭、导弹、太空航行工具及核反应器的重要材料。由于Nb及Nb的化合物对水，液体金属及熔盐的高度耐蚀性，它在原子能、太阳热能及热电设备方面有极大的应用。Nb在高温下抗氧化的问题，还待解决，用磁料或锌镀料来保护，可使在短时间内不致被损坏。

（2）胶结碳化物：铌、钽的胶结碳化物具有特高的硬度，韧度和耐熔点，应用于制造切削工具，钢型及其他抗磨削的部分。碳化钽的熔点为3900°，仅次于碳化铪（HfC），二者均为最难熔的物质。用铌处理的碳钢，因价廉物美质轻，最近试验成功有广大的应用。

（3）化学工业：在耐酸，耐热及导热等方面，以钽的效用最大，除制造氟酸不能应用外，其他各种制酸工业及化学工业上都应用之，主要用于制造输热器，加热器，冷凝器及各种盘管等。

（4）电子工业：由于钽的高熔点，在高温下的强度，低的气压下能排除余气的特性，它应用于制造电子管工业方面，可保证电子管的真空。铌与钽都可形成特殊稳定的阳极膜成电解质，与其他导电体一起，应用于制造整流器（rectifier）及电容器（capacitor），为交通信号，记时，自动控制等方面之用。钽制的电容器以体积小而容量高，经久耐用，少受温度（在－60°～200℃的范围内可以顺利操作）的限制等等为其优点。铌、钽在电子工业方面的最新发展为制造冷子管（Криотрон），在电子计算机，远距离控制及自动控制方面应用甚广。由于它的容积小，携带轻便，在未来的导弹及太空飞行上将起极大的作用。

（5）其他应用：如制造光学玻璃（折光率特高者），永久磁石，接触剂（人造金刚石工业上用之）及金属与磁器间的粘结剂及各种焊接（剂）等。钽可制成各种丝，片，网，膜，富于耐蚀作用，而对有机纤维却没有损害。故外科医生曾用之以装换人体上某些有病害的部分，在第二次世界大战时，曾对医伤工作起了相当大的作用。钽也可制造适于生产尼龙的纺织器，它比用铂—金所制的更为优良（耐蚀及硬度高），而价值（格）极低。此外，关于铌、钽提纯的技术，日益精进，现知金属的各种性能，与其纯度有极大关系，最纯的金属往往具有最优良的性能，从而扩大它的应用范围，这项研究正在继续进行中，有很大的远景。

Ⅱ．选矿、冶金及制造

目前所知含铌、钽的矿物共为72种，在工业上有重要意义者则为钶铁矿，钽铁矿及烧绿石三种。其他如褐钇钶矿，黑稀金矿，微晶石，等轴钽钙石等亦有少量生产。钶铁矿钽铁矿系列的矿物与其共生矿物的选分，主要依据比重及磁性的不同，通过洗矿台及磁性机来进行。选矿的详细流程，视其共生矿物的种类、比例，特别是其他有用矿物如锡石、绿柱石等的回收率而有所不同。烧绿石系列矿物的选分，主要用浮洗法。挪威已建厂生产，非洲东部几个烧绿石矿床的浮选试验亦已获得成功。加拿大奥卡 Oka 矿区的矿石成分非常复杂，含 Nb_2O_5 约为 0.4%，经过浮选可获得含 $Nb_2O_5$45%～48%的精矿，回收率约为 85%，除烧绿石外，还可回收钶钛铀矿（Betafite），红砷镍矿（Niccolite）及钙钛矿。巴西阿拉哈（Araxa）矿区的选矿工作亦经研究完成。

从精矿制炼为钢铁工业上应用的各种合金，一般是在电炉中用碳还原法使矿石变为铁—铌—钽合金，如要制炼铌、钽的纯金属，则必须先进行化学处理，然后再使之还原。化学处理主要有 4 个方法：①依据铌、钽钾氟复盐的不同溶解度在溶液中分馏晶出。这是最先应用的一般方法。②在酸性氟化物中的离子交换法。③五氯化合物的分馏法。④有机溶剂提取法，主要依据铌、钽氟化物能在有机溶剂如 Ketones 中溶解，而其溶解度又视酸度的不同而变化，因此，调节 pH 值可使铌、钽分开。这个方法近来在欧美各国颇为盛行，纽约华昌公司在 Aldany，Otegou 所设的炼厂即用此法。

表 2　据美国矿业局 1953 年及以后各年的统计，铌、钽各种用途的分配大致如次

用　　途	铌		钽
	1953 年	以后各年	1953 年
各种铁金属的合金	73%	60%	46%
非铁金属的特种合金	18%	30%	9%
胶结碳化物	4%	10%	9%
纯金属的用途			
焊接杆及其他	5%		
电子管电容器			17%
化工			18%
外科手术、牙医等			1%

从纯铌、钽化合物制成纯金属又有许多方法，如钠还原法，氢气还原法及碳化合物法等等。从此所得的铌、钽一般成为粉状或树枝状，须经燃结，使成为块状，最后再在电子秤熔炉（Electron Beam Furnace）中提纯。1959 年纽约华昌公司曾制成世界上最大的铌锭，重约 500 磅。近来电子秤熔炉有很大发展，无论在熔融，提纯，焊接及合金的各种过程中均可广泛应用。

从纯铌或纯钽锭经过压制，成为块，条，再经拉延或压制，便可成为各种不同尺寸的丝，线，条，板，片等，以供各方面的应用。从原材料制成各种器材时，其唯一特点为不需加热，均在冷的状态下切削磨制，而因铌、钽的价值（格）昂贵，必须尽量减少废料屑的产生。

Ⅲ．铌、钽的地球化学及矿床类型

铌、钽在地壳中的平均分布，即它们的克拉克值，各专家所公布的数字尚不一致，较为可靠者为 Rankama 的数据如下：

Nb	Ta	Nb∶Ta
0.0024	0.00021	11∶4

比较在各种火成岩中的铌、钽含量可知，铌、钽是从超基性到酸性最后至碱性岩而逐渐增加。除了某些伟晶花岗岩特别是含 Li 的伟晶岩中 Ta 含量较 Nb 为高外，其余在所有的主要岩石中，Nb 含量均远较 Ta 为高。目前所知铌在地壳中的分布，已较钒为多，可能还超出钼，已不是严格的稀有元素了。

在矿物形成作用中，铌、钽与 Fe、Mn、Ti，稀土元素，U、Th、Zr、W、Sn，Bi 及 Sb 等均有密切的地球化学关系，它们或者一同形成复杂组合的矿物，或者则为类质同象的混杂物加入那些矿物之中。钽与 Zr、Sn，U 及稀土的钇族元素关系更为密切，而 Nb 则与 Ti，W，Th 及稀土的铈族元素关系较密切。铌、钽在天然界又与碱金属特别是 Na 及 Li 相共生，钽与 Li 关系较密，而铌与 Na 则更为密切。

由于铌、钽与钛在化学上及结晶化学上的相似性（如原子半径等），以致形成了在天然界几乎无限止的类质同象矿物，而在含钛的矿物中经常有 Nb，Ta 的存在。Nb，Ta 与 Zr，W 及 Sn 也常密切共生，但它们的原子半径有所不同，故形成了有限度的共生。

铌、钽的富集一般从岩浆到伟晶岩阶段逐渐增加，而在气化热液阶段以后就逐渐减少，但在碱性超基性岩中则烧绿石的形成，主要在气化热液阶段。关于铌、钽的地球化学问题，本书中另有专门译著介绍，兹不详论。

铌、钽矿床的类型还没有很好地划分。Л. С. Бородин 及 Б. И. Коган 在其“资本主义国家铌、钽资源”一文中，把矿床分为四大类即：岩浆矿床，伟晶岩矿床，岩浆后期矿床及外生矿床。在各类中又分为几个亚类，如在岩浆后期矿床中分为 4 个亚类，即花岗岩中的钠长石化及云英岩化带，石英脉及云英岩，碱性岩及石灰岩间的接触交代矿床及碳酸岩[1]矿床。他们自己也提出疑问，某些所谓接触交代矿床（如加拿大）实际上就是碳酸盐岩矿床。鉴于含铌的碳酸岩矿床具有极大的经济价值，且其矿床的成因尚未确定，所以在本文中把它提升为一大类，而铝土矿中的铌、钽矿床亦有其特殊的性格，因此在本文中把铌、钽矿床综合分为六大类如次：

1. 岩浆矿床

主要与碱性岩（霞石正长岩，霓霞岩，异性霞石正长岩等）有关，矿物为钛铌钙铈矿（Loparite）。苏联有此例子，资本主义国家所知不多，一般无开采价值。尼日利亚含钠长石、黑云母的较新花岗岩中有铌铁矿，为造岩副矿物之一，应属岩浆矿床，但本身无价值，必须经过风化淋滤富集后才能开采，因此它已属于本文所列的第六类矿床之中。

2. 伟晶岩矿床

为较重要的类型，产地极多，但产量不甚大。矿物以铌铁矿及钽铁矿为主，最重要的钽铁矿即产于伟晶岩中。关于伟晶岩的成因，分类及地质特征，各家讨论甚多，本书有几篇专门译著介绍，故不详论，兹就铌、钽观点，并根据 Бородин 及 Коган 的分类，分为二

[1] 作者的原文用的大多数是“碳酸盐岩”，少数地方用的是“碳酸岩”，经查所引参考文献中都是“Carbonatite”，再读内容后知道都是指的 Carbonatite。故本卷将作者原文中的“碳酸盐岩”一律改为碳酸岩了。——编者注

亚类如次：

（1）*分异完好的白云母微斜长石伟晶岩*：以钶铁矿为主，其中含 $Ta_2O_5$10％～25％，Nb 含量超过钽含量。钶铁矿产于微斜长石与石英核的交界，常位于矿脉的边部。共生矿物为白云母及绿柱石，分布不均匀。可作为独立的钶铁矿开采，有时则作为开采绿柱石、锂辉石的副产品。例子如巴西。

（2）*钠长石化及云英岩化的花岗伟晶岩*：除钶铁矿、钽铁矿外，还有微晶石，钽锡矿（$SnTa_2O_7$）及六方钽铝石（Simpsonite），一般含钽较高，故为主要的钽矿床。由于交代作用的发育，故结构殊为复杂，而在纳长石化及云英岩化特别强烈的地方，铌、钽的富集也较多。现知例子不只为巴西，刚果及澳大利亚。我国亦有伟晶岩分布，其中有些已发现了铌、钽矿物，但价值如何尚待进一步研究。

3. 岩浆期后矿床

形成交代或脉状矿床，又可分为二亚类：

（1）*花岗岩中的钠长石化及云英岩化带*：花岗岩属碱性的钠长石—钠闪石类。现知唯一例子为尼日利亚北部的 Kaffo 河谷一带，矿物为烧绿石，含 $Nb_2O_5$0.26％。选后的精矿物含 $U_3O_8$3.1％，$ThO_2$3.3％，$Nb_2O_5$37.5％，$Ta_2O_5$3.5％。储量大，有极大的远景。

（2）*石英脉及云英岩脉*：中含钽铁矿及钶铁矿，其中含铌一般较钽为高。主要产地为刚果，尼日利亚。乌干达亦有同样矿床。我国赣南钨锡矿区的黑钨矿石英脉及其周围的云英岩中已证明含铌、钽，应属本类型。

4. 碳酸岩矿床

这是一种新型的特殊矿床，近年来在世界各处发现日多，已证明为 Nb-Ta，特别是 Nb 的最重要的矿床，同时还可开采 P、Fe、Zr，稀土元素，U、Th，蛭石，Sr，而碳酸岩本身还可作为水泥原料。共生矿物种类繁多，共不下 80 种。主要矿物为烧绿石，经常伴生者为磁铁矿、磷灰石、黑云母、金云母、独居石、钛铁矿、金红石，常可达到全体的20％。脉石以方解石为主，有时还有白云石，铁白云石，菱铁矿，以及少量的重晶石，天青石，萤石，还有少量硫化物如白铁矿，黄铜矿，黄铁矿，方铅矿，闪锌矿及黝铜矿等。

本类矿床常与碱性—超基性岩有成因上和空间分布上的关系，但也有某些产于变质杂岩中的碳酸岩，其附近未见有碱性或超基性岩，如美国爱达荷州的 Lamhi County，据最近研究，也把它属于本类。碱性—超基性岩一般可分为主要部分的岩体及穿切岩体的岩脉，前者通常为超基性岩的辉岩及纯橄榄岩，比较少见磷霞岩（Urtite），霓霞岩（Ijolite），霞霓钠辉岩（meteigite）及霞石正长岩等的碱性岩石，其特征是暗色岩与淡色岩常相互杂出。成岩脉状的岩石则多为流霞正长岩，响岩，霓霞脉岩及粗面岩，煌斑岩等，常切穿岩体或周围的围岩，成为放射状或环状排列。在辉岩中或在碳酸岩与辉岩或霓霞岩的接触处常有伟晶岩状的岩石，其中富集磷灰石及磁铁矿。碳酸岩与碱性超基性岩常成浑圆状或椭圆状的同心环状分布，内部核心通常为碳酸岩，周围为霓霞岩，而外部则为辉岩。但在科拉半岛则恰相反，内部环带由辉岩所组成，而外部则为霓霞岩。碳酸岩的核心与古火山口或岩颈颇为相似，口径从数百米到 5 公里，面积 0.1～1.5 平方公里，高约几百米。在核心及其周围的岩石中还有脉状或层状的碳酸岩，厚 0.1 到几十米，延长几十米到 1～2 公里，常成放射状的岩脉或向内外倾斜的圆锥形层状侵入体。在碱性杂岩中常可见有角砾岩、块集岩的岩脉，由侵入杂岩及围岩等组成，而为碳酸岩所胶结；还有典型的岩流及火山灰。这些现象都可与火山颈及火山喷口相比拟。

上述各种岩体及岩系之间的相互关系，颇为复杂。就一般而言，碳酸岩较碱性岩体为新。碱性岩脉与碳酸岩之间的关系，更为复杂，在大多数情况下，碱性岩脉较老，但也有相反者。碳酸岩核心块体与碳酸岩的岩脉或侵入岩层可相互穿插，其成分有时一致，有时则颇为不同。在若干地方确定了后期生成的铁白云石的岩脉。碱性—超基性杂岩所占据的面积约介于2.5～50平方公里间，而产于其中的碳酸岩的大小并不与之有正比的关系。

在碱性—超基性侵入岩周围的围岩如花岗岩，页岩，砂岩或片岩中经常产生明显的蚀变现象，称为长霓化，由此而成的蚀变岩石称为长霓岩，其特点是石英减少，普通角闪石和黑云母被霓石或碱性闪石所代替，主要是热力影响及钠质交代的结果。

碳酸岩常呈粒状结构，粗粒者常被细粒者所交代，表示后者的生成时期较晚。有时粗细粒相间成层或颜色不同就成为条带状，瘤状或流线状构造，后者曾有人认为是岩浆流动所造成。

碳酸岩中矿物成分的复杂已述于前，其特点是碳酸盐与氧化物的发育比例异乎寻常，可达50%以上，而对酸性及碱性岩很典型的矽酸盐矿物却发育甚少。许多高温矿物如钙钛矿，独居石，烧绿石，钶铁矿却与低温矿物如重晶石，天青石，白铁矿，黝铜矿相交错。还有若干一般不可能生在一起的敌对矿物，如石英与霞石，石英与橄榄石，石英与斜锆石（Baddeleyite），在这里却一起出现了。以上可说明碳酸岩形成时的长期性，多期性和多相性。此外还有某些典型的热液矿物如闪锌矿，黄铁矿，方铅矿，绿帘石，绿泥石，根据主要矿物组成的不同，Pecora（1956）曾把碳酸岩分为两大类：

（1）*磷灰石-磁铁矿碳酸岩*：分布最广，全部欧洲，大部分非洲，加拿大和苏联的矿床都属此类。以含铌、钛特高为特征，其中最常见的矿物有黑榴石，钛铁矿，金红石，板钛矿（Brookite），钙钛矿（Porouskite），钛铌铁钙矿（Dysanalite），烧绿石，铀钽钶矿（Hatchettolite）及钶铁矿，而钶钇矿（Samarskite）则为少量。

（2）*稀土碳酸岩*：主要分布于美国加州的芒廷帕斯（Mountain Pass）。以氟碳铈矿（Bastnasite），氟碳钙铈矿（Parisite），碳锶铈矿［Ancylite$(Ce,La)_4(Sr,Ca)_3(CO_3)_7(OH)_4\cdot 3H_2O$］，独居石，重晶石，天青石为特征矿物，至于磁铁矿，磷灰石及铌、钽矿物则一般不存在或很少。

在自然界中当然存在着许多介于上述二者之间的中间类型。

形成碳酸岩的地质时代，可从前寒武纪到第三纪。美国加州的芒廷帕斯及南非脱兰士瓦尔（Transvaal）的碳酸岩根据绝对年龄鉴定属前寒武纪，非洲东部以中生代及第三纪为主。瑞典、挪威可能属上古生代。苏联东部各产地亦属中生代，唯科拉半岛属上古生代，贝加尔东萨彦岭似属加里东期。德国莱因区则属第三纪。

大部分的碳酸岩矿床都分布于地台范围之内，只有德国的凯泽杂岩Kaiserstuhl（即莱因区），美国的芒廷帕斯及苏联的东萨彦岭则位于地槽带内。碳酸岩均集中在地台边缘部分或各种不同年代构造的接合处，即或是在地槽带内的矿床，也分布在靠近地台的边缘部分。而最为显著的是，碳酸岩的出现都与区域性的深大断裂有密切关系，如非洲东部的矿床即沿着南北向的非洲大断裂带分布，而与许多地堑谷如坦噶尼喀湖，尼亚萨湖有着密切的空间关系。德国的凯泽杂岩矿区则与莱因断裂谷有关。

关于碳酸岩的成因，至今尚无定论，目前主要有三种不同的论点：

1）*沉积变质说*：即谓碳酸岩原为一种沉积岩如石灰岩或大理岩，经过变质作用而形成。属此派者又有几种不同见解，如有的认为石灰岩被引入到碱性岩浆的上部而被捕虏，(Shana 1921，1945，Daly 1910，1918)，有的则认为是石灰岩盖层沉落入碱性岩浆中的残块（Mc Grogor，1947），这些都可称为石灰岩捕虏体说。另一派学者则认为，沉积成因的石灰岩沉陷到地壳的深处，在高温高压的条件下，变为高度可塑性的物质，它们向上挤压，就可形成如盐丘状的穹窿体。这是由 Govers（1949）所主张，并为 Shana 等人所附和，而在本质上已接近于岩浆说的学说。

2）*岩浆说*：认为碳酸岩是典型的岩浆成因的产物。Brogger 在 1921 年根据在费恩区的研究，认为在深处的变质石灰岩经过重熔可形成特殊的碳酸盐岩浆，它以岩株的形状侵入到片麻状的基岩中并使之发生变化。Von Eekermann（1948）赞同碳酸岩的岩浆成因，并进一步推测在地壳深处（10 公里左右）有富含 K、Mg、Ca、CO_3 及 F 的具粘性的岩浆液体。在高温高压下，该液体与围岩起作用形成了角砾云母橄榄岩型的岩石，并释放出大量 CO_2 气。这种气体向上部积聚，最后则引起爆发。爆发的结果产生了一系列放射状及圆锥状的裂隙，后来被上升的碳酸盐溶液所充填，并使围岩发生脱矽作用。同时溶液成分逐渐变化，钙质增多。较后期的爆发，使浅部发生新的同样的裂隙，而为含钙更多的纯方解石碳酸岩所充填。Holmes（1950）推想这种碳酸岩液体是地幔（Mantle）的原始组成部分，它上侵到地壳深处与岩石相反应，产生了碱性岩。另一些学者则认为碳酸岩液体（Straussanq Truter 1951）及碱性岩岩浆（Saether 1950）是由橄榄岩或辉岩岩浆的分异作用所形成的。

3）*气成及热液成因说*：Bowen（1924）根据方解石熔点的特高（1923 Smyth）及 Aaams 定其熔点为 1389℃，779,000 毫米的气压，据另一资料（Birch 及其他）则其熔点为 1339℃，在 1025 大气压之下），费恩碳酸岩的产状及碳酸盐矿物一般都在热液中形成的理由，首创热液成因说。其他学者如 Tomkeiff（1933），King（1949），Sacther（1950），Davios（1952）也都把碳酸岩的形成与岩浆后期的气成热液联系在一起。从碳酸岩中经常出现方铅矿，黝铜矿等标准的热液成因的矿物，以及在许多地方所看到的矿床与围岩间的交代现象，而橄榄岩或霞霓岩中据一般意见，均含有大量的挥发组分，其中 CO_2 占着相当大的部分，因此有许多学者都相信碳酸岩是在气成热液过程中以交代的方式产生的。

Л. С. Бородин 根据产状把碳酸岩分为二类：①在火山颈或岩干中成核心状的碳酸岩，它在成因上与围岩没有关系；②在深成的超基性碱性岩中成脉状，晶片状或带状的碳酸岩。事实上在天然界存在着各种过渡类型，因此要解决碳酸岩的成因问题，必须研究早期深成的岩相即与超基性碱性岩有直接关系者。根据在苏联许多超基性碱性岩的研究，认为从深处上来的碱性溶液对围岩的交代作用是成矿的主要因素，随着温度的降低，及从围岩中渗入分子的增加，最先碱金属作用最大，其后钙、镁的作用陆续增加，因而形成了一系列不同的蚀变矿物。开始时稀有元素如铌、钽等为量不多，均渗入在金云母，石榴石，钙钛矿或其他矿物中成类质同象体，其后这些元素逐渐富集就形成了单独的矿物。

详细研究上述三种不同的学说，可知沉积变质说的困难比较多一些，因为在大多数碳酸岩发育地区的围岩中都没有沉积的石灰岩或大理岩出现，而碳酸岩的矿物和地球化学组分的特征又与一般的石灰岩迥然不同，而碳酸岩的独特的产状，也往往为沉积学所不能解释。但是，如果根据沉积派学者 Gevers 的说法，沉积的石灰岩沉陷到深处，变为可塑性物质又向上挤升，成为碳酸岩，则它与岩浆派学者 Brogger 的看法又没有很大的差别了。热液派学者反对岩浆说的主要论据为方解石的熔点特高，不能在地壳中形成岩浆，但是如果有许多杂质，特别是挥发分的参加，就可减低其熔点。碳酸岩是否为熔融状的岩浆，或为液体，或者是气体，在岩浆派各学者中存在着不同的见解，而根据非洲东部各碳酸岩往往具有为火山爆发的现象，可见气体在成矿方面具有重大的作用。而从独特的矿物共生（低温与高温矿物共生，敌对派矿物的同时出现），碳酸岩的奇异产状，以及流状，粒状及交代结构的错综复杂现象，都可说明碳酸岩是在相当长的时间内，经过不同的发育阶段，即从岩浆到汽化热液的过程中所形成的。因此，目前尚不能够确定它是否为岩浆分异矿床或是热液矿床。

碳酸岩是以碳酸为主要组分的岩石，它与碱性超基性岩有密切关系，在产状上又常形成筒管状的岩体。这一切都与以纯碳结晶的金刚石矿床的特性很相似。作者初步查阅了一些文献，发现东非与巴西，在碳酸岩地区的附近均有金刚石矿床。美国阿肯色有碳酸岩，同时也发现了金刚石最近并已开采。惟加拿大及挪威、瑞典的碳酸岩矿点附近没有听说有金刚石。作者初步提出这样的想法，即金刚石与碳酸岩都是由地壳深处（可能从地幔中来）沿着深大断裂上升的富于 CO_2 的碱性超基性岩浆（岩液或气体），在最深的地方，裂隙少，规模小，CO_2 在管状的裂隙中还原，并在高大压力下形成了角砾云母橄榄岩型的金刚石矿床。上述岩浆上升到较浅的地方，裂隙扩大，但还是主要成筒管状，就形成了一系列的碱性—超基性岩石；及温度逐渐降低，并从围岩中吸收了 Ca、Mg、Fe 等杂质，就造成了各种不同成分的碳酸岩。因此，可以说碳酸岩及金刚石代表着同一产状、同一岩浆源但是在不同的深度下形成的矿床，前者形成的地位似较后者为浅，而在碳酸岩本身，根据产状及组分来看，也可显现出不同深度的特征，正如某些地质学者所已指出者。事实上 Daly（1925）已于非洲的金刚石矿中发现了许多碳酸岩的矿脉，但其中不含铌、钽。这种见解如果有几分可靠之处，则碳酸岩及金刚石矿床可以互相作为找矿的标志，而最近提出关于金刚石矿床的地球化学找矿指标元素已逐渐与碳酸岩的指标元素接近。作者在中国的某一产地中已初步看到了这种迹象，应进一步加以研究。

碳酸岩的成因可说至今尚未解决，基本问题牵涉到碱性岩的成因、大量 CO_2 的来源、地幔的组分、碳酸岩的形成原理及结晶时的温度等。Baertschi（1951）曾测定若干碳酸岩中 O 与 C 的同位素，并指出其中 O_{18} 与 C_{13} 的含量较沉积海相的石灰岩为富。从 $\frac{O_{18}}{O_{16}}$ 及 $\frac{G_{13}}{G_{12}}$ 的比例还可约测碳酸岩形成时的温度。今后应进一步测定更多的有关碳酸岩中 O 及 C 的同位素的数据，并用更多的方法来测定其形成温度，以资比较。此外，还应考虑许多在地球物理和地球化学上的理论问题，特别是碳酸岩岩浆是否可来源于地幔。

5. 铝土矿中的铌、钽

铝土矿中一般含铌低。但最近美国在处理阿肯色铝土矿时所获得的残渣（黑砂及红土）中发现有较多的铌（约 0.086％Nb），而在铝土矿中则其含铌量可达 0.05％。详细的矿物研究证明，这种铌都含于钛矿物中，如榍石，钛铁矿等，从此可证明它与形成该区铝土矿母岩的碱性正长岩有成因上的关系。据估计，每年从铝土矿中提取出来的铌约相当于美国每年进口的 80％。

6. 风化淋滤矿床及冲积砂矿床

尼日利亚的含钶铁矿花岗岩经过风化淋滤作用可形成够品位的矿床，自 1953 年以来即大量开采，成为目前最重要的工业类型。但在其他地区，本类矿床发现尚少。

凡有原生铌、钽矿床的地区，其附近都可形成冲积砂矿床，常与锡石、锆石及独居石共生。产地极多，如尼日利亚开始仅采砂锡，1933 年后即同时淘洗钶铁矿，而 1953 年后才大量开采风化花岗岩中的钶铁矿。马来亚砂锡矿中亦盛产钶铁矿，每年有相当产量。其他如印度、泰国亦都已于砂矿中发现钶铁矿。

Ⅳ. 现知铌、钽矿床的地理分布

欧洲

欧洲的碳酸岩矿床可分为六处，包括苏联的科拉半岛三处，瑞典、挪威及西德各一处。除西德凯泽杂岩矿床位于阿尔卑斯地槽带中外，其余五处均产于波罗的地盾的前寒武纪变质岩中，但成矿时代都可能属上古生代而同属于芬兰—斯堪的纳维亚碱性岩成矿省。伟晶岩地点甚多，在科拉半岛、瑞典、乌克兰及葡萄牙都有，而以葡萄牙产钽铁矿为主的伟晶岩最为重要。

苏联：苏联跨越欧亚二大洲，欧洲的碳酸岩产地已述于前，亚洲的产地可分为三大区，即①西伯利地台西北部，在阿纳巴尔（Анабар）台背斜的西北，②东萨彦岭，③西伯利亚地台东南阿尔丹（Алдан）地盾的北缘。科拉半岛为苏联欧洲部分最重要的碱性岩分布地区，除含铌、钽的碳酸岩外，其附近还有举世闻名的产在霞石正长岩中的磷灰石矿床，以及若干铁矿，铜镍矿及伟晶岩矿床。与碳酸岩有关的侵入岩，一般中心为超基性岩，内圈为霞霓岩及黄长石岩。碳酸岩成岩脉状及岩干状，侵入于超基性碱性岩体中，约相当于杂岩体全部的 5%，侵入杂岩体的面积约为 20 平方公里，已发现烧绿石及其他矿物。

西伯利亚地台西北部的侵入岩体主要为纯橄榄岩所组成，并为超基性岩及碱性岩的岩脉所贯穿，有二个大致成等轴形的白云岩及方解石大岩体，另有许多方解石脉。其中已发现含铌的钙钛矿，烧绿石，磁铁矿及斜锆石。碳酸岩的形成时代可能属下三叠纪。东萨彦岭有方解石，白云石及铁白云石所组成的巨型块体，四周为狭窄的霞霓岩及长霓岩带所围绕，在霓霞岩中还有方解石脉。已发现烧绿石，磁铁矿及磷灰石等矿物。成矿时代可能属加里东期。在阿尔丹有许多巨大的辉岩块体，周围发育着宽广的长霓岩带，其中出现霞石正长岩的小侵入体。块状碳酸岩成岩干状产在辉岩和长霞岩中，范围不大，形成时代较所有的侵入岩为新。已发现烧绿石、斜锆石、磷灰石、磁铁矿等矿物，成矿时代大致属中生代。除东萨彦岭外，所有西伯利亚地台上的碳酸岩矿床都形成于中生代，其附近不远还有许多著明的金刚石产地，其成矿时代亦属中生代。这两种矿床是否也可称为太平洋沿岸的特征矿床，值得进一步研究。

挪威：在奥斯陆东南不远 Telemark 区的费恩（Fen）或称索夫（Sove）地区于 1952 年时即经开采铁矿。1921 年 Brogger 首先发现铌、钽矿物，但误定为细晶石（microlite），至 1932 年始经 X 光研究确定为烧绿石。此矿现已采炼，为目前唯一正式生产烧绿石的矿区。碱性杂岩体侵入于太古界花岗片麻岩中，面积约 2 平方公里。碳酸岩主要出露在矿区的东部，碱性杂岩体包括霞霓岩，霞霓钠辉岩，霞石正长岩等，分布在西部，都大致成浑圆状。在围岩与侵入杂岩体间有广泛发育的长霓岩带。碳酸岩约占全部杂岩体的一半，包括黑云碳酸岩（称为Sovite）、白云碳酸岩（称为Rauhangite），富于赤铁矿的白云岩（称为rodberg），脉状的方解石（称为alvikite），白云岩（称为biforsite），及脉状砾岩（称为Damkernite）；还有碳酸盐与矽酸盐的混合岩如长霓碳酸岩（ringite，含霓石和长石）及Kaesinite（含霞石及辉石）等等。在碳酸岩及霞石正长岩中都有矿化，但以前者较富，尤以在碳酸岩体边缘的脉状矿体含矿最富，为目前开采的主要对象。除烧绿石外，附生矿物有磷灰石，磁铁矿，黑云母，角闪石，黄铁矿，锆石及重晶石，矿石含 Nb_2O_5 为0.2%～0.5%。边缘矿脉的矿量已确定为150万吨（矿石），中部矿量尚未勘探完毕。估计全区含矿石约600万吨。1955年开始生产矿石10万吨，从此产精矿300～400吨。1956年产精矿256吨，1957及1958年为190及281吨。所产精矿都运美国冶炼。1957年起开始筹建制炼铌铁合金。所有矿场及选炼厂都属挪威政府，但有美国资本参加。Telemark省内还有几个碳酸岩的产地。

瑞典：现知产地为阿尔诺（Alno），在松德斯瓦尔（Sundsvall）东北约10公里。在18世纪时代即经开采碳酸岩供水泥原料之用。1894年Hogbom在本区首先发现烧绿石及钙钛矿，而最详细的研究则为翁Von Eckormann。本区围岩是太古代的片麻岩，花岗片麻岩及混合岩。碱性侵入体约占面积16平方公里。内部为富含碳酸岩及磷灰石的淡色岩，中部为富含霞石及钠长石的淡色岩，如各种正长岩，外部则为富含辉石及黑榴石的暗色碱性岩带。自此至围岩间则有广泛发育的各种成分的长霓岩，代表围岩蚀变的过程。此外还有粗粒伟晶岩及各种岩脉，都对侵入中心成放射状或同心圆状。碳酸岩在阿尔诺岛本身主要成锥层侵入体，也有成放射状岩脉者，而在沿海各小岛上则多呈块状。碳酸岩的成分、结构与费恩区相似。已发现烧绿石，含铌钙钛矿，磷灰石，磁铁矿，萤石、重晶石等矿物。第二次世界大战后曾经勘探，迄今尚未开采。

西德：位于莱因河谷的凯泽杂岩附近。随着莱因地堑的形成，产生了一系列的岩浆活动，包括：①碱性辉长岩（Essexite）和霞斜岩（Theralite）的侵入；②碱玄岩（Tephrite）的喷出；③主要为响岩和方沸碱煌岩Monchiquite的岩脉的侵入。碳酸岩出露甚大，局部与碱玄岩或角砾碱玄岩相接触。已找到烧绿石及含铌钙钛矿，初步证明含 Nb_2O_5 0.2%的矿石数千吨。碳酸岩在长时间内曾被认为是破火山口的捕虏体。在第二次世界大战前，本区烧绿石即经开采，并用化学处理，使精矿含 Nb_2O_5 达到16%～17%，1939年曾生产精矿约200吨。在战争期间德国也曾生产过钽铁矿及若干种铌、钽合金。最近情况不详。

葡萄牙：葡萄牙西部Beira省的钠长石化伟晶岩中产少量钽铁矿及钶铁矿，其中主要工业矿物为绿柱石。在开采砂锡矿时都附带生产若干钽铁矿及钶铁矿，最近每年生产量约20～30余吨。

亚洲

苏联亚洲部分的碳酸岩及伟晶岩矿床，已述于前。亚洲现知铌、钽矿床的产地不多，最重要者当推马来亚，年产钶铁矿约100～200吨，均产自砂锡矿中，柔佛被认为是最有远景的地区。槟榔屿及新加坡炼锡厂的熔渣中证明含铌、钽，1952—1954年运至美国的这种熔渣达 23,000 吨，中含 Nb_2O_5 + Ta_2O_5 高达 4%。

泰国：淘洗砂锡矿的尾砂中，除含大量钛铁矿及独居石外，还有铌铁矿及钽铁矿，而在某一锡矿的尾砂中还含有黑稀金矿。

印度：伟晶岩产地很多，在西北的腊贾斯坦邦一个花岗伟晶岩中已发现了铌、钽矿。1957 年印度原子能委员会拟在国内市场上购买含 Nb_2O_5 + Ta_2O_5 不少于 50%的矿石，但关于印度铌、钽矿的情况，公布者甚少。

非洲

非洲的铌、钽矿床，类型既多，分布亦最广。在非洲东部，北自怯尼亚，乌干达，南至脱兰士瓦尔，碳酸岩的烧绿石矿床共不下 30 余处。大概北部最新，均分布在新生代火山岩系中，向南变为中生代，而在最南端的脱兰士瓦尔东部则产在前寒武纪地层中。在此带附近还有若干含铌、钽的伟晶岩矿床。尼日利亚为目前生产铌铁矿最多的国家，除砂矿外，产自风化淋滤带中的矿床日臻重要。尼日利亚还有目前所知仅有的产在钠长石钠闪石花岗岩中的烧绿石矿床。刚果的砂矿床及伟晶岩矿床有相当的产量。

(1) 尼日利亚：本区砂锡矿中的铌铁矿于 1916 年才被发现，当时认为是有害分子，未加利用。1933 年开始生产铌铁矿精矿三吨，其后大量开采，成为砂锡矿的重要副产品。战后产量有缩减趋势，但因铌价增高，并有美国新资本加入，遂又恢复扩大。一向认为本区的锡石及铌铁矿砂矿是由伟晶岩及云英岩风化冲积而成。最近研究证明，二者皆为黑云母花岗岩中的原生造岩矿物，经过长期风化，在花岗岩的上部形成了厚达数十米的风化淋滤带，从此再经冲积就形成了古冲积砂矿床，它与淋滤带一起又为第三纪火山岩系所覆盖，共同组成了冲积火山岩系。目前所开采的砂矿床则是这种冲积火山岩系经风化剥蚀，其中所含的锡石及铌铁矿再经冲积而成。自 1952 年起，于开采砂矿床的同时也开采了花岗岩上部为红土及火山岩系所掩护的风化淋滤带，其中含铌铁矿约为 60～300 克/m^3，Nb∶Ta 大约为 7∶1。至于砂矿床的品位较高，平均为 650 克/m^3。淘洗所得的精矿含 Nb_2O_5 为 55%～67%，Ta_2O_5 则为 5%～13%。

近年来着重研究了尼日利亚高原上所谓年青花岗岩体中的原生铌铁矿含量及其与花岗岩岩相的关系。铌铁矿主要聚焦在中粒的黑云母花岗岩中，这里的锆石延长小，颜色深，透明度及光泽均较弱。铌铁矿代表在岩浆中最早期的结晶产物，它主要包含在黑云母中，而在晚期或岩浆后期则铌、钽成混合物包含在锡石及黑钨矿中。大部分的黑云母花岗岩含铌铁矿约为 0.01%。根据最新资料，尼日利亚全区铌铁矿（Nb_2O_5 60%～65%）的储量共约 66,000 吨，实际所含量尚不止此数。

Kaffo 河谷碱性花岗岩中的烧绿石矿床具有极大的远景。在钠长石钠闪石花岗岩块体的分布范围内，已划出了约 0.8km^2 面积的富矿带，中含烧绿石约 0.5%。烧绿石结晶一般较小，不超出 0.2 毫米。初步估计铌矿储量（Nb_2O_5 0.25%，延深 150 米）80,000 吨，钽矿储量 8,000—10,000 吨。精矿含 Nb_2O_5 37.5%，Ta_2O_5 3.5%，U_3O_8 3.1%，ThO_2 3.3%。

(2) 刚果：刚果东部及鲁安达—乌隆迪北部的锡矿区中以盛产中间成分的含钽铌铁矿著称，它的铌铁矿产量仅次于尼日利亚，而位居世界第二，其钽铁矿产量则居第一。原生矿床均属伟晶岩脉及云英岩带，产于花岗岩块体中，分布面积不大。范围最广的当推砂矿床，并以马诺诺（刚果东南部）为中心。1951 年起马诺诺开始采原生的伟晶岩矿床，迄今成为主要的产地。这里选矿所获得的锡石精矿内含氧化铌、钽的总量约为1.8%～2.85%。铌、钽的精矿则含$Ta_2O_5$35%～40%，$Nb_2O_5$30%～35%，$SnO_2$1.9～2.2，$TiO_2$0.7%～1.6%。所产精矿砂全部出口。钶铁矿及钽铁矿的全部储量估计为25,000吨。

在基伍省的卢什（Lushe）河谷，还有碳酸岩的烧绿石矿床，有极大远景，正在调查研究之中。此外，炼锡熔渣中常含铌、钽氧化物，可达7%～21%或20%～25%，另含锡约2%。此项熔渣每年运至美国及荷兰精炼者年达数百至二千余吨。

（3）乌干达：可分为石英脉状矿床及碳酸岩矿床二种。前者分布于乌干达的西南部，含石英、电气石、锡石、辉铋矿，钽铁矿及钶铁矿，脉宽一般不超过1米。另有网脉状的石英钽铁矿矿床，脉宽不到10厘米，及电气石化千枚岩中的浸染矿床。以上各矿床的规模均不大，储量不详，年产铌、钽精矿仅10～15吨。

近年来在乌干达东部靠近怯尼亚（今称肯尼亚——编者注）境发现了Lokupoi，托罗尔（Toror,）TororoHslis，布库苏（Bukusn），苏库鲁（Sukulu）及赛库鲁诺（Sekululo）等六处碳酸岩烧绿石矿床，其中最大者为苏库鲁及托罗尔。在怯尼亚乌干达一带分布着新生代及中生代的火山。最大的新生代火山有四个，即埃耳冈山（Elgon）（高4726米），卡达姆山（Kadam）（高3323米），纳巴克（Napak）（高2766米）及摩洛托山（Moroto）（高3333米）。这些火山的构造大致相似，如以纳巴克为例，火山口为碳酸岩的核心所充填，口径约3.5公里，四周为环状的霓霞岩。以上火山杂岩体系侵入于前寒武纪花岗岩中（Bushvald granite）。可见到从中心向外倾斜的表示火山锥遗迹的块集岩，熔岩及凝灰岩，从这些遗迹可推测原来火山锥的规模可达30公里。纳巴克的火山熔岩为霞石岩，黄长石岩及含橄榄石的岩石，其气孔中常有方解石及沸石。

在埃耳岗火山东南30公里则有一系列的中生代火山，包括布库苏，苏库鲁，托罗尔，赛库鲁诺等。它们也均以环状构造并具有碳酸岩的核心为特征。这些火山都穿越花岗岩。外环一般为碱性花岗岩，向内则为正长岩，斑霞正长岩（Pulaskite）等，再向内则为混合岩带，以霓霞岩为主，也有流霞正长岩（Foyaite），磷霞岩，霞霓钠辉岩，辉石岩，纯橄榄岩及金云橄煌松岩（Verite）等。再向内有时有一条磁铁矿磷灰石金云母带，而最后则为碳酸岩的核心。在地形上，碳酸岩常成高出平面100～200米成陡坡的小山。除成核心块体外，碳酸岩还成放射状及同心圆状的小脉，穿插在上列各岩系中。

布库苏火山杂岩系由于含高量的磷而具有重大意义。据估计含8%～35%P_2O_5的矿石约有500万吨。最大最重要的矿区为苏库鲁，碳酸岩呈圆形核心，口径4公里，四周环绕的碱性岩带宽约450米。碳酸岩中含磁铁矿、磷灰石、烧绿石、斜锆石、锆石、重晶石及锐钛矿。这些矿物的分布很不均匀，特别是烧绿石，常沿着裂隙带富集。从碳酸岩风化所成的残积层如锰铁帽中含矿一般较富，为目前探采对象，它约含25%的磁铁矿，15%的磷灰石，0.4%烧绿石。残积层体积可达1,400万立方米。如以深度70米计算，本区含$Nb_2O_5$0.2%及$P_2O_5$13%的矿石可达200兆吨。本区的浮选试验已顺利完成，因本矿含磷较高，储量亦大，现定1961年开始建设一磷肥厂，从此可年产含$Nb_2O_5$55%的精矿150,000磅。

（4）怯尼亚：怯尼亚的碳酸岩矿床分布在Bangwe，Buri，Homa，Mrima等处，其中除Mrima位于东部沿海外，其余均在内地。地质构造均属第三纪古火山锥建造，由凝灰岩，块集岩，岩流及岩脉等所组成，岩流包括碱性正长岩，霓霞岩，响岩等，一般含霞石甚多。围岩大部分属前寒武纪，也有侵入中生代沉积岩中者。碳酸岩常位于中心，成为火山颈，也有成岩脉或锥层侵入体者，最大的 Homa 岩体，口径 2.7 公里。除烧绿石外，还含黑云母、辉石、磷灰石、黑榴石、磁铁矿、榍石等矿物。Mrima 矿区位于蒙巴萨南约 80 公里，目前正在积极勘探中，初步估计高品位矿石（$Nb_2O_5$0.7%）储量约 3,000 万吨，平均含量不超出 0.3%～0.6%，由碳酸岩风化所成的红土中富含 Fe、Mn 及重晶石。

（5）坦噶尼喀（坦桑尼亚的非洲大陆部分——编者注）：最重要的碳酸岩矿区称为庞得山（Panda Hill），在 Mbega 西南 19.5 公里，位于鲁夸湖及尼亚萨湖之间。契尔沃（Chilwa）中生代（?）火山杂岩系包括凝灰岩、块集岩及角砾岩等，侵入于前寒武纪片麻岩中。火山口口径约 1.2 公里，中含块状及脉状方解石及白云石碳酸岩，高出平地 152 米。本区碳酸岩（的时代）暂定为侏罗纪，根据有二：①碳酸岩被未变质的白垩纪地层所覆盖；②在松格沃流域曾见到二叠三叠纪的卡路层被与庞得山相似的火山充填物所冲破。大部分的碳酸岩皆含烧绿石，一般在方解石中较多，含 $Nb_2O_5$0.2%～0.4%，在白云岩中则不到 0.2%。脉状碳酸岩中含 $Nb_2O_5$0.1%～0.7%，其中方解石脉中铌的含量亦较白云石脉为高。覆盖地面的残积层含 $Nb_2O_5$0.06%～1.8%，平均为 0.62%。共生矿物极为复杂，有烧绿石、钶铁矿、磷灰石、磁铁矿、钛铁矿、榍石、锆石等，还有少量锡石、赤铁矿、菱铁矿、方铅矿等。烧绿石呈正方八面体结晶，最大可达 5 毫米，一般为一毫米。色浅黄，橄榄色到黑色，有些结晶的核心呈血红色。大晶体强烈熔蚀，并含磷灰石，方解石，萤石及氢氧化铁的包裹体。估计含 0.3% Nb_2O_5 的矿石储量为 4,500 万吨。根据地质产状，储量仍可扩大。自 1955 年起即组织公司，积极勘探，并从事选矿的试验。现已有一小规模工厂开始生产烧绿石精矿。在鲁夸湖北最近也发现了烧绿石。

（6）尼亚萨兰（今马拉维——编者注）：共有 10 个碳酸岩产地：契尔沃（Ghilwa island），童都鲁（Tungdulu），Songwe 及康干昆得（Kangankwnda）等，均位于沃尔沃湖附近一带。地质属中生代契尔沃火山岩系，由橄榄霞石岩、霞石正长岩、块集岩等所组成，还有各种岩脉，包括伟晶岩，微流霞正长岩（Microfoyaite），霓霞脉岩及响岩等，均侵入于前寒武纪杂岩中，在其接触带造成了长霓化的蚀变带。由于火山杂岩体侵入了开鲁层并为下白垩纪的沉积岩及熔岩所覆盖，故其时代被定为下侏罗纪。

发育最完备的为契尔沃岩体，中心为铁白云石岩株，向外为方解石，在其外缘富含橄榄霞石岩及响岩岩脉。与片麻岩围岩接触处则为长霓岩化带。矿物组成有方解石、钾长石、烧绿石、磷灰石、磁铁矿、金红石、锐钛矿、锆石、氟碳钙铈矿（Synchysite）、重晶石、萤石、金云母、黑云母、磷铝铈矿（Florencite）等。烧绿石呈黄褐、深褐色，0.5～1 毫米大小，含铌、钽氧化物可达 64.9%，其中铌、钽比值极高。童都鲁矿区面积约 1.6×2.4 公里，中心为碳酸岩体，高达 225 米，矿物成分与契尔沃相仿，可能存在氟碳铈钙组（parisite）的矿物。康干昆得矿区的碳酸岩高 200 米，南北向延长 1.2 公里，宽 0.65 公里。岩石中含少量烧绿石，另有独居石（不含 Th）及闪锌矿。属于契尔沃火山岩系的环状构造，在非洲的西部也可见到。

（7）罗得西亚：北罗得西亚最重要的碳酸岩产地为 Nkumbwa，位于 Isoka 东 24 公里。火山岩露头不明显，碳酸岩高出平地 300 米，面积 2.5 平方公里，四周为长霓化的前寒武纪片麻岩及花岗岩所围绕。以铁白云石质的白云岩为主，还有含锰的菱铁矿。矿物组成为烧绿石，独居石，镁橄榄石，钠闪石，钠钙闪石，磷灰石，云母，氟镁石

(Sellaite)。在碳酸岩及残积层中的烧绿石含量约为 0.25%。钛铁矿亦含铌，可达 0.75%（Nb_2O_5）。由于烧绿石晶形太小（<1 毫米），在选矿上可能有困难。在卢萨克附近还发现有钶铁矿矿床。

在南罗得西亚东南部维多利亚堡附近的皮开得在大战前即已开采钽铁矿。本区有花岗岩块体侵入前寒武纪的变质绿岩系中，从而产生了许多缓倾斜的伟晶岩岩脉，在花岗岩与绿岩中均有，伟晶岩为细粒状的钠长石，中杂微斜长石及石英的巨晶。主要矿石为含锰的钽铁矿及微晶石，有少量六方钽铝石，其他共生矿物有锂云母，透锂长石（Pitalite），锡石，磁铁矿，钛铁矿，黑钨矿等。在伟晶岩的云英岩化部分，除铌、钽矿物外，还有绿柱石。本区附近广泛发育了砂矿床。近年来钽铁矿精矿产量年产达 30～40 吨。

在南罗得西亚的南部萨比河流域有 Shawa，Dorowa 及 Chishanya 等几个烧绿石矿点。碳酸岩位于火山锥体之中部，口径数百米至 3 公里，高出平原 100～300 米，四周环绕着蛇纹岩，局部有纯橄榄岩及碱性杂岩系，包括黑云母辉石岩，钛铁霞辉岩(Jacupirangite)，霓霞岩，等色岩，正长岩等，围岩为前寒武纪花岗岩，与碱性岩接触处皆有长霓化的围岩蚀变现象，有时这种蚀变岩石可与碳酸岩直接接触。矿石富于磁铁矿及磷灰石，烧绿石的含量不详。本矿形成时代未定，可能也属中生代。

（8）*莫三鼻给（今莫桑比克——编者注）*：碳酸岩产地为 Muambe，位于三比西河流域 Lupata 峡谷东北 22 公里。碳酸岩核心体口径约 4.8 公里，高差约 60 米，四周为环状的碱性岩并有霞石岩，响岩等的岩脉。以上火山杂岩系侵入于二叠、三叠纪的开鲁砂岩中，形成一个深达 180 米的盆形构造。成矿时代可能也属中生代。

（9）*南非联盟*：脱兰士瓦尔东部及东北部有 Loolekopspitzkop，Magnetheight 等几个碳酸岩产地，围岩均属前寒武纪花岗岩。碱性杂岩种类繁多，从外向内有正长岩，等色岩，霞斜岩，辉石岩，霓霞岩，流霞正长岩，霓霞脉岩等。长霓化的围岩蚀变极明显，其中包括碱闪正长岩。中部碳酸岩体口径 1.5 公里，高差 90 米，也有成长条状者。另有碳酸岩岩脉侵入附近各种岩石之中。方解石及白云石均有，局部富含磷灰石及磁铁矿，在 Magnetheight 则矿脉成条带状，并含磁黄铁矿较多。迄今似尚未发现烧绿石，在金伯利（Premier）的金刚石矿场，扁豆状方解石脉产于角砾云母橄榄岩中，最大的脉厚度达 18 米。在管状的角砾云母橄榄岩中，还可见到各种各样基岩的捕虏体。本区产状极为重要，因为它显示了碳酸岩与金刚石直接共生的关系。至于成矿时代则尚未确定，一般皆认为应属前寒武纪，惟金伯利产地则可能属于白垩纪。

（10）*其他产地*：西南非洲，安哥拉（葡属）及法属赤道非洲等处的锡矿区中常有含钶铁矿的伟晶岩及砂矿床，均经开采，但规模甚小。除钶铁矿外，还有绿柱石，磷铝石（amblygonite）及锂云母。

北美洲

北美洲在目前铌、钽的生产尚无足轻重，但远景极大，尤以加拿大最为重要，分述如下：

1. *加拿大*：在第二次世界大战时，魁北克州曾发现含钽铁矿的伟晶岩，其中兼含绿柱石及锂辉石，但规模不大。近年来又发现了若干碳酸岩矿床，主要有三处：①魁北克州蒙特利尔附近的奥卡；②安大略州 North Bay 附近的马尼托（Manitou）岛；③安大略州

Sud bury 西北的 Nemagos 及 Trout 湖一带。以上三处都位于加拿大地盾的东南侧，与分布在元古界及太古界间的深大断裂似有密切的关系。这三处的矿石（含 $Nb_2O_5$0.35%）总储量，据估计至少达 135 兆吨。

奥卡矿区出露着长 5.5 公里、宽 2.5 公里的大理岩，其时代可能属前寒武纪的格林维尔统（Greenville Series）。与之相共生的有一系列的碱性侵入岩如奥卡岩（含黄长石、霞石等矿物）、霓霞岩等。含铌、钽矿的岩石可分为四类：①矿化大理岩，含有镁橄榄石，碱辉石，黑云母，磷灰石，磁铁矿及磁黄铁矿等矿物；②奥卡岩—黄长石类岩石，含霞石，磁铁矿，辉石类，黑云母，符山石及方解石；③蚀变了的霓霞岩及霞石辉石岩中含杆沸石（Thomsonite），钠沸石（Natrolite），符山石，磁铁矿，辉石类，黑云母及钠长石；④含磷灰石，方解石，黑云母的岩石。含铌、钽的矿物有烧绿石，钶铁铀矿，钙钛矿及含钛磁铁矿，均成 1～5 毫米的粒状结晶散浸在上述各种岩石中。矿区岩石均富有放射性，而以含钶钛铀矿者为最高。以上各岩石中还常有方解石的细脉或网脉，纵横贯穿。最先调查此矿的（Rowe）曾把它列入接触变质矿床，并认为碳酸岩是沉积的大理岩受了碱性岩的侵入影响变化而成。从矿床的产状，特殊的矿物组分及其与碱性岩的密切关系，现在大多数地质学家都认为是标准的碳酸岩矿床了。第二家公司在本矿区进行了大量的勘探及试验工作，已确定了含 $Nb_2O_5$0.25%的矿石有 106 兆吨，其中含 $Nb_2O_5$0.4%的矿石约有 38 兆吨，选矿试验工作亦经完成，预定 1961 年开始生产，一家公司的年产量为 450 公吨，另一家公司为 205 公吨。

安大略州尼比辛湖马尼托岛（亦称牛曼 Newmen 矿区）矿区由两个同心环状杂岩体所组成，外圈为锥辉石（Aemite），钾长石及碳酸岩所组成，内圈则为粗粒的锥辉石正长岩，中含锥辉石，钾长石及白云母（交代霞石），以上岩石均为奥陶纪砾岩及石灰岩所覆盖。含矿部分常为屡经破碎并深受钠质蚀变的岩石。共生矿物有烧绿石，磷灰石，黄铁矿，磁铁矿等。在正长岩及碳酸岩中皆有矿化，最大的矿化带长达 300 米。烧绿石成 0.01～3.5 毫米的自形晶粒，呈绿灰或棕黄色，玻璃状至半金属状光泽。纯矿石含 Nb_2O_5 44.1%，$U_3O_8$10.4%～10.7%，不含钽。主矿带含 $Nb_2O_5$0.53%的矿石约 550 万吨。

2. 美国：美国为消费铌、钽最大的国家，但国内产量不多，现知产地有下列几种类型：

(1) 产于伟晶岩中的钶铁矿及钽铁矿，分布于南达科他（黑山），北卡罗里纳，哥罗拉多（洛奇山），阿里佐纳（即亚利桑那——编者注）及新墨西哥一带，常为开采云母，长石及绿柱石的副产品，共计产量每年不过数十吨，估计全部储量钶铁矿约 110 吨，钽铁矿 60 吨，微晶石 270 吨。

(2) 爱达荷州 Bea Valley 的黑稀金矿砂矿床，含 $Nb_2O_5$22%～30%，$Ta_2O_5$1%～6%，已经试选生产，同时还可获得钶钇矿及褐钇钶矿，但成本过高，不能与钶铁矿相竞争。在爱达荷州南部的爱莫尔（Elniore）还发现钶铁矿砂矿床，与钛铁矿及独居石相共生。

(3) 碳酸岩矿床：已发现四处，其中有三处含有铌、钽矿物，另二处则以稀土元素为主，分述如下：

1) 阿肯色州的马格尼特姆夫（Magnet Gove）；具有同心环状构造的各种碱性岩侵入于石炭纪的砂页岩中，呈北西向延伸的椭圆状，面积为 3 公里×5 公里。碳酸岩中含有各种蚀变岩石的捕虏体，它位于杂岩体的中部，大部分为冲积层所覆盖，出露部分长 1,200

米×宽150米。内圈为霓霞岩，霞霓钠辉岩及钛铁霞辉岩所组成，外圈则有白榴斑岩，流霞正长岩以及各种碱性岩的岩脉，此外还有许多含碳酸盐及其它矿物的矿脉群。碳酸岩主要由方解石，钙镁橄榄石（Monticellite），磷灰石，黑云母，硫铁矿及钙钛矿所组成。钛的富集是本区的特征，在所有黑色的侵入杂岩中均含钛，在蚀变的矽化页岩中含板钛矿较多，含 TiO_2 可达6%，在碳酸岩的脉中则含金红石，TiO_2 含量可达3%。钙钛矿产于碳酸岩及霞霓钠辉岩中，后者含 TiO_2 可达5%～9%，前者则较少。本区的另一特征为独立的铌矿物，如烧绿石，还未找到。所有的铌、钽均含于钛矿物中，如金红石为1.7%，板钛矿0.8%～9.6%，霞霓钠辉岩中的钙钛矿含铌0.56%，但碳酸岩中的钙钛矿含铌5.1%～8.8%，钛矿石中的平均含铌量（Nb_2O_5）约为4%～8%，估计三个矿区的矿石储量共为800万吨。矿床形成时代可属白垩纪。

2）哥罗拉多州的铁山（Iron Hill）：碱性杂岩体及碳酸岩株面积约20平方公里，侵入在前寒武纪的片麻岩及花岗岩中，并为下侏罗纪砂岩所覆盖。碱性岩包括黄长岩，辉石岩，碱性正长岩及霞石正长岩。据Larsen意见，碳酸岩株时代最老，其次为黄长岩，再次为辉石岩及正长岩。碳酸岩高出地平面300米，延长1.5公里以上，以白云岩为主，含少量方解石，偶有含铁白云石。另有许多白云石细脉穿插于各种岩石中。白云岩含霞石，金云母，碱性闪石，磷灰石及锐钛矿。在黄长岩中除黄长石、辉石外，常含磁铁矿及钙钛矿，还有磷灰石及方解石，在白云石脉中硫化矿物如黄铁矿，黄铜矿，方铅矿，闪锌矿等较多，最近在本区还发现了若干稀土元素。Larsen认为本区的侵入杂岩是由同化碳酸岩的玄武岩浆以结晶分异的方式形成，而碳酸岩矿床则是接触热液变质作用的结果。成矿时代有侏罗纪前或第三纪的各种说法。

3）加利福尼亚州的芒廷帕斯：前寒武纪变质岩岩块，为许多富含钾质的岩株所侵入，最大的有：四个等色岩正长岩岩株，两个正长岩岩株及一个花岗岩岩株。区内曾发现约200条切割侵入岩及变质岩的碳酸岩岩脉，其厚度均不超过7米，这些岩脉都集中于岩株的西南部，而在岩株之南的片麻岩中则分布着巨大的（200×800平方米）称为硫化物皇后（Sulfide Queen）的碳酸岩体。碳酸岩较碱性岩为新，有方解石的，白云石的及铁白云石的数种，它们都含有相当数量的重晶石，锶重晶石，钡天青石及不同数量的石英，氟碳铈矿（bastnaesite）及氟碳铈钙矿（Parisite）。另有少量的云母，霓石，青石棉（Crocidobite），绿泥石，榍石，萤石，褐帘石，钍石（Thorite），矽铈石（Cerite），独居石，萨哈码石（Sahamalite），局部还有方铅矿，黄铁矿，黄铜矿等。本矿的特征是磷灰石及磁铁矿的含量大为减少，铌矿物几未发现，而稀土元素特多。碳酸岩体平均含60%的碳酸盐，20%的重晶石及天青石，10%的稀土氟—碳酸盐及10%的矽酸盐。分布最广的为氟碳铈矿Ce，La（CO_3）·F（5%～15%），成浅铜黄色，折光率1.823及1.722。钍石为红褐及黄色的颗粒。独居石具放射性，含1%～3%的钍。据估计硫化物皇后区共有含稀土元素5%～10%及重晶石20%～25%的矿石约2,500万吨，为世界上最大的稀土元素矿床。曾根据独居石及锆石确定矿区的绝对年龄为8～9或9～10亿年，故应属前寒武纪。大多数研究者都认为本矿床属岩浆成因，并推测是由等色岩到花岗岩的碱性岩浆分异作用所形成。

4）蒙大拿州的罗基博依（Roeky boy）：碱性杂岩体种类繁多，其程序为：①黑云母辉石岩。②霞石等色岩。等色岩及有关的正长岩。③碱性二长岩。④霞石霓石正长岩及伟晶岩。⑤斑状含钾正长岩，其中包含碳酸岩。⑥橄榄石—白榴石响岩。围岩为白垩纪—始新统的沉积岩。在碳酸岩岩脉中（含）稀土元素及重晶石，天青石含较富的铌矿物，磷灰石，磁铁矿等较少，其情况与芒廷帕斯相似。主要硫化物为磁黄铁矿，黄铁矿及方铅矿。为新矿物 burbankite 及 Calkissite 的标（准）产地。

5）其他地点：在爱达荷岩基体边缘（N. Lemte County）的闪岩及变斑晶片麻岩中有分布不规则的板状或晶片状结晶石灰岩，中含阳起石，褐帘石，磷灰石，独居石，方解石，重晶石，钛铁金红石，钛铁矿及磁铁矿。其他少量矿物还有黑云母，金云母，石榴石，绿帘石及黄铁矿，磁黄铁矿，黄铜矿等。值得注意者则还有含稀土元素的碳酸盐，如氟碳铈矿及锥锶铈矿（Ancylite）$(Ce，La)_4$ $(SCa)_3$ (CO_3) r_7 $(OH)_4 3H_2O$，而钛铁金红石中则含铌特多。大部分的钍均含在褐帘石中。本矿的产状及矿物成分与碳酸岩矿床极为相似，所不同者为缺乏碱性火成岩的共生，以前曾把它列入变质交代矿床中，据最近研究（A • L • Anderson），认为应属岩浆成因的碳酸岩矿床。

（4）铝土矿中的铌矿床：阿肯色州铝土矿中的含钛矿物及处理铝土矿后的残渣中均证明含铌，平均含量为 0.07%，矿石储量约为 4,000 万吨。试验结果已能成功地从含钛铝土矿中获得含 Nb_2O_5 36%的精矿。

阿肯色州 Potast Sulphur Springs 的某些霞石正长岩—碳酸岩杂岩体的风化壳中已发现含铌达 0.24%，它与黄色的烧绿石有关。

南美洲

1. 巴西：为钽铁矿的主要供给地，矿石均产生在伟晶岩中，分布在巴西的东北部大西洋沿岸。有价值的钽铁矿均产在具带状结构的伟晶岩中，同时还可开采绿柱石及锂辉石。另一类型的伟晶岩则含钶铁矿，六方钽铝矿，黑稀金矿及钶钇矿。伟晶岩长可达数百米，宽 30～50 米。据初步估计，巴西钽铁矿的总储量约有 2,000 吨。

最近又发现了多处碳酸岩烧绿石矿床，据说其总储量可达 400 万吨（以 Nb_2O_5 计算）以上，为世界上最大的铌矿区。矿床主要分布在 Minas Gerais 的西部，最大最富的为 Araxa 矿区，风化深达 45 米，平均含 Nb_2O_5 3.48%的松软矿石共有 120 兆吨。矿石由烧绿石（6%～14%），磁铁矿（32%～39%），重晶石（8%～12%），褐铁矿（29%～30%），石英（2%～3%）及磷灰石（6%～10%）所组成。此外，矿石还含有放射性元素及高量的锆。最近估计，本矿含铌矿石（Nb_2O_5 56%以上）9,286,650 吨，钍矿（ThO_2）130,000，及铀矿（U_3O_8）84,000 吨。该矿现由纽约的华昌公司计划开采，其条件为所有洗选所得的放射性矿物皆须运回巴西，归政府所有。此矿距地面近，矿石松软，易于用露天法开采。预定 1961 年开始生产，将为世界上最大的烧绿石矿场。其他如 Tapira（near Saeramento）及 Serra Nogra（near Patrocino）均已发现丰富的烧绿石矿床，尚待探勘。

2. 其他产地：阿根廷在布宜诺斯艾利斯曾设有用自己原料制炼氧化铌的工厂，年产量仅数吨。法属圭亚那曾试采过钽铁矿床。英属圭亚那产钶铁矿砂矿，曾有小量生产。委内瑞拉也有铌、钽矿点的报导。

澳大利亚

澳大利亚洲的西部及北部产钽铁矿及钶铁矿，原生矿均属伟晶岩及云英岩，与锡石共生。主要产量则出自原生矿附近的砂矿。在 1938 年以前，澳洲曾是世界上主要产钽铁矿的国家，战后产量锐减。在 Darwin 东 100 公里曾开采重钽铁矿。

Ⅴ. 储量、产量、价格及国际贸易

1. 储量

要精确计算世界各国铌、钽矿的储量目前尚不可能。1957 年（6 月 3 日）泰晤士报曾载文估计全世界铌矿储量如下（以 Nb_2O_5 计算）：

非　洲	1,270,000 公吨
加拿大	400,000 公吨
挪　威	500,000 公吨
美　国	50,000 公吨
共　计	2,220,000 公吨（即等于金属铌 1,500,000 公吨）

Бородин 及 Коган 在资本主义国家铌、钽资源一文中曾根据各种资料编集一储量统计表，兹节录如下（均以 Nb_2O_5 计）：

表 3　资本主义国家铌、钽矿储量统计表

国　　家	烧绿石矿床（Nb_2O_5 以千吨计）	钶铁矿（Nb_2O_5 以千吨计）	钽铁矿（Ta_2O_5 以千吨计）
加拿大	118.9		12.2
美　国	40.7	0.4	0.3
巴　西	2,200.0		201.2
其他南美国家	18		0.3
挪　威	80	38.6	
尼日利亚		9	13.5
刚　果	400		4.5
乌干达	120		40
怯尼亚	150		12
坦噶尼喀	2		15
莫三鼻给			0.5
马来亚，泰国及印度		2	0.5
澳大利亚		1	0.2
共　计	2,129.3	51.0	300.2

照 Бородин 等的估计，铌矿石总量共为 480～500 兆吨，如以 Nb_2O_5 计算，则共为 318 万吨，其中包括钶铁矿 51,000 吨，烧绿石矿床 312.9 万吨。钽铁矿共有 Ta_2O_5（原文缺数字——编者注）万吨，其中包括钽铁钶铁混合 13,000 吨。

根据最新资料，加拿大，巴西及非洲东部各烧绿石矿的储量又大有增加，故铌的总储量恐不难达到 600 万吨，即纯铌约 420 万吨。即使铌的销费日渐增加，将来的供应也可认为是非常充足的。

钽的情况稍为不同，高品位的钽铁矿如刚果及澳大利亚所产已日形减少，但巴西仍有大量钽矿石足资供应，将来钽的供应一方面从铌、钽混合矿中提取钽，另方面，则应尽量利用低品位矿石以补高品位矿石的不足。

2. 产量

目前铌矿石的主要来源，依其产量多少为序，为：尼日利亚，刚果，挪威，马来亚及巴西，其中尼日利亚的产量约占全部的70%～90%，挪威为目前惟一正式生产烧绿石的国家，但不久，巴西，加拿大及东非各国即将有所生产，生产钽铁矿国家的程序为刚果，尼日利亚，巴西及澳大利亚。

兹将1950—1960年各国铌、钽矿的产量列为表4。尽管铌、钽的需要日增，但自1955年以来，各国产量却日渐减少，其原因为美国推进堆储政策，近年来囤积的铌、钽矿已达相当数量，暂不大量收购，因而影响各矿的生产。另一原因则是受了国际锡矿统销的限制（1958年开始），尼日利亚及刚果均是该组织的成员，锡与铌、钽密切共生，锡的产销有限制，铌、钽也同样受影响。自1959年起，铌、钽矿物的产量又逐渐增加。1960年英联邦铌存货均已售完，又因玻利维亚锡的减产，出口量不足，从1960年第四季度起暂时取销锡矿出口的限制，故铌、钽产量增加更多，价格也上涨。

表4　近十年来铌、钽产量表（除另注明外均为公吨）

洲别	国别	1950	1951	1952	1953	1954	1955	1956	1957	1958	1959	1960
欧洲	挪威 铌精矿	—	—	—	555(c)	175(c)	302(c)	250(c)	190(c)	281(c)	290	310
	葡萄牙 钽铁矿及钶铁矿	—	—	—	137	82	50	27	31	24		
非洲	尼日利亚 钽铁矿	1	2	1	—	10	15	14	18	20		
	尼日利亚 钶铁矿	864	1,078	1,293	1.950	2.914	3.146	2.604	1.923	806	1,578	2,049
	塞拉勒窝内 Siera latona 钶铁矿	—	—	—	—	4	4	—	—	—		
	刚果 Ta及Nb精矿	133	94	103	279	432	432	335	234	243	166	97
	刚果 Sn—Ta—Nb	1,086	1159	1,256	1,596	2,664	2,824(d)	2,717(d)	1,947(d)	1,427(d)		
	南罗得西亚 Ta精矿	1	—	4	13	6	2	13	34	43	60	60
	南罗得西亚 钶铁矿	—	—	7	3	8	6	2	—	—		
	乌干达 钽铁矿	—	—									
	乌干达 钶铁矿	3	6	} 5	18	10	15	2	2	3	—	
	乌干达 Sn—钶铁矿	1,210磅	336磅	3,248磅	2	3	515磅	—	—	—	2. 33	2. 66
	莫三鼻给 钽铁矿	—	—	—	—	—	2	3	} 129	} 169	} 142	
	莫三鼻给 钶铁矿	5	5	15	26	42	35	26				

续表

洲别	国别	1950	1951	1952	1953	1954	1955	1956	1957	1958	1959	1960
非洲	西南非洲 钶铁矿 钽铁矿及钶铁矿	— 6	— 2	— 2	— 8	1 12	5 16	— 6	— 11	— 5		
	赤道非洲 钽铁矿及钶铁矿	2	—	2	2	3	1	—	—	—		
	南非联邦 钽铁矿	2	3	4	17	21	11	1	1	17		
	马达加斯加 钶铁矿	—	4	3	4	16	17	9	8	11		
北美洲	美国 钽精矿 铌精矿	1,000 磅}	925磅	— 2	} 7	15	6	97(f)	105(f)	191(f)	—100	
南美洲	巴西 钽铁矿 钶铁矿	8(e) 12(e)	4(e) 5(e)	24(e) 2(e)	18(e) 29	48(e) 193	57(e) 76	93(e) 176	180} 130}	235		
	阿根廷 钽铁矿及钶铁矿	(a)	(a)	(a)	(a)	(a)	5	5	—	(a)		
	玻利维亚 钶铁矿	8	25	47	52	111	236	276	142	159	120	
	英属圭亚那 钶铁矿	—	—	—	5	2	2	—	—	—		
	法属圭亚那 钽铁矿及钶铁矿	—	(a)	(a)	6	14	10	7	1	—		
亚洲	马来亚 钶铁矿	8	25	47	52	111	236	276	142	159	120	93
	印度 钶铁矿	—	14 磅	1.525 磅	483 磅	5(b)	(a)	(a)	(a)	(a)		
	澳大利亚 钽铁矿及钶铁矿	7	2	7	8	53	12	71	22	6		
	共计	1,200	1,400	1,600	27.50	4,240	5,100	4,250		2,250	2,700	

附注：(a) 无资料。(b) 包括褐钇钶矿。(c) 1953 年为 5%Nb_2O_5，1954 年 49%Nb_2O_5，1955 年 59%Nb_2O_5，1956 年 51%Nb_2O_5，1957 年 50%Nb_2O_5，1958 年 50%Nb_2O_5。(d) 估计含钽铁矿钶铁矿 1955 年为 346 吨，1956 年 281 吨，1957 年 1,353 吨，1958 年 108 吨。(e) 出口量。(f) 主要为黑稀金矿。

3. 价格

尽管铌、钽在尖端工业方面的需要日新月异，但由于上述原因，它们的价格近来却不断下降，但近年又趋上升，如 1959 年尼日利亚钶铁矿的价格为每单位 165～170 先令，1960 年为 175 先令。美国牌价含 Nb_2O_5 65%的钶铁矿，其中 Nb：Ta＝10：1 者，照所含

Nb_2O_5 计的每磅价值为美金＄1.10～1.15，而在1954年时则每磅价值约＄3.40，1960年上升为每磅美金1.18～1.25。如Nb∶Ta＝8.5∶1时，则每磅 Nb_2O_5 价格为＄0.95～1.00，1960年则为＄1.05～1.10。含 Ta_2O_5 60％的钽铁矿，照所含氧化物计算的每磅价格为＄3.50～4.25。照英制计算为每单位950先令，1960年则上涨到1,000～1,200先令，可能与刚果危机有关，铌铁矿合金照金属含量计算的每磅价格为＄3.45，而钽铌铁矿合金的价格则为＄3.05。1954年铌铁合金（含Nb50％～55％）的价格为每磅＄9.4～12.00。金属铌的价格在1959一年中颇有变动，从每磅＄36到55，1960年略低，为＄35～55。钽粉价格约为每磅＄47.5～50，1960年钽锭每磅＄45。1959年起各种价格均较1958年略为上升，1960年上升更明显，这是需要激增，市场开始活跃的表现。目前销费者都乐于采用低级钽矿，其中 Ta_2O_5 的含量已从90％减为45％～50％。其原因不但单位价格略低，而在此种低级矿中含铌比例却高，并不增加价格，故从经济观点，大家乐于采购。但1960年这种趋势又渐低落。

4. 国际贸易

上面已经谈到美国为消费铌、钽最多的国家，每年进口的铌、钽精矿，占全部产量的60％以上。下表表示美国近几年来的进口量及其价值：

表5　美国进口铌、钽矿精矿数量价值表

年　　度	1954	1955	1956	1957	1958	1959	1960
铌矿物（磅）	6,804,076	9,612,576	5,699,553	3,348,702	2,555,840	3,410,000	4,851,000
价值（＄）	14,191,142	19,912,381	8,386,659	3,037,706			
钽矿物（磅）	981,872	1,907,986	1,312,865	828,265	1,036,000	630,000	
价值（＄）	1,972,320	4,820,453	1,180,118	948,638			

从上表可见，自1955年以后，美国对铌、钽精矿的进口逐年减少，但自1959年起又逐渐增加。美国也进口金属铌，近三年的进口量为1956年15,144磅，1957年4,061磅，1958年5,458磅。1960年美国产金属铌120公吨，比1959年的增加一倍。同年产金属铌（钽？——编者注）亦约120吨。（此段文字中的数字多有矛盾——原文如此。编者注）

其他进口钶铁矿的国家，首推英国，次为西德，法国及日本，近二年的进口量如下：

年度	1957（公吨）	1958（公吨）	1960
英国	438	386	806（铌、钽合计）
西德		160	
法国		43	
日本	77	6	

1959年国际市场的特点是，不但美国及英国对铌、钽矿的进口逐渐增加，其他各国如德、法、日等国亦均有增加，其总量从1958年占全部产量的12％而上升到32％，高出英国的全部进口量。

Ⅵ. 今后在我国寻找铌、钽矿的方向与方法

在概述了铌、钽的性质与应用及铌、钽矿床的类型与分布后，可知为了发展我国的尖端工业，为了使我国的科学研究达到国际水平，在全国范围内寻找铌、钽矿床应是目前当务之急。必须综合运用地球化学，矿床学，岩石学及大地构造的理论，配合最新的地球化学及地球物理的找矿方法，系统地细致地进行工作才能获得最好的结果。

1. 首先要找砂矿及风化淋滤矿床

根据尼日利亚的经验及其产量在目前位居世界第一的事实，可见寻找砂矿及风化淋滤矿床，应是最现实，并最能迅速投入生产的找矿对象。鉴于铌、钽矿常与砂锡矿共生，而我国的许多锡矿区又都已找到了褐钇铌矿，在砂锡矿的尾砂中常存在着大量的独居石，钛铁矿及其他稀有矿物，因此在这些地区发现如尼日利亚式或爱达荷式的砂矿床是非常有希望的。目前的首要问题是，必须先对当地砂锡矿做精密而系统的矿物鉴定工作，找出何处砂矿中确含有铌铁矿，钽铁矿或其他重要的铌、钽矿物，然后再根据地质产状及交通情况，划出有远景的地区，从事进一步的详查与勘探。在进行初步找矿工作中必须同时研究风化花岗岩，特别是被覆盖的风化的花岗岩的深度和产状以及其中有无具工业价值的铌、钽矿物，要根据重矿物（锆石）及其特征区别各种花岗岩的类型，以便能找出如尼日利亚式的风化滤淋铌铁矿床。

2. 其次注意研究伟晶岩

特别是从生产钽铁矿的观点来讲，仍应是一项急需的工作，但必先确定伟晶岩中是否含有铌、钽矿物。应综合研究中国伟晶岩的成分、结构及地质特征，并根据最新地球化学观点，初步评价其对铌、钽的远景，然后再划出最有远景的地区，进行详测与勘探。据初步资料来看，××伟晶岩含铌、钽的希望最大，××及××的希望似乎并不很大，是否如此尚待进一步研究决定。至于伟晶岩对其他矿物如云母，长石，绿柱石等的重要性，在我国亦已证实，无须详论。

3. 必须大力寻找碳酸盐岩矿床

因为这是世界上公认的最大、最富的铌铁矿，而在二、三年内，如东非，巴西，加拿大等国家就要大量生产。寻找这种业已证实的最重要的工业类型已不属于探索性的工作，而是具有十分现实意义的工作了。问题是在我国是否有这种矿床？根据我的看法，它肯定存在，其理由如下：

（1）在古老地盾的边缘，发育着许多深大断裂，足为碳酸盐岩浆上升的孔道；

（2）在我国广泛分布着碱性岩及超基性岩，其中有许多地点如山西的汾河，山东的沂河和沭河，苏北微山湖及阴山、白云鄂博一带，都是沿着深大断裂分布的。

（3）我国闽浙粤一带广泛分布着中生代火山岩系，其中常含有被称为脉状矽卡岩的矿床，即矿化了的、形态极不规则的大理岩，它们是否为碳酸盐岩极应研究决定。

为了在全国范围内系统地寻找碳酸盐岩矿床，必先编制一张碱性超基性岩分布图，其上附列大地构造单元的轮廓，特别着重古老地盾的分布范围，同时绘入各种深大断裂，及存在于火山岩与变质岩中的大理岩，矿化矽卡岩的地点。如有关于铌、钽及放射性矿物存在的初步报导以及稀土元素的产地，更应用特殊记号绘出。从这张图我们就可编拟在全国寻找碳酸盐岩稀有金属矿床的系统计划了。

我们的初步看法是，在沿着深大断裂带内有碱性岩及超基性岩分布的地点详细寻找碳酸盐岩矿床是非常有希望的。假如在这样的地区还有金刚石矿床存在的话，那么从碳酸盐岩与金刚石间可能存在的关系来看，就有其更为重要的意义。

在富含稀土元素的地区，必须仔细研究，因为这有可能发现类似美国芒延帕斯式矿床的希望。这样的地区若广泛地发育着钠闪石化及其它关于钠质交代的蚀变现象，则有可能在花岗岩中发现如尼日利亚 Kaffo 河谷式的烧绿石矿床。

在闽浙粤中生代火山杂岩发育的地区，应就有石灰岩，脉状矽卡岩或有碱性超基性岩报导的地点进行普查，也可能有发现碳酸盐岩矿床的希望。西伯利亚地台上的碳酸盐岩矿床均属中生代，而非洲东部的矿床，大部分也与中生代及新生代的火山喷发作用有关，因此在我国东南沿海与古老地盾或与加里东褶皱带接壤的燕山期火山岩活动地带应该是一个有利的找矿区域。

4. 鉴于美国阿肯色州铝土矿中铌矿的发现，我们今后也应注意分析铝土矿特别是其中含钛矿物中的铌含量，如发现有由碱性岩风化形成的铝土矿，则更应注意寻找够品位的铌矿床。

最后，黑钨矿及云英岩中铌、钽含量多少及存在的方式如何尚未研究。如铌、钽产在黑钨矿的结晶格子中，则对选炼是否有困难？刚果，尼日利亚及乌干达的同样矿床，虽有所产，而规模皆不大，故这类矿床的工业价值如何，尚在未定之列，目前只能附带研究，不应过于重视。

5. 关于找矿方法的问题

因另有若干专著译文，本文不再详论，简而言之，在选择地区及初步找矿阶段，对大地构造特别是深大断裂的研究，碱性超基性岩区的划出，矿物岩石的精密鉴定，各种杂岩体的时代及相互关系，都是关键性问题，应予以不同程度的探讨与解决。在详测阶段，地球化学及地球物理探矿应与详细的区域地质测量密切配合，而化探的作用，对划分铌、钽异常区更具有决定性的意义。化探的对象，除铌、钽外，在碳酸盐岩矿床中还应注意分析 Sr，Ba，P，Zr，Ti 及稀土元素，而由于常有 U，Th 的共生，放射性测量尤为轻而易举的方法。分析各元素的方法以 X 荧光光谱法最为简捷，但只能在实验室中进行，每人每日约可分析 100～200 个样品。在初步勘探阶段，化探网格达到 5～30 米的密度，样品采集数量增多，因此最好用野外快速分析方法在野外直接测定，如比色法，纸色层法等等，均可达到需要的精度，每日每人可分析 60 个样品。在划出了异常区后，即可进行勘探，包括槽探，井探、坑探及钻探等。

参考文献

［1］Clifford A.（主编）：Hampel Rare Metals Handbook. 1959，铌及钽，pp. 389—404.

［2］Miller G. L.：Tantalum and Niobium 1959.

［3］Коган Б. И.：Свойство ниобия и тантала и их применение（обзор по материалам из журналов），1958. 苏联地质保矿部科技情报第一号（13）.

［4］Гинзбург А. И.，Нечаева Е. А.，Лавренев Ю. В.，Пожарицкая П. К.：Редкометальные карбонатиты（苏联地质保矿部稀有元素矿床地质第一册，1958 年已有中译本）。

［5］Апельцин Ф. Р.，Фельбман Л. Г.：Колумбитоносныс граниты（苏联地质保矿部稀有元素矿床地质第二册 1958—已有中译本）。

[6] Бородин. Л. С.，Коган В. И.：Ниобий и Тантал 苏联地质保矿部资本主义国家矿产资源，1959，стр. 432-463.

[7] Бородин. Л. С.：Генезис карбонатитовых месторождений и их геологическая связь с массивами ультраосновных-щелочных пород—第 21 次国际地质会议苏联地质家关于矿床成因问题报告集 стр. 88—99，1960.

[8] Pecora W. T.：Carbonatite，a review 美国地质学会志，vol. 67 pp. 1557—1535（1956 年）.

[9] Smith，W. C.：A review of some problems of African carbonatite，伦敦地质学会季刊，V. 112，pp. 189—219，1956 年.

[10] Anderson A. L.：Genetic Aspects of the Monazite and Columbium Bearing Rutile Deposits in Northern Lemhi County，Idaho. Econ. Geology. 55（6），pp. 1179-1201.

此外还参考了许多地球化学论文，含矿地区的专著，及到 1961 年上半年的矿业报导及年度总结等文章，因限于篇幅不详列。

若干研究项目的建议*

1. 中国铅锌矿床成矿温度的研究

（1）根据已有成效的几种方法，如气包法、闪锌矿中铁含量法、矿物组合及结构法、荧光法、黄铁矿测温计法等，选择几个重要矿区的铅锌矿物加以测定。

（2）成矿温度的测定对铅锌矿床的分类有决定性的意义，故先对此进行研究。

（3）在研究过程中希望对方法上有所改进。

（4）由熟悉岩矿方面的二人担任，配合化验室做分析工作，希望一年内提出初步报告。

2. 南岭地区成矿时代的研究

（1）配合地层、构造及已有的关于花岗岩时代的资料，初步提出几个成矿时代。

（2）进行野外工作，从关键性的接触关系确定成矿时代。

（3）采集各不整合或间断面上的砂砾岩标本，进行重砂分析，从矿物组合、定量关系及形态、习性等方面来测定成矿矿物的先后关系，以便确定成矿时代，特别注意：①龙山系的底砂砾岩，②泥盆纪的底砂砾岩，③下侏罗纪的底砂砾岩，④白垩纪和第三纪的底砂砾岩。

（4）配合区测资料确定南岭区的地质及成矿发展史。

（5）工作人员二至四人，一年内提初步报告。

3. 川黔湘鄂无火成岩区铜铅锌汞锑钨锡矿床的成因研究

（1）从矿源层观点采集震旦纪、寒武纪及其他时代中的腐泥相黑页岩进行化学光谱及重砂分析，测定其组合及比量，以探讨矿床的成因。

（2）研究矿床分布与腐泥相黑页岩有何关系。

（3）同时从其他观点，如构造、岩浆、古地理等探讨矿床的成因。

（4）二人工作，配合化验，一年至二年内提初步报告。

4. 在我国东部地区寻找南北间缺失了的锡钨矿带

（1）根据国内外矿点分布、古矿记录，中国东部地区如河南、山东、江苏（无锡）可能有锡钨矿带的延展。

（2）分析古青铜标本，从考古及历史观点确定古代用锡的历史。

（3）采集各地花岗岩标本，用光谱法分析其中的锡、铟含量，以推断是否可能为成锡的母岩。

（4）在某些接触磁铁矿或有色矿床中用光谱成分分析测定其有何锡含量。

---

* 根据作者手稿付印。手稿上没有注明日期，但在用曲别针别的一张小纸条上写有“请打印五份。王道 2/6”的字样。据王道同志本人回忆，他 1959 年 10 月至 1962 年底或 1963 年初在地科院秘书科工作，因此本文成文的时间应为 1960 年至 1962 年的 6 月 2 日前。不过中国地质科学院的档案将这份《若干研究项目的建议》归在 1962 年的档案中，见中国地质科学院档案：六级以上工程师所提研究题目，档号：1—62—41。

（5）用荧光灯法普遍寻找白钨矿。

（6）选出若干地点如河南（据古矿记录）及江苏无锡做重砂测量工作。

（7）由2～4人担任，二年内提初步报告。

5. 中国成矿区成矿带的研究

根据已有资料进行综合，一年内提出初步报告。由二人担任。以后有新资料随时修正。

6. 从岩相古地理分析及矿物鉴定在川滇区寻找钾盐矿床

（1）编制二叠纪、侏罗纪、白垩纪的岩相古地理图，根据厚度及物探资料编制二叠纪、侏罗纪的多级海盆地分布图。

（2）综合研究地层剖面及钻井资料，确定含盐层的层位。

（3）携带显微镜及折光液赴川滇产盐区，搜集钻井岩心，寻找钾盐矿物。

（4）由2～4人负责，工作与川滇地质机构及盐矿队、石油队配合进行。

7. 从大地构造及岩相古地理观点研究在鲁南、苏北及华北平原一带有否二叠纪的钾盐矿床存在的可能性

（1）二叠纪为世界上最重要的含钾盐矿层。鲁南、苏北间为我国二叠纪海陆相交替的地方。苏北萧县白土寨二叠纪煤系顶部已发现石膏层。华北平原下部可能有二叠纪海的侵入。

（2）就已有资料编制较详细的二叠纪古地理岩相图，研究当时的海陆分界、可能港湾的位置、海盆地的深浅、古气候带及蒸发系数的大致分布等。

（3）研究华北平原及山麓边缘的石油、煤及深水井资料，推断有何海相二叠纪地层，注意有何石膏、盐或钾盐矿物。

（4）由二人负责，与石油队等协作。

8. 华北平原及松辽平原中油气矿床古地理及圈闭类型的研究（见本文集第四卷第412—413页）。

中国找盐问题*

我国幅员广大，地质复杂，海进海退频仍，地壳运动交错出现，因此，从理论上讲，对各种盐矿的生成是极为有利的。事实也是如此。四川自流井为世界上最老的钻井取卤区，西北、内蒙、华北及东北一带的现代盐湖，种类复杂，产量丰富；最近又在西北、西南及中南各区发现了大量的古岩盐矿床；至于作为盐矿先驱的石膏层，则在奥陶、泥盆、石炭、二叠、三叠与第三纪的地层中迭有出露；因此，可以认为中国的盐矿资源极为丰富，具有广泛发展的前途。

就一般论，我国石盐的供给不虞缺乏，东部各省，海盐供应密迩，西北及内蒙有池盐，西南则有井盐；但少数地区如贵州、广西，如能就近发现岩盐矿床，对于人民生活及发展国民经济还是有好处的。为发展化学工业所需的苏打、芒硝、火硝则目前所知，仅限于西北、内蒙、东北及西南的少数地区，其中如火硝大多产状零星，不适于大规模开采，尚待进一步寻找与勘探。硼盐以西藏的希望最大，青海、东北等地方次之，但最具经济价值的层状硼盐矿床，则尚待研究、发现。石膏矿几乎分布全国各地，储量巨大，将来用为炼制硫酸，可补黄铁矿资源的不足。至于为农肥应用的钾盐矿，则除西北、西南稍有发现外，实为目前亟待寻找的最急迫需要的矿床。因钾盐常与石盐及石膏密切共生，二者常可为找钾的线索，因是找钾必须先从找石膏和石盐做起。兹就有关找盐方面的几个问题，略述如次，以供各方面的参考。

一、现代盐矿床与古代盐矿床

盐类矿床一般可分为现代矿床与古代矿床两大类。我国西北、内蒙及东北的盐湖，干盐湖、盐沼、盐漠、盐滩俱属现代矿床。其成因大多属于德国人 F. 洛采[13]（Lotze，1957，p. 114—123）分类中的原生风化盐矿床，所有盐类主要是从周围侵入岩或火山岩中的原生矿物风化分解而成。这些盐类被水溶解带到附近洼地中停积，而在干燥气候及闭流环境下则逐渐浓集成为盐湖、盐沼，有的还能沉积成为固体矿床。这类矿床以碳酸钠及硫酸钠为主要成分，造成各种碱（碱及天然碱）及芒硝（芒硝、钙芒硝及无水芒硝）矿床。石盐为经常的副产品，如蒸发强烈，在残存的浓卤中还可含有相当高的钾、硼、锂等元素，有时还可有钾盐矿物（如光卤石）的析出。美国加利福尼亚的赛尔勒斯湖（Searles Lake）业经干涸；在残存的母液中含 KCl 极高，现仍继续生产钾盐。

另有一些内陆盆地中的现代盐矿床，盐的来源主要出自周围古海相地层中的囚盐，如我国的罗布诺尔即为一例，其成分已与海水相似，而以氯化钠为主，也可含其他盐类，包括少量的钾盐。洛采称这种盐矿床为从海盐淋蚀而成的盐矿床，兹简称为囚盐淋蚀矿

* 1963 年 9 月科学出版社出版的袁见齐、谢家荣、叶连俊合著之《钾磷矿床研究》，为《矿床学论文集》之一种，载义五篇，其中有谢家荣《中国找盐问题》和《盐矿地质》两文。本文载该论文集 18—24 页。《盐矿地质》已收入本书，见《谢家荣文集》第六卷 438—451 页。——编者注

床[13]（Lotze p. 143—148）。更有一些盐矿床则由周围地层中已有的老盐矿床，经过溶解迁流在洼地中再沉积所成，洛采称之为承继矿床[13]（Lotze p. 140—150）。我国柴达木及其他西北地区的大盐湖，是否有一部分属于承继盐矿床，尚待进一步研究。以上位于内陆闭流盆地中的各种现代盐类矿床，就其最后盐的沉淀及所处的范围来讲，都应该称为陆相盐矿床。

位于大陆边缘与海洋相近的各种现代盐矿床，包括残余海、潟湖、盐磐及潜流湖等都是海相盐矿床。例子很多，如加利福尼亚海湾的沙尔顿盐湖，红海边的丹加低地，里海周围（以上俱是残余海）；印度洋西南沿海，地中海南岸（以上是盐磐）；地中海西岸的赖纳加盐湖（潜流湖）及里海西侧的卡赖蒲加斯，苏伊士北的苦盐湖（以上是潟湖）等等俱是。我国东部靠海一带由于地形及气候条件的不合适，还没有见到由海水供给盐源的现代盐湖或盐磐，但河北、山东及江苏北部靠海的所谓盐碱地，其盐源可能一部分是属于海相的。

就我国目前所获得的资料及世界盐类矿床的一般规律，现代内陆盐矿床应为寻找自然碱及各种芒硝的主要对象，石盐也常可占重要的比量，至于钾盐、硼盐则因过于分散，只有在那些接近全部干涸的残存母液中，才能足够浓集而值得开采；因此，现代盐矿床应是寻找碱、硝及石盐的主要对象，而不是寻找钾盐、硼盐的主要对象。袁见齐[5]在“中国内陆盐湖钾盐沉积的若干问题”一文中，却持相反的意见；他根据我国某一盐湖中含钾量高而现在正在晶出光卤石的事实，认为现代盐湖以及其他陆相盐沉积是我国找钾的重要对象。

关于在现代盐湖中寻找钾盐矿的问题，作者则有若干不成熟的意见，提供大家讨论。上面已经谈到美国赛尔勒斯盐湖中的残存母液含钾丰富，迄今仍在开采，有相当的产量。这个盐湖已接近干涸，所以有浓卤可供开采，如果存在着大量盐水，则钾盐将呈分散状态，恐不值得采取。至于我国一盐湖中有光卤石的析出，可能是代表一定季节下的局部产物，如果分布狭窄，价值也就不大了。因此在找矿时必须注意那些接近干涸的残存盆地，分析其中浓卤的含钾量；或者在已经晶出的盐层中打钻，获取湖沉积的全部剖面，以便发现其中有何钾盐矿的夹层，或完整的钾盐矿层的旋回。此外，还必须进行深入的地质及地貌的研究，重建原来湖盆地的分布范围，从此而追索沉陷最深、可能有保存残存母液或残存沉积的湖盆地的中心，而从其与周围地质组成的关系，则可以推断盐的来源及盐矿床的成因类型。

硼矿的矿床类型，殊为复杂，应以何者为主要的找矿对象，是值得讨论的问题。美国很早就从盐湖的浓卤中采取硼盐；自从在第三纪火山岩分布的区域中发现了硬硼钙石（Colemanite）的成层矿床后，即以此为重点；而从 1925 年在另一钻孔中发现了更厚更好的斜方硼砂（Kernite）的矿层后，产量激增，成为世界产硼第一的国家。苏联在 1936 年发现了印捷尔湖的硼镁石矿床后，硼的供应才得到自足。我国西藏产硼名著全球；西北某些盐湖中含有丰富的硼矿；许多矽卡岩型铁矿中常有硼镁铁矿的产出以及由此风化而成的硼镁石。根据美国的经验，今后找矿除现代的盐湖、盐滩沉积外，似应更多地注意有火山作用参与的古代湖相成层矿床，这种矿床，形状规则，矿量巨大，具有最大的工业价值。

二、陆相盐矿床与海相盐矿床

盐类矿床类型的另一划分原则是海相、陆相的问题，这在古代盐矿床中并不是没有争论的。如 A. W. 葛利普曾认为美国密歇根的志留纪盐矿属陆相沙漠成因，其他学者尚未能完全同意。德国镁灰世盐矿中，至少其上部的较新盐层，是否有属陆相沙漠成因，亦尚为争论未决的问题。在海陆相盐矿床中俱可找到规模巨大的厚层石盐，如蒸发强烈，条件合适，亦俱可形成有开采价值的钾盐矿床。世界盐矿专家们似从未否定过陆相盐矿床不能产生钾盐，不过从目前所知的例子看来，海相钾盐矿床实远较陆相者为多，其规模及价值亦比陆相者大得多。

钾的地球化学习性较钠更为活动；它最易溶解，更易为黏土、胶体及植物所吸收；因之钾盐的成矿条件远较石盐为严格，而大陆上的钾似有大部分被溶解而流入海中聚集的可能。这是否意味着海中的钾虽在比量上仍较钠为少，而实际上它有越积越多的趋势，尽管在海中钾同样也可被黏土及胶体所吸收，但总的来讲，它在海洋中有更趋于富集的可能；因而海相成因的钾盐矿床也就远较陆相者为富为多了。

葛利普[8]在论“中国寻找钾盐矿的地质条件”一文中曾强调海相钾盐矿床的重要性。袁见齐[4]在“略谈我国钾肥资源的找矿方向和找矿方法”一文中，提出海陆相两种矿床同时并重的看法，并谓“虽然这类（指陆相矿床）钾盐矿床的规模和矿石质量次于潟湖相（指海相钾盐矿床），但是，从贯彻大中小相结合的方针和广大农业地区对钾肥的普遍需要的情况来看，这类钾盐矿床也是我国寻找钾肥资源的一个重要途径”。

作者并不反对袁氏的意见，但这里要补充的是我国的现代盐湖矿床虽亦属陆相矿床，但与在地质时代中生成的陆相岩盐或卤水矿床究有所不同。在我国各地分布甚广的侏罗纪、白垩纪及第三纪的成层陆相盐矿床，石盐层可达到相当的厚度，但迄今尚未发现任何富含钾的层位，因此，在这些地区过多地投入寻找钾盐矿的工作量是缺乏现实意义的。至于某些现代盐湖中含钾较高却也是事实，其原因可能与周围的地质组成有关，亦即牵涉到盐矿床的成因类型的问题。至于是否能在这些盐湖或盐湖沉积中找到富集的堪采的钾盐矿床，恐主要取决于盐湖的发展历史及目前所处的阶段是否已达到干涸的程度。否则即使湖水中总的含钾量非常之大，亦因过于分散而不值得开采了。

因此，作者的意见认为在我国寻找钾盐矿应以地质时代中生成的海相盐矿床为重点，并须根据已知的成矿规律，结合我国具体地质情况，分别不同的时代，权衡其成矿可能性，先进行综合的比较研究，然后选出若干重点地区，深入工作，才能不致浪费人力物力而获得预期的成果。

三、盐矿层的时代与找矿

除前寒武纪可能不存在有盐矿的沉积外，其他几乎每个地质时代都已找到了盐矿，并且有时还有钾盐矿床。但从世界角度来看，最重要的钾盐矿床常产在二叠纪及第三纪中，如德、美及苏联的钾盐矿属二叠纪，法国阿尔塞斯及罗马尼亚等钾盐矿属第三纪。最近在加拿大发现的巨大钾盐矿则属泥盆纪。

就我国现知的盐矿层位，用洛采所提出的盐值度（Salinarien Wertigkeit，Lotze p. 187）来进行比较，可知四川三叠纪的海相含盐层，具盐值度最高，不但有分布广厚的石膏及石盐，并且卤水普遍含钾，而在嘉陵江组的顶部，最近已发现了杂卤石的夹层，因此，它大致应相当于洛采盐值度分类中的第三级。云南侏罗纪盐层（部分可能属三叠纪）大部分属陆相，局部可能属海陆混合相，已发现广厚的岩盐，并在最近已发现钾盐层，其盐值度可属第二级。华北奥陶纪灰岩的顶部普遍含石膏，只在一个深钻中发现了岩盐。四川龙门山地区的泥盆纪地层中有石膏层；甘肃河西走廊石炭纪地层中有分布较广的石膏；苏北二叠纪煤系的顶部，证明有石膏层；以上三处俱未见到岩盐。上述四个层位都属海相或海陆混合相，照目前所知资料，其盐值度俱只相当于第一级，或勉强达到第二级（如奥陶纪）。

从晚二叠世开始华北发生普遍的海退，三叠纪以后则华南亦几乎全部变为陆地，只有少数地区如东南沿海有海相侏罗纪的沉积，新疆西部及西藏则在白垩纪及早第三纪时还有局部的海侵。因此，在四川的侏罗纪、白垩纪卤水层俱属陆相沉积，其中迄今尚未发现岩盐。在中南区分布极广的石膏、岩盐及钙芒硝以及在广大西北地区中分布的新生代石膏及岩盐层都属陆相沉积，在这些地层中寻找钾盐矿，照我们海相说的观点来看似乎希望并不很大。

从上所述可知，从目前所知的盐值度来看，四川的三叠纪海相沉积对发现钾盐矿床的希望最大，其次则为华北的奥陶纪❶，再次则为四川的泥盆纪，甘肃的石炭纪及南北交界间的二叠纪，后三者迄今俱仅发现石膏层。但是如果从世界含盐层特别是钾盐层的时代来看，则三叠纪和奥陶纪都不是最重要的产盐层❷。而石炭纪所含的盐矿似乎最贫。因此，在今后的找盐工作中适当地注意我国海相二叠纪地层中的含盐性是非常必要的。

盐矿床的贫富，以及其中所含钾盐矿层的优劣是否与含盐层的地质时代有关，这是一个争论的问题；它牵涉到古海水在地质时代中有何变化，特别是钾含量是否随着时代的推进而更为富集的问题。某些地质学家，如 H. 博舍特[6]（Borchert 1957，p. 123）认为古海水的成分从前寒武纪以来没有很大的变化；但是二叠纪在欧美及欧亚大陆都沉积了最丰富的岩盐及钾盐矿层却是十分肯定的事实。因此，葛利普[8]（p. 24～28）在讨论了早志留世末，早泥盆世初，以及二叠纪及三叠纪的海退过程中有沉积盐及钾盐矿床的可能性后，特别强调二叠纪的成矿条件可能最为优越。

现在研究一下我国的二叠纪地质是否有产盐的可能。南方的早二叠世一般为较深海水的石灰岩沉积，而晚二叠世则为海陆混合相的含煤系，二者俱不大可能产生重要的盐层。在北方则晚石炭世及早二叠世俱为海陆混合相的含煤系，而自晚二叠世开始，海水全部退却，同时气候转为干燥，形成二叠纪及三叠纪的红层沉积，所以在此范围内亦不易形成海相的盐矿床。但是在南北交界的地方❸，晚二叠世的浅海与北方干旱的大陆相邻，或者有海湾伸入大陆，则既有海水补给盐源，又有干燥气候，促进蒸发，如果再有合适的封闭条件就可形成盐矿，进一步就可造成钾盐。从这个观点出发，作者认为苏北一地区二叠纪煤

---

❶　作者在 1955 年的人民日报上曾最先发表过以三叠纪和奥陶纪为我国找钾盐矿的主要对象。

❷　据郑直同志面告，他们于 1956 年访问苏联盐矿专家伊万诺夫时，曾征求他在中国找钾盐是否可以三叠纪和奥陶纪作为找矿的主要对象，专家当时即提出三叠纪和奥陶纪在世界例子中都不是最重要的产盐层的意见。我对这个看法深表赞同。

❸　作者在与郑直同志讨论在中国找钾盐矿的问题时，他首先提出这个南北交界地方的观点。

系上部石膏层❶的出现，具有极大的意义；同时还推想在华北平原中如有晚二叠世的海湾伸入当时的干旱大陆，或有个别的深海盆地则对盐矿的形成更为有利。

我国泥盆纪地层中的含盐情况，目前尚多未明，根据古地理推断，在龙门山、黔东及滇东俱有海湾海峡的存在，对于成矿是有利的；又因在世界已知钾盐层位中，泥盆纪占第三位，故对我国泥盆纪地层中寻找钾盐亦应予以较多的注意。至于在西藏及新疆西部寻找第三纪的海相钾盐矿的希望似更大，因为在新疆叶尔羌凹陷中已知有相当厚的石膏及石盐，而在其西邻苏联境内亦已发现有盐及钾盐矿，因之必须进行深入研究。不过该区位于我国的边疆，交通不便，为最大的缺点。

四、步骤与方法

为了在全国范围内有效地寻找各种各样的盐类矿产，首先必须编制一张全国盐矿分布图，分别现代盐矿及古代盐矿，海相盐矿与陆相盐矿，卤水与岩盐；用符号标示盐矿的矿物组合及其主要的化学特征；另从洛采的分类观点，分别原生风化盐矿，次生风化盐矿，囚盐淋蚀盐矿，并初步推断哪些可能是承继盐矿床。

其次要编著针对那些有希望找到盐矿床的各个地质时代（如奥陶纪、泥盆纪、二叠纪、三叠纪及部分地区的白垩纪和第三纪）的分阶段的岩相古地理图，采用斯乐司（Sloss）、克伦平（Krumbein）、达浦尔（Dapples）的岩相三角图方法[14]，表示哪些是蒸发岩比例占最高的地方；同时从沉积厚度及物探资料来推断当时海盆地深浅不一及基底起伏的情况；特别要注意在最深的海盆地中是否有成盐期前的腐泥相沉积；这种多级盆地的构造特征可能是成盐的先决条件之一。此外，也要注意可能有的各种封闭条件，如残留的海湾，被阻挡了的潟湖等等。

盐矿床一般是在海退过程中形成的，但少数也见于海进过程中。盐层的上下有的可俱为海相，但上层沉积的海水一般较浅；有的则向上转变为陆相的红层。有的盐层则上下俱为陆相的红层。克伦平[11]曾根据这个观点，把盐层的岩性关系分为四类，从而推断当时古地理的情况。在编制我国含盐层的岩相古地理图时亦可适当采用上述方法，加以分析，并用不同符号表示。

此外，要根据大地构造的观点，研究我国盐矿床的分布，分为地台中的凹陷（即台向斜）、大陆基台（Shelf）、山前凹地、槽向斜等等。从岩相特征推断古气候的变化，并要联系到大地构造的发展；如华北自晚二叠世开始的干燥气候是否与秦岭的隆起有关；而中南区一带白垩纪及第三纪干旱红盆地的形成是否与东南沿海印支—燕山的地槽带隆起有关等等。

从寻找钾盐矿的观点，我们应首先深入研究川滇二省的三叠-侏罗纪盐矿，它们可作为一个整体来看待；从此可研究滇省的海退是否较迟；古气候的变化在二省亦有所不同；从详细的地层剖面，可定出几个含盐旋回，以及钾盐层属于哪一个旋回等等。其次应对华北的奥陶纪，特别是鄂尔多斯盆地，西南、华南的泥盆纪，特别是龙门的海湾以及华南、华北间晚二叠世地层的含盐度进行探索性的研究。而更为重要者则是要发现钾盐矿物；除

❶ 在洛采的盐矿专著中曾列举这个产地（p. 167），可见他对此亦甚重视。当然必须首先确定这里的石膏层是否属于二叠纪，或者属较新层位，如有些人所设想者。

分析各地卤水、岩盐及含盐地层的化学成分外，必须请全国各地区有关的石油钻井队，煤田钻井队及深水井队注意岩心标本中有何盐的存在，如发现有盐，再采标本俾作详细的显微镜鉴定。此外，还必须派专业队携带显微镜及折光液分赴川滇产盐区，研究钻井及电测剖面，搜集钻井岩心，进行详细鉴定，以寻找钾盐矿物。只有确实发现了钾盐矿物之后，我们才更有信心地去进行进一步的详查和勘探工作。在地质研究的同时，派遣化探队系统分析卤水、泉水、井泉水中的钾及钾的伴生元素如硼、溴、碘等含量，作出异常图，以指导找矿；还可用放射性测井法在某些钻井中探寻未被发现的钾盐层，都是极需进行的有效的工作方法。关于在找钾工作中如何正确运用综合地质普查勘探方法，在袁见齐的文章中有较详细的讨论，这里不再重复了。

参考文献

[1] 谭锡畴、李春昱（1933）：四川盐产概论，地质汇报 22 号，45—122 页.

[2] 谭锡畴（1936）：四川盐岩及盐水矿床之成因，地质论评，1 卷 3 期.

[3] 林斯澄（1937）：四川卤矿及岩盐成因之探讨，地质论评，1 卷 4 期.

[4] 袁见齐（1961）：略谈我国钾肥资源的找矿方向与找矿方法，中国地质，第 6 期 27 —33 页.

[5] 袁见齐（1961）：中国内陆盐湖钾盐沉积的若干问题，地质学报，41 卷 1—6 页.

[6] Borchert H. (1957)：Ozeane Salzlagerstätten. Gebr. Borntraeger. Berlin.

[7] Grabau A. W. (1920)：Geology of the Non-Metallic Mineral Deposits other than Silicates Vol. Ⅰ. Principles of Salt Deposition. McGraw Hills，New York.

[8] Grabau A. W. (1924)：Geological conditions bearing upon potash prospecting in China. Bull. China Institute Min. and Metal. Vol. Ⅲ，pp. 1—28.

[9] Grabau A. W. (1938)：Sea salts and desert salts. Pt. Ⅰ—Ⅱ，Jour. Ass. Chin. and Am. Engi，Vol. 19，No. 3— 4.

[10] Hsieh，C. Y. (1947)：A review of the stratigraphy，structure，and geological history of the Szechuan red basin and the occurrence of natural gas，oil，brines and rock salts contained therein with special discussion of their origin and future prospects. Bull. Geol. Soc. China，Vol. 27，pp. 55—84.

[11] Krumbein，W. C. (1951)：Occurrence and lithologic association of evaporites in the U. S. A. Journ. Sedi. Petrology，Vol. 21，No. 2，pp. 63—81.

[12] Lee Y. Y. (1944)：Salt deposits in Szechuan，Mem. Ser. A. No. 18，Geol. Surv. China.

[13] Lotze，F. (1957)：Steinsalz und Kalisalfze，I，Allgemein-geologischer Teil，Gebr. Borntraeger，Berlin.

[14] Sloss，L. L. and E. C. Dapples，W. C. Krumbein (1960)：Lithofacies maps，An Atlas of the United States and S. Canada，John Wiley and Sons，New York.

[15] Иванов А. А. (1953)：Основы геологии и методика поисков，разведки и оценки месторождений минеральных солей гос. Изд. геол. литер. Москва.

[16] Фивег，М. П. (1958)：Закономерности Формирования и размещения Калиных месторождений соленосных формаций，законо. размещ. полез. ископ. т. 1. АН СССР.

让花岗岩及花岗岩化的研究为区测与找矿工作服务*

一、绪言

我国花岗岩类的岩石，包括花岗岩、片麻岩、闪长岩、正长岩、二长岩等等，分布非常广泛，在东南及东北各省，几乎占有一半的面积，在海南岛则可能达到三分之二。在这些地区的区测工作，如能把花岗岩研究清楚，就可算完成了一半的任务；如果搞不好，则地质图的质量就要大大降低了。此外，花岗岩对于大地构造及成矿作用具有密切关系，它可以反映地壳的活动性及阐明矿床的成因；因此，花岗岩的研究，特别在我国现阶段的地质工作中，就成为十分重要的课题了。

要研究好花岗岩，必须懂得一些现代花岗岩化的理论[13,17,28,54,55,57,58]。也许有些人不赞成花岗岩化的学说，说它标新立异；又说它意见纷歧，还没有达到成熟的阶段。实际上花岗岩化的学说，在百余年前早已为法国学者们所提出了，只由于当时以 Rosenbusch 为首的德国学派坚持岩浆学说，因此，就不为人们所重视。在花岗岩化的学说中，固然存在着许多不同的观点，但总的看法——花岗岩由沉积岩变质而成——还是一致的。近年来经过北欧及瑞士学者们的重新研究，发扬广大，就使花岗岩化理论，具有现代化的崭新面貌。

花岗岩化的存在及其在地壳发展史中的重要性，目前似已确证无疑。不必从细节推敲，只要谈一个基本事实就够了。根据大陆上风化、剥蚀及沉积的速度，在地球存在三五十亿年的悠久历史中，至少将造成 35～100 公里厚的沉积盖层，但是目前所看到的沉积岩层的厚度，却远远达不到这个数字。这些沉积岩到那里去了？最合理的解说是它们大部分都被沉陷到地壳的深处，经过各种变质作用，形成了花岗岩类的岩石而加入到结晶基底层中去了。这是花岗岩化学说一个间接的但是最有力的证据[38,310-312页]。

二、花岗岩化的一般概念

1. 理论的演变

法国学者最先提出的花岗岩化学说，认为沉积岩经过花岗岩岩浆的熔融变质，可变成如花岗岩类的岩石。1913 年北欧学者 Sederholm 所提出的混合岩也承认主要是岩浆贯注的结果[60,61]。1935—1937 年 Wegmann 及 Kranck[66] 重新研究了芬兰的 Hangö 花岗岩，认为它不是经过岩浆熔融，而是主要由于地下上升的溶液及气体，使沉积岩和变质岩在原地交代而成。后来 Backlund 也赞同交代的学说，并把花岗岩化与地槽的发展联系

---

* 本文发表于《地质快报》（中国国外科技文献编译委员会和地质部地质科学研究院主编）1963 年第 12 期（6 月 23 日出版），1—13 页。——编者注

起来[16]。

2. 定义与学派

花岗岩化的现代定义，可以 Read[57,90页]所提出的译述如下：

“花岗岩化乃是一种作用，通过它，固体岩石不需要经过岩浆阶段，即可变成如花岗岩类的岩石”。

花岗岩化虽是在固体状态下经过交代作用所造成，但仍需要借助于溶液或气体，这些物质称为岩汁（Ichor）、矿化剂（Mineralizer）或喷气（Emanation）；它通过裂隙，从下上升，周流岩体，发生交代作用，先成为混合岩，最后则变为花岗岩。这种学说称为湿派，因为这是在大量水溶液的参加下形成的。至于岩汁、矿化剂或喷气的来源问题，则尚无定论，一般认为是从矽镁层中发泄出来的。

苏联的柯尔仁斯基认为花岗岩化是由从深部上来的透岩浆溶液经过酸基性相互反应的岩浆交代作用所造成的[39]。

另一派以法国 Perrin 和 Roubault 为首的学者[46,47]认为不需要岩汁或矿化剂，只要有不同的温度、重力梯度及热动力的推动就可引起化学变化，通过颗粒间隙或晶格间隙的扩散作用，使钾、钠、矽、铝上升，铁、镁下降，就可发生混合岩化和花岗岩化。有人称这种学说为干派，实际上他们并不排斥有水分子的参加。主要分歧在于，湿派学者强调大孔隙的周流和同方向但各元素不同速度的运移，而干派学者则强调微间隙的扩散作用及上下分流的双方向的运移。据目前实验结果，扩散作用究能有效到多大规模，还值得怀疑，因此，干派学说目前毕竟属于少数派。

混合岩化的原来含义只是变质岩与岩浆成分，主要是石英长石质的混合物，而没有任何成因的意味。后来提出脉混合岩（Veinite）和脉贯入岩（Arterite）等名辞，前者指由周围岩层分泌出来的物质所成，后者则与由下上升的花岗岩物质的侵贯有关，那就有成因上的意义了。此外，还有根据形态的分类，如树枝状混合岩、网状混合岩、角砾混合岩（Agmatite）、球状混合岩、斑状变晶混合岩、皱纹状混合岩、肠状混合岩及星云状（或阴影）混合岩等等。这些名词虽纯属形态观点，但既可表示混合程度的深浅，也可多少反映原岩的结构构造，它对成因的研究是有帮助的。

法国人 Jung 和 Roques[59]结合形态与成因，把混合岩分为四大类如次：

（1）脉状混合岩（Diadysites）：变质岩为许多长石石英质脉所穿越。

（2）条带状眼球状混合岩（Embrechites），为混合岩的主体，变质岩的层理还保存，云母常成连续条带。

（3）星云或阴影混合岩（Anatcxites）：云母成团块状，包裹体增加，常成模糊的星云状结构。

（4）块状花岗岩（Anatectic granites）：变质结构完成消灭，成为块状的花岗岩。可能由于深熔的再熔化岩浆所造成。

据上所述，我们可得出这样的概念：**混合岩化与花岗岩化几乎是同义语**，因为他们是在相同的作用下形成的，但却代表不同的阶段。它们都是在区域变质的基础上，由于岩汁、矿化剂和喷气的掺入交代，使长石石英物质逐渐增加，变质结构（片状及变质矿物）逐渐消失，从不均匀的岩石，逐渐转变成为均匀的岩石，最后则成为块状、斑状或粒状的花岗岩。因此，我们可以说：**花岗岩化是混合岩化的一个最后阶段，花岗岩是花岗岩化的**

产物，也是混合岩化的最终产物，而伟晶岩，它代表长石石英物质特别富集的部分，又往往是花岗岩化的最后产物。

同化作用（Assimilation）、混染作用（Contamination）与混合岩化和花岗岩化的区别，是前二者有岩浆的熔融体参加，它熔化了并吞食了围岩，而使之发生同化及混染。很明显，老的混合岩化与花岗岩化的概念是与同化作用及混染作用分不开的。

花岗岩化了的物质，在深处经过高热，或在较浅部分由于压力的减低，当然可以熔化，成为深熔（Anatexis）或再熔化（Palingenesis）的岩浆，从此结晶，造成再熔化的岩浆岩。某些学者如 Read[57] 承认有这种再熔化的岩浆存在，另一些学者则根本不承认有再生的花岗岩岩浆[46,47]。还有岩浆派的学者则不但承认有再熔化的花岗岩岩浆，还承认有由玄武岩浆分异出来的酸性花岗岩岩浆，并谓这些再生岩浆及分异岩浆的花岗岩占有相当大的数量[25]。

主张混合岩化和花岗岩化的学者，可总称为转变派（Transformist），因为他们相信花岗岩主要是由沉积岩经过变质及超变质作用（包括混合岩化与花岗岩化）转变而成的。在转变派中还存在着许多不同的观点，主要是干派与湿派之分，以及对花岗岩浆的有无或多少等问题。强调岩浆成因的学者们则总称为岩浆派。当然，岩浆学派也有他们许多自己的观点和例证[21,25,44,64,65]，这里为篇幅所限不拟详论了。

3. 封闭系统与开放系统

区域变质可了解为受了静压力、热力和动压力（在褶皱时形成，在较浅部分更为显著）的影响而形成的大区域内的变质作用，它可使页岩、砂岩、石灰岩变为千枚岩、板岩、各种片岩、石英岩及大理岩，主要在地槽沉陷的阶段所造成。**它没有或很少受到从下上升的花岗岩汁加入的影响，就是说，主要是在封闭系统下造成，而混合岩化及花岗岩化则代表有外来物质加入的开放系统的过程**。Jung 和 Roques 把变质岩分为二大类，代表封闭系统的产物称为 Ectinites，而开放系统者则称为混合岩（Migmatites），就是根据这个意义来区分的。

接触变质则范围较狭，一般局限于火成岩与沉积岩的接触带，但也有许多外来物质的加入和若干原有物质的减去。以交代作用为主，局部也有动压力的作用，但静压力的荷负变质影响不大。错动变质（Dislocation metamorphism）和压碎变质（Cataclastic metamorphism）则是在较浅的地位，经过动压力使岩层发生糜棱岩化、角砾岩化，有时还可发生退化变质（Diaphthoresis），使较深变质的片岩退化为千枚岩及糜棱岩，总称为千枚糜棱化（Phyllonitization）[57,299页]。错动变质似乎不可能产生混合岩化和花岗岩化。

4. 各种标志

在花岗岩中时常见到的黑色包裹体，有不同的解说。岩浆派的学者们认为它们是岩浆分异的异离体，改造派的学者们则认为是花岗岩汁交代基质体的残留物；它们的数量与大小，随着花岗岩化的进行有逐渐减少、消灭之势。在广州起义烈士公园中所见到的许多花岗岩石材，含黑色包裹体特别丰富；**可以设想它们在花岗岩化过程中，“消化不良”，以致保存了许多残留体。**

花岗岩中的捕虏体（Xenolith），一般都认为是由围岩碎块为岩浆所捕虏所变质而成。近年来在某些地区详细研究捕虏体的结果，常发现它们可保持一定的方向，甚至与周围的变质岩或未变质的岩层，保持同一的走向与倾斜，这就说明它们没有经过移动破碎，没有经过岩浆的吞食，而仅仅是由花岗岩汁就地交代而成。改造派的学者们把这种捕虏体别名之为影石或残影体（Skialith）[30]。

斑晶是岩浆早期结晶的产物，而变斑晶（Porphyroblasts）则是在变质过程中，在基质体的基础上逐渐交代生长而成，因此，它往往含有与基质体相同的许多矿物包裹物。在球状花岗岩，奥长环斑花岗岩（Rapakivi Granite）[18,61]以及其他含有巨斑晶的花岗岩中，显微镜研究都可证明这些斑晶含有大量包裹物，并且晶面混浊不清[49]；它们都是变斑晶，而不是真正的斑晶。有时这些变斑晶不但见于花岗岩中，还可见于其周围的混合岩及变质岩中，所以，它们的变质成因应是毋容置疑的。[57,145页]。

混合岩常以黑白分明的条带结构为特征，黑色组分代表基质体，而白色或浅色者则代表引入的岩汁体。黑色条带可以非常细密，有时还有与片理相一致的空悬的黑色基质体；如果混合岩是由于岩浆的侵贯所成，则这种黑色条带就是当时围岩的挡壁，经过岩浆的侵冲，势必要造成弯曲与破碎，而空悬的基质体亦势必要发生转动。**今则一律保持与区域片理相一致的方向，足证它们都是由于缓慢的上升岩汁就地交代围岩所成，并没有经过岩浆剧烈的侵贯。**

在一个伟晶长英质或细晶质的岩脉穿越岩体时，常会产生它是否为裂隙充填抑为就地交代的问题。如果是裂隙充填，则必须寻找开裂的证据；有时可见到另一岩脉到此发生错动，则其属涨裂（Dilation）充填成因，应无疑问。如果没有这种证据，则称为非涨裂岩脉（Non Dilation Veins），它们的充填或交代成因，还须依据其他特征来推断[29,31]。

混合岩虽经变质，有时还可保存若干原来的沉积结构，如：层理、交叉层、有规律的粒度变化等等；在花岗岩中偶然亦可隐约地看出这种结构。这些证据，连同上述的许多现象都可说明花岗岩化是在固体状态下就地交代变质所成。

5. 前锋的概念

混合岩化和花岗岩化的进行，好像一种波浪，后浪推前浪，逐渐向前推进，这样，就形成了混合岩化与花岗岩化的前锋（Front）[57,250页]。在前锋的运移中，由于各种元素运移速度的不同，可产生各种不同元素的前锋，如铁、镁元素的离子半径小，跑得最快，称为基性前锋，钠、钙次之，钾最后。这种不同物质不同速度的运移，就造成了混合岩与花岗岩的不同分带。如果花岗岩化的前锋，暂时固定不动，就可产生与围岩明显的接触，好像是侵入；否则前锋逐渐运移，接触就模糊不清，形成了顺层的接触。根据干派学者的论点，如前锋到达空隙大的砾岩层时，可以停滞不前，造成在形态上好像是砾岩与混合岩间的不整合，实际上则并没有不整合的关系[57,255页]。如果在砾岩中找到了混合岩或花岗岩的砾石时，则不整合关系就可确证无疑了。

主张上下分流的干派学者们不承认有基性前锋，因为它的基性前锋主要是向下的，不会（是）向上或向外围的。在文献中存在着许多关于基性前锋的文章，有的还把某些铁矿的形成，归功于基性前锋，究竟如何，目前尚无定论。

从前锋的论点可知，花岗岩化与混合岩化可以交互重叠，因此很难划清一定的界线。同时，所谓区域变质的分带分相现象，一经花岗岩化与混合岩化，就将迷糊消失，再加上原来岩性的影响，所以分带分相往往也有交叉重叠，混乱不清的现象。此外，退化变质（千枚岩化、绿泥石化、绢云母化）的叠加，也是造成变质现象更为复杂的一个原因。

6. 花岗岩化与地壳分层

研究花岗岩化问题的同时，还必须对地壳的分层有所了解[52]。地球面上最大的大地构造单元应该是大陆与海洋；它们的基本区别表现在大陆的组成以矽铝层为主，海洋则以矽镁层为主。如以莫霍洛维奇不连续面（Mohorovičić discontinuity）为地壳的下界，则大陆壳平均厚33公里，海洋壳只厚约5公里，几乎全为玄武岩。大陆壳中含有较厚的沉积岩、变质岩，还有普遍分布的花岗岩类岩石，三者共同组成了矽铝层，平均厚约28公里，其下则为玄武岩。代表矽镁层的玄武岩类岩石在海陆双方均有分布，平均厚约5公里。海洋壳中的沉积物平均只厚1公里，上为海水，平均深5公里。海洋壳中是否有较多的花岗岩类岩石及海陆双方的玄武岩是否有何化学成分上的不同，尚在学者进一步研讨之中。花岗岩类岩石出现的下界，称为孔拉特不连续面（Conrad discontinuity），它在海洋壳中可能是不存在的。

从花岗岩化的观点出发，大陆壳的矽铝层还可进行更为细致的分层。就一般言，上部应以沉积岩为主，其下则变质岩增加，局部地区则有岩浆岩的侵入。中部以变质岩、混合岩、交代花岗岩及伟晶岩为主，局部含有侵入的花岗岩。下部则为高度变质的粒变岩及紫苏辉石花岗岩（Granulite-Charnockite），代表花岗岩化及花岗基性化的岩相[44]。

上述层序，代表一般的理想分层，不可能在一个地区出露从上到下如此完整的层序，也没有足够深的钻孔来揭发这样的垂直变化与分层。但是，在凹陷沉积，褶皱变质，混合岩化和花岗岩化之后，这些岩层往往会回返隆起，成为高山，再经剥蚀冲刷，就会出露代表不同深度和不同组分的地层，我们根据各地不同露头，加以对比推断，就会得出如上所述的概括剖面。**因此，褶皱隆起的幅度，剥蚀的深浅，以及后来的覆盖是决定每一地区地质面貌的主要因素。**例如：在隆起最高，剥蚀最深的地方就会出露大片交代花岗岩岩基，在某些深切的地方，还可找到粒变岩和紫苏辉石花岗岩；剥蚀浅一些的地方，则混合岩与花岗岩交互迭出，再浅一些则混合岩与变质岩成为主要组分，最后在沉积岩覆盖地区，混合岩与花岗岩化现象俱不可得见，仅有若干侵入的花岗岩岩体。据此情况，Wegmann得出了下部构造层与上部构造层的概念[67]。

7. 花岗岩系列的概念

现在大多数地质学家都承认花岗岩化的产生与地槽的凹陷、沉积的加厚，以及地温、地压及深部汽液体的作用有密切关系。**它一般代表地槽凹陷最深、沉积最厚的部分，也就是地槽的“根”。**标准的由花岗岩化作用所成的原地交代花岗岩，常与围岩成顺层接触，它与混合岩、变质岩及伟晶岩常四位一体密切共生；花岗岩成为褶皱大山脉的核心，依次则为混合岩及变质岩所围绕，最后则为未变质的岩层。这种由地槽的根所形成的花岗岩岩基，由于比重较轻，常有作塑性体向上侵冲的趋向，其情况犹如盐丘的上侵；而某些花岗岩岩基亦可再度熔化，成为岩浆，侵入地槽本身，或上侵到上覆地层之中，有的还可穿插侵入到附近的地台或地盾区中。**因此，随着时间的演进，以及与岩基来源即地槽凹陷区距离的增加，有出现不同时间，不同成因，不同组分和不同侵位关系的花岗岩类岩石。这就组成了**Read**所提出的花岗岩系列**（Granite Series）**的论点**，如附图所示[57,324-347页]。大概在地槽凹陷区或其附近，则有原地交代的、顺层侵位的同动期的花岗岩，并与混合岩、变质岩密切共生。与来源地区较远，时间稍晚，则有准原地的，顺层与侵入交互迭出的同动期与较晚期的花岗岩。再远，再晚，则有运动期后标准的侵入花岗岩，它与围岩成明显而突出的接触，还有冷却边缘及接触变质诸现象；它与围岩纯属他生关系。最后则成为高位置的半火山式的侵入体。早期花岗岩一般以富钠为特征，后期及晚期者则常含较多的钾。

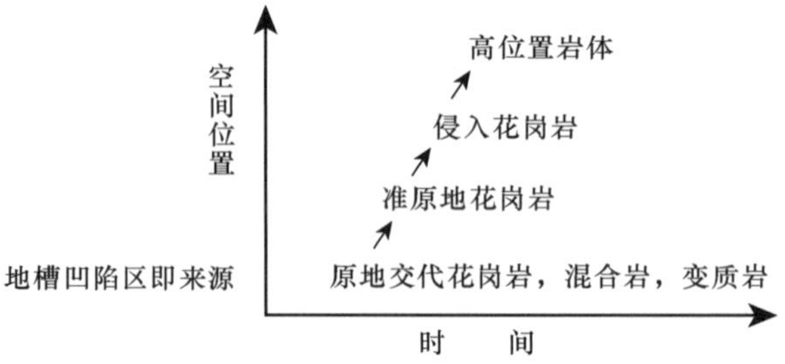

图 1

上面是关于花岗岩化理论的一般介绍。可见各派论点确有很大分歧。除了岩浆派与改造派的两大学派之外，在改造派中还有极端的干派与中间的湿派，而在湿派之中又存在着许多不同的看法；如何统一分歧，澄清观点，还待今后更多的努力。

三、花岗岩化的研究方法

花岗岩化是一个牵涉到多方面的错综复杂的地质问题，因此，必须用地质方法来予以解决。在各种地质方法中，野外观察尤为最重要的研究手段。

1. 野外方法

首先，我们必须对工作地区的地层层序、岩浆活动、区域构造、大地构造及地质发展史获得比较清切的概念。然后在此地质背景的基础上，选择有代表性的较小地区，进行1∶50,000或更详细的地质测量。在进行详测之前，必须先作一个全区性的普查，以便熟悉本地区的交通、地形及露头分布情况，然后定出观察路线，观察目标，采样计划及解决某些特种问题的工作方法。

在进行详测时，必须对各种变质岩、混合岩及花岗岩予以合理的划分与定名。所谓合理的划分，必须兼顾形态、组分及成因，而更为重要者则为野外实际区别的可能性及在图幅缩尺上的表达性，如过于详细，反将陷入紊乱而丧失重点。例如：在变质岩中的砾岩、石英岩、大理岩，及由火成岩所形成的各种变质岩，如不过于微小，必须尽量划分。各种片岩可按变质程度的深浅及某些重要变质矿物的出现，根据变质相及变质带的原理酌为划分。在小比例尺的图上，混合岩可并为一大类，但在详测时必须详分。必须主要根据矿物组分及结构对混合岩及花岗岩进行划分。

在确定了各种岩体及岩系的划分对象后，就要依据矿物成分及结构构造，予以详细的野外描述。要特别注意花岗岩的接触关系，顺层的，不整一的，明显突出的等等，要注意有无冷凝边缘及接触变质的现象，如角岩、矽卡岩的出现等等[21,24]。

必须详细画出在图幅缩尺上达到约一毫米左右的各种包体[24]，确定它们的岩性、产状、分布、结构；从包体产状的定向排列上可推断它们是否为捕虏体，抑为残影体；就是说，这种包体是否曾经过侵冲破碎与移位，抑是就地交代，未经移动。从这些包体与周围岩层的关系，可推定本区的区域构造，包括向斜、背斜、断层及褶皱的倾没方向等等。

在混合岩中的残影体一般最多，可择露头完好地点进行素描，如出露范围较大，可用皮尺测制 1∶100 至 1∶1,000 的素描图，来表示各岩系的接触情况及相互关系。在花岗岩中大的包体较少，此时要注意观察其中黑色小包裹体的分布情况，要采取表示这种包体的较大的手标本供磨制光面之用。

要运用 H. Cloos 关于研究花岗岩构造的方法，详细观察和填注岩体的流理、线理、片理和节理，以推究岩体侵位的机理；还必须注意搜觅层理及其他沉积方面的残留构造（参阅 Billing's 构造地质第 16 章）。

从变质岩和混合岩的物质成分，结构构造来重建它们的原岩性质；从它们的层序关系，有时还可推断原岩的沉积旋回，这对于对比各地区变质岩的层序与时代上有极重大的意义。

在测区内如有重要矿床或矿化点，必须详为观察与研究，阐明它们的矿化层位、构造情况、矿床类型、矿质来源与成矿过程；必要时还须测制较大比例尺的矿区地质简图。关于矿床与花岗岩或花岗岩化的关系方面，要进行实际的与理论的探讨。

必须采集各种标本，供进一步室内研究之用。在采集手标本时，可附采若干小块，供磨制薄片之用。为示结构构造及接触关系可采较大标本，磨制光面，或磨制 $3\frac{1}{4}\times4\frac{1}{4}$ 英寸的大薄片，俾能更好地进行研究。表示片理、线理、节理、层理等的标本，必须标指方向。为化学分析，重矿物及光谱分析的标本，一般可用拣块法，以能采取足够代表性的样品为原则。如能就地捣碎，缩分到半公斤左右则更好。为测定绝对年龄用的样品，必须十分新鲜，在采石场中采取最为方便。如能就地拣取含云母三、四成的粗样品一二公斤，俟回去加工则更为经济。

2. 室内研究

可分为下列各项：

(1) 薄片研究：详定各岩石中主矿物与副矿物的种类、光性、蚀变情况及成分百分比（即实际矿物成分 mode），后者可用求积台或计点法[22]测定。对中粗粒的花岗岩类岩石而言，用染色法配合方格纸的肉眼或双筒显微镜下的计点法，更为简易有效[37,48]。要研究它们的结构构造。从相互关系及交代关系推断各矿物的生成先后，特别要把结晶时期与构造运动结合起来，如分为形变前，形变中及形变后的各种矿物。要注意区分斑晶与变斑晶，及有无熔流，沉积及火山作用的残留构造。要尽量利用大号薄片进行各种关于接触及成因的观察。

(2) 重矿物研究：近年来工作证明，研究重矿物的种类、形态、组合及其他物理特性，对岩石生因及区分岩相上有重大意义。要特别着重锆石的研究[50,51]，注意有何次生成长现象；在次生成长中要区分外长（Outgrowth）与溢长（Overgrowth），从此可推断混合岩及花岗岩的成因及演化过程。单纯描述锆石的形态还嫌不足，必须测定它的滚圆系数及长宽比例的频率曲线，还要注意它的颜色、晶面磨蚀情况及有无放射性等，这些特性，在对比不同时代的混合岩及不同阶段的花岗岩方面，常可获得重要的结论。

(3) 特种矿物研究以测定混合岩化与花岗岩化的温度：近年来地质测温计的方法获得盛大发展，并已在各种地质研究工作中广泛应用。对混合岩化及花岗岩化的温度来说，下列方法俱已经采用：

1）从某些变质矿物的出现与消失及变质矿物的组合上来约测成岩温度，如：白云母一般指示较低温度，黑云母、石榴石则指示较高温度，而从矽灰石的普遍缺失，可推断其温度在450℃以下[26]。

2）某些矿物的物理性质：如从较低温度到较高温度，黑云母的颜色将从绿褐色通过各种深浅的褐色及红褐色而变为深红褐色。黑云母的光学性质，如折光率及二轴晶角等，也有随温度升高而增大的趋势[33]。闪锌矿颜色的深浅，亦与其成矿温度的高低有关。

3）石英，方解石及闪锌矿中的气液包裹体，在加热后可以消失。如能在显微镜下测定其消失时的温度，即为成矿的温度。

4）在固溶液状态下各种矿物组分的比例与成矿温度有一定关系。业经应用者有白云岩中的菱镁矿，闪锌矿中的磁黄铁矿，白云母中的钠云母，磁铁矿中 TiO_2 组分的百分比等等。对花岗岩化的测温计要以测定钾长石（包括正长石与微斜长石）中的钠长石组分与斜长石中的钠长石组分的比例（$\frac{\text{钾长石 Ab 组分\%}}{\text{斜长石 Ab 组分\%}}=K$）即K值的方法，最具广泛应用的前途[20]。此法必须用重液选出达98%纯度的钾长石，然后用火焰光度计测定其钠含量，从此换算成钠长石百分比，至于斜长石中的Ab%可用光性法或弗氏旋转台测定。最近盛行的长石染色法[19]，是否可帮助分选，这里正在实验中。

Tom. F. W. Barth 曾用长石K值法测定挪威南部混合岩化与花岗岩化的温度俱在600℃以下，某些广大地区的成岩温度还在400℃以下。其中深熔花岗岩（Anatexe Granite）约450℃，塑性侵入花岗岩（Diapine Granite）约550℃；眼球状片麻岩的温度最高可达800～700℃之间，大伟晶岩在600℃左右，而小伟晶岩则俱在600℃以下[20]。这些数据可为花岗岩化没有经过岩浆阶段的可靠佐证。

（4）岩石的化学全分析：对各种标准的有代表性的变质岩、混合岩及花岗岩的化学全分析是要阐明在变质、混合及花岗岩化的过程中，各种元素的迁移和引入的情况，及这些迁移和引入在不同演化阶段及不同温度下的变化规律。要重点研究Na、K的迁运规律，因为目前所获得这方面的资料尚多纷歧。此外，从全分析可推算岩石的标准矿物成分（Norm），并能帮助恢复原岩的工作。岩石全分析，可与实际矿物成分，标准矿物成分及某些主要矿物的光性合列在一个表中。

（5）光谱分析：对各种主要岩石须作半定量的光谱分析来测定各种分散元素的含量及分布情况。一般可先配制含有已知不同微量分散元素的标准样品二种，然后把未知样品的相应光谱浓度与之对比，就可得出不同级别的丰度（如分为a～h的八级），以便互相对比[24]。至于要进行测定分散元素的对象，最好先经过初步普测后再行订定；标准样品中分散元素的浓度，亦可从此初步结果来配制。

（6）绝对年龄样品的采集及测定：这是为验证花岗岩及混合岩时代的最重要的根据。因测定工作比较繁重，所以必须认真采取合格样品，同时还必须充分了解每一样品的地质背景，并从地质观点推断它的可能时代，这些观点包括沉积接触及侵入穿插的观点，三位一体或四位一体的观点等等。要充分估计每一测定的地质意义，尽量避免送交重复样品，以免浪费。

四、如何运用花岗岩化理论来解决区测工作中的花岗岩问题

1. 什么是花岗岩问题

首先，概略地谈一下什么是花岗岩问题？就我所想到者，它的主要内容可分为下列

各项：

（1）岩石的物质成分，结构构造及准确命名。

（2）侵位关系及接触特征：前者包括顺层侵位，侵入侵位，侵位时代的上限与下限，及各种岩体间的穿插关系；后者包括有无冷却边缘，角岩带，矽卡岩带，角砾岩带以及片理，流理等等。

（3）岩体形态：从纵横分布及垂直观点确定它们属于哪种形态，如侵入岩层、岩盖、岩瘤、岩干、岩脉、岩盆、岩鞍、岩基等。通常以岩体平面分布面积在40平方英里以上者称为岩基，但更重要的是要研究它的垂直分布，接触关系及在大地构造中的位置，才能予以确定。

（4）岩体的侵位时代。

（5）侵位机理：是指以何种方式，包括强力贯注，构造调整，岩浆吞食，火山口陷落及花岗岩化的交代作用等等，主要牵涉到如何获得空间位置的问题。根据岩浆理论来解说岩基的侵位机理，尚多困难，而花岗岩化的交代作用，则比较易于理解。

（6）成因问题：首先要研究是否有岩浆或再熔化岩浆的参加。从花岗岩化观点，则要把岩体进一步分为原地交代花岗岩，准原地花岗岩，侵入花岗岩及高位置岩体，并把这些不同成因类型的岩体，与大地构造位置及褶皱造山运动的时期联系起来。从岩浆观点则要阐明不同成分的岩体是否由于不同时期的侵入，抑由于岩浆分异或同化作用所造成。

2. 岩体的时代

对区测工作来说，目前争论最多的要算是岩体的时代问题了。这个问题非常现实与具体，它必须在地质图上明确表示出来，因之，无法规避，亦不能含糊。确定岩体时代的方法，主要依靠野外观察，例如：从接触关系，变质关系，可推定岩体时代的上限与下限；从含有岩体砾石的沉积不整合关系来推定它的时代的上限等等。但如附近见不到时代确定的接触地层，或者上下限地层时代的距程太大，则就不能确定岩体的时代。这时主要就要靠绝对年龄的测定了。在根据地质方法推定时代的岩体中，往往还需要用绝对年龄法来加以验证。在岩体时代业经大致测定的地区，我们还可依照岩相、岩性的特征，如成分、结构、重砂组合、稀有分散元素等进行对比来推断本区内或其附近的相似岩体的时代。当然我们也可从岩体活动与褶皱造山运动大致相符合的大地构造论点来推断岩体的时代。

3. 从花岗岩化的论点来推断岩体的时代

我们是否也可从花岗岩化的论点来推断岩体的时代呢？我想是可以的。现在提出下列若干准则，供同志们参考应用：

（1）从最新的被交代的岩系的时代来推定花岗岩的时代。这个准则与侵入关系大致相似，但侵入的花岗岩的时代，可以比被侵入岩层的时代稍为晚一些，也可以晚得很多，而交代花岗岩的时代，则一般都与被交代的整个岩层的体系不会晚得很多。例如：在云开大山的寒武奥陶纪地层都被变质交代，这里许多成顺层接触的花岗岩，就应该属加里东早期，而不会很晚。在本区的外围，如阳春、石录等处曾见到泥盆纪砂砾岩不整合于变质岩之上，而在广西北流的民安水库则志留纪底砾岩中有片麻花岗岩的大块砾石，足证本区的花岗岩属于早期加里东。

（2）从变质岩、混合岩及花岗岩三位一体或再加上伟晶岩成为四位一体的论点，则我们就可推断云浮附近的许多岩体（如石牛、镇安、云楼、兵营山等岩体），因为与变质岩、混合岩成密切共生的过渡关系，似俱应定为华力西期更为合理。同样的情况见于广州以北白云山一带。事实上白云山及新兴腰古（广州云浮间）的花岗片麻岩最近所测绝对年龄俱为华力西。海南岛西北部另有一组从奥陶纪地层变质，混合并花岗岩化而成的变质杂岩系，它们的时代似亦应属加里东。

李璞同志等在内蒙和南岭的伟晶岩和花岗岩的绝对年龄论文中[5]，指出乌拉山大东沟与伟晶岩邻近的黑云母花岗片麻岩及与伟晶岩直接接触的片麻岩，其绝对年龄各为378、361百万年，与伟晶岩338、364百万年的年龄颇为近似而深感惊奇，因为他们觉得这两种片麻岩与区域分布的前寒纪没有区别，但经绝对年龄测定却都属华力西。如果遵照四位一体的论点，则这里的伟晶岩与片麻岩时代相近，伟晶岩较片麻岩稍为新一些，但同为华力西旋回的产物，应为理所当然而毋庸惊奇了。这里片麻岩的原始质料，固然有属前寒武纪的可能，但一经华力西运动的改造就能面目一新，而盖上华力西的烙印了。

（3）在较老的基底岩层中，虽有区域变质，但未见明显的混合岩化，而花岗岩体则表现突出的侵入接触，它与围岩显属他生关系，而无同属一体的连系，则这种岩体的时代可以很新，必须用其他地质征象来确定，例如：在阳江一带有浅变质的寒武纪地层，其中有许多花岗岩侵入体，其时代可能较新，区测队从其他关系定为燕山期可能是准确的。

（4）根据上述花岗岩化与混合岩化的前锋可被阻于砾石层下的原理，砾石层与花岗岩或混合岩不一定为不整合，除非在砾石层中确实找到有花岗岩或片麻岩的砾石，则它们的先后关系才能确定。

（5）根据三位一体的概念，如在底砾岩中只找到了混合岩或变质岩，而未找到花岗岩，也可认为此砾石层系不整合地位于花岗岩之上。例如：那蓬岩体南的加益及石牛岩体以北的侏罗纪地层中，俱尚未找到花岗岩，但已找到许多变质岩和混合岩（片麻岩），其属后于花岗岩似无多大疑问。

五、对我国花岗岩问题的若干初步看法

1. 花岗岩与大地构造

按照现代观点，花岗岩是一种深成岩，也可称为造山岩，它与地槽的褶皱造山运动有密切关系，因此，它往往分布在几个大的褶皱造山带中。由于前震旦纪地层一般以地槽沉积为主，褶皱变质，最为剧烈，花岗岩化及花岗岩的侵冲，亦最为明显，所以，地盾、地轴及古陆区也往往有较多的花岗岩的分布。此外，花岗岩也可从各期地槽轴心的发源地沿着纵横交错的断裂带，穿插到附近地台的上部构造层中，特别在地台上的凹陷带，如扬子凹陷、浙赣凹陷、西山太子河凹陷及太行东缘断裂带等地区，花岗岩类岩石的分布亦较为常见。

从已有的资料我们可以清楚地看出，除了大平原（松辽平原，华北平原）、大盆地（陕北鄂尔多斯盆地，四川盆地，塔里木盆地，准噶尔盆地，柴达木盆地）及湘鄂黔桂高原外，几乎都有多少不一的花岗岩类岩石的出露，而在我国东部，北自大小兴安岭、张广才岭，南迄东南沿海，更为花岗岩丛集的地区。

2. 地盾、地轴及古陆区中的花岗岩

包括内蒙地轴，秦岭、山西、山东、江南古陆及其他前震旦纪结晶基底出露的地盾区。这里，花岗岩大多数顺层侵入，原地交代的花岗岩化现象甚为明显，与混合岩、变质

岩及伟晶岩常密切共生。据马杏垣等研究[7]，在阜平，大别山，山东等地区，片麻岩常成倾斜平缓的穹窿（mantled gneiss dome）[27]或长垣构造，区域变质以斜长角闪岩相、绿帘斜长角闪岩相为主，局部则有粒变岩、榴辉岩及含紫苏辉石的片麻岩或粒变岩，显然代表温度与压力俱较高的最深部的变质带。在本区中当然也有成侵入接触的较新时代的花岗岩。

3. 褶皱造山带中的花岗岩

与地槽的发育有成因上的关系，一般早期或中期生成的花岗岩，表现顺层接触及原地交代的现象；它同时也往往指示地槽的轴心。穿插在地槽的其他部分，或其邻近的地台区则有晚期花岗岩，一般成侵入接触，没有交代现象，而在更高的层位中则出现了半火山式的侵入体如石英斑岩之类。

(1) 加里东花岗岩：就今所知，在我国各时代的地槽褶皱带中，几俱已找到了明显的花岗岩化现象。如：粤桂间的云开大山[2,8]，有广泛出露的由寒武奥陶纪地层变成的显属加里东期的混合岩花岗岩化带，它分布在茂名、高州、合水一带，以片麻岩及片麻花岗岩为主，俱成顺层接触。其中也有许多小型的花岗岩侵入体，时代可能较新，属燕山或华力西尚难决定。这条混合岩花岗岩化带显然可与海南岛西北部的混合岩花岗岩化带相连，而在雷州半岛中部钻探出来的片麻岩亦可能为同时代的产物[2]；至于它是否还可与闽北浙南出露的变质杂岩体遥相连续，则各家意见颇为分歧，还须进一步工作证明。

云南大理哀牢山及河内的变质杂岩带的时代，为一久经争辩的问题。作者在“中国大地构造轮廓”一文中曾推断它可能与海南岛中生代地槽的中间地块相连。根据在哀牢山所获得的化石证据[14]及与云开大山相对比，它很可能代表加里东地槽早期花岗岩化带向西南地区的延展。这个问题还须更多的事实来验证。

(2) 华力西花岗岩：在祁连山、天山、秦岭及大兴安岭的西北部似俱有加里东地槽的发育，是否有伴生的原地交代的花岗岩现尚不知。在这些山脉中侵入石炭二叠纪地层的华力西花岗岩分布极为广泛，但是否有花岗岩化现象，亦待进一步研究。标准的华力西花岗岩化最近已在内蒙阴山地区发现；此外在东北华力西地槽带中有许多混合岩、花岗岩，但麻山群变质杂岩则可能属加里东，是否属华力西值得进一步研究。

最近在广东看到一条东西向的变质混合花岗岩化带，其西端可能包括那蓬岩体，中经云浮的石牛镇安，云楼腰古诸岩体，向东则可延至广州增城惠阳一带。这里泥盆纪地层受到明显的混合岩化及花岗岩化，石炭纪灰岩受到变质，侏罗纪则不整合地位于其上（区测队及云浮勘探队资料）。值得注意的是由徐克勤等所指出的三条印支期花岗岩[4]（从南往北为华（花）山姑婆山带，麻江源大东山桂东山带及骑田岭九峰山带）亦大致成东西方向，与本带相平行。作者相信从华力西到印支期的花岗岩，代表同一旋回但不同阶段的产物；云浮广州增城一带属早中期花岗岩，成顺层接触，花岗岩化现象明显，而其北的三条印支花岗岩则属晚期侵入的他生花岗岩。在云浮广州一带的泥盆纪地层在岩相上与其他地区的泥盆纪颇为不同，它是否代表华力西地槽，须进一步研究证明。

(3) 中生代花岗岩：在闽粤沿海及海南岛的东南部以及东北大小兴安岭、张广才岭一带更有大片花岗岩类岩石的出露。据最近研究，福建沿海有三个地区有各种片岩、片麻岩及花岗岩，并可见到片理化火山岩或石英绢云母片岩与中生代流纹岩凝灰岩成过渡关系[6]。在广东东江及沿海发育着另一条片麻岩花岗岩带，在海陆丰一带还可见到含菊石化石的下侏罗世页岩可逐渐过渡为结晶片岩或片麻状花岗岩[11]。这些事实似可证明，我国东南沿海的变质花岗杂岩体系由中生代地层经过混合岩化及花岗岩化作用所造成，它可能代表我国东部（包括东北各省）盛大发育的燕山地槽的轴心部分。至于在沿海大片出露的不具片理的黑云母花岗岩可能代表地槽晚期阶段的再熔化岩浆侵入花岗岩，它可产生明显的围岩蚀变及钨、锡、钼矿的矿化现象。P. Misch 在云南石鼓（金沙江边）所发现的花岗岩化现象为我国中生代花岗岩化在西南地区的延展[45]。

莫柱孙等[9,10,11]认为广东沿海以及云浮广州的片麻岩系由于深大断裂所造成。据目前所知，深大断裂似不可能产生花岗岩化，相反地，在断裂带附近常可因压碎变质而造成糜棱千枚岩化的退化变质现象[57,299页]。

(4) 新生代花岗岩：标准的新生代地槽的花岗岩化在喜马拉雅山可能有盛大的发育，其中位于中印交界的一个地区亦早为 Misch 所描述[45]。相信在西藏地区还可能有与中生代地槽相伴生的花岗岩化现象。

4. 地台边缘及凹陷带与断裂带中的花岗岩

属此类者多为小型侵入体，侵入接触非常明显，常有冷却边缘及接触变质现象。由于同化关系或岩浆分异作用，岩体成分有较多的变化。其中属于地台边缘者有秦岭，祁连，天山，阴山及江南古陆两侧的岩体。重要凹陷带中的岩体则有（以）扬子江中下游，浙赣凹陷及北京西山太子河凹陷带（中的岩体）最为显著，常产生重要的金属矿床。沿着地台纵横断裂带分布的小岩体亦多，如山东地垒及太行山东麓都是。这些岩体的侵入时代以属燕山期者为多，但也有较老的如华力西等，兹不详论。

5. 我国东南地区花岗岩的分布

从上所述可知，在我国东南地区，除了零星的小侵入体外，主要花岗岩类岩体的分布，从北到南，似有逐渐更新的趋势。如在江南古陆中，主要为前寒武纪的花岗岩（可能还有前震旦纪的，如徐克勤所称的东安旋回花岗岩），向南至加里东地槽则有属于本期内带与外带的不同类型的花岗片麻岩及花岗岩。在云浮广州惠阳一带还穿插着一条可能属于华力西地槽的混合岩及花岗岩，而到了东南沿海中生代地槽区，则主要分布着中生代花岗岩的大岩体，以及在靠近海岸地区出露的、可能代表地槽内带的许多零星变质混合花岗杂岩体。花岗岩类岩石在我国东南地区作这样有规律的分布，毫无疑问是受着大地构造支配的原则，并且就作者所知，也是符合于大地构造发展的规律的。

6. 其他问题

以上是关于我国花岗岩在大地构造轮廓中分布的一个概括的论述，其中谬误甚多，请读者指正。此外，有关花岗岩的问题尚多，如在地质图上所示分布广泛的许多大岩体，是否俱属岩基，抑系巨大的侵入层？国外所描述的破火山口陷落及环状岩脉为解决侵位位置的论证的实例，在我国迄今尚未发现。山东的许多辉长岩侵入体与花岗闪长岩的关系如何？长江中下游岩体的同化作用是否起着主导的影响？闽浙分布最广的中生代火山岩与花岗岩，是否属同源关系？抑系代表不同地壳层位的产物？凡此问题俱须进一步地深入研究，才能陆续解决。

六、花岗岩化与成矿作用

1. 岩石分类与矿床分类

根据花岗岩化的理论 Read 提出了岩石新分类的观点。他把岩石分为三大类[57,166页]即：

(1) 沉积岩：以海相为主。

(2) 火山岩：这是真正的岩浆成因的火成岩，以基性为主，包括喷出的、经常成大片岩流的玄武岩以及成中小侵入体形状的橄榄岩、辉长岩、安山岩、粗面岩等。它们与造山运动及地槽褶皱带没有任何联系；经常出现在褶皱平缓的地台区或已经固化了的地盾区中。岩浆分异作用主要在本类中进行，岩浆来源主要出自矽镁层及作为地壳下限的莫霍洛维奇不连续面附近。

(3) 深成岩：包括各种变质岩及超变质的混合化和花岗岩化的各种岩石如片岩、片麻岩、片麻花岗岩、花岗岩、闪长岩等等。与造山运动及地槽褶皱带有密切的联系。主要由交代作用所造成，也可经过深熔作用造成再熔化岩浆，它的形成处所主要在距地面以下约20公里的孔拉特不连续面附近。

花岗岩既不是岩浆岩，则与此有关的许多矿床就不应该称为岩浆矿床了。只有与那些基性超基性岩有关的铬、镍、钴、铂、钒、铁、金、铜矿床，才是真正的岩浆矿床，而那些与海底喷发有关的铜、硫、铁矿床则是岩浆与沉积混合的矿床。这种看法对于矿床的系统分类，有着基本的意义[56,62]。关于矿床分类问题，作者另有一文讨论，这里不再详述。

2. 花岗岩化对成矿是破坏作用还是富集作用

其次要讨论的是花岗岩化对成矿的关系[32,56,62,63]。它起了破坏作用呢？还是富集作用？某些学者认为它主要起了破坏作用，因此，不可能造成富集的矿床。

作者的看法则是它既有破坏，也有富集，主要关键在于阶段的不同。根据上述花岗岩化浪潮逐渐向前推进及原子移动速率不同的概念，势必会造成变质分异，而使若干原子富集起来，这就具备了成矿的条件。特别在后期 Na，K 前进的过程中，某些金属元素可能会随之运移富集，这样就可在最后阶段所成的花岗岩或其边缘的接触带中造成有工业价值的矿床。

3. 不同系列花岗岩的含矿性

根据花岗岩系列与时间空间关系的概念，以及上述原子运移的规律，成矿作用势必要富集在离花岗岩化中心，即地槽凹陷中心较远，在时间上也较晚的侵入花岗岩及高位置岩体中。研究广东及其他地区的资料，也确是如此，例如：

(1) 云开大山顺层的原地交代的同动力的加里东花岗岩杂岩体中（片麻岩及片麻花岗岩）含矿性一般不强，只有较显著的铁属金属及金的矿化，而在代表花岗岩化最后产物的伟晶岩中则有稀有金属及非金属等矿床。这里是否还有矿化较强的晚期加里东花岗岩，或者由于剥蚀较深，这种矿化较强的晚期花岗岩未被保存，尚须进一步研究。

(2) 在侵入的异地的规模一般不大的花岗岩及高（位置）岩体中则含矿性最强，因为它代表晚期的产物，其中 Na，K 的挥发分及随之运移的金属元素富集亦最多。并且随着时代的演进，矿化也愈强，或者矿化性质有所转变的趋势。如：非洲尼日利亚中生代花岗岩中的铌、钽含量有愈新愈富之势，我国某些地方也有相似的情况。

扬子江中下游为秦岭地轴与江南古陆间的一个地台凹陷带，纵横断裂发育，中生代小型花岗岩类岩石的侵入体分布尤广，它代表燕山晚期的、距地槽发源地（这个发源地究在何处，现尚不明）较远的岩体，因此，它的矿化性也最强，已证明含有丰富的铜、铁、硫等矿床。

太行山东麓辉县、林县、邢台一带沿着东麓断层带出现了断续相连的闪长岩小侵入岩，也是燕山期较晚阶段的花岗岩分异或同化的产物。山东地垒中沿着纵横断裂则发育了花岗闪长岩与辉长岩的晚期岩体。与以上两区小岩体密切关联的则为许多矽卡岩型铁矿床，具有甚大的工业价值。

（3）在南岭，东南沿海及海南岛地区，穿插在加里东地槽褶皱带，中生代地槽褶皱带，甚至还穿插到江南古陆中，也发育了许多代表晚期的花岗岩类的小岩体；它们都是铜、铅、锌、有色金属及钨、锡、铋、钼等矿床的源泉。在闽粤沿海地区还有较多较富的矽卡岩型铁矿床。它们与中生代花岗岩，特别是晚阶段的小型岩体有成因上的关系，业经从矿床的产状研究及该类岩石的光谱分析方面获得证明[4]。

4. 不同大地构造单元在含矿性上的差别

扬子江中下游，浙赣凹陷，南岭及东南沿海地区的成矿作用虽大多与中生代晚阶段的侵入小岩体有关，但在矿质种类上则有显著的差别，如：扬子中下游以铁、铜、硫为主，到了浙赣凹陷，则铅锌渐臻重要，在南岭则广泛发育了钨、锡、铋、钼及铜、铅、锌矿床，但矽卡岩型铁矿殊为少见。到了东南沿海，则锡较钨为多，同时又出现了某些稀有金属及若干矽卡岩型铁矿。

如果把东南地区地槽发育带中的成矿作用与西北加里东地槽及内蒙华力西地槽的成矿作用相比则可发现更大的差别，如后二者以产生与超基性岩有关的矿床为特征，而在西北加里东地槽中则还有与细碧角斑岩有关的含铜黄铁矿矿床。作者在另一文中[2]曾指出我国东南地区的地槽为近矽铝型地槽，而西北及内蒙的地槽则为近矽镁型地槽。

作者相信，成矿作用与地槽类型及大地构造发展史间的关系不是偶然的，**归根结底可能与地质历史中随着地槽发展而使地壳逐渐加厚的因素有关**。在初期的各个地槽，如：西北及东南地区的加里东地槽及内蒙的华力西地槽，矽镁层中的矿质，特别是金（金在太古界地层中最多，而在太古界元古界的界面中则出现了世界上最富的沉积及再生金矿床），及其他亲铁元素渗入较多，造成了西北及内蒙的与超基性岩有关的矿床及东南地区加里东花岗岩中富于金及铁属金属的光谱分析特征（徐克勤等）；而在以后的地槽发展中，地壳加厚了，除若干由于火山喷发所带入的属于深层来源的矿质外，主要为在矽铝层中包括花岗岩化带中活动运移，富集沉淀的各种矿床，而这就是我国东南地区成矿作用的主要特征，也就是扬子中下游、浙赣凹陷、南岭及东南沿海地区矿产种类所以出现分歧的根本原因。

5. 如何区分不同阶段的花岗岩

上面谈到在每一构造旋回中所发育的花岗岩又可分为早、中、晚三个不同阶段，而每一阶段的成矿作用及矿质种类，又往往具有不同的特性，因之，如何区分不同阶段的花岗岩就成为重要的课题了。从构造及花岗岩化的观点，顺层与穿越的接触，原地交代与他生组合的关系，就成为最重要的标志。各种岩体的穿插关系及这些岩体的岩矿特征，包括重矿物的研究及岩石化学组分的差别，如：晚期花岗岩富于钾、钠，而钾似有富集于最晚阶段中的趋势等等，俱可作为区分岩体的标志。最后则光谱分析及绝对年龄的测定，亦可作出重要的贡献。广东区测大队曾把燕山期花岗岩分为五个至六个不同的阶段，主要系根据穿插关系及成矿作用的不同来区分的，似还应用岩石化学组分、重矿物特性、光谱分析及绝对年龄等来加以补充验证。

七、结论

概括地介绍了花岗岩化的一般概念，及野外与室内的研究方法。从花岗岩化的观点，作者提出了为解决区测工作中最重要问题之一的关于推断岩体时代的若干准则。在作者个人所了解的我国大地构造轮廓的基础上[34]，简单地综述了我国花岗岩分布的一般情况及若干规律，并指出了其他许多须进一步研究的问题。最后讨论了花岗岩化与成矿作用方面的几个重要问题。

从目前所了解的我国花岗岩的情况，可以明显地看出在每一造山运动的旋回中，几乎都有花岗岩化的现象出现，并且随着时间与空间的转移，往往发育了从原地交代的，准原地的，侵入的，最后到高岩体的一系列不同产状的岩体。这种花岗岩系列概念的认识，在今后区测、找矿和大地构造的研究中将有重大的意义。

在研究花岗岩化的野外方法中，强调了测制小面积的大比例尺地质详图的重要性。这种详图，必须把重要的捕虏体、残影体及其他包体填绘出来，还必须把流理、线理、片理、层理及各种节理按照国际图例，详绘在图上。这样的地质图在我国尚少测制，以后如何示范，推广，研究部门似应注意及之。

在室内工作中，绝对年龄的测定及地质测温计的运用为一重要的发展方向。在许多测温方法中，长石 K 值的测定有最大的意义；我们正在试用染色法以分选钾长石，如能成功，相信对长石测温的发展必有所帮助。此外，花岗岩的熔融结晶，花岗岩熔体的成分、性质与结构及用沉积物质试制花岗岩的高温高压实验工作[40,41,65,68]对解决花岗岩的成因问题，具有基本的意义，我们以后也应量力进行。为了使岩体的划分更臻完善，成矿的研究更形深入，大地构造的推断更为合理，让我们广泛、细致地进行对花岗岩及花岗岩化的研究，为区测与找矿工作服务罢！

作者注：本文内容曾在广东赤坎区测大队及南京地质学会分会上作过报告，现加修正补充，全文于 1963 年 5 月下旬脱稿。

参考文献

[1] 郑文武、冯国祯、王天长、黄加佑、杨德其等人的资料（1962）.

[2] 谢家荣（1962）：中国东南地区大地构造主要特征的资料.

[3] 徐克勤、刘英俊、俞受鋆、王鹤年、魏秀喆（1960）：江西南部加里东期花岗岩的发现，地质论评 20 卷，第 112—114 页.

[4] 徐克勤、孙鼐、王德滋、胡受奚、季寿元、李应运（1963）：华南多旋回的花岗岩类的侵入时代、岩性特征、分布规律及其成矿专属性的探讨，地质学报 43，1—26 页，141—155 页.

[5] 李璞（1963）：内蒙和南岭地区某些伟晶岩和花岗岩的 K-Ar 法绝对年龄测定，地质科学第 1 期，2 月，1—9 页.

[6] 刘征瑞的资料（1962）.

[7] 马杏垣、游振东、谭应佳、蔡学林（1963）：中国东部前寒武纪大地构造发展的样式，地质学报，43，27—52 页.

［8］莫柱孙、吴兆同、张定辉、卢鹏飞、林健、温海光、雷作淇等13人的资料（1962）.

［9］莫柱孙、金邦权、温海光、雷作淇等人的资料（1962）.

［10］莫柱孙的关于粤西桂东下古生代地壳运动的新认识的资料.

［11］莫柱孙的资料（1962）.

［12］潘维祖的资料（1962）.

［13］董申保的资料（1962）.

［14］杨暹和、谢斗光（1960）：有关哀牢山变质带的几个新调查资料，地质论评，20卷，4号，189—190页.

［15］索洛维耶夫 C. Л. 原著（1962），于志鸿节译：花岗岩类及其演化与成因类型，地质快报8期，1963.

［16］Backlund H. G.（1936）：Der "Magmaaufsteig" in Faltengebirgen. Bull. Com. Geol. Finland No 115，293－347.

［17］Backlund H. G.（1946）：The Granitization problems. Geol. Mag. 83，105.

［18］Backlund H. G.（1938）：The problem of Rapakivi Granite，Jour. Geol. 48，339—397.

［19］Bailey E. H. & R. E. Stevens（1960）：Selective staining of K. feldspars & plagioclase on rock slabs and thin sections. Am. Min. 45，1020—1025.

［20］Barth T. F. W.（1956）：Studies in Gneiss and Granite. Skr. Norske Vidensk Akad. Ⅰ，1—35.

［21］Buddington A. F. （1959）：Granite emplacement with special reference to N. America. Bull. Geol. Soc. Am. 70，671—748.

［22］Chayes F.（1949）：A simple point counter for thin section analysis. Am. Min. 34，1—11.

［23］Crowder D. F.（1959）：Granitization，migmatization and fusion in the N. Entiat Mt.，Washington. Bull. Geol. Soc. Am. 70，827—878.

［24］Eckelmann F. D. & A. Poldervaart（1957）：Geologic evolution of the Beartooth Mt.，Montana & Wyoming，Pt. I. Archaen history，Bull. Geol. Soc. Am. 68，1225—1262.

［25］Gilluly J. Edit.（1948）：Origin of Granite，Mem. 28，Geol. Soc. Am.

［26］Engel A. E. J. & C. G. Engel（1958，1960）：Progressive metamorphism & granitization of the major paragneiss，N. W. Adirondack Mt.，N. Y.，Pt. Ⅰ，Total Rock Bull. Geol. Soc. Am. 69，1364—1414，1958；Pt. Ⅱ. Mineralogy. Bull. Geol. Soc. Am. 71，1—58，1960.

［27］Eskola P. E.（1949）：The problem of mantled gneiss dome Quart. Journ. Geol. Soc. 104，461.

［28］Eskola P. E.（1950）：The nature of metasomatism in the process of granitization. Rept. XⅧ Int. Geol. Congr.，1948，Pt. 3，5.

［29］Goodspeed G. C.（1940）：Dilation & Replacement Dikes. Jour. Geol. 48，175—195.

［30］Goodspeed G. C.（1948）：Xenolith and skialith. Am. Jour. Sci. 246，515—525.

［31］Goodspeed G. C.（1952）：Replacement & rheomorphic dikes. Jour. Geol. 60，356—363.

［32］Goodspeed G. C.（1952）：Mineralization related to granitization. Econ. Geol. 47，No2.

［33］Hellner E. & R. Euler（1957）：Hydrothermale und röntgenographische Untersuchungen an gesteinbildenden Mineralien，I，über ein geologisches Thermometer auf Grund von Untersuchungen am Biotiten. Geochi. et Cosmoch. Acta No 1－2，47—56.

［34］Hsieh C. Y.（1962）：On the Geotectonic Framework of China. Scientia Sinica，11，1131—1146.

［35］Hsieh C. Y.（1963）：A study of the tin deposits in China. Scientia Sinica，12，373—390.

[36] Ingerson E. (1955): Methods and Problems of Geologic Thermometry. Econ. Gcol. (50th Anniv. Vol.) 341—410.

[37] Jackson E. D. & D. C. Ross (1956): A technique for modal analysis of medium &coarse graincd (3—10 mm) rocks. Am. Min. 41, 648— 651.

[38] Jacobs J. A. & R. D. Russel, J. T. Wilson (1959): Physics & Geology, McGraw Hill Co.

[39] Корженский Д. С. (1960): Кислотность-Щелочность при магматических процессах. Междн. Геол. Конг. XXI Сесс., Проблема 14, 7—17.

[40] Kranck E. H. & R. V. Oja (1960): Experimental studies of anatexis. Rept. 21 Ses. Inter. Geol. Cong. Pt. 14, 16—29.

[41] Lacy E. D. (1960): Melts of granitic composition, their structure, properties and behaviour. Rept. 21 Sess. Inter. Geol. Cong. Pt. 14, 7—15.

[42] Marmo V. (1956): On the emplacement of granite. Am. Jour. Sci. 254, 479—492.

[43] Marmo V. (1962): Die Bedeutung der Beschaffenheit der Kalifeldspats für das Granitproblem. Geol. Rdsch. Bd 52, Heft 1, 13—23.

[44] Mehuert K. R. (1959): Der gegénwärtige stand des Granitproblem. Forts. Min. Bd 37, Heft 2, 117—206.

[45] Misch P. (1949): Metasomatic granitization of batholithic dimension, Pt. Ⅰ—Ⅲ. Am. Jour. Sci. 247, 209—245, 372—406, 673—705.

[46] Perrin R. (1954): Granitization, metamorphism and volcanism. Am. Jour. Sci. 252, 449—465.

[47] Perrin R. (1956): Granite again. Am. Jour. Sci. 254, 1—18.

[48] Plafker G. (1956): A technique for modal analysis of some fine & medium grained (0.1—5 mm) rocks. Am. Min. 41, 652—655.

[49] Poldervaart A. & A. K. Gilkey (1954): On clouded plagioclase. Am. Min. 39, 75—91.

[50] Poldervaart A. (1955, 1956): Zircons in rocks, 1. — Sedimentary rocks, Am. Jour. Sci. 253, 433—461; 1955; Ⅱ. —Igneous rocks, Am. Jour. Sci. 254, 521—554, 1956.

[51] Poldervaart A. (1955): Growth phenomena in zircon of authochthonous granites. Bull. Geol. Soc. Am. 66, 947—948.

[52] Poldervaart A. Editor (1955): Crust of the Earth. Geol. Soc. Am. Sp. Paper 62.

[53] Raguin E. (1946): Geologie du Granite, Paris.

[54] Ramberg H. (1952): The origin of metamorphic & metasomatic rocks, Univ. Chicago Press.

[55] Rastall R. H. (1945): The Granite problem. Geol. Mag. 82, 19—30.

[56] Read H. H. (1954): Granitization & Mineral Deposits Geol. en Mijnb. 16 Jrg. No. 4.

[57] Read H. H. (1957): The Granite Controversey, London.

[58] Reynold D. L. (1947): The Granite controversey, Geol. Mag. 84, 209—223.

[59] Roques M. (1941): Les schistes cristallins de la partie Sud-Ouest du Massif Central Francais. Mem. Serv. Carte Geol. France.

[60] Sederholm J. J. (1923, 1927, 1934): On migmatites and ass. Pre-Cambrian rocks of S. W. Finland. Bull. Com. Geol. Finland, Pt, Ⅰ, No 58, 1923; Pt. Ⅱ, No 77, 1927; Pt Ⅲ, No 107, 1934.

[61] Sederholm J. J. (l928): On orbicular granite. Bull. Com. Geol. Finland, No 83.

[62] Sullivan C. J. (1948): Ore and Granitization. Econ. Geol. 43, 471—498.

[63] Судовиков Н. Г. (1960): Граниты и рудообразование. Док. Сов. Геол. Меж. Геол. Конг. XXI, Проб. 14, 97—106.

[64] Turner F. J. & J. Verhoogen (1951)：Igneous & Metamorphic Petrology. McGraw Hill Co.

[65] Tuttle F. & N. L. Bowen (1958)：Origin of granite in the light of experimental studies in the system $NaAlSi_3O_8—KAlSi_3O_8—SiO_2—H_2O$. Geol. Soc. Am. Mem. 74. also. Jour. Geol. 58，No5，1950.

[66] Wegmann C. E. & E. H. Kranck (1931)：Beitraege zur Kenntnis der Svecofenniden in Finland，Ⅰ. Ⅱ. Bull. Com. Geol. Finlande，No 89.

[67] Wegmann C. E. (1935)：Zur Deutung der Migmatite. Geol. Rdsch. 26，305—350.

[68] Winkler，H. G. F. (1957)：Experimentelle Gesteinsmetamorphose — I. Hydrothermale Metamorphose Karbonatfoeier Tone. Geochim. et Cosmoch. Acta，13，42—69.

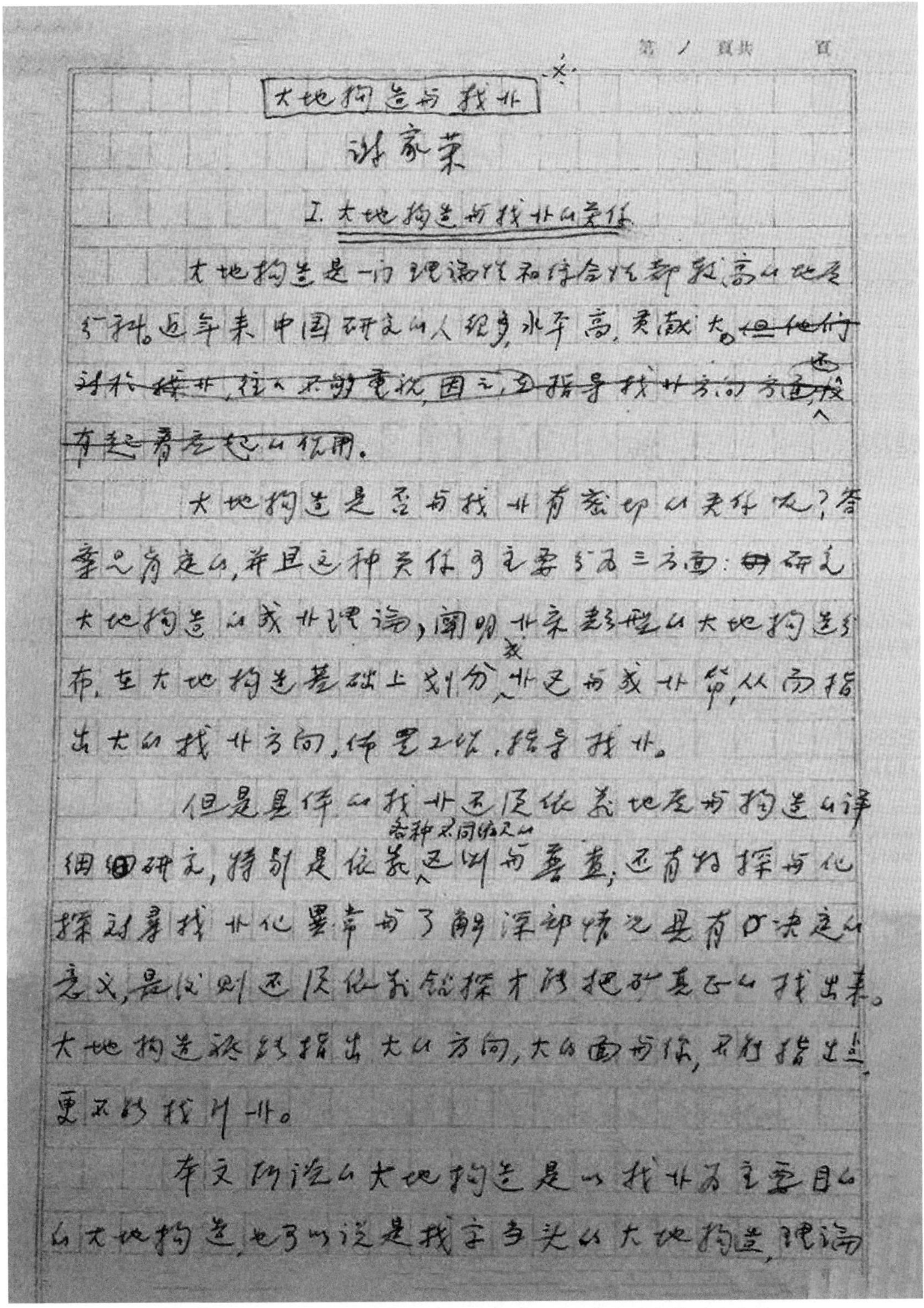

第 1 页共 页

大地构造与找矿

谢家荣

I. 大地构造与找矿的关系

大地构造是一门理论性和综合性都很高的地质科学。近年来中国研究的人很多，水平高，贡献大。~~但他们对于探矿，往往不够重视，因之在指导找矿方向方面~~还~~没有起到应有的~~起的作用。

大地构造是否与找矿有密切的关系呢？答案是肯定的，并且这种关系可以表现在三方面：研究大地构造的成矿理论，阐明矿床类型的大地构造分布，在大地构造基础上划分矿区与成矿带，从而指出大的找矿方向，布置工作，指导找矿。

但是具体的找矿还须依靠地质与构造的详细研究，特别是依靠各种不同比例的测量与普查，还有物探与化探对寻找矿化异常与了解深部情况具有决定的意义，最后则还须依靠钻探才能把矿真正的找出来。大地构造终能指出大的方向，大的面与带，不能指出点，更不能找到矿。

本文所说的大地构造是以找矿为主要目的的大地构造，也可以说是找矿方面的大地构造理论

谢家荣1966年5月2日在贵阳八角岩招待所最终完成的他一生中的最后一篇论文《大地构造与找矿》手稿

大地构造与找矿*

Ⅰ. 大地构造与找矿的关系

大地构造是一门理论性和综合性都较高的地质分科。近年来中国研究的人很多，水平高，贡献大。

大地构造是否与找矿有密切的关系呢？答案是肯定的，并且这种关系可主要分为三方面：研究大地构造的成矿理论，阐明矿床类型的大地构造分布，在大地构造基础上划分成矿区与成矿带，从而指出大的找矿方向，布置工作，指导找矿。

但是具体的找矿还须依靠地质与构造的详细研究，特别是依靠各种不同缩尺的区测与普查；还有物探与化探对寻找矿化异常与了解深部情况具有决定的意义，最后则还须依靠钻探才能把矿真正地找出来。大地构造只能指出大的方向，大的面与线，不能指出点，更不能找到矿。

本文所谈的大地构造是以找矿为主要目的的大地构造，也可以说是找字当头的大地构造，理论水平较低，讨论不够深入，谬误之处，还请读者批评指正。

Ⅱ. 大地构造分区与矿床类型

研究大地构造找矿的一个重要题材是阐明大地构造分区与矿床类型之间的关系。不同的大地构造分区有着不同的矿床类型，这对指导找矿是有深远的意义的。以篇幅所限，不能把范围扩大及于全国，兹暂以湖北为例，说明其关系如次：

1. 湖北省的大地构造分区

可分为地盾，地槽与地台的三个一级单元。地盾区主要分布在鄂东北，也就是淮阳地盾的一部分，又可分为大别隆起与应山隆起的两个亚区。黄陵背斜基本上也是一个地盾，但范围较小，它位于秦岭地槽与鄂中及鄂西南地台之间。

地槽区又可分为优地槽与冒地槽，分布在鄂西北的秦岭及大巴山一带。所谓两郧（郧县、郧西）地块及武当大洪山地块可能是震旦系时代的优地槽，因为它们都由火山岩及中浅变质岩所组成，其时代可能属陡山沱组及其下的层组。前震旦系地层是否在本地区出露，尚待进一步研究决定。竹山、竹溪地区则主要由志留系浅变质地层所成，其中亦夹有多层火山岩，故肯定属加里东优地槽。

在两郧地块以北的东秦岭及青峰大断裂以南的大巴山，沉积巨厚，褶皱剧烈，但没有火山岩的夹层，变质亦较浅，显属冒地槽类型，其时代可能属加里东至华力西。神农架出露轻变质地层，似乎可与大巴山冒地槽合并为一个单元。

---

* 作者曾于1966年4月22日下午在汉口湖北省地质局以本文题目为题作报告。5月2日作者在贵阳八角岩招待所最终完成了本文写作。——编者注

鄂西南、鄂东南及鄂中的南漳、荆门一带同属地台构造，但鄂东南断裂褶皱较著，花岗岩类岩浆活动频繁，因之在构造上及矿床上与鄂西南鄂中地台显示出很大的分歧，前者可称为有岩浆活动的活动地台，后二者则属无岩浆活动的较稳定地台。江汉襄樊大平原区亦属地台构造，但中新生代地层覆盖广厚，倾斜平缓，构造运动最不显著，亦应属较稳定的地区。

2. 矿床类型的划分

矿床的详细分类，非兹篇之所有事。兹参照现代成矿理论把湖北矿床综分为七大类如次：

（1）与基性超基性岩有关的岩浆矿床：这是真正的岩浆矿床，是从矽镁层上升起来的玄武岩类岩浆分异所成的矿床，包括钒钛磁铁矿，铜镍矿及铬铁矿等，有的属真正的岩浆分异矿床，这是同生矿床，也有属岩浆期后的各种热液矿床，则就属后生矿床了。

（2）与再熔化花岗岩有关的矿床：包括矽卡岩及其他热液矿床。从花岗岩化的观点，这种花岗岩是由沉积岩在原地交代变质再经过再熔化的作用侵入上层岩层所成，所以它不是真岩浆岩，而是假岩浆岩或新岩浆岩，不过成岩与成矿的作用与过程与真岩浆岩及岩浆矿床颇多相似之处。主要分歧乃在岩浆来源不在地壳深处的矽镁层，而矿质的最初来源则大部出自围岩。但矿床的形成则远在围岩形成之后，故应属后生矿床。属于本类的矿床，有铁，铜，铅锌，锑，汞，钨，锡，铍，钼等，大都成脉状，囊状，透镜状及其他不规则状，也可沿一定层位进行选择交代成为层状或似层状矿床。

（3）与海底火山喷发有关的喷气沉积矿床：这是最近提出来的一种重要矿床类型，它与海底喷发的中酸性火山岩有成因关系，由海底火山喷发的余气或热液，供给矿质来源，而在海水中沉积或交代未固结的沉积物所成，故称喷气沉积矿床。由于成矿与沉积几乎同时进行，故亦属同生矿床的范畴。属于本类矿床的矿种甚多，有铁，锰，铜，铅锌及黄铁矿等，常成层状或似层状，由于后来再运移的结果，少数也可成为脉状矿床。

（4）与花岗岩化及其他变质作用有关的变成矿床：包括由基性前锋，钾钠前锋及伟晶岩阶段所成的各种铁，钛，铌，钽，稀土元素，以及金，石棉，刚玉，菱镁矿，蓝晶石，矽线石，石榴石，云母，石英，长石及某些铜矿床。这些矿床的物质来源，都出自广大的围岩，只有经过区域变质或花岗岩化之后，才运移富集而成为矿床。至于原先已有矿床，经过区域变质或花岗岩化之后，又加富加大者则都属于受变质矿床，或者是受变质矿床与变成矿床的混合类型。本类矿床的形状，以脉状为主，也可成为层状或似层状，它们可产在原地交代的花岗岩或混合岩中，也可产在变质岩中。除区域变质作用外，动力变质，热力变质，自变质作用等都可产生变成矿床。但变质交代矿床，则矿质来源主要出自岩浆或假岩浆，不属本类范围之内。

（5）侧分泌矿床：这是指由地下水溶取围岩中的矿质，再沿裂隙或破碎带中沉淀成矿，成矿温度与压力均较低，深度亦有一定的限制。这是非岩浆热液成因的后生矿床，包括铜，铅，锌，汞，锑，黄铁矿等矿种，大都成脉状，囊状，不规则状，透镜状，也有呈层状或似层状者。这类矿床都产在无岩浆活动的沉积岩区域之内。

（6）沉积及沉积变质矿床：这是指由正常沉积作用所成的各种矿床，如煤，铁（沉积铁矿），锰，磷，铝，铜，铅锌，黄铁矿，石油天然气，膏，盐、钾盐，铀，钒以及各种砂矿等。由正常的沉积矿床经过区域变质或其他变质作用的改造后则成为沉积变质矿床，如鞍山式铁矿及海州式磷锰矿就是一例。由沉积作用所成的未达到开采品位的矿层可称为矿源层，亦属于本类矿床的范围之内。本类矿床概呈层状或似层状，透镜状，少数经过运移者亦可呈脉状。本类矿床所包括的矿种最多，在各个大地构造单元或各个地质时代中的分布亦最广。近年来金属硫化物的原生沉积成矿说，逐渐为人们所重视，所以铜，铅，锌，黄铁矿等的沉积矿床，亦日臻重要。

（7）表生矿床：这是指由风化残余及地下水再沉淀等表生作用所成的各种矿床，包括铁帽，风化残余型的铁，铝，锰及铜的次生富集矿床等等。湖北的绿松石由下降地下水溶取附近地层中的铜，在还原环境下与含矿层原含有的磷结核起作用所成，所以亦应属表生矿床。

3. 湖北省大地构造分区与矿床类型

兹将湖北省各种矿床类型在大地构造单元中的分布到为第一表。

从表上可以看出，地盾区的矿床类型最多，几乎包括所有的各种类型。当然，最重要的应该是第一，第四及第六（这）三类。喷气沉积矿床，侧分泌矿床及表生矿床在本区中也应有分布，因尚无实例可列，故以×××表示之。喷气沉积矿床所以能在地盾区出现，是因为在前震旦纪时代，优地槽环境的产生，往往是普遍而频繁的，这对喷气沉积矿床的形成极为有利，国内外俱有实例可援，详见后述的优地槽带找矿论中。

很明显，优地槽的成矿条件要比冒地槽优越得多，这里既有作为本地区标型矿床的喷气沉积矿床，又有与地槽早期或中期侵入的基性超基性岩有关的岩浆矿床，在许多地区还有与花岗岩化及其他变质作用有关的变成矿床。正常的沉积矿床，由于在优地槽带沉积分异之不够彻底，所以发育较少；表生矿床如铁帽及绿松石等亦有代表。再熔化花岗岩矿床及侧分泌矿床在本区亦应有出现，但不是标准的。在湖北，东秦岭南段及大巴山的冒地槽带中有许多铜，铅锌，汞矿床，其成因尚不明了，可能与侧分泌有关。还有若干沉积成因的铁矿和磷矿。

地台区一般以沉积矿床为最主要的类型，如煤，铁，磷，铝，俱有发育，而在平原覆盖区则石油天然气，膏盐，钙芒硝等最为重要。在活动地台，如鄂东南地台区，由于再熔化花岗岩的活跃，造成了有巨大经济价值的矽卡岩型铁，铜矿床，及热液成因的铅锌，锑，汞矿床。在江南古陆的边缘幕阜山一带，则与花岗岩化作用有关的铌，钽，云母，长石等矿床出现甚多。

Ⅲ. 大地构造观点的各种找矿论

地盾，地槽与地台俱有矿，俱可找矿，但理论根据不同，矿床类型不同，找矿的方法与准则也就有所不同。兹为贯彻找字当头的思想体系，特提出大地构造观点的各种找矿论如下，供同志们参考。

1. 地盾区找矿论

凡前震旦纪结晶基底层出露地表或覆盖极薄的最稳定地区，称为地盾。我国地盾很多，如阴山燕辽地盾，山西地盾，山东地盾及淮阳、秦岭地盾等俱是。湖北的大别隆起与应山隆起俱是地盾，并且成为淮阳地盾的一部分。黄陵背斜是一个在地台与地槽间出露的小地盾。

上面已经提到地盾区的矿床类型最为完备与复杂，包括的矿种更多，最重要的为金矿，沉积变质铁矿，伟晶岩矿床，及其他非金属矿床，还有若干成脉状的多金属矿床及矽卡岩矿床。对湖北的地盾来说，迄今发现最重要的矿床为原生金红石及金红石砂矿，还有伟晶岩型的云母、长石、石英等非金属矿床，其次为海州式的磷锰矿及鞍山式的沉积变质铁矿，少数矽卡型铜矿，其经济价值当待进一步评定。

表 1　湖北省大地构造分区与矿床类型表

大地构造分区			矿床类型：Ⅰ与基性超基性岩有关的岩浆矿床	Ⅱ与再融化花岗岩有关的矿床(矽卡岩及其他热液矿床)	Ⅲ与海底火山喷发有关的喷气沉积矿床	Ⅳ与花岗岩化及其他变质作用有关的变成矿床	Ⅴ侧分泌矿床	Ⅵ沉积及沉积变质矿床	Ⅶ表生矿床
地盾区		大别隆起 应山隆起 黄陵背斜	钒钛磁铁矿床 铜镍矿……… 铬铁矿(太平溪)	…Cu(王家大山)	×××	脉状铜铅锌矿床及金矿脉 金红石伟晶岩型矿床金矿脉	(武胜关) ×××	鞍山式铁矿, 海州式磷锰矿 金红石砂矿 P,V,Mn,Cu,Pb,Zn 矿源层	×××
地槽区	优地槽	两郧地块?(震旦纪优地槽?) 武当大洪地块?(震旦纪优地槽?) 两竹地区(加里东)	钒钛磁铁矿床 铜镍矿床		铜(银洞坪) 铁锰(谷城官坊) 黄铁矿(文峪河)	石棉矿床 金矿脉(均县)		砂金 海相石煤 Cu?(得胜舗)	绿松石 铁帽
	冒地槽	东秦岭南段 大巴山					Cu, Pb, Zn, Hg	铁,磷	×××
地台区		鄂东南(有岩浆活动)		Fe, Cu, Pb, Zn(大冶阳新), Sb, Hg	(通山)	Nb, Ta,云母,长石(幕阜山)		煤(二叠系,侏罗系) 钒矿(通山,通城)	铜的次生富集
		鄂中(无岩浆活动)					×××	煤(侏罗系),铝土矿(下二叠系)	×××
		鄂西南(无岩浆活动)					Cu, Pb, Zn, Hg(长阳,咸丰),黄铁矿	煤,铁(宁乡式),磷,天然气(利川)	×××
		江汉襄樊平原区						石油,天然气,膏盐,钙芒硝	×××

×××代表可能有这类矿床，但尚少实例可列

地盾区成矿的理论基础主要有三，即：花岗岩化，变质分异与扩容带。先谈花岗岩化与成矿的关系。某些学者认为花岗岩化主要起了破坏作用，因此，不可能造成富集的矿床。作者的看法则是，它既有破坏，也有富集，主要关键在于阶段的不同。根据花岗岩化浪潮逐渐向前推进及原子移动速率不同的概念，势必会造成变质分异，而使若干原子富集起来。这就具备了成矿的条件。特别在前期的基性前锋可造成含钛磁铁矿，在后期钠、钾的运移中，随之富集的铜，铅锌，钨锡，钼或非金属更多，成矿的机会也就更大，而在最后的伟晶岩阶段，钾、钠富集达到了高峰，形成了富于稀有金属、稀有元素及云母、石英及长石等的伟晶岩型矿床。

由于区域变质，热力变质，动力变质或其他变质作用而使成矿元素随着变质水发生运移，因而在某些地方富集起来的现象称为变质分异。由变质分异造成的矿床概称为变成矿床。当然，花岗岩化作用也是一种变质作用，有人称之为超变质作用，因之，由花岗岩化形成的矿床也是由变质分异造成的变成矿床。本类矿床包括金矿，石棉，金红石，刚玉，菱镁矿，蓝晶石，矽线石，石榴石，云母，石英，长石及某些铜铅锌矿床。

变成矿床的物质来源都出自广大的围岩，它们原先都成分散状态，只有经过区域变质作用，花岗岩化作用或其他变质作用之后，才运移富集而成为矿床。至于原先已有矿床，经过花岗岩化或区域变质之后又加富加大者，则属于受变质矿床或者是受变质矿床与变成矿床的混合类型，如鞍山式铁矿，兰德式金铀砾岩矿，某些锰矿，铜矿及石墨矿床等，这些也都可称为是花岗岩化成矿的结果。

变成矿床的形状以脉状为主，受变质矿床或与变成矿床的混合类型则可形成层状或似层状，并且成矿与否与原岩的沉积建造有密切关系，因之常具有一定的层位。本类矿床多分布在原地交代的花岗岩或其相邻的混合岩或变质岩中，也可产在其相邻的冒地槽或优地槽带中。

地盾区成矿的另一理论基础是，作为容矿构造的扩容带的存在有决定性的意义。所谓扩容带就是指那些能容纳矿质沉淀的裂隙带，剪裂带或破碎带，它具有较多的空隙，并且代表低温与低压的地带。变质水溶取矿质在地内周流时，自然而然地将朝着这个低温低压的梯度方向前进，最后就在这些扩容带中沉淀成矿。许多金矿脉及其他脉状有色金属矿床的成矿机理俱与这种扩容带有关。

原地交代的花岗岩，也就是花岗岩化的花岗岩，经过地壳变动，压力减低，可以发生熔融，以新岩浆或假岩浆的状态，侵入上覆地层或其相邻的大地构造单元中，与围岩接触形成矽卡岩矿床，或各种类型的热液矿床。这是再熔化花岗岩成矿的结果，除少数产在地盾区中外，一般都产在活动地台或凹陷带中，与原地交代花岗岩相距较远。本类矿床的形状、矿种及成矿机理在地台区找矿论中再为详述。

针对上述地盾区的三个成矿理论基础，我们在找矿时必须很好地运用花岗岩化的理论与方法，以研究花岗岩、混合岩及变质岩，要详细划出扩容带的分布与范围，这对找矿有决定的意义。除详测地质图外，还必须在大范围内做重砂测量，这对寻找金、钨、锡及稀有金属等矿床，可起指导的作用。在划出有望地区后，再在该区内施行详细的物化探，从而找出重点以供钻探。

2. 地槽区找矿论

地槽与地台主要区分之点在于，活动性强，沉积厚，构造复杂，岩浆活动较频繁，地层与矿床固结与变质的程度较深等等。地槽可分为二大类，即优地槽与冒地槽，前者称为地槽的内带，除一般的地槽特征外，还必须有特殊的岩相，如硬砂岩，复理层等，还要夹有海底喷发的火山岩及火山沉积岩，并具有不同程度的变质。某些地质学家相信，所谓环太平洋火圈的岛弧构造是近代优地槽的范例。根据他们的理论，地槽的发展是由陆方向海方的逆断层所控制的。由于断层面向大陆倾斜，遂在地面上造成一个内凹的弧形。由于断层延展很深，触动矽镁层，遂有熔岩沿断层面向上喷发，造成火山岛弧，而火山岩风化剥蚀后可造成硬砂岩等沉积岩，填充于附近富于还原环境的深海沟中，这里也常夹有富于炭质的腐泥岩，就造成了沉积岛弧。这样就把优地槽与岛弧构造，火山活动，深浅地震，深海沟及重力低异常的各种现象，紧密地联系起来了。

作者相信，我国从前震旦纪到第三纪俱可能有优地槽的发育，如康滇地轴，中条山，太行山东坡一带所见的变质杂岩系，其中常夹有很厚的火山岩，这些都是前震旦纪优地槽的例子。加里东时期的优地槽更多，就今所知，祁连山，秦岭，鄂西北，云开大山，龙门山，闽浙一带俱有广泛的分布。华力西优地槽则以内蒙最为标准，他若广东大降坪及川西可能也有分布。松潘、甘孜的大片变质岩肯定为优地槽地区，但是否属印支期抑更老尚待研究。作者相信，闽浙沿海及海南岛的某些变质岩带可能代表这个中生代地槽（燕山期）的优地槽带。西藏及台湾是否有第三纪的优地槽亦待进一步研究决定。

作为优地槽特征的标型矿床，就今所知，以层状及似层状的喷气沉积矿床最为重要。目前所知世界各地各个不同时代的优地槽中几乎俱有这类矿床的发现，并且包括的矿种很多，有铁，锰，铜，铅锌，黄铁矿等，应有尽有。如澳大利亚的勃洛根山、伊萨山，加拿大的苏利文等层状硫化物矿床都发育在前寒武纪的优地槽带中。北欧、加拿大的许多黄铁矿，磁铁矿矿床则是加里东优地槽带中的产物。德国的兰迪尔铁矿，拉美尔斯贝格及美根的黄铁矿铜铅锌矿床，以及西班牙里奥廷托的含铜黄铁矿则都产在华力西优地槽带中，日本不同时代中所含的含铜黄铁矿及黑铜矿更是优地槽带中的标型矿床。这些矿床都属喷气沉积的类型，而与海底火山喷发有成因上的关系。

在我国的许多优地槽带中常发育有层状或似层状的铁，锰，铜，铅锌及黄铁矿矿床，并且往往具有较大的经济价值，以往研究者俱以这类矿床归入岩浆热液一类，并谓与其附近的花岗岩类侵入体有成因上的关系。详细分析矿区地质资料，可以看出，有的矿区附近并无较大的花岗岩体，如甘肃白银厂；有的花岗岩则在成矿之前即已形成，如山西中条山；有的花岗岩则在矿床形成之后，经过花岗岩化作用及再熔化侵入所成，所以俱与成矿无关。与此相反，这些矿床，有的产在火山岩中，有的产在凝灰岩中，并常可见到交代凝灰岩或凝灰质泥砂岩的现象。它们与海底火山喷发的关系是如此密切，因此，作为矿质来源的看法是有理由的。这些都是属于同生范畴的喷气沉积矿床。

我国各个优地槽带中的喷气沉积矿床，例子很多，不能详为论述，兹列为简表如表2，以代说明。在燕山期及新生代优地槽带中是否也产生同样的矿床，尚待进一步研究。

表 2 我国各个优地槽带中的重要喷气沉积矿床

优地槽时代	优地槽名称	铁矿	锰矿	铜矿	铅锌矿	黄铁矿
华力西	内蒙地槽	自西向东：黑鹰山？阿尔敦，脑包，温都尔庙，包日汗喇嘛庙		自西向东：居延海，霍各乞，东察汗哈达庙，白乃庙	自西向东：居延海，霍各乞，硐子	霍各乞
	广东云浮					大降坪
华力西或加里东	龙门山地槽			四川彭县		
加里东	祁连山地槽	镜铁山，香台子	永登拦门石	照壁山，皂矾洞，梯子岩，白银厂，小铁山	石青洞	白银厂
	云开大山-闽北浙中				福建政和夏山，浙江诸暨	福建邵武枫林
前震旦纪	康滇地轴			云南东川，四川拉拉厂		
	柴达木				锡铁矿	
	中条山			铜矿峪		
	太行山			桃园		

在优地槽带中发育的基性岩与超基性岩还可产生铜镍矿床，钒钛磁铁矿床，铬铁矿床以及石棉矿床等，还可能产生纯粹是沉积作用的层状硫化物矿床。当然，由正常沉积作用所成的煤，油气，磷，铝等矿床，在优地槽带中几乎是不存在的。

为什么在优地槽带中会有如此丰富的硫化物矿床呢？其主要的理论根据有二，即：海底火山喷发的余气或热液能源源不断地供给矿质，而深海沟的炭质还原环境能促进矿质的沉淀，这二个条件结合起来，就对成矿十分有利了。唯一的不利条件是优地槽带的构造运动往往非常剧烈，矿床遭受构造破坏的机会就越多，这对找矿与开采都是比较不利的。

上面概略地论述了优地槽带的性质，分布，标型矿床及成矿的理论根据后，我们可以理解，提出一个优地槽带找矿论，是既有实践的证明，又有理论的基础的了。但必须郑重声明的是，以后我们要多多注意优地槽并在优地槽中找喷气沉积矿床，这是有理由的，并且是必要的，但我们决不可误会在优地槽带中一定可以找到质量俱优的大型矿床，这是任何人不能预为保证的，因为自然条件十分复杂，表面的观察，理论的推断，总是有错误或不足的，我们必须依照毛主席的教导，用实践来验证我们的理论，并从此获得我们所企求的东西。

其次我们要问，在冒地槽带是否也可以找矿呢？一般说来，冒地槽带的成矿条件远不如优地槽的有利，因为物质供应与沉淀环境俱无特殊优越之处。在冒地槽带中也可找到正常的沉积矿床，如铁，磷，铝等，这是属于地槽型的沉积矿床，但寻找煤，石油，天然气及盐类矿床的希望是不大的。由于沉积较厚，构造剧烈，通道较多，产生侧分泌矿床的机会是较多的，在冒地槽带分布的许多铜，铅锌，汞矿床可能属于这种类型。

3. 地台区找矿论

有不很厚的沉积盖层，构造运动不剧烈，地层常成水平或倾角不大，皱褶比较开展，正断层较发育的比较稳定地区称为地台。对湖北省来说，可分为平原区，有岩浆侵入的活动地台区及无岩浆侵入的稳定地台区，分论如次：

（1）平原区：平原区是找石油，天然气及盐类矿床的有利地区，这里凹陷最深，沉积最厚，特别在凹陷与隆起的交接地带，对寻找油气最为有利。首先要讨论的是海相与陆相生油的问题。石油地质书上一般都强调海相生油的重要性，但并不否定陆相生油的可能。我国已有许多实例证明，陆相地层确能生油，最近江汉平原喷油更证明了这一点。江汉平原下蕴藏着大量的膏盐沉积，证明这是一个内陆大盐湖，其面积之大接近于里海的范畴，因之生油的机会就更多了。

其次要讨论的是油储的类型也就是圈闭的问题。一般人都认为这里是构造储油，找油的方法是用地震法划出隆起构造，再在构造顶点上打钻。我的看法则不同。尽管江汉平原也遭受过新构造运动，但运动是比较微弱的，除在平原周围的靠山部分可看到较大的倾角外，一般倾斜都非常平缓，这在应城盐矿矿井下的观察，可以证明。因此我推想，这里的油储主要是地层圈闭，而不是构造圈闭，如果有构造的话，也主要是受着基底隆起不平的潜山影响所引起的。潜山的存在，可以从平原中某些地方，如监利、华容间出露前震旦纪变质岩与花岗岩及荆门东南马良附近出露震旦纪与寒武奥陶纪地层为证。我们可以设想当老第三纪沉积时，基底凹凸不平，凸起的地方组成了潜山，地层沿其周围沉积，就会发生超覆、尖灭等现象，而靠近潜山的部分就会产生原始倾斜。其后新第三纪及第四纪地层沉积时就把大部分潜山都掩没了，只余上面提到的几处孤立露头。由于基底凹凸不平，沉积厚薄不一，下沉的速率也就不同，加上原始倾斜的影响，就可在潜山周围的上覆地层中产生幅度不大的背斜构造，而使油气迁移储集于其中。很明显，这种构造是由潜山及沉陷率不同所引起的，不是一般的构造运动的影响。如果要找出这种构造的分布规律，势必要对潜山的分布及趋向加以研究。可以初步推测，沙市、潜江、天门一带的潜山可能是遵着西北东南方向分布的，这是符合于目前物探所获得的结果的；而在其南部津市、公安、石首一带，潜山的趋向可能与江南古陆即北东东—南西西的方向相一致。

另一可能的解说是，储油层由于沉积环境的控制，其本身就成为许多透镜体，透镜体的两端造成了封闭，而使油气储集起来。这种透镜体有时规模很大，也可造成重要的油气矿床。以上所述都是属于地层圈闭的范畴。很可能，潜山，超覆及地层的尖灭（形成透镜体）这三种因素同时起作用，而基本原因则为潜山的影响。

在地台平原上，油储的另一可能类型是，油气储积于古河道的冲积砂层中。由于河道常多弯曲，所以分布很不规律，使附近油井对比困难，形成所谓鞋带状油田。华北平原中的某些油储可能属于这种类型。

（2）无岩浆岩侵入的较稳定地台区：如鄂西南及鄂中地台即属于这种类型。层位，古地理，褶皱及断裂乃本区成矿的主要控制因素，古地理及层位控制着矿源层及原生沉积矿床的形成，而构造则控制着矿床的运移与富集。同生及后生矿床俱有发育，而沉积矿床及侧分泌矿床则为本区的主要类型。

（3）有岩浆岩侵入的活动地台区：往往代表地台上的凹陷带，如鄂东南地台区的北部，即属扬子凹陷带的一部分，这里矽卡型铜铁矿及各种热液型的铅锌，锑汞矿床分布较广，尤以铜铁矿床价值最高。这里小侵入体的接触带及构造是主要的成矿控制因素，详细研究接触带乃找矿的第一准则，其次还要向岩体中部进军，以便寻找由于含有灰岩捕虏体而形成的铜绿山式铜矿以及可能产生的斑岩铜矿。

编 后

《谢家荣文集》第七、第八卷终于即将出版了。在我自己，总算在有生之年完成了这件大事，没有留下所担心的遗憾。在文稿即将付梓之际，谨向读者作几点说明。

一是《谢家荣文集》漫长的出版过程。

2005年春天，在得知三卷集《程裕淇文选》即将由国土资源部全额资助由地质出版社出版后，我向谢学锦院士建议，征集30位中国科学院院士和中国工程院院士联名向国土资源部建议筹备举行纪念谢家荣诞辰110周年并向部申请50万元文集出版经费出版《谢家荣文集》的建议。谢学锦院士当即赞成，由我起草了致国土资源部部长的建议信。后来，在已经征得了30位院士中的大多数院士的同意（尚未征求完）后，谢学锦表示，联名30位院士可能会让部党组感到压力，同时经费可能最终还得由中国地质调查局拨付，所以最终决定由谢学锦以个人名义于4月30日致信中国地质调查局孟宪来局长并呈国土资源部部长，提出"关于举行著名地质学家谢家荣教授诞辰110周年纪念活动和出版《谢家荣文集》的建议"。建议"组织纪念活动所需要的经费由纪念活动筹备组依据活动安排编制预算报国土资源部，并由国土资源部划拨"，建议"由国土资源部"为"《谢家荣文集》编辑、出版拨款50万元，专款专用"，"所拨款项由编辑委员会支配，任何个人不得以任何理由挪作他用。"晚些时候，中国地质科学院也向中国地质调查局提出了类似的建议。

同年5月，《谢家荣文集》编辑委员会成立，编辑工作随即启动。

在谢学锦院士的建议信发出几近一年之后，2006年4月19日上午9点54分中国地质科学院科技处电话通知我到处办公室，由处长李桂书向我传达如下：今天上午局科技外事部专门派叶建良、肖桂义处长来院传达中国地质调查局4月12日第六次局长办公会议关于谢家荣诞辰110周年纪念活动的决定。在4月12日的局长办公会议上，各位局长都就地质科学院关于谢家荣诞辰110周年纪念活动的请示报告发表了意见，孟宪来局长最后总结了各位局长的意见，也包括他自己的意见，作了决定，决定共三条：1、纪念活动由中国地质学会和中国地质科学院组织；2、所需经费原则上自筹，如有困难可申请单项事业费；3、纪念活动包括举行学术报告会和出版论文集。

经费的零资助给《谢家荣文集》的出版带来了无尽的烦恼。谢学锦院士从他自己的项目中划拨了部分经费，并费尽周折争取到了北京建龙国基投资有限公司的部分资助，使得文集第一到第四卷分别于2007年1月到2008年8月陆续出版。

2009年8月20日，谢学锦院士致信时任国土资源部副部长、中国地质调查局局长汪民说："为纪念谢家荣诞辰110周年，由30位中国科学院院士和中国工程院院士于2005年4月发起成立了《谢家荣文集》编辑委员会，拟出版《谢家荣文集》，初定8卷。当初曾经向有关部门申请纪念活动和文集出版经费，但未能如愿。后设法从我的项目中划拨了部分经费，继又费尽周折，终从北京建龙国基投资有限公司得到部分资助，得以至2008

年出版了第一至第四卷。四卷出版总共支付 38.95 万元，大致平均每卷 10 万元”，“所需出版经费缺口大约在 50 万元左右。由于目前项目经费预算极严格，已经没有可能再从中划拨；金融危机之下，想再从企业筹资亦几无可能，故请部里考虑，从合适的途径予以资助 50 万元，以保证文集的顺利出版。”但没有下文。

2010 年 5 月 31 日，我以《谢家荣文集》编辑委员会的名义致信物化探研究所，希望物化探所能解决所需出版经费。也没有下文。

之后，谢学锦先生和他的学生们又设法筹集到了部分经费，得以在 2011 年 7 月出版了第五和第六卷。但直到又五年半多之后的 2017 年 2 月谢学锦先生逝世，第七、第八卷仍然未能出版，虽然这和原编辑陈军中同志逝世多少有关，但最主要的原因是所需经费尚缺大约 20 万元。2018 年，国土资源部的一位老朋友钱玉好同志告诉我，一位在清华大学工作的谢学锦先生的学生打算资助这笔经费，令我好生高兴。但由于种种原因，这笔资助最终没有能够到位。走投无路之际，2019 年夏，按照当初那次局长会议“如有困难可申请单项事业费”的决定，我在成都拨通了中国地质调查局办公室的电话，得到的答复是“现在已经没有了可能”。这就是说，官方从来就没有想过要资助谢家荣文集的出版。又过了几近一年，2020 年 8 月，谢家荣长孙（谢学锦长子）谢渊泓博士从德国柏林打来电话告诉我说，“不只因为是我爷爷，更因为这个一生为中国地质做太多贡献的人物和他的著作的重要”，他和三位妹妹（谢渊如、谢渊泉和谢渊洁）决定为文集最后两卷的出版集资 20 万元。这才终于有了远距第五、第六卷出版 13 年多之后，第七、第八卷的出版。

以上是八卷集《谢家荣文集》出版耗时 16 年多的曲折经历，读来让人唏嘘不已。谨向所有为文集出版捐资的人们致以地质学人的崇高敬礼！

二是谢家荣著作的收集与整理情况。

谢家荣一生从事地质工作 50 年，著作等身，留下 400 多篇（本）著作，是中国地质界的宝贵财富。曾经在 1984 年整理的、保存还算完整的谢家荣资料，尤其是其中的许多珍贵手稿在其后的十多年间被人借出遗失，以及原来保存在地质科学院资料室的两大木箱谢家荣资料被谢学锦先生拿出后不知去向，也是莫大的损失与遗憾。我在“第四卷编后”中曾经说，希望所有上述尚未能够找到的文章“倘若在文集全部八卷出完之前能够有所发现，我们将补遗在最后一卷之中”。但是，尽管我们尽了最大的努力，却收效甚微，那些被弄丢的资料都没有找到。

但也不是没有发现。经过努力，我在 2013 年争取到了将谢家荣列入老科学家学术成长资料采集工程中。在采集工程项目进行过程中，采集到了三篇重要文献。一篇是中央档案馆藏谢家荣 1953 年 1 月 22 日在全国地质工作人员会议上作了题为《中国煤田探矿的若干地质问题》的报告后，在当日下午会议分组讨论该报告时提出了若干问题，对于这些问题，谢家荣给出了书面解答《关于“中国煤田探矿的若干地质问题”报告中讨论问题的解答》。另一篇是 1955 年 6 月 2 日在玉门矿务局所作“关于酒泉盆地石油勘探问题”的报告的记录稿，这个报告回答了到哪里去找第二个老君庙的问题。还有一篇见于中国地质科学院的文书档案中，即 1960 年 11 月 6 日在广东大宝山多金属矿普查勘探方法研究队综合队全体同志的告别会上所作题为“大宝山及其外围地区含矿远景的初步意见”的报告（此报告在删去了谢家荣的署名后，作为 1960 年 11 月 18 日《地质科学院大宝山工作组汇报》的附件二报送地质部党组和地质科学院党委）。只是因为对第七、第八两卷的出版没有绝对的把握，我将这三篇文章都全文收入到了2022年12月出版的《谢家荣年谱长编》中，本书也就不再收入了。

最后，需要向读者诸君声明的是，由于八卷文集出版的工作量巨大，编辑委员会的同志都已经年过花甲，甚至已经是耄耋之年，其他同志大多还有自己忙碌的工作，主要的编辑工作是我承担的。由于我自己水平有限，编辑工作中错误难免，最明显的是一些显然不属于“经济地质学”范畴的文章进入到了这最后的两卷中，这是由于种种原因，当初出版第一、第二两卷的时候未能收入其中，只好放到这最后的两卷中来了，这是要向读者声明并致歉的。

101年前谢家荣联络袁复礼提出了成立中国地质学会的建议。中国地质学会成立100周年的日子刚过，《谢家荣文集》没能赶在这之前出齐，实属遗憾。但终于能够出齐，也算不幸中的万幸。谨以《谢家荣文集》编辑委员会的名义向所有关心和支持文集出版的地质界同人表示我由衷的感谢与敬意！对于本书编辑过程中出现的所有缺点与错误主要由我负责，欢迎读者的批评与指正。

《谢家荣文集》执行主编 张立生

2024年2月20日于成都高新西区